Die Hygiene des Wassers

Die Hygiene des Wassers

Gesundheitliche Bewertung, Schutz, Verbesserung und Untersuchung der Wässer

Ein Handbuch für Ingenieure, Wasserwerksleiter,
Chemiker, Bakteriologen und Medizinalbeamte

Von

Dr. Aug. Gärtner

o. ö. Professor der Hygiene an der Universität Jena

Mit 93 Abbildungen und 11 Tafeln

Springer Fachmedien Wiesbaden GmbH 1915

Alle Rechte vorbehalten.

Additional material to this book can be downloaded from http://extras.springer.com

ISBN 978-3-663-19898-7   ISBN 978-3-663-20239-4 (eBook)

DOI 10.1007/978-3-663-20239-4

Copyright, 1915, by Springer Fachmedien Wiesbaden

Ursprünglich erschienen bei Friedr. Vieweg & Sohn, Braunschweig, Germany 1915

Softcover reprint of the hardcover 1st edition 1915

VORWORT.

In dem gleichen Verlag ist vor einer Reihe von Jahren von Ferd. Tiemann und dem Unterzeichneten ein Handbuch der Untersuchung und Beurteilung der Wässer erschienen, welches in gewissem Sinne als ein Vorläufer des jetzigen Werkes zu betrachten ist. Damals handelte es sich in erster Linie darum, die Methoden der Untersuchung, insbesondere die bakteriologischen, scharf anzugeben.

Inzwischen ist die Untersuchung des Wassers in chemischer und bakteriologischer Hinsicht vorzüglich durchgebildet worden. Zurückgeblieben aber ist die Berücksichtigung der geologischen, örtlichen und der sonstigen Verhältnisse und damit die richtige Bewertung des Wassers. Hier galt es nunmehr den Hebel anzusetzen.

Wird in einem Wasser kein Ammoniak, keine salpetrige Säure gefunden, ist die Menge des zur Oxydation der organischen Substanzen erforderlichen Kaliumpermanganats, des Chlors, der Mineralsubstanzen und der Bakterien gering, so wird meistens das Wasser ohne weiteres als gut, ist der Befund in einer oder mehreren Beziehungen ein anderer, als schlecht bezeichnet; zum mindesten wird es „beanstandet", eine Verlegenheitsauskunft, mit welcher, nachdem sie abgegeben, nichts anzufangen ist.

Eine so gestellte Diagnose kann richtig sein, sie ist es jedoch in vielen Fällen nicht, weil der Untersucher nur den „Augenblickszustand" kennt und über die geologischen, örtlichen und die übrigen Verhältnisse nicht unterrichtet ist. Gerade diese Faktoren

aber sind von der größten, von Ausschlag gebender Bedeutung für
die Bewertung der chemischen und bakteriologischen Befunde und
somit für die Beschaffenheit des Wassers.

Eine chemische und bakteriologische Untersuchung in den
ausgefahrenen Geleisen der üblichen Methoden zu machen ist
nicht schwer; aber die genaue Feststellung einer Reihe von Zahlen
allein genügt zur Beurteilung eines Wassers nicht. Es kommt
darauf an den Geist zu erkennen, der entsprechend den lokalen
Verhältnissen in den Zahlen steckt und zu wissen, ob unter anderen
Bedingungen, z. B. nach Regen, nach Düngung, bei Hochwässern
die Zahlen andere werden, ob der Wert des Wassers sich ändert.

Das vorliegende Buch verfolgt den Zweck hier mitzuhelfen;
es soll nicht nur dem Chemiker und Bakteriologen, sondern auch
dem Techniker, Wasserwerksdirektor und Medizinalbeamten die
Möglichkeit gewähren, die gefundenen bzw. die überreichten Zahlen
richtig zu deuten.

Das Buch weist zunächst auf die Eigenschaften hin, die ein
gutes Trink- und Hausgebrauchswasser haben soll und auf die
Bedingungen, unter welchen diese vorhanden sind bzw. sein müssen,
und unter welchen sie fehlen können oder fehlen müssen. Mit
Rücksicht hierauf werden die einzelnen Arten der Wässer, Regenwasser, Grundwasser, Quellwasser, Flußwasser, Seewasser, soweit
sie Trink- und Hausgebrauchszwecken dienen, durchgegangen, ihr
Wesen und ihre Beschaffenheit und der Wechsel, dem sie unterworfen sind, besprochen, und die Folgerungen, die sich aus den
wechselnden Bedingungen ergeben, gezogen.

Besondere Kapitel sind der Bewertung der Wässer nach den
örtlichen und sonstigen Verhältnissen, sowie nach den physikalischen, chemischen und bakteriologischen Befunden gewidmet.

An Untersuchungsmethoden sind nur die bewährtesten Verfahren aufgeführt. Die neueren Methoden über die Bestimmung
des Eisens, des Mangans, der verschiedenen Kohlensäuren usw. sind
voll berücksichtigt. Besonderer Wert wurde darauf gelegt, die

Probeentnahmen richtig zu gestalten, weil hierbei oft die gröbsten Irrungen vorkommen. Die in das Laboratorium abgegebene Probe wird gewöhnlich als etwas absolut Gegebenes, als das „Ding an sich" aufgefaßt; das ist aber durchaus unrichtig; es kommt sehr darauf an, wo und wann die Probe geschöpft ist.

Das Buch verfolgt jedoch nicht allein den Zweck den Analytiker, den Techniker und Medizinalbeamten von der toten Zahl frei zu machen, ihn zu einer klaren Beurteilung anzuregen, es strebt auch in weitem Maße an zu zeigen, wie das Wasser vor Infektionen und Verschmutzungen, sowie vor Beeinträchtigungen seiner wirtschaftlichen Brauchbarkeit behütet, und andererseits, wie es aufgebessert werden kann.

Der Techniker vermag häufig die Wasserbeschaffenheit zu einer guten zu machen, sei es durch eine von vornherein vorsichtige Auswahl der Wasserbezüge und die Gewährung oder Schaffung eines ausreichenden Schutzes, sei es durch Verbesserung schon bestehender Anlagen.

Daher sind gerade mit Rücksicht auf die Erbauer und Leiter von Wasserwerken und die Medizinalbeamten besondere Kapitel den Schutzmaßnahmen für die Wasserentnahmestellen, Schutzzonen, Fassungen, Behälter, Rohrnetze und Hausanlagen, sowie den verschiedensten modernen Methoden der Filtration und Sterilisation der Wässer gewidmet, wobei Wert darauf gelegt wurde, nur sicher Erprobtes zu bringen.

Ein besonderer Abschnitt enthält die sich auf das Wasser beziehenden gesetzlichen bzw. behördlichen Bestimmungen. Vielfach wird diesen Anordnungen, als vom „grünen Tisch" kommend, geringe Achtung entgegengebracht, sehr mit Unrecht; gewiß, am grünen Tisch werden die Bestimmungen zusammen geschrieben; aber gemacht werden sie nach den Erfahrungen, welche die Techniker, Begutachter und Untersucher draußen, auf grüner Wiese und im grünen Wald gesammelt haben. Die gesetzlichen Bestimmungen enthalten geordnet und in konzentrierter Form das,

was die Erfahrung, die Praxis, den einzelnen gelehrt hat; die
gesetzlichen Bestimmungen über das Wasser sind mit großer
Vorsicht und unter Heranziehung und reger Teilnahme hervorragender Wasserfachmänner aufgestellt worden.

Weil das ganze Werk unter dem Leitmotiv der Sorge für
die Brauchbarkeit des Wassers gestanden hat, ist es die „Hygiene
des Wassers" genannt worden. Der Begriff ist in weiterem Sinne
aufzufassen, denn wie die gesundheitliche, so ist in gleicher Weise
die wirtschaftliche Seite berücksichtigt worden. Somit erstreckt
sich die „Hygiene" nicht nur auf den Menschen und seine Gesundheit, sondern auch auf das Wohlbefinden der Wassersammlungs-
anlagen, der Wasserbehälter, der Rohrnetze usw.

Was eine fast dreißigjährige Erfahrung, die sich nicht nur
über das durch seine geologischen Verhältnisse so wechselvoll
geartete Thüringen erstreckte, sondern weit darüber hinausging, dem
Verfasser gelehrt hat, ist kritisch gesichtet in dem Buch zusammengetragen. Möge es für die Hygiene des Wassers einigen Nutzen
bringen!

Verfasser darf das Vorwort nicht schließen, ohne der Verlags-
handlung ganz besonderen Dank zu sagen; sie hat keine Mühe,
keine Kosten gescheut, das Werk gut auszugestalten.

Jena, im August 1915.

Prof. Dr. med. Gärtner.

Inhaltsverzeichnis.

A. Die Anforderungen an ein Trink- und Hausgebrauchswasser.

Von einem Trink- und Hausgebrauchswasser wird verlangt, daß es

1. frei sei und dauernd frei bleibe von Krankheitserregern und solchen Stoffen, welche geeignet sind, die Gesundheit zu schädigen; das Wasser muß also die Gewähr bieten, daß gesundheitsschädliche Lebewesen und gesundheitsschädliche Stoffe überhaupt nicht hineingelangen können, oder, falls sie sich nicht ganz vermeiden lassen, wie z. B. bei manchen Oberflächenwässern, daß sie dann völlig oder bis zu einem geringen, keine nennenswerte Gefahr mehr bietenden Grade wieder entfernt werden können,

2. von solcher Beschaffenheit sei, daß es gern genossen wird, d. h. es soll möglichst gleichmäßig kühl, farblos und klar, frei von fremdartigem Geruch und Geschmack, und frei von solchen Stoffen sein, die vermöge ihrer Herkunft oder aus anderen Gründen Ekelgefühle zu erzeugen vermögen,

3. für den Hausgebrauch gut geeignet sei,

4. die Materialien der Leitung (Fassungen, Sammelbehälter, Leitungsrohre) nicht in einem sie erheblicher schädigenden, oder die Gesundheit bedrohenden Maße angreife,

5. in ausreichender Menge vorhanden und

6. billig sei.

Das Wasser dient dem Menschen zu den verschiedensten Zwecken, als Trink- und Hausgebrauchswasser, als Nutzwasser, z. B. in der Landwirtschaft, der Industrie und in häuslichen Betrieben, als Krafterzeuger u. dgl.

Uns interessiert an dieser Stelle hauptsächlich das Hausgebrauchs- und Trinkwasser. Zwischen diesen beiden Wässern läßt sich ein Unterschied kaum machen. Einerseits soll Trinkwasser auch den häuslichen Zwecken dienen können und andererseits läßt sich Hausgebrauchswasser vom Trinkwasser nicht trennen.

Das Hausgebrauchswasser dient häuslichen Zwecken, in ihm werden z. B. Eß- und Trinkgeschirre gereinigt; jeder Mensch wird verlangen, daß dieses Wasser ebenso infektionssicher, ebenso rein sei als das Wasser, welches er trinkt. Das gleiche gilt von dem Wasser, mit welchem man badet, sich wäscht, die Stube reinigt usw. Es ist also die Forderung berechtigt, daß die beiden Wässer einheitlich seien.

Wünschenswert ist es, daß das Nutzwasser die gleichen guten Eigenschaften habe, doch ist das nicht unbedingt, jedenfalls nicht für alle Zwecke erforderlich. Die unter 2. aufgeführten Eigenschaften kann es ohne größere Beeinträchtigung entbehren.

I. Die Vermittelung von Krankheiten durch Wasser.

Schon in grauer Vorzeit ahnte man, daß Wasser die Quelle von Gesundheitsschädigungen sein könne; man glaubte, daß schwere Epidemien durch „Brunnenvergiftungen" entstanden seien. Die Anschauungen haben sich geklärt; man weiß jetzt, daß Kleinlebewesen die Erreger der ansteckenden Krankheiten sind, und daß viele von ihnen durch Wasser übermittelt werden können.

1. Die Cholera.

An erster Stelle sei hier die Cholera genannt. Robert Koch war es, der uns im Kommabazillus den Krankheitskeim kennen lehrte; er war es, der ihn bald nach seiner Entdeckung in dem Wasser eines Teiches in Calcutta fand. Koch ist es gewesen, der, als die Seuche an den Grenzen Deutschlands erschien, erneut auf das Wasser als den häufigen Vermittler der Infektionen hinwies und durch seine sich gerade auf das Wasser beziehenden prophylaktischen Maßnahmen der Cholera eine ihrer Haupteintrittspforten verschloß.

Es hieße Eulen nach Athen tragen, wenn wir uns an dieser Stelle bemüßigt sehen wollten, die Wahrheit des Satzes, daß die Cholera durch Wasser vermittelt wird, durch Beispiele in größerer Zahl zu belegen. Nur eines möge Erwähnung finden: Im Januar 1893 erkrankten in einem mit kleinen Häusern dicht besetzten Hofe, dem „Langen Jammer" in Ottensen, im Laufe von acht Tagen neun Personen an Cholera. Alle Häuser, in denen Erkrankungen vorkamen, hatten ihr Wasser aus einem Brunnen bezogen, welcher an der tiefsten Stelle des Hofes lag und Unreinlichkeiten, Ausgußwasser u. dgl., leicht aufnehmen konnte. Die Untersuchung des Brunnenwassers ließ sofort Cholerabakterien auf den angelegten

Kulturen zum Wachsen kommen. Mit dem Schluß des Brunnens erlosch die kleine, aber immerhin bei sieben von neun Fällen tödlich verlaufende Epidemie. Die ganze Umgegend des „Langen Jammers" war während dieser Zeit cholerafrei; das Wasser wurde ihr nicht aus dem besprochenen Brunnen, sondern aus der Altonaer Wasserleitung geliefert, die gut funktionierende Sandfilter besaß.

Das Auftreten der Krankheit im Jahre 1905 an der Weichsel und Oder und den mit ihnen in Verbindung stehenden Flüssen und Kanälen stellt ein anderes Beispiel dafür dar, daß und wie sehr die Choleraverbreitung mit dem Wasser zusammenhängt. Eine traurige Berühmtheit hat die schwere Wasserepidemie Hamburgs im Jahre 1892 erlangt.

2. Der Typhus.

Schüder stellte fest, daß von 650 Epidemien, die in der Literatur der 30 Jahre von 1870 bis 1900 enthalten sind, 70 Proz. auf Wasser zurückgeführt werden mußten. Auch hier ist es eigentlich überflüssig, Beispiele solcher Wasserepidemien anzugeben; aber die Erfahrungen der letzten Jahre — es sei an den Gelsenkirchener Wasserprozeß erinnert — zeigen, daß es noch immer vereinzelte Personen gibt, die versuchen, das Wasser von der Vermittelung des Typhus freizusprechen.

Sehr bekannt geworden ist die Übertragung des Typhus durch Wasser in den Frankeschen Stiftungen in Halle a. S. Im Jahre 1871 wohnten in diesen Anstalten 703 Personen; ihre Schulen wurden außerdem von etwa 3000 Schülern aus der Stadt besucht. Vom 22. Juli bis zum 19. August erkrankten von den ersteren 282, von den letzteren nur 77; in Halle selbst war die Typhussterblichkeit die damals gewöhnliche, 11 Todesfälle auf den Monat. Die Stiftungen wurden von drei verschiedenen Wasserbezugsquellen gespeist; die städtische Leitung versorgte ein Haus mit 24 Einwohnern, der Unterstollen ein Haus mit 17 Einwohnern und der Oberstollen die übrigen Anstaltshäuser mit 669 Personen, von welchen allein 282 erkrankten, und außerdem noch vier Häuser der Stadt, in welchen 7 Personen um dieselbe Zeit vom Typhus befallen wurden. Es zeigte sich bei der Untersuchung, daß das Gewölbe des Oberstollens gerade unter einem Schmutzgraben undicht geworden war, so daß das Schmutzwasser in kleinen Strömen eindrang, und ferner, daß in der Nähe des Grabens kurze Zeit vorher Typhuserkrankungen vorgekommen und die Unratstoffe undesinfiziert in jenen Graben entleert worden waren. Als man den Genuß des Oberstollenwassers verhinderte, war, nach Ablauf der Inkubationszeit, mit einem Schlage die Typhusepidemie abgeschnitten.

Wasserepidemien.

Es gab eine Zeit, wo man in Deutschland die Vermittelung des Typhus durch Wasser, entsprechend der Lehre des sonst um die Hygiene so sehr verdienten Max Pettenkofer, leugnete; aber außerhalb Deutschlands, wo das Gewicht der Persönlichkeit dieses bedeutenden Mannes fehlte, hat seine Lehre eine weitere Verbreitung nicht gefunden; die Tatsachen sprachen zu sehr dagegen.

Mit der Entdeckung des Typhusbazillus und der Erkenntnis, daß er sich längere Zeit im Wasser zu halten vermag und dort infektionstüchtig bleibt, eroberte sich auch in Deutschland die „Trinkwassertheorie" das Feld. Wenn trotzdem einzelne Personen sich dagegen sträubten, das Wasser als Typhusträger anzuerkennen, so lag das zu einem guten Teil daran, daß es zunächst nicht gelingen wollte, in dem verdächtigen Wasser Typhusbazillen zu finden, was bei Cholera sehr leicht gelungen war. Durch die Verbesserung der Untersuchungsmethoden aber sind die Schwierigkeiten überwunden worden, und es gibt jetzt wohl kaum ein größeres hygienisches Institut, welches nicht über solche Nachweise verfügt.

Indessen bedarf es des Nachweises der Cholera- oder Typhusbakterien im Wasser kaum. Die durch Wasser erzeugten Epidemien heben sich als solche durch verschiedene Merkmale von denjenigen Epidemien ab, die nicht durch Wasser hervorgerufen sind.

Die sogenannten Wasserepidemien, die waterborne deseases der Engländer, lassen sich an bestimmten Merkmalen erkennen.

a) Der eigenartige Verlauf der Epidemie.

Der plötzliche Ausbruch, der rasche Anstieg bei schwächer ausgesprochenem Abfall ist für Epidemien bezeichnend, die durch eine plötzliche Aufnahme von Krankheitserregern seitens einer großen Zahl von Personen entstehen. Solche Epidemien kommen zustande durch infizierte Nahrungsmittel oder meistens durch infiziertes Wasser.

In der Stadt P. erkrankten, nachdem bis zum August ganz vereinzelte Typhusfälle vorgekommen waren,

vom 3. bis 9. September	. . . . . .	10	Personen,
„ 10. „ 16. „	. . . . . .	72	„
„ 17. „ 23. „	. . . . . .	19	„
„ 24. „ 30. „	. . . . . .	17	„
„ 1. „ 8. Oktober	. . . .	8	„

Die verschiedene Zeit der Aufnahme, die Verschiedenheit in der Zahl und Virulenz der aufgenommenen Bakterien, die verschiedene Disposition der Erkrankten, die Differenz in der Zeit, wo ärztliche Hilfe angerufen und die Diagnose gestellt wird, bedingen, daß der Ausbruch von Typhusepidemien sich über mehrere Wochen hinziehen kann.

Der Anstieg der Erkrankungen pflegt dadurch in die Länge gezogen zu werden, daß die infizierenden Bakterien nicht alle auf einmal in das Wasser gelangen, daß gewissermaßen ein Nachtröpfeln der schädlichen Keime stattfindet. Bricht eine Typhusbazillenanhäufung, z. B. ein Typhusstuhl, in einen Quellauf oder einen Brunnen durch, so werden nicht immer alle Bakterien dorthin plötzlich entleert, es wird vielmehr oft nach dem ersten Einbruch ein allmähliches Einfließen der hängengebliebenen Reste stattfinden, welches durch Regen, Schneeschmelze, Spülwässer, Überschwemmungen u. dgl. beeinflußt wird.

Auch kann es sich ereignen, daß ein Wasser in relativ kurzer Zeit zweimal infiziert wird. Wir hatten Gelegenheit, in S., einer Stadt von 15 200 Einwohnern, wo eine Wasserepidemie vorlag, wie aus verschiedenen Gründen zu folgern war, den folgenden Verlauf festzustellen:

... Nachdem im Jahre 1892 bis zum 20. August nur 4 Typhusfälle sich ereignet hatten, kamen vom 20. bis 31. August 17 zur Meldung, im September 123, im Oktober 49, im November dagegen 60, und im Dezember sogar 139; im folgenden Januar 36, im Februar 7, im März 6. Es erkrankten also 437 Personen = 2,8 Proz. der gesamten Bevölkerung in einer Epidemie mit zwei stark ausgeprägten Spitzen.

Man muß annehmen, daß, nachdem eine erste Infektion der Wasserbezugsquelle im August stattgefunden hatte, eine zweite, fast ebenso starke, sich im November ereignete. Das Wasser wird inmitten der Stadt aus einem im stark zerklüfteten Plänerkalk, der nur mit schwacher filtrierender Erdschicht bedeckt ist, stehenden, 17 m tiefen Zentralbrunnen geschöpft. Man kann sich vorstellen, daß undesinfizierte Abgänge eines Typhuskranken der ersten Periode die zweite Infektion des Wassers bedingt haben.

Ferner kann eine rasche Aufeinanderfolge von Infektionen eines Wassers statthaben, die den Verlauf der Epidemiekurve beeinflußt.

In der großen Irrenanstalt Nietleben kam im Jahre 1893, am 14. Januar, ein Fall von Cholera vor, am 15. sechs, am 16. elf, am 17. fünfzehn, am 18. acht, am 19. sieben, am 20. sechzehn, am

21. neun, am 22. zwölf, am 23. acht, am 24. dreizehn, am 25. fünf, am 26. drei, am 28. zwei, am 29. Null Fälle; bis zum 13. Februar ereigneten sich sechs Fälle, damit war die Wasserepidemie in Nietleben mit 122 Erkrankungen, bei 991 überhaupt vorhandenen Personen = 12,3 Proz. Erkrankungen, erloschen.

Woher der „erste Fall" in Nietleben stammt, ist unbekannt geblieben. Die zunächst undesinfizierten Abgänge kamen auf die völlig vereisten Rieselfelder und von dort durch Vermittelung eines kurzen Grabens in die Saale, dicht oberhalb der Wasserentnahmestelle. Das dort eingebaute Filter erwies sich als völlig ungenügend und ließ Krankheitskeime durch, die in der Anstalt immer wieder neue Infektionen bewirkten. Sowohl im Leitungswasser, als im Sammelschacht des Filters und im Saalewasser, dicht unter der Mündung des Rieselgrabens, wurden Cholerabakterien aufgefunden. Ähnlich lagen im Jahre vorher die Verhältnisse in Hamburg.

Die Angaben lehren, daß zwar die Regel gilt: „der Anstieg ist bei Wasserepidemien ein plötzlicher", daß es jedoch von dieser Regel auch Ausnahmen gibt, daß man also nicht ohne weiteres eine Epidemie mit langsamerem Anstieg als durch Wasser nicht hervorgerufen bezeichnen darf.

Eine eigenartige Wasserepidemie erzählt Tavel, der Leiter des bakteriologischen Institutes in Bern: Im Oktober 1900 traten in Olten plötzlich, über den ganzen Ort zerstreut, 20 Typhusfälle auf; damit war die Epidemie erloschen bis auf ein Haus, wo außer einem Ende Oktober erkrankten Kinde eine Person am 7. Dezember, eine gegen den 10. Dezember, eine am 16. März 1901, eine am 4. April, eine am 8. April und eine gegen den 1. Mai befallen wurde. Das Haus war an einen Endstrang angeschlossen von 50 mm lichter Weite und 11,50 m Länge. 0,50 m vor seinem Ende zweigte der einzige, zu dem eben erwähnten Haus führende Nebenstrang ab (Fig. 1). Als am 30. April 1901 das 50 cm lange, völlig tot liegende Schlußstück herausgenommen wurde, war es stark verschlammt, reich an Bakterien und unter ihnen wurden zweifellose Typhusbazillen (Agglutination 1:10 000) gefunden. Die Wasserepidemie des einen Hauses hatte sich also durch sechs Monate hingezogen.

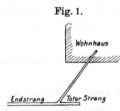

Fig. 1.

Ein toter Strang als Veranlassung zu einer Hausepidemie von Typhus.

Gelangen nur wenige Bazillen in ein Wasser, so werden naturgemäß auch nur wenige Erkrankungen erfolgen; die „Wasserepidemie" wird bald erlöschen und nur ihr plötzliches Auftreten und die eigentümliche Verteilung unter der Bevölkerung entsprechend dem „Wasserfeld", worauf wir gleich zurückkommen, deuten auf das Wasser als Vermittler hin.

Selbstverständlich ist das Wasser nicht der einzige Weg, auf dem die Keime sich verbreiten und eine plötzliche Massenerkrankung bewirken können; die verschiedensten Nahrungsmittel vermögen Träger der Infektion zu sein. So wurde von Schüder nachgewiesen, daß von den erwähnten 636 Typhusepidemien 110, d. h. 17 Proz., durch Milch entstanden waren, während andererseits bei der Cholera bislang nur ein Ausbruch auf Milch zurückgeführt worden ist. Gelegentlich können wohl die meisten Nahrungsmittel Krankheitskeime beherbergen und weitergeben; aber das sind nach der Schüderschen Zusammenstellung, soweit Epidemien in Betracht kommen, Ausnahmen; sie müssen jedoch widerlegt werden, ehe man die sichere Diagnose „Wasserepidemie" stellen darf.

Im späteren Verlauf der Epidemie sind die sogenannten Kontaktinfektionen imstande, das Bild zu trüben.

Der Kranke selbst bildet vermöge seiner Abgänge, Kot, und, sofern Typhus in Betracht kommt, auch Urin, für seine Umgebung eine große Gefahr. Von ihm aus entstehen Kontaktinfektionen; man unterscheidet die direkte Vermittelung der Krankheitskeime, z. B. durch Einführung eines mit Kot des Kranken besudelten Fingers in den Mund, und die indirekte Vermittelung z. B. durch Übertragung der nicht abgetöteten Keime durch Thermometer, Finger, Insekten, sonstige Tiere, durch Berührung usw. auf andere Gegenstände, z. B. Türgriffe, Spielsachen, Nahrungsmittel usw., von wo aus dann die Krankheitserreger auf Andere übertragen werden.

Nicht selten beobachtet man, daß in der dritten oder vierten Woche einer Typhusepidemie, wenn nach überschrittenem Höhenstadium schon ein starkes Zurückgehen der Erkrankungen sich bemerkbar machte, ein neues Aufflackern in mäßigen Grenzen folgt. Ein solches Wiederansteigen der Erkrankungszahl kann beruhen auf einer Wiederinfektion des Wassers, oder aber, und das ist viel häufiger der Fall, auf Kontaktinfektionen, ausgehend von den ersten Erkrankungen.

In der Stadt P. erkrankten im Jahre 1898 vom 20. bis 27. August 14 Personen, vom 27. August bis 3. September 81, vom 4. bis 10. Sept. 16, vom 11. bis 17. Sept. 13, vom 18. bis 25. Sept. 26, vom 25. Sept. bis 1. Okt. 24, vom 2. bis 8. Okt. 26, vom 9. bis 15. Okt. 16, vom 16. bis 21. Okt. 7, vom 22. bis 29. Okt. 3, womit die Epidemie erlosch. Nachdem also die Erkrankungsziffer von 81

auf 13 gesunken war, erhebt sie sich für die nächsten drei Wochen
auf 26, um dann bald auf Null herunterzusinken. Ob in einem
solchen Falle eine Wiederinfektion oder eine Kontaktinfektion mit
sogenannten sekundären Herden stattgefunden hat, läßt sich dadurch
entscheiden, daß im ersteren Falle die Neuerkrankungen sich über
das ganze Wasserfeld verbreiten, während bei den Kontaktinfektionen in den früher befallenen Häusern zweite und dritte Fälle
auftreten oder Personen erkranken, die mit den ersten Fällen in
innigere Berührung gekommen sind; in erster Linie erkranken die
Pfleger der Kranken.

b) Das Decken von Krankheitsfeld und Wasserfeld.

Bei einer Wasserepidemie muß sich das „Krankheitsfeld" mit
dem „Wasserfeld" decken, d. h. die Infektionen müssen in ihrer
überwiegenden Menge in dem Gebiet der verdächtigen Wasserversorgung erfolgt sein.

Ist ein Brunnen infiziert worden, so finden sich die primären
Erkrankungsfälle nur in denjenigen Familien, welche das Wasser
gerade dieses Brunnens verwendet haben; als Außenseiter kommen
Personen in Betracht, z. B. Kinder, welche, ohne zu den erwähnten
Familien zu gehören, dort Wasser tranken.

Bei Zentralversorgungen treten solche Fälle da sehr klar
zutage, wo eine Stadt oder eine Gruppe von ineinander übergehenden Städten verschiedene Wasserversorgungen haben. Ein
deutliches Beispiel bietet die Choleraepidemie des Jahres 1892.
Die Städte Hamburg, Altona, Wandsbeck fließen so ineinander,
daß die Grenzen nicht zu erkennen sind. Hamburg war sehr stark
infiziert, Altona und Wandsbeck sehr wenig, und die meisten Erkrankungen in Altona betrafen Personen, die tagsüber in Hamburg oder an der Elbe gearbeitet hatten. Im übrigen gingen die
Erkrankungen nur so weit, als das unfiltrierte Elbewasser Hamburgs getrunken war; wo es nicht zur Verwendung kam, da war keine
Cholera. So wurden in Hamburg in vier geschlossenen Anstalten
im ganzen 2369 Personen mit Brunnenwasser versorgt, keine von
ihnen erkrankte! Während die starke Erkrankungsziffer mit der
Hamburg-Altonaer Grenze abschnitt, blieb an einer Stelle ein
ganzer Komplex von Häusern Hamburgs von der Cholera verschont; die Untersuchung ergab, daß diese cholerafreie Stelle irr-
tümlich nicht mit dem Hamburger, sondern mit dem Altonaer
Wasserrohrnetz verbunden war.

In Besançon brach eine schwere Typhusepidemie aus, die nur
die innere Stadt befiel, während die äußeren Stadtteile frei blieben.

Die letzteren bekamen ihr Wasser von den Quellen von Aglans und Bregille, die erstere von der Quelle von Arcier; nur diese war infiziert.

Man darf sich jedoch nicht vorstellen, daß die Infektionen immer gleichmäßig über das ganze Wassergebiet verteilt sind, es kann sich ereignen, daß ganze Straßen, sogar kleinere Stadtteile des Wasserfeldes vom Typhus frei bleiben, während andere stärker befallen werden, entweder weil dort weniger Personen wohnen, oder weil die Bakterien ungleichmäßig im Wasser verteilt sind. Das Virus der Infektionskrankheiten ist nicht im Wasser gelöst, sondern aufgeschwemmt und so kann nach der verschiedenen Verteilung oder Strömung ein größerer Teil an die eine, ein kleinerer an die andere Stelle gebracht werden.

Bei Untersuchungen nach der Quelle der Infektion ereignet es sich nicht selten, daß die Polizeibehörde eine Anzahl Kranker nennt, die außerhalb des Wasserfeldes sich befinden. Dann ist es notwendig, den einzelnen Fällen nachzugehen und es gelingt häufig, solche Außenseiter an die richtige Stelle zu bringen. Zu beachten ist nach der Richtung hin, daß Kinder oft zu Hause eine andere Wasserversorgung haben als in der Schule, daß Arbeiter auf ihren Grundstücken vor der Stadt Brunnen besitzen, während sie in der Stadt bei ihrer schweren Arbeit reichliche Massen von Leitungswasser trinken; Dienstmädchen und sonstige Angestellte können in dem einen Hause den Krankheitskeim aufnehmen, in einem anderen Hause, nachdem sie die Stelle gewechselt haben, erkranken; es wurde uns ein Erkrankter als an eine infizierte Wasserversorgung nicht angeschlossen angegeben, während die Nachforschung an Ort und Stelle ergab, daß der Mann schon seit drei Monaten in dem an die infizierte Leitung angeschlossenen Gefängnis gesessen hatte.

c) **Die Verbreitung über die verschiedenen Bevölkerungsklassen und die relativ seltenen Doppelerkrankungen in einer Familie.**

Da das Wasser ein allgemein gebrauchtes Getränk ist, so erklärt sich von selbst, daß die Erkrankungen durch dasselbe vor keinem Alter, keinem Stand, keinem Beruf Halt machen; bei einer Wasserepidemie werden daher Arme und Reiche, Gebildete und Ungebildete, reinliche und unreinliche Menschen in ungefähr dem Verhältnis befallen, wie sie das rohe Wasser hauptsächlich als Trinkwasser gebrauchen. Wenn einmal eine Bevölkerungsgruppe kein Wasser trinkt, so hebt sie sich als ungefährdet heraus; so erkrankte in der High-Street in London bei einer schweren Choleraepidemie eine große Zahl von Leuten der verschiedensten Berufs-

und Gesellschaftsklassen, nur das Personal einer mitten in dem
infizierten Bereich gelegenen Brauerei blieb völlig verschont, weil
es gewerbsmäßig kein Wasser trank.

Da die Krankheitskeime meistens in einer großen Menge
Wasser verteilt sind, so erkranken naturgemäß durchaus nicht alle
Personen, welche von dem Wasser getrunken haben, sondern nur
diejenigen, die zufällig die Keime in sich aufnehmen, die anderen
bleiben gesund. So kommt es denn, daß Doppelerkrankungen in
einer Familie selten sich ereignen.

Die Erscheinung der weiten Verbreitung bei relativ dünn-
gesäeten Fällen ist für die Wasserinfektionen gleichfalls charakteristisch. Indessen auch hiervon gibt es Ausnahmen. Daß bei
Brunneninfektionen eine sehr starke Beteiligung der Umlieger
statthaben kann, ist selbstverständlich, sofern nur viele Bazillen in
die gewöhnlich geringe Wassermenge des Brunnens gelangt sind,
die oft noch nicht 1 cbm, selten mehr als 5 cbm beträgt.

Sogar bei Bachwasserversorgungen, wo man es am wenigsten
erwarten sollte, können dicht gesäete Infektionen vorkommen:
In einer thüringischen Gemeinde von etwa 400 Einwohnern
erkrankten durch den Genuß eines 2 km oberhalb infizierten Bachwassers in rascher Aufeinanderfolge 44 Personen = 11 Proz.! der
Bevölkerung an Typhus. Brunnen- oder anderes Wasser gab es
im Orte nicht; eine Nahrungsmittelinfektion, eine Kontaktinfektion
war völlig ausgeschlossen. Die Leute holten sich ihr Wasser aus
dem Bach und hoben es vielfach in Fässern im Hause auf. Ein
Landwirt hat eine eigene Röhrenfahrt zum Bach, und in seinem
Hause erkrankten innerhalb dreier Tage von neun Personen sechs am
Typhus. Es liegt nahe, anzunehmen, daß ein Schwarm Typhusbazillen, möglicherweise an ein Nährzentrum, z. B. ein Kotpartikel-
chen, gebunden in das Rohr hineingelangt war und die schwere
Hausepidemie verursacht hatte. In einer Familie erkrankten ein
Kind, das Dienstmädchen und ein Zimmerlehrling innerhalb einer
Woche; in einem zweiten Hause erkrankten zugleich sechs Personen;
nach vier Wochen kam eine Nachinfektion. Hier waren jedenfalls
die in einzelne Holzfässer gelangten Schwärme von Typhuskeimen
die Veranlassung der starken Haus- oder Familieninfektionen.

d) Die vorwiegende Erkrankung von Frauen und Kindern spricht noch nicht für eine Wasserepidemie.

Vielfach findet man als Beweis für eine Wasserepidemie angegeben, daß hauptsächlich Frauen und Kinder beteiligt seien, da
gerade sie viel Wasser tränken oder viel mit dem Wasser arbeiteten.

Es soll nicht geleugnet werden, daß ein solcher Zusammenhang bestehen kann, aber es muß doch mit aller Schärfe betont werden, daß auch ohne das Vorhandensein von Wasserepidemien, daß bei reinen Kontaktepidemien Kinder und Frauen in überwiegender Zahl erkranken. In einer kleineren Stadt Thüringens, F., wo wir die Erkrankungsfälle genau verfolgen konnten, kamen im Laufe mehrerer Jahre hintereinander bei ganz ausgesprochenen Kontaktepidemien 133 Erkrankungen vor; von diesen betrafen 56 Kinder bis zu 15 Jahren, 24 Männer, 53 Frauen. Dem Alter nach verteilen sich die 77 Fälle bei den Erwachsenen wie folgt:

Jahre	Männlich	Weiblich
Unbekannt	3	8
15 bis 20	6	10
21 „ 30	4	13
31 „ 40	8	15
41 „ 50	3	3
51 „ 60	0	2
61 „ 70	0	2
Summa . .	24	53

In der Stadt J. traten von Mitte des Jahres 1899 bis Ende des Jahres 1901 im ganzen 118 Fälle von Typhus auf. Bei dem Interesse, welches die Ärzte der dort selten gewordenen Krankheit entgegenbrachten, und bei dem überall erwiesenen Entgegenkommen dürfte uns kaum eine Erkrankung entgangen sein. Es wurden befallen: 54 Kinder, 28 Männer, 36 Frauen, also wiederum trotz der Kontaktinfektion das Überwiegen der Kinder und Frauen. Zu berücksichtigen ist, daß hier die männliche Bevölkerung der altersdisponierten Klassen, Studenten, Soldaten, Arbeiter, erheblich größer war, als die der Frauen gleichen Alters. Daß die Kinder sich leicht infizieren, beruht in dem innigen Verkehr untereinander und dem noch nicht entwickelten Gefühl für Reinlichkeit, bei den Frauen wohl darauf, daß sie im Hause durch den Verkehr mit den Kindern und allen möglichen anderen Personen sowie durch ihre ganze Arbeitsart mehr der Infektionsgefahr ausgesetzt sind als die an ihren bestimmten Arbeitsplätzen wirkenden Männer.

3. Der Paratyphus.

Die Verbreitung von Paratyphus B durch Wasser ist verschiedene Male wahrscheinlich gemacht, so z. B. von de Feyfer und Kayser. Einmal ist Paratyphus in größerem Maßstabe in einer

Kaserne in Saarbrücken vorgekommen, wo bei negativem Druck in der Wasserleitung Abortinhalt angesogen war. Auch sind Vergiftungen durch Fischfleisch von Conradi und Rommeler auf Infektionen mit Paratyphusbazillen durch Roheis zurückgeführt worden. Die Paratyphusbazillen sind weit verbreitet; man hat sie in den verschiedensten Nahrungsmitteln, z. B. in Wurst, sogar in größerer Zahl gefunden, ohne daß sie die Krankheit erregt hätten, während sie in anderen Fällen größere Epidemien hervorriefen, wie sich das z. B. in Kiel durch Genuß infizierten Rindfleisches ereignete.

Zweimal sind sie in Deutschland bereits sicher im Trinkwasser gefunden worden (Conradi und Gaethgens), ohne daß sie Krankheit erregt hätten. Paladino-Blandini gibt an, den Paratyphus A in dem Wasser der Quelle Pantanello gefunden zu haben, wiederum ohne daß die Krankheit in der Bevölkerung auftrat. Die bloße Anwesenheit im Wasser genügt also nicht immer, die Affektion hervorzurufen, aber sie dürfte doch genügen, Vorsichtsmaßregeln, z. B. zeitweilige Sistierung des Bezuges, Desinfektion u. dgl., zu rechtfertigen. In 59 Proben des Themse- und Seewassers mit 13 000 untersuchten Bakterienstämmen wurde Paratyphus nur zweimal, im Wasser der Newabucht einmal gefunden; 19 systematische Untersuchungen des Elbwassers bei Hamburg, des Spreewassers bei Berlin waren erfolglos. Sagriffone und Boyer berichten, 1909, über einen Fall von Infektion mit Paratyphus durch Austern.

4. Die Ruhr.

Früher hat man die Ruhr sehr oft in ätiologische Beziehung zu dem Wasser gebracht. Die Ruhr kann erzeugt werden durch Amöben, tropische oder besser endemische Ruhr, und durch Bazillen, epidemische oder bazilläre Ruhr. Betreffs der tropischen Ruhr geht die allgemeine und nirgends ernstlich widersprochene Auffassung dahin, daß sie durch Wassergenuß verbreitet werden könne. Hierbei macht es für unsere Besprechung keinen Unterschied, ob die Amoebae haemolyticae, die Ruhramöben, frei bzw. in ihren Wirten eingeschlossen in dem Wasser enthalten sind, oder ob sie, z. B. beim Baden, durch die Hautporen ihren Eingang finden. Einer der besten Kenner der Amöbenruhr, Prof. Dr. Kartulis-Alexandrien, sagt: „Die genaueren Verhältnisse der Übertragungsweise der Amöbendysenterie auf den Menschen beruhen vorderhand auf Vermutungen. Durch die tägliche Erfahrung wissen wir jedoch, daß das Wasser und die mit diesem in Zusammenhang kommenden Nahrungsmittel eine große Rolle als Träger der Infektionen spielen."

Erst seitdem die epidemische Ruhr als auf Infektion mit einer kleinen Gruppe von Bakterien beruhend erkannt ist, die vom Shiga-Kruseschen bis zum Flexnerschen Bazillus sich erstreckt, hat man die Frage nach der Vermittelung durch Wasser genauer in das Auge fassen können. Von Lentz und von Galli-Valerio sind die bekannt gewordenen Fälle zusammengetragen. Es sind noch nicht ein Dutzend, also doch recht wenig, und man kann auch nicht behaupten, daß bei allen das Wasser mit zwingender Notwendigkeit der Vermittler gewesen ist, aber bei mehreren ist der Indizienbeweis überwältigend. Galli-Valerio kommt zu dem Schluß: „Sicherlich bildet das Wasser dort eine große Gefahr, wo die Fäkalmassen direkt in die Flüsse gelangen, oder wo die Abortgruben undicht sind, wo sie als Versitzgruben ausgebildet sind, oder wo sie ganz fehlen." Da die Erreger mit dem Kot ausgeschieden werden, da sie sich, wie darauf gerichtete Untersuchungen gelehrt haben, im Wasser, je nach den Umständen, mehrere Tage bis mehrere Wochen halten können, so ist gar nicht einzusehen, warum die bazilläre Ruhr nicht auch durch Wasser verbreitet werden sollte, genau wie der Typhus. Aber es ist nicht zu bestreiten, daß das bis jetzt weniger geschehen ist; möglicherweise ist der menschliche Organismus besser geeignet, die mit dem Wasser, also einzeln, eindringenden Ruhrbakterien leichter unschädlich zu machen als die des Typhus. Andererseits ist denkbar, daß die Ruhrerreger rascher absterben. Vincent konnte nachweisen, daß die löslichen Stoffwechselprodukte der Wasserbakterien gegenüber den ersteren eine tötende Wirkung ausübten. Durch diese Beobachtungen darf jedoch nicht bewirkt werden, daß der Wassertechniker und Begutachter die Gefahr der Infektion eines Wassers mit Dysenterie unterschätzt; eine schwere Epidemie könnte leicht die Folge eines solchen Verkennens sein.

Korenschewsky gelang es während des russisch-japanischen Krieges, aus einem Brunnen einen dem Ruhrbazillus gleichen Bazillus zu züchten, welcher gerade so wie der originäre Stamm das spezifische Serum bis 1:700 ausagglutinierte; nach Schließung des Brunnens hörte die Epidemie auf.

5. Die Weilsche Krankheit.

Die erst seit dem Jahre 1886 näher bekannte Weilsche Krankheit, Icterus febrilis infectiosus, ist zu wiederholten Malen auf Wasser, als ihren Vermittler, zurückgeführt worden.

Vielfach sind Personen, die in Flüssen oder Bächen badeten, an dieser bösartigen Infektion erkrankt.

Am bekanntesten ist die Arbeit von Jaeger geworden, in der. für eine Reihe von Fällen wahrscheinlich gemacht wurde, daß ein Bacterium proteus der Erreger sei; der Mikrobe konnte nicht bloß aus den Kranken, sondern auch aus dem Wasser, worin die Erkrankten kurz vorher gebadet hatten, gezüchtet werden. Gegen das Bacterium proteus Jägers sind in letzter Zeit schwere Bedenken erhoben worden, so von Hecker und Otto. Diese Autoren konnten den proteus nicht nachweisen, ebensowenig einen anderen Erreger; aber sie folgern aus den epidemiologischen Tatsachen „mit Sicherheit, daß die Infektion beim Baden erfolgt sei".

Die Übermittelung der Krankheit durch Wasser steht hiernach wohl fest, wenn auch über den Erreger noch Zweifel vorhanden sind.

6. Magen-Darmkatarrhe.

Die Frage, ob Magen-Darmkatarrhe durch Wasser übermittelt werden können, muß als eine offene angesehen werden. Es gibt ganz vereinzelte Beobachtungen, wo kurze Zeit nach dem Genuß eines stark verschmutzten Wassers schwere Magen-Darmkatarrhe auftraten, wie in einem von Löffler angegebenen Falle; Reincke-Hamburg und Meinert-Dresden bringen direkt die zu gewissen Zeiten vermehrte Säuglingssterblichkeit ihrer Städte mit dem vermehrten Bakteriengehalt des Trinkwassers in ursächliche Beziehung. Praussnitz möchte eine im Mai 1907 in Graz aufgetretene Epidemie von Magen-Darmkatarrhen mit einem Steigen der Bakterienzahl auf etwa 2000 bis 3000 im Kubikzentimeter in Zusammenhang bringen, aber er gibt selbst an, daß die Erkrankungen auch dort vorgekommen sind, wo Leitungswasser gar nicht vorhanden war und nicht genossen wurde.

Andererseits sind nicht bloß im Experiment, sondern auch im gewöhnlichen Verlaufe des Lebens unzählige Male große Mengen schmutzigen, fauligen, stark mit Bakterien durchsetzten Wassers genossen worden, ohne daß irgendwelche gesundheitliche Schäden eingetreten sind.

Mills meint, daß mit Einführung einer guten Wasserversorgung nicht bloß die Typhus-, sondern auch die allgemeine Sterblichkeit abnehme, wegen Verminderung der Todesfälle an Brechdurchfällen, Diarrhöen, Gastrointestinalkatarrhen, sogar an Tuberkulose, Pneumonie und sonstigen Krankheiten der Respirationsorgane. Man nennt diese Auffassung das „Mills-Reinckesche Phänomen". Ebensoweit geht Hazen, der den Satz aufstellte, daß, wenn durch

Einrichtung einer guten Wasserversorgung ein Typhustodesfall gespart werde, vielleicht zwei bis drei Todesfälle aus anderen Ursachen vermieden würden. Diese Auffassungen bestehen nicht zu Recht. Kein Wort ist darüber zu verlieren, daß Tuberkulose, Pneumonie und Lungenkatarrhe nicht mit dem Wasser zusammenhängen. Aber auch die Brechdurchfälle, Diarrhöen, Darmkatarrhe der Kinder und Erwachsenen auf das Wasser zurückführen zu wollen, ist mehr als gewagt. Reincke ist der Ansicht, daß Krankheitserreger im guten Wasser fehlen; aber, wer sind denn diese Krankheitserreger? So in das Blaue hinein von Krankheitserregern reden, die völlig unbekannt sind, geht nicht an. Mills meint, durch die Zuführung des guten Wassers werde die vitale Widerstandskraft gesteigert; — man sollte besser derartige Redensarten, die schön klingen und nichts bedeuten, unterlassen. Wenn man bedenkt, wie wenig Bakterien mit dem Wasser, wie enorm viele mit Milch — in jedem Kubikzentimeter hunderttausend und mehr — im Käse, in der Wurst usw. usw. aufgenommen werden, dann ist es sehr schwer, an die Schädlichkeit der wenigen Wasserbakterien zu glauben, dann müßte es auch ein leichtes sein, die Schädlinge zu finden; aber alles Suchen nach solchen ist völlig resultatlos verlaufen. Der Brechdurchfall usw. der kleineren Kinder, die hier hauptsächlich in Frage kommen, kann durch das der Milch zugesetzte Wasser nicht bedingt sein, denn dieses wird mit der Milch abgekocht genossen.

Man soll sich hüten, aus jedem Zusammenfallen zweier Erscheinungen einen Causalnexus zu konstruieren. Warnend sei an die alte Pettenkofersche These vom Sinken des Grundwassers und dem Steigen der Epidemien erinnert. Verfasser mußte die Wasserversorgung einer Stadt als wahrscheinlich infiziert bezeichnen durch das Absaugen von Aborten, die in der Nähe der in der Stadt selbst befindlichen Pumpstation lagen; der Boden war zerklüftete Kreide. Weil dem Gemeindevorstand die sofortige Verlegung des Brunnens aus der Stadt nicht möglich war, so ordnete er an, daß langsam, aber Tag und Nacht, gepumpt werde. Während mehrerer Jahre kam kein Typhus mehr vor und die Sterblichkeit sank um 6 bis 8 auf 10000. Die standesamtlichen Totenlisten ergaben uns, daß tatsächlich kein Typhusfall sich ereignet hatte — es war also kein neuer Fall eingeschleppt worden, dessen Fäkalien hätten in das Wasser gelangen können — aber ebensowenig waren in der ganzen Zeit Epidemien von Masern, Scharlach und Diphtherie vorgekommen. Letzteres erklärte zwanglos und vollständig den Ausfall an Todesfällen. — In einem anderen

Falle trafen zufällig einige Brechdurchfälle mit einer erhöhten
Keimzahl — etwas über 100 in einigen Brunnen — zusammen;
der beamtete Arzt ließ infolgedessen die zentrale Wasserversorgung
schließen und es stand tatsächlich die Existenz dieser an sich guten
Anlage, die mehrere hunderttausend Mark gekostet hatte, wegen
der Idee, das Wasser habe die Durchfälle veranlaßt, auf dem
Spiele.

Nichts liegt uns ferner, als die Möglichkeit der Übermittelung
bestimmter Krankheiten durch Wasser zu bestreiten, aber man
soll doch nicht mehr behaupten, als man beweisen kann, und nicht
unnötige Beunruhigungen hervorrufen. Es sei darum gebeten, jeden
Fall von Digestionsstörungen durch Wassergenuß gründlich moti-
viert zu veröffentlichen, damit klar werde, ob und wieviel Wahres
an diesen Gerüchten und den bis jetzt doch recht mangelhaft
durchgeführten Deduktionen ist. In dem Zweifel an diesen Dingen
finden wir uns in Gesellschaft mit den meisten Forschern auf dem
Wassergebiet, von welchen Dr. med. Houston, der Chef des
Wasserprüfungsamtes von London, sich noch vor kurzem in vorstehendem Sinne geäußert hat.

7. Der Milzbrand.

Daß Milzbrand durch Trink- und Hausgebrauchswasser auf
den Menschen übertragen sei, ist uns nicht bekannt geworden.
Dahingegen sind Fälle von Tierinfektionen dieser Art nicht selten.
So berichtet z. B. der Kreistierarzt des Kreises Krotoschin, daß
die Tiere einzelner Ortschaften an Milzbrand erkrankten, als
sie das Wasser eines Baches getrunken hatten, der vorher durch
eine Gerberei gelaufen war. Wir konnten nachweisen, daß das
Wasser des Schmeiebaches in Hohenzollern Milzbrandsporen übertrug, wenn die Tiere das mit aufgerührtem Schlamm durchsetzte
Wasser, das durch Gerbereien von Ebingen aus stark verschmutzt
war, zu sich genommen hatten. Die Sporen sind mehr im Schlamm
als im freien Wasser vorhanden; große Regen, welche den am
Boden lagernden Schlamm aufrühren, machen also das Bachwasser
besonders gefährlich. Häufiger als auf diesem direkten Wege
wird der Milzbrand dadurch an Tiere übermittelt, daß ein Bachwasser von Gerbereien aus, die trockene ausländische Rohhäute
(Wildhäute) verarbeiten, Sporen bei der Berieselung über die Wiesen
trägt, wo sie an den Grashalmen haften bleiben und vom Vieh
gefressen werden. Gerbereien, welche nur gesalzene Häute verarbeiten, sind anscheinend ungefährlich.

Möglicherweise kann hier und da ein Erkrankungsfall an einer anderen Infektionskrankheit als den vorgenannten, so z. B. an Diphtherie oder Tuberkulose, auch durch Wasser entstehen. Aber das dürften sehr große Seltenheiten sein, trotzdem das Publikum solche Infektionen als naheliegend annimmt. Eine Lungenheilstätte mit etwa 100 Kranken wollte ihr Abwasser, in welches zudem nur desinfizierte Sputa hineingelangten, zuerst in einer sehr praktisch eingerichteten Kammer ausfaulen lassen, wodurch die Gewähr der Zertrümmerung der Sputa gegeben war, dann sollte das Wasser bei einem etwa 30 m betragenden Gefälle wiederholt stark gelüftet werden, darauf einen Fischteich von 3500 cbm Fassung passieren und nun erst in den Fluß gelassen werden. Eine größere Stadt, die in etwa 20 km Entfernung von dem Fluß durchflossen wurde, erhob mit Erfolg Einspruch wegen „Infektionsgefahr", obschon das Wasser nirgends als Trinkwasser und kaum irgendwie als Gebrauchswasser in Betracht kam.

8. Die Lebensdauer der Krankheitserreger.

a) Die Lebensdauer der Typhus- und Cholerabakterien im Kot und im Boden.

Der Kot eines mit Typhus infizierten Menschen kann dann in infektionstüchtigem Zustande im Freien abgesetzt werden, wenn der Kranke sich im ersten Stadium der Krankheit befindet, oder wenn der Kranke nicht bettlägerig wird (Typhus ambulatorius), oder wenn Personen, welche die Krankheit überstanden haben, weiter Typhusbazillen bei sich beherbergen. Solche Leute heißen Bazillenträger oder Dauerausscheider; man kennt Fälle, wo die Ausscheidung über 40 Jahre währte; die ausgeschiedenen Bazillen können sehr zahlreich sein, viele Millionen an einem Tage betragen. Leider ist es bis heute noch nicht gelungen, die Bazillen im Menschen zum Verschwinden zu bringen, ebensowenig kann man gegen die Bazillenträger, deren Zahl zwei bis vier vom Hundert der Genesenen betragen dürfte, mit gesetzlichen Maßnahmen vorgehen.

In der Rekonvaleszenzperiode des Typhus werden ziemlich häufig Typhusbazillen mit dem Urin ausgeschieden, und zwar bei jeder Entleerung viele Millionen. Glücklicherweise hört die Ausscheidung meistens in einigen Wochen auf, und sie kann durch Arzneimittel stark abgemindert oder zum Verschwinden gebracht werden.

Im Kot halten sich die Typhusbazillen meistens mehrere Wochen; denn wenn auch die an der Oberfläche der Kotmassen

sitzenden Bakterien absterben, so bleiben doch unterhalb der Kruste
viele lebendig. Wie lange sie lebend bleiben, hängt von verschiedenen Umständen ab, so spielt z. B. die Reaktion und der
Wassergehalt des Kotes eine Rolle; bei kühler Witterung pflegen
sich die Bazillen längere Zeit zu halten als bei hoher Temperatur.

Bei der Cholera sind die Möglichkeiten, daß infizierter Kot
in das tributäre Gebiet direkt übertragen werde, insofern andere,
als das Anfangsstadium der Erkrankung nur wenige Stunden zu
betragen pflegt, die Dauerausscheider und Bazillenträger erheblich
seltener sind und die Bazillen bald wieder verlieren. Es kommen
also eigentlich nur die „ambulanten", die leichten und leichtesten
Fälle in Betracht. Durch Rob. Koch und spätere Untersucher
wissen wir, daß bei Typhus und bei Cholera die Zahl derselben
ungefähr der der schweren Erkrankungen gleich ist. In den Urin
gehen die Cholerabazillen überhaupt nicht über.

Bei den Cholerabazillen darf man ungefähr die gleiche Lebensdauer wie bei den Typhusbazillen annehmen. Wir konnten die
Kommabazillen noch sechs Wochen nach der Beimischung aus
Kinderkot herauszüchten, welcher, zwischen zwei Torfmullschichten
gelagert, schon zu einer zähen, dicken Masse zusammengetrocknet
war. Der Nachweis ist bei der Cholera allerdings wesentlich
sicherer als beim Typhus, da das sogenannte Anreicherungs-
verfahren selbst vereinzelte Choleravibrionen dem Nachweis zugänglich macht.

Kothaufen in der Nähe der Wasserfassungen sind daher nicht
nur wegen der ästhetischen Beleidigung oder wegen einer eventuellen
Verschmutzung, sondern auch mit Rücksicht auf die Infektion zu
fürchten.

Gelangt der Kot in Abortgruben, so pflegen die Typhus-
und Cholerabakterien in ihrer großen Mehrzahl rasch abzusterben.
Kräftigere Exemplare oder zufällig an eine für sie günstige Lokalität
gelangte, z. B. in Schleimflöckchen eingebettete, widerstehen lange,
drei bis vier Wochen, ja bis zu sechs und mehr Monaten.

Gabrano und Calderini fanden als größte Lebensdauer
30 Tage in der Abortgrube und 25 Tage in der Tonne, als geringste
an beiden Stellen 15 Tage. In dem nach zehntägigem Aufenthalt
in der Grube oder der Tonne auf den Erdboden gebrachten Material
lebten die Typhusbazillen an der Oberfläche höchstens 20, in der
Tiefe höchstens 40 Tage.

In Spülgruben, d. h. Gruben, wohinein der Kot und das
Wasser der Spülklosetts geht, und wo eine Trennung der festen
und flüssigen Massen derart stattfindet, daß nur die flüssigen zum

Abfluß gelangen, hielten sich nach Versuchen, die im hygienischen Institut in Jena angestellt wurden, die Cholerabazillen bis zum Abbrechen des Versuches, welches am 85. Tage erfolgte.

Als die Proben in den Gruben unter beschränktem Sauerstoffgehalt gehalten wurden, blieben die Vibrionen gegen drei Wochen am Leben.

Typhusbazillen konnten unter den gleichen Bedingungen ebensolange, im letzteren Falle sogar noch nach sechs Wochen nachgewiesen werden.

Die Annahme also, daß in den Gruben und den Kanalflüssigkeiten die Krankheitskeime rasch abstürben, ist insofern richtig, als zweifellos recht viele von ihnen bald zugrunde gehen, aber ebenso sicher ist, daß eine nicht zu vernachlässigende Zahl Wochen, unter günstigen Verhältnissen selbst Monate hindurch in den Fäkalien lebendig bleibt.

Gelangen Cholera- und Typhusstühle auf den Misthaufen, so können sie dort sehr rasch absterben. Wenn sie ordentlich in den Mist hineingepackt werden, Kompostierung, wobei Temperaturen bis zu 70° C entstehen, so kann man sogar auf ein sicheres Absterben innerhalb von ein bis zwei Wochen rechnen, wie uns darauf gerichtete Versuche ergaben. Aber solch günstige Verhältnisse kommen selten vor. Uffelmann konnte durch eine epidemiologische Beobachtung und Lewy und Kayser durch die bakteriologische Probe nachweisen, daß sich Typhusbakterien ein halbes Jahr im Dünger gehalten haben.

Die Lebensdauer der Cholera- und Typhusbazillen im Boden. Mit dem Kot, Urin und Dünger gelangen die Krankheitskeime auf und in die obersten Schichten des Bodens. Über ihre Lebensdauer liegen gleichfalls Reihen von Beobachtungen vor, deren Endresultate wir kurz anführen wollen.

Die frühere, Pettenkofersche, Anschauung, als ob die Krankheitskeime des Typhus und der Cholera zunächst in den Boden, in das Erdreich, hinein müßten, um dort zu reifen oder sich mit einem anderen Agens zum infektionstüchtigen Keim umzubilden, hat sich als unrichtig erwiesen; aber die Krankheitserreger können sich im Boden halten ohne ihre Virulenz zu verlieren und von dort aus auf verschiedenen Wegen, so z. B. durch das Wasser, zum Menschen zurückkehren und ihn infizieren.

Dahingegen finden die im Darm an höhere Temperaturen, viel Feuchtigkeit, gute und reichliche Nahrung gewöhnten Krankheitserreger nur selten die zur Weiterentwickelung günstigen Bedingungen. Dennoch ist mit dieser Möglichkeit zu rechnen; so ist im Sommer und Beginn des Herbstes vielfach die Temperatur des Bodens recht hoch, der Juli ist bei uns der regenreichste Monat, und meistens bringen die pathogenen Keime sich einiges Nährmaterial mit, insofern als sie mit Kotteilchen zusammen in die Erde gelangen, auch können in der Erde für die Bakterien passende Nährstoffe vorhanden sein. Treffen diese günstigen Umstände zusammen, so ist eine Vermehrung nicht ganz ausgeschlossen.

Meistens halten sich die pathogenen Keime nur einige Zeit im Boden, verschieden lange je nach den Verhältnissen, die allerdings noch nicht genau bekannt sind. Im allgemeinen scheint niedrige Temperatur besser zu konservieren als hohe. Man hat als Reinkultur und mit Fäkalien in die Erde gebrachte Typhusbazillen noch nach drei Monaten, und in sterilisierte Erde gebrachte noch nach einem Jahr und mehr nachweisen können. Letzteres spricht dafür, daß der Typhusbazillus empfindlich ist gegen die Konkurrenz der gewöhnlichen Erdbakterien. Die schwächlicher veranlagten Cholerabazillen hat man bis zu einem halben Jahr in sterilisierter Erde gefunden, während sie aus bakterienhaltigem Erdreich in wenigen Tagen zu verschwinden scheinen; allerdings sind die Versuche, welche man mit Cholerabazillen anstellte, weniger zahlreich und daher nicht so aufklärend als die mit Typhusbazillen angestellten.

Die Erreger der bazillären Ruhr sind weniger widerstandsfähig als die des Typhus und der Cholera, sie pflegen rascher abzusterben. Ist auch die Ruhr mit Recht eine Schmutzkrankheit genannt worden, so ist sie doch hauptsächlich eine solche des frischen Schmutzes. Darin liegt wohl auch der Grund, daß ihre Verbreitung durch Wasser selten ist.

Die übrigen Krankheitserreger interessieren hier kaum; gesagt sei nur, daß Milzbrandkeime sich nachweislich über drei Jahre hinaus im nicht sterilisierten Boden haben nachweisen lassen.

b) Die Lebensdauer der Typhus- und Cholerabazillen im Wasser, im Schlamm und in Austern.

Man darf als Regel annehmen, daß in gewöhnliches Wasser gebrachte pathogene Bakterien in wenigen Stunden bis einigen Tagen in ihrer großen Mehrzahl absterben, und zwar deshalb, weil die an hohe Temperatur und gute Ernährungsverhältnisse gewöhnten Darmbakterien plötzlich in ein kühles, an organischen Nährstoffen und an Salzen armes Wasser gelangen und so infolge des rasch und stark veränderten osmotischen Druckes und des Nahrungsmangels zugrunde gehen, wobei Nebenumstände, z. B. Lichtwirkung, vielleicht auch die Konkurrenz mit den Saprophyten und anderes mehr mitwirken.

Eine Anzahl bleibt jedoch am Leben, und diese Organismen scheinen dann recht widerstandsfähig zu sein. In ein Wasser gelangte „Nahrungszentren", z. B. Kotteilchen, Darmschleim, sich zersetzende tierische oder pflanzliche Substanz, dienen als Anhaftepunkte für die Darmbakterien, und an und in ihnen können sie sich länger halten. Es sei hier an den Versuch C. Günther erinnert, der sterile Deckgläschen in das Wasser eines Kesselbrunnens hineinhing und dann fand, daß an dem Deckgläschen unzählige Bakterien hafteten. Dieses Festhalten der Bakterien an im Wasser schwebenden festen Körpern ist wichtig für die Vorgänge beim Sterilisieren des Wassers durch chemische Mittel.

Höhere Temperaturen, zusammen mit größeren Mengen von Salzen und gelösten organischen Substanzen wirken konservierend; die starke Infektion Hamburgs mit dem cholerainfizierten Elbwasser im Herbst 1892 wird hiermit in Zusammenhang gebracht. Ist aber eine höhere Temperatur vorhanden bei einem in seiner Zusammensetzung geringwertigen Wasser, dann bewirkt sie ein rascheres Absterben. Niedrige Temperaturen dahingegen konservieren die pathogenen Keime auch im Wasser.

Die Bakterien, besonders die uns hier beschäftigenden der Cholera und des Typhus, werden durch Licht geschädigt. Hans Buchner hat am deutlichsten auf die zerstörende Lichtwirkung hingewiesen. Sie erstreckt sich bis zu einem Meter und mehr in das klare Wasser hinein, geht jedoch bei trüben Wässern nicht über wenige Zentimeter hinaus. Die Bewegung, wie sie im fließenden Wasser oder in den Leitungsrohren vorhanden ist, schädigt die Cholera- und Typhusbakterien nicht; zudem befinden sie sich in dem bewegten Wasser in relativer Ruhe.

Es kann davon Abstand genommen werden, auf die Untersuchungen über die Lebensdauer im Wasser im einzelnen einzugehen, nur wenige seien erwähnt. Cholerabazillen hielten sich in sterilisiertem Trinkwasser bis über ein Jahr. In nicht sterilisiertem Wasser waren sie oft schon nach 24 Stunden verschwunden, hielten sich in anderen Fällen mehrere Wochen hindurch und konnten von Rob. Koch in einem Altonaer Brunnenwasser 18 Tage lang nachgewiesen werden! Houston fand, daß im Themse- und Seewasser trotz Einsaat von vielen tausend Cholerabazillen auf den Kubikzentimeter nach acht Tagen schon 99,9 Proz., nach drei Wochen 100 Proz. abgestorben waren. Gute Hinweise auf die Lebensfähigkeit geben

auch Untersuchungen von Hoeber und von Wernicke. In beiden
Fällen wurde mit Aquarien gearbeitet; die zwei von Hoeber benutzten standen bei 10 und bei 18⁰, das von Wernicke bei Tages-
temperaturen zwischen 12 und 23⁰, nachts sank die Temperatur oft
auf sehr niedrige Wärmegrade. Der erste Autor konnte in dem
Wasser seiner beiden Gefäße Cholerakeime noch bis zum zehnten
und elften Tage, der letztere im Schlamm bis zum 100. Tage nachweisen! In Petersburg hielten sich Choleravibrionen im Schlamm
der Neva bei 5 bis 8 Grad Celsius 2,5 Monate hindurch.

Die Beobachtung Conradis sei nicht vergessen, der die Typhusbazillen, welche er neun Tage vorher in dem Wasser eines Spring-
brunnenbassins gefunden hatte, im Wasser nicht mehr auffinden
konnte, wohl aber in dem schwärzlichen Schlamm der Unterseite
eines in dem Bassin schwimmenden Holzstückchens. Briquet gab
schon 1902 an, daß es ihm in fünf von sechs Fällen gelungen sei,
die Typhusbazillen aus dem mit aufgewirbeltem Bodenschlamm
versetzten Wasser zu gewinnen, und Springfeld, Graeve und
Bruns fanden echte Typhusbazillen in einem Wasserreservoir.

Alles spricht also dafür, daß nicht nur das Wasser, sondern
auch der Schlamm in seinen oberen Teilen zu untersuchen ist, weil
in ihn hinein die sedimentierenden Typhus- und Cholerabakterien
sinken und sich aus ihm bei passender Gelegenheit wieder in das
Wasser hineinbegeben können.

In sterilisiertem Trinkwasser verschiedener Herkunft hielten
sich Typhusbazillen bei 1⁰ bis 2⁰ zehn Tage, bei 14⁰ bis 18⁰ bis zu
28 Tagen, bei 20⁰ bis über 30 Tage. Die Angaben über die
Lebensdauer in rohem Trinkwasser bei Temperaturen bis zu 12⁰
liegen zwischen 7 und 18 Tagen; bei 1 bis 2⁰ wurden sie acht Tage,
bei 20⁰ über 6 Wochen hindurch gefunden. Kübler und Neufeld
entdeckten in dem Brunnen eines Dorfes in der Neumark, welcher
eine Epidemie verschuldet hatte, Typhusbazillen, und als sie vier
Wochen später abermals untersuchten, gelang es ihnen, nochmals
ein Typhusbakterium aufzufinden; dabei hatte die erste Untersuchung
schon vier Wochen nach der Infektion stattgefunden. Hier hatten
sich also einzelne Typhusbazillen bis zu acht Wochen im Brunnenwasser unter natürlichen Verhältnissen gehalten.

Jordan, Rußell und Zeit haben in der Weise experi-
mentiert, daß sie Typhusbazillen in dem zu verwendenden Wasser
aufgeschwemmt in Säckchen aus Pergamentpapier einschlossen
und diese in das gleiche Wasser legten. Sie sahen, daß die
meisten der Bakterien in wenigen Tagen abstarben, aber einige
längere Zeit lebendig blieben. Houston griff wieder zu der

alten Methode zurück, Glasgefäße zu verwenden. Er brachte von nur 40 bis zu 8 Millionen Typhusbazillen pro Kubikzentimeter in Gefäße, welche mit vier Litern Flußwasser gefüllt waren, hob sie bei 9⁰ bis 20⁰ auf und untersuchte dann 1, 10 und 100 ccm nach verschiedenen Zeiten. Er fand, daß in den 100 ccm-Proben die Bakterien in allen 18 angestellten Versuchen nach acht Tagen noch lebten, daß sie nach neun Wochen in allen Proben als abgestorben sich erwiesen. In den 1 ccm-Proben erhielt er kleinere Fristen, aber erheblich waren die Unterschiede nicht. In anderen Versuchsreihen verwendete er nicht gezüchtete, sondern aus typhösem Urin ausgeschleuderte Bakterien. Nur in einem von drei Experimenten konnte er sie bei der sehr starken Einsaat dieses Versuches (770000 pro Kubikzentimeter Wasser) noch nach acht Tagen nachweisen. Houston folgert, wenn auch mit einiger Reserve, daß die vom Menschen kommenden, nicht künstlich gezüchteten Typhuskeime weniger widerstandsfähig seien als die kultivierten. Das ist in seinen Fällen so gewesen; aber nach der ebenfalls auf nicht gezüchteten Bakterien beruhenden Beobachtung von Kübler und Neufeld hielten sie sich acht Wochen. Dann sei noch an den vorhin besprochenen Fall von Tavel erinnert, wo sich ebenfalls nicht kultivierte Typhusbazillen in einem toten Endstück der Wasserleitung von Mitte Oktober bis Ende April, also über sechs Monate, lebendig und virulent erhielten.

Diesen Tatsachen widerspricht es jedoch nicht, daß die in ein Wasser eingebrachten Typhusbazillen in einer großen Anzahl von Fällen in den ersten acht Tagen zum größten Teil aus dem Wasser verschwinden.

In 18 Versuchen, welche Houston bei 10⁰ bis 15⁰ anstellte, starben die 49000 bis 13000000 pro Kubikzentimeter in Themse- und Leeflußwasser eingebrachten Typhuskeime bis zur dritten Woche ab. Schon nach acht Tagen war die Zahl um rund 99,9 Proz. reduziert. So hoch ist allerdings die Reduktion durchaus nicht immer. Äußere Verhältnisse, z. B. mehr oder minder zahlreiche und gute Nahrungszentren, mangelnde Lichtwirkung oder niedrige Temperatur, können das Absterben erheblich verzögern. So unterliegt es keinem Zweifel, daß die an Kot- oder Schleimteilchen angeklebten oder in ihnen eingeschlossenen Typhus- oder Cholerabakterien eine wesentlich längere Lebensdauer im Wasser haben, als die in Reinkultur, somit schutzlos und ohne konzentriertes Nährmaterial hineingegebenen. Die mit Reinkulturen angestellten Versuche — also die meisten — geben daher wesentlich zu niedrige Zahlen an.

Von Emmerich ist die Behauptung aufgestellt worden, daß die in einem Wasser befindlichen Typhusbakterien von Flagellaten, Amoeben und sonstigen Infusorien rasch aufgefressen würden. Die Nachuntersuchungen haben gelehrt, daß in der Tat eine große Menge von Bakterien von den erwähnten Organismen, besonders den zu den Flagellaten gehörenden Bodoarten, aufgenommen wird, und zwar um so mehr, je mehr Bakterien im Wasser enthalten sind. Bringt man Nährstoffe und Bakterien zusammen in ein Wasser, so findet zumeist eine Vermehrung der Bakterien statt; welche nach einigen Tagen einer Verminderung Platz macht. Diese Abnahme der Zahl tritt rascher und intensiver ein, wenn Flagellaten mit in das Wasser übertragen wurden. Regelmäßig zeigte sich bis jetzt, daß der erste Niedergang der Bakterienmenge mit der höchsten Zahl der Bodonen usw. zusammenfiel. Von diesem Hochstand an nehmen dann Flagellaten und Bakterien ab. Nach der Auffassung von Schepilowsky, der sich P. Th. Müller, Spiegel u. a. anschließen, werden die Infusorien besonders durch die Zerfalls- oder Ausscheidungsprodukte von wasserfremden Bakterien zur Entwicklung und starken Vermehrung gereizt. Daß jedoch die Infusorien für die Typhus- und anderen -Darmbakterien eine besondere Vorliebe hätten, ist nicht erwiesen; es ist auch nicht einzusehen, wie sie sich diese Bakterien aus den anderen heraussuchen und sie gesondert verzehren sollten. Aber selbst bei einer gleichmäßigen Aufnahme aller Bakterien muß die Zahl der Typhus- und sonstigen Darm- oder wasserfremden Bakterien erheblich abnehmen gegenüber den Wasserbakterien, denn während die nicht gefressenen Wasserbakterien sich lebhaft weiter vermehren, tun das die übriggebliebenen fremden Bakterien nicht. Die Einwirkung der Infusorien auf zahlreich in ein Wasser gelangte Bakterien darf also nicht übersehen werden, sofern die Temperatur, Art des Wassers, die Örtlichkeit — Brunnen, Seen, Stauseen im Gegensatz zum freien Fluß — usw. der Vermehrung der Flagellaten günstig sind. Ob letztere aber wirklich unter den natürlichen Verhältnissen viel zur Zerstörung der pathogenen Bakterien im Wasser beitragen, steht dahin. Die ungünstigen Ernährungs- und Lebensbedingungen verhindern die Vermehrung der pathogenen Bakterien im Wasser und damit ist das Absterben der Organismen garantiert, da ihre Lebensdauer an sich nur eine kurze ist.

Mit Rücksicht auf die nicht gerade seltenen Infektionen mit Typhus durch Austern sei angegeben, daß sich die Typhusbazillen nach Giaxa 9 bis 10 Tage, nach Cartwright Wood sowohl bei 2^0 bis 7^0 als bei 12^0 bis 15^0 mehr als drei Monate lang im nicht

sterilisierten Seewasser hielten, während Foote sie im Brackwasser
mit 0,15 Proz. NaCl und bei 0⁰ und Frost, sowie bei etwa 18⁰ C
noch nach 11 und 17 Tagen als lebend feststellen konnte. Aus
dem Mageninhalt infizierter Austern wurden die Typhusbazillen
30 Tage post infectionem ohne Schwierigkeit herausgezüchtet. Im
Darm von Austern wurden außer Typhus- auch Paratyphus-Enteritidis-
und Colibazillen gefunden. Austernbänke sollen von Abwässern
nicht berührt werden; ist man nicht sicher, daß das Wasser tadellos sei, so gibt die Untersuchung auf Bact. coli gute Auskunft.
Verdächtige Austern können dadurch von eventuellen Krankheitserregern befreit werden, daß man sie mindestens 14 Tage in stetig
wechselndem infektionssicheren Meerwasser hält.

c) Die Lebensdauer der Paratyphusbazillen.

Die Paratyphusbazillen sind in ihren Lebenserscheinungen, in
ihrem ganzen Wesen den Typhusbazillen sehr ähnlich. Man darf
also beiden Arten ungefähr die gleichlange Lebensdauer in den
Fäzes, im Boden und im Wasser zuschreiben. Versuche in größerer
Zahl sind allerdings nicht angestellt, Conradi hat die Bazillen
im freien Wasser am 1. März und am 9. März in demselben Bassin
wieder gefunden. Wahrscheinlich werden sie sich, wie die Typhusbazillen, verschiedene Monate im Wasser halten können.

d) Die Lebensdauer der Ruhrerreger.

Von den Dysenteriebakterien ist hauptsächlich der Typus der
Shiga-Kruse-Bakterien untersucht worden. Karlinski gibt an,
daß die Bazillen sich bei 6⁰ bis 8⁰ im Kot 14 Tage, bei gewöhnlicher Sommertemperatur 20 bis 30 Tage, in feuchter Gartenerde von
5 bis 30 Grad 100 bis 128 Tage, in keimarmem Wasser bei Zimmertemperatur 42 bis 60 Tage hielten. Pfuhl fand, daß sie in feuchter
Erde 101 Tage, in trockenem Sand 12 Tage, im Torf 29 Tage, im
Wasser von 7 bis 10 Grad 9 Tage, im Wasser von Zimmertemperatur
9 Tage, im Seltzer Wasser bei Zimmertemperatur 23 Tage aus-
dauerten. Vincent sah eine im allgemeinen etwas geringere
Lebensdauer. Im Eis hielten sie sich mehrere Tage.

Dieselben Erscheinungen und Differenzen treten also bei dem
Bact. der Dysenterie (Shiga-Kruse) auf, wie bei dem des
Typhus. Aber auch hier gilt wieder der Grundsatz, daß die langen
Zeiten die maßgebenden sind. Für den Typus Flexner und die
zwischen beiden stehenden Spielarten des Dysenterieerregers darf
man mit vollem Recht annehmen, daß sie sich gleich verhalten.

Über die Anwesenheit und die Lebensdauer der Amöba haemo-
lytica, der Erregerin der endemischen Ruhr, im Wasser ist nichts
Genaues bekannt. Man muß jedoch voraussetzen, daß die Amöben
sehr lange im Wasser leben, da es ihre Heimat zu sein scheint.

e) Die Lebensdauer der Tuberkelbazillen.

Die Übertragung von Tuberkulose durch Wasser ist,
wie schon erwähnt, nicht erwiesen. Über die Lebensdauer von
Tuberkelbazillen im Wasser sei das Folgende gesagt:

Man muß unterscheiden, ob die Bazillen mit dem Auswurf
oder vereinzelt in das Wasser gelangen. Der letztere Fall tritt
z. B. ein, wenn das entleerte Sputum in Kläranlagen behandelt
wird, wo entweder die gröberen Teilchen mechanisch zurückgehalten oder durch Fäulnis- oder ähnliche Prozesse aufgelöst
werden; auch das rollende Wasser der Wasserläufe vermag die
Bazillen zu isolieren. In solchen Fällen sind die Bazillen, wenn
sie in das Flußwasser gelangen, besser der Einwirkung des oxydierenden Sauerstoffs, der Einwirkung des sie stark schädigenden
Lichtes und der starken osmotischen Differenz ausgesetzt, während
sie das, eingeschlossen in die Schleimballen des Auswurfes, viel
weniger sind. So erklärt sich, daß 3,15 km unterhalb Davos in
dem die Schmutzwässer aufnehmenden Bach von Jessen und
Rabinowitsch Tuberkelbazillen schon nicht mehr gefunden
werden konnten, während Musehold in Sputum eingeschlossene
Tuberkelbazillen, die in Flußwasser hineingegeben waren, welches
belichtet oder dunkel aufgehoben wurde, noch nach mehr als sechs
Monaten nachzuweisen vermochte.

f) Die Lebensdauer der Milzbranderreger.

Milzbrandsporen können bekanntermaßen im Boden Jahre hindurch lebendig bleiben. Bongert hat nachgewiesen, daß auch
die Bazillen, vor Fäulnis und Sonnenlicht geschützt, eingetrocknet
monatelang auszuhalten vermögen, um sich dann, bei Zutritt des
erforderlichen Wassers in Sporen umzuwandeln.

Im Wasser bleiben die Milzbrandsporen, wie die Untersuchungen
fast aller Forscher ergaben, über viele Monate lebendig. Dasselbe
tun sie, wenn sie, entsprechend ihrem hohen spezifischen Gewicht,
in den Schlamm hinuntergesunken sind.

Dahingegen geben die meisten Autoren an, daß Milzbrandbazillen im nichtsterilisierten Wasser in kurzer Zeit, in wenigen
Tagen, absterben. In auffallendem Gegensatz hierzu, der vorläufig
noch nicht geklärt ist, stehen Beobachtungen von Konrádi, der

in unsterilisiertem Leitungswasser die Bazillen 264 Tage, in Milz-stückchen eingebracht, sogar $3^1/_2$ Jahre halten konnte; vorsichtig ist es deshalb, mit einer längeren Lebensdauer zu rechnen.

Da die Milzbrandbazillen rasch zu Boden fallen, somit in ein besseres Nährsubstrat gelangen, ist es doppelt notwendig, sie nicht als kurzlebig anzusehen.

g) Über die Lebensdauer der Diphtheriebazillen

im Wasser ist uns nur die Arbeit von Demetriades bekannt geworden, wonach die Bakterien bei Zimmertemperatur und im Dunkeln 21 bis 28 Tage im sterilisierten, sieben Tage im nicht-sterilisierten Wasser am Leben blieben. — Die Diphtherie ist durch Wasser bis jetzt nicht nachweislich verbreitet worden.

9. Die Invasionskrankheiten.

Zu der Reihe der Infektionskrankheiten treten einige In-vasionskrankheiten hinzu, von welchen die Ankylostomiasis, die Wurmkrankheit, die wichtigste ist. Die Ankylostomen kommen in fast allen feuchtwarmen tropischen und subtropischen Ländern vor, deren Wärme andauernd über 20⁰ liegt. Die Ankylostomiasis, die „Wurmkrankheit" der Deutschen, der „Hookworm" der Eng-länder und Amerikaner, ist die häufigste Krankheit dieser Bezirke.

In Europa ist die Wurmkrankheit in epidemischer Verbreitung zuerst aufgetreten im Jahre 1879 bei dem Bau des Gotthard-tunnels. Dann wurde sie gefunden unter der Bevölkerung der Bergwerke Ungarns, Steiermarks, Krains, Böhmens, ferner in den großen Kohlenbecken Nordfrankreichs und Belgiens und sodann in sehr weiter Verbreitung in dem rheinisch-westfälischen Industrie-bezirke und dem angrenzenden Teile Hollands. Auch der schlesische Industriebezirk hat sich als infiziert erwiesen, und es ist nicht aus-geschlossen, daß sie noch an anderen Stellen in solchen Gruben vorhanden ist, deren Temperatur über 20⁰ liegt und die feucht sind. Die Krankheit hat sich ferner bemerkbar gemacht auf Ziegel-feldern, z. B. denen Wiens und Cölns.

Der Wurm nährt sich von der Darmschleimhaut des Menschen und dem daraus genommenen Blut; er wird im Darm geschlechts-reif. Die Eier (siehe Taf. I, Fig. 1 a, b, c) verlassen den Darm in großen Mengen mit dem Kot; in ihm entwickeln sie sich bei ge-nügender Feuchtigkeit und einer Temperatur — von rund 20⁰ zu kleinen Larven, welche von einer sehr widerstandsfähigen, schwer durchdringlichen Chitinhaut umgeben sind.

Diese Larven gelangen mit dem Trinkwasser, wohin sie früher leicht und vielfach bei der in den Gruben herrschenden Unreinlichkeit kamen, in den menschlichen Darmkanal, wo sie sich zu Würmern umwandeln und die Krankheit bewirken.

Durch die schönen Untersuchungen von Loos, die später von verschiedenen Seiten bestätigt wurden, ist nachgewiesen worden, daß die Larven auch durch die Poren der gesunden Haut des Menschen hindurchgehen, in relativ kurzer Zeit in den Darm gelangen und dort die Krankheit auslösen. Hiernach ist eine Infektion möglich durch die bloße Berührung mit dem infizierten Wasser, und es scheint, als ob die Infektionen auf den Ziegelfeldern gerade auf diese Weise am häufigsten und in den Bergwerken recht oft zustande kommen. Bei der Anchylostomiasis bietet also in Mitteleuropa sowohl das Trink- wie das Gebrauchswasser wahrscheinlich den einzigen, jedenfalls aber den am häufigsten beschrittenen Weg der Ansteckung.

Die gewöhnlichen Wurmkrankheiten, vor allem die durch Ascaris lumbricoides, Oxyuris vermicularis und Trichocephalus dispar hervorgerufenen sollen außer auf andere Weise ebenfalls durch Wasser verbreitet werden können. In hohem Grade ist das durch die Untersuchungen von Siebers und Gribbohm für Kiel für die Jahre von 1872 bis 1887 wahrscheinlich gemacht worden. Die beiden Autoren wiesen nach, daß bis zum Jahre 1887, bis wohin das Wasser für die Stadt aus einem in der Nähe gelegenen, vielfachen Verunreinigungen durch Fäkalien ausgesetzten Teiche bezogen wurde, rund 23 Proz. der obduzierten Leichen an Trichocephalus, rund 19 Proz. an Ascaris litten, während nach der Zufuhr eines unverdächtigen Wassers die Zahlen für beide Krankheiten auf rund 16 Proz. zurückgingen. Die Eier der drei Würmer sind abgebildet Taf. I, Fig. 2 Ascaris, Fig. 3 Oxyuris, Fig. 4 Trichocephalus. Auch die Finne des gewöhnlichen Bandwurmes, Taenia solium, Taf. I, Fig. 5, vom Schwein stammend, und die des Bothriocephalus latus, Taf. I, Fig. 6, welcher bei Fischen vorkommt, kann durch Aufnahme der Eier mit dem Trinkwasser bei Gelegenheit auf den Menschen übergehen.

Unter den Egelkrankheiten hat das Distomum hepaticum bei den Schafen zu Zeiten kolossale Verluste verursacht. So gingen in England in kurzer Zeit zwei Millionen Tiere an Leberfäule zugrunde. Die Eier und Larven des Distomum finden sich in gewissen Stadien ihrer Entwickelung frei im Wasser; später leben sie in kleinen Wassertieren, z. B. Schneckenarten (limnaeus), und gelangen von dort aus mit dem Wasser in den Darm der Warmblüter, der Schafe.

In Japan, anscheinend auch in Mexiko und Kalifornien, kommt nach den Angaben Scheubes, dem wir hier folgen, das Distomum pulmonale bei jungen Leuten der Landbevölkerung vor, die bei ihren Spielen und Arbeiten häufig Wasser trinken, wo sie es gerade finden, unbekümmert, ob es rein ist oder nicht, oder die Pflanzen essen, an denen die Vorstufen der Distomen hängen.

Gleichfalls in Japan und in China findet sich ein für den Menschen pathogener Leberegel, das Distomum spathulatum. Nach Leuckart soll das Tier seine erste Jugend in irgend einem das Wasser bewohnenden Mollusk verleben und dann entweder mit seinem Wirt oder mit einem zweiten Zwischenwirt in den Menschen einwandern.

Die Bilharzia haematobia, ebenfalls ein Distomum, welches in den Nilländern und über den größten Teil Afrikas verbreitet ist, auch in Syrien, Mesopotamien, auf den indischen Inseln, in China und Nordamerika vorkommt, soll gleichfalls durch Wassergenuß auf den Menschen übergehen, da hauptsächlich die viel unreines Wasser genießende Landbevölkerung befallen ist. Looß widerspricht dieser Annahme, indem er behauptet, daß die Larven, wenn sie nur für einen Augenblick mit schwachen Säuren in Berührung kommen, getötet würden, daher unmöglich den Magen passieren könnten. Der Einspruch ist nicht absolut stichhaltig, denn einerseits wird keine Magensäure erzeugt, wenn nur Wasser eingeführt wird, und andererseits können bei starkgefülltem Magen sehr wohl Larven durchschlüpfen, ohne mit dem Magensaft in Berührung gekommen zu sein. Nichtsdestoweniger verdient die Auffassung von Looß, daß die Bilharzia ohne Vermittelung eines Zwischenwirtes direkt durch die Haut hindurchgehe, alle Beachtung, denn es ist eine nicht zu übersehende Tatsache, daß nur diejenigen Bevölkerungsgruppen, welche im freien Wasser baden, an der Krankheit leiden.

Ganz ähnlich liegen die Verhältnisse für die Drakontiasis (die Medinawurmkrankheit), welche an der Westküste von Afrika, im Sudan, in Nubien, unterhalb des Albertsees, im südlichen Algerien, in einigen Gebieten Arabiens, an den Küsten des persischen Meeres und des Kaspisees, sowie in bestimmten Bezirken von Britisch-Indien und in einzelnen Gegenden Brasiliens, Surinams und auf Curaçao vorkommt. Nach den Untersuchungen Fedschenkos, die von Manson und Blanchard bestätigt wurden, dringen die Larven der Medinawürmer in Zyklopen ein. Sie werden mit diesen vom Menschen getrunken und gelangen so in den Darm, wo sie sich weiter entwickeln, auswandern und zuletzt zu Beulen unter

der Haut Veranlassung geben, welche die bis 80 cm langen, mit
Embryonen vollgestopften Weibchen enthalten. Nach einer anderen
Auffassung wandern die Würmer im Jugendzustande durch die
Poren der Haut, z. B. die Schweißdrüsen, direkt in das Unterhaut-
zellgewebe der Menschen. Die Aufnahme soll beim Baden, Durch-
waten von Pfützen und dergleichen stattfinden.

Ob die Filaria sanguinis, die man als den Erreger der
Haemato-Chylurie, der Elefantiasis usw. ansieht, durch Wasser übertragen wird, ist so zweifelhaft, daß wir hierauf nicht näher eingehen wollen.

10. Kropf und Kretinismus.

Eine Krankheit, die vielfach mit Wassergenuß in Zusammen-
hang gebracht worden ist und noch wird, ist Kropf und Kretinismus.
Das Leiden findet sich besonders in Wallis, Graubünden, Uri,
Savoyen, in den Pyrenäen, in der Auvergne, in Salzburg, Böhmen,
Kärnten, Steiermark, Tirol, und in geringer Ausdehnung in Franken,
Thüringen sowie Teilen Belgiens, Württembergs, Badens usw. Einige
Autoren nehmen an, daß der Gehalt des Bodens an Kalk, Magnesia,
sowie an Schwefel- und Kupferverbindungen für die Krankheit
verantwortlich zu machen sei, andere — und es rechnen dazu
namhafte Forscher — meinen, daß Wässer, die stark kalk- und
magnesiahaltig, aber arm an Chloriden seien, die Affektion bedingen; aber sehr viele Wässer dieser Art werden getrunken, ohne
daß Kropf auftritt.

Es soll bestimmte Kropfquellen geben, deren Wasser, selbst
kurze Zeit genossen, Struma erzeugt. Ein Forscher gab an, es
sei ihm gelungen, Ratten mit Wasser von Kropfquellen kropfig zu
machen; bei von anderen Forschern mit demselben Wasser angestellten ganz gleichen Kontrollversuchen blieben die Tiere völlig
gesund. Den positiven Behauptungen, Befunden und Statistiken
der einen stehen ebenso viele und ebenso beherzigenswerte Behauptungen, Befunde und Statistiken anderer entgegen, die das
Gegenteil behaupten. Die Untersuchungen, die man in den verschiedensten Gebirgsgegenden angestellt hat, denn fast nur dort
kommt der Kropf vor, haben ein einheitliches Moment weder für
die Boden- noch für die Wasser- noch für eine andere Theorie
erkennen lassen. Die Frage muß somit als eine ganz offene bezeichnet werden, und es lohnt zurzeit durchaus nicht, in den Streit
der Meinungen näher einzutreten. Selbstverständlich hat man den
Kropf auch mit der Radioaktivität der Quellen in Zusammenhang

gebracht; die ausgiebigen Untersuchungen Hesses für das Königreich Sachsen und der Vergleich mit anderen Teilen Deutschlands
lehren jedoch, daß die Radioaktivität keine Rolle spielt.

11. Die Vergiftungen durch Wasser.

a) Quecksilber und Arsen.

Auch Vergiftungen durch Wasser sind möglich; dabei handelt
es sich in erster Linie um metallische Gifte. So wies Hasterlik
in einem Brunnen, der 17 m von dem Schwellbassin einer Schwellen-
imprägnierungsanstalt entfernt lag, 258 mgl Quecksilber, entsprechend 350 mgl Quecksilberchlorid, nach.

Von Vergiftungen durch arsenhaltiges Wasser hat man in
früherer Zeit oft gehört; in neuerer Zeit sind Erkrankungen durch
ein solches Wasser so gut wie gar nicht bekannt geworden. Das
ist wohl einesteils darauf zurückzuführen, daß die Arsenverbindungen
in der Technik und in den Gewerben früher eine umfangreiche
Verwendung gefunden hatten, während sie jetzt fast gar nicht
gebraucht werden. So hat namentlich die Anilinfarbenindustrie
Arsenverbindungen in großer Masse verarbeitet, auf deren Wieder-
gewinnung kein Wert gelegt wurde, und die sich daher in den
frei gelagerten Rückständen anhäuften oder direkt in Flußläufe
abgeleitet wurden; Boden- und Brunnenwässer wurden so arsen-
haltig. Goppelsröder (Basel) berichtet über im Jahre 1864 vorgekommene Fälle von Erkrankungen nach dem Genuß arsenhaltigen
Brunnenwassers. Auch Kionka erwähnt in seinem Lehrbuch der
Toxikologie Massenvergiftungen durch arsenhaltige Wässer, die
aus Arsenikbergwerken und -gruben stammten und in Brunnen und
Trinkwasserleitungen hineingelangt waren. Massenerkrankungen
sollen auch dadurch verursacht worden sein, daß Sickerwasser,
welches arsenikhaltige Abfälle, wie Leder, Kleiderstoffe auszulaugen
Gelegenheit hatte, in Brunnen geraten war. In allen diesen Fällen
muß es sich um größere Arsenmengen gehandelt haben.

Neben dem geringeren Gebrauch der Arsenverbindungen verdanken wir den schärferen gesetzlichen Bestimmungen, daß zurzeit
wenig Arsen in den Boden und das Wasser gelangt.

Die in gewissen — zudem allgemein bekannten — Quellen
oder erbohrten Wässern vorkommenden Arsenmengen sind zu gering
um Schaden zu tun.

b) Baryum und Zinn.

Ebenso wie sich von Urzeiten her im Boden und Wasser
befindliches Arsen in Brunnen und Quellen vorfindet, hat man

mitunter Baryumverbindungen, und zwar in größerer Menge,
darin beobachtet. So sind im Wasser eines beinahe 600 m tiefen
artesischen Brunnens des Bezirkes Derbyshire bis zu 407 mgl
Baryumchlorid und in dem Wasser des gleichen Bohrloches bei
etwa 26 m Tiefe 30 mgl gefunden worden (White). Ein Baryumgehalt ist in den Rotsandsteinen Englands vielfach beobachtet und
ist als steter Bestandteil des Urgesteins nachgewiesen worden. Man
hat in Wasserlöchern von Kohlengruben bei Newcastle-upon Tyne
Ablagerungen von Baryumsulfat gefunden, Baryumchlorid in einer
Quelle bei Llangamarch bis zu 93 mgl, ferner noch in einer Quelle
bei Shotley Bridge in Durham. — In dem rheinisch-westfälischen
Industriebezirk ist durch Zechenabwasser einer Steinkohlengrube
eine Reihe von Brunnen durch Baryumverbindungen verdorben
worden; die Brunnen enthielten neben Strontiumsalzen bis 15 mgl
Baryum (als Oxyd berechnet).

Über Vergiftungen durch derartiges Wasser finden sich keine
Angaben vor.

Zinnhaltiges Wasser ist selten beobachtet worden, chronische
Zinnvergiftungen sind nicht bekannt. Wir können daher dieses
Metall, das sehr viel zum inneren Überzug von Leitungsröhren
dient, übergehen.

c) Zink und Kupfer.

Von größerem Interesse für die Hygiene des Wassers sind
Zink und Kupfer, schon deshalb, weil diese Metalle in der
Wasserversorgungstechnik weite Verwendung finden, und weil
man weiß, daß sie von Wasser angegriffen und gelöst werden
können.

Zink in Form von Bikarbonat ist nicht selten als natürlicher
Bestandteil im Brunnenwasser beobachtet worden. Es sei daran
erinnert, daß in einem Brunnenwasser von Tullendorf, welches
seit 100 Jahren getrunken wird, im Liter 7 mg Zink, und im
Brunnenwasser aus der Umgegend von Upsala 8 mg Zink festgestellt wurden. Hillenbrand fand in zwei Quellwässern im
südwestlichen Missouri sogar Zinksulfat in großer Menge, entsprechend 120 und 132 mgl Zinkgehalt. Dieses Wasser wird jedoch
wegen seines herben Geschmackes nicht getrunken. Dagegen hat
man Wasser mit einem Zinkgehalt bis zu 20 mgl Zink dauernd
genossen, ohne daß Erkrankungen beobachtet wurden; diese Beobachtungen sind auch bei natürlichen zinkhaltigen Wässern aus
Gegenden, in denen Zink gewonnen oder verarbeitet wird, gemacht
worden.

Die leichte Aufnahmefähigkeit des Wassers für Zink hat die Frage veranlaßt, ob zinkhaltiges Wasser gesundheitsschädlich wirkt. Nach Kobert soll den Zinksalzen nach ihrer Resorption eine Allgemeinwirkung erheblicher Art zukommen, derentwegen selbst so milde Verbindungen, wie das Zinkoxyd, Zinkkarbonat und die pflanzensauren Salze des Metalles als Gifte bezeichnet werden müßten. Würden längere Zeit größere Dosen dem Magen zugeführt, einige Dezigramme und mehr, so könnten chronische Verdauungsstörungen auftreten. — Eine schwere Gesundheitsstörung folgt daraus aber nicht; denn nach Aussetzen des Zinks tritt rasch Genesung ein. Man neigt deshalb vielfach der Ansicht zu, daß die Krankheitssymptome, die als chronische Zinkvergiftung angesehen und behandelt wurden, auf andere giftige Stoffe zurückzuführen seien. — Nach Lewin fängt die Schädlichkeit des Zinks erst bei Dosen von 50 bis 100 mg Zink an, wenn die Zuführung dieser Mengen längere Zeit andauert. Obwohl, besonders in Süddeutschland, in vielen Städten verzinkte Rohre für Wasserleitungen angewendet werden und häufig im Wasser Zink nachgewiesen wurde, bis zu 5, sogar bis 20 mgl, so sind doch nirgends Erkrankungen durch den Zinkgehalt des Wassers bekannt geworden. Bunte, Lehmann und viele andere erklären daher das Zink für unschädlich.

Durch einen Erlaß des österreichischen Ministeriums war im Jahre 1884 mit Rücksicht auf Vergiftungsgefahr die Verwendung von Zink für Wasserleitungsrohre verboten worden, diese Bestimmung wurde jedoch im Jahre 1900 wieder aufgehoben. Vergiftungen durch Zinkrohre sind unbekannt.

Erwähnt sei, daß nach Untersuchungen von Schwarz Wasser mit Zinksalzen dem in ihm gekochten Fleisch einen rötlichen Farbenton, den in ihm gekochten Gemüsen einen deutlich grünen Ton geben soll.

Was den Geschmack zinkhaltigen Wassers anlangt, so werden bis 10 mg Zink, das als Zinkbikarbonat gelöst vorhanden ist, nicht wahrgenommen; 20 mg Zink sollen eine Andeutung von adstringierendem Nachgeschmack bewirken; Schwarz hat bei einem Pumpbrunnenwasser, das mehrere hundert Meter durch verzinktes Rohr geflossen war und 26 mg Zink enthielt, einen schwach adstringierenden Geschmack bemerkt. Man kann also sagen, daß ein größerer Zinkgehalt im Wasser sich durch einen abnormen Geschmack bemerkbar macht und daß ein solches Wasser schon aus diesem Grunde nicht genossen wird.

Über verzinkte Rohre und über Zinkrohre wird in dem Kapitel „Hausleitungsrohre" gesprochen werden.

Kupfer. Dieses Metall findet sich in den Wässern der freien Natur wohl kaum. Dahingegen kann es aus Röhren, Gefäßen usw. aus Kupfer oder aus seinen Legierungen in das Wasser übergehen. Kupferrohre werden in der Wasserversorgungstechnik nicht sehr viel gebraucht, es sei denn bei Rohrbrunnen u. dgl., daselbst werden auch Tressen aus Kupfer oder Messing (80 Tle. Kupfer zu 20 Tln. Zink) gern und oft verwendet.

Kupfer und Messing werden bei Gegenwart von Luft von Wasser, das freie Kohlensäure enthält, gelöst; auch hier ist die Menge des gelösten Metalles abhängig von der Dauer der Berührung, der Größe der Oberfläche, der Temperatur, dem Sauerstoffgehalt und der Menge der freien Kohlensäure. Die Fähigkeit des Kupfers, durch das Wasser angegriffen zu werden, wird durch einen hohen Gehalt an Chloriden und auch an Nitraten, Nitriten und Ammoniumsalzen gefördert.

Kupfer wird in Gestalt des Sulfates zuweilen dem Wasser zugesetzt, um in ihm vorhandene Algen zu töten. Die dabei zur Verwendung kommende Menge ist gering, meistens nur 1 bis 2 oder 3 mgl betragend (s. Kap. F. See- und Stauseewasser IV, Nr. 5).

Was die Giftigkeit des Kupfers anlangt, so ist man heute übereinstimmend der Ansicht, daß diejenigen im Wasser gelösten Kupfermengen, die sich durch den Geschmack nicht mehr zu erkennen geben und die das Wasser auch äußerlich, durch Färbung, nicht verändern, als unschädlich anzusehen seien. Da die Furcht vor Kupfervergiftungen weit verbreitet ist, so seien hier noch folgende Angaben gemacht. Den Ärzten ist gestattet, bei Erwachsenen 1 g schwefelsaures Kupfer auf einmal zu verabreichen, und bei Kindern von einer Lösung von 0,5 g in 90 g Wasser alle 5 bis 10 Minuten einen Teelöffel voll zu geben, bis Brechen erfolgt. Wenn solche Gaben in der Medizin Anwendung finden, dann können die 10 mg, welche allerhöchstens von einem Erwachsenen — beim Kind entsprechend weniger — in Getränken und Speisen während einiger Tage aufgenommen werden, bestimmt nicht schaden.

Prof. Lehmann machte Versuche an sich und zweien seiner Schüler; der eine der Herren nahm 50 Tage hintereinander täglich 10 mg, dann noch 30 Tage je 20 mg schwefelsaures Kupfer, der andere 31 Tage lang steigende Gaben von 5 mg bis 30 mg essigsaures Kupfer zu sich, beide ohne jede Schädigung, ohne jede Belästigung. — Ebenso bestreitet Tappeiner das Vorkommen „echter", d. h. nicht durch begleitende andere Metalle verursachter chronischer Kupfervergiftungen beim Menschen.

Th. Weyl sagt in seinem Handbuch der Hygiene in dem Kapitel „Gebrauchsgegenstände: Die kupfernen Gefäße“: „Die Aufnahme kleiner Kupfermengen ist für den Menschen durchaus unschädlich, und die früher bisweilen angenommene ökonomische Kupfervergiftung gehört daher in das Bereich der Fabel.“ Man kupfert vielfach grüne Gemüse und oft sind in 1 kg mehr als 100 mg Cu gefunden, ohne daß jemals Schädigungen bekannt geworden wären. In Baden, in Österreich sind sogar 55 mg Cu auf 1 kg Konserven offiziell zugelassen. In der Schweiz, in Italien stellen 100 mg die Grenze dar. In Frankreich ist das Kupferungsverbot schon 1884 ohne jede Beschränkung aufgehoben. Die Kupferung des Wassers, wobei so sehr viel kleinere Mengen zur Verwendung kommen, ist also bestimmt unschädlich.

Da Kupfer selbst in sehr großer Verdünnung durch den Geschmack erkennbar ist — es lassen sich 2 mg Cu in 1 Liter Wasser, als Kupfersulfat zugesetzt, bereits deutlich schmecken —, so warnt schon der unangenehme Nachgeschmack vor dem Genuß, abgesehen davon, daß zu einer Gesundheitsschädigung, wie wir gesehen haben, unendlich viel größere Mengen gehören.

d) Blei.

Ebensowenig wie das Kupfer kommt das Blei unter den gewöhnlichen Umständen in dem freien, natürlichen Wasser vor. Aber unter allen Metallen, die man für Wasserleitungszwecke verwendet, spielt das Blei vom sanitären Standpunkte aus die wichtigste Rolle, da es nicht selten in größeren Mengen in das Wasser übertritt und zu Massenvergiftungen führen kann (Dessau, Wilhelmshaven usw.). Die Schwere der Erkrankungen wird dadurch vermehrt, daß die Diagnose der Bleierkrankungen öfters recht schwer sein kann; glücklicherweise besitzen die Ärzte in der Untersuchung der Blutzellen, die sich bei bestimmten Färbungen getüpfelt erweisen (P. Schmidt), und auch in dem im Urin auftretenden Hämatoporphyrin, sowie in der Polychromasie seit einiger Zeit die Frühdiagnose gestattende Mittel. Das Auftreten der Körnelung der roten Blutkörperchen ist noch nicht als eine Bleikrankheit aufzufassen, es ist mehr ein warnendes Symptom.

Bleivergiftungen kommen nach der Auffassung von Auerbach und Pick nur dadurch zustande, daß im Magen gelöstes Blei entweder im Magen selbst oder im oberen Teil des Darmes resorbiert wird, denn sehr bald wird die Magensäure, die das Blei in Lösung hält, durch das Natriumkarbonat des Darmes abgestumpft, womit das schwerlösliche, nicht resorbierbare Bleikarbonat ausfällt. Hiermit ist dann wohl die Gefahr beseitigt.

Schwere Bleivergiftungen sind durch Regenwasser veranlaßt worden, welches die von der Zisterne nach dem Hause führenden Bleirohrleitungen passierte. In der Regel handelt es sich aber bei den vorgekommenen Bleivergiftungen um Quell- und Grundwasser, welches durch die bleiernen Hausleitungen bleihaltig geworden war; nur vereinzelte Fälle betreffen Oberflächenwässer [1]).

Die Mengen des Bleies, welche zu Vergiftungen Anlaß gegeben haben, sind sehr verschieden.

In dem Wilhelmshavener Grundwasser fand Reichardt in denjenigen Hausleitungen, die mit Bleirohren versehen waren, 2,84 mg, und nach 12 stündigem Stehen 10,76 mg Blei. Das Wasser ist sehr weich und reich an freier Kohlensäure (63,9 mg im Liter).

H. Guéneau de Mussy teilt mit, daß bei den auf Schloß Claremont vorgekommenen Vergiftungen das Wasser 2 bis 15 mg Blei im Liter enthielt; Calvert fand, daß das Leitungswasser in Manchester der Gesundheit nachteilig war, wenn es 1,43 bis 4,28 mg Blei im Liter enthielt. Nach Angus Smith-Manchester soll Wasser mit etwa 0,36 mg für manche Personen schädlich sein, während ein Wasser mit 1,43 mg im Liter andere Personen nicht schädigte. Nach J. Smith ist ein Wasser unschädlich, das etwa 0,71 mg Blei im Liter enthält. Der Bleigehalt eines Wassers, das zu Vergiftungen in Huddersfield Anlaß gab, betrug nach Th. Stevenson 1,143 bis 11,98 mg im Liter, der eines anderen Wassers zu Keighley etwa 8,7 mg. C. Aird teilt mit, daß das Wasser zu Huddersfield nach 12 stündigem Stehen aus den kleineren Hausleitungen etwa 2 mg Blei im Liter aufgenommen hatte. Bei einer von Dr. Lemmer zu Sprockhövel (Westfalen) beobachteten Bleivergiftung wurde der Bleigehalt zu 0,5 bis 1,6 mg im Liter bestimmt. Sinclair White und Allen fanden 1885 im Wasser zu Sheffield 0,998 bis 9,983 mg Blei im Liter; sie halten Wasser, das mehr als 1,43 bis 1,58 mg im Liter enthält, für gefährlich. Nach S. Steiner ist die mit Berücksichtigung der individuellen Verschiedenheiten noch als unschädlich zulässige maximale Bleimenge etwa 0,7 mg im Liter. Nach englischen Berichten erwähnt C. Aird, daß bei den zu Sheffield mehrfach aufgetretenen Bleivergiftungen das Wasser 11,41 mg und im gekochten Zustande noch 7,131 mg enthalten

[1]) Wer sich für derartige Fälle, namentlich aus der älteren Literatur, interessiert, sei auf die Abhandlungen von Wolffhügel: a) Über blei- und zinkhaltige Gebrauchsgegenstände. Technische Erläuterungen zu dem Entwurf eines Gesetzes betr. den Verkehr mit blei- und zinkhaltigen Gegenständen (Arb. d. Kaiserl. Gesundheitsamtes, Bd. 2, S. 160); b) Wasserversorgung und Bleivergiftung. Gutachten über die zu Dessau im Jahre 1886 vorgekommenen Vergiftungfälle (ebenda Bd. 2, S. 484) verwiesen.

habe. — In Calau erkrankten zwei Personen, nachdem sie acht Wochen lang ein Wasser getrunken hatten, das am Morgen 4,48 mg Blei enthielt. Der Durchschnittsgehalt an Blei in Dessau betrug 4,1 mg im Liter; es erkrankten gegen 200 von 28 000 Einwohnern. Steiner fand im Budapester Leitungswasser, das 24 Stunden in den Rohren gestanden hatte, 1,2 mg in 1 Liter; Erkrankungen konnten nicht beobachtet werden. Fortner-Prag berichtet, daß Wasser aus einer 680 m langen Bleileitung mit 17,5 mg Blei im Liter die Erkrankung von 17 bei im ganzen 27 Personen bewirkte.

Die Grenze wird nach vorstehendem festgelegt mit weniger als 1,43 mg (White), 0,71 mg (J. Smith) und 0,36 mg (Angus Smith). Die letztere Zahl (0,36 mg) führt z. B. auch Rubner in seinem Lehrbuch der Hygiene an. — Wenn man das Vorstehende berücksichtigt und bedenkt, daß in Millionenstädten, z. B. Berlin und Paris, in dem über Nacht gestandenen Wasser 0,3 bis 0,35 mgl Blei enthalten ist und daß trotzdem noch niemals über Bleivergiftungen aus diesen Städten etwas verlautbart worden ist, so darf man die Grenze der noch zulässigen Bleimenge bei Wässern, die zwölf Stunden in den Rohren gestanden haben, mit mindestens 0,5 mgl normieren. Man könnte noch höher hinaufgehen, z. B. bis 1,0 mgl, wie es Verfasser früher in einer seiner Schriften getan hat, aber es ist sicherer, die niedrigere Zahl zu nehmen, und man ist imstande, die Bleilösung der Wässer sicher bis auf 0,5 mgl zurückzudrücken. Diese Zahl ist jedoch nur eine Folgerung aus den Befunden über den Gehalt an Blei in Wässern, die einerseits zu Bleierkrankungen geführt haben, andererseits aber genossen wurden, ohne daß Gesundheitsschädigungen verursacht worden sind. Eine bestimmte Grenze, bei der die Schädlichkeit des Bleies beginnt, ist nicht anzugeben. Sie hängt nicht nur von der Menge des Bleies, das im Wasser vorhanden ist, ab, sondern auch von der Widerstandsfähigkeit des einzelnen Menschen dem Gifte gegenüber und von der Menge Wasser, das von ihm getrunken wird. Personen, welche stets des Morgens Wasser, das in Bleileitungen sich während der Nacht aufgehalten hat, zu trinken pflegen, setzen sich der Gefahr der Bleivergiftung mehr aus als diejenigen, die Wasser am Tage trinken, weil dann das Wasser nur kurze Zeit mit den Bleileitungen in Berührung gewesen ist.

Bleilösung tritt nur ein, wenn Luft, d. h. Sauerstoff im Wasser enthalten ist: $Pb + O = PbO$; $PbO + H_2O = Pb(OH_2)$.

Blei wird hiernach gelöst entsprechend der im Wasser vorhandenen Menge Sauerstoff; bei 9 mgl O können rund 120 mgl Blei als Bleioxydhydrat in nicht saurem Wasser gelöst sein.

Wo das Wasser nicht alkalisch reagiert, wo also Säuren, meistens Kohlensäure, vorhanden ist, da bildet sich aus dem $Pb(OH)_2 + 2CO_2 = Pb(HCO_3)_2 =$ saures Bleibikarbonat, welches sich leicht und um so mehr im Wasser löst, je mehr freie Kohlensäure dieses enthält.

Ist die Kohlensäure weniger reichlich vorhanden, so entsteht $Pb(OH)_2 + CO_2 = H_2O + PbCO_3 =$ Bleikarbonat, das zu 1,1 mgl löslich ist. — Sodann kann entstehen aus $3 Pb(OH)_2 + 2CO_2 = 2H_2O + [2PbCO_3 + Pb(OH)_2] =$ basisches Bleikarbonat, welches sich nur zu 0,4 mgl im Wasser löst.

Das Bleikarbonat und das basische Bleikarbonat sind größtenteils in feinen Suspensionen im Wasser verteilt.

Nicht nur die „aggressive", also die nicht für die Löslichkeit der Karbonate der Erdalkalien erforderliche Kohlensäure löst Blei, d. h. die gegen Rosolsäure oder Lackmus sauer reagierenden Wässer lösen, es kommt auch der für die Erhaltung der Bikarbonate erforderlichen CO_2 ein Lösungsvermögen zu, wenn auch vielleicht in geringerem Maße.

Man darf nicht vergessen, daß neben dem gelösten Blei auch das kolloidal gelöste und das in feiner Verteilung befindliche ungelöste Vergiftungserscheinungen macht, denn die Magensäure bringt das in diesen Formen eingeführte Blei zur Lösung.

Begünstigend für das Lösungsvermögen ist ein hoher Gehalt an Chloriden, Nitraten und an — wohl kaum für Trinkwasser in Betracht kommenden — Nitriten; doch müssen zur Erzielung eines größeren Unterschiedes die Gehalte an allen diesen Stoffen anscheinend höhere sein, wie sie bei guten Trinkwässern vorzukommen pflegen.

Keinem Zweifel unterliegt es, daß Blei mit fremden Beimischungen, Zinn, Kupfer u. dgl., der elektrolytischen Wirkung unterliegt, also Blei aus solch unreinem Material in Lösung geht.

Während freie Kohlensäure die Lösung des Bleies fördert, üben die kohlensauren Salze, und zwar schon in schwacher Konzentration, einen erheblich abschwächenden Einfluß auf die Bleilösung aus.

Nach Kluth genügt ein Zusatz von 10 ccm Normalsodalösung zu 1 Liter mit Luft gesättigten destillierten Wassers, um die Bleilösung auf 0,5 mgl in 24 Stunden zu beschränken.

Zu dieser an sich abschwächenden Wirkung der kohlensauren Salze kommt der erhebliche Schutz hinzu, welchen die Ablagerungen von Karbonaten, zuweilen auch Silikaten der alkalischen Erden, oder auch feine Tonablagerungen als dichte Überzüge der Rohrwandungen bieten; sie bewirken, daß schon in relativ kurzer Zeit,

verschieden, je nach dem Ausfallen der Karbonate usw., ein vorher
stark bleilösendes Wasser diese Eigenschaft ganz oder bis auf
einen nicht mehr beachtlichen Rest verliert.

Kluth hat nachgewiesen, daß das Berliner Leitungswasser zunächst 5,9 mg Pb auf 1 Liter des 24 Stunden in den dort üblichen
Bleirohren gestandenen Wassers löste; im nächsten Monat sank die
Zahl auf 3,8, im folgenden auf 1,9, im dritten auf 0,9 und lang-
sam weiter, bis nach etwa 18 Monaten der Gehalt auf 0,35, noch
später auf 0,3 mg zurückging, der dann blieb. Die Karbonathärte
des Berliner Leitungswassers betrug 10,3 deutsche Grade, die freie
Kohlensäure 9 mgl, die Rosolsäure ergab eine schwach alkalische
Reaktion, das Chlor betrug 23 mgl und das Wasser war für seine
Temperatur ungefähr mit Sauerstoff gesättigt.

Nach allgemeiner, auf Erfahrungen gestützter Annahme sind
Wässer, welche ungefähr 7 deutsche Grade Karbonathärte zeigen
und auf Rosolsäure nicht sauer reagieren, auf die Dauer ungefährlich, während die Schwefelsäurehärte keinen Schutz gewährt.

Um Vergiftungen zu vermeiden, verwende man während des
ersten Jahres nach der Installation das über Nacht in den Hausleitungsrohren gestandene Wasser — es sind nur wenige Liter —,
weder zum Trinken, noch zur Speisenbereitung. Bei weicheren
Wässern, wo trotzdem Bleirohre benutzt worden sind, empfiehlt es
sich, diese Vorsicht dauernd anzuwenden. Auch kann man nach
Angabe von P. Schmidt mittels Filtration des Trinkwassers durch
ein Berkefeldfilter das Blei fortnehmen (s. Kap. J unter Hausrohre).

Aus Bleirohren trübe heraustretendes Wasser ist stark verdächtig; die Trübung kann auf suspendiertem, feinst verteiltem
Blei beruhen.

e) Organische Gifte; einige Fischgifte.

Es unterliegt keinem Zweifel, daß eine Reihe Substanzen organischer Natur, die aus den Halden und Abwässern der Industrien
in den Boden und von dort in das Untergrundwasser oder direkt
in Wasserläufe hineingelangen, auch für den Menschen giftig sein
können. Trotzdem kommen Vergiftungen nicht vor, denn diese
Substanzen haben einen so ausgesprochen schlechten Geschmack,
daß die zu einer selbst leichten Intoxikation erforderliche Menge
Wasser nicht getrunken wird.

Fischgifte. In sehr unangenehmer Weise können sich die
Gifte jedoch gegenüber den Fischen bemerkbar machen, und nicht
selten wird durch das Hineingelangen von Industrieabwässern in
Wasserläufe ein starkes Fischsterben hervorgerufen.

Ein sehr bösartiges Fischgift ist das Zyankalium. Hasen-
bäumer wies nach, daß 1,8 mgl Fische schon in ein bis zwei
Tagen töten. Bei Ferrozyankalium beginnt die Schädlichkeit bei
1,5 bis 3 gl, bei Ferrizyankalium bei 1,7 gl, bei Rhodankalium
und Rhodanammonium bei 1,5 g im Liter. Zyan und seine Verbindungen kommen in den Abwässern von Zuckerraffinerien vor,
deren Melasse mit Zyankalium und Ammoniumsulfat verarbeitet wird.

Über die Wirkungen des Steinkohlenteers auf Fische sind in
der Kgl. bayerischen biologischen Versuchsstation für Fischerei
in München sehr eingehende Versuche angestellt worden, die gezeigt haben, daß Forellen schon durch Verdünnungen von 1 : 80000
ernstlich geschädigt werden und daß sie bei 1 : 233000 das Fisch-
wasser verlassen, um ein anderes, reineres Wasser aufzusuchen.
Die Teergifte verleihen dem Fischfleisch in Konzentrationen von
1 : 70000 schon nach 6 Stunden einen geringen Geschmack und
machen es bei 1 : 40000 und 1 : 20000 in $1^3/_4$ Stunden nach Teer
schmeckend, d. h. ungenießbar.

Andere Stoffe, die von den Industrien in die Wasserläufe
geschickt werden, sind bei folgenden Grenzen für Fische giftig:

Chlorkalk, schweflige Säure von 0,5 mgl an aufwärts, Ammoniak von 25 mgl an aufwärts, Schwefelwasserstoff von 20 mgl an
aufwärts, Karbolsäure tötet in einer Menge von 50 mgl Schleien
nach 15 Stunden.

Selbstverständlich genügt es nicht, um ein Wasser als gutes
Trink- und Hausgebrauchswasser bezeichnen zu können, daß zurzeit,
in einem gegebenen Moment, keine Infektionserreger, keine Gifte
in ihm enthalten sind. Sie dürfen sich niemals finden, und das tun
sie dann nicht, wenn sie keine Möglichkeit haben, in das Wasser
zu gelangen. Hierin liegt eine sehr wichtige Forderung, der
durchaus nicht alle bei einer einmaligen, womöglich nur chemischen
oder bakteriologischen Untersuchung als gut befundene Wässer entsprechen, die aber in sich ihre volle Berechtigung hat. In offene
Wässer, z. B. Bäche, Flüsse, Seen, offene Brunnen u. dgl. können
sowohl Krankheitserreger als Giftstoffe leicht hineingelangen; eine
böswillige oder leichtfertige Hand braucht sie nur hineinzuschütten.
Infolgedessen ist der Grundsatz aufzustellen, und er soll schon hier
ausgesprochen werden, daß offene Wässer keine Trinkwässer sind.
Es gibt indessen, wie wir später sehen werden, hiervon Ausnahmen.

Andererseits sind weite Bezirke auf Oberflächenwässer angewiesen, weil andere Wässer nicht zu haben sind. Wir würden

uns hier also in einem Dilemma befinden, wenn nicht die Möglichkeit bestände, die in ein Wasser gelangten schädlichen Keime oder
auch Gifte wieder zu entfernen oder sie, wenn auch nicht immer
vollständig, so doch „bis zu einem geringen, keine nennenswerte
Gefahr mehr darbietenden Grade" (s. Beschluß des Bundesrates
vom 16. Juni 1906 „Anleitung für die Einrichtung usw." Kap. L,
I., 2) unschädlich zu machen. Die obige Forderung des Fehlens
von Krankheitskeimen muß also dahin modifiziert werden, daß
sie in dem zum Genuß und für Hausgebrauchszwecke
bereiten, fertigen Wasser entweder gar nicht oder nur
in einem geringen, keine nennenswerte Gefahr mehr
bietenden Grade, und zwar zu keiner Zeit vorkommen
dürfen.

Wie diese Forderung in praxi bei den einzelnen Wässern
erfüllt werden, und wie sie nachgeprüft werden kann, wird in
späteren Kapiteln auseinandergesetzt werden.

II. Das Wasser soll von solcher Beschaffenheit sein, daß es gern getrunken wird.

Die geringste an ein Wasser zu stellende Forderung ist die
des „nil nocere", welche in dem vorigen Abschnitt besprochen
wurde. Ist ihr genügt, so tritt die zweite Forderung, die der
Annehmlichkeit, in ihr Recht. Wasser ist das von der Natur gegebene Getränk. Soll es diese bevorzugte Stellung behalten, so
muß es „gern" getrunken werden. Es ist daher auf die die „Annehmlichkeit" eines Wassers bedingenden Eigenschaften ein großer
Wert zu legen. Unter ihnen steht an bevorzugter Stelle:

1. Die Temperatur der Wässer.

Wir verlangen von einem Wasser, welches getrunken werden
und damit auch als Genußmittel dienen soll, daß es gleichmäßig
kühl sei. Wässer, die im Winter kalt sind, 5, 4, 3 Grade, im
Sommer warm sind, 16, 18, 20 und mehr Grade haben, werden
ungern getrunken. Als Ersatz dienen dann Aufgüsse von alkaloid-
haltigen Genußmitteln, Kaffee, Tee, oder alkoholische Genußmittel,
z. B. Bier, oder teure künstliche oder natürliche Mineralwässer,
Aushilfsmittel, die von seiten der Hygiene durchaus nicht gewünscht
werden; oder die Leute trinken ein Wasser, welches schlechten aber
gleichmäßig temperierten Bezugsquellen, z. B. den inmitten von
Dörfern und Städten gelegenen Brunnen entstammt, die sehr leicht

den verschiedenartigen Infektionen ausgesetzt sind. Am angenehm-
sten sind Wassertemperaturen zwischen 9⁰ und 11⁰; man kann
indessen in unseren Gegenden auch noch mit solchen von 7⁰ zufrieden sein; im Mittelgebirge ist dieses niedriger temperierte
Wasser die Regel.

Die gleichmäßig kühle Temperatur ist es in der Hauptsache,
welche die Frische, die Annehmlichkeit eines Wassers bedingt, und
eine solche findet sich bei Wässern, die aus einer Bodentiefe hervorkommen, welche den monatlichen Wärmeschwankungen nicht
mehr oder nur sehr wenig unterworfen ist. Wässer, welche längere
Zeit mit den Bodenschichten von 10 bis 8 m Tiefe in Berührung
waren, sind gleichmäßig temperiert; ihre Wärme pflegt um nicht
mehr als 1⁰ im Laufe eines Jahres zu schwanken. Dabei ist dann
in unseren Gegenden die niedrigste Temperatur in den Monaten
Juni und Juli, die höchste im November bis Januar. Die Wasserwärme in dieser Tiefe entspricht, stark angenähert, der mittleren
Jahrestemperatur der Örtlichkeit. Trotz der niedrigen gleichmäßigen
Temperatur der meisten Grund- und Quellwässer hat das zum
Konsum kommende Wasser nicht selten eine erheblich höhere
Wärme. Borchardt gibt an, daß nach den Jahresberichten als
höchste Temperatur des Wasserleitungswassers gemessen sei im
Jahre 1903: für Halle 13⁰, Erfurt 15,3⁰, Hildesheim 15⁰, Leipzig
15,1⁰, Osnabrück 15⁰. Der Grund für die hohen Zahlen liegt zum
Teil in einer Wärmezunahme vom Fassungsort bis zum Konsum,
die sich jedoch vielfach vermeiden läßt.

Da es oft von großer Wichtigkeit ist zu wissen, aus welcher
Tiefe die Zuflüsse kommen, so sind in den nachstehenden Tabellen
einige Angaben über mittlere Jahrestemperaturen in Verbindung
gebracht mit der Höhenlage der Ortschaften. Hierbei ist jedoch
zu berücksichtigen, daß in den Gegenden, wo die Sommerregen
überwiegen, wie in den meisten Bezirken Deutschlands, die in
größerer Höhenlage vorhandenen Quellen eine etwas höhere Temperatur zu haben pflegen, als der mittleren Jahrestemperatur entspricht; die Erhöhung tritt um so mehr hervor, je oberflächlicher
die Quelläufe liegen. In den Bezirken, wo die Speisung der
Quellen hauptsächlich von dem Wasser übernommen wird, welches
durch das sommerliche Schmelzen des Schnees entsteht, ist ihre
Temperatur niedriger als die mittlere Jahreswärme. Für ober-
flächlichere Quelläufe macht auch die Nord- und Südlage, die Be-
schattung u. dgl. viel aus. Man wolle also die angegebenen Zahlen
nicht als absolute Normen ansehen, sondern als Vergleichszahlen,
die mit Überlegung zu gebrauchen sind.

A. Preußen.

	Höhe üb. dem Meere	Temp. °C		Höhe üb. dem Meere	Temp. °C
Ostpreußen.			**Westpreußen.**		
Königsberg	6	6,7	Konitz	163	6,7
Insterburg.	40	6,6	Danzig	22	7,6
Tilsit	14	6,4	Neufahrwasser. . . .	5	7,2
Memel	10	6,6	Hela	5	7,6
Klaußen	140	6,1	Altstadt b. Gilgenberg	190	6,0
Brandenburg.			**Pommern.**		
Landsberg a. W. . . .	36	7,9			
Frankfurt a. O. . . .	49	8,5	Lauenburg	28	7,0
Cottbus	77	8,9	Neustettin.	136	6,5
Potsdam, Telegraphen-			Stettin	30	8,3
berg	98	7,9	Swinemünde.	6	7,6
Brandenburg	33	8,5	Putbus	60	7,5
Berliner Umgebung .	58	8,2	Demmin	6	7,8
Dahme	88	8,2	**Schlesien.**		
Posen.			Ratibor	198	8,1
Ostrowo.	141	7,5	Beuthen.	291	7,4
Bromberg	42	7,5	Rosenberg.	240	7,1
Fraustadt	103	7,9	Breslau	147	8,3
Posen.	65	8,1	Oppeln	175	8,2
Schwerin	45	8,1	Glatzer Schneeberg .	1217	2,2
Sachsen.			Ebersdorf	429	6,2
Torgau	99	8,8	Schneekoppe.	1603	0,2
Gardelegen	52	8,4	Görlitz	210	8,0
Magdeburg	54	8,7	Guhrau	144	8,1
Nordhausen	219	8,2	Wang b. Krummhübel	873	4,6
Erfurt	200	8,2	**Schleswig-**		
Halle a. S..	91	8,9	**Holstein.**		
Hannover.			Neumünster	26	7,8
Göttingen	150	8,3	Kiel	5	8,3
Lüneburg	24	8,3	Meldorf	13	8,2
Otterndorf	6	8,2	Helgoland	42	8,5
Emden	8	8,5	**Westfalen.**		
Wilhelmshafen . . .	8	8,3			
Borkum	10	8,5	Gütersloh	81	8,9
Hannover	57	8,6	Münster.	59	8,9
Clausthal . ·	592	5,9	Altasterberg	780	5,1
Lingen	27	8,8	**Hessen-Nassau.**		
Rheinprovinz.					
Kleve	47	9,0	Eichberg	349	6,8
Aachen	205	9,1	Frankfurt a. M. . . .	103	9,6
Trier	148	9,0	Fulda	260	7,8
Neuwied	68	9,4	Kassel	200	8,3

B. Bayern.

	Höhe üb. dem Meere	Temp. °C		Höhe üb. dem Meere	Temp. °C
Oberbayern.			**Niederbayern.**		
Ingolstadt	369	7,4	Passau	309	8,1
Rosenheim	446	7,4	Metten	320	8,0
München, Zentralstat.	528	7,7	Landshut	395	7,6
„ , Sternwarte	529	6,9	Eggenfelden	417	7,3
Traunstein	597	6,9			
Hohenpeißenberg . .	994	5,9	**Oberpfalz.**		
Pfalz.			Cham	386	7,7
Speyer	105	9,9	Amberg	519	6,9
Landau	145	9,6	Regensburg	358	8,3
Grünstadt	167	9,5			
Kusel	226	8,7	**Mittelfranken.**		
Zweibrücken	227	8,9	Erlangen	281	8,4
Kaiserslautern	224	8,9	Nürnberg	315	8,3
Oberfranken.			Ansbach	414	8,0
Bamberg	249	8,8	Weißenburg	427	8,0
Bayreuth	359	7,6	Wendelstein	1727	2,3
Weiden	399	7,3			
Hof	473	6,2	**Schwaben.**		
Unterfranken.			Dillingen	435	7,3
Aschaffenburg	136	9,2	Augsburg	500	7,7
Würzburg	176	9,1	Memmingen	599	7,1
Kissingen	206	8,3	Kempten	696	6,6

C. Sachsen.

Für das Königreich Sachsen, dessen nördliche Grenzen auf rund 51° 24′, dessen südliche auf 50° 15′ bis 50° 51′ liegen, dessen Länge sich von 29° 30′ bis zu 32° 30′ von Ferro erstreckt, hat P. Schreiber in 37 jähriger Beobachtungszeit von 1864 bis 1900 festgelegt, daß Orten im Meeresniveau durchschnittlich die Jahrestemperatur von 9,30° zukommt, und daß diese Temperatur für je 100 m um 0,572° abnimmt. In nachstehender Tabelle sind angegeben die

Höhenwerte der Jahresmittel der Lufttemperatur für das Königreich Sachsen.

Höhe über dem Meere	Temp. °C	Höhe über dem Meere	Temp. °C	Höhe über dem Meere	Temp. °C	Höhe über dem Meere	Temp. °C
50	9,02	350	7,30	650	5,59	950	3,87
100	8,73	400	7,01	700	5,30	1000	3,58
150	8,44	450	6,73	750	5,01	1050	3,30
200	8,16	500	6,44	800	4,77	1100	3,01
250	7,87	550	6,16	850	4,44	1150	2,73
300	7,58	600	5,87	900	4,15	1200	2,44

Die Wärme (t) eines Ortes in Sachsen bei h (Höhe in Hekto-metern) ist gleich

$$t = 9{,}3 - 0{,}57 \times h.$$

Die Temperatur von 250 m Höhe beträgt demnach

$$1 = 9{,}3 - 0{,}57 \times 2{,}5 = 7{,}875^0.$$

D. Württemberg.

	Höhe üb. dem Meere	Temp. ^{0}C		Höhe üb. dem Meere	Temp. ^{0}C
Neckarkreis.			Kirchberg bei Sulz. .	575	7,7
Cannstadt	220	9,8	Schömberg, O.-A.		
Heilbronn	170	9,3	Neuenburg	635	7,0
Hohenheim	405	8,1	Sulz	440	7,7
Stuttgart	265	9,6	Tübingen	325	8,3
			Weinsberg	220	8,7
Jagstkreis.			Wildbad	425	7,3
Crailsheim	415	7,6	**Donaukreis.**		
Gaildorf.	335	8,2	Altshausen	600	7,5
Großaltdorf	415	7,6	Biberach	535	7,3
Heidenheim	495	7,1	Friedrichshafen . . .	405	8,5
Mergentheim	210	8,8	Isny	720	7,3
			Kirchheim	320	8,6
Schwarzwaldkreis.			Münsingen	715	6,2
Böttingen, O.-A. Spai-			Schopfloch, O.-A.		
chingen	905	5,1	Kirchheim.	770	6,6
Calw	350	7,9	Ulm	480	7,7
Dobel.	690	6,8	Zeil, O.-A. Leutkirch	765	6,9
Freudenstadt	735	6,7			

E. Baden.

	Höhe üb. dem Meere	Temp. ^{0}C		Höhe üb. dem Meere	Temp. ^{0}C
Meersburg.	440	8,6	Kniebis	904	5,7
Höchenschwand . . .	1005	5,5	Baden-Baden	213	9,1
St. Blasien	780	5,6	Karlsruhe	127	9,7
Donaueschingen . . .	692	6,1	Pforzheim	253	8,5
Villingen	715	5,5	Mannheim	100	9,8
Todtnauberg	1024	5,6	Heidelberg	113	10,0
Badenweiler	401	8,8	Heidelberg-Königstuhl	563	7,0
Freiburg	298	10,0	Buchen	345	7,5
Gengenbach	181	9,1	Wertheim	147	8,8

F. Kleinere Staaten.

	Höhe üb. dem Meere	Temp. 0 C		Höhe üb. dem Meere	Temp. 0 C
Braunschweig.			**Thüringische Staaten.**		
Braunschweig	83	8,4			
			Jena	157	8,2
Mecklenburg.			Rudolstadt	199	7,8
Neu-Strelitz	76	8,0	Gr.-Breitenbach . . .	648	5,7
Warnitz.	94	7,8	Sondershausen	200	8,0
			Schmücke	910	3,8
Oldenburg.			Inselsberg	910	3,8
Löningen	28	8,3	Meiningen	310	7,6
Oldenburg	5	8,2	**Anhalt.**		
Elsfleth	8	8,2	Bernburg	90	8,7
Jever	10	8,2			
			Lübeck.		
			Eutin	35	7,9

Zur Messung der Wassertemperatur dienen Thermometer nach Celsius, bei denen Viertelgrade noch gut abgelesen werden können. Sie sollen hergestellt sein aus Jenaer Normalglas, weil dieses im Laufe der Zeit seinen Null- und Siedepunkt nicht verändert. Um das Thermometer richtig ablesen zu können, umgibt man das Quecksilbergefäß, welches der größeren Empfindlichkeit wegen flach und dünnwandig sein soll, mit einem kleinen Metallgefäß, welches als Wasserreservoir dient. Wenn man das Thermometer in enge Spalten hineinschieben muß, so entfernt man das Wassergefäßchen und umwickelt das Quecksilbergefäß mit einem Läppchen oder Watte oder etwas Zeitungspapier u. dgl., läßt es etwas länger liegen und liest dann das herausgenommene Thermometer rasch ab. Muß man zur Messung ein Zimmer- oder Badethermometer u. dgl. verwenden, so ist notwendig, es nach dem Gebrauch mit dem geprüften Wasserthermometer zu vergleichen. Diese detaillierten Angaben sind gemacht, weil genaue Temperaturbestimmungen, aber nur solche, nicht selten gute Hinweise auf die Herkunft des Wassers geben.

Das Wasser aus großen Bodentiefen und das Oberflächenwasser im Sommer zeigt hohe Wärmegrade. Man kann solche Wässer durch Verdunsten abkühlen; der Effekt ist jedoch gewöhnlich nur gering. Die Stadt Stralsund ließ mit Rücksicht auf unangenehme Erscheinungen in den Filtern (s. Kap. K unter I. 1.) ihr Oberflächenwasser über Hürden rieseln, die dem Luftzuge ausgesetzt waren, ähnlich wie bei den Gradierwerken der Salinen. Es gelang in der heißen Zeit die Temperatur um 2 bis 3⁰ herunterzusetzen; das genügte für den verfolgten Zweck, aber um ein Wasser als Trinkwasser besser zu machen, ist es zu wenig.

Nur die wenigen Liter, welche direkt als Trinkwasser dienen, bedürfen der Abkühlung. Zu dem Zwecke füllt man das Trinkwasser in poröse Tonflaschen und hängt diese an einen schattigen Ort mit lebhafter Luftbewegung — ein Verfahren, welches in den tropischen und subtropischen Gegenden ganz allgemein üblich ist — oder man stellt die mit Trinkwasser gefüllten Flaschen in den Keller oder Eisschrank. Das Hineinwerfen von Eisstückchen in das Wasser darf nur stattfinden, wenn das Eis aus infektionssicherem Wasser hergestellt ist.

2. Die Färbung und Trübung der Wässer.

Von einem guten Trinkwasser wird ferner verlangt, daß es farblos und klar, also nicht getrübt sei. Die Oberflächenwässer besitzen nicht gerade selten eine ausgesprochene Farbe. Die dem Wasser eigene Farbe, wie sie im Meer oder in tiefen Seen hervortritt, ist blau. Sehen wir von dieser Eigenfarbe ab, so findet sich eine blaue Nuance dort, wo feinste Tonteilchen, die man kaum als Trübung definieren kann, im Wasser enthalten sind. Durch solch einen bläulichen Schimmer zeichnen sich z. B. manche Quellen des Muschelkalkes aus.

Häufig findet sich eine grünliche oder gelbliche bis braune Farbe. Die grünliche Farbe wird nach den Angaben von Spring in Brüssel, denen sich Borchardt und Thiesing nach ihren Erfahrungen an den Sperrbecken des bergischen Landes anschließen, durch kolloidales Eisenoxydhydrat bewirkt, wenn seine Menge ungefähr 0,1 bis 0,2 mgl beträgt. Geht der Eisengehalt darüber hinaus, so treten grüngelbliche bis grüngelbe Farbentöne auf.

Die gelblichen, die gelbbräunlichen und die braunen Farben werden hervorgerufen durch die Huminsubstanzen. Diese entstammen den Mooren oder den Waldungen, welche die Wässer durchfließen, oder in welchen sie sich befinden, oder aber sie entstehen aus den im Wasser bereits vorhandenen oder durch Bäche hineingespülten pflanzlichen Substanzen, die sich in stagnierendem oder sich sehr langsam bewegendem Wasser zersetzen. Die Farbe schwankt zwischen einem ganz lichten Gelb, — Kolkwitz sagt sehr richtig: „die Farbe entspricht der eines dünnen Tees", — bis zu einem ziemlich tiefen Bierbraun. Die Färbung kann sich zu gewissen Jahreszeiten oder klimatischen Epochen einstellen und in anderen Zeiten fehlen. So führt z. B. die Saale meistens ein ungefärbtes Wasser; nur in den Monaten mit geringem Wasserstand, August und September, wo sozusagen wässerige Extrakte zufließen, zeigt sie eine deutlich, ja intensiv bierbraune Farbe. Hierbei steigt die Menge des zur Oxydation der organischen Substanzen erforderlichen Kaliumpermanganats von vielleicht 30 bis 50 mgl auf 207 mgl. Die Enz hingegen, ein Nebenfluß des Neckar, bekommt nach Angaben von Groß eine charakteristische gelbbraune Färbung nach stärkeren Niederschlägen. Wässer, welche durch Braunkohlen, Torf oder auch Schlamm enthaltende Böden langsam hindurchsickern, können deutlich gebräunt sein. Ein solches tiefbraunes Wasser ist z. B. in dem Untergrund von Posen in 80 bis 120 m Tiefe gefunden. Aber auch Flachbrunnenwasser kann durch Huminsubstanzen dauernd oder zeitweilig gefärbt sein. Das Wasser des Jenaer Volksbades fließt aus dem Mühltal unterirdisch zu als Grundwasserstrom in einer Kiesschicht. In dem speisenden Spaltental sind unter 3 bis 6 m Erddeckung an verschiedenen Stellen alte Sümpfe, nicht Moore, aufgedeckt worden. Das Wasser ist stets klar und farblos, der Kaliumpermanganatverbrauch beträgt meistens 10 bis 20 mgl. In dem trockenen Herbst des Jahres 1911 blieb das Wasser zwar klar, aber es wurde deutlich braun, was im Badebetrieb lästig empfunden wurde, sein Kaliumpermanganatverbrauch stieg auf 695 mgl. In einem kleinen Dorfe der Röderniederung in der Nähe von Liebenwerda ist das Wasser eines Brunnens stets braun, im Februar 1911 war der Kaliumpermanganatverbrauch 174 mgl, im September desselben Jahres wurde das Wasser tiefbraun und schmeckte schlecht, was bei solchen Wässern häufig ist. Der Kaliumpermanganatverbrauch war auf 2559 mgl gestiegen. In einem anderen Dorfe der gleichen Gegend tritt die braune Farbe regelmäßig auf, wenn der Grundwasserspiegel sinkt; wir fanden in einer solchen Periode 119 mgl Kaliumpermanganatverbrauch. Sehr ausgesprochen zeigt sich die Färbung in den Tümpeln, Brunnen und Bächen der Moore und Marschen. Auch in den taschenförmigen, unaufgearbeiteten Bildungen des Diluviums der Eiszeit, wie sie die nördlicheren Bezirke der norddeutschen Ebene aufweisen, kommen solche Wässer vor. Wir erhielten ein Wasser aus Holstein, welches ohne nennenswerten Geschmack, aber tiefbraun war, und dessen Kaliumpermanganatverbrauch 181 mgl betrug. Ein 20 m entferntes Bohrloch gab helles, gutes Wasser.

Leicht gelblich bis bräunlich gefärbte Wässer können sich auch in Brunnen finden, die nahe an Dungstätten oder Jauchegruben stehen. So ist uns das Wasser eines im stark klüftigen Buntsandsteingebirge liegenden Ortes bekannt, der sich sogar den Titel

„Sommerfrische" zugelegt hatte, welches ein oder zwei Tage nach starken Regen zur Sommerszeit deutlich bräunlich wird durch die Jauche, welche aus den dörflichen Dungstätten in den Untergrund gespült wird.

Färbungen und Trübungen lassen sich nicht scharf auseinanderhalten, aber bei den vorstehend angeführten Fällen überwiegt die Färbung; in dem nachstehend angeführten mögen die Trübungen vorherrschen.

Wenn ein Wasser viel organische Substanz enthält, so kann darin bei entsprechender Wärme eine so lebhafte Bakterienentwickelung stattfinden, daß dadurch allein das Wasser opalisierend, sogar grau getrübt wird. Meistens indessen sind die Trübungen durch feine Tonteilchen bedingt, und entsprechend der Farbe des Tones ist die Trübung dann grau, gelblich, rötlich oder grünlich. Hauptsächlich rufen starke Regengüsse oder plötzliche Wassereinbrüche solche Trübungen hervor. Selten entstehen sie durch feinst verteilte Quarzpartikelchen oder zerriebene Pflanzenteilchen, Detritus. Auch starke Algenwucherungen vermögen eine Trübung und Färbung des Wassers hervorzurufen. Als ein glänzendes, sich jedes Jahr wiederholendes Beispiel sei der Nil angeführt: er bringt in den Monaten Mai und Juni, also dicht vor seinem Ansteigen, so ungeheure Mengen kleinster grüner Algen mit, daß er mit Recht zu dieser Zeit als „grüner Nil" bezeichnet wird. Das Wasser riecht dann nach faulen Fischen und schmeckt schlecht. In der Elbe waren im Sommer 1911 so viele Algen und braungrüne Diatomazeen enthalten, daß das Wasser trübe und braungrün aussah. Wie Kolkwitz genauer ausführt, können Trübungen und Färbungen entstehen unter anderem durch Euglena sanguinea, welche einen rötlichen bis roten Farbton gibt, sofern sie sehr zahlreich ist, während die Euglena viridis, Volvox globator, Eudorina elegans, Aphanizomenon flos aquae und andere das Wasser grünlich bis grün färben. Die Farbe und Trübung ist in manchen Fällen nur ein Schönheitsfehler, an den sich eine Bevölkerung sogar gewöhnen kann; für den Ungewohnten stellt sie jedoch mindestens eine Unappetitlichkeit dar. Unklares oder gefärbtes Wasser erweckt den Verdacht der Verschmutzung und wird von vielen Personen als ungenießbar zurückgewiesen oder als unappetitlich ungern genossen. Wie von jedem Nahrungs- und Genußmittel, so muß auch vom Wasser verlangt werden, daß es rein sei und keine ungehörigen, keine färbenden oder trübenden Stoffe enthalte. Zudem vermag das Publikum nicht den gesundheitlichen Wert oder Unwert einer Färbung oder Trübung abzuschätzen.

Entstammt die Farbe tiefstehenden Braunkohlen- oder Torf-
ablagerungen, oder erhält das Wasser seine Trübung dadurch, daß
in weiten, unbewohnten Waldbezirken Regen niedergegangen sind,
so liegt, sofern der Geschmack nicht beeinträchtigt wird, bloß ein
Schönheitsfehler vor. Ist das Wasser gefärbt, weil es Zuflüsse aus
Miststätten, Aborten u. dgl. aufnimmt, haben Regen die gedüngten
Felder abgespült und sind dann die korpuskulären Elemente durch
schlecht filtrierende Bodenschichten in das Grund- oder Quellwasser
gedrungen, dann bedeutet Färbung und Trübung neben der Unappetitlichkeit eine gesundheitliche Gefahr. Nicht der Befund im
Laboratorium, sondern die Berücksichtigung der Verhältnisse ist
hier das Ausschlaggebende. Die Befunde müssen „bewertet" werden.
Die Trübung von Untergrundwässern zeigt an, daß zurzeit entweder
die Filtration fehlt oder daß sie ungenügend ist. Durch die Poren
und Spalten, durch welche Ton- oder andere trübende Teilchen
hindurchgehen, können auch Bakterien hindurch gelangen. Wo
also eine Verunreinigung der oberen Bodenschichten durch den
Menschen möglich ist, da liegt bei sich trübenden Wässern eine
Gefahr vor.

Trübe Wässer lassen die suspendierten Stoffe allmählich ausfallen und bilden eine mehr oder minder starke Schlammschicht
am Boden der Reservoire, in den Rohren und zuweilen in den
Wasseruhren. Wenn solches Wasser unregelmäßig, bald rasch, bald
langsam fließt, oder gar gestaut wird, wie z. B. bei Reparaturen
am Rohrnetz, so gerät die Schlammschicht in Bewegung, und auf
weite Strecken eines städtischen Rohrnetzes läuft dann sekundär
getrübtes Wasser aus den Zapfhähnen; nicht neuer Schmutz ist in
die Rohrleitung gelangt, sondern die alten, schon vorhandenen
Ablagerungen wurden aufgewühlt.

Wenn Wässer durch Ozon oder ultraviolette Strahlen sterilisiert werden sollen, so bilden die Trübungen bei dem ersteren
Verfahren ein Hindernis, welches sich indessen, abgesehen von der
Filtration, durch eine stärkere Konzentration oder durch eine längere
Einwirkungszeit des Ozons bezwingen läßt. Die Wirkung der ultravioletten Strahlen wird durch Trübungen stark heruntergesetzt;
denn diese beruhen zum großen Teil auf kolloidalen Substanzen,
welche die Strahlen nicht durchlassen. Nach dem jetzigen Stande
unserer Kenntnisse, die allerdings noch nicht groß sind, eignen
sich gefärbte und trübe Wässer für die Behandlung mit ultravioletten Strahlen nicht.

Die Bestimmung des Trübungs- und Färbungsgrades.

Um den Grad einer Trübung zu bestimmen, kann man stark trübes Wasser durch gehärtete Filter klar hindurch filtrieren und aus dem Gewicht des Rückstandes die Größe der Trübung beurteilen. Aber es lassen sich so nur bedeutende Trübungen gleicher Art untereinander vergleichen, die nicht durch Filter hindurchgehen. Die weiteren Methoden, die Trübungen abzuschätzen, beruhen auf der Bestimmung der Durchsichtigkeit des Wassers.

1. Die schon seit alter Zeit verwendete Methode der Sichtscheibe (Fig. 2). Man benutzt eine völlig weiße Metall- oder Porzellanscheibe, die rund oder rechteckig, z. B. 15 × 20 cm (Kolkwitz) sein kann, befestigt sie an einer Kette, Schnur oder einem Stab, die in 0,25 m Abständen Merkzeichen zum bequemen Bestimmen der Tiefe haben, und liest ab, in welcher Tiefe die Scheibe noch gerade gesehen werden kann. Um die Störungen durch die bewegte Wasseroberfläche zu vermeiden, eignet sich gut der „Wassergucker" (Fig. 3), ein etwa 65 cm langes, unten etwa 23, oben etwa 15 cm weites, also konisches Rohr, welches

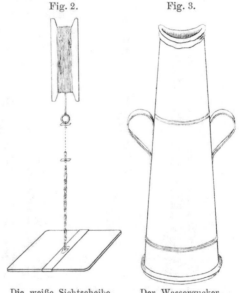

Fig. 2. Fig. 3.

Die weiße Sichtscheibe. Der Wassergucker.
Nach Kolkwitz.

unten durch eine ganz ebene Glasplatte geschlossen und oben oval abgeschnitten und etwas gepolstert ist, um das Gesicht auflegen zu können. Man bringt vom Boot aus die Glasscheibe etwas unter Wasser, legt die Augenpartie des Gesichtes auf den oberen Ausschnitt und sieht auf die Scheibe; sie wird meistens 0,5 m tiefer gesehen, als ohne den Gucker.

2. Im Laboratorium verwendet man einen Glaszylinder aus farblosem Glas von etwa 3 cm Durchmesser und 40 bis 50 cm Höhe, mit ganz ebenem, dünnen Boden. In der Nähe eines Fensters, am

besten gegen die Mittagszeit, und bei diffusem Tageslicht stellt
man den Zylinder auf ein Stück Zeitungspapier und füllt dann
mit Wasser so lange auf, bis die Schrift gerade noch gelesen
werden kann. Dann hält man den Zylinder über die beigedruckte
Snellensche Probetafel (Fig. 4), wie sie bei den Ärzten ganz allgemein üblich ist, und füllt mit einer Pipette so viel Wasser zu, oder
nimmt so viel Wasser fort, daß die Nummer 1,0 (Der Jüngling,
wenn usw.) gerade noch gelesen werden kann. Ist das z. B. noch
bei 45 cm möglich, so sagt man „die Durchsichtigkeit des Wassers
für Snellen Nr. 1,0 betrug 45 cm“. Kommt man mit der Probe
1,0, von welcher man immer ausgehen soll, nicht aus, so kann

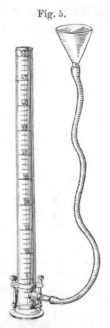

Fig. 5.

man mit dem ganz oder teilweise gefüllten Zylinder die höheren (1,25 und
1,75) oder die niedrigeren (0,8, 0,6, 0,5)
Nummern zu lesen versuchen und beschreibt den Befund genau wie oben,
nur daß man statt der Nr. 1,0 die gebrauchte einsetzt.

Fig. 6.

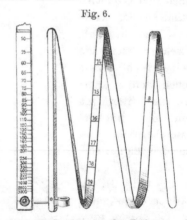

Schauzylinder nach Farnsteiner-
Buttenberg-Korn.

Apparat zur Bestimmung des Trübungsgrades
nach Hazen und Whipple.

Statt des einfachen Glasrohres eignet sich besonders für den
täglichen Betrieb besser der Zylinder von Farnsteiner-Butten-
berg-Korn (Fig. 5) aus ganz farblosem Glase mit Spiegelglasunter-
lage, dessen Wasserspiegel leicht vermittels des Gummischlauches
und Trichters auf jede passende Höhe gebracht werden kann. Auch
lassen sich die bekannten Hehnerschen Zylinder gut verwenden,
wenn ihr Boden völlig eben ist.

3. Recht praktisch ist das von der geologischen Vermessungs-
behörde der Vereinigten Staaten benutzte von Hazen und Whipple

Fig. 4.

Schriftproben (nach) Snellen.

0,5.

Was uns von Poesie und Prosa aus den besten griechischen Tagen übrig geblieben, gibt uns die Überzeugung, daß Alles, was jene hochbegabte Nation in Wort verfaßt, um es mündlich oder schriftlich zu überliefern, aus unmittelbarem

5 3 9 2 1 0 6 4 8 2

0,6.

Die bildende Kunst ergreift die alten Fabeln und bedient sich ihrer zu den nächsten Zwecken: sie reizt das Auge, um es zu befriedigen, sie fordert den Geist auf, um ihn zu kräftigen, und bald kann der Poet

1 5 4 6 8 3 0 9 7 2

0,8.

Und so steigern sich wechselweise Einbildungskraft und Wirklichkeit, bis sie endlich das höchste Ziel erreichen; sie kommen der Religion zu Hülfe, und stellen den Gott

4 9 7 2 3 6 4 5 1 0

1,0.

Der Jüngling, wenn Natur und Kunst ihn anziehen, glaubt mit einem lebhaften Streben bald in das innerste Heiligtum zu dringen. Der Mann

5 4 1 7 8 3 0 9

1,25.

Derjenige, der zum Künstler berufen ist, wird auf Alles um sich her lebhaft Acht geben, die Gegenstände und ihre Teile wer

9 6 1 0 5 3 8 2

1,75.

Bisher konnte der Maler die Lehre des Physikers von den

7 4 9 6 1 3

(Fig. 6) ausgearbeitete Verfahren; es ist auch deshalb zu empfehlen, weil es an vielen Stellen der Welt gebraucht wird, also direkt zu Vergleichen benutzt werden kann.

Die Autoren machten sich aus gut gereinigten Diatomazeenschalen eine derartig feine Verreibung, daß 100 mg derselben in 1 Liter Wasser suspendiert gerade imstande waren, einen 1 mm starken Platindraht in 100 mm Wassertiefe unsichtbar zu machen. Auf ihr Meßband schrieben sie an dieser Stelle die Zahl 100. Dann änderten sie die Emulsion so, daß in je einem Liter von 7 bis zu 3000 mg der feinst zerriebenen Kieselpanzer enthalten waren, und stellten fest, in welcher Entfernung jeweils der Platindraht unsichtbar wurde. Der „Trübungsgrad", d. h. diejenigen Milligramme Kieselsäure, welche verwendet worden waren, wurde auf das Metermaß jeweils dort eingetragen, wo der Draht verschwand.

Tabelle zur Bestimmung des Trübungsgrades.

Trübungsgrad feinsten Kieselstaubes	Tiefe, in welcher der Draht verschwindet	Trübungsgrad feinsten Kieselstaubes	Tiefe, in welcher der Draht verschwindet	Trübungsgrad feinsten Kieselstaubes	Tiefe, in welcher der Draht verschwindet
mgl	mm	mgl	mm	mgl	mm
7	1095	30	296	140	76,0
8	971	35	251	150	72,0
9	873	40	228	160	68,7
10	794	45	205	180	62,4
11	729	50	187	200	57,4
12	674	55	171	250	49,1
13	627	60	158	300	43,2
14	587	65	147	350	38,8
15	551	70	138	400	35,4
16	520	75	130	500	30,9
17	493	80	222	600	27,7
18	468	85	116	800	23,4
19	446	90	110	1000	20,9
20	426	95	105	1500	17,1
22	391	100	100	2000	14,8
24	361	110	93	3000	12,1
26	336	120	86		
28	314	130	81		

Die Messung der Trübigkeit geschieht folgendermaßen. An dem unteren Ende eines starken Meßbandes mit Zentimetereinteilung von 120 cm Länge wird ein beschwerter Holzstab so angebracht, daß sein unteres Ende vielleicht 2 cm über den Nullpunkt des Maßes hinausreicht. An diesem Nullpunkt, also an

dem Beginn des Bandes, ist rechtwinklig zu dem Stab ein blanker
Platindraht von genau 1 mm Durchmesser und vielleicht 3 cm
Länge in dem Stab befestigt. Man bringt das Auge genau an das
andere Ende des 120 cm langen Bandes und senkt den Platindraht bei voller diffuser Tagesbeleuchtung möglichst um die
Mittagszeit so tief in das Wasser, bis er gerade nicht mehr gesehen werden kann. Das Experiment wiederholt man mehrere
Male, liest jedesmal die Anzahl Zentimeter bzw. Millimeter ab,
bis zu welchem das Band mit dem Draht eintaucht, bekommt so
ein gutes Durchschnittsmaß, sucht in der Tabelle die Millimeterzahl
auf und liest den daneben stehenden Trübungsgrad ab. Verschwindet z. B. der Draht bei 627 mm, so ist der Trübungsgrad 13,
d. h. das Wasser ist so trübe, als wenn 13 mg feinst zerriebener
Diatomeenpanzer in einem Liter Wasser verteilt wären.

Muß der Versuch im Zimmer angestellt werden, so bringt
man an das Fenster ein 15 bis 30 cm weites, hohes Glasgefäß aus
möglichst farblosem Glas, schüttet das Versuchswasser hinein und
macht die Probe gegen die Mittagszeit. Trübungen sollen in
frischen Proben bestimmt werden, denn ausgefallene Suspensa
lassen sich selten wieder gleichmäßig verteilen. Hat man oft
Trübungsmessungen zu machen, so empfiehlt es sich, die Trübungs-
grade nach vorstehender Tabelle direkt auf das Meßband aufzu-
tragen.

Für die gewöhnlichen Bestimmungen genügen die angegebenen
Methoden. Wo es erforderlich ist, ganz genaue Messungen vorzunehmen, bedient man sich der sogenannten Diaphanometer. Das
beste von ihnen ist das von Krüß konstruierte und von J. Koenig
in der Zeitschrift für Untersuchung der Nahrungs- und Genußmittel und der Gebrauchsgegenstände, Bd. 7, S. 129 und 587 beschriebene. Der Apparat ist aber nicht billig, und es bedarf
einiger Übung und der Benutzung von Tabellen, um mit ihm
sichere Resultate zu bekommen.

Um die Intensität der Farben zu bestimmen, hat man
Farbflüssigkeiten z. B. Jod-, Karamellösungen, Nesslers Reagens angewendet, von denen die beste die von Allan Hazen
und Whipple angegebene ist. Sie ist auch die offizielle Be-
stimmungsmethode des Geological Survey of the U. St.

1,246 g Kaliumplatinchlorid (PtK_2Cl_6) und 1 g Kobaltchlorid in
Kristallen ($CoCl_2 + 6H_2O$) werden in 100 ccm konzentrierter Salz-
säure aufgelöst und mit destilliertem Wasser zu 1 Liter aufgefüllt.
Es sind dann in 1 ccm der Flüssigkeit 0,5 mg Platin und 0,25 mg

(genau 0,2407 mg) Kobalt. Man stellt sich Vergleichsflüssigkeiten her, indem man 1, 2, 3, 5, 10 bis 14 ccm vorstehender Originallösung zu 100 ccm mit destilliertem Wasser auffüllt. In diesen Verdünnungen sind dann — auf 1 Liter berechnet — 5 mal so viel Milligramme Platin und 2,5 mal so viel Kobalt enthalten, als der Zahl der aus der Stammlösung entnommenen Kubikzentimeter entspricht; sind also Verdünnungen gemacht mit 5, 6, 7 ccm Stammlösung, so entsprechen diese 25, 30, 35 mg Platin im Liter. Ist die Farbe des zu untersuchenden Wassers dunkler, als 70 mgl Platin entspricht, so ist es mit destilliertem Wasser zu verdünnen. Die Färbung wird durch die Zahl der Milligramm-Liter Platin ausgedrückt, mit der sie sich deckt. Ist z. B. die Farbe eines Wassers gleich der einer Kontrollflüssigkeit, die durch Mischung von 10 ccm Stammlösung mit 90 ccm destillierten Wassers gewonnen wurde, so ist seine Farbe = 50, d. h. so dunkel als 5×10 mg Pt in einem Liter destillierten Wassers.

Ist das Versuchswasser trübe, so muß es vor dem Vergleich filtriert werden.

Die Versuchsanordnung ist die folgende: 100 ccm des zu untersuchenden Wassers und je 100 ccm der ihm nahestehenden Vergleichsflüssigkeiten werden in je 2, ungefähr 2 bis 2,5 cm weite und etwa 25 bis 30 cm hohe Rohre von farblosem Glas gegeben, wie sie für die Eisenbestimmungen benutzt werden, und miteinander verglichen in der Weise, daß man am Fenster im diffusen Tageslicht von oben nach unten auf ein als Unterlage dienendes weißes Papier sieht. Stimmt das Wasser nicht genau mit einer Probe überein, so kann man, sofern es auf größere Genauigkeit ankommt, neue Verdünnungen herstellen, die zwischen den beiden dem fraglichen Wasser nahestehenden Vergleichsflüssigkeiten liegen. Benutzt man die vorhin erwähnten Hehnerschen Zylinder oder Dubosqsche Kolorimeter, so erhält man durch Ausfließenlassen Farbengleichheit und berechnet aus den Wasserständen die Farbenstufe.

Beispiel: Der Hehnersche Zylinder sei auf seine ganze 25 cm betragende Höhe mit einer Lösung gefüllt, die in 100 ccm 50 mgl Platin entspricht. Bei einer Absenkung des mit der Versuchsflüssigkeit gefüllten Zylinders auf 20 cm Höhe stellt sich Farbengleichheit ein; dann entspricht die Farbe des Wassers $\frac{25 \times 50}{20} = 62,5$ mgl Platin.

Stellt sich aber bei einer Absenkung des mit der Vergleichsflüssigkeit gefüllten Zylinders auf 20 cm Farbengleichheit ein, so entspricht der Farbengehalt $\frac{20 \times 50}{25} = 40$ mgl Platin.

Die Farbenunterschiede treten am deutlichsten hervor, wenn man die Vergleichsflüssigkeiten so weit vom Auge entfernt (25 bis 40 cm) und sie so hält, daß man mit einem Auge beide Zylinderinhalte gut übersieht.

Wo es darauf ankommt, ganz genaue Resultate zu erhalten, da eignet sich am besten das schon bei der Trübigkeitsbestimmung erwähnte Krüssche Diaphanometer oder das Dubosqsche Kolorimeter.

Auf der Untersnchungsstation der Ozonanlage in St. Petersburg hatte man, um genau den Farbenton des Newawassers zu treffen, eine Kontrollflüssigkeit hergestellt aus

$$\left. \begin{array}{l} (CoSO_4 + 7\,H_2O)\,(0{,}5\,g \text{ in } 100\,ccm\,H_2O) = \quad 100 \\ \text{und} \quad FeCl_3\,(0{,}8116\,g\;Fe) \text{ in } 1 \text{ Liter } H_2O = 1000 \end{array} \right\} = 1100\,ccm.$$

Zur Bereitung werden 0,8116 g Eisendraht in HCl gelöst, mit einigen Tropfen HNO_3 oxydiert und zwei- bis dreimal abgedampft. Dann löst man wieder in 10 ccm HCl, filtriert eventuell ausgeschiedene Kieselsäure ab und füllt zum Liter auf; hinzukommen die 100 ccm Kobaltsulfatlösung.

Eine recht bequeme und in den allermeisten Fällen ausreichende Bestimmung der braunen Farbe ist die in den Vereinigten Staaten für den Feldgebrauch übliche. Sie ist von dem geologischen Vermessungsamt nach Hazen und Whipple empfohlen. Sie wird ausgeführt in den Apparaten (Fig. 7), welche von the Builders Iron Foundry, Providence B. J. Nordamerika, hergestellt werden. Der Preis beträgt ungefähr 120 ℳ.

Fig. 7.

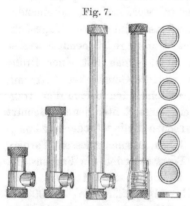

Apparat zur Bestimmung der Farbe nach Hazen und Whipple.

In ein Aluminiumrohr von 20 cm Länge und etwa 2 cm lichter Weite, dessen beide Enden durch Glasscheiben geschlossen sind, füllt man das zu untersuchende Wasser. Ein gleiches Rohr wird mit destilliertem Wasser gefüllt. Vor sein äußeres Ende klemmt man braune Glasscheiben, deren Farbe so gehalten ist, daß sie bis zu 70 mgl Platin in der vorhin besprochenen Chlorplatinkobaltlösung entspricht; durch die Zusammenstellung der Gläser bekommt man eine völlig ausreichende Anzahl von Farbenstufen. Die einzelnen Scheiben tragen eingraviert die Anzahl Milligramme Platin auf 1 Liter der Platinkobaltlösung, welche die ihrer Farbe gleiche Farbe hervorruft.

Ist das Wasser sehr dunkel, so kann es verdünnt werden, oder es werden die kleinen Rohre von 10 und 5 cm Länge benutzt. Mit dem Apparat läßt sich gut und rasch arbeiten.

Um die Farbe von Seen und Talsperren zu bestimmen, ist es zunächst nötig, die Reflexfarben, das Blau des Himmels, das Grau und Weiß der Wolken, das Grün der Wälder und Matten, sodann die Farbe des Untergrundes auszuschalten. Beides erreicht man dadurch, daß man sich vom Ufer fort zum Seetief begibt, das bei Sperren in der Nähe der Mauer zu liegen pflegt. Dann schaut man mit innen geschwärztem Wassergucker oder unter übergehaltenem dunkelen Regenschirm senkrecht in die Tiefe.

Die Farbe der Seen ist blau, bläulichgrün, gelblichgrün, gelblich bis braun, wobei die erstere Farbe den reinen tiefen Seen zukommt, die grünliche Farbe auf gelöstem Eisen beruht, während die braunen Töne durch moorige Bestandteile bedingt sind.

Um die blauen bis grünen Töne auszuwerten, ist zunächst eine Farbenskala von Forel, sodann für die grünlichen bis braunen Töne eine Fortsetzung der Forelschen Skala von Ule geschaffen.

Forel löst 1 g Kupfersulfat in 194 g destillierten Wassers, dem 5 g Ammoniak zugesetzt sind, = blaue Farbe, sodann löst er 1 g neutrales Kaliumchromat in 199 g destillierten Wassers = gelbe Farbe.

Eine Farbentafel

Nr. 1 enthält 0 ccm gelber Lösung,	Nr. 2 enthält 2 ccm gelber Lösung,
„ 3 „ 5 „ „ „	„ 4 „ 9 „ „ „
„ 5 „ 13 „ „ „	„ 6 „ 20 „ „ „
„ 7 „ 27 „ „ „	„ 8 „ 35 „ „ „
„ 9 „ 44 „ „ „	„ 10 „ 55 „ „ „
„ 11 „ 65 „ „ „	

während der Rest mit blauer Lösung aufgefüllt ist. In Gläschen gut eingeschmolzen, halten sich die Flüssigkeiten sehr lange.

Ule behielt die Nr. 11 von Forel als Stammflüssigkeit bei, fügte aber eine braune Farbe hinzu in Gestalt einer Lösung von 0,5 g schwefelsaurem Kobalt in 100 ccm stark ammoniakalischen Wassers, wobei eine starke Lüftung der Lösung erforderlich ist. Er bildet die Stufen Nr. 12 bis 21, indem er genau so viel von der braunen Lösung nimmt, wie Forel von der gelben genommen hatte, also 2, 5, 9, 14, 20, 27, 35, 44, 55, 65 ccm, und mit der grünen Lösung Nr. 11 zu 100 ccm auffüllt. — Indem Ule noch die blaue Forelsche Lösung hinzunahm, bekam er eine weitere Reihe schmutzig-braungrüner Nuancen, jedoch haben diese Farben für uns kein Interesse mehr.

Die Mittel, Trübungen und Färbungen zu beseitigen.

Gegen die in einem Wasser vorhandenen Trübungen kann man vorgehen durch Filtration, z. B. nach Art der langsamen Sandfiltration. Die gröberen Suspensa hält man damit sicher zurück, bei langsamer Filtration und gut eingearbeiteten Filtern auch schon recht feine. Die ganz feinen, z. B. bestimmte Tontrübungen, werden gemildert, indessen bleibt ein grünlicher oder bläulichgrüner Schimmer, das Wasser „schielt".

In solchen Fällen kann man zu einem vollen Erfolg gelangen, wenn man dem Wasser vor der Filtration koagulierende Substanzen, in erster Linie schwefelsaure Tonerde, zusetzt.

Bei manchen Wässern, z. B. Sperrenwässern oder Flußwässern, empfiehlt es sich, die trübenden Suspensa in ihrer Hauptmenge durch Vorfilter, wie sie bei der Sandfiltration angegeben sind, zu entfernen. Siehe das Kapitel „Langsam- und Schnellfiltration".

Die auf Algen beruhenden Trübungen und Färbungen lassen sich zuweilen durch Zusatz von Kupfersulfat in sehr geringen Mengen, 1 zu 500000 bis 1 zu mehreren Millionen Teilen Wassers, beseitigen. Die Algen sterben dadurch ab und sinken zu Boden. Allerdings entsteht durch das plötzliche Absterben der Algenmassen zuweilen ein recht übler Geschmack. Daß das Kupfer nicht schädlich ist, wurde schon in dem Kapitel Gifte ausgeführt. Der Gebrauch des Kupfers finde nur unter sachverständiger Leitung und unter Kontrolle von Medizinalpersonen statt. Das Genauere hierüber siehe Kap. F, See- und Stauseewasser IV, 5.

Gegen die Färbungen wird man zunächst auch mit gut eingearbeiteten Filtern vorgehen, wobei auf eine geringe Geschwindigkeit des Durchströmens Wert zu legen ist. Allein dieses Verfahren wird nur nützen, wo abfangbare Suspensa die Ursache der Färbungen sind.

Wo die Filtration nicht ausreicht, kann man bei schwach gefärbten Huminwässern noch gute Erfolge durch Ozonisierung, d. h. Oxydation der Huminsubstanzen erzielen. Sodann kann man unter Verwendung von Eisenelektroden mittels Hindurchleiten eines elektrischen Stromes die durch Huminsubstanzen entstandene Färbung zum Verschwinden bringen, was Proskauer bei den Posener Wässern mit Erfolg versuchte; ob das jedoch im Großen ausführbar ist, steht noch nicht fest.

Besser arbeitet man mit Zusatz von Chemikalien, die Koagulation bewirken, z. B. mit Eisensalzen, Kalkmilch oder — den meisten Erfolg versprechend — mit schwefelsaurer Tonerde. Einen noch zurückbleibenden Farbrest nimmt dann das Ozon fort.

Die in Posen mit gutem Erfolg durchgeführte Vermischung des braunen, tiefstehenden Grundwassers mit dem höher stehenden Eisenwasser gehört auch hierher. Die Menge der Zusätze muß im einzelnen ausprobiert werden; von der schwefelsauren Tonerde setzt man zunächst soviel zu, daß eine deutlich sichtbare Ausflockung eintritt. (Siehe das Kapitel K, I, 2, Methoden, die Filtration zu vervollkommnen.) Die entstehenden Niederschläge sind durch Abfiltrieren oder Sedimentieren zu beseitigen.

Der Filtration gleichzustellen, sie vielfach noch übertreffend in ihrer enttrübenden und entfärbenden Wirkung, ist die Rieselung, nur dürfen die Flächen nicht klein genommen und muß die erforderliche Einwirkungszeit gewährt werden. Leider geht bei der Rieselung oft ein nicht unbeträchtlicher Teil des aufgebrachten Wassers verloren, auch läßt die Rieselung sich nicht überall anwenden. Siehe die Kapitel C, IV, „Künstliche Erzeugung von Grundwasser" und F, IV, 3, „Die Rieselwiesen bei Talsperren".

3. Der Geruch und Geschmack der Wässer.

Trinkwasser soll keinen Geschmack haben. Fade, muffig, laugenhaft, bitter, süßlich-kratzend, faulig oder unbestimmt widerlich schmeckende Wässer sind für Trinkzwecke ungeeignet.

Will man den Geschmack eines Wassers festlegen, so ist es auf etwa 25° zu erwärmen. Selbstverständlich muß das stets daneben zu genießende Kontrollwasser ganz genau die gleiche Wärme haben, es darf nicht um 0,5° C differieren! Die Gefäße müssen tadellos sauber sein. Dann dürfen die Geschmacksnerven durch stärkere Reize, z. B. Alkoholika, Alkaloide enthaltende Getränke, wie Kaffee u. dgl., stärker gewürzte Speisen, Tabak usw., nicht gestört sein. Man soll größere Mengen, 30 bis 50 ccm, in den Mund nehmen, sie dort herumbewegen und dann herunterschlucken. Der Geschmack stumpft sich rasch ab; das Kauen einer alten Semmel, aber nicht sauren Landbrotes, frischt ihn bald wieder auf. Auch empfiehlt es sich, den Trinkwasserbedarf eines Tages durch Genuß des in Frage stehenden Wassers zu decken.

Gute Resultate erhält man nicht selten dadurch, daß man das Wasser in Gestalt eines recht dünnen Tees oder Kaffees genießt. Zuweilen nützt es, eine zweite Probe dieser Getränke ganz wenig gesüßt zu trinken, wenn der Untersucher an derartige Getränke gewöhnt ist. Hierbei treten Geschmäcke zutage, die durch ihr Abweichen von dem gewohnten Geschmack gut abstechen.

Von dem Geschmack soll man, wie Rubner sehr richtig bemerkt, den Nachgeschmack unterscheiden, der sich nicht selten

erst einige Zeit später als bitter oder kratzend, metallisch usw.
bemerkbar macht.

Erwähnt sei noch, daß verschiedene Konzentrationen desselben Stoffes verschiedene Geschmacksempfindungen auszulösen
imstande sind, und daß unsere Geschmacksnerven das eine Mal
besser und feiner reagieren als das andere Mal; während eines
Schnupfens z. B. pflegt der Geschmack gewöhnlich herabgesetzt
zu sein.

Der vom Kaiserl. Gesundheitsamte in einem Gutachten über
die Schunter, Oker und Aller vom 4. Juli 1906 aufgestellte Satz:
„Es wäre nicht richtig, ein Trinkwasser erst dann zu verurteilen,
wenn alle Konsumenten dessen Geschmack als fremdartig bezeichnen;
wenn dieses von einzelnen Personen geschieht, so hat es eben
schon seinen Ruf als gutes Trinkwasser eingebüßt“, ist als richtig
anzuerkennen, nur erscheint es notwendig, einen besonders starken
Ton auf das Wort „gutes“ zu legen.

Der in dem Gutachten weiter ausgesprochene Satz: „Dabei
ist zu betonen, daß die Veränderungen des Geschmackes des Trinkwassers auch bei dem geringsten Grade, auch wenn sie nur als
Nachgeschmack wahrnehmbar sind, hygienisch zu verurteilen sind“,
ist ebenfalls als richtig anzuerkennen. Man soll sich jedoch hüten,
aus solchen, bei scharf ausgesprochenen Veranlassungen — hier
handelte es sich um Versalzung durch Kaliendlaugen — hervor-
gegangenen Aussprüchen ein allgemein gültiges Dogma zu machen,
gegen welches sich aufzulehnen ein Sakrilegium sein würde. Selbstverständlich muß das Streben dahin gehen, ein vollständig geschmack-
loses Trinkwasser zu erlangen; aber es gibt Verhältnisse, wo das
nicht oder nur gegen eine ganz erhebliche, nicht mehr lohnende
Ausgabe möglich ist. Manche Bezirke Deutschlands haben ein
leicht moorig oder salzig schmeckendes Wasser; es wäre töricht,
nun von kleineren Gemeinwesen zu verlangen, durch Tiefbohrungen,
die viele Tausende kosten, besseres Wasser zu beschaffen. —
Solche Forderungen sind aber tatsächlich gestellt worden. — Man
muß berücksichtigen, daß eine Gewöhnung an den Geschmack
eintritt, so daß er nicht mehr empfunden wird, daß sogar das
Wasser ohne den spezifischen Geschmack den Einwohnern nicht
schmeckt. Man wird sich also zuweilen mit einem Wasser zufrieden geben müssen, welches einen geringen Geschmack hat, und
ein Wasser, welches von einzelnen Personen bei geschärfter Aufmerksamkeit geschmeckt wird, ist deshalb noch durchaus nicht
schlecht, es kann sogar trotz des dem Fremden wahrnehmbaren
Geschmackes gut sein.

a) Der Geschmack des Wassers beruht auf der Anwesenheit
von Salzen.

Der Geschmack eines Wassers kann beruhen auf der Anwesenheit von Salzen. Eine größere, sehr sorgfältige Arbeit hierüber stammt von Rubner.

Die gewöhnlich im Wasser vorkommenden Salze schmecken in der mäßigen Konzentration, in welcher sie sich zu finden pflegen, nicht, trotzdem das vielfach behauptet wird. Friedmann (1914) hat darüber sehr genaue Versuche angestellt; erst bei 42 deutschen Graden wurde das Wasser als hart erkannt, vorher war es von destilliertem nicht zu unterscheiden.

Selbstverständlich können die verschiedensten Salze, die zufällig in das Wasser geraten sind, einen Geschmack bedingen.

Nach Untersuchungen von Kahlenberg und Richards sollen die Wasserstoffionen den sauren, nach solchen von Hoeber und Kiesow die Anionen den salzigen Geschmack hervorrufen. Nach den letzteren Autoren beruhen andere Geschmacksarten auf den Kationen und den undissoziierten Molekülen; so ergäben die Magnesium- und Baryumionen eine bittere Empfindung, während Natrium- und Kaliumionen nicht empfunden würden; der Geschmack eines Salzes setze sich additiv zusammen aus dem Geschmack der Ionen, vielleicht auch der elektrisch-neutralen Moleküle.

Das Kalziumbikarbonat ist geschmacklos.

Der Gips ($CaSO_4 + 2H_2O$) löst sich zu 2,045 g bei 0° in 1 Liter destillierten Wassers (= 66,6° bleibender Härte). Er macht sich frühestens bei Anwesenheit von etwa 500 mg in 1 Liter bemerkbar, ist aber auch bei größeren Mengen noch nicht geschmeckt worden. Der Geschmack wird meistens als leicht zusammenziehend empfunden.

Das Chlorkalzium ($CaCl_2$) macht sich ebenfalls bei ungefähr 500 mg schwach bemerkbar.

Die Magnesia kommt im Wasser meistens als schwefelsaure Magnesia ($MgSO_4 + 7H_2O$) vor. Sie beginnt bei etwa 500 mg sich bemerkbar zu machen, aber erst um 1000 mg herum bitter zu schmecken.

Chlormagnesium kommt in den natürlichen Wässern in beträchtlicher Menge kaum vor, dahingegen ist es ein häufiger Bestandteil der Montanbetriebsabwässer; vor allem gibt die Kaliindustrie viel Chlormagnesium in die Flüsse hinein. Schon bei rund 30 mg $MgCl_2$ pro Liter wollen empfindliche Beobachter einen ganz schwachen Nachgeschmack bemerkt haben.

Die Königl. Preußische Wissenschaftliche Deputation für das Medizinalwesen meint: Gutachten vom 29. November 1899: „Wer empfindliche Sinne besitzt, wird — freilich nicht während des Schluckaktes selbst, aber durch den Nachgeschmack — nahezu die 10 000 fache Verdünnung der Endlaugen (= rund 40 mgl Mg Cl) von einem normalen Wasser unterscheiden können." Dunbar (Hamburg) fand, daß ein nicht geringer Prozentsatz seiner Versuchspersonen (ausgesucht gute Schmecker) einen Zusatz von 50 mg Chlormagnesium zu 1 Liter reinen Grund- oder Flußwassers herausschmeckten und unangenehm empfanden, 75 mg wurden von einem größeren Prozentsatz bemerkt, selbst wenn auf die Ausbildung des Geschmackssinnes keine Rücksicht genommen wurde. Von 52 Versuchspersonen schmeckten 75 Proz. einen Zusatz von 100 mgl heraus. Der Reichsgesundheitsrat hat sich in dem Gutachten über die Schunter, Oker und Aller vom 4. Juli 1906 auf den Standpunkt gestellt, daß ein Zusatz von Endlaugen, der einem Gehalt an Chlormagnesium von 90 bis 110 mgl entspricht, eine nachweisbare Geschmacksveränderung des Wassers bewirkt. — Wir glauben nach auch bei uns angestellten sehr zahlreichen Versuchen, daß tatsächlich die Grenze des Geschmackes für viele Menschen bei rund 100 mgl liegt. (1 g des kristallisierten Salzes ist gleich 0,450 g $MgCl_2$.)

Auch der Geschmack von Kaffee und Tee leidet durch Chlormagnesiumzusatz zum Wasser. Es macht sich nicht bloß der unangenehme, kratzende Geschmack bzw. Nachgeschmack bemerkbar, es tritt noch hinzu eine geringere Ausnutzung des Kaffees und Tees, die bei 75 mgl $MgCl_2$ von Sachverständigen auf rund 10 bis 15 Proz. geschätzt worden ist.

Kochsalz soll von sehr empfindlichen Personen schon bei 350 mg geschmeckt werden.. In der überwiegenden Mehrzahl der Fälle dürfte aber die Geschmacksgrenze frühestens bei 500 bis 600 mg beginnen. Verschiedene Angaben besagen, der Geschmack trete im Trinkwasser erst bei 1000 mg, bei dünnem Kaffee, dünnem Tee bei 500 mg in die Erscheinung; doch ist 1000 mg entschieden zu hoch.

Chlorkalium, welches sich in größeren Mengen selten in einem verunreinigten Wasser findet, schmeckt man erst bei mehr als 500 mg im Liter.

Die vorstehend erwähnten Versuche sind meistens mit Lösungen der Salze in destilliertem Wasser gemacht. Bei den in der Natur vorkommenden Wässern, wo die Salze gewöhnlich gemischt sind, pflegen die Grenzen nicht unwesentlich höher zu liegen. Nichts-

destoweniger gehe man nicht erheblich, sofern sich das irgendwie
vermeiden läßt, über die hier gezogenen Linien hinaus, denn nicht
selten ereignet es sich, daß der Gehalt des Wassers an Salzen im
Betriebe aus später zu erörternden Gründen ansteigt.

Gelöstes Eisenoxydul schmeckt schon bei 0,3 mg metallischen
Eisens im Liter deutlich nach Tinte, in Verbindung mit Huminstoffen moorig. Sobald das Oxydul in die unlösliche Form des
Oxyds übergegangen ist, verschwindet die unangenehme Geschmacks-
empfindung.

Das im Wasser seltenere Eisensulfat macht sich bei 0,3 bis
0,5 mgl durch einen schwachen, zusammenziehenden Geschmack
bemerkbar. Die Manganverbindungen treten im Geschmack weniger
hervor; das Manganbikarbonat und das Mangansulfat sind bei
0,5 mgl kaum bemerkbar, von 0,7 mgl ab schmecken die Wässer
etwas eisenartig.

b) Der Geschmack des Wassers beruht auf der Anwesenheit
von Kohlensäure und Luft.

In den natürlichen Wässern macht sich die Anwesenheit von
Luft, sowie von freier Kohlensäure — letztere findet sich dort
meistens zu nicht mehr als 50 mgl — durch den Geschmack
nicht bemerkbar, trotzdem das vielfach behauptet wird. Tiefstehendes Grundwasser ist meistens sauerstofffrei; es soll „gut"
schmecken; Regenwasser ist mit Sauerstoff gesättigt, es soll
„schlecht" schmecken. Oberflächenwasser enthält nur wenig Kohlensäure, ihm wird ein „schlechter" Geschmack, Tiefbrunnenwasser
enthält mehr davon, ihm wird ein „guter" Geschmack zugeschrieben.
Dabei hat Bizozero nachgewiesen, daß man erst 110 mg = 55 ccm
freier Kohlensäure im Wasser zu schmecken beginnt. Friedmann
und seine geübten Schmecker fanden, daß erst bei einem Gehalt
von 126 mg CO_2 in 1 Liter destillierten Wassers ein unsicherer
Geschmack nach CO_2 auftrat. Bei Wässern von 41,4 Härtegraden
aber wurde die CO_2 schon bei 52,5 mgl erkannt, jedoch erst bei
173 mg freier CO_2 als deutlich bezeichnet. Wässer von 42° deutscher Härte sind nicht häufig und die Untersuchungen Fried-
manns stützen den Satz, wenn er selbst auch das Gegenteil behauptet, daß man harte Wässer bis zu dem eben erwähnten Grade, also
mit Ausnahme der ganz harten Wässer, nicht schmeckt. Um dem
künstlichen Selterswasser, dem Sodawasser, trotz seines sehr hohen
Gehaltes an Kohlensäure einen ausgesprocheneren Geschmack zu
verleihen, setzen die Fabrikanten dem Wasser etwa 2,5 g Kochsalz
auf das Liter zu.

Dem tieferen Grundwasser ist die niedrige Temperatur eigen,
aus diesem Grunde schmeckt es „gut", dem Oberflächenwasser ist
die höhere eigen, daher schmeckt es „schlecht". Nach ausgiebigen
Versuchen Bizozeros, die außer anderen auch wir wiederholt
haben und die wir nur bestätigen können, ist ein hartes (30 bis 40
deutsche Grade) und ein weiches, ein Luft und Kohlensäure enthaltendes und ein davon freies oder künstlich davon befreites Wasser
nicht voneinander durch den Geschmack zu unterscheiden; nicht
einmal abgekochtes oder destilliertes Wasser kann mit einiger
Sicherheit aus einer Gruppe natürlicher, brauchbarer Trinkwässer,
die nicht etwa einen eigenen auf anderen Ursachen beruhenden
spezifischen Geschmack haben, herausgefunden werden; Bedingung
ist nur, daß das Wasser in ganz reinen Gefäßen destilliert oder
abgekocht ist, und daß die Temperatur der zu vergleichenden Wässer
absolut gleich ist.

Wenn fast ganz allgemein abgekochtes Wasser in Form eines
dünnen Tees oder Kaffeeaufgusses genossen wird, so geschieht das
aus dem sehr richtigen Grunde, weil man den faden Geschmack
des warmen Wassers erheblich leichter und einfacher dadurch
beseitigt, daß man ihm den Geschmack eines gewohnten Genuß-
mittels beifügt, als daß man es bis auf die mittlere Jahrestemperatur abkühlt.

c) Der Geruch und Geschmack des Wassers beruhen auf der Anwesenheit von organischen Substanzen.

Außer durch anorganische kann der Geschmack durch organische Substanzen ungünstig beeinflußt werden.

Im Vordergrund stehen hier die Huminsubstanzen. In den
Gebieten des Torfes und der Braunkohle, z. B. in und an den
Fenen Westfalens und Hannovers, in den Provinzen Posen, Ost-
und Westpreußen, in den Braunkohlenbezirken Sachsens, in den
Marschen Holsteins und anderen Küstenbezirken der Nord- und
Ostsee kommen viele Wässer vor, die braun gefärbt sind und
einen unangenehmen torfigen Geruch und Geschmack besitzen. Auch
gibt es humushaltige Grundwässer, die viel Kochsalz führen, also
neben dem moorigen Anfangsgeschmack einen salzigen oder brackigen
Nachgeschmack besitzen. Doch sind auch Wässer bekannt, die
Huminsubstanzen enthalten, ohne daß sie unangenehm riechen oder
schmecken, wie das z. B. Wernicke für das Tiefengrundwasser
Posens angibt und wie auch wir verschiedentlich gefunden haben.

Frische Zersetzungen organischer Substanzen können gleichfalls den Geschmack und Geruch beeinflussen.

Sumpfig, modrig, muffig, schimmelig, erdig usw. schmecken und riechen oft Oberflächenwässer, die in flacher Schicht über einer stärkeren Lage organischer, sich zersetzender Substanzen stehen. Das macht sich besonders bemerkbar zur Winterszeit, wenn längere Zeit eine den Strom oder See deckende Eisschicht den Gasaustausch verhindert. Stark sind in dieser Beziehung die Flüsse gefährdet, an welchen sich eine lebhafte Zuckerindustrie entwickelt. Der unangenehme Geschmack und Geruch der Abgänge der sächsischen und böhmischen Zuckerfabriken kann sich bis zur Mündung der Elbe hin bemerkbar machen. Müssen Filterwerke solche Wässer verarbeiten, so haben sie eine schwere, nicht immer vollen Erfolg gewährende Arbeit.

Sehr unangenehm können sich die Abwässer von Teer-, Gas- und verwandten Fabriken in den Wasserläufen bemerkbar machen — abgesehen von dem Fischsterben. Das Wasser wird durch solche Einlässe ungenießbar; Filter vermögen diesen üblen Geruch und Geschmack nicht fortzunehmen. Auch Grundwässer nehmen den Gas- und Teergeschmack an, wenn die Abwässer in den Boden geleitet werden.

In solchen und sehr vielen anderen Fällen läßt sich Geschmack und Geruch nicht voneinander trennen; was dem Einen mehr als Geschmack imponiert, erscheint dem Zweiten mehr als Geruch. Es ist daher richtig, die Grenze als schwankend und beide Ausdrücke gewissermaßen als gleich zu betrachten.

Wasser, welches etwas Schwefelwasserstoff oder andere riechende Schwefelverbindungen enthält, schmeckt und riecht faulig. In den Rieselräumen der Enteisenungsanlagen kann man diesen Geruch häufig beobachten. Er wird durch die Lüftung und Filtration fast ausnahmslos beseitigt.

Das Wasser der Stadt St. schmeckte als Rohwasser gut; nachdem es zur Sommerzeit die Filter passiert hatte, roch und schmeckte es unangenehm nach Schwefelwasserstoff. Auf Bakterien beruhende Reduktionsprozesse im Filter, die nur bei Temperaturen zwischen 15 und 18^{0} C vor sich gingen, waren die Veranlassung.

Das sehr reine Wasser einer Talsperre in Thüringen war etwa $2^{1}/_{2}$ Jahre hindurch durch Sandfilter gegangen, ohne daß die Filter gereinigt worden waren. Nach dieser Zeit machte sich ein Rückgang in der Menge des Filtrats bemerkbar. Eine mehrere Zentimeter starke Schicht des Sandes wurde daher abgehoben; der Wärter wollte seine Sache besonders gut machen und spülte das Filter von unten nach oben mit dem reinen Sperrenwasser gründlich aus. Dann filtrierte er wieder von oben nach unten und ließ das Filtrat der ersten 6 Stunden in den Bach laufen. Nichtsdestoweniger machte sich in der Stadt alsbald ein unangenehmer fischiger Geschmack des Wassers bemerkbar, welcher sich mit dem Geruch des ausgehobenen Sandes deckte. Hier waren es kleine Tierchen, in erster Linie Mückenlarven gewesen, die abgestorben und sich zersetzend den Übelstand bewirkt hatten, nachdem die gleichmäßige Lagerung des Filtersandes gestört war. Nach 3 Tagen war der Geschmack wieder verschwunden.

In einer anderen sehr großen Stadt hatte man die Saugkammern und Saugrohre einer großen Schöpfanlage außer Betrieb gehalten. Erhebliche Mengen einer kleinen Wassermuschel (Schafklaue, Dreyssena) und ihre Larven waren innerhalb dieser Zeit abgestorben. Als das Werk wieder in Betrieb gesetzt wurde, hatte das Wasser einen deutlich faulen Geschmack und Geruch.

d) Der Geruch und Geschmack beruhen auf der Anwesenheit von Kleinlebewesen.

In nicht seltenen Fällen nimmt das Wasser von Seen, Stauseen und Teichen Gerüche an von den sich in ihnen entwickelnden Kleinlebewesen. Am unangenehmsten macht sich die Asterionella, eine Diatomacee, bemerkbar, vor allen Dingen, wenn sie in größeren Mengen zerfällt. Sie wurde bis zu 5000, ja in einzelnen Fällen bis zu 40000 Stück im Kubikzentimeter Wasser gefunden, und erzeugt in ihm, wenn nicht zu viele Exemplare im Wasser sind, einen aromatischen, bei mehr Exemplaren einen an das Geranium erinnernden und bei sehr vielen Exemplaren einen fischigen Geruch. Die Diatomeen: Cyclotella, Diatoma, Meridion, Tabellaria rufen in ihm, wie Whipple angibt, einen aromatischen, die Protozoen, Cryptomonas und Mallomonas einen aromatischen bis fischigen Geruch hervor. Grasartig und schimmelig wirken die Cyanophyceen, Anabaena, Rivularia, Clathrocystis und Coelosphaerium, Aphanizomenon; einen fischigen Geruch verursachen die Chlorophyceen, Volvox, Eudorina, Pandorina, Dictyosphaerium und von den Protozoen Uroglena, Dinobrion, Bursaria, Peridinium und Glenodinium, während Synura nach reifen Gurken riecht, und das schon, wenn 5 bis 10 Kolonien in 1 ccm Wasser vorhanden sind.

Es soll nicht gesagt sein, daß andere Tiere und Pflanzen nicht auch schlechten Geruch und Geschmack zu erzeugen vermögen, aber die vorstehenden tun das häufiger und in höherem Grade.

Wie bei Asterionella, so spielt auch bei den übrigen Organismen die Zahl eine Rolle für die Art des Geruches; aromatisch kann

in grasig, dieses in fischig übergehen. Zudem sind Geschmacks-
und Geruchsempfindungen ganz subjektiv und werden daher von
verschiedenen Personen ganz verschieden benannt.

Die hier in Betracht kommenden Organismen gehören der
Flora und Fauna der Seen und Stauseen an; dort kommen wir
auf sie zurück.

e) Der Geruch und Geschmack beruhen auf zufälligen Verunreinigungen.

Auch mehr zufällige Verunreinigungen, die von den Abwässern
von Betrieben und Industrien herrühren, können gewisse Geschmäcke
und Gerüche hervorrufen. So schmeckte ein Brunnenwasser in der
Nähe einer Fäkalienaufbereitungsanstalt nach dem Unrat. Die
Abwässer von Gerbereien, Fleischereien, Zuckerfabriken und verwandten Industrien, welche in den Boden hineingelassen werden,
können naheliegenden Brunnenwässern einen unangenehmen Geruch
und Geschmack verleihen.

Viele Produkte der Teerfabrikation und verwandter Industrien
haben einen ausgesprochenen Geruch und Geschmack und geben
nicht gerade selten zu Klagen über die Verunreinigung benach-
barter Brunnen Veranlassung. Bei Halle enthielt ein in der Nähe
einer Teerschweelerei befindliches Brunnenwasser 7911 mg Na_2SO_4,
es roch und schmeckte teerig und verbrauchte 104 mgl Kaliumpermanganat.

In einem Falle schmeckte ein Brunnenwasser deutlich nach
Karbol, als von dem Diener eines chirurgisch stark beschäftigten
Arztes die zur Desinfektion benutzte Kresolseifenlösung und die
Verbandstoffe eine Zeitlang in eine zwischen zwei Brunnen gelegene
Dunggrube geschüttet worden waren. Das Wasser des zweiten
Brunnens schmeckte nicht danach, wohl deshalb, weil der Grund-
wasserstrom eine andere Richtung hatte.

Nördlinger hat nachgewiesen, daß 1 Teil Saprol (40 Proz.
Kresolgehalt) auf 1 Million Teile Wasser von allen Personen durch
den Geruch und Geschmack, 1 Teil zu 2 Millionen noch durch
den Geschmack zu erkennen ist, während Saccharin bei 1 zu
1 Million, Strychnin bei 1 zu 2 Millionen durch den Geschmack
noch erkennbar waren.

Eine Destillieranstalt für Harzprodukte und Kolophonium
machte das Wasser eines 100 m entfernten Brunnens ungenießbar;
durch die vorhandenen freien Säuren wurden gleichzeitig die im
Brunnen vorhandenen Messingfilter zerstört.

Schon im Jahre 1848 wies Daubrée in Straßburg eine Infiltration des Untergrundes mit Gaswasser auf eine Entfernung
von 300 m nach. Adam fand in zwei dicht bei einer Gasanstalt
liegenden Brunnen 2,78 und 0,52 g Kresole im Liter Wasser. Metge
wies nach, daß durch Sickerwasser einer Gasanstalt das Grundwasser noch in 100 m Entfernung auf 106° D. H. verhärtet worden
war, während andere charakteristische Produkte des Gasanstalts-
abwassers, z. B. Rhodanammon und Phenole selbst nicht in Spuren
nachweisbar waren.

Ein Salzbergwerk gab unbrauchbare Reste in eine Grube;
nach ungefähr 2 Jahren waren die Brunnen eines 1 km entfernten,
auf sandigen Alluvionen liegenden Dorfes stark versalzen; wir
konnten mehr als 2 gl Cl nachweisen.

f) Die Bestimmung des Geruches und Geschmackes eines Wassers.

Um den Geruch eines Wassers zu bestimmen, gießt man aus
einer mit dem fraglichen Wasser gefüllten Literflasche etwa ein
Drittel aus, erwärmt, wenn erforderlich, auf etwa 20° bis 40°,
schüttelt kräftig etwa 1 bis 2 Minuten lang, lüftet den Stopfen
und riecht sofort an der Flaschenöffnung.

Tritt der Geruch nicht deutlich hervor, so erhitzt man etwa
150 ccm Wasser bis dicht vor dem Sieden in einem hohen, 400 ccm
fassenden Becherglase ohne Ausguß, auf welches ein gut schließendes
Uhrglas gelegt wird. Dann stellt man das Glas auf eine indifferente Unterlage, läßt etwa 5 Minuten abkühlen, schüttelt unter
drehender Bewegung, schiebt das Uhrglas zur Seite und riecht
in den entstandenen Spalt hinein.

Die Amerikaner, welche übel riechende und schmeckende
Wässer in größerer Anzahl haben, bezeichnen die Geschmacksarten
und Gerüche, sofern sie nicht spezifisch sind, als

v = vegetabilisch	m = modrig-schimmelig
a = aromatisch	$\overset{\bullet}{M}$ = muffig-dumpfig
g = grasartig	d = unangenehm (disagreable)
f = fischig	p = torfig (peaty)
e = erdig	s = süßlich.

Hierzu würden die mehr spezifischen Geruchs- und Geschmacksarten treten, welche sich als brackig, salzig, teerig oder als auf
Gas, Karbol usw. hinweisend charakterisieren.

Für die Stärke der Empfindungen sind fünf Abteilungen
geschaffen:

1. sehr schwach, wenn nur der erfahrene Untersucher, aber nicht der Durchschnittskonsument den Geschmack oder Geruch erkennt;

2. schwach, wenn der Wasserkonsument den Geruch oder Geschmack nur dann bemerkt, wenn man ihn darauf aufmerksam macht;

3. deutlich, wenn der Geruch oder Geschmack leicht bemerkt wird und daher das Wasser mit Mißtrauen angesehen wird;

4. ausgesprochen, wenn der Geruch oder Geschmack sich von selbst aufdrängt und das Wasser daher nicht gern getrunken wird;

5. sehr stark, wenn der Geruch oder Geschmack das Wasser als zum Trinken durchaus ungeeignet erscheinen läßt.

Diese Bezeichnungen werden von dem Amerikanischen Komitee der Mustermethoden der Wasseranalyse empfohlen und wir schließen uns gern an, da wir sie für brauchbar erachten und eine Übereinstimmung der Bezeichnungen z. B. für Vergleichszwecke sehr erwünscht ist.

g) Die Beseitigung des Geruches und Geschmackes.

Die Beseitigung des Geruchs und Geschmacks eines Wassers ist meistens nicht leicht.

Handelt es sich um Schwefelwasserstoff, so genügt allerdings schon ein einfaches Lüften, indem man das Wasser als Springbrunnenstrahl in die Luft steigen läßt, wobei es in kleinen Tropfen aufgelöst, den Schwefelwasserstoff verdunsten läßt. Diesem Zweck hauptsächlich dienten die von Intze unterhalb der Talsperren eingerichteten Springbrunnen. In ähnlicher Weise werden der Schwefelwasserstoff bzw. die ihm nahestehenden Verbindungen des eisenhaltigen Tiefenwassers entfernt. Wenn dieses Wasser als feiner Regen durch die Luft fällt, oder wenn es in dünner Schicht über die Koksstücke oder Holzhürden der Rieseler läuft, so gibt es die übelriechenden Gase leicht und vollständig ab.

Bei den übrigen Gerüchen und Geschmäcken — muffig, modrig usw. — reicht eine einfache Lüftung jedoch meistens nicht aus; da ist schon eine intensivere Oxydation erforderlich. Sind suspendierte Substanzen, z. B. Algen, mitbeteiligt, so müssen sie zunächst durch Filtration beseitigt werden. Das genügt allein jedoch nicht, denn ein Teil der Riech- und Schmeckstoffe sind im Wasser gelöst enthalten. Die bloße Lüftung beseitigt sie meistens nicht vollständig. Erheblich mehr leistet naturgemäß das Ozon. Wo ein unangehmer Geschmack dauernd oder regelmäßig zu gewissen Zeiten auftritt, ist ein Versuch mit der Ozonisierung gerechtfertigt.

Zuweilen kann der Zusatz von schwefelsaurer Tonerde helfen, da die Riech- und Schmeckstoffe sich den Flocken anlagern oder auch, soweit sie faßbar sind, von ihnen eingeschlossen werden. Aber dem ganzen Wesen nach ist wohl nur selten ein voller Erfolg zu erwarten. Wird der Geruch und Geschmack nicht vollständig beseitigt, so vermag die nachfolgende Ozonisierung weiter zu helfen.

Außer durch die eigentliche Ozonisierung läßt sich eine Oxydation durch Zusatz von Chemikalien erzielen, welche Sauerstoff abgeben. Das geschieht z. B. beim Ferrochlorverfahren, bei welchem Chlorkalk und Eisenchloridlösung zugesetzt wird und unterchlorige Säure entsteht, die wiederum zu freiem Chlor und Sauerstoff zerfällt. Beide wirken auf die organischen Substanzen, also auch auf die Riech- und Schmeckstoffe ein und zerstören sie ganz oder teilweise. Man muß sich vorsehen, daß nicht zu viel Chlor angewendet wird, da sonst das Wasser nach ihm schmeckt. In Middelkerke in Belgien hatte nach Thumm und Schiele das Rohwasser einen schlechten Geruch und einen sumpfigen Geschmack; nach der Reinigung mit Ferrochlor war Geruch und Geschmack verschwunden.

Zu den Oxydationsmitteln gehört auch das Kaliumpermanganat; die entstandenen braunen Flocken von Mangansuperoxyd müssen abfiltriert werden.

Gutes vermag die Rieselung durch den Boden hindurch zu leisten, welche z. B. bei übelriechenden Talsperrenwässern mit Erfolg zur Fortnahme des üblen Geruchs und Geschmacks Anwendung gefunden hat; es scheint, daß bei der Rieselung eine recht kräftige Oxydation stattfindet und daneben noch die den Geruch absorbierende Kraft des Bodens zur Geltung kommt. Die Langsamfilter stehen der Rieselung in ihrer Wirkung nach.

Wo ein übler Geruch und Geschmack durch Algen zu fürchten ist, da beseitigt man ihn nicht, sondern beugt ihm vor durch Kupferung des Wassers (siehe das Kapitel Stauseen, Fernhaltung des üblen Geruchs und Geschmacks).

Im Kleinbetrieb oder bei kurz dauernden Störungen, wie sie z. B. im Herbst 1911 bei einer Reihe von Wässern aufgetreten sind, kann man bessernd eingreifen durch das Abkochen des Wassers eventuell unter Zusatz von Geschmackskorrigentien, z. B. Kaffee, Tee. Auch bei ungekochtem Wasser kann eine Korrektur eintreten durch Zugabe von etwas Zucker oder Säure, z. B. Zitronensäure, Essig u. dgl.

Die letzteren Zusätze können auch Verwendung finden, um den Geschmack nach Salzen zu überdecken.

Auch nehmen zuweilen Hausfilter aus Kohle oder aus Braunstein den Geschmack fort.

4. Die Appetitlichkeit eines Wassers.

Neben dem Geschmack und Geruch des Wassers kommt das subjektive Empfinden bei seinem Genuß in Betracht: das Wasser muß appetitlich sein.

Die Appetitlichkeit fehlt, wenn man weiß oder vermutet, daß das Wasser auf seinem Wege oder an seinem Austritt mit Schmutzstoffen in Berührung gekommen ist. Als solche sind in erster Linie die tierischen und menschlichen Abgänge, Kot und Urin, sodann die übrigen Abgänge aus dem menschlichen Haushalt im weiteren Sinne, faulende Substanzen u. dgl., anzusehen. Wir verlangen daher von einem appetitlichen Wasser, daß es solche Stoffe oder deren Zersetzungsprodukte nicht enthalte.

In einem Wasser, welches durch die Abgänge des Haushaltes verunreinigt ist, findet sich ein höherer Kochsalzgehalt, als der Bodenart entspricht. Die Menge des Kochsalzes im Boden ist je nach der Bodenart verschieden und meistens nicht erheblich. Der über das Gewöhnliche der Örtlichkeit hinausgehende Gehalt an Kochsalz aber entstammt dem Küchenspülwasser, oder dem Urin und Kot von Mensch und Tier. Wir besitzen also im Kochsalz einen nicht schlechten Gradmesser für eine stattgehabte Verunreinigung, erhalten jedoch, da das Kochsalz unveränderlich ist, über den Ort der Verunreinigung nicht immer, über die Zeit der Verunreinigung überhaupt keine Auskunft.

Mit dem Kot und Urin werden ferner nicht unerhebliche Mengen phosphorsaurer, kohlensaurer und insbesondere schwefelsaurer Verbindungen, hauptsächlich des Kalziums und des Magnesiums, entleert. Finden sie sich in einem Wasser in einer, das Normale der Gegend übersteigenden Menge, so deuten sie, wenn die örtlichen Verhältnisse nicht dagegen sprechen, gleichfalls auf fäkale Verschmutzung hin. Im Urin wird von dem erwachsenen Menschen Phosphorsäure ausgeschieden (täglich gegen 2,5 g) und im Boden leicht und rasch gebunden. Daher pflegt sie in den Wässern zu fehlen; wo sie aber gefunden wird, da spricht sie meistens für eine erheblichere Verschmutzung.

Aus den Abort- und Jauchegruben, Miststätten, undichten Kanälen, Straßengossen, schmutzigen Gräben und Tümpeln dringt mit dem einsickernden Wasser eine nicht unbeträchtliche Menge

organischer Substanzen in das Erdreich hinein. Finden sie sich in
nennenswert größerer Menge, als in einem notorisch reinen Wasser
derselben Örtlichkeit, so deuten sie, sofern die lokalen Verhältnisse
dafür sprechen, auf unappetitliche Zuflüsse hin und beeinträchtigen
dann den Genuß des Wassers.

Die Menge der organischen Substanzen, oder richtiger, der zu
ihrer Oxydation erforderliche Kaliumpermanganatverbrauch, ist verschieden hoch, je nach der Art des Bodens. In reichlich mit
Pflanzenresten durchsetzten Bodenarten, wie es alter Sumpf, Wiesen
oder auch Waldboden sind, finden sich nicht selten erhebliche Mengen
von organischen Substanzen, so daß 30 bis 50 und mehr mgl Kaliumpermanganat zu ihrer Oxydation erforderlich sind.

Selbstverständlich sind sie an sich bedeutungslos und beeinträchtigen die Genußfähigkeit eines solchen Wassers nicht, sofern
durch sie ein schlechter Geschmack und Geruch oder eine unangenehme Färbung nicht bedingt wird.

Man hört und liest zuweilen, und besonders englische Autoren
legen Gewicht darauf, daß gerade die stickstoffhaltigen unter den
organischen Substanzen auf die Anwesenheit tierischer Reste hinweisen. Diese Annahme ist nur teilweise richtig; auch in pflanzlichen Resten sind Eiweiß oder eiweißartige Körper enthalten, ein
Unterschied zwischen den beiden Ursprungsstätten läßt sich nicht
machen, eine irgendwie durchschlagende Bedeutung ist also dem
„Albuminoidammoniak" nicht beizulegen. Aus diesem Grunde ist
das Suchen nach dem Albuminoidammoniak, welches in der englischen Analyse und Bewertung der Wässer eine hervorragende Rolle
spielt, in Deutschland mit Recht ungewöhnlich; hier und da, in
zweifelhaften Fällen, hat es Sinn, ihm die Aufmerksamkeit zuzu-
wenden.

Das Eiweißammoniak kann auch ein Zwischenglied darstellen.
Als Chicago seine Schmutzwässer in den Illinoisfluß schickte, verlor
sich allmählich das in ihnen enthaltene Albuminoidammoniak; es
fand sich nur noch Ammoniak. Im weiteren Lauf des Flusses
trat es, ohne daß neuer Schmutz hinzugekommen war, erneut auf,
und zwar weil das mineralische Ammoniak von den lebhaft
wuchernden Algen in ihre Körpersubstanz aufgenommen war, aus
welcher es beim Zerfall der Organismen als Albuminoidammoniak
wieder frei wurde. Man darf sich also mit dem bloßen Befund
nicht begnügen.

Die organischen Stickstoffverbindungen werden, wenn genügend
Sauerstoff vorhanden ist auf biologischem Wege in der Regel
zu salpetersauren Verbindungen umgewandelt. Hierbei bilden

Ammoniak und salpetrigsaure Verbindungen Durchgangsstufen von kurzer Dauer, so daß man sie bei genügend durchlüftetem Boden kaum findet. Fehlt es jedoch an Sauerstoff, so können Ammonium- und salpetrigsaure Salze in deutlich nachweisbarer Menge vorhanden sein. Vielfach spricht man sie an als Zeichen einer frischen und starken Verschmutzung, als Zeichen der Fäulnis, und glaubt, ihrer Anwesenheit einen besonderen Wert beilegen zu müssen. Ein Nahrungsmitteluntersuchungsamt hatte vor einigen Jahren eine Quelle untersucht; damals enthielt sie 21 mgl Cl und kein H_3N, jetzt wurden 5 mg Cl mehr und eine Spur Ammoniak gefunden. Infolgedessen beantragte das Amt die „bakteriologische" Untersuchung. Sie wurde gemacht, außerdem aber eine Besichtigung an Ort und Stelle vorgenommen. Die Quelle lag, bombensicher gegen jede Infektion, mitten im Wald; das ganze tributäre Gebiet war Wald. Das bißchen Ammoniak beruhte auf ganz unschuldigen pflanzlichen Stickstoffverbindungen, und die 5 mgl Cl waren nichts anderes als die Wirkung der großen Dürre des Sommers, Herbstes und Winters 1911. (Wir fanden bei einer ganzen Reihe von Wässern in dieser Zeit einen erhöhten Gehalt an Chlor und auch an anderen Substanzen, z. B. den Härtebildnern.)

Die Annahme, das Ammoniak oder die salpetrige Säure seien Zeichen einer mangelhaften Oxydation, also einer nicht vollbeseitigten Verschmutzung, ist vielfach richtig, aber durchaus nicht immer. Denn salpetrige Säure und Ammoniak können auch entstanden sein durch Reduktion der salpetersauren Salze. In größerer Tiefe, zuweilen auch nur wenige Meter unter der Oberfläche, findet man nicht selten Ammoniak in großer und salpetrige Säure in deutlich wahrnehmbarer Menge. Das sie enthaltende Wasser ist dann durch undurchlässige Letten, durch Ton oder eine starke Schicht feinen Sandes von dem Sauerstoff der Luft abgeschlossen und die der langsamen Oxydation zugängigen organischen Substanzen entnehmen den ihnen notwendigen Sauerstoff aus den schwefelsauren, salpetersauren und ähnlichen Verbindungen, indem sie diese reduzieren. Schon das Flachbrunnenwasser aus dem Berliner Untergrund enthält fast ausnahmslos salpetrigsaure und salpetersaure Salze, sowie Ammoniakverbindungen, auch wenn es aus einem einwandfrei konstruierten Brunnen und gewachsenem Boden stammt und hygienisch nichts zu beanstanden ist. Man muß sich daher beim Auffinden von Ammoniak und salpetriger Säure sehr überlegen, woher die Verbindungen stammen können, sonst kommt man zu gewaltigen Fehlschlüssen. Einem Chemiker war ein Wasser zugesandt worden zur Untersuchung, ohne nähere Angabe über die Herkunft. Es fand sich darin salpetrige Säure in „beachtenswerter Menge". In dem Gutachten wurde behauptet, das Wasser entstamme einem Erdreich, welches durch Abgänge tierischer Herkunft verunreinigt sei und Fäulnisherde enthalte. Das Wasser war aber entnommen worden aus dem Zapfhahn eines ausrangierten, an die ganz tadellose städtische Wasserversorgung angeschlossenen Eisenbahnwagens, der im Sommer als Fabrikationsstelle für Sodawasser für die Beamten diente. Im Winter ruhte der Betrieb. Das Wasser hatte mehrere Monate in einem etwa 200 m langen eisernen Strang gestanden; aus den in dem Wasser enthaltenen geringen organischen Substanzen und ein bischen Salpetersäure war salpetrige Säure entstanden; sie war verschwunden, als man ungefähr 10 Minuten lang das Wasser laufen ließ.

In einer großen Stadt setzte ein anderer Untersucher die Verwaltungs- und Medizinalbehörden dadurch in arge Verlegenheit, daß er an vielen Stellen der nächsten Umgebung der Stadt Ammoniak in größerer Menge, zuweilen auch salpetrigsaure Verbindungen fand, und deshalb die Wässer als verunreinigt hinstellte, trotzdem weit und breit absolut keine Verunreinigungsmöglichkeit vorhanden war. Es wurde dann nachgewiesen, daß das die Ammoniumsalze enthaltende Wasser einer ziemlich oberflächlich liegenden wasserführenden Schicht mit viel organischen Substanzen entstammte, die mit einer nicht starken, aber völlig undurchlässigen Lage fetten Tones überdeckt war. Wo die Tonschicht fehlte, da war nicht Ammoniak, sondern Salpetersäure vorhanden, da hatte eine Reoxydation der ganz unschuldigen diluvialen Reduktionsprodukte stattgefunden.

Die salpetersauren Verbindungen sind, abgesehen von der möglichen Reduktion, sehr resistent; sie können daher, ähnlich wie das Kochsalz, örtlich und zeitlich so weit zurückliegende Verschmutzungen anzeigen, daß letztere gar nicht mehr in Betracht kommen.

Geringe Mengen von Salpetersäure finden sich auch in sehr reinen Wässern, sie entstammen den sich zersetzenden organischen Stoffen der obersten Bodenschichten. Schon das gefallene Laub, das verwesende Heidekraut hat genügend Stickstoff, um daraus etwas Salpetersäure entstehen zu lassen. Also nur eine das gemeinübliche lokale Maß überschreitende Menge von Salpetersäure in Verbindung mit anderen Faktoren deutet möglicherweise auf eine Verunreinigung hin.

Kochsalz, phosphor-, kohlen- und schwefelsaure Salze, organische Substanzen und ihre Abbauprodukte, insbesondere die stickstoffhaltigen, können also ein Wasser als unappetitlich erscheinen lassen. Doch gehört dazu eine gewisse Menge, die sich allerdings a priori nicht festlegen läßt, denn die zeitlichen und örtlichen Verhältnisse, und nicht eine sogenannte „Grenzzahl", sind entscheidend.

Schon hier werde mit aller Deutlichkeit darauf hingewiesen, daß ein Urteil über den gesundheitlichen Wert eines Wassers nur relativ selten im Laboratorium gefällt werden kann, daß vielmehr in den meisten Fällen die Besichtigung an Ort und Stelle und eine sachgemäße Auswertung der geologischen, örtlichen, bakteriologischen, chemischen und physikalischen Befunde unumgänglich ist.

Liegt eine Verschmutzung zeitlich weit zurück, hat sie in größerer Entfernung stattgefunden, sind die organischen Substanzen abgebaut, mineralisiert, und nur noch ihre Reste in Gestalt einfachster Verbindungen, z. B. als salpeter-, kohlen- oder schwefelsaurer Kalk usw., vorhanden, so ist die Appetitlichkeit gar nicht oder doch nicht in erheblichem Grade herabgesetzt.

Finden sich aber die Schmutzstätten in der Nähe des Wasserbezuges und sind diese noch im Betrieb, dann werden empfindliche Personen allerdings dadurch abgehalten, das Wasser zu trinken. Jedenfalls ist es für sie kein angenehmes Gefühl, wenn sie sehen, daß das erbetene Glas Wasser aus einem undichten Brunnen gepumpt wird, welcher, wie in dörflichen und kleinstädtischen Betrieben so häufig, dicht neben der durchlässigen Dungstätte oder Abortgrube steht.

Bei der Beurteilung der Verhältnisse darf ferner die Bodenbeschaffenheit nicht außer acht gelassen werden. In festerem, feinporösem Boden, z. B. im Lehm, zirkuliert das Wasser langsamer als im lockeren, sandigen Erdreich. Infolgedessen wird man bei gleicher Abgabe von Unratstoffen aus undichten Gruben oder anderen Schmutzstätten in den Boden hinein im festen Erdreich eine größere Menge der vorstehend besprochenen chemischen Verbindungen finden als im lockeren. Im porösen Boden werden durch den Grundwasserstrom die Unreinlichkeiten stärker verdünnt, wie Flügge in schlagender Weise für den Untergrund der Stadt Breslau nachgewiesen hat.

An sich sind alle die erwähnten Stoffe in den Mengen, wie sie im Wasser vorkommen, vollständig unschädlich.

5. Die Härte des Trinkwassers.

Für ein gutes Trinkwasser hat man vielfach eine gewisse mittlere Härte verlangt und gewünscht, daß nicht mehr als 10 bis 20⁰ harte Wässer zur Verwendung kämen. Unter Härte versteht man die Menge der in einem Liter Wasser enthaltenen Salze des Kalziums und Magnesiums; je 10 mgl CaO bzw. die ihr entsprechende Menge MgO nennt man einen deutschen, je 10 mgl CaCO₃ einen französischen Härtegrad (sie verhalten sich wie 0,56 : 1,0). Ein englischer Härtegrad ist gleich 1 grain CaO in 1 Gallon (1 : 70 000) Wasser, er ist = 0,8 deutschen oder 1,43 französischen Härtegraden.

Man hat gesagt, ganz weiche Wässer seien als Trinkwässer zu beanstanden, weil sie zu wenig Kalk enthielten; der Kalk im Trinkwasser sei notwendig, weil die Kost des Menschen leicht zu arm an Kalk sei. Wenn man als Beispiel normaler Verhältnisse die der Muttermilch ansehe, die in 100 g 0,243 bis 0,279 g Kalk und 0,05 g Magnesia enthalte, so müsse der erwachsene Mensch täglich 1,18 g Kalk und 0,24 g Magnesia aufnehmen. — Magnesia ist in der Kost in überreichen Mengen, Kalk indessen in einzelnen Nahrungsmitteln, z. B. im Fleisch und Brot, nur wenig enthalten. Aber uns will es nicht richtig erscheinen, die Kost des Säuglings, der nur Milch genießt und wöchentlich in den ersten sechs Monaten um 300 bis 150 g zunimmt, als eine Norm für die späteren Lebensalter aufzustellen. Um so weniger ist das gestattet, als der Gehalt der Muttermilch während des Stillens von 2,79 gl auf 1,49 gl Kalk sinkt. Das Kind bekommt später Kuhmilch, die sechsmal so viel Kalk enthält als Frauenmilch. Der Erwachsene braucht wenig Kalk, da er nicht mehr wächst und nur den bei dem Lebensprozeß mitverbrauchten Kalk, der recht gering ist, zu ersetzen hat. Es ist ein Irrtum, daß die Rachitis in kalkarmen Gegenden häufiger sei als in kalkreicheren. Auch behaupten viele Zahnärzte, daß die Karies der Zähne in den kalkreichen Gegenden nicht minder groß sei als in den kalkarmen.

Alle theoretischen Betrachtungen über die Schädlichkeit des weichen Wassers werden durch die praktischen Erfahrungen widerlegt. In weiten Gebieten der Urgesteine, des Buntsandsteins, der Porphyre, Porphyrite, Granite usw. beträgt die Härte des Wassers nur 1 bis 2 deutsche Grade. Aber man kann die Bewohner des Schwarzwaldes, eines großen Teiles Thüringens, Schwedens und Norwegens nicht als degeneriert bezeichnen; sie haben einen genau so kräftigen Knochen- und Körperbau wie ihre harte Wässer trinkenden Stammesgenossen. In wieder anderen Gegenden sind die Menschen auf den Genuß von Regenwasser angewiesen. Auch diese Leute — es sei an die Marschbewohner Holsteins erinnert — gehören zu den kräftigen Menschen. Als man auf den Seeschiffen das destillierte Wasser als Trinkwasser einführen wollte, wurden erst jahrelange

Versuche an Galeerensträflingen gemacht, um zu sehen, ob das Destillat unschädlich sei. Niemand wird behaupten wollen, daß die Kost dieser Leute besonders üppig gewesen wäre, und doch sind gesundheitliche Schädigungen nicht aufgetreten. Nach ihnen haben Tausende und Abertausende von Seeleuten jahraus jahrein destilliertes Wasser ohne jede gesundheitliche Beeinträchtigung genossen. Man darf also nicht sagen, daß weiche Wässer wegen ihres geringen Kalkgehaltes die Gesundheit beeinträchtigen.

Übrigens ist es zweifelhaft, ob der Kalk des Wassers vom Körpergewebe aufgenommen wird; viele Forscher sind der Ansicht, daß nur oder doch in erster Linie der organisch gebundene Kalk in den Organismus eintrete.

Nach der anderen Seite hin ist behauptet worden, daß harte Wässer, d. h. solche, die über 20⁰ hinausgingen, schädlich sein könnten. Ist der Gehalt an Chlormagnesium in einem Wasser groß, so macht er sich, wie erwähnt, durch einen Nachgeschmack oder durch einen unangenehmen, kratzenden, bitteren Geschmack bemerkbar. Wässer dieser Art sind zurückzuweisen. Schmeckt man dagegen das Magnesium nicht, so müssen wir es gesundheitlich als indifferent bezeichnen. Ähnlich liegen die Verhältnisse beim schwefelsauren Kalk; wenn er nicht geschmeckt wird, ist er gleichgültig. Der kohlensaure Kalk ist völlig indifferent. Die Mär, daß man vom Genuß des Pariser — und anderen — Trinkwassers zunächst Durchfälle bekomme, könnte endlich aus den Köpfen und Büchern verschwinden. Erwiesen ist sie absolut nicht und wir müssen stark bezweifeln, daß das bißchen Wasser, welches jemand, der nach Paris gekommen ist, dort vielleicht getrunken hat, ihm geschadet habe. Die anderen Getränke bzw. die dort genossenen, von der früheren, regelmäßigen Verpflegung abweichenden Speisen geben hundertmal mehr Veranlassung zu Verdauungsstörungen als das Wasser.

Wir müssen konstatieren, daß Gesundheitsschädigungen durch harte Wässer nirgends in der Literatur in zweifelloser Weise nachgewiesen sind, und wir haben kein Recht, wegen ganz hypothetischer Gefahren harte Wässer nur wegen ihrer Härte zu verurteilen.

Man hat ausgerechnet, daß von 8,3 Millionen Menschen, die in 63 deutschen Städten wohnen, 23,9 Proz. ein Wasser unter 5⁰ Härte, 55,8 Proz. ein Wasser zwischen 5 bis 10⁰, 18,6 Proz. ein solches von 10 bis 20⁰ und nur 2,7 ein solches zwischen 20 und 30⁰ Härte trinken. Aber was ist damit bewiesen? Die Zahlen wollen doch nur sagen, daß Wasser mittlerer Härte von 5⁰ bis 20⁰ weit in Deutschland verbreitet ist; Orte jedoch, die kein anderes Wasser haben oder kein anderes

Wasser sich beschaffen können, müssen eben härteres Wasser nehmen. In manchen Gebieten des oberen Buntsandsteins, des Keupers, des Anhydritgebirges usw., gibt es nur Wässer mit solchen und noch größeren Härten, und eine Reihe größerer und viele kleinere Gemeinden sind bei ihrer geringen finanziellen Leistungsfähigkeit gar nicht imstande, Filter zu bauen, oder viele Kilometer weit Wasser zuzuführen oder größere Tiefbohrungen zu machen. Sie müssen das Wasser nehmen wie es ist. Wir kennen ein Krankenhaus von etwa 300 Betten, wo die Patienten durch Jahre hindurch ein Wasser von 79 deutschen Härtegraden ohne Nachteil getrunken haben. Viele Ortschaften sind uns bekannt, wo das Grund- und Quellwasser 50 und mehr Härtegrade hat, wo aber all und jede Schädigung fehlt.

Man ist eben meistens gezwungen, das Wasser zu nehmen, wie es die Gebirgsart liefert, ohne Rücksicht auf die Härte. Zuweilen aber hat man die Wahl zwischen weicherem und härterem Wasser, wie folgende Beispiele zeigen. Uns ist eine kleinere Stadt bekannt, die Jahrhunderte hindurch ein Wasser von mehr als 90 deutschen Härtegraden trank; seit kurzem besitzt sie ein Wasser von nur 1 bis 2 deutschen Härtegraden; allerdings muß sie jetzt das Wasser künstlich heben. Die beiden Quellen sind nur 1,5 km voneinander entfernt; die mit dem harten Wasser liegt im oberen, die andere im mittleren Buntsandstein.

Ein Chemiker hatte ein ihm zugesendetes Wasser untersucht und es der Gemeinde empfohlen, trotz einer Härte von 37°. Der Obermedizinalbeamte beanstandete das Wasser und als wir die Verhältnisse an Ort und Stelle besichtigten, ergab sich, daß das Gebirge stark verworfen war. So zeigte die geologische Karte dicht neben der obenerwähnten Quelle des oberen Buntsandsteins eine starke Verwerfungsspalte, in welcher oberer Muschelkalk anstand. Eine Vogeltränke wies auf eine Quelle hin und die Schürfung ergab eine ergiebige Spaltenquelle, deren Wasser nur 15° hart war und die jetzt zur Speisung der großen Gemeinde dient. Die Entfernung zwischen den beiden Quellen betrug vielleicht 50 m.

Eine Gemeinde von 50 Einwohnern hatte wegen dauernden Wassermangels im Jahre 1900 für etwa 10 000 $\mathcal{M}$ eine Quellwasserleitung im Muschelkalkgebirge gebaut; die Quellchen liefen immer spärlicher, 1911 versagten sie ganz. Infolgedessen mußte nach der entgegengesetzten Richtung für etwa 12 000 $\mathcal{M}$ eine neue Versorgung angelegt werden. Die Gemeinde hatte zu dem Zweck zwei vielleicht 15 m auseinanderliegende Quellen im oberen Buntsandstein gekauft; die eine hatte 34° Gesamt- und 17° bleibende

Härte, die andere jedoch bei 2470 mgl Trockenrückstand 88,7°
Gesamt- und 76° bleibende Härte (1096 mg SO_3). Dabei führte die
Quelle Luft in mächtigen Blasen mit. (Uns sind Quellen aus dem
Buntsandstein bekannt, die das gleichfalls tun, ohne daß man be-
haupten kann, es seien Spaltenquellen; möglicherweise wird die
Luft aus den weiten Gipsausspülungen mitgebracht, welche solche
Quellen durchqueren.)

In den Bergen ist das nahe Zusammenliegen verschiedener
Wässer nicht gerade selten, in dem Alluvium, dem Diluvium, dem
Tertiär der Ebenen wird es allerdings weniger oft vorkommen.

III. Das Wasser für den Hausgebrauch.

Sind auch die harten Wässer gesundheitlich indifferent, so sind
sie doch mit Rücksicht auf den Hausgebrauch wenig zu empfehlen;
sie stehen hinter den weichen weit zurück.

Die vorübergehende Härte, welche in vielen Fällen den größeren
Teil der Gesamthärte darstellt, beruht auf der Anwesenheit von
doppeltkohlensaurem Kalk und zum geringeren Teil von doppelt-
kohlensaurer Magnesia, welche in dem freie Kohlensäure enthaltenden Wasser gelöst sind. Wenn Untergrundwasser mit Luft in
ausgedehntere Berührung kommt, entweicht die in ihm enthaltene
Kohlensäure; infolgedessen lassen schon mäßig harte Wässer den
in ihnen ursprünglich enthaltenen doppeltkohlensauren Kalk als
Monokarbonat ausfallen. So entstehen in Reservoiren mit breiter
Oberfläche Schuppen von einfach kohlensaurem Kalk, die nach
einiger Zeit zu Boden sinken und einen grauweißlichen schuppigen
Bodensatz bilden. In ausgezeichneter Weise sahen wir diese Bildung
in dem Reservoir der Stadt B. in Serbien, deren 27° hartes Wasser
dem Sarmatenkalk entstammt. Unangenehmer ist die Ausscheidung
des Monokarbonats in den Rohren. Wir besitzen Rohrstücke, deren
ursprünglich 6 cm weites Inneres um mehr als $^2/_3$ des Durchmessers
durch konzentrischen Ansatz schöner Monokarbonatkristalle verengt
ist. Dabei hatte das Wasser nur 17° Gesamt- und 7° Sulfathärte,
— aber es hatte, bevor es in die Holzrohre gelangte, einen alten
Steinkanal von 30 cm Weite und 100 m Länge durchflossen. In
einem anderen Rohr hatte sich ein starker Ring, der zu 98,7 Proz.
aus kohlensaurem Kalk bestand, in 18 Jahren abgesetzt aus einem
ursprünglich 24° harten Wasser, welches zunächst etwa 20 m frei
durch einen Wiesengraben gelaufen war. In ein 15 cm starkes
Überlaufrohr aus Ton einer älteren Dorfleitung war ein 12° Gesamthärte führendes Wasser plätschernd hineingefallen, und in 12 Jahren

war das Rohr mit schneeweißem kohlensauren Kalk bis auf einen ganz schwachen Kanal ausgefüllt. (Diese weißen Ausscheidungen, welche man in geringerer Stärke in den Quellfassungen vielfach findet, werden von den Leuten mancher Gegenden mit dem Ausdruck „Salpeter" belegt.)

Wie die Beispiele zeigen, ist für das Ausfallen des Kalkes die Abgabe der Kohlensäure das Ausschlaggebende, und nicht so sehr der Kalkgehalt. Je größer dieser ist, um so stärker geht bei gleichem Kohlensäureverlust der Ausscheidungsprozeß selbstverständlich vor sich.

Wo Niederschläge in den Rohren sich absetzen, da können auch Ablagerungen in den Wasseruhren entstehen; es werde bei der Auswahl der Uhren darauf Rücksicht genommen.

1. Die Kesselsteinbildung und die Enthärtung.

Viel rascher und intensiver als beim Stehen oder Fließen des Wassers an freier Luft oder beim Hindurchfallen durch Luft entweicht die Kohlensäure beim Erhitzen des Wassers und viel reichlicher als der Ansatz in den Rohren ist der in den Kochgefäßen entstehende Kesselstein.

Der aus Kalziummonokarbonat bestehende ist massig, aber nicht sehr hart; er ist leicht zerreiblich. Ein erheblicher Teil findet sich als „Schlamm" in den Kesseln.

Wird schwefelsauren Kalk enthaltendes Wasser eingekocht, so scheidet sich bei einer Konzentration von etwa 2 gl der Gips aus und legt sich als eine recht fest anhaftende, harte Kruste der Gefäßwand an. Gewöhnlich sind dem Kesselstein noch geringe Mengen von kohlensaurem Eisen- oder Manganoxyden, sowie kohlensaure Magnesia, etwas Kieselsäure oder Tonerde beigemischt.

Die dickere Belegung einer Kesselfläche mit Kesselstein bewirkt einen erheblichen Wärmeverlust; schon für 1 mm starken Kesselstein sollen gegen 10 Proz. mehr Feuerungsmaterialien gebraucht werden wie bei reinem Kessel; auch gibt der Kesselstein Veranlassung zu Explosionen. Es ist daher notwendig, das Kesselspeisewasser zu enthärten. Von den mancherlei Verfahren seien hier zwei angeführt.

a) Das Kalk-Sodaverfahren.

Zur Verhütung der Kesselsteinbildung erhitzt man das betreffende Wasser behufs möglichster Austreibung der freien und halb gebundenen Kohlensäure, sowie des gelösten Sauerstoffs in sogenannten Vorwärmern auf 60 bis 100⁰ und gibt von vornherein zur Fällung etwa vorhandener, aus dem Schmiermaterial stammender Fettsäuren, sowie zur weiteren Abscheidung der Bikarbonate des Kalziums und Magnesiums Kalkmilch hinzu, bis eine Probe des geklärten Wassers empfindliches Lackmuspapier soeben bläut oder Silberlösung bräunlich färbt. Die schwefelsauren Kalzium- und Magnesiumverbindungen, welche die bleibende Härte des Wassers bedingen, werden gleichfalls unter Anwärmen durch Natriumkarbonat (Soda) zersetzt. Für jeden deutschen Grad der bleibenden Härte hat man auf 1 Liter Wasser 19 mg reine kalzinierte Soda (Na_2CO_3) anzuwenden, woraus sich die nötige Menge einer Soda von geringerem, aber bestimmtem Gehalt leicht berechnen läßt. Von einer 80 proz. Soda würden auf 1 cbm Wasser für einen deutschen Grad der bleibenden Härte 24 g erforderlich sein. Es ist selbstverständlich, daß die Behandlung mit Kalkwasser genügt, wenn das betreffende Wasser bleibende Härte nicht zeigen sollte, was jedoch kaum vorkommt.

Außerdem tut man gut, zu der ausgerechneten Menge Soda noch auf den Kubikmeter des zu reinigenden Wassers gegen 15 g Soda hinzuzunehmen.

Die Umsetzung verläuft nach folgender Gleichung:

$$1. \left.\begin{matrix} Ca \\ H_2 \end{matrix}\right\} 2\,CO_3 + CO_2\Big) + 2\,CaO = H_2O + 3\,CaCO_3,$$

d. h. für jeden Härtegrad muß, da auch die freie CO_2 gebunden werden muß, die doppelte Gewichtsmenge an Kalziumoxyd zugegeben werden. Für 1^0 temporärer Härte sind hinzuzugeben auf 1 cbm Wasser 22,2 g rund 22,5 g des 90 proz. Kalkes, die bei einem Preise von 2 $\mathscr{M}$ für 100 kg Kalk 0,045 $\mathscr{J}$ kosten.

2. $CaSO_4 + Na_2CO_3 = CaCO_3 + Na_2SO_4$ für jeden Grad bleibender Härte $= 56$ mg CaO sind also erforderlich $\dfrac{10 \cdot 106}{56}$ $= 18.9$ mg kalzinierte Soda. Kostet diese zu 100 kg 14 $\mathscr{M}$, so werden für 1 cbm Wasser 0,266 $\mathscr{J}$ berechnet; da noch 15 g Sodaüberschuß auf den Kubikmeter hinzukommen, so erhöht sich der Preis für jeden Kubikmeter um 0,21 $\mathscr{J}$.

Die chemische Formel der gesamten Umsetzung ist nach Zschimmer:

Rohwasser	Zusätze
$CaCO_3 + MgCO_3 + xCO_2 + MgSO_4 + CaSO_4)$	$+ CaO(1+x) + 2Na_2CO_3 + CaO$

$+$ Wasser $=$ $\underbrace{CaCO_3 + Mg(OH)_2 + (1+x)\,CaCO_3}_{\text{fallen als Schlamm aus}}$ $+$ $\underbrace{2\,Na_2SO_4}_{\text{bleiben gelöst.}}$ $+$ Wasser

Eine nachteilige Wirkung etwa vorhandenen Magnesiumchlorides oder Magnesiumnitrates wird durch Hinzufügen von

Soda zum Wasser aufgehoben; die so behandelten schwach alkalisch reagierenden Wässer greifen die Wandungen der Kessel nicht
mehr an.

Man wolle nicht vergessen, daß selbst in kohlensäurefreiem
Wasser bis zu 36 mg Kalziumkarbonat löslich sind, daß man also
auch bei enthärtetem Wasser mit einem CaO - Rest von rund zwei
deutschen Härtegraden zu rechnen hat.

Als Fällungsmittel haben sich Kalkmilch und Soda, in Vorwärmern zugesetzt, am besten bewährt. Man kann jedoch die
Soda auch durch ein lösliches Baryumsalz, z. B. Baryumchlorid,
ersetzen, darf jedoch nicht vergessen, daß die löslichen Baryumverbindungen stark giftig sind. Das Baryumchlorid wandelt sich
um in unlöslichen schwefelsauren Baryt; man muß daher außer
der bleibenden Härte die vorhandene SO_3 bestimmen und entsprechend ihrer Menge das Barytsalz zugeben.

Auf 10 Tle. Schwefelsäure (SO_3) in 1 Liter Wasser sind 30,5 Tle.
Baryumchlorid $(BaCl_2 + 2H_2O)$ anzuwenden, woraus sich die nötige
Menge eines unreinen Präparates berechnen läßt, wenn man dessen
Baryumgehalt kennt.

b) Das Permutitverfahren.

Neuerdings werden zur Enthärtung die von Gans eingeführten
Permutite verwendet. Die Permutite sind durch Zusammenschmelzen
von Feldspat, Kaolin, Ton, Sand und Soda gewonnene künstliche
zeolithartige Silikate. Diese in Wasser unlöslichen, aber stark
wasserdurchlässigen, körnigen bzw. blätterigen, perlmutterartig
glänzenden Verbindungen haben die Eigenschaft, ihren basischen
Bestandteil, z. B. Natrium bei Verwendung von Natriumpermutit,
sehr leicht gegen andere Basen, z. B. Kalzium und Magnesium
auszutauschen, entsprechend der folgenden Gleichung:

$$P-Na_2 + CaH_2(CO_3)_2 = P-Ca + 2NaHCO_3$$
$$P-Na_2 + CaSO_4 = P-Ca + Na_2SO_4$$
$$P = \text{Permutitrest.}$$

Es werden also bei diesem Vorgang die im Wasser vorhandenen
Erdalkalien an den Permutitrest gebunden, während das Natrium
als Bikarbonat bzw. Sulfat in das Wasser übergeht.

Da das Kalziumbikarbonat 162 Mol.-Gew. hat und das Natriumbikarbonat 168, so folgt, daß ebensoviel Natriumbikarbonat entsteht,
als ursprünglich Kalziumbikarbonat im Wasser enthalten war. Da
1 Molekül CaO 56 und 1 Molekül $CaH_2(CO_3)_2$ 162 wiegt, so ist
die Menge Kalziumbikarbonat, welche durch die Permutierung entsteht, gleich dem Dreifachen der temporären Härte. Da sich durch

Erhitzen das Natriumbikarbonat in Soda umsetzt und sich die Molekulargewichte der beiden Körper wie 106 zu 168 = 0,63 verhalten, so ist die Menge des Natriumkarbonats gleich der temporären Härte $\times$ 3 $\times$ 0,63.

Gegenüber den älteren Enthärtungsverfahren mit Kalk und Soda ist es bei der Permutierung möglich, mit einem großen Überschuß an Fällungsmittel wegen seiner Unlöslichkeit in Wasser zu arbeiten. Dieser große Überschuß bedingt nach dem Gesetz der chemischen Massenwirkung eine starke Reaktionsgeschwindigkeit und in kurzer Zeit, ohne Erwärmung, eine vollständige Entfernung der Härtebildner. Schwankungen in der Härte des zu behandelnden Wassers sind ohne Bedeutung, dagegen wird durch hohen Gehalt des Rohwassers an Chloriden (500 mgl Cl und mehr) nach längerer Benutzung der Permutitmasse die Wirkung beeinträchtigt, indem die Alkalichloride in rückläufigem Sinne auf bereits gebildetes Erdalkalipermutit einwirken:

$$P-Ca + 2\,NaCl = P-Na_2 + CaCl_2.$$

Auf diesem selben Vorgang beruht die Möglichkeit der Regeneration der Permutitmasse. Nachdem nach längerem Gebrauche der Natriumpermutit in Kalzium- bzw. Magnesiumpermutit übergeführt ist und die Enthärtung nicht mehr vollständig verläuft, was man mittels Seifenlösung leicht feststellen kann, läßt man den drei- bis vierfachen Überschuß an Kochsalzlösung auf ihn einwirken. Gemäß der obigen Gleichung wird dadurch der Erdalkalipermutit in Natriumpermutit zurückverwandelt und damit seine frühere Wirksamkeit wieder hergestellt.

Da die Permutitenthärtung auf Filtration beruht, müssen mechanische Verunreinigungen, Öl, Schlamm, Eisen, welche die Poren verstopfen und damit die Wirkung herabsetzen, vorher entfernt werden. Kohlensäurereiche Wässer läßt man vor der Permutierung durch Luft fallen oder eine Marmorschicht passieren (siehe Kapitel „Entsäuerung", S. 90), weil freie Kohlensäure aus dem Permutit die basischen Bestandteile herauszulösen vermag.

Zur Enthärtung des Wassers mittels Permutit filtriert man es durch eine 40 bis 100 cm und darüber hohe Schicht Natriumpermutit von 0,5 bis 2 mm Korngröße und zwar, je nach der Härte des Rohwassers, mit einer Geschwindigkeit von 1 bis 10 m pro Stunde; meistens erwies sich eine Schnelligkeit von 3 bis 4 m in der Stunde am günstigsten. Über der Permutitschicht ist eine Schutz- und Filtrierschicht aus Sand, Marmorgries oder Kalkstein, darunter eine solche aus Sand und Kies, die auf einem Siebboden ruht angebracht. Die Marmorschicht ist notwendig, wenn viel freie Kohlensäure in dem Wasser vorhanden ist.

Man benutzt die Filter so lange, bis das Wasser auf ungefähr 0^0 enthärtet wird, was man am einfachsten mittels Seifenlösung feststellt.

Zu der dann notwendig werdenden Regeneration wird zunächst die Permutitschicht durch kräftige Spülung von unten nach oben aufgelockert. Das Waschwasser wird bis zur Oberfläche der Permutitschicht abgelassen. Dann läßt man die vorteilhaft auf 40 bis 50^0 erwärmte 10proz. Kochsalzlösung in 4 bis 5 Stunden langsam in das Filter fließen. Sobald die Sole die Permutitschicht durchdrungen hat, wird das Abfließen abgestellt und die zurückbleibende Salzlösung noch 4 bis 5 Stunden im Filter stehen gelassen. Hiernach wird so lange mit Wasser nachgewaschen, bis das ablaufende Wasser mit Seifenlösung oder Ammoniumoxalat keine Härtebildner mehr aufweist.

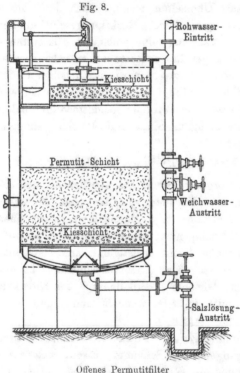

Fig. 8.

Rohwasser-Eintritt

Kiesschicht

Permutit-Schicht

Weichwasser-Austritt

Kiesschicht

Salzlösung-Austritt

Offenes Permutitfilter
der Permutitfilter-Compagnie Berlin.

Die Betriebskosten richten sich nach der Gesamthärte des Rohwassers. Für jeden Härtegrad und jeden Kubikmeter Wasser werden theoretisch 20,9 g Kochsalz gebraucht, man nimmt aber zur möglichst vollständigen Durchführung der Regeneration die drei- bis vierfache Menge, also 60 bis 80 g denaturiertes Kochsalz, die 0,16 bis 0,24 $\mathcal{M}$ kosten. Bei Wässern gleicher Gesamthärte, aber hoher bleibender Härte, die bei Anwendung des Kalk-Sodaverfahrens viel von der teureren Soda zur Enthärtung verbrauchen, ist das Permutitverfahren billiger, bei solchen von geringer Nichtkarbonathärte dagegen ist das Kalk-Sodaverfahren billiger.

Gegenüber dem Kalk-Sodaverfahren hat das Permutitverfahren folgende Vorzüge:

1. Es gestattet eine Enthärtung auf 0^0 ohne Erwärmung, was speziell für einzelne Industrien, z. B. die Textilindustrie, Wäschereien und Färbereien usw. erwünscht ist.

2. Es ist unempfindlich gegen Schwankungen in der Härte, die sich bei Verwendung löslicher Fällungsmittel unangenehm bemerkbar machen.

3. Es entsteht kein Schlamm von Kalk- und Magnesiasalzen, da diese bei der Regeneration in Form ihrer löslichen Chloride entfernt werden. Eine Nachreaktion, also ein Zusetzen von Röhren, findet nicht statt.

Das bei der Permutierung entstehende Natriumbikarbonat wird jedoch beim Erhitzen im Dampfkessel in freie Kohlensäure und Soda, zum Teil auch in Natriumhydrat zerlegt, welche Stoffe zu Beschädigungen der Armaturen, Packungen usw. führen können. Es ist deshalb ebenso wie bei allen anderen Enthärtungsverfahren ein periodisches Abblasen des Kessels notwendig.

Vor Anwendung der vielfach in den Handel gebrachten Universalkesselsteinmittel, welche gewöhnlich irrationell zusammengesetzt sind und mehr kosten als der wirkliche Wert beträgt, sei gewarnt.

2. Harte Wässer und Seifenverbrauch.

Ein weiterer Nachteil der harten Wässer besteht in dem reichlicheren Verbrauch an Seife, da die Seifen unter Bildung unlöslicher fettsaurer Kalzium- und Magnesiumverbindungen zersetzt werden. Erst nach Bindung des Kalkes beginnt eine Seifenlösung zu schäumen. Zur Erzielung der reinigenden Wirkung erfordern die härteren Wässer einen entsprechend höheren Seifengehalt. F. Fischer berechnete, daß rund 0,124 g Kernseife durch 0,010 g Kalk = 1 Härtegrad auf das Liter vernichtet werden. Bei 20 Härtegraden sind also pro Liter 2,5 g Seife zur Bindung des Kalkes und der Magnesia erforderlich. Bei 100 Litern, die ungefähr einen mittleren Waschkessel füllen, beginnt somit der Reinigungsprozeß erst, nachdem der Kalk durch 250 g Seife gebunden worden ist, oder es gehen bei einem Preise von 80 ₰ für 1 kg Seife 20 ₰ verloren; der Geldverlust beträgt demnach abgerundet in Pfennigen:

$$\frac{0,125 \times x \text{ Härtegrade} \times y \text{ Liter} \times 80}{1000}.$$

Durch das Kochen des Wassers wird der kohlensaure Kalk zum Ausfallen gebracht, durch Zusatz von etwas Soda wird der schwefel-

saure Kalk umgewandelt in das Seife nicht bindende schwefelsaure
Natrium und in Kalziummonokarbonat, welches ausfällt. Durch
Zusatz von entsprechenden Mengen Kalk und Soda kann also dem
Verlust an Seife erfolgreich und billig vorgebeugt werden.

Die Kalkseifen setzen sich als Niederschläge auf den gewaschenen Zeugen fest und bewirken sowohl ein fettiges Gefühl
als auch einen ranzigen Geruch. Die im harten Wasser gewaschenen Stoffe müssen nach der eigentlichen Wäsche gründlich nachgewaschen und ausgespült werden, um die Niederschläge zu entfernen.

Weiche Wässer werden von Personen, die an harte Wässer,
und harte Wässer von Personen, die an weiche Wässer gewöhnt
sind, zunächst unangenehm, weil fremd, empfunden. Beide Gruppen
wissen anfänglich nicht, wie lange sie sich zu waschen haben; das
Gefühl der Reinheit, d. h. der geringe feine Seifenüberzug über
der Haut, welcher erst auftritt, wenn keine Seife mehr gebunden
wird, scheint dem an härteres Wasser Gewöhnten zu früh, dem an
weiches Wasser Gewöhnten zu spät zu kommen. Dieses Empfinden
wird bald überwunden.

3. Harte Wässer und Speisenbereitung.

Wir haben erwähnt, daß ein höherer Gehalt an Kochsalz im
Wasser den Geschmack des Tees und Kaffees unangenehm beeinflußt. Von den die Härte bedingenden kohlen- und schwefelsauren
Erdalkaliverbindungen läßt sich das bei den noch für Trinkzwecke
verwendeten Wässern nicht behaupten; ebensowenig wird Fleisch
beeinflußt. Dahingegen bleiben die Hülsenfrüchte, welche man mit
hartem Wasser kocht, hart und krümelig. Ritthausen fand, und
Rubner und Richter konnten es bestätigen, daß das Legumin
mit dem Gips des Wassers eine hornartige, schwer verdauliche
Masse bildet. Richter setzte dem Kochwasser der Erbsen Kali-
abwässer zu, so daß zu 6⁰ vorübergehender Härte 62⁰ bleibende
Härte hinzukamen. Die Ausnutzung dieser Erbsen war mit Rücksicht auf die Trockensubstanz um 1,78 Proz., auf den Stickstoff
um 6,44 Proz., auf das allerdings nur in geringer Menge in den
Erbsen enthaltene Fett um 28,9 Proz. geringer als bei destilliertem
Wasser. Ein solches Kalifabrikabwasser wird zwar in praxi keine
Verwendung finden, aber der Versuch zeigt doch, daß die bleibende
Härte die Verdauung der Leguminosen ungünstig beeinflußt. Der
Brauch der Hausfrauen, dem Wasser, worin die Erbsen gekocht
werden sollen, etwas Soda zuzusetzen, ist also berechtigt.

4. Kochsalz im Hausgebrauchswasser.

Die übrigen im Hausgebrauchswasser enthaltenen Bestandteile treten in ihrer Wichtigkeit hinter die Kalk- und Magnesiaverbindungen erheblich zurück. Von Belang könnte das Kochsalz sein, indessen macht es sich im Trinkwasser schon unangenehm bemerkbar, wenn es für den Hausgebrauch noch gar nicht in die Erscheinung tritt, so daß es praktisch nicht in Betracht kommt.

Mit salzigem Wasser gewaschene Kleider trocknen schwer, reizen die Haut, sind hygroskopisch und geben daher leicht zu Erkältungen Veranlassung.

5. Eisen und Mangan im Hausgebrauchswasser.

Eisen und Mangan fallen, wenn sie, wie meistens, als kohlensaure Verbindungen in kohlensäurehaltigem Wasser mit Luft in Berührung kommen, als Eisenoxydhydrat bzw. als Mangansuperoxydhydrat aus, beim Eisen rotbraune und beim Mangan tiefbraune Niederschläge erzeugend. Diese lagern sich in den Rohren und Reservoiren ab als leicht beweglicher Schlamm, welcher das Wasser höchst unansehnlich macht, wenn er aufgewühlt wird und aus den Zapfhähnen in größerer Menge heraustritt. Vereinzelte Flocken treten wegen ihres geringen spezifischen Gewichtes auch ohne sichtbare äußere Veranlassung aus den Auslässen hervor.

Das Mangan fällt zwar langsam, aber selbst dann aus, wenn es in sehr kleinen Mengen, z. B. weniger als 0,05 mgl, im Wasser enthalten ist. Das Eisen scheidet sich im allgemeinen erst bei 0,3 mgl ab. Unter besonderen Verhältnissen jedoch und außerdem bei langen Rohrleitungen oder weit ausgedehntem Rohrnetz kommt es bereits bei 0,1 mgl zum Ausfallen; die Dauer der Einwirkung, des Zusammenseins mit Sauerstoff übt also einen Einfluß aus. Wird ein Wasser mit selbst sehr geringen Eisenmengen, 0,3 bis 0,1 mgl, gekocht, so „setzt es in den Kesseln rot ab", d. h. es fällt aus.

Das Eisen und Mangan bzw. ihre Flocken und Krümel, sowie die in ihnen wachsenden Eisen- und Manganalgen, werden im Hausgebrauchs- und im Nutzwasser lästig empfunden. In der Zuckerindustrie, Glacélederfabrikation und für die Erzeugung mancher Papiere ist ein solches Wasser nicht zu gebrauchen; hauptsächlich sind es die kleinen Rostflöckchen, welche sich durch Bildung von Farbflecken höchst unangenehm bemerkbar machen. Der Wäsche geben die Verbindungen entweder einen braunen Ton, oder sie erzeugen, wenn sie als Flocken abgelagert werden, braune Flecken, die sehr störend sind. Manganflecken darf man nicht mit

Chlorkalk behandeln, denn dann entsteht Braunstein mit seiner tiefbraunen Farbe, die sehr schwer zu beseitigen ist. Zusatz von Natriumbisulfit läßt die Manganflecken verschwinden. Gerade das Mangan wird mit Recht wegen des unangenehmen braunen Tones von den Hausfrauen sehr gefürchtet; es muß deshalb in weitgehendem Maße aus dem Wasser entfernt werden; 0,1 mgl Eisen wird nicht mehr lästig empfunden, aber 0,05 mgl Mangan noch.

In den Wasseruhren sich ablagernde Eisen- und Manganoxyde bewirken ein falsches Anzeigen der Uhren.

In Dampfkesseln abgelagerter manganhaltiger Schlamm soll durch Oxydation der im Kesselwasser oft reichlich enthaltenen Chloride. zu starken Korrosionen Veranlassung geben können (Blacher).

IV. Der Angriff des Wassers auf die Materialien der Leitungen und Behälter.

Das Schädigende sind im Wasser enthaltene Säuren.

1. Die freie und die aggressive Kohlensäure.

In den Oberflächenwässern findet sie sich in geringer Menge, so ist z. B. in Talsperrenwässern meistens nicht über 10 mgl enthalten. In den Quellwässern ist mehr vorhanden; in den meisten Buntsandsteinwässern Thüringens liegt der Gehalt zwischen 10 bis 50 mgl. Ähnliche und höhere Zahlen finden sich in den eigentlichen Grundwässern, besonders wenn sie wenig kalkhaltig sind. In Quellwässern kalkarmer Gebirgsformationen ist der Gehalt an freier Kohlensäure ein hoher. So wurde in dem Rohrnetz einer Stadt, die ihr Wasser aus devonischen Schiefern bezieht, überall zwischen 60 und 70 mgl gefunden. Den Angriff auf den Zement des Behälters hatte man noch nicht bemerkt, wohl aber die „Vereisenung des Wassers", d. h. den Angriff auf die Eisenrohre unter Bildung von kohlensaurem Eisenoxydul, welches sich durch seinen Tintengeschmack bemerkbar machte.

Die freie Kohlensäure des Wassers löst einfachkohlensauren Kalk zu doppeltkohlensaurem Kalk. Damit der gebildete doppeltkohlensaure Kalk in Lösung bleibt, muß aber eine gewisse Menge freier Kohlensäure im Wasser vorhanden sein; dieses wurde schon von Schlösing im Jahre 1872 festgestellt. Es muß zwischen kohlensaurem Kalk und freier Kohlensäure einerseits und Kalziumbikarbonat und freier Kohlensäure andererseits ein Gleichgewichtszustand existieren, der sich nach Tillmans in folgender Formel ausdrücken läßt:

$$CaCO_3 + H_2O + nCO_2 \rightleftarrows Ca(H)CO_3)_2 + (n-1)CO_2.$$

Die auf der rechten Seite der Gleichung stehende CO_2 ist festgelegt, sie hält das Bikarbonat in Lösung und kann also zur Lösung von weiterem $CaCO_3$ nicht Verwendung finden.

Der Kalk des Brunnenmauerwerks, der Zementbehälter usw. wird nur von derjenigen Kohlensäure angegriffen, welche über die zur Lösungshaltung des vorhandenen Bikarbonates erforderliche hinausgeht, oder, anders ausgedrückt, nur diejenige freie CO_2 ist schädlich, deren Säurewert den Alkaliwert der kohlensauren Salze übertrifft. Diese Säure nennt man nach Tillmans Vorgang mit Recht die „angreifende", die „aggressive" Kohlensäure. Findet sich neben Kalziumkarbonat auch Magnesiumkarbonat in erheblicher Menge, so ist nach der Auffassung Auerbachs die Menge der zugehörigen freien Kohlensäure für beide geringer, als wenn die gleiche Härte nur durch kohlensauren Kalk bewirkt wäre.

Wässer, welche viel Kohlensäure und wenig Bikarbonate enthalten, wie z. B. manche Wässer der vulkanischen Gesteine, greifen daher Zementbauten stark an.

Um die Bikarbonate von fünf deutschen Karbonat-Härtegraden in Lösung zu halten, ist nach den systematischen Untersuchungen von Tillmans und Heublein nur 1,79 mgl CO_2 erforderlich; darüber vorhandene CO_2 greift an. Sind dagegen 10 Bikarbonat-härtegrade vorhanden, so bedürfen diese Bikarbonate bereits 11 mgl CO_2, um in Lösung zu bleiben; sind 15 Karbonathärtegrade vorhanden, so beanspruchen sie rund 44 mgl CO_2, und 20 Härtegrade schon 107 mgl CO_2, 25 Grade sogar 190 mgl CO_2. Die Beispiele zeigen deutlich, wie stark neben dem Gehalt an freier Kohlensäure die Menge der bereits im Wasser gelösten Bikarbonate den Kalkangriff beeinflußt; man darf fast so weit gehen, zu sagen: „stark karbonatharte Wässer greifen kohlensauren Kalk nicht mehr an". Selbstverständlich wird man es im Einzelfalle nicht bei dem aufgestellten allgemeinen Satz bewenden lassen, sondern untersuchen, wie viel aggressive Kohlensäure vorhanden ist. Die Verfahren sind in dem Kapitel „Chemische Untersuchung des Wassers" angegeben.

2. Die Entsäuerung der Wässer.

Sie kann auf verschiedene Weise vorgenommen werden: a) durch Regnen, b) durch chemische Bindung, beide Verfahren lassen sich vereinen; c) durch Rieselung im Vakuum.

a) Das Regnen wird in der Weise bewirkt, daß man das Wasser aus Brausen oder durch gelochte Bleche in Tropfenform herunterfallen läßt. Die Fallhöhe betrage etwa 2 bis 3 m; es ist erwünscht, daß die fallenden Tropfen kräftig aufschlagen, so daß sie zerschellen. Wir hatten gute Erfolge bei dem Verrieseln eines Wassers mit 80 bis 100 mgl freier CO_2, von welchen noch 58 mgl aggressive waren durch folgenden Apparat. In 1,25 m Höhe war über einem gelochten Wellblechboden von 1,25 m Seite eine Brause angebracht, welche im Tage 60 bis 70 cbm Wasser hindurchließ. Das Wasser zerschellte auf dem Blech und fiel dann abermals durch 1,25 m Luft auf ein zweites nicht gelochtes Blech. Der Apparat stand ganz frei hinter einem hohen Drahtzaun auf einem Hochreservoir; damit der Wind das Wasser nicht forttreibe, waren schräg gestellte Schutzbretter, Jalousien, angebracht. Bei Verwendung von 60 cbm Wasser pro Tag und der zwei Bleche sank die freie CO_2 von 80 auf 10 mgl; bei Verwendung von Wasser mit einem Gehalt von 90 mgl CO_2 und nach Entfernung des in 1,25 m Höhe befindlichen gelochten Wellbleches sank die CO_2 bei 60 cbm nur auf 30 mgl, bei 70 cbm auf 35 mgl; als das Blech wieder eingeschoben war bei 60 cbm Tagesleistung auf 20, bei 70 cbm auf 24 mgl.

Whipple gibt an, daß die Größe der Abnahme weniger von der Länge der zurückgelegten Wegstrecke als von der Zeitdauer der Lüftung abhänge. Zwei Sekunden Fallzeit genügten, um bei warmem Wetter einen Gehalt von 25 bis 30 mgl freier Kohlensäure auf 5 bis 6 mgl herabzusetzen. Im Sommer erweist sich die Wirkung des Lüftungsapparates um rund 50 Proz. höher als im Winter.

Ausgiebig ist die Verrieselung angewendet worden von Thiesing in einer Anlage bei Stettin. Die auf den einzelnen Rieseler fallende Wassermenge deckte sich mit der unserigen 2,5 cbm pro Stunde = 60 cbm pro Tag. In dem Brausensystem von 5 m Höhe wurde zunächst Wasser von 2,2 bis 6,2 mgl CO_2-Gehalt verwendet. Die Abminderung ging nur auf 0,9 bis 2,2 mgl herunter. Das gleiche Resultat wurde bei einem Koksrieseler erzielt, der bei 3 m Höhe und 1,75 m Seite aus Koksstücken von 2,5 bis 12,5 cm Durchmesser bestand. Als jedoch Wasser von 80 bis 100 mgl verrieselt wurde, verschwand die freie CO_2 bis auf Spuren. Nicht ganz so gute Resultate wurden mit Rieselern von gleicher Höhe aber etwa 1/3 geringerem Querschnitt erzielt, welche aus kreuzweise übereinander gestellten Ziegeln bestanden. — Bei allen diesen Entsäuerungsapparaten ist für möglichst ungehinderten raschen Luftwechsel zu sorgen, denn nach dem Henry-Daltonschen Gesetz bleibt so viel CO_2 in dem Wasser, wie in der umgebenden Luft enthalten ist.

Durch starke Lüftung ist es möglich, auch die zur Lösung des vorhandenen kohlensauren Kalkes erforderliche Kohlensäure auszutreiben. Geschieht das, so fällt bei kalkreicheren Wässern, über 10^0 Karbonathärte, die entsprechende Menge Monokarbonat als feine Trübung aus. Durch die richtige Abmessung der Lüftung, durch Aufenthalt des gelüfteten Wassers in einem größeren Reservoir oder durch die Zwischenschaltung eines Sandfilters läßt sich die Unbequemlichkeit beseitigen. Durch häufiges Umrühren der oberen Schicht muß dem Dichtwerden des Filters vorgebeugt werden. Will man ganz sicher gehen, so entfernt man die aggressive Kohlensäure durch Lüftung bis auf einen Rest und nimmt diesen durch chemische Bindung fort.

b) Die chemische Bindung der Kohlensäure kann geschehen nach der Methode des Weichmachens der Wässer mittels Kalziumhydratzusatzes.

Dieses Verfahren läßt sich dort verwenden, wo die Menge der aggressiven CO_2 konstant ist; sonst könnte es sich zu leicht ereignen, daß einesteils nicht alle aggressive CO_2 fortgenommen, andererseits ein Teil der für die Lösungshaltung des Bikarbonats erforderlichen beseitigt würde. Im letzteren Falle würden mindestens Trübungen, bei einigem Überschuß aber ein laugenhafter Geschmack entstehen. Man verwendet die Zugabe von Kalziumhydrat am besten als ein Vorverfahren, indem man in der Gestalt von gesättigtem Kalkwasser dem viel aggressive Kohlensäure enthaltenden Wasser, welches man z. B. wegen Mangel des Gefälles nicht lüften kann, nur soviel Kalziumhydrat zusetzt, daß der größte Teil der überschüssigen Säure fortgenommen wird. Das so vorbehandelte Wasser läßt man dann durch Betten mit kohlensaurem Kalk laufen.

Wenn man kohlensäurehaltiges Wasser in eine Flasche füllt, Marmorstaub zusetzt und schüttelt, so löst sich im Laufe eines Tages von dem Marmor, kohlensaurem Kalk so viel, daß sämtliche freie CO_2 gebunden ist, abzüglich derjenigen, welche für die Erhaltung des Gleichgewichtszustandes erforderlich ist. Theoretisch ist dieses Verfahren das beste, denn es leistet genau das, was es soll. In der Praxis erheben sich einige Schwierigkeiten, welche hauptsächlich auf der relativen Schwerlöslichkeit des kristallisierten kohlensauren Kalkes in schwachkohlensäurehaltigem Wasser beruhen.

Das Verfahren ist vorbildlich in den Frankfurter Wasserversorgungsanlagen durch Scheelhaase ausgebildet worden.

Auf eine Schicht grober Steinbrocken wurde eine 8 cm hohe
Lage von walnußgroßen Marmorstücken gegeben, über diese eine
ebenso hohe von bohnengroßen Marmorstücken, der eine wiederum
8 cm starke von erbsengroßen Körnern folgte. Dann wurde eine 60 cm
hohe Lage von Marmorgries (900 Maschen auf 1 qcm = 0,33 mm
Durchmesser) eingefüllt. — Thiem hatte in Meerane mit 2 mm
starkem Kies bei 60 cm Schichtstärke noch gute Erfolge. — Das
Wasser durchdringt den Marmor von unten nach oben mit einer
Schnelligkeit von 40 m in 24 Stunden und gibt dabei die 30 mgl
aggressive Kohlensäure bis auf 2 bis 3 mgl, wenn die Marmorschicht dünner wird, bis auf 5 bis 6 mgl, ab. Im Laufe eines Jahres
wird die Marmorschicht um 50 cm reduziert, wovon 40 cm auf den
Gries fallen, er leistet also die Hauptarbeit. Der Marmor (Auer-
bacher Marmorwerke-Odenwald) soll enthalten mindestens 92 Proz.
$CaCO_3$ bei 1,5 Proz. $MgSO_4$ und nicht mehr als 5,5 Proz. fremde
Beimengungen; Arsen darf in 1 g Substanz nach der Gutzeit-
schen Methode nicht nachweisbar sein. Sinkt die Marmorschicht
um rund 25 cm, so wird sie ergänzt. Von Zeit zu Zeit wird das
Filter ausgespült, um Eisen usw., welches sich in geringer Menge
angesetzt hat, zu entfernen. Die Härte wird in Frankfurt um 3
bis 4 deutsche Grade erhöht. Man gebrauchte in Frankfurt 2,25 g
Marmor, um in 1 cbm Wasser 1 mgl CO_2 zu binden. Durch die
Erhöhung der Karbonathärte steigt die Menge der Kohlensäure,
welche zu der Löslichhaltung des Bikarbonats erforderlich ist. Die
hier in Betracht kommenden Mengen sind in dem Kapitel Die
chemische Untersuchung, Nachweis der Kohlensäure, aufgeführt.

c) Das Verfahren der Vakuumrieselung ist von Wehner-
Frankfurt angegeben. Bei dem Rieseln reichert sich das Wasser
stark mit Sauerstoff an, sofern es nicht schon vorher viel Sauerstoff enthielt. Letzterer ist zwar für den Zement, also den Kalk,
bedeutungslos, er spielt aber bei dem Rosten der Eisenrohre, von
welchem gleich die Rede sein wird, eine erhebliche Rolle. Wehner
meint daher mit Recht, es empfehle sich das Wasser dadurch von
den in ihm enthaltenen Gasen, der Kohlensäure und dem Sauerstoff
zu befreien bzw. vor dem Zutritt von letzterem zu schützen, daß
man das Wasser durch einen Behälter von vielleicht 1 bis 2 m
Höhe regnen lasse, welcher hermetisch geschlossen sei, bis auf
die Eintritts- und Austrittsöffnung für das Wasser und in welchem
ein negativer Druck erzeugt wird, sei es durch eigenes Gefälle,
sei es durch Pumpenwirkung. Um den Partialdruck niedrig zu
halten, müsse man etwas Luft eintreten lassen und mit absaugen.
Das Prinzip erscheint richtig. In der letzten Zeit sind einige

Anlagen dieser Art von der Maschinenfabrik Sürth in Sürth bei Cöln ausgeführt worden, die anscheinend gute Resultate ergeben haben. So wurde in einer Anlage bei Kiel (Seebadeanstalt) bei einer Belastung des Apparates von 20 cbm in der Stunde die freie Kohlensäure von 28,5 mgl auf Null zurückgeführt, der Sauerstoffgehalt des Wassers, dem behufs Enteisenung Luft zugeführt wurde, auf 1,4 ccm und der Eisengehalt von 2,37 mgl auf 0,11 mgl reduziert. In einer anderen Anlage bei Essen (Krupp), welche gleichfalls 20 cbm in der Stunde verarbeitete, wurde das Essener Leitungswasser, welches bei 120 bis 350 mgl Rückstand und zwei bis vier deutschen Härtegraden 3 bis 5 ccm (= 4,3 bis 7,3 mgl) Sauerstoff und 7 bis 10 mgl freie Kohlensäure enthielt, von letzterer vollständig und von ersterem bis auf 2 bis 3 mgl befreit. Die gegen die Methode in das Feld geführte Anlage in Freiberg arbeitet nicht günstig, weil sie, als erste, viel zu klein eingerichtet und auch sonst nicht ganz fehlerfrei war.

Welches Verfahren angewendet werden soll oder wie die verschiedenen Verfahren kombiniert werden sollen, hängt von den Umständen ab, ob z. B. viel aggressive CO_2 im Wasser vorhanden ist oder wenig, ob die zu entsäurenden Wassermengen groß und ob die aggressive Säure bis zum letzten Rest fortgenommen werden muß, ob Gefälle verfügbar ist u. dgl. m. Wenn die Entsäuerung vorgenommen wird durch Rieselung über kohlensauren Kalk, so findet stets eine Zunahme der Härte statt, die abhängt von der Menge der vorhandenen aggressiven Säure und andererseits von der schon vorhandenen Karbonathärte; je größer letztere schon ist, um so geringer wird die Härtezunahme, weil bei höheren Härten unverhältnismäßig viel CO_2 für die Erhaltung der Löslichkeit der Bikarbonate beansprucht wird. Kommt es darauf an, die Härte zu vermindern, dann ist der Zusatz von Kalziumhydrat und Lüftung das bessere Verfahren; allerdings kann es sich dann notwendig machen, den entstehenden feinen Niederschlag von Monokarbonat zu entfernen. Wenn in den Rohren etwas ausfällt, so bildet sich dort ein Rostschutz in Gestalt eines feinen Belages auf der Rohrwandung, der bis zu einer gewissen Grenze als Schutz gegen das Verrosten der Rohre sogar erwünscht ist.

3. Andere freie Säuren.

Von anderen Säuren, welche den Kalk oder auch Eisen angreifen, kommt hauptsächlich die freie Schwefelsäure in Betracht. Im Trinkwasser ist sie in beachtenswerter Menge nur in seltenen

Fällen und in geringer Menge enthalten, so daß sie die Rohre kaum jemals angreifen dürfte. Dagegen kann sie im Grundwasser, welches die Bauwerke umgibt, in großer Menge auftreten und schädlich wirken. Hauptsächlich kommt Moorboden in Betracht; in ihm — aber auch in anderen Bodenarten — finden sich zuweilen Pyrite in erheblicherer Menge. Sinkt das Grundwasser, so zersetzen sie sich unter Einwirkung des Luftsauerstoffs, kommt dann wieder Wasser hinzu, so bildet sich freie Schwefelsäure, die mangels verfüglichen Kalkes nicht gebunden wird und den dorthin gebrachten Kalk, also die Bauwerke, stark angreift. Böhmer erzählt einen derartigen Fall, wo durch Moorboden gelegte Zementrohre stark von außen beschädigt waren. Hat man mit Pyrite enthaltendem Boden zu tun, so beseitigt man ihn möglichst und füllt anderen ein oder man bringt größere Mengen von Kalk ein, um entstehende Schwefelsäure zu binden, bevor sie an die Bauwerke gelangt, oder man versucht das Grundwasser so tief zu legen, daß es unterhalb des Bauwerkes bleibt. — Man kann auch versuchen, die Teile der Bauten, welche in dem Gebiet des schwankenden Grundwasserspiegels liegen, wo also die Schwefelsäurewirkung zur Geltung kommt, durch einen Anstrich, z. B. mit „Asphaltemulsion", welche angeblich ohne Blasenbildung auf feuchten Putz aufgetragen werden kann, zu schützen; ob damit dauernde Erfolge erzielt worden sind, ist mir unbekannt geblieben.

Angriffe durch andere Säuren, z. B. Salpetersäure, sind seltene Zufälligkeiten.

4. Der Angriff auf Zement.

Nicht selten werden die Fassungen und die Reservoire oder sonstige Kalk oder Zement enthaltende Teile der Wasserleitungen angegriffen. Zunächst geht die Glätte verloren und der Zement fühlt sich rauh an; bei stärkeren Zersetzungen sind die obersten Schichten des Zementes erweicht, die Kalkverbindungen größtenteils verschwunden und der Sand und feine Kies liegen unverbunden vor. Die Zerstörung kann so weit gehen, daß das Bauwerk seinen Zweck nicht mehr ordentlich erfüllen kann und undicht wird.

Um den Angriffen der freien Kohlensäure entgegenzutreten, kann versucht werden, den Zement mit einem undurchdringlichen Anstrich zu versehen. Wie auch immer der Anstrich heiße, er muß, sofern es sich um eine Deckfarbe handelt, auf den trockenen Zement gebracht werden. Hierin wird viel gefehlt; die Folge ist, daß der Anstrich sich abhebt und unter ihm der Zerstörungsprozeß weiter geht. Ein einmaliger Anstrich genügt nicht, es müssen zwei oder drei, jedoch erst nach dem vollständigen Antrocknen des vorhergehenden, aufgebracht werden.

Die Anstriche, z. B. Siderosthen, Siderosthen-Lubrose, Inertol, Nigrit, Piknophor usw., sind in der Hauptsache Teerprodukte. Einen allgemein brauchbaren Anstrich scheint es nicht zu geben; an der einen Stelle ist man mit dem einen, an der anderen mit dem anderen mehr zufrieden gewesen; worauf die Differenzen beruhen, ist nicht ganz klar. Man tut gut, im Bedarfsfalle Probeanstriche mit den verschiedenen Anstrichen an derselben Wand und unter ganz gleichen Bedingungen zu machen, und nach den erhaltenen Resultaten sich zu richten. Ob die Anstriche allein auf die Dauer schützen, kann recht fraglich erscheinen; jedenfalls müssen sie gut kontrolliert und bei eintretenden Beschädigungen baldigst ausgebessert werden.

Erwähnt sei, daß nach dem Anstrich von Behältern für die erste Zeit eine stärkere Bakterienvegetation auftreten kann, die anscheinend auf den ausgelaugten Substanzen des Materials beruht. Die Vermehrung ist an sich gleichgültig und in ein paar Wochen verschwunden.

Die gründlichere Methode der Beseitigung des Angriffes besteht darin, dem Wasser die aggressive Kohlensäure oder die Schwefelsäure nach einem der vorhin angegebenen Verfahren zu nehmen.

5. Der Angriff auf Eisen und auf sonstige Metalle.

In den Eisenrohren der Wasserleitungen findet sich oft Eisenrost. Er entsteht durch das Ausfallen des ursprünglich in Lösung gewesenen Eisenoxyduls, welches sich unter Hinzutritt von Sauerstoff in Eisenhydroxyd umwandelt. Diese Eisenverbindung findet sich als ein lockerer, leichter, flottierender Schlamm in den Rohren, den Wasseruhren und den Reservoiren; in den toten Winkeln kommt er zur Ruhe und kann dort größere Anhäufungen bilden. Ein gleicher Schlamm kann dadurch entstehen, daß bei der hydrolytischen Spaltung des Wassers entstandene Hydroxylionen sich mit Eisenionen zu Eisenhydroxydul verbinden und daß dieser durch Sauerstoff zu unlöslichem Eisenoxydhydrat oxydiert wird.

Daß solcher beweglicher Eisenrost recht lästig werden kann, wurde bereits im vorigen Kapitel angegeben.

Neben ihm findet sich Eisenrost in einer bösartigeren Form, nämlich in Gestalt von Rostknoten, Rostwarzen, welche der Rohrwand aufsitzen. Anfänglich sind die Wärzchen klein, dunkel, wenig erhaben, dann wachsen sie; sie enthalten Hohlräume und kleine Eisenkristalltäfelchen. In ihrer Tiefe liegen dunkle, mehr oberflächlich helle, fuchsig gefärbte Massen. Die Warzen vergrößern sich und wachsen in der Stromrichtung am stärksten, so daß es scheinen könnte, als ob sie aus den mit dem Wasser angeschwemmten Teilchen entständen, die Knoten also nicht aus der Wand des Rohres herauswüchsen, sondern aus dem im Wasser enthaltenen Eisen sich bildeten. Diese Auffassung ist in Laienkreisen weit verbreitet. Um ihr entgegenzutreten, machten wir folgenden Versuch. Aus einem ziemlich stark mit Rostwarzen besetzten Eisenrohr wurden Eisenwarzen herausgenommen, in Gips modelliert, getrocknet und gewogen; dann wurden sie auf Glasplatten gekittet und mit Gallionella ferruginea, die sich vereinzelt auf den Rostwarzen der Leitung fand, stark eingerieben. Die dann in das Rohr eingeschobenen sechs Warzen blieben zwei Jahre in der in vollem Betrieb befindlichen Leitung. Nach Verlauf dieser Zeit wieder herausgenommen, zeigten die Warzen nicht die Spur einer Vergrößerung oder Veränderung; sie waren geblieben, wie sie waren, während die Warzen der Rohrwandung gewachsen waren.

Experimente anderer haben gezeigt, daß aus einem Teil Eisen mehr als die zehnfache Menge feuchten Eisenrostes entstehen kann. Whipple gibt an, daß ein Eisenrohr von 4 cm Durchmesser schon verstopft wird, wenn eine 1 mm starke Eisenschicht seines Innenumfanges in Rost verwandelt wird, ein Eisenrohr von 2,7 cm Durchmesser wird bereits dicht durch die Verrostung einer Schicht von 0,6 mm.

Die Warzen bilden sich allmählich zu breiten und hohen Fladen aus, die imstande sind, den Durchfluß des Wassers selbst in starken Rohren ganz erheblich zu hemmen, ja sogar bis fast auf Null zu reduzieren.

Für das Rosten der Rohre hat man die sogenannten Eisenbakterien verantwortlich gemacht. Zweifellos sind sie in vielen verrosteten Rohrleitungen zu finden, in vielen anderen jedoch nicht. Niemals sind sie in den Rostknoten in großer Zahl vorhanden; etwas stärkere Anhäufungen lassen sich zuweilen aus den tieferen Einkerbungen und Einsenkungen der Warzen herausholen; sie sitzen also gerade an den Stellen, wo das Wachstum der Warzen zurückgeblieben ist. Die Eisenbakterien kommen da vor, wo gelöstes Eisen im Wasser vorhanden ist. Nimmt man das Eisen aus dem Wasser heraus, so verschwinden auch ganz regelmäßig die spezifischen Bakterien; sie sind schon nach kurzer Zeit durch die mikroskopische Untersuchung nicht mehr nachzuweisen. Das dürfte und könnte nicht sein, wenn die Organismen die Eisenwarzen erzeugten, denn dann müßten sie weiter wachsen wie die Warzen selbst.

Ebensowenig wie die Warzen aus dem im Wasser ursprünglich enthaltenen Eisen entstehen, ebensowenig werden sie durch die Eisenbakterien erzeugt. Löst das Wasser Eisen aus den Rohren und fehlt der Sauerstoff, um es alsbald in Eisenoxydhydrat zu verwandeln, dann können wohl in dem auf diese Weise eisenhaltig gewordenen Wasser sich Eisenbakterien entwickeln, aber Rostknoten machen sie nicht.

An der Entstehungsstelle des Knotens, man könnte sagen, „vor Ort“, dort, wo der Eisenangriff vor sich geht, wo sie also vorhanden sein müßten, sind sie niemals vorhanden, wenigstens haben wir sie nie dort gefunden.

In manchen Leitungsrohren lagert sich Eisenschlamm ab, mag er aus dem eisenhaltigen Wasser oder aus dem Eisen der Rohre infolge Angriffs durch Kohlensäure entstanden sein. Vielfach ist er stark mit Eisenbakterien durchsetzt. Wird dieser Schlamm fest, lagert er sich zu Knoten oder Borken oder Schalen zusammen, so findet man in ihm auch später noch die vereinsamten Reste der Bakterien, wie man solche Reste auch im Raseneisenerz hat. Wir wollen also gern zugeben, daß Eisenbakterien in Rostknoten und Rostmassen sich finden können, müssen jedoch einen aktiven Angriff der Bakterien auf das Fleisch der Rohre bestreiten.

a) Die Theorien über den Angriff des Wassers auf die Metalle.

Um den Angriff des Eisens, sein Verrosten, zu erklären, hat man zwei Theorien aufgestellt.

1. Die elektrische Theorie. Eisen enthält in sich andere Metalle in Gestalt geringer Verunreinigungen. Leitet das Wasser Elektrizität, enthält es also Salze, z. B. NaCl, oder Säuren, z. B. CO_2, so entsteht ein elektrisches Element, dessen einer Pol Eisen, dessen anderer Pol das fremde Metall ist. Bei der elektrischen Entladung lagert sich an dem positiven Pol, der Niederschlagselektrode, Wasserstoff ab, an dem negativen Pol, der Lösungselektrode, geht das Eisen unter Bildung von Ferroionen in Lösung. Die Oberfläche des positiven Poles bedeckt sich mit einem dünnen Überzug von Wasserstoff. Dieser schützt zunächst vor einem weiteren Angriff, denn er verhindert die elektrische Entladung. Wenn er aber entfernt wird, mechanisch durch das vorbeifließende Wasser, oder chemisch durch Bindung an den im Wasser enthaltenen Sauerstoff, so beginnt der Prozeß von neuem. An dem negativen Pol verwandelt der im Wasser vorhandene Sauerstoff die Ferroionen zu Ferriionen, er oxydiert das Oxydal und die Rostknoten entstehen, wodurch der elektrolytische Lösungsvorgang etwas

vermindert wird. Wenn, bis zu einer gewissen Grenze, die Menge
der leitenden Substanzen, der Elektrolyte, im Wasser zunimmt,
oder wenn die Temperatur gesteigert wird, so steigert sich der
Rostungsprozeß; das stärkere Rosten in den Warmwasserrohren
beruht in der Hauptsache auf der erhöhten Temperatur. Die verschiedenen Metalle haben ein verschiedenes Potential; Tonerde,
Mangan, Zink, schützen das Eisen vor dem Rosten, bei ihnen
bildet das Eisen die Niederschlagselektrode, während die genannten
Metalle selbst zerstört werden. So erklärt sich das oft sehr rasche
Verschwinden des Zinks aus schwach verzinkten Eisenrohren; der
elektrische Strom zerstört das Zink.

Nickel, Zinn, Blei, Wasserstoff und Kupfer haben eine stärkere potentiale Energie als das Eisen; sie bilden die Niederschlagselektrode, das Eisen die Entladungs-, die Lösungselektrode, es wird
gelöst.

2. Die chemische Theorie. Sie hat im Laufe der Zeit
stark geschwankt und steht noch nicht völlig unbestritten fest,
soweit der Grad der Mitwirkung der Kohlensäure und des Sauerstoffs in Betracht kommt; die Theorie, welche dem wenigsten
Widerspruch begegnet, ist ungefähr die folgende.

Zum Eisenangriff ist erforderlich die Anwesenheit von elektrisch geladenen Wasserstoffatomen, also von Wasserstoffionen.
Diese ($\overset{+}{H}$) entstehen durch Dissoziation des Wassermoleküls unter
gleichzeitiger Bildung der negativ geladenen Hydroxylionen ($\overline{OH}$).
Schon im reinen, undestillierten Wasser sind solche Wasserstoffionen vorhanden und sie allein reichen bereits aus, das Eisen zu
lösen. Wenn Säuren, es genügt schon freie CO_2, im Wasser enthalten sind, so sind auch mehr dissoziierte Wasserstoffatome vorhanden und es findet ein stärkerer Angriff auf das Eisen statt,
welches als Oxydul in Lösung geht und welches dann durch den
vom Wasser mitgeführten Sauerstoff zu Eisenhydroxyd, zu Rost
umgewandelt wird. Er bildet am Entstehungsort die Warzen, in
welchen weitere chemische Veränderungen des Eisens vorzugehen
pflegen, die noch nicht genau studiert worden sind.

Unter Umständen, z. B. bei Anwesenheit von sehr wenig
Sauerstoff, oder von Humussubstanzen, entsteht nicht gleich Eisenrost, das Eisen bleibt vielmehr eine Zeitlang in kolloidaler Lösung;
dann schmeckt man das Eisen im Wasser. Wird das Eisenbikarbonat in Oxydhydrat umgewandelt, so wird Kohlensäure frei:

$$2\,Fe\!<\!^{HCO_3}_{HCO_3} + O + H_2O = 2\,Fe(OH)_3 + 4\,CO_2.$$

Diese dissoziiert wiederum das Wassermolekül und so kann der Zerstörungsprozeß auch bei geringen Mengen freier Kohlensäure weitergehen.

b) Die Mittel und Wege, um den Angriff zu beschränken.

Um die Rohre vor dem Angriff durch das Wasser zu schützen, müssen sie gut asphaltiert sein.

Die Wasserleitungsrohre werden heiß asphaltiert. Die so entstehende Deckschicht enthält jedoch noch eine größere Zahl kleiner Lücken. Man kann sie leicht zu Gesichte bringen, wenn man ein längsdurchschnittenes, an beiden Enden durch Wachs oder Paraffin abgeschlossenes Stück Wasserleitungsrohr mit Wasser füllt, dem eine geringe Menge Salzsäure zugesetzt ist. Nach kurzer Zeit zeigen feinste Wasserstoffbläschen die Lücken in der Asphalthaut an.

Es ist dringend erwünscht, daß die Röhrentechnik der guten Asphaltierung noch mehr Aufmerksamkeit zuwende, als sie das bereits getan hat. Man kann sagen, auf die Dauer widerstehe auch der beste Asphalt dem Einfluß des Wassers nicht. Das mag für eine Reihe von Fällen zugegeben werden; in einer anderen Reihe aber bildet sich im Laufe einiger Zeit, die selbst mehrere Jahre betragen kann, aus ausgefallenem Kalziumkarbonat, oder aus Ton u. dgl. eine recht gut schützende Deckschicht und es ist schon viel erreicht, wenn während der ersten Jahre die gute Asphaltierung die Warzenbildung nicht aufkommen läßt, bis die auch den Asphalt schützende Haut sich gebildet hat.

Zur Verhinderung der Entstehung elektrischer Ströme ist auf die Verwendung eines möglichst reinen Eisens zu halten.

Um der Aggressivität des Wassers auf die Metalle zu steuern, muß die Bildung der aktiven Wasserstoffionen verhindert werden. Das geschieht indirekt in guter Weise dadurch, daß man dem Wasser seine Säuren nimmt. Zweifellos ist zu dem eigentlichen Rosten der Sauerstoff notwendig, aber er wirkt doch anscheinend hauptsächlich nur da, wo das Eisen bereits durch den elektrisch geladenen Wasserstoff angegriffen worden ist, die kleinen ungedeckten oder schlecht gedeckten Stellen im Eisen schon vergrößert worden sind. Zur Bildung der freien Wasserstoffionen trägt die freie Kohlensäure wesentlich bei. Wo kohlensäurearme Wässer zur Verwendung kommen, da pflegt selbst bei reichem Sauerstoffgehalt die Verrostung nicht stark zu sein; so sind die Rohrnetze der Städte mit Oberflächenwasserversorgung bei weitem nicht so verrostet, als die derjenigen Städte, welche ein weiches Quell- oder Grundwasser benutzen.

Über die Beseitigung der freien Kohlensäure ist das Erforderliche bereits im vorigen Kapitel gesagt worden. Hier werde nur nachgetragen, daß es zum wirksamen Schutze der Eisenrohre einer recht weitgehenden Fortnahme der freien Kohlensäure bedarf, weil, wie schon erwähnt, durch die Eisenoxydbildung die Kohlensäure wieder frei wird.

Auch ist es nach der Auffassung Auerbachs nicht gestattet, die nach der Sättigung mit Kalziumkarbonat noch in dem Wasser vorhandene freie Kohlensäure als durch das Bikarbonat „festgelegt" zu betrachten, vielmehr wird durch die Gegenwart von Bikarbonaten die Kohlensäure nur in ihren Säureeigenschaften abgeschwächt, ebenso wie das bei anderen schwachen Säuren durch die Gegenwart ihrer Salze, z. B. bei Essigsäure durch die Gegenwart von Natriumazetat, geschieht.

Andererseits haben die Erfahrungen, vor allem die Frankfurts gelehrt, daß mit der Entfernung der aggressiven Kohlensäure das weitere Verrosten aufhörte, insofern wenigstens, als nunmehr die Bildung unangenehm schmeckender Eisenlösungen, die Wucherung von Eisenalgen im Rohrnetz und das Austreten von Eisenschlamm aus den Zapfhähnen aufhörte. Man darf wohl annehmen, daß die aus dem niederfallenden Monokarbonat des Kalziums sich bildende Deckschicht das Eisen mechanisch vor dem Rosten schützt.

Aus dem Angegebenen folgt also, daß man gut tut, soviel freie Säure durch Lüftung, Kalkzusatz und Rieselung über kohlensauren Kalk fortzunehmen, als ohne sonstige Störungen möglich ist.

Man darf nicht übersehen, daß die Behandlung von Wasser mit Alaun freie CO_2 entstehen läßt, diese also eventuell z. B. bei dem Anwärmen des Wassers für Bäder zuvor wieder entfernt werden muß, wenn „rotem" Wasser, d. h. dem Auftreten von Rost, entgegengetreten werden soll.

Da zur Bildung der Rostwarzen Sauerstoff erforderlich ist, so konnte man daran denken, ihn auszuschalten.

Tiefstehendes Grundwasser ist sauerstofffrei oder sehr sauerstoffarm. Aus größerer Tiefe stammendes Quellwasser ist dahingegen vielfach sauerstoffhaltig, denn durch die weiteren Klüfte und Spalten dringt eine Luft in reicherem Maße an das Wasser heran, die nur einen Teil ihres Sauerstoffes für Oxydationen abgegeben hat. Quellen jedoch, die kohlensaures Eisenoxydul führen, sind sauerstofffrei oder recht sauerstoffarm.

Das Wasser besitzt eine große Avidität für Sauerstoff; schon beim Eintritt in die Brunnen, oder beim Ansaugen durch die Pumpen, nimmt es Sauerstoff auf. Wir untersuchten das eisenhaltige Wasser eines Brunnens, welcher sauerstofffreies Wasser hätte enthalten sollen, und fanden schon gleich nach der Entnahme 2 ccml; als es noch zwei Brunnen, die je 15 m auseinanderlagen, im raschen Lauf passiert hatte, enthielt es 5 ccml und nach der Rieselung über Koksfilter 11 ccml.

Das Oberflächenwasser ist meistens mit Sauerstoff gesättigt; nur dann findet sich weniger, heruntergehend bis auf Null, wenn in ihm starke Oxydationsprozesse verlaufen. Hiervon abgesehen, ist der Sauerstoffgehalt geringer in der Nacht und bei trübem Wetter, höher am hellen Tage und bei Sonnenschein. Durch die im Wasser enthaltenen, im Licht Sauerstoff bildenden Algen und sonstige Pflanzen kann das Wasser mit Sauerstoff übersättigt sein. Es liegen uns Tabellen vor, nach denen in einem Talsperrenwasser am 30. Januar 1912 bei 2,25° C 16,1 ccm, am 16. Februar bei 1,5° C 17,3 ccm, am 28. Februar bei 3,5° C 15,4 ccm, am 9. März bei 5,5° C 10,1 ccm vorhanden waren, während nach Winkler sich 9,7, 10,0, 9,5 und 8,8 ccm hätten finden sollen. Leider ist nicht angegeben, ob in den Zeiten dieses hohen Sauerstoffgehaltes, der später wieder normal wurde, eine größere Algenvegetation stattgehabt hat.

Schon vielfach ist versucht worden, den Sauerstoff fern zu halten. Das ist jedoch wegen der großen Avidität des Wassers für Sauerstoff um so schwieriger, als schon ganz geringe Mengen von Sauerstoff zur Oxydation des Eisenoxyduls genügen.

Das einzige bis jetzt in Anwendung gezogene Verfahren, den Sauerstoffzutritt zu beschränken, ist die soeben (S. 92) besprochene Vakuumrieselung nach Wehner.

Man darf aber nicht vergessen, daß mit einiger Überlegung schon beim Bau der Wasserversorgungen der Sauerstoffzutritt sich eindämmen läßt, so z. B. durch das Eintretenlassen des Wassers unter Wasser, das Verhindern des freien Falles des Wassers, wobei stets Luft in großen Mengen mitgerissen wird, sowie durch die Entnahme des Wassers aus den tiefen Wasserschichten und dergleichen mehr.

Die Einwirkung des Wassers auf Bleiröhren können wir hier übergehen, da in dem Kapitel „Gifte" (S. 35) und in dem Kapitel J. IV, 4 b unter „Hausleitungen" das Erforderliche zu finden ist.

Auch auf andere Metalle, welche für die Wasserversorgung verwendet werden, vermag das Wasser einzuwirken. Vor allem kommen Zerstörungen durch elektrische Ströme in Betracht, die sich besonders dort ausbilden, wo zweierlei Metall zur Verwendung kommt. Verstärkt wird die Wirkung der Ströme durch kräftige

Elektrolyte, wie sie z. B. in kochsalzhaltigem oder kohlensäurehaltigem Wasser gegeben sind. Ein Beispiel möge zeigen, wie solche Strömungen zustande kommen und wie sie sich bemerkbar machen.

Auf dem Berliner Wasserwerk Tegel wurde beobachtet, daß die Ergiebigkeit einzelner Brunnen stark nachließ. Um die Ursachen dieser Erscheinung feststellen zu können, wurden mehrere Brunnenrohre gezogen. An den verzinkten Brunnenrohren, besonders an den Saugern, zeigten sich starke Korrosionen, die zum Teil so weit vorgeschritten waren, daß die Rohre geborsten waren. Im Gegensatz hierzu war die Messingtresse der Filter nicht angegriffen. Außerdem waren auch die Nippel, die die einzelnen Rohre verbinden, stellenweise völlig durchrostet und die galvanische Verzinkung war vorzugsweise in Schwefelzink übergeführt worden. Dieselbe Erscheinung, nur in geringerem Maße, trat auch bei den Brunnenrohren des Grundwasserwerkes am Müggelsee, das jünger wie das Tegeler Werk ist, auf. Man mußte diese Zerstörungen auf die Entstehung galvanischer Ströme zurückführen, da das Metall der Sauger zusammen mit dem Zinküberzug ein galvanisches Element bilden und das Grundwasser durch die freie Kohlensäure und den Schwefelwasserstoff sauer reagierte. Dadurch hatte sich Schwefelzink in solcher Menge gebildet, daß es die Rohre, soweit sie im Grundwasser steckten, mit einem dicken, weißlichen Ansatz bedeckte, der wie ein Anstrich aussah und der stellenweise bis zu 90 Proz. aus Zinksulfid bestand; dabei enthielt das Wasser nur 0,01 bis 0,09 mgl H_2S. Haack berechnet jedoch, daß durch diese geringen Mengen im Laufe von 10 Jahren rund 180 kg Zink zu Zinksulfid hätten umgewandelt werden können. Der übrige Teil des Belages war kohlensaures Zink. Die Zersetzung kann kaum anders zustande gekommen sein, als daß sich elektrische Ströme zwischen dem Messing der Tresse und dem Zink des Rohres bildeten, denen das elektronegative Zink zum Opfer fiel.

Es scheint daher richtig, bei Anlage der Brunnen verzinkte Rohre zu vermeiden und einheitliche, galvanische Zersetzungen ausschließende Materialien zu verwenden, welche außerdem möglichst wenig Affinität zum Schwefelwasserstoff besitzen. Sollte sich die Verwendung eines einheitlichen Materials bei dem Tressengewebe, den Saugern bzw. Filterkörben oder Brunnenrohren nicht ermöglichen lassen, dann sind Metalle zu benutzen, welche in der elektrischen Spannungsreihe nahe beieinander stehen.

Indessen sind selbst ganz gleichartige Materialien nicht absolut vor Angriffen sicher; so erwähnt Prinz (in einem Vortrage in Berlin

1913), daß selbst Kupfer, das für solche Brunnen beste Material, zerstört werden könne. (Es ist wahrscheinlich, daß in solchen Fällen Verunreinigungen in dem Metall zur Strombildung und zu den Zerstörungen die Veranlassung geben.) Bewährt hätten sich dem Vortragenden oft die alten Thiemschen Rohrbrunnen aus Gußeisen. Der Autor belegte durch Beweisstücke, daß zuweilen eine Art Betonbildung um die Rohröffnungen eintrete, welche zu einer völligen Undurchlässigkeit der Aufnahmeöffnungen führen könne. Wiederholt habe man daher fälschlich gemeint, es hätte die Menge des Grundwassers abgenommen, während tatsächlich eine Verstopfung der Löcher und Schlitze die Veranlassung zu der geringeren Ergiebigkeit war.

V. Die Menge des Wassers.

Die Menge des verfüglichen Wassers stellt einen wesentlichen hygienischen Faktor dar. Je mehr Wasser vorhanden ist, und wie schon hier erwähnt sein mag, billig abgegeben werden kann, um so besser ist das für die Reinlichkeitsbestrebungen. Diese gewähren nicht nur eine bessere, freundlichere Lebenshaltung, sie mindern auch direkt und indirekt die Verbreitung ansteckender Krankheiten, weil mit dem Schmutz und den Abgangsstoffen der Kranken zugleich die Krankheitskeime beseitigt werden. Im Kampf gegen die Infektionskrankheiten ist die Reinlichkeit eine Hauptwaffe, aber ohne Seife und ausgiebige Quantitäten Wasser ist sie nicht möglich.

Noch aus einem anderen Grunde ist reichliches Wasser von hygienischem Belang. Überblickt man die große Reihe der Epidemien, welche durch Wasser hervorgerufen wurden, so findet man, daß manche derselben zur Zeit der Wasserknappheit entstanden sind. Ist nicht genügend Wasser vorhanden, und verlangen Bevölkerung und Industrie nun gebieterisch und mit lauter Stimme nach Wasser, dann bleiben nicht alle Werksleiter, nicht alle Gemeindeverwaltungen fest. Viele sagen sich: lieber ein weniger gutes als gar kein Wasser. Sie nehmen in ihrer Not das erforderliche Wasser aus Bächen, Flüssen und Teichen, kurz, wo sie es fassen können, vertrauend darauf, daß keine gefährlichen Keime darin sein möchten. Nicht selten haben sie den Zufall auf ihrer Seite, es passiert nichts; in anderen Fällen aber folgten auf die Zufuhr solchen zur Zeit der Not genommenen infizierbaren und infizierten Wassers schwere Epidemien.

Zu jeder Tages- und Jahreszeit muß die erforderliche Menge Wasser zur Verfügung stehen und es ist die Pflicht der Verwaltungen,

vorsorgend zu wirken, so daß bereits vor dem Eintritt eines
größeren Bedarfs die Zuführung der dann erforderlichen Mengen
guten Wassers sichergestellt ist.

Das Aushilfsmittel, nur zu bestimmten Stunden Wasser zu ver-
ausgaben, ist absolut nicht zu empfehlen, denn dann werden in der
freigegebenen Zeit alle möglichen Gefäße mit Wasser gefüllt;
künstlich wird also aus dem guten Grund- und Quellwasser ein
Oberflächenwasser geschaffen, welches Infektionen ganz besonders
leicht zugänglich ist. Selbstverständlich sucht jede Haushaltung
so viel Reservewasser zu nehmen, als sie erhalten kann, und oft
wird mehr genommen, als dem sparsamen Verbrauch entspricht;
das überflüssige wird ausgeschüttet, sobald am nächsten Tage die
Wasserquelle wieder fließt.

Der Wassermangel ist nicht selten darin begründet, daß vor
der Anlage der Versorgungen die Ergiebigkeitsbeobachtungen nicht
sorgfältig oder nicht lange genug angestellt worden sind. Große
Vorsicht ist hier am Platze, weil die Wasservorräte, ganz besonders
die Quellen, in trockenen Perioden stark zurückgehen. Eine Quelle,
die in 24 Stunden 2000 cbm regelrecht zu geben pflegte, blieb im
Herbst 1911 vollständig aus. In gleicher Weise haben manche
Grundwasserversorgungen nicht gehalten, was man sich quantitativ
von ihnen versprach, was man sich von ihnen versprechen durfte.
Die Werksleitungen und die Stadtverwaltungen tuen daher gut,
von vornherein stets mit großen Reserven zu rechnen oder Aushilfsmittel bereit zu haben, mit welchen sie eingreifen können. So
war es sehr weise, daß die Stadt Berlin, trotzdem sie glauben
durfte, völlig auskömmliches Grundwasser zu haben, ihre Seewasserversorgung als Reserve beibehielt. Das trockene Jahr 1911 lehrte,
daß sie recht daran getan hatte.

Eine Periode starker Trockenheit, wie die des Jahres 1911,
der das gleichfalls trockene Jahr 1912 folgte, kann lange nach-
wirken; so sind uns eine ganze Reihe von Quellen und auch begrenzte Grundwassergebiete bekannt, die im Frühjahr 1914, den
alten Stand vor 1911 noch nicht wieder erreicht haben. Man
wolle bedenken, daß für die Speisung der tieferen Bodenschichten
mit Wasser fast nur die Feuchtigkeit der kühlen Monate in Betracht
kommt; starker Schneefall auf nicht gefrorenem Boden mit nachfolgender langsamer Schneeschmelze bringt das meiste Wasser in
das Erdreich hinein.

Sogar Flußwasserversorgungen können zu knapp werden; eine
große Stadt hatte wegen ihres notorisch chemisch schlechten und
durch Algenwachstum stark beeinflußten Wassers eine recht aus-

giebige Filteranlage geschaffen. Im Herbst 1911 war die Algenwucherung derartig, daß dennoch die Anlage in Schwierigkeiten
kam und nur bei größter Aufmerksamkeit im Betrieb gerade noch
den Bedarf decken konnte. Also auch bei dieser Art der Versorgung sind größere Reserven Erfordernis.

Ist der Wassermangel da, dann ist es sehr schwer, sofort
Ersatz zu schaffen. In Thüringen, wo die Leute schon wissen, daß
die Quellen leicht versagen, stößt man kaum auf Schwierigkeiten,
wenn man verlangt, daß bei Neueinrichtung einer Versorgung
gleich nahegelegene Reservequellen gekauft werden. Eine ganze
Anzahl Gemeinden hat den Segen dieser Einrichtung 1911 erfahren.
Die schon erworbenen Quellen wurden gefaßt, angeschlossen, und
der Wassermangel war beseitigt. In der Stadt Jena mit 40 000 Einwohnern wurde das Wasser knapp. In dem von ihr bereits für die
Vergrößerung der Wasserversorgung erworbenen Gelände wurden
etwa 400 Tageskubikmeter Wasser erschürft. Zum Ausbauen war
keine Zeit, daher wurde die Baugrube mit Brettern verschalt und
abgesteift, über die ganze Länge der Schürfung ein Bretterdach
gebaut und mit Dachpappe gedeckt; um wilde, vom Berge kommende
Wässer abzuhalten, wurde ein Graben gezogen, der auch das Dach-
wasser abführte, und das Ganze mit kräftigem Drahtzaun umgeben.
Eine ganze Reihe von Monaten hat der provisorische Bau bestanden,
bis die reichlichere Wasserabgabe der anderen Quellen den regulären
Ausbau gestattete. Eine Stadt in Sachsen half sich dadurch, daß
sie früh genug und rasch eine Ozonisierungsanlage für ein sonst
minderwertiges künstlich erzeugtes Grundwasser errichtete. Die
Beispiele sollen zeigen, daß man sich eventuell rasch helfen kann;
aber die Vorbereitung aus langer Hand ist sicherer und besser.

Wo in einer Stadt zwei oder mehr Leitungen eingerichtet
werden müssen, da sieht es die Hygiene gern, wenn jede von
ihnen ein bestimmtes Stadtgebiet versorgt, weil so eine bessere
Kontrolle möglich ist, wenn einmal eine Wasserleitung Krankheitskeime einschleppen sollte, wie das z. B. vor Jahren in Berlin durch
das alte Stralauer Werk geschehen ist; in seinem Gebiet ereignete
sich eine Reihe von Typhusfällen, in dem von Tegel aus gespeisten
dahingegen nicht.

Kann seitens der Technik dem Wunsche des Getrennthaltens
entsprochen werden, so muß doch die Möglichkeit gewahrt sein,
beide Netze miteinander in Verbindung zu bringen, damit zur Zeit
von Wassermangel oder aus anderen Gründen ein Aushelfen statthaben kann. Über die Öffnung der Verbindungen werde genau
Buch geführt.

Zuweilen ist es erwünscht, zwei Wässer zu mischen, sei es, um den Konsumenten zu nützen durch Ausgleich erheblicher Unterschiede in der Temperatur, in der Härte, im Kochsalzgehalt usw., sei es, um Schädigungen der Rohre zu verhindern oder pekuniäre Vorteile zu erreichen; ein weiches, kohlensäurereiches Wasser verliert einen Teil seiner Angreifbarkeit, wenn es mit einem reichlich Bikarbonat enthaltenden Wasser gemischt wird; eine Enteisenungsanlage läßt sich vermeiden, wenn man Gelegenheit hat, ein Wasser von z. B. 0,4 mgl Eisen mit gleichen Teilen eines eisenfreien zu vermengen u. dgl. m.

1. Die Zuführung von zweierlei Wasser.

In anderen, glücklicherweise nicht häufigen Fällen gelingt es selbst nicht bei Zuführung des Wassers von verschiedenen Seiten, den ganzen Bedarf an Trink-, Hausgebrauchs- und Betriebswasser mit einem absolut tadellosen Wasser, einem Wasser bester Qualität zu decken. In einem solche Fall muß an dem Grundsatz festgehalten werden, daß für Trink- und Hausgebrauchszwecke nur ein Wasser Verwendung finden darf, welches vor dem Eindringen jedweder Krankheitskeime gesichert ist, oder welches durch entsprechende Maßnahmen (Filtration usw.) völlig oder bis zu einem praktisch nicht mehr in Betracht kommenden Grade wieder von ihnen befreit wurde. Dahingegen ist es erlaubt, betreffs der Annehmlichkeit im Bedarfsfall Abweichungen zu gestatten. So darf auf eine gleichmäßig niedrige Temperatur verzichtet werden, wenn z. B. eine zu geringe Menge guten Quell- oder Grundwassers zur Verfügung steht und andererseits die Möglichkeit gegeben ist, aus gutem Oberflächenwasser ein bestes Filtrat zu erhalten; oder es darf eine zeitweilige Trübung eines Quellwassers ignoriert werden, sofern es aus unbewohnter, unbebauter Gegend stammt; oder es darf ein hartes Wasser genommen werden, wenn ein weicheres nicht in genügender Menge vorhanden ist, u. dgl. m.

Läßt sich selbst mit dem Zurückgehen auf solche niedrigere Forderungen die erforderliche Quantität nicht schaffen, so bleibt kaum etwas anderes übrig als die Zufuhr von zweierlei Wasser.

Trinkwasser und Hausgebrauchswasser lassen sich keinesfalls trennen, die Abzweigung kann nur beim Nutzwasser geschehen. Hierunter versteht man das für Betriebe, Gewerbe und Industrie erforderliche Wasser, z. B. Kesselspeisewasser, das Wasser für Färbereien, Gerbereien, für Land- und Gartenwirtschaft, Viehzucht, Waschen und Sprengen der Straßen, Feuerlöschzwecke u. dgl., sowie nach Lage der Verhältnisse auch für Badeanstalten.

Für gewisse Betriebe und Industrien, z. B. das Nahrungsmittelgewerbe einschließlich des Brauereibetriebes, ist dahingegen kein anderes als absolut infektionssicheres, also im allgemeinen ein gutes Trink- und Hausgebrauchswasser, zu verwenden. Im Einzelfall muß entschieden werden, welche Betriebe und Industrien an die eine oder andere Leitung anzuschließen sind.

Sind zwei verschiedenwertige Wässer, also ein Trinkwasser und ein Nutzwasser, vorhanden, so besteht die große Gefahr, daß beide für alle Zwecke benutzt werden. Derjenige Zapfhahn wird zunächst geöffnet, welcher am bequemsten zu erreichen ist, und es wird nicht gelingen, Dienerschaft und Kinder dahin zu bringen, das Betriebswasser nicht als Trinkwasser zu verwenden und umgekehrt. Ist doch im Jahre 1913 sogar die Faculté de Médecine in Paris mit 2000 frcs. gestraft worden, weil Verbindungen zwischen den Leitungen für Seinewasser und denen für Quellwasser hergestellt waren, was ihr bereits 1891 bei demselben Vergehen untersagt worden war. Die Erfahrung lehrt, daß wiederholt Erkrankungen durch die Benutzung nicht infektionssicheren Betriebswassers entstanden sind.

Vom gesundheitlichen Standpunkt kann man daher die Zuführung von verschiedenwertigem Wasser nur als einen Notbehelf betrachten, den man besser vermeidet und bei dem man, wenn man sich seiner bedienen muß, die gesundheitliche Minderwertigkeit nie außer acht lassen darf. Das bloße Kenntlichmachen des Nutzwassers, Anschläge mit der Aufschrift: „Kein Trinkwasser" oder „Nur Gebrauchswasser" genügen erfahrungsgemäß nicht. Die Zapfstellen für Betriebswasser sind vielmehr so zu legen (Zapfhahn in der Wagenremise oder Waschküche usw.) oder durch technische Einrichtungen (besondere Steckschlüssel u. dgl.) so zu verwahren, daß die Entnahme für die Unbefugten unmöglich gemacht oder mindestens sehr erschwert wird.

2. Der Verbrauch an Wasser für verschiedene Zwecke und zu verschiedenen Zeiten.

Die Menge des erforderlichen Wassers richtet sich nach der Zahl und den Bedürfnissen der Einwohner und nach der Zahl und Eigenart der Betriebe.

Die Einwohner der Großstadt verbrauchen mehr Wasser wie die einer Kleinstadt oder eines Dorfes, und zwar sowohl an sich, sie sind reinlicher und weniger sparsam als die Dorfbewohner, als auch als Mitglieder der Gemeinschaft, denn die große Kommune beansprucht für öffentliche Zwecke nicht bloß absolut, sondern auch relativ mehr Wasser als eine kleine. Bei der Aufstellung der Zahl ist auch auf die voraussichtliche Vermehrung der Bevölkerung die gebührende Rücksicht zu nehmen; die hierzu erforderlichen Daten gewähren die Volkszählungstabellen und die Listen der Einwohnermeldeämter. Zu überlegen ist, wie weit die erhaltenen Zahlen für die Zukunft Gültigkeit haben und behalten werden. Bei kleinen Gemeinden, insbesondere bei Dörfern, ist auch der Viehbestand mit einzurechnen, am einfachsten und richtigsten in der Weise, daß man die Zahl der Stücke Großvieh der Zahl der Einwohner hinzufügt. Kleinvieh darf, wenn es nicht zahlreich ist oder in anderer Weise getränkt wird, vernachlässigt werden; anderenfalls werde auf das Stück und den Tag 10 Liter gerechnet.

Von den Industrien gebrauchen die einen sehr viel, die anderen sehr wenig Wasser; die einen sind mit dem schmutzigsten Flußwasser zufrieden, die anderen verlangen bestes Trinkwasser; an der einen Stelle ist es möglich, daß die Industrie das Wasser aus dem Fluß nimmt, weil Trübungen selten oder gar nicht vorkommen, an der anderen Stelle kann sie das nicht, weil die Trübungen häufig und schwer zu beseitigen sind; hier steht der Industrie ein leicht erschließbarer reicher Grundwasserstrom zur Verfügung, dort kann sie keinen Tropfen Wasser aus dem Boden herausholen; an dem einen Ort ist mit einer aufsteigenden, an einem anderen mit einer stagnierenden oder gar rückläufigen Entwickelung zu rechnen, alles Momente, welche bei der Abschätzung der für eine Gemeinde erforderlichen Wassermenge erheblich in das Gewicht fallen.

Für stark sich entwickelnde Städte genügt es, auf eine Zeit von 30 bis zu 60 Jahren vorzusorgen; bei kleineren Gemeinwesen und Dörfern erstreckt sich die Vorsorge der langsameren Entwickelung wegen auf größere Zeiträume.

Im allgemeinen nimmt man an, daß pro Kopf und Tag für eine Großstadt ungefähr 150 Liter, für eine Mittelstadt 100 Liter, für eine Kleinstadt, ein Dorf 75 bis 50 Liter in Ansatz zu bringen sind. Um diese Angaben zu prüfen, haben wir aus der „18ten statistischen Zusammenstellung der Betriebsergebnisse von Wasserwerken für das Jahr 1907 des Deutschen Vereins von Gas- und Wasserfachmännern" den nachstehenden Auszug gemacht, wobei wir nur die fremdländischen Städte und einige sehr wenige deutsche fortgelassen haben, bei welchen offenbar besondere Verhältnisse vorlagen. Es gebrauchten:

	Zahl der Städte	Zahl der Konsumenten	Liter pro Tag und Kopf
I.	1 (Berlin)	2 000 000	84
II.	8	796 000—400 000	127
III.	34	400 000—100 000	117
IV.	48	100 000— 40 000	96
V.	145	40 000— 10 000	72
VI.	50	{ 10 000— 3 000 } u. 3 kleinere Städte	62

Zerlegt man die große Gruppe der Städte von 40 000 bis 10 000, so bekommt man folgende Zahlen:

	Zahl der Städte	Zahl der Konsumenten	Liter pro Tag und Kopf
V a.	33	40 000—30 000	62
V b.	62	30 000—20 000	65
V c.	50	20 000—10 000	87

Der Gesamtdurchschnitt aller 286 Städte ergibt 78 Liter auf die Person und den Tag.

Aus den Zahlen folgt:

Die Verbrauchsziffer für Berlin ist gering; man darf jedoch nicht vergessen, daß fast die gesamte Industrie ihr Bedarfswasser dem Untergrund, zu einem kleineren Teil auch den offenen Wasserläufen entnimmt; so kommt es, daß bei durchschnittlich 84 Litern zugeführten Wassers die Menge des pro Person und Tag abgeführten Wassers erheblich mehr — im Jahr 1905 z. B. 129 Liter — betrug.

Die Großstädte (von 100 000 bis 1 000 000) gebrauchen tatsächlich bis 127 Liter; die Verwaltungen sollen sich daher auf einen Durchschnittskonsum von 150 Litern einrichten.

Die Mittelstädte (40 000 bis 100 000) kommen mit 100 Litern gerade aus. Das Streben muß dahin gehen, mindestens 125 Liter im Durchschnitt zur Verfügung zu haben.

Die kleinen Städte, und zwar die von 10 000 bis 40 000, verbrauchten 72 Liter; mit 100 Litern dürfte der tägliche Durchschnittsbedarf gedeckt sein.

Die kleinsten Städte von 3000 bis 10 000 beanspruchten tatsächlich 62 Liter, haben sie 80 Liter im Tagesmittel zur Verfügung, so sind sie genügend versorgt.

Selbstverständlich werden diese Durchschnittszahlen im Spezialfall sowohl erheblich erhöht als abgemindert werden müssen. Wo eine lebhafte Industrie sich entwickelt, wird meistens der Durchschnittskonsum an Wasser hoch liegen, während Städte ohne solche weniger Wasser gebrauchen. Wo Wassermesser fehlen, das Wasser also nach Belieben entnommen werden kann, ist der Verbrauch gewöhnlich ganz ungebührlich hoch. Erheblich wirkt ferner der Preis des Wassers auf den Konsum.

Vorhin ist vom Durchschnittsgebrauch die Rede gewesen. Die Städte müssen jedoch nicht nur diesen, sondern auch den Höchstbedarf decken. Man muß diesen zu ungefähr dem $1^1/_2$fachen des mittleren Tagesverbrauches annehmen. Eine Rücksichtnahme hierauf ist deshalb besonders notwendig, weil der Höchstbedarf mit dem geringsten Wasservorrat zusammenzutreffen pflegt. Die Städte tun daher gut, für weitgehende Reserven zu sorgen, welche zur Zeit der Dürre in Anspruch genommen werden können.

Für ganz kleine Städte und für Dörfer darf man einen Satz von 50 bis 60 Litern annehmen; man wird fast überall damit auskommen. Vielfach wird von den Gemeindevorständen eine erheblich geringere Menge Wasser als auskömmlich bezeichnet; eine solche Angabe stützt sich dann auf eine Zusammenstellung des bis dahin täglich verbrauchten Wassers. Man lasse sich indessen nicht beirren, denn stets steigt der Wasserkonsum erheblich mit der Bequemlichkeit der Wassererlangung, oft um das Doppelte bis Vierfache und um so mehr, wenn, wie das bei kleinen Gemeinden oft und nicht mit Unrecht geschieht, Wasseruhren nicht eingeführt werden.

Als niedrigstes Maß von allen darf man die 6 Liter täglich annehmen, welches die deutschen behördlichen Vorschriften für Kauffahrteischiffe für jeden Schiffsmann und jeden Reisenden verlangen, und zwar für Trinkzwecke, für die Speisenbereitung und für das Waschen. (Für Wasser zu Badezwecken bestehen besondere Vorschriften.)

Um zu zeigen, wie sich der Wasserverbrauch im einzelnen stellt, bringen wir nach Schaars Kalender für das Gas- und Wasserfach von 1914 (Schilling und Anklam) die folgenden Angaben.

A. Privatgebrauch.

1. Gebrauchswasser in Wohnhäusern pro Kopf der Bewohner und pro Tag:

    a) zum Trinken, Kochen, Reinigen usw. . . . . .   20—30 Liter
    b) zur Wäsche . . . .   10—15 „
2. Klosettspülung, einmalig . . . .   8—15 „

3. Pissoirspülung:
   a) intermittierend pro Stand und Stunde . . . . .   30 Liter
   b) kontinuierlich pro laufendes Meter Spülrohr und
      pro Stunde . . . .   200 „
4. Bäder:
   a) ein Wannenbad . . . .   350 „
   b) ein Sitzbad . . . .   30 „
   c) einmalige Brause oder Strahldusche . . . . . .   40—80 „
5. Gartenbesprengung an einem trockenen Tage pro
   Quadratmeter einmal besprengter Fläche . . . . . .   1,5 „
6. Hofbegießung desgleichen pro Quadratmeter . . . . .   1,5 „
7. Trottoirbegießung desgleichen pro Quadratmeter . . .   1,5 „
8. Ein Pferd tränken und reinigen, ohne Stallreinigung
   pro Tag . . . .   50 „
9. Ein Stück Vieh tränken und reinigen, ohne Stallreinigung pro Tag:
   a) Großvieh . . . .   40 „
   b) Kleinvieh . . . .   10 „
   Ein Kalb 8 Liter, ein Schaf 8 Liter, ein Schwein
   13 Liter.
10. Ein Wagen zum Personentransport, Reinigung pro Tag   200 „

B. Öffentliche Anstalten.

1. Schulen, pro Schüler und Schultag, ohne Zerstäubung
   für Luftbefeuchtung . . . .   2 Liter
2. Kasernen:
   a) pro Mann und Verpflegungstag . . . .   40 „
   b) pro Pferd . . . .   50 „
3. Kranken- und Versorgungshäuser pro Person und Verpflegungstag . . . . 250—650 „
4. Gasthöfe pro Person und Verpflegungstag . . . . . .   100 „
5. Badeanstalten mit nur Wannen- und Duschebädern,
   pro abgegebenes Bad . . . .   500 „
6. Waschanstalten pro 1 kg Wäsche . . . .   40—60 „
7. Schlachthäuser pro Stück geschlachtetes Vieh . . . . 300—400 „
8. Markthallen pro Quadratmeter bebaute Fläche und pro
   Markttag . . . .   5 „
9. Bahnhöfe, Speisewasser für Lokomotiven pro Tender-
   füllung . . . . 8000—18 000 „

C. Gemeindezwecke.

1. Straßenbesprengung pro Quadratmeter einmal bespr.
   Fläche:
   a) gepflasterte Straßen . . . .   1 Liter
   b) chaussierte Straßen . . . .   1,5 „
2. Öffentliche Gartenanlagen an einem trockenen Tage
   pro Quadratmeter einmal begossener Fläche . . . . . 1,5—2 „
3. Öffentliche Ventilbrunnen ohne ständigen Abfluß, pro
   Auslauf und Tag . . . .   3000 „
4. Öffentliche Pissoire:
   a) intermittierende Spülung pro Stand und Stunde   60 „
   b) kontinuierliche Spülung pro laufendes Meter Spül-
      rohr und Stunde . . . .   200 „
5. Öffentliche Springbrunnen pro Sekunde . . . . . .   1—350 „
6. Hydranten je nach Weite und Leitungsdruck pro Sekunde 5—10 „

7. Feuerspritzen:
    a) Handspritzen pro Sekunde . . . . 5—7 Liter
    b) Dampfspritzen pro Sekunde . . . . 15—20 „

D. Gewerbe und Industrie.

1. Brauereien, Gesamtverbrauch pro Hektoliter gebrauten
    Bieres, ohne Eisbereitung . . . . 500 Liter
2. Kühlwasser bei Gasmaschinen für 1 cbm Gas . . . . 40—60 „

Badeanstalten.

Für 1 Wannenbad mit Spülung und Reinigung 500—600 Liter stündl.
  „ 1 Brause über der Wanne . . . . 70—100 „   „
  „ 1 „   im Schwimmbad . . . . 500—600 „   „
  „ 1 „   in Volksbädern . . . . 350—400 „   „
  „ 1 Reinigungsbad im Schwimmbad . . . . 400—800 „   „
Schwimmbad, tägliche Erneuerung pro Quadratmeter   2,5 cbm.

Wasserverbrauch in Prozenten des durchschnittlichen Monatsverbrauches für mittlere Städte Norddeutschlands in nicht zu nassen Jahren.

Januar	88 Proz.		Juli	115 Proz.
Februar . . .	80 „		August	115 „
März	89 „		September . .	106 „
April	96 „		Oktober . . .	94 „
Mai	115 „		November . .	92 „
Juni	119 „		Dezember . .	91 „

Wasserverbrauch in Prozenten des täglichen Gesamtverbrauchs.

6—7 Uhr vormittags. . .	3,73		2—3 Uhr nachmittags. . .	6.39
7—8 „ „ . .	5,21		3—4 „ „ . . .	7,86
8—9 „ „ . .	6,19		4—5 „ „ . . .	5,21
9—10 „ „ . .	6,44		5—6 „ „ . . .	6,29
10—11 „ „ . .	7,08		6—7 „ abends	3,68
11—12 „ „ . .	7,76		7—8 „ „	5,01
12—1 „ nachmittags . .	5,99		8—9 „ „	3,05
1—2 „ „ . .	5,95		9 Uhr abends bis 6 Uhr morg.	14,16

Der höchste Stundenbedarf beträgt 6 bis 8 Proz. des mittleren Tagesbedarfes.

Um über den Stundenverbrauch weitere Anhalte zu geben, seien zwei Schaulinien abgedruckt, welche für eine Landgemeinde und eine Großstadt Württembergs aufgestellt sind (Fig. 9 und 10). Sie sind von besonderem Interesse, weil sie zeigen, wie scharf sich bei dörflichen Verhältnissen die Speisezeiten und die Tränkzeiten für das Vieh herausheben, während bei der Großstadt die Kurven zwar auch um diese Zeit ansteigen, aber doch durch den sonstigen Gebrauch des Wassers viel abgeglichener sind.

Die Schaulinie (Fig. 10) auf S. 114 gibt für eine Juliwoche des Jahres 1910 den stündlichen Wasserverbrauch der Stadt Dortmund an (220 000 Einwohner und sehr starker Brauereibetrieb).

Fig. 9.

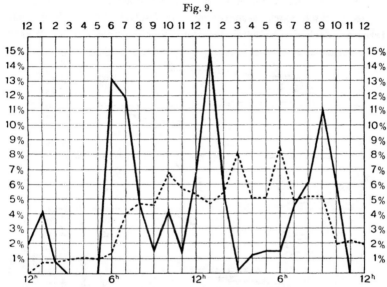

Stündlicher Wasserverbrauch eines Großstadtbezirkes -------- und einer Landgemeinde ———— in Prozenten des täglichen Wasserverbrauches.
Nach Groß (Stuttgart).

Die Kurven (Fig. 11) auf S. 115 zeigen den höchsten, mittleren und niedrigsten Tagesverbrauch von Trier in seinen Stundenwerten an.

Eine Jahreskurve der wenig Industrie, aber ausgedehnte Gärten besitzenden Stadt Trier, rund 50 000 Einwohner, läßt den Unterschied in dem Bedarf der einzelnen Monate gut erkennen. Auch beachte man auf S. 116 den verschiedenen Konsum in dem feuchten Jahr 1910 und dem trockenen Jahr 1911 (Fig. 12).

Für Städte, die doch meistens kapitalkräftig sind, wird die Zuführung genügender Wassermengen, im Notfall unter Trennung von Betriebs- und Hausgebrauchswasser, sich mit seltenen Ausnahmen bewirken lassen. Für kleine Gemeinden aber, für Dörfer, stößt man zuweilen auf die größten Schwierigkeiten. Noch sitzt der größere Teil der Bevölkerung Deutschlands in kleinen Städten und Dörfern; es ist also sehr stark mit den kleinen Verhältnissen zu rechnen, um so mehr als ein sehr großer Teil der Ortschaften noch keine zentralen Wasserversorgungen hat und die bestehenden lokalen Versorgungen (Brunnen) den gesundheitlichen Anforderungen recht wenig entsprechen.

    Wo Grundwasser in breiter Ausdehnung fließt oder steht,
liefern zurzeit die bei den einzelnen Häusern stehenden privaten
Pumpbrunnen und die an den Straßen aufgestellten öffentlichen
Brunnen das erforderliche Wasser in auskömmlicher Menge, leider
ist es vielfach stark verunreinigt. Hoffentlich ist die Zeit nicht
fern, wo auch diese Gemeinden von einer Zentrale aus mit Wasser

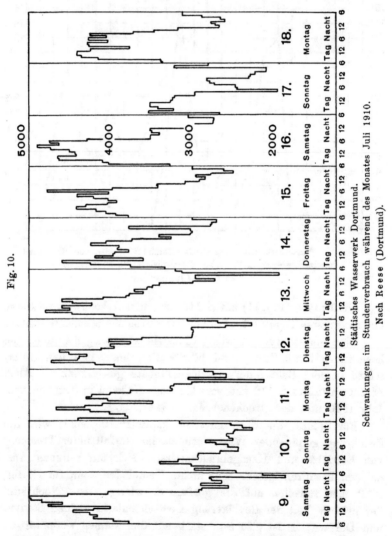

Fig. 10.

Schwankungen im Stundenverbrauch während des Monates Juli 1910.
Städtisches Wasserwerk Dortmund.
Nach Reese (Dortmund).

versorgt werden, welches quantitativ ausreichend und qualitativ
gut ist.

    Schlimmer steht es im bergigen Gelände; dort fehlt Grund-
wasser entweder gänzlich oder es steht in einer für die Gemeinden

nicht erreichbaren Tiefe. Vielfach stellen in schlechtesten Brunnen gefaßte Wasseradern oder offene Wasserläufe die Bezugsquellen dar, die quantitativ und qualitativ ungenügend sind.

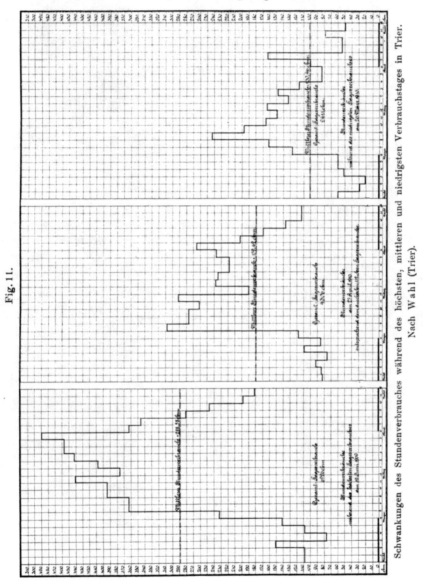

Fig. 11.

Schwankungen des Stundenverbrauches während des höchsten, mittleren und niedrigsten Verbrauchstages in Trier.
Nach Wahl (Trier).

Soll Wasser zugeführt werden, so kann es sich ereignen, daß man mit der Forderung wesentlich unter die vorhin verlangten 50 Liter für Mensch und Tier heruntergehen muß. Wir kennen ein Dörfchen, dessen Name schon mit dem ominösen „Dürren"

8*

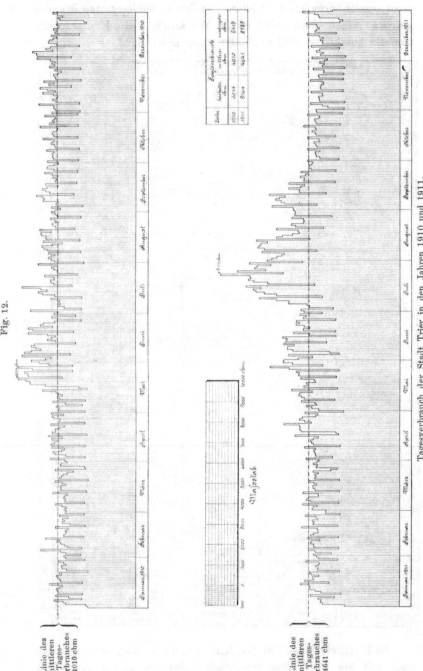

Fig. 12.

Tagesverbrauch der Stadt Trier in den Jahren 1910 und 1911.
Nach Wahl (Trier).

(Dürrenberg, Dörrendorf usw.) beginnt, dem wir dringend raten mußten, 150 m hoch ein Wasser heraufzupumpen, welches in den trockenen Wochen des Sommers nur 10 Liter pro Kopf und Tag gewährte. Bis dahin hatten die Bauern das Wasser den größten Teil des Sommers ebenso hoch aber in viel geringerer Menge in Fässern hinaufschaffen müssen. Das „Nutzwasser", d. h. das Wasser für das Vieh, wird in dieser Zeit dadurch gewonnen, daß das Vieh zur Tränke herunter getrieben wird oder aus dem mit Ton ausgeschlagenen Dorfteich, der das Reservoir für Feuersgefahr bildet und in welchen die Straßengräben usw. zur Speisung des Teiches münden, getränkt wird. Dieses Beispiel möge zeigen, daß es Fälle gibt, wo man leider von der vorhin aufgestellten Regel, stets reichlich Wasser zu gewähren, abweichen, wo man mit wenigem, mit sehr wenigem zufrieden sein muß.

Es ist ein nicht hoch genug anzuschlagendes Verdienst des Ingenieurs Ehmann-Stuttgart, daß er es zuerst fertiggebracht hat, die Dörfer und Weiher des Juragebirges zu gemeinsamer Anlage großartiger Wasserversorgungen zu vereinigen, wodurch die chronische Wassersnot jener Gegenden in bester Weise dauernd beseitigt worden ist. Allmählich ist man auch in anderen Gegenden dem segensreichen Vorgehen Ehmanns gefolgt.

Die in dem letzten Jahrzehnt in Aufnahme gekommenen Motore haben auf die Verbreitung guter Wasserversorgungen großen Einfluß gehabt. Besser noch haben die Überlandzentralen gewirkt. Diese technischen Hilfsmittel gestatten horizontale und vertikale Entfernungen zu überwinden, die früher für die geringen pekuniären Kräfte der Dörfler unüberwindbar waren. Man darf auch nicht vergessen, daß die Wohlhabenheit auf dem Lande eine größere geworden ist und daß die Staaten und Brandgenossenschaften hilfreich unterstützen. Alle diese Momente ermöglichen es, jetzt Forderungen zu stellen und durchzubringen, die vor 20 Jahren noch ganz unmöglich waren.

VI. Der Preis des Wassers.

Soll das Wasser reichlich benutzt werden, so muß es billig sein. Ärmere Gemeinden versuchen zuweilen bei der Anlage von Wasserversorgungen stark zu sparen, und da sich das an den Rohren und Zuleitungen kaum bewerkstelligen läßt, so wird versucht, das an den Voruntersuchungen, also Schürfungen, Pumpversuchen u. dgl., und an den Fassungen zu tun. Das darf selbstverständlich nicht sein; erschöpfende vorherige Feststellungen, infektionssichere Fassungen,

vor Temperatur- und Witterungseinflüssen ausgiebig geschützte
Reservoire müssen unbedingt verlangt werden.

Wasser soll nur so teuer verkauft werden, daß das aufgebrachte Geld ausreicht, den Betrieb zu decken, das aufgewendete
Kapital zu verzinsen und zu amortisieren, die Maschinen usw. ab-
zuschreiben, aber nur so viel zu erübrigen, daß die mit weiteren
Hausanschlüssen entstehenden allgemeinen Kosten, Erweiterungs-
bauten u. dgl. von den Wasserwerken selbst bequem gedeckt
werden können. Dahingegen läßt sich vom gesundheitlichen
Standpunkt aus nicht verantworten, daß die Wasserwerke Über-
schüsse machen, die der allgemeinen Kasse zur Erleichterung der
Steuerlast der Gemeinde zufließen. Das Trink- und Hausgebrauchswasser darf als Einnahmequelle nicht angesehen werden; dahingegen ist das gerechtfertigt für das den Betrieben oder dem
Komfort dienende Wasser, z. B. für den Teil des Wassers, welcher zum Rasen- oder Gartensprengen wohlsituierter Villenbesitzer
und für ähnliche oder für Industriezwecke verausgabt wird. Auf
die Verteilung des Wasserzinses in der angedeuteten Richtung
könnte etwas mehr Wert gelegt werden als zurzeit geschieht. Mit
dem Nutzwasser möge die Stadt Geschäfte machen, mit dem Trink-
und Hausgebrauchswasser aber nicht.

In Warschau gewährt man für das gleiche Geld, 0,6 Rubel
im Quartal, den Familien, die nur eine einzimmerige Wohnung
haben, 9 cbm Wasser, die eine zweizimmerige haben 8 cbm, die
eine dreizimmerige bewohnen 6,6 cbm, bei einer solchen von fünf
Zimmern 5,5 cbm und bei acht Zimmern 5 cbm; die 0,6 Rubel
müssen bezahlt werden, gleichgültig, ob die entsprechenden Kubikmeter entnommen sind oder nicht.

In Frankfurt wird in den älteren Stadtteilen das Wassergeld
mit 4 Proz. der Wohnungsmiete erhoben, ohne Kontrolle durch
Wassermesser. Für Wohnungen bis zu 250 $\mathcal{M}$ Wert ist kein Wassergeld zu zahlen, während für solche von 250 bis 300 $\mathcal{M}$ nur 3 Proz.
der Wohnungsmiete als Wassergeld zu entrichten sind. Bei diesem
Abgabesystem ohne Wassermesser ist ein hoher Wasserverbrauch
eingetreten; im Mittel entfallen gegen 200 Liter auf die Person, im
Maximum 300 Liter, und zwar wegen mangelhafter Instandhaltung
der Spülkästen, Hähne usw., wegen zu starker Verwendung für Kühl-
zwecke, sowie wegen Vergeudung. Man wird also wohl über kurz
oder lang mit dem System brechen müssen. — Vom gesundheitlichen
Standpunkt aus ist aber zu wünschen, daß das Prinzip der Staffelung
des Wasserzinses nach dem Einkommen oder nach dem Mietwert
der Wohnungen, oder nach einem ähnlichen Prinzip erhalten bleibe.

Das in seiner Menge bestimmte, den ärmeren Klassen zu dem Vorzugspreise eingeräumte Wasserquantum muß aber voll bezahlt werden, gleichgültig, ob es tatsächlich verbraucht ist oder nicht. So werden die ärmeren Leute ein billiges Wasser haben, und zugleich vor zu großer Sparsamkeit mit dem Wasser bewahrt sein.

Gewiß wird es noch andere Wege geben, den beiden im letzten Satz ausgedrückten Wünschen nachzukommen; es möge jedoch genügen, auf den von Frankfurt und Warschau beschrittenen Weg hinzuweisen.

Im allgemeinen empfiehlt es sich, Wasseruhren zu verwenden.

Man könnte sagen, es sei vom hygienischen Standpunkte aus erwünscht, so viel Wasser zur Verfügung zu stellen, wie das Publikum verlangt. Dagegen ist schon vorhin angegeben, daß dann Wasser vergeudet wird. Erwähnt sei noch, daß sich infolge der zu großen Freigebigkeit in Nordamerika unhaltbare Zustände herausgebildet haben; bei warmem Wetter werden z. B. eine Unzahl bloßer Abkühlungsbäder genommen; sodann läßt man im Sommer das Wasser in dünnem Strahl laufen, um es frisch zu haben, und im Winter, damit die Hähne nicht einfrieren; so hatte z. B. eine Stadt am Hudson im Monat Januar aus letzterem Grunde einen Bedarf von 900 Litern auf die Person und den Tag.

Für kleinere und ärmere Gemeinden ist die Beschaffung von Wasseruhren zu teuer; bei ihnen ist auch keine Vergeudung des Wassers zu fürchten, weil der eine der Wächter des anderen ist. Man hilft sich dort so, daß das Wassergeld entsprechend der Steuer oder entsprechend dem landwirtschaftlichen oder sonstigen Betriebe entrichtet, oder daß nach Einheiten gezahlt wird. Unter einer Einheit versteht man nicht eine gewisse Menge des verbrauchten Wassers, sondern der Verbraucher; so stellt z. B. in manchen Gemeinden eine erwachsene Person eine Einheit dar, ein Stück Großvieh eine — oder auch zwei Einheiten —, ein Kind bis zum 14. Jahre, ebenso ein Fohlen oder Kalb bis zu einem halben Jahre eine halbe Einheit usw. Hiernach wird dann bezahlt. — Auch bei Gruppenwasserversorgungen verteilen gern die Gemeinden den Wasserzins nach solchen Einheiten und kommen so tatsächlich zu einer im ganzen gerechten Verteilung der Kosten.

B. Das Regenwasser und das Eis.

I. Das Regenwasser.

1. Die Beschaffenheit des Regenwassers.

Absolut reines Wasser ist in der Natur nicht vorhanden; wo immer Wasser sich findet, kommt es mit anderen Substanzen zusammen, nimmt von ihm Teilchen auf und gibt von sich Teilchen an jenes ab.

Das Regenwasser sättigt sich beim Durchgang durch die Luft mit Sauerstoff und Stickstoff und nimmt Kohlensäure auf. In dem Kapitel über die Bestimmung des Sauerstoffs im Wasser ist angegeben, wieviel davon bei den verschiedenen Temperaturgraden absorbiert zu werden vermag.

Um hier einen kleinen Anhalt zu bieten, seien folgende Angaben Bunsens zum Abdruck gebracht: Bei 760 mm Druck kann ein Liter Wasser

	von 0^0	10^0	20^0
Sauerstoff	41	33	28 ccm
Stickstoff	20	16	14 „
Kohlensäure	1797	1185	901 „

aufnehmen.

Da die Kohlensäure nur zu 0,27 bis 0,3 Prom. in der freien Atmosphäre enthalten ist, so stellt sich die Menge der im Regenwasser gefundenen freien Kohlensäure nicht hoch, sie beträgt nur wenige Kubikzentimeter im Liter; 1 ccm wiegt bei 0^0 und 760 mm Druck 1,9763 mg.

Die im Regenwasser in Städten aufgefundenen Säuren und sonstigen gelösten Substanzen, z. B. Ammoniak, entstammen den Rauchgasen. Bobierre fand, daß im Monat August (1863) der geringste Gehalt an Ammoniak mit dem höchsten an Salpetersäure zusammenfiel, und zwar sowohl in 47 m als auch in 7 m Höhe über dem Boden. Das auf den Boden gefallene Regenwasser und der Schnee nehmen auch erhebliche Mengen von Kohlensäure und Ammoniak aus dem Boden auf.

Die Gehalte des Regenwassers an Ammoniak, Säuren, Kochsalz, Kalk usw. schwanken sehr nach Jahreszeit und Örtlichkeit; in großen Städten aufgefangenes Regenwasser ist wesentlich stärker verunreinigt als auf dem Lande aufgefangenes; ferner ist es zu Beginn des Regens weniger rein als gegen Ende desselben.

Levy fand im Durchschnitt von 14 Jahren im Park von Montsouris, also mitten in Paris, im Liter Regenwasser 1,85 mg Ammoniak und 0,71 Salpetersäure.

An Ammoniak hat man von 0,1 bis zu 31 mg in 1 Liter gefunden; die unter 10 mg liegenden Zahlen sind die häufigeren, die über 16 mg sind selten. Salpetersäure wurde zwischen 0,03 und 36,3 mg nachgewiesen; auch hier sind Werte über 15 mg Seltenheiten.

10 mg Schwefelsäure und mehr sind dort im Liter Regenwasser vorhanden, wo viel Steinkohle gebrannt wird. Smith fand in 1 Liter Regenwasser in Liverpool 35, in Manchester 50 mg SO_3, in der Nähe einiger chemischer Fabriken 70 mg. Sendtner gibt an, daß 1 kg frisch gefallenen Schnees in München 7 mg, derselbe Schnee am nächsten Tage 17,6 mg, nach 10 Tagen 62,2 mg und nach 16 Tagen 91,8 mg SO_3 enthielt; 14 Tage alter Schnee 7 km von München entfernt hatte nur 7,8 mg. Von der schwefligen Säure finden sich gemeiniglich nur Spuren, da sie rasch in Schwefelsäure übergeht.

Auch Kochsalz kommt im Regenwasser vor; wo der Sturm die Kämme der Wogen zerreißt, wird Seewasser dem Regen beigemischt; so hat man 430, ja 910 mg NaCl in 1 Liter Regenwasser an der Küste bei auflandigem Sturm nachweisen können. Über Paris hat Bobierre in 47 m Höhe zwischen 5 und 22 mg Kochsalz, in 7 m Höhe über dem Erdboden zwischen 8 und 26 mg gefunden. Selbst Kalk hat man bis zu 9 mg pro Liter nachgewiesen.

Recht instruktiv ist die nachstehende Tabelle v. Schroeders. Dieser Autor sammelte Regenwasser während eines Jahres in einer durch Rauch stark belästigten Gegend (Tharandt) und in einer weniger belästigten (Waldgegend Grillenburg) und fand im Mittel für 1 Liter:

Bezeichnung des Ortes	In Säuren unlöslicher Rückstand		Kali	Natron	Kalk	Magnesia	Eisenoxyd	Schwefelsäure	Phosphorsäure	Chlor	Summa
	Staub-kohle	Mineral-stoffe									
	mg	mg	mg	mg	mg	mg	mg	mg	mg	mg	mg
Rauchgegend . .	5,79	13,19	0,53	0,74	0,61	0,21	1,79	1,84	0,23	0,22	25,15
Waldgegend . .	4,18	2,91	0,54	0,85	0,76	0,17	0,37	0,86	0,09	0,17	10,89

Den ersten Platz unter den festen Körpern nehmen die staubförmigen Reste der Verbrennung ein, die als feine Rußteilchen und als Flugasche in die Atmosphäre gelangen; dann erst folgt der Staub der Straßen und Wege. Die Menge richtet sich ganz und gar nach den äußeren Verhältnissen und ist dem stärksten Wechsel unterworfen. In dem Ruß hat man bis zu 9 Proz. Schwefelsäure und bis zu 7 Proz. Salzsäure gefunden.

Unter den Lebewesen treten die Bakterien in den Vordergrund. Am ausgedehntesten sind die Untersuchungen Miquels. Er fand im Durchschnitt der Jahre 1884 und 1885 je 4540 und 4200 Bakterien auf den Liter im Park von Montsouris, also innerhalb von Paris, gesammelten Regenwassers, das sind rund 4,3 pro Kubikzentimeter. In dem beim Beginn von Platzregen von ihm aufgefangenen Wasser war die Keimzahl höher; auch enthielten die Regen der heißen, d. h. staubreicheren Monate mehr Bakterien (etwa 20 im Kubikzentimeter) als die der kalten. Die Zahl der Schimmelsporen pflegt die der Bakterien vielfach zu übertreffen; häufig sind ferner Hefearten (Torula) im frisch aufgefangenen Regenwasser.

In 1 ccm Schmelzwasser von Schnee wurden von Janowski in Kiew zwischen 34 und 463 Bakterien gefunden. — Fortin wies nach 724, Abba bis 300, Belli 140 Bakterien in je 1 ccm Schmelzwasser von Hagel, Bujwid-Warschau aber 21000 in 1 ccm eines Hagelkornes, welches die erstaunliche Größe von 6×3 cm hatte.

Die Erreger der meisten Infektionskrankheiten können bei Gelegenheit in die Luft gelangen und ausgewaschen im Regenwasser wieder erscheinen. Jedoch stirbt die Mehrzahl der in die Luft eindringenden pathogenen Organismen dort in kürzester Zeit ab infolge der Austrocknung und der Belichtung; zudem kommen sie dort in so erheblicher Verteilung vor, daß nur in den seltensten Fällen die für eine Infektion erforderliche Zahl zusammen sein dürfte. Die Gefahr, durch Regenwasser infiziert zu werden, welches noch nicht mit der Erde in Berührung war, ist äußerst gering.

Auch Protozoen, Infusorien und sonstige niedere Organismen kommen im Regenwasser vor, wenn sie in Gestalt von Wuchs- oder Dauerformen vom Wind entführt in das Luftmeer hineingetragen werden.

Aus allem folgt, daß das frisch gefallene Regenwasser bereits Kleinlebewesen der verschiedensten Art enthält. Hinzu kommen die Mikroben, welche es aufnimmt, bis es zu seiner Sammelstelle gelangt.

Aber nicht allein die Bakterien gehen mit, sondern alle korpuskulären Elemente, welche es bewegen kann; auch bringt es Stoffe, die es um- oder überspült, in Lösung, so daß das in einem Reservoir sich sammelnde Regenwasser alles eher als destilliertes, substanz- und keimfreies Wasser ist, wenn schon es das zunächst war. Die zahlreichen Bakterien der verschiedensten Art sind die Veranlassung, daß Regenwasser bei hoher Sommertemperatur leicht fault.

2. Die Verwendung des Regenwassers.

Die Verwendung des Regenwassers als Trink-, Hausgebrauchs- und Wirtschaftswasser findet dort statt, wo anderes Wasser schwer oder nur in schlechter Beschaffenheit zu haben ist. Wo z. B. der Boden in seinen oberen Schichten undurchlässig ist und in seinen unteren Schichten entweder kein oder ein salziges oder sonst unbrauchbares Wasser birgt und Fluß- oder Seewasser nicht erhältlich ist, da bleibt nichts anderes übrig, als Regenwasser zu sammeln. Fast das ganze Marschland bis weit an die holsteinische Küste hinauf ist auf Regenwasser angewiesen. — Jahrhunderte hindurch hat die Königin der Adria, Venedig, nur Regenwasser getrunken, bis es endlich gelang, durch Bohrungen tief unter dem Boden der alten Lagunenstadt ein gutes Wasser zu entdecken.

Wo andererseits der Boden so durchlässig ist, daß er das Wasser rasch in große Tiefen sinken läßt und die Wasserläufe in tief eingeschnittenen Tälern liegen, da muß wiederum das Regenwasser aushelfen. Das Juragebirge der Schweiz, Frankreichs und Süddeutschlands, das der Kreideformation angehörende Karstgebirge sind Prototypen solcher Gegenden. Dort rauschen unterirdische Ströme in Grotten und Höhlen, dort brechen starke Quellen in den tiefen Einschnittstälern an den tiefsten Stellen hervor, aber das Gebirge selbst ist wasserarm. Wo in anderen Gebirgsarten, z. B. einem Teile des Muschelkalk- oder in gewissen Teilen des Schiefergebirges das Aufschlagswasser rasch versinkt, Wasserläufe nicht in der Nähe sind, ist die Bevölkerung gleichfalls auf Regenwasser angewiesen.

Man denke nicht, daß die wasserarmen Gegenden eine geringe Ausdehnung haben; das Gegenteil ist der Fall; allein die jurasische Formation deckt in Deutschland über 10 000 Quadratkilometer; hinzu kommen weite Gebiete der Kreide, des Muschelkalkes, die Marschen usw. Als eine quantité négligéable darf man also die Versorgung mit Regenwasser nicht betrachten.

3. Die Zisternen.

Die einfachste, roheste Form der Aufspeicherung des Regenwassers ist die in mit Lehm ausgeschlagenen Teichen in oder neben den Dörfern, in welche das Wasser der etwas höher liegenden Umgebung, soweit es nicht versickert, hineinläuft und die Regenrinnen der zunächst gelegenen Häuser münden.

Ähnlich sind die Zisternen, wie sie im schweizerischen Jura
üblich sind: in den Boden gegrabene, mit Lehm ausgeschlagene
Löcher, die gar nicht oder notdürftig ausgemauert und mit Brettern
zugedeckt sind, auf welche zur Winterszeit Strohbündel als Frost-
schutz geworfen werden. Die Hauszisternen sind nicht viel besser.
Sie liegen, naturgemäß möchte man sagen, gern an der tiefsten
und damit schmutzigsten Ecke des Gehöftes. Sie haben schlechte,
oft sogar in ihren oberen Teilen undichte Wandungen, sind schlecht
eingedeckt, so daß das Schmutzwasser des Bodens ohne Schwierigkeit von oben und von der Seite eindringen kann. Wo schon
mehr Wert auf Sauberkeit gelegt wird, ist für eine sichere Eindeckung gesorgt. An manchen Stellen hat man die Zisternen als
Wasserkeller angelegt, die dann mit Vorliebe unter Küchen oder
Waschküchen liegen. In Konstantinopel hatten viele Häuser ihre
Wasserkeller der besseren Temperatur wegen unter einem anderen
Kellerraum.

Es gibt auch auf dem Erdboden stehende Zisternen, besonders
im gebirgigen Gelände, wo das Wasser von Felsflächen oder von
mit Lehm und Ton bekleideten Bodenflächen gewonnen und vielfach mit Hochdruck der Gemeinde zugeführt wird. Einzelne solcher
Zisternen besitzen eine Art Filter, durch welche die gröberen Verunreinigungen zurückgehalten werden, die Bakterien jedoch nicht.

Wenn noch Brunnenwasser zu haben ist, so dient dieses meistens
als Trinkwasser, das Zisternen- als Betriebs- und Hausgebrauchswasser. Wo jedes andere Wasser fehlt, da muß das Zisternenwasser zu allen Zwecken herangezogen werden. Man richtet sich
dann vielfach so ein, daß das weniger schlechte Wasser der Hauszisternen für den Hausgebrauch, das der öffentlichen Zisternen für
Tränk- und sonstige Betriebszwecke dient.

Kommen regenarme Perioden, so tritt beinahe regelmäßig
Wassermangel ein. Er ist ein fast ständiger Begleiter der Zisternen-
wirtschaft. Geht das Wasser zur Neige, so kann es so übelriechend,
so schmutzig werden, daß selbst die Tiere es nur ungern nehmen.
In beiden Fällen, bei absolutem und relativem Wassermangel, werden
die Leute gezwungen, „Wasser zu fahren".

Ein reiches thüringisches Dorf mit 320 Einwohnern, 80 Pferden,
400 Stück Rindvieh, 600 Schafen, die im Winter täglich getränkt
werden müssen, und etwa 600 Schweinen, welche das Hausabfall-
wasser erhalten, liegt auf einem Plateau undurchlässigen Lehmes
über unterem Muschelkalk. Das Dorf hat nur einen Brunnen von
80 m Tiefe, aus welchem ein hartes Wasser für Trinkzwecke
heraufgewürgt wird. Für das Vieh und die Hausgebrauchszwecke

besitzen die meisten Häuser kleine primitivste Hauszisternen, welche von den Regenrinnen gespeist werden. Der denselben Zwecken dienende Dorfteich darf mit Rücksicht auf die Feuersgefahr nur bis zu einer gewissen Grenze geleert werden. In trockenen Zeiten, im Jahre 1908 durch vier Monate hindurch, in anderen Jahren viele Wochen lang, auch im Winter bei Eis und Schnee muß das gesamte Wasser für das Vieh, täglich in etwa 45 Fuhren 25 bis 30 cbm, etwa 4 km weit 40 m den Berg hinan aus einem Bach im Tal hinaufgefahren werden. Man bedenke, welcher Kraft- und Zeitverbrauch hierzu erforderlich ist. Wie froh waren die Leute, als in 4 km Entfernung ein Wasser in 30 m Tiefe in ausreichender Menge erbohrt wurde, welches bei etwas Eisen, das man durch eine im Reservoir eingerichtete kleine Anlage beseitigen konnte, 50 deutsche Härtegrade hatte, nun durch einen Benzinmotor in das Dorf gedrückt werden konnte.

Viele Moorbauern der Marsch entnehmen das Hausgebrauchs- und Trinkwasser offenen Gräben, welche während der Flutzeit geschlossen werden, während der Ebbe offen stehen, um dann dem Wasser den Ablauf in das Meer zu gestatten, und welche nur von dem Regenwasser und von dem ganz oberflächlich eindringenden Schichtwasser gespeist werden, das zur Flutzeit sogar streckenweise über Erdgleiche steht. Dabei ist das Wasser zum Teil eisenhaltig oder durch Huminsubstanzen braun gefärbt und von torfigem Geschmack. Eine solche Flüssigkeit mit dem Titel Wasser zu belegen, ist Euphemismus.

Für das Zisternenwasser besteht die Gefahr der Infektion in hohem, aber verschiedenem Maße.

Die Cholerabakterien werden durch die Trockenheit rasch getötet; lebende Vibrionen vermögen also nicht auf die auffangenden Dachflächen zu gelangen. Die Typhusbazillen vertragen die Trockenheit besser, sie können verstäubt werden; aber es dürfte eine große Seltenheit sein, daß sich vereinzelte Exemplare auf ein Dach verirren. Mit einer Infektion von dieser Stelle aus ist somit kaum zu rechnen. Anders ist es, wenn die Zisternen gewünschte oder nicht gewünschte Zuflüsse von der Erdoberfläche her erhalten. Da ihr Zuflußgebiet das Dorf selbst oder dessen nächste Nähe ist, so ist sicher damit zu rechnen, daß menschlicher Kot dort abgesetzt wird. Enthält derselbe Krankheitserreger, so sterben sie in ihm nicht rasch ab, denn es bildet sich bald eine die innere Feuchtigkeit zurückhaltende Kruste. Die Regen übernehmen den Transport in die Wasserbehälter. Die offenen Zisternen sind also noch mehr gefährdet wie die offenen Brunnen. Auch droht die Gefahr der

Infektion durch besudelte Gefäße. Wie oft wird nicht der Eimer,
welcher zum Aufwaschen des Krankenzimmers, zum Einweichen
der Krankenwäsche gedient hat, benutzt zum Wasserschöpfen, wie
leicht kann er dabei das gesamte Wasser infizieren! — Das Waschen
der Wäsche an öffentlichen Zisternen dürfte wohl überall verboten
sein, aber die Privatzisternen können auf diese Weise leicht infiziert
werden. Durch das Spül-, Wasch- und Ablaufwasser sind besonders
diejenigen Zisternen gefährdet, welche nicht genügend abgeschlossen
unter Küchen und Waschküchen liegen oder im Keller als große
Zementbottiche untergebracht sind. Der Infektionsmöglichkeiten
gibt es also viele.

Ein angenehmes Getränk ist das Zisternenwasser nicht. In den
meisten Monaten des Jahres schmeckt es fade wegen seiner hohen
Temperatur; in den Wintermonaten liegt seine Temperatur dicht
bei 0⁰. Ferner hat es nicht selten einen fauligen Geschmack und
Geruch, herrührend von der Zersetzung . der zahlreichen in das
Wasser gelangten gelösten und ungelösten Stoffe. Die letzteren
liegen zuweilen als dicke, übelriechende Schicht am Boden der
Zisterne. Sehen wir hiervon ab, so ist das Wasser wegen seiner
Weichheit für viele Hausgebrauchszwecke gut zu verwenden.

a) Die Beurteilung des Zisternenwassers.

Die Beurteilung des Zisternenwassers, oder richtiger
der Zisterne, macht selten Schwierigkeiten; der ganz überwiegende
Wert ist auf die örtliche Untersuchung zu legen. Wenn eine
Zisterne von der Erdoberfläche Zuflüsse erhält, oder wenn auf das
wasseraufnehmende Dach Geschirre ausgegossen werden können,
oder wenn die Zisterne offen ist, oder das Pumpenrohr nicht dicht
anschließt, dann ist die Infektionsmöglichkeit gegeben, ganz gleichgültig, wie die bakteriologische Untersuchung ausfällt. Die Bestimmung der Keimzahl hat zur Beurteilung der Infektionsmöglichkeit wenig Wert, sie kann jedoch dazu dienen, ein Bild über die
Zersetzung im Wasser, über seinen biologischen Zustand zu geben.
Ebensowenig hat es Sinn, auf Fäkalbakterien, z. B. Bact. coli zu
fahnden; solche Bakterien sind selbstverständlich in dem Wasser
jeder Zisterne, schon die in der Dachrinne sich tummelnden Sperlinge
bringen sie hinein. Die Zahl der Bakterien liegt meistens zwischen
einigen hunderten in trockenen Perioden mit ruhigem, gleichmäßigem
Wasserverbrauch und mehreren tausenden, wenn neues Wasser zu-
geflossen oder der Schlamm in Bewegung gebracht ist. Die chemische Analyse kann vielleicht das Geschmacks- und Geruchsorgan
unterstützen. Ob sich Schlamm am Boden befindet, zeigt der hinein-

gesenkte Stab sicherer an als die beste Bestimmung der organischen Substanz. Findet sich Chlor in nennenswerter Menge, geht die Härte über vielleicht fünf bis sechs deutsche Härtegrade hinaus, so weist das auf unreine Zuflüsse hin, mehr wie das eine geringe Menge von H_3N, N_2O_3 oder N_2O_5 tut, die durch Zersetzungen im Becken selbst entstanden sein können. Ist jedoch der Befund negativ oder wenig ausgesprochen, so beweist das nichts, denn die Zuflüsse können gering oder temporär sein. Wir glauben daher nicht zu weit zu gehen in der Behauptung, daß die Beurteilung eines Zisternenwassers vom Laboratorium aus, wenige Fälle vielleicht ausgenommen, kaum möglich ist; man muß vielmehr an Ort und Stelle gehen und die Verhältnisse ansehen.

Die Versorgung mit Zisternenwasser ist als eine gute nicht anzuerkennen; man muß bestrebt sein, an ihre Stelle, wenn angängig, eine bessere zu setzen. Bis das geschehen ist, sei das Streben dahin gerichtet, das Zisternenwasser in einer den hygienischen Anforderungen möglichst entsprechenden Beschaffenheit zum Konsum zu bringen. Zunächst empfiehlt sich, das Trink- und Hausgebrauchswasser in gesonderten, in Hauszisternen, aufzufangen.

Die Infektionsgefahr läßt sich dadurch ausschließen, daß kein irgendwie mit der Erdoberfläche in Berührung gekommenes Wasser der Zisterne zugeführt wird. Wenn nur wenige Infektionen durch Zisternenwasser bekannt geworden sind, so liegt das zum Teil daran, daß nur kleinere Gemeinden, und, da die Wasserbehälter meistens nur ein oder ein paar Häuser versorgen, jeweils wenige Menschen in Betracht kommen, zum anderen Teil aber daran, daß das Zisternenwasser meistens nicht roh genossen wird. Wie oft ist uns auf die Frage: „Wie schmeckt denn das Wasser?" mit einem mitleidigen Lächeln gesagt worden: „Wir trinken kein Wasser." Es gibt ganze Dörfer, wo kaum ein Schluck rohen Wassers genossen wird, wo auch für die Knechte und Mägde stets der gefüllte Kaffeetopf zur Verfügung steht. Gesundheitlich bedenklich, stark erregend ist der Kaffee nicht, er stellt eine bräunliche Flüssigkeit dar, zu welcher vielleicht einige Kaffeebohnen und bestimmt etwas gebrannte Gerste oder Zichorien und viel Wasser, sehr viel Wasser verwendet ist, aber es ist abgekocht. Dr. Guttmann-Stade sagt betreffs der Marsch: „Bei solchen Trinkwasserverhältnissen läßt es sich leicht einsehen, warum in der Marsch kein rohes Wasser getrunken wird. Selbst der einfachste Mensch genießt es als Tee oder Kaffee oder Bier, der wohlhabende Fremde bedient sich zumeist der Mineralwässer." In dem Abkochen des Wassers und seinem Ersatz durch andere Getränke ist also eine gute Schutzmaßregel gegeben.

b) Die Konstruktion
der Zisternen in gesundheitlicher Beziehung.

In dem richtigen Bau der Zisternen liegt ein guter hygienischer Schutz. Damit Erdoberflächenwasser nicht hineinkomme,
werde die Zisterne an einer geschützten, etwas erhöhten Stelle des
Grundstücks untergebracht. Sie werde zweiteilig in bestem Zement-
mauerwerk hergestellt, zugewölbt oder mit undurchlässiger Betondecke versehen; die weiten Mannlöcher müssen mit übergreifendem
Deckel verschlossen und, soweit sie nicht in Form von Tübbings
mindestens 30 cm über Erdgleiche hinausgezogen sind, mit Tonschlag überdeckt sein.

Schöpfeinrichtungen sind nicht gestattet. Das Pumpenrohr
werde mit fettem Lehm vor dem es sonst angreifenden Zement
geschützt und durch eine Seitenwand hindurchgeführt. Die Pumpe
stehe neben dem Behälter, nicht auf ihm. Sie ist wie eine jede
gute Pumpe so einzurichten, daß das Wasser in der kalten Jahreszeit in den Brunnen zurückfließen kann, damit die unappetitliche
Umpackung der Pumpe mit Mist aufhöre, oder es werde ein
Schleifrohr an eine Innenwand der Küche geführt, wo ein Einfrieren der Pumpe ausgeschlossen ist. Soviel Wasser, wie für
Trink- und Hausgebrauchszwecke erforderlich ist, läßt sich auf
Dachflächen in unseren Gegenden meistens auffangen. Die aufnehmenden Dächer dürfen keine Dachfenster haben, welche zu
Wohn- oder Schlafräumen gehören. Am besten sind Schiefer-
dächer, weil sich dort Moose weniger leicht ansetzen wie auf Dach-
ziegeln. Um Verschmutzungen möglichst zu verhüten, seien an den
Abfallrohren Vorrichtungen angebracht, welche das schmutzige
Wasser des ersten Regens nach außen leiten. Vor der Zisterne
muß ein bequem zu kontrollierender und leicht zu reinigender Fang-
apparat eingerichtet sein, welcher gröbere Verunreinigungen, tote
Vögel, Blätter u. dgl. zurückhält. Dann gelange das Wasser in
die Filterabteilung der Zisterne. Die Filtration kann nur eine
grobe sein; Bakterien zurückzuhalten ist wegen der Enge des
Raumes und der Unmöglichkeit eines regulären sachgemäßen Betriebes ausgeschlossen; es ist auch nicht notwendig, wenn alle von
der Erdoberfläche kommenden Zuflüsse ferngehalten sind. Zu
unterst in die Filtergrube gebe man Steine oder Ziegelbrocken,
darüber groben Kies, dann eine Lage Mittel- und Feinkies; die
Hauptmasse bilde eine mindestens 60 cm starke Schicht von Grob-
bis Mittelsand. Da das Regenwasser stoßweise zufließt, muß sein

Sturz gebrochen werden. Zu dem Zweck läßt man das Regen-
rohr in einen weiten Topf aus Eisen oder Steingut ausmünden,
der auf einer flachen Eisen- oder Steinplatte ruht; das über
den weiten Topfrand fließende Wasser hat auf die Platte fallend
die Kraft verloren, den Sand in schädigender Weise aufzuwühlen.
Unten steht die Filtergrube durch mehrere weite Öffnungen mit
der zweiten, der Reservoirabteilung in Verbindung. In sie hinein
ragt das Saugrohr der Pumpe. Durch einen breiten Schwimmer
soll bei Hochstand des Wassers ein Schieber das Hauptzuflußrohr
schließen, wobei dann durch den entstehenden Druck eine in dem
Regenrohre befindliche Auslaufklappe sich öffnet und den nach-
stürzenden weiteren Regenmengen einen freien Abfluß gewährt.
Auch eine Klingeleinrichtung genügt
schon, wobei dann von Hand die Ab-
stellung erfolgt.

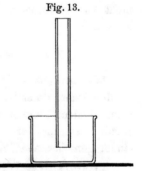

Fig. 13.

Man kann die Filtration auch anders
gestalten. In die Zisterne hinein stellt
man ein Pumpenrohr mit langem, gelochten Sauger. Ihn umgibt man mit
einem gelochten Metallzylinder, diesen
mit einem zweiten und dritten. Die
Wandabstände betragen jeweils etwa
10 bis 12 cm und mehr, die Zwischenräume werden mit feinem Kies, mit
Grob- und Mittelsand ausgefüllt; ent-

Auffanggefäß, um die Kraft des
Wassers zu brechen.

sprechend der Korngröße sind die Lochungen der Bleche. Das
Wasser dringt durch die Sande hindurch und läutert sich.

Das Wasser soll mit Rücksicht auf die geringere Ver-
schmutzungs- und Infektionsmöglichkeit nicht mit Schöpfgefäßen,
sondern mit einer guten Pumpe aus Eisen entnommen werden.

Die Zisternen müssen zugänglich sein und von Zeit zu Zeit
gereinigt werden, auch muß in größeren Zeiträumen, längstens
jährlich, der Sand und Kies herausgenommen und gewaschen
werden.

Damit die Temperatur gleichmäßig sei, werde die aus Ziegeln
oder Beton hergestellte Decke der Zisterne mindestens 1 m hoch
mit Erde überschüttet; die Erde werde angesäet und der Platz,
sofern er nicht bereits im Schatten liegt, von schattenspendenden
Bäumen und von Gesträuch umgeben. Tiefer als 3 m darf man
das Reservoir kaum machen. Zu den Zisternen gelangt man am
besten durch ein aufgesetztes, 1 m weites Zementrohr, welches
oben mit übergreifendem Eisendeckel versehen sein muß.

c) Die Verbesserung des Zisternenwassers.

Vorhin ist schon gesagt worden, daß durch schattenspendende Bäume die Temperatur des Zisternenwassers beeinflußt werden könne. Mehr leistet natürlich eine Erdeindeckung von 1,5 m Stärke oder die Einrichtung von Kellerzisternen. Der unangenehme Geruch und Geschmack läßt sich größtenteils fernhalten durch ein zeitweiliges Ausputzen der Dachrinnen, das Abfangen gröberer Verunreinigungen und das Fortlaufenlassen der ersten Regenwässer. Eine Aufbesserung des Geruches und Geschmackes wäre möglich durch die Ozonisierung, wodurch zugleich eine sehr weitgehende Sterilisation erreicht würde. Leider sind die kleinen Ozonapparate noch nicht so vollkommen, daß sie zurzeit schon empfohlen werden können.

4. Die Gruppenwasserversorgung.

Wo auf andere Weise als durch Zisternen Wasser beschafft werden kann, da soll es geschehen. Weil oft die pekuniäre Kraft einer Gemeinde nicht ausreicht, das erforderliche Wasser heranzuholen, so lag der Gedanke nicht fern, mehrere Gemeinden zu einem gemeinsamen Werk zu vereinen.

In großartiger Weise ist dieses Mittel zunächst versucht und durchgeführt für den schwäbischen Jura durch Oberbaurat Ehmann-Stuttgart. Es ist ein unvergängliches Verdienst dieses Herrn, den Gedanken der „Wassergenossenschaft" ausgedacht und für die Praxis vorbereitet zu haben, aber ein ebenso großes Verdienst ist es, die für die erste Leitung in Betracht kommenden sieben Gemeinden unter einen Hut gebracht und damit die Durchführbarkeit solcher großzügigen Projekte praktisch gezeigt zu haben. Die Behörde hat die Bestrebungen Ehmanns kräftig unterstützt und den Gemeinden pekuniäre und andere Erleichterungen gewährt. Auf diese Weise ist jetzt fast die ganze schwäbische Alb mit Wasser versehen; bis zu 40 Dörfer und Weiler sind an einzelne Leitungen angeschlossen, und wo früher das ärgste Schmutzwasser den auf das äußerste beschränkten Bedarf kaum zu decken vermochte, da quillt jetzt ein brauchbares, reichliches Wasser aus dem Zapfhahn hervor. Das Trinkwasser für das wasserlose Gebiet wird den starken Quellen entnommen, welche in den tiefen Einschnittstälern hervorbrechen; die Kraft, das Wasser auf die Hochebene zu heben, liefern die Bäche und kleinen Flüsse, welche die Täler durchziehen.

Dem leuchtenden Vorbilde Schwabens ist man vielfach gefolgt. Indessen sind immer noch weite Gebiete rückständig, wo es noch nicht gelungen ist, die Indolenz, das Mißtrauen und den unangebrachten Sparsamkeitssinn der Bevölkerung zu überwinden zu gemeinsamem nützlichen Tun.

Wo das Wasser nicht oberflächlich, wenn auch in größerer Entfernung gewonnen werden kann, da vermag man es zuweilen in größerer Tiefe zu erbohren. Solche Tiefbohrungen sind nicht sehr teuer, wenn sie nur die nicht harten Lagen des Alluviums, Diluviums und Tertiärs zu durchsinken brauchen; wesentlich kostspieliger gestalten sie sich, wenn der Bohrer feste Schichten älterer Gesteine zu durchdringen hat. An manchen Stellen läßt sich unter Berücksichtigung der geologischen Verhältnisse sagen, daß bei einer bestimmten Tiefe Wasser angetroffen werden muß, an anderen Stellen kann der Geologe die Gewähr nicht übernehmen. Wo das nicht geschieht, da sind die Leute kaum dazu zu bringen, die erforderlichen Mittel zu bewilligen. Hier muß der Staat oder die Provinz usw. aushelfen, ausgehend von dem Grundsatz, daß das Wohl des Einzelnen das Wohl des Ganzen beeinflußt.

Um die notleidenden Dörfer möglichst zur Bildung von Genossenschaften zu bringen, gewähren die Behörden nicht nur erhebliche Geldunterstützungen, — so hat Württemberg ungefähr 25 Proz. der gesamten Baukosten der Gruppenwasserversorgungen getragen, — sondern sie gestatten auch den Gemeinden volle Freiheit in der Verwaltung. Die Mitglieder der Genossenschaft sind gewöhnlich nicht die Einzelpersonen, sondern die Dörfer und Weiler; diese schicken in die Mitgliederversammlung zwei Vertreter, welche z. B. bei 50 angeschlossenen Einwohnern eine, bei 250 zwei, bei 500 vier und bei 1000 Einwohnern fünf Stimmen haben; bei den Versammlungen entscheidet also die Kopfzahl, aber gruppiert nach Ortschaften. Der Wasserzins richtet sich gewöhnlich nach Wasseranteilen; hierunter versteht man die Wassermenge, welche im Durchschnitt auf jeden Einwohner und jedes Stück Großvieh entfällt. Jedes Dorf zahlt die von ihm entnommene gemessene Wassermenge und verteilt den Betrag nach der Zahl seiner Wasseranteile. Auf diese Weise haben die Gemeinden eine ausreichende Kontrolle über ihren Wasserverbrauch. Ein Austritt aus dem Verein ist möglich nach zweijähriger Kündigung; als Riegel ist vorgeschoben die Rückzahlung der für den betreffenden Ort entstandenen Kosten. Technisch untersteht die Versorgung den Wasserämtern.

9*

II. Das Eis.

Eine Erscheinungsform, in welcher uns das Wasser und insbesondere das Oberflächenwasser entgegentritt, ist das Eis. Es entsteht, wenn Wasser von 0^0 von seiner Wärme an die Umgebung abgibt. Das spezifische Gewicht des Eises von 0^0 ist 0,918. Zum Schmelzen von 1 kg Eis von 0^0 bei gewöhnlichem Atmosphärendruck sind 79,4 kal. erforderlich. Weil Eis von 0^0 ein um rund 0,1 größeres Volumen als Wasser von 0^0 hat, so kann die starke Ausdehnungsfähigkeit des Eises Bauwerken gefährlich werden. Dringt Wasser in Poren oder Haarrisse des Baumaterials ein und kommt dann das Wasser zum Gefrieren, so treibt es die Teile auseinander und beeinträchtigt auf diese Weise nicht nur die Glätte der Wandungen, sondern zuletzt sogar die Standfestigkeit des Bauwerkes.

Wenn Wasser gefriert, besonders wenn es langsam gefriert, so verändert es seine chemische Beschaffenheit; es wird weniger gehaltreich. So pflegt der Gesamtrückstand und Glührückstand sich wesentlich zu vermindern, ebenso der Gehalt an Chlor- und an Kalziumverbindungen. Dahingegen nimmt zuweilen der Gehalt an Ammoniak, auch der an Albuminoidammoniak, sowie in seltenen Fällen an organischen Substanzen zu. Das Prozentverhältnis, in welchem die einzelnen Stoffe im Eis sich gegenüber denen im Wasser vermindern, schwankt sehr. Man weiß nicht genau, wodurch die Schwankungen bedingt sind, aber daß ein Eis um so weniger gehaltreich wird, je langsamer es — ceteris paribus — erstarrt, ist bekannt.

Robinet ließ Wasser von 112,8 und von $30,08^0$ Härte gefrieren; nachher betrug die Härte noch 15,6 und 0^0.

Die nachfolgende kleine, von Heyroth aufgestellte Tabelle zeigt die Unterschiede zwischen Eis und dem Ursprungswasser recht schön.

	1884/1885		1885/1886	
	Eis	Wasser	Eis	Wasser
Rückstand	15,3	185,1	20,5	198,7
Glühverlust	6,0	80,0	11,5	74,6
Chlor	1,6	19,8	0,0	22,9
Kalk	0,0	50,1	0,0	57,5
Ammoniak	0,65	0,16	0,21	0,1
Oxydierbarkeit	2,7	20,4	4,37	16,8

Worauf im letzten Grunde das „Ausfrieren" beruht, ist noch unklar. Daß es eine Art mechanischen Ausschließens der Salze sein dürfte, folgt aus den mit Bakterien und Farbstoffen angestellten Versuchen. Die Bakterienzahl des Eises ist geringer als die des dazu gehörenden Wassers. Die sorgfältigste Arbeit hierüber ist die von Abba-Turin, daher sei sie statt aller anderen erwähnt. Der Autor untersuchte mit allen Kautelen und fand in dem Kristalleis des aus Brunnen- bzw. Leitungswasser hergestellten Kunsteises in 55 Versuchen durchschnittlich 19,8 Bakterien im Kubikzentimeter, in dem schneeigen Eis aber durchschnittlich 313,2; in den Einzelversuchen war ausnahmslos die erste Zahl erheblich kleiner als die zweite.

Daß wirklich die Bakterien bei dem Gefrierprozeß mechanisch aus dem Eis herausgeschoben werden, folgt aus der nachstehenden Tabelle von Abba.

Untersuchte Wässer	Nr.	Gehalt an Bakterien im Kubikzentimeter des		
		Wassers vor dem Gefrieren	daraus bereiteten	
			Kristalleises	Schneeeises
Brunnenwasser · · · · · ·	1	564	74	908
	2	408	94	924
Leitungswasser · · · · · ·	1	88	20	194
	2	82	14	124
	3	58	24	132
	4	58	24	156
	5	66	8	159
	6	100	16	189
Mit Bakterien gemischtes Wasser · · · ·	1	6008	22	10 780
	2	5119	30	9 514

Was hier vom Kunsteis im Laboratorium nachgewiesen wurde, gilt gleichfalls für das Eis der freien Natur.

Nirgends in der Welt ist die Eisgewinnung so groß als in den nordöstlichen Staaten Nordamerikas. In den Jahren 1907 bis 1910 schickte Chicago seine Medizinalinspektoren zur Zeit der Eisernte an 26 Seen und 2 Flüsse und ließ dort 33 Wasserproben und 91 Eisproben nehmen. Letztere enthielten 24 mal unter 10, 33 mal zwischen 11 und 100, 30 mal zwischen 100 und 500 und 4 mal zwischen 501 und 920 Bakterien; eine in der Stadt selbst von einem Eiswagen entnommene Probe aber enthielt 2400. Meistens war das See- und Flußwasser erheblich bakterienreicher als das Eis; am deutlichsten zeigte sich das bei dem fast an Chicago anstoßenden Calumetsee. Die Keimzahlen des Wassers betrugen 12 000 und 16 000 im Kubikzentimeter, die des Eises 142 bis 830; im Chicagoflußwasser waren 4600, in seinem Eise 27 und 5 Bakterien. Im Wasser des

Wingrasees fanden sich 2200, in seinem Eise 5, im Wasser des Wolffsees 1080, in seinem Eise 427, 3, 12, 241, 36 usw.

Manche der Seen waren recht bakterienarm, 40, 28, 26, 5, 13, 14 Bakterien im Kubikzentimeter führend; bei ihnen ereignete es sich häufiger, daß das Eis gehaltreicher an Bakterien war. Bacterium coli war in den 33 Seewasserproben viermal sicher, zweimal wahrscheinlich, in den 91 Eisproben viermal sicher vorhanden. Der Bericht kommt zu dem Schluß, das Eis sei so gut, daß man für die nächsten Jahre die Sanitätsinspektoren mit dankbareren Aufgaben betrauen wolle.

Nach dem Faktor der mechanischen Befreiung folgt, allerdings in weitem Abstande, die Verminderung der Keimzahl durch das Absterben der Bakterien im Eise. C. Fränken fand in einem Wasser 6000 Keime, ihre Zahl ging in dem — 8⁰ bis — 12⁰ kalten Eise in 2 Tagen auf 1200, in 9 Tagen auf 14 herunter. Prudden fand in dem Wasser vor dem Gefrieren 6300 Bact. prodig., nach 4 Tagen Gefrierens 2970, nach 37 Tagen 22, nach 51 Tagen 0. Im übrigen ist die Widerstandsfähigkeit der Mikroben je nach ihrer Art verschieden.

Typhusbazillen, von Prudden in einer nicht mehr zählbaren Menge pro Kubikzentimeter in ein Wasser eingebracht, ergaben in dem Eise nach 11 Tagen noch 1 019 403, nach 42 Tagen 89 796, nach 69 Tagen 29 276 und nach 103 Tagen 7 348. Die Abnahme ist also ganz gewaltig; von 1000 eingebrachten Bakterien lebten nach $3^1/_2$ Monaten nur noch 7. Das allmähliche Absterben der Typhusbazillen im Eise ist auch sonst vielfach beobachtet worden.

W. Park mischte 21 Typhusstämme in Wasser, ließ gefrieren und stellte von Zeit zu Zeit fest, wieviel Typhusbakterien noch am Leben waren. Die Resultate sind in der Tabelle verzeichnet.

Zeit	Durchschnitts- zahl der Bakterien in 1 ccm Eis	Prozentzahl der lebenden Bakterien
Vor dem Gefrieren	2 560 410	100
Nach 3 Tagen Gefrierens . .	1 089 970	42
„ 7 „ „ . . .	361 136	14
„ 14 „ „ . . .	203 300	8
„ 21 „ „ . . .	10 280	0,4
„ 28 „ „ . . .	4 540	0,17
„ 5 Wochen „ . . .	2 950	0,1
„ 7 „ „ . . .	2 302	0,09
„ 9 „ „ . . .	127	0,005
„ 16 „ „ . . .	107	0,004
„ 22 „ „ . . .	0	0

Daß sich stärkere Differenzen finden, ist selbstverständlich, denn es gibt mehr oder weniger widerstandsfähige Stämme. Sehr gut ist das von Wil. Park nachgewiesen; er impfte in 21 Flaschen mit Crotonwasser 21 verschiedene Typhusstämme, dann wurde jedes infizierte Wasser in 30 Röhrchen gegeben, die bei — 6,6⁰ bis — 2,2⁰ gehalten wurden. Nach 5 Wochen waren die Röhrchen von fünf Stämmen steril, während die Röhrchen der übrigen Stämme noch lebende Bakterien zeigten; nach 16 Wochen waren nur noch vier Stämme lebendig.

Bei der Cholera liegen die Verhältnisse ähnlich. Nach Uffelmann hielten sich Cholerabazillen im Eis 3 bis 5 Tage lebendig, trotzdem die Temperatur in der Nacht bis auf — 24,8⁰ herunterging. Nach Renk starben 1 500 000 Choleravibrionen bei einer Temperatur von — 9⁰ bis 0,5⁰ in 3 Tagen bis auf wenige Exemplare ab; als er das Wasser täglich kurze Zeit auftauen ließ, blieben sie 6 bis 7 Tage lebendig. Weiß sah sie nach längstens 7 Tagen absterben.

Jordansky fand, daß Cholerabazillen bei einer Temperatur von — 13⁰ unbedingt in 18 Tagen, bei einer solchen von — 5,3⁰ in 46 Tagen abgestorben waren.

An dem nachfolgenden Versuch von Christian darf man nicht vorübersehen. Er ließ 2 Liter Spreewasser, denen etwas Sand und Cholerabazillen zugesetzt waren, zur Winterszeit mittels Kältemischung gefrieren, taute vorsichtig von Zeit zu Zeit das Ganze auf und entnahm Proben von oben und von unten; bei letzteren kam immer etwas Sand und aus dem Spreewasser ausgefallener Schlamm mit. In den von oben geschöpften Proben hielten sich die Choleramikroben etwa 6 Wochen, in den von unten geschöpften über 4 Monate. Christian erinnert an die Versuche Wernickes (siehe S. 22) und meint wohl mit Recht, daß für die Konservierung der Cholerabazillen in Kälteperioden die besseren Ernährungsverhältnisse im Schlamm den Grund abgeben.

Daß die mäßigen Kältegrade, welche meistens in Betracht kommen, eine stark keimtötende Wirkung haben, läßt sich nicht behaupten; die Lebensdauer der Typhus- und Cholerabakterien im Eise dürfte nicht wesentlich verschieden sein von der im Wasser, also nicht oft die Zeit überdauern, welche das Eis in den Eishäusern lagert, ehe es zum Konsum kommt.

Paratyphusbazillen fand Rommeler im Eis, welches zur Konservierung von Fischen gedient hatte, die von der Wesermündung kamen, während Aumann sie bei dem Eis von Fischen von der Elbmündung nicht finden konnte.

In dem Prozeß der Eisbildung darf man vom hygienischen Standpunkt aus eine Art Sterilisation erblicken, die zwar nicht vollkommen, aber doch im Beginn des Gefrierens recht bedeutend ist und mit der Länge der Zeit noch zunimmt.

Das Natureis wird gewonnen, indem aus Flüssen, Seen und Teichen das Eis auf mehr oder minder primitive Weise herausgeholt und in besonderen Eishäusern oder Eiskellern bis zum Verbrauch aufgehoben wird.

Das Kunsteis wird entweder in besonderen Eisfabriken oder, meistens nebenbei, in solchen Betrieben erzeugt, die an sich Kühleinrichtungen notwendig haben, z. B. Schlachthäuser und Brauereien; derartige Anstalten sind durch die Eisbereitung in den Stand gesetzt, ihre Anlagen besser auszunutzen.

Das Eis dient außer anderem zur Kühlung von Nahrungs- und Genußmitteln, wobei es vielfach mit ihnen in direkte Berührung kommt.

Die Berührung schließt eine Gefahr insofern in sich, als an und in dem Eise Krankheitserreger vorhanden sein können, und eine Unappetitlichkeit, wenn das Eis von Orten herstammt, die verunreinigt sind oder leicht verunreinigt werden können. Hieraus ergibt sich, daß an das Eis die gleichsinnigen Forderungen gestellt werden müssen, wie an ein Trinkwasser; jedoch dürfen sie, was die Infektionsgefahr angeht, insofern abgemindert werden, als in dem Gefrieren und dem längere Zeit Gefrorensein eine erhebliche Befreiung von etwa vorhandenen Krankheitserregern liegt.

Das Natureis soll aus Gewässern gewonnen werden, die möglichst einer Infektion nicht ausgesetzt sind. Die meisten Flüsse sind das jedoch; daher wird Flußwasser zur Eisfabrikation besser vermieden. Muß es in Ermangelung anderer Bezugsquellen genommen werden, so sollen die Entnahmestellen oberhalb der Ortschaften bzw. Schmutzstätten liegen. Auch empfiehlt es sich, das Eis nicht direkt dem Fluß, z. B. vor den Wehren, zu entnehmen, sondern aus besonderen, an gesicherten Stellen angelegten Eisteichen, die mit dem Fluß wohl in Verbindung stehen, in welchen aber das Wasser vor dem Gefrieren längere Zeit stagniert. Dann kommt die sterilisierende Wirkung des Abstehens und des Gefrierens zusammen.

Selbstverständlich müssen solche Teiche und ihre nahe Umgebung für das Publikum einschließlich der Schuljugend unzugänglich gemacht sein. Dieselbe Vorsicht soll bei den übrigen Teichen und Seen, die zur Eisgewinnung dienen, obwalten.

Aus Teichen, in welche städtische oder dörfliche Abflüsse eingeleitet werden, darf Eis nicht geerntet werden, aus Seen nur dann, wenn die Schmutzzuflüsse weit entfernt liegen und kein Abwasser an die Entnahmestelle gelangt. Die Coliprobe wird hier entscheiden können. Finden sich in dem Wasser an der Stelle, welche zur Eisgewinnung dienen soll, wenig Colibazillen, z. B. in 10 Proben zu je 1 ccm weniger als 5, so kann das Eis noch Verwendung finden.

Bei dem Einbringen des Eises sollen möglichst nur bekannte, gesunde Leute und nicht etwa von der Landstraße aufgelesene Personen beschäftigt werden.

Beim Kunsteis spielt die Reinheit des Wassers eine noch wichtigere Rolle, weil bei ihm das Ablagern und das Ausscheiden der Bakterien durch den Frost größtenteils fehlt. Kunsteis friert von außen nach innen, die Kristalleisschicht ist sowohl chemisch wie bakteriologisch rein, das mittlere Schneeeis aber enthält fast die gesamten Unreinlichkeiten des Wassers. Man muß also von dem verwendeten Wasser eine volle Infektionssicherheit verlangen. Am besten ist es für die Kunsteisfabrikation, das Wasser den städtischen Wasserleitungen zu entnehmen, die, was Deutschland angeht, die Voraussetzung gestatten, daß sie infektionssicher sind. Haben die Eiswerke ihre eigenen Brunnen, so ist nachzusehen, ob sie völlig gegen Infektionen und Verschmutzungen geschützt sind. Wo das nicht der Fall ist, werde eine andere Bezugsquelle genommen oder das Wasser vorher auf 100° erhitzt.

Im Eisbereitungsbetriebe muß die größte Sauberkeit herrschen; es will uns scheinen, als ob es zuweilen daran fehle.

Lebhaft ist darüber diskutiert worden, ob man das Eis — besonders ist das Natureis gemeint — direkt mit den Speisen und Getränken zusammenbringen dürfe. Vielfach ist das nicht zu vermeiden, es sei z. B. an den Transport der Seefische erinnert. In anderen Fällen ist das zum mindesten sehr bequem, so wird z. B. Fleisch im Haushalt oft direkt auf Eis gelegt. In warmen Gegenden gibt man fast regelmäßig in die Getränke Eis hinein. Ganz enorm ist der Genuß von „Eiswasser" in den Vereinigten Staaten; man kann das Eiswasser fast das Nationalgetränk des Nordamerikaners nennen.

Der anerkannte Hygieniker der Technischen Hochschule in Boston, Dr. Sedgwick, empfiehlt das direkte Hineingeben des Eises in das Wasser; er sagt, ihm scheine, der Gewinn, den dieses angenehme und harmlose Stimulans gewähre, sei größer als die Gefahr, welche in der Möglichkeit einer Infektion gegeben sei. Er verlangt allerdings, daß das Eis von einer vor Infektion und Verschmutzung geschützten Lokalität gewonnen sei.

Epidemien, die durch Eis entstanden wären, sind nicht bekannt. Daß aber hier und da vereinzelte Krankheitsfälle durch Eiswasser verursacht werden mögen, ist nicht ausgeschlossen.

Vorsicht in der Wahl des zur Eisgewinnung und des zur Eisfabrikation erforderlichen Wassers ist daher absolut geboten, um so mehr, als sich der direkte Genuß von Eis als Zumischung zu Getränken nicht vermeiden läßt. Es wäre zu wünschen, daß die Sanitätspolizei diesem Genußmittel volle Aufmerksamkeit zuwende.

Das unterirdische Wasser.

Außer dem Regenwasser dient das Oberflächenwasser sowie das aus der Tiefe des Bodens stammende Wasser für Trink- und Hausgebrauchszwecke.

Das Tiefenwasser tritt uns in zwei Formen entgegen, als Grund- und als Quellwasser.

C. Das Grundwasser.

I. Begriff, Entstehung und Bewegung des Grundwassers.

1. Der Begriff des Grundwassers.

Unter Grundwasser versteht man das im Boden auf einer undurchlässigen oder wenig durchlässigen Schicht ruhende oder auf ihr sich langsam weiter bewegende, alle kapillaren und nicht kapillaren Hohlräume ausfüllende und sich in einem gewissen Ruhe- und Gleichgewichtszustande befindliche Wasser. Es findet sich in größeren Ansammlungen, die praktisch allein von Wichtigkeit sind, nur dort, wo eine ausgedehnte, undurchlässige „wassertragende" Schicht mehr oder weniger horizontal liegt oder sackartig, muldenförmig ausgebildet ist, und wo eine solche Schicht überlagert ist von einer mächtigen, unendlich viele Zwischenräume enthaltenden, körnigen, größtenteils aus fein zerriebenen Teilchen bestehenden „wasserführenden" Schicht.

Diese Bedingungen finden hauptsächlich ihre Erfüllung in dem Diluvium und Alluvium, sowie in weiten Bezirken des Tertiärs, weil dort gerade undurchlässige Tonschichten in weitester Ausdehnung von feinerem, körnigem Material, den Sanden, Granden und Kiesen überlagert sind. Damit ist jedoch nicht gesagt, daß in anderen Formationen Grundwasser in dem vorhin beschriebenen Sinne fehle; es ist in ihnen nur weniger häufig und weniger ausgedehnt.

2. Die Entstehung des Grundwassers.

a) Die Bildung von Grundwasser durch Kondensation.

An einigen Orten übertreffen die Abflußmengen des Grundwassers und der Quellen die Niederschlagsmengen erheblich, so hat Halbfaß gefunden, daß der Regenfall im Einzugsgebiet des Genfersees 7267 Millionen Kubikmeter beträgt, während sich die jährliche Abflußmenge des Sees durch die Rhone auf 8290 Millionen Kubikmeter beläuft, es fließen also rund 1000 Millionen Kubikmeter mehr ab als zu. Auch ist wiederholt festgestellt worden, daß Quellen erheblich mehr Wasser liefern, als der Größe ihres tributären Gebietes entspricht. Sodann finden sich Quellen und Wasseransammlungen zuweilen in solcher Höhenlage, daß man sich nicht erklären kann, woher sie ihr Wasser beziehen, da höhere Bezirke nicht existieren. Ferner sickert aus Felsflächen, die mit einer dünnen Schicht Humus belegt sind, und die den ganzen örtlichen und sonstigen Verhältnissen nach weder Wasser aus der Tiefe noch aus der Höhe zugeführt erhalten, Wasser heraus, dessen Menge erheblich mehr beträgt als der Niederschlag abzüglich der Verdunstung. Sodann wird für Dünengebiete behauptet, daß sie mehr Wasser abgeben, als der Menge der aufgefallenen Regen entspricht.

Solche und ähnliche Erscheinungen führten dazu, nach anderen Wasserbezügen als den Niederschlägen sich umzuschauen. Selbstverständlich muß man damit rechnen, daß das tributäre Gebiet der Quellen oft größer ist, als es nach dem orographischen Bilde erscheint; auch ist darauf hinzuweisen, daß Quellen und Grundwasser aus Spalten und Klüften gespeist werden können und gespeist werden, welche ein Wasser aus größerer Entfernung zuführen, das zweifellos aus Oberflächenwasser und Niederschlägen entstanden ist, und daß das Grundwasser nicht nur an Ort und Stelle entsteht, sondern durch seitlichen Zustrom in seiner Menge gewaltig beeinflußt zu werden pflegt. Aber dieses alles genügt, wie manche meinen, nicht immer, um die austretende Wassermenge zu erklären. Zwei Annahmen sind es hauptsächlich, welche Anklang gefunden haben, das Mißverhältnis verständlich zu machen. Nach der einen kommt das Wasser aus der Tiefe des Bodens. Schon Descartes (1596 bis 1650) nahm an, daß das Meerwasser in die Erde eindringe und bei seinem Hinabsteigen in größere Tiefen durch die Erdwärme zur Verdunstung gebracht werde; eine Auffassung, welche in allerneuester Zeit (1908) von Halbfaß erneut vertreten wird. Er nimmt an, daß Ozeanwasser nicht bloß das Küstengelände durchtränke, sondern auch in vielen Fällen sich weit in das Festland hineinbewege, dort verdampfe, als Wasserdampf aufsteige, bis es in Gebiete komme, wo es kondensiert werde und so zur Bildung des Grundwassers beitrage. Prof. Süß-Wien sagte in seinem Vortrage auf der Naturforscher- und Ärzteversammlung in Karlsbad, daß das unterirdische Wasser nicht bloß auf undurchlässigem Boden ruhen müsse, sondern auch von Schichten gespannten Dampfes getragen werden könne, der in den engen Spalten und Spältchen großer Bodentiefen vorhanden sei. Derselbe Forscher nimmt an, daß das Wasser der Thermen teilweise „juvenilen" Ursprungs, d. h. ein Wasser sei, welches bis dahin noch niemals das Licht der Erdoberfläche erblickt habe, sondern aus dem Wasserstoff und Sauerstoff der großen Erdtiefen entstehe. Andere Autoren widersprechen dieser Auffassung. In etwas anderer Form faßt Novack den Gedanken Descartes auf; nach ihm soll das Meerwasser in einen tellurischen Hohlraum eindringen, den er sich unterhalb der festen Erdrinde denkt; dort werde es durch die Erdwärme in hochgespannte Dämpfe verwandelt, welche durch die feinen Hohlräume nach oben gedrückt würden und dort das Grundwasser und Quellwasser bilden helfen. Das alles sind Hypothesen, für welche sich überzeugende Beweise kaum erbringen lassen.

Von einer anderen Voraussetzung ging der Wiener Geologe O. Volger aus. Er meint, daß selbst die stärksten Regen nicht tief in den Boden eindringen, daß sie vielmehr in den oberflächlichsten Erdschichten hängen blieben und zu der Bildung des unterirdischen Wassers überhaupt nichts beitrügen. Er nimmt dahingegen an, die mit Wasserdampf mehr oder minder gesättigte Luft der freien Atmosphäre durchdringe den Boden, hierbei kühle sie sich bis zu ihrem Taupunkt ab und das so abgeschiedene Wasser bilde das unterirdische Wasser.

Keinem Zweifel unterliegt es, daß der erste Satz Volgers unrichtig ist. Wenn es heute im Gebirge regnet, und schon am gleichen oder am nächsten

Tage die Quellen, welche bis dahin eine geringe Menge klaren, bakterien-armen, der Gebirgsformation in seiner chemischen Beschaffenheit ent-sprechenden Wassers geliefert haben, nun plötzlich eine um das Doppelte, das Zehnfache und mehr gesteigerte Wassermenge liefern, die trübe, bakte-rienreich und chemisch erheblich verändert, meistens substanzärmer ist, dann müßte man blind sein, wollte man diese Erscheinung nicht auf die kurz vorher niedergegangenen Regen zurückführen.

In seinem zweiten Satz schießt Volger jedenfalls weit über das Ziel hinaus. Die Luft soll die Vermittlerin, die Überträgerin der Feuchtigkeit sein. Wäre das der Fall, dann müßte sie in sehr großer Menge in den Boden eindringen. Das tut sie jedoch überall da durchaus nicht, wo der Boden nicht weitporig ist; im Gegenteil, die Bewegung der Luft im Boden ist eine minimale, meistens auf die oberflächlichsten Lagen beschränkte. In der wärmeren Jahreszeit haben die obersten Erdschichten eine Temperatur, welche am Tage höher ist als die der Luft; in ihnen kann somit kein Wasser zur Kondensation kommen, gerade das Gegenteil ist der Fall, in ihnen etwa vor-handenes Wasser verdunstet.

Ist der Boden kälter als die Luft oder dringt letztere durch die stärker erwärmte Bodenschicht in kühlere Bezirke, so wird allerdings eine Konden-sation des Wasserdampfes, welchen sie mit sich führt, stattfinden. Aber diese Menge dürfte doch viel zu gering sein, um einen nennenswerten Einfluß auf die Menge des unterirdischen Wassers auszuüben.

Etwas ergiebiger wird die Wasserabgabe sein, wenn nicht feine Poren mit ihren enormen Widerständen, sondern weitere Kanäle die Hohlräume bilden, und wenn ein stärkerer Druck, Wind, den Eintritt der Luft in die Hohlräume fördert. Ragen in der Nähe des Meeres zerklüftete Gesteine hoch empor oder sind die Hänge des Gebirges an der Windseite mit einer hinreichend weitporigen Schicht bedeckt, dann kann man sich ohne Zwang vorstellen, daß die mit Feuchtigkeit geschwängerte Seeluft in den kühleren Perioden, Frühling, Herbst und Winter, oder auch in der Sommerzeit wäh-rend der Nacht Feuchtigkeit dorthin abgibt, und es mögen die Felshänge von hoch gelegenen Quellen einen kleinen Teil ihres Wassers mittels Über-tragung von Wasserdampf durch die Luft erhalten. Auch fließt die in den Gebirgsspalten abgekühlte Luft bei genügender Kommunikation mit der freien Atmosphäre entsprechend ihrem erheblicheren Gewichte aus, und leichtere wärmere, daher mehr Feuchtigkeit enthaltende Luft wird nachgesogen.

Die Idee Volgers ist selbstverständlich auf großen und berechtigten Widerstand gestoßen, aber sie hat auch Verfechter gefunden, z. B. in Hayn und Fr. König, die neben der Kondensationstheorie die vorhin erwähnte Verdampfungstheorie des in den Tiefen der Erde enthaltenen Wassers betonen.

Eine Reihe von experimentellen Untersuchungen zeigt, daß in der Tat Wasser sich in sandigem Boden selbst dann ansammelt, wenn durch einen entsprechenden Schutz das Eindringen von Wasser von oben und von der Seite verhindert wird; solche Beobachtungen sind unter anderen in letzter Zeit von Haedicke-Siegen gemacht worden. Mit dieser Tatsache wird man rechnen müssen, und sie gestattet den Schluß, daß Wasser aus der Atmosphäre in das Erdreich unter gewissen Bedingungen übertritt.

Besser als seine Vorgänger erklärt Mezger-Metz diese Erscheinung. Er gibt zu, daß die Luft sich nicht durch den Boden hindurchwindet und dort zu Nutz und Frommen der Kondensationstheorie ihr Wasser abgibt, er schaltet daher die Luft als Transporteur der Feuchtigkeit in der Haupt-sache aus und greift mit vollem Recht zurück auf die eigene Bewegung des Wasserdampfes, unabhängig von der Luft. Dämpfe bewegen sich ent-sprechend ihrem Spannungsgefälle, und in zusammenhängenden Räumen

mit ungleicher Temperatur haben die Dämpfe, nachdem sie in Druckgleich-
gewicht gekommen sind, diejenige Spannkraft, welche der Spannkraft für
die kälteste Stelle entspricht. Sind also in einem Raum verschiedene Temperaturen, so ist die Spannung, der Dampfdruck, dort am größten, wo die
Temperatur am höchsten ist, von dort aus strömt der Dampf an die Stelle,
wo sein Druck am geringsten ist, also nach der kältesten Stelle; hier kommt
er zur Kondensation, wobei zugleich ein gewisser Wärmeausgleich statthat.
Die Höhe des Spannungsgefälles bedingt die Geschwindigkeit der Strömung.
Da die Dämpfe, um mit Wolpert zu reden, eine eigene Atmosphäre in der
Atmosphäre, eine Dampfsphäre in der Luftsphäre darstellen, so ist bei ruhender
Luftsäule die Luft kein erhebliches Hindernis für die Bewegung des Wasserdampfes; bewegt sich jedoch die Luft, so befördert sie die Dampfbewegung,
wenn ihre Bewegung mit der des Dampfes gleichsinnig ist, während sie im
anderen Falle das Fortschreiten des Dampfes hindert. Die Beweglichkeit des
Dampfes ist wegen seines geringeren spezifischen Gewichtes unverhältnismäßig
viel größer als die der Luft.

Im allgemeinen ist die Bodenluft mit Wasserdampf gesättigt, letzterer
kann aus dem Boden ausströmen, wenn seine Spannkraft dort größer ist als
in der freien Atmosphäre, wenn also die Temperatur des Bodens höher ist
als die der Luft. Er wird in den Boden eindringen, wenn ihm das Spannungsgefälle den Weg dorthin weist, d. h. wenn die Außenluft wärmer ist
als der Boden. Der in den oberen Bodenschichten befindliche Dampf wird
dann tiefer in die Erde eindringen, wenn die unteren Erdschichten kühler
sind. Der in den tieferen Lagen befindliche Wasserdampf muß nach oben
steigen, wenn die oberen Erdlagen kühler sind. Hierbei wirkt jedoch der
Ausgleich der Wärme durch Verdunstung und Kondensation beschränkend;
die Austrocknung des Bodens, die mangelnde Sättigung der Luft mit Wasserdampf beeinflussen ebenfalls die Dampfströmung in entgegengesetztem Sinne.
Eine von unten nach oben gerichtete Dampfströmung wird in der Regel ein
Sinken, eine von oben nach unten gehende ein Steigen des Grundwassers zur
Folge haben, vorausgesetzt allerdings, daß [die Dampfbewegung energisch
genug ist und ausreichend lange anhält.

Als poröser Körper besitzt der Boden die Fähigkeit, nicht nur in ihn
eindringenden Wasserdampf bei entsprechender Temperatur zur Kondensation
zu bringen, also ihn in tropfbar flüssiges Wasser zu verwandeln, sondern auch,
und das ist die bei weitem größere Leistung, ihn als hygroskopisches Wasser
zu binden, welches bei steigender Menge in die tropfbar flüssige Form umgewandelt wird. Die Bildung hygroskopischen Wassers ist nur möglich, wenn
der Boden trocken oder nicht stark feucht ist. Die Mengen dieses halbgebundenen Wassers können anscheinend beträchtliche sein. Mezger berechnet sie
aus Versuchen Wollnys zu 4,5 kg pro Kubikmeter für eine Nacht, doch kann
diese Zahl aus verschiedenen Gründen einen Anhalt nicht gewähren. Mezgers
Theorie ist beachtenswert; die aus der Praxis von ihm gebrachten Beispiele
allerdings sind wenig überzeugend, noch weniger sind das die an zwei kleinen
Quellen erzielten Resultate Haedickes; alles in allem aber darf man doch
nicht achtlos an einer Theorie vorübergehen, die imstande ist, einige bis
dahin unerklärte Bildungen von Wasser dem Verständnis näher zu bringen.

b) Die Bildung von Grundwasser durch Regen.

Wieviel von dem Regen eindringt und zu Grundwasser wird,
hängt von den örtlichen Verhältnissen ab; die Faustregel, ein
Drittel läuft ab, ein Drittel verdunstet, ein Drittel dringt in den
Boden, mag für ganz vage Schätzungen Anwendung finden, sonst

genügt sie nicht. Wenn der Boden in seiner obersten Schicht schräg gelagert ist und aus Ton besteht, so läuft fast alles Wasser ab, nur sehr wenig dringt ein; wenn er rauh, grobkörnig, bewachsen oder mit zurückhaltendem Material, z. B. Fichtennadeln, Baumblättern u. dgl., bedeckt ist, wenn die Oberfläche annähernd horizontal liegt, so nimmt er viel Wasser auf. Auch bringen die milden, aber lange andauernden Regen viel mehr Wasser in den Boden als plötzliche starke Regengüsse.

Ob und wann das eingedrungene Wasser bis zum Grundwasser kommt, hängt zumeist ab von der Porengröße; je weiter die Kanälchen sind, um so rascher wird die Grundwasserzone erreicht. Von besonderem Belang ist, ob der aufnehmende Boden ausgetrocknet oder feucht, und wie groß das Sättigungsdefizit der Luft ist. Fallen auf einen Quadratmeter feinporigen Bodens 50 mm Regen, d. h. etwa der 12. Teil des Jahresmittels für Mitteldeutschland, und hat der Boden in seinen oberen Partien 33 Proz. Porenvolumen, so dringt dieser sehr starke Regen nur etwa 15 cm tief in den Boden, er bleibt also bei geringer Weite der Poren vollständig in der ausgedörrten Zone hängen. Ein ganz erheblicher Teil geht wieder in die Luft, wenn ihr Sättigungsdefizit, wie regelmäßig in der warmen Jahreszeit, groß ist. So kommt es, daß von den Sommerregen kaum etwas in die Tiefe des feinporigen Bodens dringt. Den Bezirk, in welchem die Verdunstung noch stattfindet, nennt man nach F. Hofmann die „Verdunstungszone".

Sind die Poren der obersten Bodenschichten mit Feuchtigkeit gefüllt und fällt neuer Regen, so drückt er das in den Poren hängende Wasser um so viel tiefer, als der eindringenden Regenmenge entspricht. Die größeren Hohlräume der nächsten Bodenlagen, der „Durchgangszone" nach F. Hofmann, füllen sich dabei mit Wasser, welches aus den sie umgebenden feineren Hohlräumen und Kanälchen in sie hineingepreßt wird; sie lassen es jedoch, entsprechend ihrer wasserbindenden Kraft, also ihrer Weite, und der Weite der ihnen anliegenden Kanälchen nach unten sinken.

Bei feinporigem, nicht von weiteren Kanälchen durchzogenen Boden gelangt nicht das Aufschlagwasser zum Grundwasser, sondern das ältere, bereits im Boden vorhandene Wasser, welches durch den Druck des neu hinzugekommenen Wassers in die tieferen Regionen und die offeneren, weiteren Wege hineingepreßt wird. Sind in der Durchgangszone die Hohlräume weiter, dann sinkt, besonders wenn sie zahlreich sind, das aus der Verdunstungszone kommende Wasser durch die Durchgangszone rasch in das Grundwasser hinein.

Mit dem Ausgleich des Druckes werden in der Durchgangszone die feineren Kanälchen und die weiteren Kapillaren wieder wasserleer, die feinen, also die eigentlichen Kapillaren aber bleiben, entsprechend ihrer wasserbindenden Kraft, mit Wasser gefüllt.

Verdunstet das Wasser aus der Verdunstungszone, so gibt bei fortbestehendem stärkeren Sättigungsdefizit der Luft die Durchgangszone von ihrem kapillaren Wasser an die Verdunstungszone ab. Eine Abgabe von Grundwasser an die oberste Zone findet nur bei hochstehendem Grundwasser, wo also eine Durchgangszone fehlt, statt, und zwar entsprechend der Kapillarattraktion, die in den meisten Fällen mit 2 m begrenzt sein dürfte. Bei einer Korngröße von 2,5 mm findet ein kapillarer Aufstieg nicht mehr statt.

Die im Boden enthaltene Luft ist, abgesehen von den oberen Teilen der Verdunstungszone, mit Feuchtigkeit gesättigt.

Ist der Boden der Durchgangszone grobporig und nicht verschlämmt, dann füllt der niederfallende Regen die Kapillaren der Verdunstungszone an, aber das überschüssige Wasser gelangt in die weiteren Kanälchen der Durchgangszone, füllt von ihnen aus die zwischengeschobenen engeren Kanälchen und läuft relativ rasch bis zum Grundwasser herunter, wo es sich dem bereits vorhandenen Wasser auflagert.

Die Menge des zurückgehaltenen und durchpassierenden Wassers hängt also von der Weite der Kanäle ab. Nach Renks Untersuchungen besitzt ein aus Mittelkies von 7 mm Korngröße bestehender gesiebter Boden 37 Proz. Porenvolumen; im Liter halten sich 25 g Wasser und 354 ccm Luft; im Mittelsand von 1 mm mit 41,5 Proz. Porenvolumen haften 195 g Wasser und 220 ccm Luft, im Feinsand von $^1/_3$ bis $^1/_4$ mm mit 55,5 Proz. freiem Porenvolumen 361 g Wasser und 194 ccm Luft. Ähnliche Verhältnisse erhielt Hofmann; war das Korn kleiner im Durchmesser als 0,5 mm, so betrug das Porenvolumen 41,3 Proz. und war pro Liter mit 347 ccm Wasser und 66 ccm Luft, d. h. zu 84 Proz. mit Wasser gefüllt. Fleck fand in 1 kg schwach lehmigen Sandes 130 g, Kieses 30 g Wasser; Hofmann berücksichtigte richtigerweise mehr das Volumen und fand in 1 Liter sandigen Geschiebelehms 130 bis 200 g, reinen Sandes 64 bis 91 g, Kieses verschiedener Art 30 bis 60 g Wasser. Die feinporigsten Bodenarten sind also die wasserreichsten, womit die täglichen Erfahrungen übereinstimmen. Umgekehrt wie der Wassergehalt verhält sich die Durchlässigkeit.

Wenn das Korn des Erdreichs verschieden und der Boden nicht verschlämmt ist, pflegen sich weitere Kanälchen unter dem Schutz der größeren Partikel zu bilden, die eine raschere Wasserführung gestatten. Meistens jedoch lagern sich in den größeren Kanälchen feinere Teilchen ab, und so entsteht ein unendliches Netz feiner Kapillaren und feiner Kanälchen, in welchen das Wasser nicht fließt, sondern hängt, nur dem von oben kommenden Druck weichend. Hieraus folgt, daß es Monate und Jahre dauern kann, ehe der heute auf gleichmäßig feinporigen Boden fallende Regen das Grundwasser erreicht. Gehen jährlich 600 mm Regen nieder, d. h. auf 1 qm 600 Liter, und dringen davon 400 in den Boden ein, welcher 20 Proz. Porenvolum enthalten mag, so dauert es drei Jahre, ehe ein in 6 m Tiefe stehendes Grundwasser erreicht ist; beträgt das Porenvolumen 33 Proz., so beläuft sich die Zeit auf fünf Jahre.

Hat das niedersinkende Wasser die undurchlässige Schicht erreicht, so sammelt es sich dort an und füllt alle Hohlräume. Über dieser Zone des eigentlichen Grundwassers erhebt sich die des kapillaren Grundwassers, d. h. das Wasser füllt entsprechend der Kapillarattraktion, der Steighöhe, zunächst die engeren, dann die etwas weiteren Kanälchen an, läßt jedoch die weiteren Hohlräume leer. Kommt man in diese Zone hinein, so sieht man noch nicht blankes Wasser, aber der Boden ist stark feucht, das Wasser sickert langsam aus ihm heraus.

c) Die Grundwasser führenden Schichten.

Die Hauptgebiete des Grundwassers sind, wie schon vorhin angegeben, die Alluvionen und die weiten Strecken des Diluviums mit ihren Lehmen, Sanden und Kiesen, die sich z. B. von Holland an durch die ganze norddeutsche Tiefebene hindurch bis weit nach Rußland hineinziehen.

Kleinere Ansammlungen feinkörnigen Materials alluvialen und diluvialen Charakters sind vielfach in der Nähe der Ströme, Flüsse und Bäche vorhanden. Die Flüsse führten und führen Gerölle und Schutt, feine und große Trümmer mit sich; sie bildeten und bilden an passenden Stellen weitflächige, tiefgründige Grundwasserträger. Aber nicht selten nagen sich die Flüsse auch in ihren Untergrund ein, das Flußbett senkt sich. Die Wildwässer lagern dann nicht allein keinen Schutt ab, sondern waschen die enger werdenden Täler aus und neben dem Flußlauf findet sich im Tal der abgewaschene, nur mit einer dünnen Humusschicht bedeckte gewachsene Fels, während an den Seitenhängen des Tales oft in großer Höhe diluviale

und alluviale Schuttablagerungen sich hinziehen, die vorher der
Urfluß schuf, oder die von dem modernen Fluß in grauen Vor-
zeiten gebildet wurden, und die einstmals ein Grundwasser bilden
halfen.

Senkt sich so der Fluß an der einen Stelle, so kann derselbe
Fluß sich an einer anderen heben und dort frische Alluvionen,
Grundwasserträger, bilden. Im einzelnen muß die lokale Untersuchung Auskunft geben über Qualität und Quantität der Grundwasser führenden Schichten.

Mächtige Massen feinporigen Materials sind entstanden durch
die Verwitterung der Gesteine der hohen Gebirge in stetem
Wechsel von Frost und Sonnenstrahlung, von Feuchtigkeit und
Trockenheit.

Durch die Erosionsprozesse wuchsen aus der Gebirgsmasse die
Klippen heraus, bis auch sie zusammenstürzten und im Sturze zertrümmert wurden. So fiel das feste Gestein dem Einfluß der
Atmosphärilien zum Opfer und zerfiel im Laufe der Jahrtausende zu
feinem Detritus, den das rinnende Wasser selbst zu einem groben
Filter aufbaute oder den Wildbäche und vor allem die Gletscher
den Gebirgen vorlagerten als Riesengürtel, als Grundwasserträger
ersten Ranges.

Weit von Norden her, über die Ostsee hinweg schoben sich
die Gletscher der Eiszeit vor; auf ihrem Rücken trugen sie die
nordischen Trümmer bis weit nach Deutschland hinein, als Grund-
moränen schoben sie die zermürbte Erde vor sich her, so ganze
Länder bedeckend mit viele Meter hohem Schutt und ein Reservoir
für ungeheure Massen Grundwasser bildend, welches vielfach in
unterirdischen Seen und Teichen angeordnet ist, deren Umgrenzungen
durch den Geschiebelehm jener Gletscher gebildet sind und deren
Innenraum mit Trümmergestein und mit Kiesen und Sanden ausgefüllt ist. In einem großen Wabenbau findet sich also dort das
Wasser, und entleert man die eine Wabe, so ist nicht gesagt, daß
ihr reichliche Wassermengen aus den umliegenden zufließen.

Die Riesenströme der Vorzeit, die von Ost nach West das
jetzige Deutschland durchquerten, brachten selbst gewaltige Schuttmassen mit, und lagerten zugleich die Trümmerhalden um, welche
die nordischen Gletscher ihnen vorgelagert hatten, zu gleichmäßigeren,
gut wasserführenden Schichten, welche nun nicht Grundwasserbecken bilden, sondern Grundwasserströme ermöglichen. In der
norddeutschen Ebene sind ausgiebige, aushaltende Mengen von
Grundwasser dort zu erwarten, wo die Brunnen in alten diluvialen
Flußbetten stehen.

Des Meeres spielende Welle legt ihre feinen aufgeschwemmten Teilchen zu kleinen, langgestreckten Zügen am flachen Ufer nieder, und der Sturmflut wilde Wogen fegen sie zusammen zu mächtigen Dämmen, sie vermehrend mit dem Schlamm und Sand, den sie selbst aus der Tiefe hinzutragen. Der Wind nimmt die getrockneten Teilchen und schiebt sie landeinwärts zu gewaltigen Dünenzügen zusammen, auf diese Weise Grundwasserträger erzeugend, die selbst größere Städte dauernd zu versorgen vermögen.

So sind teils jetzt, teils in unvordenklichen Zeiten durch glaziale, fluviatile und äolische Einflüsse aus dem verschiedensten Material poröse Trümmermassen entstanden, die als Grundwasserführer dienen, und wenn auch die Ebenen ihre eigentlichen Heimstätten sind, so finden sie sich auch in gebirgigen Landschaften, allerdings in viel kleineren Dimensionen und damit von erheblich geringerer Wertigkeit.

Selbstverständlich ist das Material der Grundwasserführer nicht gleichmäßig, es wechseln Schichten feineren mit solchen gröberen Kornes ab; aber die größeren Hohlräume sind mit feinerem Material ausgefüllt, so daß in den einzelnen Schichten ein sehr langsames Vorrücken des Wassers gewährleistet ist. Nicht selten sind zwischen durchlässigen Schichten undurchlässige, aus Ton- oder starken Lehmlagen oder ganz feinem Sand, der fest gelagert ist, eingeschaltet. Sind sie groß und stellen sie nicht bloß kleine „Linsen" dar, so entstehen durch sie Wasserstockwerke, die zu mehreren übereinander liegen können.

3. Die Bewegung des Grundwassers im Boden.
Die Einwirkung des Pumpens.

Sammelt sich das Grundwasser in einer Mulde, hat das Grundwasser also keinen Abfluß, so spricht man von einem „Grundwassersee". Gewöhnlich aber ist die undurchlässige Schicht geneigt, dann bewegt sich über ihr das Grundwasser zu der tieferen Stelle hin, und man spricht von einem „Grundwasserstrom". Für eine größere Wasserversorgung müssen die Entnahmestellen in sich bewegendes, sich wieder ergänzendes Grundwasser, in einen Grundwasserstrom, gesenkt werden. Wird aus einem Grundwassersee mit nicht sehr großem Zuflußgebiet geschöpft, so kann es sich ereignen, daß ein solcher See leergepumpt wird, so daß zuletzt wohl ein Wasserwerk, aber kein Wasser mehr vorhanden ist. Die Wassertechnik muß daher wissen, ob ein Grundwassersee oder -strom vorliegt, in welcher Richtung und wie schnell letzterer sich bewegt, wie tief die Grundwasser führende Schicht ist, welche zur Verfügung steht, und an letzter Stelle, aber nicht zuletzt, wie groß die Ergiebigkeit des Grundwasserstromes ist, wieviel also dauernd aus ihm herausgenommen werden kann.

Die Richtung der Grundwasserbewegung im Boden wird am besten bestimmt durch das Spiegelgefälle passend gelegener Brunnen oder eigens eingetriebener gelochter Rohre; das Wasser fließt von dem Ort, dessen Grundwasserspiegel am höchsten steht, dem Ort mit dem niedrigsten Grundwasserspiegel zu. Die Richtung braucht keine geradlinige zu sein. Durch Einschaltung von Zwischenstationen lassen sich die Abweichungen erkennen.

Wo ein Spiegelgefälle fehlt, stagniert das Wasser, es bildet den bereits besprochenen Grundwassersee.

Die Mächtigkeit der wasserführenden Schicht wird durch Bohrungen festgestellt.

Die Ergiebigkeit eines Grundwasserstromes hängt ab von dem vorhandenen Gefälle, der Breite und Tiefe des Grundwasserstromes und der Durchlässigkeit des Bodens.

Nicht immer ist es leicht, die Durchlässigkeit, oder was dasselbe sagt, die Geschwindigkeit festzulegen, mit welcher sich das Wasser in den Bodenschichten bewegt.

Im Jahre 1888 gab A. Thiem hierfür ein Verfahren bekannt. Nachdem die Strömungsrichtung gefunden, und die Größe des Spiegelgefälles festgelegt worden ist, werden parallel zur Stromrichtung zwei Schächte niedergebracht in einem Abstand von vielleicht 5 bis 50 m. In den oberen wird eine konzentrierte Kochsalzlösung geschüttet. Diese verbreitet sich in dem Boden: a) durch Diffusion, radial vom Einschüttungsort, b) durch Transport. Die konzentrierte Kochsalzlösung fließt mit dem Grundwasserstrom zu Tal. In der Zeit, welche zwischen dem Einschütten der Lösung in den oberen und dem Erscheinen der stärksten Konzentration in dem unteren Brunnen verstreicht, wird die zwischen beiden Brunnen liegende Strecke von der Hauptmasse der eingeschütteten Lösung durchflossen. Leider verhindern die wechselnden Durchlässigkeiten des Untergrundes, beruhend auf Änderungen in der Richtung der Geschiebeablagerungen und die vorhandenen, ganz lokalen, wechselnden Durchlässigkeiten oder Gefällsdifferenzen, sowie die Ausbreitung der Lösung nach rechts und links sehr oft die Ausbildung einer scharfen Kulmination und damit die scharfe Festsetzung der mittleren Geschwindigkeit. Thiem selbst sagt, daß ihm das Verfahren in einigen Fällen Hilfe geleistet, in anderen jedoch zu großen Irrtümern hätte verleiten können.

Dasselbe Bedenken besteht bei dem Verfahren von Slichter. In einen Rohrbruunen wird Salzsäure geschüttet; der zweite, 1 bis 2 m entfernt in der Stromrichtung liegende Brunnen wird in ein galvanisches Element verwandelt, indem ein durch Gummi geschützter Messingstab in das Eisenrohr des Brunnens gelassen wird. Dringt die Salzsäure ein, so erfolgt am Ampèremeter ein Ausschlag, der bei der stärksten Konzentration ein Maximum erreicht. Daß die geringe Entfernung der beiden Brunnen voneinander Veranlassung zu groben Täuschungen werden kann wegen lokaler, an sich geringfügiger Differenzen, ist einleuchtend. Die Slichtersche Methode ist von Dinert-Paris nach verschiedenen Richtungen hin ausgebaut und verbessert worden.

Die Durchlässigkeit eines Bodens läßt sich nach A. Thiem für die meisten Fälle genügend genau in der folgenden Weise festlegen. Ein Rohrbrunnen wird niedergebracht, dann das Rohr auf etwa 3 bis 4 m wieder herausgezogen und ein ebenso langer Filterkorb von etwa 200 bis 250 mm lichter Weite eingehängt. Darauf wird so lange abgepumpt, bis sich ein Beharrungszustand eingestellt hat, der meistens innerhalb von 1 bis 2 Tagen eintritt. Die Menge des abgepumpten Wassers wird wiederholt gemessen. Dividiert man die Zahl der in der Sekunde erhaltenen Liter durch die in Metern ausgedrückte Größe der Spiegelabsenkung, so erhält man die Menge Wasser, welche das Terrain bei 1 m Spiegelsenkung in Sekundenlitern hergibt.

G. Thiem bestimmt die Ergiebigkeit eines Grundwasserstromes folgendermaßen. Er verwendet den Faktor Einheitsergiebigkeit (ε) und versteht darunter die Wassermenge (q), welche 1 qm Bodenquerschnitt (f) bei dem herrschenden spezifischen Gefälle (i) in 1 Sekunde liefert:

$$\varepsilon = \frac{q}{i \cdot f}.$$

Das spezifische natürliche Grundwassergefälle (i) ist gleich der Höhendifferenz (h) auf der beanspruchten Stromlänge (l), dividiert durch letztere

$$i = \frac{h}{l}, \quad \text{oder} \quad \varepsilon = \frac{q \cdot l}{h \cdot f}.$$

Für tiefe und weite Grundwasserströme kann man die spezifische Ergiebigkeit $\varepsilon = \frac{q}{s}$ setzen, sofern die Spiegelabsenkung gering ist, wobei q wiederum die innerhalb einer Sekunde beim Beharrungszustande gelieferte Wassermenge in Litern und s die Absenkung des Wasserspiegels in Metern bedeutet. Hiermit wäre

dann das vorher besprochene Verfahren von A. Thiem in eine
wissenschaftliche Form gebracht.

Sonst gilt die Formel

$$\varepsilon = \frac{q \, (log \, nat \, a_1 - log \, nat \, a)}{\pi \, (h_1^2 - h^2)}.$$

Die Bedeutung der Zahlen ergibt sich aus den beiden kleinen
Skizzen.

Fig. 14.

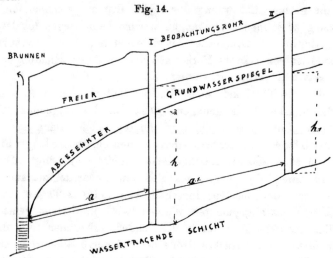

Berechnung der Einheitsergiebigkeit für freie Wasserspiegel, nach G. Thiem.

Fig. 15.

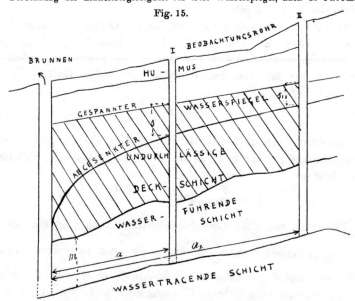

Berechnung der Einheitsergiebigkeit für gespannte Wasserspiegel, nach G. Thiem.

Bei gespanntem Grundwasser verwendet G. Thiem die Formel

$$\varepsilon = \frac{q \cdot (\log nat\ a_1 - \log nat\ a)}{2\,\pi \cdot m\,(s - s_1)},$$

wobei m die Höhe der zwischen den beiden undurchlässigen Schichten eingeschlossenen wasserführenden Schicht darstellt.

Dinert, der um die Wasserversorgung von Paris sehr verdiente Hydrologe, bestimmt die Ergiebigkeit (E) eines grundwasserführenden Bodens folgendermaßen: Er mißt die Menge des Wassers (V) in dem gebohrten, etwa 50 cm weiten, mit gelochten Rohren versehenen Brunnen, und zugleich den Chlorgehalt (A), dann wird das Mehrfache des gefundenen Chlors zugegeben und gut gemischt; seine Gesamtmenge in Liter sei a_1; nach einiger Zeit (T) wird abermals das Chlor (a_2) bestimmt, dann ist

$$E = \frac{V}{T}\left(\frac{a_1 - A}{a_2 - A}\right) \text{Liter.}$$

Hierbei ist die Diffusion vernachlässigt. Um diese festzulegen, stellt Dinert ein Brett in den Brunnen, welches vom Wasserspiegel bis zum Boden reicht, ungefähr dem Durchmesser entspricht und an seinen Längsseiten Gummirohre trägt, die aufgeblasen einen dichten Abschluß der beiden Brunnenhälften darstellen. Das Brett wird nun so lange um seine Achse gedreht und die Chlordifferenz bestimmt, bis sie am kleinsten ist. Dann steht das Brett senkrecht zur Stromrichtung und man hat damit zugleich die Richtung des Grundwasserstromes. Die wirkliche Ergiebigkeit ist nun $E_1 = E - E_2$, wobei E die zuerst gemessene, E_2 die zuletzt bei senkrecht zum Strom gestellten Brett gemessene Ergiebigkeit darstellt. Die Bestimmung ist auch nur angenähert richtig. Die Stromrichtung bestimmt Dinert zunächst durch in den Brunnen gebrachte Schwimmer, welche aus beschwerten Holzstäbchen bestehen, die so lang sind, daß sie fast die ganze Wasserhöhe durchsetzen, oder durch Schwimmer aus Korkplättchen, die entsprechend beschwert unter Wasser miteinander verbunden und zur besseren Erkennung oben mit einem Stück Spiegelglas versehen sind.

Mit den bloßen Berechnungen begnügt man sich jedoch meistens nicht. Man bringt vielmehr einen Versuchsbrunnen nieder, welcher später als Betriebsbrunnen zu dienen hat, und betreibt ihn so lange, bis die Depressionskurve absolut konstant geworden ist, wozu zuweilen Wochen und Monate erforderlich sind. Erst wenn das geschehen ist und wenn nach Aufhören des Pumpens der alte Grundwasserstand voll wieder erreicht wird, kann man sagen, daß der Zufluß bei der angewendeten Beanspruchung aushalten wird. In letzterer Beziehung, dem Aushalten, sind große Irrtümer vorgekommen; es ist daher weitgehendste Vorsicht geboten.

Die Geschwindigkeit, mit welcher das Grundwasser sich bewegt, ist im allgemeinen nicht groß, 2,5 m pro Tag ist schon sehr viel, 0,5 m ist schon viel, was leicht erklärlich ist, da das Gefälle des Grundwasserspiegels gering zu sein pflegt. Letzteres wurde z. B. in der Rheinebene bei Straßburg mit 0,6 Prom., bei Königsberg i. Pr. mit 0,6 Prom., aber bei Augsburg im Lechtal mit 3 Prom. festgestellt; letztere Zahl ist schon als erheblich anzusehen. Die Durchlässigkeit ε ist nach G. Thiem abhängig von der Korngröße, der Porenweite, der Wassertemperatur, der Kornoberfläche, der Korngestalt und der Lagerung.

Durchsetzt ein Brunnen eine undurchlässige Schicht und findet er in einer darunterliegenden durchlässigen Wasser, so steht oft der Wasserspiegel unter artesischem Druck. Muß trotzdem das Wasser gepumpt werden, so ist die Ergiebigkeit der Absenkung proportional. Man kann daher aus der Proportionalität der geschöpften Menge und der Tiefe der Absenkung auf die artesische Spannung schließen.

Setzt man in einen freien Grundwasserführer einen Brunnen hinein und pumpt, so senkt sich der Brunnenwasserspiegel; die Differenz im Druck, die in dem Höhenunterschied zwischen Brunnenwasserspiegel und Grundwasserspiegel ihren Ausdruck findet, ist die einzige Kraft, welche das Wasser der Umgebung in den Brunnen eintreten läßt. Der Wasserspiegel senkt sich in Gestalt einer Kurve; das ganze abgesenkte Gebiet nennt man die Depressions- oder Absenkungszone.

Fig. 16.

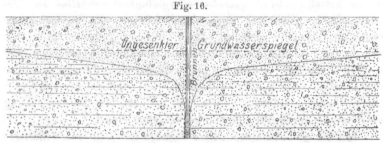

Absenkungskurve eines betriebenen Brunnens.

Den Eintritt des Wassers behindern die im Boden vorhandenen Widerstände. Diese sind wegen der Kürze des Weges am geringsten dicht neben dem Brunnen und nehmen mit steigender Entfernung gewaltig zu. Ist viel Wasser in einem Boden vorhanden und sind die Poren nicht eng, ist also die Ergiebigkeit groß, so ist die Grundwassereinsenkung, die Depressionszone, klein; ist aber das

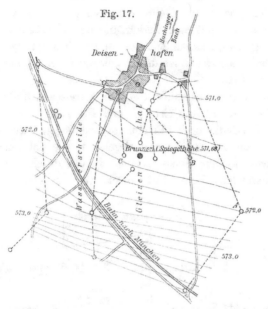

Grundwasserhorizontalen im Gleisental bei München im natürlichen Zustande.

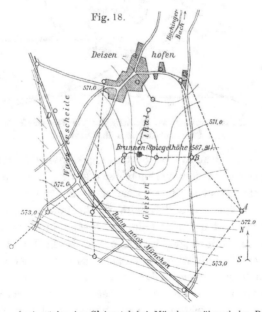

Grundwasserhorizontalen im Gleisental bei München während des Betriebes des Versuchsbrunnens.

Verhältnis der Erdteilchen zu den Wasserteilchen groß und sind
die Poren eng, so ist die Depressionszone groß. Bei nicht gleichmäßigem Boden findet eine Verkürzung der Depressionszone nach
der Richtung des größeren Zuflusses statt; die Depressionszone bei
einem Grundwasserstrom ist daher entgegen der stärkeren Stromrichtung verkürzt.

Wir bringen als Beispiele die alten klassischen Bilder aus dem
Gleisental von A. Thiem (Fig. 17 und Fig. 18).

Durch die Senkung des Brunnenwasserspiegels wird der Grundwasserstrom aus seiner Richtung abgelenkt, wie sich auch aus der
angegliederten kleinen Skizze ergibt. In das durch das Spiel der
Pumpe entstandene Loch fließt direkt von der oberen Seite her

Fig. 19.

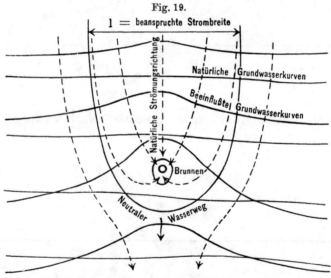

Grundwasserhorizontalen, Richtung der Grundwasserteilchen,
Stromumkehr, nach G. Thiem.

das ankommende Grundwasser hinaus; das Wasser des Grundwasserstromes, welches an ihm vorüberziehen würde, wenn die Gefälls-
differenz nicht vorhanden wäre, wenn also die Pumpen ruhten, wird
abgelenkt und fließt von der Seite in ihn hinein. Die äußersten
Stromteilchen werden eingebogen und fließen in einer dem Strom
entgegengesetzten Richtung in den entstandenen Trichter. Daraus
folgt, daß ein Grundwasserstrom dann gut ausgenutzt wird, wenn
die Brunnen so weit voneinander liegen, daß mindestens alle oberen
Grundwasserstromteile in die Brunnen abgelenkt werden, wenn
also die Depressionskurven in ihren oberen flacheren Teilen zum
geringen Teil ineinandergreifen (Fig. 19).

Pennink (Amsterdam) hat, gestützt auf theoretische Deduktionen, experimentell nachgewiesen, daß bei gleichförmigem Sandboden das Wasser nicht in gerader Linie dem Brunnen oder Graben zufließt, sondern annähernd in einem Halbkreis oder doch in Bogenform. Auch bewies er einwandfrei, daß die alte Annahme, bei einer Senkung des Brunnenwasserspiegels trete Wasser direkt von unten in den Brunnen hinein, richtig ist.

In ein Gefäß von rund 60 cm Seite wurde gleichmäßiger Sand eingefüllt, an der einen Seite bei *A* ein Abflußgraben geschaffen, an der anderen Seite, bei *B*, das Gefäß mit Wasser gefüllt, und von dort aus der Zulauf geregelt. Dicht vor ihm wurden einige Tropfen chinesischer Tusche in Wasser auf den Sand gegeben, die nach kurzer Zeit die schwarze Kurve gaben (Fig. 20).

Fig. 20.

Fig. 21.

Eintritt von Grundwasser in Bogenform von der Seite her in einen Versuchsbrunnen, nach Pennink (Amsterdam).

Eintritt von Grundwasser aus der Tiefe in einen betriebenen Brunnen, nach Pennink (Amsterdam).

In den Sand desselben Gefäßes wurde unten eine Schicht Milch, spezifisches Gewicht 1,03 und von oben mit Tusche gefärbtes Wasser gefüllt. Rechts und links am Rande erfolgte die Zufuhr von Wasser, in der Mitte durch eine Art Brunnen die Ableitung. Das Bild zeigt sehr schön, wie die Milch zentral emporsteigt.

Diese Tatsachen sind insofern von besonderer Wichtigkeit, als nicht selten eisenfreie oder kochsalzarme u. dgl. Wässer über eisenreichen, kochsalzhaltigen und ähnlichen Wässern lagern. Bei stärkerer Inanspruchnahme der Brunnen wird, wenn nicht besondere tektonische Verhältnisse oder die Differenzen im spezifischen Gewicht usw. das verhindern, das untere dem oberen Wasser sich beimischen und es erheblich verschlechtern können. Vorsicht ist also

geboten, und man soll bei stark beanspruchten Anlagen sowohl sich
über die Beschaffenheit des tief stehenden Grundwassers ein Bild
machen, als auch die Beanspruchung der Brunnen nicht zu weit
treiben, d. h. die Brunnenspiegel nicht zu stark absenken. Das
Wasser muß unter dauernder Kontrolle bleiben, um früh genug
das Eintreten des nicht gewünschten Wassers zu erkennen und
seinen weiteren Eintritt zu verhindern. Auch nach anderer Richtung
hin ist das Depressionsgebiet von besonderer gesundheitlicher Bedeutung, worauf wir später zurückkommen.

Wird der Wasserspiegel eines Brunnens stark abgesenkt, so
ist die Wasserbewegung eine rasche; dabei bilden sich leicht größere
Rinnsale und manche Brunnen verlieren so die pupillarische Sicherheit,
welche sie sonst hätten. Daher ist es ein berechtigter Wunsch der
Techniker, mehrere Brunnen anzulegen und dafür den einzelnen
nicht zu stark anzustrengen.

Wo die wasserführende Schicht nicht stark ist, z. B. bis zu
10 m, da zieht der Techniker vor, Schachtbrunnen zu bauen, die
oft einen großen Durchmesser erhalten; die Brunnen der Alteburg-
Köln haben 5,5 m lichte Weite, um so auf einer breiten Linie dem
Wasser den Eintritt zu ermöglichen und die Geschwindigkeit des
eintretenden Wassers gering zu halten. Letzteres ist hauptsächlich
dort erforderlich, wo das Erdreich sehr feinkörnig ist. Wenn die
wasserführende Schicht schwach ist und nicht tief liegt, so verwendet die Technik gern Galerien, um so größere Eintrittsflächen
für das Wasser zu bekommen. Bei größerer Tiefe der wasserführenden Schicht sind die Bohrbrunnen mehr beliebt. Das Filter-
gewebe wird gern so weitmaschig genommen, daß es die Hälfte
des das Filter umgebenden Materials durchläßt; auf diese Weise
wird ein späteres Versanden des Brunnens möglichst verhütet, weil
das Wasser nach der Ausspülung der feinen Teilchen der näheren
Umgebung des Filters langsam, ruhig, in das Filterrohr eintreten kann.

Als von der Kohlensäure im Grundwasser gesprochen wurde,
ist gesagt worden, daß sie imstande sei, das Tressengewebe der
Filter zu zerstören; das geschieht um so leichter, je dünner der
einzelne Faden des Gewebes ist. Außer aus anderen Gründen
konstruiert man gern sogenannte Filterbrunnen, um das feine, leicht
vergängliche Tressengewebe nicht verwenden zu müssen. Filterbrunnen werden erheblich, um mehr als das Doppelte und Dreifache, weiter gebohrt, als das spätere Entnahmerohr sein soll.
Nachdem das Entnahmerohr eingesetzt ist, wird es mit zwei oder
drei Mantelrohren umgeben, in den äußeren Zwischenraum kommt

z. B. grober Sand oder Feinkies, in den zweiten Mittelkies, in den dritten, welcher dem Saugrohr anliegt, grober Kies; die Mantelrohre werden dann gezogen. Die Hygiene kann sich mit der Einrichtung solcher Brunnen nur einverstanden erklären.

4. Das Dünengrundwasser und die Versorgung mit Dünenwasser.

Es ist eine auffällige Erscheinung, daß man ganz in der Nähe des Meeres, in den Dünen, sogar auf den Inseln, ein nicht salziges Wasser trifft, so daß man täglich Tausende von Kubikmetern Wasser aus dem Boden herausholen kann, ohne daß Seewasser eintritt. Zunächst war es wohl der holländische Ingenieur Badon Ghyben, der dafür die richtige Erklärung gab, die dann von Herzberg-Berlin, anscheinend ganz unbeeinflußt, ebenfalls gegeben und zuerst bewiesen wurde.

Wenn auf die Sande der Inseln und Dünen Regenwasser fällt, so sinkt es allmählich herunter bis zur Höhe der mittleren Flutgrenze; darunter möge das Erdreich mit Salzwasser getränkt sein. Das nachrückende Regenwasser lagert sich auf das erstere, vermehrt so seine Höhe und drückt es in die Salzwasserzone so lange hinein, bis das schwerere Seewasser und die höhere Süßwassersäule in das Gleichgewicht gekommen sind. Herzberg bestimmte das spezifische Gewicht des Seewassers bei Norderney mit 1,027. Die Entfernung des mittleren Meeresniveaus von der unteren Süßwassergrenze werde mit h, die Entfernung des mittleren Meeresniveaus von der oberen über das Niveau hinausreichenden Süßwassergrenze mit t bezeichnet, dann ist die gesamte Süßwasserhöhe $H = h + t$. H ist in seinem Gewicht gleich $h \times 1,027$, somit ist $1,027\,h = h + t$, oder $h = 37\,t$.

Herzberg fand die Höhe des Grundwasserspiegels bei seinem Bohrloch in 1,8 m Höhe über dem mittleren Meeresniveau; 1,8 mit 37 multipliziert ergibt 65 m; tatsächlich fand sich in dieser Tiefe die untere Süßwassergrenze. Selbstverständlich ist eine Mischwasserzone vorhanden, aber sie beträgt nur einige Meter, weil in den engen Poren nur eine sehr geringe Durchmischung stattfinden kann und die Diffusion gering ist. Der Salzwasserspiegel hebt und senkt sich, in Norderney um 0,4 m, mit den Gezeiten, jedoch mit einer Verzögerung von vier Stunden. Die Einwirkung von Ebbe und Flut macht sich übrigens bei Tiefbrunnen usw. oft bis weit in das Land hinein bemerkbar. Bei Springflut hebt sich das Salzwasser noch höher, bis zu 1 m; nach Regenzeiten stellt sich der Seewasserspiegel tiefer ein; eine starke Entnahme des Wassers läßt ihn steigen.

Die Gewinnung des Dünenwassers kann auf Schwierigkeiten stoßen. Die Dünen bestehen zu einem großen Teil aus sehr feinem Flugsand, der vom Wind zusammengetragen ist. Feiner Sand aber wird mit Recht von den Wassertechnikern zu den fast undurchlässigen Böden gerechnet. Herzberg sagt darüber: „Wenn man einen Dauerpumpversuch macht, werden die Brunnen sehr bald leer, obgleich das ganze umgebende Gebiet noch voll Wasser steckt; es genügt nicht, daß man viel Wasser in den Oberflächenschichten hat, man muß es auch herauskriegen."

Scholle gibt dafür die folgenden Wege an:

1. Ausschachten von Bassins und Ausheben zahlreicher und langer Kanäle.

2. Drainageleitungen, die in ein oder mehrere Becken ausmünden.

3. Sehr weite Brunnen, die wieder mit Rohrleitungen, Sickergalerien usw. verbunden sind. Wo es möglich ist, da durchsenkt man die schwer durchlässigen Feinsandlagen und sucht das Wasser

4. mit Bohrbrunnen, die in die tieferen, gröbere Sande und Kiese führenden Schichten hinuntergehen.

In den offenen und naturgemäß flachen Becken und Kanälen macht sich nach brieflichen Mitteilungen Penninks-Amsterdam zuweilen eine starke, belästigende Algenwucherung in den Monaten April bis Oktober bemerkbar; sie soll zeitweilig in Schranken gehalten werden durch zahlreiche Mückenlarven. Eine Filtration derartigen Wassers ist notwendig, besonders wenn sich auch Eisen zeigt.

Sorgfältig ist darauf zu achten, daß das Wassergewinnungsgelände nicht zu stark in Anspruch genommen wird, denn sonst tritt Versalzung ein. Aus diesem Grunde allein schon pflegen sich die Dünenwasserversorgungen über weitere Gebiete, wie sie bei anderen Grundwasserversorgungen notwendig sind, zu erstrecken. Eine Gefahr in gesundheitlicher Beziehung ist damit kaum verbunden, denn die zurückhaltende Kraft des Bodens ist erheblich; selbstverständlich wird man augenfällige Verschmutzungen von dem Gewinnungsgelände fernhalten.

Absichtlich ist dieses kleine Kapitel angeschnitten worden; denn wenn auch in Deutschland mit Dünenwasser im strengeren Wortverstande wenig zu rechnen ist, so gibt es doch manche Bezirke mit hochstehendem Grundwasser, mit feinkörnigem Sand, mit übereinandergeschichtetem, unten salz- oder eisenhaltigen, oben davon freiem Wasser. Für alle diese Fälle kann eine Erinnerung an die Dünnenwässer und die Versorgung mit solchen Wässern dienlich sein.

II. Die Beschaffenheit des Grundwassers.

1. Die physikalische Beschaffenheit des Grundwassers.

In gesundheitlicher Beziehung kommt am meisten zur Geltung die Wärme des Grundwassers. Sie hängt hauptsächlich ab von der Tiefenlage der Schicht, aus welcher das Wasser gewonnen wird. Es ist ein gerechtfertigter Wunsch, ein Wasser von möglichst gleichmäßiger, kühler Temperatur zu besitzen, und dem entspricht schon ein Grundwasser, welches aus etwa 8 m Tiefe heraufgeholt wird. Seine Temperatur beträgt in Deutschland etwa zwischen 7 bis 11°, je nach der Lage des Ortes und nach seiner Höhe; die Temperaturtabelle (S. 43) gibt nähere Auskunft. Seine Jahresschwankung beträgt meistens nicht mehr als 1,5°. In etwa 20 bis 30 m Tiefe ist das Wasser gleichmäßig temperiert.

Ist das Wasser in der angegebenen Tiefe deutlich wärmer oder kälter, so liegt der Verdacht vor, daß in nicht großer Entfernung von der Beobachtungsstelle entweder Wasser aus den unteren Erdschichten, z. B. durch Spalten heraufdringt oder von der kühleren Erdoberfläche hinuntersinkt. Da jedoch der Wärmeausgleich nicht unbedeutend ist, so macht sich die Differenz nur in der Nähe des Eintritts und nur dann geltend, wenn die eintretende Wassermenge eine erheblichere ist. — Wird das Wasser aus höheren Lagen geschöpft, so schwankt es dementsprechend in seiner Jahresamplitude, doch sind die Schwankungen viel geringer als bei den Oberflächenwässern, und sie folgen der Lufttemperatur langsam nach. Schon in 0,5 bis 1,0 m Tiefe verschwinden die Tagesschwankungen; die durch den Erdboden bewirkte Verspätung der Temperatur beträgt für jeden Meter Tiefe annähernd drei Wochen. So kommt es denn, daß Mitte des Winters das tiefstehende Grundwasser, sofern seine Wärme überhaupt noch schwankt, seine höchste Temperatur hat, während seine tiefste in den Mai zu fallen pflegt. Humus leitet die Wärme am langsamsten, Ton und Kalk etwas rascher und Sand am raschesten.

Bei dem Hinuntergehen in große Tiefen nimmt die Temperatur, welche in unseren Breiten, bei 20 bis 30 m, der mittleren Jahreswärme entspricht, für je 30 bis 35 m um 1° C zu. Stimmt die Wärme mit der erbohrten Tiefe nicht überein, so ist möglicherweise oberflächlicheres Wasser eingedrungen, oder von unten wärmeres aufgestiegen.

Meistens ist das Grundwasser blank, klar und frei von suspendierten Teilchen. Bei dem langsamen Heruntergedrücktwerden

der Wasserteilchen bleiben die Suspensa hängen. Wenn das Wasser
allerdings von der Oberfläche aus durch weitere Kanäle hindurch
die Grundwasserzone rasch erreicht, werden seine obersten Schichten
eine Trübung zeigen können. Bei Brunnen kann es sich ereignen,
daß die Trübung hervorgebracht wird durch Wasser, welches
seitwärts oben in den Brunnenschacht eintritt und dann an den
Wänden herunterläuft, oder zwischen dem Mauerwerk und dem
gewachsenen Boden sich einen raschen Zufluß verschafft hat. Wird
ein Brunnen in Grundwasserschichten gesetzt, welche feinkörnig,
tonig sind, so wird das zunächst abgepumpte Wasser so lange
trübe sein, bis die feineren Teilchen aus der nächsten Nähe des
Brunnens fortgespült sind und die Wasserbewegung infolge des
vergrößerten Radius so gering geworden ist, daß die feinen Teilchen nicht mehr losgerissen und mit fortgeführt werden.

Eine Färbung besitzt das Grundwasser, abgesehen von dem
graubläulichen Schimmer, den ihm feinst verteilte Tonteilchen gewähren, wenn es Humussubstanzen, z. B. aus Braunkohlenlagern
oder Torfschichten aufnimmt; es erscheint dann bräunlich bis
braun. Ein eisenhaltiges, ursprünglich blankes Grundwasser wird
trübe, wenn es mit Luft in Berührung kommt.

Selten besitzt das Grundwasser einen ausgesprochenen Geschmack, es sei denn den tintenartigen des gelösten Eisens, welcher
jedoch mit dem Ausfall des Eisens sofort verschwindet. Stärker
mit Humussubstanzen durchsetzte Wässer schmecken torfig, moorig,
muffig. Diese unangenehme Eigenschaft verliert sich nicht leicht;
ebensowenig tut das die braune Farbe eines solchen Wassers.
Dort, wo schwefelsaure Tonerde in größerer Menge in Lösung ist,
macht sich ein unangenehmer Alaungeschmack bemerkbar.

2. Die chemische Beschaffenheit des Grundwassers.

Die chemische Beschaffenheit richtet sich in erster Linie nach
dem Boden, welchen das Wasser durchfließt, denn „tales sunt
aquae, qualis terra per quam fluunt". Wo der Boden viel kohlensauren Kalk enthält, da ist das Wasser reich an Kohlensäurehärte,
wo er viel Gips enthält, überwiegt die Mineralsäurehärte in Gestalt der schwefelsauren Verbindungen, wo es aus kalkarmen Lagen
hervortritt, da ist das Wasser weich und wenig gehaltreich.

Bei der Bewertung der chemischen Befunde eines Wassers
ist daher dieser Faktor nie zu vernachlässigen. Es kommen aber
nicht nur die Bodenschichten in Betracht, in welchen das Wasser
heraustritt oder erschlossen wird, sondern auch die, auf welchen

es sich bewegt hat und die es durchsetzte; weit oberhalb — im Sinne der Wasserbewegung — gelegene Bodenschichten können dem Wasser seinen chemischen Charakter verleihen. Von Einfluß ist ferner die Art des Wassers selbst. An sich ist destilliertes Wasser ein aggressiver Körper, es greift z. B. Glas intensiver an, als das die Säuren und Alkalien tun; es löst Silikate leicht. Hat das reine Wasser Gelegenheit, aus den oberen Bodenschichten Kohlensäure aufzunehmen, so wird es noch geeigneter zur Lösung fester Substanzen. Der in ihm enthaltene Sauerstoff ist ebenfalls ein wirksames Agens.

Von großer Bedeutung für das Lösungsvermögen des Wassers ist die Dauer, während welcher es mit den Gesteinen in Berührung ist, sodann die Innigkeit der Berührung. Diese ist bei körnigem Boden der grundwasserführenden Schicht eine fast unendlich große, denn jedes einzelne Körnchen ist mit einer dünnen Wasserschicht umgeben, die vom nächsten Körnchen nur eine minimale Wegstrecke entfernt ist; der gesamte Boden also untersteht hier dem Einfluß des Wassers.

Daß ein feinporiger Boden hineingelangte Schmutzstoffe in deutlicherer Weise erkennen läßt als ein grobporiger, ist bereits S. 75 gesagt worden.

In manchen Grundwässern findet sich Luft, die mit dem Regen in die Erde gelangt und sich dort verändert. Nicht angegriffen wird der Stickstoff, er pflegt sich daher in erheblicher Menge im Wasser zu finden. Haack konnte ihn zu 13, 14, sogar zu 26,4 ccm im Liter des Tegeler Rohrbrunnenwassers nachweisen. Das Gas ist indifferent, aber es kann lästig werden, z. B. in den Heberleitungen; man darf nicht vergessen, daß die Effekte sich summieren; rechnet man mit Haack 19,5 ccml als Durchschnitt, so gehen durch eine Leitung von 500 cbm Tagesleistung Wasser täglich zugleich 9,75 cbm Stickstoff.

Im tieferen Grundwasser fehlt der Sauerstoff.

Dahingegen pflegt freie Kohlensäure reichlich vorhanden zu sein; 20 bis 60 mgl sind die gewöhnlichen Grenzen, die jedoch nach beiden Seiten überschritten werden. Rechnen wir nur 30 mgl, so würden unter vorstehender Annahme täglich 15 kg oder rund 7,5 cbm durch das Rohr fließen.

Aus Reduktionsprozessen hervorgehender Schwefelwasserstoff des tieferen Grundwassers kann sich schon durch den Geruch bemerkbar machen, bevor noch der chemische Nachweis gelingt. Seine Menge ist also minimal. Haack fand im Tegeler Grundwasser 0,01 bis 0,09 mgl. Das erscheint wenig, und doch hatte dieses Wasser die verzinkten Brunnenrohre zerfressen. Haack rechnet aus, daß bei 500 cbm Förderung und 0,05 mgl H_2S am Tage 25 g Schwefelwasserstoff mit dem Wasser entfernt werden.

a) Die durchschnittliche Beschaffenheit der Grundwässer Deutschlands.

In der Tabelle auf S. 164 und 165 sind eine Anzahl Analysen von echten Grundwässern aus verschiedenen Gebieten Deutschlands zusammengestellt, um ein Bild über die chemische Beschaffenheit zu geben.

Aus den Zahlenreihen folgt, daß die Grundwässer Deutschlands in chemischer Hinsicht nicht sehr differieren; wie wir sehen werden, ist das bei den Quellen in viel stärkerem Maße der Fall. Der Grund ist darin zu suchen, daß für einen weiten Teil Deutschlands, die ganze norddeutsche Tiefebene, die Grundwasser führende Schicht ziemlich einheitlich ist, insofern als sie aus dem zur Eiszeit abgelagerten und zum Teil auch wieder abgebauten Material besteht, und daß das Wasser aus den chemisch ziemlich indifferenten Kiesen und Sanden geschöpft wird, die über und zum Teil zwischen dem Geschiebemergel liegen.

Wo das anliegende oder unterliegende Gebirge das Alluvium oder das Diluvium bilden hilft, da gibt es von seinen Bestandteilen ab; das ist z. B. der Fall bei einem Teil der Wasserversorgung Hannovers, wo die Kalke des Jura und der Kreide, bei der Versorgung Kölns, wo die Braunkohlenformation zur Geltung kommen. Wenn die Sande kalkig sind (Kiel, Schulenseebrunnen), geben sie ein härteres Wasser.

Im allgemeinen liegt die Härte bei den Grundwässern zwischen 7 bis 20 deutschen Graden. Regelmäßig tritt die Magnesia in ihrer Menge erheblich hinter den Kalk zurück.

Die bleibende Härte pflegt im allgemeinen nicht die Hälfte der Gesamthärte zu betragen, der Gehalt an schwefelsauren Verbindungen ist somit gewöhnlich nicht groß.

Der Chlorgehalt ist bei den nicht tiefstehenden Grundwässern niedrig; selbstverständlich kommen erhebliche Ausnahmen von dieser Regel vor, sowohl in der Nähe des Meeres, als auch an einzelnen Örtlichkeiten, wo Kochsalz aus der Tiefe in die diluvialen oder alluvialen Formationen eindringt, oder an Tiefstellen durch Konzentration entstanden ist.

Wie die Tabelle ergibt, ist das Eisen ein recht häufiger, wollte man die Tabelle allein gelten lassen, ein fast regelmäßiger Befund. Wir kommen hierauf ausführlich zurück. Mangan ist nicht häufig angegeben; aber es ist sicher, daß es fast überall, wenn auch in geringen Mengen, mit dem Eisen zusammen vorkommt.

Der Befund an Ammoniak ist bei den nicht verunreinigten Grundwässern häufiger als ihn die Tabelle angibt, die Ammoniakverbindungen stellen einen recht häufigen Nebenbefund bei dem Vorkommen von Eisen dar. Nennenswerte Mengen von Salpetersäure sind bei reinen Grundwässern an das reichlichere Vorkommen von organischen Substanzen im Boden, humöse Stoffe, Braunkohlen u. dgl. gebunden; Spuren von Salpetersäure findet man oft, weil organische Stickstoffsubstanzen in geringen Mengen sehr weit verbreitet sind.

Die zur Oxydation der organischen Substanzen erforderliche Menge Kaliumpermanganat ist im allgemeinen gering; wo jedoch das Wasser alten Schlick durchfließt, wo es torfige, moorige Stellen auslaugt, mit braunkohlenhaltigen Sanden in Berührung kommt, ist der Kaliumpermanganatverbrauch erheblicher. Gesundheitlich ist der Befund ohne Bedeutung, aber die organischen Substanzen können unter Umständen durch ihr starkes Reduktionsvermögen lästig werden; sie sind es auch, die die Farbe und nicht selten den Geschmack und Geruch des Wassers bedingen.

Das Grundwasser stellt nicht eine feste unwandelbare Größe dar, im Gegenteil, es kommen im Laufe der Jahre und innerhalb eines Jahres, wie die Tabelle ausweist, geringe, aber auch erhebliche Schwankungen vor, welche sich jedoch bei demselben Wasser in den einzelnen Bestandteilen verschieden gestalten können. Je gehaltreicher ein Wasser ist, um so stärker pflegen die Schwankungen zu sein. Ein gutes Beispiel für derartige Bewegungen bieten die Analysen des Werkes Grasdorf-Hannover. Die Schwankungen treten dort besonders stark hervor, weil der Boden stärker kalkhaltig ist, und die Kalke verschiedenen Formationen entstammen, also nicht alle gleich stark angreifbar sind.

Der Wechsel in der Zusammensetzung kann zusammenhängen mit dem Zufluß des Wassers an Ort und Stelle, also mit den Niederschlägen. Gewöhnlich wird dieser Einfluß überschätzt oder zu früh in die Rechnung eingesetzt, weil im feinporigen Boden das Wasser recht langsam von oben in das Grundwasser herunter sinkt und eine weitere Zeit vergeht, bis es im Grundwasser selbst zum Sauger gelangt. Sodann ist der Wechsel abhängig von dem seitwärts zuströmenden Grundwasser, dessen Zufluß stärker oder schwächer sein kann und dementsprechend mehr oder weniger verdünnend wirkt. Weiter kommt der Stand des Grundwassers in

Betracht; bei hochstehendem Spiegel werden andere Bodenschichten ausgelaugt, wie bei tiefstehendem. Die Vegetations-
perioden spielen insofern eine Rolle, als bei den einen mehr, bei
den anderen weniger CO_2 entwickelt wird und in das Wasser übertritt, wodurch eine vermehrte bzw. verminderte Lösungsfähigkeit
für manche Stoffe gegeben wird. Auch die Temperatur kann von
Einfluß sein.

b) Verschiedene Grundwässer dicht neben- und übereinander.

Das Grundwasser bildet meistens ein einheitliches Ganze, indessen kommen Ausnahmen vor, von welchen einige Beispiele in
der nebenstehenden Tabelle angegeben sind.

Das erste Beispiel der Tabelle stammt von Luedecke-Breslau.
Er schreibt: „Wie ist es möglich, daß in so geringer Entfernung
voneinander schon mehrere Jahre solch verschiedenes Wasser ausgepumpt wird? In den reinen, scharfen Sanden und Kiesen können
nicht verschiedene Grundwasserströme weitere Strecken nebeneinander verlaufen; ich nehme vielmehr an, daß diese Verschiedenheit
durch die Bodenbeschaffenheit in der Nähe der Brunnen bedingt
wird. Bei den Brunnen 1 (und 2) ist der Boden reicher an
Karbonaten (Kalk und Magnesia) und Sulfaten als in der Nähe
der Brunnen (3 und) 4.“ — Es ist kaum möglich, eine andere
Erklärung zu geben, als Luedecke es getan hat und doch genügt
sie nicht ganz; sollte das Wasser, welches relativ rasch die nähere
Umgebung der Brunnen durchfließt, denn es dient zur Zentralversorgung eines Vorortes von Breslau, imstande sein in kurzer
Zeit so viel Salze aufzulösen? — Für den erheblichen Unterschied
der beiden Stettiner Brunnen wird von Keilhack angenommen, daß
dem Brunnen 15 in seinen tiefer liegenden Wasserwegen gehalt-
reicheres Wasser aus den oberhalb gelegenen diluvialen Höhenzügen
zufließe, welches den anderen Brunnen nicht oder nicht in so reicher
Menge erreicht.

Das Trierer Werk in Ehrang liegt an dem Ausgang des Kylltales in das Moseltal. Letzteres ist das ältere, in dasselbe hat sich
die von der Eifel kommende Kyll hineingenagt. Soweit die Brunnen
in dem Kyllschotter stehen, ist das Wasser weich. Eine direkte
Beeinflussung der Brunnen durch den Fluß findet nicht statt. Die
zwei Landbrunnen aber liegen in den alten festen Anschwemmungen
des Moseltales. Der Boden ist nicht wesentlich kalkreicher, als der
des Kylltales, aber er ist viel fester, das Wasser zirkuliert in ihm
viel langsamer. Die starke Differenz hat sich in unserer 20 jährigen
Beobachtung nicht geändert.

Verschiedene Grundwässer dicht neben- und übereinander. Zunahme des Gehaltes im Laufe der Zeit.

	Abdampfrückstand	Glührückstand	Gesamthärte	Bleibende Härte	Kalk	Magnesia	Schwefelsäure	Chlor	Kaliumperm.-Verbrauch	Eisen (Mangan)	Ammoniak	Salpetersäure	Bakterien	Bemerkungen
			Deutsche Grade	Deutsche Grade										
Breslau, Wasserwerk.														
Brockau, Brunnen I	512	—	17,9	—	152	19	114	43	6	16	—	—	—	Odertal, unbeeinflußt vom Fluß. Die Entfernung der gleichtiefen Brunnen I und IV beträgt 121 m.
Brunnen IV	270	—	11,2	—	92	14	45	23	14,8	5	—	—	—	
Brunnen von 160 m Tiefe, nahe bei Brunnen I u. IV	1118	—	33,6	—	248	63	322	139	—	8	—	i	—	Wasser des Tertiärs unter 30 bis 70 m starker, diluvialer Lettenschicht.
Stettin.													Freie CO₂	
Brunnen 14	—	—	35,7	16,2	320	39	—	115	10,2	0,1 (1,3)	—	—	3,8 mg	Der Zwischenraum zwischen den beiden Brunnen beträgt 10 m. Alluvionen des Odertales mit Humus und Torf am Rande des diluvialen, kiesig-sandigen Höhenzuges.
Brunnen 15	—	—	69,3	48,7	615	56	—	337	10,3	0,2 (8,1)	—	—	59,0 mg	
Posen.													Bakterien	
Oberflächliches Wasser der Eichwaldwiesen in 6 bis 13 m Tiefe	464	396	15,2	2,9	123	21	39	18	24	13,0	0,7	—	20—70	Diluvialer Sand und Kies mit Fossilien, wenig Humus in den oberen Lagen, darunter 80 bis 120 m Flammenton und unter diesem das braune Tiefenwasser.
Benachbartes Bohrloch von rund 120 m	645	481	9,0	2,4	61	20	31	178	246	0,65	2,6	—	1—4	
Trier, Werk Ehrang.														
Kyll- und Hügelbrunnen	190	140	10,6	5	57	25	8	7	4	0,08	—	—	0—10	Die ersten Brunnen liegen im Schotter der Kyll, die anderen in 30 m Entfernung, im alten Moselschotter. Je zwei Brunnen sind gekoppelt.
Land- und Gartenbrunnen	720	600	33	21	230	71	170	30	8	2,2	—	—	0—10	
Melldorf.														
Wasser aus der oberen Zone (8 m)	520	350	24,5	—	144	7	—	35	28,3	1,2	—	—	—	Unaufgearbeiteter Moränenschutt der Eiszeit und spätere feine Sande.
Wasser aus der unteren Zone (37—42 m)	180	150	8,5	4,0	12	9	18	21	1,4	0,3	—	—	—	
Wasser aus der mittleren Zone (30 m)	760	610	24,1	10,6	172	49	142	129	9,3	9,0	Spur	—	—	

Eine eigentümliche Erscheinung machte sich in Erfurt bemerkbar. Die Stadt war genötigt, für Zeiten von Dürre vorzusorgen. In dem mit Schottern und Kiesen des Thüringerwaldes ausgefüllten Tale der Gera wurden gegen 8000 cbm Wasser gefunden, welche unbenutzt in einen tief eingeschnittenen Flutgraben abgeflossen waren und nun mittels 10 gegen 30 m voneinander entfernten Filterbrunnen von 10 m Tiefe gefaßt worden sind. Die Brunnen gehen bis auf den das Liegende bildenden oberen Muschelkalk, welcher in diesen Bezirken Thüringens an manchen Stellen Gips und Kochsalzlinsen einschließt; das Grundwasser steht bis rund 3 m unter Erdgleiche. Die laufenden Untersuchungen hatten ganz schwankende Chlorbefunde ergeben. Nach mehrtägiger Ruhepause, bei welcher das Grundwasser täglich zu ungefähr 8000 cbm in den Flutgraben abfloß, entnahmen wir Proben a) an der oberen Grenze der Filterkörbe, 2 m unter dem Grundwasserspiegel, b) vom Boden (wir benutzten zur Entnahme dickwandige Gummirohre, die an eine starke Saugflasche als Vorgelege angeschlossen waren; aus dieser saugten wir die Luft mit einer rasch durch Umsetzen des Ventils abgeänderten Radfahrpumpe ab).

Es ergab sich an Milligramm-Liter Chlor und deutschen Härtegraden:

	Br. IV.		Br. V.		Br. VI.		Br. VII.	
	Chlor	Härte	Chlor	Härte	Chlor	Härte	Chlor	Härte
Oben	76	-45^0	99	-44^0	344	-55^0	99	-41^0
Unten	762	-56^0	957	-68^0	603	-54^0	149	-41^0

	Br. VIII.		Br. IX.		Br. X.	
Oben	222	-36^0	294	-45^0	255	-39^0
Unten	225	-36^0	294	-44^0	265	-41^0

Schon 60 cm über dem Boden war das Kochsalz bei den ersten Brunnen wesentlich geringer. Das in dieser Höhe ausgepumpte Wasser, an einem Tage 2270 und an einem anderen Versuchstage 4000 cbm, ergab die folgenden Resultate:

	Br. IV.	Br. V.	Br. VI.	Br. VII.
2270 cbm . . .	$86-41^0$	$197-32^0$	$176-39,5^0$	$121-40,5^0$
4000 „ . . .	$131-38^0$	$237-41^0$	$227-39^0$	$255-39^0$

	Br. VIII.	Br. IX.	Br. X.
2270 cbm . . .	$164-40^0$	$218-39,5^0$	$222-39,5^0$
4000 „ . . .	$291-41^0$	$327-41^0$	$299-40^0$

Hier finden sich also bedeutende Unterschiede zwischen dem höher und tiefer stehenden Wasser. Außerdem wird der Chlorgehalt durch die Menge des entnommenen Wassers geändert. Bei größerer Entnahme steigt der Chlorgehalt, während die Härtegrade bei verschiedener Beanspruchung teils zu-, teils abnehmen. — Das Wasser kommt heraus direkt in dem „Dreienbrunnenfelde", welches durch seine auf das höchste getriebene Gartenkultur bekannt ist. In ihm liegen auf etwa 500 m Länge eine größere Reihe Quellen, die alle eine gleichmäßige Temperatur von 10,1⁰ bis 10,2⁰ und eine stets gleiche Schüttung haben, sie werden durch flache Teiche geleitet, in welchen die berühmte „Erfurter Brunnenkresse" gezogen wird. Der Chlorgehalt von 19 von uns gemessenen Quellen schwankt zwischen 20,7 und 63 mg bei 28⁰ bis 51⁰ Härte; eine jedoch mitten zwischen den anderen Quellen liegende hat 254 mgl bei 48⁰ Härte. Eine Quelle, die am obersten Brunnen in den Flutgraben tritt, führt 338 mgl und die „drei Brunnen", von welchen das Feld seinen Namen trägt, 836 mgl und 118⁰ Gesamthärte. Auch sei folgendes angegeben: Brunnen V führte zur gleichen Stunde ein Wasser von 785,5 mgl Chlor in 30 cm Tiefe unter dem Sauger, d. h. direkt am Brunnenboden; das ausgepumpte Wasser hatte 197 mgl und das Wasser in 60 cm Höhe über dem Sauger 55,6 mgl. Das ausgepumpte Wasser enthielt, nachdem zuvor die ganze Anlage in Ordnung gebracht war, von 0 bis 20 Bakterien im Kubikzentimeter, selten war die Zahl höher; in den oberen Brunnenschichten, wo das Wasser stagnierte, war die Keimzahl beträchtlich.

Dieses Beispiel zeigt, wie verschieden ein Grundwasser sein kann an verschiedenen, selbst ganz nahe beieinander liegenden Stellen und Höhen und bei verschiedenen Beanspruchungen. An Örtlichkeiten, wie die besprochene, ändert schon die Schieberstellung des Saugrohres die chemische Zusammensetzung; man darf bei Abgabe eines Urteiles nicht zu rasch vorgehen, sonst irrt man leicht.

Kurz sei erwähnt, daß in verschiedenen Etagen übereinander stehendes Wasser ganz verschieden sein kann; die beiden in der Tabelle verzeichneten Beispiele, die sich beliebig vermehren ließen, zeigen das in bester Weise. Im übrigen sei bezüglich dieser Verhältnisse auf das Kapitel: „Die Herkunft des Wassers aus größerer Tiefe, Tiefbrunnen", verwiesen.

Sehr gut zeigte sich auch die Verschiedenheit des Wassers bei Meldorf in Schleswig; dort liegen zwei dem diluvialen Gebirge angehörige Wasserschichten übereinander. Bei der eigentümlichen verworfenen Schichtenbildung der diluvialen Eiszeit ist nicht unwahrscheinlich, daß beide Wasserzonen — man spricht hier besser nicht von Horizonten — an der einen oder anderen Stelle miteinander in Verbindung stehen, und daß bei stärkerer Wasserentnahme das obere Wasser in das untere hineinfließt. Auch ist nicht ausgeschlossen, daß das an zweiter Stelle verzeichnete tiefe Wasser mit einer sehr gehaltreichen oberen Wasserschicht kommu-

niziert. Es ist aber auch denkbar, daß sich an der betreffenden
Stelle eine mit altem gehaltreichen Wasser gefüllte Tasche findet.
In den Geschieben der Eiszeit sind abgeschlossene Wasseransamm-
lungen häufig; die Geschiebemergel stellen dann die abschließenden
Riegel dar.

Die Untersuchung des Grundwassers desselben Stadtbrunnens
in verschiedenen Zeiten ergibt zuweilen verschiedene chemische
Befunde. Das beruht nicht auf Analysenfehlern, sondern darauf, daß
Wasser verschiedener Perioden untersucht wird und daß dieses in
dem einen Jahr konzentrierter war als in dem anderen, sei es, daß
die Jahre verschieden feucht waren, sei es, daß die Umgebung
des Brunnens mehr oder weniger reinlich gehalten wurde. Man
wolle nicht vergessen, daß das Grundwasser in dem engporigen
Boden stockwerkartig übereinander steht. Zum Vermischen ist gar
keine Gelegenheit und die Diffusion ist nicht bedeutend. Ein Beispiel für die schwere Beweglichkeit des Wassers unter sogar für
die Mischung günstigen Verhältnissen ist folgendes:

Einer Galerie floß bei stärkerem Regen, nach vorhergehenden
längeren Trockenperioden, ein sehr hartes Wasser von 100 und
mehr französischen Härtegraden zu; war der Anprall überstanden,
so kam wieder weicheres Wasser, bis herunter zu 28 Graden.
In die 10 m tiefe Galerie sind drei 1 m im Durchmesser haltende,
bis fast zur Sohle wasserdichte Brunnen gesenkt. Das zufließende
harte Wasser drückte das weichere in den Brunnenschächten in die
Höhe und noch nach drei Wochen haben wir dort wiederholt das
weiche Wasser gefunden, während nur 1 m tiefer das harte Wasser
der Pumpe zufloß. Wenn das in einem so weiten Kessel statt-
hatte, dann ist in den engen Poren des Grundwasserträgers die
Mischung faktisch gleich Null zu setzen.

Nicht gerade selten stehen auch im unbeeinflußten Boden verschiedene Wässer übereinander. Wenn Eisenoxydul in kohlensäurehaltigem, sauerstofffreiem Wasser sich in Lösung befindet, so fällt
das Eisen bei hochstehendem Grundwasserspiegel aus den oberen
Schichten aus. So kann es gelingen, über einem stark eisenhaltigen
Wasser ein eisenfreies zu schöpfen. In ähnlicher Weise kann ein
chlorarmes Wasser über einem chlorreichen, ein weiches über
einem harten stehen.

Uns wurde ein Brunnenwasser eingeschickt mit der Angabe,
der Brunnen enthalte oben ein gutes Wasser, unten aber „Jauche".
Die Untersuchung ergab oben ein eisenfreies, unten ein Wasser,
welches sowohl gelöstes als auch ausgefallenes Eisen enthielt. Wir
empfahlen dem Besitzer, das Saugrohr der Pumpe um 2 m zu kürzen

und den Nachbarn das Mitbenützen des Brunnens zu untersagen, damit bei geringem Konsum das Eisen Zeit habe auszufallen, weiter wurde angeraten, jedes Jahr den abgesetzten Schlamm aus dem Brunnen zu entfernen.

c) Plötzlich und allmählich eintretende Verschlechterungen von Grundwasserversorgungen.

In lebhaftes Erstaunen wurde die ganze sich für Wasserversorgungen interessierende Welt gesetzt, als sich plötzlich am 28./29. März 1906 das bis dahin gute Grundwasser Breslaus als unbrauchbar erwies.

In die oben aus Auelehm und Schlick, in den unteren Teilen aus Sand und in den noch tieferen aus Sand und Kies bestehenden, auf Geschiebemergel ruhenden Schichten des Odertales hatte die Stadt Breslau 313 Bohrbrunnen von 9 bis 13 m Länge gesenkt, welche ihr Wasser mittels Filterkörben von 3 m Länge aus den Bodenschichten entnahmen, welche 1 bis 4 m über der undurchlässigen Schicht lagen. Das Wasser war, wie die Tabelle auf S. 172 ausweist, gut, wenn auch stark eisenhaltig.

Nach Jahresfrist zeigte sich, daß die Ergiebigkeit erheblich geringer war, als man angenommen hatte, daß der Grundwasserspiegel fast bis zur projektierten größten Tiefe, also bis dicht über den Hebereinlauf, d. h. bis auf rund 7 m abgesenkt werden mußte, und daß der Eisengehalt 18 bis 20 mgl erreichte.

Am 28. März 1906 wurde zunächst ein Teil, dann am 29. März ein anderer Teil des Fassungsgeländes durch Hochwässer überschwemmt. Ungefähr 12 Stunden darauf war die Menge des Kalkes und der Schwefelsäure im Sammelbrunnen um das Dreifache gestiegen, der Eisengehalt war enorm vermehrt, bis weit über 100 mgl und es trat zum ersten Male seit Bestehen des Werkes Mangan auf (s. Tabelle). Das Eisen fand sich bei der einen Brunnengruppe nur als Sulfat, bei der zweiten zum größten Teil als Karbonat, während sich später auch hier mehr Sulfat einfand. In den nächsten Tagen nach der Überschwemmung hielt sich die Eisenmenge auf ungefähr gleicher Höhe, sank dann nach Ausschaltung der am stärksten geschädigten Brunnenreihe auf 70 bis 80 mgl ab und blieb so. Man war gezwungen, die stärker affizierten Teile der Anlage ruhen zu lassen. Das Eisen konnte von der Enteisenungsanlage noch beseitigt werden, das Mangan aber nicht, und verursachte höchst unangenehme und zahlreiche Störungen.

Über die Entstehung der Kalamität hat hauptsächlich Lührig gearbeitet, dem wir hier in der Hauptsache folgen. Wir legen

Plötzlic e und im Laufe der Jahre auftretende erhebliche Verschlechterungen von Grundwasser.

	Abdampf-rückstand	Glüh-rückstand	Gesamt-härte	Blei-bende Härte	Kalk	Magne-sia	Schwefel-säure	Chlor	Kalium-permanganat-ver-brauch	Eisen (Fe)	Mangan-sulfat	Ammo-niak	Sal-peter-säure	Bak-terien	Reak-tion
Breslauer Grundwasser.															
Vor der Überschwemmung	232	184	7,3	5,7	59	10	60	17	3,9	9	0	0	0	2—67	Neutral
Nach der Überschwemmung	669	—	18,8	18,8	146	29	317	15	2,4	über 100	52	0,03	Spur	—	Sauer
Kiel.															
Poppenbrügger Fassung bei 4 bis 5 m Absenkung, Mai bis Oktober 1893 . . .	370	—	16,8	—	146	15,4	56	15,7	17,1	1,0	—	0,14	0	—	—
Bei 12 m Absenkung, De-zember 1893 bis April 1894	630	—	25,0	—	230	11,6	182	15,9	22,4	4,2	—	Spur	0	—	—
Moskau.															
Mytischtschywerk 1889 . .	143	—	6	5	51	11	10	3,1	1,5	Spur	—	0	1,8	—	—
1898 . .	215	—	9,8	—	76	16	18	3	2,8	—	—	0	0	—	—
1901 . .	277	—	12,0	—	99	20	36	3	3,2	—	—	0	0	—	—
1904 . .	339	—	14,1	—	111	21	59	3	4,4	—	—	0	0	—	—
18. Mai 1907 . .	—	—	21,4	—	—	—	123	—	—	—	—	—	0	—	—
28. Juni 1910 . .	—	—	23,39	—	—	—	134	—	—	—	—	—	0	—	—
4. März 1913 . .	580	—	25,5	—	203	37	155	0,7	4,9	—	—	0	0	—	—

der Breslauer Kalamität Bedeutung bei, weil sie sich, wenn auch mit der einen oder anderen Variation, an manchen anderen Stellen wiederholen kann.

Auf dem Wasserfassungsgelände lagen in den oberen Bodenschichten an vielen Stellen dickere Schichten von viel organische Stoffe enthaltendem Schlick, von Ton, der mit organischen, sogar streckenweise torfigen Teilen durchsetzt war. In den Pflanzen, die hier zugrunde gegangen sind, war Eisen, Mangan und Schwefel enthalten. Bei ihrer Zersetzung entstand Schwefelwasserstoff, der bei Luftabschluß mit dem Eisenoxydul Schwefeleisen bildete.

$$Fe(OH)_2 + H_2S = FeS + 2H_2O.$$

Das Eisenoxydul aber entstand aus dem eingeschwemmten, früher bereits abgelagerten und aus dem in den Pflanzen enthaltenen Eisen unter Anwesenheit von Kohlensäure.

Wenn das Eisen als Oxyd vorhanden ist, so entsteht aus ihm zunächst das Oxydul, welches hydratisiert wird, um auf diesem Wege zu Schwefeleisen zu werden:

$$Fe_2O_3 + H_2S = 2FeO + H_2O + S.$$

Der Schwefel kann wieder zu H_2S umgebildet werden. Wo viel organische Substanzen vorhanden sind, viel Eisen und Schwefelverbindungen sich finden, da kommt es, wenn Sauerstoff fehlt, wie das in viel organische Stoffe enthaltenden Wässern schon in geringer Tiefe der Fall ist, zu lebhaften Reaktionen, unter Bildung von Schwefeleisen, FeS und FeS_2; letzteres ist der eigentliche Schwefelkies, welcher meistens in feinst verteilter amorpher Form vorhanden ist.

Das Manganoxydul, welches in erheblich geringerer Menge im Schlick vorhanden zu sein pflegt, wird in ähnlicher Weise zu einfach und zweifach Schwefelmangan umgewandelt.

Die Schwefeleisenverbindungen sind im Wasser unlöslich, fallen sie jedoch trocken, kommen sie mit Luft zusammen, so wandeln sie sich in die schwefelsauren Verbindungen und das Doppelschwefeleisen, FeS_2, außerdem in schwefelsaures Eisen und in freie Schwefelsäure um:

$$FeS + 4O = FeSO_4$$
$$FeS_2 + 7O + H_2O = FeSO_4 + H_2SO_4.$$

Das Ferrosulfat, also das schwefelsaure Eisenoxydul, setzt sich in lufthaltigem Wasser weiter auf dem Umwege des Ferrisulfates um zu Eisenhydroxyd und basisch schwefelsaurem Eisenoxyd und freier Schwefelsäure:

$$6FeSO_4 + 3H_2O + 3O = 2Fe(OH)_3 + 2Fe_2(SO_4)_3$$
$$2Fe_2(SO_4)_3 + 2H_2O = 2Fe_2O(SO_4)_2 + 2H_2SO_4).$$

Hierbei ist also $^1/_3$ des Eisens als Eisenhydroxyd aus dem Wasser verschwunden, $^2/_3$ aber sind geblieben.

Das Mangansulfid bildet sich in entsprechender Weise zu Sulfat um; jedoch scheint dieser Weg nicht stark beschritten zu werden; das im Wasser gefundene schwefelsaure Manganoxydul entsteht vielmehr direkt. Wie Lührig nachgewiesen hat, wird das im Boden am häufigsten vorkommende Mangansuperoxyd, der Braunstein, durch freie Schwefelsäure und gelöstes schwefelsaures Eisenoxydul leicht in schwefelsaures Manganoxydul umgewandelt wobei wiederum schwefelsaures Eisenoxyd entsteht:

$$MnO_2 + 2\,FeSO_4 + 2\,H_2SO_4 = MnSO_4 + Fe_2(SO_4)_3 + 2\,H_2O.$$

Man hatte in Breslau angenommen, daß ein mächtiger, von den Wasserläufen gespeister Grundwasserstrom das Tal durchziehe. Diese Annahme erwies sich als irrig. Durch die starke Beanspruchung des Wasserfeldes senkte sich der Grundwasserspiegel immer mehr, die oberen, das Raseneisen und Schwefeleisen enthaltenden Schlickschichten fielen trocken und eine lebhafte Zersetzung der Sulfide trat ein. Wenn Wasser an sie herankam, z. B. durch Regen oder Schneeschmelze, so sanken die dadurch entstehenden, konzentrierten Lösungen in das Grundwasser hinein, erschienen zum Teil in den Brunnen, senkten sich zum anderen Teil in die Tiefe und lagerten sich dort ab. Daß letztere Annahme richtig ist, zeigen die hohen Befunde an Eisen (800 mgl Fe_2O_3) und Schwefelsäure (2886 mgl SO_3) auf einem benachbarten Friedhofsgelände, welches nie überschwemmt wurde. Die niedergesunkenen Mengen waren jedoch gering gegenüber denjenigen, welche ungelöst oder gelöst in den oberen Teilen des Bodens zurückgehalten wurden. Als dann die Überschwemmung kam und 1,5 m hoch das Gelände überdeckte, da löste das Wasser die Salze, insbesondere das schwefelsaure Eisen, auf und drückte sie in die Tiefe, wobei wieder das hohe spezifische Gewicht beschleunigend auf das Niedersinken einwirkte. Durch die plötzliche Überflutung wurde die im Boden vorhandene Luft in die Tiefe gedrückt, sie ging dem nachfolgenden, von oben kommenden Überschwemmungswasser voran. 12 Stunden förderten die Pumpen Luft. Als dann reichlich Wasser kam, war es mit den Salzlösungen stark angereichert; das erste Wasser war das konzentrierteste.

Das Überschwemmungswasser hat also die in den obersten Bodenschichten bereits gebildeten Salze gelöst und in relativ kurzer Zeit bis in die Brunnen befördert. Lührig konnte nachweisen, daß Wasser, in der Nähe eines Brunnens ausgegossen, in einer

Stunde ungefähr um 1 bis 1,5 m in den Boden hineindrang. Das schließt nicht aus, daß, wie Öttinger will, durch den starken Luftandrang auch an manchen Stellen in der Tiefe des Bodens befindliche Ansammlungen älterer konzentrierter Lösungen mit in Bewegung gebracht wurden.

Wo die Schwefelsäure sämtlichen Kalk gebunden hatte, fand sich schwefelsaures Eisen und Mangan, wo aber noch kohlensaurer Kalk vorhanden war, sei es im Boden, sei es im Rohrsystem oder in den Brunnen, wo also das verschlechterte Wasser mit dem aus nicht überschwemmten Teilen des Wasserfeldes zusammentraf, da fand eine Umsetzung statt derart, daß Gips und kohlensaures Eisenoxydul auftrat. So erklärt sich also das Vorkommen, sowohl kohlensaurer als schwefelsaurer Metalloxyde.

Einen Parallelfall zu dem Breslauer berichtete Lührig im Jahre 1913. In der Oderniederung, aber weit ab vom Strome und ohne jede Beziehung zu ihm, war von einer Stadt eine Brunnenreihe niedergebracht worden, welche das Wasser aus einem sogenannten unteren Wasserstockwerk des Diluviums entnahm, welches auch hier ganz unregelmäßig Sande, Kiese, Tone und Geschiebemergel enthielt. Wie schon früher angegeben, ist in den nicht aufgearbeiteten Bezirken der Eiszeit nicht mit großen, abgeschlossenen Wasserhorizonten zu rechnen; in dem bunten Durcheinander darf man sich nicht darauf verlassen, daß die verschiedenen Wasserbezirke nicht mehr oder weniger frei miteinander kommunizieren. So war es auch hier; als nach starker Beanspruchung und infolgedessen starkem Sinken des Grundwassers die Schwefeleisen enthaltenden moorigen Schichten der „oberen Wasserstockwerke", sagen wir besser der oberen Schichten, allmählich trocken fielen, traten die bei dem Breslauer Fall näher beschriebenen Zersetzungen unter Bildung von schwefelsaurem Eisen und Gips auf. Inzwischen war schon das Wasser allmählich eisenhaltiger und auch härter geworden. Nach Schneeschmelze machte sich dann plötzlich ein starker Gehalt an Eisen bemerkbar, der von einigen Milligrammlitern auf 55 mgl stieg, während die Härte sich von 9 auf 32^0 und die freie CO_2 auf 51 mgl erhob. Das Eisen fiel erst beim Kochen vollständig aus und die bis dahin alkalische Reaktion schlug infolge der Zersetzung des schwefelsauren Eisens in eine deutlich saure um. Die Einzeluntersuchung ergab, daß einzelne der Brunnen ein durch die Zersetzungen im Moorboden der obersten Schichten stark verdorbenes Wasser bekamen, wodurch das gesamte Wasser unbrauchbar wurde.

Die Breslauer Kalamität ist als ein Unikum und als etwas ganz Neues hingestellt worden, jedoch mit Unrecht. Schon elf

Jahre vorher berichtet der Direktor des hygienischen Instituts in
Kiel B. Fischer über eine ganz ähnliche Erscheinung; sie ist
nur damals nicht beachtet worden, weil sie in ihren Folgen nicht
so bösartig war und man sich leichter aus der Verlegenheit helfen
konnte als in Breslau.

Quer durch die Poppenbrügger Aue waren 38 Rohrbrunnen in
die Sande und Kiese getrieben, die vielfach von einer nur wenige
Zentimeter starken Lehmschicht und überall von einer $1/2$ bis 4 m
starken Moorschicht überlagert waren. Im Sommer und Herbst
1893 wurden die Brunnenspiegel fast fünf Monate hindurch um
4,3 m abgesenkt. Das Wasser hatte die in vorstehender Tabelle
angegebene chemische Beschaffenheit. Dann änderte sich das
Wasser; es zeigte den fauligen Geruch und den tintenartigen Geschmack des Eisenwassers und war mit Flocken von Eisenoxydhydrat durchsetzt.

Die chemische Zusammensetzung (s. Tabelle) zeigte eine starke
Zunahme der Schwefelsäure, des Kalkes, der Härte, des Abdampfrückstandes und des Eisens, sowie eine mäßige Vermehrung des
zur Oxydation erforderlichen Permanganats. Fischer sagt:

„Worauf die plötzliche und sehr erhebliche Verschlechterung
des Wassers zurückzuführen ist, das läßt sich zwar nicht mit Be-
stimmtheit sagen, doch ist es in hohem Maße wahrscheinlich, daß
dieselbe auf die erheblichen, namentlich durch die Entnahme ungleicher Mengen von Wasser bedingten Schwankungen in dem
Grundwasserstand an der Fassung zurückzuführen ist. Nachdem
fast fünf Monate hindurch der Wasserspiegel an der Fassung infolge des Abpumpens von mehr als 10 000 cbm täglich auf 4,3
bis 4,0 m abgesenkt gewesen, wurden vom 8. November bis zum
18. Januar des darauffolgenden Jahres nur knapp 7000 cbm täglich
der Fassung entnommen, so daß die Absenkung des Wasserspiegels
nunmehr kaum noch 2 m betrug. Während der stärkeren Absenkung konnte die Luft den Boden bis zu Tiefen durchsetzen,
die sonst fortwährend unter Wasser standen, die ebenso wie die
daselbst sich abspielenden lebhaften Verwesungsvorgänge infolge
der Moordecke für gewöhnlich der Einwirkung des Sauerstoffes
entzogen waren. Nachdem es zu allerlei Oxydationen in diesen
Bodenschichten gekommen war, setzte, infolge der anhaltend verminderten Entnahme aus der Fassung, das Grundwassser diese
Bodenschichten wieder unter Wasser und laugte nunmehr die unter
Anwesenheit des Luftsauerstoffs entstandenen Verbindungen aus.

Die Erfahrung, daß ein anfangs nur wenig Eisen enthaltendes
Grundwasser später bei andauernder Benutzung einen höheren

Eisengehalt annahm, ist wohl schon öfter gemacht worden, doch scheint man der Ursache der Veränderung nicht weiter nachgeforscht und auch die Veränderung selbst nicht eingehender untersucht zu haben, wenigstens finden sich darüber in der Literatur keine Angaben. Man scheint sich in solchen Fällen die Veränderung in der Weise erklärt zu haben, daß man annahm, das Wasser in größeren Bodentiefen sei eisenreicher als das in geringerer Tiefe, bei fortgesetzter Entnahme aber werde schließlich Wasser aus größerer Tiefe an die Fassung herangedrückt. Diese Auffassung mag wohl in manchen Fällen zutreffen, auf den vorliegenden Fall paßt sie jedoch nicht, denn hier trat der höhere Eisengehalt nicht bei zu-, sondern bei abnehmender Absenkung des Grundwasserspiegels ein. Am 8. November ging man von der bisherigen Wasserentnahme von etwa 11 000 cbm pro Tag auf 7000 bis 6700 cbm herab, 20 Tage später wurden bei der chemischen Untersuchung die ersten Anzeichen der Veränderung beobachtet und erst nach weiteren 10 Tagen gab sich die Verschlechterung bereits durch das völlig veränderte Aussehen des Leitungswassers kund. Erweist sich die gegebene Erklärung als richtig, so wird man durch geeignete Maßnahmen stärkere Grundwasserstandsschwankungen in der Praxis verhindern und damit einer Verschlechterung des Grundwassers mit ihren Folgen vorbeugen können."

Fischer hat in der damaligen Zeit die Art der Oxydationen im Moorboden nicht gekannt; es kann aber keinem Zweifel unterliegen, daß eine Zersetzung von Schwefeleisen stattgefunden hat. Interessant ist noch, daß es in diesem Falle bei einfachem Anstieg infolge verminderter Entnahme 20 Tage dauerte, bis sich die ersten Zeichen der stattgefundenen Oxydation zeigten und daß weitere 10 Tage vergingen, bis die Verschlechterung voll hervortrat. In der Folgezeit zeigten sich die Erscheinungen noch deutlicher; wenn der Grundwasserstand nach vorhergehender stärkerer Absenkung stark stieg, so fanden sich bis zu 30 mgl Eisen.

Ähnlich erklären sich die Veränderungen, welche sich an der Grundwasserversorgung Moskaus im Mytischtschy-Becken im Laufe der Jahre bemerkbar gemacht haben. Gegen 1893 legte man in einer Länge von 639 m 50 Bohrbrunnen an von rund 25 bis 35 m Tiefe, deren Zahl später nach verschiedenen Himmelsrichtungen hin vermehrt wurde. Das Mytischtschy-Becken ist erfüllt mit posttertiärem Gerölle, Sanden und Kiesen, welche auf einer Juratonschicht ruhen. Die obersten Lagen werden aus Sandschichten gebildet, die streckenweise viel Pflanzenreste und Torflager enthalten, die 1 bis 2 m unter der Oberfläche beginnen. Das ursprünglich sechs deutsche Grade harte, 10 mgl Schwefelsäure enthaltende Wasser nahm im Laufe der Jahre ansteigend an Härte zu, bis im Jahre 1913 im Mischwasser der Brunnen 25,5° Härte und 155,5 mgl Schwefelsäure gefunden wurden. Dabei war im Laufe der Zeit nach den Angaben von Ramul der Grundwasserspiegel um 6, später um 9 und zeitweise um 10 m gesunken.

Nur die südlich gelegenen Brunnen verhärteten; in ihnen fanden sich bis zu 50 Härtegrade und bis zu 480 mgl Schwefelsäure; die nördlich, westlich und östlich gelegenen Brunnen änderten ihre Beschaffenheit nicht.

Auch hier wurde, wie seinerzeit in Breslau, die Frage erörtert, ob tiefstehendes, hier jurassisches, Wasser ein- bzw. empordringe; dieses Wasser aber erwies sich als weich und arm an Schwefelsäure. Als Quelle für die Verhärtung der südlichen Brunnen wurden Torflager erkannt, die vor allem in dem südlichen Bezirk lagen und welche ganze Nester von Gipsnadeln bargen; Pyrite wurden nicht gefunden, aber die Torfasche enthielt bei 23 Tln. Gesamtasche bis zu 16,3 Tle., im Durchschnitt 8,0 Tle. Fe_2O_3.

Während in den oberen Teilen des Torfes sich ein Wasser von nur 9 bis 10 Härtegraden fand, führte das Wasser, welches in den tiefeingeschnittenen Rillen am Grunde des Torfsumpfes stand, bis zu 67 Härtegraden und 1300 mgl Schwefelsäure. Über zu starken Eisengehalt in den Mytischtschywässern wird nicht geklagt.

Der um die Klarlegung dieser Verhältnisse sehr verdiente Chemiker des Wasserwerkes in Rubljewo-Moskau, S. Oserow, prüfte, wieviel Schwefelsäure der Torf abgibt, wenn er zeitweise an der Luft liegt und wieviel, wenn er vollständig unter Wasser sich befindet[1]. Er füllte zu dem Zwecke in zwei Glasröhren von 6 cm Weite je 2050 g nassen Torfes, welche 489 und 499 g trockenen Torfes entsprachen. Der Torf des einen Rohres wurde unter Wasser gehalten. Der Torf des anderen wurde im Verlaufe von 379 Tagen 55 mal trocken fallen gelassen, also von dem in ihm enthaltenen Wasser durch Ablaufenlassen befreit, somit 55 mal mit Wasser ausgelaugt. Der Torf stand innerhalb dieser Zeit 116 Tage zum Zwecke der Auslaugung unter Wasser, 263 Tage war er frei von Wasser, soweit er es nicht kapillar zurückhielt. In den ersten vier Monaten wurde zeitweilig künstlich Luft durchgeblasen, in den anderen acht Monaten wurde nur von dem natürlichen Luftaustausch Gebrauch gemacht, welcher durch das senkrecht gestellte, oben offene, unten mit durch-

---

[1] Nach mündlichen und schriftlichen Mitteilungen Oserows.

bohrtem Stopfen, also nur teilweise geschlossene Rohr stattfand.
Die Menge der in dieser Zeit aus dem gelüfteten Rohre herausgenommenen Schwefelsäure betrug 150 g, die aus dem stets überschwemmten Torf gewonnene 4,9 g; dabei hatte aber der „nasse"
Torf zuerst auch einige Zeit an der Luft gelagert, so daß die
Gehalte des ersten Extraktes an SO_3 bei beiden Rohren gleich
waren; die Schwefelsäure des nassen Torfes ist also noch erheblich
zu hoch. Die Auslaugung setzte rasch ein und war in der Hauptsache in vier Monaten vollendet. Das ursprünglich neutrale Wasser
des gelüfteten Rohres reagierte alsbald sauer, während das des
überschwemmten Rohres seine Reaktion nicht änderte.

Das vorliegende Beispiel lehrt, daß sehr große Mengen Schwefelsäure aus dem trockenfallenden Moor und zwar in kurzer Zeit entstehen können.

Man muß also dem Torf, Humus oder Sumpf usw. größere Aufmerksamkeit zuwenden, als das bisher geschehen ist; man soll ihn
vorher untersuchen (s. Kap. Chemische Untersuchungsmethoden).

Daß Manganverbindungen unter dem Einfluß der Luft löslich
werden, zeigt folgende kleine Beobachtung von Richter, die aber
doch nicht übersehen werden sollte.

Ein Teil der Wasserversorgung der großen Irrenanstalt Groß-
Schweidnitz mußte wegen Bauarbeiten durch Verstopfung des
Abflusses eines Brunnens abgestellt werden. Das Wasser stieg
im Boden um 1,5 m. Als nach anderthalb Jahren das Wasser
wieder benutzt werden sollte, fand Richter Mangan im Wasser
und Mangankrümel mit Manganbakterien — angeblich Gallionella
und Antophysa — in dem Brunnen. Nachdem der untere Abfluß
einige Zeit gelaufen war, das Grundwasser sich also wieder gesenkt
hatte, verschwand das Mangan. Eisen ist nicht vorhanden gewesen.

Eine andere hochgradige Verschlechterung hat sich unter
unseren Augen ereignet. In devonischen Schiefern, dicht am Fluß,
aber unabhängig von ihm, wurde mittels einer 1 m breiten, 200 m
langen, zunächst 3 m tiefen, dann auf 10 m vertieften Sammelgalerie vor der Stadt Triebes, Wasser gefunden. Die chemischen Befunde sind in der nachstehenden Tabelle verzeichnet. Da der
rund 1000 cbm betragende Aushub — die Galerie war größtenteils
mit zerschlagenem Diabas ausgefüllt worden — zu unregelmäßigen
Haufen aufgetürmt lag, an anderen Stellen Löcher vorhanden waren,
so wurde der Aushub gleichmäßig in einer Stärke von 0,3 bis
0,8 m über der Galerie eingeebnet. In dem Aushub wurden starke
Kristalle von Schwefelkies gefunden, denen man jedoch eine Bedeutung nicht beigemessen hatte.

Beeinflussung von Wasser durch den Aushub einer Sickergalerie.

Die Wasserbeschaffenheit: a) in 3 m Tiefe, b) nach Vertiefung auf 10 m.

Wasser-beschaffenheit	Abdampf-Rückstände	Glüh-Rückstände	Kalk CaO	Magnesia MgO	Gesamt-Härte 0	Bleibende 0	Eisen Fe	Schwefel-säure . SO_3	Tonerde Al	Reaktion
a) In 3 m Tiefe	305	210	83	28	12	6	0	—	—	neutral
b) „ 10 „ „	436	324	112	45	19	13	0,4	120	—	„

Während der ersten neun Monate war bei Trockenheit das Wasser gut, nach Regengüssen war es etwas „rostig". Dann, am 6. Febr. 1909, setzte starke Schneeschmelze mit viel Regen ein. Am 8. Febr. 1909 war das Wasser völlig ungenießbar, schmeckte süßlich-zusammenziehend, ausgesprochen nach Alaun, war stark eisenhaltig und sehr hart, infolge der Säure bakterienfrei.

Wasser-beschaffenheit	Abdampf-Rückstände	Glüh-Rückstände	Kalk CaO	Magnesia MgO	Gesamt-Härte 0	Bleibende 0	Eisen Fe	Schwefel-säure . SO_3	Tonerde Al	Reaktion
1909 10. Febr.	—	—	356	36	69	60	2,4	719	142	stark sauer
12. „	—	—	668	48	134	134	8,0	35931	4921	„
15. „	2745	2060	337	—	—	—	24,0	1815	175	„
18. „	—	—	—	—	66	66	9	1040	140	„
1. März .	692	524	104	23	33	27	2,4	315	—	„

Das Wasser war wieder normal am:

20. März .	400	284	78	18	17	14	1,0	116	26	neutral

Regen und Schneeschmelze setzen abermals ein:

31. März .	—	—	—	—	87,4	73	8,5	1092	505	sauer

Erneuter Einbruch durch starke Regen. Das Wasser war völlig ungenießbar.

13. April .	2816	1864	534	40	104	78	8	1138	364	sauer
8. Mai .	600	540	256	442	33	26	2	219	8	neutral

Spätere Regen wirkten weniger stark; das aus der Aufschüttung nach Regen austretende Wasser brachte trotzdem das umstehende Gras zum Vordorren Nach mäßigem Regen im nächsten Frühjahr:

1910 14. März .	595	445	110	17	23	20	0,4	226	20	—

Starke Regen:

1911 20. März .	710	560	184	86	30,4	22	0	279	0	—

Das Weitere ergibt sich aus der vorstehenden Zusammenstellung.

Seitdem sind nennenswerte Störungen nicht mehr vorgekommen; im Frühjahr 1914 haben selbst starke Regen das Wasser nicht mehr beeinflußt; die flache „Halde" ist ausgelaugt.

Da die Stadt kein anderes Wasser hatte, kam sie durch den plötzlichen Einbruch der freien Schwefelsäure und der schwefelsauren Salze in die größte Verlegenheit. Wir halfen sofort in folgender Weise. Das Reservoir war zweiteilig und so groß, daß es fast den doppelten Tagesbedarf fassen konnte. In dem Auslauf zur Stadt wurde ein Schwenkarm, aus einem leichten Rohr bestehend, befestigt, der oben unter ein leeres Fäßchen gehängt war, so daß das Wasser 10 cm unter der Oberfläche einfloß. Der frisch gefüllten Reservoirhälfte wurde die berechnete und ausgeprobte zur Neutralisation erforderliche Menge Kalkwasser zugesetzt, welches in zwei Fässern vorher zubereitet wurde, so daß es klar einlief. Dann wurde tüchtig gemischt und das Wasser zwölf Stunden stehen gelassen. Hierauf wurde nochmals geprobt, ob die richtige Reaktion vorhanden war, und im Bedarfsfalle entweder noch etwas Kalkwasser oder etwas Rohwasser zugegeben und nach weiteren zwölf Stunden das Wasser in die Stadt gelassen.

Durch die freundliche Beihilfe des Stadtapothekers funktionierte das Verfahren so auskömmlich, daß die Gemeindevertretung unseren Vorschlag, den Abraum beseitigen zu lassen, der entstehenden Kosten wegen ablehnte; aus demselben Grunde wurde das Auswaschen mit Flußwasser verweigert, wozu es einer längeren Rohrleitung bedurft hätte.

Mit Alaun verunreinigte Wässer sind in Thüringen wohlbekannt. Abgesehen von den Wässern des Alaunschiefers kommen sie bei der Schiefergewinnung vor. Bei dieser entstehen bis zu 96 Proz. Abraum. Die in den also ganz enormen Schutthalden enthaltenen Pyrite zersetzen sich und auf viele Kilometer sind die Bäche biologisch leer; der Alaun vernichtet in ihnen jedes Leben; auch das Vieh verweigert das Wasser wegen des scheußlichen Geschmackes.

3. Das Vorkommen von Eisen und Mangan und ihre Beseitigung.

a) Der Eintritt des Eisens und des Mangans in das Wasser.

Erst seit wenig Jahrzehnten weiß man, daß Eisen und auch Mangan im Wasser recht lästig werden können. Die letzten Jahre haben die Erkenntnis gebracht, daß beide Stoffe, vor allem das

Eisen, welches sehr weit in der Natur verbreitet ist — es steht an
vierter Stelle — im Wasser sehr häufig sind, daß sie anscheinend in
allen geologischen Formationen vorkommen. Schwers-Lüttich hat
darüber eine sehr ausführliche Zusammenstellung gebracht.

In den älteren Gebirgen ist das Eisen zwar durchaus nicht
selten; so findet es sich z. B. in Thüringen in den silurischen
Schiefern so häufig, daß wir jedes Silurwasser auf Eisen untersuchen, sein eigentliches Gebiet aber sind die feinkörnigen Gebirge,
also hauptsächlich das Alluvium, Diluvium und Tertiär. In dem
ganzen weiten Gebiete der norddeutschen Tiefebene, von Belgien
und Holland an bis nach Rußland hinein, ist mit eisen- und mangan-
haltigem Wasser zu rechnen. Auch die anderen Gebiete des Alluviums und Diluviums und ein großer Teil der tertiären Bildungen
enthalten Eisen und Mangan in größeren Mengen und weiter Verbreitung.

Das Eisen findet sich im Erdboden in mannigfachen Verbindungen; überwiegen dürften wohl für die uns hier interessierenden
Verhältnisse die verschiedenen Formen der Oxyde und des Schwefel-
eisens. Kommt an Eisenverbindungen, z. B. Raseneisenerz, kohlensäurehaltiges Wasser heran, dann geht ein Teil von ihnen als doppeltkohlensaures Eisenoxydul, also als Bikarbonat, in Lösung. Die
Menge der im Boden enthaltenen Eisenoxyde ist eine sehr erhebliche, in den Berliner Sanden findet sich nach Prinz zwischen
0,5 und 1 Proz., wobei dort die geringeren Mengen in der Tiefe
gefunden werden. Auf metallisches Eisen wirkt die Kohlensäure
noch stärker ein.

Man denkt sich das Eisen als doppeltkohlensaures Eisenoxydul
gelöst. Der allgemeinen Annahme nach sind die organischen Substanzen imstande, den zu ihrer Oxydation erforderlichen Sauerstoff
ihrer Umgebung zu entziehen und dabei das Eisenoxyd zu Eisenoxydul zu reduzieren. Da auch andere sauerstoffreiche Verbindungen
durch sie reduziert werden, so wird in eisenhaltigen Wässern
Schwefelwasserstoff und Ammoniak häufig angetroffen.

Bei einigen Eisenwässern fällt das Eisen trotz Stehens an
der Luft nicht aus, man nimmt an, es sei an Humussubstanzen gebunden. Zwar ist über die Konstitution der Humussubstanzen wenig
bekannt, das ändert aber an der Tatsache nichts, daß nicht allein
lebendes Plasma Eisen aufnimmt, es also löst und nach seinem
Tode auch noch einige Zeit gelöst enthält, sondern auch tote Humussubstanzen, wie sie in Torf- und Braunkohlenwässern, in morastigem
Boden usw. so häufig sind, Eisen in Lösung bringen, indem sie
sich mit dem Eisen verbinden. In großen Mengen scheint das

humussaure Eisen selten vorzukommen, in kleineren Mengen ist es, wie vorhin erwähnt, nicht gerade selten neben kohlensaurem Eisen bemerkt worden.

Das Schwefeleisen, besonders als einfach und zweifach Schwefeleisen, ist ein recht häufiges Vorkommnis an denjenigen Stellen, wo früher ein reges tierisches und pflanzliches Leben vorhanden war, also in den Mooren, Torf- und Braunkohlenlagern, in Morast- und Schlickbildungen, in humösen Lehmen und Tonen. Vielfach finden sich diese in den oberen Bodenschichten. Solange das Schwefeleisen unter Wasser ist, wird es nicht nennenswert verändert. Fallen jedoch die Schichten trocken, so wird das Schwefeleisen oxydiert, es entsteht schwefelsaures Eisen und, wo Pyrite, FeS_2, vorhanden sind, daneben noch freie Schwefelsäure, wie in dem Abschnitt des vorigen Kapitels, der über die „Breslauer Kalamität" handelt, näher auseinanergesetzt worden ist. Trifft die freie Schwefelsäure auf Karbonate, so entstehen unter Freiwerden der Kohlensäure die schwefelsauren Verbindungen, in erster Linie Gips. Fehlen die Erdalkalikarbonate, so werden unter anderem Eisenverbindungen in schwefelsaures Eisen, Ton in schwefelsaure Tonerde verwandelt. Treffen diese nun auf ihrem Wege mit kohlensauren Alkalien und Erdalkalien zusammen, so findet mit ihnen die Umsetzung statt, wobei Kohlensäure frei wird. So lange diese bei der Enteisenung beseitigt wird, ist sie unschädlich. Ereignet es sich jedoch, daß ein Wasser mit schwefelsaurem Eisen, welches die Enteisenungsanlage im wesentlichen unverändert verlassen hat, mit anderem, Bikarbonate enthaltendem Wasser gemischt wird, so findet die Umsetzung in dem Rohrnetz statt und es vermag die im Rohrnetz sich entwickelnde Kohlensäure zum Angriff auf die Rohre und zur Wiedervereisenung zu führen.

Stärker eisensulfathaltige Wässer sind nicht häufig, wo aber Moore oder sonstige viel organische Stoffe enthaltende Bodenschichten lagern, muß man daran denken, daß sie vorhanden sein, oder bei dem Sinken des Grundwasserspiegels entstehen können, wie die Beispiele des vorigen Kapitels deutlich gelehrt haben.

Was hier vom Eisen gesagt wurde, gilt auch vom Mangan. Das Mangan des Diluviums soll den Feldspaten der nordischen Granite und Gneise, sowie den Porphyren entstammen. Es findet sich meistens gelöst als doppeltkohlensaures Manganoxydul oder, wie bei Breslau, als schwefelsaures Mangan; die Manganoxyde, welche im Boden lagern, werden durch H_2S angegriffen und in Mangansulfide verwandelt, diese werden an der Luft zu Mangansulfat oxydiert: $MnS_2 + 7O = MnSO_4 + SO_3$; der Prozeß ist also derselbe wie beim Eisen. Unter anaeroben Bedingungen kann ausgeschiedener Schwefel wieder zu H_2S reduziert werden.

Die Menge des gelösten Eisens ist sehr verschieden, oft finden sich nur Spuren, also weniger als 0,05 mgl, dann wieder bis zu 800 mgl, d. h. der gesättigten Lösung. Der gewöhnliche Befund aber geht über einige, z. B. 5 mgl, nicht hinaus.

Meistens kommt das Mangan mit Eisen zusammen vor, zuweilen allein; so konnte Tillmans nachweisen, daß die drei Dresdener Wasserwerke im Oktober 1912 kein Eisen, wohl aber Mangan enthielten; Tolkewitz hatte davon bis zu 0,5 mgl, Saloppe bis zu 0,38 mgl, Hosterwitz bis zu 0,25 mgl. Auch diese geringen Mengen Mangan wurden so lästig, daß sie beseitigt werden mußten.

b) Das Ausfallen des Eisens und die Enteisenung.
Der erforderliche Grad der Enteisenung und Entmanganung.

Gewöhnlich finden sich die kohlensauren Eisen- und Manganverbindungen, die anderen sind selten.

Kommt das zunächst kristallklare, Eisenoxydul enthaltende Wasser mit Luft zusammen, so wird es leicht trübe, graublau; dann bilden sich feinste, leicht gelbliche Eisenflöckchen, die sich nachher zu größeren gelben Flocken zusammenschließen. Bei dem Mangan merkt man die Zwischenstufen kaum; es zeigen sich nach einiger Zeit schwärzliche Krümel am Boden.

Gehen die Ausscheidungen in den großen Reservoiren vor sich, so lagert sich ein fuchsiger, flockiger Eisenschlamm oder ein schwärzlicher, krümeliger Manganschlamm am Boden ab. Ist Eisen und Mangan vorhanden, dann hat der Schlamm eine dunklere Farbe; vielfach liegt das ausgefallene Eisen und das Mangan strichweise zusammen, entsprechend der Strömung und dem verschiedenen spezifischen Gewicht. In dem Rohrnetz bildet das ausgefallene Eisenoxydhydrat eine flottierende, leicht bewegliche, fuchsig-rotbraune Masse, während das Mangan einen mehr krümeligen, schmierigen Schlamm darstellt, welcher den Wandungen fester anhaftet und enge Rohre, z. B. Hausleitungsrohre, völlig verstopfen kann. Das ist beim Mangan schon deshalb möglich, weil es zum Ausfallen viel. mehr Zeit gebraucht wie das Eisen und daher bis in die Endstränge gelangt.

Die Zeit des völligen Ausfallens ist eine recht verschiedene. Die freiwillige Ausscheidung beim Stehen an der Luft geht in einer zunächst steilen, dann sich stark abflachenden Kurve vor sich; sie verläuft bei dem leicht ausfallenden Eisen in etwa 7, bei dem schwerer ausfallenden in 14 Tagen, bei dem ganz schwer aus-

fallenden in 3 Wochen und mehr. Die Gründe für dieses verschiedene Verhalten sind noch nicht ganz klar, wenn man auch einiges
darüber weiß. Karbonatharte Wässer lassen das Eisen leicht ausfallen, die kohlensauren Erdalkalien wirken in der Hauptsache als
Elektrolyte, zum Teil auch chemisch, insofern als die entstehenden
Monokarbonate durch ihre alkalische Reaktion auf das Ausfallen
fördernd wirken. — Viel organische Substanzen im Wasser scheinen
das Ausfallen zu verzögern; damit soll jedoch nicht gesagt sein,
daß die Menge der organischen Substanzen an sich das Entscheidende sei; man nimmt vielmehr an, daß unter vielen organischen
Substanzen eher einige seien, die mit dem Eisen Verbindungen
eingehen als unter wenigen. Die Chlor- und sonstigen Verbindungen scheinen indifferent zu sein.

Die Veranlassung zum Ausfallen des Eisens ist die Oxydation;
jedoch findet die Aufnahme des Sauerstoffs langsam statt, wenn
das Wasser ruhig steht. Schmidt und Bunte fanden nach sechsstündigem Stehen eines ursprünglich sauerstofffreien Wassers von
16° C in einer Entfernung von der Oberfläche:

von 2 cm . . . 9,3 ccm O	von 8 cm . . . 2,4 ccm
„ 4 „ . . . 6,4 „ „	„ 10 „ . . . 0,3 „
„ 6 „ . . . 4,7 „ „	„ 12 „ . . . 0,0 „

Als sie das Wasser drei Minuten mit Luft schüttelten, war die
Sättigung, welche bei dieser Temperatur 6,8 ccm beträgt, mit 6,3 ccm
fast erreicht. Östen hat bei seinem gleich zu erwähnenden Rieseler
ein Wasser von ursprünglich 2,25 ccm Sauerstoffgehalt mittels einer
Brause durch Luft fallen lassen, wobei die Strahlen sich zuletzt in
Tropfen auflösten. Schmidt und Bunte ließen Wasser mit 0,72 ccm
Sauerstoff tropfenweise durch Luft fallen; die erhaltenen Zunahmen
des Sauerstoffgehaltes sind hierunter verzeichnet:

Östen		Schmidt und Bunte	
Fallhöhe in cm	Zunahme des O in ccml	Fallhöhe in cm	Zunahme des O in ccml
10	0,85	10	0,44
25	1,25	20	1,39
50	1,76	30	1,81
100	4,55	40	2,16
200	5,13	50	2,45
		60	2,54
		70	2,65

Man muß bedenken, daß ein Wassertropfen die Höhe von 2 m
in rund 0,6 Sekunden durcheilt und ein Tropfen als eine Kugel die
kleinste Oberfläche im Verhältnis zum Inhalt hat; trotzdem tritt
fast eine Sättigung des Wassers mit Sauerstoff ein.

Die zur Oxydation eines Milligramms Eisens (Fe) erforderliche Menge Sauerstoff beträgt $^1/_7$ mg oder rund 0,1 ccm; für 10 mg Eisen ist also nur etwa 1 ccm Sauerstoff — theoretisch — notwendig zur Ausflockung; praktisch ist, vor allem für eine rasche Oxydation, erheblich mehr erforderlich.

Viel ist darüber geschrieben worden, ob die Kohlensäure den Ausfall des Eisens begünstige oder nicht. Die modernste und eingehendste Arbeit ist die von Schmidt und Bunte, welche auch die vorzüglichen Arbeiten von Dunbar, Fischer, Lübbert usw. voll berücksichtigt. Die Kohlensäure verhindert, wie jede andere Säure, die hydrolytische Spaltung der Eisensalze, sie wirkt also verzögernd; durch ihre Fortnahme steigert sich die Hydrolyse. Die Menge des ausgeschiedenen Eisens ist aber nicht proportional der Menge der entwichenen Kohlensäure, sondern abhängig von der Menge der noch im Wasser vorhandenen bzw. gebliebenen Kohlensäure.

Die Kohlensäureabscheidung erfolgt nach dem Henry-Dalton-schen Gesetz, also entsprechend dem Partialdruck der Kohlensäure in der das Wasser umgebenden Luft. Daneben kommt aber als Beihilfe in Betracht die beschleunigte Abgabe bei dem Hinüberlaufen über rauhe Flächen. Wenn das Wasser über die einzelnen Stücke der Kokstürme läuft, wenn es die ungleichmäßigen Flächen des auf ihnen abgelagerten Eisenhydroxyds passiert, oder wenn es gar durch Sand hindurchläuft, so gibt es die Kohlensäure leichter ab und die Oxydation erfolgt dementsprechend rascher und vollständiger.

Die Umwandlung des kohlensauren Eisens zu Eisenoxydhydrat kann man sich nach folgenden Formeln verlaufend vorstellen:

1. $6\,FeCO_3 + 3\,H_2O + 3\,O = 2\,Fe(OH)_3 + 2\,Fe_2(CO_3)_3$.

Dieses Eisenoxydkarbonat zerfällt sofort:

2. $2\,Fe_2(CO_3)_3 + 6\,H_2O = 2\,Fe_2(OH_6) + 6\,CO_2$.

Die Bildung des Eisenoxydhydrats oder Eisenhydroxyds ist indessen kein einheitlicher Vorgang. Zuerst bildet sich das Hydrosol, die wasserlösliche Form. Ausfällend wirkt auf das Hydrosol die Berührung. Schon die rauhen Oberflächen des Rieselers, das Hinübergleiten über das bereits ausgeschiedene Hydroxyd, die Berührung mit den Sandkörnchen im Filter, der Zusammenstoß mit den bereits ausgeschiedenen Hydrogelteilchen begünstigen die Fällung des Hydrosols. Wernicke und Weldert bezeichnen die gelbildende Kraft des bereits ausgeschiedenen Hydrosols als einen wirksam fällenden Faktor. Auf die Umwandlung des Hydrosols in das Hydrogel wirken ferner ein die Elektrolyte, vor allem, wie schon vorhin erwähnt, die Erdalkalikarbouate, während z. B. Chlorkalzium unwirksam ist.

Viel umstritten ist die Frage, ob und wie das bereits ausgeschiedene Eisenhydroxyd auf die Ausscheidung wirke. Das Eisenhydroxyd kondensiert auf sich Sauerstoff; rinnt eisenhaltiges Wasser darüber, so benutzt es die Gelegenheit, sich mit Sauerstoff anzureichern, die Oxydation wird also gefördert. Daneben steht die Kontaktwirkung.

Proskauer war wohl der erste, welcher auf sie hinwies. Schmidt und Bunte wollen die Kontaktwirkung nicht anerkennen. Die Praxis zeigt jedoch, daß eine Katalyse tatsächlich besteht. Wenn man einen neuen Rieseler verwendet, so ist seine Wirkung schwach; erst wenn das Eisenhydroxyd die Kokse umkleidet, tritt die volle Wirkung zutage.

Ist Mangan im Wasser, so geht es zunächst durch die Enteisenungsanlage hindurch. Selbst wenn die Anlage sich schon längst auf Eisen gut eingearbeitet hat, hält sie das Mangan noch nicht zurück. Erst nachdem sich allmählich etwas Mangan abgelagert hat, fängt sie an, besser auf dasselbe zu wirken. Die ersten Ablagerungen werden zu Zentren der Entmanganung, je mehr Mangan abgelagert worden ist, um so mehr wird zurückgehalten, und eine ältere Anlage hält alles zurück.

Die schwefelsauren Verbindungen werden gleichfalls zerlegt, indem Eisenhydroxyd und Schwefelsäure gebildet wird. Schon S. 174 ist gezeigt worden, daß ein Drittel des Eisens bei der Umwandlung des schwefelsauren Eisenoxyduls in freie Schwefelsäure und basisch schwefelsaures Eisenoxyd ausfällt. Man kann sich vorstellen, daß auch dieses durch Aufnahme von Wasser weiter zerfällt: $Fe_2O(SO_4)_2 + 5 H_2O = 2 Fe(OH)_3 + 2 H_2SO_4$. Die Umsetzung und Ausscheidung des schwefelsauren Eisens im Wasser erfordert mehr Zeit als die des kohlensauren Eisens. Finden sich noch kohlensaure Alkalien oder Erdalkalien im Wasser, so geht der Prozeß sicherer und rascher vonstatten.

Wahrscheinlich ist, daß ein Teil des sogenannten humussauren Eisens auch durch die Zuführung des Sauerstoffs zerlegt wird, jedoch scheint der erheblichere Teil in der zur Verfügung stehenden Zeit nicht auszufallen.

Für praktische Zwecke muß man bei der Enteisenung und Entmanganung die folgenden Vorgänge berücksichtigen.

1. Die Zufuhr von Sauerstoff. Das Wasser ist sehr aufnahmefähig für Sauerstoff. Nach den Versuchen von Schmidt und Bunte sind zur Oxydation von 10 mgl Eisen, eine Konzentration,

die sehr hoch ist und selten vorkommt, schon 1 ccml ausreichend.
Es ist gesagt worden, man müsse, weil das Wasser selbst sehr
sauerstoffhungrig sei, überschüssigen Sauerstoff zuführen, um das
Eisen zum Ausfallen zu bringen. Diese Auffassung ist nicht ganz
richtig. Die Affinität des Sauerstoffs zum Eisen ist wesentlich
größer als die zum Wasser. Wenn man im Experiment nur wenig
Sauerstoff zugibt, tritt bereits die Sol- und Gelbildung ein. Viel
Sauerstoffzuführung, d. h. Luftzuführung, ist jedoch nützlich, weil
dadurch die freie Kohlensäure weggewaschen wird, die, wie schon
erwähnt, der hydrolytischen Spaltung der Eisensalze sich entgegen-
stellt. Man hat behauptet, daß bei einigen Verfahren (Helm-Danzig,
schwach geröstetes Raseneisenerz — Buettner, von der Linde und
Heß, mit Zinnoxyd imprägnierte Holzspäne — Bock, Rotbuchen-
späne usw.), eine Luftzuführung nicht notwendig sei. Die Untersuchungen ergaben, daß die erwähnten Metalle katalytisch wirkten
und daß auf den betreffenden Materialien viel Sauerstoff kondensiert wurde, oder daß das in die Apparate eingeführte Wasser
bereits in den Brunnen und Pumpen die geringe zur Eisenoxy-
dation erforderliche Luftmenge aufgenommen hatte. Die Holzfilter
wurden zu Brutstätten für Bakterien, die ihre Nahrung aus den
allmählich zerfallenden Holzspänen nehmen; die Füllungen und
Reinigungen der Filter kosten ziemlich viel Geld; alles Momente,
die gegen die Verwendung solcher Apparate sprechen.

2. Die Zeit zu einer möglichst vollständigen Oxydation des
Eisens und einer wenigstens teilweisen Abscheidung der Flocken.

Man erreicht das am einfachsten durch Hineingeben des gelüfteten Wassers in ein Reservoir, in welchem das Wasser ein bis
zwei Stunden, wenn es die Umstände, z. B. Anwesenheit von
schwefelsaurem und huminsaurem Eisen oder von Mangan erfordern,
auch länger verweilt. Solche Behälter sieht man oft; aber selten
sieht man, daß das Wasser zwangsläufig durch sie hindurch auf
die Filter tritt. Das ist jedoch erforderlich, wenn wirklich das
gesamte Wasser die bestimmte Zeit in dem Becken bleiben soll.
Die in dem Bassin abgesetzten, dort noch katalytisch wirkenden
Flocken werden dem Filter erspart, was vorteilhaft ist.

An einigen Stellen läuft das Wasser durch weite Kanäle, die
gelüftet werden können, zur Enteisenungsanlage (Leipzig hat einen
mehrere Kilometer langen, $1,5 \times 1,0$ m weiten Zuführungskanal mit
einem Gefälle von 22 cm auf 1000 m, in welchem alles Eisen oxydiert wird).

3. Ein Filter, welches die Flocken abfängt. Vielfach dient
das Filter auch dazu, die vollständige Oxydation zu ermöglichen.

Das sollte nur da geschehen, wo das Eisen nicht als das leicht ausfällbare Eisenbikarbonat, sondern wo es als schwer ausfallendes humin- oder schwefelsaures Eisen, oder wo schwer ausfallendes Mangan vorhanden ist. Dient das Filter als Oxydationskörper, so dringt das Eisen oder Mangan tief hinein und verstopft in relativ kurzer Zeit selbst weitere Poren.

Die Korngröße des Filtermaterials kann ganz verschieden gewählt werden. Vielfach nimmt man feinen Kies oder groben Sand von 0,5 bis 1,0 mm Durchmesser. In letzterem Falle lagert sich, besonders wenn zunächst recht langsam filtriert wird, bald eine Eisenoxydhydratschicht oben auf dem Filter ab, welche katalytisch wirkt und durch Abgabe von auf ihr niedergeschlagenem Sauerstoff das noch nicht vollständig oxydierte Eisen zur Oxydation und zum Ausfallen bringt, und welche alle Eisenflöckchen zurückhält. Ein solches Filter wird allerdings bald undurchlässig, dann muß die Schlammschicht mitsamt dem obersten Zentimeter Sand abgehoben werden, was Arbeit und Kosten verursacht. Man verwendet daher die Sandfilter am besten nur bei geringen Eisengehalten. Für Mangan sind sie weniger zu empfehlen, weil sich die ausgeschiedenen Manganoxyde als eine feste, zähe Haut auf den Sand legen.

Werden Kiese verwendet, so ist es richtig, ein gleichmäßiges Material zu benutzen. Die Korngröße schwankt zwischen 2 bis 10 mm Durchmesser. Ein Teil des Eisen- und Manganschlammes lagert sich oben auf dem Kiesfilter ab, ein anderer Teil dringt jedoch weit in dasselbe hinein. Man gibt daher den aus grobem Material hergestellten Filtern eine größere Tiefe, bis zu 1,5 m. Durch die Ablagerung im Kies setzen sich die Poren allmählich zu; ihre Wiederöffnung wird durch Spülung oder durch Rückspülung bewirkt. Im ersteren Falle überstaut man das Filter möglichst hoch mit Wasser und öffnet am Boden des Filters einen oder mehrere große Schieber, so daß das niederstürzende Wasser den Schlamm mit fortreißt. In letzterem Falle, bei der Rückspülung, wird Roh- oder Reinwasser von unten durchgedrückt, in einigen Anlagen zusammen mit Luft, in anderen ohne dieselbe. Ein kräftiges, kurz dauerndes Durchspülen hat einen wesentlich besseren Erfolg als ein längeres Auswaschen mit geringerem Druck und größerem Wasserverbrauch. Ob man Fein- oder Grobfilter nimmt, ist hygienisch belanglos; allerdings brauchen die Kiesfilter, soweit sie durch Spülung zu reinigen sind, nicht betreten zu werden.

Schon S. 87 ist angegeben worden, daß im allgemeinen kohlensaures Eisen nicht auszufallen pflegt, auch nicht geschmeckt wird, wenn seine Menge nicht größer ist als 0,3 mgl. Von dieser Regel kommen jedoch Ausnahmen vor, tatsächlich gibt es eine Reihe von Wässern, welche 0,3 mgl noch ausfallen lassen, z. B. solche mit recht geringem Kohlensäuregehalt, Wässer mit größeren Mengen kohlensaurer Erdalkalien, sodann lassen auch die Wässer das Eisen ausfallen, welche stärkeren Stößen, Reibungen usw. ausgesetzt sind, und endlich solche, die ein langes Rohrnetz durchlaufen müssen.

Man muß in derartigen Fällen bis zu einer Enteisenung von 0,1 mgl gehen. Überhaupt strebt man berechtigterweise bei den neueren Anlagen dahin, diese Grenze zu erreichen.

Das Mangan muß man versuchen möglichst vollständig zu entfernen, weil seine ausgefallenen Krümelchen im Haushalt und in manchen Industrien (S. 87) wegen ihrer dunklen, schwer zu beseitigenden Farbe recht lästig sein können; mehr als 0,02 mgl sollte man nicht zurücklassen.

Entnimmt man dem Wasser das Eisen und Mangan bis zu diesen Grenzen, dann entwickeln sich die Eisenalgen nicht mehr; jedenfalls ist keine Stadt bekannt, in welcher nach einer guten Enteisenung oder Entmanganung diese Organismen noch Störungen verursacht hätten.

c) Die offenen Enteisenungsanlagen.

Es kann nicht unsere Aufgabe sein, die ungefähr 80 Modifikationen der Enteisenungs- und Entmanganungsmethoden aufzuzählen oder gar zu bewerten, nur einige paar grundsätzlich verschiedene Verfahren sollen erwähnt werden.

Zunächst sei von den offenen Filtern die Rede.

Das älteste und viel angewendete Verfahren ist das nach Oesten. Es läßt das zu enteisende Wasser aus Brausen, gelochten Röhren, gelochten Wellblechen u. dgl. in feinen Strahlen, die sich in Tropfen auflösen, 1,5 bis 3 m hoch durch Luft auf Wasser fallen. Hierbei zerschlagen sich die Tropfen, nehmen reichlich Sauerstoff auf und geben einen beträchtlichen Teil der Kohlensäure ab. Unter dem Regenfall und der 1 bis 2 m hohen Wasserschicht liegt gewöhnlich ein Kiesfilter. Manche dieser Anlagen, besonders solche mit geringeren Gehalten an Eisen in leicht ausfallender Form, funktionieren recht gut; bei anderen, besonders solchen, bei denen das Eisen schwerer ausfällt, sei es, daß sehr viel freie CO_2, oder wenig Karbonathärte vorhanden ist, oder das

Eisen an organische Substanzen bzw. an Schwefelsäure gebunden ist, wird ein Teil des Eisens erst im Filter oxydiert; das Wasser wird also zuweilen nicht genügend eisenfrei und jedenfalls muß das Filter oft gereinigt werden.

Piefke änderte das Verfahren, indem er das feinverteilte Rohwasser durch Türme laufen ließ, die ungefähr 3 m hoch aus fauststarken Koksstücken bestanden. Die Stücke bezogen sich bald mit Eisenschlamm und zu der Wirkung der Lüftung, die sich in Sauerstoffaufnahme und Kohlensäureabgabe äußerte, kam die katalytische und die durch den Sauerstoff verursachte hinzu, welcher auf dem Eisenhydroxyd kondensiert wird. Die Piefkesche Methode hat die weiteste Verbreitung gefunden. Selbstverständlich ist an ihr manches geändert und gebessert worden. So läßt man in Charlottenburg das Rohwasser oberhalb der Rieseler oder Lüfter in daumendicken Strahlen 0,5 m hoch auf ein festes Brett fallen, die Strahlen zerstäuben und nehmen dabei schon große Luftmassen auf, geben viel CO_2 ab. In einem Berliner Werk tritt das Wasser aus einer Öffnung heraus, welche dem unteren Ende einer Trompete nachgebildet ist; die infolge des breiten Randes dünne Wasserschicht fällt in ein kleines Becken mit Wasser hinein und reißt viel Luft mit. An anderen Stellen läßt man das Wasser durch lange, offene Rinnen zu den Filtern laufen, eingebaute Kaskaden bewirken eine reichliche Mischung mit Luft. Das so vorbereitete Wasser fällt dann, entsprechend der Oestenschen Methode, rund 1 m hoch auf die Rieseler.

Statt der in Aufbau und Reinigung etwas schwierigen Kokslüfter verwendet man nach dem Vorgange von Wellmann-Charlottenburg hartgebrannte Ziegelsteine, die auf Torreseisen über Eisenträgern als Rollschicht mit offenen Fugen aufgestellt sind, so daß der Zwischenraum zwischen zwei Steinen unten nur 3 cm beträgt; auf diese Rollschicht wird rechtwinklig zu ihr eine zweite gestellt usf., bis 3 m Höhe erreicht sind; dabei nehmen die Zwischenräume zwischen den Ziegeln zu, so daß sie in den obersten Lagen 6 cm betragen.

Das an den Steinen niederrieselnde Wasser überzieht sie mit einer Eisenschlammschicht, welche von Zeit zu Zeit durch Spülen von unten her vermindert wird. Macht sich nach vielen Jahren eine gründliche Reinigung notwendig, so werden die Steine herausgenommen, gewaschen und wieder eingesetzt.

In den Berliner Werken baut man die Rieseler zu 3 m Höhe aus etwa 1 m langen, 10 cm hohen, 1,5 cm starken Brettchen auf, die, kreuzweise übereinander gestellt, seitlich 3 bis 5 cm auseinander stehen. Als oberste Schicht finden sich Holzkästen von ungefähr 1 m Länge, 5 cm Breite und 10 cm Tiefe. Die langen Ränder sind eingekerbt wie eine Säge. Das in die Kästen aus gelochten Wellblechen hineinfallende Rohwasser fließt an den tiefsten Stellen der Kerben über und rieselt langsam an den Holzhorden herunter. Während auf dem einen Werke die Horden alle acht Tage durch stärkeren Wassereinlauf ausgespült, alle drei Monate abgewaschen und alle drei Jahre auseinandergenommen und wieder aufgebaut werden, werden sie in einem anderen Werk mit beinahe gleichem Eisengehalt und ebensolcher Beanspruchung nur alle drei Monate ausgespült und stehen sonst bereits neun Jahre unberührt.

Die Lüftung der Rieseler bewirkt man bei kleineren Einrichtungen durch freie Aufstellung in einem größeren Raum, der statt der Fenster Jalousien hat. In größeren Anlagen läßt man die Luft von unten in die dicht nebeneinander stehenden Riesler eintreten und nimmt sie durch dem Dachfirst aufgesetzte Exhaustoren wieder fort.

Die Größe der Rieseler richtet sich wieder nach der Eigenart und der Menge des Eisens und des Mangans. In den Anlagen von Berlin und Umgebung rechnet man auf 1 qm Rieseler täglich rund 100 cbm Rohwasser.

Es gibt auch noch andere Methoden, dem Wasser Luft zuzuführen. So hat man hier und da Luft durch Schnüffelventile angesogen. Die Höchstleistung eines derartigen Ventils beträgt etwa 2 Proz. Luft; diese Menge genügt für die meisten Fälle; aber die Kraft der Pumpen wird dadurch erheblich beschränkt. Zudem kann das ausfallende Eisen in dem Steigrohr und für die Pumpen lästig werden. Anscheinend wird von dieser Einrichtung nur selten Gebrauch gemacht.

Man hat die Mammutpumpen, welche das Wasser durch Preßluft aus den Brunnen herausheben, bei Eisenwässern angewendet, um dem Wasser von vornherein Sauerstoff zuzumischen; das kann zuweilen nützlich sein; die Pumpen haben jedoch die zuerst auf sie gesetzten Hoffnungen nur zum geringen Teil erfüllt, weil ihre Einrichtung sehr tiefe, also sehr teure Bohrlöcher verlangt.

Die Rieseler können zuweilen sehr einfach eingerichtet werden. Auf der Aachener Kläranlage z. B. läßt man das eisenhaltige Quellwasser in eine gut horizontal gelegte Verteilungsrinne aus Holz laufen, das übertretende Wasser verteilt sich in dünner Schicht über einige mit sehr geringem Gefälle verlegte Bretter; von da fließt es in dünnen Fäden in das überstaute Kiesfilter. So hat man das geringe Gefälle in vorzüglicher Weise ausgenutzt und versorgt mit

dem wenigen, ursprünglich eisenhaltigen Quellwasser die Kläranlage mit gutem Trinkwasser.

Die Größe der Absitzbecken ist vorhin schon angegeben, sie
sei bei leicht zu enteisenden Wässern dem stündlich gelieferten
Quantum 'gleich, bei schwerer zu enteisenden Wässern und bei
Mangangehalt möge sie doppelt so groß oder noch größer sein.
Die Filtergröße richtet sich nach der Korngröße, der Eigenart
des Wassers, sowie des Eisens und danach, ob Mangan vorhanden
ist oder nicht. Man rechnet ungefähr so, daß auf 1 qm Filterfläche täglich 25 cbm Wasser filtriert werden. Dabei kann der
Eisengehalt bis auf ungefähr 0,1 mgl zurückgedrückt werden.

Sind die Rieseler und Filter gut eingearbeitet, dann kann man
von ihnen erheblich mehr verlangen. Es sei daran erinnert, daß
die Breslauer Enteisenungsanlage für die Beseitigung von 20 mgl
Eisen eingerichtet war, zur Zeit der Katastrophe aber 100 mg und
zwar größtenteils, schwefelsaures Eisen ohne jede Schwierigkeit
fortnahm. Dahingegen hielt sie das Mangan nicht zurück.

Für kleinere Verhältnisse eignen sich auch die später bei den
Kleinfiltern erwähnten Aggaverbundfilter. Sie enthalten in einem
kastenartigen Gehäuse eine Anzahl künstlich hergestellter Filterkerzen, nach Art der Berkefeldkerzen, jedoch grobkörniger. Würde
man das Eisenflocken enthaltende Wasser direkt über die Kerzen
leiten, so würden diese in wenigen Stunden dicht werden. Um das
zu verhüten, umgibt man die Kerzen mit einer Schicht groben
Sandes oder mittleren Kieses und läßt langsam das zu filtrierende
Wasser auf das Filter treten. Hierbei werden alle gröberen
Eisenflöckchen schon im Sand zurückgehalten, nur die feineren
Eisenteilchen gelangen bis zu den Kerzen, wo sie wegen ihrer geringen Zahl und größeren Feinheit kaum noch lästig fallen. Sand
und Filterkerzen lassen sich leicht reinigen durch Rückspülung.

Die Temperatur wird durch die Enteisenung kaum beeinflußt.
In den Zeiten der höchsten Wärmeunterschiede wird die Temperatur
höchstens um 1° C, meistens aber noch nicht um 0,5° C verschoben.

Im Wasser enthaltener Schwefelwasserstoff verschwindet durch
die Lüftung ganz, das Ammoniak wird meistens vollständig zu
Salpetersäure oxydiert. Die übrigen chemischen Veränderungen
des Wassers in den Enteisenungsanlagen sind noch geringer als
die in den später zu erörternden Langsamsandfiltern; bei schwefelsaurem Eisenoxydul tritt eine Vermehrung der Gipshärte und eine
genau so große Verminderung der Kohlensäurehärte ein. — Von
großem Belang ist, daß die in Eisenwässern gewöhnlich vorhandene
Kohlensäure bei gutem Betriebe so gut wie vollständig entfernt wird.

d) Die geschlossenen Enteisenungsanlagen.

Die offenen Enteisenungsanlagen stellen sich in Anlage und Betrieb nicht teuer, aber sie haben die große Unbequemlichkeit, daß sie sozusagen neben dem gewöhnlichen Betriebe liegen. Das Wasser muß für die Belüftung gehoben und kann erst nach der Enteisenung in die Stadt oder den Hochbehälter geschickt werden. Wo natürliches Gefälle, wie meistens in der Ebene, nicht zur Verfügung steht, da ist ein doppeltes Heben erforderlich. Für kleinere Verhältnisse jedoch oder in hügeligem Gelände auch für größere Verhältnisse, also dort, wo man nicht mit Wassertürmen zu rechnen hat, läßt sich oft die zweite Garnitur Pumpen dadurch vermeiden, daß man die Enteisenungsanlagen direkt über die Wasserbehälter bringt. Das eventuell erforderliche Heben des Wassers um die 3 bis 4 m, welche hierzu erforderlich sind, macht nicht viel aus.

Wo diese oder eine ähnliche Anordnung nicht möglich ist, baut man den Enteisenungsapparat in Gestalt der „geschlossenen" Anlagen in das Wasserversorgungssystem direkt ein. Auch hier kann es uns nur daran liegen, die Richtlinien zu zeigen; ein Entscheid, ob die eine Modifikation etwas besser sei, als die andere, soll und kann von uns nicht gefällt werden, schon aus dem einfachen Grunde, weil die verschiedenen Verhältnisse (Wasserbeschaffenheit, Eisenmenge, Platz, Kraft usw.) verschiedene Varianten erfordern. Eine viel benutzte Art einer geschlossenen Enteisenungsanlage soll in nachstehendem kurz beschrieben werden. Sie ist hinter dem Windkessel in das zur Stadt und zum Hochbehälter führende Druckrohr eingebaut.

Der Enteisener besteht aus einem Eisenkessel von ungefähr beigedruckter Form (Fig. 22). Ihm fließt das Rohwasser bei b zu. Ihm wird durch einen Kompressor a ebenfalls bei b Luft zugeführt, die in einem Mischgefäß, welches in a enthalten oder hinter a geschaltet ist, durch Düsen und gelochte Platten mit Rohwasser innigst gemengt wird; in einem Spezialfall erwiesen sich 5 cbm Luft auf 80 cbm Wasser vorteilhaft, d. h. 130 ccm Sauerstoff auf das Liter Wasser. Das unter normalem Druck stehende Wasser vermag 4 Vol.-Proz. Sauerstoff aufzunehmen, das unter 4 Atm. stehende mehr als das Dreifache, 13 Vol.-Proz. Hiernach würde in vorliegendem Falle das Wasser gerade mit Sauerstoff gesättigt sein, wenn die Luft mit 4 Atm. in das Wasser gedrückt wird. Das Luftwassergemisch tritt durch gelochte Bleche, über welchen scharfkantiges, nicht zu schweres Material, z. B. Lavakies c, zu unterst in ungefähr walnußgroßen, darüber in haselnußgroßen und im

obersten Drittel in bohnengroßen Stücken aufgebaut ist; das mit
Sauerstoff schon angereicherte und bereits im Solzustande befindliches Eisen enthaltende Wasser wird durch die Füllung gepreßt

Fig. 22.

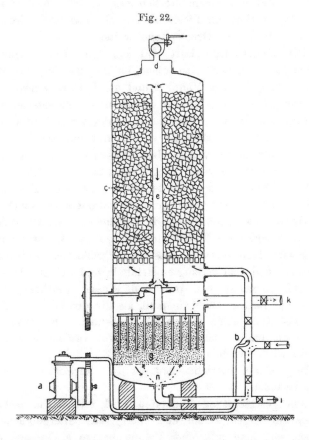

Geschlossene Enteisenungsanlage: *a* Kompressor mit Mischgefäß, der dem Rohwasser
Luft zuführt, *b* Rohwassereintritt und Preßlufteintritt, *c* Kieskörper, *d* Entlüfter,
e Überlaufkanal für das gelüftete Wasser, *g* Sandfilter mit Drehrechen, *n* Sammel-
raum für das filtrierte Wasser, *i* Ausfluß des filtrierten Wassers, *k* Ausfluß des Spülwassers bei der Rückspülung des Filters, wobei das Spülwasser im Sinne der gestrichelten
Pfeile läuft.

Das Eisen, welches noch nicht als Hydrosol vorhanden war, geht
in dieses über und bildet sich dann infolge der intensiven Kon-
takte und des schon ausgefallenen Eisenhydroxyds zu Hydrogel
um, welches in feinen Flocken ausgeschieden wird. Kohlensäurereiche Wässer geben einen Teil ihrer Kohlensäure ab, besonders
wenn viel Luft in das Wasser hineingepreßt wird. Die Reinigung
wird durch Gegenspülung erwirkt.

13*

Das völlig oxydierte Wasser fällt durch einen zentralen Kanal auf ein im unteren Teile des Apparates befindliches Grobsand- bzw. Fein- oder Mittelkiesfilter g, welches nach Art der Jewellfilter (siehe dieses) mit einem Rechen armiert ist. Auf und in dem Filter lagert sich der Eisenschlamm ab; das vom Eisen befreite Wasser geht in der Druckleitung weiter.

Die eingeblasene Luft und ein Teil der ausgewaschenen Kohlensäure sammelt sich oben im Apparat an; bei stärkerem Druck öffnet sich das Ventil d und die Luft entweicht.

Auf solche Weise gelingt es, ein sehr weit enteisentes Wasser zu gewinnen. In der vorhin schon erwähnten Anlage wurde 1 mgl Eisen im Rohwasser dauernd auf 0,1 mgl und weniger reduziert. Für die Enteisenung von 80 cbm Rohwasser stündlich waren vier Apparate notwendig von 1,35 m Durchmesser und 4,4 m Höhe, von welchen 3,3 m auf den Kontaktraum entfielen. Zur Reinigung wurden 1,4 Proz. des gewonnenen Reinwassers verbraucht.

Darapsky-Hamburg hat die folgende Methode und Apparatur für eine geschlossene Enteisenung angegeben. In ein tonnenartiges Gefäß wird Sand gebracht, dessen Korngröße sich nach der Menge des Eisens und dem verlangten Reinheitsgrad richtet. In das Gefäß wird ein Gemenge von Luft und Wasser gedrückt, wobei die Menge der Luft größer sein muß, als die des Wassers. Der Sand dient als Katalysator und Kontaktsubstanz. Das ausgeschiedene Eisen wird durch Rückspülung, die durch veränderte Hahnstellung bewirkt wird, aus dem Apparat entfernt.

In größeren Betrieben usw. ist die Einrichtung verschiedentlich verwendet.

Den geschlossenen Apparaten wird mit Recht nachgerühmt, daß sie auf engem Raum und unter Dach untergebracht werden können, daß man mit einer Pumpengruppe auskommt, daß ihre Reinigung erfolgt, ohne daß das Personal mit dem Inneren der Apparatur in Berührung komme, man könne sogar die Luft filtrieren und das Wasser so vor jeder Infektion schützen.

Alta voce sei gesagt, daß die Infektion eines Wassers durch Luft so gut wie ausgeschlossen ist; zunächst ist die Luft überhaupt keimarm; sogar in der rue de Rivoli in Paris fand Miquel in 1 cbm nur 3480 Bakterien, im Parc de Montsouris, also mitten in Paris, nur 200 bis 650; wenn die Luft einer Millionenstadt so keimarm ist, dann ist sie das in einer meistens abseits liegenden Pumpstation noch viel mehr.

Die zu fürchtenden Infektionen sind hauptsächlich Cholera und Typhus; in die Luft können nur trockene Bakterien gelangen;

aber die Cholerabakterien vertragen die Austrocknung absolut nicht, trockene Cholerabazillen sind tote Cholerabazillen, und die Typhusbakterien vertragen sie nur kurze Zeit. Infektionen, die auf solche Weise entstanden wären, sind gar nicht bekannt; sie sind auch nicht bei der Cholera, beim Typhus sehr schwer möglich.

Auch die Gefahr der Infektion durch die Leute, welche die Reinigungsarbeiten vornehmen, ist minimal. Es bestehen (siehe Kapitel Gesetze und Bestimmungen unter II, 2) daraufbezügliche gesetzliche Maßnahmen, die leicht innegehalten werden können; zudem sind die bei den Filtern beschäftigten Arbeiter wohl immer alte Werksarbeiter, bei welchen man ein sehr weitgehendes Verständnis für diese Fragen findet. Sind die Leute nicht ordentlich und sauber, so ist das ein schlechtes Zeugnis weniger für die Leute, als für den Leiter des Werkes; denn er würde es in einem solchen Falle an der Erziehung seiner Arbeiter haben fehlen lassen; unordentliche, unsaubere Leute gehören überhaupt in ein Wasserwerk nicht hinein. Man hat behauptet, die Typhusepidemie in einem Orte Schlesiens sei durch Arbeiter an der Enteisenungsanlage entstanden; diese Auffassung hat sich jedoch als nicht zu Recht bestehend erwiesen.

Weder die offenen noch die geschlossenen Filter lassen etwa im Wasser vorhandene Bakterien zu einer Vermehrung kommen. Die auf dem Sand und Kies lagernde Eisenhydroxydschicht stellt ein vorzügliches Filter dar. Die Filter der geschlossenen Anlagen lassen im Wasser vorhandene Bakterien durch, wie von uns angestellte Versuche deutlich zeigten.

Die „geschlossenen Enteisenungsverfahren" sind in ihrer jetzigen Beschaffenheit dort mit Vorteil zu gebrauchen, wo eine weitgehende Entfernung der Kohlensäure nicht erforderlich ist. Erst in den letzten Jahren hat man angefangen, der Kohlensäureeinwirkung auf das Material, vor allem auf die Rohre, die so dringend notwendige Aufmerksamkeit zu schenken. Durch die offenen Enteisenungsverfahren wird bei einiger Aufmerksamkeit sich die Kohlensäure bis zu dem erforderlichen Grade leicht beseitigen lassen. Bei den geschlossenen ist das nicht oder doch erheblich weniger der Fall. Man kann bei ihnen die Kohlensäure dadurch „auswaschen", daß viel Luft in das Wasser hineingepreßt und die Luft rasch wieder entfernt wird; die jetzigen Einrichtungen aber sind dazu noch nicht geeignet.

Dahingegen ist schon mit Erfolg versucht worden, z. B. in Stellingen-Hamburg, dem Wasser zunächst Luft zuzuführen, dem Eisen in einer Kiesschicht, welche sich über der mit kleinen Öffnungen versehenen Luftzuführung befindet und die von dem zu enteisenenden Wasser durchströmt wird, Gelegenheit zu geben, den Luftsauerstoff zu binden. Unter einem Vakuum wird darauf die überschüssige Luft und die Kohlensäure maschinell abgesogen.

Um einerseits das Entweichen der Kohlensäure zusammen mit der Enteisenung zu erreichen, und andererseits um die großen offenen Filter mit ihrer doch etwas umständlichen manuellen Reinigung zu vermeiden, hat man an verschiedenen Stellen eine offene Rieselung und dann die mechanischen Filter der geschlossenen Enteisenung angewendet, eine Kombination, die ihre Vorzüge haben kann, besonders dort, wo Mangel an Platz ist und an die im Bedarfsfalle gedacht werden möge.

Der Schwefelwasserstoff läßt sich bei sämtlichen üblichen Enteisenungsmethoden ausreichend entfernen.

e) Die chemischen Methoden der Enteisenung.

Wo mit Lüftung und Filtration ein voller Erfolg schwer zu erzielen ist, da kann es notwendig werden, durch Zusätze zum Wasser die Enteisenung zu ergänzen. Von den vielen Verfahren seien wiederum nur einzelne erwähnt.

Dunbar und Kröhnke setzten dem zu enteisenden Wasser Ätzkalk zu (30 g auf 1 cbm Wasser), nachdem sie vorher zu 1 cbm Wasser 10 g Eisenchlorid in Substanz oder 100 ccm einer 10 proz. wässerigen Lösung gegeben hatten; nach einer halben Stunde war alles Eisen und aller ausgefallener kohlensaurer Kalk aus dem Wasser verschwunden. Für die Abfiltration des Schlammes gaben sie ein besonderes Kesselfilter an, welches oben und unten durch stark gelochte, bewegliche Bleche geschlossen ist; zum Zwecke der Reinigung werden die Bleche etwas gelöst, der Sand damit beweglich gemacht und nun zurück gespült; selbstverständlich sind auch die gewöhnlichen Filter verwendbar. Die Autoren konnten mit den angegebenen Zusätzen jedes ihnen vorgekommene Wasser gut enteisenen.

Findet sich huminsaures Eisen, so kann man nach dem Dunbar-Kröhnkeschen Verfahren enteisenen, oder man setzt Alaun zu. In Turnhout-Belgien enthält das Rohwasser 9 bis 12 mgl Eisen; das nach allen Regeln gelüftete und filtrierte Wasser enthielt noch 4 bis 5,5 mgl; dann wurde dem gelüfteten und schon abgestandenen Wasser pro Kubikmeter, kurz bevor es auf die Filter kam, 10 g schwefelsaure Tonerde zugesetzt. Das nun filtrierte Wasser hatte nur noch 0,02 bis 0,3 mgl Eisen.

Schwers ist der Auffassung, daß der Alaun nicht als ein Koagulans wirke, sondern daß er die Filtration verbessere, die filtrierende Membran vervollständige; als man in Turnhout ein Bassin für das

gelüftete Wasser vor die Filter legte und diese so von der Lüftung
unabhängiger machte, genügte schon ein Zusatz von 3 bis 4 g
Alaun auf den Kubikmeter, um den Eisengehalt bis unter 0,1 mgl
zu bringen. Schwers wird recht haben, aber man kann auch
der Ansicht sein, daß der längere Aufenthalt des Wassers in dem
Becken und die Flockenbildung eine vermehrte Umsetzung und
ein stärkeres Ausfallen mit bewirken. Das gleich gute Resultat
erhielt der Autor, als Eisenchlorid zugegeben wurde, und zwar am
ersten Tage 5 g auf den Kubikmeter Rohwasser, am zweiten Tage
3 g, am dritten Tage 1 g, und die folgenden Tage nichts mehr bei
einer Filtrationsschnelligkeit von 0,3 m in der Stunde. Die rapide
Abnahme des Zusatzes spricht für die Auffassung von Schwers,
daß die Verbesserung der filtrierenden Membran in seinem Falle
das Ausschlaggebende war.

Findet sich das Eisen an Schwefelsäure gebunden, so setzt es
sich mit den kohlensauren Erdalkalien um. Man muß sich also
zunächst überzeugen, ob genügende Karbonathärte vorhanden ist.
Im zutreffenden Falle genügt es, langsam zu arbeiten, also Zeit
zu gewähren für die Umsetzung; dabei ist eine möglichste Beseitigung
der freien Kohlensäure sehr erwünscht, man lüftet daher das Wasser
ausgiebig. Dann läßt man es in größeren Becken mindestens zwei
Stunden verweilen und filtriert relativ langsam durch Sandfilter.

Genügt dieses Vorgehen noch nicht, oder finden sich von vornherein nicht die nötigen Mengen von Erdalkalien im Wasser, so
müssen sie zugesetzt werden. Es dürfte sich vielleicht empfehlen,
sie vor der Lüftung zuzugeben, z. B. in Gestalt von Kalkmilch, damit
die immerhin geringe Kalkmenge, soweit sie nicht direkt von dem
schwefelsauren Eisen gebunden wird, an die auch in solchen Wässern
noch vorhandene freie Kohlensäure herangehe und so die unangenehme
Folge eines kleinen Überschusses, laugenhafter Geschmack, ferngehalten werde. Der so enstandene kohlensaure Kalk wird entweder von dem schwefelsauren Eisen zu Gips umgesetzt, oder er
geht als Bikarbonat in Lösung, oder er wird als Monokarbonat in
dem Filter zurückgehalten.

In den letzten Jahren ist noch eine andere Methode der Enteisenung hervorgetreten, die auch vorteilhaft sein kann. Das ist
die Ozonisierung. Das Ozonverfahren wirkt ausgezeichnet bei huminsaurem Eisen, es nimmt das Eisen und die eventuell vorhandene
Farbe, sowie die Bakterien fort. Für die Fortnahme des kohlensauren Eisens ist es kaum erforderlich. Man wird die Ozonisierung
daher anwenden als ein Nachverfahren, d. h. man wird das leicht
entfernbare Eisen durch die Lüftung fortnehmen, das ist billiger,

und den Rest zugleich mit etwa vorhandenen verdächtigen Bakterien
und der Farbe durch Ozon beseitigen (s. S. 58 und 69). Um 1 mgl
huminsaures Eisen zu entfernen, waren in Königsberg 2,3 g Ozon
auf den Kubikmeter Wasser, also 2,3 mgl, erforderlich; diese Menge
reicht für die Tötung der Bakterien gleichfalls aus.

Von theoretischer und praktischer Bedeutung ist eine Beobachtung von Wernicke. Bei Posen findet sich in den oberen
Schichten ein ziemlich stark eisenhaltiges, hartes Wasser, in den
tiefen Schichten ein weicheres, braunes, viel Huminsubstanzen enthaltendes Wasser (s. Tabelle S. 167). Als der Autor beide Wässer
frisch mischte, fielen Eisen und Huminsubstanzen in kürzester Zeit
als ein dunkler Niederschlag aus, während ein blankes, fast farbloses, sehr gutes Wasser zurückblieb. Nach den von Wernicke
und Waldert angestellten Untersuchungen liegt eine Wechsel-
fällung entgegengesetzt geladener Kolloide vor; das Hydrosol des
Ferrihydroxydes wandert zur Kathode, es ist positiv, das der Huminsubstanzen negativ geladen. Versuche mit Torf- und Braunkohlen-
auszügen führten bei einigen Arten von Wässern zum Ziel, bei
anderen nicht; bessere Resultate wurden erzielt, als mit Zusatz
von etwas Ammoniak ausgezogen wurde; Ammoniak war auch in
dem Tiefenwasser vorhanden.

Dieses Verfahren hat seinen Vorläufer gehabt in Beobachtungen
und Versuchen von B. Fischer, der im Schwentinetal bei Kiel
Eisen- und Huminstoffe enthaltende Wässer fand, die nach kurzem
Stehen an der Luft beide Substanzen ausfallen ließen. Es gelang
Fischer ferner, mit dem aus einem anderen Bezirk Holsteins
bezogenen braunen, viel Huminstoffe enthaltenden Wasser durch
Zusatz von Eisenwasser aus artesischen Brunnen bei Kiel Eisen-
und Huminsubstanzen aus beiden Wässern zu entfernen. Man darf
nicht anstehen, gegebenenfalls diese Methode praktisch zu verwerten; sie muß und wird gelingen.

f) Die Betriebs- und Hausenteisenungsanlagen.

Von besonderer Wichtigkeit sind für weite Bezirke die Klein-
also die Betriebs- und die Hausenteisenungsanlagen. Auch bei
diesen gibt es verschiedene Methoden. Die einfachste und sehr
viel angewendete ist die Faßmethode von Dunbar. Sie stützt
sich auf das Oestensche Prinzip der Enteisenung durch freien
Fall. Eine hochgestellte Tonne dient als Reservoir für das Rohwasser, unter ihrem Zapfhahn steht die Filtertonne, welche zu $\frac{3}{4}$
mit Sand gefüllt ist, über welchem eine gelochte Zinkscheibe liegt,
um den Sturz des Wassers zu brechen; unter dem Auslaßhahn

steht eine dritte Tonne oder ein großer Blecheimer mit Decke als Reinwasserbehälter. In die oberste Tonne wird aus dem Brunnen Wasser in der Weise gepumpt, daß es mittels einer über dem Faß angebrachten Brause in dünnen Strahlen durch eine ungefähr 0,5 m hohe Luftschicht in die Tonne fällt; hierbei wird das Wasser genügend mit Luft imprägniert. Ein Teil des Eisens fällt schon in der Tonne aus. Der eine Handbreit über dem Boden eingesetzte Hahn läßt das schon etwas abgeklärte Wasser in das Sandfaß laufen, wo das Eisen auf und in dem Sand zurückgehalten wird. Der Hahn dieses Fasses läßt das blanke Wasser ablaufen. Man kann in dem zweiten Fasse einen Schwimmer anbringen, welcher den Hahn des Rohwasserfasses öffnet, wenn der Wasserspiegel in dem Filterfasse eine gewisse Höhe erreicht hat, und man kann den Hahn des Sandfasses zum großen Teil schließen, so daß die Filtration dauernd aber langsam erfolgt. Diese primitive Einrichtung hat sich sehr gut bewährt, jedoch bedarf das Filter einiger Wochen, um sich gut einzuarbeiten.

Wo wenig Eisen vorhanden ist, kann man an dem Pumpenauslaß ein Kohlefilter anschrauben, wie es z. B. die Firma Bühring-Hamburg liefert. Das Wasser bekommt durch das Pumpen Sauerstoff genug, oder das Wasser findet in der Kohle hinreichenden angelagerten Sauerstoff, um eine völlige Oxydation des Eisens zu gewährleisten, welche durch die starke Konktaktwirkung in der gehärteten Tierkohle in erheblichem Maße unterstützt wird. Ist das Kohlefilter verschlammt, so genügt ein mehrstündiges Hineinlegen des Filters in eine nicht zu schwache Salzsäurelösung mit nachfolgendem kräftigen Ausspülen zur Regenerierung.

Darapsky hat nach seinem vorhin erwähnten Prinzip eine Hauspumpe konstruiert, mit welcher das Wasser gehoben, mit viel Luft gemischt und sofort durch den filtrierenden Sand gedrückt wird. Die Pumpen haben sich anscheinend bewährt.

Eine weniger gute Aufnahme scheint die Doppelpumpe von Kluth gefunden zu haben. An frostsicherer Stelle, z. B. in dem oberen Teile eines Schachtbrunnens, sind zwei Saugpumpen untergebracht; die Schwengel sind miteinander verkuppelt, so daß beim Bewegen beide Pumpen gleichzeitig in Tätigkeit gesetzt werden. Die eine Pumpe hebt das Wasser aus dem Brunnen und läßt es durch Brausen auf ein Kiesfilter fallen, die zweite fördert das enteisente Wasser zutage; als ihr Pumpensumpf dient das Reinwasserreservoir des Kiesfilters.

Einen anderen Weg hat Steckel eingeschlagen, nämlich den Weg der chemischen Einwirkung auf das Eisen. Er senkte zwei

konzentrische Brunnenringe bis in das eisenhaltige Grundwasser,
bedeckte den Boden des Brunnens mit nußgroßen Stückchen ge-
löschten, in dünner Schicht an der Luft ausgebreiteten und an-
getrockneten Kalkes und füllte mit ebensolchen den 10 cm breiten
Zwischenraum zwischen den Ringen aus, dann wurde über den
Kalk eine 20 cm hohe Sandschicht geschüttet. Auf den Kalk-
stückchen schlug sich das Eisen nieder, die Härte stieg bei durchschnittlich 13 Graden um etwa 10 Grad; eine Alkaleszenz machte
sich mit Ausnahme der ersten Wochen nicht bemerkbar.

Eine Schicht Eisenoxydhydrat und eine Lage kohlensauren
Kalkes bildet bald einen genügenden Abschluß. Der Brunnen hat
viele Jahre hindurch voll befriedigt, er reduzierte 30 bis 50 mgl Fe
auf fast Null.

Libbert füllte in ein Gefäß, welches in der Mitte eine nicht
ganz bis zum Boden reichende Scheidewand hatte, und welches an
der einen Seite das Rohwasser des Bohrbrunnens aufnahm, über
eine Kiesschicht eine dünne Lage von dreibasischphosphorsaurem
Kalk und deckte sie mit einer Sandschicht zu; auch bei dieser
Modifikation soll ein guter Enteisenungserfolg ohne Auftreten einer
lästigen Alkaleszenz eingetreten sein.

g) Die Entmanganung der Wässer.

Auf die Entfernung des Mangans hat man bis vor wenig
Jahren gar keine Rücksicht genommen, und hat das auch zurzeit
nur in wenigen Fällen nötig, weil meistens die Manganmengen zu
gering sind, um Störungen zu verursachen und andererseits eine
Reihe Anlagen — anscheinend hauptsächlich solche längerer Betriebsdauer und mit feinkörnigen, langsam arbeitenden Filtern versehene
— die kleinen Manganmengen fortnehmen, die im Wasser enthalten sind, die aber doch im Rohrnetz störend werden konnten.
Die Abminderung des Mangans beruht darauf, daß es zusammen mit
ausfallendem Monokarbonat bei härterem Wasser und bei stärkerer
Kohlensäureabgabe von dem ausfallenden Eisenoxydhydrat nieder-
gerissen wird.

Zuweilen, es sei an Breslau erinnert, kommen große Massen
Mangan, bis zu 20 mgl vor; in anderen Fällen liegt die Grenze
unter, oft erheblich unter 1 mg, z. B. bei 0,5 mg, und doch macht
sich das Mangan dauernd oder zeitweise im Rohrnetz und an den
Zapfhähnen unangenehm bemerkbar. Die Periodizität darf nicht
übersehen werden. In Dresden z. B. fiel zwar das Mangan in dem
Rohrnetz aus, verstopfte auch im Laufe der Jahre hier und da
Hausleitungsrohre, aber diese Übelstände wurden nicht allgemein

empfunden, sie waren noch erträglich. Im Herbst aber trat fast alljährlich eine starke Wucherung der Manganpilze, vor allem der Siderocapsa, ein. Die Algenflöckchen kamen in bestimmten Distrikten fast zu jedem Zapfhahn heraus und bewirkten eine zeitweilige, aber weitgehende und tatsächlich große Belästigung.

Proskauer ist es gewesen, welcher zuerst auf das Mangan im Wasser hingewiesen und zugleich ein Verfahren zu seiner Beseitigung angegeben hat, nämlich eine sehr ausgiebige Lüftung und eine recht langsame Filtration; er nahm 200 mm/Stunde an, d. h. nur doppelt so viel, wie bei der langsamen Sandfiltration üblich ist.

Läßt man ein Wasser, welches Mangan neben Eisen enthält, über hohe Lüfter laufen, so lagert sich auf die oberen Teile ein roter Eisenüberzug, welcher, je weiter er nach unten reicht, um so dünner wird. Ganz unten fehlt der gelbrote Niederschlag, wenigstens teilweise, und an seine Stelle ist eine tief dunkele zu unterst schwarze Auflagerung getreten, welche nach Ausweis der Untersuchung aus Mangan besteht. Als wesentlich für die Manganausscheidung sind ferner große Becken für das gelüftete Wasser befunden worden, damit für das Ausfallen die erforderliche Zeit gegeben ist; man wolle sich entsinnen, daß das Mangan sich wenig in den Haupt-, erheblich mehr in den Endsträngen und in den Hausleitungsrohren bemerkbar macht, was gleichfalls für ein nicht rasches Ausfallen spricht.

Die Filtration soll zunächst langsam vor sich gehen. Die Filter brauchen jedoch nicht aus feinem Sand zu bestehen; auch Kies von mehreren Millimetern Durchmesser eignet sich, wenn der Durchtritt des Wassers langsam erfolgt und die Kieslage stark ist, z. B. bis zu 1,5 m beträgt.

Schon bald hat man an den Stellen, wo Eisen im Wasser fehlte, oder gegenüber dem Mangan erheblich zurücktrat, die Beobachtung gemacht, daß die Manganfilter anfänglich schlecht funktionierten, daß aber ihre Leistungsfähigkeit im Laufe der Zeit zunahm, und daß man dann die Schnelligkeit der Filtration sogar über das Zehnfache der anfänglichen hinaus steigern konnte. Als Grund wurde eine Anreicherung der Sande und Kiese des Filters mit Manganoxyden, besonders mit Braunstein (MnO_2) erkannt.

Diese schon älteren Beobachtungen haben ihre volle Aufklärung durch Tillmans-Frankfurt a. M. gefunden. Er wies unter Mitarbeit Heubleins nach, daß die Ausscheidung des Mangans auf ganz anderen Ursachen beruht als die des Eisens. Bei letzterem ist die zweiwertige Form, die Ferroverbindungen, also das Eisenoxydul (FeO), das Eisenoxydulhydrat $Fe(OH)_2$, das Mono- und Bikarbonat $(FeCO_3)$ und $Fe(HCO_3)_2$ und das Ferrosulfat $(FeSO_4)$ sehr sauerstoffhungrig und geht bei Anwesenheit von freiem Sauerstoff leicht und rasch in die dreiwertige, die Oxydform, die Ferriverbindung über, hauptsächlich Rost bildend (Fe_2O_3) und Eisenoxydhydrat $[Fe(OH)_3]$; als schwefelsaure Verbindung kommt Ferrisulfat $[Fe_2(SO_4)_3]$ vor. Beim Mangan ist auch die zweiwertige Form vorhanden als Manganoxydul (MnO) und Manganhydrat (= Manganoxydulhydrat, Manganohydroxyd) $[Mn(OH)_2]$, als Mono- und Bikarbonat $[MnCO_3$ und $Mn(HCO_3)_2]$ und als Sulfat $(MnSO_4)$. Es bildet aber die dreiwertigen Verbindungen nicht, dahingegen gehen die Manganverbindungen in die vierwertige Form, Braunstein (MnO_2), die manganige Säure $[MnO(HO)_2]$, und das Tetrahydrat $[Mn(OH)_4]$ über, jedoch nur in alkalischer Lösung. Die meisten natürlichen Wässer sind aber sauer oder neutral und eine Oxydation durch Luftsauerstoff, wie beim Eisen, tritt nicht ein. Dagegen haben Tillmans und seine Mitarbeiter in sehr schönen Experimenten durch Verwertung der Liesegangschen Ringe unzweideutig nachgewiesen, daß das Mangansuperoxyd, der Braunstein, die Verbindungen anzieht und auf sich niederschlagen läßt. Die Autoren denken sich, das Mangansalz, z. B. Manganbikarbonat, sei in sehr verdünnten wässerigen Lösungen hydrolytisch gespalten, es werde also in Manganohydrat und freie Säure gespalten:

$$Mn(HCO_3)_2 + 2 H_2O \rightleftarrows Mn(OH)_2 + 2 H_2CO_3.$$

Nimmt man entweder das Manganoxydulhydrat oder die Säure aus dem Wasser heraus, so bildet sich naturgemäß immer wieder Manganoxydulhydrat und Säure, und so wird das Wasser allmählich manganfrei. Der Braunstein wirkt in der Weise, daß er das immer wieder durch hydrolytische Spaltung entstehende Manganhydrat an sich zieht, wobei der vorher mit dem Mangan verbundene Säurerest als freie Säure im Wasser bleibt. Die Entziehung findet statt bis zum Verschwinden der Manganverbindungen oder bis die immer stärker werdende freie Säure eine weitere hydrolytische Spaltung verhindert.

Es entstehen auf jedes Mol Mangan, welches aus dem Wasser entfernt wird, 1 Mol Schwefelsäure oder 2 Mol Kohlensäure oder auf jedes Milligramm Mangan werden 1,43 mg Schwefelsäure (SO_3) bzw. 1,6 mg Kohlensäure (CO_2) frei. Die Säuren müssen, soweit sie nicht entweichen können, gebunden werden. Entweicht die freie Kohlensäure durch Lüftung, z. B. in Rieselern, wie sie für die Enteisenung üblich sind, so fällt bei harten Wässern kohlensaurer Kalk aus.

Dieser reißt einerseits vorhandenes Mangan nieder, andererseits bedeckt er den Braunstein mit kohlensaurem Kalk und macht ihn so unwirksam. Die Art und Weise wie der Braunstein das Manganohydrat fortnimmt, ist noch unbekannt. Die Annahme einer Manganomanganitverbindung Mn_2O_3 oder Mn_3O_4 weist Tillmans ab. Die frühere Annahme, daß das Mangansuperoxyd von seinem großen Sauerstoffgehalt auf das Manganhydrat übertrage, dürfte nicht zu Recht bestehen, weil es bis dahin nicht gelang, ein dreiwertiges Manganhydrat, $Mn(OH)_3$, herzustellen. Die Auffassung, daß der Braunstein durch Oberflächenwirkung das Manganhydrat adsorbiere, ist nicht ganz von der Hand zu weisen. Mehr neigt Tillmans der Auffassung zu, daß es sich um die molekulare Durchdringung zweier Stoffe, um eine sogenannte feste Lösung zwischen Braunstein und dem Manganhydrat handle. Diese Frage ist also noch nicht gelöst.

Das mit dem Mangansuperoxyd verbundene Manganhydrat ist nicht inert, bei ihm kommt vielmehr die Wirkung des vom Wasser aufgenommenen Sauerstoffs deutlich zur Geltung, es oxydiert sich zu Braunstein und regeneriert so das das Manganhydrat bindende Element, das MnO_2. Wo dieser Prozeß zu langsam vor sich geht oder nicht voll zur Wirkung kommt, z. B. wenn zu viel stark manganhaltiges Wasser über weniger reichlich vorhandenen Braunstein hinweggeleitet wird, da kann man rasch regenerieren, wenn man, wie bei dem patentierten Permutitverfahren, die Braunstein enthaltenden Körper mit 2- bis 3 proz. Kaliumpermanganatlösung auswäscht oder wenn man nach dem zum Patent angemeldeten Verfahren Tillmans die Körper mit einer dünnen Alkalilösung durchspült und dann kurze Zeit Luft durchleitet.⌐

h) Die Methoden der Entmanganung.

Hiernach ergeben sich die Methoden der Entmanganung eigentlich von selbst. Das Manganoverbindungen enthaltende Wasser muß über Mangansuperoxyde hinweg geleitet und die entstehende freie Säure, wenn sie in größerer Menge auftritt, beseitigt werden und es muß so viel Sauerstoff vorhanden sein oder zugeführt werden, wie notwendig ist, um das Manganhydrat zu Braunstein zu oxydieren.

Die Entmanganung durch natürlichen Braunstein.

Am richtigsten ist das patentierte Verfahren von Pappel. Nach ihm wird in nußgroße Stücke zerschlagener hochwertiger natürlicher Braunstein zu einem Filter aufgebaut. Enthält das Wasser freie Kohlensäure, so wird diese durch eines der früher angegebenen Verfahren entfernt, die im Filter selbst entstehende Kohlensäure

wird am besten durch eingeschaltete Lagen von Marmor oder kohlensaurem Kalk gebunden. Nach einigen Monaten Betriebsdauer wird
das Filter „regeneriert" durch Auswaschen mit einer dünnen Lösung
von Kaliumpermanganat oder mit einer Akalilösung und Durchlüften, oder nach Pappel schon durch Waschen mit reinem Wasser
und Durchlüften.

Entmanganung bzw. Enteisenung durch Permutit.|

Die von Gans für die Wasserenthärtung eingeführten Permutite können auch für die Enteisenung bzw. Entmanganung des
Wassers verwendet werden. Als besonders geeignet hierzu hat
sich das Manganpermutit erwiesen. Es kann aus irgend einem
anderen Permutit, z. B. Natriumpermutit oder Kalziumpermutit durch
doppelte Umsetzung mit Manganchlorürlösung hergestellt werden:

$$P - Na_2 + MnCl_2 = P - Mn + 2NaCl$$

(P = Abkürzung für die komplizierte Formel des Permutits).

Läßt man auf diesen Manganpermutit Kaliumpermanganatlösung
einwirken, so entsteht ein feiner dunkler Niederschlag, welcher sich
nach den Untersuchungen von Tillmans als Braunstein erwiesen
hat. Dieser wirkt wie vorhin angegeben worden ist, durch Anziehung der Manganosalze, also des kohlensauren bzw. schwefelsauren Mangans. Gerade die feine Verteilung des Braunsteins ist
von Bedeutung. Die Manganoverbindungen finden also überall die
Möglichkeit sich anzulagern. Wichtig ist auch, daß das Permutit
die entstandenen freien Säuren Kohlensäure und Schwefelsäure
bindet, und so diese die Entmanganung hindernden Körper beseitigt.
Die Entfernung des Mangans vollzieht sich daher sehr rasch und
vollständig. Auch sind Schwankungen im Mangangehalt ohne
Belang.

Zur Entmanganung wird das Wasser mit hoher Geschwindigkeit — 10 bis 25 m in der Stunde — durch ein Filter filtriert, das
auf den Quadratmeter 450 bis 800 kg mit Mangansuperoxyden überzogenen Permutits enthält. Zur Entfernung von im Wasser vorhandener freier Kohlensäure, welche Permutit überflüssig stark angreifen würde, dient eine über dem Permutit angebrachte Kalk-
steinschicht. Das Mangan scheidet sich, im Gegensatz zum Eisen,
nicht als Schlamm ab, sondern setzt sich ebenso wie bei der Einwirkung der Kaliumpermanganatlösung dem Permutitkorn fest an.
Während des Gebrauches, bei der Entmanganung, wird somit der
Mangansuperoxydgehalt und damit die Kontaktfläche für das neu
ankommende gelöste Mangan vergrößert, so daß allmählich immer

größere Wassermengen mit demselben Filter entmangant werden können.

Die oxydierende Wirkung des mit Braunstein überzogenen Permutits reicht natürlich nur so lange und so weit, als der Sauerstoff des Wassers genügt, um das zunächst gebildete Manganohydrat zu Braunstein zu oxydieren, es müssen also der Mangangehalt, der Sauerstoffgehalt des Wassers und die Schnelligkeit des Durchflusses in einem günstigen Verhältnis zueinander stehen, und als noch reichlich die entstehende Säure gebunden wird. Funktioniert die Anlage nicht gut, läßt sie also etwas Mangan durchtreten, was sich durch den qualitativen Nachweis des Mangans (siehe das letzte Kapitel dieses Buches) leicht feststellen läßt, so muß sie durch Behandlung mit Kaliumpermanganatlösung (2 bis 3 Proz.), regeneriert werden.

Durch die oben geschilderte Vermehrung des Mangansuperoxydgehaltes während des Gebrauchs aber wird bei vorsichtigem Gebrauch die Regeneration immer mehr hinausgeschoben. Nach Gans entmangante ein Filter in Glogau zu Anfang 80 cbm Wasser, nach zehn Regenerationen aber 2400 cbm, also die 30fache Menge.

Die Kosten richten sich nach dem Verbrauch an Kaliumpermanganat bei der Regeneration. Sie betragen nach Gans 0,15 bis 0,25 Pfennig pro Kubikmeter bei einem Gehalt von 2 bis 3 mgl Manganoxydul.

Durch die Regeneration mit Kaliumpermanganat tritt an die Stelle des Mangans ein Manganpermutitkalium. Dieses setzt sich mit den Erdalkalisalzen des zu filtrierenden Wassers um, gemäß den bei der Enthärtung angegebenen Gleichungen. Es gelangen also Kaliverbindungen in das Reinwasser, die möglicherweise in hygienischer Hinsicht Bedenken erregen könnten. Um das Kalium aus dem Permutit zu entfernen, ist daher nach jeder Regeneration eine Vorspülung erforderlich; die hierzu zu verwendende Menge Wasser richtet sich nach seiner Härte und beträgt z. B. bei einem Wasser von sieben Härtegraden etwa 6 cbm, wenn zur Regeneration 1 kg Kaliumpermanganat verwendet wird. Man könnte auch zur Regenerierung das teurere Kalziumpermanganat benutzen, wobei sich die Vorspülung zur Entfernung der Kalisalze erübrigt, aber das ist kaum nötig.

Die stark oxydierende Kraft des mit Braunstein überzogenen Permutits und die zulässige hohe Filtriergeschwindigkeit geben dem Permutierungsverfahren den Vorteil geringen Umfanges.

Die Entmanganung durch Ozon.

Ozon ist imstande, die im Wasser vorkommenden Manganverbindungen zu dem unlöslichen Braunstein, MnO_2, zu oxydieren.
Auch tötet es Bakterien; allerdings dürften pathogene Keime wohl
kaum in manganhaltiges Grundwasser gelangen, abgesehen von
besonderen Fällen, z. B. Überschwemmungen u. dgl. Die Menge
des erforderlichen Ozons ist gering, jedoch muß diejenige Ozonmenge hinzugerechnet werden, welche für die Oxydation eventuell
vorhandenen Eisens und der organischen Substanzen verbraucht
wird.

Die Entmanganung durch Lüftung und Filtration.

Schon im Anfang dieses Kapitels ist gesagt worden, daß manche
Enteisenungsanlagen Mangan — aber nur bei kleinen Mengen —
fortnähmen, daß man nach Analogie der Enteisenungsanlagen Ent-
manganungsanlagen eingerichtet und zuerst mit geringerem, später
mit großem Erfolg betrieben habe.

Ausgedehnte Versuche über die Entmanganung hat Thiesing
in Stettin gemacht. Er arbeitete dort mit Wässern, deren Mangan-
gehalte zwischen 0,5 bis 15 mgl schwankten, bei einem Eisengehalt
von 0,05 bis 0,3 mgl. Er verwendete Brausen, Koksrieseler und
Ziegelsteinlüfter. Am besten haben sich ihm die Koksrieseler bewährt. Ihre Höhe ist mit 3 m bemessen worden; es empfiehlt sich,
die Tiefe nicht zu groß zu nehmen|, den Koks vielmehr zwischen
einzeln gestellte Horden zu packen von nur 0,5 m Tiefe. Trotzdem
die Rieseler stark belüftet waren, nahmen doch die Filter die Hauptmenge des Mangans fort. Der dort verwendete Filtersand enthielt
22,7 Proz. Steine von 10 bis 3 mm Größe, 14 Proz. Kies von 2 mm
Durchmesser, 6 Proz. Kies von 1 mm, 26 Proz. Kies von 1 bis
0,35 mm, 27,5 Proz. Grobsand von 0,35 bis 0,14 mm, und den Rest
mit 3,5 Proz. Feinsand bis 0,09 mm.

Nach Tillmans' Untersuchungen läßt sich die Entmanganung
leicht erklären. Durch Adsorption wird zunächst eine geringe Menge
des hydrolytisch entstandenen Manganhydrats an den rauhen Flächen
der Kokse oder Schlacken abgelagert. Ferner kommt Manganhydrat dort zur Ablagerung, wo lokal alkalisch reagierende Substanzen vorhanden sind; so finden sich z. B. in Koks oder Schlacken
kleinere und größere Kalkeinlagerungen. Das so fixierte Manganohydrat bildet sich durch den Sauerstoff des Wassers in Mangansuperoxyd um. Wenn dieses an einzelnen Stellen entstanden ist, so
dient es, man könnte sagen, jeweils als ein Kristallisationszentrum.

Immer neuer Braunstein setzt sich an, feinste Partikelchen werden abgerissen und so entstehen neue Zentren für die Entmanganung. Was vom Rieseler gilt, hat für die Filter erhöhte Gültigkeit. Kleine Kalksteinbröckchen usw. bilden die Anfangspunkte der Ausscheidung, von ihnen aus wächst der Braunstein weiter und umzieht Sandkorn nach Sandkorn mit einer dunklen, schmierigfesten Braunsteinhaut.

Rieseler und Filter „arbeiten sich ein". Anfänglich ist der Effekt sehr gering, man merkt in dem behandelten Wasser kaum eine Abnahme des Mangans; das wird jedoch nach einiger Zeit besser und eine gut eingearbeitete Anlage läßt kein Mangan durch, selbst wenn sie mit großer Schnelligkeit betrieben wird.

Brausen und ähnliche Belüftungsarten empfehlen sich für die Entmanganung wenig, die Rieseler sind vorzuziehen.

Wo reichlich freie Kohlensäure vorhanden ist, erscheint es rätlich, die von Thiesing empfohlenen schmalen Kokshorden anzuwenden; ferner kann sich in einem solchen Falle eine über das Filter gelegte Schicht feinkörnigen Kalksteines nützlich erweisen. Auch Einbringen von Kalksteinbröckchen in das Filter ist vorteilhaft.

Als Filtermaterial ist mit Rücksicht auf die Verschlammung der Filter ein mittlerer Kies dem Sand entschieden vorzuziehen, um so mehr, als sich der Manganschlamm als eine schwer durchlässige Schicht dem Sand auflegt. Mit Rücksicht auf die Reinhaltung der Filter empfiehlt es sich daher, die Entmanganung in die oberste Zone des Filters zu verlegen. Schon eine Kiesschicht von 5 cm Stärke vermag recht große Manganmengen zurückzuhalten, wenn nur jedes Kieskorn mit einem vollen Überzug von Braunstein bedeckt ist.

Um eine Anlage möglichst rasch betriebsfähig zu machen, kann man zunächst große Wassermengen hindurchschicken, um so Manganhydrat sich ansetzen zu lassen. Besser ist es, über den Rieseler wiederholt eine dünne Kaliumpermanganatlösung laufen zu lassen und damit auch das Filter auszuwaschen. Uns will es scheinen, als ob das Aufbringen recht fein zermahlenen Braunsteins auf Rieseler und Filter bei zunächst langsamem Betrieb ein baldiges Einarbeiten bewirken würde. Weiter wird man durch Aufbringen von altem, von einer in gutem Betriebe befindlichen anderen Anlage bezogenem, mit Braunstein bedecktem Filterkies rasch gute Resultate erzielen müssen.

Lührig empfiehlt mit Recht, braunsteinhaltige Sande zur Filtration zu verwenden.

Zweifellos sind die Manganalgen wichtige Helfer im Kampfe gegen das Mangan. In erster Linie ist hier wohl die Siderocapsa zu nennen; sie dürfte wegen ihrer abweichenden eigenartigen, steruförmigen Gestalt (S. 214 u. Taf. II, Fig. 14) oft übersehen sein. Dann folgt wohl die Crenothrix und die ihr sehr nahe verwandte Clonothix. Die Algen speichern Mangan in ihren Hüllen auf. Ob sie des Mangans zu ihrer Ernährung bedürfen ist strittig; aber soviel steht fest, 1. daß diese Algenarten in keiner Weise lästig werden, wenn Mangan im Wasser fehlt, oder wenn vorhandenes Mangan aus dem Wasser herausgenommen worden ist; 2. daß sie in ausgezeichneter Weise das Manganhydrat abfangen; das in ihnen aufgespeicherte Mangan ist Braunstein.

Haben sich die Algen in stärkerer Schicht auf dem Kiesfilter entwickelt, so wirken sie ebensogut wie der Braunstein anorganischer Herkunft. Möglicherweise fördern die Algen die Entmanganung dadurch, daß sie einen Teil der Kohlensäure, welche frei wird, zum Aufbau ihrer Körper verbrauchen; wie groß oder wie klein diese Menge ist, weiß man noch nicht; ob nicht ebensoviel Kohlensäure bei dem Zerfall der Algen wieder frei wird, ist eine weitere Frage. Vollmar-Dresden schreibt den Algen eine gewisse aktive Wirkung auf die Entmanganung zu; bei lebhafter Algenentwickelung hatte er die besten Erfolge.

Einer Reaktivierung der Manganfilter bedarf es bei vorsichtigem Betriebe kaum. Wenn durch richtiges Arbeiten dafür gesorgt wird, daß stets genügend freier Sauerstoff vorhanden ist, dann ist die Neubildung von Braunstein und damit die Entmanganung gesichert.

Auch schwefelsaures Mangan läßt sich durch die erwähnte Methode sicher und restlos beseitigen. Sollten Schwierigkeiten infolge der Bildung von freier Säure entstehen, so genügt schon der Zusatz von kohlensaurem Kalk zum Filter, um sie zu beheben. Setzt man dem Wasser Ätzkalk zu, so fällt das Mangan sofort aus. Um einen eventuellen Überschuß des Kalkes zu entfernen, rät Lührig, das Wasser nachher durch Zeolithe laufen zu lassen.

Die Erfahrungen der letzten Jahre haben gezeigt, daß sich das Mangan bei vorsichtigem Betrieb sicher bis zu einer nicht mehr störenden Menge, also unter 0,05 mgl, aus dem Wasser entfernen läßt.

i) Die Wiedervereisenung des Wassers und die Vereisenung des Wassers im Rohrnetz.

Zuweilen ereignet es sich, daß ein Wasser eisenfrei aus der Tiefe hervorkommt, also keine oder nur ganz geringe Spuren Eisen führt und daß es nach einem mehr oder weniger langen Lauf durch die Eisenrohre des Zuführungsstranges oder des Rohrnetzes Eisen enthält, und zwar nicht bloß in Form des Eisenschlammes, sondern des gelösten Eisens. Das Wasser schmeckt dann deutlich nach Tinte, tritt blank aus dem Rohr heraus, aber trübt sich nach einiger Zeit und setzt spontan oder beim Kochen Eisen ab.

Deutlich war das bei einem Leitungswasser Frankfurts der Fall, dann kam es in Meerane vor, wir haben es in Triebes, in Westerland usw. beobachtet, kurz es sind eine ganze Reihe solcher Vereisenungen bekannt. Auch ein bereits enteisentes Wasser kann im Rohrnetz wieder Eisen in Lösung zeigen, worauf zunächst Oesten hingewiesen hat, wenn nämlich bei der Rieselung und Filtration nicht sämtliche Kohlensäure entfernt worden ist.

Die Vereisenung und Wiedervereisenung kommt zustande durch die Lösung von Eisenverbindungen, die aber noch nicht bis zum Eisenoxyd durchgebildet worden sind, also noch Zwischenstufen darstellen, und von metallischem Eisen aus der Rohrwand mittels Kohlensäure. Schon S. 95 ist des näheren darauf eingegangen worden, daß durch die freie Kohlensäure das Eisen angegriffen wird. Ist wenig Sauerstoff im Wasser, dann bleibt bei der Oxydation des Oxyduls zu Eisenoxydhydrat ein Teil des gebildeten kohlensauren Eisenoxyduls in Lösung und gibt so das Bild der Vereisenung. Ist viel Sauerstoff vorhanden, so geht er an das kohlensaure Eisenoxydul heran, bildet Eisenhydroxyd und macht die Kohlensäure wieder frei:

$$2\,\mathrm{FeH_2(CO_3)_2} + O + H_2O = 2\,\mathrm{Fe(OH)_3} + 4\,CO_2,$$

d. h. auf 52 Tle. metallisches Eisen entweichen 88 Tle. CO_2, auf 1 mg Fe also 1,7 mg CO_2.

Wir haben in ursprünglich eisenfreien Wässern bis zu 3 mgl gefunden; wir haben auch üblen Geruch, also Spuren von Schwefelwasserstoff, bemerken können. Diese traten allerdings nur morgens bei dem zuerst entnommenen Wasser und nur an einzelnen hochgelegenen Punkten auf, besonders dort, wo das Rohr nach beiden Seiten hin abfiel. Der Schwefelwasserstoff entsteht durch Reduktion der minimalen Mengen von Schwefelverbindungen bei Anwesenheit von organischen Substanzen. Auch das gelöste Eisen ist meistens nur im Morgenwasser zu bemerken; das über Tag nur kurze Zeit im Rohr befindliche Wasser enthält oft nicht genug, um unangenehm empfunden zu werden. Das Mittel gegen diese Vereisenung ist die Fortnahme der Kohlensäure auf einem der S. 89 u. f. angegebenen Wege.

14*

Es ist schon darauf aufmerksam gemacht worden, daß durch die Umsetzung von schwefelsaurem Eisen mit kohlensauren Erdalkalien die zugehörige Kohlensäure frei wird und so durch Angriffe auf das Eisen der Rohre zu erneuter Bildung von kohlensaurem Eisenoxydul führen kann. In solchen Fällen ist es notwendig, die Umsetzung vor das Rohrnetz zu verlegen, um der frei werdenden Kohlensäure die Möglichkeit des Austrittes aus dem Wasser oder der Bindung zu gewähren.

Auch durch den Zusatz von Alaun, z. B. bei Verwendung von Schnellfiltern, wird Kohlensäure frei und wiederholt schon ist sie Veranlassung zu stärkerem Lösen des Eisens und zu Verrostungen geworden.

k) Die Eisen- und Manganbakterien.

Störungen und Belästigungen können auch dadurch entstehen, daß bestimmte Organismen, die sogenannten Eisenbakterien, die fast alle zu den Fadenbakterien gehören, in einem Wasser, welches Eisenverbindungen in Lösung enthält, zu wuchern vermögen. Sie können sich in ungeheuren Mengen in den Brunnen und wohl auch in den Leitungen finden und treten dann in Gestalt mehr oder minder stark vereisenter und mit Eisenniederschlag beladener Flöckchen aus den Zapfhähnen heraus und machen das Wasser unansehnlich, unappetitlich und für manche Nutzzwecke völlig unbrauchbar. Halle, Berlin usw. waren gezwungen, ihre Wasserversorgungen der Eisenbakterien wegen völlig umzuändern. Einige Arten, z. B. Siderocapsa, sind in gewissen Perioden des Jahres selten, in anderen vermehren sie sich jedoch so erheblich, daß das Wasser kaum gebrauchsfähig bleibt, daß, wie man sagt, eine „Kalamität" entsteht.

Viel ist darüber geschrieben worden, ob die Eisenbakterien das Eisen angriffen, also aktiv zur Verrostung der Rohre beitrügen. Das Nähere darüber ist bereits S. 96 angegeben.

Von den Eisen aufspeichernden oder Eisen sammelnden Kleinlebewesen sollen hier nur diejenigen besprochen werden, welche für die Wasserversorgung ein größeres Interesse haben.

Am weitesten, anscheinend über die ganze Erde verbreitet ist die Chlamydothrix oder Leptothrix ochracea. Sie bildet dünne, vielleicht 1 bis 2 μ dicke, lange Fäden, die aus einer zarten Hülle bestehen, in welcher die einzelnen Glieder liegen, die in den verschiedenen Fäden verschieden lang sind. Solche Fäden findet man nicht sehr häufig. Meistens sieht man glatte, zarte, doppelt konturierte Scheiden ohne Inhalt, die vielfach zerbrochen, man kann sagen, zertrümmert sind (Taf. I, Fig. 7). Die ausgestoßenen Glieder werden zu Schwärmern, die sich, irgendwo festsetzend, zu neuen Fäden entwickeln. Die jungen, vegetativen Fäden sind vielfach farblos, grau, die älteren Scheiden aber sind gelblich, gelb, bräunlich gefärbt. Die letzteren Farben kommen nur den alten Fäden zu, die außerdem meistens dicker und ungleichmäßig erscheinen. Zwischen den Fäden liegen Flöckchen von Eisenrost. Die Organismen vermögen auch ohne Eisen zu wachsen, wie Versuche von Molisch ergeben haben. Wir fanden solche eisenfreien Fäden stets in einem alten Blecheimer, welcher den Stoß des aus den Drainrohren einer Sperrenmauer heraustretenden Wassers, täglich etwa 40 cbm, aufzunehmen hatte, damit der unterliegende Zement geschont werde. Ist Eisen vorhanden, so dringt es in die Hülle ein und färbt sie gelb. Molisch nimmt an, daß das gelöste Eisen nicht durch die Vitalität der Pflanze aufgenommen und zu Eisenhydroxyd umgebildet werde, sondern daß das gelöste Eisen mechanisch in die Pflanzen eindringe, wobei die Scheidensubstanz eine große Affinität zum Eisen zu haben scheine, und daß die Verwandlung in Oxyd durch den Sauerstoff der Luft statthabe. Er folgert das daraus, daß gekochte Hülsen in der gleichen Weise die Farbe aufnahmen und sich veränderten, wie die lebenden.

Die Chlamydothrix wird fast in jedem Eisenwasser gefunden, welches mit der Luft in Verbindung steht.

Die Gallionella (Chlamydothrix) ferruginea (Taf. I, Fig. 8) ist nächst der vorstehenden am weitesten verbreitet. Diese Fadenbakterie erscheint in gewundenen Formen, die entweder aus zwei Fäden bestehen, oder aus einem an der Spitze umgeschlagenen runden Faden (siehe Fig. 8 bei a), oder aus einem einzigen, wie ein Pfropfenzieher, mehr oder weniger eng gewickelten runden Faden. Die Bakterie zeigt sich jedoch auch als ein ziemlich breites $(2\,\mu)$, flaches, einfaches, oft um seine Längsachse gedrehtes Band (Fig. 8 bei b). Die letztere Form wollen manche als eine besondere Art, Spirophyllum ferrugineum, aussondern. Diese botanische Streitfrage interessiert uns hier nicht.

Die Gallionella ist anscheinend eine ausgesprochene Eisenbakterie. Ihre Farbe ist rötlich, nicht gelb, nicht braun. In den Kanälen, welche das hochstehende Grundwasser der Stadt Zerbst abführen, fanden wir sie als fuchsigrote Klümpchen in Reinkultur, die man schon mit bloßem Auge deutlich zwischen der noch häufigeren Clamydothrix ochracea herausfinden konnte.

Die Crenothrix polyspora, der Brunnenfaden (Taf. I u. II, Fig. 9, 10, 11, 12 und Verzeichnis-Erläuterungen) galt früher als wichtigste und häufigste Eisenbakterie. Sie hat ihren bevorzugten Platz verloren, seitdem man weiß, daß sie seltener ist; so hat z. B. Schwers sie nirgends in Belgien, wir nirgends in Thüringen gefunden. Wo sie jedoch vorkommt, da vermag sie recht unangenehm zu werden. Sie besteht aus Fäden, welche in ihrer Hülle Glieder, Makrogonidien, einschließen, die sich wieder teilen, Mikrogonidien, und sich aus dem Faden, der ein spitzes unteres, ein breites oberes Ende hat, herausschieben; sie lagern sich vielfach zu kleinen Flöckchen, Palmella, zusammen, aus welchen die jungen Fäden herauswachsen. Die Fäden teilen sich nicht, aber dadurch, daß sie gemeinsam aus einer Palmella oder einem Eisenflöckchen herauswachsen, entstehen Flocken von 1 bis 3 mm Durchmesser. Während, genau wie bei Leptothrix, die Glieder farblos sind, lagert sich das Eisen und Mangan in den Scheiden ab, die gelb, und wenn sie alt sind, braun aussehen; hinzu kommen die Eisenflöckchen, welche sich den Fäden auflagern.

Die Clonothrix fusca (Taf. II, Fig. 13), um deren Erforschung sich Schorler große Verdienste erworben hat, ist der Crenothrix nahe verwandt. Sie bildet Scheiden, in welchen die einzelnen Zellen sitzen, die sich ähnlich wie die der Crenothrix verhalten. Das untere Ende der Fäden ist dick, das obere spitz. Die Fäden zeigen eine deutliche Astbildung, welche stark an die der Cladothrix dichotoma erinnert. Bei den Ästen tritt der Unterschied zwischen Spitze und Basis recht deutlich hervor. Wieder findet sich die Einlagerung des Eisens in der Scheide. Clonothrix ist zweifellos nicht selten mit Crenothrix verwechselt worden. Die Flöckchenbildung ist genau die gleiche wie bei Crenothrix.

Die Siderocapsa (Sternkapsel) ist erst in der letzten Zeit auf dem Plan erschienen. Unter dem Mikroskop sieht man (Taf. II, Fig. 14), von einem dunklen, zuweilen hellen Mittelpunkt ausgehende, zehn und mehr kurze Fortsätze, die von Eisen oder Mangan rotbraun bis braunschwarz gefärbt sind.

Bei älteren Exemplaren, die dann eine sehr dunkle Farbe zeigen, erscheinen die Fortsätze kürzer und dicker, so daß man zunächst glaubt, ein Eisen- oder Manganklümpchen vor sich zu haben. Die Größe der jüngeren Exemplare schwankt zwischen vielleicht 6 und 18 μ. Nach Molisch finden sich in dem Zentrum bis zu 200, Kokken oder kokkenähnliche Gebilde, welche durch das Schiffsche Reagens auf Aldehyd (durch Schwefeldioxyd entfärbte wässerige Fuchsinlösung, welche durch Aldehyd violett wird) sichtbar gemacht werden können. Die Fortsätze sollen aus einer Gallerte bestehen. Diese Organismen kommen nicht nur an Wasserpflanzen vor, sondern auch im freien Wasser. Sie scheinen ein periodisches Wachstum zu haben; wenigstens sahen wir sie im

Juli 1912 in den Brunnen- und dem Rohrsystem einer Grundwasserversorgung und etwa 14 Tage später in dem Wasser einer
höher, also kühler gelegenen Talsperre so massenhaft auftreten,
daß sie an beiden Stellen höchst unbequem wurden. Vier Wochen
später aber waren sie an beiden Orten fast vollständig verschwunden;
das Plankton des Sperrenwassers hatte aus einem anderen Grunde
das ganze Jahr hindurch unter unserer strengen mikroskopischen
Kontrolle gestanden, ein Übersehen der Siderocapsa in den vorhergehenden und folgenden Monaten war also ausgeschlossen. Im März
1913 fanden wir sie in einem Brunnen mit einem dem Silur ent-
stammenden Wasser in ziemlicher Menge; auch aus ihm war sie
nach kurzer Zeit wieder verschwunden.

Nicht selten trifft man in Teich-, Sperren-, Fluß- und unreinen
Brunnenwässern braune Flocken, die sich unter dem Mikroskop als
vielfach verästelte, knorrige Stiele einer Monadine, der Anthophysa,
erweisen (Taf. VII, Fig. 61). Die Tierchen sitzen zu Kolonien angeordnet auf den Spitzen der Zweige, von welchen sie sich leicht
loslösen können. Sie stellen rundlich-längliche Körper dar mit
einer Hauptgeißel und einer kürzeren Nebengeißel. Die vielfach
verbogenen, gedrehten, chitinähnlichen Stiele nehmen Eisen leicht
auf. Zuweilen treten diese Organismen in großer Zahl auf; sie
finden sich meistens in nicht reinem Wasser.

Bei der mikroskopischen Untersuchung auf Eisenorganismen
wähle man zuerst eine schwache Vergrößerung, um ein Übersichts-
bild zu bekommen; dann gehe man zu einer starken, wenn möglich
zur Ölimmersionslinse über. Um aus den inkrustierten Teilen die
Organismen zu Gesicht zu bringen, behandle man sie einige Zeit mit
ganz schwacher Salzsäure. Man bringt zu dem Zwecke die zu untersuchenden Teilchen auf einen Objektträger, gibt Wasser dazu, deckt
ein Deckgläschen darüber, sucht mit schwacher Vergrößerung eine
Stelle aus, wo nur vereinzelte inkrustierte Fäden liegen, und stellt
mit der Ölimmersion ein, so daß man ein klares Bild bekommt.
Dann bringt man an die rechte Seite des Deckgläschens einen
Tropfen stark verdünnter Salzsäure und an die linke Seite etwas
Filtrierpapier. Hierdurch wird der Tropfen unter dem Deckglas
hindurchgesogen und die zu untersuchenden Stücke liegen in einem
schwachen Strom schwacher Salzsäure. Hierbei wird das Eisen
allmählich aufgelöst.

Will man das Eisen in und an den Bakterien mikrochemisch
nachweisen, so macht man ganz denselben Versuch wie vorhin,
nur bettet man die Teilchen nicht in Wasser, sondern in eine
dünne Lösung von gelbem Blutlaugensalz ein; sobald die Salzsäure

an die Eisen enthaltenden oder aus Eisen bestehenden Teilchen herankommt, entsteht eine lebhaft blaue Farbe, Berliner Blau.

Winogradski war der Auffassung, die Eisenbakterien bedürften des Eisens zu ihrer Entwickelung; sie sollten das kohlensaure Eisenoxydul aufnehmen und in ihrem Plasma oxydieren; die hierbei entstehende Wärme sei den Organismen für ihren Lebensprozeß notwendig. Molisch hat nachgewiesen, daß das für Leptothrix ochracea nicht zutrifft; sie wächst auch ohne jedes Eisen oder Mangan. Es ist anzunehmen, daß die Verhältnisse für die anderen Eisenbakterien auch so liegen; allerdings ist bei ihnen die Reinkultur noch nicht gelungen. Der strikte Beweis steht somit noch aus. Daß die Organismen aber „eisenhold" sind, das eisenhaltige Wasser stark bevorzugen, daran ist kein Zweifel. In der Natur werden die Organismen fast nur in Eisen enthaltenden Wässern gefunden, und sie verschwinden, wenn man dem Wasser, in dem sie leben, das Eisen entzieht. Bis jetzt wenigstens hat noch jede Stadt die „Pilze" beseitigen können, wenn sie ihr Wasser enteisent bzw. entmangant hat.

Die Organismen bedürfen zu ihrem Wachstum der organischen Substanz. Viel ist dazu anscheinend nicht erforderlich. Das Berliner Grundwasser zu Tegel beanspruchte im Jahre 1911 zwischen 10,4 und 18,0 mgl Kaliumpermanganat zur Oxydation; die Eisenbakterien entwickeln sich gut in ihm; nimmt man jedoch die vorhandenen 1,0 bis 3,5 mgl Eisen fort, so tun sie das nicht mehr. Wir fanden in einem Kanalisationsschacht in Zerbst bei 5,2 mg Eisen und 12,5 mg Kaliumpermanganatverbrauch eine üppige Entwickelung von Leptothrix und Gallionella, eine fast genau so große in einem anderen Schacht mit 2 mgl Eisen und 52 mgl Kaliumpermanganatverbrauch; bei 110 mgl Kaliumpermanganat und 0,2 mgl Eisen wuchsen keine Eisenpilze. Ob, wie Hinze meint, mit den 110 mg zu viel organische Substanz für die Entwickelung vorhanden war, steht dahin.

Daß diese chlorophyllfreien Organismen Kohlensäure zu assimilieren vermöchten, erscheint denkbar, ist jedoch fraglich, um so mehr, als die Angabe, daß das Eisen durch die Pflanze oxydiert würde, sich nicht als richtig erwiesen hat. Daß die Leptothrix der Kohlensäure nicht bedarf, dürfte durch die Untersuchungen von Molisch festgelegt sein.

Wie die Bakterien Eisen aufnehmen, so nehmen sie auch Mangan auf, was sich experimentell und durch die einfache Beobachtung nachweisen läßt. — Ob die Gallionella Mangan aufzunehmen vermag, ist unseres Wissens noch nicht entschieden.

4. Die Beeinflussung des Bodens durch das Wasser in chemischer Beziehung.

Wie das Wasser Körper löst und in sich aufnimmt, so gibt es solche auch wieder ab, wenn die Lösungsbedingungen andere werden, wenn z. B. sein Sauerstoff, seine Kohlensäure verschwindet, seine Temperatur sich ändert usw. Ein allgemeines Gesetz ist es, daß diejenigen Körper, welche am schwersten löslich sind, am ersten wieder ausfallen; das Wasser kann also in seinem weiteren Laufe oder bei seinem weiteren Versickern wieder reiner werden. Schwindet die Kohlensäure, so fällt das im Wasser gelöste Kalziumbikarbonat als Monokarbonat aus, tritt Sauerstoff hinzu, so verwandelt sich das gelöste kohlensaure Eisenoxyd in Ocker. Die Silikate fallen wieder aus, und überall im Gebirge kann man sehen, wie das rinnende Wasser allmählich die Spalten mit Quarz ausgefüllt hat. Die Erzgänge sind großenteils Spalten, die mit Mineralien gefüllt sind, welche das Wasser dort abgelagert hat.

Hiermit haben wir bereits ein anderes Gebiet betreten, nämlich das der Veränderungen, welche das versickernde Wasser mit dem das Grundwasser führenden Gestein vornimmt.

Das Wasser nimmt aus den oberflächlichen Teilen vor allem den Kalk weg; er ist leichter löslich als die Magnesia, und da das Wasser Kohlensäure enthält, so schwindet in erster Linie der kohlensaure Kalk, der Kalk wird also mehr dolomitisch, während der schwefelsaure Kalk weniger fortgeführt wird. Desgleichen werden leicht ausgewaschen die Verbindungen des Kaliums und und Natriums; selbst Silikate werden angegriffen, wenn auch erheblich schwerer. Fast vollständig bleibt zurück, soweit sie nicht mechanisch fortgespült wird, die Tonerde. Der Boden wird also ärmer an löslichen Verbindungen und infolgedessen relativ reicher an Silikaten und vor allem an Tonerde; der Boden wird lehmiger und die Poren schließen sich zum Teil durch die Tonerdeteilchen; er wird also zu einem besseren Filter. Die Tonteilchen können den Weg sogar vollständig verlegen, und so entstehen undurchlässige Linsen, über welchen sich das Wasser aufstaut und über deren Rand es weiter in die Tiefe fließt. Da das Eisen leichter gelöst wird als das Mangan, so finden sich dessen Verbindungen zuletzt häufiger, als die des ursprünglich in größerer Menge vorhanden gewesenen Eisens.

Die gelösten Stoffe dringen in die Tiefe und fallen zum Teil wieder aus; so entsteht an manchen Stellen des sandigen Bodens eine Schicht Ortstein, Eisenoxyd- oder auch Manganoxydverbin-

dungen verschiedener Art, die sich mit den Sandkörnchen, Tonteilchen usw. zu einer fast undurchlässigen Schicht vereinen können,
besonders, wenn sich hier auch gelöste Silikate wieder niederschlagen oder kohlensaure bzw. schwefelsaure Erdalkalien sich
beimischen.

Diese Beispiele mögen genügen, um zu zeigen, daß nicht bloß
der Boden das Wasser, sondern auch das Wasser den Boden
beeinflußt.

5. Die bakteriologische Beschaffenheit des Grundwassers.

a) Die Bakterien der oberen Bodenschichten und ihre Abnahme mit zunehmender Tiefe.

In den obersten Bodenschichten mit ihrer reichlichen Menge
organischer Substanzen und leicht angreifbarer Salze herrscht das
reichste Leben. Es kommen vor Infusorien und andere niedere
Tiere, Kleinpflanzen, z. B. Schimmel, Leptothricheen und ähnliche
Gebilde; sie treten jedoch völlig zurück gegenüber den Bakterien,
von denen Fränkel zuerst nachgewiesen hat, daß in 1 ccm Erde
von der Oberfläche mehrere Hunderttausende bis mehrere Millionen
enthalten sind.

Schon in 10 bis 20 cm Tiefe ist ihre Zahl wesentlich reduziert, statt der Millionen finden sich nur noch Hunderttausende.
Bleibt der Boden feinporig und ist er in seiner natürlichen Lage
nicht gestört, so sind in 1 m Tiefe vielleicht einige Tausende und
in 3 bis 4 m Tiefe nur wenige oder keine vorhanden. Dieses
Verhalten stellt in den alluvialen und diluvialen Anschwemmungen
die Regel dar, sofern die Erdlagen feinporös sind. In der nebenstehenden Tabelle sind einige Beispiele zusammengestellt.

Die Erscheinung beruht vor allem auf dem langsamen Eindringen des Oberflächenwassers in die Erde. Hierbei wird ein
Teil der Bakterien zurückgehalten, weil manche größer sind als
die Poren. Die große Mehrzahl wird aber nicht „abfiltriert", da
sie kleiner sind als die Poren, auch fehlt eine deckende Schleim-
lage, welche, wie später näher nachgewiesen wird, die beste
Filterschicht darstellt; die Bakterien werden vielmehr dadurch in
ihrer Hauptmasse abgefangen, daß sie durch Flächenattraktion an
den Porenwandungen abgelagert werden, wo sie allmählich in dem
mangelhaften Nährmaterial absterben. Da die Bewegung des
Wassers von oben nach unten in feinporigem Boden eine sehr
langsame ist, weil das Wasser im Boden zeitweilig wochen- und
monatelang nicht von der Stelle rückt, so steht der Anlagerung

Der Bakteriengehalt der oberen Bodenschichten und die Abnahme mit zunehmender Tiefe.

Fränkel, Pfingstberg, Potsdam, 24. April 1886, oben humöser, dann reiner diluvialer Sand	Zahl der in 1 ccm Boden enthaltenen Bakterien	Reimers, Jena, Ackerland, bis 20 cm Humus, bis 1 m grober Kies mit Kalk, bis 3 m fester Lehm, bis 4 m feuchter, sandiger Lehm	Zahl der Bakterien in 1 ccm Boden	Fränkel, Berlin, Friedrichstraße, bis 1,75 m alter Bauschutt, bis 2,50 m humöser Sand, von 2,50 m an reiner Sand	Zahl der Bakterien in 1 ccm Boden	Kabrhel, waldiges Terrain des Diluviums bei Prag, 19. Febr. 1902	Zahl der Bakterien in 1 ccm Boden	Kümmel, Altona, Heideboden, dann Sand	Zahl der Bakterien in 1 ccm Boden
Oberfläche	verflüssigt	Oberfläche	verflüssigt	1 m	100 000	0,3 m unter der Oberfl.	827 520	0,25 m	6442
0,5 m	70 000	1 m	81 900	1,5 „	180 000	1,0 m	5 040	0,50 „	7060
1,0 „	1 000	2 „	400	2 „	65 000	1,5 „	1 120	2,00 „	50
2,0 „	0	3 „	120	2,5 „	470 000	1,7 „	3 400	3,50 „	0
2,5 „	250	4 „	0	3 „	34 000	{	15 120	4,50 „	0
3,0 „	0	—	—	3,5 „	0	2,2 „	200	6,50 „	0
4,0 „	0	—	—	—	—	3,1 „	260	—	—
4,5 „	100	—	—	—	—	Grundwasser	400	—	—
5,0 „	0	—	—	—	—	—	—	—	—
Grundwasser	—	—	—	—	—	—	—	—	—

der Bakterien an der Wandung der Kapillaren nichts im Wege,
während andererseits die niedrige Temperatur und der Mangel an
guten Nährsubstanzen die Vermehrung verhindert.

Die in den tieferen Schichten des Bodens vorkommenden Bakterien sind der verschiedensten Art: Bac. luteus, radicosus, terrestris,
albus, bruneus, punctatus usw.; anaërobe Bakterien sind selten.

b) Das Vordringen von Bakterien mit den Pflanzenwurzeln und den von ihnen und den Tieren gebildeten Gängen.

Auffällig ist, wie das auch einige der folgenden Beispiele
lehren, ein zuweilen starkes Ansteigen der Bakterienzahl, entweder
überall oder an der einen oder anderen Stelle derselben Bodenlage,
nachdem bereits ein deutliches Absinken eingetreten war. Kabrhel
erklärt die Erscheinung durch die Beobachtung, daß an und mit den
Pflanzenwurzeln die Bakterien in die Tiefe gehen und sich an
ihnen vermehren; jedenfalls war an den Stellen, wo sich Pflanzenwurzeln fanden, die Zahl der Keime hoch, so fanden sich in 4 m
Tiefe in der Umgebung von Wurzelwerk 30 520 Bakterien in
1 ccm Erde. Kruse beobachtete einmal in 6 m Tiefe, auf einem
eng beschränkten Raume in feinporigem Erdreich zahlreiche Bakterien. An sich sind solche Mikroorganismen völlig harmlos, und
pathogene Keime können durch wachsende Pflanzenwurzeln nicht
in die Tiefe gelangen.

Anders und gefährlicher gestalten sich die Verhältnisse, wenn
die Pflanzenwurzeln absterben und an ihre Stelle Hohlräume treten.
Sind die Wurzelfäserchen sehr eng, so mögen sich die Kanäle
rasch wieder verlegen. Bei einer Reihe von Pflanzen aber gehen
die Wurzeln sehr tief herunter und haben eine erhebliche Dicke,
ein rasches Verlegen findet bei ihnen nicht statt.

Die Baumwurzeln haben, solange sie im Waldboden stecken,
eine gesundheitliche Gefahr nicht. Ist jedoch der Wald gerodet
und in Ackerland umgewandelt, so stellen sie, wenn sie vermodern,
offene Wege dar, die bis zum Grundwasser führen können und
welche dann die aus den Dungstoffen stammenden Bakterien direkt
bis in das Grundwasser zu leiten vermögen. Noch unangenehmer
sind auf den Gehöften stehende Bäume. Recht häufig sieht man,
daß sie ihre Wurzeln in die Brunnen hineinschicken, dort sich
mächtig entwickelnd. Werden die Bäume entfernt, so werden
solche Wurzelgänge zu Kanälen, die bei örtlich ungünstigen Verhältnissen eine direkte Gefahr darstellen.

Das zu Wasserversorgungen erforderliche Grundwasser wird
zuweilen unter Äckern geschöpft bzw. zieht unter gedüngtem

Ackerland der Fassungsstelle zu. Ist der Boden feinporig und steht das Grundwasser tief, so ist das ungefährlich, da mit dem Dünger aufgebrachte Krankheitskeime das Grundwasser nicht erreichen, sondern im Laufe der hierzu erforderlichen langen Zeit entweder absterben oder abgefangen werden. Anders ist es jedoch, wenn die Oberfläche des Bodens mit dem Untergrund durch weitere Röhren verbunden ist. Das kann eintreten, wenn der Boden mit tiefwurzelnden Pflanzen bestellt wird.

Die Angaben über die Längen von Wurzeln, ihre Art und Größe, sind wegen der Schwierigkeiten, die sich der Forschung entgegenstellen, verhältnismäßig selten; aber die wenigen vorliegenden Angaben zeigen, daß man die Wurzellänge und ihre Masse bedeutend unterschätzt hat.

Die neueste und sorgfältigste Arbeit ist die von Professor K. Schulze, Breslau. In ihr wird angegeben, „Wurzelatlas 1911", daß im Durchschnitt die ausgewachsene Wurzellänge beträgt bei

	Winter-roggen	Winter-weizen	Sommer-roggen	Sommer-weizen	Hafer	Gerste
in Zentimetern	194	186	176	179	247	220
das Gewicht der luft-trockenen Wurzeln in Prozenten der reifen .lufttrockenen, oberirdischen Teile . . .	4,7	9,2	7,1	3,4	11,5	9,4

Das sind doch gewaltige Längen bei den Halmfrüchten, die man früher zu den Flachwurzelern rechnete, und erhebliche Massen, wenn man bedenkt, daß bei dem Gewicht der trockenen oberirdischen Teile auch die Frucht mitgerechnet ist.

Professor A. Orth gibt in seinem „Wurzelherbarium, Berlin 1894" unter anderem folgende Daten:

	Weiß-klee	Rotklee	Espar-sette	Blaue Luzerne	Blaue Lupine	Pferde-bohne	Rispen-hirse	Mohr-rübe
Alter (Tage) . . .	458	454	452	433	83	84	88	156
Wurzellänge in Zentimetern .	83	145	170	265	138	111	155	130

	Runkel-rübe	Kar-toffel	Kohl-rübe	Wasser-rübe	Mais	Winter-raps	Winter-rübsen
Alter (Tage) . . .	97	85	90	98	113	107	105
Wurzellänge in Zentimetern .	130	103	113	152	100	165	166

Nach Werner kann alte Luzerne bis auf 10 m in die Tiefe gehen. Wer einmal in einem tiefen Graben gestanden hat, der ein altes Luzernenfeld durchquert, wird gesehen haben, daß die alten Wurzeln der Pflanzen den Boden in solcher Art durchsetzen, daß er siebartig erscheint, so sitzt Röhre neben Röhre. Wir haben wiederholt in lößartigem Lehm noch in 4 m Tiefe mehr als streichholzstarke Röhren gesehen, ausgefaulte Luzernenwurzeln, von denen die eine immer nur wenige Zentimeter von der anderen entfernt war.

Keilhack sagt in seinen Grundwasserstudien: „Bei manchen Futterpflanzen (Esparsette, Luzerne) und Bäumen (Pappel) erfolgt jedoch eine Beeinflussung bis zu 12 m Tiefe. Im allgemeinen kann man bei 4 m Grundwasserstand die Grenze ziehen innerhalb derer das Grundwasser von unseren einjährigen Kulturgewächsen benutzt wird."

Nicht bloß einzelne Wurzeln werden von den Pflanzen heruntergetrieben, bei manchen Arten setzen sich unten noch Quasten an, welche zerfallend die Porosität des Bodens erhöhen. Mit Vorliebe benutzen die Wurzeln der nachkommenden Fruchtfolgen die durch Vermoderung der Wurzeln ihrer Vorgänger entstandenen Röhren, um rasch in die Tiefe herunter zu gehen, so die alten Öffnungen erweiternd und vertiefend.

Über die Wurzeln der Bäume und Sträucher liegen systematische Arbeiten unseres Wissens nicht vor, daß aber bei vielen Arten die Wurzeln sehr tief eindringen, ist genügend bekannt.

Eine nicht unwesentliche Rolle für die Durchlaßfähigkeit des Bodens spielen die Regenwürmer. Schon Ch. Darwin hat hierauf 1837 hingewiesen. Die Würmer gehen bis zu 2 m Tiefe und mehr und sie sind im Boden zahlreich vorhanden; nach den Zählungen von Lengercke kommen auf einen Quadratfuß guter Ackererde sechs Regenwürmer. A. Hensen gibt an, daß auf einen Morgen Land 100 Pfund (darmrein gewogen) entfielen. Verfasser fand zu Anfang des Winters vor dem Seiher eines Sammelschachtes einen Ballen von 50 bis 100 Regenwürmern, welche in die 1 bis 1,5 m tiefe Sickergalerie einer Wiese des Alluviums hineingeraten waren.

Die hier in Betracht kommenden Arten sind der Lumbricus herculius und Allolobophora longa; die fünf anderen, mehr oberflächlich hausenden, in Deutschland auftretenden Regenwürmer sind ohne Belang.

Ihre Gänge, die im Laufe des Jahres verschiedentlich erneuert werden, dienen den Wurzeln der wachsenden Pflanzen als bequeme Kanäle, welche in die Tiefe führen.

Die Maulwurfs- und Mäusegänge finden sich in manchen Bezirken in Acker und Wiese recht zahlreich. Die Mäuse pflegen
nicht tief zu gehen, aber der Maulwurf, der kein Winterschläfer
ist, geht den Insekten, ihren Larven und den Regenwürmern nach
und man kann seine Gänge oft bis zur Grenze des Grundwassers,
zuweilen bis in 2 m Tiefe verfolgen. Sein Winterlager hat er
jenseits der Frostgrenze. Von den Insekten usw. möge hier abgesehen werden.

Das Vorstehende zeigt, daß der Acker- und Wiesenboden
vielfach von zahlreichen, bis in größere Tiefen heruntergehenden
Röhren durchsetzt ist und daß die vielgerühmte Undurchlässigkeit
der Tone und Lehme mehr in der Theorie als in der Wirklichkeit
besteht.

Trotzdem sind Erkrankungen durch pathogene Bakterien,
welche in das Grundwasser gelangten, recht selten.

Sichere Fälle von Übertragung des Typhus durch feinporigen
Ackerboden hindurch sind unseres Wissens nicht bekannt gegeben.
Dahingegen sind Fälle veröffentlicht, wo nach Aufbringen von
infiziertem Dünger auf den Acker, unter welchem klüftiger Fels
anstand, Typhus auftrat. Auch wurden mehrfach Wiesen beschuldigt, mittels aufgebrachten Abortinhaltes durch in ihnen
liegende Drainröhren, welche das Trinkwasser für eine Stadt
sammelten, Typhus verbreitet zu haben.

Reicht das Grundwasser bis in die oberen bakterienhaltigen
Zonen eines selbst feinkörnigen Bodens hinein, so ist auch ohne
weitere Kanäle das Grundwasser in den oberen Bezirken mit
Bakterien durchsetzt, in seinen tieferen ist es dahingegen bakterienarm und in noch größerer Tiefe bakterienfrei.

c) Das tiefere Eindringen von Bakterien durch die Bodenporen
und die Bewegung der Bakterien in horizontaler Richtung.

Bei stark durchlässigem, z. B. kiesigem Boden dringen die
aus den oberen Bodenschichten ausgewaschenen oder die von dem
Tagewasser, Oberflächenwasser mitgebrachten Bakterien ungehindert
in ein selbst tief stehendes Grundwasser. Die Zahl der darin gefundenen Bakterien hängt ab von der Keimzahl des eindringenden
Wassers und der Läuterung, die es im Boden erfährt; diese wieder
ist abhängig von der Weite der Wege im Boden und von der
Schnelligkeit, mit welcher sie durchströmt werden.

Eine Vermehrung der in das Grundwasser übergetretenen
Keime findet infolge des geringwertigen Nährmaterials und der
niedrigen Temperatur nicht statt. Ein rasches Absterben erfolgt

indessen nicht; die niedrige Temperatur konserviert gewissermaßen die Individuen.

Mehrfach ist die Frage erörtert worden, ob die Bakterien, welche in ein Grundwasser gelangen, durch dasselbe verschleppt, also in mehr oder weniger horizontaler Richtung fortgeführt werden können.

Auf die Fortführung in diesem Sinne hat vor allem die Geschwindigkeit der Wasserbewegung einen Einfluß. Ist dieselbe gering, wenige Meter im Tage, so bleiben die an irgend einer Stelle in das Grundwasser gebrachten Mikroben durch Flächen-attraktion oder Sedimentation bald haften; hierbei macht es wenig aus, ob das durchflossene Gebiet fein- oder grobporig ist. Ist die Bewegung des Grundwassers eine rasche, so findet ein Transport in um so größere Entfernungen statt, je weiter die Kanälchen sind, welche das Grundwasser durchzieht. In feinkörnigem Boden ist die Geschwindigkeit gering, sie ist jedoch dann größer, wenn das Gefälle stark ist.

Künstlich wird das Gefälle verstärkt durch die Absenkung des Wasserspiegels in einem Brunnen. Ragt der mit wasserdichten Wandungen versehene Brunnen in ein Grundwasser hinein, welches in seinen oberen Schichten bakterienhaltig ist, so rücken die Keime um so viel tiefer, als der Brunnenspiegel gesenkt wird. Ist der Brunnen flach, die bakterienführende Schicht stark, so können die Mikroben bei dem Pumpen in den Brunnen eintreten. Ist dagegen der Brunnen tief, die keimhaltige Grundwasserzone schwach und wird der Spiegel nicht übermäßig gesenkt, so werden in gleichmäßig porösem Boden bei gleichmäßigem Pumpen Bakterien nicht ein-treten, weil die Speisung des Brunnens von unten und von der Seite her stattfindet, entsprechend der Absenkung des Wasser-spiegels. Wenn ungleichmäßig gepumpt wird, z. B. nur am Tage und nachts nicht, dann werden die am Tage tief herunter gebrachten Bakterien dort beim Aussetzen des Pumpens zum Teil liegen bleiben; beim erneuten Pumpen werden sie weiter in die Tiefe gesogen, bleiben dort während der Nacht wieder liegen, rücken am nächsten Tage wieder tiefer usf., bis sie zuletzt im Brunnen-wasser erscheinen. Aus dem Angegebenen folgt, daß das Depressions-gebiet empfindlich ist und am leichtesten von ihm aus Mikro-organismen in den Brunnen gelangen können. — Je größer der Radius eines Depressionsgebietes ist, um so geringer ist die Wahrscheinlich-keit, daß von der Peripherie her Bakterien in den Brunnen hinein-dringen; bei der langsamen Wasserbewegung in den Randzonen bleiben sie liegen.

Bekommt das Grundwasser Zuflüsse aus zerklüftetem Fels, in welchem eine Reinigung des Wassers höchstens durch Sedimentation stattfinden kann, so ist damit ebenfalls eine Zufuhr von Bakterien möglich.

S. 218 ist gesagt worden, daß in größerer Tiefe, 4 bis 6 m, in Sanden und Kiesen stehendes Grundwasser keimfrei zu sein pflegt. Hiervon gibt es jedoch Ausnahmen und es ist notwendig, sich im Einzelfalle durch vorsichtig entnommene Proben von der Keimfreiheit zu überzeugen, bzw. festzustellen, wie viel oder wie wenig Bakterien in dem Grundwasser vorhanden sind.

Es sei gestattet, einige Beispiele über das Eindringen von Bakterien in das Grundwasser zu bringen.

K. B. Lehmann hatte die Grundwasserversorgung von Würzburg zu untersuchen, bei welcher der Verdacht bestand, daß Bakterien von oben her eingedrungen seien. Er setzte einen weiten Blechzylinder auf den feinen, allerdings recht sandigen Lehm der Sammelgalerie und füllte den Zylinder 50 cm hoch mit einer Salzlösung an. Nach einer Stunde bereits war das Salz in dem Wasser der 6 m tief liegenden Galerie nachzuweisen. Die Versickerung des Wassers, welche anfänglich 5 cm, dann 4, 3 und 2 cm betragen hatte, nahm bis auf 1 cm in der Stunde ab, als sich der Boden mit Wasser vollgesogen hatte, das heißt, durch die Füllung der Poren wurde der Reibungswiderstand so groß, daß die 50 cm Wasserdruck ihn kaum zu überwinden vermochten. Hierbei ist zu berücksichtigen, daß die Salzlösung ein Verklumpen der feinen Tonteilchen bewirkt, wodurch die Poren verlegt werden. Die Bewegung des Wassers bei 1 cm Höhenabnahme und bei 33 Proz. Porenvolum ist 30 mm in der Stunde, also so gering, daß ein Durchtreten der Bakterien durch die kapillaren Hohlräume nicht zu fürchten ist; nur die weiteren Kanälchen können mit dem rascheren Durchfließen des Wassers den Bakterientransport übernehmen. Im Verfolg seiner Arbeiten brachte Lehmann in den Blechzylinder in Wasser aufgeschwemmte Prodigiosusbakterien; sie erschienen, wie nach den Kochsalzversuchen nicht anders zu erwarten war, in kurzer Zeit, in 3½ bis 4½ Stunden, in dem durch Pumpen niedrig gehaltenen Wasser der Galerie. — Es gelang dem Autor, im Zinkrohr den Lehm und Sand fester einzustampfen, als sie im Boden seines Versuchsfeldes gelagert waren; das Porenvolum betrug nur 30,2 bzw. 26,6 Proz. Bei 2 m Wasserdruck gingen durch ein mit Lehm gefülltes Rohr von 3 m Länge nach 34 Stunden bei stündlich 111 mm Filtrationsgeschwindigkeit vereinzelte, von 10 m Länge bei 55 mm Geschwindigkeit überhaupt keine aufgebrachten Prodigiosusbakterien hindurch. Durch ein mit Sand gefülltes Rohr von 5 m Länge gingen in $2^1/_2$ Stunden bei 759 mm Filtrationsgeschwindigkeit viele, von 20 m Länge nach 10 Stunden bei 266 mm Schnelligkeit vereinzelte hindurch. Bei den Versuchen war die Langsamkeit der Bewegung das Ausschlaggebende.

Kruse hat ähnliche Versuche angestellt. Bei seinen Beobachtungen war indessen die Durchflußschnelligkeit ohne größere Bedeutung, denn er hatte bei 50 mm Wasserbewegung in der Stunde und bei 800 mm dieselben guten Filtrationserfolge; dabei war die filtrierende Schicht höchstens 1 m stark. Von erheblichem Belang war die Bodenbeschaffenheit; seine Sande enthielten mehr grobe und weniger feine Bestandteile als die Lehmanns. Es ist also sowohl die Schnelligkeit der Bewegung, als auch die Bodenbeschaffenheit für den Durchtritt von Bakterien von Belang. Letztere begreift indessen nicht nur die Größe der Körner und die Weite der zwischen ihnen liegenden Hohlräume in sich, sondern auch die Art ihrer Lagerung, vor allem ihre Beweglichkeit.

Dunbar ließ 11 Brunnen, die mit ihren Filteroberkanten 10,5 bis 15,5 m unter Erdgleiche lagen und 16 bis 32 m von einem Graben entfernt waren, der im Kubikzentimeter Wasser 1 bis 5 Millionen Bakterien enthielt, sieben Monate hindurch um 1 m absenken; das Wasser blieb keimfrei. Als die Absenkung auf 2 m erhöht wurde, stieg nach 14 Tagen die Keimzahl auf 100 und erhob sich später auf 10000. Der Boden bestand zu rund 70 Proz. aus Sand von 0,2 bis 0,5 mm Durchmesser.

Aber auch sehr feine Sande können durchlässig sein. Bei einer auf oberem Buntsandstein liegenden Gemeinde Thüringens kam es darauf an, nachzuweisen, ob ein Zusammenhang zwischen zwei Brunnen bestände. Die Schichtenlage war die folgende: ungefähr 3 m Lehm, 1 m Sand, 1 m fauler Sandfels, dann „schlammiger" Sand, Schwimmsand; in diesem befand sich das Wasser. Die Entfernung der beiden Brunnen voneinander betrug 16 m, der Höhenunterschied der Wasserspiegel bei abgesenktem Spiegel des unteren Brunnens 3,1 m, d. h. es war ein Grundwasserspiegelgefälle von 0,194 m auf 1 m = rund 20 Proz. vorhanden; das ist sehr viel. Eine eingeschüttete Kochsalzlösung war nach 9 und vor 18 Stunden, eine Aufschwemmung von Prodigiosus nach 25 Stunden in dem Brunnen nachweisbar.

Prodigiosus.

22. Juni 8 p.'m. eingeschüttet
23. „ um 4, 5, 6, 8 Uhr p. m. = 0 Prodigiosus
     9. = —, 10 = + „
24. „ 4 a. m. Probe I . . . . = — „
   4 a. m. „ II . . . = + „
   10½ a. m. . . . . . . = — „
   12 m. . . . . = + „
   1 p. m. . . . . = + „
25. „ 3, 5, 6 a. m. . . . . . . = + „

Vom 25. bis 30. Juni wurde nicht untersucht; am 30. Juni, 6., 9. und 18. Juli sind täglich je zwei Proben entnommen, alle waren negativ.

Die Analyse des Schwimmsandes ergab nachstehendes Resultat:

Korngröße in mm			Gewichts- prozente
1,05	bis	0,7 . . . . =	0,27
0,7	„	0,5 . . . . =	5,04
0,5	„	0,2 . . . . =	18,12
0,2	„	0,12 . . . . =	3,43
0,12	„	0,03 . . . . =	10,46
0,03	„	0,02 . . . . =	5,29
0,02	„	0,01 . . . . =	10,88 (Sand)
0,02	„	0,01 . . . . =	46,50 (Ton)
			99,99

Leider konnte die Menge des im Sande enthaltenen Wassers nicht bestimmt werden; aber der Sand „trieb" stark, er floß. Bei der Beweglichkeit der feinen Teilchen und dem !großen Wassergehalt darf man sich über den Durchtritt nicht wundern. Die Kochsalzlösung hat in der Stunde einen Weg zwischen 1,6 und 0,9 m, der von uns zuerst gefundene Prodigiosus einen solchen von 0,64 m gemacht; das ist ungefähr die zwei- bzw. — wenn wir den Chlorbefund mitrechnen — die dreifache Schnelligkeit, mit welcher sich das Wasser bei der langsamen Sandfiltration im Sand selbst fortbewegt und da liegen die einzelnen Körnchen unverrückbar fest.

Dunbar sah bei einem Brunnen, dessen Filteroberkante 15,5 m unter Terrainhöhe lag, daß in einer Entfernung von 18,5 m vom Brunnen in die Grundwasserschicht von durchschnittlich 0,2 bis 0,5 mm Korngröße geschüttete Bakterien und Fluoreszeïn wieder erschienen, und zwar die Colibakterien vom 39., die Prodigiosusbazillen vom 53. und Fluoreszeïn vom 49. Tage an.

Diese Wasserbewegungen waren nicht wie die soeben erwähnten von Lehmann und Kruse vertikale, sondern der horizontalen angenäherte. Von letzteren seien zwei weitere Beispiele

angegeben. Kruse sah bei dem Bochumer Wasserwerk bei Einschüttung von Kochsalz und Prodigiosus in einen neu angelegten
Bewässerungsgraben bei starker, aber nicht genau berechneter
Absenkung 3 Proz. der zugeführten Prodigiosusbakterien in einem
25 m entfernten Brunnen wieder erscheinen, und zwar die ersten
schon nach 7 Stunden, d. h. die Bakterien wurden in 1 Stunde 3,57 m
fortgeführt. In einem 50 m entfernten Brunnen konnten bloß 0,3 Proz.
der Keime wiedergefunden werden. Als die Brunnen und Gräben
3 Monate im Betrieb gewesen waren, gingen die Bakterien nicht
mehr durch. Bei dem Wasserwerk für das nördliche Westfälische
Kohlenrevier wurde bei einem Aufstau von etwa 80 cm über dem
abgesenkten Brunnenspiegel und einer Entfernung von 50 m ein
Durchtreten von 0,1 Proz. der zugeführten Keime beobachtet. Als
man in einem anderen Versuch den Wasserstandsunterschied auf
1,4 m brachte, ging 1 Proz. Prodigiosus durch. Die Wegstrecke
von 50 m wurde von dem bakterienführenden Wasser in $8^1/_3$ und
$5^1/_2$ Stunden zurückgelegt. Dahingegen gingen nur sehr wenige
Keime durch, 0,013 Proz., als die Differenz der Spiegelniveaus eine
sehr geringe war und als das Grundwasser in den alten Bahnen
mit einer Schnelligkeit von nur 30 cm/Stde. floß. Der Boden bestand
aus Ruhrkies, d. h. hauptsächlich aus groben, abgeschliffenen, flachen
Schieferstücken mit streckenweisen tonigen Zwischenlagerungen.

Mit einem anderen Boden arbeiteten Abba, Orlandi und
Rondelli; sie überstauten bis zu 100 qm große Bodenflächen 10 cm
hoch mit Wasser, dem Prodigiosus beigefügt war. Der Boden
bestand unter einer 0,15 bis 0,30 m starken Humusdecke aus einer
Schicht von 1,20 bis 1,50 m Grobsand mit Kieseln, dann aus einer
etwa 0,70 m starken Schicht Sand mit noch zahlreicheren Kieseln
und zum Teil abgerundeten Felsstücken, deren Zwischenräume mit
Sand und Feinkies ausgefüllt waren. Sie fanden nach 7 Stunden die
Keime in einer Entfernung von 27,5 m wieder, diese hatten demnach
in einer Stunde einen Weg von 4 m gemacht. In demselben Gelände
wiesen sie den Prodigiosus nach 42 Stunden in einer Entfernung von
200 m nach, d. h. die Geschwindigkeit der Wanderung hatte fast 5 m
in der Stunde betragen. Das sind recht große Geschwindigkeiten,
wenn man bedenkt, daß das Wasser in den künstlichen Sandfiltern einen Weg von rund 30 cm zurücklegt und daß auch bei
dieser langsamen Bewegung noch ein Bakterium auf rund 1000
durchdringt. In den Fällen Abbas war die Geschwindigkeit um das
12- und 15 fache höher. Man darf annehmen, daß sich zwischen
den großen Kieseln Rinnen ausgewaschen hatten, in welchen das
Wasser floß.

Erwähnt sei noch, daß die Prodigiosusbakterien sich über 2 Jahre im Boden lebend erhalten haben.

Das den grundwasserhaltenden Sanden und Kiesen an- oder untergelagerte Gebirge kann für den Bakteriengehalt eines im Grundwasser stehenden Brunnens dann von Belang sein, wenn Spalten und Risse des gewachsenen Felsens in der Nähe solcher Brunnen ausmünden. Ein lehrreiches Beispiel führt Wolf an. In Löbtau steht ein Zentralbrunnen nahe der Weiseritz, welche meistens trocken liegt, da sie ihr ganzes Wasser durch den Mühlgraben abzuführen pflegt; in ihrem Bett treten die Spalten des Sandsteines zutage. Füllt sich in trockenen Zeiten die Weiseritz nach Regen mit Wasser, so erhebt sich sofort die an sich geringe Keimzahl eines Brunnens, welcher nicht weit entfernt im Sande steht, auf Tausend und mehr; denn das keimhaltige Weiseritzwasser tritt durch Spalten bis dicht an den Brunnen heran; die dünne, zwischengelagerte, trockene Sandschicht ist nicht imstande, die Keime zurückzuhalten. Ist jedoch in feuchten Zeiten die grundwasserführende Schicht stark mit Wasser angefüllt, so daß aus der Weiseritz nur wenig Wasser in langsamem Zufluß in den Sand einzutreten vermag, dann macht sich eine Keimvermehrung nicht geltend.

In dem Vorstehenden sind ungünstige Verhältnisse, man kann sagen Ausnahmen von der Regel, erwähnt, die jedoch nicht übersehen werden dürfen, da sie nicht zu selten sind.

Das folgende Beispiel zeigt die Verhältnisse eines gutfiltrierenden Sandbodens. Diethorn und Luerßen brachten durch ein Rohr in vier Gaben 61 Billionen 146 000 Millionen Prodigiosusbakterien in 19 m Tiefe des Sandbodens von Tegel-Berlin, und zwar 21 m von einem Rohrbrunnen entfernt, dessen Filterrohr in 37 m unter Erdgleiche begann und etwa 17 m lang war. Dem Brunnen wurden täglich 1435 cbm Wasser entnommen; die Schnelligkeit der Wasserbewegung im Boden war also erheblich.

Der Boden zwischen der Eintrittsstelle des Prodigiosuswassers und dem oberen Ende des Filterkorbes bestand aus 5,7 m scharfen Sandes, 3 m groben Kieses, 3 m mittelscharfen Sandes, 4,9 m feinen Sandes, dann kam abermals scharfer Sand. Zu 77 Proz. enthielt der Boden Mittel- und Grobsand, zu 12 Proz. Feinsand, der Rest waren Kiese. Das am neunten Tage nach der Einschüttung gepumpte Wasser enthielt einen oder wenige Prodigiosuskeime, in den nächsten 22 Tagen wurden noch neunmal diese Bakterien gefunden, dann nicht mehr, das letzte Mal 19 Tage nach der letzten Einschüttung. Die Autoren stellen eine kleine Wahrscheinlichkeitsrechnung auf, aus welcher folgt, daß etwa ein Keim auf 40 000 hindurchgegangen

sein mag, eine bei dem starken Absenken geringe, nicht mehr
beachtliche Zahl, denn so viel Typhuskeime kommen niemals in
die Nähe eines Brunnens, wie hier Prodigiosusbazillen hineingeschüttet worden sind.

In einer zweiten Versuchsreihe am Müggelsee brachten die
Experimentatoren 8240 Billionen 180 000 Millionen der roten Bakterien in ein Rohr, welches 3 m in den Boden hineinragte; der
Grundwasserspiegel stand 1,25 m tiefer; das Filter des Rohrbrunnens
war 14,6 m lang und begann etwa 28 m unter Erdgleiche. Die
horizontale Entfernung des Versickerungs- vom Entnahmerohr
betrug 17 m. Der Boden war dem von Tegel fast gleich, dahingegen belief sich die Tagesentnahme nur auf 300 cbm. Von den
Bakterien erschien keine im Pumpenwasser wieder.

Bei nicht zu rascher Bewegung ist also selbst ein aus
Mittel- und Grobsand bestehender Boden bakteriendicht.
Aber nochmals sei das betont, Umstände verändern die Sache; ohne
genaue Untersuchung und Berücksichtigung aller Verhältnisse darf
man sich nicht auf die Keimfreiheit des Grundwassers verlassen.

III. Die Herkunft des Grundwassers.

1. Das Hineingelangen von Wasser in den Boden an Ort und Stelle.

Zunächst wird Grundwasser erzeugt durch die an Ort und
Stelle niedergegangenen Regen. Die grundwasserbildende Kraft
der Regen ist sehr abhängig von der Jahreszeit. Die Sommerregen wirken, trotzdem sie in Deutschland viel ergiebiger sind als
die Winterregen, auf den Grundwasserstand gar nicht ein, weil
wegen des stärkeren Sättigungsdefizits viel Wasser verdunstet und
ein weiterer, sehr beträchtlicher Teil der Regen in der oberen
trockenen Erdschicht, der Verdunstungszone, hängen bleibt. Die
späten Herbstregen, die Schneeschmelze und die Frühjahrsregen
füllen das Bodenreservoir. Die plötzlichen starken Regengüsse liefern
weniger Grundwasser als die milden Dauerregen, weil die ersteren
der im Boden enthaltenen Luft den Ausweg und damit dem Wasser
den Eintritt verschließen und weil viel Wasser zum Abfluß gelangt.

Die Bodenbeschaffenheit hat insofern Einfluß, als ein horizontaler, mit Pflanzen bedeckter, rauher, nicht zu engporiger Boden
mehr Wasser eintreten läßt als ein solcher mit steiler Neigung,
kahler Oberfläche und sehr engen Poren. Wo Ton in größerer
Stärke und weiter Ausdehnung den Boden deckt, da ist eine ausgiebige Grundwasserbildung an Ort und Stelle nicht möglich.

Der Stand des Grundwassers ist dem Wechsel unterworfen, erheblich pflegen jedoch die Schwankungen nicht zu sein. Beeinflußt werden sie am meisten von dem Abfluß, also vom Spiegelgefälle des Grundwasserstromes und seiner Höhenlage; je geringer die Entfernung von der Erdoberfläche ist, um so mehr macht sich die Einwirkung der Verdunstung geltend.

2. Der Zufluß von Grundwasser.

Da die undurchlässigen Schichten nicht horizontal liegen, so fließt das Grundwasser, entsprechend dem Gefälle, dem tiefsten Punkte zu. Behindert wird es in seiner Bewegung durch die Widerstände, welche hauptsächlich in der Enge der Poren begründet sind. Die Bewegung ist im allgemeinen klein, da die Neigung der Schichten gering, die Widerstände groß sind, 3 m im Tage ist viel, schon 0,5 m ist reichlich. Die von weither andrängenden Grundwassermassen bedingen nicht selten ein Ansteigen in trockenen und ein Sinken in feuchten Perioden.

Entsprechend den unterirdischen Tälern setzt sich ein Grundwasserstrom aus verschiedenen Teilströmen zusammen, die in ihrer Konstitution verschieden sein können je nach dem Material, welches die Täler füllt. Ein Ausgleich dieser Differenzen ist schwierig, da sich das Wasser wenig mischt, jedoch werden die Unterschiede allmählich verwischt, weil die Wässer über und durch verschieden geartete Böden hindurchfließen.

Auch differente Temperaturen gleichen sich aus.

Im Grundwasser geht eine Homogenisierung vor sich, doch wird sie durchaus nicht überall voll erreicht und bedarf langer Zeiten.

Der allmählichen Ausgleichung können sich auch die Zuflüsse nicht entziehen, welche von den Talhängen entweder als Oberflächen- oder als Quellwässer in den Grundwasserführer eindringen. Durch ihn werden solche chemisch verschiedene, stark mit suspendierten Teilchen, z. B. Bakterien, durchsetzte Wässer zu echtem, reinem Grundwasser.

Über die Zuflüsse zum Grundwasser gibt das Spiegelgefälle, die chemische Analyse, hier und da auch die Temperatur Auskunft.

3. Der Zutritt von Oberflächenwasser zum Grundwasser.

An vielen Orten treten Oberflächenwasser und Grundwasser in Wechselbeziehung zueinander. Eine große Zahl von Seen sind in der Tat nichts anderes als Grundwasserbecken; sie steigen und fallen mit ihm, ihre Spiegel sind gleich.

Andere Seen und ein Teil der Flüsse liegen höher als das
Grundwasser. Sind ihre Sohlen oder ihre Ufer durchlässig, so
kann ein Teil ihres Wassers in das Grundwasser hinabsinken;
meistens jedoch sind die Seen derartig verschlammt, daß sie wasserdicht sind. Das Bett mancher Flüsse ist gleichfalls wasserdicht.
Flüsse, welche aus einem Gebirge kommen, wo das Gestein rasch
tonig zerfällt, führen schon nach relativ kurzem Lauf kein Gerölle
mehr, aber erhebliche Mengen Schlamm; sie sind eigentlich dauernd
trübe; vielfach heben sie ihr Bett durch die Schlammbildung aus der
Ebene heraus und liegen höher als ihre Umgebung; ein derartiger
Fluß ist z. B. die Unstrut.

Das Bett anderer Flüsse ist zeitweise wasserdicht. Feiner organischer Detritus, untermischt mit anorganischem Material, wie Flöckchen von Eisenoxydhydrat, feine Ton- und Mergelteilchen, feiner
Sand u. dgl. legen sich deckend auf die Öffnungen zwischen den
Steinen des Flußbettes. Hierdurch wird wohl der Eintritt des Flußwassers in den Boden, jedoch nicht der Eintritt des Grundwassers
in den Fluß verhindert, denn das andringende Flußwasser drückt
die feinen Teilchen fest in die Poren hinein, das andringende Grundwasser drückt sie zu den Poren heraus. — Kommen Hochwässer, so
wird der Flußboden in Bewegung gebracht, der schützende Bezug
wird abgerissen und das Flußwasser kann versinken. Aber dieselbe
Gewalt, die die Wunden schlug, heilt sie wieder; sobald das Wasser
ruhiger wird, legen sich die feinen, von oben kommenden Teilchen
wieder auf die Poren, sie von neuem ganz oder teilweise ver-
schließend.

Andere Flußbetten, besonders solche mit starkem Grundgefälle,
sind dauernd undicht. Der feine Schlamm wird, ohne daß er zu
Boden sinken kann, fortgetragen. Der Flußboden ist sandig, steinig
und in steter, bei höherem Wasser sogar in lebhafter Bewegung.
Die Wasserabgabe ist eine dauernde.

Was hier von den verschiedenen Flüssen gesagt ist, gilt
auch von den Teilstrecken eines Flusses; an der einen Stelle wird
Wasser abgegeben, an einer anderen nicht. Man kann sich
über die Wasserabgabe eines Flusses leicht täuschen; so hat man
oft Galerien parallel zum Fluß gestreckt, um Wasser aufzunehmen,
welches vom Fluß zu ihnen hindurch filtriert sei („natürliche
Filtration"), und fand Grundwasser, welches sich auf seinem Wege
zum Fluß befand.

Wo die Flußtäler mit Geschieben, Granden und Sanden ausgefüllt sind, da bewegt sich gewöhnlich ein Grundwasserstrom das
Tal herunter. Er schließt sich nicht immer dem Flußlauf an, er

zieht vielmehr, entsprechend der Durchlässigkeit des Geländes, seine eigene Bahn, die vielfach das Flußbett kreuzt. Er setzt sich zusammen aus dem eigenen Niederschlagswasser des Tales, aus dem Wasser, welches eventuell dauernd oder zeitweise, überall oder nur an bestimmten Stellen von dem Fluß abgegeben wird, und aus demjenigen, welches von der Seite und den Hängen der Nebentäler in das Haupttal hineinfließt. Diese zuweilen recht ergiebigen Untergrundströme sind für die Versorgung von Gemeinden oft von der größten Bedeutung. Nicht immer ist es leicht zu entscheiden, ob ein solcher Strom von dem über ihn hinwegfließenden Fluß unabhängig ist. — Wir haben bereits seit vielen Jahren eine Stadt zu beraten, deren eines Wasserwerk in dem Alluvium eines größeren Flusses liegt. Die Brunnen stehen in einem festen, lehmigen Sand, etwa 400 m vom Fluß entfernt, der Spiegel der abgesenkten Brunnen befindet sich rund 3 m unter dem Flußwasserspiegel. Niemals hat sich eine Einwirkung des Flusses auf dieses Werk bemerkbar gemacht. Träte Flußwasser über, so hätte man das an dem Chlorgehalt der Brunnen merken müssen, da der Fluß ziemlich stark versalzen ist. Das zweite Werk der Stadt ist dort angelegt worden, wo ein Nebental mit einem kleinen Fluß in das Haupttal einmündet. Dicht am Fluß liegen eine Reihe „Uferbrunnen", in einer Entfernung von 6 bis etwa 20 m, dahinter etwa 30 m landeinwärts eine zweite Reihe, die „Landbrunnen". Der Boden besteht aus Sanden und feinen Kiesen, über welche besonders näher zum Fluß hin eine Lehmdecke von etwa 2 m Stärke ausgebreitet ist, so daß das Gelände früher sumpfig war. Die Landbrunnen geben wenig, hartes, eisenhaltiges Wasser von konstanter Temperatur. Die Uferbrunnen liefern ein reichliches Wasser, welches weich, eisenfrei und von im Winter kühlerer, im Sommer wärmerer Temperatur ist. Der Wasserstand des Grundwassers wird durch den Stand des Flusses beeinflußt, jedoch erst nach ein paar Tagen. Die chemische Beschaffenheit nähert sich der des Flußwassers, geht ihr aber nicht direkt parallel, und die Temperatur folgt der Flußwärme trotz der nur 6 m betragenden Entfernung und trotz starken Senkens des Grundwasserspiegels erst in etwa drei Wochen nach. Die Absenkungskurven laufen glatt, ohne Abweichungen zu zeigen, unter dem vielleicht 10 m breiten Fluß fort und das Wasser des Untergrundstromes steht, wenn nicht gepumpt wird, etwas höher als der Fluß; bei niedrigem Flußwasserstand und ruhenden Pumpen tritt das Grundwasser aus einem durch die Flußsohle und den Lehm getriebenen Rohr über dem Flußwasserspiegel, also artesisch, aus.

Es soll nicht geleugnet werden, daß dieser Untergrundstrom auch Flußwasser enthält, aber er nimmt es oberhalb in einer wesentlich höheren Lage auf; ein direktes Übertreten von Flußwasser findet dahingegen, wie aus dem Vorstehenden gefolgert werden muß, nicht statt. Erwähnt sei noch, daß das Wasser der Brunnen, auch der 6 m vom Fluß liegenden, praktisch bakterienfrei ist. Die Bewegung des Flußwasserstandes ist dabei bedeutungslos; allerdings wird die Anlage stets ausgeschaltet und die andere benutzt, wenn die Gefahr des Ausuferns gegeben ist. — Ähnliche Untergrundströme ziehen sich nach den Untersuchungen Flügges unter einigen Vierteln Breslaus hin. —

Steigt ein Fluß an, so wird zunächst der Übertritt des Grundwassers in den Fluß verhindert; es entsteht sofort ein Stau und ein Anstieg des Grundwassers und eine Stauwelle läuft landeinwärts. Sofern das Grundwasser in der Nähe des Flusses nicht abgesenkt, sofern also nicht gepumpt wird oder nicht besondere Bedingungen vorliegen und das Ansteigen langsam erfolgt, treten erhebliche Mengen des Flußwassers in das Grundwasser nicht über und das eingetretene Wasser wird bald durch das von der Seite kommende Grundwasser wieder in den Fluß zurückgedrängt.

Fig. 23.

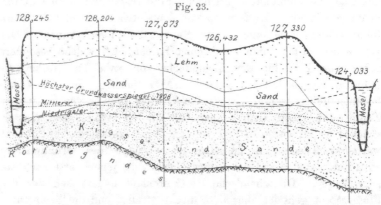

Grundwasserstände auf der von der Mosel umflossenen Halbinsel Kenn
bei verschiedenen Moselwasserständen, nach Wahl-Trier.

Findet jedoch ein rapides Ansteigen statt und ist der Boden durchlässig, dann dringt das Flußwasser durch seine Ufer seitwärts in das Erdreich und lagert sich dem Grundwasser so weit auf, bis die Höhendifferenz zwischen Fluß- und Grundwasser ausgeglichen ist, wobei die Reibungswiderstände eine große Rolle spielen.

Die vorstehende Skizze lehrt ohne weiteren Kommentar, wie bei den verschiedenen Wasserständen des Flusses das Grundwasser

beeinflußt wird; bei niedrigem und noch bei mittlerem Wasserstande fließt das Grundwasser in den Fluß; bei hohen Wasserständen
tritt Flußwasser in das Grundwasser über, und zwar rascher und
reichlicher an der linken Seite, wo die Sande direkt bis an den
Fluß reichen, als an der rechten Seite, wo die Lehmschicht den
Übertritt von Flußwasser behindert.

Liegt über einer wasserführenden und mit Wasser gefüllten
Schicht eine undurchlässige Deckschicht, so ist eine unterirdische
Überschwemmung natürlich ausgeschlossen, da alles bereits mit
Wasser gefüllt ist, aber der Stoß des Anstieges wird in kürzester
Zeit weitergetragen und dort, wo die undurchlässige Schicht in
nicht zu großer Entfernung auskeilt, läuft das Grundwasser über,
entweder frei zutage tretend, oder sich in der aufliegenden Schicht
verbreitend.

Tritt ein Fluß über seine Ufer und überschwemmt das Land,
so dringt das Wasser mit Macht in den Boden hinein und lagert
sich dem Grundwasser auf. Ist jedoch der Boden recht feinporig,
und findet die Überschwemmung rasch statt, dann kann ein großer
Teil Luft nicht entweichen, es bilden sich eingeschlossen zwischen
dem unteren und oberen Wasser Luftblasen, die erst allmählich
verschwinden. Das eingedrungene Wasser kommt bald zu einer
relativen Ruhe und gibt die mitgebrachten oder auf dem Wege durch
den Boden mitgenommenen Teilchen einschließlich der Bakterien
durch Sedimentierung rasch ab und nimmt aus dem Boden lösliche
Stoffe auf. In das schon vorhandene alte Grundwasser einzudringen,
ist dem von oben hinzugekommenen Flußwasser eine Möglichkeit
nicht gegeben. Tritt der Fluß in seine Ufer zurück, so fließt das
neugeschaffene Grundwasser teilweise in höherer Lage dem Fluß
zu, teils sinkt es in das alte Grundwasserbett hinein.

Die unterirdischen Überschwemmungen lassen sich nachweisen
durch das vom Fluß landeinwärts gekehrte Spiegelgefälle und bis
zu einer gewissen Grenze durch Temperaturunterschiede und
chemische Verschiedenheiten des eingedrungenen und des bereits
vorhandenen Wassers.

Die bei einer unterirdischen Überschwemmung gefundenen
Bakterien dürften großenteils dem Fluß angehören; werden jedoch
die oberen Bodenpartien betroffen, so wird ein beträchtlicher Teil
der dort vorhandenen zahlreichen Bakterien in Bewegung gebracht.
Die in den unterirdisch überschwemmten Bodenschichten bereits
vorhandenen Bakterien werden gewissermaßen landeinwärts trans-
portiert.

Lehmann fand, daß Wasser, durch stark keimhaltigen Sand von 30 proz. Porenvolumen mit 50 cm hohem Wasserdruck geschickt, eine erhebliche Zahl von Bakterien mitnahm, während keimärmere Schichten kaum Bakterien abgaben.

Bei oberirdischen Überschwemmungen vermag das in den Boden eindringende Wasser Bakterien zur obersten Schicht des Grundwassers mitzunehmen. Ein Teil von ihnen gehört dem Flußwasser, ein anderer der Erdoberfläche und den obersten Bodenschichten an; sie werden aus ihnen bei dem raschen Eindringen des Wassers ausgewaschen.

Die Oberflächenwässer können also wohl das Grundwasser beeinflussen, indessen pflegt die Beeinflussung selbst unter ungünstigen Verhältnissen nicht sehr erheblich zu sein. Das ändert sich jedoch gewaltig, wenn zugleich der Grundwasserspiegel in der Nähe des Oberflächenwassers gesenkt wird. Erstreckt sich die Depressionszone eines Brunnens oder einer Galerie, die in einen

a   Fig. 24.   b

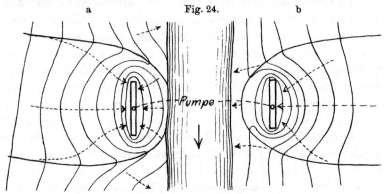

a. Links, Grundwasserhorizontalen bei hochstehendem Fluß und Eintritt von Flußwasser in den Sickerschlitz, nach G. Thiem.

b. Rechts, Grundwasserhorizontalen bei tiefstehendem Fluß und kein Eintritt von Flußwasser in den Sickerschlitz, nach G. Thiem.

dem Flußlauf parallelen Grundwasserstrom gesenkt sind, bis dicht an den Fluß heran, berührt sie aber seine Ufer selbst bei maximaler Absenkung nicht, so tritt unter normalen Verhältnissen Flußwasser nicht in die Absenkungstrichter hinein. Steigt der Fluß, und ergießt er seine Wasser in den Untergrund, oder überschüttet er die Oberfläche des Geländes bis in das Gebiet der Depressionszone, so läuft das Wasser, dem Gefälle entsprechend, dem Brunnen zu, oder, wie man sich häufig aber unrichtig ausdrückt, es wird von den Pumpen angesogen. Je höher die Niveaudifferenz, je kürzer die Wegstrecke, je geringer die Widerstände sind, um so rascher und um so mehr Flußwasser dringt in den Brunnen bzw. die Galerien ein.

Unterschneidet die Depressionszone ein offenes Wasser, so gibt dieses, sofern sein Boden nicht völlig undurchlässig ist, Wasser an den Brunnen ab.

Bei Hochwasser wird die Depressionszone von der Seite, bei Überschwemmungen auch von oben her mit Wasser überschüttet. Bei dem dann vorhandenen Wasserreichtum kann die Depressionszone vollständig verschwinden. Das Wasser fließt dem Brunnen in seiner Hauptmasse auf dem Wege des geringsten Widerstandes, also bei geringer Bodentiefe und nicht zu feinem Korn, von oben zu; ist indessen das Erdreich ungleichmäßig aufgebaut, sind ihm weitporige Schotter horizontal eingelagert, so übernehmen diese die Zuführung der Hauptmasse des Wassers.

Wo ein Oberflächenwasser, sei es dauernd, sei es zeitweilig, in den Absenkungstrichter hineinfließt, da kann sich eine Beeinflussung des Grundwassers durch das Oberflächenwasser außer durch die veränderte Größe und Form der Depressionszone auch in nachstehender Form geltend machen.

a) Der Einfluß in chemischer Beziehung.

Im allgemeinen pflegen die Oberflächenwasser weniger Mineralsubstanzen zu enthalten als die Grundwässer der gleichen Gegend, infolgedessen meldet sich der Eintritt von Flußwasser gern an durch einen verminderten Abdampfrückstand, geringere Härte, also weniger Kalzium- und Magnesiumsalze. Ferner können die Gehalte an Chlor, Ammoniak, Salpetersäure oder organischen Substanzen Anhalte gewähren; meistens sind jedoch ihre Mengen so gering oder derartig schwankend, daß sie eine sichere Auskunft nicht geben.

Es gibt jedoch Flüsse in Deutschland, die so versalzen sind, daß ihr Chlorgehalt zeitweilig mehrere tausend und dauernd viele hundert Milligramme höher liegt als der des benachbarten Grundwassers; ebenso gibt es Grundwässer, die erheblich kochsalzhaltiger sind als die ihnen eingelagerten Flüsse. In solchen Bezirken wird die Chlorbestimmung von maßgebender Bedeutung.

Ein klassisches Beispiel, wie das Grundwasser versalzen werden kann, wenn es von einem salzhaltigen Fluß ausgiebig gespeist wird, liefert die Wasserleitung der Stadt Bernburg. Sie entnimmt ihr Wasser Brunnen, die in einer der Saale angelagerten Kiesschicht stehen. Im Jahre 1873 fand Reichardt-Jena im Versuchsbrunnen 48,8, in der Saale 39,9 mgl Chlor. Im Laufe der Jahre stieg das Chlor in der Saale infolge der enormen Salzmengen, die aus dem mächtig aufblühenden Bergbau stammten und zugleich stieg der Chlorgehalt im Leitungswasser.

Jahr	mgl Cl		Jahr	mgl Cl	
	Saale	Leitung		Saale	Leitung
1884	485	423	1888	589	490
1885	908	674	1889	1207	838
1886	830	511	1890	1455	902
1887	1015	639	1891	1775	1420

Dann kam der Einbruch des Schlüsselstollenwassers und damit blieb der Gehalt des Bernburger Leitungswassers dauernd hoch. Aus den wöchentlichen Einzelanalysen vom Anfang des Jahres 1897 bis Ende 1910 ergibt sich ein Durchschnittsgehalt an Chlor von 1260 mgl, der bis auf jene 48,8 mg des Jahres 1873 aus der Saale stammt.

Die Mengen des eintretenden Oberflächenwassers sind zuweilen recht groß. Lehmann gibt an, daß die Wasserversorgung der Stadt W. bei mäßig hohem Flußstand und mäßigem Pumpen 82 Proz. Grundwasser und 18 Proz. Flußwasser führt, daß aber bei maximalem Wasserstand, wo die Galerie überschwemmt ist, das Verhältnis sich umkehrt, 21 Proz. Grundwasser stehen dann 79 Proz. Flußwasser gegenüber; im ersteren Fall hatte das Mainwasser 280 mg Rückstand im Liter, das Brunnenwasser 542, im letzteren das Mainwasser 200, das Brunnenwasser 285 mg; in beiden Fällen führte das Grundwasser 600 mgl Rückstand.

Bärenfänger gibt an, daß die Stadt Köln in ihrem am Rhein gelegenen Wasserwerk Alteburg für gewöhnlich reines zum Fluß strömendes Grundwasser führt, welches vom Rhein nur wenig beeinflußt wird, daß sich jedoch bei besonders hohen Wasserständen des Rheines ein verdünnender Einfluß auf das Grundwasser geltend macht, am meisten bei Brunnen I, welcher 75 m vom Rhein entfernt liegt, weniger bei Brunnen II, der in 84 m, so gut wie gar nicht bei Brunnen III, der in 127 m Entfernung vom Rhein niedergebracht ist.

Scharf ausgesprochen ist der Einfluß der Mur auf einzelne Brunnen der Wasserversorgung von Graz. Während die Mur bei einem Pegelstand von — 0,85 m einen Trockenrückstand von 205 mgl, bei einem Stand von + 0,1 aber 128 mgl hatte, zeigte der dem Fluß zunächst gelegene Wiesenbrunnen im ersteren Fall 205,6 und im zweiten 176 mg Rückstand. Wenn man unter starkem Absenken eines Brunnens Proben des von der Fluß- und von der Landseite zutretenden Wassers gewinnen kann, so pflegen die Unterschiede in der chemischen Beschaffenheit und auch in der Wärme deutlicher hervorzutreten.

Die prozentuale Menge des aus dem Fluß in einen Brunnen oder in eine Galerie übergetretenen Flußwassers läßt sich berechnen, wenn man einen chemischen Bestandteil des Grundwassers $= a$, des Flußwassers $= b$ und des Mischwassers $= c$ kennt. Die Menge des eintretenden Grundwassers $= x$ berechnet sich, wie folgt:

$$x = \frac{c - b \cdot 100}{a - b}.$$

Der Abdampfrückstand des Grundwassers a betrage 450 mgl, der Abdampfrückstand des Flußwassers b betrage 200 mgl, und der des Mischwassers c 350 mgl. Dann ist die prozentuale Menge des in den Brunnen eintretenden Grundwassers:

$$x = \frac{(350 - 200)\,100}{450 - 200} = \frac{150 \cdot 100}{250} = 60 \text{ Proz.};$$

die des eintretenden Flußwassers mithin 40 Proz.

b) Der Einfluß in thermischer Beziehung.

Über die Veränderung der Temperatur des Wassers ist wenig bekannt. Thiem gibt an, daß am 25. Juni 1895 das Wasser der Ruhr angesogen von den Pumpen auf einer Anfangsstrecke von 37 m von 21⁰ auf 17⁰, auf einer weiteren Strecke von 40 m auf 11⁰C sank. Am 3. Januar 1894 erhob sich die Temperatur desselben Flußwassers beim Durchtritt durch den Boden von 0 in den ersten 5 m auf 5⁰, nach weiteren 32 m auf 7⁰, und in den folgenden 50 m noch um einen Grad. An der Mulde sank die Temperatur nach den ersten 11 m von 20⁰ auf 15⁰, nach weiteren 30 m auf 11⁰ und nach abermals 32 m auf 9,5⁰. Die Änderung braucht nicht stets so stark zu sein; in einem anderen Versuchsbrunnen fand Thiem nach 35 m eine Absenkung von 21⁰ auf 17,5⁰, nach weiteren 35 m auf 14⁰, nach abermals 50 m auf 11,75⁰ und erst nach abermals 70 m auf 10⁰. Hierbei war das Wasser horizontal durch den Boden getreten.

Selbstverständlich spielen bei der Temperaturänderung nicht so sehr die Länge des Weges als die darauf verbrachte Zeit und der Unterschied zwischen Boden- und Wasserwärme die Hauptrolle.

In Alluvionen stehende Brunnen können auch von unten her durch das die Aufschwemmungen tragende Grundgebirge vom Fluß aus beeinflußt werden. So erzählt Jäger, daß der in dem Hauptmuschelkalk unterhalb Cannstadt fließende Neckar schon durch einen geringen Anstieg die Temperatur des etwa 140 m vom Neckar entfernten Pumpenschachtwassers der Gemeinde Münster und Zuffenhausen in einem Tage von 12,1⁰ auf 9,2⁰ herunterdrückte.

Tjaden fand in einem Rohrbrunnen, dessen Filter 11 bis 21 m unter Erdgleiche eingebaut war und dessen Entfernung vom Flusse 75 m betrug, einen Temperaturanstieg bis zu 14°C bei einer Wärme des Weserwassers von 23°, während ein in der Nähe befindlicher unbeeinflußter Brunnen dauernd 9° zeigte.

Sehr gut konnte Fr. Hofmann eine Verminderung der Temperatur bei dem Saloppe-Wasserwerk der Stadt Dresden nachweisen. Es galt die Frage zu entscheiden, ob das Wasserwerk bei normalem und hohem Wasserstand Zufluß von der Elbe erhielt; daß es von der „Bergseite" aus Grundwasser bekam, stand fest. Ein Rohrbrunnen wurde zwischen Fluß und Entnahmebrunnen, ein zweiter ebenso weit von dem letzteren entfernt aber nach der Bergseite hin gesenkt. Bei niedrigem Flußwasserstand und einer Temperatur des Elbwassers von + 21,3° wies der dem Fluß zunächst liegende Rohrbrunnen 20,4° C, der Entnahmebrunnen 14,8° und der Rohrbrunnen der Bergseite 11,5° C auf. Bei hohem Wasserstande zur Winterszeit von + 1,8° C im Elbwasser fand sich in dem Flußrohrbrunnen eine Temperatur an der Oberfläche von 1,4° und in der Tiefe von 1,6°, bei dem Bergrohrbrunnen aber von 8,6° und 7,3°.

Dringt das Wasser von oben ein, so kann der Temperaturausgleich sich rasch gestalten. Bei einer Überflutung des Geländes mit 0° kaltem Mainwasser über die 8 m tiefen Brunnen sank die Temperatur nach Lehmanns Angaben in 16 Stunden von 6,4° auf 3,8°.

Die Menge des in einen Brunnen eintretenden Flußwassers läßt sich nach der Richmannschen Formel berechnen.

Die Temperatur des Grundwassers sei (t_1), die des Flußwassers (t_2), die des Mischwassers (T); die Menge des gehobenen Wassers (Q), die des vom Fluß herüber kommenden Wasser (q_2), die des Grundwassers (q_1).

Dann ist die Menge des eintretenden Flußwassers:

$$q_2 = Q \frac{T - t_1}{t_2 - t_1}$$

Die Menge des Grundwassers (q_1) beträgt:

$$q_1 = Q \frac{T - t_2}{t_1 - t_2}.$$

Da die Temperatur des vom Fluß kommenden Wassers sich wesentlich verändert, wie vorhin gezeigt worden ist, so sind die erzielten Resultate doch recht ungenau, sie geben nur ein ungefähres Bild.

Selbstverständlich ist es unerwünscht, daß ein Brunnenwasser thermisch durch das Eintreten von Flußwasser beeinflußt wird. — Wie schon besprochen ist, pflegt der Untergrundstrom in nicht tief mit Geröll ausgefüllten Tälern eine durch die Flußwärme beeinflußte Temperatur zu haben. Sie läßt sich durch Messungen außerhalb und oberhalb der Depressionszone, also flußaufwärts, feststellen. Ein starker, tiefer Grundwasserstrom wird durch das Flußwasser nicht oder wenig alteriert. Das ungefähr 100 m von der Elbe liegende Wasserwerk der Stadt Meißen wird selbst bei meterhoher Überflutung der Brunnen um nichts in seiner das ganze Jahr nur zwischen 7 und 8° C schwankenden Temperatur beeinflußt; eine 5 m starke Lehmschicht deckt die wasserführenden Kiese.

c) Der Einfluß in bakteriologischer Beziehung.

Eine Beeinflussung der Grundwasserbrunnen durch Flußwasser ist von der größten Bedeutung.

An sich ist es gleichgültig, ob Oberflächenwasser eindringt oder nicht, sofern die chemischen und thermischen Eigenschaften nicht schädlich beeinflußt werden und sofern die Sicherheit besteht, daß die Bakterien des Oberflächenwassers und der oberen Bodenschichten, unter welchen der Annahme nach pathogene sein können, nicht hineingelangen. Als Regel gilt, daß die Bakterienzahl ansteigt, wenn Oberflächenwasser in das Drepressionsgebiet eindringt.

Von dieser Regel gibt es jedoch Ausnahmen. Die meisten Brunnen und Zentralbrunnen, die in den vorzüglich filtrierenden Kiesen und Sanden des unteren Rheintales niedergebracht sind, geben trotz des Ansteigens des Flusses ein tadelloses Wasser. In gleicher Weise wurden die dicht am Ufer der Kyll stehenden Brunnen des Ehranger Wasserwerkes der Stadt Trier in all den Hochwässern der letzten 15 Jahre niemals beeinflußt. Allerdings wurde das Werk nicht beansprucht — eine sehr zu empfehlende Maßregel —, sobald das Wasser das Gelände überflutete; aber die Anstiege bis zur Vollufrigkeit des Flusses waren recht hohe. Die Unterschiede in den Wasserständen des Flusses und der abgesenkten Brunnen betrugen 4 bis 5 m bei einem horizontalen Abstand der Brunnen vom Fluß von 6 bis 20 m. Bitter konnte nachweisen, daß die Hochwässer des Nil, die dort bis 8 m betragen, auf den Keimgehalt des Grundwassers der direkt am Fluß liegenden Brunnen Kairos ohne jede Wirkung blieben; auch gelang es dem Verfasser, bei mittlerem Nilstande einem dieser Brunnen aus 30 m Tiefe eine völlig sterile Wasserprobe von 200 ccm zu entnehmen. Bei diesen Brunnen wird das Wasser auch von dem

höher stehenden Grundwasser, welches an dieser Stelle ziemlich stark
salzhaltig ist, nicht beeinflußt; die Speisung findet vielmehr allein
durch den starken Untergrundstrom statt, der fast aus nichts anderem
als dem in den Boden durch das ganze Niltal von Assuan ab
hineingerieselten Nilwasser besteht.

Wolf gibt an, daß das Meißener Grundwasser keine Zunahme
an Bakterien zeigt, wenn auch das ganze Gebiet der Wasserentnahme vom Elbhochwasser bedeckt ist; die 5 m starke überliegende Lehmschicht ist bakteriendicht.

Lehmann erbrachte für Würzburg den Nachweis, wie schon
früher angeführt, daß aus dem die Galerien überschwemmenden Wasser
trotz einer 0,5 bis 2,5 m dicken Schicht feinsandigen Lehmes von
200 000 aufgebrachten Bakterien 2 bis 10 rasch in das Pumpenwasser übertreten. Der Durchtritt von der Seite her war wesentlich geringer; als die Bakterien in einem Abstande von 30 bis
20 m von der Galerie auf den Boden der Brunnen gebracht waren,
wurde nur einmal ein Keim im Wasser der Galerie gefunden.

Nicht gut ist nach Kruse ein Wasserwerk im Ahrtal gelegen;
bei 30 m Entfernung vom Fluß, wurden gewöhnlich nur wenige
Bakterien gefunden, während nach einem Hochwasser 1000 vorhanden waren. Ein Teil der Brunnen in B. ist auf 10 bis 15 m
an die Ruhr herangeschoben; traten Hochwässer auf, so stieg
regelmäßig und ganz plötzlich die Keimzahl in den Brunnen auf
mehrere tausend, ja bis auf 32 000; ein Teil der Brunnen, der in
einem Erdreich gelegen war, welches durch ein Wehr im Fluß
stets einen gleichmäßigen Grundwasserstand hatte, wurde durch
das Hochwasser nicht beeinflußt.

Das Werk der Stadt E. steht in demselben Kies wie das von B.,
doch üben die Hochwässer keinen oder einen minimalen Einfluß
aus, weil nicht Brunnen, sondern lange Sickergalerien, die tiefer
liegen wie die von B. und 75 bis 200 m vom Fluß entfernt sind,
das Flußwasser aufnehmen. Die Weite des Weges, die Größe der
aufnehmenden und abgebenden Flächen, oder vielmehr die durch
die beiden letzteren Faktoren bedingte Langsamkeit der Wasserbewegung erklären das günstige Resultat zur Genüge.

In Graz machten sich die Hochwässer wohl chemisch, aber nicht
bakteriologisch bemerkbar, jedoch mit einer Ausnahme; es hatte
sich das Wasser oberhalb des Werkes hinter alten Buhnen einen
Weg in das Gelände gebahnt und war hierbei in den mit lockerem
Erdreich gefüllten Rohrgraben einer oberhalb gelegenen Hilfs-
station gelangt, welcher dicht an einigen Brunnen vorüberführte;
diese reagierten mit vermehrter Keimzahl.

In D. ließen Hochwässer der Elbe, welche über das ganze Depressionsgebiet hinweggingen, die Bakterienzahl in etwa $4^1/_2$ Stunden von 160 auf 1073 in die Höhe schnellen und in den Brunnen, in welchen an dem einen Tage 9 bis 41 Mikroben in 1 ccm enthalten waren, fanden sich an dem anderen 1500 bis 3500.

Viel ist darüber gestritten worden, ob die in das Brunnen- bzw. Galeriewasser eingetretenen Bakterien dem Flußwasser oder dem Boden angehören. Diese Frage ist von einer grundsätzlichen Bedeutung. Sind die aufgefundenen Bakterien nur ausgewaschene Erdbakterien, so genügt es, die Umgebung der Wasserentnahmestelle von Verunreinigungen dauernd frei zu halten, um eine Gefahr auszuschließen. Entstammen die Bakterien dem Fluß, so involvieren sie eine größere und nicht durch ein einfaches Mittel zu beseitigende Gefährdung.

Allerdings wird von einer Seite angegeben, bis jetzt seien durch Invasionen von Hochwasser in die aufnehmenden Schöpfstellen Epidemien nicht entstanden. Das mag zugegeben werden; ferner haben die Beobachtungen und Experimente gelehrt, daß die Hochwässer nur eine beschränkte Zahl von Bakterien, in ausgesprocheneren Fällen vielleicht 1 Proz., in das Brunnenwasser übertreten lassen; nichtsdestoweniger bedeutet das Eindringen des nicht gut filtrierten Flußwassers eine nicht unerhebliche Gefahr. Schon ein Maulwurfs- oder Mauseloch, eine verfaulte Baumwurzel u. dgl. kann genügen, völlig unfiltriertes Flußwasser in größerer Menge in die nächste Nähe der Brunnen zu bringen, an diejenige Stelle also, an welcher die Filtration am leichtesten versagt, während andererseits zuzugeben ist, daß die Hochwässer wegen ihrer großen Menge relativ wenig Krankheitskeime pro Kubikzentimeter enthalten dürften. Lokale Ausnahmen von der zuletzt ausgesprochenen Annahme können zweifellos vorkommen; es vermag z. B. das Hochwasser eines größeren Flusses das Wasser eines nicht geschwollenen, infizierten kleinen Flusses oder Baches durch Stau auf ein Wasserentnahmefeld hinüber zu schieben.

Generell läßt sich die Frage, ob Erd- oder Flußbakterien eindringen, nicht entscheiden. Wenn das Wasser von oben her in den leeren Depressionstrichter hineinstürzt, so gehen zweifellos viele Flußwasserbakterien mit hindurch; aber ebenso zweifellos dürfte es sein, daß unter gewöhnlichen Verhältnissen auch Erdbakterien durch den herandringenden Wasserschwall losgerissen werden und mit den Flußbakterien in die Brunnen gelangen. Fließt das Flußwasser langsamer, man könnte fast sagen über den Rand, in die Depressionszone hinein, so kann man sich vorstellen, daß

16*

es in der Peripherie des Trichters, also dort, wo es sich noch langsam bewegt, die mitgebrachten Flußkeime ablagert, dahingegen in den weiter innen gelegenen Teilen des Trichters, wo seine Schnelligkeit eine große geworden ist, die dort sitzenden Bakterien losreißt. — Vorsichtiger ist es, anzunehmen, die Mehrzahl der eingedrungenen Bakterien entstamme dem Wasser und nicht dem Boden.

Fr. Hofmann ist der Auffassung, daß die bei plötzlicher starker Überschwemmung in dem feinporigen Boden des Depressionstrichters eingeschlossenen Luftblasen geeignet seien, größere Mengen der Bodenbakterien in Bewegung zu bringen.

Eine eigentümliche Erscheinung ist es, daß zwei Hochwässer gleichen Grades ganz verschiedene bakteriologische Effekte auf das Brunnenwasser ausüben können, ja, daß ein kleines Hochwasser zuweilen wesentlich mehr Keime in das Leitungswasser zu schaffen vermag als ein großes. Im allgemeinen treten bei dem ersten Einbruch des Hochwassers viele Keime in das abgesenkte Grundwasser über. Die starke Keimzahl pflegt rasch, meistens in wenigen Tagen, abzunehmen, selbst wenn das Hochwasser noch weiter steigt. Der Grund liegt in der größeren Ruhe, mit welcher das Wasser bei stark verkleinerter Depressionszone, bei stark verringerter Höhendifferenz zwischen Fluß- und Grundwasserspiegel des Depressionsgebietes aus dem mit Wasser gesättigten Erdreich, also von allen Seiten, in den Brunnen eintritt; zudem pflegt in Hochwasserzeiten der Bedarf an Leitungswasser geringer zu sein, die Pumpen brauchen also weniger Wasser zu liefern.

Ähnlich liegen die Verhältnisse, wenn zwei Hochwässer bald aufeinander folgen, dann ist beim Eintritt des zweiten Hochwassers der Erdboden noch mit Wasser gefüllt, der Grundwasserspiegel steht hoch, der Absenkungstrichter ist klein, infolgedessen kann das Hochwasser durchaus nicht so turbulierend wirken, als wenn es in ein großes, mit Luft gefülltes System von Hohlräumen hineindringt. Ob der Erdboden durch ein vorhergehendes Hochwasser oder durch die Winterfeuchtigkeit oder aus sonstigen Gründen gefüllt ist, bleibt sich gleich, der bakteriologische Effekt des Hochwassers wird abgemindert. Daß Ausnahmen von dieser Regel vorkommen, muß zugegeben werden. Die Verhältnisse liegen noch nicht völlig klar.

Die zu ergreifenden Maßregeln, um den Keimgehalt möglichst niedrig zu halten und unschädlich zu machen, sind in dem Kapitel „Schutzmaßnahmen" angegeben.

4. Die Herkunft des Grundwassers aus größerer Tiefe; Tiefbrunnen der jüngeren Bodenschichten.

Im Alluvium, Diluvium und auch im Tertiär, wechseln die durchlässigen Schichten oft mit undurchlässigen ab. Auf Kies und Sand folgt z. B. eine undurchlässige Tonschicht, dann wieder eine wasserführende Schicht von Kiesen und Sanden, dann wieder eine Tonschicht. Eine solche Anordnung kann sich verschiedentlich wiederholen.

Das Wasser steht „stockwerkartig" übereinander. Wird nicht das oberflächliche Wasser, sondern das eines tiefer stehenden Stockwerkes angezapft, so heißen die so weit heruntergehenden Brunnen Tiefbrunnen. Dieselbe Bezeichnung führen jedoch auch die in oberflächlich liegenden Sanden und Kiesen tief, z. B. auf 30 m heruntergebrachten Brunnen.

Das Wasser, welches so tief unter der Erdoberfläche steht, wird von den Atmosphärilien nicht mehr beeinflußt. Es hat eine konstante Temperatur, die allerdings, je tiefer der Brunnen heruntergeht, 12 bis 16⁰ und mehr betragen kann.

Die chemische Beschaffenheit des Tiefenwassers ist durchaus nicht immer tadellos.

In zwei rund 100 m tiefen Brunnen der Umgebung von Bamberg wurden 74 und 65 mgl Alkalien gefunden, die zu etwa 54 Proz. aus schwefel- und kohlensaurem Natrium bestanden.

Nicht uninteressant erscheint uns umstehende Tabelle, welche aus der Schrift „Die Fluß- und Bodenwässer Hamburgs" zusammengestellt ist; die Analysen sind alle von Wiebel in den Jahren 1875 und 1876 ausgeführt. Die Zahlen bedeuten Milligramm-Liter.

Die Tabelle lehrt, daß die Tiefbrunnenwässer nicht immer einwandfrei sind und daß sehr nahe beieinander liegende Brunnen ganz verschiedene Wässer führen, wenn sie das Wasser aus verschiedenen Tiefen schöpfen und die wasserführenden Schichten nicht in breiter Verbindung miteinander stehen. Die Kalkgehalte differieren noch in mäßigen Grenzen; gering sind die Unterschiede bei der Magnesia. Sehr schwankend sind die Gehalte an Natron; in dem zweiten Brunnen ist es hauptsächlich an Kohlensäure, in dem vierten an Schwefelsäure gebunden. Wo durch postglaziale Wasserfluten die Schuttmassen aufgearbeitet sind, ist eine größere Gleichmäßigkeit auch in der Wasserbeschaffenheit die Regel.

Brunnen	Barm-beck	Rothen-burgsort	Uhlen-horst	Wands-beck	Grüner Deich
Brunnentiefe in Metern	36	69	98	125	172
Trockenrückstand	260	320	243	617	223
Kalk	44	22	34	48	79
Magnesia	15	9	21	17	10
Tonerde und Eisenoxyd	20	5	29	17	7
Kieselsäure	22	34	17	202[1])	16
Natron	68	147	64	126	32
Kali	—	zieml. viel	wenig	viel	wenig
Schwefelsäure	3	3	6	88	12
Gebundene Kohlensäure	84	116	86	86	83
Chlor	22	22	10	14	9
Ammoniak	0	0	0	0	0
Salpetrigsäure	0	0	?	0	?
Salpetersäure	0	0	0	5	0
Organ. Substanz (nach Woods) .	62	256	32	357	5

Herkunft des Wassers. Barmbeck: grüngraue diluviale Sande. — Rothenburgsort: Braunkohlensande des Miocän. — Uhlenhorst: unterste Diluvialschicht, Kies. — Wandsbeck: diluviale Schichten, trübes, unbrauchbares Wasser. — Grüner Deich: miocäne Braunkohlensande.

Da in größeren Tiefen kein freier Sauerstoff vorhanden ist, so enthält das Wasser infolge der Reduktionsprozesse zuweilen Schwefelwasserstoff. Der Geschmack kann torfig, moorig, salzig, die Farbe bräunlich sein, infolge von Torf- oder von Braunkohlenablagerungen. Recht häufig ist das Wasser eisenhaltig oder manganhaltig und weist dann alle Unarten dieser Wässer auf.

Die letzteren Bestandteile sowie der Schwefelwasserstoff lassen sich leicht, die Farbe und der Geschmack schwieriger beseitigen, wie im ersten Teil des Buches gezeigt worden ist. Besonders günstig lagen die Verhältnisse in Posen, wo ein eisenhaltiges Grundwasser in etwa 14 m Tiefe auf einer über 100 m starken Schicht von Flammenton steht; nach Durchsenkung der Schicht trat artesisch ein Wasser zutage, welches durch kolloidale Huminteilchen stark gebräunt war. Durch die Vermischung beider Wässer entstand aus den Huminstoffen und dem Eisen ein tiefbrauner Niederschlag, während das Wasser tadellos blank und gut und frei von jedem unangenehmen Geschmack war.

Ammoniak findet sich zusammen mit dem Eisen und Schwefelwasserstoff recht häufig; es ist indifferent. Selbst in größerer Tiefe können viel organische Substanzen vorhanden sein, wie bei dem Posener Tiefbrunnenwasser.

---

[1]) Mechanisch suspendierte Silikate.

Die Härte tiefstehenden Grundwassers ist meistens höher als die des oberflächlicher stehenden Wassers, sofern die Bodenbeschaffenheit an beiden Stellen die gleiche ist, weil das Wasser unter höherem Druck und länger mit dem Gestein in Berührung war. Geht der Brunnen bis in anders zusammengesetzte Bodenschichten hinein, so richtet sich die Beschaffenheit des Wassers nach dem dort vorhandenen Gebirge. In der Tabelle auf S. 167 ist ein Tiefbrunnenwasser des Tertiärs angegeben (Breslau), welches in jeder Beziehung wesentlich gehaltreicher ist, als das an der gleichen Stelle aus Sanden kommende oberflächliche Wasser des Diluviums. Das in derselben Tabelle aufgeführte Tiefbrunnenwasser Posens, welches noch dem Diluvium angehört, ist bedeutend weicher als das obere Wasser; dahingegen hat es einen hohen Gehalt an Chloriden. Letztere Erscheinung ist häufig.

Nicht selten wird der Fehler begangen, daß bei Tiefbohrungen nicht oft genug untersucht wird, und plötzlich sieht sich der Unternehmer einem Wasser gegenüber, welches unbrauchbar ist, während die erste, aber einzige Analyse ein tadelloses Wasser ergab.

Das Grundwasser der eigentlichen Tiefbrunnen der quaternären Bildungen ist wohl immer bakterienfrei. Es könnte nur dann ein Gehalt an Bakterien auftreten, wenn ein tiefer Brunnen in einer Mulde mit grobem Schotter stände, dem die schützende Deckschicht fehlte, und wenn das Wasser schnell und ergiebig ausgepumpt würde, eine allerdings sehr unwahrscheinliche Annahme. Die Bakterien würden dann von der Oberfläche mit dem Aufschlagwasser rasch in die Tiefe sinken und in dem Pumpenwasser wieder erscheinen.

Ausdrücklich sei jedoch schon hier erwähnt, daß die Tiefbrunnen, welche nicht in den feinkörnigen, unter guter Deckschicht stehenden Geschieben des Alluviums und Diluviums oder des Tertiärs, sondern in zerklüftetem Gestein stehen, Bakterien, sogar Pflanzenteilchen und kleine Tierchen enthalten können (s. S. 290).

Liegt über der wasserführenden eine undurchlässige Schicht, und steht unter ihr das Wasser unter Druck, so steigt es entsprechend dem Druck artesisch hoch, eventuell bis über die Erdoberfläche. Der freie Ausfluß nimmt allerdings nicht selten im Laufe der Zeit ab; man tut daher gut, betreffs der Quantitätsvorhersagung vorsichtig zu sein. Recht ungünstig kann ein artesisches Wasser in seiner Menge beeinflußt werden, wenn in nicht zu großer Entfernung von dem ersten Brunnen ein zweiter oder dritter niedergebracht wird, der in derselben Schicht steht. Die Ausbeute an Wasser aus allen Brunnen pflegt nicht das Doppelte bzw. Mehrfache des ersten Brunnens zu erreichen. Die Ergiebigkeit kann ferner abnehmen, wenn der Druck etwa vorhandener Gase abnimmt, wenn von dem artesisch gespannten Wasser mehr fortgenommen wird, als zufließt, der Grundwasserstand sich also in dem freien Schenkel senkt, wenn Defekte in den Rohren auftreten oder das Wasser sich neben dem Rohr eigene Wege sucht, und endlich, wenn die das Wasser zuführenden Rohröffnungen durch feinen Sand und ähnliches Material verschlämmt bzw. durch Ansätze von Kalk, Rost usw. verengt worden sind.

Sehr unangenehme Störungen können dadurch entstehen, daß bei Bohrbrunnen und ihren Filterkörben ungleiche Metalle verwendet werden, die in der elektrischen Spannungsreihe weit auseinanderliegen. Bei kohlensäurehaltigen Wässern treten dann elektrolytische Ströme auf, welche einerseits das Material zerstören, andererseits die Ergiebigkeit des Zuflusses wesentlich behindern. (Siehe S. 97.)

IV. Die künstliche Erzeugung von Grundwasser.

Durchaus nicht überall genügt das aus Quellen zufließende und im feinporigen Boden befindliche Wasser, um den Bedarf zu decken. Zieht man zur Versorgung Oberflächenwasser heran, so ist es doch gegenüber dem Grundwasser nicht vollwertig, weder betreffs der Infektionssicherheit noch der Appetitlichkeit. Kann man auch seine Infektiosität durch Filtration u. dgl. verschwinden lassen oder bis auf ein nicht mehr in Betracht zu ziehendes Maß reduzieren, so bleibt doch die Ungleichheit der Temperatur. Zudem sind alle Reinigungs und Verbesserungsverfahren in Anlage und Betrieb teuer. Man strebt daher schon lange danach, die Menge des Grundwassers zu vermehren.

1. Die natürliche Seitenfiltration.

Man suchte zunächst das Flußwasser durch natürliche Filtration zu reinigen und es so, in Grundwasser umgewandelt, zu gewinnen. Die zu diesem Zweck parallel zum Wasserlauf in den Boden gesenkten Sammelgalerien oder Brunnen und Brunnenreihen haben vielfach kein oder wenig Flußwasser gespendet, sondern das zum Fluß hinstrebende Grundwasser. An anderen Stellen jedoch entsprechen die Bauwerke ihrem Zweck, sie nehmen tatsächlich Flußwasser auf.

Das auf natürlichem Wege filtrierte Flußwasser ist je nach der Entfernung, die es im Boden zurücklegen muß, in seiner Temperatur mehr oder weniger ausgeglichen, d. h. im Sommer nicht so warm, im Winter nicht so kalt wie das Flußwasser; die gleichmäßige Temperatur der tiefstehenden Grundwässer pflegt es jedoch nur bei größerem Abstand der Brunnen vom Fluß zu erreichen.

Bakterien werden aus dem Fluß dann mitgenommen, wenn die filtrierenden Schichten nicht feinporig sind und die Bewegung des Wassers im Boden rasch ist. Man muß auch berücksichtigen, daß gerade in Flußalluvionen sich Lagen von gröberem Material in und zwischen feinerem finden. Gewiß sind die fluviatilen Geschiebe und Ablagerungen stark wechselnd; da jedoch Sammelgalerien und Brunnen gewöhnlich nicht weiter als 50 bis 150 m vom Fluß abzuliegen pflegen, so können sie bei dieser geringen Entfernung sehr wohl von den Zügen groben Kornes und weiter Poren erreicht werden. Die Schnelligkeit der Wasserbewegung richtet sich auch nach der Differenz zwischen dem Hochstand der Wasserspiegel im Fluß und im Brunnen; daher sind die bakteriologischen Untersuchungen dann vorzunehmen, wenn der Unterschied ein bedeutender ist bzw. kurz vorher gewesen ist.

Die chemische Beschaffenheit des natürlich filtrierten Wassers hängt ab von dem Verhältnis des Flußwassers zum Grundwasser. Wenn, wie meistens, das Flußwasser weicher ist wie das Untergrundwasser, so wird das aus den Filteranlagen gewonnene Wasser gut brauchbar sein. Führt aber das Flußwasser viel Kochsalz, viel Chlormagnesium u. dgl., oder hat es einen üblen Geruch oder Geschmack, so treten diese mit in die Brunnen über. Die Wegstrecke und besonders die Zeit ist meistens zu kurz, um den Geruch und Geschmack vollständig zu beseitigen.

Dringt auch zunächst viel Wasser aus dem Fluß in die Galerien usw. ein, so pflegt das recht oft in relativ kurzer Zeit weniger zu werden, zuweilen sogar ganz aufzuhören. Der Boden verschlammt und die Poren des Grundes und der Ufer setzen sich mit den feinen im Flußwasser suspendierten Teilchen zu. Der Vorgang der Verstopfung ist abhängig von der Menge des eindringenden Flußwassers, der Schnelligkeit seines Eintrittes, der Menge und Art der suspendierten Teilchen, sowie der Schnelligkeit des Wassers im Fluß und der Rauhigkeit der Flußwandungen, sodann von der Feinheit der Poren des Bodens.

Thiem unterscheidet zwischen Streich- und Eintrittsgeschwindigkeit; letztere ist die Schnelligkeit, mit welcher das Wasser in den Boden eindringt, erstere die, mit welcher es sich flußabwärts bewegt; sei diese groß, so würden die Schlammteilchen an der Ablagerung verhindert, sie würden talwärts gespült, sei jedoch der Boden mit Geschieben bedeckt, so sei in ihnen die Streichschnelligkeit gering, es komme also zur Schlammablagerung und zur Verstopfung. Flüsse mit sich bewegender Sohle und raschem Lauf eigneten sich am besten für die Grundwassergewinnung durch natürliche Filtration.

Die schlechte Lieferungsfähigkeit der mit „natürlicher Filtration" arbeitenden Galerien, Brunnen und Brunnenreihen sucht man zunächst dadurch zu überwinden, daß man die wasseraufnehmenden Anlagen auf eine möglichst lange Flußlinie verteilt, wodurch die Eintrittsgeschwindigkeit sehr gering wird, wie das z. B. in ausgezeichneter Weise bei dem Wasserwerk von Dortmund geschehen ist. 200 Brunnen liegen in einem Abstand von 100 m an einer Flußstrecke von rund 5 km Länge; die Brunnen sind, da die wasserführende Schicht eine geringe Höhe hat, flach und bis zur oberen Kante des Wassereintritts mit sehr großem Durchmesser konstruiert; sie liefern jährlich gegen 31,5 Millionen Kubikmeter Wasser.

In anderen Fällen führt man den Sammelstollen von zwei Seiten Wasser zu, indem man an ihrer Landseite einen Graben zieht, der mit Flußwasser gespeist wird.

In großartigster Weise wird die Methode des Versickernlassens von Flußwasser zwischen Fluß und Sammelgalerien und zwischen je zwei Sammelgalerien dicht am Fluß von dem Wasserwerk für das nördliche westfälische Kohlenrevier bei der Pumpstation Horst ausgeführt. Aus 25 langgestreckten Becken soll so viel Ruhrwasser versickern, daß täglich rund 137 000 cbm Wasser aus den Sickergalerien wiedergewonnen werden können.

Jedes der Becken hat zwischen 3000 bis 4000 cbm Inhalt bei einer Breite von 14 m an der Oberfläche und 2 m an der Sohle bei 3 m Tiefe. In der Stunde sollen nicht mehr als 100 mm Wasserhöhe versinken.

In den meisten Fällen tritt trotz großer Ausdehnung der filtrierenden Flächen ein Verschlammen und damit eine geringere quantitative Leistung ein. Deshalb versucht man, die Flußböden und Flußufer zu reinigen, so nicht nur einen Teil des angesetzten Schlammes entfernend, sondern auch die Streichgeschwindigkeit vergrößernd.

Wo man fürchten muß, daß nicht nur die Bodenoberfläche, sondern der Boden selbst verschlammt, hat man das Rohwasser „vorfiltriert", d. h. man läßt das Wasser durch Sand gehen, welchen man den filtrierenden Erdschichten vor- oder aufgelagert hat. Der Sand nimmt die Schmutzteilchen auf und hält sie so ab von dem Eindringen in das eigentliche Filter, den gewachsenen Boden.

Auch die Becken bei Horst haben eine 0,5 m starke Sandschicht, welche nach ihrer Verschmutzung entfernt und gewaschen wird.

Nach derselben Richtung arbeitet das Verfahren von Imbeaux-Nancy. Das Moselwasser wird in eine Galerie geführt, welche 23 m landeinwärts hinter die Filtergalerie gelegt ist und in ungefähr der gleichen Entfernung der Mosel parallel geht. Imbeaux reinigt das Flußwasser vor, indem er es durch Steinschlag treten läßt, der vor den zwei Zuflußöffnungen der Rohwasserzuleitung in breiter Ausdehnung eingebracht ist, dann hat er in den Rohwasserkanal, welcher eine große Zahl seitlicher Öffnungen besitzt, nach der Seite, wo die Sickergalerie liegt, zunächst Kies, und dann feinen Sand in 2 m Stärke schütten lassen. Nach einigen Jahren ist der Sand so verschmutzt, daß er herausgenommen und durch frischen ersetzt werden muß.

Neben der quantitativen Leistung kommt die qualitative in Betracht. Hier ist ganz besonders zu berücksichtigen, was auf den vorstehenden Seiten über den Eintritt von Wasserbakterien und Bodenbakterien gesagt wurde. Die letzteren sind eigentlich ohne Bedeutung; denn so nachlässig dürfte kaum eine Gemeinde sein, daß sie nicht das Gelände, in dem ihre Sickergalerien liegen, rein und frei von Infektionserregern hielte. Dahingegen haben die Fluß-wasserbakterien eine größere Bedeutung.

Weil es unmöglich ist, die beiden Gruppen auseinander zu halten, ist es richtig, mit Probebakterien zu arbeiten, also Bact. prodigiosum dem Wasser, welches filtriert werden soll, zuzusetzen, wie das z. B. Kruse mit bestem Erfolg bei dem Wasserwerk für das nördliche westfälische Kohlenrevier getan hat. Besonders leicht gestaltet sich der Durchtritt der Flußbakterien dann, wenn vorher vom Wasser freie Erdschichten inundiert werden, wenn also auf einen niedrigen Flußwasserstand rasch ein hoher folgt. Wo der Wasserstand stärkeren Schwankungen nicht unterworfen ist, z. B. an dem Obergraben von Wehren, da ist die Keimzahl meistens dauernd niedrig.

Wird in den Versickerungsgräben ein größerer Stau erzeugt, so bewegt sich das Wasser rascher im Boden entsprechend dem größeren Gefälle und nimmt infolgedessen mehr Bakterien mit. Hierfür hat Kruse ebenfalls, wie auf S. 228 angegeben wurde, die Beweise erbracht. Es ist daher erforderlich, den Durchtritt des Wassers von der Infiltrations- bis zur Sammelgalerie möglichst gleichmäßig zu halten.

Das Flußwasser, welches durch Seitenfiltration in die Brunnen übertritt, trifft meistens annähernd horizontal gelagerte Schichten.

Es wird sich am willfährigsten in den weitporigen bewegen, die engporigen wird es vermeiden. Hierin beruht für die Filtration insofern eine Gefahr, als die weiten Poren die suspendierten Substanzen und insbesondere die Bakterien um so weniger zurückhalten, als die Bewegung des Wassers in diesen Lagen eine recht rasche ist. Je gleichmäßiger also der Boden ist, um so besser.

Es ist erwünscht, daß das Rohwasser möglichst rein sei bzw. durch vorgeschaltete Absitzbecken vorgeklärt werde, oder daß zuzeiten stärkerer Verunreinigung die natürliche Filtration tunlichst wenig beansprucht werde.

Die Ruhrwasserversorgungen.

In ganz hervorragendem Maße wird die Seitenfiltration im Gebiete der mittleren und unteren Ruhr zur Wasserversorgung herangezogen. Aus dem engen Ruhrtal entnehmen ungefähr 87 Wasserwerke ihren Bedarf mit im ganzen rund 275 Millionen Kubikmeter im Jahre; zu ihnen zählt die größte Wasserversorgung Deutschlands, die des nördlichen westfälischen Kohlenreviers; 17 Werke von den 87 schöpfen zusammen 243 Millionen Kubikmeter im Jahre. Der enorme Bedarf ist in der Hauptsache bedingt durch die Industrie, welche bei einer Reihe der Werke bis zu 90 Proz. des gehobenen Wassers beansprucht. Daß das schmale Tal der Ruhr mit seinen Nebentälern diese Mengen als Grundwasser nicht enthalten kann, ist klar. Der Fluß, die Ruhr, ist es, welche das Wasser spendet, und mit Recht kann man die Ruhr als einen „Trinkwasserfluß" bezeichnen.

Das Gebirge besteht dort hauptsächlich aus devonischen Schiefern wie auch Grauwacken; der Talboden ist mit einer undurchlässigen Schicht, meistens aus Ton bestehend, bedeckt, über ihr lagert in 2 bis 5 m durchschnittlicher Dicke der Ruhrkies. Er besteht an vielen Stellen in überwiegender Menge aus flachen, abgeschliffenen Schieferstücken von der Form und Größe mittlerer Austernschalen. Zwischen ihnen liegen feinere Geschiebe derselben Art, in die stellenweise Nester von Sand und feinem Kies eingestreut sind. In den Ruhrkies sind die weiten Brunnen gesenkt, etwa 50 bis 150 m vom Fluß entfernt, einer neben dem anderen oft kilometerweit sich aneinander reihend; in ihn hinein hat man die großen vorhin erwähnten Versickerungsbecken gelegt. Mächtige Maschinen saugen aus Sammelbrunnen das Wasser ab. Reicht die Menge des Wassers nicht mehr aus, so werden neue Brunnenserien niedergebracht, neue Versickerungsmöglichkeiten geschaffen. Infolge des Absenkens des Wassers in den Brunnen unter den

Ruhrspiegel tritt das Flußwasser von der Ruhr zu den Brunnen über. In ihrem oberen Teil ist die Ruhr ein reiner Fluß, in dem mittleren und unteren wird er allerdings durch die Werke und die Städte mit mineralischem und organischem Schmutz mehr und mehr verunreinigt.

Das zu den Brunnen herübertretende Flußwasser filtriert einen großen Teil seiner Bakterien durch den Flußschlamm ab; der Schlamm ist zur Filtration gut geeignet, denn er ist in der Hauptsache mineralisch, enthält von den Werken der mittleren Ruhr her viel Eisenoxydhydrat und ist feinkörnig; ein einziges Werk lieferte bis vor kurzem allein mit seinen Gichtwaschwässern monatlich gegen 2000 cbm feinsten Mineralschlamm in den Fluß, und zwar direkt oberhalb eines sehr großen Wasserwerkes. Nach einiger Zeit werden Boden und Ufer dicht, bis dann die dort häufigen Hochwässer den ganzen Flußschlauch rein fegen, wobei auch das am Boden liegende Geschiebe mit in Bewegung kommt und so den zwischengelagerten Schmutz abgibt.

Wenn die Hochwässer zu lange auf sich warten ließen, dann suchten die Werke den Schlamm mittels Eggen zu lockern. Beide, die Hochwässer und das Eggen des Flußbodens, pflegten von einem starken Anstieg der Bakterien gefolgt zu sein, so daß die Behörde das Eggen verbot.

Die Bakterien, welche die Schlammhaut passiert haben, werden im Boden auf dem Wege vom Fluß bis zu den Brunnen abgelagert. Das Material ist so grobkörnig, so steinig, daß an vielen Stellen von einer Filtration keine Rede sein kann. Das Ausfallen und die Flächenanziehung sind die beiden hauptsächlichen Faktoren der bakteriellen Reinigung; sie funktionieren gut, wenn die Bewegung des Wassers im Boden eine langsame ist.

In der Weitporigkeit des Bodens einerseits und in dem Vorhandensein eines nicht sich verfilzenden Schlammes andererseits, welcher in relativ kurzen Intervallen durch die Fluten selbst beseitigt wird, liegt das veranlassende Moment, daß jahraus jahrein so ungeheure Wassermengen durch die „Seitenfiltration" gewonnen werden können. Solch günstige Verhältnisse dürften indessen nicht häufig sein.

Um die notwendige Wassermenge zu garantieren, ist der Ruhrtalsperrenverein gegründet, welcher zu den neun schon bestehenden Sperren mit 32 Millionen Kubikmetern die Listertalsperre mit 22, die Möhnetalsperre mit 130 Millionen Kubikmeter Wasser hinzufügt. Dadurch werden den 3,5 sec/cbm, welche jetzt schon der Ruhr, die in knappen Zeiten nur 7 sec/cbm abfließen läßt,

hinzugegeben werden, in den trockenen Jahresperioden noch
12,5 weitere sec/cbm hinzugefügt, eine Riesenleistung, die dadurch
noch an Größe gewinnt, daß man auch den Rhein der unteren
Ruhr tributär machen, Rheinwasser in die Ruhr hinüberpumpen will.

Das gewonnene Wasser ist in normalen Zeiten gut, d. h. es
ist chemisch für alle Zwecke brauchbar und enthält nur selten
über 100 Bakterien im Kubikzentimeter, entspricht also den an
künstlich filtriertes Wasser gestellten Bedingungen. Leider ändert
sich letzteres, wenn die Ruhr plötzlich ansteigt; durch den Anstieg
wird die Spiegeldifferenz zwischen Fluß und Brunnen zunächst
wesentlich vergrößert, sodann werden von dem zu den Brunnen
hinübertretenden Wasser Wege benutzt, die höher liegen als die
normalen und die lange Zeit hindurch unbenutzt waren, somit
bakterienreich sind; ferner wird die filtrierende Schlammschicht der
Flußufer und des Flußbodens fortgeschwemmt. Da viele Gemeinden
in den Fluß entwässern, ist zu solchen Zeiten die Gefahr der Wasserinfektion gegeben.

In der nachstehenden kleinen Tabelle sind einige Zahlen zusammengestellt, welche diese Verschiedenheiten für ein großes Werk
an der unteren Ruhr kennzeichnen.

Bakterienzahl in 1 ccm des Wassers von:

Datum	Wasser-stände m	Heber-brunnen I	Heber-brunnen II	Sammel-brunnen	Ruhr	Bemerkungen
1910 I. 6.	30,23	82	71	83	19 800	} Schönwetter
7.	30,16	71	67	88	18 900	
8.	30,10	113	76	62	22 700	
17.	30,50	127	109	144	21 600	
18.	30,79	417	306	113	32 700	
19.	30,96	743	576	447	93 700	Die Ruhr stieg vom
20.	31,19	1344	1152	768	77 500	15.—20. I. um 1 m
21.	31,05	832	556	354	52 000	
1912 II. 1.	30,25	58	53	39	52 600	
2.	30,08	32	29	55	30 200	
3.	30,03	52	42	67	34 900	
4.	29,98	64	46	61	42 100	
				Zapfhahn		
8.	30,45	52	71	87	23 700	Die Ruhr stieg in
9.	32,16	{ nicht zu-	1238	1074	64 600	zwei Tagen um
10.	32,16	{ gängig	879	871	39 200	2,20 m

Wo die Brunnen oberhalb eines Wehres mit seinem gleichmäßigen Wasserstand liegen oder wo der Wasserstand in den

Anreicherungsgräben gleichmäßig hoch gehalten wird, da werden die Ruhranstiege und die sonst damit verbundene erhöhte Keimzahl fast gar nicht bemerkt.

Um die Wasserbeschaffenheit zu verbessern, sollen durch den „Verband zur Reinhaltung der Ruhr" die Abwässer der Werke und Städte an der oberen und mittleren Ruhr in Kläranlagen gereinigt, an der unteren Ruhr abgefangen und durch einen besonderen Kanal in den Rhein geleitet werden. Kommt hierzu noch eine möglichst gleichmäßige Haltung des Ruhrspiegels, wie sie an der unteren Ruhr durch die dort beabsichtigten Hafenanlagen, höher hinauf durch passend angelegte Stauwehre erreichbar ist, so wird es gelingen, neben der schon vorhin erwähnten ausreichenden Menge auch ein ausreichend gutes, genügend infektionssicheres Wasser zu erlangen.

Das Wasser zu filtrieren oder zu ozonisieren verbietet sich wegen der viel zu großen Kosten, die von den Werken nicht getragen werden können, da sie 90 Proz. derselben übernehmen müßten. Man muß daher durch vorsichtigen Betrieb mit der natürlichen Bodenfiltration auskommen; wo sie nicht ganz ausreicht, da kann die sehr billige Desinfektion mit Chlor und seinen Präparaten aushelfen.

Ganz unten an der Ruhr liegen einige Wasserwerke im Rheinkies, der erheblich feiner ist und besser filtriert als der Ruhrkies, der also auch stärker verschlicken müßte. Der hohen Streichgeschwindigkeit und den häufigen Hochwässern dürfte es zu verdanken sein, daß selbst hoch gestellte Quantitätsansprüche bis jetzt voll befriedigt werden konnten. Der langsameren Bewegung im Boden, der stärkeren Flächenanziehung ist es zu verdanken, daß die Bakterienzahl stets erheblich niedriger ist als die der Ruhrkieswerke; ihre Bakterienzahl kommt auch bei Hochwässern über 100 nicht hinaus.

Wir haben geglaubt wegen der grundsätzlichen Wichtigkeit und der eigenartigen schwierigen Verhältnisse den großartigen Ruhrwasserwerken diese wenigen Zeilen widmen zu sollen.

2. Das Hineingeben von Oberflächenwasser in die Tiefe des Bodens.

Von der vorbesprochenen, sogenannten natürlichen Seitenfiltration unterscheidet sich die Erzeugung von Grundwasser durch Infiltration von oben. Sie erscheint insofern zuverlässiger, als bei der mehr oder minder horizontalen Lagerung der Schichten alle von dem Wasser durchdrungen werden müssen und eine Bevorzugung weitporiger Schichten, wie bei der Seitenfiltration, weniger in Betracht kommt.

Richert (Stockholm) ist für die Filtration von oben vorbildlich geworden. Als die Grundwasserversorgung von Göteborg nicht ausreichte, ließ er Flußwasser in eine höher gelegene Grube scharfen Granitsandes eintreten. Die Menge des abgepumpten Grundwassers erhob sich von 8,6 Litern auf 19,1 für die Sekunde. Darauf wurden zwei Becken von 5600 qm an Stelle der alten Sandgrube ausgehoben und unterhalb in einer Entfernung von vielleicht 150 m 20 Brunnen gesenkt, die sich auf rund 500 m Länge verteilen. Die Schnelligkeit des Wassers im Boden betrug 2,2 m im Tage; das Wasser hatte die Temperatur des normalen Grundwassers und erwies sich als keimfrei. Die Becken verschlammten und mußten von Zeit zu Zeit gereinigt werden. Allmählich ließ die Durchlässigkeit trotzdem nach. Als die Stadt sich vergrößerte und mehr Wasser verlangt wurde, richtete Richert zwei Schnellsandfilter ein und ließ das vorgereinigte Wasser in 24 Infiltrationsbrunnen laufen, von wo es in den Sand eindrang und in etwa 100 bis 120 m Entfernung in eine andere Reihe Brunnen, die abgesogen wurden, eintrat.

Es hat also sich als notwendig erwiesen, das Wasser stark vorzureinigen, ehe es in den Boden gelassen wird, weil sonst in relativ kurzer Zeit ein erhebliches Zurückgehen der Aufnahmefähigkeit sich einstellt.

Wo Eisen im Boden gelöst vorhanden ist, wird durch die Zuführung sauerstoffreichen Oberflächenwassers eine Bildung von Eisenoxydhydrat, von Eisenschlamm entstehen, welcher die unterirdischen Wasserwege zu verlegen imstande ist.

Streng wissenschaftlich ist Scheelhaase der künstlichen Erzeugung von Grundwasser aus Flußwasser auf diesem Wege näher getreten. Er reinigte das widrig riechende und schmeckende, leicht gelbbraun gefärbte, stark bakterienhaltige, an organischen Substanzen reiche Mainwasser durch ein Vorfilter und ein Sandfilter derartig, daß die sämtlichen Suspensa und die 400 bis 100 000 im Kubikzentimeter enthaltenen Bakterien bis auf etwa 100 verschwanden, während die Farbe, der Geruch und Geschmack, sowie der hohe Kaliumpermanganatverbrauch von 50 mgl blieben. Dieses so sorgfältig vorgereinigte Wasser ließ Scheelhaase in den vorzüglich filtrierenden Sand des Frankfurter Stadtwaldes 3 m unter Erdgleiche so ein, daß aus der jeweils 25 m langen Infiltrationsgalerie täglich 400 bis 700 cbm Wasser abflossen, welche eine 13

bis 14 m starke, aus feinem Sand und Kies bestehende Bodenschicht durchfließen mußten, ehe sie den Grundwasserspiegel erreichten. In der Nähe der Versickerungsstelle stieg letzterer deutlich an, trotzdem sich schon in der wasserfreien Bodenzone das
Wasser weithin verteilte. Die Pumpstation, welche täglich 4000 cbm
förderte, war 500 m von der Infiltrationsgalerie entfernt. Der Versuchsbrunnen, welcher von der Infiltrationsgalerie

20 m ablag, wurde in 45 Tagen, der 75 m ablag in 140 Tagen,
100 m „   „   „ 190   „   „ 130 m „   „ 250   „
260 m „   „   „ 550   „   „ 385 m „   „ 780 · „

und die Fassungsanlage, welche 500 m ablag in 1080 Tagen
erreicht.

Das Infiltrat brauchte unter diesen Umständen also 3 Jahre,
um einen Weg von 500 m zurückzulegen. Das tägliche Vordringen
betrug somit 0,5 m.

In 20 m Entfernung, d. h. in 45 Tagen, war der Kaliumpermanganatverbrauch schon von 50 auf rund 5 mgl zurückgegangen; ebenfalls stark zurückgegangen war die Farbe; ganz
verschwunden war sie erst nach 115 m, kaum noch zu erkennen
nach 100 m, d. h. nach 250 bzw. nach 190 Tagen. In 100 m war
auch der Geruch und Geschmack vollständig beseitigt, welcher bei
den oberhalb gelegenen Brunnen noch bemerkt werden konnte.
Die auffallende Erscheinung, daß in 20 m nach 45 Tagen noch
kein Temperaturausgleich stattgefunden hat, erklärt sich wohl so,
daß der Wärmetransport in den nicht mit Wasser gefüllten Bodenstrecken gering ist. Daß die 100 Bakterien, welche das filtrierte
Flußwasser mitbrachte, bei einer so langsamen Bewegung in 20 m
Entfernung so gut wie verschwunden waren, versteht sich von
selbst.

Scheelhaase mißt der Zeit die größere Bedeutung zu. Dem
muß man beipflichten. Bei den Versuchen, Grundwasser zu schaffen,
hat man meistens zu viel Wasser in zu wenig Zeit produzieren
wollen; das geht nicht, wenn ein Wasser guter Qualität erzielt
werden soll. Ob es aber richtig war, ein Wasser, welches viel
organische Substanzen enthielt und einen üblen Geruch und Geschmack besaß, 3 m tief unter die Erdoberfläche zu bringen, kann
zweifelhaft erscheinen, denn in der obersten Bodenzone stecken
die Zerstörer der organischen Substanz, da sitzen die Sauerstoffüberträger, die Bakterien; wo sie fehlen — größere Bodentiefen —,
da geht die Oxydation sehr langsam vor sich.

Bei den Ruhrwasserwerken hat sich herausgestellt, daß bei der natürlichen Bodenfiltration durch bakterienhaltige Schichten hindurch schon bei einer durchschnittlichen Entfernung der Brunnen vom Fluß von etwa 50 m, der zur Oxydation erforderliche Kaliumpermanganatverbrauch von 20 auf 4 mgl zurückgeht.

Soll die zerlegende, oxydierende Kraft der Bakterien ausgenützt werden, dann muß das Wasser in breitester Ausdehnung auf der Erdoberfläche verteilt werden. So kommen wir zu der künstlichen Grundwassererzeugung durch Rieselung.

3. Die Rieselung.

Die Rieselung ist uralt. Das ganze Niltal bis oben hinauf ist ein ungeheures Spaltental, gefüllt mit Sanden und Kiesen; in ihm steht überall ein salzarmes Grundwasser, während das tiefstehende Grundwasser der anstoßenden Wüste salzhaltig ist. Ein Teil des Grundwassers entstammt dem Nil direkt, das meiste indirekt, insofern als es durch die Überstauung auf den Feldern und in neuerer Zeit durch die reguläre Rieselung von den Feldern aus in der ganzen Länge von Assuan bis nach Rosetta in den Boden eintritt. Der auf diese Weise erzeugte Grundwasserstrom ist so mächtig, daß er sogar das Salzwasser in dem nördlichen Teile von Unterägypten allmählich in die See drückt. Wenn zu gewissen Zeiten kein Rieselwasser zur Verfügung steht, dann graben die Fellachen nach Bedarf ein Loch in den Boden und erreichen bald das Grundwasser, um es mit einem Göpelwerk primitivster Art auf die Äcker zu pumpen, von wo es wieder in das Grundwasser hineinsinkt.

Auch die Rieselfelder unserer großen Städte erzeugen künstlich Grundwasser, und es bedarf sorgfältiger Drainage, wenn es sich nicht anstauen, wenn es nicht die Umgebung versumpfen soll.

Von der Rieselei zu Wasserversorgungszwecken hat man an verschiedenen Stellen Gebrauch gemacht; erinnert sei z. B. an die Rieselanlage bei Chemnitz. Leider ist der dortige Boden dafür wenig geeignet. Es sei gestattet, hier ein anderes Beispiel einer guten und einer schlechten Rieselanlage anzuführen, die einer und derselben Stadt angehören und unmittelbar nebeneinander liegen.

Vor mehreren Jahrzehnten hatte einer der berühmtesten und besten Wasserversorgungstechniker Deutschlands Brunnen dicht neben einen Fluß Mitteldeutschlands gesetzt, wohl in der Idee, so das zum Talweg gehende Grundwasser abzufangen oder auch bei tieferer Absenkung vom Fluß Wasser durch natürliche Filtration zu gewinnen. Die Talaue war mit feinen Kiesen und Sanden, die stark tonig waren und Eisen und Mangan enthielten, in wildem

Wechsel ausgefüllt, der Grundwasserzufluß war also nicht erheblich. Als die Stadt wuchs, versagten die Brunnen bald; eine natürliche Filtration trat um so weniger ein, als der ungeheure Mengen feinen Holzschliffes führende Fluß die ohnedies engen Poren völlig verlegte. Neue Brunnen wurden gegraben und zwei von diesen wurden am äußersten Rande der Talniederung in die Trümmerhalden zerfallener kambrischer Schiefer gesetzt. Als auch die neue Brunnenreihe rasch versagte, wurde das Flußwasser auf das Brunnengelände gelassen, um dort zu versickern. Die Insel zwischen Mühlgraben und Fluß, auf welcher die Mehrzahl der Brunnen lag, gehörte der Stadt; dort wuchsen nur harte Gräser und etwas Erlengestrüpp, das Gelände war uneben, sogar tiefe Löcher waren vorhanden, in welchen eine übel aussehende, aber nicht riechende, mehr als 10 cm starke Schlammschicht von Holzfäserchen lagerte; auf der Wiese indessen sah man nur wenig davon. Das trübe, auch durch eingelassene Farbflotten gefärbte Wasser ergoß sich, durch kleine, ganz flache Gräben geleitet, über die ganze Fläche und trat bis direkt an die Brunnen heran. Trotzdem eine Reihe von Jahren und monatelang hintereinander jeden Tag, allerdings bald hier, bald dort gerieselt wurde, versank das Wasser stets prompt. Einladend sah die Einrichtung durchaus nicht aus. Dahingegen machte die Anlage in der Trümmerhalde einen erheblich besseren Eindruck; hierhin hatte man ein klares Bächlein geführt, da man das Flußwasser nicht so hoch hinauf bringen konnte; nur in einem Erlengehölz mit regelmäßig gezogenen Gräben und in einem 30 bis 40 cm breiten, ganz flachen Graben, der bis auf etwa 3 m an die Brunnen herangezogen war, verschwand das Wasser; ein Überstau des Geländes fand also nicht statt. Behufs Untersuchung der Verhältnisse wurde zunächst Kochsalzlösung in das Bächlein geschüttet und, als diese in kürzester Zeit im Brunnenwasser wieder erschien, Prodigiosusbazillen. Bereits nach einer halben Stunde waren sie zu Hunderten in jedem Kubikzentimeter des Brunnenwassers enthalten. Daraufhin wurde die Zuführung des Bachwassers in die Nähe der in dem Trümmergestein stehenden Brunnen um so mehr untersagt, als der Bach mehrere kleine Dörfer durchfloß, dort allen möglichen Unrat aufnahm und zuzeiten gedüngte Wiesen überrieselte. Kruse erwähnt, daß eine Typhusepidemie in W. und eine in R. wahrscheinlich durch gerieseltes Bachwasser entstanden seien.

Die Untersuchung bei den Brunnen der Insel ergab ein ganz anderes Resultat. Trotzdem auch dort das Kochsalz in ein bis zwei Stunden in den 6 bis 8 m tiefen, bis unten hin wasserdicht gemauerten Brunnen in reichem Maße wiedergefunden wurde, konnte

kein Prodigiosus in ihnen entdeckt werden, obschon Milliarden von
Bazillen in das dem Gelände zufließende Wasser gebracht worden
waren. Auch die allgemeine Keimzahl war stets sehr niedrig; selten
wurden in den während der verschiedensten Zeiten angestellten
Reihenuntersuchungen mehr als 10 Kolonien aus 1 ccm Brunnenwasser gezüchtet. Das Wasser war praktisch bakterienfrei. Diese
Erscheinung ließ sich unschwer durch die gute Bodenfiltration erklären.

Auffällig, aber damals nicht genügend von uns gewürdigt,
war, daß das Wasser den Boden nicht verschlammte, daß trotz
der ungeregelten, über viele Monate hindurch sich erstreckenden
täglichen Rieselung das Wasser stets willig aufgenommen wurde.

Weil das Rieselland mit seinem schlechten Gras, den Erlen,
den Schlammlöchern, den aus der trüben Flut herausragenden
Brunnenhälsen in der Tat einen nichts weniger als appetitlichen
Anblick bot, wurde beschlossen, die Rasennarbe abzuheben, den
Boden einzuebnen und flache Teiche einzurichten, welche um mehr
als das Doppelte größer waren als die frühere Rieselfläche und von
den Brunnen 10 m entfernt gehalten wurden. Als sie fertig waren,
machte das Ganze einen äußerst soliden, man kann beinahe sagen
gesitteten Eindruck. Aber der hinkende Bote kam nach: schon
nach 14 Tagen zeigte sich eine ganz erhebliche Abnahme der
Durchlässigkeit und in ein paar Wochen waren die Teiche wasserdicht. Die feinen Holzfasern bildeten einen festen Filz, der angetrocknet, in Bahnen gestochen, aufgerollt und so entfernt werden
konnte. Leider dauerte das Antrocknen so lange, daß dieses Verfahren nur hier und da benutzt werden konnte. Die Durchlässigkeit ließ sich dadurch mit Mühe aufrecht erhalten, daß die Becken
nochmals vergrößert und daß der Holzschliff in besonderen Reini-
gungseinrichtungen größtenteils abgefangen wurde. — So hatte unser
guter Wille verdorben, was die Natur ohne weiteres gegeben hatte.

Die dauernde Durchlässigkeit des mit einer Narbe kräftigen
Grases bedeckten Bodens ist wohl so zu erklären, daß die Filtration
nicht bloß von der Erdoberfläche aus standfand, sondern daß das
Wasser auch in die Regenwurm- und Insektengänge und besonders
in die vielen abgestorbenen Wurzelröhrchen drang und von dort aus
versickerte. Diese senkrechten Filterröhrchen verschlammten sicherlich auch, aber dadurch, daß immer Pflanzenwurzeln abstarben und
der Vermoderung anheimfielen, wurden stets neue Filterflächen
geschaffen.

Soll der Prozeß des Vergehens und Entstehens im Gleichgewicht
bleiben, so darf nicht ein regulärer Überstau, sondern höchstens

ein tägliches, mehr oder weniger lange Zeit dauerndes Berieseln stattfinden, so daß der Erdboden Zeit hat, das Wasser absickern zu lassen und sich wieder mit dem pabulum vitae, dem Sauerstoff, zu füllen. Hierdurch wird auch erreicht, daß die aufgebrachten oxydierbaren Stoffe unter der Einwirkung der im Boden befindlichen Bakterien zerlegt werden, wodurch alte Wege für das eindringende Wasser neu eröffnet werden. Will man eine gute und eine dauernde Filtration erzielen, so muß also eine intermittierende Rieselei vorgenommen werden. Da nicht zu viel Wasser auf den Boden gebracht werden kann, so sind große Rieselfilterflächen erforderlich. Es sei daran erinnert, daß 1 ha Rieselfeld nicht mehr als das Abwasser von 500 Personen zu je 100 Liter aufnehmen soll. Sofern das Flußwasser rein ist, mag 1 ha „Filterfeld" das Zehnfache, vielleicht, sogar wahrscheinlich, noch erheblich mehr aufnehmen können. Was er dauernd zu leisten vermag, kann einzig und allein der Versuch selbst ergeben.

Das Resultat wird verschieden sein, je nach der Art und der Durchlässigkeit des Bodens. Auch ist mit der geringeren Aufnahme während des Winters zu rechnen, es können sich vielleicht Stauflächen notwendig machen, wie sie bei den Rieselfeldern üblich sind. Die Wassererzeugung kann indessen in der kalten Jahreszeit auch kleiner sein, da der Bedarf geringer ist.

In keiner Weise ist zu fürchten, daß die organischen Substanzen der Pflanzen sich in dem durch Rieselung entstandenen Grundwasser bemerkbar machen. Entsteht doch fast das gesamte Grundwasser aus Wasser, welches die mit Vegetation bedeckte Erdoberfläche passiert hat!

Durch die Rieselung wird der Grundwasserspiegel erhöht; das Wasser sucht abzufließen; um es nicht zu verlieren, wird man auf dem Rieselgelände selbst die Entnahmebrunnen oder Galerien anlegen. Damit das Wasser in unmittelbarer Nähe der Brunnen nicht zu rasch in den Depressiontrichter hineinsinke, möge jeder Brunnen in einem Umkreis von 10 m umpflastert werden. In das durch das Absaugen entstandene Tief tritt das verrieselte Wasser hinein. An die abhängige Seite des Geländes, wohin der Grundwasserstrom sich zieht, läßt sich eine Reihe von Rohr- oder Schachtbrunnen oder eine Sammelgalerie legen.

Zur Kontrolle sind dauernde bakteriologische Untersuchungen erforderlich, welche an sich keine Schwierigkeiten bieten. Sind einige Versuche mit Versuchsbakterien (Prodigiosus) gemacht, unter gleichzeitiger Zählung der gewöhnlichen Bodenbakterien, so genügt schon bald die Feststellung der Menge der letzteren. Man tut gut, die Zahl 100 im Kubikzentimeter als äußerste Grenze anzunehmen, entsprechend den Erfahrungen, die man bei der künstlichen Sandfiltration gemacht hat. Man kann auch nach Bacterium coli suchen, aber mit der gewöhnlichen Keimzählung kommt man ebensoweit.

Die künstliche Schaffung von Grundwasser, wie sie auch ausgeführt sein mag, entspricht der künstlichen Sandfiltration. Wird sie vorsichtig betrieben, so ist sie imstande, Gutes zu leisten. Zu verlangen sind: a) große Filterflächen, b) große Filterkörper und c) geringe und gleichmäßige Schnelligkeiten der Infiltration.

Je reiner das Rohwasser, je weniger es den Infektionen ausgesetzt ist, um so größer ist die Sicherheit. Auch bei der natürlichen Filtration bildet sich eine Schlammhaut, die allerdings bei der Rieselei sehr gering und vielfach unterbrochen, sowie lebhafter Zerstörung durch die Bakterien unterworfen ist. Wie die Filterhaut in den Flüssen, Gräben, Teichen usw. beschaffen ist, läßt sich kaum feststellen. Sie kann weithin absolut dicht sein, so daß kaum Wasser in den Boden einzudringen vermag, und sie kann an anderen Stellen fehlen, so daß große Wassermengen eintreten. Je größer die Filterflächen sind, um so geringer wird die Schädigung bzw. Unsicherheit, die in diesem Faktor liegt. Zum Teil wird sie aufgehoben durch einen mächtigen Filterkörper. Bei der künstlichen langsamen Sandfiltration ist die Gesamthöhe des Filters höchstens 1,5 m, bei dem seitlichen Durchgang durch den Boden werden meistens 50 m und mehr Weglänge gefordert. Das ist im allgemeinen nicht zu viel, wenn man bedenkt, daß man den filtrierenden Körper nicht genau kennt, daß vielfach stark durchlässige mit schwach durchlässigen Schichten wechseln. In den ersteren muß auskömmliche Gelegenheit für die Sedimentierung der Keime gegeben werden. Da bei den künstlichen langsamen Sandfiltern 100 mm stündliche Absenkung des Wasserspiegels eine Infiltrationsschnelligkeit ist, mit welcher in den meisten Fällen ein gutes Resultat erzielt werden kann, so hat man sie gleichfalls an verschiedenen Stellen für die Erzeugung künstlichen Grundwassers angewendet. Zweifellos bildet sie einen guten Ausgangspunkt, von welchem indessen je nach Bedürfnis sowohl nach oben, als besonders nach unten abgewichen werden kann. Wesentlich größere Schnelligkeiten sind jedoch schon um deswillen nicht erwünscht, weil die Gefahr des tiefen Hineindringens von Schlamm in das Erdreich besteht. Man darf wohl behaupten, daß die künstliche Erzeugung von Grundwasser, wo kiesige und sandige Gebiete zur Verfügung stehen, mit Nutzen mehr zur Versorgung mit herangezogen werden kann, als das bis jetzt geschehen ist.

V. Die Beeinflussung der Örtlichkeit durch dauernde Entnahme von Grundwasser.

Die Absenkung des Grundwasserspiegels, wie sie zuweilen durch die dauernde Entnahme bewirkt wird, übt auf den Wassergehalt des Bodens einen verringernden Einfluß aus. Infolgedessen kann es sich ereignen, daß Brunnen und Quellen versiegen. Auch kann durch die Fortnahme des Wassers die Stabilität des Bodens eine andere werden; bei einem ungleichmäßigen Setzen entstehen dann Risse in den Häusern. — Man hatte Häuser auf Pfahlroste gesetzt, um den Fundamenten den erforderlichen Halt zu geben; als das Grundwasser später durch Einrichtung eines Pumpwerkes dauernd gesenkt wurde und die Pfähle nunmehr mit ihren oberen Enden nicht mehr im Wasser standen, sondern von der Bodenluft umspült wurden, sollen sie angefangen haben, zu faulen.

Manche Pflanzen, z. B. viele Wiesenpflanzen, senken ihre Wurzeln, wenn sie das können, bis in das Grundwasser oder bis in seine kapillare Zone hinein. Die Höhe des kapillaren Aufstieges hängt ab von der Feinheit der Bodenporen; sie ist gleich Null in den Kiesen und groben Sanden, beträgt ungefähr 25 cm bei den Mittel-, 50 cm bei den Feinsanden und erreicht in den feinen Lehmen und Tonen 1,5 m und mehr. Steht also das eigentliche Grundwasser in 1,5 m bis 3 oder 4 m Tiefe, so kann es je nach der Feinporigkeit des Erdreichs von den Pflanzenwurzeln noch erreicht werden. Hierbei ist jedoch zu berücksichtigen, daß der feinporige Lehm- und Tonboden so viel Niederschlagswasser zurückhält, daß der vierte, der letzte Meter, für die Pflanzen außer Betracht bleibt.

Nach den Angaben von Keilhack, der sich um diese Fragen viel bemüht hat, steht in drei Viertel des Gebietes von Deutschland das Grundwasser tiefer als 2 bis 4 m. Für dieses ganze Gebiet kommt also das Grundwasser, vielleicht mit Ausnahme von Gebieten mit tiefwurzelnden Waldbäumen oder für einzelne Pflanzen (S. 221), nicht in Betracht. Die Pflanzen dieser weiten Bezirke entnehmen ihr Wasser den Niederschlägen, die um so mehr in den Bodenkapillaren hängen bleiben, je feiner diese sind. Unter sonst gleichen Verhältnissen ist daher der engporige Boden, Lehm- und toniger Boden fruchtbarer als weitporiger.

Für den Pflanzenwuchs ist es somit im allgemeinen indifferent, ob ein 4 m tiefstehendes Grundwasser um einige Meter gesenkt wird. Eine Ausnahme machen ältere, tiefwurzelnde Bäume; bei ihnen sistiert, so wird behauptet, die Entwickelung für mehrere

Jahre oder sie hört überhaupt auf. Werden junge Bäume an die Stelle der alten gebracht, so macht für sie, selbst für die späteren Zeiten, der tiefere Grundwasserstand nichts aus.

Wo aber das echte bzw. das kapillare Grundwasser höher steht, bis zu 3 oder 4 m, über die wirkliche Grenze müssen Versuche und Beobachtungen Aufschluß geben, da beeinflußt seine Tieferlegung allerdings den Pflanzenwuchs.

Ein früher vorhandener Sumpfcharakter der Erdoberfläche verschwindet, die übergelagerten Nebel bleiben fort, die Gräser werden andere, ein erheblicher Teil der guten Wiesenpflanzen verschwindet; aber es werden auch die sauren Wiesen in gute Wiesen umgewandelt, die dann vielfach zu Ackerland gemacht werden. Oft bewirkt bei hochstehendem Grundwasser die Tieferlegung des Grundwasserspiegels eine Verbesserung, eine höhere Ertragsfähigkeit des Bodens. Verfasser kennt eine Stadt, in welcher vor etwa 50 Jahren die Wasserleitung eingerichtet wurde; man kaufte entsprechend dem damaligen Stande der Wissenschaft nur etwa 6 m breite Streifen, in welchen die Sickerrohre und die Anfänge der Leitungen lagen. Das ganz minderwertige sumpfige Gelände wäre damals für ein sehr geringes Geld zu haben gewesen. Durch die Anlage der Wasserleitung wurde im Laufe der Zeit der Charakter des Bezirks verändert, die Stadt hatte allmählich aus den sauren Wiesen Ackerland gemacht, welches von den Bauern tüchtig gedüngt wurde. Bei der bedrohlichen Höhenlage der Rohre und aus anderen Gründen war die Stadt gezwungen, das von ihr selbst wertvoll gemachte Gelände für einen um das Vielfache höheren Preis anzukaufen, als es ihr damals angeboten war.

In der Nähe einer kleinen Stadt Mitteldeutschlands waren ausgiebige Sumpfwiesen. In der Umgebung wurde ein Braunkohlenwerk eingerichtet, welches stark unter Wasserandrang zu leiden hatte; daher mußte stark gepumpt werden. Die Umgebung aber wurde trockener. Den Äckern — leicht toniger Boden — schadete das nicht; aber wo die Sumpfwiesen gewesen waren, da wogten nun ährenschwere Weizenfelder.

In Holland macht sich besonders im Dünengebiete, aber auch außerhalb desselben eine dauernde Absenkung des Grundwassers durch dort eingerichtete Wasserwerke bemerkbar; damit wird von einem Autor in Zusammenhang gebracht eine teilweise Verödung der Landschaft, insofern, als bestimmte Früchte, z. B. Kartoffeln, an manchen Stellen, wo sie früher mit gutem Erfolg angebaut waren, nicht mehr so gut zu züchten sein sollen; auch hätten anscheinend die geringen Birkenbestände in den Dünen

Schaden genommen. Ob diese Beobachtungen richtig sind und ob sie richtig gedeutet wurden, steht dahin. Daß aber Wiesen, besonders solche mit nicht zu hohem Grundwasserstande, leiden können, minderwertiger werden, ist fraglos. Auch ist nicht immer dadurch ein Ersatz gegeben, daß aus den Wiesen gutes Ackerland gemacht werden kann, denn der landwirtschaftliche Betrieb bedarf oft neben dem Ackerland auch der Wiesen. — Es können also tatsächliche Schädigungen, vor allem bei Wald und Wiesen, eintreten. — Im allgemeinen sind jedoch beträchtliche Schädigungen durch Wasserversorgungen bis jetzt kaum hervorgetreten, wie sich aus einer Reihe von Angaben führender Wasserfachmänner ergibt, die im Journ. f. Gasbeleuchtung und verwandte Beleuchtungsarten, sowie für Wasserversorgung, Schillings Journal, Jahrgang 1903, S. 316 abgedruckt sind und auf welche ausdrücklich hingewiesen sei; auch der Artikel Königs im Gesundheits-Ingenieur 1913, S. 745 ist nicht zu übersehen.

Jedenfalls ist es erforderlich, auf die Wirkung der dauernden Absenkung für die Landwirtschaft ein aufmerksames Auge zu haben, insbesondere mit Rücksicht auf das später zu besprechende preußische Wassergesetz. Schon jetzt machen zuweilen Forstverwaltungen erhebliche Schwierigkeiten, wenn Gemeinden ihr Wasser aus dem Wald entnehmen wollen. Es ist zu wünschen, daß genau festgestellt wird, ob und welche Schädigungen entstehen, denn mit Tatsachen kann man rechnen, mit den auf Annahmen und Mutmaßungen und herangezogenen Vergleichen beruhenden Gutachten nicht; sonst kommen Ungeheuerlichkeiten zutage: einer Gemeinde von 3600 Einwohnern wurden von der Forstbehörde vier Pfennige auf jedes entnommene Kubikmeter Wasser abverlangt, denn um so viel werde der Wald geschädigt!

Die Spiegelsenkung ist bei starker Inanspruchnahme und großen Werken erheblich, sie betrug z. B. im Jahre 1904 bei Tegel-Berlin in einem Abstand von 30 bis 40 m von den Brunnen 3 m, in 1900 m Entfernung 1,2 m; es wurde sekundlich ungefähr 1 cbm Grundwasser gehoben, d. h. 2 592 000 cbm im Monat. In Frankfurt wurde im Laufe von 10 bis 15 Jahren der Wasserspiegel im Stadtwald um durchschnittlich 5 m erniedrigt.

Daß so starke Absenkungen sowohl von den Besitzern des Grundes und Bodens als auch von den Wasserwerken selbst unangenehm empfunden werden, liegt auf der Hand. Hierbei sei an das Wort Piefkes erinnert:

„Bei der Fassung des Grundwassers muß vermieden werden, daß im Jahresverlauf der natürlichen Grundwasserschwankungen tiefgreifende Veränderungen hervorgerufen werden. Es darf im allgemeinen keine Senkung des Grundwasserspiegels unter den jeweiligen Stand, der ihm nach der Jahreszeit zukommt, stattfinden. Nur in diesem Falle läßt sich auf Erzielung von Dauerzuständen rechnen und der Kollision mit anderweitigen Interessen (landwirtschaftlicher und forstwirtschaftlicher Art) vorbeugen." — Leider läßt sich die Piefkesche Maxime nicht immer durchführen; das Streben muß jedoch dahin gehen, ihr möglichst nahe zu kommen. Dazu ist erforderlich, die Grundwasserentnahme über große Flächen zu verteilen, über größere jedenfalls, als das bis jetzt vielfach geschehen ist.

Der Nachweis, daß ein Grundwasser durch eine künstliche Wasserentnahme gesenkt worden sei, ist nicht immer leicht zu führen. Es sind häufige, regelmäßige Messungen der Grundwasserstände erforderlich in Verbindung mit der Feststellung der Menge des abgepumpten Grundwassers. Daneben müssen an einer oder mehreren sicher von dem Betrieb unbeeinflußten Stellen andere Messungen des Grundwasserstandes vorgenommen werden, um über die natürliche Grundwasserbewegung in der fraglichen Zeit den notwendigen Aufschluß zu erhalten.

D. Quellwasser.

I. Art und Wesen des Quellwassers, sein Verhältnis zum Grundwasser.

Auf den vorstehenden Seiten ist von dem Grundwasser die Rede gewesen als von einem auf einer undurchlässigen Bodenschicht angesammelten, alle Poren und Hohlräume füllenden, entweder stagnierenden oder langsam sich bewegenden Wasser, welches sich nur dort findet, wo das Gestein auf große Entfernungen hin und in größere Tiefen hinein aus feinkörnigem Material besteht, so daß das einzelne Korn vom Wasser umspült wird.

Das Ausfüllen aller Hohlräume, die Ruhe oder die langsame, relativ gleichmäßige Bewegung in einer Unzahl feiner und feinster Poren ist das Charakteristische für das Grundwasser.

Auf den folgenden Seiten soll vom Quellwasser die Rede sein. Sehr verbreitet ist die Auffassung, beide Wässer seien nicht voneinander verschieden, sie seien nur der Ausdruck für die verschiedene Austrittsweise eines sonst einheitlichen Wassers, des Grundwassers.

Wenn man sich auf den Standpunkt stellt, Wasser ist H_2O, so hat man gewiß das Recht, beide Wässer als einheitlich hinzustellen. Aber Oberflächenwasser ist gleichfalls H_2O, und niemand wird es mit dem Grundwasser auf die gleiche Stufe stellen wollen, denn, so sagt man, das eine fließt oberirdisch, also ist es Oberflächenwasser, das andere unterirdisch, also ist es Grundwasser. Hier trennt somit die Art des Vorkommens die Wässer.

Durch dieses sind auch ihre Eigenschaften verschieden geworden. Das Oberflächenwasser hat eine inkonstante Temperatur, es ist in seiner Menge durch Regengüsse und Schneeschmelze leicht beeinflußbar, es kann leicht verunreinigt, leicht infiziert werden usw., und gerade diese Eigentümlichkeiten des Oberflächenwassers, die gesundheitlich von großer Bedeutung sind, haben zu der scharfen Trennung zwischen oberflächlichem und unterirdischem Wasser viel beigetragen.

Alle Oberflächenwässer, soweit sie für unsere Zwecke in Betracht kommen, haben dieselben oder annähernd dieselben Eigenschaften, daher bedarf es einer Trennung in Unterabteilungen kaum.

Ganz anders ist das bei den unterirdischen Wässern; bei ihnen treten in der Entstehung und, was wichtiger ist, in den Eigenschaften so erhebliche Unterschiede zutage, daß eine Differenzierung nicht nur nützlich, sondern notwendig ist, wenn anders Klarheit in die bei ihnen vorliegenden Verhältnisse gebracht werden soll.

Wenn der Regen auf den Erdboden fällt und auf feinkörniges Material trifft, wie es im Humus, in den Sanden und Kiesen, auch noch im Lehm sich findet, so sinkt im allgemeinen der Regentropfen da in den Erdboden ein, wo er gerade niedergefallen ist; die weiteren Hohlräumchen nehmen ihn auf, die Kapillaren saugen ihn an und halten ihn fest. Dort bleibt der Tropfen, bis er verdunstet, oder bis er durch nachrückende Regen tiefer gedrückt wird, oder bis er bei etwas weiteren Poren, langsam die Kanälchen passierend, in längerer Zeit die auf der undurchlässigen Schicht bereits ruhende Wassermasse erreicht. Auf diesem Wege hat das Wasser Zeit, die von der Erdoberfläche mitgenommenen Verunreinigungen, einschließlich der Bakterien, völlig oder fast völlig wieder abzugeben, dafür aber in den engen Wegen und bei der dauernden Berührung mit den einzelnen Körnchen sich mit den löslichen Substanzen des Bodens anzureichern.

Fällt ein Tropfen auf undurchlässiges Gestein, so rinnt er oberflächlich dem jeweils tiefsten Punkt zu, bis er diesen oder unterwegs eine Gesteinsspalte erreicht, um in ihr zu verschwinden. Dasjenige Gestein, welches nicht, wie z. B. die jüngeren Anschwemmungen, aus einzelnen lockeren Körnchen besteht, ist in seiner Hauptmasse kompakt. jedoch von zahlreichen Brüchen und Sprüngen durchsetzt. Der im Berg steckende Stein besitzt eine gewisse, sehr geringe Menge Feuchtigkeit, das Bergwasser, den Bergschweiß, aber dieses Wasser sitzt fest in den minimalen Hohlräumen, die so klein sind, daß sie den Ausdruck „kompakt" nicht beeinträchtigen. Zwar kommen auch grobporöse, schwammige Steine vor, sie sind entweder die Produkte plutonischer Wirkungen oder der Auswaschungen oder Auslaugungen, aber ihr Vorkommen ist seltener und engbegrenzt, so daß ihm nur eine lokale Bedeutung zugeschrieben werden kann. Ist so der „Stein" an sich undurchlässig, so ist das „Gestein" durch seinen Zerfall meistens in hohem Grade durchlässig.

Verschieden, je nach der Art, zerfällt das Gestein an der Erdoberfläche unter der Einwirkung der Atmosphärilien; in seiner obersten Schicht wird es im Laufe der Zeit zu feinem Detritus, es wird körnchen-, sogar staubförmig. Gewöhnlich ist diese Schicht nicht dick, sie wird außerdem leicht durch den Wind verweht und noch leichter durch das spülende Wasser von dem Ort ihrer Entstehung fortgewaschen und hilft so dazu, in den Tälern und Ebenen die Alluvionen zu bilden.

Viele Gesteine zersprangen schon durch den ursprünglichen Austrocknungsprozeß in kleine und kleinste Stückchen, wie es z. B. im Kreidegebirge der Fall ist. Andere Gesteine, die aus Tonen entstanden, wurden durch den Ablagerungsprozeß oder später durch den Faltungsprozeß zu dünnplattigen Schiefern mit dünnen, blattartigen, aber zahlreichen Hohlräumen zusammengepreßt. Andere Gesteine zerrissen durch den Abkühlungsvorgang, der sich mehr oder weniger rasch an ihnen vollzog; so entstanden z. B. die Risse in dem Granit, Porphyr usw. Dort, wo die hochtemperierten Magmamassen aus der Tiefe teils bis an (Granit), teils bis über die Erdoberfläche vordrangen und Kontakthöfe bildeten, da entstanden bei dem Sinken der Temperatur weitverbreitete Spaltennetze in dem von ihnen durchsetzten Sedimentärgestein.

Verschieden von dieser Art Spalten und Risse sind die durch den Gebirgsbildungsprozeß entstandenen. Die Abkühlung der ganzen Erde bedingte ein starkes Zusammenschrumpfen, das von starker Zerklüftung und mächtiger Spaltenbildung, zum Teil mit gewaltiger Verschiebung begleitet war.

So ist denn das Gestein in der ausgiebigsten Weise zersprungen und zerklüftet und manche Sedimentärgesteine sind sogar bis zur Größe weniger Kubikzentimeter aufgespalten. Der von der Oberfläche in den Riß hineinrinnende Tropfen gelangt also in ein Netz, in ein Gewirr von Spalten und Spältchen, das erst an einer festeren Schicht eine gewisse Grenze findet. Besteht letztere aus plastischem Material, aus Ton, so stellt sie eine undurchlässige Schranke dar; besteht die festere Schicht jedoch aus nicht mehr formbarem Stoff, dann hat auch sie Spalten und Risse, und der Abschluß nach unten hin ist ein nur teilweiser.

Das in das Spaltengewirr eingedrungene Wasser folgt dem Gesetz der Schwere und fließt hauptsächlich durch diejenigen Kanälchen und Kanäle, die seinem Lauf den geringsten Widerstand entgegensetzen, bis es wieder an einen Austritt, in das Freie, gelangt.

Der Weg, den das Wasserteilchen zurücklegt, mag lang sein, da es nicht senkrecht niedergeht, sondern kreuz und quer das Gestein durchfließt; die Zeit jedoch, die es gebraucht, um auf die

undurchlässige Schicht oder auf den Spiegel des unterirdischen
Wassers zu gelangen, ist relativ kurz, viel, sehr viel kürzer als es
im allgemeinen die Zeit ist, welche das Wasserteilchen gebraucht,
das auf einen feinkörnigen Boden niedergefallen ist.

Durch die Kürze der Zeit und durch das Fließen in den
weiteren Kanälen wird die Beschaffenheit des Wassers ungünstig
beeinflußt. Bei der Grundwasserbildung werden die in dem Wasser
enthaltenen Suspensa abgefangen oder durch Flächenanziehung und
durch Niedersinken aus dem Wasser entfernt. Alles dieses findet bei
dem Wasser, welches sich in einem Netz weiterer Kanäle bewegt,
entweder überhaupt nicht oder in wesentlich geringerem Maße statt.
Zur Filtration ist gar keine Möglichkeit gegeben, ausgenommen in
den unteren Partien der dünnen, das zerklüftete Gestein bedecken-
den Humus- oder Erdschicht, aus deren oberen Lagen es die
Bakterien mit sich nimmt. Die Flächenanziehung kann kaum zur
Wirkung kommen, weil die Flächen in dem Verhältnis zur Wassermasse unendlich viel kleiner sind, als in feinkörnigem Boden, wo
das Wasser in dünnster Schicht die Unzahl der einzelnen Körnchen umspült. Zur Geltung kommt fast nur die Sedimentierung.
Während jedoch in dem Detritus der Sande und Kiese die „Fallhöhe", d. h. die Entfernung der festen Teilchen voneinander Bruchteile eines Millimeters beträgt, ist sie in den Kanälchen der festen
Gesteine erheblich größer, ja sie kann in den größeren Kanälen
metertief sein. Zudem bewegt sich das Wasser vielfach rasch in
den Kanälen, es erhält dabei eine wirbelnde Bewegung, welche
dem Absetzen der feinen Teilchen hinderlich ist.

Treibende Teilchen und Bakterien finden sich daher im Quellwasser häufig, während sie bei tiefstehendem Grundwasser fehlen
oder recht selten sind.

Gelangt das Regenwasser in die Kanälchen des feinporösen
Bodens, so findet sehr bald ein Temperaturausgleich statt. In
den Spalten der zerklüfteten Gesteine ist das viel weniger der
Fall, und stärkere Regen können die Temperatur des Quellwassers
rasch erhöhen oder erniedrigen.

Ein Grundwasser füllt alle Hohlräume aus; bei dem Quellwasser kann das auch der Fall sein, ist es jedoch vielfach nicht,
besonders dann nicht, wenn das Wasser auf einer etwas stärker
geneigten Ebene abfließt und weitere Kanäle den Transport vermitteln.

Wenn daher auch Grund- und Quellwasser in der Beziehung
identisch sind, daß beide aus Regenwasser entstehen und sich im
Grunde, im Erdreich, befinden, so unterscheiden sie sich doch

durch die Art ihrer Bewegung so sehr, daß sie dadurch verschiedene charakteristische Eigenschaften erlangen, die von größter Bedeutung sind, wenn man die Verwendung des unterirdischen Wassers berücksichtigt.

Die bei weitem größte Mehrzahl der Menschen ist auf Grundoder auf Quellwasser für Trink- und Gebrauchszwecke angewiesen. Es sind also vorwiegend wirtschaftliche und gesundheitliche Interessen, die in Frage kommen, und daher hat gerade die Hygiene, zum Schutze berechtigter Interessen würde der Jurist sagen, ein entscheidendes Wort mitzureden. Die Hygiene ist eine auf das Praktische, auf das eigene Wohlbefinden gerichtete Wissenschaft, und von diesem Standpunkte aus nimmt sie sich auch in der Namengebung und Wortdefinierung gewisse Rechte. So verstehen wir z. B. unter Klima nicht nur die meteorologischen Faktoren einer Gegend oder eines Ortes an sich, sondern auch die Beziehung der meteorologischen Faktoren eines Ortes auf unsere Gesundheit. Und wenn wir von Grund- und Quellwasser sprechen, so haben wir nicht allein den rein geologischen Begriff, sondern auch die Beziehung der beiden Wässer zu Mensch und Tier und die daraus sich ergebenden Momente mit zu berücksichtigen.

Mit Recht wird der Versorgung mit Oberflächenwasser vorgeworfen, sie gebe kein infektionssicheres Wasser. Demgegenüber ist von verschiedenen Seiten hervorgehoben worden, daß auch Infektionen durch Grundwasser vorkämen. Bei derartigen Anschuldigungen ist es absolut notwendig, daß der Identitätsnachweis betreffs des Angeklagten, in diesem Falle des Grundwassers, genau geführt werde, sonst gelangt man zur Verurteilung Unschuldiger und zu Irrtümern mit ganz bedenklichen Folgerungen und eben solchen Folgen. Zahlreiche Infektionen durch Quellwässer sind bekannt, solche durch eigentliche Grundwässer fehlen, oder sind doch höchst unsicher.

Eine möglichst scharfe Festlegung der Begriffe ist somit unbedingt erforderlich. Dem Vorhergehenden entsprechend bezeichnen wir im Gegensatz zum „Grundwasser" als „Quellwasser" das in besonderen, nicht kapillaren Spältchen und Spalten, unterirdischen Kanälen, Gerinnen, Klüften usw. relativ rasch sich bewegende, einer oder wenigen Ausflußöffnungen zueilende, sowie das aus diesen Ausflußöffnungen austretende Wasser. Dabei ist nicht erforderlich, daß die Gerinne vollständig mit Wasser gefüllt sind, oder daß in benachbarten Klüften auch Wasser sich findet. „Quelle" ist die Ausmündung eines solchen unterirdischen, in engem oder breitem Bett oder Schlauch laufenden Wassers.

Das „Rinnen", also die relativ rasche Bewegung des Wassers, wenn auch in vielen, so doch in gesonderten Bahnen, in einem Netz, zu einer oder wenigen Ausflußöffnungen hin, wobei eine nur teilweise Füllung der vorhandenen Hohlräume mit Wasser zu bestehen braucht, sind das Ausschlaggebende für den Begriff des Quellwassers.

Von vornherein sei jedoch bemerkt, daß auch Grundwasser als „Quelle" zutage treten, ebenso Quellwasser zu „Grundwasser" werden kann, daß eine absolut scharfe Trennung sich nicht immer treffen läßt, weil die Grenze für unterirdische Wässer, auch für die Thermal- und Mineralwässer, eine schwankende ist, eine Erscheinung, die wir bei so unendlich vielen Begriffserklärungen haben. Wer will z. B. den Unterschied zwischen Lokal- und Zentralheizung auf allen Punkten festlegen? Das kann niemand! Die Hauptmenge der Erscheinungen oder eine stark hervortretende Erscheinung ist es, die auf die Begriffsbildung den entscheidenden Einfluß ausübt; zweifelhafte oder neutrale Grenzgebiete sind dabei unvermeidlich.

Quellwasser verhält sich, um einige — hinkende — Beispiele anzuführen, zum Grundwasser, wie der Choleriker zum Melancholiker, wie der leicht konstruierte, in seiner Temperatur rasch bewegliche Kanonenofen zu dem schweren, massiven Kachelofen, wie der im Börsenspiel schwebende Reichtum zu dem wohl fundierten Grundbesitz; aber wie nicht selten ein Grundbesitzer einen Teil seines Vermögens in industriellen Betrieben festgelegt hat, so kann Grund- und Quellwasser ebenfalls eng miteinander verbunden sein.

Die möglichst scharfe Trennung der Begriffe Grund- und Quellwasser ist für den Hygieniker notwendig wegen des gesundheitlich ganz verschiedenen Verhaltens der beiden Wasserarten.. Vielfach wird jedoch dieses Bestreben als zu weitgehend hingestellt und eine Differenzierung des Quell- und Grundwassers negiert. Aber es gibt doch eine ganze Reihe nicht nur von Wassertechnikern und Hydrologen, sondern auch von Geologen, die den von der Hygiene verlangten Standpunkt als geologisch zu Recht bestehend anerkennen.

H. Haas-Kiel versteht in seinem Buch „Quellenkunde" unter dem Begriff Grundwasser die „Wasseransammlungen in lockeren und losen, also nicht in festen Gesteinen. Der Entstehung nach sind Quellwasser und Grundwasser dasselbe. — Aber die wasserführenden Schichten sind anders beschaffen, beim einen locker, fester und anstehender Fels beim anderen, so daß allein schon vom geologischen Standpunkte aus eine Unterscheidung beider Vorkommnisse gerechtfertigt ist."

Auf S. 165 seines Buches heißt es weiter: „Schon in der Einleitung haben wir Gelegenheit genommen, den Begriff des Grundwassers, so wie wir denselben fixieren wollen, zu erläutern. Wir verstehen darunter Wasseransammlungen, bisweilen von gewaltigem Umfange in lockeren und losen, also nicht in festen Gesteinen, im Gegensatz zu der sonst auch vielfach verbreiteten Ansicht, daß sämtliches in den Boden eindringende und hier von einer wasserundurchlässigen Schicht aufgehaltene Sickerwasser als Grundwasser aufgefaßt werden müßte —.“ — „Diese lockeren und losen Massen an der Erdoberfläche sind nun mit wenigen Ausnahmen, welche tertiären eventuell auch noch höheren geologischen Alters sind, quartäre Bildungen und teils glazialer, fluviatiler, teils auch lacustriner Natur.“

Heim, der Züricher Geologe, drückt sich folgendermaßen aus: „Das in den Boden eingesickerte Wasser kann in verschiedenen Formen auftreten. Bald findet es sich nur fein zerteilt überall in geringer Menge in den Poren der Gesteine, selbst der dichtesten: das ist die „Bergfeuchtigkeit“ oder der „Bergschweiß“. Bald staut es sich über einer undurchlässigen Unterlage und füllt dann bis zu einem gewissen Niveau alle Poren und Klüfte: das ist das „Grundwasser“. Bald fließt es gesammelt in einzelnen ausgewaschenen Gerinnen: das sind die „Quelladern“.

Sehr energisch verlangt in seinem neuesten Buche: „Le Sol et l'Eau 1906“ der französische Geologe E. A. Martel die scharfe Unterscheidung zwischen Grund- und Quellwasser: „In dem zerklüfteten Gestein gibt es kein Grundwasser, und zwar ganz klar aus dem Grunde, weil die Gesteine dieser Art absolut kompakt sind bis auf die Spalten, welche sie in einzelne Blöcke, in Polyeder aufteilen. Die Oberflächen der Blöcke selbst sind dicht, sie sind nur eingetaucht in das eingedrungene Wasser (eaux d'infiltration), welches sich mehr oder weniger reichlich in den Spalten anhäuft. Es ist sehr bemerkenswert, festzustellen, daß die größten Gelehrten Arago, Daubrée usw. deutlich und völlig das Vorhandensein des geschlossenen Grundwassers in den Spaltgesteinen geleugnet haben, welches den losen Gesteinen eigen ist, daß die neueren unterirdischen Forschungen empirisch und materiell diese Auffassung bestätigt haben durch Tausende von Beispielen, die in den Erdfällen, Schlünden, den Höhlen und in ihren Flüssen gesammelt sind, und daß dennoch es kaum möglich ist, ein Buch aufzuschlagen, welches irgend eine Arbeit über unterirdisches Wasser enthält, ohne fast auf jeder Seite dem Ausdruck Grundwasser zu begegnen, selbst da, wo es sich um Kalkgesteine handelt. Seit 15 Jahren schon kämpfe ich gegen diesen in dem Worte liegenden Irrtum, ohne ihn beseitigen zu können."

Zweifellos ist es schwer, einen eingewurzelten Irrtum zu beseitigen, aber das darf uns nicht abhalten, im Interesse der für die hygienische Beurteilung des Wassers so notwendigen Klarheit dagegen anzukämpfen; wir müssen die reinliche Scheidung zwischen den beiden Arten des Wassers vom gesundheitlichen Standpunkte aus verlangen, sogar unbekümmert darum, ob die zünftigen Geologen zustimmen oder nicht, denn wir kommen ohne die Trennung nicht aus.

Es ist vorgeschlagen worden, statt Grundwasser „Klüftenwasser" zu sagen; das ginge auch; aber warum ein neues Wort einführen, wo schon der Volksmund vor aller und jeder wissenschaftlichen Deduktion die Worte Quellwasser, Quellen und Quellläufe geschaffen hat, im richtigen Herausfühlen der tatsächlichen Verhältnisse?

Die Quellen lassen sich für unsere Zwecke in drei große Gruppen teilen, wobei die Mineralquellen unberücksichtigt bleiben.

II. Die Hochquellen.

Wenn im Gebirge der Regen auf eine schwache Humusschicht fällt, die einem wenig zertrümmerten Felsen, z. B. einem Eruptivgestein, mit wenigen und im Lauf der Zeiten zugespülten Spalten aufgelagert ist, so läuft das Wasser bald über den Felsenhang in ausgewaschenen kleinen Rinnen ungesehen dem Talweg zu. Auf dem Wege vereinen sich mehrere solcher kleinen Wasserläufe, die aus dem Fuße der Felsen in Trümmerhalden einzutreten pflegen, welche den Talweg zum Teil überdecken; bei dem Verlassen der Gesteinsanhäufungen treten sie als kleine, inkonstante Quellen zutage, die bei Regen stark anschwellen, trübe, gefärbt sind, ja zuweilen durch den ausgelaugten Kuhkot schäumen, bei trockenem Wetter aber fast verschwinden. Hier kann man kaum von Quellen sprechen, eher von schlechtestem Oberflächenwasser. Es sei indessen auf diese Quellchen hingewiesen, weil sie zuweilen bessere Quellen verderben, und direkt Krankheiten zu übermitteln vermögen. Im Gebirge liegen an schönen Punkten große Hotels, die viele Erholungsbedürftige, darunter auch möglicherweise Typhusrekonvalescenten, Bazillenträger, beherbergen. Das Abwasser und der Unrat werden auf die Wiesen und Matten geleitet und erscheinen in Quellen und Brunnen am Wege wieder. Mancher hat sich an solchen Stellen, in der Sommerfrische, seinen Typhus geholt. Uns ist eine große Stadt bekannt, welche die Schulausflüge nach einem mit Recht berühmten Aussichtsort so lange nicht gestattete, bis die Verhältnisse dort gebessert waren.

Fällt der Regen auf die zu Detritus gewordene Schicht des Gesteines, so füllt er diese an; aber bei ihrer geringen Stärke erreicht das Wasser in kürzester Zeit das unterliegende Gestein. Der rinnende Tropfen sinkt sehr bald in eine kleine Spalte hinein, von dieser geht er zur nächsten usf.; im Zickzack und auf Umwegen, dem jeweils bequemsten Wege folgend, sinkt das Wasserteilchen so weit herunter, bis es auf eine undurchlässige oder schwer durchlässige Schicht oder auf eine ihr aufgelagerte Wasserschicht trifft. Hier ist der hauptsächlich vertikale Weg beendet und wird der mehr horizontale Weg betreten.

Fig. 25.

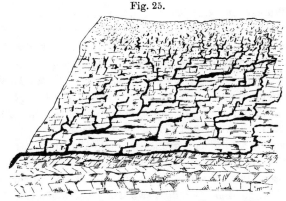

Schematisches Bild der Entstehung einer Hochquelle im zerklüfteten Gebirge über einer undurchlässigen Schicht.

Liegt die wassertragende Schicht höher als der Talboden, so tritt das Wasser an ihrem Rande entweder in größeren Mengen an einzelnen Punkten oder an vielen auf einer geraden Linie verteilten Stellen langsam in kleinen Quantitäten hervor.

Auf dem Wege zur undurchlässigen Schicht sind durchaus nicht alle Spalten gefüllt, nur die weiteren mit entsprechendem Gefälle versehenen enthalten Wasser. Dieses bewegt sich rasch; von einer Filtration ist im allgemeinen keine Rede. Das kapillarenfreie, kompakte Gestein imbibiert sich nicht; nur dort, wo es, zu Detritus zermahlen, in einer Spalte zusammengespült wurde, sind kapillare Hohlräume vorhanden. In relativ kurzer Zeit, oft in wenigen Stunden, ist die das Wasser tragende, feste Schicht erreicht. Ob auf ihr sich eine größere Wasseransammlung, also eine

sich langsamer bewegende Wassermenge bildet, hängt hauptsächlich von dem Fallen der tragenden Schicht und von der Art
der Spalten des Gebirges ab. Sind sie zahlreich und eng, nicht
von großen, man kann sagen dominierenden Klüften durchsetzt,
liegt die tragende Schicht fast horizontal, so wird sich eine beträchtliche Wassermenge im Gebirge anhäufen, im anderen Fall
jedoch nicht. Die Quellen treten am Rande der Tragschicht dort
hervor, wo entweder Einsenkungen (kleine Mulden) vorhanden sind,
oder dort, wo größere Spalten ausmünden.

Die kleinen Reihenquellen finden sich bei geringem Gefälle
der Tragschicht, wenn zugleich größere abführende Spalten fehlen.
Solcher Art sind die Quellen, die nicht an der tiefsten Stelle des
Tales, sondern frei an den Hängen selbst oder den oberen Bezirken
des Talweges hervortreten, Hochquellen oder frei hervortretende
Quellen.

Ihr Wasser charakterisiert sich im allgemeinen dadurch, daß
es weich, selbst im Kalkgebirge nicht eigentlich hart zu sein pflegt,
daß es zu Zeiten größerer Niederschläge bald um das Vielfache
vermehrt hervortritt und in trockenen Perioden gewaltig abnimmt.
Das ist eine sehr unangenehme Eigenschaft z. B. der Hochquellen
des Thüringer Waldes. Wenn ein feuchter Winter gewesen ist,
dann rauschen im Frühjahr die Quellen überall; kommt aber der
Sommer, so ist von all den Quellchen nichts mehr zu sehen. Aber
auch die wenig zahlreichen größeren Quellen nehmen stark ab; ein
Zurückgehen auf ein Zehntel dessen, was im Frühjahr geflossen,
ist bei diesen Quellen häufig, aber für eine Wasserversorgung sehr
unangenehm. In den Perioden, wo die Quelle sparsam fließt, ist
sie klar, hell und bakterienarm; wenn aber die Quelle anschwillt, so
gehören Trübungen zur Regel und die Zahl der Bakterien kann
von weniger als 10 auf viele Tausende steigen.

Es gibt jedoch Hochquellen, die von dem hier angegebenen
Typus in der einen oder anderen Beziehung abweichen. Ist die
filtrierende obere Schicht stark und feinporig, so wird eine genügende Filtration stattfinden. Die Dicke der filtrierenden Schicht
bewirkt zugleich einen besseren Ausgleich in der Ergiebigkeit; die
Anfänge der Quellen sind dann mit einem Schwamm zu vergleichen,
der das reichlich zuströmende Wasser nicht nur in die weiteren,
sondern auch in die engeren Hohlräume aufnimmt und es allmählich
abgibt. Durch diese Reguliereinrichtung ist ferner ein guter Temperaturausgleich gewährleistet.

Auch ist es möglich, daß ungenügend filtriertes Wasser auf
seinem weiteren Wege gereinigt wird, dann nämlich, wenn das

rinnende Wasser auf Spalten trifft, welche mit feinkörnigem, gut filtrierendem Material ausgefüllt sind, und wenn zugleich die Bewegung des Wassers durch die filtrierenden Spalten hindurch recht langsam ist. Das sind zwei Möglichkeiten, die allerdings nicht häufig zusammentreffen werden, die aber z. B. im Sandsteingebirge vorkommen. Im allgemeinen jedoch stellt das Quellwasser der absteigenden Quellen gewissermaßen das Wasser der von Fr. Hofmann so genannten Durchgangszone dar; es ist „auf der Reise", und es fehlt ihm die charakteristische Stabilität des Grundwassers.

Das Grundwasser ist alt, abgelagert in seiner Hauptmasse, das Quellwasser ist neu, oft neuesten Datums, von gestern, von heute.

Noch sei darauf hingewiesen, daß selbst ganz dicht nebeneinander hervortretende Wässer sehr verschieden sein können. Kommen allerdings zwei Quellen nebeneinander, z. B. in dem alten, toten Cambrium hervor, so ist eine Verschiedenheit kaum möglich. Das Gebirge ist zu gleichmäßig. In anderen Gebirgen ist das jedoch nicht der Fall, z. B. nicht im unteren oder oberen Buntsandstein, in manchen Gebieten des Muschelkalkes nicht, kurz überall dort nicht, wo die Gesteinsart ungleichmäßig ist, und am wenigsten dort, wo Salzlinsen, Gipslinsen u. dgl. in dem Gebirge eingeschlossen sind. Selbstverständlich können zwei Quelläufe auch dadurch eine verschiedene chemische Beschaffenheit zeigen, daß in den einen eine größere Menge Oberflächenwasser direkt hineinläuft, aber davon ist hier nicht die Rede. In Bürgel, oberer Buntsandstein, laufen zwei Quellen in 4,5 m Distanz übereinander aus. Die obere hat 2550 mg Rückstand, 103 deutsche Härtegrade, 13 mg Chlor, die untere hat 1929 mg Rückstand, 90 deutsche Härtegrade und 42 mg Chlor. In einer Baugrube im oberen Buntsandstein bei Jena drangen zwei Wässer hervor in einer Entfernung von etwa $1\frac{1}{2}$ m voneinander; das eine enthielt 31 mg Cl bei 34° Gesamthärte und 12,3° C, das andere 99 mg Cl bei 53° Gesamthärte und 12,9° C.

In Eisenberg traten seitlich aus der Bergwand in einer Radstube von 5 m Länge sieben kleine Quelladern, deren Kalkgehalt sich von 211,6 auf 125,6, Magnesiagehalt von 111,7 auf 60,7, Chlorgehalt von 94,0 auf 20,6 abstufte.

Das sind Quellen derselben Gebirgsart. Noch größer sind die Unterschiede, wenn verschiedenes Gebirge zusammenstößt. In 1,5 km Entfernung von dem soeben erwähnten kolossal harten Wasser Bürgels tritt eine Quelle aus dem mittleren Buntsandstein hervor, die jetzt zur Versorgung der Stadt dient, welche nur 0,5 deutsche Härtegrade und die entsprechenden geringen Rückstände hat.

Bei Schönau v. d. Walde tritt aus einer Spalte eine Quelle hervor, die 58 deutsche Härtegrade aufweist; in ihre Fassung läuft von Süden aus 30 m Entfernung eine andere von 20 deutschen Härtegraden. Hier, am Rande des Thüringer Horstes, ist Zechstein emporgepreßt oder stehen geblieben zwischen mittlerem Muschelkalk nach Norden und mittlerem Buntsandstein nach Süden. Das harte Wasser dringt aus der Zechsteinspalte empor, wie schon die gleichmäßige Temperatur ergibt, das weiche Buntsandsteinwasser läuft zu, entsprechend den Niederschlägen. So kommt es denn, daß das Mischwasser der alten Leitung, welche bis vor wenig Jahren bestand, in seiner Härte zwischen 12 und 40 Härtegraden schwankte. (Bei Regen oder Schneeschmelze ging die Härte auf 2^0 zurück, da Oberflächenwasser in die schadhaften Rohre eindrang. — Das Ganze heißt dann „Quellwasserversorgung"!)

In der Nähe von Saalfeld tritt eine Quelle an der linken Seite eines Baches aus den Alaunschiefern des Silurs heraus mit 728 mg Rückstand und 30 deutschen Härtegraden, 105 mg Schwefelsäure, 0,3 mg Eisen usw., und ihr gegenüber, in nicht 100 Schritt Entfernung, eine zweite aus dem Thüringer Unterdevon mit 331 mg Rückstand, 15 deutschen Härtegraden, 35 mg Schwefelsäure und ohne Eisen.

Diese Beispiele mögen genügen, um zu zeigen, daß selbst sehr nahe beieinander liegende Quellen ganz verschiedene Wässer führen können, eine Erscheinung, die sich in abgemilderter Weise bei den Tiefquellen wiederholt, so daß wir bei ihrer Besprechung nicht darauf zurückzukommen brauchen, die sich jedoch bei dem Grundwasser in so ausgesprochener Weise kaum findet.

Jede Quelle ist, so lange nicht die Untersuchung und Beobachtung das Gegenteil erwiesen hat, als ein Individuum für sich anzusehen und als solches zu behandeln; nichts wäre leichtsinniger, als von einer Quelle auf eine andere, selbst wenn sie in nächster Nähe liegt, ohne weiteres schließen zu wollen. Diese Vorsicht ist vor allem notwendig wegen des häufigen und plötzlichen Wechsels in der Gesteinsart, wegen der Verwerfungen und wegen der Zuflüsse anderen und besonders oberflächlichen Wassers. Die Beispiele lehren also auch, daß man mit einer bloßen Laboratoriumsuntersuchung in Gegenden mit wechselndem Gestein absolut nicht auskommt, sondern eine genaue örtliche Besichtigung an Hand der geologischen Karten unbedingt erforderlich ist.

Häufig treten an den Berghängen mehrere undurchlässige oder schwer durchlässige Schichten zutage, von denen jede mit einem wasserführenden Gestein überdeckt ist. In solchen Fällen können

auf allen diesen Horizonten Quellen heraustreten. Die Menge des
Quellwassers richtet sich unter sonst gleichen Verhältnissen nach
der Größe der aufnehmenden Flächen; in den unteren wasserführenden Lagen können selbstverständlich nur die Randzonen aufnehmen, wenn nicht, wie meistens bei nicht mehr plastischem
Gestein, die obere schwer durchlässige Schicht doch einen Teil
des auf ihr abwärts rinnenden Wassers versinken läßt.

Die aus den Hängen hervorbrechenden Quellen treten entweder offen zutage, als deutliche Gerinne dem Talweg zueilend,
oder sie sind unter Schotter verborgen, der als abgestürzter Berg
in mehr oder weniger mächtigen Halden in den Tälern liegt. Die
Wässer kommen dann weiter, oft recht viel weiter unten zutage
und treten entweder in geschlossenem Lauf als Quelle auf, oder
sie werden zu Grundwasser.

Im allgemeinen ist es richtig, unter Schutt heraustretende Quellen,
wenn dieser nicht in so mächtigen Lagen vorhanden ist, daß er
durch seine Massenhaftigkeit einen Schutz darbietet, nach oben bis
zu ihrem Austritt aus dem „gewachsenen" Gestein zu verfolgen,
weil solche Quelläufe durch Tagewasser leicht verdorben werden
können.

Dem im Gestein niederrinnenden Wasserlauf können sich
Hindernisse entgegenstellen, welche das Wasser zwingen, sich
aufzustauen und sogar aufsteigende Quellen zu bilden.

Während die Spalten und Risse im Gestein, die durch lokale
Druckwirkungen und Abkühlungen oder durch Austrocknungs-
prozesse entstanden sind, durchweg in derselben Schicht verlaufen,
ist mit den Verwerfungen durch den Gebirgsbildungsprozeß oft ein
gewaltiger Seitenschub der oberen starren Schichten verbunden,
wobei dann die eine Seite der Erdrinde an der Bruchstelle sich
höher einstellt als die andere. Die Bruchstelle kann klaffen oder
geschlossen sein. Selbst im letzteren Fall pflegt das zerriebene
Gestein der Verwerfungsspalte dem andringenden Wasser gewöhnlich weniger Widerstand entgegenzusetzen als das festere Gestein
ihrer Umgebung. Bei vielen klaffenden und geschlossenen Spalten
wird daher das Wasser leicht nach oben dringen und um so mehr,
wenn bei der Verwerfung die wasserführende Schicht so verschoben
ist, daß sie einer undurchlässigen oder schwer durchlässigen gegenüber gelagert wurde.

Hierbei sammelt sich Wasser vor der Spalte als eine Art
Grund- oder Stauweiherwasser an. Seine Menge richtet sich nach der
Höhe des Aufstieges des Wassers, nach der mehr oder weniger
großen Durchlässigkeit des der Spalte gegenüberliegenden Gebirges,

nach der Weite und Zahl der Hohlräume der wasserführenden,
sowie der sie überlagernden Schichten und nach dem Fallen der
undurchlässigen Schicht; je geringer das Gefälle, um so weiter
staut sich unter sonst gleichen Umständen das Wasser zurück.

Die Verwerfungsspalten dienen zuweilen gewissermaßen als
Ableitungskanäle, als Drainagerohre für in sie eindringende Wässer,
sie auf größere Entfernungen fortführend. Die aus ihnen hervor-
brechende Quelle kann dann bedeutend sein und braucht nicht in
ihrer chemischen Konstitution dem Gebirge zu entsprechen, aus
dem sie hervortritt. Über den gesundheitlichen Wert solcher Quellwässer läßt sich a priori nichts sagen; nur eingehende bakteriologische und chemische Untersuchungen, sowie genaue Beachtung
der geologischen und sonstigen örtlichen Verhältnisse gestatten
mehr oder minder zutreffende Schlüsse. Nicht gerade selten sind
die aufsteigenden Quellen, sogenannte temporäre oder Hunger-
quellen. Wenn nämlich die der wasserführenden Schicht gegenüberliegenden Gesteinsschichten nicht völlig undurchlässig sind, so
werden sie das in der Kluft hochsteigende Wasser in trocknen
Zeiten in ihre Spalten aufnehmen, es ungesehen weiter führen und
es nur bei starkem Zulauf, z. B. nach heftigen Regen oder in
der Zeit nach der Schneeschmelze, oben zutage treten lassen.

Aufsteigende Quellen kommen auch dadurch
zustande, daß in Spalten und Klüfte oder in
Erosions- oder sonstige Täler undurchlässige Materialien, insbesondere Ton, eingelagert werden, die
einen Widerstand darstellen, über welchen von der
Seite andringendes Wasser hinübersteigen muß.

Fig. 26.

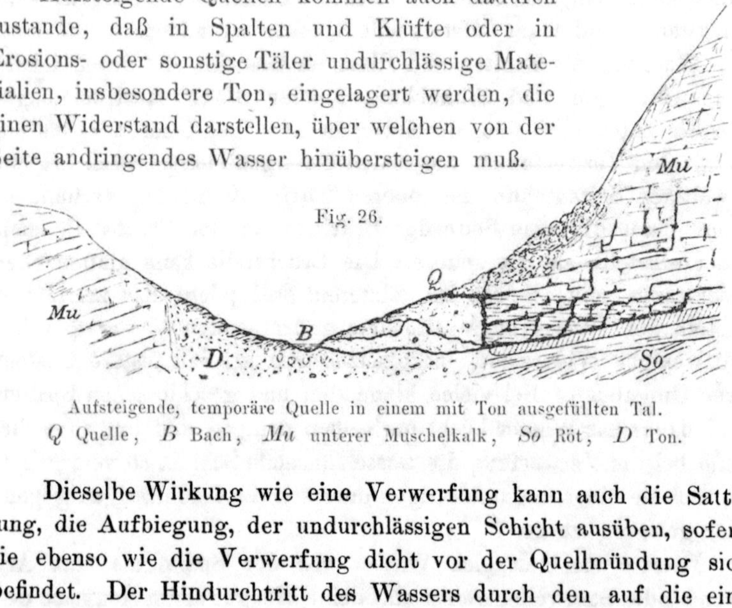

Aufsteigende, temporäre Quelle in einem mit Ton ausgefüllten Tal.
Q Quelle, B Bach, Mu unterer Muschelkalk, So Röt, D Ton.

Dieselbe Wirkung wie eine Verwerfung kann auch die Sattel-
lung, die Aufbiegung, der undurchlässigen Schicht ausüben, sofern
sie ebenso wie die Verwerfung dicht vor der Quellmündung sich
befindet. Der Hindurchtritt des Wassers durch den auf die eine
oder andere Weise entstandenen See kann sich in zweierlei Weise
gestalten.

Ist das wasserführende Gestein in gleichmäßiger Weise oberhalb der Aufbiegung oder der Verwerfung zerklüftet, sodaß die Reibungswiderstände in dem ganzen Gebiet ungefähr die gleichen sind, so hat das von oben kommende Wasser keine Veranlassung, das vor dem Hindernis befindliche Wasser über dasselbe hinüberzudrücken, es läuft vielmehr glatt über das vor dem Hindernis stagnierende Wasser fort, dem freien Abfluß zu. Das Hindernis besteht also für das rinnende Wasser überhaupt nicht, es tritt in den unterirdischen Stauweiher gar nicht ein, sondern zieht an seiner Oberfläche entlang, als ob er gar nicht vorhanden wäre. Für eine eventuelle Reinigung des fließenden Wassers sind also die unterirdischen Staubecken in diesem Falle belanglos.

Fig. 27.

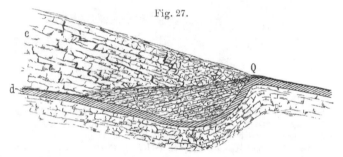

Aufbiegung der Schichten mit Ansammlung von Wasser vor der Aufbiegung in den engen gleichmäßigen Spalten. Hinwegfließen des neu hinzutretenden Wassers über die unterirdische Ansammlung. Quellaustritt desselben bei Q.

Ist das wasserführende Gestein vor dem Wehr nicht gleichmäßig zerbrochen, sondern sind zwischen den feineren Kanälchen weitere, vielleicht sogar ziemlich geradlinig verlaufende, zusammenhängende, weite Kanäle vorhanden, so findet durch sie, als den Wegen mit den geringsten Widerständen, die Zirkulation, die Passierung des Hemmnisses statt, während das Hinwegfließen über die Oberfläche des unterirdischen Sees oder Teiches nicht vorkommt oder gering ist. So ist auch hier der Anstau des Wassers für eine Reinigung des Zuflusses belanglos, da nicht ein langsames Vorwärtsschieben des gesamten Inhaltes, sondern ein einfaches Durchfließen stattfindet.

Man darf somit solche Wasseransammlungen in ihrer Wirkung nicht ohne weiteres mit Stauweihern vergleichen, sie sind vielmehr oft tote, nutzlose Anfüllungen kleinerer Hohlräume. Das in ihnen befindliche Wasser ist allerdings bei seiner relativen Unbeweglichkeit gut abgeklärt und rein, es anzuzapfen lohnt jedoch vielfach nicht, dazu ist seine Menge gewöhnlich zu gering, es würde schon

nach kurzer Betriebszeit abgesogen und jüngeres und unvoll-
kommenes an seine Stelle getreten sein.

Sind jedoch die unterirdischen Wasseransammlungen groß
oder durchdringt das neuankommende Wasser die wasserführenden

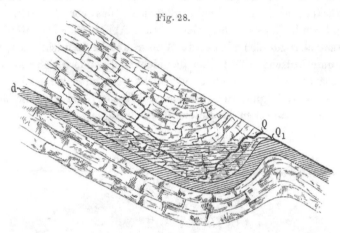

Fig. 28.

Aufbiegung der Schichten mit Ansammlung von Wasser vor der Aufbiegung. Das
Gestein ist ungleichmäßig zerstrümmert; es ist von weiteren, von oben kommenden
Spalten durchzogen. Durch diese, als die bequemsten Wege, rinnt das neu hinzu
tretende Wasser in seiner Hauptmenge; es bildet die Quelle Q. — Das nicht in die
größeren Spalten eintretende, an der Oberfläche hinfließende Wasser bildet die Überlaufquelle Q_1.

Schichten, sodaß es das vor ihm befindliche Wasser langsam vor
sich herschiebt, dann sind die Ansammlungen gut geeignet, das
Wasser zu „schönen", d. h. es in chemischer, physikalischer und
bakteriologischer Hinsicht zu vervollkommnen; ein solches Wasser
stellt ein gutes Trinkwasser dar.

III. Die Tiefquellen.

Unter Tiefquellen versteht man solche Quellen, welche am
Fuße der Berge, im Tal selbst und dort meistens in den tiefsten
Rinnen, den Talwegen, und, sofern Bäche und Flüsse in ihnen verlaufen, an oder in diesen hervortreten, oder welche in weiten Flußniederungen oder Plateaueinschnitten an den tiefsten Stellen auf-
brechen.

Zwischen den Hoch- und Tiefquellen als eine Art Bindeglied,
oder aus beiden hervorgehend, stehen die von Heim so bezeichneten Schuttquellen.

1. Die Schuttquellen.

Die Hochquellen laufen als offene oder gedeckte Gerinne zu Tal und treten dort frei hervor, oder sie verlieren sich in den Schutthalden, die oft in geringerer, oft in kolossaler Ausdehnung vorhanden sind. Die starke Zertrümmerung, in welcher sich die abgestürzten Felsstücke befinden, bedingt naturgemäß eine Unzahl von Kanälen. Die größeren werden durch die feineren Trümmer des Gesteins zum Teil verlegt, und so stellt die Halde einen mächtigen Wabenbau dar, in welchem sich das in geschlossenen Kanälen niederstürzende Quellwasser verteilt und mit dem auffallenden Regenwasser mischt. Liegen die Schuttanhäufungen auf relativ horizontaler Basis, so wird durch die Verteilung des Quellwassers über eine breite Grundfläche, durch die starke Abminderung des Gefälles die Schnelligkeit des Wassers stark verlangsamt und hierdurch der Charakter des Wassers wesentlich verändert. Durch die zwar geringe Filtration, aber erhebliche Sedimentierung und Flächenattraktion werden die von den Bergen mitgebrachten suspendierten Bestandteile aus dem Wasser entfernt, durch die lange dauernde Berührung an der enorm großen Oberfläche der Gesteinstrümmer nimmt das Wasser den Charakter der Gesteinsart voll an, die Temperatur wird ausgeglichen und durch die vielen Widerstände eine Anhäufung des Wassers bedingt, welche den Abfluß relativ unabhängig macht von dem zuströmenden Wasser. Schutt- und Trümmerhalden, die auch in größter Ausdehnung als Moränen auftreten, sind nicht nur in den Tälern angesammelt, sondern auch vielen Gebirgen vorgelagert; so finden sie sich z. B. in gewaltigen Lagen an der Nordseite der Alpen, und ein erheblicher Teil des von den Alpen kommenden Hochquellenwassers wird dort zu voll ausgeglichenem Tiefquellenwasser umgewandelt.

Wenn die Technik es haben kann, dann nimmt sie derartiges Wasser mit Vorliebe zur Versorgung der Städte, denn es gewährt ihr vielfach die in der Gleichmäßigkeit des Grundwassers enthaltenen großen Vorzüge zugleich mit der Annehmlichkeit, das Wasser durch eigenes Gefälle dem Konsum zuführen zu können. Bei anderen Gebirgen, z. B. beim Thüringer Wald, fehlen die Trümmergesteine und deshalb sind an seinem Fuße große ausdauernde Quellen eine Seltenheit; es fehlt der magazinierende Schutt.

Sind dem Gebirge andere Materialien, z. B. Kiese und Sande des Diluviums und Alluviums, vorgelagert, so tritt die Umwandlung des Quellwassers wegen der im allgemeinen größeren Feinheit des Materials in noch kürzerer Zeit bzw. auf kleinerem Raum ein.

Derartige Umbildungen finden in großer Ausdehnung in den Flußtälern statt; von der Seite, vom Gebirge stürzen die Quellwässer
heran und münden unterirdisch in dem kolossalen Porennetz der
Kiese und Sande aus; das wilde Wasser der Berge ist unter dem
Verschwinden der lebendigen Kraft zum geläuterten Grundwasser
der Ebene geworden. Andererseits kann das Grundwasser als
Quelle, und zwar als Tiefquelle zutage treten.

2. Grundwasserquellen.

Viel Grundwasser pflegt in den weiten Flußniederungen vorhanden zu sein, wo es auf festem Gestein oder auf undurchlässigem
Ton, feinsten Sanden und dergleichen langsam der Neigung seiner
Unterlage folgt. Nimmt bei hochstehendem Grundwasserspiegel
die Dicke des Grundwasserträgers ab, oder verengt sich das Bett
des Grundwasserstromes, so werden sich schließlich die Bodenoberfläche und die Grundwasseroberfläche schneiden; auf dieser
Schnittlinie tritt das Wasser dort besonders als Quelle hervor, wo
Vertiefungen im Boden sich finden, die mit Abflußgräben in Verbindung stehen.

Fig. 29.

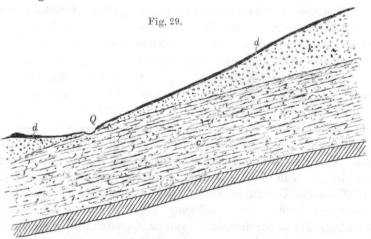

Grundwasserquelle infolge Schwächung des Grundwasserträgers.
Q Quelle; *c* wasserführende Schicht; *k* trockener, kiesigsandiger Boden; *d* Tondecke.

Zuweilen sind Tonlagen oder große Tonlinsen in die Kiese
und Schotter eingelagert; reichen diese mit ihrem oberen Ende in
das Grundwasser hinein, und keilt das andere Ende frei aus, so
entsteht ebenfalls eine „Grundwasserquelle".

Das als Quelle zutage tretende Wasser ist vielfach oberfläch-
lichstes Grundwasser und zeigt schlechte Eigenschaften, insofern

als es dicht unter der Erdoberfläche fließend in seiner Wärme beeinflußt wird, sowie durch Niederschläge trübe und bakterienhaltig werden kann, und zwar um so mehr, je länger der oberflächliche Weg ist, und je weniger eine schützende oder gut filtrierende Deckschicht sich entwickelt hat.

Fig. 30.

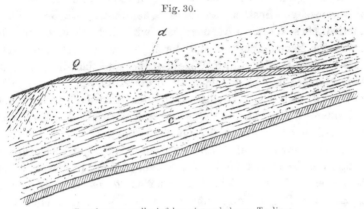

Grundwasserquelle infolge eingeschobener Tonlinse.
Q Quelle; *d* eingelagerte Tonschicht; *c* wasserführende Schicht.

Nicht selten wird man daher das Wasser derartiger Quellen als in der Hauptsache aus Oberflächenwasser bestehend ansprechen müssen, besonders zu Zeiten größerer Regen und Regenperioden. — Sinkt das Grundwasser, so verschwinden natürlicherweise viele dieser Quellen oder fließen schwach.

3. Die Überlaufquellen.

Finden sich im Sedimentärgestein unter gut durchlässigen, d. h. stark zerspaltenen Schichten in erheblicher Tiefe undurchlässige, wenig geneigte Lagen von Ton, Mergel, festem Sandstein, Grünsand usw., so wird das Niederschlagswasser rasch versinken und die Bodenoberfläche selbst nach starkem Regen bald wieder trocken sein. Das niedergesunkene Wasser aber wird sich über der undurchlässigen Schicht, die zuweilen Hunderte von Metern tief liegt, ansammeln und in dem unteren Bezirk alle Hohlräume anfüllen. Sind infolge von Verwerfungen oder Auswaschungen oder aus anderen Gründen tiefe Einschnitte in der Ebene entstanden, dann wird das angesammelte Wasser naturgemäß an der tiefsten Stelle solcher Täler hervortreten. Es kann sich, dem Laufe des Talweges oder des eingeschnittenen Flusses folgend, Quelle an Quelle reihen, ohne daß eine noch erreichbare undurchlässige

Schicht die Unterlage bildet. Heim sagt sehr richtig: „Dann
spielt gewissermaßen eine mit Stauwasser gefüllte durchlässige
Schicht die Rolle einer undurchlässigen."

Die Quellen sind also „Überlaufquellen". Größere, an der
tiefsten Stelle sich öffnende Spalten im Grundwasserführer bilden
die bevorzugten Austrittspunkte. Daß in solchen Fällen nicht bloß
in vereinzelten Spalten laufendes Quellwasser, sondern überall
unterirdisches Wasser vorhanden ist, wird dadurch erwiesen, daß
man durch Brunnengraben oder durch Bohrungen neben und über
solchen Quellen überall auf Wasser stößt, und daß die Koten der
Wasserspiegel in den umliegenden Brunnen und in der Quelle angenähert dieselben sind. Selbstverständlich steht das von der Quelle
entferntere Tiefenwasser infolge der gehäuften Widerstände nicht
unwesentlich höher als an der Quellmündung.

In den stark zerklüfteten Gesteinen sind die Überlaufquellen
häufig, die Jura- und Kreideformationen liefern hierfür vielleicht
die besten Beispiele. Sehr viele Quellen dieser Gebiete werden
zur Zeit der Regen trübe und ihr Wasserquantum nimmt dann
erheblich, oft um das Vielfache, zu.

Die am besten studierten Quellen der Kreide dürften die Paris
versorgenden sein. Zum Teil werden sie durch versunkene Bäche
gespeist, doch möge dieser Faktor hier einstweilen außer Betracht
bleiben, anderenteils dringt das Aufschlagswasser rasch in den Boden
ein und füllt die Spalten und Kanäle des Gebirges so an, daß
nach den Angaben Janets auf den Plateaus das unterirdische
Wasser in kurzer Zeit um 15 bis 20 m steigt.

Die wasserführende Schicht kann also ein ausgebildetes Poren-
system, wie es die Sande und Kiese mit ihrem bis zu 30 Proz. und mehr
betragenden Porenvolum besitzen, nicht haben; sie besteht vielmehr
aus dem zerklüfteten und zersplitterten Senon, in dessen teils feine,
teils weite Spalten das Regenwasser eindringt. In den engsten
Spalten bleibt das Wasser zunächst hängen, durch die weiteren
sinkt es rasch in die Tiefe und tritt bald als Überlaufquelle zutage.
Die Untersuchungen von Albert-Lévy haben ergeben, daß dort das
Wasser etwa 120 bis 150 m stündlich in der Horizontalen zurücklegt.
Die Quellen werden nach starken Regen trübe, die Bakterienzahl
kann bis über 40 000 in 1 ccm steigen, und in Erdfälle des Gebirges
eingebrachte Hefezellen konnten nach etwa fünf bis sechs Tagen in
14 km entfernten Quellen wiedergefunden werden. Ein derartig rasch
fließendes, den Schmutz der oberflächlichen Erdlagen mit sich
führendes Wasser ist nichts anderes als ein ungenügend filtriertes,
über gestautem Tiefenwasser hinwegfließendes Oberflächenwasser.

Anders gestalten sich die Verhältnisse, wenn die Regenperioden vorüber sind; dann kommt allmählich das in den feineren und in den tieferen Spalten befindliche Wasser zum Abfluß. Dieses hat in der längeren Zeit, die ihm zur Verfügung stand, durch Sedimentation und Flächenattraktion die korpuskulären Elemente abgegeben und lösliche Stoffe aufgenommen. In den trockenen Perioden führen also die Quellen ein Wasser, welches die Mehrzahl der guten Eigenschaften des Grundwassers besitzt. Das Schlimme ist nur, daß ein einziger Gewitterregen genügt, diesen guten Zustand zu ändern und Oberflächenwasser dem reinen Wasser beizumischen.

Durch das allmähliche Abfließen des Wassers aus dem sehr großen Gebiet findet ein erhebliches Sinken des Wasserspiegels statt und in dem Ausgleich der bedeutenden Höhendifferenz des Wasserniveaus ist für die Nachhaltigkeit dieser Quellen gesorgt.

In den Überlaufquellen der stark zerspaltenen Gesteine können also Wässer von ganz verschiedenem hygienischen Wert zutage treten, bald schmutziges Oberflächenwasser, bald ein reifes, dem Grundwasser ähnliches Wasser.

Als eine besondere Untergruppe kann man, wenn man will, von den Überlaufquellen abtrennen: die Überstiegquellen oder Barrierenquellen.

Die Überlaufquellen finden sich dort, wo die niedrigste durchlässige Stelle im Gelände ist. Wenn sich indessen vor dieser Stelle ein undurchlässiger Riegel befindet, so tritt das Wasser über ihn hinaus und läuft erst hinter ihm der tiefsten Stelle zu.

Zieht sich durch die mit langsam niedergehendem Wasser gefüllten Alluvionen eines Flußtales eine Bank undurchlässigen Tones oder ein Felsriegel, so staut sich vor dem Hindernis das Wasser an, bildet einen Sack, über welchen das neuankommende Grundwasser zum großen Teil hinwegfließt, ohne den Sack zu entleeren.

Erreicht die undurchlässige Schicht die Erdoberfläche, oder reicht ein natürlicher oder künstlicher Einschnitt von oben her bis an die Barriere heran, so wird das übertretende Wasser als Barrierenquelle sichtbar. Ein nicht unbeträchtlicher Teil der vorhin besprochenen Flußtal- oder Grundwasserquellen gehört dieser Gruppe an. Ihr Wert hängt außer von anderen Faktoren davon ab, wie hoch und wie weit hinauf gut filtrierende oder abschließende Schichten darüber liegen.

Die eigentlichen Überstiegquellen entstehen besonders da, wo ein stark wasserdurchlässiges, schwach fallendes Gebirge von einem undurchlässigen Gebirge in seinem unteren Teil überlagert wird.

Ist der Sack einmal gefüllt, so laufen die neu hinzukommenden
Wässer über den Rand der undurchlässigen Schicht über.

Eines der großartigsten Beispiele der Barrierenquellen bietet
der Südrand des westfälischen Beckens. Von Dortmund an bis
über Lippspringe hinaus besteht das Gebirge aus stark zerklüftetem,
sehr durchlässigem Pläner, welcher zum Teil einer undurchlässigen
Schicht von Grünsand aufliegt. Die Schichten fallen unter sehr
geringem Winkel nach Norden ein und verschwinden in einer fast
schnurgeraden Linie von Werl bis Paderborn und von dort bis
Lippspringe entweder unter dem hier aus Tonen bestehenden
jüngsten Gliede der Kreideformation, dem Senon, oder hauptsächlich unter den Tonen des westfälischen Diluvialmeeres. Das
Gebirge ist sehr wasserarm, weil der auffallende Regen sofort
von den Spalten aufgenommen wird. Dafür tritt dort, wo der
Pläner unter den Tonen verschwindet, eine große Reihe zum
Teil sehr mächtiger Überlaufquellen in Gestalt der Überstiegquellen
hervor. Sie kommen nicht an der tiefsten Stelle des münsterischen
Beckens am Ufer der Lippe heraus, sondern an den tiefsten Stellen
des zutage liegenden, undurchlässigen Gebirges und fließen als große
Bäche dem viele Kilometer entfernten, die tiefste Stelle einnehmenden Flusse zu. Das hervorsprudelnde Wasser ist meistens
klar, wenn aber größere Regen niedergehen, so wird es bedenklich
trübe, und zwar aus dem schon mehrfach erwähnten Grunde,
schlechte Filtration in relativ weiten Kanälen bei raschem Lauf,
der dort an manchen Stellen 100 bis 320 m in der Stunde beträgt.

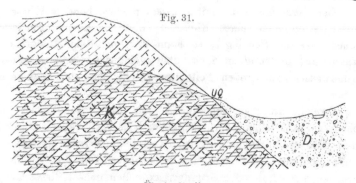

Fig. 31.

Überlaufquelle.
K Kreidegebirge; *D* Diluvialer Lehm; *U Q* Überlaufquelle.

Es gibt indessen auch Überlaufquellen, die nicht dieses frische
Wasser, sondern älteres, aus der Tiefe aufdringendes Wasser austreten lassen. Die westfälische Kreide zeichnet sich dadurch aus,
daß das Gestein nach Huyssens Angabe Salz enthält, welches aber

aus den oberen Gebirgspartien fast ganz ausgewaschen, in den unteren Teilen noch in größerer Menge vorhanden ist. Nun treten innerhalb der Stadt Paderborn gegen 150 Quellen und Quellchen zutage. Einige von ihnen sind kühl, 9,9 bis 10⁰ im Jahresmittel zeigend, sie nehmen bald zu, bald ab, werden trübe und enthalten gegen 25 mg Chlor im Liter. Andere Quellen aber besitzen höhere, ganz konstante Temperaturen, eine von ihnen sogar eine solche von 15,7⁰, eine kaum wechselnde Ergiebigkeit, sie trüben sich nicht und führen bis zu 425 mg Chlor. Das Wasser dieser Quellen stammt also aus größerer Tiefe und hat keinen direkten, nachweisbaren Zusammenhang mit dem Oberflächenwasser; es dringt in weiten Klüften — die Ergiebigkeit dürfte etwa 1 sec/cbm betragen — aus der Tiefe heran und strömt vielleicht 15 Schritte entfernt von anderen Quellen aus, die deutlich auch Oberflächenwasser führen.

Man darf daher nicht sagen, die Überstieg- und Überlaufquellen führen nur an der Oberfläche des Grundwassers ablaufendes Wasser ab; sie können auch durch weite Klüfte aus großer Tiefe Wasser bringen, welches ganz gleichmäßig ist bzw. gleichmäßig sein kann.

In dem Vorstehenden sind nur die Hauptarten der eigentlichen Quellen gekennzeichnet, soweit sie die Hygiene interessieren. Wir glauben gezeigt zu haben, daß das, was man Quellwasser nennt, durchaus nicht ohne weiteres mit Grundwasser identifiziert werden darf. Es ist zuzugeben, daß Quellen auch Grundwasser enthalten können, und daß Quellwasser in Grundwasser umgewandelt werden kann; aber andererseits ist nicht zu bestreiten, daß sehr viele Quellen, ja ganze Quellgruppen, Oberflächenwasser führen, welches zuzeiten geradezu als schmutzig bezeichnet werden muß. Auch fördern dieselben Quellen verschiedene Wässer, bald abgeklärtes, dem Grundwasser nahestehendes Wasser, bald nur wenige Stunden altes Regenwasser zutage. Somit ist nicht nur der Charakter des Wassers der verschiedenen Quellen verschieden, er kann sogar bei derselben Quelle wechseln, und wenn es zuweilen nicht leicht ist, über die Art und Eigentümlichkeit eines Grundwassers oder eines Oberflächenwassers in das klare zu kommen, so ist das bei den Quellen oft recht schwer.

4. Die durch Tiefbohrungen erschlossenen Quelläufe.

Das Wasser, welches in dem Gestein unterhalb der Überlaufquelle steht, stellt eine ruhende Wassermasse dar, sofern nicht gewisse Mengen in noch größere Tiefen abfließen, um z. B. am Meeresboden auszutreten. Das Wasser füllt alle Hohlräume aus,

ist infolge seines Alters frei von suspendierten Substanzen, frei
von Krankheitskeimen, hat eine völlig ausgeglichene Temperatur,
ist also in seinen Haupteigenschaften dem früher beschriebenen
Grundwasser gleich. Soll man es so nennen? Wir selbst haben
es früher so genannt, aber wir meinen doch, es ist praktischer und
korrekter, das nicht zu tun, sondern uns mit dem nichts präjudi-
zierenden Namen „unterirdisches Wasser" zu begnügen; denn diese
Wasseransammlungen unterscheiden sich doch nicht unwesentlich
von dem eigentlichen Grundwasser. Zunächst ist die in der Maß-
einheit, z. B. 1 cbm Gebirge, enthaltene Menge Wassers meistens
erheblich kleiner, als die im gleichen Kubus enthaltene Grund-
wassermenge der Sande und Kiese des Quaternärs oder Tertiärs. Diese Mengendifferenz wäre an sich gleichgültig; wird
jedoch ein solches Wasser beansprucht, z. B. durch Pumpen hoch-
gehoben, so findet der Zufluß sehr rasch und auf große Entfernungen hin statt. Das zufließende Wasser bewegt sich ferner
nicht gleichmäßig der Hebestelle zu, sondern in Kanälen, entsprechend den geringsten Widerständen. Hierdurch wird wieder
eine Unsicherheit im Bezuge erzeugt, die bei den tiefstehenden
Wässern der jüngsten Formationen nicht vorhanden ist.

Senkt man einen Bohrbrunnen in ein solches unterirdisches
Wasser herunter, so kann er ein gutes Wasser geben, braucht
es jedoch nicht. Daubrée macht in seinem hervorragenden Werk:
„Les eaux souterraines" (er hat es nicht „Les nappes d'eaux", nicht
die „Grundwässer", sondern die „Unterirdischen Wässer" genannt)
einige Angaben, die um so mehr hier folgen mögen, als man nicht
selten hört: „Der Brunnen ist z. B. 50 m tief, also muß er ein
reines und bakterienfreies Wasser geben".

In Tour hatte man einen 110 m tiefen Brunnen in die untere
Kreide gesenkt; er ließ Fragmente von kleinen Dornen, Pflanzen-
samen und Schalen von kleinen Süßwasser- und Landschnecken
austreten. Dujardin konnte nachweisen, daß die Samen vor
höchstens drei bis vier Monaten von ihrem Standort fortgeführt
sein konnten. In Riemke (Westfalen) wurde ein Brunnen gebohrt,
welcher aus einer Tiefe von 45 m kleine Fische von 8 bis 10 cm
Länge zutage förderte, die nur 10 bis 20 km entfernten Bächen
entstammen konnten. In Algerien, in der Umgebung von Biskra,
ist eine sehr große Zahl artesischer Brunnen gebohrt, auch kommt
dort artesisches Wasser spontan zutage und bildet kleine Seen.
In diesem Bezirk, zum Teil kilometerweit von den größeren Seen
entfernt, brachten an 39 verschiedenen Stellen artesische Brunnen,
die zum Teil über 80 m tief waren, lebende Mollusken (25 Arten),

Krabben (drei Arten) und Fische (fünf Arten) herauf. Daß in diesen Fällen weite Kanäle das Oberflächenwasser den Brunnen zuführten, dürfte fraglos sein.

Vielfach werden durch im zerspaltenen Gebirge niedergebrachte Tiefbrunnen die umliegenden Oberflächenwässer affiziert, sumpfige Wiesen, Flachbrunnen, sogar Teiche trockengelegt; nachweislich also dringt Oberflächenwasser in Tiefbrunnen hinein, und nicht selten derartig, daß gleich nach Beginn des Pumpens die Wirkung auf das hochstehende Wasser eintritt. Von einer ausgiebigen Filtration kann dann keine Rede sein. Hat, wie in einem uns bekannten Falle, das Oberflächenwasser die dünne, verfilzte Humusschicht, welche auf einer sehr dünnen Lehmlage ruht, passiert, so gibt es kein Halten mehr, dann geht die Reise 150 m tief durch Spalten herunter. An vielen Stellen fehlt Humus und Lehmdecke und dort tritt das Aufschlagwasser unvermittelt in die Tiefe; selbstverständlich enthält das Wasser solcher Tiefbrunnen Bakterien.

Wo im wasserarmen, zerklüfteten Sedimentär- oder Eruptivgestein der Bohrer nach Wasser sucht, da wird er in den meisten Fällen, bei der Wasserarmut des Gesteins, nur dann die genügende Menge Wasser finden, wenn er eine Kluft anschneidet, die gewissermaßen als Drainage dient. Damit aber ist nicht selten der ruhige Zufluß des Wassers, das langsame, wenn auch nicht filtrierende, so doch die Sedimentierung nicht störende Nachrücken und damit die bakteriologische Sicherheit des Wassers aufgehoben. Es entbehrt also solches Tiefenwasser der ruhigen und gleichmäßigen Bewegung, welche die pupillarische Sicherheit gewährleistet, die vom hygienischen Standpunkt aus die beste, die bevorzugte Eigenschaft des Grundwassers ist.

Wenn aber das Gebirge in der Tiefe stark zerbrochen ist, wie das z. B. im Kalkgebirge nicht selten vorkommt, also ein großes Netz feinerer ungefähr gleichwertiger Spalten besteht, und wenn das untere Gebirge gegen die Erdoberfläche gut durch Tone, feine Sande u. dgl. abgedichtet ist, so pflegt das aus größerer Tiefe genommene Wasser tadellos zu sein; es ist dann in seiner Art und Beschaffenheit dem Grundwasser ähnlich.

Auf den Wert des Wassers übt auch die Entnahmemenge einen erheblichen Einfluß aus. Wird ein im Untergrundwasser des zerklüfteten Gesteines stehender Brunnen stark angestrengt, sein Spiegel stark gesenkt, vielleicht um 10 m und mehr, wie das nicht selten geschieht, dann strömt das Wasser von allen Seiten herbei und reißt die Unreinlichkeiten mit. Wird jedoch, z. B. bei einem einzeln liegenden Gut, der Brunnen wenig beansprucht, hat er

19*

täglich nur einige Kubikmeter Wasser zu liefern, dann bleibt die
Wasserbewegung eine langsame, dann tritt eine Gefahr nicht ein.
Um den starken Spiegelsenkungen zu entgehen, um eine größere
Sicherheit zu gewähren, senkt daher der Techniker gern mehrere
Brunnen; er verteilt die Wasserentnahme. Leider ist das teurer,
auch müssen die Brunnen ziemlich weit auseinander liegen, damit
sie sich möglichst wenig beeinflussen; aber die Methode hat sich
bewährt; sie liefert mehr Wasser und ein sichereres Wasser als
ein stark beanspruchter Einzelbrunnen.

Wo man das Tiefenwasser unter wirklich undurchlässigen, also
plastischen Schichten, als Grundwasser aus der Tiefe der zu
kleinen Körnern zerriebenen Schichten heraufholt, da ist es keimfrei.

5. Die Stollenquellen.

Eine etwas abseits vom Wege liegende, aber doch nicht zu
übersehende, weil vielfach gebrauchte Gruppe von Wasserversorgungen, ist die durch Stollenquellen, d. h. durch Quellen, die
durch besonders vorgetriebene, tunnelartige Bauten aufgesucht
oder in Bergwerken aufgefunden werden.

Die Quellen gehören meistens den Hochquellen an, können
aber auch in das Gebiet der Tiefquellen fallen. Wo ein Stollen
vorgetrieben wird, um Wasser zu finden, ist damit zu rechnen,
daß von der Erdoberfläche her Wasser durch angeschnittene Spalten
ohne genügende Filtration und Sedimentierung sich dem gewünschten
Wasser beimischen kann. Zudem werden durch die Sprengungen weitgehende Zertrümmerungen erzeugt, alte Verbindungen zerrissen
und dem Wasser neue Wege gewiesen. Vielfach genügt dazu
schon die Schaffung des freien Abflusses des Quellwassers. Bei
der Anlage solcher Stollen ist daher stets das Deckgebirge und
seine Filtrationskraft zu berücksichtigen und die Nähe von Schmutzstätten, z. B. Bachläufen, Häusern usw., zu vermeiden. Wo das
Leckwasser nicht bakteriologisch leer oder sehr arm ist, und wo
nicht Wald oder Ödland das Gebirge deckt, da führe man das
von oben herkommende unsichere Wasser, sofern man es oben
nicht abfangen oder umleiten kann, in besonderer Leitung, getrennt
von dem eigentlichen Quellwasser, aus dem Stollen heraus und
beseitige es.

Als unsicher ist zunächst das Wasser aus Bergwerken anzusehen.
Als Grundsatz, von welchem nicht ohne ausreichenden Grund ab-
gegangen werden kann, ist festzuhalten, daß ein noch im Betrieb
befindliches Bergwerk nicht für die Wasserentnahme geeignet ist.
Dazu ist die Möglichkeit der Infektion doch zu groß. Zwar ist es

seit der energischen Bekämpfung der Ankylostomiasis mit der Reinlichkeit in den deutschen Bergwerken wesentlich besser geworden, Aborte und Urinstände sind eingerichtet; aber es wäre vermessen, daraufhin ein Wasser, mit welchem die Bergleute in Berührung kommen können, als nicht verschmutzbar, nicht infizierbar anzusehen. In den nicht unter die Berggesetze fallenden Bauten, z. B. bei der Schwerspat- und Braunsteingewinnung usw., liegen die Verhältnisse noch sehr im Argen. Eine Stadt trank längere Zeit hindurch ein Wasser, welches in einer Schwerspatgrube zusammenlief; Pissoir und Abort fehlten völlig, und kühn wurde behauptet, die 30 Leute, welche dort arbeiteten, stiegen zur Befriedigung ihrer natürlichen Bedürfnisse 30 m hoch zutage. Die Besichtigung lehrte, daß es auch Leute in der Grube gab, die sich an diesen Kletterübungen nicht beteiligten.

So sehr man vor der Entnahme von Wasser, mit welchem die Leute unter Tage zusammenkommen können, warnen muß, so darf man andererseits nicht verkennen, daß in manchen Bergwerken Quellen hervorbrechen, die nur an ihrer Mündung in den Stollen, oder am Mund des verlassenen Stollens solide gefaßt und in dichten Eisenrohren abgeleitet zu werden brauchen, um ein infektionssicheres Trinkwasser zu geben. Auch kennt Verfasser eine Versorgung mit einem Wasser, welches aus dem Liegenden eines Braunkohlenwerkes durch ein Rohr artesisch hervortritt; die Spannung wird durch eine dicke, weit reichende Schicht weißen Tones bewirkt. Die Untersuchung hatte ergeben, daß unter ihr keine Braunkohlen vorhanden waren, also an ihr nicht gerührt werden wird. Gegen eine solche Anlage läßt sich nichts einwenden.

Allerdings muß dort, wo Wasser aus im Betrieb befindlichen Bergwerken und ähnlichen Anlagen geschöpft werden soll, stets bei der Einrichtung die genaueste Untersuchung und später eine dauernde Kontrolle der fertigen Anlage vorgenommen werden.

Mit derselben Vorsicht sind die Versorgungen aus alten verlassenen Stollen zu betrachten. Liegt der Stollen, wie glücklicherweise nicht selten, im Walde, so schützt dieser; eine nennenswerte Infektionsgefahr ist da nicht vorhanden. Wo sich jedoch das alte Bergwerk unter Äckern, sogar unter Dörfern hinzieht, da ist die Gefahr, daß von oben her unreines und infiziertes Wasser eintrete, oft in hohem Maße vorhanden. Besonders bei den alten Bauten, als die Ventilationseinrichtungen noch ungemein primitiv waren, fanden sich viele Wetterschächte, die später schlecht zugeschüttet, oft nur mittels Eisenschienen und Steinen eingedeckt wurden und die von oben her, besonders bei starken Regengüssen, das Wasser unfiltriert

herunterlaufen lassen. Viele alte Stollen sind teilweise zu Bruch
gegangen und das nachstürzende Gestein hat trichterförmige Einsenkungen (Pingen) entstehen lassen, die genau so wirken, wie die
gefürchteten Mardelles und Betoires Frankreichs; sie können in
ihre Trichter das ganze Wasser der Umgebung mit den von den
Äckern abgespülten Dungstoffen aufnehmen. Durchaus nicht alle
Pingen sind bekannt; vielfach sind sie von den Grundstücks-
besitzern durch Einfüllen von Steinen und Überfüllen von Erde
unsichtbar gemacht, da sie bei der Beackerung störten. Beseitigt
aber sind sie dadurch nicht, wenn auch eine etwas bessere Filtration ermöglicht wurde.

Wird das Wasser aus tieferen Stollen geschöpft, so kann es
nichtsdestoweniger aus den höher gelegenen Stollen, die viel inniger
mit der Erdoberfläche in Verbindung stehen, niederfließen. Wo
die Stollen teilweise zu Bruch gegangen sind, da ist es unmöglich,
bis zu den Ursprungsstellen des Wassers vorzudringen. Nur die
bakteriologische Untersuchung, vor allem nach stärkeren Regen,
kann zur Beurteilung der Sachlage helfen.

Vorsicht ist um so mehr geboten, als schon schwere Epidemien,
z. B. in Beuthen und Altwasser, durch die Benutzung von Stollenwasser entstanden sind. (Siehe auch S. 428 und 473.)

IV. Die sekundären Quellen.

Wesentlich verschieden von den bis jetzt besprochenen Quellen
sind die sogenannten sekundären Quellen. Unter einer solchen
versteht man das Wiedererscheinen von Wasser in Gestalt einer
Quelle, welches schon an einem anderen, höher gelegenen Ort als
Quelle, Bach, Fluß, Graben, Teich oder See vorhanden war.

In gewissen Bezirken sind diese Quellen recht häufig.

1. Entstehung von Quellen durch Versinken und Wieder-
austreten von Bachwasser im eigenen Schotter.

Das sichtbare Versinken eines Baches kann sich überall ereignen, wo reichlich Geröll und wenig Wasser vorhanden ist.
Gewöhnlich findet es daher nur in der trockenen Jahreszeit statt,
während in den nassen Jahresperioden der Bach bestehen bleibt.
Die Örtlichkeit und der direkte Augenschein weisen in einem
solchen Falle darauf hin, daß nicht eine eigentliche Quelle, sondern
Bachwasser vorliegt, welches für eine kurze Zeit Verstecken gespielt hat.

Anders schon ist es, wenn der Bach nicht in dem von ihm selbst mitgebrachten Geschiebe verschwindet, sondern wenn er in Schutthalden eintritt. Hier tritt das Bachwasser in die relativ großen Hohlräume ein und folgt der Richtung des geringsten Widerstandes, welcher sich äußerlich nicht zu kennzeichnen braucht. Daher ist es oft nicht leicht, allein aus der Örtlichkeit zu entscheiden, ob eine Quelle von einem oben oder seitwärts einbrechenden Bach gespeist wird oder nicht.

2. Entstehung von Quellen durch Eintritt von Oberflächenwasser in weite Gesteinsspalten.

Außer diesen Schuttquellen kommen noch anders geartete sekundäre Quellen vor. Ihr eigentliches Gebiet ist das des stark zerklüfteten Kalkes, wobei es gleichgültig ist, welcher Formation der Kalk angehört.

Daß der Kalk der locus praedilectionis für die sekundären Quellen ist, beruht neben der starken Zerklüftung auf seiner chemischen Konstitution. Er tritt in seiner Hauptmasse als kohlensaurer, zum geringeren Teil als schwefelsaurer Kalk auf; meistens sind die einzelnen Kalkteilchen durch Ton miteinander verkittet. Fließt Wasser, welches aus der Luft oder aus den oberen Bodenschichten Kohlensäure aufgenommen hat, in die Spalten hinein, so entsteht das lösliche Bikarbonat. Der schwefelsaure Kalk ist noch leichter löslich als der kohlensaure. Daher werden oft vorhandene Spalten des Kalkgebirges im Laufe der Zeiten nicht etwa durch eingeschwemmtes Material enger, sondern durch die Auflösung des Kalkes weiter, zuletzt können vollständige Höhlen entstehen. Die übrigen Gesteine sind auch zerklüftet, aber meistens nicht so stark und zusammenhängend wie der Kalk, noch sind sie so angreifbar, und sinkt ein Bach oder Fluß in ihre Spalten hinein, so spült er sie allmählich zu; nur in relativ seltenen Fällen findet ein glattes Durchfließen statt.

In diese Gruppe der sekundären Quellen gehören zunächst diejenigen, welche dadurch entstehen, daß ein Teil eines Baches oder Flusses bei sonst absolut oder relativ undurchlässigem Bett in eine größere Felsspalte tritt, die das Wasser selbständig, ohne Beziehung zum Flußlauf, weiterführt. Das abgezweigte Wasser tritt dann, meistens vermehrt durch seitwärts zutretendes unterirdisches Wasser, zuweilen entfernt vom Fluß, anscheinend als originäre Quelle zutage.

Ein Beispiel dieser Art führt Lubberger an. Bei Degernau tritt erheblich über dem Spiegel der Wutach aus einem Kalkhügel eine Quelle hervor. Die Untersuchung ergab, daß sie weiter nichts war als ein unterirdischer Wutacharm, welcher in weit oberhalb gelegene Spalten des Kalkgebirges hineingesunken war.

Ein ausgezeichnetes Beispiel bietet die Ilm, welche in vier mächtigen Uferspalten des Wellenkalkes in der Nähe von Hetschburg eine größere und bei höherem Wasserstand eine ganz bedeutende Menge ihres Wassers verschwinden läßt. $4^1/_2$ km unterhalb, in der Luftlinie gemessen, bricht das Wasser, gemischt mit ungefähr der zehnfachen Menge unterirdischen Wassers, in Gestalt großer Quellen zutage. Von uns eingeschüttetes Kochsalz zeigte sich zuerst nach 19, in seiner Hauptmasse nach 22 und zuletzt nach 26 Stunden. Die stündlich zurückgelegten Wegstrecken beliefen sich also auf 238, 205 und 174 m.

Während in den beiden vorerwähnten Fällen, die sich aus dem vortrefflichen Werke Daubrées „Les eaux souterraines" erheblich vermehren ließen, die unterirdischen Flußarme den eigenen Fluß wieder erreichen, kann es auch vorkommen, daß sie sich bis in ein anderes Flußnetz erstrecken und so zwei verschiedene Flüsse miteinander verbinden. Für dieses immerhin seltene Vorkommnis seien zwei Beispiele angeführt.

Bei Immendingen tritt die Donau in das Kalkgebirge des weißen Jura. Dieser ist auch im Flußbett stark zerklüftet, und zur trockenen Jahreszeit, wo die Donau an dieser Stelle 2 sec/cbm Wasser führt, verschwindet der Fluß auf einem Wege von 2 bis 3 km vollständig in den Spalten. Etwa 11 km südwestlich von dieser Stelle und etwa 500 Fuß tiefer entspringt die Aachquelle, welche eine nicht stark wechselnde Sekundenergiebigkeit von etwa 4 cbm hat. Knop konnte durch Einschütten von 210 Ztr. Kochsalz nachweisen, daß das Donauwasser zur Aach fließt, und daß ungefähr alles versunkene Donauwasser in der Quelle wiedererscheint. Während die Donau dem Schwarzen Meere zuströmt, läuft die Aach in den Bodensee, somit zum Rhein und zur Nordsee. Die ersten Salzmengen zeigten sich nach etwa 20 Stunden, die Hauptmasse nach 60, die letzten Reste nach etwa 90 Stunden. Das Wasser legte also bei größter Beschleunigung in der Sekunde einen Weg von 0,15 m, oder in der Stunde 540 m zurück.

Das zweite Beispiel entstammt dem Muschelkalk Thüringens. Uns wurde das Wasser einer Quelle zugeschickt mit dem Auftrag, es auf „Typhus" zu untersuchen. Anfragen ergaben, daß in den Dörfern Ober- und Niederwillingen eine schwere Typhusepidemie geherrscht hatte. Besondere Verhältnisse veranlaßten uns, trotz guter chemischer und bakteriologischer Befunde, die Quelle als dringend verdächtig zu betrachten. In der ganzen Gegend um die Quelle herum, welche der Wipfra, die sich in die Gera ergießt, tributär ist, war kein Typhus, dahingegen wohl in einer Reihe von Ortschaften an der Ilm, die zur Saale geht. Die fragliche Quelle liegt aber durchaus nicht im Gebiete der Ilm, sondern direkt an der Wipfra, von ihr nur durch wenige Meter Schotter, den die Quelle und die Wipfra selbst aufgetürmt haben, entfernt. Zwischen Ilm und Wipfra liegt ein etwa 2,5 km breiter, etwa 55 m hoher Rücken aus gewachsenem Muschelkalk.

Da in der weiteren Umgebung der Quelle die Letten und Tone des oberen Buntsandsteines in großer Ausdehnung anstehen und die Fetzen übriggebliebenen Kalkgebirges klein sind, so steht die Größe und Konstanz der Oberwillinger Quelle in einem Mißverhältnis zu ihrem tributären Gebiet; zudem nimmt das Volk an, die Quelle werde durch Ilmwasser gespeist, weil sie trübe werde, wenn die Ilm trübe fließe. Die Quelle bei Oberwillingen liegt wenige Meter tiefer als die Ilm.

Die Verbindung zwischen Ilm und Wipfra zu finden, gelang unschwer unter Benutzung der geologischen Karte. Die Kalk- und Sandsteinberge der beiden Ilmufer sind von einer Anzahl Verwerfungsspalten durchsetzt, die fast parallel zueinander einem mächtigen Spaltensystem angehören. Die Verbindungslinie zweier solcher Spalten trifft die Oberwillinger Quelle, und da, wo die Spaltenrichtung die Ilm querte, wurde eine weite Öffnung im Flußboden gefunden, in welcher viel Wasser und das eingeschüttete Salz restlos verschwanden. In weniger als sieben Stunden konnte das erste Salz, in neun Stunden die Hauptmasse in der Quelle nachgewiesen werden; die Schnelligkeiten betrugen etwas mehr als 250 m in der Stunde.

3. Entstehung von Quellen durch Versinken von Wasser in seine stark poröse Unterlage.

Dem Verschwinden von Bach- und Flußwasser in weite Spalten und in den eigenen Schotter hinein reiht sich das Versinken der Wasserläufe in ihre Unterlage an. Während weite Spalten auch im festen, wenig aufnahmefähigen Gebirge viel Wasser aufnehmen und abführen können, kommt das Versickern dort vor, wo der Wasserlauf über ein stark durchlässiges Gelände hinweggeht.

Läuft ein Bach, von einer undurchlässigen Schicht kommend, auf vorgelagerte Schotter, Kiese und Sande, oder auf ein vielfach zerklüftetes Gestein, so kann er in seiner Unterlage versinken und an einer tieferen Stelle als Quelle wieder erscheinen.

Beispiele ersterer Art finden sich vor allem reichlich und in
großer Auswahl im Gebiet der Alpen, wo undurchlässiges Gestein
von mächtigen alten Gletschermoränen, von Gebirgsschutt und
altem Flußschotter abgelöst wird. Über die Beschaffenheit des
wieder austretenden Wassers haben wir uns schon geäußert. Beispiele der zweiten Art bieten vor allem wieder die Kalkgebirge.

Es ist zuweilen erstaunlich, wie erhebliche Wassermengen, auf
wenige Meter Bachlänge verteilt, verschwinden können, ohne daß
man genau sagen kann: hier oder dort geht das Wasser in den
Boden hinein; man merkt deutlich, das Wasser wird weniger, aber
die aufnehmenden Öffnungen sieht man nicht. In anderen Fällen
verschwindet es wirbelnd in kleinen oder größeren Spalten, oder
in trichterförmigen Öffnungen, die mit Gerölle und angeschwemmten
Materialien teilweise ausgefüllt sind. Die Aufnahmeöffnungen heißen
im westfälischen Kreidegebirge Schwalgen oder Schwalglöcher, im
Englischen swallow holes, im Französischen pertes, wenn sie fein,
fissures, wenn sie groß sind. Die trichterförmigen Öffnungen (in
Frankreich entonnoirs, bétoires, mardelles, in Belgien aiguigeois,
chantoirs genannt), sind die oberen, mehr oder weniger zugespülten
Öffnungen von „Erdstürzen" oder „Erdfällen" (effondrements).

Das Versinken des Bachwassers findet das ganze Jahr hindurch
statt, aber das vollständige Verschwinden erfolgt meistens nur in
der trockenen Jahreszeit. Kommen mehrere Bäche von einem undurchlässigen Gebiet auf das durchlässige Gestein herunter, so
unterliegen sie alle der Einwirkung der Absorption und können
jenseits der Grenze der undurchlässigen Zone in einer sich der
Kontur der Gesteinsgrenze anschließenden Linie verschwinden. Ein
schönes Beispiel gibt Van den Broeck an; zwischen Aywaille und
Louveignée liegt zwischen den undurchlässigen Schiefern des unteren
und oberen Devons der stark zerklüftete Kalk des mittleren Devons.
Dieser, der ein Band von etwa $1/_2$ km Breite darstellt, hat auf einer
Länge von 5 bis 6 km gegen 200 Schwalglöcher und Erdfälle, und
14 Bäche und Rinnsale, die von beiden Seiten auf den Kalk
hinübertreten, versinken dort.

Unter den Kalkgebirgen ist besonders der Jura und vielleicht
noch mehr das Kreidegebirge durch das Verschwinden von Oberflächenwasser in Spalten und Klüfte ausgezeichnet.

Wenn mehrere unterirdische Bäche zusammentreten, so kommen
Quellen von zuweilen kolossaler Mächtigkeit hervor, die sofort nicht
bloß Bäche, sondern kleine Flüsse bilden. Es sei, um hier nur ein
Beispiel anzuführen, an die berühmte Vaucluse im südöstlichen
Frankreich erinnert, welche zur trockensten Periode gegen 5,5,

zur nassen jedoch 120 cbm Wasser in der Sekunde austreten läßt. Quellen gleicher Art, die bis gegen 7 cbm in der Sekunde liefern, entspringen inmitten der Stadt Paderborn, in deren Umgebung acht Bäche ganz oder teilweise verschwinden. Gefördert wird die Ansammlung der Wässer im Erdinnern durch die Höhlenbildung, die größtenteils ein Produkt des rinnenden Wassers ist.

Haben sich durch die lösende Wirkung besonders des Kohlensäure enthaltenden Wassers auf die Gesteine größere Auswaschungen gebildet, so sinkt zuweilen das Hangende unter der eigenen Schwere oder aufgeweicht und beschwert durch starke Regenimbibition ein, es entstehen die „Erdstürze" oder „Erdfälle". Die frischen Erdfälle haben zunächst meist steile, vielfach sogar überhängende Wände. Dadurch, daß diese allmählich zusammenbrechen, entstehen Trichterformen. Die Größe der eingesunkenen Erdmassen schwankt zwischen wenigen und vielen Tausenden von Kubikmetern. Je fester das Gestein ist, um so seltener, je weicher, um so zahlreicher sind sie; daher weist die mehr lockere Kreide die meisten auf; sie sind dort zuweilen entsprechend dem unterirdischen Lauf des Wassers in Reihen angeordnet.

In Thüringen fanden und finden noch starke Auswaschungen hauptsächlich im Zechstein statt. Die Einstürze zeigen sich daher mit Vorliebe in dem jenen deckenden Buntsandstein. Sie sind zuweilen kolossal; nicht nur die Einsturzseen gehören nach Halbfaß hierher, auch ganze abflußlose Täler sind dahin zu rechnen; so z. B. südwestlich von Eisenach, Fraunsee mit See und Dorf und Wald und Flur.

Fig 32.

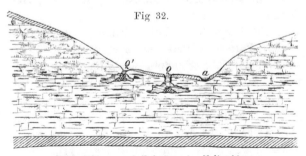

Höhlenbildung und Erdstürze im Kalkgebirge.

a Bach im Alluvium; *Q* kontinuierliche aus einem Erdfall hervortretende Quelle; *Q'* Erdfallhöhle, welche nach starken Niederschlägen zu einer temporären Quelle wird. Die Zone des Untergrundwassers ist horizontal gestrichelt; Quelle *Q* liegt in der Höhe der Oberkante dieses Wassers; Quelle *Q'* liegt jedoch höher, sie tritt erst als Quelle in Tätigkeit, wenn das Grundwasser ihr Niveau erreicht hat.

Erdstürze können sich überall finden, sowohl auf der Höhe der Plateaus und an den Hängen (franz. mardelles), als auch in den

Talwegen und ihrer nächsten Nähe (franz. bétoires), also den
tiefsten Stellen der Terraineinschnitte.

Die Erdfälle der höher gelegenen Bezirke dienen oft als
Einlauflöcher für Regen und Oberflächenwasser, die unten an den
tiefsten Stellen der Täler oder im Talweg liegenden Erdfälle
dahingegen vielfach als Quellöffnungen, und ein nicht unbeträchtlicher Teil der größeren Überlaufquellen der Kreide entspringt aus
ihnen. Manche dieser Löcher wechseln in ihrer Betätigung insofern,
als sie zur trockenen Zeit niedergegangene, am Boden laufende
Regenwässer aufnehmen, und zur feuchten Zeit als Quellaustritte
dienen.

V. Die Methoden, um über den Zutritt oberflächlichen Wassers und über den unterirdischen Verlauf eines Quellwassers Aufschluß zu erhalten.

1. Die Färbung und Salzung.

Der Nachweis des Zusammenhanges der versinkenden Bäche
mit den weiter abwärts hervortretenden Quellen läßt sich gewöhn-
lich nicht schwer führen.   Früher war das übliche Verfahren,
Häcksel oder Sägemehl in die Öffnungen hinein zu schütten, ihr
Wiederauftreten in der Quelle ergab den Zusammenhang; oder
man leitete den Bach ab bzw. staute ihn auf dem undurchlässigen
Gebiet und folgerte aus dem verminderten oder gleichbleibenden
Ausfluß der Quellen den Konnex.   Zurzeit verwendet man zum
Nachweis des Zusammenhanges Farbstoffe, Kochsalz, Hefen oder
leicht auffindbare Bakterien.

Trillat hat festgestellt, daß Auramin, Safranin, Kongorot,
Neutralfuchsin, Pariser Violett und Methylenblau durch die im
Wasser enthaltenen Kalkverbindungen als Basen ausgefällt werden.
Das Säurefuchsin wird farblos, bleibt jedoch gelöst und kann durch
Zusatz von Essigsäure regeneriert werden.   Sehr widerstandsfähig
und in größter Verdünnung sichtbar, daher in den letzten Jahren
am meisten verwendet, ist das Kaliumsalz des Fluoresceins, welches
wegen seiner prächtigen, grünschillernden Farbe den Namen
„Uraninkali" trägt.   Der Kalk greift das Uraninkali nicht an, Säuren
scheiden aus ihm das im Wasser fast unlösliche Fluorescein aus,
es ist daher im Torfboden nicht zu verwenden.   Dort eignet sich
Säurefuchsin besser.   Auch die Kohlensäure zerstört die Farbe,
doch tritt sie wieder auf, wenn, am besten durch Zusatz von
Ammoniak, alkalisiert wird.   Man tut daher gut, allen zu untersuchenden Proben, die nicht dem Kalkgebirge entstammen, von

vornherein einige Tropfen H_3N zuzusetzen. (Uns entschwand in einem ganz kleinen, aber Forellen enthaltenden Waldbach die Farbe sehr schnell; da ein besonderes Interesse vorlag, die Färbung zu verfolgen und der Forellen wegen Ammoniak dem Bachwasser nicht zugesetzt werden durfte, halfen wir uns durch Einlegen von Stücken gebrannten Kalkes immer dort, wo die Farbe zu verschwinden drohte.)

Für zerklüftetes Gebirge, einschließlich der Schiefer, eignet sich das Fluorescein vorzüglich, im torfigen Boden ist es, wie erwähnt, völlig unbrauchbar, für feinen Sand ist es gleichfalls nicht zu empfehlen; es wird in ihm abgefangen. Bringt man es in Teiche oder Gräben mit abgefallenem Laub, die nach unten Wasser abgeben, so bleibt ein Teil auf den Blättern liegen; sie sehen noch tagelang grün aus, während das Wasser selbst bereits klar ist.

In den Sanden und dort, wo Humus oder Schlamm vorhanden ist, kommt man meistens mit Kochsalzversuchen weiter.

Trotz der ungemein großen Färbbarkeit darf die Menge des zur Verwendung kommenden Fluoresceins nicht zu gering genommen werden.

Dienert macht darauf aufmerksam, daß verschiedene Kalkquellen einen blaugrünen Farbstoff führen, welcher auch durch Chamberlandkerzen hindurchgehe, er sei umsomehr vorhanden, je mehr Tageswasser rasch den Quellen zugeführt werde. Um Irrtümer zu vermeiden, solle man recht reichlich Uraninkali verwenden, denn dadurch gelinge es, kräftigere Farbentöne hervorzurufen, welche jede Verwechselung ausschlössen. — Auch ist es gut, das Wasser der Quellen vor dem Versuch auf den Farbstoff zu untersuchen.

Als ganz allgemeiner Anhalt möge dienen, daß 100 g schon für eine Entfernung von einigen hundert Metern vollständig ausreichen können und daß für Entfernungen über einige Kilometer 1 bis 2 kg meistens ausreichen dürften. Giftig ist der Stoff nicht, aber wir sahen wiederholt, daß die Fische bei starker Grünfärbung erregt aus dem Wasser zu springen versuchten. Das Fluorescein muß gelöst eingeschüttet werden; entweder löst man es in Alkohol, dem 5 Proz. Ammoniak zugesetzt wurde, oder man gibt 100 g des Stoffes in fünf Eimer Wasser, dem Natronlauge oder Ammoniak bis zur deutlich alkalischen Reaktion zugesetzt ist. (1 kg reines Fluoresceinkalium kostet etwa 12 bis 15 $\mathscr{M}$, das unreine 4 bis 5 $\mathscr{M}$ pro Kilogramm).

Die Entnahme der Proben setze früh genug ein und werde stündlich oder eventuell zweistündlich aus- und lange genug durchgeführt. Hat das Wasser kilometerweite Wege zurückzulegen, so kann der Versuch sich über 8 bis 14 Tage erstrecken. Bei Grundwasserversuchen ist der langsamen Wasserbewegung wegen oft mit noch längeren Zeiten zu rechnen. Die entnommenen Proben müssen vor Licht bewahrt bleiben, denn schon in drei Stunden wird das Fluorescein in diesen starken Verdünnungen durch direktes Sonnenlicht unwiederbringlich zerstört.

Um das Uraninkali noch in einer Verdünnung von 1 auf 10 Milliarden (d. h. 1 g auf 10000 cbm Wasser) sichtbar zu machen, gibt man das zu untersuchende Wasser in ein 2 bis 3 cm weites, 120 cm langes Rohr von absolut hellem (nicht gefärbtem) Glas, Fluoroskop, hinein, dessen unteres Ende mit einem schwarzen Pfropfen geschlossen ist; zur Kontrolle dient ein gleiches, mit dem unbehandelten Wasser gefülltes Rohr und ein drittes bzw. viertes Rohr, welches 1 Tl. Fluorescein auf 1 bzw. 10 Milliarden Teile Wasser enthält.

Ist das Wasser trübe, so muß es vor dem Versuch filtriert werden. Während das zur Kontrolle in gleicher Weise betrachtete ungefärbte Wasser einen blauen Farbenton hat, schimmert das mit Fluorescein versetzte deutlich grün.

Wo ein Fluoroskop nicht vorhanden ist, oder wo es darauf ankommt, in gefärbten Wässern, welche trotz Filtration ihre Farbe behalten, das Fluorescein sicher nachzuweisen, empfiehlt sich die Methode von Ohlmüller und noch besser die einfachere von Mayrhofer-Mainz.

Ohlmüller säuert etwa 400 ccm des eventuell Fluorescein enthaltenden Wassers mit Essigsäure an, dampft auf 50 ccm ein und schüttelt in schwach mit Salzsäure angesäuertem Äther aus. Der abgegossene Äther wird mit alkalisch gemachtem destilliertem Wasser abermals geschüttelt und das in das alkalische Wasser übergegangene Fluorescein im Dunkelraum mit konvergierendem Lichtstrahl (Linse) untersucht, wobei das prächtige Schillern gut zutage tritt.

Nach Mayrhofer-Mainz versetzt man zwei bis vier Liter des zu untersuchenden Wassers mit einer bis zwei Messerspitzen voll feinster Tierkohle und schüttelt etwa eine Viertelstunde. Nach dem Absitzen der Kohle wird das Wasser abgegossen, die Kohle auf ein kleines Filter gebracht, bei 100° getrocknet und dann mit etwa 10 ccm Alkohol, welcher durch ein paar Tropfen Ammoniak alkalisch gemacht ist, ausgewaschen. In dem Alkohol gelingt der Nachweis mittels der konvergierenden Lichtstrahlen einer größeren Lupe leicht. Beide Methoden sind noch bei einer Verdünnung von 1:4 Milliarden mit Erfolg zu verwenden. Selbstverständlich müssen Kontrollen gemacht werden; Wasser und Alkohol sehen blaugrau, das Fluorescein sieht deutlich grün aus.

Dienert, Paris, der eine große Erfahrung in diesen Dingen besitzt, hält das Fluorescein in stark verdünnten Lösungen dadurch zurück, daß er das Wasser mit Schwefelsäure, 1 Prom., versetzt, das angesäuerte Wasser durch Alluvialsand, der mit angesäuertem Wasser ausgewaschen ist, filtriert und dann das im Sand zurückgehaltene Fluorescein durch ammoniakalisches Wasser wieder in Lösung bringt.

Soll ein Trinkwasser ohne Wissen des Publikums untersucht werden, so muß die Zugabe von Fluorescein so gewählt werden, daß die Färbung für das bloße Auge nicht sichtbar ist, was bei einer Verdünnung von 1 zu ungefähr 10 Millionen zu geschehen pflegt.

Übrigens wird für solche Fälle ebenso wie für kleinere Wassermengen und kleinere Entfernungen und für Untersuchungen in gut filtrierendem Boden besser das altbewährte Kochsalz angewendet. Selbst der wenig Geübte kann durch salpetersaures Silber mit Sicherheit eine Zunahme des Chlorgehaltes um 4 mg pro Liter konstatieren. Für 1000 cbm Wasser sind also 4 kg Chlor, das ist 6,6 kg Kochsalz, erforderlich oder für 10 000 cbm, eine Zahl, die nicht zu häufig überschritten wird, 66 kg, die etwa 78 kg, rund 100 kg, rohem Steinsalz oder Viehsalz entsprechen und etwa 4 ℳ kosten. Im allgemeinen tut man gut, mehr zu nehmen, um möglichst große Ausschläge zu erhalten. Die chemische Untersuchung läßt sich rasch und ohne Schwierigkeit sogar an Ort und Stelle ausführen.

Durch die Färb- und Kochsalzversuche erfährt man zugleich, mit welchen Schnelligkeiten sich das Wasser bewegt. Der Zeitraum zwischen dem Einschütten des Farbstoffes an der verdächtigen Stelle und dem ersten Erscheinen in der Quelle gibt die größte Schnelligkeit an, welche die Wasserteilchen haben, jener zwischen dem Einschütten und dem Auftreten der stärksten Färbung die Schnelligkeit, welche die Hauptmenge des Wassers besitzt. Die Zeit des Verschwindens der Färbung besagt nicht viel, da ein Teil des Farbstoffes durch das Wandern in engen Bahnen oder durch größere Wasserbecken hindurch oder durch die Reibung an den Wänden der Kanäle entlang erhebliche, unberechenbare Verzögerungen erleidet.

Ist das Gestein stark zerklüftet und sind auf dem fraglichen Gelände mehrere zur Beobachtung geeignete Quellen oder Brunnen vorhanden, so zeigt das Auftreten der grünen Farbe in ihnen

die Ausbreitung und die Wege an, welche das Wasser wandelt.
Verbindet man die Punkte, in welchen das gefärbte Wasser
nach bestimmten Zeiten, Stunden oder Tagen, auftritt, so erhält
man isochronochromatische Kurven, also Linien gleicher Schnelligkeit. Untersuchungen, vor allem im Gebiete der Avre in Frankreich,
haben ergeben, daß das Wasser durchaus nicht immer in einer
geraden Linie dem Ausfluß zuzuströmen braucht, sondern sich erheblich nach rechts und links bis zu einem Winkel von 180⁰ aus-
breitet. Hierdurch wird bewiesen, daß das Netzwerk des unterirdischen Wassers an derartigen Stellen ein ziemlich gleichmäßiges,
nicht von weiten, abführenden Spalten durchsetztes sein kann, daß
also in ihm in trockenen Zeiten, sofern die Schnelligkeit eine geringe ist, eine Reinigung des Wassers durch Ablagerung möglich ist.

Die Schnelligkeit der Wasserbewegung ist sehr verschieden;
Durchschnitte lassen sich kaum angeben, besagen auch für einen
zu untersuchenden Fall nichts, aber hier gewähren sie doch ein
gewisses Bild. In den Gebieten der Pariser Quellen betrug bei
elf uns gerade vorliegenden Untersuchungen die Schnelligkeit
dreimal unter 100 m (= 47, 83 und 91 m), fünfmal über 100 m,
und je einmal über 200, 300 und 400 m stündlich; in den Ohlmüllerschen Versuchen an der Innerste betrug sie mit einer Ausnahme (77 m) zwischen 100 und 200 m; in den uns genauer
bekannten und zum Teil selbst ausgeführten Untersuchungen in
der westfälischen Kreide, dem Thüringer Zechstein und Muschelkalk
belief sie sich regelmäßig auf mehr als 100 m, zuweilen auf mehr
als 300 m in der Stunde.

Die Bewegung ist also oft recht lebhaft, besonders wenn man
bedenkt, daß beim Grundwasser eine Bewegung von 3 m in einem
Tage schon viel ist, und daß bei der künstlichen Sandfiltration die
Schnelligkeit in der Stunde nur 300 mm beträgt.

Nach Dienerts Mitteilungen schwankt die Schnelligkeit der
Wasserbewegung ganz erheblich; in einer Reihe von Experimenten
betrug sie 8 bis 10 km im Tage, in anderen erreichte sie noch
nicht 1 km, in einem Falle wurden 8 km in 33 Tagen, in einem
weiteren 600 m in 20 Tagen zurückgelegt. Um bei Wiederholungen
des Versuches den auf der Langsamkeit des Übertrittes beruhenden
Täuschungen zu entgehen, tut man gut, dann einen anderen Farbstoff oder Kochsalz zu verwenden.

Zu berücksichtigen ist ferner, daß die Ausbreitung des Farbstoffes im Boden und die Schnelligkeit der Wasserbewegung in
hohem, aber nicht zu berechnendem Maße abhängig ist von dem
Hochstand des unterirdischen Wassers. Deshalb sind alle Angaben

über die Ausbreitung und Schnelligkeit nur für die zurzeit der Ausführung des Versuches vorhandenen Bedingungen richtig; auf andere Verhältnisse am gleichen Orte dürfen sie nicht ohne weiteres übertragen werden.

Von Einfluß ist ferner die Beanspruchung von Brunnen; wird im Untersuchungsgebiet ein Brunnen stark abgepumpt, so wird dorthin das Wasser strömen, und in anderen Bezirken, die sonst die Hauptmenge des fließenden Wassers abführen, wird eine relative Ruhe, sogar eine Stromumkehr eintreten können. Man muß also in der Bewertung der Befunde, besonders der negativen, sehr vorsichtig sein.

Finden sich in der Bodentiefe Wasseransammlungen, so richtet sich die Zeit und die Stärke der Färbung ganz danach, ob sie im ganzen in Bewegung sind, oder ob sich das zufließende Wasser unter sie hindurch, oder über sie hinweg schiebt.

Von Belang und eines Vorgehens wert sind die Färbung und die entsprechenden chemischen und bakteriologischen Versuche, um das tributäre Gebiet einer Quelle zu umgrenzen oder ihre Hauptwege zu erforschen; aber, nochmals sei das gesagt, die erhaltenen Befunde, besonders die negativen, sind mit großer Vorsicht und nur unter Berücksichtigung der Verhältnisse zu bewerten.

Aus der Menge des Farbstoffes, welcher eingeschüttet ist und in der Quelle wieder erscheint, läßt sich kein Schluß auf die übergetretene Wassermenge ziehen. Bei den Kochsalzversuchen, welche für kleinere, somit besser zu übersehende Verhältnisse Verwendung finden, läßt sich eine annähernde Berechnung aufmachen.

Will man bestimmen, ob aus einem Wasserlauf, Fluß, Bach, Mühlgraben usw. Wasser versinkt, so soll man das gefärbte oder, siehe das folgende Kapitel, mit Bakterien oder Hefen versetzte Wasser aufstauen, weil man sonst ungemessene Mengen der Versuchsflüssigkeiten verwenden müßte. Nicht immer gelingt es, einen Stau zu bewirken. In solchen Fällen kann man sich oft dadurch helfen, daß man neben dem Wasserlauf Rohre einschlägt, die gelocht sind oder die man wieder zieht und die Flüssigkeiten hineingießt.

2. Das Einschütten von Bakterien und Hefen.

Mit Recht wird gegen Versuche mit gelösten Stoffen geltend gemacht, daß es der Hygiene meistens nicht darauf ankommt, ob gelöste Stoffe, sondern ob korpuskuläre Elemente, Krankheitserreger, durchgehen. Zuweilen liefert die Natur diesen Nachweis; so fand Verfasser, daß die starken Quellen bei Oettern an der Ilm kleine

Schneckenhäuser von Stecknadelkopfgröße austreten lassen. Da solche im Ilmwasser vorkommen, und anderes Oberflächenwasser nicht vorhanden ist, sind sie ein Beweis dafür, daß Fluß und Quellen durch weite Kanäle zusammenhängen.

Wo ähnliche Beweismittel fehlen, ist das Hineinschütten von Bakterien, die gewöhnlich im Wasser nicht oder selten vorkommen, und die charakteristische Eigenschaften besitzen, das souveräne Mittel. Als solche verwendet man lebhaft gefärbte Bakterien, z. B. Bact. violaceum, Bact. prodigiosum. Das erstere bildet zuweilen keinen oder wenig Farbstoff und kann leicht übersehen werden, außerdem wächst es zu langsam, so daß dicht bewachsene Kulturen verdorben sind, bevor es Farbstoff gebildet hat.

Auch das letztere macht in dieser Beziehung Schwierigkeiten. Es ist gesagt worden, der Aufenthalt im verunreinigten Wasser nehme dem Bact. prodigiosum schon in wenigen Stunden die Fähigkeit, auf Agar roten Farbstoff zu bilden; das ist zum Teil richtig. Man kann jedoch den Agar aufbessern, zudem ist man an diesen Nährboden nicht gebunden. Das Bact. prodigiosum bedarf zu seiner Farbstoffbildung des Magnesiums und des Schwefels, letzteren in Gestalt der schwefelsauren Verbindungen; auch nimmt es gern Dikaliumphosphat. Man gibt von beiden je etwa 0,2 Proz. den Agar- oder Gelatinenährböden hinzu, von dem ersteren in Gestalt von schwefelsaurer Magnesia. Macht man außerdem den Nährboden neutral, so daß die sonst von den Bakterien bevorzugte, ganz leichte Alkalität verschwunden ist, und hält die Kulturen bei 22°, so ist die beste Gelegenheit zur Farbstoffbildung und gutem Wachstum gegeben.

K. B. Lehmann setzt dem Nährstoff etwas Tyrosin zu. Milburn empfiehlt mit Rücksicht auf die sich entwickelnde geringe, aber für die Farbstoffbildung günstige Säure die Zugabe von 1 bis 2 Proz. Traubenzucker. Löw und Kozai empfehlen 1 Proz. Pepton, 0,2 Proz. Natriumazetat, 0,2 Proz. Asparagin. — Wo so viele Mittel empfohlen werden, da fehlt es an einem wirklichen, überall erfolgreichen!

Vorläufig tut man gut, den Nährboden folgendermaßen zu bereiten: 0,2 Proz. Dikaliumphosphat, 0,2 Proz. Magnesiumsulfat, 0,2 Proz. Asparagin, 1,5 Proz. Traubenzucker, 1 Proz. Pepton, 0,5 Proz. Kochsalz, 10 Proz. Gelatine oder 1,5 Proz. Agar zu Fleischbrühe oder einer 1 proz. Lösung von Fleischextrakt hinzugesetzt und das Ganze genau bis zum Lackmusneutralpunkt neutralisiert.

Die Farbstoffbildung ist bei der Gelatine reichlicher als beim Agar, und die rasche Verflüssigung ist nicht so störend, wie man glauben sollte, denn sie tritt unter rascher Bildung des Farbstoffes ein. Verwendet man Agarplatten, so bringe man sie zunächst auf zwölf Stunden in den Brütapparat; dann jedoch setze man sie bei **Zimmertemperatur und diffusem Tageslicht** hin; man gibt so dem Prodigiosus insofern günstigere Chancen als den anderen Bakterien, weil viele von ihnen durch die Wärme zurückgehalten werden. Mäßige Wärme und Licht ist für die Farbproduktion erforderlich. Lehmann rät dem Agar Stärke zuzusetzen; das geschieht wohl am besten gleich bei der Bereitung des Agars; sonst verkoche man Stärke in sterilem Kölbchem zu Kleister und mische ihn dem flüssig gemachten Agar zu; 0,5 Proz. Stärke dürften reichlich genügen.

Sicher sind die Verfahren indessen nicht; man muß stets damit rechnen, daß eine Anzahl Bakterien aus bisher nicht bekannten Gründen nicht auswachsen oder keinen roten Farbstoff bilden. Wir hatten größere Wassermengen zu verarbeiten und benutzten statt der üblichen Glasplatten Serien von Fensterscheiben von 0,50 × 1,00 m Größe, die mit Alkohol desinfiziert, mit abgekochtem Wasser nachgespült und dann zum Ablaufen hingestellt waren. Es kam wiederholt vor, daß auf dem einen Teil der Scheibe kein Bact. prodigiosum wuchs, während auf dem anderen Teil derselben Scheibe die Zahl groß war. Wir arbeiteten mit einem Herrn aus einer anderen Stadt zusammen über Filterwirkung, und erhielten von dort aus die Nachricht, daß alle Prodigiosusbakterien zurückgehalten seien, es wären nur weiße Kolonien gewachsen, während wir auch rote erhalten hatten und nachweisen konnten, daß unsere weißen Kolonien auch Prodigiosuskolonien waren. Das sind nur zwei Beispiele von vielen. Man ist also gezwungen, um Fehlschläge möglichst zu vermeiden, eine größere Reihe von Kulturplatten anzulegen und verdächtige Kolonien, d. h. solche, die keine ausgesprochene rötliche Farbe zeigen, wiederholt weiter zu verimpfen.

Auf Kartoffeln wächst der Mikrobe leicht und gut und meistens mit ausgesprochener Farbbildung. Sofern eine größere Anzahl Proben — wie meistens — gemacht werden sollen, so benutze man nicht die üblichen zerschnittenen Kartoffeln, sondern steifen, gut sterilisierten Kartoffelbrei in großen Petrischalen, wie sie für die Typhusuntersuchungen üblich sind. Den Wasserproben selbst setze man etwas sterilisierte Lösung von Magnesia sulfurica zu (ein Prozentsatz von 0,001 genügt nach Kuntze schon zur deutlichen Farbbildung). Auf eine große Petrischale kann man bis zu 5 ccm Wasser bringen. Einen nicht verbrauchten Teil der Wasserprobe versetzt man mit 10 Proz. Bouillon, unter Zusatz von etwas Dikalium-phosphat sowie schwefelsaurer Magnesia, und hält ihn 24 Stunden bei 37°. Den Prodigiosuskeimen werden hier in ähnlicher Weise wie bei der Züchtung auf Agar bessere Bedingungen gegeben, wie der Mehrzahl der Wasserbakterien; es findet also eine gewisse „Anreicherung" statt. Mit einem bis zwei Tropfen der Brühe werden darauf Platten gegossen.

Trotz aller Bemühungen ist das Prodigiosusverfahren kein sicher quantitatives; eine Reihe von Individuen kommt überhaupt nicht oder nicht deutlich erkennbar zum Wachstum. Aber wenn auch die Zahl der gefundenen Kolonien stets hinter der Wirklich-keit zurückbleiben dürfte, so empfiehlt es sich dennoch, ungefähr das Verhältnis der eingebrachten und der wiedergefundenen Bak-terien festzustellen. Das Einschüttmaterial bereitet man sich am besten in der Weise, daß man sich auf Kartoffeln und in Gelatine-schalen in großer Menge die Bakterien züchtet, die man dann in eine Bouillon hineinmengt, welche einen oder zwei Tage später als die ebengenannten Kulturen reichlich mit Bact. prodigiosum geimpft für etwa 18 Stunden im Brütapparat gehalten wurde. Im allgemeinen tut man gut daran, viel Material in die Einschüttöffnung zu geben.

Bei Verwendung von Wasservibrionen als Zuchtobjekten ist eine Anreicherung möglich. Die Vibrionen züchtet man in Bouillon und auf Agarplatten bei ihrem Temperaturoptimum, mischt die auf Agar gewachsenen den übrigen bei und schüttet sie alle in die Einfüllöffnung. Um sie in dem fraglichen Wasser wieder zu finden, bringt man jeweils 100 ccm des zu untersuchenden Wassers in ein Kölbchen und setzt so viel einer konzentrierten Pepton-kochsalzlösung zu, daß eine 1proz. Peptonlösung entsteht. Die Proben kommen dann auf 12 Stunden in den Brütapparat. Nach dieser Zeit entnimmt man eine geringe Menge von der Oberfläche der Kultur und färbt, um die gekrümmten Formen erkennen zu können. Erhält man nicht sofort ein sicheres Resultat, so kann man Gelatineplatten anfertigen, um dort Reinkulturen zu erzeugen, oder man kann, wie Neumann und Orth anraten, einen kleinen Teil der an der Oberfläche des Kölbchens gewachsenen Kultur in etwas sterilisiertes Wasser hineingeben und mit einem Zerstäuber einfachster Art über Petrischalen mit Nähragar hinblasen. Die dort entstehenden Oberflächenkolonien lassen sich bereits nach zwölfstündiger Bebrütung bequem entnehmen und auf gekrümmte Bakterien untersuchen. Auf diese Weise gelingt es, 1 Liter Wasser und mehr von jeder Probeentnahme zur Durchmusterung zu bringen.

Hierbei ist jedoch zu berücksichtigen: 1. daß die Wasservibrionen nicht erwiesen unschädlich sind; zwar ist ein Erkrankungsfall durch dieselben nicht bekannt, doch empfiehlt es sich, wenn nicht besondere Experimente die Unschädlichkeit der gerade zum Versuch bestimmten Art festgelegt haben, sie nicht für Wasser zu verwenden, welches bereits zum Trinken dient; 2. daß die Zeit Juli, August, September möglichst vermieden werde, weil sich da nach den Untersuchungen Dunbars und anderer die kommaförmigen Bakterien öfter im Wasser finden, während sie in den anderen Monaten nicht vorhanden sind. Zum Nachweis ist, wenn möglich, die Agglutination (S. 760) heranzuziehen. Selbstverständlich muß in jedem Falle eine Reihe Kontrollen den Beweis der Abwesenheit oder der großen Seltenheit der Versuchsmikroben in dem ungeimpften Wasser erbringen.

Ein zweiter Weg, der beschritten werden kann, ist die Impfung des Wassers mit Bakterien von deutlich ausgeprägten chemischen Qualitäten, z. B. mit Säure- oder Alkalibildnern oder Gärungserregern. Selbstverständlich müssen derartige Bakterien sich längere Zeit im Wasser halten können, und es dürfen gleiche oder ähnliche Mikroorganismen in dem zu untersuchenden Wasser nicht vorkommen. Hindernd für diese Art der Untersuchung steht im Wege, daß zur Zeit die chemischen Eigentümlichkeiten der Bakterien noch nicht genügend studiert sind, um Irrtümer sicher zu vermeiden.

Aus diesem Grunde wohl schüttete Miquel, der Vorstand der Biologischen Abteilung des Laboratoriums Montsouris, nicht Bakterien, sondern 1 bis 20 kg Bierhefe in 20 bis 80 Liter Wasser aufgeschwemmt, in Erdstürze des Avre- und Vannegebietes. Zu den verschiedenen Zeiten entnommene Proben des Quellwassers von jeweils etwa 50 ccm wurden zu 100 ccm einer Lösung von 40 g Zucker, etwas Weinsäure und den üblichen Mineralsalzen ($NaCl$ 5,0, HK_2PO_4 2,0, $MgSO_4$ 2,0) in 1 Liter Peptonwasser gegeben, in Gärkölbchen gefüllt und in den Brütofen gebracht. Die alkoholische Gärung (4- bis 7proz. Alkohol unter reichlicher Kohlensäureentwickelung) erwies die Anwesenheit der Hefezellen; vorher hatte eine Reihe von Kontrollen ergeben, daß die Wässer an sich frei von Bierhefe waren. — Die Methode von Miquel hat sich in dem Kreidegebirge glänzend bewährt. Die Hefezellen sind jedoch wesentlich größer als die Bakterien, und wo Hefe abfiltriert wird, können Bakterien noch hindurch.

Ein Bakterium, welches nach der angegebenen Richtung hin Verwendung finden kann, ist das Bact. coli. Es erzeugt schon in geringster Zahl in einer Traubenzuckerpeptonlackmuslösung Rötung und Gas (s. S. 748). Auch kann man große Mengen des Wassers zur Untersuchung heranziehen. Dennoch sind diese Versuche bedenklich, weil das Bact. coli weit in der Natur verbreitet ist.

Man darf daher nur unter besonders günstigen Verhältnissen die Coliversuche unternehmen, d. h. vor allem in Perioden großer Trockenheit, wo das Quellwasser absolut keine Zuflüsse von oben bekommt und nachdem man sich durch Reihen von Versuchen überzeugt hat, daß das Bact. coli sich nicht in dem unbehandelten Wasser findet. Beweisend würden die Versuche jedoch nur dann sein, wenn das Bact. coli nicht vereinzelt, sondern in einer relativ großen Anzahl der Proben aufgefunden würde.

Das Gebiet des biologischen Nachweises bedarf, trotzdem schon viel erreicht ist, wie aus dem Vorstehenden folgt, des weiteren Ausbaues. — Bezüglich der Bewertung der Befunde muß dieselbe Vorsicht walten wie bei den S. 300 nachzusehenden Fluoresceinversuchen.

VI. Das tributäre Gebiet der Quellen.

Das tributäre Gebiet einer Quelle läßt sich meistens nicht leicht umgrenzen. Hat man kompaktes, undurchlässiges Gestein, z. B. Eruptivgestein vor sich, so fallen meistens die Wasserscheiden zusammen mit den höchsten Höhenlinien des umgebenden Gebirges. Das Gestein ist dann nur in seinen oberen Teilen verwittert, und wenn auch viele Spalten und Risse in den tieferen Teilen vorkommen, so ist doch ein eigentliches Netz größerer Spalten selten vorhanden; im allgemeinen läuft somit das Aufschlagwasser in und direkt unterhalb der Verwitterungsprodukte an den Abhängen in den Talweg hinunter oder tritt aus Spalten hervor; groß pflegen diese Quellen nicht zu sein.

Wenn indessen das Eruptivgestein stark zerklüftet ist, so braucht sich der orographische und der tributäre Bezirk nicht zu decken. Aus größerer Tiefe kommende Quellen trifft man in dem kompakten Eruptivgestein nicht oft. Häufiger treten bescheidene Quellen an den Grenzen der Gesteinsarten auf, wo das Eruptivgestein das Sedimentärgestein durchsetzt hat, weil dort intensivere Zertrümmerungen stattgefunden haben und sich infolgedessen ein ausgiebiges Spaltennetz gebildet hat. Beispiele dieser Art bietet der Thüringer Wald in größerer Zahl. So bekommen die Wartburg und die Stadt Ruhla ihr Wasser aus dürftigen Quellen, die an der Grenze des den Glimmerschiefer durchsetzenden Granits entstehen. Ein großer Badeort, mitten im Walde gelegen, hat viel Geld und

Mühe aufwenden müssen, um das erforderliche Wasser aus den
kleinen Quellen seiner näheren und weiteren Umgebung zu erlangen; er besitzt vier Wasserleitungen. Eine Quelle entspringt
da, wo der Porphyr und Zechstein zusammenstoßen, eine andere
dort, wo Porphyre die Tonschiefer des mittleren Rotliegenden
durchbrochen haben, eine dritte dort, wo Melaphyr einerseits,
jüngerer Porphyr andererseits durch das Rotliegende hindurch-
gedrungen ist, eine vierte, wo Melaphyr das Gebirge durchsetzt.

Bei den geschichteten Gesteinen fällt das Quellgebiet mit dem
orographischen Gebiet durchaus nicht immer zusammen; bei ihnen
ist die Lage der undurchlässigen oder richtiger der wassertragenden Schicht und dann erst das übergelagerte Gestein maßgebend; es kommen also nicht in erster Linie die oberirdischen,

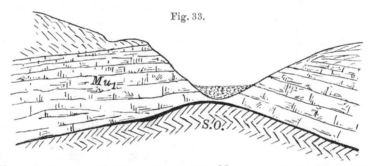

Fig. 33.

Wasserscheide in der Talsohle; quellenloses Tal; Mu_1 unterer Muschelkalk, SO Röt.

sondern die unterirdischen Wasserscheiden in Betracht, die nicht
gerade selten in den Tälern liegen, dann nämlich, wenn eine Satte-
lung mit Bruch oder Erosion der oberen Schichten stattgefunden
hat. Ein solches Tal hat, wie die Zeichnung andeutet, keine Quellen.

Ist die undurchlässige Schicht der Horizontalen angenähert
oder bildet sie eine Mulde, so läuft das auf sie gelangende Wasser
in der Fallrichtung der Schicht. Daraus ergibt sich, daß bei etwas
stärkerer Neigung der Schichten nur diejenigen Täler auf beiden
Seiten Quellen haben, welche gleichsinnig zum Fallen, also rechtwinklig zum Streichen in die Schichten eingeschnitten sind. Sämtliche Täler, die erheblicher von dieser Richtung abweichen,
bekommen alle, oder die Hauptquellen, aus den von oben her
einfallenden Schichten. Nur dann treten an der Talseite, welche
von den abfallenden Schichten gebildet wird, kleine Quellen hervor,
wenn der Gefällswinkel klein und die Masse des übergelagerten,
wasserführenden Gesteins eine größere ist.

Weit ausgedehnte undurchlässige Schichten, die von wasser-
aufnehmendem Gestein überlagert sind, bilden die eigentlichen

„Quellhorizonte". Wo ein solcher Horizont zutage tritt, da kommen die Quellen heraus, und zwar die stärksten dort, wo Einbiegungen (Mulden) in dem Horizont oder größere Spalten die Wasserströmchen zusammenführen. Senkt man einen Brunnen von oben bis auf diese Schicht herunter, so muß man mit Sicherheit Wasser finden, denn infolge der in dem Spaltennetz vorhandenen Widerstände erhebt sich das Niveau des über dem Quellhorizont, der undurchlässigen Schicht, befindlichen Wassers mit der Entfernung vom freien Rande des Horizontes.

Selbstverständlich deckt sich bei dem Sedimentärgebirge der den Quellen tributäre Bezirk nicht mit dem orographischen, also der Höhenausbildung. Nicht die emporragenden wasseraufnehmenden und wasserführenden Gesteine sind ausschlaggebend für die Länge der Quellzuflüsse, sondern die wassertragende Schicht. Selbst von jenseits des Berges nimmt sie Wasser auf, sofern sie sich unter den Berg hindurch erstreckt und nicht Verwerfungen oder sonstige Unregelmäßigkeiten dem Wasser andere Wege weisen. Ausgebildete Quellhorizonte kommen da vor, wo zwischen den festen und lockeren Gesteinen plastische Schichten eingelagert sind, was fast nur bei den jüngeren und mittelalterlichen Ablagerungen, also

Fig. 34.

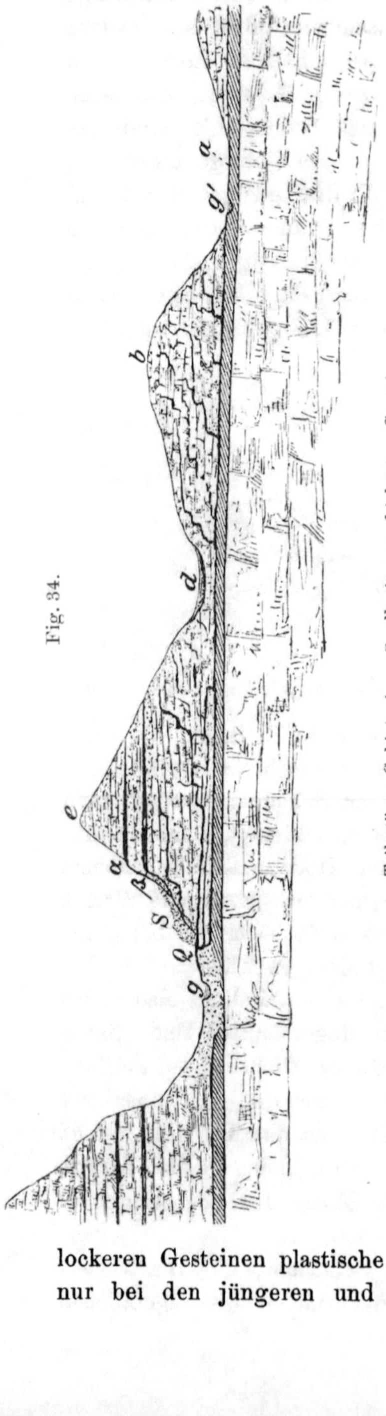

Tributäres Gebiet einer Quelle im geschichteten Gestein.

a zutage tretende undurchlässige Schicht; b Höhenzug aus durchlässigem Gestein; d Alluvium; e zweiter Höhenzug mit den schwer durchlässigen Bänken α und β und den auf ihnen hervortretenden kleinen Hochquellen; ϑ, g' Bäche; Q Quelle; S Trümmergestein, Bergschutt.

denen der känozoischen und mesozoischen Zeit, zutrifft. Bei den alten Gesteinen der paläozoischen Formationen sind die Tone zu festem Gestein geworden, sind verschiefert und etwa vom Rotliegenden an sind ausgedehntere Quellhorizonte nicht mehr häufig, in ihnen sind daher große Quellen seltener.

Die kleineren, für die ländlichen Gemeinden noch ausreichenden Quellen verdanken ihr Entstehen vielfach eng begrenzten undurchlässigen Schichten, welche oft in der Gestalt von Ton- oder Lehmlinsen zwischen den durchlässigen Schichten liegen. Auch weiter ausgedehnte Flächen harten Gesteins, wie man sie an manchen Orten als Werkbänke benutzt, vermögen das Wasser zu leiten, vorausgesetzt allerdings, daß die in ihnen vorhandenen, oft erheblichen Spalten durch feineres Gestein oder Ton oder beides größtenteils ausgefüllt sind. Wieder sind es Einsenkungen der das Wasser führenden Unterlage oder Spalten, aus welchen die Quellen hervorbrechen. Solche Quellen pflegen zur trockenen Zeit gewaltig abzunehmen, weil die Linsen zu klein sind, um Reserven anzusammeln. Zuweilen kann man aus der Ergiebigkeit einen Schluß auf die Größe des tributären Gebietes machen, während das Fallen und Streichen der Schichten einen Rückschluß auf die Herkunft des Wassers gestattet, soweit nicht Verwerfungen oder Lageveränderungen der wassertragenden Schicht eine Ablenkung des auf ihr sich bewegenden Wassers bewirken. Läßt die bloße Besichtigung und Untersuchung die Grenzen nicht erkennen, so ist das Gelände abzubohren, sofern man ein sicheres Urteil über die Herkunft des Wassers gewinnen will.

Noch nach anderer Richtung hin kann zuweilen die Wassermenge Aufklärung bringen. Verfasser besichtigte ein Quellengelände; auf dem Wege dorthin ließ er sich den Deckel eines Revisionsschachtes öffnen; es zeigte sich eine für die Quellen des Granitgebirges und in Anbetracht der trockenen Jahreszeit auffallend reiche Wassermenge. Auf die erstaunte Frage, woher denn das für das Gebirge zu reichliche Wasser komme, folgte die noch mehr erstaunliche Antwort, es sei ein Bacharm in die Quellfassung geleitet.

VII. Die Eigenschaften des Quellwassers.

1. Die Ergiebigkeit der Quellen.

Über die Ergiebigkeit der Quellen sind schon auf den vorstehenden Seiten die hauptsächlichsten Angaben gemacht worden.

Wo breite und lange Quellhorizonte vorhanden sind, die eine gut aufnehmende Bodenschicht tragen, da ist beim Auftreffen auf die wassertragende Schicht mit Sicherheit Wasser zu erwarten; dort, wo der Grundwasserträger eine größere Einbiegung aufweist,

da treten mächtige ausdauernde Quellen von wenig wechselnder
Schüttung und recht konstanter Temperatur hervor.

Dasselbe ist der Fall bei den Überlaufquellen, welche aus
einer Vertiefung der zurückhaltenden Barriere hervorbrechen, oder
bei günstig gelegenen Tiefquellen, sofern das tributäre Gebiet
groß ist.

Das gleiche ist zu erwarten bei den Quellen, welche aus mächtigen
Verwerfungsspalten mit großem Hintergebiet hervorbrechen.

Weiterhin finden sich große Quellen in den manchen Gebirgen
vorgelagerten mächtigen Schutthalden.

Wo solche günstige Verhältnisse nicht vorliegen, z. B. das
tributäre Gebiet an sich klein ist, statt des ausgedehnten Quellhorizontes räumlich eng beschränkte undurchlässige Gesteine oder
Tonlinsen sich finden, wo die Aufnahmefähigkeit des Gesteins gering
ist usw., da darf man nur auf kleine Quellen rechnen, die gewöhnlich in ihrer Ergiebigkeit stark zurückgehen.

Um in zweifelhaften Fällen in dieser Beziehung Täuschungen
nicht ausgesetzt zu sein, ist ein ordentliches Freilegen der Quelle
und eine mindestens eine Trockenperiode umfassende, in Messungen
festgelegte Beobachtung erforderlich, die sich oft über mehr als
ein Jahr erstrecken muß.

Die schlechten, d. h. die oberflächlichen Quellen reagieren auf
Niederschläge und Trockenheit rasch und intensiv. Die guten
Quellen nehmen in dürren Zeiten nur wenig ab; entweder geht
die trockene Periode ganz ohne Beeinflussung an ihnen vorüber,
oder ihre Schüttung nimmt erst ab, wenn die Dürre schon vorbei
ist. Uns sind gute Quellen bekannt, die nicht im Spätherbst des
trockenen Jahres 1911, sondern im Herbst des in seiner zweiten
Hälfte sogar recht regenreichen Jahres 1912 ihren niedrigsten
Wasserstand erreichten und im Frühjahr 1914 noch nicht ihre volle
Schüttung wiedererlangt hatten. Gewiß kann man aus der Gesteins-
und Gebirgsart, kurz aus den örtlichen Verhältnissen in Verbindung
mit der Temperatur, der gleichbleibenden oder wechselnden Klar-
heit, den chemischen und bakteriologischen Befunden, sowie den
Angaben der bekannten „ältesten Leute" Schlüsse ziehen, aber
Sicherheit bringt doch nur die längere Zeit fortgesetzte genaue
Messung.

2. Die Trübungen der Quellwässer.

Bei sehr vielen Quellen macht sich zu gewissen Zeiten eine
Trübung geltend, welche in der Hauptsache aus feinen und feinsten
Tonteilchen zu bestehen pflegt. Sie äußert sich zuweilen bloß als

ein feiner bläulicher Schimmer; das Wasser sieht aus, als stände
es in dem ersten Stadium einer ganz geringen Eisenausscheidung,
es „schielt"; wegen der Feinheit der Teilchen verschwindet eine
solche Trübung sehr langsam. In anderen Fällen nimmt das Wasser
eine graublaue, graue oder deutlich gelbliche oder rötliche Färbung
an, und schon nach kurzem Stehen lagert sich am Boden Schlamm
ab. — Manche von diesen Quellen fließen schon wenige Stunden
nach jedem Regen trübe; andere werden erst nach 24 Stunden,
noch andere erst nach Tagen trübe; manche reagieren auf jeden
Regen, andere erst bei Wolkenbrüchen oder starker Schneeschmelze.
Eine häufige Erscheinung ist, daß Quellen bei dem ersten starken
Regen recht trübe fließen. Hält der Regen an, so nimmt nichtsdestoweniger die Trübung ab; folgt auf den ersten in kurzer Zeit
ein zweiter Regen, so ist die Trübung fast regelmäßig geringer
als bei dem ersten.

Bei einigen hält die Trübung lange an, bei anderen ist sie in
wenigen Stunden vorüber. Auch bei derselben Quelle finden sich
in dieser Beziehung erhebliche Differenzen.

Nicht immer gelingt es, die Ursache für den Eintritt, die Dauer
und das sonstige Verhalten der Trübung aufzufinden.

Wenn eine Quelle sich nach größeren Regen rasch trübt und
bald wieder klar wird, so ist anzunehmen, daß ungenügend filtrierte
Zuflüsse aus großer Nähe hineingelangen. Auch können zu Regenzeiten von den Bergen, von den Hängen, unter dem Schotter rasch
niederrinnende trübe Wässer oder andere oberflächliche Zuflüsse
das an sich reine Quellwasser an oder dicht vor seinem Austritt
trüben.

Spät eintretende Trübungen sprechen dafür, daß entfernt
liegende Bezirke das unklare Wasser liefern, und je später eine
Trübung einsetzt, um so mehr darf man annehmen, daß unterwegs wenigstens eine teilweise Filtration oder Sedimentation stattgefunden hat.

Einige Teile des tributären Gebietes können mit dünner Erdschicht oder gröberem Material bedeckt sein, sie werden also
schlecht filtrieren, während andere Teile mit starker Erdschicht
und feinerem Korn gut filtrieren. Es wird demnach eine Trübung
eintreten, wenn es in dem einen Teile des tributären Gebietes
regnet, während bei Regengüssen in einem anderen Teile des Gebietes das Wasser klar bleibt. Viel kommt es ferner auf die Art
des Regens an; meistens bedingen plötzliche heftige Regengüsse
rascher auftretende und stärkere Trübungen als langdauernde,
gleichmäßige Landregen, selbst dann, wenn letztere erheblich mehr

Wasser herunterbringen als die Platzregen. Mit den Trübungen
ist in den allermeisten Fällen ein Ansteigen der Ergiebigkeit verbunden, in wenigen Stunden nimmt die Wassermenge mancher
Quellen um das Doppelte und Mehrfache zu; gibt es doch Quellen,
deren größte Lieferfähigkeit die kleinste um das Hundertfache
übersteigt. Quellen mit stark inkonstanter Wassermenge legen den
Verdacht nahe, daß sie zuzeiten trübe fließen.

Andere Quellen gibt es, die in ihrer Schüttung weder durch
Trockenheit, noch durch Regen wesentlich beeinflußt werden.
Diese werden auch nicht trübe; sodann ist die Zahl der in ihnen
enthaltenen Bakterien gleich Null oder dauernd gering und die
Temperatur konstant. Solche Quellen entstammen meistens erheblichen Tiefen oder sind durch eine obere undurchlässige Schicht
vor der direkten Einwirkung der Regen geschützt.

Ferner werden diejenigen Quellen nicht trübe, die einem Gebirge entstammen, in welchem Tonteilchen fehlen. Das ist z. B.
in Eruptivgesteinen der Fall, auch im Buntsandstein kommt das
dort vor, wo nicht Ton, sondern Kalk das Bindeglied zwischen den
Quarzkörnchen bildet. Auch bleiben eine Reihe von Quellen klar,
die aus mächtigen Schutthalden hervorkommen.

Die vermehrte Wassermenge kann bei tonhaltigen Gesteinen
an sich schon Trübungen bewirken, selbst wenn das Wasser klar
in die Spalten eindringt. Die Wandungen ihrer Spalten sind nämlich
nur in solcher Höhe rein, als das rinnende Wasser sie dauernd
bespült; oberhalb sitzt der Ton als schmieriger Belag den Spalt-
wänden auf. Steigt das Wasser rasch, so werden sowohl die
oberen Teile der Spaltwände von dem schnell dahinströmenden
Wasser abgewaschen, als auch werden Spalten, die gewöhnlich
trocken liegen, von dem Hochwasser durchflossen; ferner wird das
stark vermehrte Wasser vermöge seiner stärkeren lebendigen Kraft
den am Boden der Exkavationen der Kanäle liegenden Schlamm
aufwirbeln und als Trübung zur Erscheinung bringen.

Sofern eine Quelle im Geröll gefaßt wird, so kann bei größerem
Wasserreichtum der von der Quelle vorher im Geröll deponierte
feine Schlamm wieder zur Auswaschung gelangen und das Wasser
trüben.

Auch unterwegs können die Quellen Trübungen aufnehmen,
falls Einbrüche von Oberflächenwasser in den Quellauf stattfinden.
Derartiges ereignet sich z. B. in stark zerklüftetem Gestein durch
Spalten und Erdfälle hindurch.

Die sekundären Quellen, welche Abflüsse aus Seen oder
versunkene Bäche aufnehmen, sind oft recht erheblich trübe. So

wird angegeben, daß die vorhin erwähnte Aach bei Regenwetter trübe fließt; so fließt die Quelle in Oberwillingen trübe, und zwar, wie die Dorfbewohner angeben, etwa 24 Stunden später, als die Ilm trübe wird. Bei den Quellen einer an der Ilm gelegenen Stadt ereignet sich dasselbe, und man kann aus der Farbe der Trübung der Quellen und ebenso der Ilm erkennen, wo die Gewitter niedergegangen sind, welche die Trübung bedingen; fielen die Regen in dem Buntsandsteingebiet, so zeigt das Quellwasser eine deutlich rötliche Trübung, haben sich die Regenwolken über der Muschelkalkformation entleert, dann ist die Farbe grau bis graugelb.

Übrigens darf man nicht glauben, daß die Trübungen der sekundären Quellen immer oder allein von den verlorenen Bächen oder Flußarmen herrühren. Wenn ein Gebirge so zerklüftet ist, daß es ganze Bäche aufnimmt, oder wenn es Erdfälle enthält, dann läßt es auch das Regenwasser unfiltriert einströmen, und bei klarem Wasser des tributären Flusses kann, wie das z. B. für die Aach nachgewiesen ist, infolge starker, das umliegende Gelände treffender Regen das Quellwasser trübe fließen. Man darf sich daher nicht der Hoffnung hingeben, daß, wenn es gelingen sollte, die versunkenen Bäche abzuschneiden, nun das Wasser immer klar bleiben werde; das dürfte vielleicht nur in einer kleinen Reihe von Fällen vorkommen.

Auf dem Wege zur Quellmündung wird ein gewisser Teil der trübenden Substanzen durch Sedimentierung und Flächenanziehung oder mechanisches Ankleben entfernt. Erheblich ist das jedoch nur dann, wenn das Quellwasser entweder ein sehr weit verbreitetes Netz von engen Kanälchen passiert, oder wenn es weitere Hohlräume langsam durchfließt.

Kommt trübes Wasser in künstliche Behälter und in Rohrleitungen hinein, so lagert sich dort ein Teil der Suspensa ab, das Wasser wird durch Sedimentieren reiner. Der abgesetzte Schlamm muß entfernt werden, denn sonst wird er bei Druckschwankungen in Bewegung gebracht und es treten sekundäre Trübungen des Wassers auf, die sich weit über die Zeit der primären Trübung hinaus erstrecken und zu berechtigten Reklamationen seitens des konsumierenden Publikums Veranlassung geben.

Die Trübungen sind unangenehm, weil sie das Wasser unappetitlich und für manche Gebrauchszwecke ungeeignet machen. Gesundheitlich sind sie belanglos, soweit anorganische Teilchen in Betracht kommen, sie bekommen jedoch dadurch eine gesundheitlich große Bedeutung, daß dieselben Wege, welche die Ton-

teilchen gehen, auch von den an der Erdoberfläche befindlichen
Bakterien beschritten werden, unter welchen sich auch pathogene
befinden können. Trübungen zeigen also vielfach die Möglichkeit
einer Infektion an.

3. Die chemische Beschaffenheit der Quellwässer.

Die chemische Zusammensetzung des Wassers ist von der
Gesteinsart abhängig, mit der es in Berührung gewesen ist. Je
gehaltreicher das Gestein an löslichen Substanzen ist, je länger
Wasser und Gestein zusammen sind, je größer die Berührungs-
flächen des Gesteins zur Menge des Wassers sind, um so reicher
ist das Wasser an gelösten Substanzen.

Aus dem Vorstehenden folgt, daß es nur ein „Durchschnitts-
quellwasser" für die verschiedenen Gesteinsarten geben kann; für
nicht zu große Räumlichkeiten läßt sich also ein Annäherungsbild
über die Wasserbeschaffenheit gewinnen.

In der nachstehenden Tabelle sind die Befunde bei 550 Quellwässern und einigen Flach- und Tiefbrunnenwässern zusammengestellt, welche im Laufe des letzten Jahrzehntes im hygienischen
Institut in Jena gewonnen worden sind. Fast alle Proben sind von
uns selbst entnommen, da wir regelmäßig, wenn nicht absolut klare
Verhältnisse vorliegen, die Untersuchung von bloß eingesandten
Proben ablehnen. Wir lernen so die örtlichen Verhältnisse kennen
und gewinnen dadurch die Möglichkeit, die erhaltenen chemischen
und bakteriologischen Befunde richtig zu bewerten; wir tragen
ferner gleich an Ort und Stelle die Lage der Quelle bzw. Wasserentnahmestelle auf der geologischen Karte ein. Alle Wässer, die
bzw. ihrer Herkunft unklar waren, oder die verunreinigt oder von
Oberflächenwasser beeinflußt waren bzw. sein konnten, sind in der
Tabelle fortgelassen.

Die Quellen sind nach den geologischen Formationen geordnet.
Aber man muß sich klar darüber sein, daß mit den geologischen
Formationen, z. B. Buntsandstein, Muschelkalk, Devon usw., nichts
anderes als Zeitperioden bezeichnet werden, in welchen bestimmte
Organismen, deren Reste in größerer Zahl auf uns gekommen sind,
gelebt haben. Diese Organismen können sich jedoch in den verschiedensten Gesteinsarten finden, in Schiefern, Kalken, Tonen usw ;
die geologischen Bezeichnungen deuten also nur eine gewisse Gleich-
altrigkeit, aber keine mineralogische Gleichartigkeit an.

Nun sind auf so kleinem Gebiet, wie Thüringen, die Differenzen in der Art der Gesteine im allgemeinen nicht sehr groß,

Durchschnittliche chemische Beschaffenheit der Wässer Thüringens.

Formation	Zahl der Quellen	Gesamt-Rückstand	Glüh-rückstand	CaO	MgO	H_2SO_4	Gesamt-härte	Bleibende Härte	Chlor	Kaliumperm-verbrauch
Alluvium	24	428	277	115	64	74	15,4	10,2	32,0	9,6
Diluvium	39	569	415	152	64	116	23,0	13,5	42,0	8,5
Tertiär	2	512	388	198	39	79	25,7	23,3	17,0	11,0
Jura	3	530	330	96	65	143	20,41	12,0	37,0	7,2
Oberer Keuper	11	120	65	28	16	17	3,2	2,7	23,0	12,4
Mittlerer Keuper	48	984	699	249	105	332	48,0	27,4	33,0	8,0
Unterer Keuper	43	813	618	215	81	211	33,5	20,4	37,0	8,0
Oberer Muschelkalk	15	427	310	150	55	49	23,5	12,2	14,0	6,1
Mittlerer Muschelkalk	21	326	229	124	39	32	16,6	8,2	16,0	7,6
Unterer Muschelkalk	42	333	222	116	33	31	15,3	7,9	13,4	6,5
Oberer Buntsandstein	96	1097	889	361	70	412	45,3	33,0	19,0	8,8
Mittlerer Buntsandstein	29	208	145	64	100	31	7,35	6,23	15,9	7,8
Unterer Buntsandstein	29	255	173	78	40	33	12,3	6,9	19,2	8,0
Oberer Zechstein	5	475	332	150	53	88	21,7	14,5	20,0	5,9
Mittlerer Zechstein	7	409	302	122	47	70	19,54	14,7	13,0	3,4
Unterer Zechstein	18	569	494	176	80	169	27,9	15,4	34,0	7,6
Rotliegendes	17	137	96	60	15	15	6,6	3,6	13,0	6,0
Oberer Culm	15	179	110	58	25	26	8,4	5,8	13,0	10,0
Unterer Culm	6	125	76	25	10	11	4,5	3,2	9,0	5,8
Oberes Devon	5	275	195	95	30	45	14,1	10,5	11,0	5,1
Mittleres Devon	2	213	145	73	34	27	12,5	7,7	10,0	4,4
Unteres Devon	1	262	155	90	10	—	10,0	5,0	7,0	3,5
Oberes Silur	2	142	66	43	Spur	Spur	4,7	4,7	5,0	4,0
Mittleres Silur	17	140	100	21	14	32	4,5	3,5	18,0	9,0
Unteres Silur	47	143	88	37	16	22	6,2	4,4	18,0	7,1
Cambrium	2	73	42	12	4	6	2,3	2,0	10,0	6,8
Basalt	6	137	110	35	17	18	5,9	3,0	5,0	2,0
Granit	3	62	31	10	Spur	6	1,1	0,8	10,0	6,8
Porphyr	2	70	45	22	5	6	2,0	1,8	6,0	3,1
Porphyrit	1	50	44	14	Spur	3	2,3	1,7	7,0	7,0
Melaphyr	1	35	20	Spur	Spur	Spur	0,5	0,5	4,0	0,6

so daß wir die Sonderung nach den Formationen vornehmen konnten, aber die vorhandenen Unterschiede im Gestein treten doch nicht selten in störender Weise hervor. Besonders sind es die Einlagerungen, die sich bemerkbar machen. Trotz der von uns getroffenen Auswahl treffen wir also schon aus diesem Grunde in ein und derselben Gebirgsformation auf recht verschiedene Wässer.

Gehen wir die Zusammenstellung durch, so ist betreffs des Alluviums und Diluviums zu sagen, daß die Durchschnittszahlen für einen Vergleich mit an anderen Stellen gewonnenen wertlos sind, denn sie setzen sich aus den heterogensten Zahlen zusammen. Wasser aus dem Alluvium bei Georgental hat 53 mgl Rückstand und 1,8° Härte, und bei Greußen 1361 mgl Rückstand und 45° Härte. Ähnlich ist es im Diluvium; bei Unterlind - Sonneberg findet sich in diluvialem Sandsteingeröll 61 mgl Rückstand und 2,3° Härte, bei Stotternheim im Keupergebiet 1490 mgl Rückstand und 45° Härte.

Die Beschaffenheit des Wassers aus dem Alluvium und Diluvium richtet sich nach den Gesteinsarten, aus welchen diese sich zusammensetzen, und nach der mehr oder minder festen Packung, in welcher die einzelnen Teilchen liegen. Meistens ist das Wasser des Alluviums und Diluviums gehaltreicher, oft sogar erheblich, als das des umliegenden Gebirges, aus dessen Trümmern sich die jungen Formationen aufgebaut haben. Nicht selten sind die Trümmer aus großer Entfernung durch die Urflüsse herangeschleppt worden, dann haben die Wässer nicht den Charakter der Gesteine ihrer näheren Umgebung.

Das in Thüringen vorhandene Alluvium liegt in den Flußtälern, die eng und klein sind.

Das Diluvium deckt weitere Gebiete im Flachland; diese scheiden allerdings für uns aus, denn dort sind wenig Quellen und diese werden selten zur Wasserversorgung herangezogen, da der „Hausbrunnen" den Bedarf deckt. Sein Wasser dürfen wir jedoch nicht zum Vergleich heranziehen wegen der fast regelmäßigen starken Verunreinigung; nicht der Boden, sondern der auf und in ihn gebrachte Schmutz ist ausschlaggebend für die Beschaffenheit des Wassers.

Das Tertiär ist wenig vertreten. Die beiden in der Tabelle erwähnten Wässer liegen örtlich vielleicht 10 km auseinander; beides sind Wässer, die aus dem Liegenden von Braunkohlengruben hervorbrechen; sie sind stark eisenhaltig.

Der Jura hat für Thüringen hydrologisch keine Bedeutung.

Anders ist es mit dem Keuper. Im Süden des Thüringer Waldes liegen die losen, lockeren Sandsteine des Rhät mit ihren weichen Wässern. Der mehr in den nördlichen Bezirken gelegene mittlere und der untere Keuper ist im allgemeinen durch hohen Kalkgehalt ausgezeichnet, der zum größeren Teil an Schwefelsäure gebunden zu sein pflegt.

Gewiß finden sich auch hier relativ weiche Wässer, wo nämlich die Sandsteine das Gebirge bilden; so beträgt bei Schlotheim der Rückstand des Keuperwassers 440 mgl bei 23⁰ Härte; wo aber Dolomite und Anhydrid vorherrschen, steigt der Rückstand bis auf 2480 mgl, auf 92⁰ Gesamthärte und 51⁰ bleibende Härte (Rieth-nordhausen). Ähnlich liegen die Verhältnisse für den unteren, den Kohlenkeuper. Buttstedt hat Wasser aus dem Ockerdolomit mit 2670 mgl Rückstand, 106⁰ Gesamthärte und 71⁰ bleibender Härte. Etwa 1 km westlich in demselben Gebirge kommt eine Quelle her-aus, die nur 776 mgl Abdampfrückstand und 35⁰ Gesamthärte hat. Das ist für diese Gegend ein „weiches" Wasser; weichere gibt es dort nicht.

Wesentlich gleichmäßiger sind die Quellen der Muschelkalk-formation. Die hier angegebenen Durchschnittszahlen stellen tat-sächlich die Mitte aus dicht beieinander liegenden Zahlen dar. Eine Ausnahme bildet ein mittels Tiefbohrung heraufgeholtes Wasser. Sein Abdampfrückstand und die bleibende Härte sind um das Gleiche, die Gesamthärte um die Hälfte höher wie der Durchschnitt. Eine ähnliche Erhöhung findet dann statt, wenn das Wasser nicht direkt aus Spalten in das Freie tritt, sondern wenn es eine Schicht Muschelkalkalluvium oder Trümmerhalden, die z. B. durch Bergstürze entstanden sind, durchsickern muß. Die Erhöhung der Härte beträgt in solchen Fällen gewöhnlich mehrere Grade, kann aber auch bis fast zum Doppelten gehen.

Diese Erscheinung, d. h. die Vermehrung des chemischen Gehaltes bei aus großer Tiefe entnommenem oder durch Trümmer-gesteine langsam geflossenem Wasser ist eine ganz allgemeine und bei allen Formationen vorkommende; man muß stets mit ihr rechnen.

Die härtesten Wässer, welche Thüringen hat, bringt neben dem Anhydrit der obere Buntsandstein mit seinen Gipslagern. Bis zu 2,5 gl Rückstand und 80 bis 100⁰ Härte, welche zu mehr als ³/₄ Gipshärte zu sein pflegt, sind nicht selten und werden getrunken ohne jeden Schaden. Die weichsten Wässer des Röt sind solche mit 400 bis 500 mgl Rückstand und 10,25 Härtegraden. Während auf dem oberen Buntsandstein, dem Röt, die Wässer des Muschelkalkes vielfach als größere sogar große Quellen hervortreten, sind die im Röt gelegenen allesamt klein.

Unbedeutend und recht inkonstant in ihrer Menge sind meistens die Quellen des mittleren Buntsandsteins. Über den Durchschnitt, $7,35^0$ Gesamthärte, gehen weite, zusammenhängende Bezirke um das Doppelte hinaus; in ihnen hat die Verkittung der einzelnen Quarzkörnchen hauptsächlich durch Kalk stattgefunden. Läßt man einen Tropfen Salzsäure auf solchen Sandstein fallen, so braust er auf wie ein Muschelkalkstein. Andere Bezirke haben 1,5 bis 3^0 Härte. Auch Abweichungen kommen vor; dicht bei Jena steht eine Tiefbohrung von 76 m im mittleren Buntsandstein, aus ihr tritt artesisch ein Wasser von 35 deutschen Härtegraden heraus. Dieses Untergrundwasser wird wahrscheinlich beeinflußt durch Wasser aus benachbarten Diluvialschichten, die 39 Härtegrade in ihrem Wasser zeigen, oder von den in weiter Ausdehnung von SO her einfallenden, weit sich erstreckenden Lagern von Gipsen des oberen Buntsandsteins. Eine etwa 10 km entfernte Bohrung in der gleichen Buntsandsteinschicht gibt ein Wasser mit nur 4 Härtegraden. An anderer Stelle, mitten im mittleren Buntsandstein, finden sich plötzlich gelbe Mergel, und während die umliegenden Quellen 5 bis 10 Härtegrade haben, zeigt eine hier befindliche Quelle 26^0.

Der Zechstein führt reichlich Wasser, allerdings von einer nicht unerheblichen Härte, welche durch dolomitische Gesteine bedingt ist. Steht das Wasser in diesen, so wird es recht hart. Zwei sehr ähnlich zusammengesetzte Tiefbrunnenwässer aus 50 m Tiefe des unteren Zechsteins haben im Durchschnitt 1400 mgl Gesamtrückstand, 1200 Glührückstand, 350 Kalk, 150 Magnesia, 450 Schwefelsäure, 61^0 Gesamthärte und 38^0 bleibende Härte. Der Zechstein ist meistens recht klüftig, daher zirkulieren die Wässer leicht in ihm, und so erscheinen nicht selten Wässer härter, als sie das der Natur des Gebirges nach sein sollten, denn sie bringen ihre Härte von anderer Stelle bereits mit.

Das Rotliegende ist wenig gehaltreich und dementsprechend sind seine Wässer ziemlich indifferent.

In Thüringen fehlt das Kohlengebirge, die es ersetzenden Grauwacken und Schiefer des Kulm haben weiche Wässer, da sie des Kalkes entbehren; sie erscheinen gehaltreicher, wenn sie als Sickerwässer in dem schweren Ton gefaßt werden, zu dem die Schiefer unter dem Einfluß der Atmosphärilien zerfallen. Das Gebirge ist arm an Quellen, dahingegen sind wegen des undurchlässigen Tones Teiche sehr häufig. In einigen Bezirken finden sich in den Schiefern Kalkeinlagerungen mit härterem Wasser.

Ähnlich ist es mit dem Devon; auch bei ihm sind die eigentlichen Quellwässer weicher und zugleich ärmer an Tonerde, wie
die, welche im Grunde der kleinen Täler in Sickerschlitzen gefaßt
werden. Sehr machen sich die Kalkeinlagerungen bemerkbar, die
als Knotenkalke und Kalkknotenschiefer nester- und strichweise
auftreten. Die in ihnen gefundenen Wässer sind bis zum Dreifachen
so gehaltreich wie die anderen. Sodann finden sich Pyrite. Schon
S. 173 ist angegeben, wie deletär diese wirken können. Hier sei
folgende Angabe gemacht. An der Grenze des Diabases und unterer
devonischer Schiefer war, veranlaßt durch sehr kleine Quellen,
nach Wasser gesucht worden, bis man dann zuletzt auf 20 m Tiefe
einen etwa 100 m langen Stollen getrieben hatte, zu dem drei
weite Schächte als Brunnen führten. Die Wassermenge reichte
absolut nicht aus. In anderem Gebirge wurde mehr Wasser gefunden und die Stollenanlage blieb in Reserve; das Wasser stand
bis auf 3 m unter Erdgleiche. Die Untersuchung des Wassers
ergab folgende Gehalte:

	Abdampf-rückstand	Glüh-rückstand	Kalk	Magnesia	Schwefel-säure
Oberfläche	340	260	118	40,5	75
In 19 m Tiefe	660	505	260	63	225

	Gesamt-härte	Bleibende Härte	Chlor	Kaliumperm-verbrauch
Oberfläche	17,0	9,8	14,2	7,6
In 19 m Tiefe	28,0	20,4	30,1	8,2

Hiernach schwimmt also auf einem harten Wasser ein wesentlich weicheres. Das kann darin seinen Grund haben, daß in der
Tiefe ein älteres, gehaltreiches und aus den oberen Felspartien ein
weiches Wasser zutritt. Es ist aber auch nachstehendes möglich:
die devonischen Schiefer enthielten Schwefelkiese; sie wurden
zusammen mit den Diabastrümmern über das Gelände verteilt,
zerfielen, und nun kann ein sehr hartes Wasser in das weichere
Brunnenwasser eingedrungen und zu Boden gesunken sein. Am
Boden des Stollens liegt viel Eisenschlamm, welcher für letztere
Auffassung spricht.

Im Silur mit seinen gleichfalls minimalen Quellen wird ein
weiches Wasser gefunden, wenn nicht Kalkknoten in Lagern und
Bändern vorhanden sind, welche abfärben. Eisen ist vielfach vor-

handen, allerdings meistens in geringer, selten über 3 mgl hinausgehender Menge. Auch ist auf Pyrite zu achten.

Das weit verbreitete Cambrium ist recht gleichförmig in seiner Zusammensetzung; infolgedessen entsprechen die Durchschnittszahlen gut den Einzelzahlen. Das Wasser ist sehr weich, 2,5 bis 2 deutsche Grade in Gesamthärte und bleibender Härte. Trotzdem ist das Wasser der Tiefbohrungen gehaltreicher. Dieselbe Erscheinung zeigt sich, wenn Quellen am Fuße größerer Höhen heraustreten. Die starke Überlagerung ersetzt gewissermaßen die Tiefbohrung; die Temperatur des Wassers ist dann erhöht.

Sehr weich sind die Wässer der Eruptivgesteine, sie haben jedoch den Fehler, daß sie nur in geringer Menge hervorbrechen; etwas größere Wasseraustritte finden sich im Granit, wenn dieser in größerer Ausdehnung zu scharfem Sand zerfallen ist.

4. Der Bakteriengehalt der Quellwässer.

Die Mehrzahl der Quellen führt unter gewöhnlichen Verhältnissen, d. h. wenn keine größeren Niederschläge stattgefunden haben, wenig Keime.

Will man sich über die Keimzahl unterrichten, so kommt es vor allem auf eine gute Probeentnahme an. Es ist notwendig, daß man das Wasser an der Stelle entnimmt, wo es aus der Erde heraustritt. Das ist leicht zu bewerkstelligen, wenn die Quellmündung frei vorliegt. Recht häufig jedoch tritt die Quelle am Boden einer mit Wasser gefüllten Vertiefung oder aus einem Quelltrog oder einer Quellstube, also einer fertigen Fassung, heraus. Alle diese Reservoire erhalten von den Wandungen usw. Bakterien, die man vermeiden soll. Läßt sich von oben her erkennen, wo in der Tiefe das Wasser in den Behälter eintritt, so geht man mit besonderen Apparaten ein und schöpft unter Wasser das eintretende Quellwasser. Läßt man das über dem Quelleintritt stehende Wasser ab, so darf das Schöpfen der Probe nicht früher beginnen, als bis das Wasser in den Quelladern einen dauernd gleichen Stand eingenommen hat und die vorher unterirdisch überschwemmten Gebiete völlig leer gelaufen sind; darüber können Tage vergehen (siehe auch S. 713 und 721).

Ferner soll man die Probeentnahme bei ungefaßten Quellen, sofern das angängig ist, unterhalb der gewöhnlichen Bakteriengrenze des Erdbodens, d. h. tiefer als 3 bis 4 m, bewerkstelligen, um die Keime der oberen Erdschichten auszuschließen. Werden die angegebenen und ähnliche hierher gehörige Punkte nicht berücksichtigt, so ergeben sich erhebliche Fehler. Man hat geglaubt, dieselben mit einer gewissen Zahl, z. B. 50 Bakterien pro Kubikzentimeter in die Rechnung einstellen zu dürfen, und man findet in der Literatur oft: „Quellwässer sind als gut zu bezeichnen, wenn sie nicht mehr als 50 Keime pro Kubikzentimeter haben". Das ist jedoch ein gewaltiger Irrtum. Es hängt von allen möglichen Umständen ab, wieviel „akzessorische", nicht hingehörende Keime in einem Quellwasser enthalten sind. Ist z. B. die in ein Bassin eintretende Quelle stark, die in dem Quellbassin befindliche Wassermenge aber gering, so sprechen 50 Bakterien pro Kubikzentimeter schon deutlich für eine erheblichere Verunreinigung; windet sich hingegen nur ein kleiner dünner Überlauf aus der vermoosten Brunnenstube heraus, dann sind 50 Bakterien wenig. Es kann schon einen wesentlichen Unterschied machen, ob die Probe an der Wasseroberfläche oder 10 bis 20 cm darunter, ob sie in der Mitte des Bassins oder am Rande geschöpft ist usw.

Man soll also mit jener Verlegenheitszahl vorsichtig sein und sie nur da, und zwar mit aller Reserve, benutzen, wo eine auf exakte Beobachtung fußende Begründung absolut nicht zu gewinnen ist.

Abgesehen von diesen nicht eigentlich dem Quellwasser angehörigen Keimen ist der Bakteriengehalt der Quellen sehr häufig recht inkonstant. Die Keimzahl pflegt infolge stärkerer Niederschläge, der Schneeschmelze oder sonstiger Zuflüsse zu steigen. Eine ein- oder mehrmalige Untersuchung einer Quelle zur trockenen Jahreszeit — die trockenste ist vielfach eine Frostperiode bei fehlendem oder geringem Schnee — gibt über den Keimgehalt kein richtiges Bild. Eine Quelluntersuchung muß kurze Zeit nach stärkeren Regen, vor allem im Beginn des Anstieges ihrer Wasserführung stattfinden.

Die in den Quellwässern gefundenen Bakterien werden zum Teil bei Regen durch undichte Fassungen an der Quellenmündung hineingespült, in ähnlicher Weise wie sie durch die undichten Wände und Eindeckungen der Brunnen in das Brunnenwasser hineingewaschen werden. Die Menge dieser Mikroben kann recht groß sein, denn da viele Quellen an den niedrigsten Stellen des Geländes hervortreten, so laufen auch die Tagewässer an diesem Punkte zusammen, und recht häufig trifft man Quellmündungen in einer recht traurigen Verfassung. Soll eine Quelle gefaßt werden, so sind oft vorher nicht unerhebliche Aufräumungs- und Ableitungsarbeiten erforderlich, ehe mit der eigentlichen Fassung begonnen werden kann. Die neueren Quellfassungen entsprechen meistens den hygienischen Anforderungen.

Gering ist im allgemeinen die Zahl der Bakterien, welche mit dem Leck- oder Kondenswasser von den Decken und Wänden der an sich guten, aber Bakterien enthaltenden Quellstuben, in das Wasser hineinfällt. Größer ist schon die Menge der von den Decken und Wänden der Kanäle, Gänge und Stollen dorthin gelangenden Mikroben. Unsicheres Wasser dieser Art muß abgeleitet werden, wie schon bei den Stollenquellen erwähnt wurde.

An der Quellmündung treten Bakterien dann in größerer Menge hinzu, wenn der Quellauf Zuflüsse aus der ihm übergelagerten bakterienhaltigen Erdzone erhält. Diese Bakterien lassen sich vermeiden, wenn die Quelle so weit in den Berg hinein verfolgt wird, bis man aus der bakterienhaltigen Zone heraus ist. Hiermit wird man der schon früher aufgestellten Forderung gerecht, die Quellen, wenn möglich, bis zu ihrem Austritt aus dem Gebirgsmassiv aufzudecken und sie dort zu fassen.

Wo diese Forderung nicht erfüllt werden kann, da muß man sich durch die Schaffung einer genügend großen Schutzzone über und neben dem Quellauf und der Quellmündung zu helfen suchen, wobei zugleich Wert darauf zu legen ist, das angehäufte Trümmergestein bewachsen zu lassen. Durch die direkte und indirekte Einwirkung der Pflanzen entsteht eine Schicht Mutterboden, die zunächst einen gewissen, später einen großen Prozentsatz der aufgebrachten Bakterien zurückhält. Ferner können Wässer, die von den Hängen kommen, Bakterien und trübende Substanzen mit sich herunter zur Quellmündung tragen. Solche Zuflüsse müssen durch Abfangen und Ableiten ferngehalten werden.

Meistens jedoch entstammen die Bakterien dem eigentlichen fernerliegenden tributären Gebiet. Schon wiederholt ist darauf hingewiesen worden, daß vielfach der zerklüftete Fels nur mit einer dünnen, nicht filtrierenden Erdschicht bedeckt ist, der sich bald das überhaupt nicht mehr filtrierende, sondern das nur durch Sedimentierung und Flächenanziehung oder durch mechanisches Ankleben wirkende Spaltennetz anschließt.

In trockenen Perioden, wenn sich das Wasser langsam bewegt, ist hinreichende Zeit für diesen langsamen Reinigungsprozeß gegeben. So kommt es, daß die allermeisten Quellwässer in den trockenen Perioden ein keimarmes, nicht zu beanstandendes Wasser liefern. Gehen jedoch große Regen nieder, wird das unterirdische Spaltennetz mit unreinem Wasser angefüllt, dann stürzt, veranlaßt durch den hohen Druck, der durch den meterhohen raschen Anstieg bewirkt ist, das Wasser in großer Menge und ohne eine nennenswerte Reinigung erfahren zu haben, zur Quellmündung heraus. Werden ihm noch auf seinem Wege durch weitere, bis zur Erdoberfläche reichende Spalten oder durch in den Senken liegende Erdstürze oder Schwalglöcher Oberflächenwässer zugeführt, so steigt die Bakterienzahl sehr erheblich, geht über viele Tausende hinaus. **Der stärkste Anstieg der Bakterienzahl liegt im Anfang der unterirdischen Hochflut; in den ersten Stunden nach dem Anstieg ist das Quellwasser am unreinsten.** Schon bald pflegt sich, ganz ähnlich wie bei den Trübungen, eine Abnahme bemerkbar zu machen. Begründet ist diese Erscheinung darin, daß der erste Ansturm des Wassers auf eine sehr große Zahl loser, leicht fortschwemmbarer Erdteilchen, mit ihnen anhaftenden unzähligen Bakterien trifft und daß er die in den feineren Kanälchen in der Nähe der Erdoberfläche unter noch günstigen Entwickelungsbedingungen gewachsenen Bakterien los- und fortspült. Später niedergehende Regen finden ihre Wege ab- und ausgewaschen, genau so wie das in den Straßen der Städte der Fall ist. Zudem quellen die kolloidalen Tonteilchen durch die zuerst gefallenen Regen auf, die Bakterien kleben fest und sind nicht mehr so leicht fortzuspülen.

Aus diesen Gründen erklärt sich auch, warum die durch Quellen erzeugten Typhusepidemien hauptsächlich nach Regen, und zwar meistens nach dem ersten starken Regen auftreten.

Sekundäre Quellen enthalten fast immer reichlich Bakterien; sie steigen jedoch erheblich an, wenn Hochwässer kommen. Wieder ist der erste Anstieg der unreinste und gefährlichste, weil er die meisten von der Erdoberfläche in die Wasserläufe gespülten Bakterien enthält. Die ersten Regen sind es, welche die Straßen der Städte und die Höfe der Dörfer ausspülen, nachdem sie die Miststätten und Dunggruben zum Überlaufen gebracht haben.

Man darf nicht vergessen, daß ein Teil der Bakterien auch von den Wandungen der Kanäle und Spalten stammen wird, die das Wasser bei vermehrtem Zufluß bespült. Wie groß ihre Zahl ist, welche Arten in Betracht kommen, wie weit die Spalten mit Bakterien besetzt sind usw., weiß man noch nicht, aber man muß wohl annehmen, daß eigentliche pathogene Keime, z. B. die des Typhus oder der Cholera, dort nicht gedeihen. Eine gesundheitliche Bedeutung kann man also diesen Bakterien nicht zuschreiben.

Nebenbei sei bemerkt, daß auch Tiere in Quellwässern vorkommen können. In den aus Klüften hervorsprudelnden Kalkquellen sind Flohkrebse (Gammarus) häufig. Die hier interessierenden Arten leben im fließenden Wasser und dürften in den weiteren Aushöhlungen im Gestein des Gebirges hausen, aus welchem

sie bei stärkerem Wasserandrang herausgespült werden. Sie kommen
an einzelnen Stellen so zahlreich vor, daß sie mit Sieben abgefangen werden müssen; selbstverständlich finden diese ungefähr
1 cm langen Tiere ihre Nahrung in dem Wasser der Klüfte; sie
nehmen kleinere Tiere auf, und diese nähren sich zuletzt wieder
von Bakterien. Wo also Tiere gefunden werden, da sind selbstverständlich Bakterien auch vorhanden.

In die Fassungen flach liegender Quellen kommen bei weicher
Bodenbeschaffenheit zur Winterszeit nicht selten Regenwürmer
hinein, vor allem, wenn zur Verstärkung der Quellen Sickerrohre
gelegt worden sind. Die Würmer gehen zur trockenen Jahreszeit
bis in die feuchte Region, zur kalten Jahreszeit bis in die frost-
freie Tiefe; nach Darwin gehen sie über rund 2 m Tiefe nicht
viel hinaus. Ihre Anwesenheit ist also ein Beweis für eine zu
flache Fassung bzw. zu oberflächliche Lage der Sammelrohre.

Von der Bakterienzahl der Quellwässer und ihrem Wechsel
macht sich der Fernstehende vielfach nicht die richtige Vorstellung;
es sei daher gestattet, die nebenstehende Tabelle vorzuführen.

Auch das folgende Beispiel ist lehrreich; es zeigt, daß selbst
ganz nahe zusammenliegende Quellaustritte bakteriologisch sehr
verschieden sein können.

Keimgehalt zweier in gleichmäßigem unteren Muschelkalk befindlicher,
ungefähr 4 m voneinander entfernter Quellaustritte.
Die Daten sind wahllos einer größeren Tabelle entnommen.

Datum 1901	Quelle R. S.		Datum 1910	Quelle P.	
	Quellaustritt Nr. 1	Quellaustritt Nr. 2		Quellaustritt Nr. 1	Quellaustritt Nr. 2
28. April	236	299	30. Mai	15	9
29. „	516	5	20. Juli	1250	27
30. Mai	2250	40	25. „	230	305
2. Juni	212	29	25. Septbr.	23	28
5. „	448	1058	29. „	320	20
10. „	209	194	15. Dez.	350	10
19. Juli	440	67	16. „	12	12
			24. Januar	90	8

Um zu zeigen, wie groß die Bakterienzahl in Quellwässern
sein kann und wie sehr sie zu wechseln vermag, mögen folgende
wenige Beispiele dienen; zuerst seien Beispiele aus Kalkformationen
gebracht.

Die Quellen der Dhuis, welche den nordöstlichen Teil von
Paris versorgen, stammen aus den Kalken des unteren Miozän und

Charakteristische Beeinflussungen typischer Kalksteinquellen durch Regen.

Wassertragende Schicht: Tone und Letten des Röt.
Wasserführende Schicht: Oberer und mittlerer Muschelkalk.

Höhe des Deckgebirges mindestens 60 m.
Alle Quellen sind gleichartig und auf 1 km Länge verteilt.

Datum	Wetter	Trübungsgrad und Bakterienzahl in 1 ccm			
		Quelle R. S.	Quelle H.	Quelle N.	Quelle P.
14. April	Seit Wochen trocken	klar 0—5 Bakt.	klar 30—40 Bakt.	klar 95 Bakt.	klar —
18. Mai	Seit 2 Tagen mäßiger Regen	leicht trübe 2200—3600 Bakt.	stark trübe ausgeschaltet	stark trübe 12000—18000 Bakt.	leicht trübe 3600—3700 Bakt.
8. September	Trocken, zuletzt etwas feucht	klar 1 Bakt.	klar 22 Bakt.	klar 11—64 Bakt.	klar 3 Bakt.
14. September	Starker Regen	stark trübe 1200—1900 Bakt.	sehr stark trübe 8000 Bakt.	stark trübe 4800—5800 Bakt.	klar 470—640 Bakt.
		Quelle R. S. Um 5 h. p. m. Wasser vermehrt, aber klar	Quelle H. Um 7 h. p. m. stark vermehrt und stark trübe		
25. Mai	Starkes Gewitter mit 43 mm Regen von 4 p. m. bis 6 p. m.: vor dem Regen am 25. Mai 3 h. p. m.	51 Bakt.	564 Bakt.		
	25. Mai 8 p. m.	800 „	über 30 000 „		
	nach dem Regen 26. „ „	40 „	30 000 „		
	27. „ „	143 „	18 000 „		
	Über Tag mäßiger Regen, 30. Mai 4. p. m.	2250 „	5 030 „		
	Nachts trocken, 31. Mai 8 a. m.	115 „	2 750 „		
	Von 2 bis 6 h. p. m gleichmäßiger Regen 3. Juli 7 h. p. m.	448 „	9 450 „		
	von 13,8 mm Höhe 4. „ „	3490 „	13 340 „		
		Quelle R. S.	Quelle H.	Quelle N.	Quelle P. a) b)
24. Juli	Starker Dauerregen, 57 mm, alle Quellen stark trübe u. stark ansteigend 6 p. m. Quelle H. 12 Tage lang trübe „ R. S. 5 „ „ „	195 000 Bakt.	91 000 Bakt.	12 000 Bakt.	1000—24000 Bakt.
24. Januar	Trockener Frost	klar 8 Bakt.	klar 31 Bakt.	klar 51 Bakt.	klar 8 Bakt.

des oberen Eozän. Während die Keimzahl am 10. April 100 betragen hatte, betrug sie am 27. April 36 100.

Die Quelle von Bela Woda bei Belgrad kommt aus dem zum Miozän gehörigen festen, aber stark zerklüfteten Sarmatenkalk hervor und enthält für gewöhnlich sehr wenig Bakterien; aber schon 4 Stunden nach einem mäßigen Regen fanden wir sie deutlich trübe, und es wuchsen über 700 Kolonien. Eine ebenfalls aus einer Klippe des Sarmatenkalkes hervorsprudelnde, sonst klare kleine Quelle ergab am gleichen Tage 1200 Keime.

Finkelnburg wies in der 17 m unter Terrain liegenden Quelle, welche die Stadt Soest versorgt, nach Regenwetter einmal 2800, ein anderes Mal 1749 Bakterien nach, während er bei trockenem Wetter 14 Tage später 134 und 144 nachweisen konnte. Einmal wurden in derselben Quelle von Dörrenberg nur 20 Bakterien, in einem anderen Falle von Tenholdt 1500, in einem dritten vom Verfasser 275 gefunden. Das Gestein ist zur Kreideformation gehörender Kalkmergel.

In Paderborn, wo das Kreidegebirge in der Hauptsache als Turon auftritt, zeigen selbst die am wenigsten affizierten „Trinkquellen" Zahlen, die zwischen 4 in trockenen Perioden und 2350 nach einer starken Schneeschmelze schwankten.

Ebenfalls dem Pläner gehören die Quellen bei Baddeckenstedt an. Nach Ohlmüller führten am 11. August 1892 die Erdquelle 700, die Achillesquelle 200, die Hildesheimer Quelle 650 Bakterien; im April des nächsten Jahres betrugen die entsprechenden Zahlen 100, 600 und 45.

Das Gebiet der Vanne, der südlichsten der Pariser Wasserversorgungen aus dem Forêt d'Othe, liegt im Senon; während Ende Juni 200 Bakterien gefunden wurden, schnellte die Zahl durch Regen von 48 mm Höhe in zwei Tagen auf 20 500 hinauf.

Imbeaux gibt von den Quellen im Lias des Departements Meurthe et Moselle an, daß sie nach Regen mit Bakterien beladen seien; so habe die Quelle von Houdreville nach einer Frostperiode 180, nach einer Regenperiode 8000 Bakterien enthalten. Die Quelle von Rochotte hatte bei trockenem Wetter 115, nach einer Regenzeit 1115 Bakterien.

Nach Jaeger führte eine Quelle aus dem Jurakalk bei Ulm in regnerischen Zeiten 13 000 Keime und war trübe. Das Regenwasser floß durch Spalten, welche 150 m fast senkrecht in die Tiefe führten, unfiltriert hindurch.

v. Chomsky fand in den Baseler Quellen, die aus jurassischem Korallenkalk kommen und auf einer Lettenschicht zutage treten, zwischen 30 und 2975 Bakterien; die hohen Zahlen traten regelmäßig auf, wenn kurz vorher Regengüsse niedergegangen waren. Einige starke Quellen bei Jena, die auf der Konglomeratschicht des unteren Wellenkalkes hervorkommen, haben bei trockenem Wetter 0 bis 90 Keime; fallen indessen starke Regen, dann steigt die Keimzahl in dem trüb gewordenen Wasser in wenigen Stunden bis auf 22000 im Kubikzentimeter, um in einigen Tagen wieder auf 100 bis 200 abzusinken.

Die Beispiele von der Durchlässigkeit des Kalkes ließen sich in das Ungemessene vermehren, aber die angegebenen dürften genügen, um die bakteriologische Unsicherheit der Quellen zu beweisen.

Ist auch beim Kalk die Durchlässigkeit größer wie bei den anderen Gesteinen, so ist sie doch dort ebenfalls vorhanden, allerdings meistens in geringerem Grade, und zwar weil nicht nur die Spalten in den anderen Gesteinen sich nicht nennenswert vergrößern, da sie vom Wasser sehr viel weniger erweitert werden, sondern auch weil die Spalten sich mit Teilchen von der Erdoberfläche oder mit den feinen Trümmern des eigenen Gesteins vollsetzen. Zwischen die gröberen Teile schieben sich feinere, z. B. Quarze in den Sandsteingebirgen, oder Tone in den Schiefergebirgen. Hierdurch werden einerseits brauchbare Filter geschaffen, andererseits filtrierende Spalten verlegt. Letzteres kann auch geschehen durch die Ablagerungen aus dem Wasser selbst, wie das in großartiger Weise die Quarzgänge oder die Mineralgänge zeigen.

Sind diese Quellen auch im allgemeinen keimärmer als die der Kalke, so ist doch die Zahl der Bakterien vielfach nicht gering und stark wechselnd. Einige wenige Beispiele sollen das lehren.

Bei Eisenberg kommen aus dem mittleren Buntsandstein, der ein besseres Filter darstellt, Quellen heraus, die bei trockenem Wetter 21 und 54, bei nassem 1185 und 950 Bakterien in 1 ccm enthalten. In Roda (S.-A.) enthält eine Quelle im mittleren Buntsandstein gewöhnlich nur einige Bakterien; am Tage nach einem 3 Stunden dauernden Gewitter war die Zahl auf 1200 gestiegen. Im kambrischen Schiefer (Thür.) lieferte eine Quelle zur Zeit der Schneeschmelze 4000 Bakterien, ein paar Monate später zur trockenen Zeit 3. An einem anderen Ort im oberen Kambrium fanden wir zur trockenen Zeit gegen 20 Bakterien, als es geregnet hatte, mehrere Tausend. Im silurischen Gebirge bei Greiz weisen die Quellen in trockener Zeit 10 bis 20, in regenreicher Zeit bis zu 5000 Bakterien auf. Auch hier ließe sich die Zahl der Beispiele beliebig vermehren.

Die Zahl der Keime der sekundären Quellen wird beeinflußt durch die Menge der mit dem Oberflächenwasser eintretenden Mikroben, sodann durch die Weite und Länge der unterirdischen sekundären Quelläufe und durch die Schnelligkeit, mit welcher sie durchflossen werden. Generell läßt sich nicht sagen, wie die Keimzahl sich gestaltet, aber ein Beispiel möge zeigen, wie sie sich gestalten kann. Bei Öttern an der Ilm kommen aus dem unteren Muschelkalk eine Reihe für Thüringer Verhältnisse großer Quellen hervor, von denen eine Anzahl im Schotter des Muschelkalkes gefaßt ist. Die Quellen führen, wie experimentell nachgewiesen werden konnte, ungefähr 10 Proz. Flußwasser, welches 4,5 km oberhalb in den Klüften verschwindet und nach etwa 20 Stunden in den Quellen wieder erscheint. Wir ließen ein 15 cm weites Rohr durch den Schotter am Boden der Quellfassung bis auf den gewachsenen Fels treiben und erreichten, daß das Rohrwasser 40 cm über das Niveau des Quellwassers in der Brunnenstube emporstieg und über die Rohrkante lief. Das kurze Rohr konnte durch Einschütten von Säure in großer Menge und starker Konzentration leicht und sicher desinfiziert werden. Die Keimzahl des austretenden Wassers betrug in trockener Zeit bei niedrigem Wasserstande im Fluß rund 50. Als es ein paar Tage täglich etwas geregnet hatte, der Fluß etwas angestiegen war, fanden sich beim undesinfizierten Rohr 129 bis 500, im desinfizierten 186 bis 350 Bakterien. Als der Fluß aber Hochwasser führte und trübe war, erwies sich das Quellwasser als „leicht trübe"; vor der Desinfektion des Rohres waren 2850 bis 6171 Bakterien in 1 ccm Quellwasser enthalten und nachher 3750 bis 5500, also die gleiche Zahl. Erwähnt sei noch, daß die Temperatur auch bei den stärksten Trübungen nicht oder höchstens um $0,1^0$ beeinflußt wurde.

In dem Vorstehenden sind die bakteriologischen Untugenden der Quellen in das Licht gerückt. Vielfach werden die Quellen als viel zu gut eingeschätzt; in Wirklichkeit sind die meisten von ihnen unsicher, heute weniges, jedoch blankes, bakterienarmes, morgen viel, aber trübes, unappetitliches, bakterienreiches Wasser liefernd! Nur die geringere Zahl der Quellen gibt ein stets tadelloses Wasser. Zwischen beiden Arten kommen alle möglichen Abstufungen vor. Manche Quellen reagieren auf jeden Regen in unangenehmster Weise, andere erst bei schwerem Regen oder bei Schneeschmelze, die in den Bergen mehr bedeutet, als in der Ebene. Andere Quellen bleiben unbeeinflußt und, wie früher schon gesagt wurde, sind das fast stets solche, die aus einer größeren

Tiefe kommen, also eine wärmere Temperatur zeigen, oder unter einer weit ausgedehnten undurchlässigen Schicht liegen. Ihre hygienisch gute Beschaffenheit deuten sie dadurch an, daß sie gleichmäßig fließen, von Regen und Jahreszeit in ihrer Schüttung nicht oder kaum beeinflußt werden und keine Trübungen zeigen. Allerdings darf man sich in dieser Hinsicht auf die bloßen Angaben der Beteiligten nicht verlassen, die sehen mit den Augen der Liebe oder des Hasses. Während es durchaus nicht selten ist, keimfreies Grundwasser in den Proben zu erhalten, selbst zu Zeiten intensiver Regen, ist das bei Quellen eine Seltenheit.

Auf die Gruppenversorgung mit Quellwasser ist S. 130 hingewiesen worden.

E. Oberflächenwässer.

Zu den Oberflächenwässern rechnet man das Wasser der Bäche und Flüsse, der Teiche und der künstlichen und natürlichen Seen.

Die Flüsse und Bäche.

I. Das Hineingelangen von Infektionserregern, von gelösten und ungelösten Stoffen in die Wasserläufe.

1. Das Verhalten der Wasserläufe zu den Infektionskrankheiten.

Daß die Wasserläufe infiziert werden können, ist schon im ersten Teil des vorliegenden Buches gezeigt worden, jedoch sind die Wasserläufe verschiedenartig an der Verbreitung der Krankheiten beteiligt.

Die Cholera wird mehr durch die größeren Flüsse und die Ströme vermittelt, weil sie die Wasserstraßen darstellen, auf welchen die Cholerakranken und die Bazillenträger in Gestalt der Flößer und Schiffsleute vom Ausland her nach Deutschland eindringen. Zunächst sind die schiffbaren Gewässer und die auf ihnen verkehrende Bevölkerung infiziert; beide tragen dann die Krankheit in das Land.

Beim Typhus liegen die Verhältnisse anders; er ist endemisch, er steckt bereits in der Bevölkerung; von ihr aus werden die Gewässer infiziert und diejenigen zuerst und am meisten, welche zunächst die infektiösen Fäkalien aufnehmen, das sind mit Vorliebe die kleinen Wasserläufe, was um so gefährlicher ist, als vielfach ihr Wasser als Hausgebrauchs- und Trinkwasser bei den An- und Umwohnern Verwendung findet.

Überall da, wo die Möglichkeit nahe liegt, daß die Fäkalien des Menschen oder die Abfallstoffe seines Haushaltes, in erster Linie das Hausabwasser in der weitesten Bedeutung des Wortes, die Spülwässer der Gehöfte u. dgl. in einen Wasserlauf gelangen können, da ist die Gefahr seiner Infektion gegeben.

Die Tatsache „offenes Wasser in bewohnter Gegend" an sich genügt, um ein Wasser als „infektionsverdächtig" hinzustellen. Es ist ganz auffallend, wie zuweilen der Typhus an den Bächen und Flüssen herunterkriecht, mit besonderer Vorliebe die Mühlen, dann diejenigen Häuser befällt, welche am Wasserlauf so liegen, daß sie ihren Wasserbedarf bequem aus ihm decken können. Für die Dörfer dient der Bach als Rezipient für allerlei Unreinlichkeiten; fast aus jedem Gehöft führen Rinnen in den Bach, welche besonders in der feuchten Jahreszeit einen konstanten Zufluß schmutzigen, infizierbaren und nicht selten infizierten Wassers bringen. Die trübenden, aufgeschwemmten, gröberen Stoffe verschwinden bald in dem nicht regulierten Bachbett, die infektiösen Keime aber schwimmen weiter. Gerade die Wasserläufe mit klarem Wasser werden in wasserarmer Gegend gern als Wasserbezüge benutzt, und gerade sie verbreiten häufig die Infektion. Bäche mit getrübtem Wasser sind weniger gefährlich, da sie weniger benutzt werden. Verfasser hatte Gelegenheit, im Jahre 1898 das Wandern einer Typhusepidemie an einem recht blankes Wasser führenden, kleinen Fluß Thüringens zu verfolgen. Die Epidemie erstreckte sich außer auf eine größere Anzahl Dörfer auch auf zwei Städte von je etwa 25 000 Einwohnern. Diese entleerten ihre Abwässer in den Fluß. Trotzdem hörten die Infektionen unterhalb der Städte auf, aber nicht deshalb, weil die oberhalb eingebrachten Typhuskeime verschwunden oder von den infizierten Städten keine neuen hineingekommen waren, sondern deshalb, weil das Flüßchen durch die Abwässer in solchem Maße verschmutzt wird, daß sein Wasser selbst für Hausgebrauchszwecke nicht mehr zu verwenden war, und andererseits, weil die Unterlieger infolge Wechsels der Gebirgsart nicht mehr auf das Flußwasser für den Trink- und Hausgebrauch angewiesen sind.

Die fast konstante Trübung des Wassers der großen Ströme, die Möglichkeit, neben ihnen in dem Alluvium und Diluvium der weiten Täler ein gutes Grundwasser zu erlangen, ist die Veranlassung, daß trotz Hineinlassens der gesamten Abwässer, einschließlich der Fäkalien seitens der vielen und großen Städte, die an ihnen liegen, Infektionen nicht zahlreich sind, wenn von den Infektionen der Schiffsbevölkerung abgesehen wird.

Wo die Bäche in tiefer Waldeinsamkeit laufen, fern von menschlichen Siedelungen und Betrieben, fern vom Verkehr, da ist eine Infektion so unwahrscheinlich, daß man sie als ausgeschlossen betrachten kann; solches Wasser ist also für Trink- und Hausgebrauchszwecke, was die Infektion betrifft, kaum zu

beanstanden. Besser tut man allerdings, die Entnahmestelle an den
Ursprung des Baches zu verlegen, um auch für fernere Zeiten, wo
die Verhältnisse sich vielleicht geändert haben, gesichert zu sein.

2. Die Menge der Bakterien und der gelösten Substanzen im Fluß- und Seewasser.

Alle offenen Wässer nehmen konstant Bakterien aus ihrer
Umgebung auf. Die Mikroben, welche der Wind hineinträgt,
sind nicht gerade zahlreich, jedenfalls ist ihre Zahl verschwindend
denen gegenüber, welche die Regen von den Wegen und Straßen,
von den Gehöften, den gedüngten und ungedüngten Wiesen und
Äckern hineinspülen. Zu dieser temporären Einwanderung kommt
die dauernde hinzu. Fortwährend entwickeln sich am Rande der
Gewässer in dem feuchten Uferschlamm, an den vermodernden
Teilchen pflanzlicher und tierischer Herkunft eine Unzahl von
Mikroben. Die Welle spült sie hinweg und mischt sie denen zu,
die schon von oben herunter kamen. Gewaltige Bakterienmengen
fließen ferner durch die Kanäle der Städte in die Wasserläufe hinein.
Mit den Abgängen der Wasserbewohner, Fische u. dgl., werden
gleichfalls große Mengen von Bakterien in das Wasser entleert.

Aus dem angegebenen folgt zur Genüge, daß die Zahl der
Bakterien in einem Wasserlauf keine kleine sein kann, und daß
sie stetem und zwar großem Wechsel unterworfen ist. Aus der
Unmenge der Zahlbestimmungen sollen nur einige wenige angeführt
werden, um ein kleines Bild zu geben. Zugleich sind die Gehalte
an aufgeschwemmten und gelösten Substanzen mit aufgeführt, um
zu zeigen, mit welchen Zahlen man hier zu rechnen hat; auch läßt
sich ein Vergleich ermöglichen, ob ein Zusammenhang zwischen
den gelösten Stoffen und den Bakterien besteht.

Spree. Untersucher: Proskauer und Frank. Ort: Oberhalb und unterhalb Berlin. Zeit: 1886/87 in allen Monaten. Spree, niedrigste Wasserführung
40 cbm, höchste 400 cbm in der Sekunde; Havel, niedrigste Wasserführung
etwa 22 cbm, höchste etwa 180 cbm. Mittel aus 21 Untersuchungen.

	Rück-stand	H_3N	CaO	Kalium-perm.	Cl	Bakterien
Spree, oberhalb Berlin, bei Stralau	182,1	0,44	53,4	20,8	22,7	6140 750—17 000
Unterhalb Berlin, vor den Havelseen	203,0	0,8	64,1	23,0	25,4	237 576 19 900—1 250 000
Am Ende der Havelseen	194,0	0,28	62,2	20,0	23,9	9219 1700—29 000

Lahn und Wieseck. Untersucher: Kißkalt. Ort: Oberhalb und unterhalb Gießen. Mittel aus 15 Beobachtungen, die sich über 1 Jahr erstrecken. — Lahn: Niedrigster Wasserstand 3,1 cbm, Schnelligkeit 8 bis 72 cm in der Sekunde. Entfernung von Marburg etwa 30 km. — Wieseck: Niedrigster Wasserstand 0,1 cbm; sie führt zuletzt den größten Teil der Abwässer Gießens in die Lahn.

	Gesamt-rückstand	Glüh-rückstand	Chlor	Kaliumperm.-verbrauch	Sauerstoffdefizit bzw.-Überschuß Proz.	Suspensa	Bakterien
Lahn, oberhalb Gießen.	196	96,5	10,2	18,8	+ 3,3	6,6	1700 132—5380
Wieseck, oberhalb Gießen	237	126,3	15,0	20,4	—24,6	23,6	3015 835—6592
„ unterhalb Gießen . .	276	147	29,3	33,2	—54,0	44,4	49 036 5910—156 800
Lahn, 2½ km unterhalb Gießen . .	203	99	11,85	21,6	—13,3	6,6	5176 1285—10 520

Regnitz. Untersucher: Preu. Ort: Oberhalb und unterhalb Erlangen. Zeit: November 1905 bis Juni 1906. Abwassermenge 0,045 cbm, Flußwassermenge bei Niedrigwasser 15, Mittelwasser 30, Hochwasser 120 cbm in der Sekunde. Verdünnung: 1 : 315 bei Niedrigwasser. Mittel aus 10 Versuchen.

	Gesamt-suspensa	Organische Suspensa	Gesamt-rückstand	Glüh-rückstand	Chlor	Kaliumperm.-verbrauch	Sauerstoff-defizit Proz.	Bakterien
Oberhalb	22,6	9,8	229,6	175,6	12,6	31,6	31,3	116 764 61 450—222 000
Unterhalb	37,1	16,6	259,6	187,5	14,8	49,7	43,6	152 606 83 200—287 000

Lahn. Untersucher: C. Fränkel und Dietrich. Ort: Marburg. Zeit: Mai bis Oktober 1894. Durchschnitt aus 5 Versuchen.

	Gesamt-rückstand	Glüh-rückstand	Ammoniak	Chlor	Kaliumperm.-verbrauch	Bakterien in 1 ccm
Oberhalb Marburg	131	119,4	frei	8,56	5,82	1642
Dicht an zwei Einmündungsstellen großer Kanäle (Mittel aus den beiden Zahlen)	138	117,6	fast frei bis wenig	9,37	6,71	9709
1 km unterhalb Marburg	139	116,0	fast frei bis sehr wenig	9,48	6,26	7304
7,5 km unterhalb Marburg	139,4	118,8	fast frei	9,40	7,0	2016

Rheinstrom. Untersucher: Ohlmüller. Ort: Direkt oberhalb Mainz.

	Gesamt-suspensa	Organische Suspensa	Gesamt-rückstand	Glüh-rückstand	Kaliumperm.-verbrauch	CaO	MgO	SO₃	Cl	Bakterien a.d. Oberfläche	Bakterien am Grunde
Niederwasser 3. November 1900 . . .	29,11	15,3	231,9	193,2	10,80	85,3	12,1	39,2	13,1	23 567	26 923
Mittelwasser 2. September 1900 . . .	32,6	3,4	191,0	128,0	5,0	78,3	14,2	22,7	10,6	16 843	13 526
Hochwasser 5. März 1901	197,3	14,3	210,5	143,5	20,0	51,0	14,1	20,8	8,88	48 639	42 615

Rheinstrom. Untersucher: Steuernagel und Grosse-Bohle. Ort: Direkt oberhalb Köln. Zeit: 1902 bis 1904 in allen Monaten. Mittel aus 40 Untersuchungen.

	Gesamt-suspensa	Organische Suspensa	Gesamt-rückstand	Glüh-rückstand	Kaliumperm.-verbrauch	H₃N	N₂O₃	N₂O₅	Cl	O bei 0° und 760 m	Bakterien
Mittel	44,2	4,5	218,0 (Bei 110° getrocknet)	191,0	16,3	0—0,2	0,0	2,7	16,6	7,43	13 423 / 2144—51 200

Im allgemeinen pflegen die großen Flüsse mehr Bakterien zu führen als die kleinen. Seit 20 Jahren untersucht das Hygienische Institut in Jena die Mosel bei Trier und die kleine, aus der Eifel kommende Kyll. Nach den mehr als je 180 Untersuchungen führte die Mosel im Durchschnitt 6990 Bakterien, die Kyll dicht vor ihrer Mündung nur 2040.

Das Seewasser pflegt erheblich weniger Bakterien zu enthalten als das Flußwasser. In 60 Untersuchungen während $2^1/_2$ Jahren wurden nur dreimal über 1000, fünfmal zwischen 1000 und 500, zwölfmal zwischen 500 und 100 und vierzigmal unter 100 Bakterien in 1 ccm Tegelerseewasser gefunden. Der Züricher See wies in 50 Proben in den Wintermonaten durchschnittlich 168, in 42 Proben des Juli durchschnittlich nur 71 Bakterien auf.

Der Genfer See ist arm an Bakterien, er enthielt im Durchschnitt von 10 Proben nur 38 im Kubikzentimeter.

Konstanz entnimmt sein Trinkwasser unfiltriert dem Bodensee in 700 m Entfernung vom Ufer und aus 40 m Tiefe. Die Durchschnittsbakterienzahlen lagen in den Jahren 1907—09 zwischen 2 und 38.

Wie sehr die Schöpfstelle von Belang für die Zahl der gefundenen Bakterien ist, zeigt der 24 ha große Borkesee der Herzegowina; er enthielt nach Karlinski am Ufer 16000, in der Mitte 3000 bis 4000, an der Oberfläche gegen 4000, in 5 m Tiefe kaum 1000, in 10 m Tiefe 600 und in 15 m Tiefe, dicht über dem Boden 200 bis 300 Bakterien in 1 ccm Wasser. Wurde der Boden berührt, so stieg die Zahl durch das Aufwirbeln des Schlammes auf 6000.

Aus dem Vorstehenden folgt, daß die Zahl der in einem Seewasser vorhandenen Bakterien zwar groß sein kann, aber nicht groß zu sein braucht.

Bei solchen Untersuchungen muß man Vorsicht walten lassen, um Täuschungen zu entgehen. Wird die Probe nahe am Ufer genommen, so besteht die Gefahr, daß Schmutzteilchen des Grundes oder Ufers mit ihren Bakterien in die Probe gelangen. Aber auch im freien Strom können die Schrauben und Schaufeln der Dampfer, die Ruder der Boote, die Stangen der Bootsleute den Schlamm in Bewegung setzen und Bakterien, die dort unten ruhig lagen, in die Probe bringen. Die oberste Oberfläche der Wasserläufe trägt bei ruhigem Wetter den Staub, die Blätter usw. mit den ihnen anhaftenden Mikroben, sie muß also vermieden werden. Zwischen Buhnen, aus toten Armen, aus tieferen Einbuchtungen darf man Proben nicht schöpfen. Wässer mischen sich schwer miteinander, man sieht meilenweit die Wässer der Nebenflüsse,

kilometerweit die Abwässer der Stadtkanäle in den Strömen hinziehen, scharf getrennt von dem Hauptwasser. Am besten entnimmt man, sofern man Durchschnitte haben will, die Proben
nicht im, sondern unter dem Wasserspiegel und nicht an einer
Stelle, sondern an verschiedenen Stellen quer über den Fluß, wobei
an der Stelle, an welcher das meiste Wasser fließt, die entsprechend
größere Wassermenge einzufüllen ist. Auch hat man sich die
Tage und Zeiten, an welchen man untersuchen will, dem Zweck
entsprechend auszusuchen und Störungen des Versuches durch
Schiffe, Regen u. dgl., wenn angängig, zu vermeiden, sonst zu
registrieren und zu berücksichtigen.

Nicht alle Flüsse sind so rein, wie einige der vorhin erwähnten;
die weiße Elster z. B. führte bei Greiz in 15 von uns angestellten
Versuchen zwischen 3000 bis über 120000, die Regnitz, nach
Erlanger Untersuchungen, nicht unter 116764 Keime. Einesteils
spielt hier eine Rolle die große Zahl der an einem Wasserlauf
liegenden Städte, die direkt durch Kanäle oder indirekt durch
Gräben usw. ihre Abwässer hineingeben, sowie die an ihm liegenden
Industrien, von welchen einige viel Bakterien, andere gute Nährstoffe
hineinschicken; anderenteils ist die Lage des Flusses von Einfluß.
Es gibt Wasserläufe, die, eingeschnitten in Täler mit steilen Hängen,
bei dem kleinsten Regen stark besudelt werden, während andere
auf weite Strecken sogar höher liegen als ihre Umgebung und
von diese treffenden Regen nicht beeinflußt werden. Ferner ist
der Fluß selbst von Belang, hat er z. B. ein starkes Gefälle, ist
er reguliert, so nimmt er die Bakterien und ihre Nährstoffe mit,
es entsteht in ihm keine nennenswerte Bakterienentwickelung.

Daß die Zufuhr von viel Nährstoffen der Vermehrung der
Bakterien förderlich ist, versteht sich wohl von selbst, jedoch kann
man nicht sagen, daß die gewöhnlich im Wasser enthaltenen
Mengen von Substanzen, vor allem der mineralischen, einen nennenswerten Einfluß auf die Bakterienvermehrung ausüben. Die organischen Stoffe sind — rein theoretisch betrachtet — eher dazu imstande, allein in denjenigen Mengen, in welchen sie gewöhnlich im
Wasser vorkommen, wird ihr Einfluß von den anderen Einflüssen
sehr verdeckt. Ähnlich verhält es sich mit der Temperatur. Die
größere Wärme läßt im Reagenzglas die Zahl der Bakterien
ansteigen, im Fluß wohl auch, aber der Anstieg ist geringer.
Vielfach findet sich sogar während des Winters die größere Keimzahl, wenn z. B. auf längere Frostperioden Regen oder Schneeschmelze folgen. Der Schnee nimmt im Laufe der Zeit doch eine
große Menge Bakterien aus der Luft auf. Diese, sowie die von

den anhaftenden Bodenteilchen stammenden werden bei Schneeschmelze über den noch teilweise gefrorenen Boden rasch in den
Wasserlauf getragen. Da die Schneeschmelze sich entsprechend
der Lage der Wälder und Fluren über längere Perioden hinzuziehen
pflegt, so dauert die starke Verunreinigung länger an als nach
Regenstürzen.

Die Regen tragen in ihren Zuflüssen gleichfalls sehr viel
Bakterien zum Wasserlauf; die ersten Zuflüsse sind am stärksten
bakterienhaltig, da sie die Abspülungen aus der Nähe des Flusses
enthalten und diese keine Gelegenheit haben, die losgewaschenen
Organismen wieder abzulagern. Bei den von weiterher kommenden
Zuflüssen bleibt ein Teil der suspendierten Teilchen mit den ihnen
anhaftenden und auch ein Teil der freischwimmenden Bakterien
zurück, während die durchlaufenen Wasserrinnen vorher schon
reingespült sind.

Sind die Regen in einer weiter stromauf gelegenen Region
gefallen, so machen sie sich, wenn sie geringer sind, nur durch
eine erhöhte Keimzahl und vielleicht eine leichte oder etwas
stärkere Trübung, wenn sie stärker sind, auch durch ein Ansteigen
des Flußspiegels bemerkbar. Die Keimzahl pflegt sich erheblich
zu erhöhen, wenn der Anstieg rasch erfolgt; so fanden Steuernagel und Grosse-Bohle, daß bei fallendem und gleichbleibendem
Wasserstande (20 Versuche) der Bakteriengehalt pro Kubikzentimeter Rheinwasser 6340 Bakterien, bei rasch steigendem Rheinwasser (11 Versuche) 26 300, also rund das Vierfache betrug.

Die verschiedene Wassertiefe sollte eigentlich nichts ausmachen,
da das Wasser in steter, gleichsam wallender Bewegung ist, und
doch fand Salomon bei 176 Proben, die in 10 cm Tiefe im Rhein
an den verschiedensten Stellen geschöpft wurden, 3975, bei 192
in 1 bis 1,5 m Tiefe geschöpften 4642 Bakterien im Durchschnitt.
Ist der Unterschied auch nicht groß, so zeigte er sich doch so
konstant, daß er nicht zu übersehen ist.

Die im Wasser enthaltenen gelösten Stoffe hängen selbstverständlich in erster Linie von der Art des Bodens ab, welcher
dem Fluß bzw. Bach tributpflichtig ist. Im Gipsgebiet gibt es Flüsse,
welche über 30° deutsche Härte haben; es seien genannt die Orla
oberhalb Pößneck, die Zorge oberhalb Nordhausen. In Salzgebieten
überwiegt das Kochsalz; bei Artern fließt ein Bach in die Unstrut,
der in der Minute 4 cbm Wasser mit 2,59 Proz. Kochsalz bringt;
der Bach aus den Rohrwiesen von Esperstedt, Unstrutgebiet,
führt ein Wasser von 2110 mgl Rückstand, 275 mgl Kalk, 695 mgl
Magnesia und 711 mgl Chlor.

Von wesentlichem Einfluß auf die chemische Beschaffenheit des Flußwassers können auch die Industrien werden.

Sogar die großen Ströme Weser und Elbe leiden darunter. So steigt der Gehalt von durch Kaliumpermanganat nachweisbaren organischen Substanzen entsprechend den Untersuchungen des Nahrungsmittelamtes in Altona im Winter zur Zeit der Rübenverarbeitung um rund 10 mgl. Hunderte von Zuckerfabriken allerdings sind notwendig, eine so starke Wirkung hervorzurufen. Bei kleineren Wasserläufen aber können schon die Abwässer einer Fabrik den Fluß in übermäßigem Grade mit organischen Stoffen verunreinigen. Diese zersetzen sich jedoch unter der Einwirkung von Bakterien und Sauerstoff und verschwinden allmählich wieder aus dem Wasser; dadurch ist die durch sie hervorgebrachte Schädigung meistens eine begrenzte.

Neben den organischen gelangen aus den industriellen Anlagen auch anorganische Stoffe, Salze, in die Flüsse. Gewöhnlich ist ihre Menge nicht sehr beträchtlich. In zwei deutschen Flußgebieten aber ist der Gehalt an Salzen bis zu erheblichen Störungen gestiegen: in der Weser und Elbe. Die Endlaugen der Kaliindustrie werden in ungeheuren Mengen in die Flüsse hineingelassen, weil es noch kein Verfahren gibt, sich ihrer in anderer Weise zu entledigen. Hinzu kommen die Sumpf- oder Schachtwässer, das sind Ansammlungen oder Zuflüsse von salzhaltigen Wässern in Bergwerken, welche entfernt werden müssen, und die Salzwässer, welche aus stärkeren Einbrüchen von Salzwasser in Bergwerke entstehen, und dann dauernd abfließen. So brach der salzige See in den Mansfelder Schlüsselstollen durch und führte im Jahre 1893 täglich 12,4 Mill., im Jahre 1909 noch 5,9 Mill. Kilo Salz in die Saale. Nach den Berechnungen von Dunbar fließen täglich an Hamburg vorbei rund 6,6 Mill. Kilo Chlor, oder als Kochsalz gerechnet 9,9 Mill. Kilo, von welchen mit Ausnahme von 1,2 Mill. alle dem Schlüsselstollen und der Kaliindustrie entstammen. Nach den Untersuchungen des Nahrungsmittelamtes der Stadt Altona wurden gefunden:

Im Jahre	mgl Chlor im Elbewasser		
	maxim.	min.	Durchschnitt
1907	198,5	71	130
1908	294	71	176
1909	333	53	177
1910	258	74,5	129

Die Verhältnisse für die Weser liegen sehr ähnlich:

Tabelle der Versalzung des Weserwassers (mgl)
in drei verschiedenen Jahren.

Datum	Korrigierter Pegel bei Baden-Weser m	Wasser-führung sec/cbm	Cl	SO₃	Ca	Mg
3. Juli 1883	— 0,94	105	60	90	67	12
16. August 1904	— 1,15	90	108	114	77	16
11. Juli 1911	— 1,01	105	244	137	68	31
Herbst 1883	— 0,45	180	34	66	52	10
29. November 1904. . .	— 0,42	180	72	91	62	16
26. Dezember 1911 . . .	— 0,40	180	201	128	72	24
2. Mai 1883	— 0,08	215	45	54	51	10
19. Mai 1909	— 0,14	210	73	86	57	14
19. April 1911	± 0	220	148	95	66	23

Die Zahlen des Jahres 1883 zeigen die Gehalte des noch nicht durch die Kaliindustrie beeinflußten Wassers an; die von 1904 die des Beginnes der Versalzung, die von 1911 den jetzigen Zustand.

Die Salze des Wassers verschwinden aus ihm nur zum geringen Teil; die kohlensauren Erdalkalien fallen aus infolge des Verschwindens der Kohlensäure; die anderen, also die Chloride und die schwefelsauren Verbindungen — auch die der Magnesia — bleiben. Verschwindet von letzteren auch etwas aus dem Wasser, so ist diese Menge nach Dunbars Untersuchungen und Zusammenstellungen doch sehr gering; von einer „Entsalzung" der Flüsse kann keine Rede sein.

Alles in allem muß man die Flußwässer zu den weichen Wässern rechnen; ihre Kohlensäurehärte ist gering; sie enthalten relativ viel organische Substanzen, wenig Kohlensäure und reichlich Sauerstoff. Sie pflegen also als Nutzwasser für manche Zwecke recht geeignet zu sein, sind jedoch als Trinkwasser wegen des schlechten Aussehens, vielfach recht faden oder unangenehmen Geschmackes, wegen der wechselnden Temperatur und wegen der Infektionsgefahr im ungereinigten Zustande meistens nicht zu verwenden.

3. Die Schwebestoffe des Wassers.

Die im Wasser vorhandenen Schwebestoffe sind im allgemeinen nicht sehr reichlich, sie zerfallen in anorganische und organische; letztere werden meistens durch leichtes Glühen der gesamten Suspensa bestimmt; die Methode ist zwar ungenau, aber für viele Verhältnisse ausreichend.

In der Lahn wurden nur 6,6 mg im Durchschnitt pro Liter gefunden. Der Rhein enthielt bei Mittel- und Niederwasser 24 bis 32 mg, und bei Hochwasser 197,3 mg, sogar die nicht reinliche Regnitz hat nur 32 mg. Man kann annehmen, daß reine Wässer gegen 10 bis 20 mg Schwebestoffe haben, wobei allerdings die Voraussetzung besteht, daß die schweren Teile, Sand u. dgl., nicht mit zur Wägung gelangten, sondern schon ausgefallen waren.

Die aufgeschwemmten Stoffe werden zum Teil den Ufern und dem Boden der Flüsse selbst entnommen, zum Teil von außen in sie hineingetragen.

In die Flüsse kommen regelmäßig die Abwässer der kanalisierten Städte und Dörfer. Sofern ihre Reinigung nicht vorgenommen wird, sind die mitgeführten Suspensa erheblich; man darf, nach Dunbar, zwischen 229 und 1590 mg auf 1 Liter rechnen. Sie sind stark fäulnisfähig.

Unregelmäßig ist das Hinzuströmen der suspendierten Stoffe aus den nicht kanalisierten Ortschaften. Dort versickert das meiste Abwasser, die in ihm enthaltenen aufgeschwemmten Teilchen bleiben zurück; nur wenn größere Regen fallen, kommen sie zum Abfluß; dann gelangen oft große Mengen von suspendierten Stoffen in das Wasser, die von dort weggeschwemmt werden, wo sie zur trockenen Zeit abgelagert wurden.

Die Industrien können auch erhebliche Mengen aufgeschwemmter Teile in die Flüsse geben. Sind diese anorganischer Natur, so fallen sie meistens bald zu Boden, wo sie mehr durch ihre Menge als durch ihre Art zu wirken pflegen. Die organischen suspendierten Stoffe bestehen vielfach aus Fasern, z. B. den Holzfasern der Holzschleifereien und Papierfabriken, den feinen Haaren der Gerbereien, Wollfabriken usw. Wegen ihres geringen spezifischen Gewichtes werden diese Teile weit fortgetragen und kommen in stillen Buchten, zwischen den Buhnen und an ähnlichen Orten zur Ablagerung. In gleicher Weise tun das auch die nicht faserigen Partikel, z. B. die Hefezellen aus Brauereien usw.

Der Gehalt der Wasserläufe an organischen Stoffen ist im allgemeinen größer als bei den Quellen und dem Grundwasser, weil diese Stoffe in reicherer Menge an und in den oberen Bodenschichten vorhanden sind als in den tieferen.

Stark beeinflußt können die Flüsse werden durch die Einführung von Stadtabwässern. Wiederum sind es bei Zuführung städtischer Abwässer in erster Linie die organischen Substanzen, die vermehrt werden; neu treten auf die Stickstoffverbindungen, Ammoniak und salpetrige Säure und auch Salpetersäure. Die Städte

haben die Pflicht, ihre Abwässer soweit zu reinigen, daß keine
Belästigungen entstehen. Auf die einzelnen Methoden kann hier
nicht eingegangen werden, es sei aber gesagt, daß sich die Wirkung
der Kläranlagen hauptsächlich auf die Zurückhaltung der aufgeschwemmten organischen und auch anorganischen Teilchen richtet
und daß die gelösten Substanzen von manchen Anlagen nicht vermindert und nicht verändert werden. Es kann sogar vorkommen,
z. B. bei Verwendung von Kalk, daß die Masse der gelösten
organischen Substanzen vermehrt wird. Andererseits nehmen gut
arbeitende Anlagen, z. B. die biologischen Körper und das Kohlebrei-
verfahren, dem städtischen Abwasser, d. h. den organischen Substanzen, die Faulfähigkeit. Es sind also nicht nur die Fluß- und
Bachwässer, sondern auch die städtischen Abflüsse zu kontrollieren.

Einen Anstieg pflegt regelmäßig der Chlorgehalt durch die
städtischen Abwässer zu erfahren; die Zunahme der Härte ist
meistens gering. Zu den gelöst in den Fluß gelangenden Stoffen
kommen hinzu die aus den eingeschwemmten Teilen dort in Lösung
gehenden; sie sind nicht gering an Masse, treten jedoch weniger
in die Erscheinung, weil die Zunahme auf einer langen Strecke erfolgt. Infolge dieser Zersetzungen ist der Kohlensäuregehalt meistens
etwas höher, als man bei der geringen Kohlensäurespannung der
Atmosphäre (0,3 bis 0,4 Prom.) erwarten sollte. Der Sauerstoffgehalt
pflegt hoch zu sein, da das Wasser den Sauerstoff leicht aufnimmt
und den verbrauchten rasch ersetzt. Zudem erzeugen die grünen
Pflanzen im Sonnenlicht einen Überschuß an Sauerstoff.

Das Plankton.

Zu dem Aufgeschwemmten gehört auch das Plankton der Flüsse,
die lebende schwebende Fauna und Flora. In lebhaft fließenden
Bächen und Flüssen kommt sie mangels der erforderlichen Ruhe
weniger zur Entwickelung als in den größeren Wasserbecken. Bevorzugte Bildungsstätten für das Plankton sind vor allem die sogenannten Altwässer, nach Durchbrüchen oder bei Begradigungen
von Wasserläufen abgeschnittene Flußarme, die nur in geringem
Maße oder zeitweise mit dem Fluß in Verbindung stehen und
allmählich verlanden. Steigt das Wasser an, so hebt sich das
Niveau der toten Arme; beim Sinken der Flüsse wird dann viel
Plankton von dort in die Wasserläufe abgegeben. Unter diesen
Umständen findet man im Fluß ein ihm eigentlich fremdes Plankton.

Wo die Bäche und Flüsse aber durch die Ebene schleichen,
viele Windungen und Buchten haben, da tritt naturgemäß ein
reicheres, selbständiges Tier- und Pflanzenleben auf, welches in seiner

Menge und Beschaffenheit von dem Wasserlauf und sehr wesentlich von seinen Zuflüssen abhängt. Das eigentliche Potamoplankton ist zu trennen von dem Benthos, d. h. den am Ufer und Boden des Wasserlaufes wachsenden und den von dort abgerissenen oder fortgespülten Lebewesen.

Praktisch läßt sich das Benthos vom eigentlichen Plankton kaum trennen; zudem gehen beide Arten ineinander über, da manche Lebewesen ein Stadium durchmachen, in welchem sie frei im Wasser leben, um erst später seßhaft zu werden, und viele der am Boden und im Schlamm der Gewässer lebenden Tiere und Pflanzen sowohl zu dem einen als zu dem anderen gerechnet werden können.

Das Plankton nimmt man aus dem Wasser heraus (s. S. 693), indem man viele Liter Wasser durch ein Seidennetz von $1/_{20}$ mm Maschenweite, das Planktonnetz, hindurchlaufen läßt; der Rückstand wird untersucht. Den durch das Planktonnetz abgesiebten, aus Belebtem und Unbelebtem bestehenden Rückstand nennt Kolkwitz „Seston".

Das Pseudoplankton wird von dem toten, im Fluß schwimmenden kleinen Material gebildet: Detritus organischer und anorganischer Natur, Eisenrost (Taf. II, Nr. 15) oder Schwefeleisen (Taf. II, Nr. 16), Kohlenteilchen (Taf. II, Nr. 17), Sandkörnchen (Taf. III, Nr. 18), Teile von Haaren (Taf. II, Nr. 19), von Pflanzenteilchen, z. B. Spiralgefäßen (Taf. II, Nr. 20), Pflanzenepidermis (Taf. III, Nr. 21), Pflanzenhaaren (Taf. III, Nr. 22) usw.

Bei trübem Wasser, Hochfluten, Wellenschlag überwiegen die mineralischen Teilchen, Quarzsplitterchen, Sandkörnchen, Kalkflitter und -teilchen. Sodann sind vertreten die feinen Detritusmassen, die zermürbten, zermalmten Reste einer abgestorbenen Flora und Fauna, z. B. Strohteilchen (Taf. III, Fig. 23), Holzfäserchen (Taf. III, Fig. 24), Federstrahlen (Taf. III, Fig. 25) u. dgl. Die Menge des lebenden Planktons ist sehr verschieden; es können sich nur wenige und unzählige Tierchen und Pflanzen in 1 ccm Wasser finden. Zur Zeit des niedrigsten Nil, also kurz vor seinem rapiden Anstieg, ist das Wasser grün gefärbt durch Myriaden grüner Algen.

Whipple gibt an, daß sich bis zu 30 000 Exemplare der Diatomee Asterionella im Kubikzentimeter Wasser in dem Ridgewood Stausee gefunden hatten. Lauterborn fand am 10. Oktober 1905 die Diatomee Synedra delicatissima in dem Wasser des Rheinufersees (oberhalb Mannheim) so zahlreich, daß sie das Wasser trübte. Derartige Massenentwickelungen stellen allerdings Ausnahmen dar, aber sehr selten sind sie nicht; wir fanden im September 1911 das Elbwasser bei Magdeburg braungrün von Tausenden von grünen Algen und Diatomazeen bei nur 3000 Bakterien in 1 ccm.

Das Plankton ist in den verschiedenen Flüssen und Seen verschieden; so führt der Bodensee ein anderes als der Züricher See, der Neckar, die Mosel usw. ein anderes als der Rhein. Ferner wechselt das Plankton stark mit der Jahreszeit. Man darf es als eine Regel hinstellen, daß in den wärmeren Jahreszeiten die Zahl der Algen in den Gewässern der Ebene, insbesondere in den ruhigen, sich auf mehrere Hunderte bis Tausende im Kubikzentimeter beläuft. Durch das Steigen und Fallen des Wassers wird es erheblich, besonders quantitativ, beeinflußt.

II. Die Flußverunreinigung und Selbstreinigung.

Von größtem Einfluß sind die Abwässer von Städten und Industrien, die den Wasserbecken und Wasserläufen zugeführt werden; sie bewirken:

1. Die Flußverunreinigung.

Der massige, schwarze, sauerstoffleere, stinkende Schlamm, welcher sich dicht hinter den Einläufen städtischer Kanalsysteme abzusetzen pflegt, besteht hauptsächlich aus organischen Resten. Zwischen ihnen lagern die anorganischen. An sich sind letztere nicht fäulnisfähig, tragen also zur Verschmutzung des Flusses wenig bei. Es kommen jedoch Ausnahmen vor; so sind z. B. die Ablagerungen kohlensauren Kalkes aus den Gerbereien, Kläranlagen usw. deshalb unangenehm, weil sie die Zersetzung der miteingeschlossenen organischen Massen durch die Bindung der entstehenden Säuren begünstigen.

Der Schlamm ist in seinen tieferen Bezirken frei von größeren Lebewesen. Er ist jedoch der Schauplatz der Zersetzung durch anaerobe Bakterien; in ihm spielt sich ab die Zellulosegärung unter Bildung von Kohlenwasserstoffen (Methan), Kohlensäure und Wasserstoff, sowie die Zerlegung stickstoffhaltiger, hochmolekularer Verbindungen zu den einfachen, ja einfachsten Molekülkomplexen. Die Zahl der Bakterien des Schlammes ist sehr groß. Die Mikroben sitzen häufchenweise, zuweilen fast als Reinkulturen in dem lockeren Gefüge der aufgeschwemmten Teilchen; bei gleichen Gewichtsteilen ist die Zahl der Bakterien im Schlamm sehr viel höher als im Abwasser, in einem von Spitta angegebenen Falle um das Hundertfache. Den Kern der Schlammbänke, oder in langsam fließenden Flüssen der Schlammdepots an ihrem Boden, bilden die

festeren Massen, bestehend aus Quarzkörnchen (Taf. II, Nr. 18),
Kaffeesatz, Kartoffelschalen, Fleisch (Taf. III, Nr. 26, 27, 28, siehe
Erläuterung zu den Figuren), Knochenrestchen, Stärkekörnern
(Taf. III, Nr. 29, a bis g unter Erläuterungen), Haaren (Taf. II,
Nr. 19), Holz- und Strohfasern (Taf. III, Nr. 24 u. 23), sowie Stoff-
fasern, z. B. Wollfasern (Taf. IV, Nr. 30 a), Baumwollfasern (b),
Leinenfasern (c), Jutefasern (d), Seide (e) u. dgl.; häufig finden sich
in ihm aus dem Darm stammende, durch Gallenfarbstoff gelb ge-
beizte Muskelfasern, die aber infolge des Verdauungsprozesses ihrer
Querstreifung ganz oder teilweise verlustig gegangen sind (Taf. III,
Nr. 27 u. 28).

Über und zwischen diesen Dingen lagert eine wesentlich
leichter bewegliche, flottierende schwarze Schicht, bestehend aus
feinem Detritus und aus Schwefeleisen (Taf. II, Nr. 16). Sowohl
das Eisen wie der Schwefel kommen in gebundener Form mit
den Abwässern aus der Stadt heraus. Die im Abwasser und im
Flußwasser enthaltenen Bakterien besitzen in ihrer Mehrheit die
Eigenschaft, Schwefel- und Eisenverbindungen zu reduzieren. Der
hierbei entstehende Schwefelwasserstoff verbindet sich mit dem
Eisen zu Schwefeleisen. Nicht unwesentlich können zur Bildung
der schwarzen, für Auge und Nase unangenehmen Schicht beitragen die gleich zu besprechenden Wasserpilze. Fischer berechnete, daß in 1 kg trockenen Eichenlaubes 3,69 g Schwefel enthalten seien, welcher höchstens 9,9 g Schwefeleisen bilde, während
1 kg des Leptomituspilzes mit 8,2 g Schwefel oder 22,8 g Schwefeleisen einzusetzen sei.

In den obersten Schichten des Schlammes und an seiner Oberfläche, wenn an ihm sauerstoffhaltiges Wasser vorüberfließt, regt
sich mehr Leben. Hier treten Vibrionen, Spirillen sowie Spirochäten
(vibrio rugula, spirillum undula, Spirochaete plicatilis) (Taf. IV,
Nr. 31, 32, 33) auf. Sofern das Wasser klar genug ist und ruhig
fließt, kommt schon die Beggiatoa zum Wachstum, welche den in
dem Schlamm entstehenden Schwefelwasserstoff zu Schwefel oxydiert (Taf. IV, Nr. 34).

Die Beggiatoaarten, unter ihnen die am meisten vertretene
alba, stellen etwa 1,5 bis 4,0 μ dicke frei schwimmende oder mit
dem einen Ende angeheftete oder im Schlamm steckende Fäden
dar, die eine deutliche Eigenbewegung haben und eine zuweilen
erst nach der Färbung erkennbare Gliederung zeigen. Wenn
Schwefelwasserstoff in etwas reicherer Menge zur Verfügung steht,
so finden sich in den Gliedern zahlreiche Schwefelkörnchen. Im
Wasser vorkommend, bildet die Beggiatoa feine graue bis rötliche,

sammetartige, zuweilen netzförmig angeordnete Rasen, die bei dem Herausnehmen sich sofort in Einzelfäden auflösen. Der Pilz findet sich nicht bloß in stark verschmutztem Wasser, er pflegt sich vielmehr überall einzustellen, wo selbst kleine Fäulnisherde in einem sonst reinen Wasser vorkommen. Auf dem Schlamm wachsen ferner die Oscillarien, kleine blaugrüne, bewegliche Algen (Taf. VII, Nr. 62.)]

An und auf dem Schlamm bewegen sich Amöben (Taf. IV, Nr. 35) (Hyalodiscus, Amöba u. a.), sodann Detritus und Bakterien fressende Protozoen, z. B. Monaden (Taf. IV, Nr. 36), Bodoarten, Rädertierchen, in erster Linie Rotifer vulgaris (Taf. IV, Nr. 37), dann andere Infusorien, Paramaecium putrinum, caudatum, aurelia (Taf. IV, Nr. 38), Spirostomum, Glaucoma scintillans (Taf. IV, Nr. 39), Polytoma (Taf. IV, Nr. 40), Euplotes charon (Taf. IV, Nr. 41), sowie die an keine Jahreszeit gebundene Euglena viridis (Taf. IV, Nr. 42) Ferner sind vorhanden Insektenlarven, so fast immer die rötliche, 1 bis 1,5 cm lange Larve von Chironomus plumosus (Federmücke, Zuckmücke); Nematoden, Tubificiden verschiedener Art und sonstige Würmer fehlen nicht.

Algen halten sich indessen diesem konzentrierten Schmutzwasser noch fern, sogar die Kieselalgen, vielleicht mit der einen oder anderen Ausnahme (Hantzschia) (Taf. IV, Nr. 43), fehlen.

Wenn weiter flußabwärts die Reduktionen zurücktreten, sich Sauerstoff wieder reichlicher findet, so kommen zu den vorgenannten Polysaprobien andere Organismen hinzu, welche schon mehr Sauerstoff verlangen, die Mesosaprobien, z. B. bestimmte Bodoarten, dann Chilodonten, unter ihnen wieder Euplotes charon, Stylonychia (Taf. IV, Nr. 44), Stentor (Taf. V, Nr. 45), Colpidium colpoda (Taf. V, Nr. 46), Cyclidium (Taf. V, Nr. 47), Chilodon cucullus (Taf. V, Nr. 48) usw. Ferner tritt auf die Reihe derjenigen Kieselalgen, welche in Schmutzwässern zu leben vermögen, z. B. Nitzschia, Synedra (Taf. V, Nr. 49), Naviculaarten (Taf. V, Nr. 50) und dergleichen.

Wenn Sauerstoff in größerer Menge und die entsprechenden Nährstoffe vorhanden sind, so gelangen zwei Abwasserpilze, Sphaerotylus natans (Taf. V, Nr. 51 a u. b) und Leptomitus lacteus (Taf. V, Nr. 52) zum Wachstum, welches unter besonders günstigen Verhältnissen ein ungeheures werden kann.

Beide Pilze, welche in ihren Ansiedelungen makroskopisch nicht oder kaum zu unterscheiden sind, bilden graue, an Steinen, Zweigen, Halmen, freiliegenden Wurzeln, im Wasser flottierenden Schilfblättern hängende Flocken (Taf. V, Nr. 51 a), die bei mangelhafter

Ernährung als kleine, feine Rasen, bei guter Ernährung als Dezi-
meter lange Zotten und Strähne auftreten. Ebenso setzen sich die
Pilze am Grunde des Wasserlaufes fest, vorausgesetzt, daß dort der
nötige Sauerstoff und genügende Anhaftepunkte, Pflanzen, Steine usw.,
vorhanden sind; auf rollendem Grund, also treibendem Sand und
Kies, kommen sie trotz sonstiger günstiger Verhältnisse nicht
zum Wachsen. Die Pilze entwickeln sich hauptsächlich im Winter;
ihre massige Proliferation beginnt gegen November und hält an
bis zum März—April. Dann sterben sie ab und werden durch die
steigenden Frühlingswässer in großen Fladen, Schaffellen, Lämmer-
schwänzen ähnlich, flußabwärts getrieben. Die großen Flocken
werden im Fluß zerrieben zu kleinen Flöckchen und zerfallen unter
der Einwirkung der ihnen anhaftenden Bakterien und der zer-
bröckelnden Kraft des flutenden Wassers, oder sie werden in
stillen Buchten oder vor den Mühlwehren abgelagert und verfallen
dort intensiver, stinkender Fäulnis, oder sie werden von kleinen
und großen Tieren gefressen.

Der Sphaerotylus natans besteht aus schlanken, gleichmäßigen
Fäden von etwa 2 bis $3\,\mu$ Dicke, die sich aus einzelnen kurzen
Gliedern zusammensetzen, welche in einer zarten Hülle stecken.
Echte Verzweigungen kommen nicht vor. Nach einigen ist der
Pilz identisch mit Cladothrix dichotoma (Taf. VI, Nr. 53a u. b).

Der Leptomitus lacteus hingegen, zu den Oomyceten gehörend,
besteht aus viel dickeren Gliedern, bis zu $40\,\mu$, die nicht durch
Zwischenwände, sondern durch Einschnürungen voneinander getrennt sind. In den einzelnen Abteilungen sitzt ein Cellulinkern,
Der Pilz bildet Schwärmsporen und gemmenartige Gebilde.

Vielfach findet man in der Literatur die Angabe, Sphaerotylus
käme in stärker verschmutztem Wasser vor als Leptomitus. In
dieser Form ist die Angabe nicht richtig. Die beiden Pilze haben
verschiedene Ernährungs- und daher verschiedene Wachstums-
bedingungen.

Nach den Untersuchungen von Hofer ist der Sphaerotylus
ein Pilz, welcher sich in der Hauptsache von vergärungsfähigem
Zucker nährt; schon 10 mgl genügen zu einer starken Entwickelung.
Die Abwässer der Zellulosefabriken, Papierfabriken, Brauereien,
Zuckerfabriken, Holzschleifereien enthalten Zucker und zucker-
artige, dem Sphaerotylus zur Nahrung dienende Substanzen. Flüsse,
welche die Abwässer solcher Industrien in größerer Menge aufnehmen, werden dadurch gewaltig mit Pilzen beladen. Zu gewissen Zeiten ist z. B. die Elbe mit Sphaerotylusflocken schwer
belastet; in sie hinein wässerten außer anderen ab im Jahre 1905/06

in der Provinz Sachsen gegen 112 Zuckerfabriken mit einer Rübenverarbeitung von 42 Millionen Doppelzentnern, im Königreich Böhmen entwässern dorthin 150 Zuckerfabriken. Die Zellstofffabrik Waldhof gibt täglich über 70 000 cbm Abwasser mit vielem Holzzucker in den Rhein, während das gerade darüber liegende Mannheim mit seinen 160 000 Einwohnern bei 160 Litern auf die Person nur 25 600 cbm Abwasser erzeugt. Da ist es nicht verwunderlich, daß noch 2 km unterhalb Waldhof mehrere 100 qm des Rheinufers mit förmlichen Bänken von angetriebenen Sphaerotylusrasen geradezu bedeckt und der Rheinstrom mit treibenden Sphaerotylusflocken erfüllt war.

Also selbst mächtige Ströme können auf weite Strecken durch die Pilzflocken verunreinigt werden. Wenn in kleine Wasserläufe größere Abwassermengen hineingelangen, so vermögen die Abwasserpilze die Ufer und den Boden geradezu auszupolstern. Ob das aber geschieht, hängt von verschiedenen Bedingungen ab. Wenn das Schmutzwasser sauerstofffrei ankommt, oder wenn es deutlich sauer oder alkalisch reagiert, oder wenn es sofort in ein schmales, tiefes, glattes Gerinne hineinfällt, so wird die Wucherung der Abwasserpilze nicht sofort beginnen, sondern erst, wenn die Reaktion neutral geworden und das Wasser genügenden Sauerstoff aufgenommen hat. Anderenfalls setzt die Wucherung bald ein.

Der Leptomitus lacteus ist anders geartet. Nach den Untersuchungen von Kolkwitz bedarf er zu üppigem Gedeihen hochmolekularer Stickstoffverbindungen; ein geringes Wachstum, vielfach nur Sporenbildung, wird erzielt, wenn ihm statt derselben Ammoniakverbindungen oder Nitrate zur Verfügung gestellt werden. Läßt man die Eiweißverbindungen sich zersetzen, z. B. in biologischen Reinigungskörpern, so geben sie keinen oder einen schlechten Nährboden für den Pilz ab. Es ist also nicht der organische Stickstoff an sich, sondern seine Form für die Vegetation des Leptomitus von ausschlaggebender Bedeutung.

Der Kohlenhydrate bedarf der Leptomitus im Gegensatz zu Sphaerotylus nicht, so lange Eiweißstoffe in genügender Menge vorhanden sind; bei Eiweißmangel tritt Zucker in engen Grenzen als Eiweißsparer auf.

Vielfach enthalten die Stadtabwässer viel Zucker, z. B. in den Brauereiabwässern, deshalb drängt sich häufig der Sphaerotylus vor; er scheint überhaupt der stärkere zu sein, d. h. wenn sich die genügende Menge Kohlehydrate im Wasser findet, so gewinnt der Sphaerotylus natans das Übergewicht. Sind aber die Kohlenhydrate verbraucht, so kommt der Leptomitus zur Geltung. So

erklärt es sich, daß der Leptomitus vielfach als ein Pilz angesehen
wird, welcher eine geringere Verschmutzung anzeige, als der Sphaerotylus, was aber tatsächlich nicht der Fall ist.

Zwischen den Fäden der Abwasserpilze tummelt sich ein Heer
von kleinen Tieren, so die vorhin schon genannten Infusorien, sodann viele Würmer und Krustazeen, z. B. Wasserasseln (Taf. VI,
Nr. 54), dann die Cyclopen (Taf. VI, Nr. 55), sofern schon reichlich
Sauerstoff vorhanden ist; ferner Daphnien (Taf. VI, Nr. 56), Wasser-
milben (Taf. VI, Nr. 57), Anguillula (Taf. VI, Nr. 58) usw.

Außerdem finden sich Schnecken, von welchen nach Angabe
von Kolkwitz sich einige, z. B. Paludina vivipara mit Leptomitus-
flocken füttern lassen. Auch Insekten, z. B. Mückenlarven, sind
vorhanden.

Wo der Tisch so gut gedeckt, wo so viele Schlupfwinkel vorhanden sind, da stellen sich selbstverständlich Fische ein, z. B.
Weißfische.

Neben und zwischen den Pilzen und zur Sommerzeit an ihrer
Stelle findet man nicht selten die schleimigen Rasen des Carchesium Lachmanni (Taf. VII, Nr. 59); die glockenförmigen Tiere
sitzen doldenförmig an längeren Stielen und nehmen mittels ihrer
Wimper sowohl feinen Detritus als auch Bakterien auf. Im Winter
ist das Carchesium selten. Von manchen wird es als ein ausgesprochener Schmutzorganismus angesehen; Shiemenz widerspricht dem insofern, als er es in relativ reinem Wasser fand;
über seine Bedeutung sind also die Akten noch nicht geschlossen.

Ähnlich liegen die Verhältnisse betreffs des Fusarium aquae-
ductuum (Taf. VII, Nr. 60), welches z. B. Mez nicht zu den
Saprobien rechnet, während andere das tun. Es besteht aus einem
weißen bis rötlichen Mycel, welches sich im stark durchlüfteten
Wasser, z. B. an Mühlrädern, festsetzt, sichelförmige Konidien bildet
und einen moschusartigen Geruch verbreitet.

Auch die Antophysa vegetans tritt zuweilen zur Sommerzeit
an die Stelle der dann absterbenden Pilze (Taf. VII, Nr. 61).

An den Rändern der schmutzigen Wässer, an den schlammigen
Ufern, schieben sich andere ausgesprochene Saprobien hinauf, die
Oszillarien (Taf. VII, Nr. 62). Sie überziehen den Boden an der
Grenze des Wasserspiegels mit einer dünnen, schwärzlichen oder
schwarzgrünen, schwarzbraunen Haut, die befeuchtet einen matten
Glanz zeigt, getrocknet als papierähnliche Fetzen sich von ihrer Unterlage abhebt. Auch auf dem Boden der verschmutzten Wasserläufe
siedeln sie sich an und bedecken, vielfach stark mit Diatomazeen
untermischt, den Schlamm. Die entstehenden Gase heben den Schlamm

in Gestalt großer schwarzer oder schwarzgrüner Fladen an die Oberfläche, hierbei macht sich dann der unangenehme, muffig widerliche Geruch der Oszillatorien deutlich bemerkbar. Die Pflänzchen scheinen eine besondere Vorliebe für Fäkalien, insbesondere solche mit bereits eingetretener ammoniakalischer Gärung zu haben. Die Schmutzwasseroszillatorien sind alle lebhaft beweglich, sie bestehen aus dicht aneinander gereihten, meistens blaugrünen Zellen, die bei einigen Arten von einer feinen Hülle umgeben sind, bei anderen nicht.

Die Oszillatorien wachsen in der kalten Jahreszeit nicht, in der warmen gut; sie finden sich gern an und in den Wässern ein, welche im Winter dem Sphaerotylus und Leptomitus ein ausgiebiges Wachstum gestatten.

Ist das Wasser durch Sedimentierung der Sinkstoffe und durch die Einwirkung der Wasserpilze und der sie ergänzenden oder ersetzenden Pflanzentiere reiner geworden, so stellen sich empfindlichere Pflanzen und Tiere ein. Im freien Wasser, am Boden und an den Ufern, an den im Wasser stehenden Gewächsen, entwickeln sich zunächst die Diatomazeen; ihre Arten- und Individuenzahl ist sehr groß. Einige Arten (Melosira) bilden lange, flottierende Zöpfe, ähnlich den Wasserpilzen. Sie sind außer durch das Mikroskop schon durch das Gefühl zu unterscheiden; man hat die Empfindung, als ob man feinste Sandkörnchen zwischen den Fingern hätte.

Die Bazillariazeen sind imstande, gelöste Substanzen als Nährstoffe aufzunehmen, aber auch unter der Einwirkung des Lichtes Kohlensäure zu spalten und Sauerstoff zu erzeugen. Marson nimmt an, daß die Nitzschia avicularis und Melosira varians hauptsächlich des schon zu Salpetersäure gewordenen Eiweißstickstoffes bedürfen.

Ein Teil der Kieselalgen ist gegen die Schmutzstoffe recht unempfindlich und schiebt sich weit in die Pilzregion hinein, z. B. Nitzschia. Andere bevorzugen reineres Wasser; ein Teil von ihnen sitzt als Grundalge am Boden, ein anderer Teil gehört zu den schwimmenden Diatomazeen, z. B. Asterionella, Synedra, Fragilaria, Tabellaria, Surirella.

Über die Zahl der Diatomazeen kann man sich ein Urteil bilden, wenn man den braungrünen Belag eines Steines untersucht. Dort liegt oft Kieselalge an Kieselalge, vielfach liegen sie sogar in Haufen übereinander. Auch in das fließende Wasser werden sie hineingerissen, Marson rechnete bei Hochwasser des Rheines auf den Kubikmeter 4 Millionen.

Ebenfalls reichen in die Verschmutzungszone hinein ein Teil der grünen Algen Closterium (Taf. VII, Nr. 63), Cosmariumarten

(Taf. VII, Nr. 64), Vaucheria, sodann einige Conferven, z. B. bombicina.

Andere, z. B. die Conferva tenerrima, die Conjugata rivulans, oder die Algen Pediastrum (Taf. VII, Nr. 65), Scenedesmus (Taf. VII, Nr. 66 u. 67) ziehen das reinere oder rein gewordene Wasser vor; von den größeren Algen sei Cladophora glomerata genannt.

Neben und zwischen den Algen, dort Halt und Nahrung suchend, hält sich eine große Individuen- und Artenzahl niederer Tiere auf. Stylonichia (Taf. IV, Nr. 44), die übrigens auch in recht schmutzigen Wässern vorkommt, Synura uvella (Taf. VIII, Nr. 68) und andere mehr.

Manche Insekten besiedeln die reiner gewordenen Flußstrecken, z. B. Ephemeralarven, sodann finden sich Egel, z. B. Nephelis, Würmer, z. B. Turbellarien, Schnecken, z. B. Physa, Planorbis-arten, Neritina fluviatilis; von Muscheln kommen vor Anodonta, Cyclus, Sphaerium usw.

Für reine Wässer charakteristisch ist unter anderen der ge-meine, ungefähr 1 cm lange Flohkrebs, Gammarus pulex (Taf. VIII, Nr. 69), die Larven der Kribelmücke, Simulia ornata, und der Köcher-fliege, Hydropsyche atomaria, sowie die Napfschnecke, Ancylus fluviatilis, und von Pflanzen der Tannenwedel, Hippuris vulgaris, der Frühlingswasserstern, Callitriche vernalis, das Bach-Quellkraut Montia rivularis, sowie Scirpus lacustris und die gelben und weißen Seerosen.

2. Die Selbstreinigung.

Nimmt ein Wasser Schmutzstoffe auf, so wird es am Auf-nahmeort und darüber hinaus verunreinigt; in einer mehr oder weniger großen Entfernung aber erscheint es wieder rein, ohne daß von außen etwas geschehen ist, den Vorgang einzuleiten oder zu fördern. Diesen Prozeß nennt man die Selbstreinigung.

a) Die Vorbereitungen für die Selbstreinigung.

Vorbereitet und eingeleitet, wie Hofer sich ausdrückt, wird die Selbstreinigung.

1. Durch die Verdünnung der eingeführten Schmutzstoffe infolge der Vergrößerung der Wassermasse durch oberirdische oder unterirdische Zuflüsse. Hauptsächlich werden durch sie die gelösten Substanzen beeinflußt. Wie eine giftige Auflösung durch Hinzufügung des Lösungsmittels bis zur Unschädlichkeit verdünnt werden kann, so werden selbst die differentesten Abwässer un-schädlich, wenn die Wassermasse des Vorfluters groß genug ist.

Nicht gerade selten stößt man auf die Auffassung, als ob die gelösten Stoffe fast ganz indifferent wären; das sind sie nicht. Zunächst ist eine Anzahl nur kolloidal gelöst, dann können, wenn das auch selten vorkommt, so viel organische, gelöste Stoffe vorhanden sein, daß bei entsprechender Temperatur sich stinkende Fäulnis einstellt, besonders dann, wenn ein solches Wasser stagniert. Andererseits dienen die gelösten Stoffe den Lebewesen zur Nahrung; es kann also durch sie eine in das Ungemessene gehende Bildung von Organismen eintreten, die das Wasser unansehnlich und für viele Zwecke unbrauchbar machen; zu nennen sind hier z. B. die Bakterien, welche die gelösten organischen Substanzen zum Faulen bringen; noch unangenehmer machen sich die Wasserpilze bemerkbar.

2. Ein weiterer vorbereitender Faktor für die Selbstreinigung ist die mechanische Zerkleinerung durch das fließende Wasser. Diese tritt besonders hervor, wenn die aufgeschwemmten Teilchen am Boden und Ufer entlang rollen. Durch die Zerreibung werden immer größere Oberflächen im Verhältnis zum Inhalt geschaffen, also erheblich breitere Angriffsflächen gewährt, zunächst für das Wasser selbst, für seinen chemisch lösenden, auslaugenden, und seinen chemisch trennenden Einfluß; sodann können die Bakterien in die lockeren Massen besser eindringen, sich festsetzen und eine ihnen besser zusagende, weil konzentriertere, Nahrung finden. Desgleichen werden die Pflanzennährstoffe, welche in den aufgeschwemmten Stoffen enthalten sind, durch die Zerteilung zugänglicher gemacht, und zuletzt können die kleinen, feinen, zu Detritus zermahlenen Stoffe selbst von kleinen und kleinsten Tieren aufgenommen und in Exkrete und Leibessubstanz umgesetzt werden.

3. Der dritte und wesentlichste Faktor für die Vorbereitung zur Selbstreinigung ist die Sedimentierung, das Ausfallen der Teilchen. Die Verunreinigung des Wassers wird in erster Linie durch die aufgeschwemmten Substanzen bedingt; sind sie ausgefallen, so ist das Wasser äußerlich wieder rein. Daher hat man früher mit einem gewissen Recht die Sedimentierung als den Hauptfaktor der Selbstreinigung hingestellt. Durch sie wird tatsächlich das Wasser rein, aber der Boden, über dem das Wasser steht oder sich bewegt, wird um ebensoviel verschmutzt, und von ihm aus, durch das Faulen des Ausgefallenen, tritt eine erneute Verunreinigung des Wassers ein.

Dringt Abwasser in einen Wasserlauf, so mischt es sich durchaus nicht ohne weiteres mit dem aufnehmenden Wasser, meistens ist in ausgesprochener Weise das Gegenteil der Fall. Wo das

Wasser nicht durch erhebliche Unebenheiten des Flußbodens und der Ufer, wie z. B. bei Gebirgsbächen, rasch durcheinander gemischt wird, wo also kein „Mischgerinne", wie es die Technik verwendet, vorhanden ist, da läuft das Abwasser viele Kilometer im Fluß geschlossen weiter, deutlich hebt sich der „Schmutzwasserstreifen" von dem anderen Wasser ab.

Läuft das Schmutzwasser in ein stehendes Gewässer, so häufen sich die Suspensa in nächster Nähe der Ausflußöffnung an und schieben sich nur langsam weiter in die Vorflut hinein. Ähnlich ist es bei langsam fließenden Gewässern. Dort lagern sich zunächst dem Auslauf die schwereren Stoffe, Sand, Straßenschmutz und dergleichen, ab, zwischen sich erhebliche Mengen leichteren, organischen, fäulnisfähigen Materials einschließend. Die leichteren und leichtesten Teilchen werden entsprechend weiter mitgenommen. Bei raschem Lauf werden die Teilchen auf eine große Fläche verteilt, was für die Selbstreinigung insofern günstig ist, als dadurch die Bildung einer dickeren Schlammlage verhindert und für die Oxydation, die Selbstreinigung, eine breite Angriffsfläche geboten wird.

Enthält der verunreinigende Zufluß nicht viel gelöste Substanzen und ist die für die Selbstreinigung in Betracht kommende Fläche so groß, daß stets so viel verzehrt wird als zukommt, dann kann man von einer Verunreinigung eigentlich nicht reden. Dieses ereignet sich, wenn kleinere Abwassermengen in große, rasch sich bewegende Wasserläufe hineingelangen, so z. B. kann man von einer Verunreinigung des Rheines nicht sprechen, wenn auch eine Reihe großer Städte und Fabriken ihre Abwässer hineingeben.

Ist auf die eine oder andere Weise der Weg geebnet, so setzt die Selbstreinigung ein, wie in Nachstehendem angegeben ist.

b) Die Zerlegung der gelösten Stoffe.

Die gelösten Substanzen werden von den verschiedensten pflanzlichen Wesen angegriffen. An erster Stelle seien die Bakterien genannt. Sie nähren sich von den organischen Stoffen, dabei die hochmolekularen Verbindungen in einfachere und einfachste spaltend. Aber auch die einfachen Verbindungen werden angegriffen; so gibt es eine Unzahl von Bakterienarten, welche die salpetersauren und salpetrigsauren Verbindungen abbauen, sogar bis zum freien Stickstoff herunter; sehr viele Arten bilden aus schwefelhaltigen Eiweißkörpern Schwefelwasserstoff, andere aus Kohlenhydraten Säuren, z. B. Milch-, Essig-, Buttersäure usw., die dann durch die Wirkung anderer Bakterien weiter zerfallen. Spaltungs-

und Oxydationsvorgänge gehen nebeneinander her. Die Bakterien können die organische Substanz direkt zersetzen oder als Sauerstoffüberträger oder indirekt wirken, indem sie Fermente, Enzyme bilden, die nun erst die organische Substanz zerlegen.

Wenn auch die Bakterien eine nicht unbeträchtliche Wirkung ausüben, so ist doch ihre Leistung durchaus nicht so groß, wie man früher vielfach angenommen hat. Die Einwirkung der Bakterien auf die gelösten und die ungelösten Substanzen ist sogar bei Laboratoriumsexperimenten, wo man die günstigsten Bedingungen schaffen kann, eine langsame; zudem ist, wenn auch die Zahl der Bakterien sehr groß ist, ihre Masse gegenüber den Stoffen, die sie zu bewältigen haben, minimal. Wie viel langsamer und weniger intensiv muß ihre Wirkung sein, wenn sie bei niedriger Temperatur auf stark verdünnte Nährsubstrate einwirken!

Um zu zeigen, wie lange ein Wasserteilchen unserer großen Flüsse gebraucht, um in das Meer zu gelangen, welche Arbeitszeit also überhaupt den Bakterien zur Verfügung steht, haben wir die folgende Tabelle aufgestellt.

Flüsse	Wegelänge in Kilometern	Durchschnittsschnelligkeit in sec/m bei den Niedrig- bis Mittelwässern	Kilometer in 24 Std.	Wegedauer in Tagen vom Anfangsort bis zur Mündung
Memel, vom Eintritt in preußisches Gebiet bis zur Mündung	112	0,4	34	$3^1/_3$
Oder, von der preußischen Grenze bis zur Mündung	815	0,60	51,8	$14^1/_3$
Elbe, von der sächsisch-böhmischen Grenze bis zur Hamburger Grenze	569	0,631	54,4	$10^1/_6$
Weser, von der Quelle bis zur Mündung	436	0,64	55,3	8
Rhein, von Stein am Bodensee bis Hoek van Holland	1003	1,5	130	8
Donau, von der Quelle bis Passau, österreichische Grenze	622	1,1	95	$6^1/_2$

Wo sich Wehre in den Flüssen finden, wird die Schnelligkeit ganz erheblich, entsprechend der Häufigkeit und der Dauer der Staue verlangsamt; aber trotz alledem ist die Einwirkungsdauer auf rinnende Wasserteilchen kurz.

Den Bakterien zunächst stehen die Pilze; unter ihnen spielen die Schimmelpilze und mehr noch Leptomitus lacteus und der Sphaerotylus natans eine große Rolle, sofern ihnen reichlich Sauer-

stoff zur Verfügung steht. Fehlt er, so gedeihen sie nicht, z. B.
nicht in vielen Mühlteichen; kommt Sauerstoff hinzu, z. B. hinter
den Mühlrädern, beim Lauf über Wehre, so setzt die Wucherung
wieder kräftig ein. So wenig schön die Abwasserpilze in ihrem
grauen, gallertartigen Zottenkleid aussehen, so nützlich sind sie,
und man soll sie nicht, wie das zuweilen geschieht, entfernen, ausgehend von der Idee, sie verschlechterten das Wasser. Das tun
sie nicht, sie bessern es vielmehr. Wenn sie jedoch absterben,
was zum Beginn des Frühjahres der Fall zu sein pflegt, dann
können sie zu einer sogar recht starken Belästigung führen, indem
sie an ruhigeren Stellen des Wasserlaufes, in den Buchten, vor
den Wehren abgelagert werden und dort in stinkende Fäulnis
übergehen. Es empfiehlt sich daher, in kleineren Wasserläufen
durch eingelegte Rechen, Reisigbündel u. dgl., die frei gewordenen,
Schaffellen ähnlichen Zotten abzufangen; in großen Strömen, z. B.
Elbe, Rhein, werden sie, ohne Schaden zu bewirken, bald zu
Atomen zerrieben; die feinen, kleinen Fäserchen werden allerdings
auf große Entfernungen mitgeführt.

Die Pilze können noch dadurch schädlich werden, daß sie in
den kleinen Wasserläufen, wenn sie alles bedecken, das Laich-
geschäft derjenigen Fische, die zum Laichen sandiger oder kiesiger
Plätze bedürfen, wie z. B. die Forellen, unmöglich machen, oder
daß sie die Eier mit ihrem Rasen überziehen und das Auskriechen
der jungen Fische, wie behauptet wird, behindern. Andererseits
werden die Pilze von verschiedenen niederen Tieren verzehrt, die
wieder von Fischen gefressen werden, so daß wenigstens ein Teil
der Pilze in Fischfleisch umgesetzt wird.

Neben den Bakterien und Pilzen kommen die übrigen Pflanzen
als Zerstörer organischer Substanz in Betracht. Untersuchungen von
Löw, Bokorny u. a. haben gezeigt, daß Diatomazeen, die grünen
Algen und die höheren Pflanzen organischen Stickstoff aufnehmen,
daß sie die aus den Kohlenhydraten entstandenen Säuren wieder in
Stärke umsetzen, die sie in ihrer Leibessubstanz aufspeichern usw.
Bokorny wies nach, daß 10 g Spirochyren in 10 Tagen 168 mg
Glyzerin zerlegten. Umsetzungen der organischen gelösten Substanzen und ihre Überführung in organisierte Lebewesen kommen
also zweifellos vor. Es fragt sich jedoch, ob der Schlußeffekt groß
ist. Das dürfte im allgemeinen und was die größeren Flüsse angeht,
bestimmt nicht der Fall sein, denn in diesen fließt eine ganz gewaltige Menge gelöster organischer Substanz dem Meere zu, und
die Algen- und Pflanzenwelt pflegt nicht so stark entwickelt zu sein,
daß sie auf dieselbe einen wesentlichen Einfluß ausüben könnte.

Einige Angaben über die Menge der Algen in Wässern sind bereits S. 66 gemacht. Im Winter ist meistens die Zahl der Algen kleiner als im Sommer, wenn auch im Winter vereinzelt hohe Zahlen vorkommen. Kolkwitz fand nach einer uns gemachten schriftlichen Mitteilung in einem Stauweiher 50000 Algen in 1 ccm, am 29. März 1908 in der Krummen Lanke bei Berlin 3250, am 29. März 1908 in der Spree bei Oberschöneweide nur einige Algenzellen, am 27. April 1908 im Tegeler See 6350; am 29. März 1908 in der Dahme bei Grünau 150, am 11. Mai 1908 im Faulen See bei Berlin etwa 300 und am 18. August 1906 bei Schmilka an der böhmisch-sächsischen Grenze in der Elbe 14 486.

Das sind zum Teil recht hohe Zahlen, jedoch ist das Volumen des Planktons nur gering. Von Kolkwitz wurde festgestellt, daß im November 1905 die ganze Menge des durch Zentrifugieren zusammengedrängten Planktons in der reichlich Plankton führenden Elbe im Kubikmeter zwischen 38 und 28 ccm betrug (von letzteren waren 7 ccm schwimmende Sphaerotylusflocken), d. h. 28 Milliontel bzw. 38 Milliontel der ganzen Wassermasse war Plankton.

Spitta gibt an, daß für die Havelseen bei Berlin der mittlere Gehalt an Trockensubstanz des Plankton in etwa 100 Versuchen zwischen 0,18 und 3,43 g, an Volumen, durch Absitzenlassen bestimmt, zwischen 5 und 171 ccm pro Kubikmeter schwankte. Das Plankton stellte im Netz eine helle, gelbgrünliche bis gelbbräunliche, flockige Masse dar, die fast nur aus Algen und Diatomazeen bestand, und in welchen kleine Tiere in kaum nennenswerter Menge vorhanden waren. Im August und September stieg die Zahl der Algen stark, auf das Achtfache, einmal auf das Hundertfache an.

Die Algen sind, wie schon erwähnt, imstande, organische Stoffe in sich aufzunehmen, aber nach den Versuchen einiger Autoren, z. B. von Spitta, ist ihre Wirkung eine sehr langsame und hinter der der Bakterien erheblich zurückbleibende.

Man darf also die abbauende Kraft des Planktons auf die gelösten Substanzen nicht zu hoch einschätzen, soweit das fließende Wasser in Betracht kommt. In stagnierenden Gewässern gelangt ihre Wirkung besser zur Geltung, solche Wässer sind meistens wärmer als die Flußwässer und die Zeit der Einwirkung des Planktons ist dort länger, während sie im Fluß kurz ist, wie aus der vorstehend angegebenen Tabelle gefolgert werden muß.

Die am Ufer und Boden lebenden Pflanzen sind bei den großen und den rasch fließenden Flüssen wenig zahlreich. Das Flußbett ist vielfach vegetationslos, nur die Ufer kommen in Betracht.

Also auch in dieser Hinsicht ist kein großer Reinigungseffekt zu erwarten. Nach der Rechnung Bokornys zerstören 10 g Spirogyren in 10 Tagen 0,168 g Glycerin. Wie Fränkel angibt, soll das Cölner Abwasser 0,286 g organische Substanz im Liter enthalten. Das Abwasser läuft bis zum Meer (344 km) in drei Tagen. Sollte bis dahin alle organische Substanz, angenommen sie sei Glycerin und die Bokornyschen günstigen Bedingungen beständen zu Recht, zerstört sein, so wären allein, um die in 1 cbm Abwasser enthaltene Substanz zu zerstören, rund 57 kg Spirogyren erforderlich; das ist eine ungeheure Menge. Bei 58 000 cbm Abwasser Cölns würden erforderlich sein 3 135 000 kg Spirogyren oder pro Kilometer 9113 kg, oder pro Meter Flußlänge 9 kg; so viel Pflanzen sind überhaupt nicht im Rhein vorhanden.

In kleinen, flachen, nicht regulierten Gewässern, deren Boden nicht in steter rollender Bewegung ist, findet sich wesentlich mehr Pflanzenwachstum; nicht selten ist der ganze Boden mit Pflanzen austapeziert und es ist daher eine erheblich stärkere Aufnahme organischer Stoffe und ihr Umsatz in lebendes Pflanzengewebe vorhanden.

Auch die großen Wasserpflanzen, Laichkraut Potamogeton crispus, Samkraut Potamogeton pectinatus, Pfeilkraut Sagittaria sagittifolia, Flußranunkel Ranunculus fluitans, Wasserpest Elodea canadensis, Wasserlinsen Lemnaarten, Hörnerblätter Ceratophyllum demersum, Wasserliesch Butomus umbellatus, Wasserkerbel Oenanthe aquatica usw. nehmen gelöste Substanzen auf.

Wie groß die Umsetzung der organischen gelösten Substanzen in einem Fluß ist, läßt sich zurzeit nicht direkt feststellen. Man kann nicht sagen, gleich nach dem Einfluß des Abwassers fanden sich x Milligramm gelöster Substanzen und nach der erfolgten Reinigung y Milligramm, also beträgt die Reinigung $x — y$ Milligramm. Wollte man sich auf diese Zahl stützen, so wäre der Ausfall sehr gering. Sogar die großen Havelseen bei Potsdam vermögen die organische Substanz der Spree nur von 22,9 auf 19,6 mg herunter zu setzen. Die fränkische Rezat wurde durch die Abwässer von Ansbach so verschmutzt, daß sie bis über Lichtenau, etwa 10 km, nur eine stinkende Pfütze darstellte, in der kein Fisch, kein Frosch mehr lebte, an welche sich kaum ein Insekt heranwagte. Oberhalb Ansbach war der Gehalt an organischen gelösten Substanzen nach unseren Untersuchungen 26,5 mg, unterhalb der Stadt 40,5 mg, bei Lichtenau (etwa 10 km) 50,7 mg und bei Schlauersbach (etwa 15 km) 38 mg, trotzdem der Fluß hier wieder rein geworden war.

Die organischen Substanzen sind in stetem Wechsel begriffen; in einem verunreinigten Wasserlauf nimmt die Menge der gelösten Substanzen ab durch die Wirkung der Flora und Fauna, sie nimmt aber zu durch die organischen Stoffe, welche aus den am Boden liegenden organisierten Teilen in Lösung gehen, also höchstens die Differenz kann in der Milligrammzahl hervortreten. Hierzu kommt, daß die jetzt üblichen Untersuchungsmethoden nicht alle organischen Substanzen angeben, daß sie also keine genauen Resultate liefern können.

Die Erfahrung an den biologischen Körpern lehrt, daß die noch vorhandenen organischen Substanzen nicht mehr faulfähig sind, davon sagt aber die chemische Analyse absolut nichts; die Zucker werden durch den Sphaerotylus zerstört; die chemische Analyse, so wie sie jetzt geübt wird, läßt davon nichts erkennen. Es finden also starke Umlagerungen der organischen Substanz statt, wodurch sie ihres offensiven Charakters verlustig wird, ohne daß die chemische Analyse das anzeigt. Daran aber, daß solchermaßen gereinigte Wässer wieder einer bestimmten Flora und Fauna eine gedeihliche Entwickelung gestatten, erkennen wir, daß ein Abbau bis zur Unschädlichkeit erfolgt ist; außerdem gewährt die chemische Untersuchung auf Sauerstoffgehalt, Sauerstoffdefizit, Sauerstoffzehrung und auf Faulfähigkeit sichere Auskunft.

Noch einen anderen Nutzen, welcher für die Selbstreinigung von der größten Bedeutung ist, bieten die Pflanzen, nämlich die Produktion von freiem Sauerstoff. Das Wasser nimmt besonders bei lebhafter Bewegung Sauerstoff aus der Luft auf, aber nicht selten ist der durch die chlorophyllhaltigen Pflanzen erzeugte wesentlich beträchtlicher. Schon die Diatomazeen produzieren Sauerstoff, wenn sie belichtet werden, erheblich mehr tuen das die Algen und die Wasserpflanzen. Zudem wird der Sauerstoff gleich an die Stelle gebracht, in die Tiefe des Wassers, wo er zur Oxydation der dort gelösten und ungelösten Substanzen ausgiebigste Verwendung findet. Die Tierwelt beteiligt sich an dem Abbau der gelösten Substanzen wenig, wenn auch die mundlosen Tiere durch das Körpergewebe hindurch einiges davon in sich aufnehmen.

Die mineralischen in Lösung befindlichen Stoffe unterliegen der Selbstreinigung insofern, als sich Basen und Säuren miteinander verbinden, so z. B. bedarf es nur selten der künstlichen Abstumpfung von Säuren enthaltenden Abwässern bei Einlassung in einen größeren Fluß. Die in seinem Wasser enthaltenen oder an seinem Boden liegenden kohlensauren Salze bewirken eine rasche und ausreichende Bindung der Säure. Daß die kohlensauren Salze größtenteils ausfallen, ist früher schon gesagt worden.

Auch werden die Mineralsubstanzen zum Aufbau der Gewebe
der Tiere und Pflanzen gebraucht und insoweit aus dem Wasser
entfernt, als die Tiere und Pflanzen aus dem Wasser herausgenommen werden. Lebhaft ist die Frage erörtert worden, ob
bestimmte Salze, z. B. Chlormagnesium, aus dem Flußwasser verschwinden. Ganz einig ist man sich noch nicht, aber es scheint
doch, daß eine Fortnahme oder Umlagerung in geringem Grade vor
sich geht.

c) Die Beseitigung der aufgeschwemmten Teile.

Viel wichtiger als die Befreiung des Wassers von den gelösten
Stoffen ist die von den suspendierten Substanzen.

Den ersten Angriff machen die Bakterien, und zwar die anaeroben
dort, wo der Schlamm in Massen übereinander geschichtet liegt, die
aeroben da, wo genügender Sauerstoff vorhanden ist. Daß eine
völlige Mineralisierung, d. h. Abbau bis zu den einfachsten Verbindungen stattfinden kann, darf wohl nicht bestritten werden,
aber zweifellos hat man früher den Bakterien nach dieser Richtung
hin zu viel zugeschrieben. Ihre Hauptarbeit besteht darin, daß
sie die löslichen Stoffe in sich aufnehmen. Hierdurch wird zugleich
das ganze Gefüge der korpuskulären Elemente lockerer, dem Wasser,
den Bakterien und der Fauna und Flora des Wassers zugängiger.

Die Bakterien werden zum Teil weggespült, zum Teil dienen
sie niederen Tieren, den Rhizopoden, Flagellaten, Infusorien u. dgl.
zur Nahrung. Auch nehmen diese zarten Lebewesen in ihre Leibes-
höhle feinen Detritus auf, den sie sich durch die Wimperbewegung
zuführen. Sie werden wieder von größeren Tieren gefressen.

Zwischen den Blättern und Stengeln der Wasserpflanzen, die
zwar den organisierten Teilen wenig entnehmen, lagert sich Detritus
ab, aber in dem schützenden Pflanzengewirr siedelt sich ein reiches
Gemisch von Kleinlebewesen an, die den Detritus verzehren.

Zwischen den Pilzen und grünen Pflanzen und besonders am
Boden tummelt sich das Heer der kleinen Kruster, im Boden-
schlamm finden sich die Schnecken und Muscheln zuweilen in
Unzahl, welche den Schlamm als willkommene Nahrung aufnehmen.
Dort sind Tausende und aber Tausende von Schlammwürmern,
Tubifex, Nais, Phreoryctes, Chaetogaster, Clepsine u. dgl., und In-
sektenlarven der verschiedensten Art. Hofer spricht von einem
„Tierbrei" in der Pegnitz unterhalb Nürnbergs, der aus den Schlamm-
würmern Tubifex tubifex und der rötlichen Mückenlarve Chironomus
plumosus bestehe, daneben fanden sich Clepsine, Nephelis und
Nematodenarten. Er gibt von der Isar an, daß sich die Tiere bis

1 m tief in den Boden hineinziehen; aus einem Bodenzylinder von
1 m Tiefe und 600 qcm Fläche (Tellergröße) konnte er zwei Millionen
Stück Schlammwürmer mit bloßem Auge auslesen lassen; er schätzt
ihre Menge auf der Strecke von München bis Freising, etwa 33 km,
auf Hunderte von Zentnern. In der Ill unterhalb Straßburgs waren
nach Lauterborns Angaben die Molusken Sphaerium corneum, Limnaeus, Planorbis, Physa, Paludina, Gulnaria und andere so zahlreich,
daß jeder Quadratzentimeter Bodenfläche mit 1 bis 2 Exemplaren
von ihnen besetzt war.

Die Menge der von den Würmern, Larven und Molusken aufgenommenen Detritusmassen ist groß. Wird so die organische
Substanz der ausfallenden Suspensa in lebendes, niederes Tier-
material umgesetzt, so dient dieses wieder anderen Tieren, insbesondere
Fischen, als Nahrung, und so kommt es denn, daß sich unterhalb
und am unteren Ende der verunreinigten Stellen im Fluß ein
guter Fischbestand einstellt, er findet dort die beste Fischweide.

Nicht überall kommt die Fauna in der angedeuteten Weise zur
Entwickelung. Sie fehlt da, wo rollender Sand und Kies den
Flußboden bildet; die stete Bewegung läßt die Tiere ebensowenig
aufkommen, wie die Pflanzen. Zudem findet in solchen Flüssen
eine starke Verschmutzung nicht statt, weil auch die suspendierten
Stoffe mit fortgeschwemmt werden, sie finden keine ruhigen Stellen,
wo sie sich ansammeln könnten, und werden zu feinstem Detritus
zerrieben.

Wo die Verhältnisse günstig sind, wo also ein nicht zu kühles
Wasser den Bakterien, den übrigen Pflanzen und den Tieren eine
kräftige Entwickelung erlaubt, wo ein nicht zu großes Mißverhältnis
zwischen den eingebrachten Verunreinigungen und der aufnehmenden
Wassermasse vorhanden ist, wo nicht tiefe Stellen anaerobiotische
Fäulnisstätten schaffen, wo vielmehr ein langsames Fließen unter
genügender Sauerstoffzufuhr der Fauna und Flora die Zeit gewährt,
um reinigend zu wirken, da ist nach einer Reihe von Kilometern
die eingebrachte, verunreinigende Masse verdaut.

Ein klassisches Beispiel hierfür bietet die Ill, sie nimmt die
ungereinigten Abwässer Straßburgs (160 000 Einwohner), auf und
wird dadurch ganz enorm verschmutzt, aber schon sehr bald macht
sich die Selbstreinigung geltend. Nachdem zunächst eine stinkende
Masse am Auslauf der Kanäle sich ablagerte, beginnt das Gebiet
der Sphaerotylus- und Leptomituswucherungen; nach 8 km ist
bereits der ganze Flußboden mit mächtigen Matten grüner Wasserpflanzen bedeckt, in welchen ein reiches Tierleben sich abspielt,
nach weiteren 8,8 km tritt zur warmen Jahreszeit der Fluß wieder

vollständig sauber in den Rhein. In den dem Pflanzen- und Tier-
wuchs ungünstigen Perioden ist jedoch die Reinigung durchaus
nicht vollständig; sie ist eben von der Entwickelung der Flora
und Fauna abhängig.

Das ist in kurzen Zügen der Entwickelungsgang der Selbstreinigung.

Stark helfend greifen die Hochwässer ein. Es gibt eine Anzahl
von Flüssen, die regelmäßig jedes Jahr ihre Hochwässer haben,
welche den Flußschlauch ausfegen und den Schmutz in die großen
Vorfluter, die Ströme, bringen, wo er restlos verschwindet, während
andere Flüsse, langsam im tief ausgeschnittenen Bett ohne nennenswertes Gefälle und ohne eigentliche Hochwässer dahinschleichen.
Tritt in ihnen hohes Wasser ein, so läuft es in der Hauptsache
über den Schlamm fort, ohne größere Mengen davon mitzunehmen.

Behindert wird die Selbstreinigung durch die Wehre in den
Flüssen, denn vor ihnen lagern sich die faulfähigen Stoffe in
dicker Schicht ab. Der Sauerstoff ist bald aufgezehrt, die anaerobe
Fäulnis beginnt und tötet die sauerstoffspendenden Pflanzen und
die den Detritus aufnehmenden Tiere; so werden die Stauwässer
vor den Mühlen vielfach zu stinkenden Pfützen, die den übelsten
Geruch verbreiten bei sehr geringer Selbstreinigung, bis dann ein
Hochwasser bei geöffneten Grundschützen auch diese Stätten der
Zersetzung ausfegt.

Die Hochwässer sind für die Reinigung verschmutzter Wasserläufe von der größten Bedeutung.

3. Die Methoden zur Bestimmung der eingetretenen Reinigung.

Die Selbstreinigung sieht man dann als beendet an, wenn
das Wasser in der Hauptsache wieder so geworden ist, als es vor
der Zuführung der Schmutzwässer war.

a) Die Besichtigung.

Die älteste Methode, die beendete Selbstreinigung eines Flußwassers zu bestimmen, ist wohl die durch Besichtigung und Sinnes-
wahrnehmungen, und noch heute besitzt sie ihren vollen Wert.
Schon der Laie benutzt die Klarheit des Wassers, das Frei-
sein von aufgeschwemmten Stoffen als Maßstab für die Reinheit.
Hier ist jedoch einige Vorsicht am Platze. Bei den bewegteren
Wässern sinken die Suspensa zwischen den Steinen nieder und
können dort nur bei einiger Aufmerksamkeit entdeckt werden.

Sodann täuschen die Pilzrasen mit ihrer dichten gleichmäßigen Decke oft einen reinen Flußboden vor; aber das Umrühren mit einem Stecken läßt unter der grauen Schicht die schwarzen schwefeleisenhaltigen Massen erkennen. Da, wo das Wasser ruhiger fließt, stagniert oder schwach rückläufig strömt, können Bänke zuweilen meterhohen Schmutzes entstehen, die zu gewissen Jahreszeiten von den Abwasserpilzen überzogen, sich dem Auge leicht entziehen. Soweit Ablagerungen nennenswerter Größe vorhanden sind, ist die Selbstreinigung noch nicht beendet.

Auch der Geruch der freiliegenden Schlammbänke und der von den untergetauchten Schlammablagerungen aufbrechenden Schmutzfladen vermögen sich zur wärmeren Jahreszeit bemerkbar zu machen. In den Gerüchen überwiegt durchaus nicht immer der Schwefelwasserstoff; bei den geringeren Graden der Verunreinigung ist vielmehr ein eigentümlich modriger, muffiger, an die Dünste, die beim Kochen von Kohl entstehen, erinnernder, oder ein schwer definierbarer Geruch häufiger anzutreffen. Ausgesprochener pflegen die Gerüche an den Mühlwehren und bei den Mühlen aufzutreten. Einige Müller behaupten, daß sich solche Gerüche sogar dem Mehl mitteilten.

Nicht gerade selten findet man auf weiten Flußstrecken keine Verschlammung, keinen üblen Geruch, aber an der Mühle wird beides wieder bemerkbar. Ob in einem solchen Falle die Selbstreinigung schon beendet ist oder nicht, läßt sich nicht immer sicher entscheiden. Entsteht die Verschlammung und der üble Geruch dadurch, daß abgestorbene Pilzmassen usw. im Mühlteich faulen, oder lassen sich dort Fäkalrestchen u. dgl. finden, so ist die Selbstreinigung nicht beendet. Findet sich aber nur harmloser Detritus, mit Oszillarien u. dgl. untermengt, so muß gefragt werden, ob der Müller in entsprechenden Intervallen seinen Teich reinigt. Selbst reine Flüsse führen einige Schmutzstoffe, zersetzungsfähige Substanzen mit, die, allmählich zu Massen vor den Mühlwehren angesammelt, ebenfalls üble Gerüche zu erzeugen vermögen. In einem solchen Falle liegt nicht eine unvollständige Selbstreinigung, sondern eine mangelhafte Reinigung vor; in Streitsachen kann eine Entscheidung hierüber von Belang sein.

b) Die chemische Untersuchung.

Die chemische Untersuchung beherrschte allein das Feld, als man die bakteriologische und biologische Beurteilung noch nicht kannte. Sie befaßt sich zurzeit mit der Bestimmung der gelösten Substanzen, sowie der Mengenbestimmung der suspendierten. Sie kann für die Selbstreinigung sehr wichtige Anhaltspunkte gewähren, so

z. B. betreffs der Verunreinigung mit Säuren, Alkalien, Salzen, Giften oder anderen differenten Stoffen, welche nicht gerade selten von der Industrie geliefert werden. Bei den städtischen Abwässern vermag sie gute Auskunft zu geben über die Reduktion der Abdampfrückstände, über Anwesenheit von Verbindungen des Ammoniaks, der salpetrigen und Salpetersäure, der Kalksalze, der Chlorverbindungen und ähnliches.

Der Nachweis der organischen Substanzen nach den bis jetzt üblichen Methoden ist nicht immer sicher. Ob mehr oder weniger Kaliumpermanganat verbraucht wird, hängt von der Oxydationsfähigkeit der organischen Substanzen ab, die sehr verschieden ist. Im Laufe der Zersetzung können oxydable Substanzen entstehen, so daß ein gereinigtes Wasser zuweilen größere Ausschläge gibt als ein ungereinigtes. Andererseits können leicht oxydierbare Substanzen verschwinden, während die schwer oxydierbaren, die eventuell die unangenehmeren sind, bleiben. Diese Unsicherheit hat dazu geführt, daß manche Forscher die Kaliumpermanganatmethode als unbrauchbar für Flußwasseruntersuchungen vollständig verlassen haben. Dem kann man jedoch nur zustimmen, wenn bessere Verfahren zur Verfügung stehen; aber das ist bis jetzt nicht der Fall. Von Einigen wird die gewichtsanalytische Methode angewendet. An sich ist sie gleichfalls sehr ungenau, da bei dem gelinden Glühen außer der organischen Substanz die Nitrate und Nitrite zerstört, die schwefelsauren und kohlensauren Verbindungen teilweise zersetzt werden; damit könnte man sich noch abfinden, wenn die Mineralsubstanzen in dem ungereinigten und dem gereinigten Wasser dieselben wären, was jedoch nicht der Fall ist. Will man die Kjeldahlsche Methode anwenden, so ist zu berücksichtigen, daß damit alle nicht stickstoffhaltigen Substanzen, z. B. die Zucker, nicht getroffen werden, welche doch für die Entwickelung des Sphaerotylus die ausschlaggebende Rolle spielen. Zudem ist außer dem Gesamtstickstoff noch der Ammoniak- und Salpeterstickstoff zu bestimmen und in Abzug zu bringen, was an sich keine Schwierigkeiten macht. (Verfahren von Schlösing und von Schulze-Tiemann.)

Die Summe der kohlenstoffhaltigen Substanzen läßt sich bestimmen nach der alten bewährten Methode mittels Kaliumbichromat und Schwefelsäure; aber auf diese Weise erhält man keine Antwort auf die Frage nach der Natur der kohlenstoffhaltigen Substanzen, sondern nur auf die nach der Menge des Gesamtkohlenstoffs; damit ist uns vielfach nicht gedient. An demselben Fehler leidet die von Rubner vorgeschlagene Verbrennung des Trockenrückstandes in der Berthelotschen Bombe und die Feststellung der erzeugten Kalorien.

Die Bestimmung des Sauerstoffgehaltes ist eine in den letzten Jahren vielfach mit Erfolg in Anwendung gezogene Methode, um ein Bild über die Verunreinigung und Wiederreinigung eines Wasserlaufes zu gewinnen. Sauerstoff wird vom Wasser aus der Luft aufgenommen, und zwar in größeren Mengen, wenn das Wasser über Mühlräder oder Wehre fällt oder über Gestein läuft, kurz — gleiche Temperatur vorausgesetzt —, wenn die Dicke der Wasserschichten gegenüber der Oberfläche gering ist. Kühles Wasser kann mehr Sauerstoff aufnehmen als warmes. Steigt die Temperatur rasch an, so ereignet es sich vielfach, daß die Abgabe des Sauerstoffs nicht so rasch stattfindet wie der Wärmeanstieg, also eine Übersättigung des Wassers mit Sauerstoff eintritt. Weiterhin kommt viel Sauerstoff in das Wasser durch die Wirkung der grünen Wasserpflanzen, die bei Belichtung erhebliche Mengen, bis zur Übersättigung, zu produzieren vermögen, ja man hat schon das Dreifache des normal im Wasser festgehaltenen Sauerstoffs gefunden. Sogar bei Mondschein wird Sauerstoff erzeugt.

Der Sauerstoff verschwindet aus dem Wasser durch Oxydationsvorgänge. Vor allem verbrauchen ihn die gelösten organischen Substanzen zu ihrer Zerlegung unter Vermittelung der Bakterien; sterilisiert man ein Wasser, so wird zugeführter Sauerstoff nicht auf die organische Substanz übertragen. Auch anorganische Verbindungen können freien Sauerstoff aufnehmen, doch kommt fast nur die Umwandlung des kohlensauren Eisenoxyduls in Ferrihydroxid, Eisenrost, und des Schwefelwasserstoffs in Schwefel und Wasser in Betracht.

Der im Wasser nachgewiesene Sauerstoff stellt also die Differenz dar zwischen Sauerstoffbildung und Sauerstoffbindung, zwischen Einnahme und Ausgabe.

Bei hochgradig verschmutzten Flüssen kann der Sauerstoff völlig fehlen. Uns sind Wasserläufe bekannt, die durch die Abwässer von 20 000 bis 30 000 Einwohnern, bei fast fehlender Industrie, bis auf mehr als 10 km jeden Sauerstoffs beraubt waren. Andererseits vermögen selbst Städte, wie Wien (1½ Millionen), Cöln (470 000 Einwohner), trotzdem alle Abwässer mitsamt den Fäkalien, nur von den gröbsten Schwimmstoffen befreit, eingelassen werden, den Gehalt des Sauerstoffs in Donau und Rhein nicht zu beeinflussen. Die Wassermasse ist zu groß. Berlin mit seinen 2 Millionen Einwohnern liegt gut kanalisiert an der nur 8 bis 10 sec/cbm führenden Spree; das Spreewasser ist niemals sauerstofffrei gefunden,

meistens war der Gehalt sogar recht hoch, nur zur wärmeren Jahreszeit war an einigen Stellen ein erhebliches Sinken eingetreten
(Spitta). Selbst eine sehr große Stadt braucht also einen kleinen,
recht langsam fließenden Wasserlauf nicht bis zu einem erheblichen Absinken des Sauerstoffs zu verschmutzen, wenn sie die gewöhnlichen
Abwässer fern hält und durch die Entnahme von Schmutzstoffen
(Baggern), an den gefährdeten Stellen, den Notauslässen, die hineingelangten faulfähigen Stoffe wieder entfernt. München (600 000 Einwohner) mit seinen zahlreichen, großen Brauereien verschmutzt
die Isar, welche etwa 41 sec/cbm bei Niederwasser führt, dadurch
stark, daß es alle Abgänge in den Fluß hineinläßt. Es sind mächtige
Depots am Flußboden abgelagert, in welchen sich ein reiches Tierleben entwickelt. Nichtsdestoweniger enthält nach Hofers Angaben das Isarwasser stets normale Mengen, 7 bis 8 ccm, Sauerstoff
im Liter, was größtenteils darin beruht, daß in dem Fluß stets
ein niedrig temperiertes Wasser fließt, welches eine stärkere Bakterienwirkung nicht aufkommen läßt.

Der Befund an Sauerstoff kann also über die mehr oder minder
große Reinheit eines Wassers Auskunft geben, er braucht das
aber nicht. Wenn eine Sauerstoffabminderung überhaupt nachzuweisen ist, dann ist sie in demselben Wasserlauf dort am größten,
wo die Verschmutzung am größten ist.

Mit der Sauerstoffbestimmung in einem Wasser und der Festlegung seiner Temperatur ist zugleich durch Subtraktion der gefundenen Menge von derjenigen, welche das Wasser seiner Temperatur nach haben könnte (siehe die Tabelle in dem Abschnitt:
Bestimmung des Sauerstoffs), die Größe des Sauerstoffdefizits
gegeben.

Die Sauerstoffzehrung. Läßt man Proben eines reinen
sauerstoffhaltigen Wassers mit verschieden hohen Zusätzen von
Schmutzwasser im Zimmer offen stehen, so nimmt der Gehalt von
Sauerstoff entsprechend der stärkeren Zugabe ab. So fand Spitta,
der sich um diese Frage große Verdienste erworben hat, daß bei
einer Verdünnung von 1 Teil Kanalwasser zu 15 Teilen Leitungswasser der Sauerstoffgehalt in 24 Stunden von 6,01 ccm im Liter auf
0,14, bei 1:30 von 6,82 auf 1,64 ccm, bei 1:100 von 6,74 auf 3,95 ccm,
bei 1:200 von 6,69 nur auf 5,78 fiel. Ließ er in offenen Stutzen
ein Gemisch von Schmutzwasser und Reinwasser längere Zeit
stehen, so sank der Sauerstoffgehalt, bei den stärkeren Konzentrationen erheblich, um nach ein paar Tagen stehen zu bleiben
und darauf wieder etwas anzusteigen, d. h. zunächst waren die Oxydationsprozesse überwiegend, bis unter starker Bakterienentwickelung

die leicht oxydablen Substanzen verzehrt waren; unter dem Absinken der Bakterienzahl erfolgte der Anstieg durch Übertritt von Sauerstoff aus der freien Atmosphäre, also durch Diffusion. Füllt man aus einem Flußlauf von jeder Entnahmestelle zwei Flaschen, untersucht die eine sofort, läßt die andere 24 Stunden bei 18 bis 20⁰ im Dunkeln geschlossen stehen und untersucht wieder, so findet man eine Abnahme des Sauerstoffs gegenüber der ersten Probe. Das Verschwinden des Sauerstoffs nennt man „Sauerstoffzehrung".

Spitta entnehmen wir folgendes Beispiel:

Untersuchung vom 11. August 1899. Wassertemperatur 20^0. Sättigungswert = 6,32 ccml O. Sofort nach der Entnahme und nach 46 Stunden untersucht.

	1 l Wasser enthält Sauerstoff bei der Entnahme	Sauerstoffdefizit	1 l Wasser enthält Sauerstoff nach 46 Stunden	Absolute Sauerstoffzehrung in 46 Stunden ccml	Absolute Sauerstoffzehrung in 1 Stunde ccml	Keime auf Hesse-Nährboden pro 1 ccm
Müggelsee (aus 1 m Tiefe) .	4,63	— 1,69	4,21	0,42	0,009	476
„ („ 2 „ „) .	4,79	— 1,53	4,43	0,36	0,008	—
„ („ 3 „ „) .	4,78	— 1,54	4,01	0,79	0,017	—
Spindlersfeld	4,07	— 2,25	2,75	1,32	0,029	4 820
Eierhäuschen	4,35	— 1,97	2,17	2,18	0,047	16 540
Urbanhafen (Landwehrkanal) .	2,58	— 3,74	0,51	2,07	0,045	20 100
Tiergartenschleuse (Landwehrkanal)	1,55	— 4,77	0,37	1,18	0,026	10 400
Charlottenburgerschleuse .	3,43	— 2,89	1,47	1,96	0,043	14 660
Spandau	4,63	— 1,69	3,08	1,55	0,034	3 620
Eiswerder	5,40	— 0,92	4,35	1,05	0,023	340

Wir fanden in der fränkischen Rezat vom 8. bis 10. Juli 1905:

	Oberhalb der Stadt	Direkt unterhalb der Stadt	5 km unterhalb	10 km unterhalb	15 km unterhalb
	Kubikzentimeter Sauerstoff im Liter				
Sofort	4,94	3,5	0	0	3,9
Nach 24stündigem Stehen	4,1	0,25	0	0	2,3
	Bakterien in 1 ccm				
	720	166 930	649 800	549 430	1156

Die Sauerstoffzehrung ist hauptsächlich abhängig von der Menge und der Beschaffenheit der im Wasser gelösten organischen Substanzen und der Höhe der Temperatur. Sind beide günstig, so entwickeln sich die Bakterien sehr lebhaft; sie stellen die Sauer-

stoffüberträger dar, und so ist denn für die Zehrung als dritter
Faktor die Zahl und Art der Bakterien von Belang.

Die größte Sauerstoffzehrung fand Spitta, als er drei Proben
mit Bac. coli und mit Bac. fluorescens liquefaciens impfte; der
ganze Gehalt von 5,12 ccm O im Liter war in 17 bis 24 Stunden
verschwunden bei einer Zahl von rund 100 000 Bakterien in 1 ccm,
während 1 843 000 gewöhnliche Wassermikroben 5,46 ccm O nur
auf 1,64 ccm reduzierten und 17 000 Proteus vulgaris 5,12 ccm in
24 Stunden kaum angegriffen hatten. Daß im Winter, wo bei der
niederen Temperatur das Bakterienleben schlummert, die Umsetzung
gering ist trotz relativ hoher Bakterienzahl, hat Spitta ebenfalls
nachgewiesen. Von diesem Autor stammt auch eine Anzahl Versuche über die Beeinflussung der Zehrung durch verschiedene Substanzen. Innerhalb 24 Stunden sank unter sonst gleichen Bedingungen
der Sauerstoffgehalt bei unvermischtem Spreewasser von rund 6,57 ccm
auf 5,16, bei Zusatz von 0,015 Proz. Harnstoff auf 4,6, Traubenzucker
auf 2,98, Rohrzucker auf 1,93 ccm.

In der Methode des Nachweises der Sauerstoffzehrung besitzen
wir ein sehr wertvolles, wenn auch allein nicht voll auskömmliches
Mittel, um ein Bild über die Verunreinigung und Reinigung eines
Wasserlaufes zu gewinnen.

Spitta schätzt die Methode in ihrem Wert ungefähr gleich
mit der Bakterienzählung; doch dürfte sie höher stehen, da sie,
über die Zahl hinausgehend, die Wirkung angibt; sie ist in den
meisten Fällen der Kaliumpermanganatmethode überlegen. Je größer
und stärker die Sauerstoffzehrung ist, und je rascher sie vor sich
geht, um so fäulnisfähiger ist das Wasser.

Von Wichtigkeit ist die Untersuchung eines Wassers auf seine
Faulfähigkeit. Nicht selten gibt sich dieselbe kund durch die
Bildung von Schwefelwasserstoff, die auf der Reduktion schwefel-
haltiger Substanzen oder auch des freien Schwefels des Schlammes
beruhen kann. Die Methoden des Nachweises sind in dem Kapitel
Chemische Untersuchungsmethoden näher angegeben. Zuweilen aber
macht sich dieses Symptom der Fäulnis nicht bemerkbar, da der
Schwefelwasserstoff leicht, z. B. durch Eisen, gebunden wird.

Hier hilft sehr gut ein anderes, das Methylenblauverfahren,
aus, welches für die Bestimmung der Faulfähigkeit eines Wassers
die größte Verbreitung gewonnen hat.

Spitta und Weldert haben die bahnbrechenden Versuche
gemacht. Wenn sie zu einem fäulnisfähigen Wasser Methylenblau
in entsprechender Menge zusetzten, so wurde durch die bei der
Fäulnis vor sich gehenden Reduktionen das Methylenblau in seine

Leukobase verwandelt. Hielten sie die Proben bei 37⁰, so trat die Entfärbung viel rascher ein. Die Autoren fanden, daß ein Wasser nicht mehr· fault, wenn in 50 ccm des Wassers nach 6 Stunden Stehens bei 37⁰ in verschlossener Flasche eine Reduktion der blauen Farbe nicht eingetreten war.

An der Methode ist viel herumexperimentiert worden, ohne indessen wesentliche Verbesserungen zu bringen; außer einer Modifikation von Seligmann ist die Methode von Spitta und Weldert mit Recht die fast allein übliche. Sie eignet sich sehr gut, um ein Bild über die Faulfähigkeit eines Wassers zu gewinnen. Man soll jedoch zweierlei Versuche machen; man soll mit filtriertem und nichtfiltriertem Wasser arbeiten; meistens wird nur letzteres faulfähig sein. Man gewinnt so oft rasch einen Fingerzeig, wo man den Hebel anzusetzen hat, nämlich bei der Fortnahme der suspendierten Teilchen.

Fluß- und Bachwasser ist nur selten faulfähig; sehr oft sind das aber die in die Wasserläufe gelangenden Abflüsse der Städte und der Industrien; deshalb sind gerade diese auf die angegebene Weise zu untersuchen.

c) Die bakteriologische Untersuchung.

Als die Bakteriologie aufkam und eine große Zahl Krankheiten als auf Bakterien beruhend erkannt war, wurde selbstverständlich die Bakteriologie zur Begutachtung der Verunreinigung und der wieder eingetretenen Reinigung herangezogen.

Bringt man Bakterien, welche aus dem Darmtractus des Menschen kommen, wie das die pathogenen, uns hier in erster Linie interessierenden Bakterien tun, in Flußwasser hinein, so kommen die Mikroben aus einer relativ hochkonzentrierten, viel organische und anorganische Stoffe enthaltenden Flüssigkeit in eine sehr wenig konzentrierte. Hierbei treten starke Diffusionsströme auf und eine große Reihe der eingebrachten Keime geht in kurzer Zeit durch Plasmolyse zugrunde. Wo die Bakterien angeklebt an „Nährzentren", z. B. kleinen Kotteilchen, in das Wasser gelangen, ist die Diffusionswirkung geringer und die Gefahr abzusterben kleiner, denn die Zeit, um den Ausgleich herbeizuführen, ist länger.

Ob die Bakterien dadurch in größerer Zahl zugrunde gehen, daß sie aus einer 37⁰ warmen Umgebung in eine solche von zuzeiten bei 0⁰ liegende kommen, erscheint sehr zweifelhaft; die allermeisten Bakterienarten halten den Wechsel gut aus, nur wird ihre Tätigkeit durch die Kälte stark vermindert, ihre Lebensdauer aber wenig oder gar nicht beschränkt, anscheinend sogar verlängert.

Stärker zerstörend wirkt die mangelhafte Ernährung. Im Darm der Menschen und Tiere, in den Dunghaufen, in der Ackererde, der Erde verschmutzter Höfe u. dgl. ist ein konzentriertes Nährmaterial vorhanden. In Wasser gebracht tritt eine starke Verdünnung der Nährstoffe ein und nur diejenigen Mikroben werden ausgiebig ernährt, welche mit den vorhin erwähnten Nahrungszentren in das Wasser gelangen und an ihnen haften bleiben. Je stärker die Zertrümmerung der aufgeschwemmten Massen ist oder bei dem Durchlaufen der Kanäle wird, um so mehr Bakterien werden von den Zentren abgelöst und gelangen damit in ungünstigere Existenzbedingungen. Das Niedersinken der Teilchen, das Ablagern an den Ufern und in Buchten hat für das freie Wasser gleichfalls einen keimvermindernden Effekt.

Hiernach ist ersichtlich, daß die Zahl der mit den Kanalwässern in einen Flußlauf eingebrachten Bakterien in nicht zu langer Zeit oder auf einer nicht zu langen Wegstrecke im freien Wasser erheblich abnimmt. Man sieht das Wasser dann als gereinigt an, wenn seine Bakterienzahl derjenigen ungefähr wieder gleich geworden ist, welche vor der Verunreinigung im Fluß bestand.

Die Frage ist, ob diese Auffassung zu Recht besteht.

Will man aus dem Bakteriengehalt auf eine Selbstreinigung schließen, so ist zunächst zu verlangen, daß nicht nur die Bakterien, sondern in erster Linie die Artenzahl ungefähr auf den status quo ante zurückgekehrt ist. In den Wasserlauf kommen mit den Unratstoffen viele „fremde" Bakterien, die nicht eigentlich dem Wasser angehören; diese sterben, wie gezeigt wurde, in nicht zu langer Frist ab oder sinken zu Boden.

Vergleicht man eine „Wasserplatte", d. h. eine Platte, die mit Gelatine beschickt und mit einer gewissen Menge verunreinigten Wassers gemischt ist, mit einer ebensolchen Platte, welcher die gleiche Menge des noch nicht besudelten Wassers beigemischt ist, so tritt der Unterschied in der Individuen- und in der Artenzahl klar hervor. Auf der ersteren Platte finden sich erheblich mehr Kolonien und zahlreiche Formen von Kolonien, welche auf der zweiten völlig fehlen. Wird eine dritte Platte beschickt, deren Wasser eine große Wegstrecke, z. B. 20 km hinter dem Einlauf des Schmutzwassers geschöpft ist, so hat die Zahl der Kolonien abgenommen und es pflegen die „fremden" Arten des Schmutzwassers wieder vollständig oder bis auf wenige verschwunden zu sein; die Platte gleicht wieder der an zweiter Stelle angegebenen.

Wollte man hierbei ganz korrekt vorgehen und eine genaue
Aussonderung der Bakterienarten vornehmen, so würde das sehr
viel Zeit beanspruchen. — Meistens begnügt man sich damit, und
es genügt das auch, sich durch die Plattenkultur ein Übersichts-
bild zu schaffen.

Die Zahl der Bakterien läßt sich wesentlich leichter und
sicherer feststellen als ihre Art, was zweifellos dazu beigetragen
hat, die Zählmethode gegenüber der Artmethode zu bevorzugen.
Es läßt sich nicht leugnen, daß in sehr vielen Fällen die Abnahme
der Art und Zahl der Bakterien, also ihre Rückkehr zur Norm, die
geschehene Selbstreinigung, angibt. Sehr schön zeigt sich das an
dem vorhin erwähnten Beispiel der Rezat: Das Flüßchen kam rein
in die Stadt, in ihm lebte eine reiche Kleinfauna, den zahlreichen
Fischen gute Nahrung bietend; an seinen Ufern, von seinem Boden
aus entwickelte sich die gewöhnliche Wasserflora. Beim Eintritt
in die Stadt hatte man den Fluß in einer breiten gemauerten
Rinne gefaßt, in welche an den verschiedensten Stellen die Abwässer hineinliefen. Durch die gute Nahrung, durch den reichen
Sauerstoffgehalt des in breitem flachem Bett fließenden Wassers
entwickelte sich in der gemauerten Rinne eine sehr reichliche Wucherung von Abwasserpilzen. Gleich hinter der Stadt, après nous le
déluge, hatte man das Bachbett nicht reguliert, der Lauf des Wassers
verzögerte sich, die helle Farbe wich einem lichten, dann einem
dunklen Grau. Am Boden lagen direkt hinter der Stadt schon
mächtige Schlammbänke, noch wuchsen einige Pflanzen, noch lebten
einige Tiere, die Zahl der Bakterien war von 720 auf 160 000
gestiegen, der Sauerstoffgehalt von rund 5 ccm auf 3,5 ccm gesunken.
Einige Kilometer weiter war die Farbe des Wassers schwarz wie
Tinte, der Boden war mit dicken Schlammassen bedeckt, der Sauerstoffgehalt war 0, alle höheren Lebewesen waren verschwunden,
aber die Zahl der Bakterien war auf 650 000 im Kubikzentimeter
angewachsen. Nach fünf weiteren Kilometern waren die Verhältnisse dieselben geblieben, nur hatte die Zahl der Bakterien um
100 000 abgenommen. Nach abermals 5 km war das Bild ein ganz
anderes: nur noch 1156 Bakterien wurden in 1 ccm Wasser gefunden, der Sauerstoffgehalt hatte sich auf 3,9 ccm gehoben, die
zersetzlichen Substanzen waren stark vermindert, denn der Sauerstoffgehalt sank bei 24 stündigem Stehen im Zimmer bei Hoch-
sommertemperatur nur auf 2,3 ccm. Pflanzen wuchsen wieder,
Insekten, niedere Tiere und kleine Fische traten wieder auf und,
was die Hauptsache war, der Flußboden war rein, nicht mehr mit
den schwarzen widrigen Massen bedeckt, die aus den mitgebrachten

suspendierten Substanzen und den in dem Gerinne wuchernden Abwasserpilzen entstehen. In diesem Falle also zeigte die Bakterienzahl sehr gut die Selbstreinigung an; in gleicher Weise taten das alle anderen Kriterien auch.

Hier sind die Bakterien abgestorben und zu Boden gesunken oder aufgelöst worden, nachdem sie ihre Schuldigkeit getan und die gelösten Substanzen, soweit sie konnten, verzehrt bzw. umgesetzt hatten; es fehlte ihnen also zu einer weiteren üppigen Entwickelung die Hauptbedingung: das Nährmaterial. Die langsame Wasserbewegung gewährte so viel Zeit, daß die Hauptmasse der Bakterien aus dem Wasser verschwunden war, ganz dicht hinter der geleerten Speisekammer. Wäre die Bewegung des Wassers rascher gewesen, so wären die lebenden Bakterien weiter fortgeschwemmt und bis über die Grenze der Selbstreinigung hinaus nachweisbar gewesen. Es kann also vorkommen, daß die bakteriologische Untersuchung die Grenze der Selbstreinigung zu weit verlegt.

Indessen ist auch das Gegenteil möglich. Unter Umständen, besonders wenn zufällig die Verdünnung des Abwassers groß ist, oder wenn aus den am Boden abgelagerten Sedimenten nicht viel gelöste Stoffe in das Wasser eindringen oder eine niedrige Temperatur herrscht, kann die Zahl der Bakterien gering sein. Unter solchen Verhältnissen kann die bakteriologische Prüfung ein zu günstiges Resultat geben; das fließende Wasser erscheint nicht stark verschmutzt, am Flußboden aber finden gewaltige Zersetzungen statt. Ein klassisches Beispiel hierfür bietet, nach den Untersuchungen Hofers, die Isar.

Zwischen diesen beiden Extremen der vollen Ankündigung der geschehenen Selbstreinigung durch die bakteriologische Untersuchung und einer starken Täuschung über dieselbe finden Übergänge statt. Jedenfalls also darf man nicht, wie das früher zuweilen geschehen ist, das Kriterium der Selbstreinigung allein in einer Reduktion der im freien Wasser vorhandenen Bakterienzahl bis zur Norm suchen, die anderen Kriterien müssen auch mit herangeholt werden.

d) Die biologische Untersuchung.

In den letzten Jahren ist eine andere Methode auf dem Plan erschienen, die Wiedererlangung der Reinheit der Wasserläufe, Teiche und Seen zu erkennen, nämlich die biologische, die sich darauf stützt, daß gewisse Pflanzen und Tiere nur in stark verunreinigtem, andere nur im reinen Wasser zu existieren vermögen.

Die letzteren nennt man Katharobien, die ersteren Saprobien und teilt diese wieder ein in Poly-, Meso- und Oligosaprobien. Man hat also bestimmte Organismen als Bewohner des reinen Wassers, bestimmte als solche des verschmutzten Wassers aufgestellt. Wo die letzteren verschwunden und die ersteren wieder aufgetreten sind, da soll die Selbstreinigung eingetreten sein.

Eine sehr scharfe Differenzierung wird von Mez angegeben, allerdings nur soweit die Pflanzen, insbesondere die Algen, in Betracht kommen; milder urteilen Kolkwitz und Marson; sie lassen größere Spielräume zu. Zu den Polysaprobien wären Sphärotylusflocken, Flocken der Zoogloea ramigera, Vliesse von Beggiatoa, Schleimmassen von Carchesium Lachmanni, Überzüge von Euglena viridis und Polystoma uvella zu rechnen. — Überall wird aber von den Autoren Wert auf die Massenhaftigkeit des Vorkommens gelegt.

Den Mesosaprobien werden zugerechnet: Häute und Polster von Phormidium autumnale und uncinatum, Hantzschia amphyoxys, Stylonychia mytilus, Oxytricha pellionella, Vorticella convallaria, Stentor coeruleus, Strähne von Melosira varians, Filze von Nitzschia palea.

Zu den Oligosaprobien zählen die Spirogyrawatten, Confervaund Cladophorabüschel, Ulothrixfelder, viele Oscillatorienarten, sowie viele Protozoen und Grunddiatomaceen. Immer müssen die genannten und die ihnen entsprechenden Organismen in größerer Zahl vorhanden sein, ehe ihnen eine Bedeutung zugelegt werden darf.

Aber selbst unter dieser Bedingung bekommt man nicht immer ein klares Bild. Zuweilen genügen schon geringe Verunreinigungen, um die eine oder andere Art von Kleinlebewesen in großer Zahl entstehen zu lassen, andererseits ist ihr Wachstum und Gedeihen von Verhältnissen abhängig, die wir nicht kennen. So kann in einem Teich, in einem Wassergraben eine ganz andere Flora und Fauna sich entwickeln, als in einem daneben liegenden, trotzdem beide dieselben Zuflüsse haben und auch sonst unter gleichen Bedingungen stehen. Weiter ist die Vegetation der Organismen sehr abhängig von der Jahreszeit; wo im Winter mächtige Sphärotyluszotten und -häute flottieren, ist vielfach zur Sommerzeit nichts davon zu sehen; bei anderen Organismen ist das Umgekehrte der Fall. Zudem ist dieses ganze Gebiet der biologischen Forschung noch sehr neu, so daß es gar nicht möglich war, in der kurzen Zeit genügende Erfahrungen zu sammeln, es stehen sich daher die Ansichten, in welche Gruppe man die hauptsächlichsten, die „Leitorganismen", bringen soll, noch ziemlich schroff gegenüber.

Wir stimmen daher dem Ausspruche Hofers zu: „So dürfte es wohl noch einiger Zeit und längerer Forschungen bedürfen, ehe sich ein System der Saprobien nach ihren Reaktionen auf den Grad und die Art der Verunreinigungen aufstellen lassen wird."

Vorhin ist schon erwähnt, daß die Differenzierung der Arten der Bakterien Schwierigkeiten mache, und man sich für die gewöhnliche Praxis mit einem Übersichtsbilde zufrieden geben müsse; hier liegen die Verhältnisse wesentlich schwieriger, vielfach kommt es vor, daß von zwei sehr nahe verwandten Organismen der eine den Polysaprobien, der andere den Oligosaprobien, sogar den Katharobien angehört. Zudem darf man sich auf einen Befund, auf eine oder wenige Organismenarten allein nicht stützen. Wenn z. B. an einem kleinen, flachen Fluß eine kleine Fabrik liegt, die Zuckerstoffe in mäßiger Menge erzeugt, so daß nur etwa 10 mg davon in 1 Liter Flußwasser enthalten sind, so kann sich im Winter Sphärotylus mächtig entwickeln. Soll nun wegen dieser Wucherung das Wasser als über Gebühr verunreinigt gelten? Das ist nicht angängig.

Wir haben also auch in der biologischen Methode kein durchschlagendes Verfahren, den Grad der Verunreinigung und die wiedererlangte Reinheit zu erkennen, aber wir besitzen in ihr doch ein sehr wertvolles Mittel mehr für diese Erkenntnis.

Soll die Frage der Verunreinigung und Reinigung für ein Gewässer beantwortet werden, so bleibt in den meisten Fällen nichts anderes übrig, als alle Methoden: die genaue Besichtigung, die chemische, bakteriologische und biologische Analyse in Anwendung zu bringen, wobei je nach Art des Falles oder der Fragestellung das eine oder andere Verfahren in den Vordergrund treten kann.

F. See- und Stauseewasser.

Eine Reihe großer Städte benutzt Seewasser als Trinkwasser, kleinere Gemeinden verwenden nicht selten das Wasser natürlicher oder künstlicher Teiche, und in den letzten Jahrzehnten hat man an verschiedenen Stellen in Deutschland von der uralten Methode Gebrauch gemacht, durch Absperren von Tälern und Ansammeln von Regen- und Bachwasser den Wasserbedarf zu decken. Sollte die Stadtentwickelung in einer solchen oder ähnlichen Weise weiter schreiten, wie sie das seit dem letzten Drittel des vorigen Jahrhunderts getan hat, so wird man zweifellos an vielen Stellen zur Versorgung mit Stauseewasser seine Zuflucht nehmen müssen. Die Versorgung mit See- und Stauseewasser ist daher besonderer Berücksichtigung wert.

An die Spitze stellen wir wieder die alte Anforderung: Lieferung eines ungefährlichen, möglichst gleichmäßig temperierten, klaren, kurz, eines appetitlichen Wassers.

I. Die Schwere und Dichte des Wassers der Seen und Stauseen, die Temperatur und die durch sie und die Zuflüsse bewirkte Wasserbewegung.

Das Wasser eines großen Reservoirs, wie es ein See oder Stausee darstellt, ist nicht in steter, gleichmäßiger Ruhe; es wird bewegt durch seine verschiedene Schwere, durch den Wind und durch die von außen kommenden Zuflüsse.

Die Schwere hängt ab von der Menge der gelösten Stoffe, von der Temperatur und dem Druck. Letzterer kommt für die hier vorliegende Frage wenig in Betracht; beträgt die Dichtigkeit des Wassers an der Oberfläche 1,0, so ist sie in etwa 100 m 1,0005; mit solchen Tiefen haben wir kaum zu rechnen. Die chemische Beschaffenheit eines Seewassers in seinen horizontalen und vertikalen Schichten ist im allgemeinen gleich. Hat aber ein tief stehendes Wasser einen stärkeren Kohlensäuregehalt, so ist es imstande, mehr Mineralbestandteile in Lösung zu bringen als oberflächlicheres Wasser; tief stehendes Wasser befindet sich zudem dicht über der Schlammschicht mit ihren organischen Substanzen, zu welchen aus dem absterbenden Plankton immer neues Material hinzukommt, es ist also ein etwas größerer Gehalt an gelösten Stoffen zu erwarten und, wie man gefunden hat, auch vorhanden; die Differenzen sind jedoch so gering, daß sie praktisch nicht in Betracht kommen.

Werden dem Wasser salzhaltige Zuflüsse zugeführt, so lagern sie sich, entsprechend ihrer größeren spezifischen Schwere, unter die anderen Wasserschichten. Halbfaß wies nach, daß der Burgsee bei Salzungen, ein Einsturzbecken von 25 m größter Tiefe, am 27. Juli 1911 an der Oberfläche 70 mg, bei 23 bis 25 m Tiefe aber 270—300 mg Chlor im Liter enthielt.

Die vorstehende Behauptung gilt nicht nur für Seen, sie gilt sogar für die Flüsse. Am 30. und 31. Mai 1893 führte der Schlüsselstollen der Schlenze pro Liter 57,8 bis 57,9 g Kochsalz zu; beim Eintritt in die Saale fand eine rückläufige Bewegung statt. Ungefähr 100 m oberhalb der Einmündung und 40 m vom linken Ufer entfernt fanden sich an der Oberfläche des Wassers 141 mg Chlor, in 2 m Tiefe 198 mg und in 3 m Tiefe, d. h. dicht über dem Grund, 21 329 mg; ungefähr ebenso weit unterhalb der Einmündung der Schlenze, 40 m vom linken Saaleufer entfernt, wurden nachgewiesen an der Wasseroberfläche, d. h. 4 m über dem Grund, 1249 mg im Liter, in 2,5 m über dem Grund 4832 mg, in 1 m über dem Grund 32 957 mg und am Grunde 33 687 mg.

Die Auskolkungen oder sonstigen tiefen Stellen der Saale waren überall mit stark salzhaltigem Wasser angefüllt, über ihm lief ein wesentlich salzärmeres Wasser fort. Zuströmungen eines solchen erheblich schwereren Wassers sind nicht häufig, aber auch bei wesentlich geringeren Gewichtsdifferenzen, die schon durch Temperaturunterschiede bedingt sein können, findet die Schichtung statt.

Das Wasser hat bei 4^0 C seine größte Dichte, seine größte Schwere, sie werde mit 1,000 00 beziffert. Dann beträgt das Gewicht bei

0^0 C	. . . . . . 0,999 87		12^0 C	. . . . . . 0,999 46
1,6	. . . . . . 0,999 96		15,5	. . . . . . 0,999 07
4	. . . . . . 1,000 00		18,3	. . . . . . 0,998 59
4,4	. . . . . . 0,999 99		20	. . . . . . 0,998 26
7,2	. . . . . . 0,999 92		21,1	. . . . . . 0,998 02
10	. . . . . . 0,999 75		25	. . . . . . 0,997 11

Die größte Dichte hat das Wasser im Winter. Zuunterst liegt das dichteste Wasser von 4^0. Über ihm schichtet sich das kältere Wasser auf, das kälteste liegt oben. Die Temperatur des Eises kann unter Null sinken, die des Wassers unter dem Eis ist gewöhnlich etwas höher als Null. Erwärmen sich die oberen Schichten über 0°, so sinken sie unter, bis sie auf die ihrer Wärme entsprechende Schicht kommen; wiederum schwimmt die kälteste Schicht oben. Durch den Wechsel in der Temperatur tritt ein lebhafter Wechsel des Wassers ein.

Erwärmt sich das Wasser über 4°, so liegen die wärmsten Schichten oben. Diese Anordnung bezeichnet man als direkte Schichtung, Typus directus; liegt das kälteste Wasser oben, so heißt man die Anordnung nach Forel „verkehrte Schichtung", Typus inversus.

Im Frühjahr, wenn sich die direkte Schichtung ausgebildet hat, wird das Wasser durch die Wärme nicht bewegt. Die Schichten werden zwar wärmer, bleiben jedoch in ihrer alten Anordnung übereinander liegen, das Wasser „stagniert" wie Whipple sich ausdrückt.

Im Herbst, wenn die Tage kälter zu werden beginnen, nimmt die Oberflächentemperatur ab, das kühlere Wasser sinkt tiefer, mischt sich mit dem anderen, nimmt von ihm Wärme auf, und so entsteht allein durch die sinkende Temperatur eine Wasserbewegung, welche das Becken bis in große Tiefen durchsetzt. Hierbei werden tiefgehende Wasserschichten zu einer ziemlich gleichen Temperatur gebracht. Die nach unten gerichtete Wasserbewegung nennt man Konvektionsströmung; sie kann in gewissen Perioden, bei starkem Lufttemperaturwechsel recht lebhaft sein.

Geht die Oberflächentemperatur noch stärker herunter, so erreicht sie im Spätherbst, Anfang des Winters die Temperatur der größten Dichte, 4°. Das so weit abgekühlte Wasser nimmt die tiefste Stelle ein, und damit ist der stärkste Austausch der Wasserschichten erreicht.

Später beginnt dann bei weiterer Abkühlung die verkehrte Schichtung der ersten Periode. Die Umlagerungen des Wassers durch Temperaturunterschiede werden also im Frühling und Beginn des Winters bewirkt.

Durch die Sonnenstrahlen und durch den Wind wird das Wasser der oberen Schichten in Bewegung und zu einem lebhafteren Wärmeaustausch gebracht; unter ihnen lagert das ruhende kühle Wasser. Zwischen beiden befindet sich die manchmal kaum 1 m starke „Springschicht", in welcher der Temperatursturz, zuweilen 6 bis 10° betragend, am deutlichsten zum Ausdruck kommt.

Um über die Temperaturverteilung ein Bild zu gewähren, gelangen nachstehend einige Untersuchungen von Halbfaß zum Abdruck, welche um so mehr Interesse haben, als sie dem Inhalt kleiner Staubecken entsprechen und deren Tiefe haben. Den

Frauensee kann man sich sogar vorstellen als den „eisernen
Bestand", den verbleibenden Rest eines Stausees. Zu bemerken
ist, daß die nachfolgenden Einsturzseen keinen oder nur einen ganz
geringen Zu- oder Abfluß besitzen, also thermisch nicht gestört sind.
Die Springschicht liegt beim Frauensee zwischen 3 und 6 m, beim
Burgsee zwischen 3 und 4 m Tiefe.

	Bernhäuser Kutte	Burgsee bei Salzungen	Frauensee bei Marksuhl
Zeit der Untersuchung	29. Juli 1901	30. Juli 1901	30. Juli 1901
Größe in Quadratmetern	35 000	95 000	37 000
Inhalt in Kubikmetern	1 070 000	680 000	120 000
Größte Tiefe in Metern	47	24	6
Temperaturen:			
An der Oberfläche	21,6⁰	—	23,0⁰
In 1 m Tiefe	—	20,8⁰	20,0
„ 2 „ „	—	18,5	17,8
„ 3 „ „	20,4	15,4	14,0
„ 4 „ „	—	11,3	11,0
„ 5 „ „	—	11,0	10,0
„ 6 „ „	11,6	8,2	9,4
„ 8 „ „	7,6	7,2	—
„ 10 „ „	5,8	7,0	—
„ 14 „ „	—	6,8	—
„ 15 „ „	5,2	6,8	—
„ 16 „ „	—	7,0	—
„ 17 „ „	—	7,0	—
„ 18 „ „	—	6,9	—
„ 19 „ „	—	7,0	—
„ 20 „ „	5,0	7,4	—
„ 43 „ „	4,6	—	—

Die durch die Temperatur bewirkte Wasserbewegung wird in
erheblicher Weise durch die verschiedensten Einflüsse gestört. Es
kann nicht unsere Aufgabe sein, alle aufzuführen; uns interessieren
nur die größeren und auch diese nur insoweit, als die Trinkwasser-
entnahme aus dem See dadurch beeinflußt wird.

Da der Wind die Oberfläche des Sees erheblich bewegt, müssen
sich kompensatorisch unten Ausgleiche einstellen.

Wichtiger sind die Änderungen der ursprünglichen Gleich-
gewichtslagen durch die Zuflüsse. Die im Winter den Seen und
Stauseen zufließenden Bäche führen ein Wasser, welches gehaltreicher ist als das des Sees; bei gleicher und auch bei etwas
niedrigerer, unter 4⁰ liegender Temperatur sinkt daher das Bachwasser in die Tiefe, bis es auf die gleich dichte Schicht trifft. Ist

das Bachwasser niedriger temperiert als das Seewasser, so schiebt
es sich auf bzw. dicht unter die Oberfläche.

Im Sommer ist das zufließende Wasser meistens kühler als
das mehr oder minder im Sonnenschein liegende Seewasser, und
es fließt daher am Boden entlang.

Beobachtungen haben ergeben, daß es in geschlossenem
Strom weit in den See hineinzugehen pflegt, was sich besonders
schön bei den langgestreckten Seen zeigt, die zur Sommerszeit
Schneeschmelzwasser aufnehmen, wie das z. B. viele Alpen-
seen tun.

Läuft ein wesentlich leichteres Zulaufwasser in einen See oder
ein Staubecken hinein, so dringt es, über dem schwereren Wasser
fortgleitend, weit vor. Kruse beschreibt, wie das Wasser des
großen Sperrsees von Verviers, la Gileppe, von vorn bis hinten in
kürzester Zeit getrübt wurde. Es ist also auch mit weitgehenden
Verunreinigungen zu rechnen. Bei ganz großen Seen kommt das
nicht vor.

II. Das Seewasser.

Um zu zeigen, wie gleichmäßig sich das Wasser eines großen
Sees nach den verschiedensten Richtungen hin gestaltet, sei die
uns von dem Wasserwerk zu Konstanz am Bodensee zur Verfügung
gestellte Tabelle zum Abdruck gebracht.

Die Untersuchungen erfolgen zweimal monatlich durch das
Chemische Untersuchungsamt der Stadt Konstanz. Eine Filtration
des Wassers findet nicht statt.

a) Die Klarheit des Wassers, die aufgeschwemmten Teilchen,
das Plankton.

Die Klarheit und Durchsichtigkeit der Seewässer ist im allgemeinen erheblich größer als die der Flußwässer. Die trübenden
Teilchen im See, wenn wir von der Uferzone absehen, werden in
der überwiegenden Mehrzahl von den Bächen und Flüssen hineingetragen. Sie sinken zu Boden entsprechend ihrem spezifischen
Gewicht, ihrer Größe und Form, sowie der Dichte des Wassers,
in welches sie eintreten. Die spezifisch leichten Partikel, die
Schwimmstoffe, lagern sich gern, entsprechend der Anziehungs-
kraft der Körper, zusammen und werden von Wind und Strömung
zusammengetrieben.

Die S. 51 u. f. angegebenen Methoden ermöglichen, die Durch-
sichtigkeitsdifferenzen zu erkennen und die Plätze zu finden, wo

Zusammenstellung der Resultate der bakteriologischen und chemischen Untersuchungen des dem Bodensee in einer Entfernung von 700 m vom Ufer, aus einer Tiefe von 40 m entnommenen Wassers für die Wasserversorgung der Stadt Konstanz.

Jahr	Äußere Beschaffenheit	Temperatur in Zentigraden	Zahl der entwickelungs-fähigen Keime in cm³	Plankton-gehalt cm³ in m³	Trocken-substanz 105°	Ein Liter des Wassers ergab Milligramm			
						Sauerstoff-verbrauch	Ammoniak freies	Ammoniak albuminoïdes	Chlor
I. Quartal Mittel 1907	normal	4,35	16	0,184	182,2	1,16	Spur bis 0,015	0,026	1,66
1908	„	4,90	16	0,37	177,7	1,01	„ 0,015	0,022	1,38
1909	„	4,28	9	0,36	180,0	1,09	0 „ 0,01	0,031	1,45
II. Quartal Mittel 1907	„	6,03	8	0,087	182,2	1,08	Spur „ 0,015	0,0208	1,65
1908	„	6,05	8	0,82	178,1	1,17	„ 0,025	0,023	1,33
1909	„	5,2	9	0,24	181,7	1,22	0 „ 0,015	0,036	1,30
III. Quartal Mittel 1907	„	6,3	11	0,262	180,1	1,07	Spur „ 0,015	0,02	1,57
1908	„	6,7	11	1,04	180,7	1,22	„ 0,015	0,028	1,28
1909	„	6,4	12	0,4	176,3	1,18	0 „ 0,01	0,038	1,31
IV. Quartal Mittel 1907	„	6,36	10	0,38	179,5	1,11	Spur „ 0,01	0,021	1,50
1908	„	6,30	13	0,46	179,6	1,24	„ 0,015	0,030	1,30
1909	„	5,6	11	0,49	186,3	1,08	„ 0,005	0,04	1,26
Minimum 1907	„	3,80	3	0,033	173,0	0,91	Spur	0,015	1,35
1908	„	3,75	2	0,08	170,1	0,95	„	0,015	1,20
1909	„	3,4	4	0,066	172,8	0,94	0	0,02	1,15
Maximum 1907	„	7,3	38	0,45	186,0	1,35	0,015	0,035	1,8
1908	„	7,8	36	1,98	188,0	1,60	0,025	0,040	1,5
1909	„	7,0	30	0,84	189,2	1,40	0,015	0,05	1,6
Jahres-mittel 1907	„	5,76	11	0,228	181,0	1,105	0,01	0,021 95	1,595
1908	„	5,98	12	0,67	176,8	1,16	0,01	0,025	1,32
1909	„	5,37	10	0,37	180,8	1,14	0,005	0,036	1,33

Schöpfstellen so angelegt werden können, daß sie durch die Verschmutzungen nicht berührt werden; sie liegen daher nicht in, sondern fern von den Stromstraßen des Sees.

Die Durchsichtigkeit und Klarheit leidet auch dort Schaden, wo Wind und Welle am flachen Gestade und der Verkehr der Menschen den Grund aufrührt. Diese Verschmutzungszone erstreckt sich oft nicht unerheblich weiter, als man annehmen sollte; auch über sie gibt die Untersuchung auf Durchsichtigkeit und auf Bakterien die genügende Auskunft.

Zuletzt können Suspensa dadurch in das Seewasser hineinkommen, daß sich Kleinlebewesen dort aus wenigen Exemplaren zu ungezählten Millionen entwickeln. In Europa hat man bislang der Entwickelung von Kleinlebewesen in Seen und Teichen weniger Aufmerksamkeit gewidmet, zum Teil wohl aus dem Grunde, weil die Versorgung mit Wasser aus solchen Bezugsquellen gering. war, oder weil die Seen so gelegen sind, wie z. B. in den nördlichen Bezirken Englands, daß die erforderliche Temperatur zur Entwickelung reichlichen Planktons fehlt. Dahingegen hat man in Nordamerika, wo eine große Reihe von Wasserversorgungen aus Seen und Stauseen gespeist wird, die Angelegenheit viel genauer studiert. Whipple gibt an, daß am häufigsten in großer Zahl, oft über 1000 in 1 ccm Wasser, die Diatomazeen gefunden werden, unter ihnen in erster Linie Asterionella, Melosyra, Synedra, Tabellaria; sodann sind häufig: Chlorophyceen, unter ihnen Scenedesmus; Cyanophyceen, unter ihnen Oscillarien Anabaena, Clathrocystis, Microcystis; Spaltalgen, unter ihnen Crenothrix; Protozoen, unter ihnen Cryptomonas, Dinobryon, Peridinium, Synura, Uroglena usw. In deutschen Stauweihern ist wiederholt die Asterionella, in dem Reval versorgenden See die Anabaena flos aquae lästig geworden, auf dem Burgsee bei Salzungen wurde das „Blühen“ des Wassers durch die Alge Polycystis bewirkt, in dem Borgwaldsee bei Stettin war zeitweilig viel Aphanizomenon. Auf der vorstehenden Tabelle ist die Menge des Plankton im Bodensee bei Konstanz in 40 m Tiefe angegeben; auf S. 394 und 547 sind die Angaben über die Menge in der Eschbachtalsperre bei Remscheid mitgeteilt.

Die meisten Arten ziehen die oberen, gut belichteten, wärmeren Schichten den tieferen und kühleren vor; bei 60 m Tiefe verschwindet in unseren Breiten das lebende Plankton. In der wärmeren Jahreszeit pflegt seine Menge größer zu sein; nicht selten findet sich jedoch auch eine Frühjahrshöhe oder ein in den Spätsommer oder den Herbst fallender starker Anstieg; auch tritt oft eine neue Art auf, wenn die alte im Verschwinden ist.

Früher ist bereits erwähnt worden, daß eine Reihe von Organismen dem Wasser einen schlechten Geschmack oder Geruch
zu geben vermögen. Es sei noch erwähnt, daß diese unangenehmen
Eigenschaften besonders stark hervortreten, wenn die Organismen
in großer Zahl zerfallen; hierbei entsteht auch Ammoniak und
Albuminoidammoniak.

b) Die gelösten Substanzen und die Bakterien.

An gelösten Substanzen sind die Seewässer im allgemeinen
nicht reich, siehe die vorstehende Tabelle von Konstanz. Das
Wasser gibt ursprünglich in ihm enthaltene Kohlensäure an die
Luft ab, oder pflanzliche Organismen verwenden sie zum Aufbau
ihrer Körpersubstanz; infolgedessen verwandelt sich das gelöste
Bicarbonat des Calciums in Monocarbonat, welches ausfällt. Die
Härte ist somit gewöhnlich gering. Nicht unerheblich ist zuweilen
der Gehalt an gelösten organischen Substanzen; an den flachen
Küsten pflegt er höher zu sein wie in der Mitte des Gewässers
und er schwankt nach den Jahreszeiten bzw. nach der Entwickelung
des Planktons. Mit letzterem hängt auch meistens der Gehalt an
Stickstoffsubstanzen, besonders an Albuminoidstickstoff, zusammen.
Der Gehalt an organischen Substanzen betrug im Züricher See im
Jahre 1902 im Durchschnitt aus 70 Analysen 21,4 mg, im Januar
und Februar 1890 aber wurden nur 4,1 bis 3,6 mg Kaliumpermanganat
zur Oxydation der organischen Substanzen verbraucht; im Tegeler
See schwankte der Kaliumpermanganatverbrauch im Jahre 1888/89
zwischen 12,3 und 23,4 mg.

Die Zahl der Bakterien in einem Seewasser hängt von verschiedenen Umständen ab; vor allem sind es die Zuflüsse, welche
die Bakterien mitbringen. Will man ein Seewasser z. B. für spätere
Entnahmezwecke untersuchen, so muß man selbstverständlich die
unreinen Stellen vermeiden und in ruhigerem Wasser an geschützter
Stelle untersuchen.

Im allgemeinen ist der Gehalt des Seewassers an Bakterien
nicht groß; die geringe, im Wasser enthaltene Nahrung und die
starke Lichteinwirkung lassen eine erhebliche Vermehrung nicht
aufkommen; vielleicht spielen auch die bakterienfressenden Infusorien bei der Geringhaltung der Zahl eine Rolle.

In dem Tegeler See, welcher auch die Drainwässer von Rieselfeldern aufnimmt, wurden bei 60 Untersuchungen, die sich auf die
bakterienreicheren Monate Oktober bis April bezogen, dreimal über
1000, fünfmal zwischen 1000 und 500, zwölfmal zwischen 500 und
100 und vierzigmal unter 100 Keime gefunden. Im Müggelsee

wurde als ganz ungewöhnlich hohe Zahl innerhalb von drei Jahren
dreimal 6000 im Kubikzentimeter festgestellt, sonst lag die Zahl
meist um 100 herum. Der Borgwallsee bei Stettin zeigte einen
ähnlichen Keimgehalt, meist unter 100. Forel fand als höchste
Zahl nach heftigen Regengüssen im Genfer See einmal 6300, sonst
als Maximum 1750, als Minimum 5 und als Durchschnitt 83. Im
Bodensee scheint bei Konstanz in 40 m Tiefe der Durchschnitt bei
etwa 10 zu liegen.

c) Das Seewasser in seinem Wert als Trinkwasser.

Seewasser kann ein gutes Trinkwasser abgeben. Bei großen,
tiefen Seen sind die Verhältnisse betreffs der Temperatur, der
Klarheit, der Gleichmäßigkeit, der chemischen Beschaffenheit, sowie
die Gleichmäßigkeit und die geringe Menge der Bakterien hierfür
günstig. Kann man die Entnahme weit vom Ufer fort und so
legen, daß zu keiner Zeit die wechselnden Wasserschichten, über
deren Lauf man sich vorher sorgfältigst zu unterrichten hat, Unreinlichkeiten, sie mögen nun von den Flüssen und Bächen oder von
Stadtkanälen kommen, heranzubringen vermögen, dann läßt sich
das Wasser sogar ohne Filtration als Trinkwasser verwenden. Das
geschieht z. B. am Bodensee von Konstanz, die Entnahmestelle
liegt in 700 m Entfernung vom Ufer und in 40 m Tiefe, ferner von
Romannshorn, Münsterlingen, Kreuzlingen und Arbon, während
St. Gallen, wegen der Nähe der Rheineinmündung und der Stadt
Rohrschach, das Bodenseewasser filtriert. Ebenso filtriert Zürich;
es wird seine Entnahme, die früher in 10 m Entfernung vom Ufer
stattfand, weiter in den See hinein und auf 40 m Tiefe legen.
Dort ist auf ein recht gleichmäßiges, allerdings auch recht kühles
Wasser zwischen 3,5 und 8,0° zu rechnen. Genf entnimmt sein
Wasser unfiltriert dem Genfer See in nur 17 m Tiefe, aber 1300 m
vom Ufer und weit oberhalb der Stadt.

Bei den kleineren Seen sind die Verhältnisse ungünstiger. In
den meisten Fällen wird es sich notwendig machen, das Wasser
vor dem Gebrauch zu reinigen, zu filtrieren. Die Grundsätze, nach
welchen die Frage beurteilt werden muß, sind bei der Versorgung
mit Stausee- und Flußwasser näher angegeben. Die Temperatur ist
wechselnd, ähnlich wie bei den Sperrenwässern. Die Farbe und
Klarheit läßt nicht selten zu wünschen übrig, so daß auch aus diesem
Grunde sich die Filtration empfiehlt. Der Zutritt von pathogenen
Keimen hängt von der Beschaffenheit der Zuflüsse ab. Wenn die
Seen klein sind, so kann es fraglich erscheinen, ob die Zeit ausreicht, um eingeschwemmte Krankheitskeime absterben zu lassen.

III. Stauseewasser.

1. Die Aufgaben der Stauseen.

Ein großer Teil des über das Seewasser Gesagten gilt in gleicher Weise für das Stauseewasser; es braucht also hier nicht wieder erwähnt zu werden.

Schon vor undenklichen Zeiten hat man Wasser hinter Erddämmen, mit und ohne Steinkern angesammelt, um für Kraftzwecke, für Berieselung und für Trinkzwecke das erforderliche Wasser verfüglich zu haben. In Spanien, Amerika, England usw. hat man diese Art der Wasserversorgung schon lange und häufig in Anwendung gezogen; in Deutschland haben erst die allerletzten Jahre Gelegenheit geboten, Erfahrungen zu sammeln.

Die Stauseen haben nach verschiedenen Richtungen hin eine große Bedeutung. Man kann durch sie Schutz erhalten gegen die wilden Wässer, die nach starken Regen verheerend die Täler durchbrausen; sie sammeln die niedergehenden Fluten und halten einen beträchtlichen Teil des anstürmenden Wassers zurück. Wenn durch das Anfüllen der Sperren auch nur Zeit gewonnen wird, so ist viel erreicht, denn während die Stauweiher sich füllen, läuft das übrige Wasser bereits zu Tal, und hat das Wasser aus dem Sperrengebiet die Überläufe der Stauseen erreicht, so ist das Wasser aus den übrigen Bezirken in seiner Hauptmasse bereits abgeströmt.

Am 4. und 5. Februar 1909 gingen im Wuppergebiet gewaltige Regen nieder, an einigen Stellen wurden bis zu 124 mm Regenhöhe gemessen. Nach Volker haben an diesen beiden Tagen sieben Sperren des Wuppergebietes 8 000 000 cbm Wasser zurückgehalten, und große Schädigungen, die durch Ausuferungen der Wupper unvermeidlich gewesen wären, sind vermieden. Verteilt man die 8 000 000 cbm auf die Sekunden zweier Tage, so gibt das einen Abfluß von 46 cbm/sec; bedenkt man, daß der Abfluß nicht so gleichmäßig verläuft, daß er zuzeiten das Drei- und Vierfache betragen kann, so erklärt sich die Wirkung.

Ein weiterer Nutzen liegt darin, daß die Stauseen das Gerölle zurückhalten, welches sonst als steriler Schutt die fruchtbare Talsohle bedeckt.

Die Stauseen verfolgen auch den Zweck, der Schiffahrt zu nutzen, indem sie zur wasserarmen Zeit ein gemessenes Maß Wasser dem Fluß zuführen. Bei der Ruhr dienen sie, wie schon erwähnt, dazu, in trockener Zeit das für die Wasserversorgung des ganzen Gebietes erforderliche Wasser zur Verfügung zu stellen.

Durch die Ansammlung des Wassers speichert man ferner Kraft auf. Ein großer Teil der Triebwerke kann bei Hochwasser nicht arbeiten wegen des Staues im Untergraben; er leidet an demselben Fehler zur Zeit niedrigen Wassers im Obergraben. Die Sperre hält die Hochflut zurück und gestattet andererseits, zur wasserarmen Zeit Wasser abzugeben. Dieser Nutzen ist so groß, daß er bereits tief in das Erkennen der Triebwerkbesitzer eingedrungen ist; während diese sich früher sträubten, Sperren zu schaffen oder den Städten zu gestatten, solche anzulegen, gehen sie jetzt gern mit den Städten Hand in Hand zu beiderseitigem Vorteil. Letzterer wird noch dadurch wesentlich erhöht, daß die Wasserkraft in elektrische Kraft umgesetzt werden kann, wodurch auch außerhalb des engen Flußtales die durch den Willen der Menschen in feste Bande geschlagene wilde Naturkraft ihren Segen verbreitet.

Wenn an dieser Stelle das Stauweiherwasser uns nur als Trinkwasser beschäftigt, so sollten die vorstehenden wenigen Zeilen zeigen, daß die anderen Zwecke der Sperren nicht außer acht zu lassen sind und ein Anpassen an sie vielfach notwendig ist, denn in sehr vielen Fällen hat der Stausee außer der Spendung von Trinkwasser noch anderes zu leisten, vor allem Triebwasser abzugeben; ohne die Erfüllung solcher Forderungen ist es oft nicht möglich, einen Stausee einzurichten.

Stauseen für Trinkwasserversorgungen werden dort angelegt, wo eigentliches Grundwasser in stets genügender Menge nicht vorhanden ist, vor allem also dort, wo die mächtigen Sande und Kiese des Alluviums und besonders des Diluviums fehlen, wo ein tiefer stehendes Grundwasser durch Bohrungen zu erschließen nicht möglich oder nicht rationell ist, und andererseits, wo im gebirgigen Gelände ein Mangel an starken, aushaltenden Quellen vorliegt. Das ist meistens dort der Fall, wo den Bergen vorgelagerte Schutthalden, wes Ursprungs sie auch sein mögen, fehlen.

Die Stauseen bieten meistens die Annehmlichkeit, daß sie ihr Trinkwasser mit natürlichem Gefälle den Städten zuführen, da sie hoch zu liegen pflegen.

2. Die Beschaffenheit der Stauseewässer.

In der nachfolgenden Tabelle seien einige Angaben über die chemische Zusammensetzung und die Bakterienzahl von Sperrenwässern, nebst Bemerkungen über Größe, Tiefe und Niederschlagsgebiet gemacht.

Die Beschaffenheit von Stauseewasser, sowie die

Stauweiher	Rück-stand	Kalk	Magnesia	Gesamte Härte d. Gr.	Kalium-perm.-verbrauch
Barrage de Gouffre d'Enfer	25,7	5,6	Spur	1,12	4—8
Vervier, la Gileppe	20,0	—	—	0,9	0,25
Remscheid, Eschbachsperre,					
Vier Jahresentnahmen (Maximum) . .	75,0	3,6	10,0	7,5	6,3
„ „ (Minimum) . .	60,0	12,0	16,8	3,7	3,4
Neyetal-Sperre	68,0	30,0	16,8	5,1	7,0
Nordhausen	48,0	9,2	3,6	1,4	9,3
Gotha	38,7	Spur	0	0,61	0,9
Solingen, Sengbachsperre	74,13	12,50	4,11	1,8	6,98
Barmen, Herbinghausertalsperre . . .	—	12,4	6,1	2,9	6,0
Lennep	100,0	32,0	11,2	4,6	7,2

a) Die chemische Beschaffenheit.

Die Zuflüsse bestimmen in erster Linie die chemischen Eigenschaften des Wassers. Im allgemeinen sind die Talsperren im kalkhaltigen Gebirge selten. Dort ist in größerer Tiefe vielfach durch Bohrungen Wasser zu finden, sofern nicht schon Quellen das erforderliche liefern. Der Boden ist meistens für die Anlage einer Sperre wenig geeignet, er ist zu durchlässig, zu spaltenreich. Das Wasser einer Sperre im Kalkgebirge ist relativ weich, denn die freie Kohlensäure geht bald fort und damit fällt der Kalk großenteils aus. Der Gehalt an Schwefelsäure ist gewöhnlich minimal, der an Chlor gering. Der Kaliumpermanganatverbrauch zur Oxydation der organischen Substanzen erreicht gleichfalls keine erhebliche Höhe; er pflegt im Sommer und Anfang des Herbstes um einige Milligramme höher als im Frühjahr, und während des Winters am niedrigsten zu sein. In Ausnahmefällen, bei niedrigem Wasser und hoher Wärme kann der Gehalt an gelösten organischen Substanzen erheblich ansteigen. Die Stickstoffverbindungen haben anscheinend ihre größte Höhe im Herbst, bis in den Winter hinein.

Betreffs des Gasgehaltes hatte Intze angenommen, daß das Wasser am Boden der Sperre sauerstoffarm bis sauerstofffrei und kohlensäurereich sei. Die an verschiedenen Sperren Deutschlands angestellten Untersuchungen ergaben, daß die Annahme nicht allgemein richtig sei. Meistens ist das Wasser mit Sauerstoff, selbst in der Tiefe, gesättigt, an der Oberfläche bei Sonnenschein sogar übersättigt. Die Menge der freien Kohlensäure dahingegen

Größen und verwandte Verhältnisse von Sperren.

Schwefel-säure	Chlor	Bakterien	Fassungs-raum in Mill. cbm	Fläche ha	Tiefe an der Sperr-mauer	Nieder-schlags-gebiet qkm	Jährl. Höhe der Nieder-schläge mm
2,0	3,0	800	1,6	12,0	52,0	25,0	1000,0
—	—	30	12,0	8,05	45,0	—	—
17,2	14,0	160	1,0	13,4	17,0	4,5	1200,0
16,0	10,6	60	—	—	—	—	—
18,5	10,6	79	6,0	68,0	23,0	—	—
0	8,5	40—700	0,822	11,6	23,0	5,69	877,0
Spur	4	etwa 30	0,775	11,0	21,0	21,0	950,0
12,32	8,25	270	3,15	23,6	36,60	12,0	—
—	6,7	214	2,408	26	28,86	5,86	1226,5
43,0	—	47	0,3	5,7	11,0	1,4	1300,0

ist relativ gering, von einigen bis vielleicht über 30 mg; als Mittel fand Thiesing an der Remscheider Talsperre 19 mg; im allgemeinen überwiegen die niedrigen und die mittleren Werte. Den relativ hohen Sauerstoff- und den geringeren Kohlensäuregehalt darf man mit Recht den in den Sperren vorhandenen grünen Pflanzen, in erster Linie den kleinen, den Diatomazeen, Algen usw. zuschreiben, die so viel Sauerstoff erzeugen, daß sich ein erheblicher Überschuß findet, der dann dem Wasser mechanisch beigemischt ist, und sich sogar in Bläschenform abscheidet. Nicht nur im Sommer, sondern auch im Winter ist viel Sauerstoff und wenig Kohlensäure vorhanden.

Thiesing bringt über die Eschbachtalsperre die folgende Tabelle:

	Oberfläche		Mittlere Schichten		Sohle	
	O	CO_2	O	CO_2	O	CO_2
Frühling	13,5	12,9	13,6	10,8	13,2	9,4
Sommer.	10,6	7,2	10,0	10,5	8,5	7,7
Herbst	19,2	17,6	11,0	15,0	10,3	14,0
Winter	14,6	14,1	13,3	13,3	12,3	17,9
Durchschnitt	12,5	13,0	12,0	12,4	11,1	12,3

Über die Nordhausen versorgende, im Südharz gelegene Talsperre mögen die auf unsere Veranlassung gewonnenen Daten angeführt sein.

	Sauerstoff	Kohlensäure	Gelöstes Eisen	Suspendiertes Eisen	Gelöstes Mangan	Suspendiertes Mangan
5. März 1912.						
Oberfläche	11,7	4,5	0,17	0,13	0,15	0,05
6 m Tiefe	11,8	4,0	0,12	0,30	0,20	0,07
12 „ „	13,9	4,5	0,37	0,25	0,30	0,07
29. April 1912.						
Oberfläche	11,9	2,8	0,52	0,06	0,25	0,10
6 m Tiefe	11,9	2,5	0,52	0,06	0,5	0,05
12 „ „	13,8	3,5	0,26	0,08	0,4	0,02
14. Mai 1912.						
Oberfläche	10,6	3,5	0,28	0,04	Spur	0,1
6 m Tiefe	9,8	7,5	0,12	0,02	0,25	0,15
12 „ „	11,8	5,0	0,08	0,06	0,1	0,13
12. Juni 1912.						
Oberfläche	10,15	1,5	0,255	0,06	0,38	0,08
6 m Tiefe	8,14	10,0	0,86	0,04	0,30	0,10
12 „ „	10,35	14,5	0,27	0,06	0,33	0,051
15. Juli 1912.						
Oberfläche	10,33	0,0	0,084	0,05	0,17	0,063
6 m Tiefe	5,30	17,0	0,05	0,04	0,6	0,07
12 „ „	8,0	18,0	0,12	0,18	0,86	0,24
27. August 1912.						
Oberfläche	8,72	4,0	0,15	0,10	0,38	0,05
6 m Tiefe	6,62	7,0	0,30	0,13	1,51	0,098
12 „ „	8,30	12,0	0,23	0,18	1,75	0,12
16. September 1912						
Oberfläche	9,6	4,5	0,10	0,10	0,63	0,051
6 m Tiefe	7,68	6,0	0,4	0,24	1,40	0,07
12 „ „	12,4	4,5	0,12	0,8	0,75	0,20
14. Oktober 1912.						
Oberfläche	10,88	3,5	0,16	0,071	0,58	0,07
6 m Tiefe	10,47	4,0	0,10	0,50	0,48	0,10
12 „ „	12,50	3,0	0,19	0,07	0,50	0,10
18. November 1912.						
Oberfläche	11,60	4,0	0,14	0,082	0,54	0,075
6 m Tiefe	10,82	4,0	0,16	0,074	0,51	0,054
12 „ „	12,07	5,0	0,10	0,08	0,51	0,074

Wenn unten in den See- oder Stauseewässern eine stagnierende Wasserschicht vorhanden ist und eine reichliche Menge organischer Substanzen sich am Boden angesammelt hat, so verschwindet selbstverständlich in diesen Schichten der Sauerstoff und es stellt sich eine reichliche Bildung von Kohlensäure ein. Die trotz der Stagnation,

z. B. durch Wärmedifferenzen, nach oben gelangenden Wasserströme bringen dann sauerstofffreies, kohlensäurereiches Wasser nach oben, welches sich rasch mit Sauerstoff anreichert.

Auch im eigentlichen Sperrenschlamm fehlt der Sauerstoff oder ist doch sehr gering, während Kohlensäure reichlich vorhanden ist.

Die Anwesenheit von Eisen im Talsperrenwasser ist relativ häufig. Ein Teil des Eisens entstammt dem Boden, also den Felsen der Talsperre selbst und ihrem Detritus, ein weiterer kommt als gelöste oder als suspendierte anorganische Eisenverbindungen mit dem Bachwasser in den Stausee, ein dritter gelangt an organische Substanzen des Bachwassers gebunden in das Wasser hinein. Die Algen nehmen bei ihrer zeitweise starken Entwickelung viel Eisen in sich auf.

Wie die vorstehend verzeichneten Beobachtungen in der Nordhäuser Talsperre lehren, ist das Eisen sowohl im gelösten als auch im suspendierten Zustande anwesend.

Daß auch Mangan vorhanden sein kann, zeigt die vorstehende Tabelle ebenfalls. Es machte sich zunächst in einer großen Waschanstalt lästig bemerkbar durch braune, schwer — nicht mit Chlorkalk! — zu entfernende Flecken. Das Eisen und besonders das Mangan waren trotz der geringen Menge so lästig, daß sie in besonderer Anlage beseitigt werden mußten.

b) Die Temperatur, die Farbe und die Trübungen des Sperrenwassers.

Die Wasserwärme in den Sperren ist abhängig von der Temperatur der Luft und der Zuflüsse. Wie sie die Bewegung des Wassers in vertikaler Richtung beeinflußt, ist schon im Beginn des Kapitels gesagt worden. Da an der Beckensohle zur Winterszeit das wärmere, zur Sommerszeit das kühlere Wasser sich befindet, da andererseits ein möglichst gleichmäßig kühles Wasser vom gesundheitlichen Standpunkte aus erwünscht ist, so wird das Sperrenwasser fast überall aus einer tiefen Wasserschicht, meistens wenige Meter über dem Boden geschöpft. Wollte man bis dicht über die Beckensohle hinuntergehen, so würde zu befürchten sein, daß Schlammteilchen mitgerissen würden. Trotz der tiefen Entnahme läßt die Temperatur des Stauwassers meistens zu wünschen übrig. Sie pflegt im Winter zu kühl, in den Sommermonaten zu warm zu sein. Dieser Fehler wird jedoch gemildert bei den hochgelegenen und bei den sehr tiefen Sperren; so soll z. B. die Wärme des Wassers der schönen Sperre von Komotau nur zwischen 3,6° und 9,8° schwanken. Meistens ist wohl bei ungefähr gleicher Wintertemperatur des Wassers die Wärme im Sommer höher als die hier angegebene.

Als typisches Beispiel des Temperaturverlaufes bei einer 13 ha großen, an der Mauer 17 m tiefen, 1 000 000 cbm fassenden Sperre sei die Remscheider angegeben.

Höchste und niedrigste Temperaturen des Wassers im Staubecken der Eschbachtalsperre im Jahre 1906/07.

	Temperatur an der Oberfläche		Temperatur in etwa 17 m Tiefe	
	höchste ^{0}C	niedrigste ^{0}C	höchste ^{0}C	niedrigste ^{0}C
März	5,5	3,5	5,0	4,0
April	11,0	4,8	6,0	4,8
Mai	15,0	9,0	7,5	6,0
Juni	19,0	12,0	9,0	7,5
Juli	22,0	17,0	10,0	8,0
August	22,0	16,5	13,5	10,0
September	21,5	11,5	16,0	12,5
Oktober	12,5	10,5	12,5	10,0
November	10,0	6,5	10,0	6,5
Dezember	7,0	2,5	7,0	4,0
Januar	5,0	3,0	5,0	4,0
Februar	4,0	3,0	4,0	4,0

Bei den größeren und tieferen Sperren sind die Differenzen nicht ganz so stark, bei den kleineren oder flacheren sind sie größer. Auch geht die Temperatur in trockenen, heißen Perioden noch höher. In dem abnorm trockenen Jahr 1911 betrug die höchste Wärme dicht über der Seesohle in der Eschbachtalsperre 18^{0}C, während sie im Jahre vorher 15^{0}C betragen hatte.

Man muß berücksichtigen, daß in heißen, trockenen Jahren die starke Entnahme des tieferen, also kühleren Wassers einen starken Zutritt des wärmeren Wassers zur Entnahmestelle bewirkt, und daß die oberflächlichen Schichten stärker erwärmt werden.

Unter gewöhnlichen Verhältnissen pflegt in Deutschland die Temperatur des aus den Sperren abfließenden Wassers zwischen 3^0 und 13^0 bis 15^0 zu liegen.

Danach ist das Staubeckenwasser in der Winterzeit kühler, in der Sommerszeit wärmer als echtes Grundwasser; es steht auch in seinen Temperaturverhältnissen dem künstlichen Grundwasser nach, wie es z. B. an der mittleren und unteren Ruhr erzeugt wird; aber es ist ausgeglichener, im Winter wärmer, im Sommer kühler, als filtriertes Flußwasser.

Die Farbe der Stauseewässer ist nur in seltenen Fällen bläulich, meistens grünlich, wohl infolge des Eisengehaltes; erhebt sich dieser über 0,2 mgl, so soll die Farbe gelblich werden (S. 47). Die bräunlichen Töne werden durch die Huminsubstanzen hervorgerufen; letztere sind entweder Auslaugungen aus den in den Sperren zurückgelassenen Pflanzenresten sowie der im Sperrenwasser zuzeiten vorkommenden gewaltigen Kleinflora, oder sie sind mit dem Bachwasser hineingelangt.

Die Trübungen werden gewöhnlich hervorgerufen durch die von den Bächen hineingetragenen oder aus der nächsten Umgebung hineingewaschenen Tonpartikel, denen fast stets reichlicher pflanzlicher Detritus beigemischt ist. Meistens werden nur die Teile des Stausees trübe, welche die Bäche zunächst in sich aufnehmen, sodann die Rand- oder Uferzonen. Lagert sich jedoch infolge des verschiedenen Gewichtes das zufließende Wasser dem Stausee auf, so kann der ganze Stausee trübe werden.

Eine weitere Veranlassung zu Trübungen geben das sich ausscheidende Eisen und Mangan, welche als kohlensaure Verbindungen in den untersten Schichten, am Boden, in Lösung gehen, um dann bei dem Aufsteigen in größere Höhen, wo viel Sauerstoff vorhanden ist, auszufallen. Letzteres geschieht auf die Dauer selbst dann, wenn die Metalle an Huminsäure gebunden in Lösung sind. Die grünliche oder bräunliche Färbung einiger Sperrenwässer beruht auf dem Vorhandensein von suspendiertem Eisen in feinster Verteilung.

Über die Mengenverhältnisse des gelösten und suspendierten Eisens und Mangans gibt die Tabelle der Nordhäuser Sperre einige Auskunft.

Auch das Plankton kann zu recht erheblichen und schwer zu beseitigenden Trübungen Veranlassung geben.

c) Der Schlamm der Sperren, das Plankton, der Geruch
und Geschmack des Sperrenwassers.

Das von den Wasserläufen in die Staubecken hineingetragene suspendierte Material sinkt zu Boden und bildet so einen wesentlichen Bestandteil des an der Beckensohle liegenden Schlammes. Zu den feinen, die Trübung des Wassers erzeugenden Teilchen kommen die groben Teile, das Geröll, Erde, Laub und sonstige Pflanzenteile.

Hinzu kommt ferner der Schlamm, welcher am Boden der Sperre selbst durch die Verwitterung eventuell in der Sperre zurückgelassener Pflanzenreste, der Humusdecke und des Gesteins entsteht. Dort, in der tiefsten Lage ist freie Kohlensäure vorhanden; sie löst,

wie schon das Wasser selbst, einiges aus dem Gestein, und die zurückgebliebenen feinen Reste sind der Zertrümmerung leichter zugängig.
Sodann entsteht der Schlamm in den Sperren durch das Ausfallen der Eisen- und Manganverbindungen. Oft bildet das Eisen
einen nicht unbedeutenden Teil des Schlammes. Thiesing fand
bis zu 17 Proz. Eisenoxyd; in solchen Fällen gibt es dem Schlamm
die Farbe. Die dunklen Nuancen, welche Schwefeleisen anzeigen
würden, sind selten. In dem Schlamm des Turbinenhauses der
Nordhäuser Sperre fand Will: in Salzsäure Unlösliches 42 Proz.,
Eisenoxyd 15,4 Proz., Mangan als Superoxyd berechnet 25 Proz.,
Glühverlust, Kalk usw. 17 Proz.

Zu dem organischen Schlamm, der sich oft in großen Massen
findet, trägt das Plankton, also die Entwickelung der Kleinlebewesen tierischer und pflanzlicher Natur, wesentlich bei. Die Menge
ist auch in gewöhnlichen Zeiten nicht gering, so daß es sich lohnen
kann, sie vor den Filtern abzufangen. Die nachstehenden Zahlen
sind den Tabellen von Borchardt-Remscheid entnommen, sie
geben das getrocknete Plankton in Milligrammen auf den Kubikmeter Sperrenwasser an. (Die Zahlen für die Jahre 1906 und 1907
finden sich S. 547.) Ist auch die Zahl der Milligramme nicht
groß, so ist doch das Volumen erheblich und die schleimige Beschaffenheit für die Filtration recht lästig. Wir gebrauchten z. B.
zur Filtration durch Papier eines Liters Wasser einer anderen
Sperre mehrere Stunden. Zur Abfiltrierung des Schlammes eignen
sich Planktonnetze von $1/15$ mm Maschenweite sehr gut (Seidennetz
Nr. 20 oder Kupfersieb Nr. 260 Kolkwitz.)

Planktongehalt der Eschbachtalsperre in 1 cbm Wasser.

Monat	Maximal			Minimal		
	1903 mg	1904 mg	1905 mg	1903 mg	1904 mg	1905 mg
Januar	—	11,40	20,30	—	10,45	14,75
Februar	—	19,60	27,40	—	12,40	17,10
März	—	28,65	28,40	—	4,50	15,10
April	4,30	26,70	20,95	—,60	10,20	14,85
Mai	20,30	22,76	29,70	5,70	8,70	16,85
Juni	29,01	31,40	37,25	17,10	22,90	30,48
Juli	33,12	37,25	29,30	22,43	18,20	17,90
August	42,15	42,30	39,40	30,50	18,20	19,30
September	34,25	48,80	40,20	18,75	21,30	18,90
Oktober	41,34	39,90	21,40	26,45	30,70	10,50
November	34,30	41,20	14,40	19,80	11,40	8,90
Dezember	24,70	31,50	10,40	9,60	15,40	3,10

Kolkwitz fand in 1 cbm Wasser der Herbringhauser Talsperre im Durchschnitt 4,0 ccm nicht zentrifugierten Planktons. 1 ccm Plankton wiegt getrocknet etwa 13 mg.

Die Störungen, welche die Planktonten machen, bestehen in Trübungen, in dem vorzeitigen Verlegen von Filtern und der Erzeugung üblen Geruchs und Geschmacks.

Kellermann-Washington gibt an, daß die nachstehenden 12 Planktonten nach seinen sich über fast ganz Nordamerika erstreckenden Untersuchungen die meisten Störungen verursacht hätten.

Conferva	55 mal,	Navicula	21 mal,
Oscillatoria	49 „	Beggiatoa	20 „
Spirogyra	43 „	Fragilaria	19 „
Anabaena	27 „	Cladophora	17 „
Chara	26 „	Crenothrix	13 „
Clathrocystis	23 „	Asterionella	9 „

Der Entwickelung der Pflanzen und Tiere in dem Stausee folgt ihr Absterben. Wenn auch die toten Organismen relativ bald wieder zu Wasser, Kohlensäure usw. zerfallen, so liefern sie doch, bis das geschehen ist, einen nicht unbeträchtlichen Beitrag zu den zersetzlichen Teilen des Schlammes. Die Zersetzung macht sich nicht selten bemerkbar durch das Aufsteigen von Blasen, die hauptsächlich Methan, aber auch etwas Kohlensäure und zuweilen Schwefelwasserstoff enthalten.

Im Schlamm ist Leben, dort entwickeln sich Bakterien und kleine Tierchen, unter welchen die Tubifiziden zuweilen eine größere Rolle spielen.

Der gröbere, mineralische Schlamm findet sich mehr in der Nähe der Zuflüsse und in ihrer Laufrichtung, sowie in der Uferregion. Der feinere, leichtere, mehr organische Schlamm geht weiter in die Sperre hinein und kommt dort zusammen mit dem aus der Entwickelung des Plankton hervorgehenden.

Da der Schlamm für die Entstehung von Trübungen, von üblen Gerüchen und schlechtem Geschmack von großer Bedeutung ist, so hat es Wert, ihn von vornherein so gering wie möglich zu halten.

Der Geschmack und der Geruch der Talsperrenwässer sind meistens nicht zu beanstanden; zuweilen jedoch treten unangenehmer Geschmack und Geruch auf. Die Ursachen hierfür sind verschiedene.

Eine häufige Veranlassung ist, daß bei der Einrichtung der Sperre der Boden nicht genügend von zersetzbaren Pflanzenteilen befreit worden ist. Bei Sperren, die nur oder vorwiegend Trinkwasserzwecken zu dienen haben, die also nicht zu groß sind, muß grundsätzlich verlangt werden, daß ihr Boden vor dem Einlassen des Wassers von Bäumen, Sträuchern und ihren größeren Wurzeln, sowie von der Grasnarbe völlig und von der Humusschicht möglichst befreit werde. Es ist zuzugeben, daß das nicht billig ist, und daß sich der Entfernung der Humusschicht auch technische Schwierigkeiten entgegenstellen können, Gründe, welche jetzt die Amerikaner veranlassen, bei den großen Sperren eine völlige Befreiung von den Humussubstanzen u. dgl. nur in der Umgebung des Auslasses vorzunehmen.

Für das große Ashokanreservoir der Stadt New York schlägt Whipple, der sehr große Erfahrungen besitzt, vor, alle Bäume und Sträucher der ganzen Sperrenfläche dicht über dem Boden abzusägen, alles Gras, alle Kräuter, überhaupt alle Gewächse ganz kurz vor der Füllung des Staubeckens abzumähen bzw. abzuschneiden und zu entfernen, so daß das einlaufende Wasser keine größeren Gewächse, Grashalme usw. mehr antrifft. Aus dem Beckenboden sollen die Teile der Erdkruste entfernt werden, welche nicht fest auf ihrer Unterlage haften. Die Ufer müssen, so weit der Wellenschlag reicht, also von oben bis zum niedrigsten Wasserstande von Baumstümpfen, dickeren Wurzeln, soweit sie der Einwirkung von Luft und Wasser unterliegen, befreit werden; Löcher müssen eingeebnet, flache Stellen vertieft werden, damit nicht Brutstätten für die Entwickelung von Algen usw. entstehen.

Wo die Pflanzen und ihre Reste in der Sperre verblieben sind, da darf man mit einiger Sicherheit erwarten, daß nach ein paar Jahren in der Sommerszeit bei hoher Wärme und niedrigem Wasserstand ein übler Geruch und Geschmack sich bemerkbar machen wird; die Erscheinung pflegt in den nächsten Jahren abzunehmen und nach vielleicht 5 bis 10 Jahren zu verschwinden. — Die Remscheider Sperre wurde am 14. November 1891 in Betrieb genommen; das Wasser war blank und schön; im Hochsommer des nächsten Jahres trat eine Veränderung ein, die bis zum Beginn der kühlen Witterung anhielt: das Wasser war leicht getrübt, schmeckte unangenehm erdig, muffig, roch auch etwas nach Schwefelwasserstoff, obschon dieser durch die chemische Analyse nicht nachgewiesen werden konnte, kurz, es war als „Genußmittel" entschieden minderwertig. Der Gehalt an organischer Substanz stieg bis auf 70 mgl. Jedes Jahr wiederholte sich diese Erscheinung, nur in einem ausnahmsweise kühlen Sommer blieb sie aus. Aber jedes Jahr wurde sie weniger intensiv und hielt weniger lange an; um das Jahr 1900 war sie verschwunden. Dieselbe Störung hat sich in einer Reihe amerikanischer Stauseen bemerkbar gemacht.

Der unangenehme Geruch beruht zu einem Teil auf der Anwesenheit von Schwefelwasserstoff, doch sind ihm moderige, unangenehme Gerüche beigemischt; er kann sich nach Thiesing sogar bis auf einige hundert Meter von der Sperre bemerkbar machen.

Gleiche Gerüche können entstehen aus dem Schlamm, welchen die Bäche in den Stausee hineintragen oder aus dem im See gewachsenen und dann abgestorbenen Plankton. Wenn der Grundablaß, der Leerlaufstollen, geöffnet wird, so hat der austretende Schlamm zuweilen einen schlechten Geruch, während das Wasser nicht riecht.

Die Untersuchungsstelle in Massachusetts, die ihre Beobachtungen an 37 natürlichen und 28 künstlichen Becken vornahm, faßt ihre Resultate dahin zusammen, daß die unangenehmen Veränderungen gewöhnlich in der wärmeren Jahreszeit beginnen, bis zum Winter anhalten können und in den unteren Wasserschichten am meisten ausgeprägt sind; die Erscheinung tritt regelmäßig auf, wenn verunreinigtes Wasser zuströmt; je flacher die Becken sind, um so häufiger ist sie; fast regelmäßig zeigt sie sich bei Becken mit geringerer Tiefe als 3 m; tiefe natürliche Becken mit reinen Zuflüssen bleiben in der Mehrzahl der Fälle von der Störung verschont; tiefe künstliche Becken bleiben nur dann ohne Störung, wenn ihr Boden gründlich von organischen Resten (Baumstämmen, Wurzeln, Humusschicht usw.) gesäubert ist; die Störung kann sich Jahr für Jahr wiederholen, nimmt aber gewöhnlich an Intensität ab; in Ausnahmefällen tritt sie erst in späteren Jahren hervor; ein zu seltener Wechsel des Wassers im Becken erleichtert unter sonst schon ungünstigen Bedingungen das Auftreten der Erscheinung. —

Von diesen Gerüchen verschieden ist der durch frische Planktonten hervorgerufene. Bei ihm tritt gewöhnlich der Schwefelwasserstoffgeruch zurück, und aromatische, seetangähnliche, fischige Gerüche machen sich bemerkbar. Am meisten sind Algen beteiligt, und unter ihnen spielt die Asterionella in Deutschland die erste Rolle. Daß sie auch in den Sperren Nordamerikas lästig werden kann, ist bekannt. S. 66 und 68 ist angegeben, wie sich der Geruch nach der Zahl der Individuen ändern kann, in welcher Art und in welchem Grade die Gerüche hervortreten.

Nach den Erfahrungen des Sommers 1911, in welchem mehrere der deutschen Talsperren unter üblem Geruch und Geschmack erheblich gelitten haben, erscheint es angebracht, die wichtigsten hier in Betracht kommenden Organismen zu besprechen und im Bilde vorzuführen. Wir wählten diejenigen, welche nach Whipples Angaben in den Vereinigten Staaten am häufigsten einen unan-

genehmen Geschmack hervorgerufen haben, und dürfen das um
so mehr tun, als alle erwähnten Arten auch in Deutschland vorkommen:

1. Asterionella — Diatomacee (Taf. VIII, Nr. 70). Sternförmig angeordnete
   Arme, meistens 8, aber auch bis zu 4 heruntergehend. Länge 50 bis 125 μ.
   Über Geruch siehe S. 66, dort sind auch die Gerüche der folgenden
   Organismen angegeben.
2. Anabaena — Nostocacee (Taf. VIII, Nr. 71). Die gewöhnlichste ist
   Anabaena flos aquae; sie kommt vor in blaugrünen Lagern oder in
   einzelnen Fäden. Die Zellen sind 5 bis 8 μ lang. Die Heterocysten
   oder „Grenzzellen" etwas länger und blasser, meistens länglich; die
   Sporen sind noch stärker ausgebildet.
3. Clathrocystis — Chroococcacee (Taf. VIII, Nr. 72). Kugelige Zellen von
   2 bis 4 μ. Zu vielen, oft zu Hunderten in einer farblosen Gallerte
   vereint, die zunächst ziemlich fest ist, dann löcherig zerfällt. Die
   Kolonie kann mehrere Millimeter groß werden.
4. Coelosphaerium — Chroococcacee (Taf. VIII, Nr. 73). Die kugeligen oder
   angenähert kugeligen Zellen liegen einzeln, zu 2 und 4 zunächst der
   Oberfläche einer Schleimkugel, die auch, wie die vorige, zerfallen kann.
   Die Zellen sind lebhaft grün, 2 bis 5 μ groß, die Kolonie oft über 30
   und mehr μ.
5. Aphanizomenon — Nostocacee (Taf. VIII, Nr. 74). Der Anabaena ähnlich, aber längliche Zellen von 8 bis 15 μ, mit Grenzzellen und Sporen.
6. Dinobrion — Protozoe, Mastigophora (Taf. VIII, Nr. 75). Freischwimmende
   Kolonie von gelblichgrün gefärbten Flagellaten mit becherförmigem
   Gehäuse, die mit ihrem spitzen Ende an dem oberen Rande des unteren
   Gehäuses festhaften. Die in dem Gehäuse sitzenden Männchen haben
   eine Haupt- und eine Nebengeißel, 2 Chromatophoren, d. h. braun oder
   grünlich gefärbte Bänder mit einem Stigma, Augenfleck.
7. Peridinium — Dinoflagellate (Taf. VIII, Nr. 76). Freischwimmende
   Einzelwesen, etwa 50 μ lang, von gelblicher, grünlicher oder bräunlicher
   Farbe mit einer festen, polygonal facettierten Zellulosemembran, die bei
   der häufigsten Art, Per. tabulatum, Netzstruktur zeigt. Zwei tiefe, sich
   kreuzende Furchen, aus deren Treffpunkt eine Geißel hervorgeht, eine
   andere liegt in der Querfurche.
8. Sinura — Mastigophora (Taf. VIII, Nr. 68). Bis zu 60 ellipsoidische Einzelwesen sind mit den Hinterenden vereint; jedes besitzt 2 Chromatophore
   und 2 Geißeln, an ihrem Anheftepunkt meistens ein oder mehrere Stig-
   mata. Die Cuticula ist meistens mit feinen Stacheln besetzt.
9. Uroglena — Mastigophora (Taf. VIII, Nr. 77). Kugelige Kolonie, in
   welcher dem Dinobryon ähnliche Flagellaten stecken.
10. Glenodinium — Dinoflagellate (Taf. VIII, Nr. 78). Dem Peridinium ähn-
    lich, aber nicht so getäfelt, sondern mit strukturloser Hülle versehen,
    durch welche die stäbchenförmigen, bräunlichen bis grünlichen Chroma-
    tophore hindurchscheinen.

Wenn auch diese und andere Organismen häufiger in den
wärmeren Monaten in Masse auftreten, so kommen sie in den
anderen Monaten zuweilen auch in großer Zahl vor und erzeugen
üble Gerüche; so trat in einer deutschen Sperre ein solcher schon
im März, Anfang April hervor. Erwähnt sei, daß die blaugrüne
Oscillatoria termis (Taf. VII, Nr. 62) in den Reservoiren von Dublin
im April 1913 in ungeheuren Mengen auftrat und das Wasser fast

ungenießbar machte. Dasselbe geschah im Winter 1913 durch
die Oscil. agardhii und im März 1913 durch die Oscil. natans im
Kortesee bei Allenstein. — Aus der Zeit des Auftretens kann man
eventuell folgern, ob der Geruch durch Fäulniserscheinungen hervorgerufen wird oder nicht.

Die mikroskopische Untersuchung verdächtigen Sperrenwassers
oder Seewassers ist erforderlich. Wenn sie zu spät einsetzte, so
kann sie dennoch, sofern Diatomazeen die Veranlassung waren, aus
den Kieselpanzern des Schlammes eine Wahrscheinlichkeitsdiagnose
gestatten.

Zuweilen genügen schon ein oder zwei kalte Nächte, um den
üblen Geruch des Sperrenwassers verschwinden zu lassen. Das Wasser
einer Sperre Mitteldeutschlands hatte aus nicht rechtzeitig klargelegten
Gründen einen sehr üblen Geruch; gegen den 11. Sept. 1911 kamen ein
paar so kühle Nächte, daß das Kartoffelkraut in jener Gegend erfror;
schon nach der ersten kalten Nacht war der Geruch verschwunden.

d) Die Bakterien, einschließlich der pathogenen.

Die in einem Staubecken vorhandene Bakterienzahl wird stark
beeinflußt durch die mit dem Bachwasser hineingelangenden Mikroben. Die vom Wind hineingewehten kommen anscheinend kaum
in Betracht, denn die wenigsten Bakterien widerstehen der kom-
binierten Einwirkung des Lichtes und der Austrocknung. Auffällig ist, daß die Planktonentwickelung die Zahl der Bakterien
nicht immer vermehrt. Wiederholt fanden wir, daß reichliche
pflanzliche Planktonentwickelung im Fluß nicht von einem Anstieg
der Bakterien begleitet war. Als aber das Plankton in den Filtern
zerfiel, setzte dort eine starke Vermehrung ein, eine Beobachtung,
die auch anderswo gemacht worden ist. So gibt Jackson an,
daß die Zahl der Mikroorganismen, welche vor der Kupferung
eines Stausees 405 in 1 ccm betragen hatte, nach der Kupferung
in vier Tagen auf 12 000, in vier weiteren Tagen auf 630 000 stieg,
um in weiteren 10 Tagen auf die Norm zurückzusinken.

Die Menge der Bakterien in den Zuflüssen richtet sich nach
der Örtlichkeit und der Witterung. Wo Bäche von den Wegen
und Hängen her durch starke Regen erhebliche Einschwemmungen
erhalten oder wo sie verschlammt sind, da ist ihr Gehalt hoch.
Wo jedoch die Bäche in Wald- und Wiesengebieten liegen und
man darauf Wert legt, Schmutzzuflüsse fern und die Bäche rein
zu halten, da ist die Zahl niedrig. So brachten im Jahre 1906
die Bäche der Eschbachtalsperre nicht über 1000, meistens nur
zwischen 250 bis 450 Bakterien im Kubikzentimeter Wasser mit.

Verhältnis von Wasserzuflußmengen auf die Keimzahlen
an der Oberfläche und an der Sohle nahe dem Auslauf der
Eschbachtalsperre (nach Borchardts „Berichten").

Datum	Höhe der Niederschläge mm	Zulauf in das Becken cbm	Zahl der Bakterien	
			Oberfläche	Tiefe
1907				
12. Februar . . .	0,5	1 770	425	153
13. „ . . .	0,5	2 050	510	102
14. „ . . .	4,8	13 300	620	98
15. „ . . .	8,2	29 940	740	111
16. „ . . .	7,5	77 040	448	100
17. „ . . .	12,0	79 990	576	118
18. „ . . .	12,5	44 920	638	161
1. Mai	6,5	7 020	323	124
2. „	11,0	18 810	277	98
3. „	14,5	36 990	354	92
4. „	26,0	56 390	366	97
5. „	0	40 210	534	122
28. August	0	3 090	419	173
29. „	0,2	15 300	389	187
30. „	42,0	29 130	446	204
31. „	0	21 780	397	121
12. November . .	0	330	184	121
13. „ . .	4,5	14 760	243	171
14. „ . .	42,0	12 610	520	194
15. „ . .	3,0	16 040	720	178
16. „ . .	2,0	14 700	952	204
1905				
5. April	6,5	32 880	287	170
6. „	19,3	39 010	7000	580
7. „	1,0	38 560	800	300
8. „	14,8	24 910	450	200
6. Juni	0,5	600	186	115
7. „	2,0	6 800	163	100
8. „	45,0	510	300	180
12. Oktober . . .	0	22 220	284	100
13. „ . . .	2,8	21 240	397	204
14. „ . . .	12,0	22 050	410	149
15. „ . . .	19,0	109 100	476	234
16. „ . . .	39,0	102 800	420	130
17. „ . . .	2,5	52 040	500	178
29. August	10,5	4 680	314	108
30. „	16,0	14 040	427	100

Man hört und liest vielfach, das Wasser in der Sperre bewege
und mische sich wenig; eingeschleppte Bakterien blieben also
lange in der Nähe des Einlaufes. Das dürfte vielfach richtig
sein, wahrscheinlich sogar die Regel bilden. Daß das jedoch nicht
so zu sein braucht, lehren einige Untersuchungen von H. Bruns.
Dieser wies nach, daß an die Oberfläche der Herbringhauser Talsperre gebrachte Prodigiosusbakterien bereits in drei Tagen den
1500 m langen Weg von der Einschüttstelle bis zum Auslauf
zurückgelegt hatten; sie fanden sich in allen Wassertiefen; es war
ruhiges, sommerlich gleichmäßiges Wetter gewesen. Die Zu- und
Abläufe waren gering. Bei der 3400 m langen Ennepetalsperre
wurden die Bakterien dicht an den Bacheinlauf gebracht; die
Temperatur des Bachwassers betrug 13^0 bis 14^0, die des Sees 17^0
bis 18^0. Der Zufluß zur Sperre hatte täglich 30 000 bis 40 000 cbm,
der Abfluß etwas über 100 000 cbm betragen. Nach 18 Stunden
waren die eingesäeten Keime schon um 1400, nach 24 Stunden
um 2000, nach weiteren drei Tagen um 2700 m näher an die
Sperrmauer herangekommen; am achten Tage erreichten sie die
Sperrmauer. Bei einem Versuche zeigte sich, daß die Bakterien
in vier Stunden einen Weg von 100 m gemacht hatten. In einem
Falle wurden die Bakterien in 40 Stunden über eine Strecke von
1350 m verteilt; es waren starke Regen niedergegangen. — Die
Zahl der Prodigiosusbakterien verminderte sich gleichmäßig; schon
nach zwei Tagen war die Abnahme deutlich zu bemerken. Nach
acht bis zehn Tagen ließen sich nur noch Bruchteile eines Prozentes
der ursprünglich eingebrachten Menge nachweisen. Die Bakterien
verschwinden aus dem Wasser durch Absterben, durch Niedersinken, und sie entziehen sich der Beobachtung durch die gleichmäßige Verteilung.

In einem 16 km langen, bis zu 53 m tiefen schmalen See zeigte
sich, daß bei schwachem Wind von nur 2,7 m/sec. in 1,5 m Wassertiefe die Strömungsgeschwindigkeit in der Windrichtung 3,2 Proz.
der Windgeschwindigkeit betrug = 0,0864 m/sec., d. h. in etwas
mehr als zwei Tagen wurden schmutzhaltige Wasserteilchen von
dem einen Ende des Sees zu einer am anderen Seeende befindlichen Wasserentnahme einer 30 000 Einwohner zählenden Stadt
getragen.

Solche Beobachtungen sind wichtig; sie lehren, daß man
in erster Linie danach streben muß, pathogene Keime
von der Sperre fernzuhalten; die Durchmischung des
Wassers ist doch oft eine stärkere, als man erwarten
sollte.

An der Entnahmestelle soll der Bakteriengehalt dauernd niedrig sein. Daß sich das bei langgestreckten Sperren erreichen läßt, zeigt die vorstehende, aus den Borchardtschen Jahresberichten zusammengestellte Tabelle, wobei die Normalzahlen vor und hinter dem Anstieg mit eingetragen sind.

Nicht jede Sperre wird durch die Regen oder die Jahreszeit beeinflußt. Der sehr geschützt mitten im Wald liegende Stausee Gothas ergibt die nachstehenden Zahlen. Das Wasser wurde zweimal monatlich untersucht; wir haben zum Teil die zweiten monatlichen Untersuchungen fortgelassen, da sie mit den vorgeführten völlig identisch sind und die Tabelle nur unnötig beschwert hätten. Die eingeklammerten Zahlen sind die der zweiten Proben.

Talsperre von Gotha bei Tambach.

Datum	Abdampf-Rückstand	Deutsche Härtegrade	Kaliumpr.-Verbrauch	Sauerstoff	Kohlen-säure	Tem-peratur ^{0}C	Bakterien am Auslauf an	
							der Sperre	dem Filter
1911								
7. Juli	32,3	0,6	0,3	7,7	2,8	$+11$	54 (43)	4 (7)
21. „	34,0	0,6	0,3	5,5	2,7	$+18$	76 (55)	13 (17)
8. August . .	35,0	0,6	0,3	4,3	2,3	$+20$	81 (77)	14 (19)
22. „ . .	36,0	0,7	0,4	6,4	2,1	$+17$	88 (82)	9 (11)
5. September .	36,5	0,7	0,4	6,7	2,8	$+17,5$	70 (65)	5 (8)
17. „ .	36,7	0,6	0,3	5,35	1,8	$+14$	53 (48)	3 (7)
6. Oktober . .	35,0	0,65	0,5	9,4	6,33	$+11,4$	50 (43)	7 (10)
10. November .	38,3	0,7	0,5	13,5	3,3	$+ 6$	33 (28)	2 (4)
4. Dezember .	38,6	0,8	0,5	13,52	5,7	$+ 2,25$	28 (22)	3 (4)
1912								
5. Januar . .	37,4	0,7	0,4	14,8	6,3	$+ 4,5$	17 (19)	3 (4)
6. Februar . .	38,0	0,8	0,5	17,3	8,1	$+ 1,5$	10 (7)	1 (3)
6. März . . .	36,0	0,6	0,4	10,1	7,2	$+ 5,5$	11 (9)	2 (3)
2. April . . .	34,7	0,6	0,3	10,5	8,4	$+ 5,5$	12 (14)	5 (6)
2. Mai	33,6	0,6	0,3	12,2	8,6	$+ 7$	13 (16)	2 (3)
4. Juni	40,0	0,8	0,4	9,52	5,3	$+13$	17 (13)	3 (5)
3. Juli	40,0	0,9	0,3	9,45	3,3	$+16$	24 (21)	4 (7)
6. August . .	39,3	0,9	0,4	9,99	3,4	$+16$	24 (20)	2 (4)
4. September .	48,0	0,9	0,5	7,4	5,3	$+ 9$	21 (18)	2 (3)
8. Oktober . .	38,5	0,8	0,4	12,7	6,9	$+ 7$	10 (7)	1 (3)
6. November .	42,0	0,9	0,4	14,2	8,2	$+ 5,5$	8 (6)	2 (3)
4. Dezember .	39,6	0,9	0,4	16,9	5,4	$+ 3$	6 (7)	2 (3)

Irgend ein Einfluß von Regen oder Zuflüssen oder Schneeschmelze ist nicht zu erkennen. Die Gehalte an organischen und härtegebenden Substanzen liegen so nahe zusammen, daß ihr Einfluß sich nicht bemerkbar machen kann. Auch der Gehalt an

Sauerstoff und an Kohlensäure ist ohne Bedeutung. Meistens ist mit einem niedrigen Sauerstoffgehalt ein niedriger Kohlensäuregehalt verbunden und andererseits steigen beide zusammen. Von Einfluß auf die Bakterienzahl ist bei dieser Sperre einzig und allein die Temperatur. Die Hochsommer- und Herbstmonate des trockenen Jahres 1911 brachten erhöhte Keimzahlen zugleich mit Temperaturen, die über 18⁰ lagen. Erst bei dieser Wasserwärme erhöht sich die Keimzahl; aber 88 Bakterien im Kubikzentimeter ist die höchste Zahl gewesen. Von Trübungen, von üblen Gerüchen usw. weiß die Sperre nichts. Man sieht, es gibt auch sehr gute Sperrenwässer.

Aus der vorstehenden Tabelle folgt weiter, daß die Zahl der Bakterien an der Oberfläche immer höher war als dicht über der Sohle (= Filter), dabei sei gern zugegeben, daß das nicht immer der Fall zu sein braucht, aber die Regel ist es.

Aus den Borchardtschen „Berichten" haben wir wahllos den Januar und Juli 1907 herausgegriffen und die Durchschnitte berechnet; sie ergeben:

	Oberfläche Bakterien	Temperatur ⁰ C	Tiefe Bakterien	Temperatur ⁰ C	Abnahme in Proz.
Januar 1907 . .	376	3,8	142	4,3	37,9
Juli 1907 . . .	472	16,5	189	9,4	40,0

Hiernach scheint es, als ob die Bewegung des Wassers nicht groß genug ist, um regelmäßig die zwischen oben und unten in der Bakterienzahl bestehenden Unterschiede zu verwischen. Allerdings gilt das hier Gesagte nur für den speziellen Stauteich, aber die Vermutung liegt nahe, daß sich die Erscheinung öfter findet.

Von der Nordhäuser Sperre geben wir folgende Zahlen (Zählung nach 5 Tagen). (Siehe Tabelle auf folgender Seite.)

Pathogene Keime sind unseres Wissens im Stauseewasser noch nicht nachgewiesen worden. Zwei Städte sind infiziert worden, die neben anderer Versorgung auch eine solche mit Sperrenwasser haben: Verviers und Remscheid. Beide Male konnte mit Sicherheit nachgewiesen werden, daß nicht das Sperrenwasser, sondern in Remscheid das Wasser des Tentebaches, in Verviers das des Baches la Borchère die Keime vermittelt hatten.

Auch aus England, dem klassischen Lande des waterborne typhoid fever, wo viele Sperren schon seit Jahrzehnten bestehen, ist nichts über eine Infektion mit Sperrenwasser bekannt geworden. Hart erwähnt in seinem Rapport für die Britische Ärztliche Gesellschaft

Datum 1912	Oberfläche		In 6 m Tiefe		In 12 m Tiefe	
	Bakterien	Temperatur °C	Bakterien	Temperatur °C	Bakterien	Temperatur °C
5. März . .	346	3,75	233	3,75	212	3,75
24. April . .	70	7,5	51	7,5	80	7,5
24. Mai . . .	153	12,75	68	9,25	70	12,5 [1])
12. Juni . .	142	16,25	44	10,0	55	16,0
15. Juli . . .	480	22,0	70	13,25	92	21,5 [1])
27. August .	—	13,25	171	13,75	26	13,0
16. Septbr. .	225	10,5	121	12,5	100	12,5
14. Oktober .	115	7,25	77	8,0	110	7,25
18. Nov. . .	428	3,75	434	3,75	490	3,75

unter 250 Wasserinfektionen 6, die man so deuten könnte, aber es handelte sich nicht um Sperren in unserem Sinne, sondern um kleine, flache Teiche, die zwischen gedüngten Feldern lagen, und in welche sowohl Drainwasser von den Äckern als auch Dorfschmutz hineinlief, und die trotzdem zum Trinkwasserbezug benutzt wurden.

Eine Vermehrung der pathogenen Keime im Sperrenwasser ist wohl selbst bei höheren Wassertemperaturen ausgeschlossen, denn selbst ein sehr stark mit organischen und mineralischen Stoffen durchsetztes Sperrenwasser ist für die verwöhnten Darmbakterien ein noch zu dürftiges Futter.

In ein Staubecken hineingelangte Krankheitserreger, fast nur Typhus, Ruhr und Cholera kommen in Betracht, dürften bald wieder aus dem Wasser verschwinden. Ein Teil geht zugrunde, weil er den osmotischen Veränderungen nicht Widerstand zu leisten vermag, ein anderer, weil die Ernährungsverhältnisse schlecht sind, ein dritter, weil die Belichtung ihn schädigt, ein vierter, weil er von anderen Lebewesen, insbesondere den Infusorien, aufgenommen wird, ein fünfter, weil er infolge seines spezifischen Gewichtes langsam in die Tiefe sinkt, ein weiterer geht rascher dorthin, festgebannt durch die Anziehung größerer Körper, die rascher zu Boden fallen. Über die Zeit, während welcher die Erreger des Typhus im gestauten Wasser lebendig bleiben, siehe S. 540.

Sollten also die erwähnten Bakterien in ein Sperrenwasser gelangen, so verschwinden sie wieder, ohne Schaden anzurichten, sofern nur die Zeit recht lang ist, welche verstreicht von ihrem Eintritt in die Sperre bis zu ihrem Austritt an der Entnahmestelle.

---

[1]) Die differenten Temperaturen sind der Angabe nach durch Kontrollmessungen erhärtet worden.

IV. Die Einrichtung und der Betrieb der Sperrenanlagen in hygienischer Beziehung.

1. Die Fernhaltung und die Beseitigung pathogener Keime.

Die Stellen, wo Staubecken angelegt werden können, sind selten und sind gegeben; man muß sich also den vorhandenen Verhältnissen in mancher Beziehung anpassen.

Am geeignetsten ist, mit Rücksicht auf die Vermeidung der Infektionsgefahr, ein Gelände, welches frei von menschlichen Ansiedelungen ist. Die Stadt Nordhausen besitzt am Südabhang des Harzes ein Staubecken, in dessen weitem tributärem Gebiet nicht eine einzige menschliche Ansiedelung, nicht ein Stück Ackerland vorhanden ist. Das ganze Gebiet ist Wald mit einigen wenigen eingesprengten Waldwiesen.

In gleich günstiger Lage befindet sich Gotha; auch dort liegt in dem ganzen tributären Gebiet des bei Tambach im Thüringerwald errichteten Stausees kein Haus, kein Acker. Bei anderen Sperren ist das nicht der Fall; an der Wupper und Ruhr, wo eine ganze Reihe von Sperren in den letzten Jahren entstanden sind, haben einige Städte Gehöfte und Ackerland aufgekauft, die Häuser abgetragen, die Äcker zu Wiesen umgewandelt oder aufgeforstet. Nach den Angaben Kruses kommen bei der Barmer Sperre auf jeden der $5^{1}/_{2}$ tributären Quadratkilometer 82 Einwohner, auf jeden der 4,5 qkm der Remscheider Sperre 78 Einwohner, auf jeden der 11 qkm der Solinger Sperre 91 Einwohner, bei der Sperre für Plauen auf jeden der 13,19 qkm 80 Einwohner. Trotz dieser Besiedelung ist keine der Sperren infiziert worden. Man könnte daher in die Versuchung kommen, eine Personenzahl von 80 bis 100 auf den Quadratkilometer des tributären Geländes als ungefährlich zuzulassen. Nichts wäre unrichtiger. Mit einer Durchschnittszahl ist nichts zu machen, es kommt darauf an, wo die Leute wohnen. Liegt um die Mündung des Hauptbaches in einen Sperrenweiher mit 5 qkm Zuflußgebiet ein Dorf von $5 \times 80 = 400$ Einwohnern, so ist das ganz anders zu bewerten, als wenn die 400 Leute auf dem ganzen Gebiete zerstreut, fern von den speisenden Wasserläufen ihre Wohnungen hätten.

Die Krankheitserreger sind an den Menschen und seinen Verkehr gebunden. Kommen also Menschen in das wasserspendende Gebiet hinein oder wohnen sie dort, so ist die Möglichkeit — theoretisch wenigstens — gegeben, daß von ihnen bei Gelegenheit

Krankheitskeime in das Wasser gelangen können. Das Talsperrenwasser teilt diese Eigenschaft mit den übrigen Oberflächenwässern.
Weitergehend könnte man alle diejenigen Maßnahmen, welche man
anwendet, um ein Oberflächenwasser, z. B. ein Flußwasser, zu einem
brauchbaren Trinkwasser zu machen, unterschiedslos auch bei dem
Talsperrenwasser für notwendig ansehen.

Tatsächlich liegen jedoch die Verhältnisse wesentlich anders;
Oberflächenwasser, Grundwasser und Quellwasser sind gewiß auch
„Qualitätsbezeichnungen", aber von jedem dieser drei Wässer gibt
es gute und schlechte und nur dann ist ein Oberflächenwasser verdächtig, wenn seine Infektionsmöglichkeit eine nicht zu fern liegende
ist. Es wäre mehr als eine rarissima avis, wenn in einem unbewohnten tributären Waldgebiet unter den Waldläufern und Holz-
knechten ein Typhusbazillenträger oder ein Typhuskranker wäre,
der seinen Kot gerade so deponierte, daß die in ihm enthaltenen
Bakterien noch lebend in den Stauweiher gespült würden. Mit
einer solchen Möglichkeit kann man nicht mehr rechnen. Bedenklicher liegen die Verhältnisse, wenn Familien im Zuflußgebiet
wohnen, und die Gefahr steigt bei sonst gleichbleibenden Verhältnissen naturgemäß mit ihrer Zahl. Im übrigen ist im Einzelfalle zn überlegen, wie und wo die Leute wohnen. Es kann zuweilen möglich sein, die Fäkalien so unterzubringen, daß sie nicht
fortgewaschen werden, daß vielmehr die Bakterien im Boden sicher
abgefangen werden, oder man kann die Schmutzwässer und Fäkalien,
sowie die Abwässer von gewerblichen Anlagen so ableiten, daß sie
jenseits des Sperrdammes zum Abfluß kommen. Wo ein sicheres
Abführen nicht möglich ist, da sollten die menschlichen Fäkalien,
bevor sie auf gefährdend liegende Äcker kommen, zwei Jahre hindurch kompostiert werden; in dieser Zeit sind Typhus- und Cholerakeime im Kompost abgestorben, wie von der Deutschen Landwirt-
schaftsgesellschaft ausgeführte Versuche ergeben haben.

In dem enorm großen Gebiet, welches den Sperren New Yorks
tributär ist, liegen eine Anzahl Dörfer, Sanatorien usw., wenn auch
das Gebiet im allgemeinen als recht menschenarm bezeichnet werden
muß. Die Sanatorien und Dörfer haben sich sehr gut arbeitende
Kläranlagen anlegen müssen oder sie sind ihnen angelegt worden,
und man sorgt dafür, daß das geklärte Abwasser möglichst nicht
direkt dem zur Sperre führenden Bachlaufe zugewiesen wird; man
läßt es vielmehr im Boden versinken, teils durch eine Art Schlängel-
gräben, teils dadurch, daß man es über breite Flächen geebneten
Landes leitet. Andererseits hat man unterhalb einiger Dörfer, wo
man sicher funktionierende Kläranlagen mit Versickerung nicht

hat einrichten können, Chlorungsanlagen neben den Bach gestellt, und läßt selbsttätig die zur Desinfektion erforderliche Menge Hypochloritwasser zulaufen. Der Erfolg ist, wie die ständige Überwachung aller dieser Anlagen zeigt, ein recht guter.

Wesentlich ist, daß der Mensch von der Sperre ferngehalten werde. Der See sei mit dichtem stacheligem Unterholz, nicht nur mit einer Hecke umgeben. Gotha hat seine Sperre bei Tambach vollständig mit einem 3 m hohen, festen Drahtgewebe umzogen, was sich vorzüglich bewährt hat. Der Durchgangsverkehr durch das tributäre Gebiet werde möglichst in andere bzw. in ungefährliche Bahnen gewiesen. Wege sollen an den Seen nicht entlang führen, keinesfalls so nahe, daß man von ihnen aus den See bequem erreichen könnte. Auch ist es am besten, wenn die Sperrmauer nicht als Kommunikationsweg benutzt wird. Zuweilen läßt sich das nicht vermeiden; dann aber muß die Wasserseite durch eine hohe Brüstung geschützt sein und der Fußweg an der Luftseite entlang führen. An manchen Sperren sind Gasthäuser eingerichtet; auch sind hier und da die Stauseen für Boots- und sonstige wassersportliche Vergnügungen in Anspruch genommen. Das ist angenehm und bringt Gewinn; aber die paar hundert oder tausend Mark, welche dabei herausspringen, können der Stadt teuer zu stehen kommen durch den Ausbruch einer Epidemie. Man soll die Menschen nicht an Stellen bringen, wo Kranke und Bazillenträger großes Unheil anrichten können, um so größeres, als eventuell die Bakterien, dicht am Ausfluß entleert, also in dichtem Schwarm, in die Wasserleitung einzudringen vermögen. Still und verschwiegen liege der See da, und ein verständiger Wärter sei ihm gesetzt, welcher weiß, daß die Reinhaltung des Sees und des Geländes das erstrebenswerte Ziel ist.

Gelangen wirklich pathogene Keime in das Wasser, so verschwinden sie, wie vorstehend gezeigt wurde, wieder aus dem Wasser. Die Frage ist jedoch, in welcher Zeit das geschieht. In dem Kapitel „Die Lebensdauer der Typhus- und Cholerabakterien im Wasser" (S. 20) wurde gezeigt, daß zwar einige Cholera- und Typhusbazillen recht lange, über viele Monate hinaus, sich halten können, daß aber die ganz überwiegende Mehrzahl schon in 1 bis 2 Monaten abgestorben ist. Vom hygienischen Standpunkte aus besteht also das Interesse, die Sperren so groß zu machen und sie so auszubauen, daß etwa hineingelangte Krankheitserreger mindestens 1 bis 2 Monate in ihnen verweilen, ehe sie zum Abfluß kommen konnten. In einer großen Sperre, die so eingerichtet ist, daß die Menschen an sie nicht herankommen können, und die ihre Zuflüsse nicht in der Nähe der Sperrmauer, also der Entnahmestelle, sondern weit ab an dem oberen Ende aufnimmt, liegt also ein starker Schutz vor Infektionen, den allerdings die auf S. 401 angeführten Beobachtungen erheblich einzuschränken scheinen. Die in den unteren Bezirken an den Stausee herantretenden Zuflüsse sollen, soweit nicht vorgezogen wird, sie ganz abzuweisen, sie also unterhalb der Sperrmauer zu leiten, abgefangen und in Gräben an ein oberes Ende der Sperre geführt werden.

Bei der Berechnung, wie lange sich das Wasser in dem Staubecken aufhält, ist nicht mit der vollen, sondern mit einer geringeren Füllung zu kalkulieren.

Wo ein langer Weg nicht vorhanden ist, oder wo wegen der starken Bewohnung bzw. Bewirtschaftung des Sperrengebietes oder aus einem anderen Grunde die Infektionsmöglichkeit eine größere ist, da ist das Staubeckenwasser als ein infizierbares Oberflächenwasser anzusehen, und es bedarf vor dem Konsum der Sterilisation oder der regulären Bakterienfiltration, also z. B. der Chlorung, der Ozonisierung oder der Filtration durch sicher arbeitende Langsamsandfilter oder durch amerikanische Schnellfilter unter Zusatz von schwefelsaurer Tonerde und eventuell von Alkalien.

Wie gut die Resultate der Filtration sein können, lehrt wiederum das Beispiel der Eschbachtalsperre, wo eine reguläre Sandfiltration eingerichtet ist mit einer Vorfiltration durch Filtertücher. Diese hat den Zweck, das in großen Mengen vorhandene Plankton zu entfernen und so die Lebensdauer der Filter, also ihre Leistungsfähigkeit, zu verlängern; die Leistung der Sandfiltration beeinflußt sie also nur mittelbar. Borchardt erzielte in Remscheid bei einer Filtrationsschnelligkeit von 3 m am Tage und einem Rohwasser von durchschnittlich einigen Hundert Bakterien eine Höchstzahl an Mikroben im Filtrat von

im Jahre: 1904 15	1906 8	1907 7
1905 11	1910 7	1911 8

Die sogenannten Rieselwiesen, welche gleich besprochen werden sollen, eignen sich für die sichere Fortnahme der Bakterien nicht; sie sind den „Schönfiltern" zuzurechnen; sie vermögen also die gröberen Suspensa zurückzuhalten und auch ganz oder teilweise den üblen Geruch und Geschmack zu beseitigen.

2. Die Beeinflussung der Temperatur.

Um eine kühle und möglichst gleichmäßige Temperatur des die Stadt versorgenden Wassers zu erlangen, empfiehlt es sich, die Entnahme tief, aber so zu legen, daß das Wasser, je nach Wunsch, aus größerer oder geringerer Tiefe geschöpft werden kann. Die

Umpflanzung der Sperre oder eines Teiles von ihr mit Bäumen kann sich mit Rücksicht auf verminderte Erwärmung nützlich erweisen; Nadelhölzer sind vorzuziehen, weil die Laubbäume im Herbst durch ihre Blätter das Wasser des Stausees unnötig mit organischer Substanz anreichern.

Wird Triebwasser abgegeben, so möge im Sommer das warme Wasser der Oberfläche genommen werden, während zur kühleren Jahreszeit es sich empfehlen kann, das Kraftwasser aus dem tiefsten Teile der Sperre zu schöpfen.

3. Die Fernhaltung und Beseitigung der Trübungen und des Schlammes; die Schönfilter; die Rieselwiesen.

Störend können sich die Trübungen und der Schlamm bemerklich machen. Um beide zu beschränken, empfiehlt sich, soweit angängig, die Aufforstung des tributären Gebietes. Der Wald bringt eine starke Abflußverzögerung der niedergefallenen Regen, wodurch wiederum das „Reißen" des Bachwassers mit seinen Abwaschungen und Auskolkungen vermindert wird. Laub und sonstige Schwimmstoffe werden an verschiedenen Stellen durch recht schräg in Bacherweiterungen gestellte Rechen abgefangen. Vielfach haben sich Vorteiche nützlich erwiesen, d. h. flache, kleine Stauteiche von mehreren 100 oder 1000 cbm, in welchen das Wasser seine Geschiebe, seine Schwimmstoffe und einen Teil seiner trübenden Stoffe ablagert. Wenn sie jedoch nicht sauber gehalten, d. h. nicht alle Jahre ein- oder zweimal gereinigt werden, verfehlen sie ihren Zweck.

Die ersten Sperren in Deutschland sind mit großen, 100000 cbm und mehr fassenden Vorbecken angelegt worden. Die Idee Intzes hierbei war, daß von ihnen aus die Städte mit dem „frischen" Bachwasser, die Triebwerke usw. mit dem „alten" Wasser des Stausees versorgt werden sollten. Vom gesundheitlichen Standpunkte aus muß das alte abgestandene Wasser dem der Bäche und Vorbecken entschieden vorgezogen werden. Überhaupt haben sich diese großen Vorbecken nicht bewährt, man richtet sie nicht mehr ein, und wo sie eingerichtet waren, läßt man sie verschwinden oder benutzt sie nicht mehr.

Rieselwiesen, auf welchen das Wasser vorgeklärt werden soll, bevor es in die Sperre eintritt, haben sich an der Wupper ebenfalls nicht bewährt. Dahingegen haben sie sich als Hangwiesen an der Kerspetalsperre nützlich erwiesen. Wenn dort große Regen mit ihrem trüben Wasser kommen, so schließt sich selbsttätig, nachdem der Vorteich gefüllt ist, der Schieber des ihn speisenden

Bachkanales, es öffnet sich dahingegen zugleich ein Schieber zu einem blind endigenden Umlaufgraben; das zuströmende Wasser läuft über das sperrenseitige Ufer den flachen Abhang hinunter und reinigt sich auf dem Wege zwischen den Halmen und Gräsern, bis es den Stausee erreicht.

Die Einspülungen machen sich besonders unangenehm bemerkbar, wenn sie in der Nähe der Entnahmestelle in die Sperre eintreten. Die vorhin schon erwähnten Umleitungsgräben, welche die von der Seite niederkommenden Wässer aufnehmen und zum oberen Ende des Beckens führen sollen, lassen diesen Übelstand verschwinden oder stark abmindern.

Lassen sich Gräben nicht ziehen, so können Rohre an der Seite der Sperre über oder unter Wasser bis zum Anfang des Sperrsees gelegt werden. Wo Wasser als Triebkraft abgegeben wird, lassen sich zuweilen die in der Nähe der Sperrmauer eintretenden Zuflüsse abfangen und dafür verwenden.

Damit die von den Bächen mitgebrachten Erdteilchen nicht, dem alten Bachlauf folgend, weit in das Staubecken hineingelangen, kann es sich empfehlen, das alte Bett zu verlegen und den Zustrom auf eine große Breite zu verteilen, z. B. durch eingebaute flache Steindämme mit langsamem Anstieg und steilem, zur Sperrmauer gerichtetem Abfall. Die Einrichtung wirkt dann wie ein unter Wasser befindliches Vor- und Ausgleichbecken, welches bei jedem niedrigen Wasserstande leicht gereinigt werden kann.

Ist es schon nicht leicht, die Suspensa und den Schlamm fern zu halten, so ist es noch schwerer, den in die Sperre hineingespülten zu entfernen. Selbstverständlich wird bei niedrigem Wasserstand der trocken gefallene Schlamm abgestochen und beseitigt, aber er ist der am wenigsten schädliche. Unangenehmer ist der feine, viel mehr organische Teile enthaltende Schlamm des mittleren und unteren Abschnittes des Beckens, der zum großen Teil aus der im Becken selbst entstandenen Flora und Fauna gebildet wird. Öffnet man den Leerlauf, so wird gewiß ein Teil des Schlammes, aber nur der ihm direkt anliegende, entfernt; schon in wenigen Metern Entfernung ist die Spülwirkung verschwunden. Ob es nützlich ist, den Leerlauf durch ein weit vorgeschobenes Rohr mit großem Durchmesser und verschiedenen verschließbaren Öffnungen auf weiten Strecken der Reinigung dienstbar zu machen, entzieht sich unserer Beurteilung. Wenn es möglich ist — und bei einer Anzahl Sperren ist es möglich —, so soll die Sperre nach Verlauf von vielleicht 10 Jahren abgelassen und der ganze Schlamm aus ihr entfernt werden.

Die in vielen Stauseen durch Ton, Eisen, tierische oder pflanzliche Organismen hervorgerufenen Trübungen lassen sich durch „Schönfilter" beseitigen. Hierzu gehören alle Filter, welche imstande sind, gröbere oder kolloidale Teilchen zu entfernen, aber die feinsten Suspensa, darunter die Bakterien, hindurchlassen. Wo also pathogene Bakterien nicht zu fürchten sind, da sind die Vor- und Schönfilter am Platze. Die meisten gehören in die Gruppe der Schnellfilter und sie erfüllen, gut bedient und gut kontrolliert, wenn notwendig unter Zusatz von schwefelsaurer Tonerde, ihren Zweck. Alaun erweist sich gerade bei Talsperrenwässern als recht nützlich, wenn kolloidale Stoffe, z. B. feinste Eisentrübungen, Ton oder färbende Huminstoffe, im Wasser enthalten sind. Uns ist eine Sperre bekannt, deren Wasser leicht trübe ist und Eisen- und Bleirohre stark angreift; es hat eine Härte von 0,5 deutschen Graden; jetzt gibt man auf den Kubikmeter 10 g Soda und 10 g Alaun hinzu, läßt klar absetzen und schickt dann das Wasser durch Marmorfilter, wobei seine Härte um rund 3^0 zunehmen soll und wodurch es seine aggressiven Eigenschaften verloren hat.

Bei einigen Talsperren Deutschlands hat man zur Fortnahme der Suspensa sogenannte Rieselwiesen eingerichtet. Die Wiesen unterhalb der Talsperren pflegen einen für die Rieselei wenig geeigneten Boden zu haben, naturgemäß, denn wo Sand und lehmiger Sand vorhanden ist, da pflegt sich Grundwasser zu finden, da braucht man keine Talsperren. Diese finden sich vielmehr in festem Gebirge, dessen Gesteine zu Ton zerfallen. Ein solcher Boden ist schwer durchlässig, aber oft von Zügen und Lagen von Gesteinstrümmern durchzogen, die man auch wohl mit dem Namen Kies beehrt. Zu einer gleichmäßigen Bakterienfiltration kommt es also nicht; dahingegen ist der Boden zum Teil geeignet, gröbere Suspensa abzufangen und wegen seiner Absorptionskraft den Geruch und Geschmack ganz oder zum Teil fortzunehmen. Die Rieselwiesen wurden so eingerichtet, daß das betreffende Land in Felder eingeteilt wurde, die, wenn es die Bodenbeschaffenheit erlaubte, durch feste Dämme voneinander abgetrennt und einzeln ausschaltbar gemacht wurden. Die sammelnden Drainröhren wurden in der Tiefe mit Kies und Sand umgeben, die Draingräben mit Sand gefüllt; auch sind das Gelände schräg durchziehende Gräben ausgehoben und mit Sand gefüllt worden, welche mit Gefälle zu den Drainröhren führen. Das zunächst mittels Springbrunnen gelüftete Rohwasser wird in gleichmäßigem Strom in Wechselwirtschaft auf die einzelnen mit Gras bestandenen Felder geleitet, pro 1 qm ungefähr $^1/_2$ cbm pro Tag. Es dringt nur langsam in den Boden ein.

Die Rieselwiesen haben sich mit vielleicht der einen oder anderen Ausnahme nicht gut bewährt; wenn nicht lokal besonders günstige Bedingungen vorhanden sind, sollte man sie fortlassen, um so mehr, als durch Verdunsten und unterirdischen Abfluß ein nicht unbeträchtlicher Teil des aufgeleiteten Wassers verloren geht.

4. Die Fischzucht in den Stauseen.

Man hat die Frage diskutiert, ob die Fische geeignet seien, das Stauseewasser zu verbessern, oder ob sie zu seiner Verschlechterung beitrügen. Die kleinsten Lebewesen des Wassers, die Bakterien, nähren sich von den gelösten anorganischen und organischen Substanzen und setzen sie in Leibessubstanz um; von ihnen nähren sich Infusorien, diese werden von größeren Tierchen, Krustern und dergleichen aufgenommen, welche ihrerseits das eigentliche „Fischfutter" darstellen. Werden also aus dem Stausee Fische herausgefangen, so wird mit ihnen das gleiche Gewicht wasserhaltiger organischer Substanz aus dem Wasser entfernt. Durch das Halten und das Abfangen der Fische wird somit gelöste und ungelöste zersetzungsfähige Substanz, die, um den Ausdruck von Kolkwitz zu gebrauchen, karnifiziert ist, in bester Weise beseitigt. Betrachtet man von diesem Standpunkte aus die Fischzucht, so ist sie für die Sperre günstig. Der Kot der Fische ist nicht gefährlich; daß durch ihn Kolibazillen in das Wasser hineinkommen, ist gleichgültig, und die Verdauung im Fischdarm dürfte der fauligen Zersetzung der nicht gefressenen, abgestorbenen Organismen vorzuziehen sein.

Fische bringen keine neuen pathogenen Keime in das Wasser hinein. Sollten sie solche aufnehmen, so wäre das als günstig zu bezeichnen, denn im Darm der Fische, und in diesen kommen die uns interessierenden pathogenen Bakterien hinein, sind sie unschädlich, da der Darm entfernt und der Fisch vor dem Genuß hoch erhitzt wird.

Dahingegen darf die Fischerei weder zu einem Sport — Angeln — ausarten, noch darf mit ihr die Absicht des Gewinnes verbunden sein, d. h. die Fische dürfen nicht gefüttert werden, denn dann geht der Nutzen der Fische für die Sperre verloren. Die Fische sollen das in der Sperre entstandene Fischfutter herausholen, sie sollen das Wasser rein halten, damit ist ihre Aufgabe begrenzt und erfüllt. Das Abfischen ist nur zuverlässigen, in der Fischerei erfahrenen Leuten, welche das für den Schutz der Sperre erforderliche Verständnis haben, zu überlassen.

5. Die Fernhaltung und Beseitigung üblen Geruches und Geschmackes; die Kupferung des Wassers.

Um den unangenehmen Geschmack und Geruch des Sperren-wassers fernzuhalten, ist zunächst beim Bau der Trinkwassersperre eine sorgsame Säuberung des Sperrenbodens von fäulnisfähigen Substanzen vorzunehmen. Aus der Eschbachtalsperre hat man bei einer späteren Entleerung der Sperre noch die Reste entfernt, welche man beim Bau mangels ausreichender Erfahrungen zurückgelassen hatte, ein Zeichen, daß man gut tut, von vornherein auf die Be-seitigung der fäulnisfähigen Teile, wenigstens bei kleineren Sperren, zu dringen.

Daneben ist auch für die sorgfältigste Reinhaltung der Sperre von eingeschwemmten zersetzungsfähigen Teilchen zu sorgen. Geschieht das nicht, dann muß selbstverständlich ebenso sicher Fäulnis auftreten, als wenn die zersetzlichen Stoffe von vornherein in der Sperre wären.

Der üble Geruch und Geschmack tritt meistens im Spät-sommer, also bei höherer Temperatur und bei niedrigstem Wasser-stande auf. Die Wärme läßt sich nicht oder nicht wesentlich beeinflussen. Dem niedrigen Wasserstande muß dahingegen ent-gegengetreten werden durch die Anlage einer von vornherein großen Sperre. Eine Sperre, die auch Trinkwasser abgibt, sollte so groß sein, daß sie selbst in trockener Zeit noch ein Drittel ihres Inhaltes als eisernen Bestand führt; dann ereignet es sich nicht, daß die Sperren in abnorm trockenen Jahren, wie z. B. 1911, völlig oder bis auf einen unbrauchbaren Rest versiegen. Die Hygiene hat mit Rücksicht hierauf, sowie auf das Absterben der Krankheitserreger bei längerem Aufenthalt in dem Becken, sodann mit Rücksicht auf die geringere Wahrscheinlichkeit des Auftretens von schlechtem Geschmack und Geruch ein lebhaftes Interesse daran, daß die Sperren möglichst groß sind.

Die mit einer stärkeren Zersetzung am Boden der Sperre verbundene Anreicherung an organischer Substanz fördert die Ent-wickelung des Planktons.

Zeigt die mikroskopische Untersuchung, daß sich Algen, Dia-tomazeen, Infusorien usw. in erheblicherem Maße einstellen, und hat man nach den Erfahrungen früherer Jahre das Auftreten üblen Geruchs infolge der Planktonentwickelung zu fürchten, so versuche man, die Algen durch die Anwendung von Kupfersulfat zum Ab-sterben zu bringen.

In den Vereinigten Staaten Nordamerikas, wo sich der üble
Geschmack und Geruch infolge von Algenwachstum bei einer
ganzen Reihe von Becken sehr unangenehm bemerkbar gemacht
hat, sind von dem staatlichen pflanzenphysiologischen Laboratorium
Versuche gemacht worden, die Algen zu töten. Als bestes Mittel
ist das Kupfersulfat erkannt worden, aber es wirkt verschieden,
je nach der Art der Algen und Protozoen. Es genügten zur Abtötung von:

	Milligramme Kupfersulfat auf 1 Liter Wasser
Chlamydomonas piriformis	500
Raphidium polymorphum	20—14
Spirogyra stricta	14—10
Desmidium Schwartzii	10
Stigeoclonium tenue	20—2
Navicula	5—3,3
Scenedesmus quadricauda	3,3—2,5
Conferva bombycinum	1
Closterium moniliferum	1—,05
Anabaena circinalis	0,33
Anabaena flos aquae	0,33—0,35
Uroglena americana	0,2—0,1

Neben diesen Organismen gehen bei den angewandten Konzentrationen eine ganze Reihe anderer zugrunde, so z. B. viele
Infusorien, während wieder andere, z. B. Krustazeen, noch bei 1 : 10 000
am Leben bleiben.

Kellermann (Washington), dem wohl die größten Erfahrungen
nach dieser Richtung zur Seite stehen, gab auf dem internationalen
Kongreß über angewandte Chemie 1912 an, daß die nachstehenden,
üble Gerüche erregenden Organismen durch die nebenstehenden
Milligramme Kupfersulfat in 1 Liter Wasser (mgl) getötet werden.

Anabaena 0,09	Dinobryon 0,3	Navicula 0,07
Aphanizomenon . . 0,15	Euglena . . 0,5—1,0	Oscillatoria . 0,1—0,4
Asterionella. . . . 0,1	Fragillaria 0,25	Peridinium 2,0
Beggiatoa. 5,0	Glenodinium . . . 0,5	Scenedesmus . . . 0,3
Chara . . . 0,2—5,0	Hydrodictyon . . . 0,1	Spirogyra . 0,05—0,3
Cladophora 1,0	Kirchneriella 5,0—10,0	Synedra 1,00
Cladothrix 0,2	Leptomitus 0,4	Synura 0,1
Clathrocystis . . . 0,1	Melosira 0,3	Ulothrix 0,2
Coelosphaerium . . 0,3	Microspora 0,4	Uroglena 0,05
Conferva . . 0,4—2,0	Microcytis 0,2	Volvox 0,25
Crenothrix 0,3	Monasarten 0,5	Zygnema 0,7

Einige Organismen und Mengenangaben in vorstehender Tabelle sind nach Whipple eingesetzt. Zwischen den Angaben des pflanzen-physiologischen Laboratoriums und Kellermanns finden sich einige Unterschiede, welche mit Rücksicht auf die Schädigung der Fische durch das Kupfer nicht ganz belanglos sind.

Eine Schädigung der nachstehend verzeichneten Fische tritt nach Kellermann ein bei einem Gehalt des Wassers an den hierunter aufgeführten Milligrammlitern Kupfersulfat:

Blackbass [Micropterus[1]), Fam. Centrarchidae] 2,1
Karpfen 0,3
Catfish [Ameiurus lacustris[1])] . 0,4
Goldfisch 0,5
Barsch 0,75
Hecht 0,4

Suckers [Catostomus[1]), Fam. Catostomidae, verwandt mit unseren Weißfischen] . . . 0,3
Sunfish [Eupomotis[1]), Fam. Centrarchidae] 1,2
Forelle 0,14

Daß Vögel oder Säugetiere geschädigt worden seien, ist nicht bekannt geworden.

Betreffs der Menschen ist zu sagen, daß bei den vielfachen Kupferungen des Wassers, die vor allem in Nordamerika vor-genommen worden sind, wo Millionen Menschen gekupfertes Wasser getrunken haben, und zwar in viel größeren Quantitäten, als das in Europa geschieht, auch nicht eine Kupfervergiftung bekannt geworden ist.

Bakterien werden erst durch 1 Prom. Kupfersulfat getötet; zur bakteriologischen Desinfektion eignet sich dieses Salz also nicht.

Nimmt man als Durchschnitt der Konzentration 1:1 000 000, also 1 mg auf 1 Liter Wasser, so erscheint es ausgeschlossen, daß das Kupfer dem Menschen schade.

Das in das Wasser gebrachte Kupfer wird zum Teil an die Organismen gebunden. Das übrige Kupfersulfat setzt sich mit Kalziumbikarbonat um in Gips, freie Kohlensäure und basisches Kupferkarbonat, und dieses zerfällt unter Abgabe des Restes der Kohlensäure zu dem unlöslichen Kupferhydrat, welches in den Schlamm niedersinkt. Tatsächlich kommt also nur ein geringer Teil des Kupfers zum Konsum, so daß auch aus diesem Grunde eine Schädigung der menschlichen Gesundheit bei Dosen von etwa 1—5:1 000 000 völlig ausgeschlossen erscheint (s. auch S. 34).

In Amerika bindet man die erforderliche berechnete Menge Kupfersulfat in Beutel, hängt sie an Boote und fährt mit diesen

---

[1]) Diese Fische kommen bei uns nicht vor. Nach Jordan und Ever-mann, Fishes of Nord Amerika, 1896.

in 6 bis 7 m Abstand langsam über den Weiher, bis alles gelöst ist. Bei windigem Wetter ist die Verteilung besser. In einer Stunde lösen sich gegen 50 kg des Salzes. Die Resultate waren gute. Allerdings schmeckte das Wasser durch das Absterben der Organismen ein paar Tage recht schlecht, dann aber war der üble Geschmack und Geruch beseitigt. Will man das Mittel anwenden, so ist es deshalb richtig, früh, sozusagen pränumerando, von ihm Gebrauch zu machen, weil dann die Zahl der Organismen noch klein und die zunächst zu erwartende Verschlechterung gering ist.

Auch empfiehlt es sich, Teilkupferungen vorzunehmen, d. h. nur diejenigen Teile des Wassers mit Kupfersulfat zu behandeln, welche größere Mengen der übelriechenden Organismen enthalten.

In jedem Falle sollte das Laboratoriumsexperiment dem Versuch vorhergehen, um zu bestimmen, ob die Organismen, eventuell durch welche Konzentration und in welcher Zeit sie getötet werden.

Bei uns kann man durch die Kupferung gleichfalls gute Erfolge erzielen. Ein kleiner See bei Berlin hatte sich in dem heißen, trockenen Sommer 1911 reichlich mit Algen bedeckt; da der See durch Austrocknung einen so niedrigen Wasserstand erreicht hatte, daß er keinen Abfluß, wie sonst bei normalem Wasserstande, mehr hatte, so stagnierte das Wasser, die Algen entwickelten sich, gingen teilweise zugrunde, faulten und verpesteten die Umgegend unter Entwickelung von Schwefelwasserstoff. Durch Hineinhängen von Beuteln, die mit Kupfervitriol gefüllt waren, konnte die Algenwucherung aufgehoben und der Mißstand beseitigt werden. Die Menge des angewendeten Salzes belief sich auf 1 Teil zu 1 Million Teilen Wasser. Hinterher wurde durch Einpumpen von reinem Wasser der Wasserstand so erhöht, daß der See seinen normalen Abfluß wieder erlangte. Bisher hat sich der Mißstand nicht wiederholt.

Man muß sich auch darüber klar sein, daß das schwefelsaure Kupfer kein Allheilmittel ist, daß es nur die vorhandenen Organismen tötet, den übriggebliebenen jedoch eine Vermehrung gestattet, sobald es aus dem Wasser verschwunden ist. Es kann also eine wiederholte Kupferung notwendig werden. Auch können nach Tötung der einen Art andere übelriechende auftreten, die wiederum durch Kupfer zu bekämpfen sind. Wo das Kupfersulfat nicht anwendbar ist, kann man versuchen, durch einen Zusatz von Chlorkalk zum Wasser Erfolge zu erzielen. Auch hier muß der Versuch im Laboratorium um so mehr den Hinweis geben, als Chlorkalk im allgemeinen auf Algen wenig wirksam ist und durch die Ver-

bindung des Chlors mit den organischen Substanzen ein recht übler
Geschmack entstehen kann.

Sollte ein Sperrenwasser nach Schwefelwasserstoff riechen, so
läßt sich der Geruch durch Lüftung leicht beseitigen. Einfach
und recht erfolgreich ist die schon von Intze ausgeführte Methode
der Lüftung durch Springbrunnen. Auch lassen sich Riesler verwenden, wie sie bei der Enteisenung benutzt werden.

Der muffige, moderige, aromatische, geraniumartige, fischige
Geruch und Geschmack wird durch kräftige Lüftung zu einem
Teile fortgenommen. Die Amerikaner legen gerade der ausgiebigen Lüftung einen großen Wert bei; sie verlangen für die
Geruchs- und Geschmacksbeseitigung „Aeration" und „Filtration".
Tatsächlich pflegt eine dann einsetzende Schnellfiltration einen Erfolg
zu haben. Besser wird der Effekt, wenn dem weichen Talsperrenwasser etwas Ätzkalk und schwefelsaure Tonerde zugesetzt und
darauf filtriert wird.

Mehr als die Schnellfiltration scheint die Langsamfiltration zu
leisten; aber auch bei ihr ist unter Verwendung von Vorklärein-
richtungen, durch Zusatz von schwefelsaurer Tonerde und eventuell
von Kalkmilch der Nutzeffekt zu erhöhen.

Bei Anwendung des Ozons wird es wahrscheinlich gleichfalls
möglich sein, den unangenehmen Geschmack und Geruch zu beseitigen, wenn nicht zu viel organische Stoffe im Wasser enthalten
sind. Versuche müssen, solange über diese Verhältnisse in unserem
Klima nicht ausreichende Erfahrungen vorliegen, in jedem einzelnen
Falle über den Nutzeffekt des Mittels Auskunft geben.

Ein weiteres Mittel gegen die üblen Gerüche und den schlechten
Geschmack scheint nach den bis jetzt vorliegenden Erfahrungen
die Durchleitung des Wassers durch den Boden zu sein. Hier
kämen also die vorhin erwähnten Rieselwiesen in Betracht.

Es muß jedoch gelingen, durch eine frühzeitige
Kupferung des Wassers der Sperre die Gerüche und den
Geschmack vollständig oder so weit zurückzuhalten, daß
beide durch Lüftung und Filtration, eventuell unter Anwendung
von schwefelsaurer Tonerde oder durch Oxydation mittels Ozon
beseitigt werden können.

6. Die Kontrolle der Talsperren.

Die Anlage einer Talsperre kostet mindestens viele Hunderttausende, meistens über eine Million Mark; aber das wenige Geld,
welches für eine regulär laufende Kontrolle des Werkes notwendig ist, kann angeblich oft nicht beschafft werden, — so wird

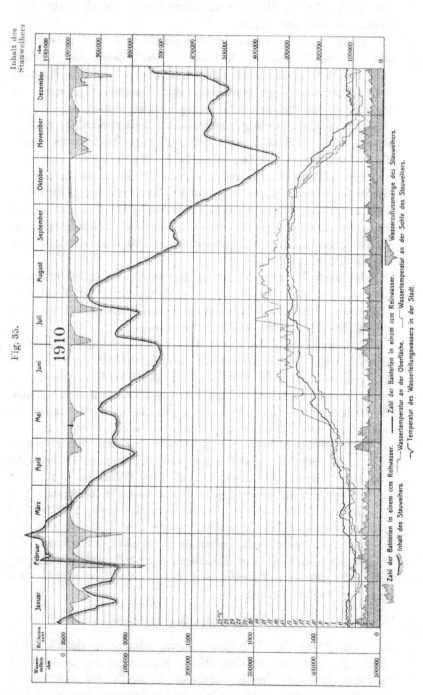

Jahresbetrieb der Talsperre der Stadt Remscheid.

Fig. 35.

wenigstens behauptet. — Vom gesundheitlichen und vom Standpunkt des Wassertechnikers aus muß verlangt werden, daß eine tägliche Kontrolle des Stauseebetriebes statthabe. Erforderlich ist nicht nur die Bestimmung der Regenhöhe, sondern auch die Bestimmung der Zahl der täglich zufließenden, sowie die Zahl der täglich verausgabten und die Zahl der jeweils in der Sperre vorhandenen Kubikmeter Wasser. Dann ist täglich zu bestimmen die Temperatur des Wassers am Boden, am Auslauf, an der Oberfläche und die Temperatur des Wassers beim Eintritt in die Stadt, ferner der tägliche Gehalt des Wassers an Bakterien im Rohwasser und Reinwasser und der Gehalt an Bacterium coli. Eine volle quantitative chemische Analyse ist jeden Monat anzufertigen.

Das so erhaltene Material soll dann nicht in dem Aktenregal der Wasserwerksdirektion nutzlos verdorren, wie die Pflanzen in einem vergessenen Herbarium, sondern soll jedes Jahr zusammengefaßt und detailliert, eventuell in Gestalt von Schaulinien bei der Vorlage des Werketats zur Veröffentlichung kommen zum Segen der Bevölkerung, zur Ehre des Werkleiters und zum Nutzen derjenigen Städte, die ähnliche Wege gehen wollen.

Es ist daran gedacht worden, den Wert eines Sperrenwassers nach seiner Durchsichtigkeit zu bestimmen. Wenn eine Normalkerze unter einem Wasserrohr von etwa 10 m Länge und 10 cm Durchmesser bei 8 m Wasserstand noch sichtbar sei, sollte das Wasser als gut gelten. Das wird für die eine oder andere Sperre zutreffen, für manche andere jedoch nicht. Es gibt Sperrenwässer, die von Haus aus sehr blank und durchsichtig und andere, die fast stets etwas getrübt sind; das richtet sich in erster Linie nach der Gesteinsart und hat mit der Sicherheit der Wässer nichts zu tun, wohl aber mit seiner Annehmlichkeit, seinem Aussehen; es liegt ein „Schönheitsfehler" vor. Wie weit ein solcher gehen darf, ist „Geschmackssache", da dürfte eine scharfe Grenzlinie kaum zu ziehen sein; aber man möge bei Fragen dieser Art an die obenstehende Zahl denken.

In der Fig. 35 kommt die Jahreskurve des Remscheider Werkes zum Abdruck, welches den anderen Werken als Muster dienen kann; die Remscheider Sperre ist dank der Initiative ihres Leiters die bestüberwachte, die bestgekannte und daher auch die betriebssicherste.

G. Die Beurteilung der Wässer nach ihren örtlichen und sonstigen Verhältnissen.

Für die Bewertung eines Wassers in gesundheitlicher Beziehung sind die örtlichen und die übrigen Verhältnisse von der größten Wichtigkeit. Sie stehen an erster Stelle.

Enthält ein Wasser selbst viel Kochsalz, salpetersaure, salpetrigsaure, kohlensaure, schwefelsaure und ammoniakalische Verbindungen, so ist es deshalb noch nicht gesundheitsschädlich, denn die schädigenden Dosen liegen, sofern die Substanzen überhaupt schädlich sind, wesentlich höher. Das Wasser wird durch die erwähnten Stoffe auch nicht unappetitlich, es sei denn, sie entstammten Schmutzstätten, Kotgruben usw. Die chemische Analyse vermag wohl Substanzen, die möglicherweise aus Unratstoffen ausgelaugt sind, aufzudecken; ob sie aber wirklich unappetitlich sind, kann nur die Untersuchung an Ort und Stelle, die Berücksichtigung der örtlichen und der übrigen einschlägigen Verhältnisse entscheiden.

Noch ausgesprochener tritt der Einfluß der örtlichen Verhältnisse hervor, wenn die Frage nach der Infektionsmöglichkeit eines Wassers aufgeworfen wird. Die chemische Analyse entscheidet souverän, ob Gifte in einem Wasser enthalten sind oder nicht; da bedarf es der Kenntnis der Örtlichkeit nur in den seltensten Fällen.

Anders liegt die Angelegenheit, wenn es sich um die Anwesenheit von Krankheitserregern handelt.

Während nämlich die chemische Untersuchung fast regelmäßig die vorhandenen Gifte nachweisen kann, versagt die bakteriologische Untersuchung auf Krankheitserreger recht häufig. Die Krankheitskeime sind nicht gelöst, sondern verteilt, und es ist durchaus nicht gesagt, daß in dem wenigen Wasser, welches gerade untersucht wird, ein Krankheitskeim enthalten ist; man ist also bei der Auffindung um so mehr vom Zufall abhängig, je kleiner die Untersuchungsprobe ist. Auch läßt sich sehr leicht ein vorhandener Krankheitskeim zwischen den oft Hunderten, ja Tausenden anderer Bakterien übersehen.

Allerdings ist es allmählich emsigem Fleiß gelungen, die Untersuchungsmethoden zu verbessern, so daß man jetzt mit ziemlicher Sicherheit die Erreger des Typhus und der Cholera aus dem Wasser herausfindet. Aber über eine Schwierigkeit dürfte die bakteriologische Untersuchung schwer hinwegkommen, nämlich über ihr zu spätes Einsetzen. Wenn auch viele Krankheitskeime sich längere Zeit im Wasser halten, so stirbt doch die größere Mehrzahl dort bald ab. Zwischen der Aufnahme der Krankheitserreger mit dem Wasser und dem Ausbruch der Krankheit liegen bei Cholera nur wenige Tage, bei dem Typhus, der erheblich mehr in Betracht kommt, aber zwei bis drei Wochen; weitere Zeit vergeht, bis der Verdacht auf das Wasser gelenkt und die Probe geschöpft ist. Ist die Infektion des Wassers eine einmalige gewesen, so darf man erwarten, daß in der Zwischenzeit, wenn nicht alle, so doch die meisten Typhusbakterien abgestorben oder zu Boden gesunken sind, wo sie unerkannt und unschädlich ruhen, ohne sich zu vermehren, bis auch sie dem Tode anheimfallen, ganz abgesehen davon, daß bei dem laufenden Wasser durch das Fortfließen, beim stehenden Wasser durch das Ausschöpfen alle oder viele Bakterien entfernt wurden.

Aus diesen Gründen wird man sich vielfach zufrieden geben müssen, nachzuweisen, ob die Möglichkeit oder Wahrscheinlichkeit einer Infektion vorliegt. Hier sind es die örtlichen und die anderen Verhältnisse, welche in den meisten Fällen die entscheidende Antwort geben, wenn auch die Bakteriologie und die Chemie Beihilfen zu gewähren, zuweilen sogar direkt zu entscheiden vermögen.

I. Die Beurteilung bei dem Grundwasser.

Zuächst kommt es für die Beurteilung des unterirdischen Wassers des Diluviums und Alluviums, des sogenannten Grundwassers, darauf an, die Richtung des Grundwasserstromes zu bestimmen. In dem Kapitel über Grundwasser ist gesagt worden, daß das durch Einnivellieren des Grundwasserspiegels von mindestens drei Punkten, Brunnen oder Bohrlöchern, geschehen kann.

Die hygienische Bedeutung der Grundwasserrichtung tritt gewöhnlich nicht voll hervor, wenn man über die Strombreite, die Schnelligkeit und den Hochstand des Grundwassers nicht unterrichtet ist, denn alle diese Faktoren zusammen beeinflussen den Transport von Schmutzteilchen und von Krankheitserregern. Die Akten über die hydrologischen Vorarbeiten müssen die erforderlichen Angaben enthalten.

Im allgemeinen ist die Bewegung des Grundwassers so langsam, daß die weitere Umgebung der Wasserentnahmestelle wenig
in Betracht kommt. Hiermit soll nicht gesagt sein, daß sie ganz
indifferent ist; aber in der Zeit, die verstreicht, bis ein Infektionserreger, der in einem oder einigen Kilometern Entfernung in das
Grundwasser gelangte, im Brunnenwasser wieder erscheint, ist er
längst abgestorben, während nachgewiesenermaßen Hefezellen durch
das zerklüftete Senon an der Vanne einen Weg von mehr als 20 km
ohne Schaden in relativ kurzer Zeit zurücklegten.

Schwer zersetzbare chemische Körper jedoch, wie sie z. B. im
Gaswasser, in dem Abwasser von Holzzubereitungsanstalten usw.
entstehen, können noch nach monatelanger Reise durch den Boden
hindurch sich in unangenehmer Weise bemerkbar machen.

Nicht vergessen darf man bei der Abschätzung der Verhältnisse, daß die Beanspruchung des Brunnens einen erheblichen Einfluß auf die Bewegung des Wassers im Boden ausübt. Je stärker
ein Brunnen ausgepumpt wird, um so lebhafter ist der Wasserzufluß. Die Hauptmasse des Wassers kommt dorther, wo die
Widerstände am geringsten, die Poren am größten sind. Das
macht sich kenntlich durch die steileren, näher an den Brunnen
herantretenden Absenkungslinien; von dorther droht also eventuell
die größere Gefahr.

Für die Brunnen ist ihre nähere und nächste Umgebung von
großer Bedeutung, und zwar nach zwei Richtungen hin. Bei Brunnen
mit starker Beanspruchung ist die soeben erwähnte und früher
(S. 152) näher besprochene Depressionszone dasjenige Gebiet, welches
sein Wasser rasch in den Brunnenkessel eintreten läßt. Verunreinigungen, welche also in dieses Gebiet kommen, werden ihre
flüssigen Stoffe mit den darin enthaltenen Suspensis in den Brunnen
fließen lassen, sofern nicht die aufgeschwemmten Teilchen im
Boden abgefangen werden. Wir konnten in einem Falle feststellen, daß der flüssige Inhalt einer Mistgrube um einige Zentimeter sank, als ein 8 m entfernter Brunnen um 2 m abgesenkt
wurde. Vor allem bei sogenannten Zentralbrunnen, die täglich
hunderte und tausende von Kubikmetern Wasser liefern, ist die
Verunreinigung des Depressionsgebietes gefährlich; aber auch
schon bei Guts-, Betriebs- und Fabrikbrunnen kommt diese Zone
sehr in Betracht, sofern das für den Tag erforderliche Wasser in
ein paar Stunden gepumpt wird, wodurch das Absenkungsgebiet
zeitweilig stark beansprucht wird. Wo die Wasserentnahme gering
ist, wie z. B. bei den meisten Hausbrunnen, bildet sich ein Depressionsgebiet nicht aus. In die Nähe solcher Brunnen gebrachte

Schmutz- und Infektionsstoffe sind daher in dieser Beziehung weniger gefährlich.

Die nähere Umgebung der Brunnen ist ferner deshalb wichtig, weil von ihr aus Unreinlichkeiten direkt in das Brunnenwasser gespült werden können, sofern die Eindeckung, wie meistens, nicht über Erdgleiche liegt und undicht ist, oder die Brunnenwand, wie bei fast allen Hausbrunnen, wasserdurchlässig ist. Sehr übel ist es, wenn bei bäuerlichen Gehöften der Brunnen an der tiefsten Stelle des Hofraumes steht, wodurch bei Regen das Schmutzwasser direkt auf den Brunnen zuströmt, oder wenn, wie in kleinen Städten häufig, die Brunnen unter den Rinnsteinen liegen. Dorthin hat man sie gebracht, weil sie so den Fahr- und den Gehverkehr am wenigsten beschränken. R. Pfeiffer erzählt, daß ein so gestellter Brunnen die Veranlassung zu einer ziemlich heftigen Typhusepidemie wurde. Die Infektion war erfolgt durch Spülwasser und Urin, welche etwas oberhalb des Brunnens aus einem Hause mit einem zugereisten Typhuskranken in den Rinnstein gegossen worden waren.

Die in der Nähe der Brunnen befindlichen Abortgruben, Miststätten und dergleichen sind bedenklich, selbst wenn wegen geringen Konsums eine Depressionszone nicht gebildet wird, weil bei durchlässigen Schmutzbehältern und Brunnenwandungen und bei schlecht filtrierendem Boden gelöste und aufgeschwemmte Teilchen eindringen können, wenn der Wasserspiegel im Brunnen niedriger steht wie der in der Schmutzstätte. Sodann sind sie deshalb bedenklich, weil, wie früher schon erwähnt, durch Unwetter die Schmutzreservoire ausgespült, die Schmutzhaufen weggespült werden können.

Zwei Häuser eines thüringischen Städtchens, die auf mittelfeinem Sand, nicht klüftigem Sandstein, lagen, hatten über sich an einem flachen Hang den Garten eines Hauses, wohinein kurz vorher menschlicher Unrat gebracht war, in welchen nicht desinfizierte Stühle eines typhösen Hausbewohners geschüttet worden waren. Etwa 14 Tage nach einem starken Regen erkrankten 4 Einwohner von 12 dieser Häuser an Typhus, und es gelang uns, in dem Brunnenwasser Typhusbazillen, sogar in größerer Zahl, wiederholt sicher nachzuweisen. Das von dem Garten herunterlaufende Wasser mußte den tief liegenden, schlecht eingedeckten Brunnen treffen. Dieses Beispiel zeigt deutlich, wie wichtig für die Brunnen die Beschaffenheit der Bodenoberfläche und ihr Gefälle ist; ob letzteres zum Brunnen hin absinkt oder ansteigt.

Abwässerkanäle, die Schmutzwässer führen und in der Nähe der Brunnen hinziehen, sind gleichfalls gefährdend. In einer englischen Stadt brach eine schwere Typhusepidemie aus, die auf das Eindringen von Stadtabwasser von einem schadhaft gewordenen Kanal in die Brunnen mit Recht zurückgeführt wurde.

Von Interesse für die Beurteilung eines Brunnenwasser ist der Grundwasserstand. Je höher der Grundwasserspiegel steht, um so weniger günstig ist das unter sonst gleichen Verhältnissen zu beurteilen. Steigt nach dem Regen und der Schneeschmelze der Spiegel erheblich, so ist das als verdächtig zu betrachten; es mahnt wenigstens zur Vorsicht. Wird das Wasser gar in regnerischen Zeiten trübe, so ist das bei sonst nicht besonders günstiger Lage des Brunnens als recht ungünstig anzusehen. Das Ansteigen und Sinken des Brunnenspiegels mit dem Flußwasserspiegel spricht an sich noch nicht für einen direkten Zusammenhang, fordert jedoch zum Studium der Verhältnisse auf. (S. 231.)

Zuweilen sind die Brunnen mit Sammelgalerien in Verbindung gebracht. Diese sind sozusagen verlängerte Brunnen und das für die letzteren Gesagte gilt für die Galerien um so mehr, als sie sich der direkten Beobachtung entziehen.

Nicht selten ist die Wandung eines Brunnens an der einen oder anderen Stelle durchbrochen, um kleine dort aufgefundene Wasseradern aufzunehmen. Über ihren Unwert wird S. 438 das Erforderliche gesagt. Hier sei nur erwähnt, daß solche Nebenströmchen recht gefährlich werden können und sie bei der Beurteilung des Brunnens scharf unter die Lupe genommen werden müssen.

Die Beurteilung bei Brunnen.

Für die Verschmutzungs- und Infektionsmöglichkeit der Brunnen ist ausschlaggebend ihre Konstruktion.

Die Bohr- und Schlagbrunnen, also die Rohrbrunnen (s. S. 480), schützen das Wasser in ausreichender Weise, wenn sie über 3 bis 4 m in den Boden hineingehen, weil sie von oben bis unten wasserdicht sind. Ist das Grundwasser durch Jauche u. dgl. verunreinigt, so nutzt selbstverständlich der beste Brunnen nichts. Leider sind diese billigen guten Brunnen nicht so weit verbreitet, wie sie es verdienen. Die Kesselbrunnen werden viel häufiger angetroffen. Vielfach sieht man sogar noch in dörflichen Gemeinden und kleinen Städten offene Schöpf- und Ziehbrunnen, die jedem zugänglich frei an der Straße stehen, und jeder zufälligen und böswilligen Verunreinigung ausgesetzt sind. Wie oft kann man Zeuge sein, daß Kinder an den stets schadhaften Holzplanken des Brunnens ihren Urin entleeren; eine schwere Epidemie kann entstehen, wenn ein solches Kind Typhusbazillenträger ist. Gewöhnlich wird bei offenen Brunnen die Luft als Missetäterin gefürchtet; sie ist jedoch relativ unschuldig, denn etwa in der Luft herumfliegende Cholerabazillen sind abgestorben und die Typhusbazillen meistens auch. Der noch feuchte Straßen- und Rinnsteinschmutz sind das Gefährliche; noch bedenklicher ist es selbstverständlich, wenn Kot und Urin direkt in Brunnen hineingelangen. Wie viele der berüchtigten Brunnenvergiftungen des Mittelalters und der früheren und späteren Zeit mögen nichts anderes als auf solch grobe Weise bewirkte Brunneninfektionen gewesen sein! Die Ziehbrunnen und Schöpfbrunnen werden außerdem dadurch gefährdet, daß mit infizierten Eimern aus Häusern, in welchen z. B. Typhuskranke liegen, Wasser geschöpft wird.

Glaubt man denn wirklich, man benutze auf dem Lande und in jeder nicht unter strenger hygienischer Erziehung stehenden Bevölkerung in der Eile nicht denselben Eimer, den man zum Auswischen der Krankenstube benutzt hat, zum Wasserschöpfen, besonders, wenn mit dem Wasser weiter aufgewischt oder gewaschen werden soll? Die an und in dem Eimer enthaltenen Keime werden dabei in den Brunnen gebracht, und sind es auch zu einer schweren Epidemie nicht genug, so reichen sie doch aus, eine oder mehrere Infektionen zu bewirken.

Ist ein eigener Schöpfeimer, der mit der Kette oder der Stange fest verbunden ist, oder ist ein eigenes Schöpfgefäß vorhanden, so daß nur dieses in den Brunnen gelangt, so ist das besser, als wenn das Wasser mit den Eimern und Schöpfgefäßen der einzelnen Haushaltungen herausbefördert wird.

Besonders bedenklich sind die den Brunnen zuzurechnenden „Wasserlöcher"; sie stellen vielfach Pfützen schlimmster Art dar, die jedem Schmutz, jeder Infektion zugängig sind. Sie finden sich nicht bloß am Rande der Dörfer, sie sind auch in den Dörfern zwischen den Häusern vorhanden.

Bedenklich sind ferner die „Kellerbrunnen", welche sich in manchen Gegenden recht zahlreich finden. In einem Kellerwinkel ist ein Loch gegraben oder in den Fels gebrochen und so das Wasser erschlossen. Sie sind nicht viel anders als Wasserlöcher, die ursprünglich gar nicht bedeckt sind. Wir haben in einem solchen Kellerwasserloch die halb verweste Leiche eines jungen Hundes gefunden, der seit 14 Tagen verschwunden war; das Wasser war bis zur Stunde getrunken worden. Zugedeckt wird so ein Kellerbrunnen erst, wenn Kartoffeln oder Rüben usw. in den Keller kommen. Daß hierbei starke Verunreinigungen durch die lose über den Brunnen gelegten Bretter hindurch in das Wasser gelangen, ist selbstverständlich.

Den ganz offenen Brunnen sind solche mit mangelhafter Eindeckung an die Seite zu stellen. Viele sind so schlecht eingedeckt, daß sie den offenen gleich erachtet werden müssen.

Die schlechtesten Eindeckungen findet man regelmäßig da, wo Steinplatten zur Verfügung stehen. Gewöhnlich gibt man sich schon zufrieden, wenn die Spalten so eng sind, daß ein Kind nicht zwischen sie hindurchfallen kann. Kadaver von ertrunkenen Ratten und Mäusen findet man häufig in schlecht zugedeckten Brunnen. Es ist das gesagt, nicht um diesen Tieren und ihrer Zersetzung eine besondere Gefahr zu vindizieren, sondern um zu zeigen, wie zugängig die gedeckten Brunnen zu sein pflegen.

Wo die Platten ursprünglich mit Zement verbunden gewesen sind, sprengt meistens schon der Frost des ersten Winters die Verbindung und Reparaturen an den Brunnen werden recht selten gemacht; die Tatsache, daß der Brunnen einmal auf kurze Zeit wasserdicht eingedeckt gewesen ist, reicht hin, daß man sich in der Folge viele Jahre hindurch nicht um ihn kümmert.

Bei den mit Bohlen und Brettern bedeckten Brunnen sind die Mißstände nicht viel geringer. Das Faulen des Holzes tritt bei der fortwährenden Feuchtigkeit sehr bald ein, die ursprünglich engen Spalten werden weit, und wo die Bretter mit Nut und Feder zusammengesetzt waren, zerspringt infolge der Ausdehnung die Eindeckung.

Regelmäßig findet sich zwischen Eindeckung und Pumpe ein weiter Zwischenraum, in welchen Überlaufwasser und Regenwasser leicht eindringen und in welchen hinein Kinder allerlei Schmutzstoffe bringen können. Holzpumpen sind in dieser Beziehung gefährlicher als Eisenpumpen.

Gute Brunnen sollen aus gutem Ziegelmauerwerk in Zementmörtel bis unten hin wasserdicht konstruiert sein, so daß das Wasser nur von der Sohle her und durch dicht über der Sohle im Mauerwerk ausgesparte Öffnungen eindringen kann. Vielfach jedoch sind die Brunnen aus lose aufeinander gelegten Steinen hergestellt, ja, in manchen Gegenden wird, um den Wassereintritt zu erleichtern, Moos zwischen die Steine gestopft.

Durch die zugängigen Stellen sickert Oberflächenwasser in den Brunnen hinein; das Wasser wäscht sich weitere Wege aus, indem vom Brunnen zur Erdoberfläche hin die einzelnen Körnchen fortgespült werden. Die Eintrittsstellen unreinen Wassers kann man oft erkennen an schwarzen Schmutzstreifen, die zuweilen mit Algenvegetationen bedeckt sind. Doch muß man vorsichtig sein; wir konnten feststellen, daß ein verdächtiger, aus etwas tieferen Schichten zum Wasserspiegel herunterziehender schwarzer „Schmutzstreifen" aus Mangan bestand. Brunnen revidiert man am besten, indem man auf einer Leiter, die über ein Querholz gehängt ist, hineinsteigt; man kann so gut untersuchen und verunreinigt das Wasser nicht.

Ist für den Abfluß des Überlaufwassers nicht gesorgt, wird am Brunnen vielleicht sogar gewaschen oder Wäsche gespült, so kann auch das dem Brunnen selbst entnommene Wasser eine Infektion vermitteln, indem es mit den Geschirren, der Wäsche usw. an den Brunnen gebrachte Krankheitserreger in ihn hineinspült.

Kruse spielt darauf an, daß eine Typhusepidemie in W., einer rheinischen Stadt, so entstanden sein könnte.

Steht ein schlechter Brunnen an einem dem Publikum zugängigen Ort, so ist er gefährdet und gefährdend. Steht er jedoch in einem privaten Grundstück, somit dem freien Verkehr entzogen, so ist er so lange unbedenklich, als nicht eine infektiöse, durch Wasser übertragbare Krankheit in dem zugehörigen Hause auftritt und Bazillenträger fehlen.

Schon im Beginn des Kapitels ist gesagt worden, daß die örtlichen Verhältnisse entscheidend seien für die Beurteilung der chemischen Befunde.

Das ist beim Grundwasser in besonders hohem Maße der Fall, weil es das die Brunnen speisende Wasser ist, somit in Deutschland in weitestem Maße in Benutzung genommen wird. Zur Auswertung der chemischen Befunde muß der Analytiker und Beurteiler wissen, wie der Boden, wie das Wasser des reinen Bodens der betreffenden Gegend beschaffen ist; er muß für den Bezirk seine „Vergleichszahlen" haben. Selbstverständlich sind auch diese, zuweilen selbst auf kleinem Raum (s. S. 166) verschieden. Es ist deshalb unerläßlich für die Beurteilung von gefundenen Differenzen, zu wissen, wie die örtlichen Verhältnisse sind, ob z. B. Schmutzstätten in der Nähe und wie weit sie von dem Brunnen entfernt sind, ob die letzteren bis unten wasserdicht sind, ob der Wasserspiegel im Jauchenloch höher steht als im Brunnen, wie durchlässig der Boden ist, in welcher Richtung der Grundwasserstrom fließt, ob Halden vorhanden und welcher Art sie sind, ob die Industrien vielleicht ihr Wasser direkt in den Boden hineinschicken.

Es muß dem Analytiker bekannt sein, ob andere Verhältnisse vorhanden waren, die möglicherweise auf das Grundwasser ihren Einfluß ausübten, ob z. B. natürliche oder künstliche Überschwemmungen vorgekommen sind, oder ob Wasser in großen Mengen abgesogen worden ist. Ferner ist für den Chemiker die Depressionszone und der Betrieb in ihr von Belang für die Beurteilnng. Der Analytiker muß bei Untersuchungen von Brunnenwässern in der Nähe eines Flusses wissen, wie die Spiegelstände im Fluß und Brunnen, bei Hoch- und Niedrigwasser, beim Spiel und beim Ruhen der Pumpen sind, und vor allem, wie die Spiegelstände im Fluß und Brunnen zur Zeit der Probeentnahme waren. Wenn der Untersucher seine Aufgabe in etwas Höherem sucht, als nur die toten Zahlen der Analyse aufzustellen und sie dem Antragsteller zur gefälligen Benutzung zu übergeben, wenn er ein Urteil abgeben will über die Beschaffenheit des Wassers, dann muß er die zeitlichen und örtlichen, kurz die gegebenen Verhältnisse berücksichtigen und um das zu können, muß er sie kennen.

Aus dem Vorstehenden ergibt sich mit zwingender Konsequenz, daß für die gesundheitliche Beurteilung eines Wassers das Urteil in den meisten Fällen nicht im Laboratorium gebildet werden kann; wichtige, sehr wichtige Anhalte für dasselbe werden dort gewonnen, aber ausschlaggebend ist die Kenntnis der Verhältnisse. Sehen muß man, um ein Wasser zu beurteilen, sehen; die weitere Untersuchung gewährt die Beihilfen!

II. Die Beurteilung bei den Quellwässern.

Schwierig ist es, die lokalen Verhältnisse eines unterirdischen, besonders eines Quellwassers, bezüglich der Infektionsfähigkeit und der Verunreinigungsmöglichkeit abzuschätzen. In dem Kapitel über die Quellen wurde bereits gesagt, daß die orographische Gestaltung nicht immer auf das Zuflußgebiet einen Schluß gestattet. Zur Abschätzung der Verhältnisse ist erforderlich, daß bei den Eruptivgesteinen die Zertrümmerungszone, soweit angängig, festgelegt werde, denn in ihr pflegt das Hauptsammelgebiet zu liegen, welches sich jedoch erheblich weit in das umgebende Gestein fortsetzen kann.

Dort wo Bergbau umgeht oder umgegangen ist, wird von den Gemeinden gern das Wasser verlassener Stollen zur Versorgung herangezogen, schon aus dem Grunde, weil über die Ergiebigkeit keine Zweifel bestehen. Vom gesundheitlichen Standpunkte aus sind derartige Wässer oft schwer zu beurteilen, weil man vielfach über den Verlauf der Stollen nichts mehr weiß; das aus dem Stollen zutage tretende Wasser kann aus dem gleichen Stollen oder aus solchen höher liegender Stockwerke kommen; ein

Befahren der Stollen ist vielfach nicht möglich, da sie zusammen-
gebrochen sind, oder da es lebensgefährlich ist. Begeht man das
Gelände über Tage, so sieht man nicht selten Einsturztrichter,
„Pingen", als Zeichen unterirdischer Zusammenbrüche, oder seichte
Stellen als Reste eingeebneter alter Schächte. In solchen Vertiefungen sammelt sich das Oberflächenwasser und bringt den Schmutz
der Oberfläche in das Stollenwasser hinein. Sind die Pingen zugefüllt, so ist damit ein wichtiges Moment für die Beurteilung der
Örtlichkeit verloren gegangen. Beim Befahren solcher Bergwerke
muß man die von der Decke und aus den Seitenwänden oder aus
dem Boden austretenden kleinen Wasseradern fassen und bakteriologisch untersuchen. Wir haben z. B. von an der Decke hängenden schwarzen Manganzapfen abtropfendes Wasser keimfrei
gefunden, haben in anderen Fällen aus weiten Spalten heraustretendes reichliches Wasser als bakterienleer feststellen können;
wir haben aber auch von der Decke heruntertropfendes Wasser
gefunden, welches sich sofort durch seine höhere Temperatur als
verdächtig erwies, und als ein durch etwa 40 m tief herunterführende
Felsspalten völlig unfiltriert hindurchgesickertes Bachwasser erkannt
wurde; wir haben auch kleine, seitlich oder am Boden befindliche
Wasseradern untersucht, die keimreich waren. Deckt Wald das
überliegende Gebirge, wie meistens im Gebiet der Eruptivgesteine,
so ist der Keimgehalt gewöhnlich nicht von großem Belang. Ganz
anders stellt sich das jedoch, wenn Äcker über den Stollen liegen,
wie das z. B. in dem vom Bergbau vielfach durchwühlten Zechstein die Regel ist (s. auch S. 292 und 473).

Bei den Sedimentärgesteinen ist zunächst das Fallen und
Streichen der wassertragenden Schicht zu bestimmen. So gelingt
es im allgemeinen die Richtung zu finden, aus welcher das Wasser
kommen dürfte. Die Entfernung, aus welcher es zufließt, läßt sich
angeben, sofern oberhalb der Quelle die wassertragende Schicht
zutage tritt oder ihre erkennbare Begrenzung findet. Die Tiefe,
in welcher das Wasser sich bewegt, erfährt man durch Bohrungen
oder durch die Beobachtung von Brunnenspiegeln, sofern die
Brunnen wirklich bis in die die Quelle speisende Wasserzone
hinunterreichen; auch vermag das Thermometer nicht selten einigen
Anhalt zu geben.

Diese allgemeinen Regeln lassen sich indessen nur in beschränktem Maße verwenden. Selbst dort, wo die Schichten eine
der horizontalen angenäherte Lage aufweisen, sind vielfach Verwerfungsspalten, Sattelungen und Muldenbildungen vorhanden,
durch welche das Wasser in größere Tiefen geführt oder nach

der einen oder anderen Richtung hin abgewiesen wird. Solche Spalten finden sich zuweilen in größerer Zahl und in einer unter sich angenähert parallelen Richtung, so daß man mit ihnen als mit etwas Gegebenem rechnen kann. Meistens kommen regellose Spaltenbildungen, Verwerfungen und Verdrückungen der Gesteine vor. In dem alten Gebirge, wo der Schieferungsprozeß stark ausgebildet ist, läßt sich über die Herkunft der Quellen oft noch weniger sagen.

Kurz, das tributäre Gebiet einer Quelle festzulegen, ist meistens schwer, und recht oft nur einem in diesen Dingen speziell geübten Geologen möglich.

Trotz der entgegenstehenden Schwierigkeiten muß man zur Beurteilung einer Infektionsgefahr dahin streben, das Gebiet möglichst genau kennen zu lernen, besonders im stark zerklüfteten Gestein.

Von wesentlichem Nutzen können sich Färbungen erweisen; aber man darf nicht vergessen, daß sie nur für die gerade bei dem Versuch vorliegenden Verhältnisse volle Gültigkeit haben, daß sich bei anderer Füllung des wasserführenden Netzes andere Resultate ergeben, andere Gebiete tributär werden.

Zur Erkennung, ob eine Quelle eine sekundäre sei, ist das genaue Studium der allgemeinen geologischen und der näheren lokalen Verhältnisse Erfordernis. Kochsalz- oder Färbeversuche sind dabei oft unerläßlich (s. S. 300).

Unter Umständen kann man aus der Anordnung der Quellen einen Schluß auf die Herkunft des Wassers ziehen. Liegen z. B. in einem Gebirge eine Reihe kleinerer Quellen in derselben Horizontalen, so darf man bei Hochquellen auf die Anwesenheit eines regulären größeren oder kleineren Quellhorizontes schließen. Finden sich in einem Gebiet, welches keinen eigentlichen Quellhorizont hat, z. B. im mittleren Buntsandstein bestimmter Gegenden, mehrere Quellen in einer angenähert geraden Linie der Talsohle oder des Plateaus, so ist nicht unwahrscheinlich, daß die Quellen aus einer einfachen Spalte im Gestein oder aus einer Verwerfungsspalte hervordringen. Das Thermometer gibt hier zuweilen Auskunft.

Temperaturen, welche die mittlere Jahrestemperatur erreichen oder übertreffen, sprechen für Wasser, welches aus der Tiefe stammt oder von starkem Gebirge überlagert wird. Meistens zeigt dann das Thermometer im Winter eine etwas höhere Wasserwärme als im Sommer. Die S. 43 angegebene Tabelle enthält die mittlere Jahrestemperatur einer Reihe höher gelegener Orte und möge zum Vergleich herangezogen werden.

Die chemische Analyse kann für den Nachweis der Herkunft mancher Quellwässer von der größten Bedeutung sein. Um bei dem zuletzt angezogenen Beispiel zu bleiben, so können aus mittlerem Buntsandstein relativ mächtige Quellen hervorbrechen, die schon durch ihre Reichhaltigkeit und ihre Gleichmäßigkeit den Verdacht erwecken, daß sie dem Austrittsgestein nicht angehören, und die durch die Analyse als wahre Zechsteinwässer charakterisiert werden. Der Analytiker muß also über das Wasser spendende Gebirge, über die Örtlichkeit, aus welcher seine Proben stammen, unterrichtet sein, sonst sieht er an dem Wert seiner eigenen Befunde vorbei, sonst verkennt er ihre Bedeutung.

Wie hier die chemische Analyse die örtlichen Befunde richtig stellt, so kann andererseits die chemische Untersuchung ohne Berücksichtigung der örtlichen Verhältnisse zu Irrtümern führen. Als von den Quellen gesprochen wurde, ist bereits angegeben worden, daß zur Zeit von Regen, Schneeschmelze und Hochwässern fremdes Wasser den Quellabflüssen zugeführt werden kann; ein sicheres Urteil über das Wasser ist also nur möglich, wenn die äußeren Verhältnisse bekannt sind.

Nicht selten sieht man in Quellen Gasblasen hervortreten. Man fängt sie mit einem Trichter auf, leitet sie durch einen mit Wasser gefüllten, etwas weiten Gummischlauch in eine mit dem Quellwasser gefüllte umgekehrte Flasche und analysiert. Findet sich nun Grubengas, Wasserstoff und Kohlensäure, so hat man „Sumpfgas" vor sich, entstanden durch die Zersetzung von am Boden des Quellteiches liegenden organischem Detritus. Meistens jedoch enthält das Wasser große Mengen Stickstoff, sodann Kohlensäure und Sauerstoff. Es ist Luft, die von dem Wasser mitgerissen und unterwegs verändert wurde. Je größer der Sauerstoffgehalt ist, um so wahrscheinlicher ist es, daß die Kommunikation mit der Atmosphäre von dem Quellaustritt nicht weit entfernt ist. Über die Größe dieser Entfernung läßt sich allerdings nichts sagen. Der Austritt größerer Mengen Kohlensäure findet sich bei Mineralquellen häufig.

Die Reichhaltigkeit der Quellen kann in einem Mißverhältnis stehen zu der Größe des Gebietes, welches sie anscheinend speist. Ist die Ergiebigkeit zu gering, so geht Wasser verloren, mag es durch Spalten in die Tiefe sinken, mag es durch Verbiegungen nach den Seiten abgewiesen werden. Ist die Ergiebigkeit zu groß, so fließt fremdes Wasser zu, entweder aus der Tiefe oder seitwärts oder von der Oberfläche her. So konnten wir nachweisen, daß eine für ihr tributäres, in diesem Falle gut abgrenzbares

Gebiet zu ergiebige Quelle durch eine mächtige Verwerfungsspalte von einem über 2 km weit entfernten Fluß einen ganz erheblichen Zufluß erhielt.

Der Wechsel in der Schüttung der Quelle darf von dem
Beurteiler nicht unbeachtet gelassen werden. Je gleichmäßiger
eine Quelle in ihrem Abfluß ist, um so besser ist sie; je ungleichmäßiger und vor allem je rascher der Wechsel eintritt, je stärker
und unvermittelter die Trübungen kommen, je stärker eventuell
die Temperaturschwankungen sind, um so mehr nimmt ihre Zu-
verlässigkeit ab. Kommt noch hinzu, daß das tributäre Gebiet
infizierbar ist, weil nur eine dünne, ungenügende Ackerkrume das
zerklüftete Gestein deckt, und weil sich reichlich menschliche Ansiedelungen in dem tributären Gebiet finden, dann ist gerade
wegen der lokalen Verhältnisse ein ungünstiges Urteil zu fällen.

Es läßt sich gar nicht wegleugnen, daß im Grunde genommen
die Quellen unsichere Kantonisten sind. Ihre Infizierbarkeit, sowie
die Möglichkeit ihrer Verschmutzung hängt vielfach allein von
der Bewirtschaftung des sie speisenden Gebietes ab. Türmt sich
über der Quelle ein unwirtliches Gebirge auf, welches unbe-
wohnt und nicht unter Kultur ist, oder liegt über ihr mit Wald
bedecktes Flach - oder Hügelland, welches von Menschen nur
wenig besucht ist, so ist die Quelle gesundheitlich nicht zu beanstanden, sie ist als praktisch nicht infizierbar zu betrachten,
selbst wenn ihre Schüttung ungleichmäßig, ihre Temperatur schwankend, ihr Wasser zuweilen trübe und bakterienreich wird, denn
Krankheitskeime können nicht in sie hineingelangen, weil sie
nicht in die die Quellenwurzeln deckenden Gebiete hineingetragen
werden. Man kann also in unbewohnten, in waldigen Bezirken
— und zum Teil auch in Wiesenbezirken — noch Quellen zum
Gebrauch zulassen, sogar empfehlen, die man in bewohnter Gegend
bestimmt verwerfen müßte.

Bei der Abschätzung der örtlichen Verhältnisse, soweit der
Wald in Betracht kommt, spielt auch die Landesgesetzgebung
eine wichtige Rolle. Dort, wo das Gesetz die beliebige Rodung
des Waldes verbietet, oder wo die abgeholzten Schläge wieder
aufgeforstet werden müssen, da sind die Quellen geschützter als
da, wo den Besitzern freie Hand gelassen wird. Staats - und
Gemeindewald bieten eine größere Sicherheit als Privatwald.

Steinbrüche stellen insofern eine Gefährdung dar, als durch sie
die filtrierende Deckschicht entfernt und eine offene Wunde der
Erdrinde geschaffen wird, in welche, den neu angelegten Zufuhr-
wegen folgend, ein großer Teil des niedergehenden Wassers der

Umgebung hineinfließt. Die Fäkalien der Arbeiter gelangen selbstverständlich ebenfalls leicht in den Untergrund hinein, wenn sie nicht in Tonnen u. dgl. aufgefangen werden.

Es ist unmöglich, auf alle Punkte einzugehen, welche bei der örtlichen Untersuchung der von der Quelle entfernter liegenden Gebiete Berücksichtigung erheischen, aber die angeführten dürften in ausreichender Weise zeigen, daß die Beurteilung der Örtlichkeit und aller einschlagenden Verhältnisse von der größten, von entscheidender Bedeutung ist. Es genügt nicht, einen freundlichen Blick auf die Gegend zu werfen, sondern es ist eine genaue Besichtigung, eine ruhige, ausgiebige Überlegung und Abschätzung des Gesehenen und die Einschätzung aller in Betracht kommenden Faktoren, wenn möglich an Hand der geologischen Karte, erforderlich.

Von noch größerer Bedeutung als die Untersuchung der weiteren ist die der näheren Umgebung. Dieser Unterschied ist dadurch erklärt, daß die von weither kommenden pathogenen Bakterien um so weniger zahlreich im Quellwasser erscheinen, je länger der Weg ist; sei es, daß die Bakterien absterben, sei es, daß sie abgelenkt werden nach rechts und links oder nach unten und in nicht zu Trinkzwecken dienende Quellläufe gelangen, sei es dadurch, daß sich die Keime durch die verschiedene Schnelligkeit der Wasserbewegung im Boden so stark verteilen, daß die zu einer Infektion erforderliche Anzahl nicht mehr in einem Trunk Wasser enthalten ist, oder daß sie in den Wegstrecken mit geringerer Bewegung durch Sedimentierung und Flächenanziehung aus dem Wasser verschwinden.

Gelangen die Krankheitserreger aus der Nähe in die Quelle hinein, so kommt eine große Zahl von ihnen in kurzer Zeit zum Konsum, es steht also ein erheblicher, plötzlicher Krankheitsausbruch zu erwarten.

In gleicher Weise sind die chemischen Verunreinigungen zu beurteilen; je weiter entfernt von der Quellmündung sie in das Wasser gelangen, um so weniger belangreich sind sie.

Das die Quelle umlagernde, besonders das sie überlagernde Gelände soll frei sein von Verschmutzungs- und Infektionsmöglichkeiten. Zu diesen gehören in erster Linie die Behälter für die menschlichen und tierischen Unratstoffe, also die Gruben. Die meisten von ihnen waren ursprünglich nicht dicht angelegt, aber im Laufe der Zeit pflegen sie undurchlässig zu werden, der Schmutz selbst schließt die Öffnungen.

In stärker zerklüftetem Boden braucht das jedoch nicht der Fall zu sein. Da kann der Verschluß ausbleiben oder ein schon bestehender bei gesteigertem Druck, z. B. bei stärkerer Anfüllung einer Jauchengrube, sich öffnen, so daß jedenfalls nicht sicher mit einer im Laufe der Zeit eintretenden Abdichtung zu rechnen ist. Sehr bedenklich ist das Überlaufen der Gruben infolge von Regengüssen; dadurch wird der Unrat plötzlich über eine größere Fläche des Bodens verbreitet; auch kommen in erster Linie die an der Oberfläche befindlichen Keime, also die jüngeren, noch nicht abgestorbenen, zur Abschwemmung. Verschiedene Fälle sind bekannt, wo die Quellwässer mit Typhus infiziert wurden von Häusern aus, welche über den Quellen lagen und Typhuskranke beherbergten, deren Kot undesinfiziert auf die Dungstätten gebracht war; es gelang sogar, durch Färbung den Zusammenhang zwischen Dungstätte und Quelle nachzuweisen.

Noch ungünstiger ist es, wenn die Wasseraustritte unterhalb oder inmitten der Städte und Dörfer sich befinden. Die Quellen sind vielfach die erste Veranlassung gewesen für die menschliche Ansiedelung; aber nicht unterhalb, sondern oberhalb baute man sich an, denn dort war der Boden trockener, die Ansiedelung überhaupt leichter. In manchen Gegenden Deutschlands kann man fast mit Sicherheit darauf rechnen, daß die „Dorfquelle" im untersten Teile der Ortschaft liegt. Aber auch Städte haben ihre Quellen, ihre Wasserentnahmen in den eigenen Mauern. Verfasser kennt eine größere Reihe solcher Städte und in drei von ihnen konnte er nachweisen, daß sie schon wiederholt schwere Typhusepidemien durch die in ihnen entspringenden Quellen bekommen hatten. Zwei der Städte lagen in den Kalken der Kreide, eine in denen des Zechsteins.

Quellenaustritte in und unterhalb der Ortschaften sind also im allgemeinen nicht günstig zu beurteilen, und doch kann man genötigt sein, vor allem in kleineren Gemeinden, wo allerdings mit der verminderten Personenzahl die Wahrscheinlichkeit infiziert zu werden sowohl beim Wasser, als auch bei den Einwohnern geringer wird, ein solches Wasser nehmen zu müssen, weil ein anderes überhaupt nicht zu haben ist und die wenigen vorhandenen Brunnen der Infektion in höherem Maße ausgesetzt sind als die Quelle. Man muß dann die Quelle zu schützen suchen.

Die Unappetitlichkeit wird durch die Nähe der Schmutzstätten gleichfalls erhöht, um so mehr, als neben der an sich stärkeren Konzentration der Unratstoffe die Unmöglichkeit einer weiteren reinigenden Zersetzung, mangels der hierzu erforderlichen Zeit, vorliegt.

Nicht jede Quelle, die in oder unter einem Dorf oder einer Stadt hervorbricht, wird von den Wohnstätten aus beeinflußt. Es kommt ganz auf das Fallen und Streichen, sowie die Art der Schichten an, ob ein Abfärben der Ortschaft auf die Quelle möglich ist. Liegt z. B. eine Ansiedelung auf schwerem Keuperletten, und zieht sich in ihm eine der dort so häufigen dolomitischen Kalksteinbänke hin, so kann aus ihr eine Quelle im Dorf hervortreten, aber sie ist völlig durch die Dicke der überlagernden Tonschicht geschützt, sofern nicht Abortgruben u. dgl., die Letten durchsetzend, bis in den Kalk hineinreichen. Auch direkt von unten heraufbrechende Spaltenquellen kommen vor. Hier ist der geologische Aufbau der Erdschichten zu berücksichtigen. Die wiederholte bakteriologische Keimzüchtung und die Bestimmung des Bacterium Coli, die Temperatur, die chemische Beschaffenheit des Wassers, die Beeinflußung bzw. Nichtbeeinflußung durch Regen, das Auftreten oder Fehlen von Trübungen gewähren die erforderlichen Anhalte; es bedarf allerdings meistens längerer Beobachtungen, unter Heranziehung geeigneter Hilfspersonen, um zu einer vollen Klarheit zu kommen.

Besteht über die Gefährlichkeit der Dungstoffe und der Abortgruben kein Zweifel, so sind die Ansichten über die Gefährlichkeit des auf den Acker ausgestreuten Dunges nicht einheitlich. Der tierische Dung kommt in bezug auf die Infektion wenig in Betracht; außer Milzbrand mit seinen dauerhaften Sporen ist kaum eine Infektion zu erwarten und Tatsächliches über eine solche ist nicht bekannt. Der menschliche Unrat gelangt in seiner großen Hauptmenge auf den Acker, wenn er schon älter ist, also die Mehrzahl der Krankheitskeime abgestorben ist, sodann wird er auf eine große Fläche dünn verteilt und ferner kommt er auf einen Boden, Ackerkrume, der mindestens 10 bis 20 cm hoch aus feinkörnigem Material zu bestehen pflegt, in welchem also wenigstens eine gewisse Filtration statthat. Unumstößliche Beweise, daß von gedüngten Feldern aus eine Infektion stattgefunden, liegen unseres Wissens nicht vor. Eine schwere Typhusepidemie in Havre ist jedoch von Thoinot auf das Aufbringen von Tonneninhalt auf Äcker und Gärten mit großer Wahrscheinlichkeit zurückgeführt worden. Uns selbst ist eine Epidemie vorgekommen, wo der Verdacht, daß durch Düngung eine Infektion entstanden sei, kaum von der Hand zu weisen war. Man hat daher mit der Möglichkeit einer Infektion zu rechnen und gedüngte Äcker dicht über einer Quelle als gefährdend zu betrachten, um so mehr, als bei dünner Ackerkrume durch die Gänge der Tiere und die Wurzeln der Pflanzen leicht Verbindungen mit den nicht kapillaren Hohlräumen des unterliegenden Gesteins entstehen können.

Recht bedenklich ist das Jauchen der Wiesen mit Abortinhalt in der Nähe oder über Sickerrohren. Im höchsten Grade unappetitlich ist es, wenn man die Spuren des Jauchewagens in Gestalt teilweise zerriebener Papiere kreuz und quer über die Wasserfassungen hinziehen sieht. Auch ist hier, wo Abortinhalt in größerer Menge aufgebracht wird, die Infektionsgefahr eine erhöhte. Man kann sich ohne Zwang vorstellen, daß auf frisch gejauchte Wiesen niederfallende Regenmassen die Jauche rasch bis zu den aufnehmenden Rohren hinunterwaschen. So wird denn auch von Köstlin eine Typhusepidemie in Stuttgart, von Bansen in Winterthur, von Brouardel und Chantemesse eine in Lorient auf Wiesendüngung zurückgeführt.

Fertiger, mindestens ein Jahr alter Kompost, wie er zuweilen zur Wiesendüngung verwendet wird, ist nicht als gefährlich anzusehen; die ursprünglich vielleicht in der Jauche enthaltenen Krankheitskeime sind im Laufe dieser Zeit sicher abgestorben, wie darauf gerichtete Untersuchungen im Jenaer hygienischen Institut ergeben haben. Anders ist es, wenn ein Komposthaufen angesetzt wird, denn dann werden in das lockere Material wiederholt größere Mengen Jauche gegossen.

Schmutzwasser oder Hausabwasser enthaltende, in der Nähe befindliche Gräben oder Rohrleitungen sind gefährlich und unappetitlich. Die bekannte Typhusepidemie in den Frankeschen Stiftungen in Halle im Jahre 1873 entstand dadurch, daß von einem solchen Graben aus infiziertes Wasser in das den Kanal nicht ausfüllende Leitungswasser eindrang. Grisar beschreibt die Typhusepidemie einer Irrenanstalt, welche dadurch entstanden war, daß ein geplatztes Abwasserrohr der Anstalt längere Zeit hindurch das Schmutzwasser direkt in das Quellgebiet hineinschickte.

Die chemische Beschaffenheit des Quell- nnd Grundwassers kann verschlechtert werden durch die flüssigen und die löslichen differenten Abgänge der Industrien. Sie sinken in den Boden hinein und erscheinen eventuell in dem frei austretenden oder gehobenen Wasser wieder. Beispiele solcher Art sind mehrfach bekannt gegeben.

Gerade die aufgebrochenen oder aufgegrabenen Stellen, in welche die aufnehmenden Rohre gelegt sind, dienen mit Vorliebe als Einflußorte für Oberflächenwasser, weil in ihnen das Erdreich nicht so fest eingestampft werden kann, wie der umgebende gewachsene Boden gelagert ist. Wilde Wässer können Quellfassungen und Sickergalerien gefährlich werden, da sie das Gebiet mit höchst unreinem, gegebenen Falles mit infiziertem Wasser überschütten.

Wo die Quellen, wie so häufig bei den sogenannten Überlaufquellen, an oder in den Ufern der Flüsse und Bäche liegen, sind
sie oft durch das Steigen des Wasserlaufes insofern gefährdet, als
sowohl direkt an der Quellfassung das Flußwasser sich mit dem
Quellwasser mischen, als auch von obenher Flußwasser in das zerklüftete Gestein eintreten und unterirdisch dem Quellauf zufließen
kann. Diese Gefahr kann bei normalem Wasserstand gleichfalls
vorhanden sein, und es bedarf genauer geologischer, chemischer
und bakteriologischer Untersuchungen, um hierüber Klarheit zu
erhalten. Man tut gut, zunächst die direkt am Fluß hervortretenden Quellen mit Mißtrauen zu betrachten, bis die Untersuchungen
den entsprechenden Entscheid gebracht haben.

Die Beurteilung der Quellfassungen.

Die austretenden Quellen werden für den Gebrauch gefaßt
und die Fassung ist hygienisch von Belang. Läuft die Quelle
gleich nach ihrem Austritt in einen offenen Trog oder in ein Bassin
hinein, so ist sie von diesem Augenblick an ein offenes Wasser
und als solches, wenn seine Lage sonst es gestattet, der Infektion
ausgesetzt. Solche in den Dörfern, an den Straßen liegende Fassungen
sehen zwar sehr hübsch aus, aber sie haben ihre sanitären Bedenken.
Das Verbot, daß an dem Quelltrog nicht gewaschen werden dürfe,
hebt die Gefahr nicht auf. Noch bedenklicher ist es, wenn die
Quelle ebenerdig austritt, also eine Art Quellteich entsteht, in
welchen aller mögliche Unrat hineingelangen kann. Solche Aus-
tritte sind häufig als Grotten ausgearbeitet, ganz oder zum Teil
überwölbt, mit einem Schutzbrett versehen, damit Enten und Gänse
nicht hineinsteigen können; sie stellen ein offenes Wasser schlim-
merer Art dar.

Die schlimmsten sind die Quellstuben, die vertieft liegen und
zu welchen Stufen herunterführen. Vielfach läuft bei jedem etwas
stärkeren Regen das schmutzige Oberflächenwasser in sie hinein. Wir
entsinnen uns eines Thüringer Städtchens, in welchem an der Haupt-
straße im Keller eines Hauses, etwa 1 m unter der Erdoberfläche, eine
an sich gute Quelle heraustrat, deren Wasser in einem Becken gesammelt wurde, um dann abzufließen. Zu der Quelle führten sowohl
von der Straße als von dem Hofe des Besitzers Stufen herunter;
regnete es, so floß vom Hofe Jauche und von der Straße das Rinnsteinwasser hinein. Die Anwohner meinten, in ein paar Stunden
sei das Wasser wieder rein. Auf die Quelle waren über hundert
Personen angewiesen. Was nützt in einem solchen Falle die chemische und bakteriologische Untersuchung? Und doch wird sie

verlangt und kritiklos ausgeführt. Die lokale oder die höhere
Polizei- bzw. Verwaltungsbehörde sieht solche Scheußlichkeiten, sie
fühlt auch, da liegt etwas Unrechtes vor, macht sich jedoch kein
klares Bild darüber, wo der Fehler liegt, und schickt das Wasser
einem Chemiker, wenn es hoch kommt, einem Bakteriologen ein
mit der Aufforderung, zu untersuchen, ob es als Trinkwasser brauchbar sei. Beide finden natürlich nichts Verdächtiges, erklären das
Wasser, wenn es aus nicht abgebendem Gebirge, z. B. kambrischen
Schiefern kommt, wegen seiner großen Reinheit sogar für ein sehr
gutes Trinkwasser. Die Behörde ist beruhigt, sie hat ja ihr Gutachten, und alles bleibt beim Alten. Solange der Beamte sein
hygienisches Wissen nur durch sein Anstellungsdekret, aber nicht
durch eine entsprechende Vor- oder Nachbildung erhalten hat,
bleibt nichts übrig, als sich seine tributären Verwaltungsorgane
hygienisch heranzuziehen, was bei dem großen Interesse, das die
Herren für hygienische Fragen zu haben pflegen, dankbar angenommen wird. Wenn sie ein Wasser untersuchen lassen, so
sollen sie den Grund angeben für die Einsendung und nähere
Mitteilungen über die ganze Angelegenheit machen. Wir sind
hierbei fast niemals auf Schwierigkeiten gestoßen. Nur hier und
da haben die Vorstände kleinerer Gemeinden versagt. Dann lehnt
man, wenn die örtliche Untersuchung nicht gestattet wird, die
Untersuchung überhaupt ab, wobei man allerdings sicher sein muß,
daß nun nicht die Probe zum nächsten Apotheker wandert, und
macht der nächst höheren Verwaltungsinstanz Mitteilung.

Auf den Treppenstufen der tief liegenden Quellfassungen sieht
man recht häufig menschlichen Kot deponiert, selbstverständlich, es
gibt ja keine geschütztere Ecke.

Bisweilen muß das unterirdische Wasser mit dem Bohrer im festen
Gestein gesucht werden; 50, 100 m tief und mehr. Dabei kommt
es vor, daß bei vorhandener Wasserarmut bis obenhin geschlitzte
Futterrohre verwendet werden, ausgehend von der Idee, auch die
paar Tropfen von oben kommenden Wassers abzufangen. Andererseits sieht man zuweilen bei Brunnenschächten, die sonst dicht
sind, daß in 1, 2 und 3 m Höhe Rohre die Wandung durchsetzen.
Man hat beim Brunnengraben kleine Kiesadern gefunden im Ton
oder Lehm, die etwas Wasser gaben. Das Rohr wurde eingesetzt,
um die kleinen Zuflüsse zu gewinnen. Die Idee, solches oberfläch-
liches Wasser abzufangen, ist unrichtig und gefährlich.

Die kleinen Zuflüsse versiegen, wenn sie nicht beim Pumpen
ganz verschwinden, sämtlich in trockenen Zeiten, also dann, wenn
man sie gebrauchen könnte; sind nasse Zeiten, so hat man ihr

Wasser nicht nötig. Die Zuflüsse stehen jedoch oft mit der Erdoberfläche in sehr naher Beziehung, und es liegt die Gefahr vor,
daß sie ungenügend filtriertes Wasser mit einfließen lassen.

Der Verschluß der Quellfassungen ist bei älteren Quellen
eigentlich immer schlecht. Holz- oder Eisentürchen haben vielleicht
einmal einen Verschluß dargestellt, aber die Angeln oder Schlösser
sind weggerostet oder abgebrochen.

Die bei den neueren Fassungen fast allgemein verwendeten Ver-
schlußdeckel sind großenteils tadellos, die Deckel sind gut ab-
geschliffen, greifen über, sind nur durch besondere Schlüssel zu
öffnen und so stabil, daß auch die roheste Gewalt ihnen nichts
anhaben kann. Es gibt aber auch mangelhafte, in welche Oberflächenwasser glatt hineinlaufen kann und die mit jedem Dreikant
oder Vierkant, sogar mit den Fingern zu öffnen sind. Uns ist ein
Fall bekannt, wo Diebe den Ratsteich ausgefischt und die Fische,
die sie nicht sogleich unterbringen konnten, in der geöffneten
Quellstube aufbewahrt haben. Einen anderen Fall sahen wir, wo
im Ausland die zur Dichtung benutzten Gummireifen im Laufe
der Zeit zermürbt waren. Als Hochwasser das Gelände über-
schwemmte, retteten sich Tausende von Blutegeln auf die wie
Inseln aus der Flut hervorragenden Brunnenhälse, drangen durch
die Gummipackung in die Brunnen, kamen von dort in die Leitungen
und verstopften in ein paar Tagen eine große Zahl der Wasseruhren.

Erwähnt sei noch, daß wir die schlechtesten Fassungen nicht
bei Dörfern, sondern bei Schlössern fanden, die früh ihre eigene
Wasserleitung bekommen hatten; später wurden die Gebäude zu
Amtsgerichten, Gefängnissen usw. benutzt, und als dann die Ortschaften gute Wasserleitungen bekamen, behielten sie aus Sparsamkeitsrücksichten ihre alten Versorgungen.

Über die Röhrenfahrt sind ebenfalls Erkundigungen einzuholen,
sofern sie nicht zu besichtigen ist. Bei älteren Versorgungen kleinerer Gemeinden findet man nicht selten, daß die Rohre in die Tiefe
eines Bachbettes oder eines wasseraufnehmenden Grabens gelegt
wurden. Da die Dichtungen mit der Zeit leiden, so tritt bei
höherem Druck in der Leitung das zugeführte Wasser aus. Wenn
sie jedoch, wie so häufig, nur teilweise gefüllt sind, so tritt fremdes
Wasser ein. Vereinzelt findet man noch Holzröhren und dann
meistens von einer erschreckenden Beschaffenheit; verfaulte, zer-
tretene, zerfahrene Röhren, die meistens ganz oberflächlich liegen
und jeder Verschmutzung und Infektion zugängig sind, bilden
regelmäßige Befunde.

Wir kennen eine schwere, durch Wasser hervorgerufene Typhus-epidemie in einem großen Dorf, wo das Quellgebiet kaum als infizierbar angesehen werden konnte, während die Röhrenfahrt, deren Wasser nicht unter Druck stand, sehr schlecht war, und es sprachen verschiedene Gründe dafür, daß die Infektion unterwegs von der Quelle zum Orte stattgefunden hatte.

Die Verteilung des Wassers in einem Gemeinwesen ist gesundheitlich ebenfalls nicht indifferent. Ungünstig ist die Ausmündung der Rohre in frei stehende Bottiche aus Stein, Holz, Eisen. Das Quellwasser wird, wie vorstehend bereits erwähnt, hierdurch zu einem offenen Wasser und die Wasserholenden füllen bei lebhaftem Betrieb ihre Schöpfgefäße nicht unter dem rinnenden Rohr, sondern direkt aus dem Bassin. Die Infektionsgefahr solcher Bassins ist nicht unerheblich, weil die Schöpfgefäße selbst, wie vorhin bei den Brunnen angegeben wurde, die Krankheitskeime übermitteln können.

III. Die Beurteilung bei den Oberflächenwässern.

Die Untersuchung der Örtlichkeit erstreckt sich auf die nähere und die entferntere Umgebung. Letztere kommt bei Oberflächen-wässern ähnlich wie bei den Quellwässern stark in Betracht.

Alle Oberflächenwässer sind — theoretisch — der Gefahr der Infektion ausgesetzt; praktisch wird die Gefahr dann, wenn die Fäkalien infizierter Menschen in den Wasserlauf gelangen können. So wird in Cholerazeiten zu berücksichtigen sein, ob der Fluß vom Ausland her infiziert werden kann. Vor allem sind die Wasser-läufe des östlichen Deutschlands gefährdet, welche von den holz-reichen Nachbarländern auf Flößen und Traften zahlreiches Personal herüberbringen. Auch vom Westen her, den Rhein, die Elbe usw. hinauf, sind Cholerakeime weit nach Deutschland hinein verschleppt worden.

Wie die Abgänge der Strombewohner, so können auch die Effluvien der Städte den Flußlauf infizieren. Das bedeutendste Beispiel betreffs der Cholera stellt wohl Hamburg dar, welches im Jahre 1892 dadurch so schwer heimgesucht wurde, daß die in dem Kot der bereits infizierten Personen enthaltenen Cholera-keime mit dem Kanalwasser in die Elbe und durch die den Fluß hinauflaufende Flut bis zu der Schöpfstelle des Wasserwerkes ge-langten, von wo sie durch die Pumpen mit dem damals noch nicht zentral filtrierten Trinkwasser in die Stadt zurückbefördert wurden. Ähnlich lagen die Verhältnisse bei der Irrenanstalt Nietleben.

Dort wurden die von den Kranken ausgeschiedenen Cholerabakterien über vereiste Rieselfelder hinweg der Trinkwasserentnahmestelle und von dort durch ungenügende Filter den Anstaltsinsassen zugeführt.

Für den Typhus sind in erster Linie die Abwässer der Städte, der Gemeinden, sowie der den Wasserläufen anliegenden Häuser von Belang. Da der Typhus fast überall endemisch ist, so sind in dem Abwasser größerer Städte stets Typhuskeime enthalten. Die Gefahr, infiziert zu werden, ist um so größer, je mehr Krankheitserreger in der Wassereinheit vorhanden sind. Da im weiteren Laufe die Abwässer sich immer mehr mit dem Flußwasser mischen, und da die Zahl der Krankheitskeime zunächst beim Einlaß in den Fluß stark abnimmt, so ist die Gefahr der Infektion größer, wenn die Entnahmestellen dicht unterhalb der Städte und an derselben Seite wie die Ausmündungen der Kanäle liegen, als wenn sie oberhalb oder weit unterhalb und so angebracht sind, daß nicht der von den Kanälen herkommende Strom sie trifft.

Wird das Wasser, welches zur Versorgung dienen soll, aus tieferen natürlichen oder künstlichen Ausbuchtungen, womöglich durch ein die Uferzone vermeidendes Rohr geschöpft, so ist das noch günstiger, denn dort befindet sich das Wasser in relativer Ruhe, die Hauptmasse der Krankheitskeime zieht an ihm vorüber und die geringe Zahl der hineingelangten hat Gelegenheit, mit den Sinkstoffen des Wassers zusammen sich abzulagern, wodurch die Gefahr erheblich abgemindert wird.

Eine bekannte Tatsache ist es, daß in solchen Gegenden, wo ungereinigtes Flußwasser getrunken wird, gehäufte Typhuserkrankungen und Epidemien vorzugsweise dann aufzutreten pflegen, wenn größere Unwetter niedergegangen sind. Durch diese werden die Dungstätten und Abortgruben der ländlichen Gehöfte zum Überlaufen gebracht, die Höfe und Straßen abgeschwemmt, die in der Nähe der Wasserläufe abgesetzten Fäkalien in sie hineingespült und so die Wasserläufe infiziert. Auch können von frisch gedüngten Feldern Krankheitserreger in den Fluß hineingewaschen werden. Dürfte dieser Übertragungsmodus auch selten sein, so ist doch nicht zu übersehen, daß S. 423 ein Beispiel dafür gebracht wurde, daß Typhusbazillen vom Acker aus in einen Brunnen gespült wurden.

Es sind also auch zeitliche Verhältnisse, sogar Zufälligkeiten zu berücksichtigen bei der Abschätzung von Oberflächenwasser.

Appetitlich ist das Wasser der Wasserläufe, in welche die menschlichen Auswurfstoffe hineingelangen, eigentlich nicht. Wenn aber die Analyse lehrt, daß von den Verunreinigungen nichts mehr

nachzuweisen ist, dann soll man die an sich nicht ganz ungerecht-
fertigten Gefühle beiseite setzen. Mit besonderer Sorgfalt muß
daher der Analytiker über die lokalen Verhältnisse sich unterrichten oder unterrichtet werden, wenn er das entscheidende Wort
sprechen soll.

Wird das Wasser einem See oder Stausee entnommen, so
muß zwar zugestanden werden, daß ein offenes Wasser vorliegt,
also der Theorie nach eine Infektion möglich ist. Liegt jedoch
der See oder Stausee im sterilen Gebirge, im einsamen Walde,
wohin weder der Einheimische noch der Sommerfrischler zu
kommen pflegt, oder ist die Wassermasse so groß, daß jede Menge
Infektionserreger in ihr verschwindet, wie z. B. beim Genfer- oder
Bodensee, dann kann selbst eine große Stadt ungestraft unfiltriertes
Seewasser trinken, sofern die Entnahmestelle günstig gewählt ist.

Innerhalb der Wirkung der Strandzone, wo die Wellen das
Ufer bespülen, ist naturgemäß die Zahl der Bakterien groß; an
sich ist das gleichgültig, sofern nur das Ufer von Menschen
nicht betreten wird bzw. nicht betreten werden kann. Die Fahrzeuge entleeren die Fäkalien und alle anderen Schmutzstoffe in
das Wasser; in den üblichen Fahrbahnen der Schiffe ist daher die
Infektionsgefahr stärker, dort geschöpftes Wasser ist gefährdend.

Das See- und Stauseewasser in der Nähe bzw. unterhalb der
Einläufe von Flüssen und Bächen enthält die von letzteren mitgebrachten Bakterien und ist daher gesundheitlich minderwertiger,
als das schon lange im See und Stausee gestandene Wasser. Entnahmestellen, die nicht altes Wasser fassen, sind daher mit größerem
Mißtrauen zu betrachten.

Im übrigen sei hingewiesen auf den Abschnitt „Einrichtung
und Betrieb der Sperrenanlagen".

Die örtlichen Verhältnisse spielen also für die Beurteilung
dieser Oberflächenwässer eine große Rolle; sie sind z. B. in erster
Linie entscheidend dafür, ob eine Filtration oder Sterilisation des
Wassers erforderlich ist oder nicht.

H. Die Beurteilung der Wässer

nach den physikalischen, chemischen und bakteriologischen Befunden.

I. Die Beurteilung nach den physikalischen Befunden.

1. Nach der Temperatur.

Von den physikalischen Befunden interessiert zunächst die Temperatur. Sie vermag in manchen Fällen Auskunft zu geben über die Herkunft des Wassers und darüber, ob das Wasser fremde Zuflüsse erhält. Hierdurch wird nach Umständen auf das Bestehen einer Gefahr hingewiesen. Wir fanden zur Zeit beginnender Schneeschmelze eine Temperatur von 3⁰ C bei einer Quelle, die nach den örtlichen Verhältnissen 6 bis 7⁰ hätte zeigen müssen. Die genauere Untersuchung ließ den Zutritt von Oberflächenwasser erkennen. Die chemische Untersuchung hätte auf die schlechte Beschaffenheit der Quelle nicht hingewiesen, da das Gebirge ein sehr weiches Wasser führen mußte.

Diejenigen Wässer sind die besten, welche eine gleichmäßig kühle Temperatur haben. Aber es sei erneut daran erinnert, daß die Wärmekapazität des Bodens groß ist und daß bei längerem unterirdischen Lauf durch den Boden oder bei dem Zutritt geringerer Mengen von Oberflächenwasser ein ausgiebiger Wärmeaustausch stattfand. Daher spricht eine gleichbleibende Temperatur noch nicht gegen fremde Zuflüsse. Das Schwanken der Wasserwärme, ihre Beeinflussung durch Jahreszeit, Schneeschmelze, Regengüsse oder starke Besonnung zeugt dahingegen für ungehörige Beimischungen oder für eine oberflächliche Lage der Wasseradern und damit, sofern die örtlichen Verhältnisse nicht das Gegenteil beweisen, für eine mehr oder minder große Infektionsmöglichkeit.

Bei Oberflächenwässern ist die Schwankung der Temperatur eine regelmäßige Erscheinung und nicht zu vermeiden. Ein Wasser ist um so weniger ein Genußmittel, je kühler es im Winter, je wärmer es im Sommer ist. Diese kurzen Hinweise mögen genügen; im übrigen sei auf S. 41 verwiesen, wo ausführlich über diese Verhältnisse gesprochen worden ist.

2. Nach der Farbe und Klarheit.

Die Farbe des Wassers gibt zuweilen Auskunft über seine Herkunft; so z. B. weist die braune Farbe auf Zuflüsse aus torfigen, moorigen oder aus Braunkohlenbezirken oder Erdschichten hin; sie kann indessen auch auf Zuflüssen von Dungstätten beruhen (S. 48). Sodann gewährt die Farbe Hinweise auf die Beschaffenheit; grünliche und gelbliche Wässer in Seen und Stauseen deuten mehr oder minder große Quantitäten von Eisen oder auch von Organismen an (S. 47), die braunen Farben sind mehr den Humusstoffen eigen. Gefärbte Wasser sind, sofern man nicht an ihren Genuß gewöhnt ist, selbst dann weniger appetitlich als ungefärbte, wenn sie auch gesundheitlich nicht zu beanstanden sind.

In ähnlicher Weise setzen selbst an sich ganz unbedenkliche Trübungen ein Wasser als Genußmittel herunter; da sie zuzeiten ganz fehlen und dann wieder auftreten oder in ihrer Intensität schwanken, so ist eine Angewöhnung an sie schwieriger. Von großer Bedeutung sind die Trübungen für die Abschätzung der Infektionsmöglichkeit und der Appetitlichkeit. Wir brauchen auf diese Verhältnisse nicht näher einzugehen, da sie S. 50 ausgiebig behandelt worden sind.

3. Nach dem Geruch und Geschmack.

Der Geruch und Geschmack geben für die Beurteilung der Infektionsmöglichkeit eines Wassers nur selten einen Anhalt, z. B. dann, wenn Abortgruben, Dungstätten usw. sehr nahe liegen. Auf weitere Entfernungen hin können diese sich kenntlich machen, sofern durchdringend riechende oder schmeckende Stoffe ihnen beigemengt sind. So sollte ein Lieferant haftbar gemacht werden, weil das von ihm gelieferte und zur Desinfektion einer Abortgrube verwendete Saprol sich deutlich in dem Hausbrunnen bemerkbar gemacht hatte; er begegnete dem Einspruch passend dadurch, daß er für sich eine Belohnung beanspruchte, weil er den Zusammenhang zwischen Brunnen und Abort nachgewiesen habe.

Industriewässer, z. B. Gaswässer, geben ihren Geschmack schwer ab und können somit auf zeitlich und örtlich weit abliegende Verunreinigungen hinweisen. Ein gutes Wasser hat überhaupt keinen Geruch und Geschmack; jedes Auftreten eines solchen beeinträchtigt seine Güte. Um Wiederholungen zu vermeiden, sei hier auf S. 59 u. f. hingewiesen.

II. Die Beurteilung nach den chemischen Befunden und die Bedeutung der Grenz- bzw. Vergleichszahlen.

1. Nach den chemischen Befunden.

Die von der chemischen Analyse gelieferten Resultate gestatten einen direkten Schluß, ob eine durch Gifte, z. B. Blei, bedingte Gefahr vorhanden ist. Über die Infektiosität und die Infektionsmöglichkeit vermögen sie nur indirekte Hinweise zu gewähren, indem sie eine Verschmutzung anzeigen können. Sie geben damit zugleich wichtige Auskünfte über die Genußfähigkeit und die Appetitlichkeit des Wassers.

Die Anwesenheit von viel durch Kaliumpermanganat oxydierbaren organischen Substanzen, das Vorkommen von Ammoniak, salpetriger oder Phosphorsäure, der Nachweis von viel Salpetersäure, viel Chlor, von ungehörigen Härten, insonderlich bleibender, von abnorm hohen Abdampfrückständen, das Auftreten von Bräunung und brenzlichem Geruch beim Glühen des Rückstandes legen den Gedanken an eine Verschmutzung nahe. Hierbei kommt den vorhin erwähnten Substanzen ein verschiedener Wert zu. Wie sie sich im einzelnen verhalten, ist auf S. 71 u. f. näher auseinandergesetzt worden und sei darauf verwiesen.

Ob aber die chemischen Befunde eine Verschmutzung und damit eine Unappetitlichkeit bedeuten, hängt von den örtlichen Verhältnissen ab. Auch hierüber ist S. 71 u. f. das erforderliche gesagt.

Der Entscheid, ob die gefundenen Analysenresultate eine Verunreinigung anzeigen, ist um deswillen oft nicht leicht, weil nicht Qualitätsunterschiede, sondern meistens nur Quantitätsunterschiede zwischen reinen und verunreinigten Wässern bestehen.

2. Die Bedeutung der Grenz- bzw. Vergleichszahlen.

Um die Unterschiede festzulegen, hat man früher mit sogenannten „Grenzzahlen" gearbeitet, d. h. man hat Normen für gute Wässer aufgestellt und diejenigen Wässer, welche in mehrfacher Beziehung über die Norm hinausgingen, als unrein bezeichnet. Ein geläutertes Erkennen lehrte, daß man zu weit gegangen war, daß in vielen Bezirken alle oder die meisten Wässer die gesetzten Grenzen überschritten, weil der reine, nicht verschmutzte Boden die fraglichen Substanzen so reichlich abgab, daß sie in großen, jenseits der Grenzzahl liegenden Mengen in das Wasser übertraten, und weil Wässer, welche in ihrer Beschaffenheit selbst weit über die festgesetzten Grenzen hinausgingen, sich in der Praxis als gut, zum mindesten als brauchbar und als völlig unschädlich erwiesen.

Man ließ daher den Begriff der Grenzzahl fallen und brachte an seine Stelle die Vergleichszahlen. Da es sich um quantitative Verhältnisse zwischen den guten und schlechten Wässern handelt, so sind tatsächlich Vergleichszahlen notwendig.

Eine der üblichsten Reihen lassen wir folgen. In der Regel' führen von Verunreinigungen freie natürliche Wässer im Liter:

1. nicht mehr als 500 mg mineralische und organische, bei dem Verdampfen auf dem Wasserbade zurückbleibende Stoffe;

2. nicht mehr als 180 bis 200 mg Erdalkalimetalloxyde (Kalziumoxyd und Magnesiumoxyd);

3. nicht mehr als 20 bis 30 mg Chlor, bzw. 33 bis 50 mg Kochsalz;

4. nicht mehr als 80 bis 100 mg Schwefelsäure (SO_3);

5. nicht mehr als 5 bis 15 mg Salpetersäure (N_2O_5);

6. Ammoniak und salpetrige Säure sollen darin entweder gar nicht oder in kaum nachweisbaren Spuren vorkommen und

7. die in 1 Liter Wasser vorhandenen organischen Stoffe sollen unter später angegebenen Bedingungen aus einer Chamäleonlösung gewöhnlich nicht mehr als 6 bis 8, höchstens 10 mg Kaliumpermanganat reduzieren.

Man erkannte jedoch bald, daß mit so allgemeinen Vergleichswerten nicht viel zu machen ist, daß an ihrer Stelle lokale Vergleichszahlen benutzt werden müssen. In besonderen Tabellen haben wir aus einer großen Reihe von Untersuchungen für die Gebirge Thüringens lokale Mittelwerte berechnet (s. S. 319) und für die norddeutsche Tiefebene und andere Grundwassergebiete Vergleichszahlen angegeben (S. 164). Diese können jedoch nur als ganz allgemeine Anhalte dienen, zur genauen Beurteilung sind sie noch viel zu weitfassend.

Hierfür sei folgendes Beispiel angeführt: Durch den sonst recht gleichmäßigen mittleren Buntsandstein des nördlichen Thüringens zieht sich ein Streifen, in welchem die Quarzkörnchen nicht durch Ton, sondern durch Kalk miteinander verbunden sind. Dort sind 15 bis 18 deutsche Gesamthärtegrade die Regel, während in den anderen Bezirken desselben Gebirges sich 2 bis 5° finden. Man sieht den Kalk zuweilen als eine dicke, fast glasige Schicht dem Sandstein aufliegen, als eine Ablagerung aus dem Wasser, welches durch eine Spalte über die Seite des Steines heruntergeflossen ist. Solche lokalen Verhältnisse muß man kennen, — man muß sich schon einmal geirrt haben — um vor weiteren Irrtümern bewahrt zu bleiben. Die meisten Analytiker haben ein räumlich begrenztes ihnen tributäres Gebiet; aus ihm müssen sie sich ihre Vergleichszahlen durch Analyse und Besichtigung an Ort und Stelle selbst bilden. Im hygienischen Institut in Jena schreiben wir die Analysenresultate auf kleine vorgedruckte Zettel und kleben sie an die durch ein kleines Kreuz bezeichnete Stelle der geologischen Karte (1:25 000). So haben wir schon gleich draußen in Wald und Wiese bei der Besichtigung einer neuen Quelle die Lage und die Beschaffenheit der benachbarten. Wir sind dadurch vor manchem Übersehen bewahrt worden.

Vergleicht man so auf kleinem Raum dicht beieinander liegende Wasserbezüge, so kann man die chemische Analyse richtig bewerten; sie hilft dann zur Beurteilung eines Wassers, seiner Infektionsfähigkeit, seiner Appetitlichkeit, seiner Brauchbarkeit für häusliche Zwecke oft wesentlich mit. Nicht vergessen darf man, daß jahreszeitliche Verhältnisse, d. h. Dürre und Regen, Frost und Schneeschmelze, daß Zufälligkeiten, z. B. Überschwemmungen, einen irreleitenden Einfluß ausüben können, also zu berücksichtigen sind. Der im chemischen Laboratorium gefundene Wert darf somit keine tote Zahl darstellen, er muß Leben bekommen durch die Verhältnisse, die ihn schaffen halfen.

Von Belang für die Beurteilung der Wässer ist auch der Wechsel in der Konstitution. Es ereignet sich nicht selten, daß Wässer, z. B. Grund- und vor allem Quellwässer, zu verschiedenen Zeiten ganz verschiedene Gehalte an wasserlöslichen Bestandteilen haben. Das kommt vor allem bei den Quellen nach größeren Regen oder nach der Schneeschmelze vor. Auch das Grundwasser kann so beeinflußt werden. Allerdings darf man nicht jeden Wechsel im Grundwasser mit solchen zeitlich und örtlich naheliegenden Ereignissen in Zusammenhang bringen. Es kommen auch Schwankungen vor, deren Ursachen nach beiden Richtungen hin weit, Jahre und Meilen, entfernt liegen. Diese letzteren Schwankungen sind gesundheitlich wohl belanglos, die ersteren indessen nicht. Sie zeigen einen näheren Zusammenhang zwischen der Bodenoberfläche und dem Wasser der Tiefe an und weisen somit auf eine Verschmutzungs- und Infektionsgefahr hin.

Noch bedeutungsvoller sind die Verschiedenheiten der Wasserbeschaffenheit, wenn sie durch Zuflüsse aus Schmutzstätten bedingt

sind. Abortgruben, Miststätten und derartige Behälter können zuzeiten, z. B. bei größeren Regen, überlaufen und die umliegenden
Brunnen besudeln. Zuweilen läßt sich das aus der Farbe, dem
Geruch und Geschmack erkennen, aber durchaus nicht immer. Hier
hilft die chemische Analyse. Man darf aber nicht verkennen, daß
die chemische Untersuchung etwas Schwerfälliges an sich hat und
daß sie oft zu langsam arbeitet.

3. Die Bedeutung der elektrischen Leitfähigkeit.

Ein anderes Verfahren, nämlich die Untersuchung auf elektrische Leitfähigkeit bietet hier eine gute Aushilfe. Die Leitfähigkeit eines Wassers wird bedingt durch die in ihm enthaltenen
freien Ionen. Chemisch reinstes, also mit allen Vorsichtsmaßregeln
destilliertes Wasser, leitet wegen Mangel an Ionen sehr schlecht,
man kann seine Leitfähigkeit auf $0,04 . 10^{-6}$, also auf $0,000\,000\,04$
herunterdrücken. Die organischen gelösten Substanzen sind schlechte
Leiter; sie ionisieren schwer und kommen also, was sehr zu bedauern
ist, nur in recht beschränktem Maße für die Untersuchung mittels
der Leitfähigkeit in Betracht. Gut leiten die Mineralsalze. Als
Kationen kommen am häufigsten vor Natrium-, Kalium- und Mag-
nesiumionen; als Anionen werden am meisten gefunden die Chlorid-,
Bikarbonat- und Sulfoionen. Man findet am häufigsten Wässer,
deren Leitfähigkeit zwischen 6×10^{-2} und 6×10^{-3} liegt.

In den Wasserläufen ist der Gehalt an Elektrolyten ein sehr
wechselnder. Es sei erinnert an die Schwankungen, welche durch
den Einlauf der städtischen Abwässer bedingt werden; in den
späten Abend- und in den frühen Morgenstunden sind die Abwässer recht rein, bis dann mit der „Frühstückswelle" eine starke
Verschmutzung auch an Salzen einsetzt, welche sich mit der „Mittags-
und Abendwelle" wiederholt. — Stärker pflegen in dieser Beziehung
die Abwässer mancher Industrien zu sein; an der Spitze stehen
die Abwässer der chemischen Industrie, z. B. der Chlorkaliumfabriken. Nirgends zeigen die Leitfähigkeitsapparate besser an wie
gerade hier. In dem Kapitel: Die chemische Untersuchung des
Wassers, ist der Nachweis der Leitfähigkeit näher beschrieben. Da
die Größe der Leitfähigkeit in erster Linie von der Summe der
verschiedenen freien Ionen, also der Summe der Salze abhängt,
so liegt hierin schon, daß die Leitfähigkeit, abgesehen von gewissen einfach zusammengesetzten Abwässern, nicht imstande ist,
über die einzelnen im Wasser enthaltenen Stoffe Auskunft zu geben,
sondern nur über ihre Gesamtheit. Sie kann also die chemische
Untersuchung nicht ersetzen, aber sie ist in bester Weise und sehr

rasch, innerhalb von ein paar Minuten, imstande mit deutlichem Finger auf einen Wechsel in der Zusammensetzung des Wassers, also auf die Notwendigkeit einer chemischen Untersuchung hinzuweisen.

Dinert und anderen ist es gelungen, mittels dieser Methode weite Quellgebiete bezüglich der Brauchbarkeit ihrer Wässer für Trinkzwecke zu durchforschen, die verdächtigen Quellen herauszufinden und über große Gebiete eine strenge Kontrolle auszuüben. Es wäre nicht möglich gewesen, auf andere Weise mit der gleichen Sicherheit den Hebel für die chemischen Untersuchungen an der richtigen Stelle anzusetzen.

In ausgedehntem Maße dient im Gebiete des Kalibergbaues die Methode dazu, nachzuweisen, wieviel Kochsalz und andere Salze die einzelnen Fabriken in den Fluß hineingeben; sie erlaubt eine ebenso scharfe als rasche Kontrolle. Auch für die Bestimmung der Selbstreinigung der Flüsse ist das Verfahren verwendbar, sowie für die Art und das Mengenverhältnis, in welchem sich zwei Wasserströme mischen.

Man hat mit einigem Erfolg versucht, die Menge des Trockenrückstandes, der Härte usw. aus der Leitfähigkeit zu berechnen. Das geht wohl, wenn man Wässer bestimmter Art, z. B. die Abwässer einer Industrie, vor sich hat, aber im allgemeinen tut man besser, für diese Art Bestimmungen die sicher treffenden chemischen Methoden anzuwenden.

Die Bestimmung der elektrischen Leitfähigkeit soll nicht an die Stelle der chemischen Analyse treten, sie soll nur sozusagen Polizeidienste leisten und auf die chemischen Veränderungen hinweisen, die dann nach den Regeln der Wissenschaft genau zu untersuchen und zu beurteilen sind.

III. Die Beurteilung nach den bakteriologischen Befunden.

Als die Bakteriologie auf dem Plane erschien und die Krankheitserreger kennen lehrte, da hoffte man, daß sie für die Hygiene des Wassers von großer Bedeutung sein werde. Diese Erwartung hat sie erfüllt. Durch die Bakteriologie haben wir erst gelernt, wo die Gefahr des „verseuchten" Wassers liegt. Durch sie sind die Methoden geliefert, um die Infektion eines Wassers zu erkennen, die Beseitigung der Gefahr zu ermöglichen und die Wirkung der Maßnahmen zu kontrollieren.

Wässer, welche Krankheitserreger enthalten, sind vom Genuß und Gebrauch auszuschließen. Ist das nicht möglich, so sind sie von den in ihnen enthaltenen Krankheitserregern vollständig oder bis zu einem keine nennenswerte Gefahr mehr bietenden Grade zu befreien. Die Mittel sind im Sterilisieren und Filtrieren gegeben.

Die Hoffnung jedoch, daß die bakteriologische Untersuchung die Möglichkeit einer Infektion feststellen könne, ist nur teilweise erfüllt worden. Man hat versucht, diese zu bestimmen

1. Nach der Zahl der Bakterien.

Zunächst glaubte man, die Wahrscheinlichkeit sei groß, daß dort, wo viele Bakterien in einem Wasser vorhanden wären, auch die pathogenen zahlreicher sein dürften. Diese Auffassung erwies sich größtenteils als irrig. Unter den Mikroben gibt es eine Anzahl sehr anspruchsloser, die schon bei relativ niedrigen Temperaturen, um 10° C herum und selbst bei sehr wenig Nährsubstanzen sich im Wasser stark vermehren. Das sind die eigentlichen „Wasserbakterien“, sie sind auf dieses Element, als ihren Hauptwohnsitz, angewiesen. Die Vermehrung setzt vor allem dann ein, wenn eine etwas höhere Temperatur mit dem Hineingelangen eines neuen Schubes frischen Wassers, welches neue Nährstoffe mitbringt, zusammentrifft; sie pflegt wegen des reichlicher vorhandenen Sauerstoffs, eventuell auch wegen der dort höheren Wärme in den obersten Wasserschichten am lebhaftesten zu sein. Organismen, die anspruchsvoller an Wärme und Nahrung sind, pflegen, wenn sie in das Wasser gelangen, bald abzusterben.

Die bloße Bestimmung der Zahl der vorhandenen Keime läßt also einen Schluß auf eine größere Gefährdung, eine erhöhte Infektionsmöglichkeit nicht zu. Vielfach findet man Angaben über den Bakteriengehalt von Hauskesselbrunnen und Folgerungen derart, daß man bei einer großen Zahl von Bakterien das Wasser „beanstandet“, bei einer kleinen es für brauchbar erklärt. Das ist nicht angängig. Die Zahl ist von Zufälligkeiten abhängig, sie wechselt. Soviel organische Substanz, soviel anorganisches Material, als notwendig ist zu einer reichlichen Entwickelung der anspruchslosen Wasserbakterien, ist in jedem Brunnen vorhanden. Warum die eine Untersuchung viele, die folgende wenig Bakterien ergibt, ist unbekannt, ebenso warum von zwei gleichartigen Hausbrunnen der eine viel, der andere wenige Keime zur gleichen Zeit führt. Die Keimzahl in den wenig beanspruchten Kesselbrunnen von

Privaten und Gemeinden hat wenig Wert. Ausnahmen kommen indessen vor; findet man z. B., daß nach Regen oder Schneeschmelze die Keimzahl erheblich ansteigt, so spricht das für ungehörige Zuflüsse.

In den stark beanspruchten Brunnen der Zentralversorgungen findet bei dem kurzen Aufenthalt, den das Wasser dort hat, eine Keimvermehrung in den unteren Wasserschichten nicht statt; die dort gefundene Bakterienzahl besitzt eine höhere Bedeutung.

Anders aber stellt sich die Angelegenheit, wenn man fragt, ob mit der größeren Zahl der in ein Wasser gelangenden Keime eine größere Gefahr verbunden sei bzw. sein könne.

Bestreiten läßt sich nicht, daß eine große Anzahl von Bakterien in ein Wasser geraten kann, ohne daß dadurch eine Gefahr hervorgerufen wird. Kommen die Mikroben in nicht infizierter, nicht oder kaum infizierbarer Gegend hinein, spült z. B. ein Waldbach von seinem Ufer Erde in sein Wasser hinein, so vermehrt sich die Zahl der Bakterien zwar ganz erheblich, aber nach Lage der Verhältnisse dürften pathogene nicht darunter sein. Spült jedoch das Regenwasser die Miststätten und Abortgruben der dem Bach anliegenden Dörfer aus, dann steigt die Infektionsgefahr mit der Menge der eingebrachten Keime.

Es haben also die eindringenden Bakterien ein größeres Interesse, sie können eine Gefahr anzeigen. Daher darf man, um bei dem gewählten Beispiel zu bleiben, annehmen, daß bei Fluß- und Bachwasser eine Verschlechterung, eventuell eine Gefährdung eintritt, wenn durch starke Regen die Äcker und Wege, die Straßen und Höfe abgeschwemmt werden, denn es ist wahrscheinlich, daß unter den eingebrachten Mikroorganismen auch pathogene vorhanden sind. Die Zahl der Bakterien hat also hier eine Bedeutung. Indessen bedarf es bei offenen Wässern der bakteriologischen Untersuchung nicht sehr oft. Man sieht ja, daß Verunreinigungen hineingelangt sind. Hierfür ist eine bakteriologische Untersuchung kaum notwendig. Dahingegen vermag sie über den Grad der Verunreinigung, also über die Größe der Infektionsgefahr weitere Auskunft zu gewähren.

Wenn nach einem stärkeren Absterben von Algen in einem Stausee erhöhte Keimzahlen folgen, oder wenn Bäche infolge stärkerer Regengüsse Bakterien mitbringen, die aus nicht infizierbarer Gegend kommen, so ist die Erhöhung belanglos; wenn jedoch infizierbare Bäche viele Bakterien heruntertragen, so ist entschieden mit ihr zu rechnen.

Noch wichtiger ist die Zahlenbestimmung für dasjenige Wasser, welches durch den Boden, sei er gewachsen, sei er künstlich hergerichtet, in einen Behälter hineingelangt, welches also natürlich oder künstlich filtriert wird. Führt ein solches Wasser in infizierbarer Gegend Bakterien, dann spricht ihre Zahl ein entscheidendes Wort mit betreffs der Infektionsgefahr; je mehr Mikroben hindurchtreten, um so größer pflegt sie zu sein.

Die Bestimmung der Zahl ist also ein vorzügliches Mittel, die Leistung einer Filtration zu erkennen. Überall, wo sie hierzu mit der erforderlichen Vorsicht angewendet wird, erfüllt sie ihren Zweck.

Durch eine seit dem Jahre 1893 laufende Beobachtung hat sich in Deutschland und weit darüber hinaus gezeigt, daß Sandfilter Wasserepidemien zu verhindern vermögen, wenn sich dauernd in 1 ccm des Filtrats nicht mehr als 100 Bakterien finden, die auf einer nach den Vorschriften des Kaiserl. Gesundheitsamtes bereiteten Nährgelatine bei einer Temperatur von rund 20⁰ C innerhalb 48 Stunden gewachsen und mit der Lupe gezählt sein müssen.

Damit ist selbstverständlich nicht gesagt, daß nicht der eine oder andere Typhus-, Ruhrfall usw. durch ein derart filtriertes Wasser vielleicht entstanden sein mag, aber beweisen läßt sich auch das nicht.

Die vom Bundesrat aufgestellte Zahl 100 ist zu einer „Grenzzahl" geworden für die langsame Sandfiltration und damit auch für andere Filtrations- und Sterilisationsmethoden.

Man sieht ein künstlich filtriertes Wasser als unschädlich an, wenn die Keimzahl in dem frisch entnommenen Wasser 100 im Kubikzentimeter nicht übersteigt. Was dem künstlich filtrierten Wasser recht ist, ist dem natürlich filtrierten, sterilisierten oder desinfizierten Wasser billig. Auch für solche Wässer darf man die Zahl 100 so lange als eine Grenzzahl für genügende Reinheit betrachten, bis die Erfahrung uns eines besseren belehrt haben sollte.

Selbstverständlich gibt es auch hier eine Grenze: Das zu behandelnde Wasser darf nicht in übermäßiger Weise mit pathogenen Bakterien durchsetzt sein. Niemand wird ein Wasser für ungefährlich ansehen, wenn die 100 vorhandenen Bakterien Typhusbazillen sind, wenn sie z. B. den Rest einer hindurchfiltrierten Typhusbazillenaufschwemmung darstellen, die ungezählte Tausende der erwähnten Bazillen enthält. Solche Verhältnisse kommen aber in der Natur nicht vor, da treten die Infektionserreger numerisch gegen die Saprophyten ganz erheblich zurück. Selbst Städte, die ein recht schlechtes Rohwasser haben oder hatten, z. B. Altona, sind mit der Vorschrift ausgekommen.

Die Schwierigkeit besteht oft darin, das frisch eintretende Wasser ohne Zufluß des schon vorhandenen Wassers zu erlangen, denn, wie soeben gezeigt worden ist, vermehren sich die Mikroben in dem stehenden Wasser. Die Methoden, nach welchen hier vorgegangen werden muß, sind in dem Kapitel: „Entnahme der Proben" genauer beschrieben, und schon hier sei darauf aufmerksam gemacht, daß nur tadellos entnommene Proben ein genaues, ein brauchbares Resultat zu geben vermögen.

Die Methode der bloßen Keimzählung ist vielfach angegriffen worden. Man sagt ihr nach, daß sie mit ihren Resultaten zu spät komme. Dieser sicher berechtigte Vorwurf ist dadurch abgeschwächt worden, daß man die Keimzählung schon nach zwei Tagen Wachstums verlangt; obgleich in dieser Zeit zweifellos nicht alle Keime zum Wachstum kommen. Um die Zeit zwischen Probeentnahme und Erlangung des Resultates abzukürzen, hat man die thermophilen Bakterien herangezogen, aber auch diese verlangen zu ihrem Wachstum 24 Stunden. Dann fehlt jeder Maßstab, wonach die Zahl der wärmeliebenden Bakterien in ein Verhältnis zu der Zahl der übrigen Keime gebracht werden kann. Die Zahl der thermophilen Bakterien im Rohwasser und Reinwasser ist meistens recht klein und um die Filterleistung zu bestimmen, müßte man recht viel Wasser untersuchen. Aus allen diesen Gründen kann zurzeit die Methode höchstens als Beihilfe verwendet werden.

Man hat die mikroskopische Keimzählung versucht, indem man bei großer Bakterienzahl einen Wassertropfen bekannter Größe auf einem Objektträger eintrocknen ließ, den man vorher mit einer ganz dünnen, frischen Eiweißlösung dünn überstrich, dann backte man den Tropfen durch vorsichtiges Erhitzen fest, färbte und zählte. Das Verfahren ist roh. Wesentlich besser ist das von Paul Th. Müller angegebene (S. 726). Bei stark keimhaltigen Wässern muß mit „keimarmem" Wasser — siehe die Methode — verdünnt werden. Für eine vorläufige Orientierung, bei der Notwendigkeit raschen Handelns, leistet die Methode Ausreichendes; es ist jedoch notwendig, daß der Untersucher sich zunächst etwas auf sie einübt und daß sie in der Praxis durch die Züchtungsmethode unterstützt wird.

Der Gelatinekultur ist ferner der Vorwurf gemacht worden, daß bei ihr nicht alle Keime zum Wachstum kämen und daß, wie erwähnt, die dort wachsenden auch nur zum Teil innerhalb 48 Stunden sichtbar würden. Beides ist richtig; daher konnten auch im Jahre 1893, als man die Methode einführte, um nach ihr den Filtrationseffekt bei Sandfiltern zu bewerten, diese Einwürfe zu schweren Bedenken Veranlassung geben, ob wegen der anhaftenden Fehler die Keimzahl 100 richtig normiert sei. Infolgedessen sah man die Zahl „100" zunächst nur als eine vorläufige an. Aber in 20 jähriger Erfahrung hat sich trotz aller dieser Mängel die Keimzählung auf Gelatine bewährt; sie hat gezeigt, daß ein Filtrat mit weniger als 100 Bakterien im Kubikzentimeter den gesundheitlichen Anforderungen genügt.

Nicht eher darf man an dieser Tatsache achtlos vorübergehen, als bis neue Tatsachen bewiesen haben, daß andere Methoden besser sind. Es wäre geradezu leichtsinnig, und zwar noch auf eine Reihe von Jahren hinaus, neue Methoden für die Bewertung der Filtrationsleistung zu verwenden, ohne regelmäßig die bis dahin übliche Keimzählung daneben zu gebrauchen. Wir stellen uns neuen Methoden durchaus nicht feindlich gegenüber, gerade das Gegenteil ist der Fall, aber es darf die alte brauchbare Methode erst dann zurückgestellt worden, wenn sich die neuen in jahrelangem Gebrauch als überlegen erwiesen haben.

Einen Fehler hat die Keimzählung, daß sie nämlich oft angewendet wird, wo sie nichts oder wenig auszusagen vermag, wie z. B. bei Hausbrunnenuntersuchungen u. dgl.; das liegt aber nicht an der Methode, sondern an dem nicht klaren Überlegen der Untersucher.

Die Keimzählung gibt Auskunft über die Leistung einer Filtration oder Sterilisation, nicht mehr. Dieses tut sie außerdem nur dann, wenn sie so früh ausgeführt wird, daß eine nachträgliche Vermehrung der Bakterien nicht stattgefunden hat und wenn die Proben richtig entnommen sind.

2. Nach der Art der Bakterien.

Man hat auch gemeint, eine größere Artenzahl spräche für eine Verunreinigung, somit für eine Infektionsgefahr. Das ist für manche Fälle richtig. Die nicht den eigentlichen Wasserbakterien angehörenden Arten pflegen jedoch im Wasser rasch abzusterben; es hängt also vom Zufall ab, ob man bei temporären Schmutzzuflüssen, und mit solchen ist sehr zu rechnen, viel oder wenig

Arten antrifft. Was heißt zudem viele Arten? Weiterhin ist es schwierig und langwierig, die Arten der Mikroben im einzelnen zu bestimmen. Tatsächlich wendet man nirgends die Methode der Artbestimmung an!

Dahingegen hat ein spezialisiertes Verfahren einen besseren Erfolg gezeitigt. Man hat aus den Arten der Mikroben eine ganz besondere Gruppe herausgeschnitten, die Darmbakterien, und sie für die Bestimmung der Infektionsmöglichkeit verwendet.

3. Die Bedeutung des Bacterium coli als Indikator für gefährdende Verunreinigungen des Wassers.

Man sagt sich mit Recht: „Dorthin können Typhus-, Ruhr- und Cholerakeime gelangen, wohin die Kotbakterien des Menschen vorzudringen vermögen."

Im Kot sind gelegentlich die verschiedensten Bakterien vorhanden, sofern sie nicht durch die Verdauungssäfte und die Wärme von 37° im Laufe weniger Stunden entwickelungsunfähig gemacht werden. Mit diesen Bakterien ist der Forschung nicht gedient; nur spezifische, d. h. im Menschendarm regelmäßig oder häufig vorkommende Bakterien, die außerhalb desselben nicht häufig vorhanden sind, können Anhalte gewähren. Ihre Zahl ist recht klein.

Im Darm ist in mäßiger Menge enthalten der anaerobe, sporenbildende Bacillus sporogenes enteritidis (Klein). Eine auch nur nennenswerte Verbreitung hat die Suche nach diesem Bazillus nicht gefunden. Denn neben der relativen Seltenheit im Kot, neben der Umständlichkeit der anaeroben Züchtung kommt in Betracht, daß der Bazillus auch im Darm der Tiere vorkommt und seine dauerhaften Sporen, welche bei der Züchtung auskeimen, über die Zeit des Hineingelangens in das Wasser nichts aussagen.

Streptokokken sind im Darm häufiger. Houston fand sie zu 10 000 bis 1 000 000 in 1 ccm Kot, zu 1000 bis 10 000 im Stadtabwasser, dagegen sollen sie in 10 ccm eines Wassers fehlen, welches als rein anzusprechen ist.

Auch auf diese Organismen ist nur vereinzelt untersucht worden; ihre Kolonien sind sehr klein, wenig charakteristisch und entwickeln sich langsam. Wenn sie in großer Zahl vorhanden sind, dann gewähren die feinen hellen Kolonien ein bezeichnendes Bild; sind sie indessen, wie meistens im Wasser, einzeln vorhanden, so werden sie sehr leicht auf etwas dichter bewachsenen Platten übersehen; zudem wächst eine große Reihe anderer Bakterien ganz ähnlich; zur Identifizierung ist also die mikroskopische Untersuchung notwendig. Dann kommen sie im Tierkot ebenfalls reichlich vor, sind überhaupt in der Natur weit verbreitet, und es lassen sich keine Unterschiede zwischen den Streptokokkenarten verschiedener Herkunft machen.

a) Der Begriff und die Verbreitung des Bact. coli.

Der Darmorganismus, mit dem man sich viel beschäftigt hat, ist das Bacterium coli. Es erhielt von Escherich den Zunamen commune = „gemeinsam“, weil es sich sowohl bei mit Milch genährten Kindern als auch bei den allesessenden Erwachsenen findet, nicht aber, weil es „häufig“ im Darm ist.

Gewiß ist es meistens in den Kotentleerungen zahlreich vorhanden, Houston fand in 1 g menschlicher Fäces zwischen 100 und 1000 Millionen; aber es kann auch so selten sein, daß es zwischen den Tausenden anderer Bakterien kaum aufzufinden ist.

Man hat gesagt, da das Bact. coli eine Darmbakterie ist, so muß ein Wasser, worin es auch nur in mäßiger Zahl vorhanden ist, infizierbar sein; denn dorthin können bei passender Gelegenheit Typhusbazillen gelangen; wo aber Bact. coli selbst in größeren Wassermengen, z. B. in 100 ccm, nicht gefunden ist, darf man das Wasser nicht als einer Infektion zugängig betrachten.

So einfach liegen die Verhältnisse leider nicht.

Zunächst ist der Begriff des Bact. coli sehr unbestimmt. Um einigermaßen Klarheit zu schaffen, unterscheidet man zwischen typischem und atypischem Bact. coli.

Unter einem typischen Coli versteht man zurzeit ein kurzes bis sehr kurzes, gramnegatives, sporenloses, die Gelatine auch in längerer Zeit (14 Tagen) nicht verflüssigendes Stäbchen, welches Traubenzucker unter Säure- und Gasbildung vergärt. Außerdem soll es Milchzucker unter Säure- und Gasbildung zur Vergärung, Milch zur Gerinnung bringen (Fermentwirkung), Neutralrot in einen gelblichen fluoreszierenden Farbstoff umwandeln und in Peptonlösung Indol bilden.

Unter atypischem Coli wird ein solches Stäbchen verstanden, welches die in dem ersten Satz erwähnten Eigenschaften sämtlich besitzt, welches aber von den in dem zweiten Satz aufgeführten die eine oder andere oder mehrere oder alle vermissen läßt. Allerdings gibt es eine Anzahl namhafter Autoren, die ein typisches Coli auch dann noch annehmen, wenn eine der zuletzt genannten Eigenschaften, z. B. die Indolbildung oder die Reduktion des Neutralrotes usw., fehlt.

Wichtig ist die Frage, ob man die atypischen Coli für die Wasserdiagnose mit verwerten soll oder nicht.

Zweifellos sind sie auch im Kot vorhanden. Konrich fand sie darin sogar erheblich häufiger, als die typischen: 126 typische auf 635 atypische; im Wasser fand er auf 249 typische 417 atypische, im Boden stellte sich das Verhältnis wie 228 zu 422. Nach anderen Autoren waren im Kot verhältnismäßig mehr typische als atypische Formen. Streng genommen und konsequenterweise muß man auch die atypischen Formen, die im Wasser gefunden werden, als Zeichen einer fäkalen Verunreinigung ansehen. Aber das tun selbst die getreuesten Anhänger der Colimethode nicht, denn man ist über das Vorkommen der atypischen Formen im Kot und in der freien Natur noch nicht genügend unterrichtet.

Jaffé kommt nach einer großen Reihe von Untersuchungen über die Konstanz des Bact. coli zu dem Schluß, daß die Eigenschaften nicht konstant sind, daß sie sich ändern können durch Bedingungen, die einerseits im Nährboden, andererseits im Bakterium selbst liegen. Sollte sich diese Auffassung als richtig erweisen und es spricht manches dafür, dann wären Grenzen zwischen typischem und atypischem Coli überhaupt nicht mehr zu ziehen.

Die Coliprobe hat nur dann Wert, wenn die Colibazillen nur dem Kot entstammen, sich im Boden und Wasser nicht vermehren und sich nicht zu lange in der freien Natur halten. Die Gegner der Colitheorie haben behauptet, die Probe habe keinen Wert, da die Colibakterien ubiquitär seien. Die Annahme einer Ubiquität hat sich jedoch als irrig herausgestellt, wenn die Colibazillen auch weit verbreitet sind. Sie kommen überall in großer Zahl dort vor, wohin menschlicher und tierischer Unrat, also der Dünger gelangt. Fast immer sind sie in 0,1 bis 0,3 g Erde enthalten, die von bewirtschafteten Flächen oder dem Verkehr unterliegenden Plätzen und Wegen stammt. Je weiter aber ein Platz von Verkehr und Bodenkultur entfernt ist, um so weniger häufig ist der Mikrobe; aber gänzlich fehlt er selbst im Ödland nicht; in altem, dichtem Wald kommt er noch häufig vor. Auf Pflanzen von Kulturland wurde er häufig, auf solchen von Ödland selten gefunden.

Die in das Wasser gebrachten Colibakterien vermehren sich, von Ausnahmen abgesehen, anscheinend nicht; sie sterben ab, zuerst rasch und in großer Zahl, dann langsam und spärlich, in 3 bis 4 Wochen ist die Mehrzahl zugrunde gegangen; vereinzelte Exemplare, z. B. eines oder einige im Kubikzentimeter Wasser halten sich länger, bis zu $1/2$ Jahr und mehr. Dunkelheit und kühle Temperatur wirken konservierend. Auch im Boden vermehren sich die Colibazillen kaum; aber sie können sich, wenn sie auch zu einem großen Teil im Boden bald absterben, zu einem anderen lange halten; Konrich konnte sie in einem Falle über 1 Jahr lang im Boden in anscheinend wenig veränderter Zahl nachweisen.

Das Bact. coli kann hiernach, besonders wenn es im Wasser reichlich gefunden wird, auf eine kürzlich erfolgte Verschmutzung des Wassers oder des an- bzw überliegenden Bodens hinweisen. Die Verschmutzung kann aber auch weiter zurückliegen, und das dürfte vielfach der Fall sein, wenn die Colibazillen im Wasser nicht zahlreich waren.

Käme das Bact. coli nur im Kot der Menschen vor, so ließe sich besser mit ihm rechnen; aber es ist ebenfalls in großen Mengen im Kot der Tiere enthalten, vor allem in dem an Menge so überwiegenden Kot der Haustiere. Im Flußwasser unterhalb kanalisierter Städte finden sich viele vom Menschen stammende, im Quellwasser einer als Viehhut dienenden Wiese viele vom Tier stammende Colibazillen. Die Bestimmung der Zahl der Colibazillen tut es also nicht allein, man muß auch über ihre Herkunft unterrichtet sein, wenn man die Colizahl richtig deuten will.

Man hat die Bestimmung der Colizahl oder, wie man sich nach einer später zu besprechenden, recht mittelmäßigen Art der Untersuchung klangvoller ausdrückt, des „Colititers", auch deshalb in den Vordergrund zu schieben versucht, weil sich die Colibazillen im Wasser nicht vermehren, das Wasser also verschickt werden kann, die Untersuchung daher nicht an Ort und Stelle vorgenommen zu werden braucht. Das ist sicherlich eine Bequemlichkeit, aber man begibt sich dadurch des großen Vorteils der Besichtigung der Örtlichkeit und damit der Abschätzung der gegebenen Verhältnisse; man schaltet die beste Methode, die Beschaffenheit eines Wassers zu erkennen, durch eine wesentlich geringwertigere aus. Zudem weist Gins nach, daß die Zahl nicht immer die gleiche bleibt; er fand, daß in 11 von 17 während 24 Stunden bei Zimmertemperatur aufgehobenen Proben eine Vermehrung eingetreten war, und er verlangt, daß zur Untersuchung bestimmte Proben kalt verschickt und, sofern sie nicht gleich verarbeitet werden können, im Eisschrank aufgehoben werden.

Wenn man die Proben nicht selbst an Ort und Stelle entnehmen kann, so stellt die Untersuchung auf Coli immer noch einen Notbehelf dar.

b) Die Methoden der Auffindung des Bact. coli und ihre Mängel.

Die Methoden der Colibestimmung sind nicht sehr genau, sie bergen zum Teil erhebliche Fehlerquellen und bedürfen immer eines Zeitraumes von 3 bis 4 Tagen mindestens, ehe die Diagnose „Coli" gestellt werden kann.

Die älteste und zum Teil in Frankreich noch verwendete Methode ist die des Säurezusatzes zu dem mit dem fraglichen Wasser vermischten Nährboden (S. 767). Die Säurebouillon ist indessen kein adäquater Nährboden, und es kommt sicherlich nur ein Teil der im Wasser enthaltenen Colibazillen zum Auswachsen.

Eijkman versetzt Proben des zu untersuchenden Wassers mit einer Peptondextrosekochsalzlösung, so daß eine 1 proz. Lösung entsteht, und hält sie 24 bis 48 Stunden bei 46⁰. Er sagt: „Im Laufe unserer Untersuchungen sind wir dazu gekommen, an die Stelle der Coliprobe die Gärungsprobe bei 46⁰ zu setzen und dieser den Wert zuzusprechen, daß ein positives Ergebnis auf fäkale Verunreinigungen hinweist." Nachuntersuchungen haben ergeben, daß die Methode vielfach versagt, daß 46⁰ eine bereits schädigende Temperatur ist, daß ferner Kaltblütercoli auch bei hoher Temperatur noch zu wachsen vermögen, kurz, daß auf den „Eijkman" allein kein Verlaß ist, und man auch bei ihm die ganze Serie der Identitätsnachweise bringen muß, wie bei jedem anderen Verfahren auch.

Die dritte Methode besteht darin, daß man bestimmte Wassermengen mit einer Gärflüssigkeit, meistens mit einer Traubenzuckerpeptonkochsalzlösung derart versetzt, daß eine 1 proz. Lösung entsteht, die unter Anwendung von Lackmus auf den Neutralpunkt eingestellt wird und die dann bei 37⁰ bis 41⁰ 24 bis 48 Stunden bebrütet wird. Die Coli enthaltenden Röhrchen färben sich rot und zeigen Gasbildung; aber die weitere Untersuchung muß erst ergeben, ob echtes oder angenähertes Coli vorliegt. Die Methode ist nicht so gut, wie sie auf den ersten Blick erscheint. Bei größeren Wasserproben, schon bei 10 ccm und mehr, liegt die Gefahr der Überwucherung durch andere Bakterien vor, wenn ohne Zusatz hemmender Stoffe gearbeitet wird; bei Zusatz derselben werden wieder die Colibazillen geschädigt. Bei den unter 1 ccm liegenden Mengen ist dem Zufall zu viel Spielraum gegeben; die erhaltenen Zahlen können leicht um das Zehnfache zu hoch oder zu niedrig liegen; außerdem schwanken die richtigen Werte zwischen 1 und 9, d. h. wenn 0,1 ccm Wasser Rötung und Gasbildung gibt,

0,001 ccm nicht, und 0,01 ccm in der Mehrzahl der Fälle, so können in letzterem sowohl 1 als auch 9 Colibazillen vorhanden sein, d. h. in 1 ccm Wasser können dann sowohl 100 als 900 Coli sich befinden. Das ist doch ein ganz erheblicher Unterschied, der indessen durch die Methode nicht angezeigt wird.

In Nordamerika verwendet man nach dem Vorgange von Jackson vielfach frische Ochsengalle, die nach Zusatz von 1 Proz. Milchzucker und 1 Proz. Pepton sterilisiert ist. Sie wird unverdünnt angewendet und soll die lebenskräftigen Colibazillen, und zwar nur diese, zum Wachsen kommen lassen. Das diagnostische Merkmal ist die Gasbildung im Gärungsröhrchen.

Unter „Colititer" versteht man diejenige Menge Wasser, ausgedrückt in Kubikzentimetern, in welcher sich mindestens 1 Bact. coli findet. Der Colititer ist 0,01, d. h.: in 0,01 ccm Wasser und in größeren Mengen findet sich Bact. coli, in 0,001 aber nicht mehr.

Eine eigentümliche Erscheinung ist es, daß, je kleiner man die zu untersuchende Wasserprobe wählt, um so mehr die Zahl der mit dem flüssigen Nährboden angezeigten Colibakterien anwächst gegenüber der Zahl der anderen Bakterien, wie das folgende Beispiel, dem viele andere angeschlossen werden könnten, lehrt.

Aus einer Arbeit von Hill über den Einfluß der Gießener Abwässer auf die Lahn ergibt sich:

Zahl der Untersuchungen	Colititer	Durchschnittliche Bakterienzahl im ccm	Es kommt 1 Bact. coli auf
8	0,01	8 766	87,66
11	0,001	20 886	20,886
3	0,000 1	48 466	4,8466
2	0,000 01	43 655	0,436 55

Während also in $^1/_{100}$ ccm Wasser 100 Bact. coli zwischen 8766 anderen Bakterien angezeigt wurden, waren in demselben Wasser, als in $^1/_{100\,000}$ ccm noch Coli nachgewiesen wurde, 100 000 Colibakterien bei im ganzen nur 46 635 Bakterien, oder es wurden durch die Methode mehr als doppelt so viel Colibakterien angezeigt, als überhaupt nach der gewöhnlichen Methode Bakterien gefunden worden waren!

Sicherlich können nicht mehr Colibakterien zum Wachstum kommen, als vorhanden sind, und sicherlich wachsen auf der Nährgelatine nicht alle Bakterien zu Kolonien aus. Untersucht man die Gelatineplatten, so findet man relativ wenig Colibazillen, trotzdem

diese Organismen darauf recht gut gedeihen. Es spielt also entweder der Zufall hierbei eine zu große Rolle, oder es halten sich
die Colibazillen, wenn auch in geschwächter Form, ungeheuer lange
im Wasser.

Immer ist es notwendig, aus den verdächtig erscheinenden Gefäßen Reinkulturen herzustellen und mit diesen
alle zur Feststellung des Bact. coli erforderlichen Proben
durchzumachen.

Genauere Angaben erhält man durch die direkte Zählung der
Colibakterien.

Man bringt auf die für Typhusuntersuchungen zur Verwendung kommenden v. Drigalski-Conradi- und auf die Endoplatten 0,5 bis 1,0 ccm des verdächtigen Wassers und bebrütet für
24 bis 48 Stunden bei 37⁰. Dann bilden die Colibazillen auf
Drigalskiagar farblose Kolonien mit rotem (Säure-) Hof, auf Endoagar rote, oft grünschillernde Kolonien, die gezählt werden und
von welchen man einzelne auf ihre Colieigenschaft vollständig
durchprobt (siehe unter N. Nachweis des Bact. coli im Wasser).
Leider gibt es jedoch Colibazillen, welche nicht so typisch auf
Endoagar wachsen, die nur rötliche Kolonien bilden, während
andererseits Mikroben vorkommen, die auf Endo genau wie Coli
wachsen, aber keine Coli sind. Es ist unmöglich, genau anzugeben,
wie groß die Fehler sind. Nach Öttinger wachsen nichttypisch
auf Endoagar gegen 10 Proz., nach Gins gegen 13 Proz., nach
Konrich gegen 30 Proz.; nach Gins waren unter 68 typisch
gewachsenen Kolonien 14, d. i. rund 20 Proz., die keine Coli waren.
Man darf also mit vielleicht 20 Proz. Irrtümern rechnen. Sicherlich
ist der Fehler groß, aber man hat doch eine festumgrenzte Zahl,
die wesentlich richtiger sein dürfte, als der schwankende Begriff,
den der „Colititer" darstellt, der, wie eben gezeigt wurde, bei
einem Titer von 0,01 zwischen 100 und 900 Coli im Kubikzentimeter
liegt. Wir verwenden stets mehrere Platten, um so zu einem
möglichst genauen Durchschnitt zu kommen. (Siehe Kapitel N.:
Der Nachweis des Bact. coli im Wasser.)

c) Die Bewertung der Colibefunde.

Hat man auf die eine oder andere Weise eine Zahl oder einen
Anhalt gefunden, so ist die Frage: Wie ist der Befund zu bewerten?

Darauf lautet die Antwort: Eine korrekte Bewertung gibt es
nicht, jeder einzelne Autor bewertet anders. Man ist sogar zur
Aufstellung von Grenzzahlen geschritten. Houston, der die Colimethode am weitesten ausgebaut hat, schließt das Kapitel der

Bewertung mit den Worten: „Jeder Fall muß überdies schlechterdings nach seinen eigenen Verhältnissen und in Rücksicht zu den örtlichen Verhältnissen beurteilt werden". Er hat ganz recht, die örtlichen Verhältnisse entscheiden, und wenn diese versagen, so weiß man mit dem Befund des Bact. coli nicht viel anzufangen, weil man in den meisten Fällen die Abstammung, ob vom Menschen oder vom Tiere, nicht kennt und man nicht weiß, wie lange das Bakterium schon im Boden und Wasser gewesen ist. Bonjean, der führende Mann in Frankreich, meint: „Es ist notwendig, die Zahl und Art der Bakterien richtig zu bewerten; die Gegenwart des Bact. coli muß ohne Übertreibung beurteilt werden und wegen der bloßen Tatsache seiner Anwesenheit darf man ein Wasser nicht in Mißkredit bringen oder es für eine Wasserversorgung verwerfen, ohne daß ergänzende Untersuchungen ausgeführt sind."

Man darf wohl annehmen, daß Colibazillen, wenn sie in einer großen Zahl der 1 ccm-Proben gefunden werden, auf eine zurzeit vorliegende Verunreinigung mit Kot hinweisen.

Sofern dieser vom Menschen stammt, und weil im menschlichen Kot Typhus-, Cholera- und andere pathogene Bakterien enthalten sein können, zeigt die größere Zahl der Colibakterien zugleich das augenblickliche Vorliegen einer Gefahr oder die Möglichkeit des Vorliegens an. Ob aber die Bazillen vom Menschen stammen, kann man ohne Kenntnis der Verhältnisse nicht wissen.

Gegen die allgemeine Gültigkeit des vorstehenden Satzes, daß die Zahl des Bact. coli korrespondierend sei mit der Größe der Gefährdung, dürfte sich wenig einwenden lassen. Im Einzelfalle aber braucht die Beziehung nicht hervorzutreten. So tat sie das nicht in jahrelanger Beobachtung für London; Houston, der sich um die Coliforschung die größten Verdienste erworben hat, sagt: „In London bleiben die Perioden schlechtesten Wassers, gemessen an den Colibefunden, so beträchtlich hinter den Zeiten des häufigsten Auftretens des Typhus zurück, daß es schwer ist zu glauben, — wenn man annimmt, daß der Colibefund ein zuverlässiger Index für die Beschaffenheit des Wassers ist, — daß eine direkte, feste Beziehung zwischen der Wasserverschlechterung und dem Auftreten von Typhus bestehe."

Von den amerikanischen Standard Methods of water analysis wird die Auffassung vertreten, daß die dort zur Prüfung empfohlene Gallemischung die abgeschwächten Colimikroben nicht wachsen ließe, die Probe also auf die frische, die gefährliche Verschmutzung hinweise. Ob die Auffassung richtig ist, mag unerörtert bleiben;

aber die abgeschwächten Formen zeigen an, daß eine Gefährdung stattgefunden hat und es muß der Überlegung überlassen bleiben zu beurteilen, ob und wann eine erneute Gefahr eintritt. Hieraus folgt weiter, daß ein negativer Befund durchaus noch nichts bezüglich der Infektionsmöglichkeit besagt.

Größere Mengen Colibazillen deuten an, daß ein Wasser leicht mit Dungstoffen verunreinigt werden kann, sie weisen also auf offene Wege, auf die Möglichkeit einer Gefährdung bei passender Gelegenheit hin, und sind daher von Bedeutung.

Die Anwesenheit vereinzelter Colibazillen, z. B. in 10, 25, 50, 100 ccm Wasser oder in vereinzelten 1 ccm-Proben, ist im allgemeinen nicht höher zu bewerten als die anderer Bazillen, da sie in jedem unter Kultur befindlichen Lande, an allen Orten, wo Mensch und Tier häufiger verkehren, wenn auch nicht in sehr großer, so doch in beträchtlicher Menge vorhanden sind und die meisten von ihnen aus dem Tierkot stammen.

In der Tagung der amerikanischen Wasserfachmänner im Jahre 1911 wurde von dem Referenten gesagt: „Eine geringe Zahl von Bact. coli ist bei Oberflächenwässer zulässig; aber es soll nicht oft in 1 ccm-Proben vorhanden sein. Im Grundwasser soll Bact. coli nicht vorkommen." Mit dem ersten Satz kann man sich einverstanden erklären. Sollte aber in dem zweiten Satz der Sinn liegen, Grundwasser mit wenigen Colibazillen sei zu verwerfen, so wäre das nicht richtig, nicht konsequent. Es ist nicht einzusehen, warum der Colibazillus im Grundwasser gefährlicher sein oder auf eine größere Gefahr hindeuten sollte als im Oberflächenwasser.

Wo Colibazillen in nennenswerter Zahl im Wasser fehlen, darf man das Wasser als zurzeit nicht infiziert ansehen.

Über den gerade vorliegenden Zeitpunkt hinaus, also über die Beschaffenheit in näherer oder fernerer Zukunft, sagt der negative Colibefund indessen nichts; er ist hierin von dem Gesamtbakterienbefund nicht verschieden.

Da die Umgrenzung des Colibegriffes nicht feststeht, da die Methoden der Bestimmung bei Verwendung flüssiger Nährböden recht ungenau sind, Schwankungen bis zum Zehnfachen immer in der gefundenen Zahl liegen, bei der Verwendung fester Nährböden die Zahl der gefundenen Colibazillen zu klein ausfällt, da die vom Menschen und Tier stammenden Coli nicht voneinander zu unterscheiden sind, und die Bewertung der Befunde

fraglich ist, so ist ein Nutzen von der immerhin recht
komplizierten und langwierigen Untersuchung auf Coli
nur in einer beschränkten Zahl von Fällen zu erwarten,
aber in dieser ist er auch vorhanden.

In kurzen Zügen sei das Für und Wider der Coliuntersuchung
bei den einzelnen Gruppen der Wässer angegeben.

d) Die Coliuntersuchung bei den einzelnen Gruppen der Wässer.

Zur Versorgung mancher Gemeinde dient unfiltriertes Oberflächenwasser. Da, wo Bachwasser leicht dem Menschen zugängig ist, ist es infizierbar; der Colinachweis kann hier nichts
nützen. Ob in einem Bachwasser, das durch Dörfer fließt, unterhalb Coli gefunden werden oder nicht, hat in sanitärer Hinsicht
keine Bedeutung. Es ist sehr wohl möglich, daß z. B. zur
trockenen Zeit die vom Dorf kommenden Schmutzstoffe so gering
sind, daß sie den Bach nicht erreichen oder, wenn sie das tun,
zu gering sind, um einen Anstieg der Colizahl zu bewirken.
Die wenigen trotzdem aufgefundenen Coli können vom Rande
des Wassers stammen, wo sie sich in dem dort abgelagerten
Schlamm mit seinem reichen Gehalt an tierischen, pflanzlichen und
mineralischen Substanzen nicht nur von früher her gehalten, sondern vielleicht sogar, z. B. bei höherer Temperatur, weiter entwickelt haben. Sie können von den Tieren stammen, die den Bach
bevölkern. Gehen jedoch Regen nieder, so wird der dörfliche
Schmutz, sowie die aus den Gruben und Miststätten austretende
Jauche in den Bach gespült. Damit steigt, sofern durch Wasser
übertragbare Krankheiten im Dorf sind, die Infektionsgefahr stark
an für die das Wasser unterhalb der Verschmutzungsstelle schöpfenden
Personen. Zweifellos steigert sich durch den Regen die Menge
der Colibazillen; aber die Bestimmung der Colizahl hat ebenso
wie die der Bakterienzahl und der chemischen Bestandteile keinen
rechten Zweck, denn die Tatsache, daß der Schmutz in den Bach
gespült wird, allein genügt vollkommen; man braucht vielfach nicht
zu untersuchen, das Auge und der gesunde Menschenverstand
entscheiden meistens.

Anders liegen die Verhältnisse, wenn eine Stadt aus einem
großen, mit Städten dicht besetzten Flusse ihr Rohwasser für
Trinkzwecke entnehmen muß. Da die Filter nicht absolut sicher
arbeiten, so haben die Städte ein Interesse daran, ein möglichst
gutes Rohwasser zu bekommen. Für die Beschaffenheit dieses
Rohwassers gibt die Colibestimmung in sanitärer Hinsicht das
beste Merkmal ab. Die Stadt London z. B. hat durch die Coli-

bestimmungen ihrer Rohwässer eine gute Kontrolle darüber, ob die oberhalb liegenden Städte ihrer Pflicht, die Abwässer ordentlich zu reinigen, nachkommen. Durch den Colinachweis läßt sich sogar die Quelle einer solchen Verunreinigung feststellen.

Um zu wissen, wie weit die Einflüsse der Stadtsiele auf einen Fluß sich bemerkbar machen, hat man die Bakterienzählung herangezogen; sie ist in den letzten Jahren an manchen Stellen durch die Colibestimmung ersetzt worden. Der Einfluß einer Kanalisation macht sich hauptsächlich so weit geltend, als die Sedimentierung nachweisbar ist. Er wird aber meistens besser durch die Besichtigung und die Bewertung der vorhandenen Flora und Fauna festgelegt, als durch die Keimzählung, sei es aller, sei es der Colibakterien. Will man letztere als Indikatoren für die infizierende Zone auffassen, so muß man sich darüber klar sein, daß eine Zone größerer Gefährdung nicht abgegrenzt, sondern höchstens wahrscheinlich gemacht werden kann, die auch mit der wechselnden Geschwindigkeit des Wassers bald weiter sich hinzieht, bald enger begrenzt ist. Es ist eine bekannte Tatsache, daß ein erheblicher Teil der mit der Kanalflüssigkeit in den Flußlauf gelangenden Bakterien rasch abstirbt; darunter auch ein großer Teil der in das Wasser gebrachten Typhus- und Cholerakeime. Zur Umgrenzung dieses Teiles kann die Coliprobe nützlich sein. Diejenigen pathogenen Keime jedoch, die diese für sie gefährliche Periode überstanden haben, halten sich und zwar eine so große Reihe von Tagen hindurch, daß sie lebend das Meer erreichen, wenn nicht durch Stauwehre in den kleinen Flüssen die Zeit über Gebühr ausgedehnt wird.

Weiterhin hat es einen Nutzen, den Coligehalt eines freien Wassers, besonders eines Seewassers, zu bestimmen, um die Strömung oder die Richtung oder die Grenze kennen zu lernen, in welcher, bzw. bis zu welcher sich ein durch Abfallstoffe verunreinigtes Wasser bewegt, und so zu erfahren, wohin die Schöpfstelle für eine Wasserversorgung gelegt werden soll und wohin nicht. In solchen Fällen gibt vielfach die Colibestimmung zweckdienliche Resultate. So ist man bei der Wasserversorgung von Chicago so weit (bis 6 km) in den an dieser Stelle ziemlich flachen Michigansee hinausgegangen, bis nur mehr in vereinzelten Kubikzentimetern Wasser ein Coli gefunden wurde. Bei den zahlreichen Wasserversorgungen aus den großen Seen Nordamerikas bildet mit Recht das Bact. coli den Leitorganismus für die Anlage der Entnahmestelle.

An anderen Plätzen mit Seewasserversorgung ist der Nachweis des Auftretens von Coli mit dem gleichen Recht maßgebend für das Einsetzen der Desinfektion mit Chlorkalk.

Fließt Bachwasser, welches aus unsicheren Bezirken mit Ansiedelungen und gedüngten Äckern stammt, in Talsperren hinein, so muß die Coliprobe Verwendung finden. Hier stellt sich
indessen das Bedenken über die Bedeutung ein; denn die gefundenen Colibazillen sind möglicherweise zum allergeringsten Teile
solche, die vom Menschen kommen. Die meisten dürften ihren
Ursprung aus dem Tierdung nehmen (Wiesental mit Weidegang).
Deshalb ist die genaue Besichtigung der Örtlichkeit, wie sie z. B.
Savage in bester Weise ausgeführt hat, unbedingt erforderlich;
der Colibefund muß durch sie seine Bewertung finden. Es ist
aber auch möglich, daß die Untersuchung auf Colibazillen bei
unsicheren örtlichen Befunden den Ausschlag gibt.

Für wünschenswert, unter Umständen sogar für notwendig erachten wir die Untersuchung des Auslaufwassers auf Colibazillen
bei denjenigen Stauweihern, deren Wasser nicht filtriert wird.

Man kann als Regel aufstellen, daß Typhusbazillen dann aus
dem Wasser verschwunden sein werden, wenn Colibazillen nicht
mehr in dem Auslaufwasser gefunden werden. Wenn letztere noch
vorhanden sind, so ist es allerdings fraglich, ob sie zu den eingebrachten oder zu denjenigen gehören, welche in das Wasser aus
dem Kot der Vögel und Fische hineingeraten, somit belanglos sind.

Daß Vögel typische Colibazillen in sehr großer Zahl, auch
atypische, in ihren Entleerungen ausscheiden, ist von verschiedenen
Autoren bestätigt; dennoch sind weitere Forschungen notwendig.
Houston fand, daß zwei Wasserhühner selbst in $1/_{100}$ g Kot keine
Colibazillen enthielten, während zur selben Zeit Möven ungeheuer
viele in sich bargen. Über den Gehalt des Kotes der Fische und
anderer Wassertiere an Colibazillen gehen die Angaben auseinander.

Als Houston Goldfische in Glaskolben mit Wasser hielt,
wurde der Colibefund nicht nennenswert beeinflußt, und Eijkman fand das Wasser eines in einsamer Heide gelegenen Teiches,
der mit Fischen besetzt war, nach seiner Methode colifrei. (Er
hielt das Wasser dieses Teiches mit Rücksicht auf den negativen Befund für gut; das tun wir auch, soweit der momentane
Zustand in Betracht kommt, aber wir würden in einem 3 m hohen
soliden Drahtgeflechtzaun, der diesen früher zur Wasserversorgung
Utrechts dienenden Teich in mäßigem Abstand umgeben hätte,
einen wesentlich besseren Befund erblicken, als in colifreien Proben!
— Örtliche Verhältnisse!)

Vorläufig erscheint es gerechtfertigt, anzunehmen, daß der
Coligehalt eines Wassers durch die Fische wenig beeinflußt wird;
dasselbe darf betreffs der Vögel gesagt werden, da sie nicht zahl-

reich zu sein pflegen. Jedenfalls wäre es erwünscht, das Sperrenwasser systematisch auch auf Colibakterien zu untersuchen, und
zwar bei Hoch- und Tiefstand des Wassers, am Auslauf, an der
Oberfläche, in verschiedenen Tiefen am Rande des Wassers und
in seiner Mitte, sowie in dem Schlamm des Ufers, der noch vom
Wasser bespült wird, denn unser Wissen über das Bacterium coli
im Sperrenwasser ist noch so gering, daß man mit einer Serie im
Auslauf gefundener Zahlen nicht viel anfangen kann.

In den letzten Jahren sind eine Anzahl Städte dazu übergegangen, das zu filtrierende Wasser in Absitzbassins teils mit,
teils ohne Zusatz von Fällungsmitteln sedimentieren zu lassen. Da
man hauptsächlich mit Typhuserregern zu rechnen hat und die
Cholerabazillen eher abzusterben pflegen als jene, so besitzt man
in der Tat im Nachweis der Colibazillen ein brauchbares Mittel,
um zu sehen, ob das Wasser lange genug gestanden hat, oder ob
genügend Fällungsmittel angewendet worden sind, um die Keime
aus dem Wasser zu entfernen. Für letztere Beurteilung eignet
sich mehr die Feststellung der allgemeinen Keimzahl, für erstere
dagegen ist die Colibestimmung besser, obschon hier die Unsicherheit der Methoden hindernd in den Weg tritt.

Das Zisternenwasser ist Regenwasser. Da die Zahl der
Coli in der Luft sehr gering ist, so entstammen die vorgefundenen
Colibakterien dem Kot der Vögel, der von den Dächern und aus den
Dachrinnen in das Wasser gelangt. Ein Colibefund in diesem Wasser
besagt also nicht viel. — Außerdem aber können von der Erdoberfläche unreine Zuflüsse mit vielleicht vom Menschen stammenden
Colibazillen in die Zisternen gelangt sein. Die Anwesenheit von Coli
im Zisternenwasser fordert somit doch dazu auf, die Eindeckung
und die Umgebung der Zisterne genau auf Undichtigkeiten und
Unreinlichkeiten zu untersuchen, wenn das auch ohne Aufforderung
in regelmäßiger Zeitfolge geschehen soll.

Werden in Quellstuben, in Reservoiren und sonstigen
Behältern Colibazillen gefunden, so ist zunächst festzustellen, ob
das zuführende Wasser solche mitbringt; ist das nicht der Fall, so
ist die Eintrittsstelle und die Herkunft der Colibazillen aufzusuchen.

Man hat versucht, die Filterleistung durch die Coliproben
zu bewerten. Uns will scheinen, als ob dieses Vorgehen nicht
richtig sei. Das Filter soll zweifellos Typhuskeime zurückhalten,
und einen Anhalt für diese Fähigkeit hat man an dem Bacterium
coli. Aber das Filter soll mehr tun; es soll Choleramikroben, die
beweglicher und kleiner sind als die des Typhus, und außerdem
alle möglichen feinen und groben organischen und anorganischen

Teilchen zurückhalten. Über alles dieses gibt die allgemeine Keimzählung bessere Resultate als die Colibestimmung. Der Annahme
einzelner nach sollen die typischen Colibazillen durch die Filter
besonders stark fortgenommen (outnumbered) und relativ mehr
atypische als typische in dem Filter angetroffen werden. Ein
Grund für diese eigenartige Erscheinung läßt sich nicht erkennen
und eine strenge Nachprüfung dürfte am Platze sein. Sollten im
Filter die biologischen Eigenschaften sich verändern, aus typischen
Coli atypische werden, dann wären auch die atypischen mitzuzählen,
denn auf das Hindurchgehen durch das Filter kommt es an und
nicht auf eine biologische Veränderung, die zudem für den Typhusbazillus nicht in Frage kommt.

Bei der Kontrolle fertiger Anlagen hält man sich besser an
die gewöhnliche Keimzahl. Diese läßt sich im Rohwasser und im
Reinwasser leicht und sicher bestimmen und gewährt so einen
guten Überblick über die Leistung der Anlage, um so mehr als,
wie wir zeigen werden (S. 528), die Ausspülung der Bakterien
aus dem Filter erheblich kleiner ist, als man früher annahm, so
daß man sie fast vernachlässigen kann. Dahingegen ist die Bestimmung der Colizahl immer ungenau, am meisten bei der Titer-
bestimmung; man erhält also durchaus nicht so scharfe Vergleichs-
werte wie bei der gewöhnlichen Zählung.

Man wird vorsichtigerweise bei Filtraten aus schlechtem oder
stärker verdächtigem Rohwasser auch auf Coli untersuchen, und
zwar deshalb, um bei etwaigen häufigeren Colibefunden durch
noch sorgfältigere Filtration oder Stagnation, oder durch Zusatz
von Fällungs- oder Desinfektionsmitteln das völlige Verschwinden
und damit die größtmögliche Sicherheit wenigstens gegen Typhus
zu erreichen, aber für dauernde Untersuchungen ist die Colibestimmung für Filtrationszwecke nicht geeignet, sie kann die gewöhnliche
Zählung nicht ersetzen, um so weniger, als die Zählung ausreicht,
wie die zwanzigjährige Erfahrung an allen Filtern Deutschlands und
weit darüber hinaus gelehrt hat. Man darf auch nicht glauben, daß
die Colibazillen in einem festen Verhältnis zu den Typhusbazillen
ständen; das tun sie ebensowenig wie die anderen Bazillen. Man
wolle bedenken, daß ganz unbekannt ist, wie viele der gefundenen
Colibazillen von den Menschen, wie viele von Tieren stammen, und
es kommt doch nur auf die ersteren an.

Es hat sich gezeigt, daß das Bacterium coli, ebenso wie z. B.
der Staphylococcus, etwas widerstandsfähiger gegen Desinfizientien
ist als die meisten anderen Bakterien, und auch widerstandsfähiger
als viele Typhusstämme. In dieser Beziehung hat die Bestimmung

der Zahl der Colibazillen im Rohwasser und im sterilisierten Wasser einen Zweck. Allerdings genügt auch völlig die Bestimmung der allgemeinen Keimzahl in beiden Wässern, denn die Widerstandsfähigkeit des Colibazillus ist nur um ein geringes größer wie die der anderen Bakterien einschließlich der des Typhus. — Für Laboratoriumsversuche, wo man die anderen Bakterien alle ausscheiden und durch Colibazillen ersetzen kann, ist ihre Verwendung für die Bestimmung der Leistungsfähigkeit von Sterilisations- und Desinfektionsverfahren sehr zu empfehlen, nicht nur weil die Bakterien etwas widerstandsfähiger sind, sondern hauptsächlich, weil sie sich leicht nachweisen lassen.

Die Untersuchung auf Colibazillen hat man gleichfalls auf Quellwasser angewendet und außer in England macht man in Frankreich viel Gebrauch davon; allerdings stützt man sich in Frankreich durchaus nicht allein auf den Coligehalt, aber man zieht ihn zur Beurteilung mit heran; insbesondere bemüht man sich bei den großen Quellen, welche dieses Land hervorbringt, denjenigen Teil des Wassers, welcher die Colibazillen in größerer Zahl enthält, aufzufinden und die Verunreinigung zu beseitigen oder das verdächtige Wasser auszuschalten.

Die Zahl der in einem Quellwasser vorhandenen Bakterien gibt Auskunft über die Filtrationsleistung des Bodens und damit bis zu einem gewissen Grade über die Infektionsfähigkeit des Wassers.

In trockenen Perioden pflegen selbst wenig gute Quellwässer keimarm zu sein; kommen Regen, so zeigen sie eine kolossal erhöhte Keimzahl; Anstiege von 20 auf 20 000 Bakterien im Kubikzentimeter innerhalb weniger Stunden sind nicht selten. Es mag sein, daß ein Teil dieser Keime von den Wänden der unterirdischen Kanäle, in denen das Wasser ansteigt, abgewaschen wird, aber man weiß darüber nichts Bestimmtes. Die große Mehrzahl dürfte jedoch von der Erdoberfläche stammen. Steht diese unter Kultur, so werden sich, da Colibakterien durch die Düngung in den Boden gelangen, auch Colibazillen im Wasser finden. Es ist kaum erforderlich, ihre Anwesenheit besonders festzustellen. Ob sich viele oder wenige finden, hängt ab von der Stärke und Beschaffenheit der filtrierenden Schicht, von der Menge des gefallenen Regens, aber auch von der Art des Niederfallens — Platz- oder Landregen — und von der Zeit, wann der Dünger auf den Acker gebracht worden ist, sowie von der Beschaffenheit und dem Alter des Düngers. Unseres Wissens liegen keine Untersuchungen vor, welche über die Zahl der Colibazillen im Mist unter den verschiedenen Bedingungen Auskunft geben. Nehmen wir an, wir hätten mit einem Boden zu tun, der mit dünner, wenig gut filtrierender Schicht (Mutterboden) überdeckt ist; ein alter, gut ausgegorener Dünger sei im Frühjahr aufgebracht in mäßiger Menge; auf einen trockenen Sommer folge im Beginn des Herbstes ein stärkerer Regen, und zwar über das Mittel hinausgehend, aber nicht als plötzlicher Regensturz, sondern als milder, langandauernder Landregen. Dann wird die allgemeine Keimzahl und die Colizahl nur wenig erhöht werden. Wenn aber auf denselben Boden 4 Wochen später, also nach der Beackerung und Aufbringung größerer Mengen frischen Düngers, dieselbe Regenmenge in kurzer Zeit niedergeht, so muß sich mit Notwendigkeit eine erhöhte allgemeine Keim- und eine erhöhte Colizahl finden. Berücksichtigt man in solchen und ähnlichen Fällen die örtlichen, die zeitlichen und die zufällig vorhandenen Umstände (z. B. die Art der Düngung) nicht, so gelangt man leicht zu ganz unrichtigen Annahmen über die Größe der Infektionsmöglichkeit. Die Colizahl hilft hier nicht weiter als die allgemeine Keimzahl.

Will man sagen, ein geringer Befund an Bact. coli beweise bei erhöhtem Befund an sonstigen Bakterien, daß die Infektionsgefahr in einem Spezialfalle oder zur Zeit einer bestimmten Untersuchung relativ gering gewesen sei, so soll das nicht bestritten werden.

Darüber jedoch, ob das Wasser überhaupt infizierbar sei, entscheidet nicht eine einmalige oder wiederholte bakteriologische, an Ort und Stelle ausgeführte, noch viel, viel weniger eine im Laboratorium an einer eingeschickten Wasserprobe vorgenommene Zählung der Coli- und der übrigen Bakterien, sondern eine genaue Untersuchung des Erdreichs und der ganzen Boden- und Betriebsverhältnisse, unterstützt durch zur passenden Zeit ausgeführte bakteriologische Untersuchungen, wobei die allgemeine Zahl von größerer Bedeutung ist als die der gerade vorhandenen Colibazillen. Die Colizahl ist bis zu einer gewissen Grenze abhängig von der Zeit der Düngung; die allgemeine Zahl ist das viel weniger; denn in den obersten Bodenlagen sind so zahlreiche Bakterien enthalten, daß ihre Menge durch den Dung nicht wesentlich alteriert wird. Zudem haben die Colibazillen nur dann Anspruch auf einen besonderen Wert, wenn sie vom Menschen stammen, also menschlicher Unrat mit zur Düngung verwendet wird, was nicht überall, bei der eigentlichen Felddüngung sogar wenig, der Fall ist.

Höher ist der Colibefund einzuschätzen, wenn das Wasser einer Quelle laufend auf Coli untersucht wird, wie das z. B. bei dem Bewerten der Quellen seitens der Stadt Paris geschieht. Die Quellen, welche da in Frage kommen, sind groß, sie haben also ein sehr weites tributäres Gebiet, und ihre einzelne Keimzahl stellt schon gewissermaßen eine Durchschnittszahl dar. Werden dort dauernd höhere Colizahlen gefunden, so spricht das jedenfalls für Übertritt von Bakterien aus gedüngtem Boden oder aus Schmutzstätten, z. B. Dunghaufen, Aborten oder den dort als Rezipienten für alle möglichen Unreinlichkeiten dienenden zahlreichen Erdlöchern oder Erdstürzen. Verwendet man, wie das dort geschieht, die Colizahl als ein weiteres Mittel für die Abschätzung der Wasserbeschaffenheit und als einen Wegweiser, die verunreinigende Stelle zu finden, so ist das richtig.

Wenn aus Waldgebieten Quellwasser zufließt, darf man annehmen, daß es nicht viel Coli enthält; sollten viel Coli gefunden werden, so wäre nachzuforschen, ob in dem Gebiete eine Stelle sich findet, welche einer gefährdenden Verunreinigung ausgesetzt ist.

Kommt das Wasser kleinerer Quellen, mit welchem man meistens zu rechnen hat, aus Wiesengründen heraus und filtriert der Boden nicht genügend, so wird man viel Coli bekommen, wenn das Vieh auf der Weide ist, und wenig, wenn es längere Zeit nicht dort gewesen ist; die Infektionsgefahr aber ist in beiden Fällen dieselbe, nämlich eine geringe. Das ändert sich jedoch, wenn die Wiesen mit Abortinhalt gejaucht werden, wie das in vielen Gegenden üblich ist.

Ohne Kenntnis der Verhältnisse kann man also den Wert des Colibefundes nicht richtig einschätzen, weder wenn sich viel, noch wenn sich wenig Coli finden. Wir sprechen durchaus nicht gegen die Anwendung der Coliproben, nichts liegt uns ferner, aber wir wollen die Coliuntersuchung auch hier nicht auf einen Thron gesetzt wissen, der ihr nicht gebührt; nicht die schematische, nur die überlegte, dem Einzellfall angepaßte Coliuntersuchung hat Wert.

Uns hat die Untersuchung auf Coli bei Quellwässern wiederholt Nutzen gebracht:

Vor einigen Jahren war eine Stadt von etwa 20 000 Einwohnern durch eine Quelle schwer mit Typhus infiziert worden, die in ihrer Schüttung und Temperatur sehr gleichmäßig war, die aber unterhalb eines Dorfes lag. Sie war etwa 4 m hoch mit schwerem Lehm überdeckt; doch war diese Alluvion nur klein, denn rund 60 m oberhalb begann schon das Dorf, welches auf stark zerklüftetem, schieferigem Gebirge stand. Damals war nicht sicher zu entscheiden, ob die Typhusbazillen durch starke Überschwemmungen mit Rinnsteinwasser von oben in die Quellfassungen gespült worden waren,

was sehr wahrscheinlich war, denn in einem der Wasserwiese eng
benachbarten Hause lagen Typhuskranke und die im Rinnsteinwasser
enthaltenen Blätter, Papiere usw. hatten das Gitter, welches das
Schmutzwasser des Dorfes in ein geschlossenes, durch die Wasserwiese gelegtes Rohr treten lassen sollte, verstopft, so daß sich
nunmehr das gesamte Rinnsteinwasser über die Wiese ergoß, oder
ob sie von den Abortgruben, den schlecht gehaltenen Höfen des
Dorfes bzw. Hauses in die Quelle von unten hineingedrungen waren.
Im Jahre 1911 war der Wassermangel in der Stadt so stark, daß die
Wasserleitung nur 2 Stunden am Tage geöffnet werden konnte, daß
jeder unnötige Wasserverbrauch, sogar das Baden ohne ärztliche Anordnung, mit 150 $\mathcal{M}$ Strafe belegt war, daß das hochgelegene Krankenhaus überhaupt kein Wasser bekam, sondern der ganze Bedarf in
Tonnenwagen heraufgefahren werden mußte. Da anderes Wasser
absolut nicht zu beschaffen war, wurde die fragliche Quelle wieder
angestellt, nachdem Verfasser und der beamtete Arzt ihre Zustimmung gegeben hatten, ausgehend von der Überlegung, daß
schon seit 3 Jahren kein Typhus wieder in der Ortschaft gewesen und von Bazillenträgern nichts bekannt war, wenn wir
auch ihre Abwesenheit nicht erweisen konnten; sodann wurden die
Ärzte veranlaßt, nicht bloß jeden Typhusfall, sondern auch jeden
typhusverdächtigen Fall zu melden, und es war die Vereinbarung
getroffen, daß die Quelle einspruchslos wieder auszuschalten sei,
wenn auch nur ein typhusverdächtiger Fall zur Meldung kam,
oder wenn etwas stärkere Regen fielen. Selbstverständlich wurde
das Wasser vor der Eröffnung untersucht. Es fanden sich in je
1 ccm Wasser nur 8 und 20 Bakterien vor; in fünf Röhrchen
mit je 10 ccm Wasser wurden viermal, in zehn Röhrchen mit je
1 ccm dreimal „typisches" Coli gefunden. Zudem wurden auf je
10 v. Drigalski-Conradi- und auf je 10 Endo-Platten je 1 ccm
Wasser, also im ganzen 20 ccm Wasser gebracht; nur auf einer
der 20 Platten konnte ein typisches Coli nachgewiesen werden.
Es war also trotz der von uns gefundenen recht niedrigen Keimzahl Coli im Wasser, was uns den Entschluß, die Quelle frei zu
geben, nicht wenig erschwerte. — Drei Tage nach Eröffnung der
Quelle kam ein stärkerer Gewitterregen; die Quelle wurde sofort
ausgeschaltet und blieb ausgeschaltet. Eine bakteriologische Untersuchung konnte leider aus äußeren Gründen nicht gemacht werden.

Etwa 10 Tage später fielen in 24 Stunden 14,3 mm Regen,
verteilt über die ganze Zeit. Am nächsten Tage von uns geschöpfte Proben ergaben in je 1 ccm Wasser 318 und 317 Bakterien. Aus sechs Gärungsröhrchen mit je 10 ccm und aus zehn

mit je 1 ccm Wasser konnte ausnahmslos typisches Coli gezüchtet
werden. Ebenso wuchsen auf jeder der 20 Endo- und v. Dri-
galski-Platten, die mit je 1 ccm des Quellwassers beschickt waren,
zwischen 5 und 35 verdächtige Kolonien, von welchen sämtliche
Stichproben Coli typicum ergaben.

Hiermit war bewiesen, daß selbst geringe Regen, die bei
einem Porenvolum von nur 10 Proz. höchstens 14,3 cm tief in den
Boden eindringen konnten, sehr viel Colibazillen in dem Wasser
erscheinen ließen, die ihren Ursprung nicht in der völlig durch
einen hohen Zaun abgeschlossenen Wasserwiese, sondern nur in
dem Dorf und seinen Schmutzstätten haben konnten und von unten
mit dem Quellwasser in die Brunnen getreten waren. Wir haben
dieses Beispiel ausführlicher angeführt um zu zeigen: a) wie
schwierige und verantwortungsreiche Fragen dem Begutachter
vorgelegt werden, und wie man sich dann zu helfen vermag,
b) welch große Bedeutung dem Bact. coli unter Umständen zukommt.

Wiederholt haben wir die Colimethode mit Erfolg bei der
Abwertung von Wässern aus alten Stollen verwendet.

Untersucht man das aus dem Stollen austretende Sammel-
wasser in trockenen Zeiten, so ist es meistens keimarm, nach
Regen zuweilen keimreich. Die Bakterien können in das Wasser
gelangt sein von der gedüngten Erdoberfläche aus, oder aber sie
stammen von den Wänden des Stollens und der Spalten und sind
dann von dem verstärkt andringenden Wasser losgespült; solche
Bakterien zeigen keine Gefahr an. Den Bakterien kann man nicht
ansehen, woher sie stammen, aber Colibakterien wuchern an den
Wänden der Stollen und an dem alten Holzwerk nicht. (Siehe
auch S. 292 und 428.)

Die Coliprobe wird benutzt, um die Wertigkeit eines Grundwassers zu bestimmen. Wenn der Bedarf zentral aus tiefstehendem Grundwasser für größere Gemeinwesen gedeckt wird, so ist
der Wasserwechsel in den Brunnen ein so großer und so rascher,
daß es zu einer Vermehrung hineingelangter Bakterien in den
tieferen Wasserschichten nicht kommt; die allgemeine Bakterienzahl gibt also die beste Auskunft über die Filtrationsfähigkeit des
Bodens. Die Colizahl kann nur wenig hinzufügen; denn daß auch
Colibazillen gefunden werden können, wenn die Depressionszone
des Brunnens sich unter gedüngtem Boden hin erstreckt, daß sie
fehlen oder selten sind, wenn Wald das Gelände bedeckt, ist
eigentlich selbstverständlich. Überhaupt wird man das Gefühl
nicht los, als ob zuweilen mit der Colibestimmung offene Türen

eingetreten werden, oder aber versucht wird, durch den Coli-nachweis die lokale Untersuchung zu umgehen, was durch-aus nicht angängig ist.

Ob bei Überflutungen des Geländes durch starke Regen oder durch Hochwässer vom Fluß aus eine Gefahr bedingt wird, entscheidet die allgemeine Keimzahl unter sorgfältigster Berück-sichtigung der örtlichen Verhältnisse in genügender Weise, aber die Colibestimmung kann mithelfen. Finden sich Colibazillen in nennenswerter Menge, so deuten sie, wenn die örtlichen und sonstigen Verhältnisse nicht dagegen sprechen, auf eine erhöhte Gefährdung hin.

Viel gebraucht ist die Colibestimmung bei der Untersuchung offener und gedeckter Brunnen mit geringem Wasserverbrauch, also der sogenannten Hausbrunnen. Maßgebend ist hier in aller-erster Linie der Ausfall der örtlichen Besichtigung. Offene Brunnen, z. B. Ziehbrunnen, Schöpfbrunnen, aber auch die Brunnen mit schlechter Eindeckung, solche, auf welchen neben der Pumpe sich Öffnungen finden, oder wo das Mauerwerk undicht ist, sind an sich infektionsfähig und daher hygienisch unzulässig, sofern sie nicht durch ihre Lage an geschützten Örtlichkeiten vor Verunreini-gungen und Infektionen behütet sind. Hierbei ist es völlig gleich-gültig, ob die Bakterienzahl in dem betreffenden Brunnen hoch oder niedrig ist, ob sich viel oder wenig Coli finden.

Man kann die Frage aufwerfen, ob die Anwesenheit größerer Mengen Coli in einem solchen Brunnen nicht eine drohende augen-blickliche Gefahr bedeute. Eine solche liegt vor, wenn an dem Ort eine durch Wasser übertragbare Krankheit besteht, und wenn die Coli, die sich gerade im Brunnenwasser befinden, menschlichen Fäkalien entstammen, was aus örtlichen und sonstigen Verhält-nissen zu folgern ist. Man wolle berücksichtigen, daß die Bakterien meistens von oben in die Brunnen gelangen, sei es, daß sie von der Erdoberfläche durch undichte oder fehlende Eindeckungen direkt in den Brunnen laufen oder, nur die obersten Bodenschichten durchsetzend, in den Brunnen hineinsickern. Daß die Bakterien von seitwärts liegenden, undichten Gruben und Miststätten aus einwandern, dürfte selten sein, soweit nicht der Boden aus grobem, weitporigem Material besteht oder von weiteren Spalten durchsetzt ist und die Wasserentnahme beträchtlich ist.

Liegt ein solcher Verdacht vor, der durch die chemische Analyse verstärkt werden kann, so ist der Brunnen auszupumpen, gründlich von seinem Schlamm zu reinigen, zu desinfizieren und, nachdem die übrigen Eintrittsmöglichkeiten für die Coli beseitigt

sind, wiederholt auf Coli zu untersuchen; hier erfüllt die Coliprobe gut ihren Zweck.

Wo die örtliche Besichtigung des Brunnens und seiner Umgebung, wo die chemische Untersuchung ein zweifelhaftes Resultat
ergibt, wo auch die Feststellung der allgemeinen Keimzahl nicht
viel besagt, da kann, wie Savage und Fromme nachweisen,
die Feststellung der Colizahl zuweilen noch helfen. Ersterer
begnügt sich dabei jedoch nicht mit dem Coli typicum, er läßt
vielmehr auch die atypischen Formen zu ihrem Recht kommen.
Es wäre töricht, in zweifelhaften Fällen nicht zu versuchen, durch
die Coliprobe sich Klarheit zu verschaffen.

Man sieht, daß die Colibestimmung Wert hat, aber meistens
nur unter Berücksichtigung aller Verhältnisse. In Deutschland,
besonders aber im Ausland, macht sich zurzeit ein Streben bemerkbar, den gesundheitlichen Wert eines Wassers nur oder hauptsächlich nach der vorhandenen Colizahl zu bewerten. Gern ist
zuzugeben, daß diejenigen Autoren, die sich hauptsächlich
mit der Colifrage beschäftigt haben, sich hüten, den Wert des
Colibefundes zu überschätzen, aber die Schar ihrer Jünger tut das
zum Teil in erheblicher Weise und vernachlässigt die örtlichen
und sonstigen Bedingungen, trotzdem die Führer der Bewegung
sie berücksichtigt wissen wollen.

Die Coliprobe ist oft recht nützlich, sie ist aber mit Vorsicht
zu betrachten, und zu ihrer Beurteilung ist nicht die tote Zahl,
sondern eine auf Kenntnis des Ortes und aller in Betracht kommenden Umstände gestützte Überlegung unbedingt erforderlich.
Ist diese vorhanden, so werden wir vor der Idololatrie des Bact.
coli, die drohend vom Ausland her zu uns hinüberschaut, bewahrt
bleiben, das Gute der Probe ausnutzen und die Übertreibungen,
das Schädliche, vermeiden.

J.
Die örtlichen Schutzmaßnahmen für die Wasserentnahmestellen, Schutzzonen, Fassungen, Reservoire, Rohrleitungen. Desinfektion von Brunnen und Wasserleitungen.

Als von der „Beurteilung der Wässer nach ihren örtlichen und sonstigen Verhältnissen" die Rede war, ist das uns hier beschäftigende Kapitel bereits gestreift worden und es sei, um Wiederholungen zu vermeiden, auf den erwähnten Abschnitt hingewiesen.

I. Die Schutzmaßnahmen bei Regenwasser.

Die zutreffenden Schutzmaßnahmen bei der Verwendung von Regenwasser sind bereits S. 123 u. f. in vollem Umfange besprochen worden, als von den Zisternen die Rede war.

II. Die Schutzmaßnahmen bei Grundwässern.

1. Die Maßnahmen, welche sich auf die weitere Umgebung der Brunnen beziehen.

Im Diluvium und Alluvium, wo ein echtes Grundwasser in unendlich vielen feinsten Poren steht oder sich langsam bewegt, ist eine Gefährdung des Wassers durch Krankheitserreger auf weitere Strecken hin kaum denkbar. Die Unterbringung des menschlichen Unrates in dem weiter entfernt liegenden, noch tributären Gebiet von Brunnen ist erheblich weniger gefährlich als dort, wo eine dünne Ackerkrume ein zerklüftetes Gebirge bedeckt.

Industrien mit differenten, schwer zersetzlichen Abwässern, z. B. Gasanstalten, Holzkonservierungsanstalten und dergleichen, sind gefährlicher; sie sollen auf weite Entfernungen von den Wasserentnahmestellen ferngehalten werden, da ihre Produkte sehr lange haltbar sind. Zudem müssen sie angehalten werden, ihren

Abwässern und ihrem Haldenmaterial die schädigenden Substanzen zu nehmen, bevor erstere abgeführt, letztere aufgeschüttet werden dürfen. Das Einlassen differenter Abwässer in den Boden ist nicht zu gestatten.

Auch sollen die Abwässerkanäle den Wasserentnahmestellen fernbleiben. Sie können zerbrechen oder undicht werden und ihren Inhalt in die Nähe der Entnahmestelle für das Trinkwasser gelangen lassen. Gewiß ist gleichkörniger Sand ein gutes Filtrationsmaterial, aber durchaus nicht überall ist er vorhanden.

Selbstverständlich müssen die Abortgruben, Jauchegruben und dergleichen in Städten und Dörfern wasserdicht sein, wenn das Trinkwasser dem Untergrund der Ortschaften entnommen wird; denn wenn auch die Infektionserreger durch den Boden abgefangen werden, so gehen doch die gelösten Substanzen durch und machen das Wasser unappetitlich, widerlich.

Überschwemmungen in größerer Entfernung von den Brunnen sind ohne Belang, wenn der Boden gut filtriert und dem Flußwasser keine schädlichen gelösten Substanzen beigemischt sind.

2. Die Maßnahmen, welche sich auf die nähere Umgebung der Brunnen beziehen.

Die eigentliche Schutzzone für zentrale Wasserversorgungen soll im Alluvium oder Diluvium das Depressionsgebiet umfassen. Wo jedoch die Absenkung gering ist, sei es wegen weiterer Poren und Hohlräume im Boden, sei es wegen der geringen Inanspruchnahme der Brunnen, da muß das Schutzgebiet über die Depressionszone hinausgehen. Ist die deckende Erdschicht über dem Grundwasser schwach oder filtriert sie nicht gut, so ist ebenfalls eine ausgiebig große Schutzzone zu beschaffen.

Jede Ablagerung von Unrat innerhalb dieses Distriktes, die Aufbewahrung oder gar Aufbereitung von menschlichen Fäkalien, das Durchleiten von städtischen Ab- oder sonstigen Schmutzwässern, selbst in angeblich wasserdichten Röhren, werde vermieden, differente Abwässer und Abfälle der Industrie müssen diesem Gebiet fern bleiben.

Das Aufgraben oder Umwühlen des Bodens bis in größere Tiefen und besonders bis in das Grundwasser hinein, ist nicht zu gestatten. Ebensowenig sollen in dem Gebiet der Schutzzone, welches nahe an die Brunnen herankommt, tiefwurzelnde Pflanzen angebaut werden; denn sie öffnen bei ihrem Zerfall zahlreiche

bequeme Wege oft bis zum Grundwasser herunter, worauf in dem
Kapitel „Grundwasser", S. 220, näher eingegangen worden ist.

Der Übertritt von Oberflächenwasser in das Gebiet der De-
pressions- oder Schutzzone werde durch Begradigung des Wasserlaufes, Schaffung besseren Gefälles, einen besseren Verschluß, Ab-
weisung des Wassers durch Schutzdämme und nach sonstigen
Regeln der Technik verhindert. Ist dies jedoch nicht möglich, so
möge durch ein recht langsames, gleichmäßiges, ununterbrochenes
Pumpen, mit geringstem Senken des Grundwasserspiegels, das rasche
Eindringen dieses unsicheren Wassers in die Brunnen verhütet
werden. Wenn irgend angängig, pumpe man beim ersten Ansturm
der Überschwemmung nicht, sondern beginne erst, wenn sich ein
gewisser Beharrungszustand im Boden ausgebildet hat. Das Wasser
ist dann weniger trübe, weniger bakterienreich, und die möglicherweise mit dem Flußwasser eingedrungenen pathogenen Keime sind
zur Ruhe gelangt, haben sich auf oder in der Erde abgelagert.
Die Anlagerung wird erst aufgehoben, wenn das Wasser rascher
durch die Poren fließt; dazu kommt es jedoch bei langsamem
Pumpen nicht.

Die für ein Grundwasser gefährliche Zone muß in den Besitz
der Wasserwerksverwaltung übergehen, sonst ergeben sich zuweilen
schlechte Verhältnisse. Eine große Stadt Norddeutschlands hat vor
etwa 50 Jahren zwei Wasserleitungen angelegt. Das Wasser der
einen wurde durch Sickerrohre in kleinen Tälern zwischen Hügeln
gewonnen, zu deren Bau hauptsächlich die Gletscher Skandinaviens
beigetragen hatten. Die Versorgung lieferte ganz unabhängig von
Jahreszeit und Witterung ihre 10 000 cbm täglich. Die Rohre
waren damals ziemlich flach gelegt worden und die Stadt hatte nur
das Recht erworben, daß zu beiden Seiten der Rohre auf je eine
Entfernung von 3 m kein fester Bau errichtet werden durfte, und
sie jederzeit gegen Schadenvergütung an die Rohre heran konnte.
Im Laufe der Jahre waren aus den ursprünglich sauren Wiesen
durch die stete Wasserentnahme gute Wiesen und dann aus diesen
strichweise gutes Ackerland geworden. Die Wasserentnahme hatte
also den Boden wertvoller gemacht. Selbstverständlich wurde
tüchtig gedüngt, ohne jede Rücksicht auf die Wasserversorgung.
Das wäre vielleicht nicht so schlimm gewesen, denn die festen
diluvialen Sande filtrierten gut. Aber nun fing man an, in dem
Fassungsgelände nach Findlingen zu suchen und das Erdreich bis
an die Sammelrohre aufzuschlitzen und schlecht wieder zuzufüllen.
Der Stadt blieb nichts anderes übrig als den Boden, den sie vor
50 Jahren billigst hätte erwerben können, nun für schweres Geld

zu kaufen und ihre eigene Meliorationsarbeit den Besitzern zu vergüten.

Noch schlimmer erging es der Stadt mit ihrer zweiten, der
Stadt näheren, aber weniger Wasser liefernden Versorgung. Die
Fassungen (Sickerrohre) lagen in einem Tälchen unweit der Stadt,
die Vertragsbedingungen waren den eben angeführten gleich. Die
Stadt vergrößerte sich; es entstanden Villenvorstädte und eine
Terraingesellschaft erwarb das Tälchen. Sie reichte der Stadt
einen Bebauungsplan ein, nach welchem die Sammelstränge in der
Mitte der Straße lagen; sie waren also nicht fest überbaut, rechts
und links von ihnen waren die Häuser mit ihren Abortgruben ge-
zeichnet. Der Sturm der Entrüstung auf dem Rathaus war zwar
stark, konnte aber an den Rechten der Gesellschaft nichts ändern.
Exempla docent.

In einem anderen Falle hatte eine Stadt einen schriftlichen
Kontrakt geschlossen, wonach das Wassergewinnungsgelände, Wiesen,
nicht mit natürlichem Dünger gedüngt werden durften. Nach einigen
Jahren hatten die Bauern das aber vollständig vergessen. Es kam
zum Prozeß und nun wurde behauptet, der Wasserwerksdirektor
habe bei der Unterzeichnung jenes Kontrakts gesagt, die Vorschrift sei nicht so ernst gemeint. Der Direktor gab dann unter
Eid an, er habe das nicht behauptet. Mit großen Herren ist
schlecht Kirschen essen — mit Bauern auch.

Die erworbene Schutzzone muß unter dauernder Kontrolle
bleiben; auch kann es sich empfehlen, sie ganz oder teilweise ein-
zuzäunen.

Gelangen verunreinigende oder infizierende Stoffe in die Depressionszone, so sind sie um so gefährlicher, je näher zum Brunnen
sie deponiert werden. Die nächste Nähe der Brunnen bedarf
daher des intensivsten Schutzes; daher sollen die Brunnen in einem
Umkreis von mehreren Metern umzäunt oder gepflastert, mit einer
starken Zementschicht oder mit Tonschlag umgeben werden, entsprechend den Verhältnissen.

Die „Schutzzone" der Hausschachtbrunnen kann an sich klein
sein, da bei der gewöhnlich geringen Menge des entnommenen
Wassers das Depressionsgebiet klein ist. Im allgemeinen muß man
sich schon zufrieden geben, wenn die Umgebung des Brunnens
sauber ist und wenn sich Schmutzanhäufungen nicht in seiner un-
mittelbaren Nähe befinden. Abortgruben, Jauchegruben, Miststätten,
Stallungen mit durchlässigen Böden sollen mehr als 10 m von dem
Brunnen entfernt sein, ausgehend von der Idee, daß die Depressionszone meistens nicht weiter reicht, die Krankheitskeime also nicht

lebend diesen Weg passieren. Das Waschen am Brunnen darf
nicht gestattet werden. Gut ist es, wenn der Brunnen nicht auf
dem Hofe zu stehen braucht, wenn er in den Garten gebracht
und mit einem Fleck Rasen umgeben werden kann, ohne den
eigenen und den nachbarlichen Dungstätten usw. zu nahe zu kommen.
Auf die Notwendigkeit der Dichtheit aller Schmutzstätten ist schon
hingewiesen. Schmutzwasserrinnen irgend welcher Art dürfen nicht
an dem Brunnen vorbeiführen. Auf S. 421 bis 428 ist angegeben
worden, was betreffs der Örtlichkeit zu beachten ist; daraus folgt
zugleich, was zu verlangen ist.

Beherzigenswert ist eine Beobachtung von Spät in Prag.
Nach Fortnahme einer deckenden Lehmschicht war in der Umgebung eines Brunnens eine schwere, ganz lokale Typhusepidemie
mit mehr als 100 Kranken aufgetreten. Spät ließ darauf den
benachbarten, 120 Schritte entfernten, etwa 6 m tiefer liegenden
Brunnen des Garnisonlazarettes schließen, trotzdem dieser bis dahin
ein chemisch und bakteriologisch gutes Wasser gegeben hatte. In
Zwischenräumen von fünf bis sechs Tagen wurde das Brunnen-
wasser weiter untersucht; zunächst blieb es gut, dann stieg die
Keimzahl auf 100, 500 und auf 5000. Zugleich mit dieser hohen
Zahl trat Ammoniak und salpetrige Säure in großer Menge auf.
In fünf Wochen war also das Wasser unter dem Druck von 6 m
Wassersäule von dem einen zu dem anderen ungefähr 100 m ent-
fernten Brunnen übergetreten.

3. Die Schutzmaßnahmen, welche sich auf die Brunnen beziehen.

Die Konstruktion der Brunnen ist durch eine Forderung bestimmt, welche lautet: „Oberflächenwasser oder dicht unter der
Erdoberfläche befindliches Wasser darf in die Brunnen nicht hinein-
dringen können, nur das eigentliche, tiefstehende, reine Grundwasser soll eintreten."

Am besten entsprechen dieser Anforderung die Rohrbrunnen;
ihre Wandung ist wasserdicht; da die Pumpe mit dem Rohr dicht
verbunden sein muß, so ist gewissermaßen die Unmöglichkeit des
Wassereintrittes von oben garantiert. Dennoch dringt zuweilen, allerdings nur in der ersten Zeit, Oberflächenwasser ein; wenn nämlich
der Brunnen gerammt wird, so vibriert das Rohr bei den Schlägen,
es liegt also dem gewachsenen Boden dann nicht fest an. Den
dichten Anschluß erreicht man durch Umgießen des Rohres mit
aufgeschwemmtem Ton, dem feiner Sand beigemischt ist. Rohrbrunnen haben außerdem das Gute, daß sie im allgemeinen billig

sind, und daß man mit ihnen leicht das Wasser aus einer bestimmten Tiefe entnehmen kann. Um den Sauger bildet sich durch das Auswaschen des feinen Sandes eine Höhlung, welche gewissermaßen als Reservoir dient. Sie vermindert außerdem die Schnelligkeit des eintretenden Wassers, wodurch wiederum das Hineingelangen von Ton und feinem Sand in das heraufgepumpte Wasser verhindert wird. Groß sind die Kessel der kleinen Rohrbrunnen nicht, und dort, wo größere Mengen Wasser plötzlich verlangt werden, genügt ein einzelner Rohrbrunnen meistens nicht, besonders nicht in feinkörnigem Boden, weil dort das gewünschte Wasser zu langsam zufließt. Über die Konstruktion der Rohrbrunnen, ihr Zusetzen durch Inkrustationen ist bereits S. 102 gesprochen worden.

Bei starkem Wasserbedarf und feinerem Korn oder dort, wo man größere Schnelligkeit in der Wasserbewegung nicht wünscht, und in manchen anderen Fällen, verwendet man entweder zu Reihen angeordnete Rohrbrunnen, von welchen der einzelne, der vermehrten Zahl wegen, wenig beansprucht wird, oder Schachtbrunnen.

Zu diesen eignen sich Zementrohre oder Mauerwerk aus sehr fest gebrannten Ziegeln in Zement. In seinem unteren Teil mag der Brunnen seitliche Eintrittsöffnungen haben, in den obersten 3 bis 4 m soll er dicht sein. Befindet sich der Brunnen aber nicht unter sehr guten Bedingungen, steht z. B. das Grundwasser hoch, sind plötzliche Anstiege desselben zu erwarten, dann werde er bis unten wasserdicht heruntergeführt, so daß alles Wasser, von unten eintretend, einen weiten Weg durch den Erdboden zurücklegen muß.

Die Eindeckung solcher Brunnen muß die bei den Quellschächten beschriebene sein.

Werden Heberleitungen durch grundwasserführende Schichten hindurchgelegt, so sind sie wiederholt darauf zu prüfen, ob sie wasserdicht sind, damit nicht unbemerkt ein mindestens unsicheres Wasser eindringe. Die Sammelbrunnen usw. müssen alle, wie vorstehend angegeben, dicht gemacht sein, so daß weder von der Seite noch von oben Wasser eindringen kann. Gummipackungen für die Deckel eignen sich nicht, da sie zerfallen und dann allerlei Getier und dem Regenwasser usw. den Eintritt gestatten. Es sind aufgeschliffene Deckel zu verwenden.

Die Hausschachtbrunnen müssen ebenfalls wasserdicht konstruiert sein, in ähnlicher Weise wie die Zentralbrunnen. Man umgibt zuweilen das Mauerwerk von außen bis auf 2 bis 3 m herunter mit einem Tonmantel; das gleiche tut man übrigens auch

bei den Zentralbrunnen, wenn das Grundwasser hoch steht, oder
Überflutungen, Eindringen von Schmutzmassen u. dgl. zu fürchten
sind. Ferner ist es notwendig, jeden frisch gebauten Schachtbrunnen
von außen mit Ton und feinem Sand sorgfältig einzuschlämmen,
um so einen dichten Anschluß einerseits an das Maueɪwerk, andererseits an das Erdreich zu bekommen, damit nicht Schmutzwasser
direkt neben dem Brunnen bis zur Sohle herunterlaufe.   Der
Brunnenschacht werde, entsprechend der schon von Rob. Koch
gegebenen Vorschrift, etwa 30 cm über den Erdboden wasserdicht
emporgezogen, um so den Eintritt von Unreinlichkeiten möglichst
zu verhindern; der Deckel bestehe nicht aus Holz oder Stein,
sondern aus einer Eisenplatte, deren Rand umgeschlagen ist und
die etwa 5 cm weit über das Mauerwerk herüberfaßt, oder aus
einer ähnlich konstruierten Zementplatte.   Soll der Brunnen ver-
senkt werden, so wölbt man ihn zu bis auf ein großes Mannloch
und deckt den ganzen oberen Teil mit fettem Ton ein.

Die Pumpe stehe, wenn angängig, neben dem Brunnen, das
geschleifte Pumpenrohr werde innerhalb der Brunnenwand in Ton
gebettet. Wo eine Saug- und Druckpumpe angelegt wird, geht
das nicht, aber man kann die Pumpe dicht an den Rand des
Brunnens heranrücken, so daß sowohl der Pumpenschwengel als
der Auslauf zu bedienen sind, ohne daß der Deckel des Brunnens
betreten werden muß.

Die Umgebung des Brunnens werde schwach kegelförmig an-
gehöht, gepflastert oder mit einer dicken Betonschicht bedeckt.
Eine wasserdichte Rinne in Halbrohren oder aus in Zement gesetzten Steinen bestehend, führe das Überlaufwasser glatt aus der
Umgebung fort, bis zur Vorflut oder so weit, daß es nur nach
guter, ausgiebiger Filtration im Brunnen wieder erscheinen kann.

Zuweilen macht man selbst neue Brunnen bis oben hin durchlässig, in der Absicht, das hochstehende Wasser zur Verfügung
zu haben. Das ist unrichtig, denn das hochstehende Wasser ist
leicht infizierbar, jedenfalls unsicher; sodann hat man es in feuchter
Zeit nicht nötig und in trockener Zeit fehlt es zuerst. Auch höher
stehendes Wasser dringt von unten her in den Brunnen
hinein; aber man nutzt dann vorher die Filterkraft des
Bodens aus, um die Suspensa und mit ihnen die Bakterien
abzufangen.

Nur ein verschwindend kleiner Teil der jetzt bestehenden
Hausbrunnen entspricht den hygienischen Forderungen. Die offenen
oder schlecht eingedeckten Pumpbrunnen sind noch die Regel, auch
offene Schöpf- und Ziehbrunnen sind häufig, ebenso Holzpumpen.

Um sie zu beseitigen, sind zentrale Wasserversorgungen das beste Mittel, nur stößt man bei fast allen Gemeinden, die im Ort die genügende Menge Wasser haben, auf die größten Schwierigkeiten, denn die Beschaffenheit des Wassers ist den Leuten ganz einerlei. Man fürchtet die Ausgabe für die Ersteinrichtung und die laufenden Ausgaben für das Heben des Wassers. Betreffs der letzteren haben die Überlandzentralen die Schwierigkeiten erheblich abgemindert; auch die neuen Motore arbeiten sehr billig. Nur langsam wird in dieser Richtung fortgeschritten werden können.

Die Besserung der bestehenden Brunnen ist schwierig. Schon vor 25 Jahren ist vorgeschlagen worden, die schlechten, unsicheren Schachtbrunnen dadurch zu brauchbareren Rohrbrunnen zu machen, daß man nach sorgfältiger Reinigung groben Kies und Steinschlag bis zur Höhe des Wasserspiegels einbringt und einen Rohrbrunnen hineinsetzt. Oberhalb des obersten Wasserspiegels werden Eisenschienen durchgelegt, darauf kommt eine Stein- oder Betonplatte, dann wird mit Sand bis oben hin zugefüllt und zuletzt um das Rohr herum gepflastert. — Ob viele Brunnen in dieser Art umgebaut worden sind, ist uns nicht bekannt geworden.

Man kann auch zuweilen das alte offene Mauerwerk herausnehmen lassen und den Brunnen von unten an in solidem Mauerwerk, wie vorhin beschrieben, ausführen und eindecken lassen, oder Betonringe einsetzen, ohne das Mauerwerk fortzunehmen und den Zwischenraum mit Zement ausfüllen. Derartige Verbesserungen sollen jedoch von der Vorschrift, die Dungstätten, Abortgruben, Stallungen usw. dicht zu machen und den Bezirk um den Brunnen herum rein zu halten, begleitet sein.

III. Die Schutzmaßnahmen bei Quellwässern.

1. Die Maßnahmen, welche sich auf die weitere Umgebung beziehen.

Bei den Quellen muß auch die weitere Umgebung, soweit angängig, von schädigendem Material freigehalten werden. Insbesondere dürfen differente oder infizierbare Abraumstoffe nicht direkt in das rinnende Wasser des Untergrundes hineingebracht werden, wie das z. B. geschieht, wenn dörfliche oder industrielle Abwässer in Erdfälle oder Erdspalten hineingeleitet werden, die in den Kalken des Jura, der Kreide usw. häufig sind. Es sei daran erinnert, daß im Gebiete der Vanne in die abîmes de Joncheroy eingeschüttete Hefe in den 11,7 km entfernten Quellen in fünf bis sechs Tagen erschien und daß nach dem Ohlmüllerschen

Bericht die im Tal der Innerste in Felsspalten geschütteten Abwässer von Chlorkaliumfabriken die mehr als 20 km entfernten
Quellen verdarben.

Ist das tributäre Gebiet Wald ohne menschliche Ansiedelungen,
so liegt in ihm ein großer natürlicher Schutz. Bei Quellen, die
aus Wiesen und Äckern bei oder unterhalb menschlicher Ansiedelungen hervorbrechen, ist dahingegen infolge der Möglichkeit des
Hineingelangens von Fäkalien eine Infektionsgefahr vorhanden.
Ihre Abschätzung stützt sich, wie S. 428 f. angegeben, zumeist auf
die örtlichen Verhältnisse. Betreffs der sonstigen Eigenschaften
der Quellwässer sei erwähnt, daß möglichst nur Quellen benutzt
werden sollen, die in ihrer Temperatur, ihrer chemischen Beschaffenheit, ihrer Schüttung gleichmäßig, die keimfrei oder keimarm sind.
Leider sind solche Quellen im zerklüfteten Gebirge Seltenheiten,
in den Schutthalden, welche einigen Gebirgen vorgelagert sind,
finden sie sich häufiger.

Dann folgen die Quellen, welche nur eine mäßige Menge
von Bakterien führen, die zurzeit von Regen und Schneeschmelze
nicht zu erheblich ansteigen. Ist die Zahl der Colibazillen gering
und steigt sie durch Regengüsse u. dgl. nicht stark an, so darf
man das auch als ein günstiges Zeichen ansehen.

Allerdings sind die meisten Quellen in ihrer Schüttung und in
ihrer bakteriologischen Reinheit sehr wechselnd. Bei ihnen kommt
es darauf an, die Gefahr der Infektion so gering wie möglich
zu machen. Da in der Infektion mit Typhus die Gefährdung liegt,
so ist es von der größten Wichtigkeit, daß der Kampf gegen den
Typhus auf der ganzen Linie der werktätigen Hygiene weiter-
geführt und die besonders auf den Typhusstationen im Westen
des Reiches gemachten Erfahrungen überall berücksichtigt werden.
Von erheblicher Bedeutung sind in dieser Beziehung die bakteriologischen Untersuchungsstellen, die den Ärzten in der sicheren
und frühen Stellung der Typhusdiagnose behilflich sind und so
eine zielbewußte, rasche Desinfektion ermöglichen. Je weniger
Typhus in einer Gegend vorkommt, um so freier ist man in der
Benutzung der Quellen.

Leider sind wir noch nicht soweit, daß wir den Abdominal-
typhus als eine fremde Krankheit ansehen können, wie z. B. den
Flecktyphus, und es ist wegen der bei Typhus so häufigen Bazillenträger sehr fraglich, ob wir überhaupt dazu kommen; wir müssen
daher mit dem Typhus als mit einer stets nahen Gefahr rechnen.
Daraus folgt, daß in den ·Gebieten, welche den Trinkquellen tributär sind, besondere Maßnahmen gegen die Infektion mit Typhus

ergriffen werden müssen. Am großartigsten ist in dieser Beziehung das Vorgehen der Stadt Paris. Die ganzen weiten Gebiete des Senons und Turons, denen ihre Quellen entspringen, stehen unter ärztlicher Aufsicht. Jeder typhusverdächtige Fall wird sofort von den Ärzten gemeldet, die Abgänge werden unverzüglich desinfiziert, ebenso die von dem Patienten benutzten Abortgruben, der Kranke selbst wird auf Kosten der Stadt Paris dem Hospital überwiesen. Die Abortgruben in dem tributären Gebiet sind dicht hergestellt; das Einlassen irgend welcher Schmutzstoffe in die Erdstürze und Schlünde ist untersagt; soweit als möglich werden diese Aufnahmestellen für Unreinlichkeiten und Oberflächenwasser zugefüllt.

2. Die Maßnahmen, welche sich auf die nähere Umgebung beziehen.

In der näheren Umgebung der Quellen soll eine Schutzzone errichtet werden, die von allen die Beschaffenheit des Quellwassers ungünstig beeinflussenden Faktoren freizuhalten ist. Die Größe der Zone läßt sich oft schwer umgrenzen; allgemeine Regeln kann es nicht geben. Größe und Form wechselt vielmehr nach der Örtlichkeit, nach dem Streichen und Fallen der Schichten.

Man wird eine Schutzzone nicht auf ein Gelände hinaufschieben, welches der Gebirgsformation und den sonstigen Umständen nach kein Wasser an die Quelle abgeben kann.

Gewöhnlich wird der größere Teil der Schutzzone oberhalb der Quelle liegen müssen; ihre Erstreckung nach rechts und links, also ihre Breite, ist ganz und gar von den örtlichen Verhältnissen abhängig. Ist das Tal eng, die Quelle klein, sind die Hänge schroff, so dürfte die seitliche Ausdehnung durch die Hänge begrenzt sein. Die Höhen- oder Längenausdehnung der Zone richtet sich nach der Entfernung des Quellhorizontes oder des Spaltennetzes von der Erdoberfläche, nach der Art der letzteren und nach der Filtrationsfähigkeit des die unterirdischen Zuflüsse deckenden Bodens. Je oberflächlicher das Wasser fließt, je grobporiger oder zerklüfteter die übergelagerten Schichten sind, um so weiter muß das Schutzgebiet ausgedehnt werden. Je tiefer die Quellzuflüsse liegen, je undurchlässiger der Boden ist, um so kleiner kann es sein. Schon eine tiefliegende, wenige Zentimeter starke Schicht fetten Tones vermag das Oberflächenwasser von der Tiefe zurückzuhalten; die Frage ist nur, ob die Schicht nicht an verschiedenen kleineren und größeren Stellen fehlt, oder durch den Menschen beseitigt ist und beides ist häufig der Fall. Aus diesem Grunde

darf man erst eine mehrere Meter starke Lehm- oder Tonschicht
als wenig durchlässig annehmen, und auch nur dann, wenn sie
nicht eingelagerte Züge von Steinen, z. B. Feuersteinen oder Kalk-
steintrümmern, enthält, welche das Wasser wie in einer Drainage in
die Tiefe führen, und wenn sie nicht unter Kultur steht bzw. mit
Pflanzen bestockt ist, die ihre Wurzeln durch sie hindurch senken.

Selbst bei gut überlagerten Quellen ist es gut, einen Schutzbezirk von 50 m Höhe über und je 25 m Seite rechts und links
von der Quelle zu erwerben. Wo das Gebiet unsicher ist, muß er
erheblich größer genommen werden.

Aus dem Gebiete der Schutzzone sollen ferngehalten werden
Stoffe, die Infektionserreger enthalten können, oder die das Wasser
in seiner Genuß- und Hausgebrauchsfähigkeit zu beeinträchtigen
vermögen. Es dürfen also keine Dungstätten, noch weniger Abortgruben, in der Zone vorhanden sein, selbst wenn sie wasserdicht
konstruiert sind, da solche Gruben doch im Laufe der Zeit undicht
zu werden pflegen, sofern sie nicht in. eine starke Schicht fetten
Tones hineingesetzt sind.

Gräben, welche z. B. Hausabwasser oder die zurzeit von Regen
aus den Miststätten usw. ausgespülte Jauche oder differente Abwässer von Betrieben und Industrien abführen, dürfen durch die
Schutzzone nicht hindurchgeführt werden; solche Wässer können
sogar gefährlich werden, wenn sie in wasserdichten Rohren oder
Halbrohren abgeleitet werden, da Verstopfungen vorkommen können
und das Schmutzwasser dann sich über das Gelände verbreitet.
Ein Beispiel dieser Art ist S. 472 angegeben; man hält also selbst
die wasserdichten Rohre besser von dem Schutzgebiet fern. Ebensowenig dürfen städtischer Abraum oder Halden von Industrien, die
differente Stoffe abgeben, in dem Schutzgebiet abgelagert werden.
Unerwünscht sind ferner Steinbrüche. Wo sie nicht vermieden
werden können, sind den Arbeitern Tonnen für Urin und Kot hin-
zusetzen. In regelmäßigen Zwischenräumen sind die Gefäße außerhalb des Gefährdungsbezirkes zu entleeren. Auch werde die Zone
vor dem Eindringen sogenannter wilder Wässer, also stark heran-
drängender Regen- oder Bachwässer und vor Flußüberschwemmungen
bewahrt.

Den Erwerb einer Schutzzone sucht man dadurch zu umgehen,
daß man Verträge macht, nach welchen der Besitzer der Wiese
oder des Ackers für sich und seine Rechtsnachfolger verspricht,
nur künstlichen Dünger zu verwenden. Solche Kontrakte werden,
wie die Erfahrungen lehren, regelmäßig schon nach wenigen Jahren
völlig ignoriert; es kommt dann zu großen Unannehmlichkeiten

und langwierigen Prozessen. Immer ist es richtig, das Gelände, wo das Wasser gewonnen wird, mitsamt dem Schutzbezirk, baldmöglichst in die eigene Hand zu bringen; je länger gezögert wird, um so schwieriger und kostspieliger ist später der Erwerb (zwei bezeichnende Beispiele sind S. 478 angegeben).

Die Schutzzone kann als Wiese bestehen bleiben, der aufgebrachte Kunstdünger schadet dem Wasser nicht. Auch kann sie aufgeforstet werden. In letzterem Falle sind Bäume zu wählen, deren Wurzeln nicht bis zur Tiefe der dort vielleicht liegenden Rohre (Sickerrohre) gehen dürfen, sonst dringen die Wurzeln zu leicht durch feine Öffnungen oder durch die Löcher der Sickerrohre ein und bilden sich zu den, die Rohre völlig verstopfenden Büscheln, den sogenannten Fuchsschwänzen, aus.

Man kann das Schutzgelände eventuell dem früheren Besitzer wieder verpachten, muß dann jedoch in den Vertrag aufnehmen, daß er der Pacht und des Wuchses verlustig geht, wenn er entgegen der Vorschrift düngt, oder das Land anders als zu dem erlaubten Zwecke verwendet.

Städte, welche ihr Wasser zentral dem eigenen Untergrund entnehmen, sind einer großen Gefahr ausgesetzt, sofern das Gebirge zerklüftet ist (s. S. 5). Es ist richtig, in einem solchen Falle die Entnahmestelle aus der Stadt hinaus zu verlegen; man kann darauf rechnen, auch dort das erforderliche Wasser zu finden. Wo eine Verlegung nicht möglich sein sollte, muß durch Polizeivorschrift die Einrichtung absolut dichter Abortgruben und Miststätten verlangt und ihre Dichtheit seitens der Behörde kontrolliert werden, was allerdings sehr schwierig ist. Noch besser ist es, die Städte zu kanalisieren, unter Einleitung der Fäkalien; das Sammelsystem ist in solchen Fällen dem Trennsystem vorzuziehen, da bei ersterem die Tagewässer sicherer abgeleitet werden, als bei letzterem. Aber es sei daran erinnert, daß wiederholt nach Undichtwerden von städtischen Abwasserkanälen das infektiöse Abwasser in die Wasserversorgungen eingedrungen ist und schwere Typhusepidemien auslöste. Große Vorsicht bei der Anlage ist somit unbedingt erforderlich.

Quellen dicht unterhalb eines Gemeinwesens kann man eine Schutzzone kaum geben. Die größtmögliche Sauberkeit auf Hof und Straße, gute, mit Gefälle verlegte Rinnsteine, wasserdichte Abort- und Mistgruben, sind die hauptsächlichsten, schützenden Einrichtungen, sofern man die Quelle nicht ganz aufgeben kann, was sehr zu empfehlen ist. Sollte Typhus im Orte vorkommen, so ist die Überführung der Erkrankten in ein Krankenhaus, die

ausgiebige, alsbaldige Desinfektion aller Abgänge und die Untersuchung der Familienmitglieder der Erkrankten (Bazillenträger,
Leichtinfizierte) notwendig.

3. Die Maßnahmen, welche sich auf die Quellfassungen beziehen.

Die Quellfassungen müssen so konstruiert sein, daß sie weder
von oben noch von der Seite Wasser durchlassen; sie sollen n u r
das Quellwasser eintreten
lassen, weiter nichts. Die
neueren Fassungen werden
in festen Steinen und
Zement oder in Beton ge-
baut und sollen, wenn
möglich, so tief heruntergeführt werden, daß sie,
das Trümmergestein
durchdringend, sich auf
den festen Fels aufsetzen
und das Wasser direkt
aus den Felsspalten ein-
dringen lassen.

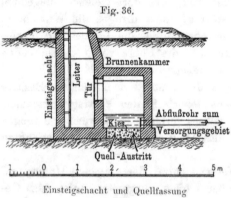

Fig. 36.

Einsteigschacht und Quellfassung
nach G. Thiem.

Sodann empfiehlt es sich, den Einsteigschacht neben die Quellstube
zu legen, wie in vorstehender kleiner Zeichnung gut angedeutet ist.

Wo der Quellschacht nicht so weit heruntergetrieben werden
kann, muß das Bauwerk so ausgeführt und eingebaut werden, daß
der Eintritt von Oberflächenwasser ausgeschlossen wird, oder es
muß das Oberflächenwasser sorgfältig abgewiesen und die nächste
Umgebung der Quellfassung in größerer Ausdehnung vor jeder
Verunreinigung, eventuell unter Einzäunung, geschützt werden.

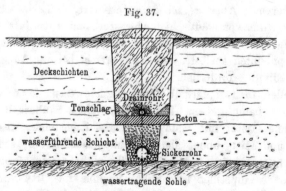

Fig. 37.

Einrichtung einer Sickergalerie nach G. Thiem.

Die Sickerrohre, welche die kleinen Quelladern aufzunehmen haben, sollen, wenn angängig, tiefer als 3 m gelegt, mit Steinschlag umgeben und mit einer Zementplatte oder Tonlage bedeckt sein. Die Betonplatten müssen fest gegen das seitliche, gewachsene Erdreich gesetzt und unter sich mit Zement verbunden sein. Es ist günstig, über die Zementdecke noch eine schwach nach unten gewölbte Tonschicht zu legen, welche nach außen verstärkt, an das gewachsene Erdreich angesetzt wird und die in der vertieften Mitte ein Drainrohr in Kies gepackt trägt, um von oben kommendes Sickerwasser abzufangen und an passender Stelle auszuschütten. Der Graben muß etwas überfüllt werden, damit beim Setzen des Erdreiches keine Oberflächenwasser aufnehmende Einsenkung entstehe. Tüchtiges Einschlämmen des über der Tondecke liegenden Materials ist erwünscht. Selbstverständlich darf auf dem Gelände, wo Sickerrohre liegen, nicht mit natürlichem Dünger gedüngt, insbesondere nicht gejaucht werden. Leider geschieht das bei den vielfach in Wiesen liegenden Sickerrohren recht häufig.

Für größere Quellen sind eingebaute selbsttätige Meßeinrichtungen sehr dienlich.

Wenn Quellen durch ihre Lage in oder an den Ufern von Wasserläufen gefährdet sind, so empfiehlt es sich, sie mehr landeinwärts zu fassen. Kleinere Wasserläufe kann man verlegen. Außerdem schützt man die Quellen gegen eindringendes Flußwasser durch entsprechende Bauwerke, Schließen von Spalten u. dgl., leider nicht immer mit vollem Erfolg. Die bakteriologische Untersuchung gibt hier die erforderliche Auskunft; sie muß jedoch vorgenommen werden bei rasch steigendem Fluß, wenn zugleich das Quellengebiet n i c h t durch starke Regen oder Schneeschmelze beeinflußt wird, weil sonst eine Konkurrenz zwischen den Flußbakterien und den vermehrt aus dem Quellgebiet kommenden Bakterien eintritt. Die chemische Analyse vermag dann gute Auskunft zu geben, wenn der Unterschied zwischen dem Fluß- und Quellwasser in der einen oder anderen Beziehung groß genug ist. Auch das Thermometer kann unter Umständen Beihilfe leisten. Dahingegen kommt man mit Färbungen oder Salzungen nur in besonderen Fällen zum Ziel.

Wenn Quellen nach Regengüssen trübe und bakterienreich werden, so ist die schlimmste Periode fast regelmäßig die des ersten Wasserandranges. Es muß daher dieses erste, unreinste Wasser dem Konsum entzogen, d. h. abgelassen werden. Zu dem Zwecke und auch, um die Quellstuben bequem reinigen zu können, müssen die Quellstuben mit einem Grundablaß versehen sein. Leider fehlt ein solcher zuweilen, weil es erhebliche Kosten machen kann,

mit den Abflußrohren die Vorflut zu erreichen; vom gesundheitlichen Standpunkt aus ist der Grundablaß jedoch zu verlangen. Der
Boden des Bassins soll von allen Seiten zu der vertieft gelegten
Mündung des Grundablasses Gefälle haben. Auch ist es richtig,
in gefährdeten Bezirken das andringende verunreinigte Quellwasser
zu sterilisieren durch Ozon, durch Chlorkalk oder auf andere Weise
(siehe Kapitel: „Sterilisierung und Desinfektion des Wassers").

Betreffs des Verschlusses der Fassung könnten wir uns eigentlich damit begnügen, die Forderung aufzustellen, sie müsse wasserdicht sein. Allein man sieht so viele schlechte Fassungen, besonders bei den kleineren Gemeinden, daß es lohnt, mit einigen
Worten auf sie einzugehen. Ganz ungeeignet sind die in Falzen
liegenden einfachen Holz- oder Eisenblechdeckel; sie halten nie
dicht und gestatten allerlei Getier leichten Eintritt. Letzteres ist
zwar gesundheitlich an sich nicht bedenklich, jedoch unappetitlich.
Dadurch, daß die Tiere ihre Gänge graben, eröffnen sie zugleich
dem Oberflächenwasser den Weg. Die leicht gewölbten, übergreifenden Deckel sollen ohne Dichtung, nur durch Anziehen von
Schrauben, so fest auf einen vorstehenden abgeschliffenen Gußring
angedrückt werden, daß kein Wasser eindringt. Die Verschraubungen sind so einzurichten, daß sie nicht durch Unbefugte geöffnet werden können; es gibt sehr praktische billige Verschlüsse.
Vorlegeschlösser sind zu verwerfen; sie halten weder dem Wetter,
noch der Zerstörungswut stand. Auch dort, wo der Eingang zur
Quellstube nicht von oben, sondern von der Seite ist, werden die
Türen besser mittels Verschraubungen verwahrt. Stets muß der
Eingang höher liegen als die Umgebung, damit nicht Oberflächenwasser unter der Tür durch in den Stollen oder die sonstige Fassung eintreten kann.

IV. Die Schutzmaßnahmen bei Oberflächenwässern.

Die Flußläufe sind die von der Natur gegebenen Rezipienten
für die flüssigen wie halbflüssigen Schmutzstoffe des menschlichen
Haushaltes. Mit dieser Tatsache muß man sich vom Standpunkte
der Trinkwasserhygiene aus abfinden. Das Streben muß aber
dahin gehen, nicht mehr Schmutzstoffe als unbedingt nötig ist, in
den Fluß hineinzulassen. Es ist ein voll gerechtfertigtes Streben,
daß man die Gemeinwesen veranlaßt, so viel zersetzbare Stoffe aus
dem Schmutzwasser herauszunehmen, daß der Fluß den Rest ver-
dauen kann. Das gelingt mit den zurzeit üblichen Methoden in
genügendem Maße. Dahingegen werden weder durch ein mecha-

nisches, noch durch ein biologisches Verfahren die in den Abwässern der Ortschaften enthaltenen Krankheitserreger beseitigt.
Auch ist es nicht möglich, das Abwasser einer ganzen Stadt
dauernd oder durch Monate hindurch zu desinfizieren. Andererseits ist der Typhus eine endemische Krankheit, und die Abwässer
großer Städte enthalten stets, wenn auch vielleicht nur wenige
Typhusbazillen.

Mit Rücksicht auf die tatsächlichen Verhältnisse, auf die im
Wasser enthaltenen Krankheitserreger und die Schmutzstoffe muß
man den bereits früher angegebenen Grundsatz aufrecht erhalten:
„Flußwasser ist kein Trinkwasser". Wo Gemeinden sich in der
Lage befinden, Flußwasser als Trinkwasser verwenden zu müssen,
da darf eine Anlage nicht fehlen, welche die Schmutzstoffe und
die pathogenen Bakterien „völlig oder bis zu einem geringen, keine
nennenswerte Gefahr mehr bietenden Grade" [1]) aus dem Wasser
herausnimmt. Zugleich muß das Streben dahingehen, ein möglichst
reines Rohwasser zu schöpfen.

Das Rohwasser offener Wässer und Stauseen soll dort entnommen werden, wo es der Verschmutzung am wenigsten ausgesetzt
ist; also bei Flüssen und Bächen oberhalb der Städte und möglichst
oberhalb der den Wasserläufen anliegenden Industrien, sofern diese
Unreinlichkeiten in den Fluß geben.

Die Fassungsstelle des Wassers liege außerhalb desjenigen
Stromstriches, welcher die Hauptmenge der schädlichen Stoffe mitbringt. Ausbuchtungen des Stromes können zur Entnahme recht
geeignet sein, denn an ihnen zieht die Flut der Schmutzstoffe vorüber, Tauchbretter und Überlaufbretter vor der Entnahmestelle
sind imstande, die schweren und leichten Unreinlichkeiten zu
einem Teil fernzuhalten. Sehr zu empfehlen sind besondere Ent-
nahmebecken, „Vorklärbecken", S. 537, mögen sie künstlich hergestellt oder unter Nachhilfe der natürlichen Bedingungen geschaffen sein. Die Becken seien möglichst zahlreich bzw. groß;
das Publikum werde von ihnen fern gehalten.

Um eine starke Herabsetzung der Keimzahl und ein Absterben
der meisten Typhusbazillen zu ermöglichen, ist ein Stau von ungefähr drei Wochen erforderlich. Wo es hauptsächlich darauf ankommt, die Trübungen auszuschalten, da genügt schon ein Stau von
einem bis mehreren Tagen. Vor allem gilt es, die Filter durch die
Becken von dem zuerst andringenden Wasser nach starken Regen-

---

[1]) Erläuterungen zu Nr. 3 der Anleitung für die Einrichtung, den Betrieb
und die Überwachung öffentlicher Wasserversorgungsanlagen usw., Bundesratsbeschluß vom 16. Juni 1906; siehe S. 622.

güssen frei zu halten, denn dieses ist am stärksten verunreinigt, am stärksten infiziert. Von dem einfachen Mittel der Einschaltung von Becken machten auch die Bauern eines Juratales in Sigmaringen mit Erfolg Gebrauch, um ihre Rinder gegen Milzbrand zu schützen, die sie, in Ermangelung anderen Wassers mit einem Bachwasser tränken mußten, welches durch eine oberhalb liegende Gerbereistadt stark mit Milzbrandsporen infiziert war. Sie hatten bemerkt, daß ihre Tiere gerade dann fielen, wenn sie das Bachwasser getrunken hatten, welches durch den infolge schwerer Regen beweglich gemachten, sonst am Bachboden liegenden, aus den Gerbereien stammenden Schlamm verunreinigt war.

Wo die Becken, die bei reinem Wasser zu füllen, bei dem drohenden Zufluß trüben Wassers zu schließen sind, nicht groß genug gemacht werden können, läßt sich die Absetzung der Suspensa und mit ihnen eines sehr großen Teiles der Bakterien durch Zusatz von schwefelsaurer Tonerde erreichen. Ihre Menge muß empirisch festgestellt werden, sie pflegt aber bei selbst stark schmutzigem Wasser 20 g pro Kubikmeter nicht oft zu überschreiten. (Das Nähere über Becken und Zusätze siehe S. 537 bis 547.)

Badeanstalten, in welchen bekanntlich viel Wasser „geschluckt" wird, sollen ganz ähnlich liegen, wie die Entnahmestellen für ein Wasserwerk.

Soll das Wasser aus einem See geschöpft werden, so gelten die gleichen allgemeinen, vorhin angegebenen Regeln. Man vermeidet die Fahrlinien der Schiffe. Bei fertiggestellter Anlage muß die Wasserpolizei dafür sorgen, daß neue Verunreinigungen, z. B. durch Einrichtung anderer Anlegeplätze für die Fahrzeuge u. dgl., ferngehalten bleiben. Man vermeidet solche Stellen, in deren Umgebung Kanaleinlässe, Bach- und Flußeinläufe ausmünden, oder wo der Wellenschlag noch seinen Einfluß ausübt. Dann geht man sowohl mit Rücksicht auf das Schöpfen „alten" Wassers, welches durch sein Verweilen im See seine mitgebrachten Bakterien abgegeben hat, als auch auf die erhöhte Genußfähigkeit und die gleichmäßig kühle Temperatur mit der Entnahmestelle tief herunter.

Ganz ungehörig ist es, wenn Städte ihr Abwasser in denselben See leiten, aus welchem sie ihr Trinkwasser entnehmen, es sei denn, daß die Einleitung der Abwässer und die Schöpfstelle des Trinkwassers so weit auseinanderliegen, daß durch den Abfluß des Sees oder durch seine Strömungen ein Übertritt von Schmutzwasser in die Entnahmezone zu jeder Jahreszeit, bei jedem Wind, jeder Flut, kurz unter allen Umständen ausgeschlossen ist. In

Nordamerika und Kanada ist in dieser Richtung früher nicht vorsichtig genug verfahren worden. Als die Städte klein waren, ging es noch an, daß an dem einen Ende der Stadt das Schmutzwasser eingeleitet und am anderen das Trinkwasser abgesogen wurde. Als jedoch die Städte mit Riesenschritten wuchsen, die Abgabe von Schmutzwasser und der Bedarf für Reinwasser in gleichem Maße stiegen, entstanden Unzuträglichkeiten, die sich fast überall in einer erheblichen Typhusmorbidität bemerkbar machten. Man ist jetzt mit regstem Eifer dabei, die Verhältnisse zu bessern. Zunächst wird fast überall das Trinkwasser gechlort. An manchen Stellen werden zudem die Abwässer mit Chlorkalk versetzt, wodurch, wenn auch keine vollständige Sterilisation, doch eine erhebliche Reduktion der Bakterien, einschließlich der Colibazillen erreicht wird. Dann werden die Aus- und Einlässe für die beiden Wässer verlegt. Einige Sauger der Chicago-Wasserwerke liegen vier Meilen vom Ufer entfernt. Durch Reihen von Untersuchungen war vorher die Grenze der erhöhten Keimzahl im See und, was hier von besonderer Bedeutung ist, der Colizahl festgelegt worden. Ferner versucht man, wo das irgendwie angängig ist, die Abwässer von den Seen fernzuhalten; so hat die Stadt Chicago den Chicagofluß, welcher die Schmutzwässer des nördlichen und mittleren Teiles der Zweimillionenstadt aufnimmt, durch einen über 30 Meilen langen Kanal in den Illinois geleitet, und sie ist dabei, das gleiche mit dem Calumetfluß zu tun, der die Abwässer des südlichen Teiles aufnimmt.

Für die Stauweiher sind, mutatis mutandis, dieselben Maßnahmen erforderlich. Es sei ausdrücklich auf das Kapitel: „Die Einrichtung und der Betrieb der Sperrenanlagen in hygienischer Beziehung" (S. 405) verwiesen.

Dort wurde bereits näher angegeben, daß das Streben dahin gehen muß, den Menschen und seinen Unrat möglichst aus dem ganzen tributären Gebiet fernzuhalten und, wo das nicht angängig ist, das Hineingelangen von häuslichen Abfallstoffen aller Art in den See zu verhindern.

Auch müsse der See unter dauernder Kontrolle stehen, daß nicht doch allmählich Schmutzwasser in ihn eindringe, heimliche Badeplätze an ihm entstehen, bei dem allmählichen Entleeren des Teiches keine Zersetzung des Schlammes stattfinde, für die rechtzeitige Reinigung gesorgt werde und sonstiges mehr.

Ein besonderes Augenmerk ist darauf zu richten, ob Algenwucherungen eintreten, die sich dem kundigen Wärter schon durch leichte grüne oder grünbräunliche Farbentöne im See oder an einzelnen Teilen desselben, z. B. flachen Uferstrecken, Buchten bemerkbar machen. Es sind davon gleich Proben zu entnehmen und sofort zu untersuchen. Auch auf üblen Geruch hat der Wärter zu achten. Der Wärter hat von Zeit zu Zeit das tributäre Gebiet zu durchwandern, um sich davon zu überzeugen, daß nicht doch irgendwelche Ungehörigkeiten sich eingenistet haben.

Der beste Schutz gegen Infektionen durch Fluß-, See- und Stauseewasser liegt in der Sterilisation bzw. der Filtration und diejenigen Wässer, bei welchen die Möglichkeit der Infektion gegeben ist und deren Wassermengen nicht so bedeutend, deren Schöpfstelle nicht so gelegen ist, daß in das Wasser übertragene Krankheitskeime sicher abgestorben oder verschwunden sind, bevor sie bis zur Entnahmestelle gelangen, müssen der Filtration bzw. Sterilisation unterzogen werden.

V. Die Schutzmaßnahmen für die Ansammlung und Verteilung des Wassers.

1. Die Maßnahmen für Hausreservoire.

Bei Hausversorgungen macht sich ein Wasserbehälter notwendig, wenn das Wasser nur zeitweilig zufließt, z. B. bei elektrischem oder Windmotorantrieb, oder wenn eine Verteilung des Wassers im Hause mittels eines Rohrsystems gewünscht wird, oder wenn der Druck nicht so stark ist, daß die ganze Haushöhe mit Wasser versorgt werden kann. In letzterem Falle wird zeitweilig so viel Wasser von dem Punkte seiner höchsten Steighöhe in ein über dem höchsten Stockwerk stehendes Reservoir gepumpt, als notwendig ist, um die notleidenden Stockwerke mit Wasser zu versehen.

Die Hausreservoire müssen so angelegt und eingerichtet werden, daß sie das Wasser vor jeder Infektionsmöglichkeit bewahren und ihm seine guten Eigenschaften erhalten.

Die erstere Forderung ist im allgemeinen leicht zu erfüllen; sie gipfelt in dem Prinzip, das Wasser „allein zu lassen", es so im buchstäblichen Sinne von der Außenwelt abzuschließen, daß ohne weiteres niemand und nichts an dasselbe heran kann. Wie das am besten und billigsten zu machen ist, muß im Einzelfalle entschieden werden. — Als vergiftend kommt bei Hausreservoiren wohl nur das Blei in Betracht. Aus ihm lassen sich billig wasserdichte Behälter herstellen. Da jedoch das Wasser in den Behältern steigt und sinkt, so kommt das Blei abwechselnd mit Wasser und mit Luft in Berührung, was Bleilösung zur Folge hat. Blei darf

also für solche Bassins keine Verwendung finden. — Schwierig ist
es, dem Bassinwasser seine Temperatur zu bewahren. In manchen
Städten, so z. B. in sehr vielen Städten von Nordamerika oder in
Ägypten, sieht man Holz - und Zementbottiche auf den flachen
Dächern der Häuser stehen. In ihnen wird das Wasser sehr warm;
seine Genußfähigkeit wird dadurch wiederhergestellt, daß es für
Trinkzwecke stets mit Eis versetzt wird.

In unseren Gegenden und bei unserer Bauart der Häuser sucht
man der Erwärmung dadurch vorzubeugen, daß man die Hausreservoire nicht größer herstellt, als gerade notwendig ist, sodann
dadurch, daß man sie an möglichst kühle, der Sonnenwirkung entzogene Stellen bringt und sie bestens isoliert. Sache des Technikers
ist es, zu entscheiden, wie das zu machen sei. Erwähnt möge werden,
daß die Wasserbecken dicht geschlossen gehalten werden müssen,
damit nicht Wasserdunst sich in und an den Isoliermaterialien
kondensiere. Die Reservoire müssen mit Überlauf und Grundablaß
versehen sein.

Wie gegen die Sommerwärme, so müssen die Reservoire gegen
die Winterkälte geschützt sein. Die Mittel und Wege hierzu sind die
vorhin angegebenen.

In neuerer Zeit richtet man statt der Hausbehälter auch Haus-
wasserversorgungen mit elektrischem Antrieb ein, die sich bewährt
zu haben scheinen; siehe S. 497.

2. Die Maßnahmen für die Zuleitungen und Sammelbehälter bei Zentralversorgungen; die Ventilation der Behälter.

Bei Zentralversorgungen führt zuweilen auch ein sonst
gutes Wasser feinen Sand oder Ton mit sich. Letzterer, meistens
als Trübung erscheinend, läßt sich kaum unterwegs zurückhalten.
Den Sand und auch Eisenflocken fängt man gern bei den Gravi-
tationsleitungen in der Weise ab, daß man an passender Stelle, wo
z. B. die Einrichtung eines Grundablasses sich bequem und billig
herstellen läßt, ein Becken einschaltet und es als Sandfang aus-
bildet. Bei solchen Becken muß ebenso wie bei den Revisions-
und Spülschächten jeder Eintritt von fremdem Wasser oder von
Schmutz ausgeschlossen sein. Auch das Eindringen von Tieren,
Ameisen, Mücken u. dgl., soll unmöglich gemacht sein. Die Ausmündungen der Grund- und Spülablässe, der Überläufe sind daher
durch kräftige, abnehmbare Gitter und dahinter angebrachte, gut
geteerte, wasserdicht gemachte abschließende Holzpfropfen mit Ring
zum Herausnehmen abzudichten.

Sowohl die zum Reservoir führenden als die das Wasser zur Stadt
fördernden Rohre müssen tief genug liegen, um den wechselnden
Temperaturen des Jahres keinen nennenswerten Einfluß auf das
Wasser zu gestatten. Beeinflußt wird die Leitungswasserwärme
von der Bodentemperatur, der Aufnahmefähigkeit und Leitfähigkeit des Bodens für Wärme, dem Abstand der Rohrachse von der
Erdoberfläche, der Länge der Leitung, ihrem Durchmesser und
der Menge des sekundlich geförderten Wassers.

Man darf behaupten, daß in Deutschland die Wasserwärme
nicht oder minimal beeinflußt wird, selbst auf große Längen nicht,
wenn die Rohre 1,5 m hoch mit Erde bedeckt sind.

Groß-Stuttgart hat einige Beobachtungen zusammengestellt,
die wir hier folgen lassen.

Anlage	Länge der Rohrleitung	Durchmesser d. Rohrleitung	Fördermenge	Rohrüber- deckung	Temperatur des Wassers in der Leitung		Bemerkungen
	m	mm	S.-L.	m	Anfang	Ende	
Albwasserversorgung							
Gr. V.	2 600	150	12	1,35	10,58	10,58	Das Abdeckungs- material der neuen Leitung hat sich noch nicht gedichtet.
Fildergruppe	22 600	300	21	1,50	11,40	11,40	
Uracher Gruppe . . .	5 000	100	4,5	1,40	9,10	10,80	
Cöln	3 500	900 800	1050	2,2–2,5	10,10	10,30	
Dresden	8 200	800	231,4	1,50	5,3	5,8	Im Winter
					15,1	14,6	Im Sommer
Leipzig	5 200	800	—	1,50	8,6	8,8	
München	33 000	700—800	1700	1,50	8,5	8,5	

Wir sahen bei der Begutachtung der Wasserversorgung einer
Stadt außerhalb Deutschlands mit recht heißen Sommern, daß die
Wärme in dem vielleicht 11 km langen Druckrohr um etwa 2°
zugenommen hatte. Man war gezwungen gewesen, das Rohr kilometerweit durch sehr harte, dem Sonnenschein direkt ausgesetzte
Kalkfelsen zu legen und hatte mit Rücksicht auf die erheblich
geringeren Kosten das Rohr nur 1 m tief gelegt. — Wo ein Rohr
zu flach liegt, kann man zuweilen, wie im vorliegenden Falle, durch
Überschüttung und Besäen der Aufschüttung bessern.

Die Rohre müssen dicht sein, sonst dringen Pflanzenwurzeln
ein, wachsen, wie schon früher erwähnt, zu dicken, langen Bündeln
aus und verstopfen die Rohre. Stehen undichte Rohre unter
Druck, so lassen sie Wasser austreten; stehen sie unter negativem

Druck, z. B. in den Heberleitungen, so können sie, sofern sie im Grundwasser liegen, Stoffe aus der Umgebung ansaugen, was, selbst wenn es keine Gefahr involvieren sollte, mindestens unappetitlich ist. Wenn die Rohre nicht gefüllt sind, kann bei Undichtigkeiten auch ohne negativen Druck Wasser eindringen; so ist z. B. die Seite 3 dieses Buches erwähnte Epidemie auf die angegebene Weise entstanden. Das Hineinlegen von Rohren in Bachläufe, Wassergräben, Chausseegräben, was kleine Gemeinden gern versuchen, werde vermieden.

Die Technik unterscheidet zwischen Durchgangs- und Anschluß- oder Gegenreservoiren. Durch erstere fließt alles Wasser für die Gemeinde hindurch. Bei den letzteren wird die Stadt von der Wasserleitung direkt versorgt; an einen starken Strang des Rohrnetzes angeschlossen, wenn angängig, möglichst in der Nähe des von dem zuführenden Hauptrohr am schwierigsten zu versorgenden Bezirkes, ist das Reservoir gebaut, in welches das von der Stadt zeitweilig nicht gebrauchte Wasser hineinfließt, um zur Zeit stärkeren Verbrauches mitverwendet zu werden.

Immer soll ein Reservoir so eingerichtet sein, daß eine Infektion und eine Benachteiligung des Wassers vermieden ist. Zu ersterem ist wieder die Abgeschlossenheit erforderlich; man sorgt daher dafür, daß die Schieberkammer, der einzige Ort, in welchem dort Menschen verkehren, gegen das Reservoir hin ausreichend verwahrt sei und daß von ihr aus kein, auch kein zufällig in die Kammer gelangtes, Oberflächenwasser in dasselbe hineinlaufen kann.

Die Ventilationsöffnungen stellen gleichfalls schwache Stellen der Reservoire dar. Vielfach sieht man auf den Sammelbehältern eine ganze Anzahl Ventilationsrohre; aber ist es notwendig, ein Reservoir zu ventilieren? Notwendig ist eine Verbindung mit der Außenluft, um den Zufluß oder Abfluß des Wassers nicht zu behindern. Für diesen Zweck genügen indessen ein oder höchstens zwei Ventilationsöffnungen von 5 bis 10 cm Durchmesser vollständig. Sodann kann es wünschenswert sein, den Austritt von Kohlensäure aus einem Wasser zu fördern. Will man das, so empfiehlt es sich, das Wasser von oben so in das Reservoir fallen zu lassen, daß es zu Tropfen zerschellt. Hierbei wird ein Teil der Kohlensäure abgegeben, um so mehr, je größer der Unterschied an Kohlensäure zwischen dem Wasser und der Luft ist.

Der Abfluß der Kohlensäure, welche 1,524 mal schwerer als Luft ist, wird gewährleistet, wenn das untere Ende der abführenden Teleskoprohre zu einem Schwimmer ausgebildet ist, über welchem die Abflußöffnung angebracht ist, so daß diese bei jedem

Wasserstande sich dicht über dem Wasserspiegel befindet, und wenn das obere Ende derselben Rohre einen Saugkopf trägt, während die luftzuführenden Rohre mit einem Druckkopf versehen sind. — Die bloße Anbringung von „Ventilatoren", d. h. Luftöffnungen in der Decke der Wasserbehälter, genügt nicht, um die Kohlensäure zu beseitigen. Wir haben wiederholt Reservoire getroffen, in welchen trotz der an der Decke befindlichen Ventilationsöffnungen Licht erlosch, was bei 2,2 und mehr Volumprozenten Kohlensäure in der Luft geschieht.

Im allgemeinen ist es richtig, den Zulauf des Wassers nach oben, den Ablauf nach unten zu legen, weil so stagnierende Wasserschichten an der Oberfläche des Wassers vermieden werden. Will man das Hindurchfallen des eintretenden Wassers durch Luft verhindern, weil man z. B. keinen Sauerstoff im Wasser wünscht, so läßt sich das durch ein bewegliches Rohr mit Schwimmer, also einen Schwenkarm, erreichen. Eine „Lüftung" der Reservoire oder des Wassers ist im übrigen nicht erforderlich. Das Wasser ist in der Tiefe des Bodens ebenfalls ungelüftet. Der Sauerstoff im Wasser hat auf den Geschmack nicht den geringsten Einfluß, den Rohren ist er nur schädlich. Für das Mauerwerk, es kann wohl nur die Decke der Reservoire in Betracht kommen, braucht man die Lüftung auch nicht; die Behälterluft ist wohl stets mit Wasserdunst gesättigt, ob gelüftet wird oder nicht. Im Sommer liegen zudem die meisten Ventilationsrohre tot, — denn die kühle Luft der Reservoire ist schwerer als die warme Außenluft —, wenn nicht, wie vorstehend erwähnt, für einen Durchfluß der Luft gesorgt ist. Zurzeit, so meinen wir, finden sich an den Reservoiren viel zu viel Lüftungsrohre und die meisten von ihnen nützen nichts.

Das Wasser soll im Reservoir frisch bleiben, daher muß ein Wärmeschutz — und in gleicher Weise ein Kälteschutz — gegeben sein. In den Turmreservoiren ist derselbe zwar schwerer zu beschaffen als in den Erdreservoiren, aber die Technik verfügt über auskömmliche Mittel. Bei Erdreservoiren genügt eine Eindeckung von 1,5 m Erde, sofern die Erde mit Gras bewachsen ist. Auch umgibt man die Reservoire gern mit Nadelholz, einerseits um Schatten, andererseits um einen Windschutz in kalter Zeit zu gewähren.

Da zudem der Aufenthalt des Wassers in den Reservoiren gemeiniglich nicht über 24 bis 48 Stunden hinausgeht, so ist bei einer guten Anlage das Reservoirwasser ebenso frisch, wie das der Quelle oder dem Untergrund direkt entnommene. Hierbei besteht die Voraussetzung, daß das gesamte Wasser des Reservoirs sich in

Bewegung befindet und nicht ein über längere Perioden und größere Wasserteile ausgedehnter Stau vorhanden ist. Aus diesem Grunde ist es richtig, das Wasser zwangsläufig durch den Behälter zu führen, dann rückt die gesamte Wassersäule vom Zufluß zum Abfluß hin, größere tote Winkel können nicht entstehen. Schon eine dünne, rauhe Monierwand genügt dafür, sie hat noch das Gute, daß sie mit dazu beiträgt, die aggressive Kohlensäure zu binden. Der gewiesene Weg läßt sich auch bei den Gegenreservoiren treffen, selbst wenn das Wasser durch dasselbe Rohr zu- und abfließt. Es ist dann nur notwendig, das Rohr in seinem obersten Teil zu gabeln, den einen Arm mit dem Anfang, den anderen mit dem Ende des Reservoirs in Verbindung zu bringen und in die zwei Arme entgegengesetzte Rückschlagventile einzubauen, so daß das in den Eingang zum Behälter führende Rohr sein Ventil beim Zustrom öffnet, beim Abstrom schließt, während das in den Abfluß eingebaute umgekehrt arbeitet.

Will man das Wasser eines Reservoirs von der Oberfläche entnehmen, so läßt sich das leicht mittels eines Schwimmers machen, in ähnlicher Weise, wie das S 181 beschrieben worden ist.

Jeder Behälter und jede einzelne Quellfassung müssen einen Grundablaß haben, um von Zeit zu Zeit gereinigt werden zu können, denn auch reines Wasser setzt im Laufe der Zeit ab und das Abgesetzte kann zu Geschmacks- und Geruchsstörungen sowie zu Trübungen Veranlassung bieten. Gern sei zugegeben, daß es durchaus nicht immer leicht und billig ist, einen Grundablaß einzubauen.

Demselben Zweck, der Reinigungsmöglichkeit, entspringt auch der mit Recht fast überall durchgeführte Gebrauch, die Reservoire zweiteilig zu bauen.

Der Putz der Reservoire bedarf regelmäßiger Revision, ob er nicht durch im Wasser vorhandene oder aus ihm entwichene Kohlensäure angegriffen sei. Über die Schutzmaßnahmen ist S. 89 schon das Erforderliche gesagt.

Seit kurzer Zeit versucht man, besonders für kleinere Versorgungen und auch für einzelne Gebäulichkeiten, die Reservoire ganz zu sparen. Man stellt dafür einen oder mehrere mächtige Eisenbehälter, Windkessel, auf, welche man an den Wasserzuführungsstrang direkt oder indirekt anschließt. Die Kessel sind zum Teil mit Luft, zum Teil mit Wasser gefüllt. Durch automatischen Antrieb wird das Wasser in die Kessel hineingepumpt, bis ein festgesetzter Maximaldruck erreicht ist. Damit schalten sich dann automatisch die Pumpen aus und das ganze Rohrnetz steht unter diesem Druck. Sinkt infolge der Wasserentnahme das Wasser in den Kesseln und nimmt daher der Druck ab, so stellen sich bei einem festgesetzten Minimaldruck die Pumpen wieder ein und arbeiten, bis wieder der Maximaldruck erreicht ist, und so fort.

Auf die technische Anwendbarkeit, auf die Vorzüge und Nachteile des Verfahrens gehen wir nicht ein, uns interessiert nur die hygienische Seite. Durch die Schwankungen im Druck werden im Rohrnetz verschiedene Schnelligkeiten vorhanden sein, in ähnlicher Weise, wie sie z. B., beim Öffnen von mehreren Hähnen auch bei dem gleichbleibenden Reservoirdruck entstehen. Da die Wasserbewegung durch sie jedoch nicht in ihrer Richtung geändert wird, so sind Trübungen infolge Bewegung in den Rohren etwa abgelagerten Schlammes nicht zu fürchten.

Durch das ruckweise Pumpen, welches sich einige bis viele Male in der Stunde wiederholt, darf aber keine wechselnde Absenkung der Quell- und Grundwasserspiegel bedingt werden, denn eine möglichst große Gleichmäßigkeit des Betriebes ist für die meisten Wasserwerke Grundbedingung. Damit dieser Forderung nachgekommen werden kann, ist ein so großes Sammelbecken erforderlich, aus welchem die Pumpen saugen, daß der Zufluß trotz des ruckweisen Arbeitens und trotz des großen Wechsels im Stundenverbrauch ein fast gleichmäßiger bleibt. Wo diese Forderung nicht erfüllt werden kann, wird man eventuell auf die Einrichtung verzichten müssen.

3. Die Maßnahmen für das Rohrnetz.

Das Rohrnetz einer Stadt kann einheitlich oder mehrteilig sein. Kleinere und flach liegende Städte pflegen ein einheitliches Netz zu haben. Wo größere Höhenunterschiede zu überwinden sind, macht sich oft die Anordnung der Leitungen und der Reservoire nach verschiedenen Höhenlagen, nach Zonen, erforderlich. Dasselbe tun oft zwei verschiedene Wasserbezüge. Die Hygiene hat ein Interesse daran, zu wissen, welches Wasser jederzeit in den betreffenden Zonen oder Stadtvierteln fließt, um eine etwa aufgetretene Infektion oder Verschmutzung der Leitung verfolgen zu können.

Man unterscheidet bei einem Rohrnetz die radiale und die zirkulare Verteilung. Bei der ersteren gehen die Rohre von einem Zentrum oder einem Hauptteilstrang ab; so entsteht ein System, welches viele Endstränge aufweist und aus welchem sich schwer kleinere Teile abstellen lassen. Beim zirkularen System liegen die Hauptstränge in Kreisen mehr oder minder angenäherten Formen; hierdurch werden die toten Stränge wesentlich in Zahl und Länge beschränkt und es gelingt unschwer, z. B. bei Reparaturen, kleine

Bezirke auszuschalten. Auch gestattet das zirkulare System eine raschere Entnahme großer Wassermengen, z. B. bei Bränden, als das radiale. Das Ausschalten und Wiedereinschalten von Teilen des Rohrsystems hat gleichmäßig und langsam zu erfolgen, damit im Rohr abgelagerter feiner Tonschlamm nicht aufgewirbelt wird und zu Trübungen Veranlassung gibt.

Die in den Rohren befindlichen Rostknoten und die zwischen ihnen sich allmählich herausbildenden Eisenablagerungen lassen sich beseitigen mit Röhrenreinigern. Das sind Messer und Stahldrahtbürsten, welche beweglich, rotierend, an einer Kette befestigt sind und durch den eigenen Druck des Wassers durch die Rohre getrieben werden. Sofern die Durchmesser des Apparates richtig gewählt sind, werden die Knoten aus den weitesten Rohren bis herab zu recht dünnen fast restlos entfernt, ohne daß der Asphaltbezug der Rohre nennenswert beschädigt wird. Vom gesundheitlichen Standpunkte aus läßt sich gegen diese Art der Rohrreinigung nichts einwenden. In den letzten Jahren hat man von der Rohrreinigung in den verschiedensten Städten Gebrauch gemacht und, soviel wir wissen, mit recht gutem Erfolg.

Über das Verrosten der Rohre ist S. 95 u. f. das Erforderliche gesagt worden.

Wir müssen es als außerhalb unserer Kompetenz liegend erachten auf die Zerstörung der im Boden liegenden Rohre durch Graphitierung und durch die elektrischen, vagabondierenden Ströme einzugehen. Wir verweisen bzw. der ersteren auf die Arbeiten von O. Kröhnke z. B. in Bd. 7 der „Metallurgie" und bzw. der letzteren auf die „Vorschriften zum Schutz der Gas- und Wasserröhren gegen schädliche Einwirkungen der Ströme elektrischer Gleichstrombahnen" (Journ. f. Gasbeleuchtung u. Wasserversorgung 1910, Nr. 27), der in demselben Verlage erschienenen „Vorschriften z. Schutz d. Gas- u. Wasserröhren gegen Erdströme elektrischer Bahnen, nebst Erläuterungen 1910 bis 1911", sowie auf die Arbeit von Besig, „Erdströme und Rohrleitungen" (Journ. f. Gasbeleuchtung u. Wasserversorgung 1913, Nr. 3, 4, 5, 6).

Für öffentliche Zwecke werden auf den Straßen Wasserentnahmestellen geschaffen. Von den Unter- und den fast ausschließlich mit Recht an ihre Stelle getretenen Überflurhydranten sehen wir hier ab. Uns interessieren die Ventilbrunnen oder Druckständer. Sie dienen dazu, dem Passanten den Durst zu löschen, und eine Wasserentnahme mittels Eimern zu ermöglichen.

Früher hing an solchen Brunnen ein mehr oder weniger verbeultes und fast immer unappetitliches Trinkgefäß. Jetzt erhebt sich bei Druck auf den Hebel ein kleiner Wasserstrahl aus dem „Trinkbrunnen", der direkt mit dem Munde aufgenommen wird. Diese Einrichtung ist hygienisch zu bevorzugen; am reinlichsten ist es, wenn der Strahl nicht auf seine Ursprungsstelle zurückfallen kann, sondern schräg gerichtet ist, also daneben fällt. Steht das Wasser einige Zeit in dem Druckständer, so erwärmt es sich zur Sommerszeit unter den sengenden Strahlen der Sonne sehr rasch. Im Winter würde das Wasser gefrieren und den Brunnen auseinandersprengen. Um beides zu vermeiden, sind die Brunnen so eingerichtet, daß sie die in ihnen enthaltenen wenigen hundert Kubikzentimeter Wasser zwischen die eiserne Hülle und das in ihr gelegene Ausflußrohr treten lassen. Eine Verunreinigung dieses Wassers kann nicht erfolgen, da dieses Gehäuse völlig dicht ist. Das Ausflußrohr ist in seinem unteren Teil zum Ejektor ausgebildet und saugt bei Benutzung das zurückgeflossene Wasser wieder an. Bei guten Druckständern ist Vorsorge getroffen, daß nichts in sie hineingesteckt und keine Flüssigkeit aus dem Eimer beim Abstellen angesogen werden kann.

Die Erwärmung im Sommer, das Einfrieren im Winter lassen sich ferner dadurch vermeiden, daß dauernd ein dünner Wasserstrahl zum Ablaufen kommt, Laufbrunnen. Diesen Luxus kann man sich nur dort leisten, wo genügend Wasser für billiges Geld vorhanden ist.

Um das abfließende Wasser noch nutzbar zu machen, hat man Becken und Tröge untergestellt, aus welchen das angesammelte Wasser geschöpft wird. Dadurch aber, daß das sonst gute und infektionssichere Quell- und Leitungswasser in das Bassin eintritt, wird es zum Oberflächenwasser und somit der Verschmutzung und Infektion zugängig gemacht. Vor allem sind es die Schöpfgefäße selbst, die Eimer, welche, aus den schmutzigen Waschküchen, den Krankenstuben usw. kommend, die Infektionen zu vermitteln vermögen. Daß Tiere und spielende Kinder die Sauberkeit eines solchen Wassers nicht zu erhöhen pflegen, ist selbstverständlich.

So sehr man also auch vom Standpunkte des Heimatschutzes, des Brunnenbundes usw. für laufende Brunnen schwärmen mag, so sehr muß die Hygiene darauf hinwirken, daß ihnen die gesundheitlichen Gefahren genommen werden. Gegen die laufenden Brunnen hat sie nichts einzuwenden, wohl aber gegen die Benutzung der Becken; läßt man das Wasser nicht in den Becken sich ansammeln, oder verhindert man die Benutzung des in ihnen stehenden Wassers für Trinkzwecke, so ist der Hygiene genug geschehen.

4. Die Maßnahmen für die Hausleitungen.

a) Der Eintritt von Schmutzwasser in die Haus- und Stadtleitungen.

Durch schlecht angelegte Hausleitungen kann gleichfalls eine erhebliche Verunreinigung des Leitungswassers stattfinden. Klosetts, Waschbecken, Badewannen u. dgl. sind früher häufig, jetzt seltener direkt an die Wasserleitung angeschlossen worden. Ist der Hahn oder das Ventil nicht völlig dicht, so laufen die Klosettrichter, Badewannen usw. voll. Wenn nun der Haupthahn abgestellt wird, um z. B. den undichten Hahn zu reparieren, so fließt bei der Entleerung unterhalb des undichten Hahnes ein Teil des Inhaltes des Klosettrichters in das Rohrnetz. Noch schlimmer stellt sich die Sache, wenn der steigende Strang der Hauswasserleitung zu eng ist; werden dann bei undichtem Klosetthahn und gefülltem Klosettrichter bzw. gefüllter Badewanne in den unteren Etagen mehrere Hähne geöffnet, so genügt der Querschnitt des Hauptstranges für die starken Abflüsse nicht. Das Wasser aus dem Klosettrichter usw. fließt zurück und direkt in die untergehaltenen Gefäße hinein. Nachweislich sind eine größere Reihe solcher Verschmutzungen zustande gekommen und es besteht ein starker Verdacht, daß einige lokalisierte Typhusepidemien so entstanden seien.

In Danzig ereignete es sich, daß die Wasserleitung in einer Fabrik abgestellt und leerlaufen gelassen wurde, während man mit Waschen von Nitrobenzol beschäftigt war, so daß ein Teil des Waschwassers angesogen wurde. In dem anliegenden Stadtteil machte sich der Eintritt des Waschwassers durch einen unangenehmen Geschmack und starken Geruch nach Bittermandelöl deutlich bemerkbar; die Untersuchung ergab dort 8,6 mg Nitrobenzol im Liter Wasser.

In Chicago schmeckte das Wasser in einigen Bezirken zeitweise schlecht; als Grund wurde gefunden, daß 25 Gärtnereien bzw. Gewächshäuser so an die Wasserleitung angeschlossen waren, daß von ihnen aus Teich- und Flußwasser direkt in die Wasserleitung gedrückt werden konnte.

Um solchen Unzuträglichkeiten entgegenzutreten, sind Rohrunterbrecher und Spülkästen erforderlich. Die Einrichtung der Spülkästen kann als bekannt vorausgesetzt werden. Das für uns hier Wichtige ist, daß durch die Einschaltung des Kastens oder der Rohrunterbrecher die direkte Verbindung mit der Wasserleitung aufgehoben wird. Rohrunterbrecher sind Öffnungen unter-

halb des Hahnes in einer Rohrerweiterung, welche wohl den Austritt des Wassers, aber bei negativem Druck, beim Ansaugen, nur
den Eintritt von Luft, aber nicht von Wasser gestatten.

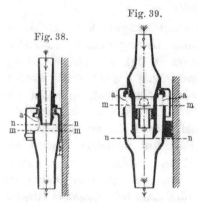

Fig. 38.

Fig. 39.

Zwei Rohrunterbrecher (entsprechend den
Berliner „Erläuterungen zur Polizeiverordnung für Berlin" vom 26. Oktober 1910).

An der Öffnung *a* wird die
Leitung verengt, oder sie wird
unterhalb der Öffnung erweitert,
sonst würde Wasser aus der
Öffnung heraustreten. Damit
dieses noch sicherer vermieden
wird, ist bei einigen Unter-
brechern der obere Teil ein
Stück in den unteren Teil
hineingeführt (Fig. 39). Bei
anderen dagegen zweigt ein
Luftrohr ab, das nach oben
geführt wird und am oberen
Ende mit Öffnungen versehen
ist (Fig. 40). Bei den beiden
letzten Anordnungen ist es denkbar, daß bei Anfüllung des Klosettbeckens mit zähen Massen ein Anstauen von Flüssigkeit im Rohrunterbrecher eintreten könnte (in Fig. 38
und 39 bis zur punktierten Linie *m — m*),
so daß bei zu tiefer Lage des Rohrunter-
brechers ein Rücksaugen von Schmutzwasser dennoch möglich
sein würde. Diesem Zu-
stand ist man begegnet
durch die Vorschrift, daß
die Öffnung in der Zu-

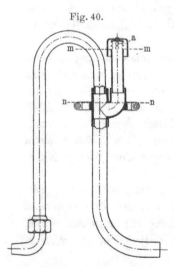

Fig. 40.

Rohrunterbrecher in Gestalt eines
nach oben geführten Luftrohres.

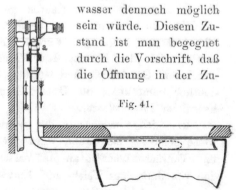

Fig. 41.

Rohrunterbrecher bei einem Spülklosett
ohne Spülkasten.

flußleitung 20 cm über dem Rande des Beckens liegen muß; indem
man annahm, daß ein Anstau bis zu dieser Höhe (Fig. 38, 39 u. 40,
Linie *n — n*) nicht vorkommen wird.

Um nicht näher auf diese nicht unwichtigen Verhältnisse eingehen zu brauchen, bringen wir S. 643 die Berliner Polizeiverordnung vom 26. Oktober 1910 zum Abdruck. Sie enthält auch gute Bestimmungen über die Entleerungshähne.

Mit vollem Recht weisen die „Vorschriften für die Ausführung und Veränderung von Wasserleitungsanlagen" (B. Oldenbourg, München 1913), S. 691, außer auf das Verbot des Anschlusses an Dampfkessel usw. darauf hin, die städtischen Wasserversorgungen nicht direkt mit Privatwasserversorgungen zu verbinden. Diese, meistens industrielle Werke versorgend (Hütten, große Fabriken, Eisenbahnen u. dgl.), führen oft ein Wasser, welches hygienisch durchaus nicht einwandsfrei ist, auch nicht einwandsfrei zu sein braucht. Die städtische Wasserversorgung hat gewöhnlich als Reserve zu dienen, die mehr oder minder stark, zuweilen täglich beansprucht wird. Die Verbindung zwischen der privaten und der städtischen Leitung muß so eingerichtet sein, daß niemals und unter keinen Umständen Wasser von der ersten in die zweite übertreten kann. Uns ist ein Fall bekannt, wo wegen hoher bakteriologischer Befunde in einem völlig auskömmlich filtrierten Wasser öffentlich angeraten werden mußte, das Wasser abzukochen, ein Vorgehen, welches in der Stadt nicht allgemein freundlich begrüßt wurde; es war aber die Möglichkeit vorhanden, daß die hohe Keimzahl der nicht ganz infektionssicheren Eisenbahnwasserleitung entstammte, die mit einem Hauptrohr der Stadtleitung zeitweise in Verbindung gestanden hatte.

b) Das Material der Hausleitungsröhren.

Das Blei erfreut sich wegen seiner großen Handlichkeit in der Verarbeitung, seiner relativen Widerstandsfähigkeit gegen Frost — es dehnt sich etwas, was Eisen nicht tut — und wegen seiner Billigkeit großer Beliebtheit. Leider wird es von lufthaltigem Wasser — und fast jedes zum Konsum kommende Wasser ist lufthaltig —, besonders wenn es auch freie Kohlensäure enthält, angegriffen und kann Bleivergiftungen hervorrufen (s. S. 35).

Bleirohre lassen sich, ohne Schädigungen fürchten zu müssen, bei alkalischen und neutralen Wässern mit größerer Karbonathärte verwenden. Wo diese Bedingungen nicht gegeben sind, da liegt die Möglichkeit einer Intoxikation mit Blei vor.

Um zu wissen, ob ein Wasser bleilösende Eigenschaften besitzt, ist in Preußen ein an Untersuchungen von Ruzicka sich anlehnender Abschnitt in die „Preußische Anweisung" aufgenommen worden zur Ausführung der vom Bundesrat erlassenen „Anweisung für die Einrichtung, den Betrieb und die Überwachung von Wasserversorgungsanlagen, welche nicht ausschließlich technischen Zwecken dienen". Nach ihm soll „stets auf freie Kohlensäure möglichst an Ort und Stelle untersucht werden. Bei dem Vorhandensein von freier Kohlensäure in weichen Wässern ist von der Verwendung ungeschützter Bleirohre abzusehen, es sei denn, daß durch den Versuch ausgeschlossen werden kann, daß das betreffende Wasser bleilösende Eigenschaften besitzt". — Zu dem Zwecke soll in einen Standzylinder mit schräg abgeschnittenem Glasstopfen ein der Höhe des Gefäßes entsprechendes halbiertes, mit Salpetersäure blank geputztes, mit destilliertem Wasser gut nachgewaschenes, getrocknetes und blankpoliertes Bleirohr hineingestellt werden. Dann ist das Glas mit frisch, möglichst an Ort und Stelle geschöpftem Wasser zu füllen und der Pfropfen ohne Lufteinschluß aufzusetzen. Nach 24 Stunden wird der Bleihalbzylinder mehrmals durch das Wasser hin und her bewegt, um lose Bleiteilchen abzuschütteln und darauf entfernt. Das Wasser wird, ohne es zu filtrieren, analysiert.

Das ganze Verfahren ist insofern in seinen Grundzügen unrichtig, als es nicht darauf ankommt, das Wasser in der Form zu untersuchen, wie es aus der Erde heraustritt, sondern so, wie es in die Rohre hineintritt. Zwischen Aus- und Eintritt hat meistens sein Sauerstoffgehalt erheblich zugenommen, sein Kohlensäuregehalt erheblich abgenommen. —

Wir können uns unbedenklich auf den Standpunkt Kluts stellen, der diese Art der Untersuchung beiseite schiebt und an ihre Stelle die direkte Analyse des in das Rohrsystem eintretenden Wassers setzt.

Das Rohrmaterial ist für die Bleilösung nicht indifferent; je stärker es mit anderen Mineralien, Zinn, Zink, Kupfer usw. verunreinigt ist, um so leichter löst es sich. Doppelt raffiniertes Weichblei hat einen Bleigehalt von 99,9 Proz.; es ist für die Hausleitungen — zu anderen Leitungen, z. B. von den Brunnen und Quellen in das Haus hinein, sollen Bleirohre überhaupt nicht Verwendung finden — das beste.

Die Bestimmung der Härte, der Kohlensäure, des Sauerstoffs des in das Rohrsystem eintretenden Wassers genügt, um ein Bild über die Größe der Bleilösung zu gewinnen.

Eine geringere Härte als 7⁰ Karbonathärte, eine deutlich gelbe Reaktion auf Rosolsäurezusatz und ein Hinausgehen des Sauerstoffgehaltes über 1 mgl sind als bedenklich anzusehen; sie sprechen für die Möglichkeit einer Bleilösung in gefährdender Menge.

Weil der Sauerstoff die Bleilösung bedingt, so ist das erste Erfordernis, dem Wasser keinen überflüssigen Sauerstoff zuzuführen, wenn die eben angegebene Gefahr einer Bleilösung vorliegen könnte. Daher soll das Streben bei der Bleilösung verdächtigem Wasser stets zunächst dahingehen, für die notwendige Wassermenge zu sorgen, so daß die Bleirohre — andere wie Hausleitungsrohre kommen kaum mehr in Betracht — stets und unter allen Umständen, also auch in den höchsten Ortslagen und zur trockensten Zeit, mit Wasser gefüllt sind. Wo das nicht möglich ist, da muß — auch bei harten Wässern — das zuerst aus solchen mit Luft gestandenen Röhren ausfließende Wasser unbenutzt fortlaufen gelassen werden.

Eine Beschränkung der Bleilösung läßt sich bewirken durch die Fortnahme der freien Kohlensäure, wie das an verschiedenen Orten geschieht. Hierzu kann Verwendung finden die Rieselung des Wassers über kohlensauren Kalk, z. B. über Marmor oder Kalkspat, die Zugabe von Soda, von Kalkmilch, bzw. von Natronlauge, so zugleich die Karbonatverbindungen vermehrend.

Versuche müssen ergeben, wie groß die Menge des Zusatzes, wie dick die Filterschichten und wie lang die Zeit des Durchströmens, also der Einwirkung sein müssen; allgemein gültige Vorschriften lassen sich nicht geben. Wenn sich bei der Fortnahme der Kohlensäure die Vermehrung des Sauerstoffs vermeiden läßt, so ist das günstig.

P. Schmidt gibt an, daß das Blei im Wasser zum Teil kolloidal gelöst sei: er konnte das Wasser durch Filtration durch die gewöhnlichen, geschlossenen Berkefeldfilter für Druckleitung (Hausfilter) bleifrei machen. Er nimmt an, daß das kolloidale Blei das gelöste adsorbiere, auf sich niederschlage. P. Schmidt empfiehlt im Bedarfsfalle, und dazu rechnet er auch die Zeit, in welcher die Hausinstallation noch neu ist, neben einem Zapfhahn für das Betriebswasser einen zweiten Hahn anzubringen, ihn mit einem Berkefeldfilter (Hausfilter) zu montieren und aus ihm das Wasser zum Trinken und für die Speisenbereitung zu entnehmen. Es sei auf dieses einfache und nützliche Verfahren besonders hingewiesen. Vielleicht macht es sich notwendig, von Zeit zu Zeit eine neue Kerze einzuziehen, da die alte für Blei durchlässig geworden sein könnte. Bei der Neuheit der Angelegenheit ist jedenfalls Vorsicht erwünscht. Offene Berkefeldfilter eignen sich wegen des Lufttrittes und der Einwirkung des Sauerstoffs auf Blei nach Angaben von Drost nicht zur Entbleiung.

Wo Bleirohre bereits liegen und sich nachträglich Bleivergiftungen gezeigt haben, da ist es notwendig, dem Wasser
seine bleilösende Kraft zu nehmen, wie vorhin angegeben worden
ist und wie man das bereits vielfach, z. B. in Dessau, mit gutem
Erfolg getan hat. Bei Neuanlagen kommt man besser und billiger
zum Ziel durch Vermeidung von Bleirohren. Die geschwefelten
Bleirohre gewähren nur einen kurz dauernden Schutz, da der Überzug sich nicht hält, sie können sogar zu üblem Geruch des Wassers,
H_2S, Veranlassung geben.

Asphaltierte Eisenrohre können an die Stelle der Bleirohre treten, aber die dünnen Stahl- oder Schmiedeeisenrohre
müssen sorgfältig asphaltiert sein. Dasselbe gilt von den Guß-
rohren, welche schon bis zu 30 mm lichter Weite im Handel sind.

Die Verzinnungen der Eisenrohre haben sich nicht bewährt; das Zinn verschwindet bald; die Zinnschicht pflegt recht
dünn zu sein, hier und da wird sie von hervorstehenden kleinen
Unebenheiten des Eisens überragt; von ihnen aus setzt dann die
elektrolytische Zerstörung ein, wodurch ein starkes Rosten bewirkt wird.

An die Stelle der verzinnten Eisenrohre sind vielfach Zinnrohre mit Bleimantel getreten. Das Urteil über sie ist sehr
verschieden, was großenteils in folgendem seine Erklärung findet.
Die Zinnbleirohre werden über den Dorn getrieben, so daß sich
das Zinn unter starkem Druck an das weichere Blei anlehnt. Wird
nun die Zinnschicht dünn genommen, 0,1 bis 0,5 mm, so reißt sie
an einzelnen, vielleicht sogar an vielen Stellen, dort tritt das Blei
frei zutage, dort löst es sich schon etwas im Wasser und von
dort aus beginnen die bald stärker werdenden elektrolytischen
Prozesse, wobei relativ viel Blei in Lösung geht. Zinn hat ein
geringeres elektrisches Potential als Blei, es müßte also in Lösung
gehen, während Blei nicht angegriffen werden sollte. Feuchtes
Zinn hat jedoch ein stärkeres Potential als feuchtes Blei und so
tritt Bleilösung ein. Daß Blei nicht durch Zinn geschützt wird,
ist kürzlich durch Weston experimentell nachgewiesen worden. —
Man darf auch nicht übersehen, daß neben der elektrolytischen
Lösung die chemische steht und daß das Blei durch letztere in
großer Menge in Lösung geht, wenn das Zinn in weiter Ausdehnung verschwunden ist. Andererseits entsteht durch den Druck
eine gewisse Legierung, so daß nach einer mündlichen Angabe von
Prof. Paul-München in den abgeschabten Splittern zwischen 8
und 55 Proz. Blei gefunden wurden. Man kann sogar von einer
Art Diffusion des Bleies in das Zinn hinein sprechen. Wo man

die Zinnseele dünn genommen hat, z. B. unter 1 mm, da hat man ungünstige Erfahrungen gemacht. Wenn man Zinnrohre mit Bleimantel verwenden will, so soll die Zinnseele so stark sein, daß sie nicht reißt, sie soll nicht schwächer als 1 mm sein; besser ist es, wenn sie noch stärker ist, außerdem darf das Zinn nicht mehr wie höchstens 1 Proz. Blei enthalten.

Sodann muß mit Zinnbleirohren vorsichtig umgegangen werden; sie dürfen nicht zu scharf und nicht zu rasch gebogen werden. Weiter ist sorgfältig darauf zu achten, daß beim Löten — am besten mit dem Kolben, nicht mit der Lampe — Zinn auf Zinn, und Blei auf Blei kommt, sonst entstehen die vorhin schon erwähnten, stark bleilösenden elektrischen Ströme. Zinnbleirohre pflegen etwa um ein Drittel teurer zu sein als Bleirohre.

Zinn - Zinkrohre sind anscheinend zurzeit noch nicht zu empfehlen; wir sahen Rohre, wo das Zinn sich dem Zink nicht fest angelegt, die dünne innere Zinnhülle sich bei der Montierung faltig in das Lumen des Zinkrohres hineingeschoben hatte und so den Durchfluß stark behinderte.

Zink wird für Leitungsrohre viel verwendet, und zwar als verzinkte Eisenrohre und als Zinkrohre.

Die ersteren haben sich gut bewährt, sofern die Verzinkung, mag sie durch Galvanisierung oder durch Feuerverzinkung bewirkt worden sein, dick und vollständig ununterbrochen hergestellt worden ist; anderenfalls kommen Zink und Eisen mit dem etwas sauren (Kohlensäure, Humussäure) Wasser zusammen, und es entstehen elektrische Ströme, welche große Mengen Zink in relativ kurzer Zeit lösen, so daß größere Rohrstrecken, die verzinkt waren, ihren Überzug von Zink völlig verlieren.

Aber auch das Wasser als solches greift Zink an. So fand der Chemiker Baumann 1891 Zink in dem Wasser der galvanisierten Rohre seines Laboratoriums.

Weiland gibt an, daß in seinem chemischen Laboratorium, welches mit verzinkten eisernen Leitungsröhren ausgerüstet war, sich bei einem Wasser von 25,7⁰ Härte und bei 2,2 bis 3,2 ccml Sauerstoff 5,4 mgl Zink fanden; er meint, daß in Tübingen, wo solche Hausleitungen benützt würden, fortgesetzt zinkhaltiges Wasser getrunken werde. Weitere Beispiele zu bringen, erübrigt sich, da die Tatsache allgemein anerkannt ist. Über die Unschädlichkeit des zinkhaltigen Wassers ist schon S. 32 gesprochen worden.

Massive Wasserleitungsröhren aus Zink werden in neuester Zeit von der Schlesischen Metallgesellschaft m. b. H. (Hohenlohewerke) fabriziert. Diese massiven Zinkrohre haben, wie Kröhnke angibt, gegenüber den verzinkten Eisenröhren den Vorzug einer glatten und gleichmäßigen Oberfläche und eines einheitlichen Gefüges; bei ihnen kommen die bei einigen verzinkten Eisenrohren festgestellten Ursachen vorzeitiger Zerstörungen, nämlich die zu gering bemessene Stärke der Zinkschicht oder eine mangelhafte Haftbarkeit des Zinküberzuges auf dem Unterlagemetall nicht in Betracht. Das für die massiven Zinkrohre zur Verwendung gelangende Zink ist relativ rein; es enthält 1 bis 1,5 Proz. Verunreinigungen, darunter nur 1 bis 1,1 Proz. Blei.

Die Menge Zink, die sich in einem Wasser findet, hängt, was auch für Blei gilt, außer von der Zusammensetzung des Wassers, der Temperatur desselben, dem Verhältnis zwischen Inhalt und Innenoberfläche, der Länge des Leitungsrohres, besonders von der Dauer der Berührung des Wassers mit dem Metall ab. Wasser, welches in verzinkten Eisenrohren oder massiven Zinkrohren mehrere Stunden gestanden hat, wird mehr Metall aufnehmen als Wasser, dessen Aufenthaltsdauer im Rohr nur eine kurze ist. Es hat den Anschein, als ob Nitrate und Chloride, auch Sauerstoff und Kohlensäure, ähnlich wie beim Blei, den Angriff begünstigen, während die Hydrokarbonate ihn zurückhalten dürften.

Lehmann stellte größere Untersuchungsreihen mit massiven Zinkröhren und einem 37° harten sowie einem 2° harten Wasser an. Es zeigte sich, daß sich bei kurzdauerndem Stehen des Wassers in den Rohren (1 bis 6 Stunden) 3 bis 10 mgl, bei langdauerndem (12 bis 24 Stunden) 12 bis 16 mgl Zink lösten. Nach $3^{1}/_{2}$ Monate dauerndem Gebrauch war diese Zahl auf 6 bis 8 mgl gesunken. Bei den Kontrollen, die mit verzinkten Eisenrohren in ganz gleicher Weise angestellt wurden, ging zunächst etwas mehr Zink in Lösung, später verhielten sich beide Rohrarten gleich. Das mit dem weichen Wasser beschickte Rohr gab keine wesentlich größeren Zinkmengen ab, als das mit hartem Wasser beschickte. In den nächsten drei Monaten blieb das Lösungsverhältnis ungefähr gleich; länger wurde nicht untersucht. In von Kröhnke angestellten Versuchen war die Menge des gelösten Zinks erheblich geringer, aber auch bei ihnen wurde zuerst mehr, später weniger Zink abgegeben. — Ob sich, wie bei den Bleirohren, bei harten Wässern ein deckender Belag aus kohlensaurem Kalk bildet, ist noch nicht bekannt; bei der stärkeren Lösungsfähigkeit des Zinks dürfte die Bildung der Schutzhaut mindestens länger dauern.

Gut verzinkte Rohre oder massive Zinkrohre können daher nach den bis jetzt vorliegenden Erfahrungen für die Versorgung empfohlen werden; ob sie für alle Fälle geeignet sind, steht noch dahin. Wir sahen ein solches Rohr, welches vor Jahresfrist durch die Wand eines alten Hauses gelegt war; es fanden sich an mehreren Stellen kleine Löcher, welche an ihrem Rande ein weißes Pulver, Zinkweiß, aufwiesen.

Kupfer findet bei der Fassung von Grundwasser in Gestalt der Rohrbrunnen, der Filterkörbe, des Tressengewebes usw. ausgedehnte und gute Verwendung; es erweist sich gegen die Angriffe des Grundwassers als recht widerstandsfähig.

Kessel und ähnliche Wasserbehälter werden auch aus Kupfer hergestellt und haben sich bewährt. Zu Wasserleitungsrohren dient das Kupfer nur sehr selten.

Auf Veranlassung einer Installationsfirma befaßte sich der Conseil d'hygiène publique et de salubrité du département de la Seine im Jahre 1913 mit der Frage, ob es gestattet sei, kupferne Rohre zu Hausinstallationen zu verwenden. Dem Vorschlage Arm. Gautiers folgend, beschloß der Conseil, daß die Verwendung von Rohren aus rotem Kupfer an Stelle der üblichen Bleirohre nur Nutzen haben könne. — Die Anwendung der Kupferrohre wird jedoch wegen ihres hohen Preises und der geringeren Handlichkeit beim Verlegen auf Schwierigkeiten stoßen.

Prinz berichtet über einen Fall, in dem das Wasser einer Hausleitung, die in Kupferrohren ausgeführt war, 11,8 mg Kupferoxyd im Liter enthielt. Sämtliche Abfluß- und Waschbecken zeigten unterhalb der Wasserzuflußstellen grünspanartigen Ansatz. Das Wasser war weich (2,8 deutsche Härtegrade). Der Kupfergehalt machte sich durch einen metallischen Beigeschmack bemerkbar. — Proskauer sah, daß sehr weiches, freie Kohlensäure enthaltendes Quellwasser aus einer Kupferleitung bis zu 90 mgl Kupfer aufgenommen hatte. Das Wasser war sehr deutlich grün gefärbt. Die Lösung dieser großen Kupfermengen hatten hier nicht allein der Sauerstoffgehalt, die geringe Härte und die freie Kohlensäure bewirkt, sondern es waren dabei elektrische (vagabundierende) Ströme mit beteiligt, die von den elektrischen Starkstromleitungen herrührten.

c) Rosten der Warmwasserversorgungen.

Sehr unangenehm können sich die Verrostungen durch Abgabe eines stark rostigen Wassers (red Water troubles der Amerikaner) in den Warmwasserversorgungen der Hotels, der Krankenhäuser, der Badeanstalten und der Privathäuser bemerkbar machen.

Es empfiehlt sich, die Erhitzer, oft mit dem englischen Wort boiler oder dem deutschen Wort „Speicher" bezeichnet, entweder aus Gußeisen oder aus Kupfer herzustellen. Selbst stark und vollständig verzinkte Stahl- bzw. Eisenblechkessel sollen leicht zum Rosten kommen, weil sich das Zink infolge seiner um das Dreifache größeren Ausdehnung in der Wärme von dem Eisen abhebt und reißt. In die wunden Stellen dringt die Kohlensäure und der Sauerstoff. In den Rohren bilden sich die Verletzungen auch, aber sie sollen dort eine viel schwächere Wirkung haben (Marx), weil der O und die CO_2 aus dem Anwärmer entweichen. Ist Kohlensäure im Wasser vorhanden, so empfiehlt es sich, das Wasser erst in einem offenen Kessel stark vorzuwärmen unter Zugabe von Ätzkalk oder den Erhitzer selbst mit Abzügen für die aus dem Wasser entweichenden Gase zu versehen. Es ist ferner empfohlen, die „Speicher" mit wärmewiderständigen Lacken, wie sie z. B. für Zentralheizungen im Gebrauch sind, zu streichen und den Anstrich nach zwei Jahren zu erneuern. Die Rohre für das heiße Wasser können aus Blei, aus Zink, aus stark und vorsichtig verzinktem Eisen oder aus Kupfer bestehen. Vereinzelt kommen Messingrohre vor, die sich anscheinend recht gut bewähren. Ist Blei gewählt worden, was nicht zu empfehlen ist, so muß darauf geachtet werden, daß das Rohrsystem stets mit einem möglichst sauerstoff- und kohlensäurefreien Wasser gefüllt ist. Wo die Warmwasserversorgung nur einige Monate im Jahre in Betrieb ist und das Wasser mit Rücksicht z. B. auf Frostgefahr abgelassen werden muß, da ist das Rohrsystem zunächst tüchtig mit dem erwärmten Wasser wiederholt durchzuspülen; aber besser wird Blei ganz vermieden.

Der Deutsche Verein von Gas- und Wasserfachmännern hat Vorschriften für die Ausführung und Veränderung von Wasserleitungsanlagen aufgestellt, die auf S. 689 zum Abdruck gebracht sind.

VI. Die Desinfektion von Brunnen, Behältern, Leitungen u. dgl.

Die Desinfektion des Wassers wird in dem Abschnitt „Sterilisation" besprochen werden; hier handelt es sich um die der Wasserbehälter und was mit ihnen zusammenhängt.

1. Die Desinfektion der Umgebung von Brunnen.

Die Umgebung eines Brunnens bedarf zuweilen, sei es wegen Infektionsgefahr, sei es wegen starker Verschmutzung, der Desinfektion. Sie wird ausgeführt durch Übergießen mit frisch bereiteter Kalkmilch in einer solchen Menge, daß sie eine ununterbrochene Schicht darstellt; die horizontale Ausdehnung ergibt sich aus den lokalen Verhältnissen. Der Kalkniederschlag ist bei trockener Witterung mittels einer Brause mit einer um das Zehnfache verdünnten Kalkmilch mehrmals anzufeuchten.

Zur Bereitung der Milch werden 10 kg frisch gebrannten Weiß- (oder Grau-) kalkes mittels Brause mit etwa 7 Litern angewärmten Wassers langsam in einem Holzbottich übergossen. Der pulverig zerfallene Ätzkalk wird mit 80 Litern Wasser gemischt.

Die Kalkmilch soll bald nach der Herstellung verbraucht werden. Nach frühestens 24 Stunden, besser nach einigen Tagen, wird der Kalk entfernt, unter ausgiebiger Spülung und Fortfegen des Schmutzes. Zuletzt werde die Umgebung gepflastert mit Steinen in Asphalt oder in Teer mit Sand, oder die Umgebung erhält, was vorzuziehen ist, eine kräftige Betondecke.

2. Die Desinfektion von Rohrbrunnen.

Rohrbrunnen könnten unter Umständen auch infiziert werden und deshalb der Desinfektion bedürfen, meistens jedoch wird bei ihnen die Desinfektion angewendet, um über die Infektionsmöglichkeit, d. h. den Keimgehalt des sie speisenden Wassers ein Urteil zu gewinnen.

Die älteste Methode ist die von C. Fränken; er schüttete in das Rohr eines 8 m langen, 4 cm weiten, 4,5 m tief im Grundwasser stehenden Bohrbrunnens etwa 10 Liter einer vierprozentigen Schwefelsäurecarbollösung und fand am nächsten Tage keimfreies Wasser. Die Carbolsäure, nachgewiesen durch Eisenchlorid (violette Farbe), verschwand, nachdem 100 Liter ausgepumpt waren.

In einer Streitfrage wurde ein Schachtbrunnen beschuldigt, für eine Stadtversorgung schlechtes Wasser zu liefern. Wir schlugen dicht neben dem Brunnen, 11 m vom Fluß entfernt, ein Rohr ein, bis zu 7,5 m Tiefe, entsprechend der Brunnensohle, desinfizierten mit fünfprozentiger Carbollösung und fanden völlig keimfreies Wasser.

Die Desinfektion einer Pumpe und eines in grobem Kies stehenden Rohres ist übrigens nicht immer leicht. Ältere Pumpen werden am besten auseinandergenommen, gründlich mechanisch gereinigt, mit neuen Lederventilen versehen und dann desinfiziert, am besten mit der Desinfektionsflüssigkeit gefüllt. Steht das Rohr in grobem Kies, so versinkt die Desinfektionsflüssigkeit sofort. Das Rohr ist dann durch Ausbürsten (Lampenzylinderreiniger) mit

starker Carbollösung zu desinfizieren. Neu eingeschlagene Brunnen
werden auch deshalb öfter kein ganz keimfreies Wasser geben,
weil man nicht alle Löcher des Saugers sicher desinfizieren kann.

Als Reagens auf Carbolsäure sei das Bromwasser (aqua
bromata der Pharmakopöe) empfohlen, welches noch 1 Tl. Carbol
auf 50 000 Tle. Wasser durch einen weißen Niederschlag von Tri-
bromphenol angibt. Wenn in einem Glasrohr von etwa 25 cm
Länge, wie es für die Eisenbestimmung benutzt wird, kein Niederschlag entsteht und wenn man das Carbol nicht mehr schmeckt,
dann sind das vollgültige Beweise seines Fehlens.

Für diese Versuche, wo es darauf ankommt, jeden zufälligen
Keim abzuhalten, sollen die v. Esmarchschen Rollröhrchen und
die Schumburg-Flaschen Verwendung finden; die Petrischalen sind
nicht sicher genug.

Ein weites Eindringen des Desinfiziens in das Grundwasser
ist nicht zu fürchten; zudem kann man leicht so lange pumpen,
bis die letzten Spuren daraus verschwunden sind.

Ein anderes gutes Desinfiziens ist die Schwefelsäure. Sie
wird in einer Konzentration von etwa 8 auf 1000 Tle. Wasser
Verwendung finden müssen; die Reaktion mit Kahlbaumscher
Lackmuslösung gibt das Wiederverschwinden der Säure an.

Neißer hat Rohrbrunnen erfolgreich mit Dampf sterilisiert.
Es gelingt unschwer, durch den Dampf einer Lokomobile die
Temperatur in dem Rohrbrunnen auf mehr als 90⁰ zu bringen und
für etwa 2 Stunden zu erhalten. Die in dem Brunnen vorhandenen
Bakterien werden dadurch nach Neißers Versuchen getötet. Die
Wärme dringt auch in das Erdreich ein, allerdings wegen der
großen Aufnahmefähigkeit für Wärme nicht weit. Der Sicherheit
wegen muß man jedoch das Wasser eines mit Dampf sterilisierten
Brunnens vor der Probeentnahme reichlich abpumpen. Bei einer
Streitsache im Auslande wollte aus diesem Grunde die eine Partei die
Keimfreiheit eines Wassers nicht gelten lassen, welches einem
Brunnen mit etwa 30 m langem Sauger, von 30 cm lichter Weite,
nach kräftiger Desinfektion mit Dampf, ohne sehr ausgiebiges
nachträgliches Abpumpen entnommen war. Der Einwurf ließ sich
beiseite schieben, denn die Partei gab zu, daß ein Eindringen der
Wärme von 50⁰ über 1 m seitlich in den Boden hinein nicht anzunehmen war; bei einem Porenvolum von 33 Proz. und 30 m
Länge hätten rund 43 cbm Wasser abgepumpt sein müssen, um
alles Wasser dieser Wärme zu entfernen; es waren aber notorisch
mehr als 100 cbm abgepumpt worden.

Auch der Chlorkalk kann zweifellos gut Verwendung finden, doch ist uns über seine tatsächliche Benutzung bei Rohrbrunnen nichts bekannt geworden. Der Nachweis des Chlors ist nach der S. 575 angegebenen Methode zu führen.

3. Die Desinfektion von Kesselbrunnen.

Kesselbrunnen sind schwieriger von Krankheitskeimen zu befreien. Durch selbst stundenlanges Abpumpen lassen sich die in dem Wasser enthaltenen Bakterien nicht entfernen. Da solche Brunnen nicht gerade selten infiziert werden, meistens durch Zuflüsse von oben her, so kann ihre Desinfektion notwendig werden. Das bloße Stehenlassen der Brunnen bietet betreffs des Absterbens der Keime keine genügende Gewähr.

Am 9. April 1883 ordnete das Preußische Ministerium der Medizinalangelegenheiten an, daß Brunnen, welche durch Hochwässer gelitten hätten, durch Hineinschütten von Kalkpulver desinfiziert werden sollten. Am 29. Juli 1903 wurde der Erlaß in Erinnerung gebracht und zwar unverändert, ein Zeichen, daß sich die Kalkdesinfektion bewährt haben muß. Es dürfte sich jedoch empfehlen, statt des dort geforderten, durch Zerkleinern von gebranntem Kalk bereiteten Kalkpulvers oder der dort erlaubten Kalksteinstücke frisch bereitete Kalkmilch zu verwenden, mit ihr die Brunnenwand kräftig abzupinseln und einen großen Teil in den stark abgesenkten und dadurch möglichst vom Schlamm befreiten Brunnen zu schütten.

Durch C. Fränken und Neißer ist die Brauchbarkeit der Desinfektion mit Kalkmilch erwiesen; letzterer fand zwar in einer Probe einen eingesäeten Prodigiosuskeim wieder, aber das besagt nichts.

Von Neißer sind ferner Versuche gemacht worden mit Zusatz von 2,6 bis 9,3 Promille Schwefelsäure. Die Resultate waren nur mäßige, denn wiederholt waren eingesäte Probebakterien lebendig geblieben. Solche Mißerfolge bei der Desinfektion sind nicht verwunderlich; sie beruhen darauf, daß das Desinfiziens nicht an die sämtlichen eingebrachten Bakterien herankommt, mögen diese nun in den Zwischenräumen der Steine der Brunnenwand oder im Brunnenschlamm liegen. Soll desinfiziert werden, so muß eine zweistundenlang fortgesetzte Bewegung des Wassers, welche den Brunnenschlamm mit in Zirkulation bringt, statthaben; auch muß stets berücksichtigt werden, ob und wieviel des eingebrachten Desinfiziens gebunden wird. Besser als das beschwerliche und doch nicht ausreichende Rühren mit Stangen usw.

wirkt eine kräftige Feuerspritze, mit welcher das Wasser und
das darin befindliche Desinfiziens abgesaugt und wieder in den
Brunnen zurückgespritzt wird; hierbei werden zugleich die Wände
kräftig abgewaschen.

Keinem Zweifel kann es unterliegen, daß auch der Chlorkalk,
das Natriumhypochlorit, und das Chlor vortreffliche Desinfektionsmittel sind. Es sei empfohlen, den Chlorkalk in ein paar großen
Holzgefäßen anzureiben und zu lösen, die Flüssigkeit sich absetzen
zu lassen und die klare Flüssigkeit in den Brunnen zu geben, so
daß auf den Liter Brunnenwasser mindestens 10 mg aktiven Chlors
kommen oder, wenn man den Gehalt des Chlorkalks zu 33 Proz.
rechnet — meistens ist er etwas höher — auf 1 cbm Brunnenwasser 30 g Chlorkalk entfallen. Die Menge ist sehr gering und
doch wird dabei das Desinfiziens noch in einer zehnfach erhöhten
Dosis verwendet. Auch bei ihm geht es ohne eine lange dauernde
energische Bewegung des Wassers und des Schlammes nicht ab.

Die Einwirkungsdauer der Desinfektionsmittel werde mit
24 Stunden beendet. Im allgemeinen empfiehlt es sich, die Mittel
nicht durch chemische Bindung, sondern durch Abpumpen zu entfernen, weil dadurch zugleich eine recht gute physikalische
Reinigung des Brunnens, unter Beseitigung des Schlammes, bewirkt wird.

Soll das Desinfiziens chemisch gebunden werden, so eignet
sich zum Binden des Kalkes am besten verdünnte Salz- oder
Schwefelsäure, zum Binden der Schwefelsäure kohlensaurer Kalk
und zu dem des Chlors Natriumsulfit oder Natriumhyposulfit
(S. 590).

Wir haben wiederholt den Chlorkalk mit bestem Erfolg zur
Desinfektion von Brunnen verwendet in Gaben von 30 bis 90 g
Chlorkalk auf den Kubikmeter Brunnenwasser; der Chlorkalk wirkt
für die meisten Fälle genügend sicher und er ist im Gebrauch so
handlich und nachher so harmlos wie kein zweites Mittel.

Recht sichere Erfolge, bis zum Abtöten des letzten Keimes,
hatte Neißer mit der Erhitzung des Brunnenwassers. Die durch
Wasser verbreiteten Krankheitserreger bilden — abgesehen vom
Milzbrand — keine Sporen. Die vegetativen Formen sind wenig
widerständig gegen Hitze; der resistenteste von den hier in Betracht kommenden Mikroben ist der Typhusbazillus. Er verträgt
eine Temperatur von 68 bis 70° C 15 Minuten lang; zwar haben
Forscher gefunden, daß er schon bei niedrigerer Wärme und in
kürzerer Zeit abstirbt, aber es gibt schwache und es gibt widerstandsfähige Stämme; mit den letzteren muß man rechnen.

Eine Temperatur von 70⁰ C muß also mindestens 15 Minuten hindurch in allen Teilen des Brunnens vorhanden sein, wenn die Desinfektion gelingen soll. Neißer konnte mit einer Lokomobile in 2¹/₂ Stunden in einem Brunnen von 1,8 cbm Wassergehalt eine Temperatur von 96⁰ erzeugen, bei Verbrauch von 2 bis 3 Zentnern Kohle; er ließ das Wasser im Brunnen, bis es sich auf 54⁰ abgekühlt hatte. Dann wurde es durch Abpumpen entfernt, um so eine Vermehrung der etwa noch zurückgebliebenen Keime in dem warmen Wasser zu verhindern. Durch den eintretenden Dampf, durch die großen Temperaturdifferenzen wird das Wasser in ausgiebige Bewegung gebracht, und hierin möchten wir einen Vorzug der Erhitzung sehen gegenüber den chemischen Verfahren; dieses mechanische Moment ist ausschlaggebend; wird das Wasser ordentlich bewegt, so ist kein Grund vorhanden, warum die Chemikalien weniger gut wirken sollten.

4. Die Desinfektion von Behältern und Leitungsnetzen.

Erforderlich kann es werden, Reservoire und das Rohrnetz einer ganzen Stadt zu desinfizieren. Gelangen Cholerabazillen in ein Leitungswasser hinein, so erfolgen schon nach drei Tagen so viele Erkrankungsfälle, daß der Verdacht auf das Wasser gelenkt wird. Eine Desinfektion wird dann, selbst bei einmaliger Invasion der Krankheitserreger, noch manche derselben im Rohrnetz finden und zerstören und manches Menschenleben retten können.

Beim Typhus und der Ruhr dauert die Inkubation länger und frühestens 2 bis 3 Wochen nach der Infektion des Wassers kann sich der Verdacht auf letzteres als den Vermittler lenken. In dieser Zeit jedoch dürften die Bakterien bei einer einmaligen Infektion aus dem Rohrnetz ausgewaschen sein, aber sehr wohl können noch solche — bei der Cholera, Ruhr usw. ist dasselbe der Fall — in den Reservoiren, Becken, toten Enden u. dgl. niedergesunken sein, harrend der Zeit, wo der veränderte Strom sie wieder in Zirkulation bringt. Andererseits kommen, wie das schon in dem Kapitel „Quellen" besprochen ist, auch Dauerinfektionen vor und sie sind dort die Regel, wo nicht oder wo ungenügend gereinigtes Oberflächenwasser dem Konsum zugeführt wird. Daß also in manchen Fällen eine Desinfektion des Leitungssystems nützlich, ja notwendig ist, liegt auf der Hand.

Wichtig für die Desinfektion von Wasserleitungsröhren ist eine kleine Arbeit von Stutzer geworden, der nachwies, daß schon 0,8 Promille einer 60 grädigen Schwefelsäure ausreichten,

Cholerabazillen zu töten, und daß eine 2 prom. Schwefelsäure-
lösung die Eisenrohre nicht nennenswert (und die Bleirohre selbstverständlich nicht) angreife.

Das Gesetz nimmt auf die Desinfektion von Wasserleitungsröhren Rücksicht. Der § 29 der allgemeinen Desinfektionsanweisung
(Bekanntmachung des Reichskanzlers, betreffend Desinfektionsanweisung für gemeingefährliche Krankheiten vom 1. April 1907)
lautet: „Das Rohrnetz einer Wasserleitung läßt sich durch Behandlung mit verdünnter Schwefelsäure desinfizieren, doch darf
dies in jedem Falle nur mit Genehmigung der höheren Verwaltungsbehörde und nur durch einen besonderen Sachverständigen
geschehen." — „Abweichungen von den Vorschriften 1 bis 29
sind zulässig, soweit nach dem Gutachten des beamteten Arztes
die Desinfektion gesichert ist".

Hiernach wird also auf die Schwefelsäure hingewiesen, mit
Übereinstimmung des beamteten Arztes können jedoch auch andere
Desinfizientien Verwendung finden.

Die Schwefelsäure ist verschiedentlich benutzt worden. Man
füllt in das zur Stadt hin abgeschlossene Reservoir die Säure, so
daß eine gleichmäßige 2 prom. Lösung in ihm entsteht. Enthält
das Reservoir mindestens so viel Wasser wie das Rohrnetz, so
öffnet man die Zuflüsse zu den Hauptsträngen und zugleich an
ihrem unteren Ende die Hydranten; ist das saure Wasser bis
dahin gelangt, so veranlaßt man die vorher genau unterrichtete
Bürgerschaft die Zapfhähne zu öffnen, bis das saure Wasser dort
ausströmt. Nach vier- bis achtstündigem Stehen werden zunächst
die unteren Hydranten geöffnet und zugleich die Hauptstränge
aus dem inzwischen desinfizierten, gereinigten und mit gutem
bzw. desinfiziertem Wasser wieder gefüllten Reservoir gespeist;
von ihnen aus werden dann die Hausleitungen versorgt. Wo das
Reservoir einen geringeren Inhalt hat als das Rohrnetz, muß ganz
gleichmäßig gepumpt und zugleich die entsprechende Menge
Schwefelsäure zugefüllt werden. Am besten geschieht eine solche
Desinfektion, wenn man die Wahl hat, an einem Tage, an welchem
die Industrie möglichst ruht. Dort, wo das saure Wasser schaden
könnte, müssen die Hähne geschlossen bleiben.

Die Säure tötet die im Rohrnetz befindlichen Bakterien und
löst zugleich einen beträchtlichen Teil der darin enthaltenen Eisenablagerungen und Eisenwarzen auf; es kommt zuweilen eine braune
oder grünliche Brühe aus den Strängen heraus. Die Betonbauten
werden nicht oder nicht nennenswert angegriffen; so zeigte der
Sammelbrunnen in Steele, in welchen in etwa acht Stunden

15 000 kg reine Schwefelsäure hineingeschüttet wurden, wobei ein
Satz von 1 Prom. nicht überschritten war, keine Spur eines Angriffes.

In der vorstehenden Weise ist unter anderen die Wasserversorgung von Beuthen, von Altmühl, von Lüdenscheid und unter
Leitung von Springfeld die von Gelsenkirchen desinfiziert worden,
deren Rohrnetz, ausschließlich der Hausleitungen, über 300 km
lang ist.

Auch andere Mittel kommen zur Verwendung. So wird von
Kaiser angegeben, daß die Wasserleitung eines Marktfleckens im
südlichen Österreich mit 20 proz. Kalkmilch erfolgreich desinfiziert
wurde, wobei das Wasser 1 Promille CaO enthielt. — In Columbus O.
war infiziertes Flußwasser in das Hauptrohr der Wasserleitung gedrungen. Hoover und Scott setzen über die zur Neutralisation
der Kohlensäure erforderlichen Menge noch 20 bis 40 mg Kalk
zu. Nach 24 Stunden waren Kolibazillen in 10 ccm - Proben nicht
mehr nachweisbar. Die Autoren geben an, Darmbakterien könnten
im Wasser ohne freie oder halb gebundene CO_2 nicht leben.

In Reutlingen wurde eine schlechte Sickerleitung mit ihren
Schächten mittels Chlorkalk, 1 : 10000, desinfiziert, d. h. auf
1 000 000 Tle. Wasser kamen ungefähr 33 Tle. aktiven Chlors.

Der Chlorkalk ist für die Desinfektion von Rohrnetzen ein
vorzügliches Mittel, welches sich durch seine Billigkeit und die
leichte Beschaffungsmöglichkeit auszeichnet. Die Desinfektion des
Gelsenkirchener Rohrnetzes beanspruchte — bei einer Konzentration
von 2 Promille — 30000 kg Schwefelsäure. Soviel war nicht zu
beschaffen, man mußte sich mit 1 Promille = 15 000 kg der 60 grädigen Schwefelsäure begnügen. Hätte man Chlorkalk mit 33 Proz.
verfüglichen Chlors angewendet und hätte man statt 1 Tl. Chlor
auf den Liter 10 mg benutzt, d. h. 33 g Chlorkalk auf den Kubikmeter, so würde man nur 421 kg gebraucht haben, die sofort
zu haben gewesen wären. Auch die Beschaffung der fünffachen
Menge, wie sie bei stark verrosteten Rohren beansprucht wird,
würde leicht gewesen sein. Eine kleine Schwierigkeit besteht
beim Chlorkalk insofern, als das Lösen nicht ganz leicht ist, aber
es läßt sich in weiten Bottichen mit kräftigen Bürsten oder Besen
doch bewerkstelligen.

Ein nicht zu übersehender Faktor ist die Bindung des Chlors
und der Schwefelsäure durch das Eisen bzw. das Eisenoxyd. Ein
gut asphaltiertes Eisenrohr wird nach den Untersuchungen von
Stutzer in nennenswerter Weise nicht angegriffen. Ist jedoch
das Rohr schlecht asphaltiert oder mit Rostwarzen bedeckt, so

bildet das freie Chlor Eisenchlorid, die Schwefelsäure schwefelsaures Eisen oder, wenn Kalk vorhanden ist, schwefelsauren Kalk.
Wir haben im hygienischen Institut in Jena Versuche nach dieser
Richtung hin angestellt. Ein Stück Wasserleitungsrohr von 40 cm
Länge und etwa 8,3 cm lichter Weite war stark mit dicken Eisenwarzen ausgekleidet, so daß von der Rohrinnenwand nichts zu
sehen war und sein Fassungsraum nur mehr 1700 ccm betrug. In
das Rohr wurden 1,7 Liter Wasser gegeben, welche 1645 mgl reine
Schwefelsäure enthielten.

Nach 20 Minuten waren noch vorhanden . . . . 1383 mgl
  „   50   „   „   „   „   . . . . 1255 „
  „   1 Stunde 40 Minuten waren noch vorhanden . . . . 1030 „
  „   3 Stunden waren noch vorhanden . . . . 961 „
  „   5   „   „   „   „   . . . . 687 „
  „   7   „   „   „   „   . . . . 461 „
  „   8   „   „   „   „   . . . . 422 „
  „   12   „   „   „   „   . . . . 392 „
  „   24   „   „   „   „   . . . . 196 „
  „   48   „   war keine freie Schwefelsäure mehr nachzuweisen.

Die Cholerabazillen starben nach Stutzer in 0,5 Promille freier
Schwefelsäure in $1/4$ Stunde ab, bei 0,4 Promille lebten sie in vereinzelten Exemplaren noch nach $1/2$ Stunde. Nach Kitasato trat
bei 0,5 Promille Schwefelsäurezusatz zu einem guten Nährboden
kein Wachstum der Cholerabazillen mehr auf, während bei 0,32 Promille noch ein spärliches Wachstum erfolgte. Bei Zusatz von
0,65 Promille Schwefelsäure zum Nährboden gediehen Typhusbazillen
noch, bei 0,73 bis 0,8 Promille nicht mehr.

Hiernach war in unserem Versuch nach 6 bis 7 Stunden nicht
mehr genügend freie Schwefelsäure zur Abtötung der Choleravibrionen, nach etwa 4 Stunden nicht mehr genügend zur Abtötung der Typhusbazillen vorhanden. Es hat also nicht viel Zweck,
die Desinfektion mit 2 Promille Schwefelsäure wesentlich über
4 Stunden auszudehnen, sofern das Rohrnetz stärker verrostet ist.

Dasselbe Rohr, gut ausgewaschen, wurde beschickt mit einem
Leitungswasser, welches 10,5 mgl freien Chlors enthielt.

Nach 15 Minuten war der Chlorgehalt auf . . . . 3,43 mgl
  „   30   „   „   „   „   „   . . . . 2,22 „
  „   45   „   „   „   „   „   . . . . 0,87 „
  „   60   „   „   „   „   „   . . . . 0,80 „
  „   5 Stunden   „   „   „   „   . . . . 0,27 „
            freien Chlors gesunken.

Hiernach reicht für ein stark verrostetes Rohr 33 g Chlorkalk
auf den Kubikmeter im Rohrnetz befindlichen Wassers nicht aus.

Bei Versuchen mit rund 50 mgl freien Chlors, also 150 mgl Chlorkalk in vollständig mit Rostknoten bedeckten Rohren verschiedenen Durchmessers hatten wir die folgenden Resultate:

	Es waren enthalten Milligramm-Liter verfüglichen Chlors		
	Versuch I	Versuch II	Versuch III
Im Einschüttwasser	47,3	55,0	51,5
Nach 45 Minuten	16,5	—	47,3
„ 1 Stunde	16,5	34,4	—
„ 2 Stunden.	13 4	29,1	—
„ 4 „	10,0	13,3	28,4
„ 6 „	7,9	10,3	—
„ 8½ „	—	5,6	13,3
„ 10 „	5,1	3,0	—
„ 20 „	0,7	0,2	2,2
„ 48 „	—	—	—

Da hierbei auch recht enge Rohre von 5 cm lichter Weite Verwendung fanden, so darf man behaupten, daß ein Zusatz von 50 mgl verfüglichen Chlors zum Wasser ausreicht, um selbst nach 8 Stunden dauernder Einwirkung eine zur Abtötung von Cholera- und Typhusbazillen noch ausreichende Menge von 10 mgl verfüglichen Chlors zu gewährleisten.

Um zu sehen, wie weit bei ganz geringen Gaben die Desinfektionskraft des Chlors in den Rohren reicht, haben wir noch folgende Versuche gemacht. Als nach stundenlangem Stehen des Chlors in den verrosteten Rohren die Menge des verfüglichen Chlors unter 1 mgl gesunken war, wurden etwa 20 ccm der Flüssigkeit in Reagierröhrchen gegeben und ihnen je eine Öse einer 20 Stunden alten Kultur eines widerstandsfähigen Typhusstammes zugesetzt. Die Mischung wurde bei 20⁰ C gehalten, von Zeit zu Zeit wurden aus ihr Proben entnommen, die auf Nähragarplatten gebracht wurden. Die kleinen Proben, ½ ccm, erhielten das eine Mal keinen Zusatz, das andere Mal einen Tropfen dünner Sodalösung und einen Tropfen dünner Thiosulfatlösung zur Bindung des verfüglichen Chlors.

In 1 ccm des zur Desinfektion der Eisenrohre verwendeten Wassers fanden sich Typhusbazillen:

	Versuch I mit 0,86 mgl verfügl. Chlors		Versuch II mit 0,2 mg verfügl. Chlors		Versuch III Spur verfügl. Chlors	
	ohne Zusatz	mit Zusatz	ohne Zusatz	mit Zusatz	ohne Zusatz	mit Zusatz
Sofort nach Übertragung der Kultur	300 000	323 000	179 000	217 000	126 000	130 000
Nach 1 Stunde	4 100	131 000	168 000	135 000	48 000	57 500
„ 2 Stunden	40	640	4 300	6 800	40 500	51 000
„ 4 „	30	100	60	—	14 800	5 270
„ 8 „	30	10	30	2 460	60	1 030

Aus der Tabelle folgt, daß, wie zu erwarten war, bei den ganz kleinen Chlormengen die Neutralisation kaum etwas ausmacht, bei den größeren wohl, daß aber selbst minimale Chlormengen bei 1 bis 8 Stunden dauernder Einwirkung noch einen sehr guten Desinfektionseffekt ausüben. Selbst wenn von 217 000 Typhusbakterien im Kubikzentimeter noch 2460 übrig geblieben sind, so ist das für die Praxis ein ausreichender Effekt, denn es sind in einem Leitungswasser nicht 217 000 Bakterien, sondern vielleicht 2170, von diesen wären dann 24 übrig geblieben. Von den 2170 Bakterien besteht jedoch selbst in Epidemiezeiten nur ein verschwindend geringer Teil aus Typhusbazillen; wären ihrer viele vorhanden, dann müßten bei einer Wasserepidemie nicht Hunderte, dann müßten Tausende von Menschen erkranken. Unter den übrig gebliebenen 24 Bakterien dürfte keins ein Typhusbakterium sein. Zudem findet in der Wirklichkeit eine so prompte Bindung des Chlors, wie sie im Experiment erreicht wird, nicht statt. Ferner darf nicht vergessen werden, daß unsere Zahlen nur die Wirkung der „Nachdesinfektion" bringen, daß die eigentliche Desinfektion bereits vor dem Beginn unserer Experimente liegt.

Wir dürfen also folgern: Selbst in völlig mit Rost bedeckten Rohren genügt eine Menge von 150 g Chlorkalk auf den Kubikmeter Rohrwasser völlig zur Abtötung etwa noch darin enthaltener Krankheitserreger.

K. Die Filtration und Sterilisation des Wassers.

Wenn auch die in dem vorstehenden Kapitel aufgeführten Schutzmittel nach vielen Richtungen hin dem Wasser einen Schutz gegen Infektion und Verschmutzung gewähren, so geschieht das doch nicht bei jedem Wasser. Insbesondere die Oberflächenwässer und die mit der Erdoberfläche in offener Verbindung stehenden Wässer bleiben gefährdet.

Um hier helfend einzugreifen, stehen zur Verfügung:

I. Die Filtration.

1. Die Langsamsandfiltration.

Das Oberflächenwasser ist nur in wenigen Fällen so infektionssicher und appetitlich, daß es ohne weiteres zum Konsum herangezogen werden kann. Meistens ist eine Vorbehandlung erforderlich, um ihm die vorstehenden Eigenschaften zu verleihen.

Das zurzeit bewährteste und in Deutschland üblichste Mittel ist die Filtration, und zwar die Langsamfiltration. Eingeführt wurde sie in England durch J. Simpson im Jahre 1839 in dem Chelsea-Wasserwerk Londons, nachdem schon 10 Jahre lang Versuche im kleinen angestellt waren.

a) Die Konstruktion, der Betrieb und die Leistung der Filter.

Die Konstruktion der Sandfilter ist recht einfach. Man bildet aus Mauerwerk oder Beton Becken von ungefähr 3 m nutzbarer Tiefe und des leichten Betriebes wegen nicht gern über 2000 qm Fläche. Entweder spart man in der Sohle eine Anzahl Kanäle aus, die mit starken gelochten eisernen Platten bedeckt sind, oder man bildet sie aus Ziegeln, die mit offenen Stoßfugen aneinander gestellt und mit Ziegeln oder Platten lose überdeckt sind. Zwischen und über die Kanäle werden grobe Steine gefüllt, darauf folgt ein grober Kies, dessen Durchmesser 6 bis 3 cm beträgt, dann folgt Mittelkies von 3 bis 2 cm, dann Feinkies von

2 bis 1 cm Durchmesser, darauf grober Sand von 4 bis 5 mm Stärke. Jede dieser „Tragschichten" erhält eine Stärke von ungefähr 10 cm.

Auf den Grobsand folgt zuletzt eine 60 bis 120 cm starke Schicht Sand mit einem Durchmesser von 1 bis 0,5 mm.

Die Kiese und die Sande werden gewaschen, so daß sie von den Tonteilchen, die das Wasser trüben könnten, befreit sind.

Soll das Filter angelassen werden, so wird es zunächst von unten langsam mit reinem Wasser gefüllt, die Luft hat dann Zeit, nach oben zu entweichen; störende Luftinseln entstehen nicht. Sind sämtliche Filterschichten mit Wasser gefüllt, so wird der Reinwasserzufluß abgestellt und Rohwasser zugelassen, so daß es den Sand in ungefähr 60 cm Höhe überstaut, dann wird auch dieser Zufluß aufgehoben. Das einen Tag lang über dem Sand

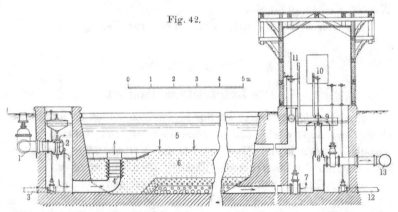

Fig. 42.

Offenes Sandfilter mit Regler für Rohwassereinlauf und Regler für Filtratablauf.
(Nach Götze-Bremen.)

1. Rohwasserleitung mit Schieber; 2. Schwimmerventil für die Regulierung des Zulaufes; 3. Rohwasserleerlauf; 4. Rohwassereinlauf mit abnehmbaren Ringen; 5. Rohwasserraum; 6. Sand, Kies und Steine; 7. Reinwassereinlauf mit Schieber in die Filtratkammer; 8. Teleskoprohr des Ablaufreglers; 9. Schwimmer des Ablaufreglers, reguliert den Filterdruck automatisch; 10. Zeiger für Filtergeschwindigkeit; 11. Zeiger für Filterdruck; 12. Filtratleerlauf; 13. Reinwasserablauf zur Stadt.

stehende Wasser läßt die in ihm enthaltenen Suspensa größtenteils ausfallen, sie lagern sich oben auf den Feinsand als eine sehr dünne, etwas schleimige Schicht, die sogenannte Filterhaut. Dann wird der Reinwasserabfluß sowie der Rohwasserzufluß so weit geöffnet, daß der Wasserspiegel sich in der Stunde an den ersten Tagen um höchstens 60 mm, später um 100 mm senkt. Die Schnelligkeit des Durchflusses im Sand beträgt also, wenn man 30 Proz. Porenvolum annimmt, stündlich 330 mm; die tägliche

Leistung eines Quadratmeters Filterfläche stellt sich hiernach auf 2,4 cbm. Soll die Leistung des Filters eine gute sein, so ist ein gleichmäßiger Betrieb, wie er z. B. durch die automatischen Regler garantiert ist, unbedingtes Erfordernis.

Das ist der gewöhnliche, man kann sagen, der normale Betrieb; Abweichungen sind bei veränderten Bedingungen, z. B. großer Wasserreinheit oder starker Rohwasserverunreinigung, zulässig bzw. geboten.

Im Laufe der Zeit wird die Filterhaut immer stärker und undurchlässiger; infolgedessen muß, um dieselbe Menge Filtrat zu erzielen, der Druck vergrößert, d. h. die Wassersäule über dem Filtersand erhöht werden. Hat der Stand des Wassers über dem Sand 1,0 bis höchstens 1,2 m erreicht, so erhöht man nicht weiter, weil die Gefahr besteht, daß sonst das Filter an den Stellen, wo die Filterhaut dünner ist, „durchbrechen", das Wasser in das Loch eindringen und ungereinigt das Filter verlassen könnte.

Das „totgearbeitete" Filter muß von der undurchlässig gewordenen Filterhaut befreit werden; zu dem Zwecke wird der Zu- und Abfluß des Wassers abgestellt, das überstehende Wasser ablaufen gelassen und das Wasser in dem Sand selbst um etwa 20 cm gesenkt; dann wird mit flachen Schaufeln die Filterhaut selbst und 1 bis 2 cm des unterliegenden Sandes abgehoben.

Der Einfluß des Filters auf die Temperatur des Wassers ist gering, weil die Menge des durchfließenden Wassers im Verhältnis zu der Masse des Sandes eine zu erhebliche ist. Das Filter stellt sich bald auf die Temperatur des Wassers ein.

Auch die Beeinflussung in chemischer Beziehung ist nicht hoch anzuschlagen. Am deutlichsten macht sich eine Minderung der organischen Substanz bemerkbar. Sie beruht jedenfalls auf der Übertragung von Sauerstoff auf die organischen Substanzen durch die in dem Sand und der Filterhaut enthaltenen zahlreichen Bakterien. Im allgemeinen ist das Rohwasser entsprechend seiner Temperatur mit Sauerstoff gesättigt, zuweilen sogar übersättigt. Nach den Versuchen von Pfeiffer-Magdeburg ist der Sauerstoff, der ursprünglich zu 6 bis 12 ccm im Liter vorhanden war, schon wenige Centimeter unter der Filterhaut verschwunden. Die Zerstörung der organischen Substanzen hängt außer vom Sauerstoffgehalt des Wassers, dem Bakteriengehalt des Filters und der Temperatur auch ab von der Art der organischen Substanzen. Das Wasser in Liverpool verliert 10,3 Proz. organischen Kohlenstoff und 6,5 Proz. organischen Stickstoff beim Passieren des Filters. Pfeiffer-Magdeburg berichtet, daß die organischen Substanzen des Elbwassers,

die großenteils der Zuckerrübenindustrie entstammen, in dem einfachen Sandfilter um etwa 40 bis 50 Proz. zurückgingen. So hohe
Zahlen sind selten; 5 bis 10 Proz. Rückgang wird gewöhnlich nicht
überschritten. In Altona beträgt der Kaliumpermanganatverbrauch
des Elbwassers durchschnittlich 20 mgl; zur Zeit der Zuckerrüben-
verarbeitung steigt er auf 30. Durch die Filtration geht der Kaliumpermanganatverbrauch dort um 25 bis 30 Proz. zurück.

Die Härte ändert sich nicht nennenswert. Ist der Filtersand
stärker kalkhaltig, so pflegt sich unter dem Einfluß der im Filter
selbst entstehenden Kohlensäure etwas Kalk zu lösen, eine Erscheinung, die bei neu beschickten Filtern sich deutlicher bemerkbar
machen kann. Anderswo wird über eine geringe Abnahme der
Härte berichtet.

Der Chlorgehalt wird nicht beeinflußt.

Im Rohwasser vorhandenes Ammoniak und salpetrige Säure
pflegen zu· verschwinden.

Zeigt das Rohwasser einen schwachen Geschmack oder Geruch,
so wird er in vielen Fällen in den Filtern zerstört; wenn er in
stärkerem Grade vorhanden ist, so pflegt er zwar abgeschwächt
zu werden, aber nicht zu verschwinden. So wurde der dumpfe,
etwas widrige Geschmack eines Teiles des Königsberger Wassers
durch die Sandfiltration beseitigt, während die gut eingerichteten,
gut betriebenen Filter von Kairo nicht imstande sind, den Geschmack und Geruch nach Fischen vollständig zu zerstören, welcher
den „grünen" Nil, der starken Algenwucherung wegen so genannt,
charakterisiert. In Altona wird der muffige Geschmack des Elbwassers, der zur Zeit der Rübenverarbeitung bei gleichzeitig vorhandener Eisdecke auf dem Strom sich deutlich bemerkbar macht,
vermindert.

Eine eigenartige Erscheinung machte sich in Stralsund bemerkbar; das sonst geruchlose Wasser des Borgwallsees wurde in
den Filtern übelriechend. Dr. Schlicht wies nach, daß im
Wasser vorhandene Bakterien bei einer Temperatur von etwa 18⁰ C,
nachdem der freie Sauerstoff verbraucht war, die Sulfate angriffen,
sie zu Sulfiden reduzierend, die durch die Kohlensäure in Karbonate
übergingen, wobei Schwefelwasserstoff frei wurde. Außerdem wurde
Eisen von dem Wasser aufgenommen. Wenn mittels Rieselung
über ein Gradierwerk eine Reduktion der Temperatur auf 15⁰ erreicht wurde, so verschwand die Erscheinung.

Die Farbe der Wässer wird, soweit sie auf etwas gröberen
Suspensionen beruht, durch das Langsamsandfilter entfernt; die
bräunliche Farbe der Huminstoffe wird gewöhnlich nur abgeschwächt;

zu ihrem vollen Verschwinden bedarf es meistens koagulierender
Zusätze, z. B. von Aluminiumsulfat.

Die wichtigste Aufgabe der Filter ist die Fortnahme der Suspensa. Ein gut angelegtes, gut betriebenes Filter liefert ein blankes
Filtrat. Sofern ein Wasser sehr feine Trübungen enthält, was z. B.
bei Tontrübungen stattfinden kann, gehen diese zu einem Teil
durch das Filter hindurch und geben dem Wasser einen ganz leichten
blaugrauen Schimmer; das Wasser „schielt".

Unter den aufgeschwemmten Teilen nehmen die Bakterien die
erste Stelle ein. Zunächst glaubte man, daß die Sandfilter bei
vorsichtigem Betrieb bakteriendicht seien, die im Filtrat gefundenen
Mikroben sollten den unteren Filterschichten entstammen, aus ihnen
durch den Wasserstrom ausgewaschen sein, während die auf das
Filter gebrachten in der obersten Filterschicht liegen blieben. Eine
Typhusepidemie in Berlin war die Veranlassung, der Frage nach
der Durchlässigkeit der Filter experimentell näher zu treten.
Fränkel und Piefke fanden in ihren klassischen Versuchen, daß
die Filter nicht dicht sind, daß vielmehr etwa 1 Bakterie von 1000
aufgebrachten durchging. Diese mit besonderen Versuchsbakterien
angestellten Versuche wurden später von verschiedenen Seiten bestätigt. Kabrhel-Prag meinte, es gingen noch weniger hindurch,
vielleicht 1 auf 7000. Diese Annahme ist für viele Fälle richtig,
für den Durchschnitt indessen wohl etwas zu günstig. Es sei gestattet, von den vielen Beispielen der Filtrationsleistung das von
Altona zu bringen, weil diese Stadt, direkt unterhalb Hamburgs
gelegen, besonders gefährdet ist, aber durch ihre Filteranlagen
tatsächlich einen vollen Schutz genießt. Das Rohwasser wird durch
Absitzenlassen vorgeklärt.

Jahr	Bakterienzahl im Kubikzentimeter		Jahr	Bakterienzahl im Kubikzentimeter	
	Rohwasser	Reinwasser		Rohwasser	Reinwasser
1902	11371	12,1	1908	41888	32,1[1])
1903	14665	20,1	1909	27550	44,1[1])
1904	9792	11,8	1910	46141	9,5
1905	13519	8,5	1911	29000	5,9
1906	16013	9,1	1912	55000	4
1907	31682	8,0	1913	62746	4,7

[1]) In den Jahren 1907 und 1908 wurde die Filtration durch sehr starke
Algenentwickelung auf den Filtern selbst gestört. — Die Jahresdurchschnitte
lassen die Tagesschwankungen nicht zum Ausdruck kommen, es sei jedoch
gesagt, daß sie sich bis auf die Algenmonate stets in den engsten Grenzen
bewegt haben.

Unter gewöhnlichen, guten Verhältnissen macht sich die Zahl
der Keime im Rohwasser nicht in der Keimzahl des Reinwassers
bemerkbar. Sind im Rohwasser 1000 Keime, so geht 1 durch,
sind 20000 darin, so gehen 20 durch. Wenn nun im Filtrat
etwa 10 bis 50 Bakterien im Kubikzentimeter gefunden werden,
so kann man nicht erkennen, daß das keimreichere Rohwasser
mehr Keime abgibt, obschon es das in Wirklichkeit tut; denn
die Bakterien, welche aus den unteren Filterschichten mitgenommen
werden, sind imstande, das Bild zu verwischen. Wenn jedoch
die Keimzahl im Rohwasser sehr groß ist, sich auf Hunderttausende
beziffert, dann macht sich die Erhöhung der Rohwasserkeimzahl
bemerkbar. Bei derartigen Untersuchungen ist auch mit der Zeit
zu rechnen, die verstreicht, bis das aufgebrachte Wasser als Filtrat
wieder erscheint; man muß dasselbe Wasser fassen.

Neben den Bakterien, die durchgehen, erscheinen im Filtrat
auch Bakterien, welche aus den unteren Filterschichten ausgewaschen werden. Ihre Zahl ist anscheinend nicht groß. Wo
dauernd ein keimarmes Wasser zur Filtration gelangt, ist sie
vielmehr recht klein befunden worden. So beträgt bei dem Berliner Grundwasserwerk Tegel, welches ein wohl als keimfrei an-
zusehendes Grundwasser liefert, dem durch die Enteisenung eine
geringe Zahl von Bakterien beigemengt werden mag, die Keimzahl
des Filtrates oft Null und fast niemals über 10. Man könnte denken,
die alten Berliner Sandfilter seien durch das jahrelange Auswaschen
fast keimfrei geworden, deshalb sei das Filtrat so keimarm; aber
dieselbe weitgehende Keimarmut finden wir bei dem Wasser einer
rheinischen Stadt, dessen Kontrolle seit etwa 20 Jahren in unseren
Händen liegt; das aus dem Zentralbrunnen geschöpfte Rohwasser
enthält 10 bis 40 Keime im Kubikzentimeter, das enteisente Wasser
oft Null, selten über 10; die zur Enteisenung benutzten Filter sind
eigentliche Bakterienfilter, Langsamsandfilter, die man später für die
Eisenfiltration benutzte. In Remscheid wird das Wasser der Talsperre filtriert. Das Rohwasser enthält etwa zwischen 60 und 300
bis 500 Keimen, das Reinwasser nur zwischen 2 und 10, in ebenfalls jahrelangem Betrieb. In Gotha kommt das Rohwasser der
Talsperre im $1^1/_2$ jährigen Durchschnitt mit 26,8 Keimen auf die
Filter, im Filtrat sind 5,5 im Kubikzentimeter. In Magdeburg
(siehe S. 552) liegen die Zahlen für das Rohwasserfiltrat der Schnellfilter zwischen rund 120 bis 550, für das Filtrat der Langsamfilter zwischen 2 und 8. Altona hat Monatsdurchschnitte von 0,1
bis 0,2 Bakterien im Reinwasser, während im Rohwasser bis zu
100000 Keime auf die Filter gebracht wurden. In dem Bericht

über das Jahr 1910 heißt es, daß einmal von 18 Filtern 17 ein keimfreies Filtrat lieferten und daß das achtzehnte einen Keim enthalten habe; mehrere Filter hatten wochenlang ein bakterienfreies Wasser geliefert, während in dem 24 Stunden in den Klärteichen gestandenen Elbwasser 55500 Bakterien im Kubikzentimeter enthalten waren. Die Mehrzahl der Filter Altonas ist seit 20 Jahren nicht umgepackt. Als erheblich darf man die Zahl der dem Filter selbst angehörigen Bakterien wohl nicht ansehen, das besagen die vorstehend angegebenen Zahlen. Ferner sinkt bei reinerem Rohwasser die Keimzahl mancher Filter erheblich. So wurde die Keimzahl im Rohwasser Hamburgs durch Alaunzusatz von 2700 auf 425 im Durchschnitt reduziert, zugleich sank der Durchschnitt an Bakterien im Reinwasser, welcher früher 22,6 betragen hatte, auf 8,7 zurück. Das wäre nicht möglich, wenn die Zahl der ausgewaschenen Keime eine wesentliche wäre.

Man darf die vorstehenden Zahlen nicht ohne weiteres verallgemeinern; aber jedes Werk kann sich seine ungefähre Zahl bilden, indem es in Zeiten mit wenig Bakterien im Rohwasser und bei ganz gleichmäßigem regulären Filterbetrieb die Keimzahl im Reinwasser bestimmt. Selbstverständlich müssen alle beeinflussenden Faktoren, z. B. Sandschichtstärke u. dgl., berücksichtigt werden. Da jedes Filter ein Individuum darstellt, so muß für das einzelne Filter die Zahl der Bakterien, welche es abgibt, in einer Anzahl von Versuchen festgelegt werden.

Man findet vielfach die Leistungsfähigkeit eines Filters in Prozenten angegeben, z. B. wird gesagt: das Filter hält 99,3 Proz. zurück. Hierbei ist fast niemals die Menge der ausgeschwemmten Bakterien in Abzug gebracht; die angegebenen Zahlen sind also meistens etwas zu ungünstig. Die Arbeiten mit Versuchsbakterien haben gelehrt, daß im allgemeinen von den aufgebrachten Bakterien nach drei Tagen nur noch so wenige im Filtrat erscheinen, daß man mit ihnen praktisch nicht mehr zu rechnen hat. In der Zahl der austretenden Bakterien steckt also eventuell nicht nur die Zahl der gerade auf das Filter gelangten und direkt durchgegangenen Bakterien, sondern auch die Zahl der Nachzügler, die man in ihrer Gesamtheit ungefähr derjenigen der Passanten des ersten Tages gleich setzen darf.

Wichtig ist es, daß die Filter mit großer Sicherheit die feinen Klümpchen zurückhalten. Wenn Fäkalien in das Wasser kommen, so sind viele in ihnen enthaltene Krankheitskeime an Fäkalreste, als ihre „Nahrungszentren" angeheftet. Werden solche Reste zurückgehalten, so ist eine Hauptgefahr beseitigt. Der Magensaft stellt nämlich seiner Salzsäure wegen ein gutes Desinfektionsmittel dar, welches leicht imstande ist einzelne, also freie, Krankheitskeime zu zerstören; sind solche aber in kleine Klümpchen eingeschlossen, so müssen diese erst zerfallen, ehe der Magensaft auf die in ihnen eingeschlossenen Bakterien einwirken kann. Die Filtration erleichtert also dem Hauptschutzmittel des Menschen, dem sauren Magensaft, seine Arbeit, indem er die schwer durchdringlichen Teilchen fortnimmt, und damit die sog. „Klümpcheninfektion" beseitigt.

In Deutschland ist den Filterwerken von seiten der Behörden (siehe S. 614) die Auflage gemacht, so zu filtrieren, daß die Keimzahl im Kubikzentimeter des Filtrates 100 nicht übersteige bei Züchtung während zweier Tage auf Nährgelatine bei 20 bis 22° C und bei Zählung mit der Lupe. Die von Robert Koch aufgestellte Zahl 100 war insofern nicht ganz willkürlich, als sich schon damals herausgestellt hatte, daß diejenigen Werke, welche diese Zahl nicht erheblich überschritten hatten, von Typhus- und Choleraepidemien frei geblieben waren. Die zwei Jahrzehnte, welche zwischen der Aufstellung dieser Zahl und heute liegen, haben bestätigt, daß die Versorgungen, welche sie innehielten, keine Wasserepidemien mehr zu verzeichnen hatten (S. 452).

Sodann erweist die Statistik, daß diese Städte in ihrer Typhusmortalität kaum schlechter stehen als die Städte mit infektionssicherer Grundwasserversorgung. Die Großstädte mit Filtration von Oberflächenwasser hatten eine Typhusmortalität von 4,4 auf 100 000 Lebende, die übrigen von 3,6. Auch die kleineren Städte mit Sandfiltration hatten nach Dunbars Angaben nur eine Sterblichkeit von 4,8.

Kann man hiernach mit der Leistung der Langsamfilter betreffs des Zurückhaltens von Krankheitskeimen recht zufrieden sein, so gilt das jedoch nur für den ungestörten Betrieb. Wird ein Filter durchbrochen, d. h. reißt die Filterhaut an einer Stelle und stürzt nun das unfiltrierte Wasser in die Wunde, sie vergrößernd, hinein, oder stört der Frost die Filterhaut (Altona 1893), oder tut das in seinem Unverstande der Mensch selbst, indem er die Filterhaut durch Kratzen mittels Rechen zerstört (Nietleben 1893), oder reißen sich Fladen los und machen so dem Filter Wunden, dann ist es mit der Sicherheit des Filters vorbei, was die in Klammern gesetzten Städtenamen in das Gedächtnis zurückrufen sollen. Soll also ein Filter Gutes leisten, so muß es gut behandelt werden und unter ständiger Kontrolle stehen.

Zunächst haben die Wassertechniker sich gegen die Zahl „100" gewehrt, aber zurzeit möchten sie dieselbe nicht mehr entbehren

da sie ihnen als eine gute Richtschnur dient und sie die Filterleistung gegenüber dem Publikum und die Forderungen gegenüber
den die Mittel verwilligenden Körperschaften auf diese Zahl stützen
können.

Es ist behauptet worden, die Zahl sei keine „Grenzzahl"; wenn
die Bakterien harmlos seien, so könnte sie ohne Bedenken überschritten werden. Letzteres ist unzweifelhaft richtig; aber wie
will man wissen, ob die Bakterien des Rohwassers harmlos sind?
Man hat gemeint, die großen Regen brächten von Wegen und
Stegen, von Äckern und Wiesen nur harmlose Bakterien in das
Wasser. Gewiß sind die meisten Bakterien, die durch den Regen
in die Flüsse gespült werden, harmlos; aber die großen Regen
spülen neben den vorgenannten Lokalitäten auch die Dung- und
Abortgruben aus, waschen den dörflichen und kleinstädtischen
Unrat in die Flüsse hinein. Leicht kann es sich dabei ereignen,
daß auch Infektionserreger in größerer Zahl in das Rohwasser
und auf die Filter gelangen. Die Technik tut daher sehr gut
daran, die Zahl 100 als eine echte „Grenzzahl" zu betrachten, die
auch unter schwierigen Verhältnissen, soweit sie zu den regelmäßigen Vorkommnissen gehören, und das tun z. B. die Hochwässer, nicht überschritten werden soll; es gibt dazu auch verschiedene Mittel und Wege, auf die wir bald zurückkommen,
sie müssen nur benutzt werden. Niemand wird einem Wasserwerksleiter einen Vorwurf machen können, wenn durch sein Werk
Typhus verbreitet sein sollte, sofern er nachweisen kann, daß die
Zahl 100 nicht oder nicht wesentlich und nur selten überschritten
ist. Die Vorwürfe aber würden auf ihn niederhageln, wenn er
die Zahl 100 nicht innegehalten hätte, mit der Behauptung, Hochfluten brächten nur indifferente Bakterien.

Die im Wasser enthaltenen Mikroben sinken von selbst auf
die Filterhaut oder sie werden durch den sich senkenden Wasserstrom dorthin gebracht. Ebenso wie die anderen Sinkstoffe, verstärken sie die Haut und machen sie zu einem ausgezeichneten
Bakterienfilter. Man geht nicht fehl, wenn man die Filterhaut
als die wirkungsvollste, filtrierende Schicht ansieht.

Darin hatte man allerdings geirrt, daß man ursprünglich annahm, die 60 bis 120 cm hohe Sandschicht sei nichts weiter als
eine Stützschicht für die Filterhaut. Die Erfahrung und eigens
darauf gerichtete Experimente haben vielmehr gezeigt, daß auch im
Sand eine ganz erhebliche Menge von Bakterien zurückgehalten
wird. Daher ist die Vorschrift sehr berechtigt, daß die Sandschicht nicht schwächer als 30 cm werden soll.

Die Mikroben werden im Sande zum Teil im buchstäblichen
Sinne des Wortes abfiltriert, d. h. sie bleiben vor denjenigen feinen
Öffnungen im Sande liegen, die kleiner sind als sie selbst. Daß
die Zahl dieser abfiltrierten Mikroben groß ist, darf billig be-
zweifelt werden. Eine andere Gruppe bleibt in dem Sande zurück
durch Flächenattraktion. Selbst die kleinen Sandkörnchen sind
Riesen gegenüber den Bakterien, und sie halten die Bakterien,
die in ihren Attraktionskreis kommen, gefangen. Die Flächenanziehung ist der hauptsächlichste, der stärkste der im Sande auf
die Ausscheidung der Bakterien hinwirkenden Faktoren; es muß
ihr nur die nötige Zeit zur Einwirkung gelassen werden, und
gerade mit Rücksicht auf sie soll die Absenkung von 100 mm pro
Stunde nicht überschritten werden.

Andere Bakterien bleiben an den schon im Sande befindlichen,
in Auflösung begriffenen klebrigen Bakterien haften.

Für die Wirkung des Sandes spricht auch die von Kabrhel
hervorgehobene Beobachtung, daß eingebrachte Versuchsbakterien
um so zahlreicher nachträglich im Filtrat erscheinen, je mehr zunächst im Sande zurückgehalten worden sind.

Die meisten in dem ungünstigen, nährstoffarmen Filtersubstrat
enthaltenen Bakterien gehen dort, zudem ihnen auch das Wasser
recht wenig Nährmaterial zuträgt und der Sauerstoff fehlt, zugrunde, ohne sich wesentlich vermehrt zu haben. Untersuchungen
an den Altonaer Filtern haben gezeigt, daß in 1 ccm Filterhaut
bis zu 12 Millionen Bakterien steckten; an der Sandoberfläche
fanden sich gegen 4 Millionen, in 10 mm Tiefe 1 038 000, in 25 mm
Tiefe 756 000, in 50 mm Tiefe 210 000, in 250 mm Tiefe 98 500,
in 500 mm Tiefe 56 700, an der Oberfläche der Kiesschicht 70 300
und in ihr 24 800, während im Filtrat nur 1020 enthalten waren.

Reinsch wies ferner nach, daß eine Filtratprobe, dicht unter
der Filterhaut entnommen, noch 29 Proz., eine 40 cm tiefer entnommene nur 0,1 Proz. der im Rohwasser vorhandenen Bakterien
enthielt.

In den unteren eigentlichen Stützschichten hört die Filtration auf.

b) Die Störungen in der Filtration.

Die Leistung der Filter kann in verschiedener Weise beeinträchtigt werden. Schon lange weiß man, daß eine zu große
Schnelligkeit und besonders ein rascher Wechsel in der Schnelligkeit die Bakterienzahl erhöht. Man hat daher die frühere Methode,
dem in verschiedenen Stunden wechselnden Wasserbedarf mit der
Filtration zu folgen, vollständig verlassen; man arbeitet vielmehr

mit möglichster Gleichmäßigkeit, regelt automatisch den Ab- und Zufluß und überwindet die Schwankungen im Konsum durch größere Reinwasserreservoire. Wir gehen so weit zu sagen, daß die ausreichende Größe des oder der Reinwasserreservoire einer der ausschlaggebenden Faktoren ist, und daß es eine Sünde gegen den Geist der Filtration bedeutet, wenn man Reinwasserreservoire baut, die nicht groß genug sind, um den Gang der Filtration völlig unabhängig zu machen von dem stündlichen, täglichen und jahreszeitlichen Konsum der Abnehmer. Die Schnelligkeit von 100 mm Wasserspiegelsenkung in der Stunde werde nur bei recht reinem, unverdächtigem Wasser, wie es z. B. im See- oder Stauweiherwasser gegeben sein kann, überschritten. Ein Heruntergehen unter die erwähnte Schnelligkeit hat sich als nicht besonders effektvoll in bezug auf die bakterielle Reinigung erwiesen, wenn auch unter besonderen Umständen und in einzelnen Fällen eine Schnelligkeit von 60 mm die geringste Bakterienzahl ergab.

Auf eine gleichmäßig gute Ausbildung der Filterhaut ist Gewicht zu legen. Neuere experimentelle Untersuchungen haben bewiesen, was man schon lange theoretisch voraussetzte, daß die Filter ungleichmäßig funktionieren, an der einen Stelle viel Wasser und Bakterien, an der anderen wenig hindurchlassen, entsprechend der verschiedenen Stärke der Filterhaut. Mit Rücksicht auf ihre Gleichmäßigkeit empfiehlt es sich bei großen Filterflächen, das Rohwasser nicht an einer, sondern an mehreren Stellen zuzuführen, die so zu verteilen sind, daß der feine Schlamm möglichst gleichmäßig über das ganze Filter hin abgelagert werde.

Ist ein Filter in einer Frostperiode gereinigt und sind hierbei die oberen Sandlagen gefroren, so tauen sie langsamer auf, als man dachte; zudem geschieht das Auftauen unregelmäßig. Die aufgetauten Stellen dienen als Einbruchstellen und durch sie läuft im raschen Strom ungenügend filtriertes Wasser hindurch, während an anderen, noch vereisten Stellen nichts durchtritt. So erklärt man sich das Auftreten von Cholerafällen im Winter 1892/93 in Altona.

Die Filterhaut soll intakt sein; sie darf keine Löcher und Risse haben. Letztere können entstehen durch ein ungleichmäßiges Setzen des Sandes infolge nicht ganz sorgfältiger Packung oder wegen Einschlusses von Luftinseln usw. Die ersteren werden hervorgebracht durch Tiere, die sich im Schlamm aufhalten und ihn in Bewegung bringen. Zu diesen Organismen gehören in erster Linie Mückenlarven, z. B. die der Federmücke, welche zuweilen in großen

Mengen vorhanden sind, dann folgen kleinere Krustazeen und andere Tiere.

Aber auch die Pflanzen können Störungen in der Filterhaut bewirken. In den offenen Filtern entwickelt sich nicht selten in der wärmeren Jahreszeit eine lebhafte Algenvegetation, die indessen durchaus nicht gleichmäßig ist. Bei intensiver Lichtwirkung kann die Sauerstoffbildung so groß sein, daß Teile der Decke losgelöst und nach oben gerissen werden. Derselbe Effekt tritt ein, wenn sich Kohlensäure oder Sumpfgas in und unter der Filterhaut bildet.

Ein gleichmäßiger Abfluß ist gleichfalls für eine gute, gleichmäßige Filtration erforderlich. Im allgemeinen empfiehlt es sich nicht, die Kiesschichten stärker zu machen, als sie sein müssen, um die aufliegenden Schichten ohne Störungen zu tragen; in der untersten Zone sollen die abführenden Kanäle dicht beieinanderliegen und durch ein reiches Netz weiter Kanäle zwischen größeren Steinen unbehinderten Zufluß erhalten. Hierdurch wird erreicht, daß die Zone der weiteren Kanälchen mit ihrem verzögerten Abfluß recht klein wird, und daß in den unteren Filterpartien keine toten Räume entstehen, in welchen das Wasser stagniert und die Bakterien zu einer gewissen Vermehrung, wie z. B. in den Brunnen, gelangen könnten. Werden die Kanäle, entgegen der jetzt fast allgemein üblichen einheitlichen Ableitung, an mehreren weit auseinanderliegenden Stellen zum Filter herausgeführt, so ist der Abfluß und damit auch der Filtrationsvorgang sehr gleichmäßig.

Oesten hat auf diese Verhältnisse deutlich hingewiesen; nach derselben Richtung zielt sein Vorschlag, nur eine Korngröße zu verwenden, die auf einem durchlässigen Filterboden ruht, unter welchem sich das Wasser frei zum Auslauf hin bewegt.

Wird infolge der Verdickung der Filterhaut die Wassersäule über dem Filter erhöht, so sollen durch den verstärkten Druck Bakterien aus der Filterhaut herausgepreßt werden; so versucht man wenigstens die Zunahme der Bakterien, welche zuweilen gegen das Ende der Filtrationsperiode auftritt, zu erklären.

Muß die Filterhaut nebst der 1 bis 2 cm starken obersten Sandschicht entfernt werden, so gehen bei dem erneuten Anlassen des gereinigten, aber „wunden" Filters viele Bakterien durch. In einem von Kruse angegebenen Falle passierten das Filter bei gesunder Filterhaut 0,9 Proz., bei fortgenommener 11 Proz. der Rohwasserbakterien. Mit Rücksicht auf die mit dem vermehrten Durchtritt gesteigerte Infektionsgefahr soll solches Wasser nicht eher zum Konsum zugelassen werden, bis die in 1 ccm enthaltenen Bakterien die Zahl 100 nicht mehr erreichen, was gewöhnlich im Laufe des zweiten Tages geschieht.

Will man die Frist abkürzen, so kann man das wunde Filter mit einer organischen oder anorganischen Decke versehen. Versuche von Piefke haben ergeben, daß Decken, die gleichen Druckverlust herbeiführten, die Bakterien ungleichmäßig zurückhielten; so hielt eine zarte Decke von Algen von 1903 Keimen des Rohwassers 1 Keim, eine den gleichen Druckverlust bewirkende Decke aus Eisenoxyd von 2526 Keimen 1 und eine Decke gleicher Eigenschaft aus Ton von 3329 Bakterien 1 zurück.

Die rasch fließenden Wässer pflegen eine viel Ton enthaltende Filterhaut abzuscheiden, während die mit wenig Gefälle einherschleichenden Flüsse der Ebene oft viel Algen führen.

Die überall und immer vorhandenen Algen entwickeln sich wegen der unbehinderten Lichtwirkung am stärksten in den offenen Filtern. Kemna-Antwerpen, welcher über die Flora und Fauna der Filter spezialistisch gearbeitet hat, gibt an, daß die beiden Diatomeen Melosira varians und Fragilaria capucina die konstantesten und oft die zahlreichsten sind. Die erstere fand sich auf den Antwerpener Filtern fast das ganze Jahr, am meisten allerdings in den Monaten Februar, März, April und einem Teil des Mai. Während derselben Monate war auch Fragilaria vertreten; sie fehlte in den wärmeren Jahreszeiten. Beide bilden lange, schleimige Fäden und können die Filter mehrere Zentimeter hoch bedecken; sie vermögen dann zuweilen, nach Kemna, als eine Art Vorfilter zu wirken. Sehr häufig ist besonders in der warmen Jahreszeit die kleine, scheibenförmige Diatomee Cyclotella und die um das Doppelte größere Coscinodiscus. Unter den grünen Algen überwiegen die Spirogyren, dann die blaugrünen Oszillarien.

Meistens machen sich die Algen unangenehm bemerkbar; wenn sie in größerer Zahl zerfallen, können sie dem Wasser einen unangenehmen Geschmack geben. Von den Zerfallsprodukten nähren sich Bakterien, von diesen Infusorien, die wieder anderen Tieren zur Nahrung dienen; häufig sind unter ihnen die kleinen Kruster verschiedener Art, die einerseits die Filter sehr rasch undurchlässig machen können, andererseits in großer Zahl absterbend, gleichfalls dem Wasser einen fauligen Geschmack zu geben vermögen.

Daher pflegt bei und nach stärkeren Algenwucherungen die Keimzahl im Filtrat anzusteigen. So stieg die Menge der Bakterien im Filtrat des Altonaer Wasserwerkes im Oktober 1908 auf 236 bei 95 455 Bakterien im Elbwasser, im September 1909 auf

230 bei 10775 Keime im Flußwasser; bei einem Filter hatte sich die Bakterienzahl auf 900, bei einem anderen auf 1000 im Kubikzentimeter Filtrat gehoben — während im November desselben Jahres nach dem Verschwinden der Algen nur 7,6 Bakterien im Kubikzentimeter des Filtrates gefunden wurden, trotzdem sich in einem Kubikzentimeter Elbwasser 55 000 befanden.

Zuweilen vermindern sich die Bakterien im Filter sehr wenig. Eine solche auffällige Erscheinung sahen wir während der heißen, wasserarmen Sommermonate des Jahres 1911 bei den Magdeburger Langsamfiltern. — Das Werk beseitigte die enormen Algenmengen des Flußwassers in bester Weise durch ein Puech-Chabal — und die ihnen nachgeschalteten Schnellfilter. Die Bakterienzahl war im Elbwasser gering, kaum 3000 im Kubikzentimeter. Die Langsamfilter versagten insofern, als ihre Keimzahl z. B. während der August-Septemberwoche 1911 trotz der nicht mehr als rund 850 betragenden Bakterienzahl im Filtrat des Schnellfilters, welches ihnen als Rohwasser diente, sich auf 140 hielt. Es ließ sich nachweisen, daß die hohen Zahlen nur eintraten, als die Filter mit dem Algendetritus vollgestopft waren und zugleich die Temperatur im Wasser der Filter auf durchschnittlich 21⁰ und mehr stieg.

Die Zeit, in welcher ein Filter undurchlässig wird, hängt ab von dem Rohwasser und von den Lebensvorgängen auf und in den obersten Filterschichten. Es gibt Filter, die einige Monate betriebsfähig bleiben, während an anderen Stellen und zu anderen Zeiten die Filter schon in 8 bis 4 Tagen, sogar schon in einem Tage undurchlässig werden. Durch die kurze Lebensdauer entsteht eine große Störung im Betriebe, denn bis ein Viertel und mehr aller Filter scheidet aus dem Betriebe aus und meistens zu einer Zeit, wo sie am notwendigsten gebraucht werden. Zu diesem Verlust kommt die Zeit hinzu, welche verstreicht, bis das wunde Filter wieder voll betriebsfähig ist. So können zuzeiten 33 bis 50 Proz. der Filterflächen ausfallen, welche durch die Reservefilter nicht ersetzt werden, weil diese schon durch den in solchen Zeiten stärkeren Wasserkonsum voll beansprucht zu sein pflegen.

Sehr störend für den Filterbetrieb sind längere Perioden stärkeren Frostes. Kleinere Filteranlagen kann man frostsicher eindecken, aber bei großen und zahlreichen Filtern ist das zu teuer.

Schertel-Hamburg hält zur Winterszeit den Rand der Filter eisfrei und schiebt dann eine Art Bagger unter das Eis, der, von der einen Seite zur anderen gezogen, die Filter wund und für einige Tage wieder betriebsfähig macht. Zur definitiven Reinigung eines Filters wurden unter ungünstigen Winterverhältnissen 3000 Arbeitsstunden gebraucht, wozu zur Sommerszeit 250 erforderlich waren.

Aus dem Vorstehenden folgt, daß die „langsame Filtration" zwar Ausgezeichnetes zu leisten vermag, daß sie aber viel Kenntnis, eine sorgfältige Beobachtung, große Peinlichkeit und Gleichmäßigkeit im Betriebe erfordert, wenn sie ihre Aufgabe voll erfüllen soll.

2. Methoden, die Filtration zu vervollkommnen.

Das Streben ist daher seit langer Zeit bereits darauf gerichtet, dem Betrieb einen möglichst großen Teil der ihm innewohnenden Schwierigkeiten und Unsicherheiten zu nehmen. Erreichen kann man das Ziel zunächst durch Schaffung eines möglichst reinen Rohwassers.

Man hat hierzu verschiedene Verfahren angewendet.

a) Das Aufstauen des Wassers.

Stagniert ein Wasser, so setzen sich die Sinkstoffe aus dem Wasser, entsprechend ihrer Größe und ihrem spezifischen Gewicht, zu Boden. Die Schwimmstoffe steigen an die Oberfläche, wo sie durch Tauchbretter u. dgl. zurückgehalten und in entsprechenden Zwischenräumen entfernt werden.

Es gibt zwei Methoden der Stagnation; entweder läßt man ein Becken vollaufen, läßt es einige Zeit ruhig stehen und dann den Inhalt auf die Filter abfließen, oder man füllt ein Becken und läßt ständig zu- und abfließen. Die letztere Methode ist die üblichere und anscheinend die bessere; nur ist erforderlich, den Zu- und Abfluß so zu regeln, das möglichst der ganze Inhalt des Bassins ausgenutzt werde.

Infolge des längeren Stehens wird das Wasser klarer, durchsichtiger, auch verliert es von seiner Farbe, teils durch die Sedimentation, teils durch ein Ausbleichen (letzteres beruht wahrscheinlich auf Oxydationsvorgängen).

Am langsamsten gehen die feinen Tontrübungen zu Boden und nicht viel rascher die Bakterien. A. C. Houston hat geprüft, wie lange die Bakterien in stagnierendem Themse- und Leewasser sich hielten. (Siehe Tabelle auf S. 538.)

Der Autor sagt, daß gegen 50 Proz. der Proben in **0,1 ccm** des rohen Themse- und Leewassers Bact. coli enthielten, während in dem gestandenen Wasser nur 34 Proz. (Staines), 43 Proz. (Chelsea), 14 Proz. (Lambeth) und 32,5 Proz. (Leereservoir) der Proben von je **100 ccm** das Bact. coli zeigten.

Art des Wassers	Dauer des Aufstaues	Bakterien wachsend					Auf Coli-Nährböden gewachsene	Reduktion
		auf Gelatine bei 22°	Reduktion	auf Agar bei 37°	Reduktion			
	Tage	Zahl	Proz.	Zahl	Proz.		Zahl	Proz.
Rohes Themsewasser . .	—	4465	—	280	—		41	—
Auslauf des gestandenen Themsewassers der								
Staines-Reservoire	95	175	96	34	87,9		2	95,1
Chelsea- „	15	208	95,3	44	84,3		5	87,8
Lambeth- „	14	362	91,9	52	81,4		8	80,5
Rohes Leewasser	—	8135	—	382	—		34	—
Ausfluß des gestandenen Wassers	58	67,5	99,1	11	97,1		0,6	98,2

Über die chemischen und physikalischen Veränderungen gibt Houston die folgende Tabelle, wobei die Zeiten der Stagnation dieselben sind, wie vorher angegeben, und die eingeklammerten Zahlen die Reduktion in Prozenten ausdrücken.

Die Menge des Chlors war gleich geblieben. Die Vermehrung des Albuminoidammoniaks (auf welches man in England Wert legt, bei uns, mit Ausnahme besonderer Fälle, nicht) soll gestiegen sein durch die Zersetzung der im Wasser suspendierten organischen Substanzen. Die Reduktionen der stickstoffhaltigen und der organischen Substanzen sind zwar nicht unerheblich, aber an sich belanglos. Wesentlicher ist, daß bei gleichbleibender Schwefelsäurehärte die Kohlensäurehärte geringer geworden und die Trübheit und Farbe erheblich zurückgegangen ist. Selbstverständlich ändern sich alle angegebenen Werte nach der Art des Wassers; die Zahlen sollen nur einen ungefähren Anhalt dafür geben, was man etwa erwarten darf.

Die Stadt Boston staute ihr Wasser in dem 10 m tiefen, 1 135 500 cbm fassenden Chesnut Hill-Reservoir für rund 67 Stunden auf; während im vielmonatlichen Durchschnitt das Rohwasser 225 Bakterien im Kubikzentimeter enthielt, waren an der Oberfläche des gestauten Wassers und am Ende des Behälters 76, in 4,30 m Tiefe 84, in 8,6 m 72 vorhanden.

G. Fuller zeigte in täglichen, durch Monate hindurch ausgeführten Untersuchungen, daß das Rohwasser von Louisville im Durchschnitt 12 018 Bakterien führte; hatte das Wasser in sechs Tagen das 378 000 cbm große Bassin passiert, so war die Zahl

Art des Wassers	Teile in hunderttausend Teilen							
	Ammoniak	Albuminoid-ammoniak	Salpeter-säure	Sauerstoff-verbrauch	Trübheit in Graden des Saccharates von kohlensaurem Eisen	Farbe (nach Tristometer) von Burgeß' Methode mn braun in 2 Fuß langem Rohr	Gesamt-härte	Beibende Härte
Rohes Themsewasser	0,006 00	0,0153	0,26	0,2217	3,50	83	24,29⁰	6,82⁰
Auslauf des gestandenen Wassers								
von Staines	0,004 60 (−23,3)	0,0216 (+41,2)	0,16 (−38,5)	0,1609 (−24,9)	1,39 (−61,7)	41 (−50,6)	21,12 (−13,1)	6,3 (−7,3)
„ Chelsea	0,0022 (−63,4)	0,0108 (−29,4)	0,24 (−7,7)	0,1536 (−27,8)	0,53 (−84,9)	45 (−45,8)	24,99 (−3,3)	6,32 (−7,9)
„ Lambeth	0,0046 (−23,3)	0,0172 (+12,9)	0,23 (−11,5)	0,1831 (−13,9)	1,27 (−63,7)	56 (−32,5)	23,68 (−2,5)	6,30 (−6,2)
Rohes Leewasser	0,0107	0,0155	0,27	0,1926	3,53	84	26,41	7,54
Gestandenes Leewasser . .	0,0051 (−52,3)	0,0155 (±0)	0,15 (−44,4)	0,1290 (−33,0)	0,12 (−96,6)	33 (−60,7)	22,42 (−15,1)	8,67 (+15)

auf 2701, also um 77,5 Proz. zurückgegangen. Hohe Temperaturen hatten auf die Abminderung keinen Einfluß. In den Hamburger Staubecken sank die Zahl nur von rund 3000 auf rund 1000 Bakterien herunter, bei einer allerdings nur geringen Stauzeit.

Will man das zu filtrierende Wasser nur „schönen" und den Filtern die Arbeit erleichtern, so genügt eine Stagnation von wenigen Tagen, sogar, je nach der Art der Trübung, von wenigen Stunden. Versuche müssen lehren, wie groß der Reinigungseffekt z. B. in den ersten zwei, dann in den folgenden zwei usw. Stunden bzw.

Tagen ist. Die bei den Abwässern gefundenen Verhältniszahlen hier anzuwenden, ist nicht richtig, da die suspendierten Stoffe wesentlich andere sind.

Will man aber die eventuell im Wasser enthaltenen Krankheitskeime absterben lassen, um so die Sicherheit der Filterwirkung zu erhöhen, so muß die Stagnation, wie die Londoner Erfahrungen lehren, länger dauern. Nach vorliegenden, allerdings durchaus nicht eindeutigen Versuchen über die Lebensdauer von Typhusbazillen im Wasser darf man annehmen, daß die größte Mehrzahl dieser Bakterien nach etwa drei Wochen abgestorben ist, und daß nur wenige Keime sechs Wochen und länger im Bassinwasser sich halten. Nach Thresh verschwanden bei Stagnation während einer Woche mehr wie 99 Proz. der dem Wasser zugesetzten Typhusbazillen.

Houston meint, daß von 100 000 Typhusbazillen alle bis auf drei aus dem gestauten Wasser verschwunden seien und zwar bei einer Temperatur von 0^0 in fünf, bei 5^0 in vier, bei 10^0 in drei und bei 18^0 in zwei Wochen. Der Autor hält das Themse- und Leewasser für praktisch typhusfrei, wenn es 30 Tage aufgestaut gewesen ist.

Als allgemeine Anhalte mögen vorstehende Zahlen dienen, als ein Dogma nicht, denn nicht allein die Wässer und die sonstigen Bedingungen sind verschieden, sondern auch die Typhusstämme, es gibt widerstandsfähige und widerstandslose (s. auch S. 20).

Stagniert ein Wasser lange, so kann unter der Einwirkung des Lichtes und der Wärme eine so starke Algenentwickelung eintreten, daß die Langlebigkeit der Filter dadurch gekürzt wird. Die Behandlung durch Kupfersulfat (s. S. 414) vermag die Unannehmlichkeit zu beseitigen, bei früher Anwendung sie zu verhindern.

Houston, der verdienstvolle Leiter der Laboratorien der Metropolitan waterworks, hat für London Reservoire vorgesehen, die einen Fassungsraum für sieben Wochen haben sollen. Zweifellos richtig ist es, dort, wo man mit einem leicht und stark infizierbaren Wasser zu tun hat, z. B. bei der Entnahme von Wasser für eine Stadt aus einem Fluß, in welchen nicht weit oberhalb eine andere große Stadt ihre Abwässer hineinschickt, Staubecken einzurichten von solcher Größe, daß sie den Bedarf von drei bis vier Wochen zu decken vermögen; der gesundheitliche Schutz wird dadurch gewaltig gesteigert. Dieselbe Größe mindestens muß verlangt werden, wenn es erforderlich ist, den Bedarf an Wasser in dürrer Zeit quantitativ zu ergänzen. Weiterhin empfehlen sich große Becken dort, wo länger dauernde oder häufig wiederholte Trübungen, infolge von Hochwasser usw., eintreten. — Die Kosten solcher Becken sind nicht klein, aber andererseits ist es gesundheitlich und pekuniär ein Vorteil, daß die Filter nicht so oft gereinigt werden müssen.

Die in Deutschland an einigen Orten vorhandenen Becken machen den Eindruck, als ob sie nicht so groß seien, wie erwünscht ist.

b) Der Zusatz von Chemikalien.

Die Sedimentierung läßt sich beschleunigen und verstärken durch Zusätze zum Wasser, welche Koagula bilden, die wesentlich schwerer sind als das Wasser.

Zu diesen Mitteln rechnet man auch den Ätzkalk. Als solcher übt er zunächst eine desinfizierende Wirkung aus. Wird er dann durch die Kohlensäure der Luft und des Wassers in kohlensauren Kalk umgewandelt, so geht die desinfizierende Wirkung verloren, aber es entsteht ein Niederschlag, welcher die feinen Suspensa in sich schließt. Das Wasser wird durch den Kalkzusatz weicher. Houston erreichte durch eine Gabe von 100 mg Kalk auf 1 Liter Themsewasser, daß die Härte von $17,0^0$ und $19,2^0$ auf rund $8,8^0$ zurückging. Den Vorteil der Enthärtung des Wassers durch Zugabe von Kalziumhydroxyd zum Wasser darf man nicht übersehen.

Die Becken müssen sauber gehalten werden. In den Absitzbecken von St. Louis machte sich eine Strömung bemerkbar, welche, im Herbst durch das Niedersinken des kälteren dichteren Wassers entstanden, den abgesetzten Schlamm in die Höhe und zum Beckenausgang trieb. Sammelt sich der ausgefallene kohlensaure Kalk am Boden an, dann gehen in dem leicht alkalischen Material Zersetzungen vor sich, die möglicherweise unangenehm empfunden werden; eine leichte Reinigungsmöglichkeit der Becken ist also vorzusehen.

Houston will durch den Zusatz des Ätzkalkes die Keimzahl des Themsewassers herunterdrücken und so dasjenige Wasser, welches nicht stagniert hat, für die Filtration vorbereiten. Um einen eventuellen Überschuß von Kalk, der einen laugenhaften Geschmack hervorrufen würde, zu beseitigen, mischt er das gekalkte Wasser mit dem durch Abstehen gebesserten. Nicht so günstig ist es, dem gekalkten Wasser rohes Flußwasser zuzumischen.

Eine andere Methode der Fällung, bei welcher die Desinfektion die Hauptrolle spielt, ist das Ferrochlor-Verfahren. Es wird in dem Abschnitt „Sterilisation des Wassers" näher besprochen werden.

Bitter fügte dem sehr tonigen Wasser des Mahmudiehkanales, eines Nilarmes, pro Kubikmeter 1 g Kaliumpermanganat zu. Durch die Oxydation der organischen Substanzen entstand Mangandioxyd, welches ausfiel und die Tonteilchen an sich zog. Die Klärung erfolgte langsam, erst innerhalb 24 Stunden, aber sie war eine sehr gute. Die Zahl der Bakterien des Rohwassers, die in 29 Versuchen durchschnittlich 1675 im Kubikzentimeter betrug, war im geklärten Wasser auf 705, also um 59 Proz. gesunken.

Die mit Eisensalzen erzielten Fällungen sind voluminös und schwer. Man kann Eisensulfat $(Fe_2(SO_4)_3 + 3\,H_2O)$ benutzen, nachdem man vorher das Wasser mit Kristallsoda leicht alkalisch gemacht hat (Ficker), oder man kann Eisenoxychlorid (Müller) oder Eisenchlorid verwenden. Letzteres versetzt man mit Sodalösung unter stetem Lösen des zunächst entstehenden Niederschlages, bis die Lösung auf Rhodansalze fast nicht mehr reagiert; der auf Zusatz von Natriumkarbonat entstehende Niederschlag wird in Wasser und etwas Eisenchlorid gelöst und verwendet (patentiertes Verfahren Schweikert). Die Methoden sind gut, doch für den Großbetrieb zu teuer.

Brown verlangt, daß 65 bis 95 Proz. der im Rohwasser enthaltenen suspendierten Stoffe bei dem Verfahren mit Eisensulfat und Kalk in den Klärbecken abgelagert werden. Statt des Kalkzusatzes hat er mit Erfolg Wasserdampf angewendet; auf 1000 cbm Wasser wurden in Elyria (Ohio) 120 kg Wasserdampf verbraucht.

Zu den Methoden der Eisenfällung muß man auch das Andersonsche Reinigungsverfahren rechnen. In sich drehenden Trommeln mit einer großen Menge kleiner Eisenstückchen löst sich Eisen im Wasser auf. Bei der Belüftung des Wassers fällt es wieder aus und schließt die Suspensa mit ein. Auf diese Weise wird in Antwerpen und Dordrecht die Entfernung der dem Rohwasser anhaftenden braunen Farbe bewirkt.

Am besten eignet sich im allgemeinen zur Ausfällung ein Zusatz von schwefelsaurer Tonerde (gewöhnlich Alaun genannt). Durch die stets im Wasser vorhandenen Kalksalze — im Bedarfsfalle fügt man Soda oder Kalkmilch hinzu — setzt sich die schwefelsaure Tonerde zu voluminösem, flockigem Aluminiumhydrat um:

$$Al_2(SO_4)_3 + 3\,Ca\,CO_3 + 3\,H_2O = 2\,Al(HO)_3 + 3\,CO_2 + 3\,CaSO_4.$$

Das Aluminiumhydroxyd fällt aus und die kohlensauren Erdalkalien werden in schwefelsaure umgelagert; die Härte wird also

nicht vermehrt, sie wird nur in permanente verwandelt. Da weniger
schwefelsaure Tonerde angewendet wird als kohlensaure Erdalkalien im Wasser sind, so besteht die ganze Veränderung des
Wassers in einer geringen Erhöhung der Schwefelsäure und eventuell des Kalkes. Vom gesundheitlichen Standpunkt aus ist also
der chemische Prozeß völlig indifferent; der Tonerdezusatz ist um
so mehr gesundheitlich gleichgültig, als die Tonerde nicht im
Wasser bleibt, sondern ausfällt. Durch die Umwandlung der
kohlensauren Salze in schwefelsaure wird CO_2 frei und zwar auf
16 mg Alaunzusatz 6,8 mg. Ein deutscher Grad vorübergehender,
also Kohlensäurehärte, ist imstande 39,59 mgl $Al_2(SO_4)_3 + 18 H_2O$,
also die übliche kristallisierte Handelsware, zu binden. Wenn
statt der Kohlensäurehärte die Alkalinität angegeben ist, ausgedrückt in Kubikzentimetern Normalsodalösung im Liter Wasser
(1 ccm der Lösung = 2,8 deutsche Grade), so entspricht 1 ccm
der Lösung 110,8 mg kristallinischer schwefelsaurer Tonerde. —
Hiernach wird es nur selten der Zugabe von Alkalien zum Wasser
bedürfen.

In kälterem Wasser flockt das Aluminiumhydroxyd schlechter
aus als in wärmerem.

Da das Verfahren oft Verwendung findet, so sei die nachstehende Tabelle von Bitter und Gottschlich angeführt.

Eine weitere genaue Angabe kommt aus Königsberg. Ein
stark braun gefärbtes Grabenwasser wurde 2,3 km vor dem Wasserwerk mit schwefelsaurer Tonerde versetzt. Die Schnelligkeit des
fließenden Grabenwassers betrug 0,3 m/sec. Das Wasser gelangte
dann auf Vorfilter und darauf auf die üblichen Langsamsandfilter.

In 33 Versuchen, bei welchen 30 bzw. 40 g schwefelsaure
Tonerde auf den Kubikmeter zugesetzt wurden, fanden sich im
Durchschnitt:

Bakterien			
im Rohwasser vor dem Alaunzusatz	im Rohwasser vor dem Wasserwerk	hinter dem Vorfilter	hinter dem Feinfilter
1600	1390	997	13

Farbengrad (s. S. 54).			
125	109	76	43

Dunbar gibt an, daß durch einen Zusatz von 40 bis 60 g/cbm
schwefelsaurer Tonerde die Bakterienzahl des rohen Elbwassers

Kontrolle der Trinkwasserversorgung Alexandriens (Jewellfilter) im Jahre 1906.

Monat	Durchsichtigkeit in Metern					Bakterien in 1 ccm Mittel (Maximum)						Schwefelsaure Tonerde Promille		Tägliche Leistung der Filteranlage in Kubikmetern	
	Rohwasser		Geklärtes Wasser		Filtriertes Wasser	Rohwasser		Geklärtes Wasser		Filtriertes Wasser					
	Mittel	Minimum	Mittel	Minimum		Mittel	Minimum	Mittel	Maximum	Mittel	Maximum	Minimum	Maximum	Minimum	Maximum
Januar · · · ·	0,025	(0,02)	0,29	(0,25)	2,00	4699	8 192	424	640	21	42	15,9	23,1	20 412	25 592
Februar · · ·	0,04	(0,025)	0,32	(0,20)	2,00	3166	5 184	301	1280	27	54	15,6	21,0	23 377	39 475
März · · · ·	0,045	(0,03)	0,31	(0,23)	2,00	1988	3 484	276	768	15	57	14,4	20,8	21 595	31 230
April · · · ·	0,06	(0,05)	0,34	(0,32)	2,00	1786	3 072	299	768	16	53	11,0	15,7	25 470	31 140
Mai · · · ·	0,09	(0,06)	0,32	(0,34)	2,00	717	1 280	125	208	9	30	12,5	19,0	22 445	34 102
Juni · · · ·	0,12	(0,08)	0,34	(0,34)	2,10	1336	3 840	215	408	10	18	12,7	15,9	28 215	35 375
Juli · · · ·	0,11	(0,08)	0,31	(0,25)	2,00	4661	19 344	153	238	11	21	13,1	16,5	30 300	35 040
August · · · ·	0,07	(0,01)	0,24	(0,06)	2,00	2128	14 080	147	406	17	83[1]	14,6	27,6	30 600	34 125
					min. 0,38										
September · ·	0,03	(0,015)	0,26	(0,18)	2,00	4242	11 520	377	796	26	61	8,5	29,7	26 610	35 175
Oktober · · ·	0,06	(0,03)	0,24	(0,16)	2,00	1764	3 328	251	406	17	43	8,9[2]	13,5[2]	29 717	33 682
November · ·	0,04	(0,03)	0,30	(0,18)	2,00	2597	6 654	280	708	16	54	21,8	23,9	26 685	34 830
Dezember · ·	0,04	(0,03)	0,23	(0,15)	2,00	1602	2 560	232	610	13	28	16,4	23,3	26 085	29 715
					min. 1,57										

Bakteriologischer Effekt der Jewellfilteranlage (prozentualer Vergleich zwischen Rohwasser und Filtrat): 99,35 Proz.
Bakteriologischer Effekt der Klärung allein (Retention der Bakterien des Rohwassers im Verhältnis von): 1:10.

[1] Zeitweise ungenügender Alaunzusatz.
[2] Nach vorgehender Abklärung mit Permanganat (1 g pro 1 cbm): Kombiniertes Klärverfahren.

im Jahre 1911 von 2700 auf etwa 425, d. h. um 84,3 Proz. zurückgegangen sei. Ohne Alaun betrug die Rohwasserkeimzahl im Jahre 1908 an 104 Tagen über 1000, im Jahre 1911 wurde diese Zahl nach Zusatz des Fällungsmittels nur an 21 Tagen erreicht.

Um eine bessere bakteriologische Wirkung zu erzielen, vor allem aber, um einen Teil der organischen Substanzen zu beseitigen, welche dem Elbwasser einen unangenehmen Geschmack gaben, machte man in Altona Versuche. Bei einer Zugabe von 30 g Alaun auf den Kubikmeter und einem Kaliumpermanganatverbrauch des Rohwassers von 30 bis 40 mgl, sank letzterer in zwei Versuchen um 13 Proz. und 31 Proz., bei einer Zugabe von 50 g um 26,5 Proz. und 40 Proz. Beim filtrierten Wasser, also Leitungswasser, trat eine Reduktion des Kaliumpermanganatverbrauches bei Zugabe von 30 g Alaun um 15 Proz., bei 50 g um 36 Proz. ein.

Die Menge des Zusatzes muß bei jedem Wasser besonders ausprobiert werden. Es ist dann genügend zugegeben, wenn eine völlige Ausflockung gerade stattfindet, das Wasser seine größte Helligkeit erlangt hat. Die Zeit der Bildung des Niederschlages beträgt 2 bis 12 Stunden, die des Absetzens ist mit 24 Stunden zu bemessen. Um die für die völlige Ausflockung erforderliche Menge zu finden, versetzt man — nach dem Vorschlage von Nachtigall und Schwarz — das zu klärende Wasser in hohen Glasgefäßen, z. B. Fünfliterflaschen, mit verschiedenen Mengen einer 1 proz. Lösung von schwefelsaurer Tonerde und beobachtet, bei welchem Zusatz die beste Klärung, die größte Aufhellung in der gewünschen Zeit erfolgt. Die Versuche müssen mehrmals wiederholt werden. Auch im Großbetrieb gibt die gerade erreichte beste Durchsichtigkeit die erforderliche Alaunmenge an. Wird zu wenig zugesetzt, so bleibt die Tonerde in Lösung, die Gelbildung tritt nicht ein und im Filter erst scheidet sich das Aluminiumhydroxyd aus, was naturgemäß zu einer raschen Verschlammung des Filters in seinen obersten Schichten führt. Wird zuviel zugesetzt, so ist das eine Vergeudung, ohne daß dadurch für die Klärung ein Nutzen entsteht, während das in Lösung bleibende und später im Filter oder im Reinwasser sich niederschlagende Aluminiumhydroxyd eine stärkere Behinderung der Filtration in quantitativer Hinsicht bewirkt. Es scheint, daß eine gewisse Menge — in den Nachtigallschen Versuchen mit 40 mgl Zusatz noch bis 11 Proz. — unausgeflockten Aluminiumhydroxyds auf die Filter übertritt.

Durch Zusatz von Alkalien läßt sich seine Menge wesentlich beschränken. Überhaupt empfiehlt es sich bei der Einrichtung der Alaunklärung Versuche zu machen, ob nicht durch Zusatz von etwas Ätzkalk, von Soda, von Ton oder von Chlorkalk bei gleich gutem Erfolg eine Herabsetzung der Alaungabe möglich ist (S. 582) bei gleichzeitiger Abminderung der zur Ausflockung erforderlichen Zeit.

Muß die Zeit des Absetzens gekürzt werden, was aber nicht zu empfehlen ist, so wäre auszuproben, ob nicht die Borchardt- schen Filtertücher, welche auf Kiesunterlagen ruhen, die das Filter belästigenden Flocken absieben. Zudem wird das auf den Tüchern befindliche ausgeflockte Aluminiumhydroxyd das noch in Lösung befindliche wenigstens zum Teil in den Gelzustand über- führen, also den Filtern ersparen.

Aus dem Vorstehenden folgt, daß bei dem Zusatz der schwefel- sauren Tonerde, welche tatsächlich die aufgeschwemmten und die kolloidalen Substanzen, unter ihnen die färbenden Huminstoffe, und einen nicht unbeträchtlichen Teil der Bakterien fortnimmt, eine gewisse Vorsicht walten muß, sonst wird die vielfach zugleich angestrebte längere Dauer der Filterperioden nicht erreicht.

Auf den Geschmack oder Geruch hat der Zusatz kaum einen Einfluß, dahingegen gibt es zurzeit keinen besseren, wenn es gilt, die Farbe fortzunehmen. Auf eine vollständige, rasche Durch- mischung des Wassers mit der Lösung der schwefelsauren Tonerde ist Wert zu legen.

Die schwefelsaure Tonerde darf Arsenverbindungen nur in Spuren oder doch nur in sehr geringen Mengen enthalten. In Bremen wurden in dem gewöhnlichen käuflichen Präparat rund 1 Prom. gefunden. Bei 50 g schwefelsaurer Tonerde auf den Kubik- meter Wasser würde in 1 Liter 0,05 mg enthalten sein. Das ist so wenig, daß es an sich nicht in Betracht kommt. Zudem fällt das Arsen größtenteils aus und tritt in den Schlamm ein. Es ist jedoch damit zu rechnen, daß größere Mengen Wasser verkochen können und der Rest, wenn auch wahrscheinlich nicht als Trink- wasser, so doch mit Speisen und Getränken genossen werden kann. Um jeder Gefahr zu entgehen, ist es daher vorsichtiger, einen, wie vorstehend gefordert, möglichst arsenfreien Alaun zu ver- wenden. (Den Arsennachweis siehe O. Die chemische Untersuchung des Wassers, Methoden, Nr. 24.)

Erwähnt sei, daß der mit organischen Stoffen stark durch- setzte Tonerdeschlamm gern in Fäulnis übergeht, während das der Eisenschlamm nicht tut, da der Schwefelwasserstoff durch das

Eisen gebunden wird. Auch diese Absitzbecken müssen daher so konstruiert sein, daß sie leicht gereinigt werden köunen, sonst werden sie im Betriebe zu teuer und infolgedessen nicht reinlich genug gehalten.

c) Die Vorfiltration.

Wo die Sedimentierung mit oder ohne Zusatz nicht ausreicht, da richtet man mit Erfolg eine Vorfiltration ein. Selbstverständlich kann man auch bei ihr ein durch die vorstehend erwähnten Methoden vorgeklärtes Wasser verwenden.

Die Vorfilterung kann in verschiedener Weise statthaben. In Remscheid kommt es vor allem darauf an das Plankton zu entfernen. Borchardt läßt zu dem Zweck das Talsperrenwasser auf Filtertücher laufen, die in 65 cm Breite auf einer Kiesunterlage ruhen. Es gelang ihm, Zweidrittel des Planktons zurückzuhalten.

Den Planktongehalt und die Wirkung der Filtertücher macht die folgende Tabelle ersichtlich.

Planktongehalt (Trockengewicht) in Milligrammen pro Kubikmeter Wasser.

Die nicht eingeklammerten Zahlen geben den Gehalt des Rohwassers, die eingeklammerten den des durch die Tücher filtrierten Reinwassers an.

	Maximal				Minimal				Durchschnitt im Jahre 1913	
	1906	(1906)	1907	(1907)	1906	(1906)	1907	(1907)	Rohw.	Filtrat
Januar .	15,30	(2,70)	5,80	(2,00)	3,10	(0,95)	4,80	(1,60)	15,87	5,18
Februar	17,40	(4,70)	6,60	(2,22)	13,70	(2,74)	5,80	(1,87)	24,32	7,52
März . .	21,20	(6,10)	10,70	(3,68)	9,60	(3,10)	6,18	(2,19)	33,96	11,15
April . .	23,10	(8,00)	15,80	(5,50)	15,25	(5,50)	9,60	(3,30)	41,16	13,80
Mai . .	28,50	(9,00)	26,16	(8,71)	17,26	(5,40)	16,10	(5,40)	44,33	14,87
Juni . .	31,60	(9,30)	35,27	(11,82)	26,90	(8,20)	25,44	(8,90)	38,81	12,96
Juli . .	31,20	(9,30)	38,64	(13,10)	26,70	(6,70)	30,84	(10,22)	40,78	13,62
August .	36,40	(12,20)	44,70	(15,00)	30,30	(7,90)	37,45	(12,80)	46,65	14,31
Septbr. .	47,30	(15,80)	43,30	(14,80)	41,30	(14,10)	27,60	(9,50)	40,48	13,52
Oktober	41,20	(13,70)	36,20	(12,25)	21,50	(6,10)	26,80	(7,30)	43,45	13,98
Novbr. .	34,30	(17,00)	27,40	(9,33)	17,50	(16,00)	14,75	(5,00)	32,21	11,49
Dezbr. .	20,10	(6,70)	16,24	(5,50)	6,40	(2,10)	7,38	(2,50)	17,24	5,79

Das Plankton hatte sich recht störend bemerkbar gemacht, indem es die Sandfilter bald mit einer undurchlassenden Schicht überzog; besonders störend waren die Algen, während Infusorien weniger störten. Als Borchardt zwei Filter nebeneinander arbeiten ließ, versagte das ohne Filtertuch bereits nach 12 Tagen, das mit vorgeschaltetem Filtertuch erst nach 35 Tagen Betriebsdauer;

durch das erstere Filter waren 4784, durch das letztere 13 866 cbm
Wasser gelaufen.

Dunbar erzählt, daß in einer norddeutschen Stadt zuzeiten
so viele Wasserflöhe in dem zur Filtration benutzten Seewasser aufgetreten seien, daß sie durch Gaze abgefangen werden mußten.
Wir kennen eine Stadt, wo die mit dem Wasser aus den Klüften
des Kreidegebirges heraustretenden Flohkrebse (Gammarus) so zahlreich waren, daß sie am Pumpwerk mit Messingsieben abgefangen
werden mußten; in den Hotels waren zu demselben Zweck an den
Zapfhähnen kleine Siebe angeschraubt.

Das Remscheider Verfahren verdient hiernach entschieden Beachtung, und zwar auch vom gesundheitlichen Standpunkte aus,
denn es vermindert wesentlich die Zahl der Tage, während welcher
das Filter wund, also für Bakterien durchlässig ist.

Die in Mitteleuropa üblichsten Vorfilter sind die mit größerer
Schnelligkeit arbeitenden Grobfilter. In verschiedener Beziehung vorbildlich scheinen die von Peters in Zürich nach dem
Patent Reisert eingerichteten Vorfilter geworden zu sein. Sie sind
den Feinsandfiltern ähnlich konstruiert. Über den Drainagen des
untersten Teiles liegt Gartenkies, dann Feinkies und darauf liegt
grober Sand von 1 bis 3 mm Korngröße. Für Zürich mit seinem
an sich reinen Wasser, bei welchem es hauptsächlich darauf ankam,
das Plankton zu beseitigen, betrug die Vorfilterfläche 5 bis 10 Proz.
der Feinfilterfläche. Die Filtrationsschnelligkeit belief sich auf 40
bis 70 m täglich. Die Reinigung der Vorfilter erfolgt durch Ein-
blasen von fünf bis zehn Litern Luft pro Quadratmeter Filterfläche
von unten her, unter gleichzeitigem Ausspülen mit Wasser auf
demselben Wege; sie wurde alle ein bis zwei Tage vorgenommen
und dauerte 20 bis 30 Minuten. Etwa 80 Proz. der gröberen Unreinlichkeiten und gegen 50 Proz. der Bakterien wurden durch
diese Grobfilter entfernt. Dementsprechend wurde die Lebensdauer
der Feinfilter eine wesentlich längere; auch konnte ihre Filtrationsschnelligkeit erhöht werden.

Die Vorgänge in Zürich sind lehrreich. Zunächst konnte mittels der Feinsandfilter mit einer Schnelligkeit von etwa 12 m in
24 Stunden filtriert werden; der Rohwassergehalt an Bakterien
schwankte zwischen 58 bis 345, der des Reinwassers zwischen
11 und 33. Die Filterperioden um diese Zeit betrugen bei den
überwölbten Filtern durchschnittlich 77, bei den offenen 48 Tage.
Dann traten im Jahre 1894 enorme Mengen von Krustazeen auf,
welche die Filter stark verlegten. Noch schlimmer war die Oscillatoria rubescens, welche in größere Tiefen des Filtersandes eindrang,

ihn blauviolett färbend. Hierbei wurden die Filtrationsperioden auf acht bis zehn Tage gekürzt. Als dann die Vorfilter eingerichtet wurden, bekam man wieder die ursprünglichen günstigen Verhältnisse.

In Amsterdam machten sich die Eisen- und Manganoxyde auf den eigentlichen Filtern recht lästig bemerkbar, besonders zur Winterszeit. Pennink ließ daher das Wasser zunächst durch ein 1 m starkes Kiesfilter laufen, dessen Korngröße zwischen 1 und 7 mm lag. Hier fand ein fast völliges Ausscheiden statt; der Eisenrost lag auf und in den obersten Kiesschichten, das Mangan aber drang, seiner Eigenart entsprechend, erheblich tiefer ein. Durch die Benutzung des Vorfilters gelang es, die eigentlichen Filter ohne Reinigung durch die ungünstigen Kälteperioden zu bringen, denn während die Filter früher zuzeiten alle acht Tage gereinigt werden mußten, war das nach Benutzung des Vorfilters erst nach zwei bis sechs Monaten erforderlich. Auf den Feinfiltern bildete sich keine oder eine sehr schwache Filterhaut; aber die Flächenanziehung im Filter genügte völlig, die Bakterien, welche die Vorfilter und die Filterhaut passiert hatten, zurückzuhalten.

Die Erscheinung, daß sich bei Anwendung von Vorfiltern keine oder eine nur sehr schwache Filterhaut bildet und der Sandkörper trotzdem die wenigen noch im Filtrat der Vorfilter enthaltenen Keime zurückhält, ist fast die Regel.

Auch das Puech-Chabal-Filter gehört in die Gruppe der Vorfilter, bietet aber insofern Vorzüge, als es mit der Filtration eine sehr ausgiebige wiederholte Lüftung verbindet, und eine recht bequeme Entfernung des Schlammes aus den Puechfiltern vorsieht. In Magdeburg, um das zunächst liegende Beispiel zu nehmen, wird das Rohwasser von der rechten Seite der Elbe entnommen, weil dort nur rund $1/3$ bis $1/2$ des Kochsalzes vorhanden ist, welches sich auf der linken Seite findet (z. B. 195 mgl : 588 mgl). Das Elbwasser wird gehoben und läuft aus einem kleinen, turmartigen Aufbau (siehe die Fig. 44) mit kräftigem Überfall des Wassers und deshalb starker Be- bzw. Entlüftung in drei Kaskaden in die obersten acht Glieder des Stufenfilters von zusammen 160 qm Fläche; in ihnen liegen Steine von Taubeneigröße. Wieder durch drei Kaskaden belüftet, tritt das Wasser auf die acht Filter der zweiten Stufe von 280 qm Fläche; die Steinchen sind hier haselnußgroß. Nach einer dritten Lüftung in je dreifachem Überfall gelangt das Wasser auf acht Filter von 512 qm mit bohnengroßen Steinchen, und nach einer vierten Belüftung auf acht Filter von 1176 qm mit erbsengroßem Kies.

Das Filtermaterial liegt auf durchlochten Böden, durch welche zum Zwecke der Reinigung Luft und Wasser gedrückt werden. Ein großer Teil der aufgeschwemmten Massen bleibt in den Bassins dégrossiseurs hängen; was noch übrig ist, wird durch ein 4000 qm großes, groben Sand enthaltendes Filter fortgenommen, das mit der 4¹/₂ fachen Schnelligkeit der Feinfilter arbeitet. Dann erst kommt das Wasser auf die alten bewährten Langsamsandfilter, die mit ihren 15 230 qm täglich bis zu 32 000 cbm Wasser liefern.

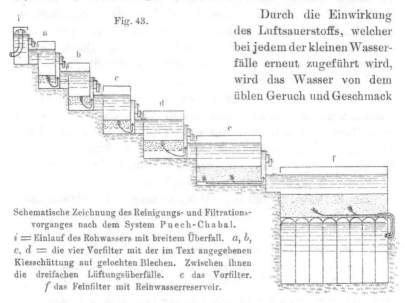

Durch die Einwirkung des Luftsauerstoffs, welcher bei jedem der kleinen Wasserfälle erneut zugeführt wird, wird das Wasser von dem üblen Geruch und Geschmack

Fig. 43.

Schematische Zeichnung des Reinigungs- und Filtrationsvorganges nach dem System Puech-Chabal.
$i =$ Einlauf des Rohwassers mit breitem Überfall. a, b, c, $d =$ die vier Vorfilter mit der im Text angegebenen Kiesschüttung auf gelochten Blechen. Zwischen ihnen die dreifachen Lüftungsüberfälle. e das Vorfilter. f das Feinfilter mit Reinwasserreservoir.

befreit bzw. fast befreit, den das Rohwasser besonders zur Zeit der Zuckerkampagne hat. Hierbei gibt das Wasser bis zu drei Viertel seiner in ihm gelösten organischen Substanz ab. Das Wasser läßt zudem einen beträchtlichen Teil seiner Bakterien in den Puechfiltern zurück. Durch die starke Licht- und Luftwirkung wird die Entwickelung von Algen und kleinen Tierchen gefördert, die wieder reinigend wirken; aber ihre Entwickelung muß zeitweilig durch Beschränkung in der Belichtung in Schranken gehalten werden.

Während das Rohwasser nach Einwirkung der Puechfilter im Herbst 1909 im Durchschnitt 2000 Bakterien führte, hatte das Wasser nach dem Verlassen des den Stufenfiltern nachgeschalteten Kiesfilters nur mehr 93, nach dem Verlassen des Feinfilters nur 26 Bakterien.

Die Keimzahl des Reinwassers schwankte zwischen 13 und 41, während sie in den Monaten vor Einführung der Puechfilter 106 betragen hatte.

Eine Filterhaut bildet sich hier ebenso langsam und schwach, wie sie sich auf den Züricher Feinfiltern nach Einschaltung der Vorfilter gebildet hat, und trotzdem dieser vorzügliche Effekt! Während die Filter im Jahre 1908 hatten 32 mal gereinigt werden müssen, war das für 1909, also nach Einführung der Puechfilter, nur einmal notwendig. Die Klarheit war so groß, daß die Zeiger einer Taschenuhr durch eine 5 m hohe Wasserschicht noch erkennbar waren.

Fig. 44.

Die Anlage der Stufenfilter nach Puech-Chabal in Magdeburg.
Aus dem Türmchen tritt das rohe Elbwasser auf die Filter.

Verfasser hat während der schlimmsten Zeit des Herbstes 1911 zehn Tage auf dem Wasserwerk von Magdeburg verbracht. Er hat dort die Überzeugung gewonnen, daß das System vorzüglich gearbeitet hat und daß die Stadt ohne die Stufen- und Vorfilter über die Schwierigkeiten nicht hinweg gekommen wäre; die Feinfilter hätten bei der enormen Algenwucherung versagen müssen. Auch ist er der Ansicht, daß gewöhnliche, selbst wesentlich größere Vorfilter aus Kies, nicht ausgereicht hätten, weil die intensive Lüftung gefehlt haben würde. Damals wurde der Geschmack durch die Filteranlage korrigiert, im Winter 1912 indessen nicht vollständig, als die Abwässer und Reste der Zuckerindustrie Sachsens

und Böhmens, zusammen mit dem durch Eis bewirkten Luftabschluß, einen stark muffigen Geruch hervorriefen. Um zu zeigen,
wie die Filteranlage bakteriologisch arbeitet, dienen die aus Tages-
entnahmen gewonnenen Durchschnittszahlen dieser Periode und
einiger willkürlich herausgegriffener späterer Monate.

	Bakterien-zahl des Elbwassers	Bakterienzahl des Wassers nach Durchgang durch die			
		Stufen-filter	Schnellsand-filter	Langsamsandfilter a) Filtrat	b) Zapfhahn
November 1912	12 420	2655	516	2,2	2,5
Dezember 1912	11 080	2841	433	2,3	3,0
Januar 1913. .	15 158	3653	488	2,1	2,9
Juli 1913 . . .	2 128	930	123	4,6	6,1
August 1913 .	2 624	1020	124	8,5	8,1
September 1913	2 903	1030	157	7,6	6,3
Januar 1914 .	10 000	1903	270	1,5	1,3

Die Reinigung der Puechfilter wird unter normalen Verhältnissen alle Tage oder alle paar Tage von einem Manne besorgt;
zehn Minuten lang wird von unten her, durch den durchlöcherten
Boden hindurch, viel Luft und wenig Wasser zwischen die Kiese
geblasen. Der aufgewirbelte, recht reichliche Schlamm fließt durch
oberflächliche Rinnen ab. 1 bis 2 Proz. des gewonnenen Reinwassers ist für die Reinigung der ganzen Anlage erforderlich. —
Wegen der steten Bewegung des Wassers fürchtet man ein Einfrieren der Filter nicht; im Notfalle können sie durch Überdecken
mit Brettern geschützt werden.

Es scheint, als ob die Größe des Kieses und die Ausdehnung
der Filter bei Puech-Chabal verschieden ist; so sind für Cher-
bourg Kiese von Walnuß-, Haselnuß-, Mais- und Getreidekorngröße
verwendet. Die vier Puechfilter decken dort einen Raum von
zusammen 300 qm, die 12 Vorfilter von zusammen 400 qm, die
12 Feinfilter von zusammen 2250 qm.

Eine andere Methode der Vorreinigung ist gegeben in den
sogenannten Trommelfiltern. Als Muster sei das für manche
Vorreinigungen und zur Reinigung in Fabriken viel benutzte
Kröhnkesche Filter genannt. Es besteht aus einer soliden Guß-
eisenhülse, in welche hinein konzentrisch der Filterkörper gesetzt ist.
Dieser, sowie die Hülse, sind rundlich, trommelförmig; der Filterkörper schließt in der Mitte einen Hohlraum ein für das filtrierte
Wasser. Seine Außen- und seine Innenwand bestehen aus feingeloch-
ten Messingblechen, zwischen welche bis zu drei Viertel der Höhe

grober Sand eingefüllt ist. Das Wasser tritt zunächst zwischen die Hülse und die äußere Filterwand, durchdringt letztere, den filtrierenden Sand und die innere Filterwand und gelangt sodann in den inneren Hohlraum, aus welchem es durch die hohle Achse abfließt. Da das Filter mit großen Schnelligkeiten arbeitet — bis zu 80 m täglich, wenn das Rohwasser nicht stark verunreinigt ist, — so bedarf es täglich einer ein- bis mehrmaligen Reinigung. Sie wird bewirkt unter Rückstrom des gereinigten Wassers durch Drehen des Filters, wobei der Sand in reibende Bewegung gesetzt wird. Gegen 2 Proz. des Reinwassers werden als Spülwasser verbraucht.

Die Trommelfilter halten schon wegen der großen Schnelligkeit, mit welcher sie arbeiten, und wegen der relativ dünnen Filterschicht, die außerdem zu einer festen Lagerung nicht gelangen kann, keine große Zahl von Bakterien zurück; aber zur Entfernung gröberer Suspensa, also als Vorfilter, sind sie geeignet. Auch für die Fortnahme von Eisenflocken finden sie gute Verwendung.

Wenn ein Feinfilter kein blankes Wasser liefert, oder wenn in dem Wasser über 100 Bakterien enthalten sind, so kann man das Filtrat als ein vorgeklärtes Wasser ansehen und es einem zweiten Filter gleicher Art zur definitiven Reinigung zuweisen. Diese sogenannte Doppelfiltration ist vor allem von Götze-Bremen vorzüglich eingerichtet und durchgebildet worden. Gewöhnlich liefern die Bremer Filter ein gutes Filtrat mit weniger als 100 Keimen. Wenn aber das Wasser der Weser rasch steigt, dann finden sich in ihm statt des regulären Durchschnittes von 1000 bis 2000 Bakterien, deren 100 000 bis 200 000; oft ist der Anstieg mit einer stärkeren Trübung verbunden. In solchen Zeiten wird die Zahl 100 im Filtrat häufig überstiegen. Um auch unter diesen Verhältnissen der Anforderung zu genügen, weniger als 100 Bakterien im Kubikzentimeter des filtrierten Wassers aufzuweisen, läßt Götze das filtrierte Wasser auf ein zweites Filter fließen, welches dem ersten benachbart und gut eingearbeitet ist. Er bewirkt das einfach dadurch, daß er das Reinwasserrohr des ersten Filters mit dem Rohwasserrohr des zweiten Filters verbindet und das Niveau des auf dem zweiten Filter stehenden Wassers niedriger hält als das des ersten Filters. Voraussetzung hierbei ist, daß der geringe Druck ausreicht, die Widerstände des Filters zu überwinden. Das dann entstehende zweite Filtrat entspricht allen Anforderungen.

Die Methode gestattet auch, das sonst nutzlos fortlaufende Reinwasser der ersten Tage nach der Filterreinigung zu benutzen, indem es durch ein zweites Filter geschickt wird.

Ob die Leitung eines Vorfilters genügt oder nicht, zeigt sich
am besten an der Leistung des Fein- oder Langsamfilters, kurz,
am praktischen Erfolg. Allgemeine Regeln zu geben, wonach man
die Wirkung von vornherein ziffernmäßig festlegen könnte, ist
nicht wohl möglich.

Man hat die Forderung aufgestellt, 1 cbm Filtrat solle
nicht mehr als 1 ccm durch Netze von $1/_{15}$ mm Maschenweite ab-
fangbares Plankton enthalten. Die Forderung ist begründet mit
der Angabe, gute, reine See- und verwandte Wässer hätten keine
höheren Planktongehalte. Wir sind der Ansicht, man solle sich
nach dem Zweck richten, den das Schönfilter zu verfolgen hat.
Ebensowenig kann man verlangen, daß — allgemein — das Filtrat
erst dann klar genug sei, wenn eine Normalkerze durch eine
Wassersäule von 8 m Höhe noch erkannt werden könne. Gewiß
ist das eine gute Leistung des Filters, aber sie kann oft nicht
erreicht werden, weil z. B. die Trübung zeitweilig aus Tonteilchen
besteht, andererseits wird eine so hohe Leistung oft gar nicht verlangt. Dahingegen eignet sich die Bestimmung der Planktonmenge
und der Durchsichtigkeit sehr gut zur laufenden Betriebskontrolle
von Schön- oder Vorfiltern, nachdem man zuvor in dem gerade
vorliegenden Falle die genügende Leistungsfähigkeit im Gebrauch
festgestellt hat, und dabei zugleich prüfte, wie groß die Planktonmenge bzw. die Durchsichtigkeit war, sich somit einen Maßstab
für die Leistung geschaffen hat.

3. Die Schnellfilter.

Seit ihrer ersten Anwendung, also seit mehr als 80 Jahren,
hat die langsame Sandfiltration in England und in Deutschland,
man kann sagen, unumschränkt das Gebiet der Filtration beherrscht.
Mit Recht, denn es gelang ihr, ein für diese Länder völlig brauchbares, sogar ein recht gutes Wasser zu liefern. Aber unter anderen
Verhältnissen gab sie nicht voll befriedigende Resultate. In
Amerika z. B. vermochte sie nicht den feinen Tonschlamm, den
viele dortige Flüsse zu führen pflegen, zu beseitigen; in Holland
nahm sie die braune Farbe des Rohwassers nicht fort. Andere
Anforderungen verlangen andere Mittel, und so sind in den letzten
Jahrzehnten neue Filterungsmethoden entstanden, die, jede in
ihrer Art, Gutes zu leisten vermögen.

Die Jewell- und verwandte Filter.

Die erste Stelle nehmen die auf amerikanischem Boden entstandenen Schnellfilter ein. Ihren Ursprung verdanken sie eigent-

lich den Bedürfnissen der Industrie, welche ein von Trübungen freies Wasser in großer Menge brauchte, zu dessen Erzeugung aber weder viel Zeit noch viel Platz gewährt werden konnte. Es gibt eine ganze Reihe solcher Filter, die alle mehr oder weniger nach demselben Prinzip arbeiten und unter sich nahe verwandt sind, z. B. das Bell-, Candi-, Howatson-, Warrenfilter u. a. m.; von ihnen dürfte das Jewellfilter das verbreitetste sein. Auf dieses soll deshalb hier näher eingegangen werden.

Um den vorhandenen Ton zu beseitigen, wird das Rohwasser mit einer solchen Menge schwefelsaurer Tonerde versetzt, daß eine vollständige Umsetzung der letzteren in schwefelsauren Kalk und ein ausreichender Niederschlag von Tonerdehydrat entsteht, um die meisten Suspensa zu fassen. In Becken, welche zwangsläufig durchströmt werden, setzt sich innerhalb von etwa sechs Stunden der gröbere Niederschlag ab. Das so vorgeklärte Wasser tritt — eventuell nach Passieren eines weitporigen Vorfilters — in große Eisen- oder Zementbottiche von drei und mehr Metern Durchmesser, die mit einem sehr scharfen, gleichmäßigen Sand gefüllt sind. Das Wasser sinkt nach unten und läßt die feinen Flöckchen von Tonerdehydrat, welche noch in ihm sind, nebst den ihnen anhaftenden und den freien Suspensis einschließlich der Bakterien auf und in dem Sande zurück. Auch hier kommt es darauf an, daß recht gleichmäßig filtriert wird; um das zu ermöglichen, wird mit Vorteil der Weston Controler gebraucht. Das Filtrat wird durch eine große Zahl fein gelochter Brausen aufgenommen, die auf Rohren sitzen, welche in Zement eingebettet sind. Da mit großer Schnelligkeit filtriert wird, z. B. 100 bis 120 m in 24 Stunden, so verschlammt das Filter rasch, trotz des hohen Filterdruckes, welcher gegen das Ende der Arbeitsperiode 3 m erreichen kann. Alle 12 bis 24 Stunden wird daher das Filter gewaschen, d. h. von unten her wird Reinwasser unter kräftigem Druck durch die Düsen in gleichmäßiger Verteilung durch die als Stützschichten funktionierenden Lagen von Kiesen und Grobsand und durch den eigentlichen Filtersand hindurchgedrückt. Zugleich bewegt sich durch den Sand hindurch ein Rührwerk, eine Anzahl von Eisenstäben, welche an das Filter überragende kräftige Arme angeschmiedet sind.

In Zeit von 10 bis 20 Minuten ist das oben ablaufende, zuerst sehr schlammige Wasser wieder klar geworden. Nun wird umgestellt, und der Filtrationsprozeß beginnt von neuem. Nur das in den ersten 15 bis 30 Minuten ablaufende Wasser pflegt noch eine größere, an die Zahl 100 heranreichende oder sie überschreitende Keimzahl zu haben, und wird fortlaufen gelassen oder zum zweiten

Male auf das Filter gegeben. Durch das Waschen und den vorerwähnten Ablauf sollen rund je 4 Proz. des Reinwassers verloren gehen.

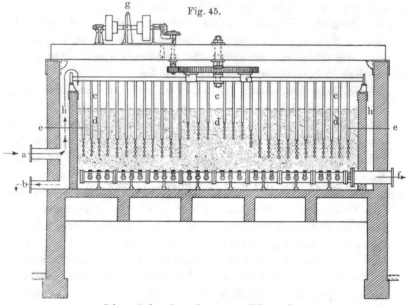

Fig. 45.

Schematischer Querschnitt eines Filtertopfes.

a Rohwasserzulauf. *b* Sandwäschewasserablauf. *c, c, c* das zu filtrierende Rohwasser, durch eine feine schwarze Linie von dem darunter befindlichen Sand *d, d, d* getrennt. *e* Stäbe mit Ketten, welche zum Zwecke der Sandwäsche mittels des Getriebes *g* gedreht werden. *f* Reinwasserablaufrohr, auf welchem die kleinen Brausen sitzen und an welches sich die ebenfalls mit Brausen besetzten Seitenrohre ansetzen. *h* Zwischenraum, in welchen das Rohwasser hineintritt, von wo aus es am oberen Rande in den Filtertopf überläuft und wohin es beim Spülen von *f* aus, behufs Reinigung des Filters, zurückläuft.

Die Filteranlage wirkt nach verschiedener Richtung:

1. Sie entfernt die Suspensa zu einem großen Teil dadurch, daß der entstehende Niederschlag die feinen Teilchen einschließt, die größeren belastet. Selbstverständlich muß die Menge der zugesetzten schwefelsauren Tonerde der Menge der Suspensa angepaßt sein und es muß eine genügend lange Sedimentierzeit gewährt werden; sechs, sogar vier Stunden scheinen in manchen Fällen zu genügen; soll diese Zeit unterschritten werden, so müssen besondere Gründe das rechtfertigen. Nach Bitter sanken zu Boden bei sechsstündigem Stehen 75 Proz., bei dreistündigem 37 Proz., bei anderthalbstündigem 20 Proz., bei einstündigem 14 Proz. der Suspensa. Auf eine ordentliche, nicht zu spät einsetzende Reinigung der Klärbecken ist zu halten.

Die auf die Filter gelangenden Suspensa bestehen größtenteils aus feinen Flöckchen von Tonerdehydrat, die eine gute, klebrige Filterhaut bilden. Wo viel Algen im Wasser sind, können sie zu

Fig. 46.

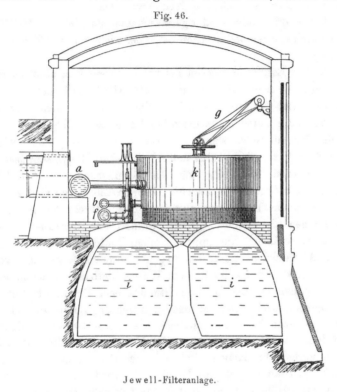

Jewell-Filteranlage.

a Verteilungsrohr für das Rohwasser. *b* Ablaufrohr für das schmutzige Wasser, welches bei der Wäsche des Filtersandes abläuft. *f* Ablaufrohr für das Reinwasser. *g* Antrieb für den Rührapparat der Filterwäsche. *i* Reinwasserreservoir. *k* Filtertopf.

kleinen Kugeln zusammengespült werden, welche den Filtrationsprozeß schädigen, wenn sie nicht entfernt werden. Man soll sich nicht fürchten, durch zeitweilige Zugabe von schwefelsaurem Kupfer in starker Verdünnung die Algen in den Vorklärbecken abzutöten, oder besser, nicht aufkommen zu lassen.

2. Die Filter nehmen die auf Humussubstanzen beruhende braune Farbe fort, welche Wässern eigen ist, die aus Moor-, Torf- oder Braunkohlenschichten stammen. Man nimmt an, daß die Färbung durch kolloidal gelöste Körper hervorgerufen wird, die rasch von dem ebenfalls kolloidalen Tonerdehydrat adsorbiert werden. Die schwefelsaure Tonerde ist dabei das wirksamere Prinzip, die Filtration leistet weniger. Die Abnahme der Farbe ist in der ersten Stunde der Einwirkung am stärksten.

3. Das schwer zu beseitigende, an Huminsäure gebundene Eisen nehmen die unter Zusatz von schwefelsaurer Tonerde arbeitenden Filter glatt und vollständig fort; auch hierin sind diese Filter den Simpsonschen Filtern überlegen.

Der muffige oder moderige Geschmack und Geruch der Wässer wird durch die Schnellfiltration oft, aber nicht immer (Königsberg), beseitigt.

4. Die Bakterien werden bei vorsichtigem Betrieb anscheinend ebensogut — nach Bitter und Gottschlich noch besser — entfernt, als bei der langsamen Filtration. Es ist jedoch notwendig, daß die durch Versuche ausgeprobte Menge schwefelsaurer Tonerde regelmäßig zugesetzt werde. Diese schwankt ungefähr zwischen 17 und 50 g auf den Kubikmeter. Für das Müggelseewasser bei Berlin wurden etwa 30 g, für das Königsberger Wasser 40 bis 50 g pro Kubikmeter gebraucht. Die großen Dosen sind erforderlich, wenn das Rohwasser klar oder nicht durch Ton getrübt ist. Die kleinen bis mittleren Dosen werden den tontrüben Wässern zugesetzt; so haben die amerikanischen Städte mit etwa 17 g gute, so hat Alexandrien mit 22 bis 30 g die besten Erfolge aufzuweisen, d. h. es ging von 15 000 in dem Wasser enthaltenen leicht kenntlichen Keimen in einer bis zwei Stunden nach Beginn der Filtration nur einer hindurch. Rechnet man die durch den Zusatz von schwefelsaurer Tonerde in den Absitzbecken erzielte Reduktion hinzu, so kam dort ein das Filter passierender Keim auf 60 000 in dem Rohwasser vorhandene Keime. Selbst in der Periode des noch wunden Filters, $1/2$ Stunde nach der Reinigung, wurde eine Zurückhaltung von 1 auf 10 000 erreicht. Auf S. 544 (Tabelle) sind die Resultate Alexandriens näher verzeichnet.

In Helsingfors gingen die Keimzahlen von 840 bis 17 800 im Rohwasser auf 6 bis 52 im Reinwasser zurück und die Durchsichtigkeit vermehrte sich von 13 bis 41 cm auf mehr als 800 cm.

Greift man den Zusatz von schwefelsaurer Tonerde zu niedrig, so schwindet das günstige Verhältnis; nach Versuchen von Friedberger wurden dann nur 70 Proz. der Bakterien zurückgehalten; aber Fehler solcher Art darf man weder bei dieser noch bei einer anderen Filtrationsmethode machen.

In dem Waschwasser der Filter, also bei der Rückspülung und Auswaschung, ist zunächst eine sehr große Keimzahl enthalten; gegen den Schluß des Waschens betrug sie bei den Alexandriner Filtern nur etwa 1000 im Kubikzentimeter. Die Tonflöckchen und Bakterien finden sich hauptsächlich an der Oberfläche des Sandes und in seinen obersten Schichten, wie das in gleicher Weise bei

Fig. 47.

Schnellfilteranlage des Ozonwerkes in St. Petersburg.

Im Vordergrunde ein Absitzbecken für das alaunisierte Wasser; dahinter eine Serie Filtertöpfe.

den langsam arbeitenden Filtern der Fall ist; so z. B. waren enthalten vor dem Reinigen des Filters an der Oberfläche in 0,1 g
Sand 275000 Bakterien, in 1 bis 2 cm Tiefe 144000, in 5 cm
12000, in 25 cm 200, nach dem Auswaschen jeweils 32000, 10000,
2600 und 1.

Die Filter selbst nehmen einen sehr geringen Raum ein, können
daher der Gefahr des Einfrierens durch Überdachung leicht entzogen werden und liefern eine große Menge — ein Filter von
5,2 m Durchmesser bei 21 qm Oberfläche und 100 m Schnelligkeit
in 24 Stunden gibt täglich 2100 cbm — eines farblosen, eisenfreien
Wassers, welches ohne Schwierigkeit ebenso keimarm gemacht
werden kann als das der Langsamfilter. Die Filter eignen sich
ferner gut für stark schlammige Wässer, welche die Langsamfilter
bald verstopfen, oder für solche, die keine oder eine mangelhafte
Filterhaut bilden, oder Ton in feinster Verteilung enthalten,
welcher durch die Langsamfilter hindurchgeht. Ferner sind die
Schnellfilter dort zu empfehlen, wo nur zeitweise filtriert zu werden
braucht, weil diese Filter sich rascher und besser von den in
ihnen befindlichen zahlreichen Bakterien durch Auswaschen befreien
lassen als die anderen Filter.

Diesen guten Eigenschaften steht gegenüber der etwas teuere
Betrieb und die Notwendigkeit einer wechselnden Beschaffenheit
des Wassers durch eine veränderte Menge schwefelsaurer Tonerde
Rechnung zu tragen. Der Wechsel ist jedoch meistens unerheblich. Sodann ist eine stete, scharfe, bakteriologische Kontrolle
erforderlich.

Wo sich stärkere, nicht zu sehr schwankende Tontrübungen
im Rohwasser finden, da ist die amerikanische Schnellfiltration
die beste, für manche Fälle die einzige Methode. Wer Gelegenheit
gehabt hat, die Schnellfilter Alexandriens in ihrem Betrieb und
in ihrer Wirkung mit den das gleiche Rohwasser verwendenden
Langsamfiltern von Kairo, in Ghizeh und Abbasieh zu vergleichen,
der kann keinen Augenblick zweifelhaft sein, daß für diese — und
ähnliche — Verhältnisse das Schnellfilter dem Langsamfilter vorzuziehen ist; es ist daher jetzt auch für Kairo eine Jewellanlage
eingerichtet worden.

Wo die Verhältnisse nicht so klar liegen, wo stark wechselnde
Trübungen und Färbungen, erheblich schwankende Bakteriengehalte
vorkommen, da muß man sich genau überlegen, ob man durch
Zusatz von schwefelsaurer Tonerde und Klären in Absitzbecken
bei langsamer Filtration auskommt, oder ob man die Schnellfiltration
allein oder als Vorfiltration für die Schlußbehandlung des Wassers

mit einem anderen Filtrations- oder Sterilisationsverfahren anwenden
soll. Auf die Platzfrage und Winterkälte und ihre Wirkungen ist
bei der Entscheidung die gebührende Rücksicht zu nehmen.

Von diesen amerikanischen Filtern heben sich eine Anzahl in
Deutschland konstruierter Filter ganz ähnlicher Art dadurch ab,
daß an Stelle der Bronzebrausen zwei gelochte, verzinkte Eisen-
platten mit zwischengelagertem Bronzegewebe treten. Meistens
ist die Sandschicht dieser Filter niedriger (60 cm) als die der
Jewellfilter (80 bis 100 cm). Sie sind mehr als Vorfilter in Gebrauch, und laufen dann mit einer Schnelligkeit von 5 bis 10 m
in der Stunde.

Auf einem anderen Reinigungsprinzip beruhen zurzeit die Filter
von Reisert und von Bollmann. Beide gehen von der Idee
aus, daß es erwünscht sei, den gesamten Sand zu waschen und
nicht nur die oberen Schichten, sowohl um die Bakterien daraus
zu entfernen, als auch um den gesamten Sand in Bewegung zu
bringen, damit seine Sinterung, z. B. durch Ausscheiden von Kalk,
verhindert werde; sie verwerfen daher den Rechen. Reisert sucht
das Gewünschte durch eine intensive Wasserspülung von unten her
zu erreichen, die er durch Druckluft von 5 Atmosphären bewirkt;
er drückt jedoch nur das Wasser, nicht die Luft durch das Filter.
Bollmann wäscht den oberen Teil des Sandes durch zurück-
strömendes Reinwasser, welches aus den das Filtrat sammelnden
Siebrohren austritt, dann aber hebt er den unteren Teil des Sandes,
der an einem Führungskörper herunterrutscht, durch eine Düse
und ein zentrales Strahlrohr von unten nach oben, so daß er sich
als oberste Schicht auf das Filter lagert. Beide Filter haben
hauptsächlich als Vorfilter bzw. Enteisenungsfilter Verwendung gefunden. Ganz ähnlich ist die Konstruktion und die Art der
Leistung des Filters Ransome. Der Führungskörper wird durch
den Conus des Filters selbst gebildet, der als Reinwassersammler
konstruiert ist; der Sand wird durch einen Wasserstrahl von der
Außenseite des Filters zum Mittelpunkt seiner oberen Fläche gespült. — Auf eine Kritik der Filter einzugehen ist dieses Buch
nicht der Ort.

Für die Verwendbarkeit der Filter spielt die zu einer ausreichenden Reinigung erforderliche Menge Spülwasser eine hervorragende Rolle. Dasjenige Filter hat einen erheblichen Vorzug,
welches zu seiner Reinigung am wenigsten reines Spülwasser gebraucht. Im allgemeinen wirkt abmindernd auf die Menge des
Spülwassers die Höhe des Druckes, mit welchem es durch das
Filter getrieben und die Energie, mit welcher die einzelnen Filter-

teilchen unter sich bewegt werden. Es soll Filter geben, welche mit 4 Proz. des Reinwassers zur guten Spülung auskommen; wir haben solche gesehen, bei welchen 20 Proz. noch keinen vollen Erfolg hatten. Hier ist also Aufmerksamkeit erforderlich!

Bei allen diesen Filtern pflegt die Korngröße bei rund 1,0 mm zu liegen. Durch kräftige Spülung von unten nach oben ordnen sich die Körnchen entsprechend ihrer Größe, so daß die feineren nach oben kommen.

Um neben dem Bilde, welches die Praxis ergibt, auch experimentell die Leistung des Waschprozesses zu prüfen, gibt K. Schreiber ein gutes Verfahren an. Er bringt Waschblau, dessen einzelne Körnchen nicht viel größer (10mal) als große Bakterien sind, in einer der Filterfläche entsprechenden Menge in das Rohwasser, so daß sie mit dem Wasser in den Sand eindringen. Dann wird gereinigt; nach der Spülung wird das Wasser aus den oberen und mittleren Schichten des Filters abgelassen, Sand aus verschiedenen Schichten herausgenommen und jeweils mit Wasser kräftig geschüttelt. Nachdem der Sand sich abgesetzt hat, wird das Spülwasser in der Weise untersucht, daß einige Tropfen Wasser auf einen Objektträger gebracht werden, wo sie antrocknen. Sie werden dann leicht durch die Flamme gezogen, mit einigen Tropfen Immersionsöl bedeckt und wie Bakterien mit offener Blende untersucht. Die blauen Körnchen heben sich durch ihre leuchtende Farbe deutlich heraus. — Das Verfahren läßt sich vielleicht dadurch mehr quantitativ gestalten, daß man die zugegebene Menge Waschblau, die Zeitdauer des Hindurchfiltrierens, die Dauer des Rückspülens, des Schüttelns und die des Abstehens angibt, das nur wenige Minuten abgestandene Wasser von dem Sande in ein anderes Gefäß gießt, es hierin 12 Stunden stehen läßt und nun gleiche, kleine Mengen des abgesetzten Schlammes mikroskopiert.

4. Das Regenfilter.

Vor einigen Jahren wurde von Miquel und Mouchet-Paris ein Filter (Le filtre non submergé) konstruiert, welches sich dadurch vor allen anderen auszeichnet, daß das aus Sand konstruierte Filter nicht überstaut, sondern berieselt wird. Auf einer dichten Unterlage liegen Drainrohre oder sind Ziegel so aufgestellt und mit anderen überdeckt, daß das filtrierte Wasser frei abfließen kann. Darauf liegt Kies von etwa 40 bis 20 mm, darüber solcher von 10 bis 5 mm Korngröße; auf diesem ruht eine 5 cm starke Grobsandschicht

von 3 mm, welche die eigentliche, filtrierende Sandschicht von 1,20 m
Höhe trägt, deren Körner 1 bis 0,5 mm Durchmesser haben. In
Châteaudun ruht der Sand, der zu 60 Proz. aus Körnern bis
0,75 mm, zu 16 Proz. aus solchen von 0,75 bis 1 mm, zu 24 Proz.
aus solchen von 1 bis 1,5 mm besteht, direkt auf filtrierenden
Platten aus magerem Zement. Das Wasser läuft einige Zentimeter oberhalb der Sandfläche aus gelochten Rohren derart zu,

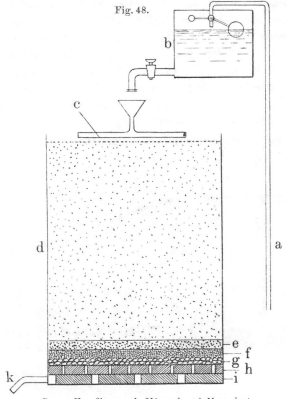

Fig. 48.

Regen-Hausfilter nach Miquel und Mouchet.
a Rohwasserzuführung; *b* Rohwasserreservoir mit Schwimmer; *c* ein Rohr mit den
Ausflußöffnungen; *d* das eigentliche Sandfilter; *e, f, g, h, i* Stütz- und Sammel-
schichten; *k* Auslauf für das Reinwasser.

daß auf jeden Quadratmeter Filterfläche zehn bis zwölf Ausflußöffnungen kommen. Die Regulierung findet dadurch statt, daß
in dem außerhalb des Filterkörpers befindlichen Reinwasserbassin
eine Schwimmerkugel den Wasserzufluß regelt, so daß beim Sinken
des Spiegels im Reservoir der Zuflußhahn mehr geöffnet, beim
Steigen des Wasserspiegels mehr geschlossen wird. Die gelieferte

Wassermenge ist der der Langsamfilter ungefähr gleich, d. h. sie beträgt rund 2,4 cbm in 24 Stunden bei gleichmäßigem Betrieb.

Das in dünnen Strahlen auf den Sand fallende Wasser verteilt sich in ihm und gibt im langsamen Niederfließen seine suspendierten Bestandteile in recht vollkommener Weise ab. Hat man es mit einem schmutzigen Wasser zu tun, so muß es auf einem Vorreinigungsfilter, dessen Größe nur ein Viertel des eigentlichen Filters beträgt, von den gröberen Sinkstoffen befreit werden. Die feinen Tontrübungen bleiben in der Hauptsache an der Filteroberfläche und können allmählich eine undurchlässige Schicht bilden, welche den Wassereintritt in das Filter verzögert. Wenn der Stau so groß geworden ist, daß das Wasser bis dicht an den Rand des Filters herantritt, also bis an die für die Filtration gefährliche Zone, so wird die aufgelagerte Schlammschicht mit etwa 8 bis 10 cm Sand herausgenommen, gewaschen und der Sand wieder eingefüllt. Das Filter ist sofort wieder gebrauchsfähig.

Um die Algenwucherung zu vermeiden, was notwendig ist, wird die Filteroberfläche dunkel gehalten.

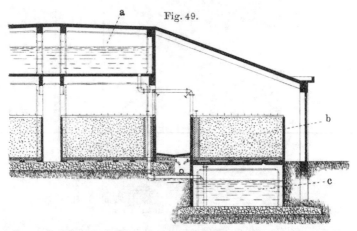

Fig. 49.

Regen-Großfilter nach Miquel und Mouchet ausgeführt in Châteaudun.
a unreines Wasser; *b* eines der Regenfilter; *c* Reinwasser.

Das durchtretende Wasser ist während der ersten Tage des Betriebes noch etwas trübe, die Bakterienzahl bleibt einige Wochen hindurch hoch, dann hält sie sich dauernd unter 100 im Kubikzentimeter. Das Filter muß sich also zunächst einarbeiten, d. h. der Sand muß sich ordentlich zusammensetzen und es muß im Filter durch die Auflösung der eingespülten Bakterien eine gewisse Schleimigkeit entstehen.

Über die Wirkung gibt folgende kleine Tabelle Auskunft, die mit einem Versuchsfilter von 16 qm Größe im Laboratorium des Conseil superieur d'hygiène de France erarbeitet wurde.

Datum	Rohwasser			Reinwasser		
	Gesamtzahl der Bakterien in 1 ccm	in 100 ccm waren vorhanden		Gesamtzahl der Bakterien in 1 ccm	in 100 ccm waren vorhanden	
		Fäulnis-bazillen	Coli-bazillen		Fäulnis-bazillen	Coli-bazillen
21. IX. 1905	1998	vorh.	vorh.	4	fehlen	
27. XI. 1905	1918	„	„	6	„	
14. I. 1906	300	„	„	3	„	
5. II. 1906	1130	„	„	2	„	
12. II. 1906	970	„	„	3	„	
19. II. 1906	1029	„	„	4	„	
26. II. 1906	1081	„	„	3	„	
5. III. 1906	1368	„	„	5	„	
12. III. 1906	601 + 330 Schimmel	„	„	4	„	
19. III. 1906	1137 + 710 „	„	„	5	„	
26. III. 1906	130 + 157 „	„	„	2	„	
2. IV. 1906	293	fehlen	fehlen	4	„	
9. IV. 1906	413	„	„	4	„	
18. IV. 1906	304 + 2100 Schimmel	„	„	5	„	
24. IV. 1906	238	„	vorh.	1	„	
1. V. 1906	272	„	„	2	„	
8. V. 1906	356	„	„	3	„	
15. V. 1906	573	vorh.	„	2	„	

Ein solches Filter ist eingerichtet in Châteaudun für 1000 cbm täglich und man ist mit der Leistung zufrieden. Auch Rouen soll ein großes Filter eingerichtet haben. Von dem französischen Kriegsministerium ist angeordnet worden, die älteren Filtrierapparate, welche sich in den Kasernen befinden, nach und nach durch das Filtre non submergé zu ersetzen.

In dem Flußwasserwerk von Moskau, Rubljewo, hat man ein größeres Versuchsfilter eingebaut; man war dort mit seiner Leistung sehr zufrieden, nachdem sich das Filter erst eingearbeitet hatte. Weitere Installationen sind uns nicht bekannt geworden. Die Filter sind in Anlage und Betrieb billig. Sie sind es anscheinend wert, eventuell als Aushilfe besonders bei kleineren Betrieben oder auch als Nachfilter zu dienen.

5. Die Kleinfilter.

Darüber besteht kein Zweifel, daß die zentrale, die Groß-
filtration die richtige ist. Indessen kommen Fälle vor, wo eine
solche nicht oder zurzeit noch nicht möglich ist, oder wo man das
bereits im ganzen filtrierte Wasser, oder das im allgemeinen der
Filtration nicht bedürfende Wasser doch zu filtrieren wünscht, z. B.
während Epidemien, oder zur Zeit von Trübungen. Hier treten
ergänzend, wenn auch nicht eigentlich ersetzend, die Kleinfilter,
die Hausfilter ein.

Man sollte nach dem Vorstehenden glauben, daß sie wenig
im Gebrauch seien; das wäre jedoch ein Irrtum, denn es gibt eine
Reihe von Firmen, die jährlich Zehntausende dieser Filter im In-
lande und besonders im Auslande verkaufen; wir haben also vollen
Grund, uns, wenn auch nur kurz, mit den Kleinfiltern zu be-
schäftigen.

Man kann die Filter nach ihrem Zweck einteilen in Schönfilter und Bakterienfilter. Erstere verfolgen nur den Zweck,
trübende, das Wasser unappetitlich machende Substanzen aus ihm
zu entfernen, wobei denn auch eine Anzahl Bakterien mit beseitigt
wird; letztere wollen das Wasser von eventuell in ihm enthaltenen
pathogenen Bakterien befreien.

Die Schönfilter sind aus Kohle, aus Ton, aus Stein, aus
Asbest u. dgl. hergestellt; ihre Durchlässigkeit ist verschieden,
entsprechend dem Zweck, dem sie dienen sollen. Man hat auch
solche aus Schwamm, aus Tuch, Wolle usw. gefertigt. Im allgemeinen aber sind so leicht zersetzliche Materialien, in welchen
eine starke Bakterienentwickelung stattzufinden pflegt, nicht zu
empfehlen. Filter aus rasch vergänglichem, stark angreifbarem
Material sollten nur dort Verwendung finden, wo ihre Lebens- oder
Anwendungsdauer eine so kurze ist, daß es zu einer Zersetzung
nicht kommen kann.

Die Kohlefilter werden aus fein zermahlener Kohle hergestellt,
die unter hohem Druck in die entsprechende Form gepreßt wird,
meist Zylinder, in welche eine zentrale Öffnung, die Seele, gebohrt
wird. Die Filter werden dann gebrannt, wodurch infolge einer
gewissen Sinterung eine große Härte erzeugt wird. In die Seele
wird ein Abflußrohr eingekittet, um das von außen nach innen
durchgedrungene Wasser gut auffangen zu können. Durch Ab-
bürsten, Auskochen, Ausdämpfen und starkes Erhitzen lassen sich
die Filterkörper, wenn sie verschlammt sind, regenerieren, sogar
sterilisieren.

Die Bakterienfilter werden hergestellt aus Asbest, Porzellanerde, Kieselgur und ähnlichem Material. Der Asbest läßt sich, sehr fein verteilt, zwischen Drahtgewebe bringen; wird er benetzt, so quillt er auf und die engen Hohlräume zwischen den Fasern schließen sich, so daß sie wohl Wasser aber keine Bakterien durchlassen. Diese Filter sind fast ganz aus dem Handel verschwunden, da sie von den anderen übertroffen werden.

Die Sucrowfilter, welche mit Asbest arbeiten, der auf einem Gewebe befestigt oder zu Gewebe verarbeitet ist, sind besser den Schönfiltern zuzurechnen.

Die Porzellanfilter haben ihren Hauptrepräsentanten für Wasserreinigungszwecke in dem Chamberlandfilter. Es stellt eine Kerze dar aus gebranntem, unglasiertem Porzellan; man hat solche mit sehr engen und solche mit etwas weiteren Poren; die Wandstärke beträgt nur ein paar Millimeter. Die Kerzen lassen sich keimdicht herstellen, aber ihre quantitative Leistung ist recht gering und geht bald noch mehr zurück.

Die Kieselgurfilter wurden zuerst von Berkefeld-Nordtmeyer in Celle dargestellt. Die Schwierigkeit bestand darin, aus der feinkörnigen, staubigen Diatomeenerde ein festes Material zu bekommen. In ihrer Form, Kerze, und ihrer Leistung gegenüber Bakterien sind sie den Chamberlandfiltern ähnlich; ihre Wand ist stärker als die der letzteren; ihre Ergiebigkeit ist erheblich größer. Den Kieselgurfiltern nahestehend sind die aus Syenit-Hornblende und Feldspat hergestellten Delphinfilter.

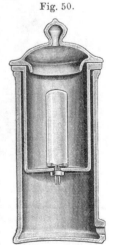

Fig. 50.

Tropffilter
in einem Tongefäß.

Man unterscheidet bei den Filtern solcher Art zwischen Tropf- und Druckfiltern. Die ersteren lassen schon bei wenigen Zentimetern Wasserdruck das Wasser von außen nach innen — welche Richtung bei den Filterkerzen die Regel bildet — durchtreten. Ihre Ergiebigkeit ist allerdings sehr gering; sie liefern am Tage nur wenige Liter. Meistens sind sie so angeordnet, daß die Kerze mit ihrer Metallspitze als dem unteren Teil durch ein Loch des Bodens eines Glas- oder Tonbechers hindurchsieht; durch Gummiringe, die durch eine Schraube an den Boden von unten und oben angepreßt werden, wird das Vorbeisickern von Wasser durch die Öffnung verhindert. Der mit Wasser gefüllte Becher wird in ein als Rezipienten dienendes anderes Gefäß gesetzt.

Die Druckfilter stecken in einer Metallhülse; die Spitze wird, wie vorhin beschrieben, in einer Öffnung der Hülse wasserdicht befestigt. Die zweite Öffnung der Hülse ist mit dem Hahn der Wasserleitung verbunden. Das Wasser tritt zwischen Hülse und Kerze, durchdringt die Poren von außen nach innen und erscheint filtriert an der Spitze der Kerze wieder.

Bei diesem Vorgang lagert es die in ihm enthaltenen Suspensa auf der Außenseite der Filterkerze ab, auf ihnen eine schleimige, aber gut filtrierende Haut bildend. Je stärker die Haut wird, um so langsamer wird die Filtration; gehen zunächst z. B. 2 Liter in der Minute hindurch, so kann später 1 Liter in einer Stunde oder in noch längerer Zeit durchtreten. Das Versagen tritt bei ganz reinem Wasser erst nach mehreren, vier bis acht, Tagen, bei stark schlammigem in einigen Stunden ein. Man kann die Schlammhaut durch Bürsten leicht entfernen und die Filtrationsleistung rasch bis fast zur ursprünglichen Höhe bringen; auch kann man die Haut durch eine Spülung von innen nach außen oder durch Durchblasen von Luft oder Dampf von innen nach außen beseitigen.

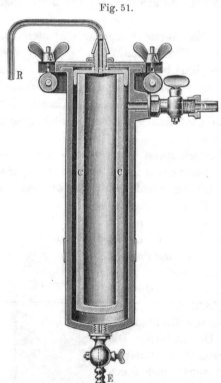

Fig. 51.

Durchschnitt durch ein Berkefeldfilter.

D = Rohwassereintritt. C = Filterkerze.
B = Gummiringverschluß zwischen Kerze und Hülse. A = Flügelschrauben zum Anschluß von Kerze und Hülse. R = Reinwasserabfluß.
E = Entleerungsstutzen.

Die Filter der guten Firmen liefern mit nicht vielen Ausnahmen für die erste Zeit ein keimfreies Wasser; die Poren sind so eng, daß sie in Verbindung mit der dem Filter aufgelagerten Schleimschicht die Bakterien für ein bis mehrere Tage zurückhalten. Dann aber erscheinen zunächst einige und sehr bald viele Bakterien im Filtrat, die meistens nur einer oder einigen Arten ausgesprochener Wasserbakterien angehören. Die Bakterien sind, unterstützt von dem nachdringenden Wasser, durch die weiteren Poren des Filters hindurchgewachsen. An sich sind diese Bakterien unschädlich, aber sie machen doch, wenn sie in sehr großer Zahl, wie z. B. bei den Tropffiltern auftreten, das Wasser weniger appetitlich.

Scharf umstritten wurde vor einer Reihe von Jahren die Frage, ob pathogene Keime durch die Kerze hindurchgingen. Durch große Reihen von Untersuchungen hat sich herausgestellt, daß im allgemeinen die Krankheitserreger abgefangen werden. Geschieht das nicht, so treten die Bakterien gleich im Anfang der Filtration durch, wenn sich noch keine Filterhaut gebildet hat. Weitere Untersuchungen haben ergeben, daß ein Durchwachsen der Krankheitserreger nicht stattfindet, sofern Wasser und nicht etwa verdünnte Nährlösungen durchfiltriert werden. Daß eine neue Filterkerze Sprünge habe, dürfte nicht häufig sein. Man erkennt sie durch die schlechte Filtrationsleistung oder dadurch, daß beim Durchdrücken von Luft kleine Bläschen hervortreten. Sprünge können leicht entstehen, wenn die Filterkerzen behufs Reinigung herausgenommen, ausgekocht und wieder eingeschraubt werden. Leicht verwundbar sind die Filter auch dort, wo die Kerze mit Zement oder einem ähnlichen Kitt in das Metallkopfstück eingesetzt ist. Um Undichtigkeiten zu vermeiden, setzt die Firma Berkefeld Gummiringe ein, die mit einer Schraube usw. fest angezogen werden. Die gewöhnlichen Wasserbakterien wachsen durch die Wandungen in wenigen Tagen hindurch. Die Filter lassen sich durch Auskochen leicht und sicher sterilisieren. Sie müssen dazu mit kaltem Wasser angesetzt werden; auch darf die Erhitzung nur langsam vor sich gehen. Soll das Durchwachsen sicher verhindert werden, so sind die Filter alle drei bis fünf Tage auszukochen.

Auch die S. 47 erwähnten porösen Tongefäße, in welchen das Wasser zur Abkühlung aufgehoben wird, müssen in etwa achttägigen Zwischenräumen von den in und an ihnen haftenden Bakterien, Algen, Schimmeln usw. befreit werden. Zu dem Zwecke werden sie außen mit Sand abgerieben, innen mit scharfem Sand kräftig ausgeschwenkt, gespült, gefüllt und dann mit kaltem Wasser angesetzt, langsam zum Kochen gebracht und eine halbe Stunde hindurch gekocht.

Man kann also wohl behaupten, daß die Filterkerzen im allgemeinen imstande sind, ein von Krankheitserregern freies Wasser zu liefern, und daß das die Kerzen guter Firmen auch tun.

Wie die Großfilter und Schnellfilter einer Kontrolle bedürfen, so ganz besonders die Kleinfilter wegen ihrer leichten Verwundbarkeit. Darin liegt aber eine gewisse Unsicherheit, denn eine solche Kontrolle läßt sich für eine größere Anzahl von Kerzen nur schwer durchführen. Wo man die Filter anwendet, da müssen sie sehr schonend und vorsichtig behandelt werden, und ist sorgfältig auch auf ihre quantitative Leistung zu achten; erhöht diese sich rasch, so liegt der Verdacht vor, daß eine Undichtigkeit entstanden ist.

Um die quantitative Leistung der Kleinfilter zu fördern, bringt man mehrere bis viele Kerzen zusammen in einem Gehäuse unter, man vereint sie zu einer „Batterie." Die Reinigung ist mit Schwierigkeiten verbunden, wenn die Verbände auseinandergenommen, die Kerzen einzeln gereinigt werden müssen. Um das zu umgehen, bringen z. B. die Berkefeldfilter-Werke zwischen die in Mänteln nebeneinander stehenden Kerzen ein scharfkörniges Reinigungsmaterial in Höhe von einigen Zentimetern und setzen dieses durch Einführung von Druckluft und Spülwasser in Bewegung, wobei der an den Kerzen haftende Schlamm und zugleich eine dünne Schicht von der Kerzenoberfläche abgerieben und herausgespült wird (D. R.-P. Endler). Der Apparat läßt sich durch Einleiten von Wasserdampf während einer halben Stunde ohne Schwierigkeit sterilisieren.

Die Entfernung der obersten Schicht Kerzenoberfläche ist für die weitere Leistungsfähigkeit der Filter von Belang, denn auf ihr setzen sich die feinen Partikelchen in einer Schicht von vielleicht $5\,\mu$ Dicke fest, wie Versuche mit gefärbten Bakterien und die Untersuchung der Schliffe gelehrt haben, während sie in die Hohlräume der tieferen Filtermasse nicht eindringen. Die Hohlräume sind verschieden groß und verschieden weit und gehen in die feinporöse Filtermasse über. Den engsten Durchmesser, der sich in jedem der sehr zahlreichen Porengänge mindestens an einer Stelle findet, nennt man nach Rosenthals Vorgang die wirksame Porengröße. Entsprechend den Filterversuchen von P. Schmidt liegt sie zwischen 0,2 bis $0,8\,\mu$. Vor diesen kleinen Öffnungen bleiben die Bakterien und Tonteilchen hängen, sie werden sozusagen abgesiebt und verstopfen das Filter oder richtiger decken seine Öffnungen zu. So erklärt sich, daß 1. die Anfangsperiode der Filtration die gefährlichste ist, denn dann hat ein Zudecken der feinsten Poren, ein Verstopfen der etwas weiteren noch nicht stattgefunden; 2. daß Dünnschliffe in der Tiefe der Filterwand nur wenige gefärbte Bakterien erkennen lassen; 3. daß durch Ab-

bürsten des Filters oder durch rückläufige Spülung von innen nach
außen und Durchblasen von Luft die ursprüngliche Leistungsfähigkeit wieder hergestellt wird.

Die Kerzenfilter lassen sich in guter Weise benutzen, um eine
Filtrations- oder Sterilisationsleistung zu prüfen. Es sei auf das
Verfahren von Hesse (S. 98) hingewiesen.

Die Agga-Verbundfilter, welche auch für größere Verhältnisse Verwendung finden, verzichten bis zu einem weiten Grade
auf die schleimige Deckschicht. Ihre Kerzen nämlich, welche aus
reinen feinkörnigen Silikaten bei sehr hoher Temperatur zusammen-
gefrittet sind, stehen reihenweise in einer Feinsandschicht, welche
etwa 30 cm über sie hinausragt. Der Sand soll als Vorfilter dienen
und tut das auch, wenn nicht zu rasch filtriert wird. Behufs Reinigung wird Wasser von rückwärts in die Kerzen hineingepreßt;
es durchdringt ihre Wand und den Sand, reinigt durch die Auf-
wirbelung des Sandes die Außenhaut der Kerzen und führt den
ausgewaschenen Schmutz ab. Die bakteriologische Leistung soll
eine genügende sein.

6. Die Kontrolle der Filtration.

Die Kontrolle der Filtrationsverfahren deckt sich größtenteils
mit der der Sterilisationsmethoden; beide werden zusammen auf
S. 609 besprochen.

II. Die Sterilisation des Wassers.

Neben der Filtration gewährt die Sterilisation die Möglichkeit,
Krankheitserreger unschädlich zu machen; dazu können Desinfektionsmittel Verwendung finden.

1. Die Sterilisation durch Brom.

Die deutsche Heeresverwaltung hat ein großes Interesse daran,
rasch ein infektionsverdächtiges oder infiziertes Wasser unschädlich
zu machen; infolgedessen haben sich gerade Militärärzte viel an
der Bearbeitung dieser Frage beteiligt. Schumburg fand ein
brauchbares Mittel in einer Lösung von 20 Tln. Bromkali und
21,9 Tln. Brom in 100 Tln. Wasser. Setzte er hiervon 0,2 ccm, die
0,06 g Brom entsprachen, einem Liter Wasser zu, so waren nach
ihm Cholera- und Typhusbazillen bereits nach 5 Minuten getötet.
Den schlechten Geschmack beseitigte er durch das Auflösen einer
Tablette aus Natr. sulfurosum 0,05 g, Natr. carb. sicc. 0,04 g, Mannit

0,025 g in 1 Liter Wasser. Spätere, mit feineren Methoden arbeitende Forscher konnten nachweisen, daß selbst erheblich höhere Dosen und längere Einwirkungszeiten nicht immer einen vollen Erfolg hatten. Das ist jedoch kein Grund, das Brom als unbrauchbar zu verwerfen; bei dem Abschnitt „Chlor" kommen wir auf diesen Punkt zurück.

2. Die Sterilisation durch Chlor.

Ein anderes Mittel ist im Chlor gegeben.

Die Wirkung des Chlors ist zunächst als eine spezifische angesehen worden, das Chlor sollte töten. Diese Auffassung ist mehr und mehr derjenigen gewichen, die in dem entstehenden naszierenden Sauerstoff das tötende Agens sieht. Der Sauerstoff entsteht beim Hypochloritchlor durch den Zerfall des $HClO$ in HCl und O, wobei auf 35,5 Tle. Chlor 8 Tle. O_2 kommen, oder durch die Zersetzung des Chlors in Substanz, Cl_2, mit dem Wasser $H_2O + Cl_2 = 2HCl + O$. Das Natriumhypochlorit, $NaClO$, gibt 8 Tle. O_2, wie die $HClO$. Die entstehende HCl wird sofort zerlegt, indem sie an die Alkalien und alkalischen Erden herangeht.

Chlor ist zurzeit zu einem mäßigen Preise, $1 kg = 0,3 \mathscr{M}$, in flüssiger Form im Handel.

Das Natriumhypochlorit läßt sich aus Kochsalz, unter Einwirkung des elektrischen Stromes, gewinnen. Nach Johnson-Chikago ist seine Verwendung dort noch wirtschaftlich, wenn die Kilowattstunde für 6 ₰ und weniger und das Kilogramm Kochsalz für 9 bis 27 ₰ zu haben ist.

Am meisten findet Chlor als Desinfiziens Verwendung in der Form des Chlorkalkes. Sein Preis beläuft sich auf etwa 13 ₰ pro Kilogramm. Die chemische Formel für den Chlorkalk ist noch nicht ganz klar. Der Chlorkalk wird gewonnen durch Überleiten von Chlorgas über Kalziumhydrat; Mendeleew nimmt daher die folgende Konstitution an:

$$3\,Ca(HO)_2 + 4\,Cl = Ca(OCl)_2 + CaCl_2 + 2\,H_2O + Ca(HO)_2.$$

Da man das Chlorkalzium von dem Kalziumhypochlorit, dem wirksamen, abspaltbaren, verfüglichen, aktiven Chlor — fälschlich auch freies Chlor genannt — nicht trennen kann, so nehmen Lunge und Odling an, daß die Verbindung bestehe aus $2\,Ca{<}^{Cl}_{ClO}$. Die Abspaltung der unterchlorigen Säure kann man sich folgendermaßen vorstellen:

$$\text{I} \quad 2\,Ca{<}^{Cl}_{O\,Cl} + 2\,H_2O = CaCl_2 + Ca(HO)_2 + 2\,HOCl$$

$$\text{II} \quad Ca{<}^{O\,Cl}_{O\,Cl} + H_2O + CO_2 = CaCO_3 + 2\,HOCl.$$

Wenn alles Kalkhydrat in Kalziumhypochlorit verwandelt wäre, müßte der Chlorkalk 48,9 Proz. Chlor enthalten; da die volle Umwandlung nicht statthat, so enthält selbst guter Chlorkalk nur 33 bis 38 Proz., zuweilen nicht mehr als 25 Proz. Chlor; aber auch diese Zahl ist hin und wieder zu hoch, weil der leicht veränderliche Chlorkalk unterchlorige Säure (ClOH) entweichen läßt.

a) Die Bestimmung des aktiven Chlors.

Von dem aus dem Faß herausgenommenen Chlorkalk wiegt man alsbald 3,55 g ab, verreibt sie in einer Reibschale mit wenig Wasser zu einem gleichmäßigen Brei, gibt nach und nach mehr Wasser zu, spült schließlich unter Anwendung eines Trichters in einen Meßkolben von 500 ccm Inhalt und füllt bis zur Marke auf.

1. **Arsenitmethode von Penot-Mohr.** Diese in der Technik viel verwendete Methode beruht darauf, daß arsenige Säure durch Chlor in alkalischer Lösung rasch und vollständig in Arsensäure übergeführt wird:

$$1. \quad As_2O_3 + 2\,Cl_2 + 2\,H_2O = As_2O_5 + 4\,HCl,$$

$$2. \quad As_2O_3 + 2\,Ca{<}^{Cl}_{ClO} = As_2O_5 + 2\,CaCl_2.$$

Man verwendet einen geringen Überschuß von arseniger Säure, der dann mit einer Jodlösung von bekanntem Gehalt zurücktitriert wird.

Ausführung des Verfahrens. 50 ccm der vorstehend angegebenen, frisch bereiteten und vor der Abmessung gut umgeschüttelten Chlorkalklösung werden in einem Erlenmeyerkolben mit weitem Halse so lange mit $^1/_{10}$-normaler Lösung von arseniger Säure versetzt, bis ein Tropfen der Flüssigkeit auf Jodkaliumstärkepapier keinen blauen Fleck mehr gibt; dann verdünnt man mit destilliertem Wasser bis auf etwa 200 ccm, gibt 1 ccm Stärkelösung hinzu und titriert mit $^1/_{10}$-normaler Jodlösung die überschüssige arsenige Säure zurück, d. h. setzt so lange Jodlösung zu, bis gerade wieder eine blaue Färbung eintritt.

Berechnung: x ccm zugesetzte arsenige Säurelösung minus y ccm zur Rücktitration verbrauchter Jodlösung ist gleich dem Prozentgehalt des Chlorkalkes.

Beispiel: Angewendet 50 ccm einer Lösung von 3,55 g Chlorkalk in 500 ccm Wasser.

Verbrauchte arsenige Säurelösung . . . . . 38,30 ccm
Zur Rücktitration gebrauchte Jodlösung . . . 5,20 „
$$= 33,1 \text{ Proz.}$$

verfügliches Chlor sind in dem untersuchten Chlorkalk.

Bereitung der Lösungen: a) Der arsenigen Säure. 4,95 g reine arsenige Säure werden nebst 20 bis 25 g Soda und 200 ccm Wasser in einer Kochflasche geschüttelt. Wenn sich der größte Teil der arsenigen Säure gelöst hat, bringt man die klare Lösung in einen Meßkolben von 1000 ccm Inhalt, führt den Rest der arsenigen Säure nach Zusatz von etwas mehr Soda in Lösung über, bringt ihn ebenfalls in den Kolben und füllt bis zur Marke auf.

b) Der Jodlösung. 12,7 g Jod ($= \frac{1}{10}$-Äquivalent) werden mit etwa 18 g Jodkalium in 1 Liter Wasser gelöst und die Lösung bis zur Gleichwertigkeit verdünnt, d. h. so eingestellt, daß 10 ccm von Lösung a) mit 10 ccm der Lösung b) unter Zusatz von 1 ccm Stärkelösung gerade entfärbt sind.

2. Die jodometrische Methode. Chlor macht, einer Jodkaliumlösung zugesetzt, Jod frei.

$$2 \text{KJ} + \text{Cl}_2 = 2 \text{KCl} + \text{J}_2,$$

$$2 \text{KJ} + \text{Ca} {<}^{\text{Cl}}_{\text{ClO}} + 2 \text{HCl} = 2 \text{KCl} + \text{CaCl}_2 + \text{H}_2\text{O} + \text{J}_2.$$

Die dem freien Chlor entsprechende Menge J_2 wird durch Natriumthiosulfatlösung titriert.

Ausführung des Verfahrens. 50 ccm der zu untersuchenden, nach obiger Angabe bereiteten Chlorkalklösung versetzt man mit 50 ccm einer 3 proz. Jodkaliumlösung, nebst einigen Tropfen Salzsäure und titriert das ausgeschiedene Jod mittels $\frac{1}{10}$-normaler Natriumthiosulfatlösung [24,81 g Natriumthiosulfat ($\text{Na}_2\text{S}_2\text{O}_3 + 5 \text{H}_2\text{O}$), in brauner Flasche aufgehoben], wobei man erst, wenn die Flüssigkeit hellgelb geworden ist, 1 ccm Stärkelösung als Indikator zusetzt. Das Verschwinden der blauen Färbung zeigt das Ende der Reaktion an.

Berechnung: Die verbrauchten Kubikzentimeter der Natriumthiosulfatlösung geben direkt den Gehalt an Chlor in Prozenten an.

Beispiel: Angewendet 50 ccm einer Lösung von 3,55 g des zu untersuchenden Chlorkalkes in 500 ccm Wasser.

Gebraucht an $\frac{1}{10}$-normaler Thiosulfatlösung bis zum
Umschlag der blauen Farbe in farblos . . . . 25,1 ccm
gleich 25,1 Proz. verfüglichen Hypochloritchlors.

Zum Nachweis der unterchlorigen Säure oder des freien, aktiven Chlors in einem Wasser genügt meistens der Geschmack und Geruch nach Chlor; sie reichen gewöhnlich weiter als der chemische Nachweis durch Zugabe von etwas Jodzinkstärkelösung; das Auftreten der blauen Farbe zeigt die Anwesenheit an.

Für die quantitative Bestimmung des aktiven Chlors im Wasser empfiehlt sich eine Modifikation der beim Chlorkalk angegebenen Methode, jedoch verwendet man anstatt der Salzsäure besser die Essigsäure, um oxydierende Substanzen nicht in Freiheit zu setzen.

Ausführung: 100 ccm Wasser werden mit 5 ccm einer 5 proz. Kaliumjodidlösung und 2 ccm 50 proz. Essigsäure, sodann mit 1 ccm Stärkelösung als Indikator versetzt und bei ausgeschiedenem Jod mit $^n/_{100}$-normaler Thiosulfatlösung bis zum Verschwinden der blauen Farbe titriert.

Berechnung: Entsprechend den Gleichungen

$$1.\ Cl_2 + 2\,KJ = J_2 + 2\,KCl,$$
$$2.\ J_2 + 2\,Na_2S_2O_3 = 2\,NaJ + Na_2S_4O_6$$

ist 1 At. Cl gleich 1 Mol. Thiosulfat, also 1 ccm einer $^1/_{100}$-normalen Thiosulfatlösung entspricht 0,354 mgl Cl (0,354 gl = $^1/_{100}$ Äquivalent).

Beispiel: 100 ccm eines Wassers verbrauchen 0,5 ccm der Thiosulfatlösung:

$$0,5 \times 0,354 \times 10 = 1,77\ \text{mgl Cl}.$$

b) Die Entwickelung der Chlormethode.

Die ersten exakten Desinfektionsversuche wurden von Traube angestellt. Zu 1 Liter Wasser setzte er hinzu 4,26 mg Chlorkalk mit 1,065 mg wirksamem Chlor, nach 2 Stunden waren die im Wasser vorhandenen Bakterien abgestorben; den üblen Geschmack nahm Traube fort durch den nachträglichen Zusatz von 2,09 mg Natriumsulfit. Die Zeit, 2 Stunden, erschien damals für den praktischen Gebrauch zu lang und die Chlormenge reicht nicht aus, alle pathogenen Bakterien ausnahmslos zu vernichten. Mit 30 mg aktiven Chlors, die in 250 mg Chlorkalk enthalten waren, hatte Lode günstigen Erfolg, und zwar schon nach 10 Minuten Einwirkens, eine Zeit, die er nicht überschritten sehen wollte, weil auch mit dem Kleinbedarf gerechnet wurde.

Da der Chlorkalk schwer benetzbar ist und sich wegen des noch vorhandenen Kalziumhydroxyds schwer und unvollständig löst, so empfiehlt Lode, ihn mit sehr geringen Mengen Wasser anzureiben, ihn dann in dem zu desinfizierenden Wasser durch Umrühren zu verteilen und darauf Salzsäure zuzusetzen. Durch diese wird das Chlor frei gemacht, der laugenhafte Geschmack des Chlorkalkes beseitigt und der das Wasser unappetitlich machende Niederschlag von Kalziumhydrat oder Monokarbonat gelöst; in größeren Wassermengen verschwindet letzteres von selbst durch Umwandlung in Bikarbonat.

Bei einer Salzsäure vom spezifischen Gewicht 1,06 bis 1,108 sind fallend 12 bis 7 Tropfen, bei einem Gewicht von 1,116 bis 1,171 fallend 6 bis 5 uud von 1,171 bis zu 1,210 nur 4 Tropfen der Salzsäure auf 1 Liter Wasser erforderlich. Die Einwirkungsdauer betrage etwa $\frac{1}{2}$ Stunde.

Das so sterilisierte und zugleich geklärte Wasser enthält noch freies Chlor, welches es ungenießbar macht. Man beseitigt es am besten durch Zugabe von schwefligsauren Salzen.

Chlor wird durch eine Reihe anorganischer und organischer Substanzen gebunden. Hiermit und mit einer kurzen Einwirkungszeit rechnete Lode, und so kam er zu der hohen, von ihm geforderten Chlormenge. Nur dann erhielt er sichere Resultate, wenn nach 10 Minuten Einwirkungsdauer auf Zusatz von Jodkaliumstärkekleister eine kräftige blaue Färbung auftrat, also noch Hypochlorit vorhanden war.

An die Stelle des Chlorkalkes setzen Hünermann und Deiter das Natriumhypochlorit, NaOCl. Durch Behandlung von Chlorkalk mit heißer, starker Sodalösung gelingt es, eine Lösung von ihm herzustellen, welche bis zu 15 Proz. aktives Chlor enthält. Die Lösung muß in braunen Glasflaschen mit vergipsten oder verklebten Glasstöpseln aufgehoben werden. 40 mg aktiven Chlors genügten, um Cholera- und Typhusbazillen im Wasser innerhalb 10 Minuten abzutöten. Durch Ammoniak, Eisen (Rost), Harn, Pepton u. dgl. wird das Chlor auch hier gebunden; am besten findet die Desinfektion in emaillierten, hölzernen oder Tongefäßen statt. Zur Zerstörung des überflüssigen Chlors kam Natriumsulfit zur Verwendung.

Ballner berichtet über Versuche, die er mit Chlorgas, in Wasser geleitet, angestellt hat. Er gab auf den Liter 30 mg Chlor zu und bereits nach 15 Minuten Einwirkens waren resistente Kolibazillen abgestorben.

In anderer Weise ist der Chlorkalk von Duyk-Brüssel verwendet worden. Er löst Chlorkalk in dem einen Gefäß, in einem zweiten Eisensesquichlorid und läßt beide Lösungen in das zu desinfizierende Wasser fließen („Ferrochlorverfahren"). Die Menge der beiden Chemikalien, ihr Verhältnis zueinander richtet sich nach der Beschaffenheit des zu desinfizierenden Wassers; in Middelkerke

(Belgien), wo ein stark huminhaltiges Grabenwasser zu behandeln war, wurden auf 600 cbm je 16 kg der beiden Desinfizientien, in Montsouris (Paris) wurden auf 600 cbm Vannewasser 1,16 kg Eisenperchlorid und 2,6 kg Chlorkalk verwendet.

Den chemischen Vorgang kann man sich ungefähr folgendermaßen vorstellen:

1. $\qquad 6\,Ca{<}^{Cl}_{ClO} + Fe_2Cl_6 = 6\,CaCl_2 + Fe_2O_3 + 3\,Cl_2O$, oder
$\qquad\qquad\qquad\qquad\qquad\qquad$ (Chloroxyd)

2. $\qquad 3\,Ca\,(OCl)_2 + Fe_2Cl_6 = 3\,CaCl_2 + Fe_2O_3 + 3\,Cl_2O$, oder
$\qquad\qquad\quad \cdot 3\,Cl_2O = 3\,Cl_2 + 3\,O$

3. $3\,Ca(OCl)_2 + Fe_2Cl_6 + 3\,H_2O = 3\,CaCl_2 + Fe_2O_3 + 6\,ClOH$.
$\qquad\qquad\qquad\qquad\qquad\qquad\qquad$ (unterchlorige Säure)

Die Wirkung ist zunächst eine desinfizierende, und bei den braunen Wässern eine bleichende; sodann nimmt der entstehende Eisenniederschlag die suspendierten Teilchen, also auch die eventuell lebendig gebliebenen Krankheitserreger auf und lagert sie ab. Das so behandelte Wasser enthält größere Mengen Eisenflocken, die abzufiltrieren sind. Welches Filter man hierzu verwendet, ist an sich fast gleich, doch dürfte man den Schnellfiltern Howatson, Jewell usw. vielleicht den Vorzug geben.

Die mit dem Ferrochlorverfahren erzielten Resultate sind sowohl in der Schönung, als in der Bakterienbeseitigung recht gute; Farbe und Trübung werden entfernt und die Keimzahl stark reduziert. In Middelkerke wurden 5000 Bakterien auf weniger als 40, in Montsouris 525000 des Seinewassers auf 20 pro Kubikzentimeter heruntergebracht.

Noch eine Reihe anderer Autoren haben über die Desinfektion mit Chlor gearbeitet. Es erübrigt sich jedoch, im einzelnen darauf einzugehen.

Bei allen diesen Verfahren waren die Resultate gut, solange die untersuchten Proben klein waren.

Dann verlangte Schüler, daß man zur Kontrolle eigentlich die ganze desinfizierte Wassermenge, mindestens jedoch einige Liter und zwar unter Verwendung flüssiger Nährböden, untersuchen müßte.

So ist man denn bis auf 450 mg Chlorkalk (Engels) auf ein Liter = 90 mg freien Chlors und $\frac{1}{2}$ Stunde, sogar auf 2 Stunden Einwirken hinaufgegangen. Hierbei gelingt es tatsächlich, jeden einzelnen Keim sicher umzubringen, dann bekommt aber das Wasser einen stark laugenhaften Geschmack wegen des Ätzkalkes, und einen starken Chlorgeschmack, zu dessen Beseitigung sowohl Salzsäure als auch Natriumsulfit zugegeben werden müssen.

c) Die mit der Chlorung des Wassers erzielten Resultate.

Die bei Zusatz von Cholera-, Typhus- und Ruhrbakterien
erzielten Resultate fielen, entsprechend den Versuchsbedingungen,
verschieden aus. Ist z. B. in dem Wasser eine größere Menge
leicht oxydierbarer organischer Substanz enthalten, so sind die paar
Milligramme Chlor bald zu ihrer Oxydation verbraucht und für
die Bakterientötung bleibt nichts mehr übrig. Die Menge der
angreifbaren organischen Substanzen kann jedoch nicht
durch den mehr oder minder großen Verbrauch an Kaliumpermanganat bestimmt werden, vielmehr ist der direkte
Nachweis ihrer Angreifbarkeit durch Chlor zu führen.
Zu dem Zwecke wird die fragliche Flüssigkeit mit einer gemessenen
reichlichen Menge wirksamen Chlors, z. B. 10 mgl, versetzt. Nach
1 Stunde wird das nicht verbrauchte Chlor nach der S. 574 unter 2.
angegebenen Methode zurücktitriert. Die verbrauchte Chlormenge
stellt das Mindestmaß der zu verwendenden dar, denn die lebende
organische Substanz der Bakterienzelle wird schwerer angegriffen,
als die hier in Betracht kommenden leicht oxydierbaren Substanzen.

Sodann sind vielfach ungeheure Mengen von pathogenen
Mikroben in das Wasser gebracht worden, bis mehrere 100000
im Kubikzentimeter, also 100 Millionen Bakterien im Liter, gegenüber 1 mg und weniger verfüglichen Chlors! Auch da kann, besonders wenn solche in kleinen Verbänden vorhanden sind, für eine
Anzahl Bakterien nicht mehr genug Desinfiziens vorhanden sein.

Im Experiment mag man größere Bakterienmengen heranziehen,
aber bei der Beurteilung solcher Versuche soll man den praktischen
Zweck nicht aus dem Auge verlieren, und das ist bei den Chlor-
versuchen vielfach geschehen.

Man muß sich überlegen, ob es wirklich notwendig ist, all und
jedes im Wasser befindliche Bakterium zu vernichten, um einer durch
infiziertes Wasser entstandenen und fortgeführten oder drohenden
Epidemie entgegenzutreten, oder ob man für die Praxis mit einer
starken Keimverminderung auskommen kann. Die Sandfiltration
lehrt, daß ein Oberflächenwasser bereits genügend von Krankheitskeimen befreit ist, wenn die Zahl seiner Bakterien bis auf 100 im
Kubikzentimeter zurückgegangen ist. Mehr brauchte man also auch
vom Chlor nicht zu verlangen, obschon es tatsächlich mehr leistet.
In einem Punkte ist allerdings die Filtration den Sterilisationsmethoden überlegen, insofern nämlich, als durch sie die „Klümpchen" mit den ihnen anhaftenden Bakterien beseitigt werden, während gerade diese bei der Sterilisation am wenigsten getroffen

werden. Man mag daher an die Sterilisation etwas höhere Anforderungen stellen als an die Filtration, aber man soll nicht übertreiben! Wird das Wasser vorfiltriert, so braucht man keine höhere Anforderung zu stellen, denn entweder werden die Klümpchen in den Vorfiltern zurückgehalten oder sie werden zerrieben.

Man muß bedenken, daß auch bei einer Wasserinfektion die pathogenen Keime den indifferenten Bakterien gegenüber in der Minderzahl sind. Wären die Krankheitserreger so sehr zahlreich im Wasser vorhanden, 10000 und 100000 im Kubikzentimeter, wie in den Laboratoriumsexperimenten, dann müßten nicht bloß einige Wasserkonsumenten, sondern ungezählte Scharen von der Krankheit befallen werden. Bleiben von 1000 Bakterien des Wassers eine oder zwei lebendig, so wäre es bereits ein ganz außerordentlicher Zufall, wenn ein Krankheitserreger darunter wäre. Sodann muß man berücksichtigen, daß die übrig gebliebenen Bakterien nur zu einem geringen Teil getrunken werden; das meiste Wasser findet als Hausgebrauchswasser Verwendung. Außerdem bedingt durchaus nicht jeder aufgenommene Krankheitskeim eine Infektion. Wir besitzen in der Salzsäure des menschlichen Magensaftes, die bei jeder Magenanfüllung sezerniert wird, ein vorzügliches Desinfiziens; hinzu kommen noch die anderen Schutzstoffe, über welche der Körper verfügt. So kommt es denn, daß man in der Praxis die Desinfektion mit Chlor in zahlreichen Fällen und mit gutem desinfektorischen Erfolg angewendet hat.

Durch Zusatz von Chlor zum Wasser ist es an verschiedenen Orten gelungen, Wasserepidemien zum Erlöschen zu bringen. So 1896/97 in Pola, wo während einer schweren Typhusepidemie innerhalb neun Wochen 1710 cbm gechlortes Wasser an die Bevölkerung verausgabt wurden; sodann in Maidstone und Lincoln in England, in Montreal, in Minneapolis und Erie (1911) in Nordamerika und Kanada. Auch eine böse Typhusepidemie, die durch den Genuß nicht genügend filtrierten Flußwassers an der unteren Ruhr im Herbst 1911 entstanden war, verschwand, als durch Chlorkalkzusatz das Wasser desinfiziert wurde.

In Deutschland sind die ersten und grundlegenden Versuche mit Chlorkalk gemacht worden von Robert Koch, dann von Traube usw.; in Deutschland ist die Methode auf Herz und Nieren geprüft; sie ist kritisch, ja hyperkritisch behandelt worden. Die Engländer und besonders die Amerikaner aber haben sich, eingedenk des Grundsatzes, daß das Bessere der Feind des Guten ist, über die deutschen theoretischen Bedenken hinweggesetzt, und die Desinfektion des Wassers rasch im großen betrieben. Mehr wie

100 Städte Nordamerikas haben das Verfahren innerhalb der letzten 5 bis 6 Jahre angewendet.

Wo man dort nach der Art der Wasserversorgung fragt, erhält man fast überall die Antwort, es werde Oberflächenwasser benutzt, aber es werde gechlort, und man sei mit der Methode gut zufrieden; überall wird angegeben, daß nach Heranziehung der Chlorung die Typhusmorbidität, zuweilen sogar sehr erheblich, zurückgegangen sei. In Nordamerika wird sehr viel mehr Wasser getrunken und verbraucht als in Deutschland. Die großen Seen und Ströme jenes Landes gewährten ungemessene Mengen Wasser, welches ad libitum abgegeben wurde. Die Bevölkerung gewöhnte sich daher an eine „waste of water", an eine sehr weitgehende Wasservergeudung. Fast allgemein wird mit 100 Gallonen = 378 Litern als regulärem Verbrauch auf die Person und den Tag gerechnet, der aber zur warmen Zeit auf das Doppelte steigt. — Infolge der geringen Besiedelung waren die offenen Wässer zunächst rein und nicht infiziert. Bei dem Riesenaufschwung aber, den die Städte nahmen, änderte sich das. Das Publikum war an die unkontrollierte Benutzung großer Wassermengen gewöhnt, und nun waren die Städte nicht imstande, solche kostspieligen Reinigungsarten durchzuführen, wie sie in Europa Sitte sind. Als eine Art Erlösung wurde daher mit Recht die Chlorung aufgenommen, und sie wird mit großem Geschick und großer Sorgfalt durchgeführt. Die Stadt New York chlort dauernd ganze Bäche, welche das Abwasser der in ihrer Crotonriver-Versorgung gelegenen Dörfer aufnehmen. Dabei ist die Chlormenge gering, meistens erheblich unter 1:1 Million liegend, auch ist man zufrieden, wenn die Keimzahlen im Reinwasser unter 100 im Kubikzentimeter bleiben; vielfach übersteigen sie jedoch 20 bis 30 nicht. Über schlechten Geschmack wird fast nirgends geklagt, Geschmackskorrigentien werden nur an wenigen Stellen zugesetzt. Zum größeren Teil wird das gechlorte Wasser ohne, zum erheblich geringeren Teil unter vorhergehender oder auch nachfolgender Filtration benutzt, wobei unumwunden zugegeben wird, daß die Verbindung von Chlorung und Filtration den besseren Typhusschutz gewährt. Nach den guten, dort gemachten Erfahrungen kam nunmehr die Chlorung, die in Deutschland gezeugt, in Amerika aber geboren wurde, als amerikanische Methode zu uns zurück!

Erst im Jahre 1911, als die Not am größten war, hat sich Deutschland entschlossen, in großem Maßstabe und ohne zu viel Rücksicht auf Geschmacksverschlechterung von der Chlorung bei den riesenhaften und eigenartigen Wasserwerken der Ruhr Gebrauch zu machen.

Zu einer wirksamen, guten Chlorung ist die entsprechende Menge wirksamen Chlors und eine genügend lange Einwirkungsdauer notwendig; über die zur Desinfektion absolut erforderliche Dosis soll nicht hinausgegangen werden mit Rücksicht auf den schlechten Geschmack, im Bedarfsfalle muß er korrigiert werden. Das sind die Grundregeln des ganzen Verfahrens.

Fast überall hat es sich gezeigt, daß eine recht erhebliche, eine ausreichende Reduktion von z. B. mehreren Tausend Bakterien auf 20 bis 30 eintritt, wenn 1 mg verfüglichen Chlors (= rund 3 mg Chlorkalk) auf 1 Liter Wasser kommt.

Bei Einrichtungsversuchen möge man daher von dieser Zahl ausgehen. Wo das Wasser arm an gelösten organischen und sonstigen oxydablen Stoffen ist, darf man mit der Menge heruntergehen. Meistens verwendet man in den Vereinigten Staaten unter 0,5 mgl mit völlig ausreichendem Erfolg; an den großen Seen wird nur 0,2 bis 0,6 mgl aktiven Chlors benutzt. Wasser, welches gereinigt ist, z. B. durch Schnell- oder Langsamfilter, bedarf nur geringer Chlormengen, um 0,3 bis 0,5 mgl herum.

Benutzt man jedoch so geringe Dosen, so muß die Einwirkungszeit eine relativ lange sein. Es hat sich herausgestellt, wie vor allem die schönen Untersuchungen von Antonowski-Kronstadt lehren, daß bei den üblichen Dosen z. B. 1 mgl aktiven Chlors ein guter Erfolg eintritt, wenn der Chlorkalk 10 Minuten einwirkt. Beträgt die Einwirkungsdauer indessen nur etwas weniger, sagen wir 7 Minuten, so ist der Erfolg wesentlich schlechter. Auch der 10 Minuten-Erfolg ist nur ein bedingter; verwendet man nämlich, um den Erfolg festzustellen, zu den Proben das gechlorte Wasser, ohne das noch vorhandene aktive Chlor zu binden, so wachsen keine oder nur vereinzelte Bakterien; bindet man jedoch in einem Teil des gechlorten Wassers das Chlor und macht mit diesem entchlorten Wasser Parallelproben, so wächst eine ganz erhebliche Zahl von Keimen. Wiederholt man den Versuch nach etwa zweistündiger Einwirkung, so sind alle Proben steril oder keimarm. In der 10 Minuten-Einwirkungsdauer ist also bereits eine große Zahl Bakterien abgestorben, eine andere ist jedoch nur geschädigt, in ihrer Entwickelung gehemmt; in der 2 Stunden-Einwirkungszeit jedoch ist alles oder fast alles tot. Der Grund für diese Erscheinung liegt im Chlorkalk selbst; der größere Teil desselben geht rasch in unterchlorige Säure über, welche sich rasch in Salzsäure und den wirksamen Sauerstoff spaltet. Der unterchlorigsaure Kalk ($CaCl_2O_2$) wird jedoch nicht sofort vollständig zerlegt, erst allmählich erfolgt die Umwandlung der letzten Reste unter der Einwirkung von Wasser und Kohlensäure in $CaCO_3$ und $2HClO$; es findet also eine Nachwirkung statt. Daher ist die Forderung berechtigt, dem Chlorkalk eine Einwirkungsdauer von etwa 2 Stunden zu gewähren.

Mit dieser Forderung steht auch die Tatsache im Einklang, welche von den meisten Autoren angeführt wird, daß zwar schon bei kurzer Einwirkungsdauer, 15 bis 30 Minuten, sich gute Erfolge ergeben, daß aber die niedrigste Keimzahl sich erst nach rund 2 Stunden zeigt. Vielfach wird die in der Praxis inne zu haltende Desinfektionszeit mit 15 bis 30 Minuten angegeben. Es soll auch nicht geleugnet werden, daß sie ausreichen kann; will man aber gute Resultate mit geringen Chlormengen erreichen, will man den Chlorgeschmack verhindern ohne Zusatz von Antichlor, dann ist die Zeitdauer mit rund 2 Stunden zu bemessen. Die starken Bakterienreduktionen, welche die Amerikaner erhalten trotz der sehr geringen Dosen, bis 0,1 mgl herunter, beruhen hauptsächlich auf der längeren Einwirkungsdauer. Macht sich ein schlechter Geschmack bemerkbar, so entchlort man dort nicht, sondern man setzt die Chlorgabe herunter, mit gutem Erfolg betreffs des Geschmackes und unbeschadet der desinfizierenden Wirkung. Die längere Einwirkungsdauer — 2 Stunden — ist auch um deswillen erwünscht, weil die oxydierende Wirkung des Chlors bei Kälte eine langsamere ist als bei Wärme.

Wo man die Oxydation derjenigen Substanzen vermeiden will, die durch Filter abgefangen werden können, z. B. gewisse gelöste organische Substanzen oder suspendierte organische Teile, Algen usw., Eisen und Mangan, da empfiehlt es sich, den Zusatz nach der Filtration anzuwenden, möge diese nun durch den natürlichen gewachsenen Boden, durch Langsam- oder Schnellfilter bewirkt werden.

Gibt man das Chlor vor der Filtration hinzu, so kann bei relativ reinem Wasser und reinen Filtern der Chlorgeschmack im Filter verschwinden. Ist aber viel organische Substanz vorhanden, so kann sich ein recht unangenehmer Geschmack im Filtrat bemerkbar machen. Daher ist man an der Ruhr davon abgekommen, dem Wasser der Anreicherungsbecken das Chlor zuzufügen.

Wo man das Wasser vor der Filtration mit schwefelsaurer Tonerde behandelt, kann bei Zusatz von Chlor, wie Untersuchungen von Schwarz und Nachtigall-Hamburg lehren, der desinfektorische Effekt geringer werden: 2 mg ohne Tonerde wirkten ungefähr so stark wie 3 mg mit 40 g/cbm Tonerde. Andererseits hat sich herausgestellt, daß der Zusatz von Chlorkalk die anderen Zusätze vermindern kann; so kam man in St. Lawrence, der durch ihre Abwasserklärungsstation bekannten Stadt, mit 14 g schwefelsaurer Tonerde und 11 g Soda aus, als man 1 g wirksamen Chlors auf den Kubikmeter zufügte, während man ohne den Chlorkalk ungefähr die doppelte Menge der Koagulanten hatte verwenden müssen. Ähnliche Resultate werden von Walden-Baltimore und Pratt-Warren angegeben. Von anderen Stellen jedoch wird von einer Reduktion nichts berichtet. Irgend welche Einwirkung auf Farbe oder Trübungen hat das Chlor nicht. Ein Einfluß auf die Härte, den Chlor- und Kohlensäuregehalt ist wegen der geringen Menge des Zusatzes praktisch nicht vorhanden.

Einige Beispiele aus der Praxis mögen zeigen, wie das Chlor wirkt. In einem großen Versuch der Reading-Comp. mit täglich 875 cbm Flußwasser ging bei einem Verhältnis des aktiven Chlors zum Wasser von 1:1 Million die Keimzahl von 4234 auf 32 zurück. In Jersey-City wird das Flußwasser mit 0,2 bis 1,4 Tln. aktiven Chlors auf eine Million behandelt; die durchschnittliche Bakterienzahl beträgt im Rohwasser 30 bis 1600, im Reinwasser 15 im Kubikzentimeter. In Erie wurden bei einer Zugabe von 3,2 Tln. Chlor auf 1 Million die durchschnittlichen 234 Bakterien auf 6,6 im Kubikzentimeter reduziert. In Hartford ging die Keimzahl um 99,5 Proz. zurück bei 1 Tl. Chlor auf 1 Million Wasser. In Chikago sank durch 2 Tle. auf 1 Million die Keimzahl von 225 000 bis 1 390 000 auf 1 bis 55.

In Poughkeepsie (New York) sank, als vor den Filtern am Einlaß in die Sedimentierbecken 0,4 mgl Chlor zugegeben war, die Keimzahl um 96 bis 99,7 Proz.

In der Stadt Niagarafalls (New York) wird das Niagarawasser, welches etwa 30 km oberhalb die Abwässer der fast $^1/_2$ Million Einwohner zählenden Stadt Buffalo aufnimmt, durch Zusatz von schwefelsaurer Tonerde und Chlor geklärt und desinfiziert; das so behandelte Wasser geht dann durch sehr kleine Sandfilter von wenigen Quadratmetern Größe, die, wie uns der Augenschein lehrte, höchstens die Tonerdeflocken, aber keine Bakterien zurückhalten können. Dr. med. Wolf teilte uns mit, daß die Typhuserkrankungen, welche früher 350 pro Jahr betragen hätten, nach der Behandlung des Rohwassers mit Chlor auf 50 zurückgegangen seien. Aus der nachstehend nach den Angaben des Chemikers K. J. Dignan aufgestellten Tabelle ist ersichtlich, daß 0,2 mgl Chlor gebraucht werden, wobei die Keimzahl bis auf etwa 100 im Kubikzentimeter sinkt; wird die doppelte Menge angewendet, so beträgt sie nur 25.

Wirkung des Zusatzes von schwefelsaurer Tonerde und Chlor in der Stadt Niagarafalls.

Monat	Bakt. wurden gefunden			Bact. coli wurden gefunden				Zugesetzt	
	im Strome		im Filtrat	täglich in ccm Wasser		im Filtrat im Monat in Proben von		schwefelsaure Tonerde	wirksames Chlor
	am Ufer	am Einlauf		am Ufer	am Einlaß	1 ccm	10 ccm	g/cbm	mgl
September . .	18 000	1777	96	0,01	0,1	0 mal	14 mal	25	0,21
Oktober . . .	29 000	3000	120	0,01	0,1	0 mal	15 mal	23	0,22
November . .	33 000	4200	25	0,01	0,1	0 mal	3 mal	24	0,48

Von der Ruhr seien die folgenden Zahlen angeführt, die den Anordnungen Hajo Bruns-Gelsenkirchen entstammen; sie sollen zugleich zeigen, wie scharf die Chlorwirkung einsetzt bzw. aufhört.

Bakterien im Kubikzentimeter eines stark gefährdeten Wasserwerkes an der unteren Ruhr.

Datum	Ruhr	Untersuchte Brunnen		Sammel-brunnen	Zapf-hahn	Bemerkungen
		bester	schlechtester			
1911						
13. September . .	1 480 000	4	3000	1000	34 200	Kein Chlorkalk; schlimmste Periode seit Bestehen des Werkes.
14. „ . .	1 292 000	4	7552	3936	4 090	
15. „ . .	1 023 000	12	693	2304	1 664	
16. „ . .	321 000	5	6080	6128	5 504	
17. Dezember . .	51 700	23	941	309	13	Chlorkalk, dem Sammelbrunnen zugesetzt, 1:1 Million.
18. „ . .	18 300	7	283	83	2	
20. „ . .	43 700	11	353	152	8	
21. „ . .	56 100	53	429	193	2	
1912						
15. Januar	41 900	69	1000	158	2	Chlorkalk
16. „	36 400	77	1900	123	0	
22. „	48 300	76	449	463	423	Kein Chlorkalk
23. „	verfl.	61	746	588	571	
4. März	39 800	49	637	159	1	Chlorkalk
5. „	verfl.	47	409	111	102	Kein Chlorkalk
6. „	39 100	52	339	85	86	

Ein besser situiertes Wasserwerk an der unteren Ruhr hatte während einer Woche, die beliebig herausgegriffen wurde, folgende Resultate:

Datum	Ruhr	Keimzahl in 6 Brunnen pro 1 ccm, nicht gechlort						Zapfhahn, gechlort	Bemerkungen
1911									
25. September . .	296 104	1868	728	552	1638	164	376	64	Sehr schlimme Zeit; bakterienreiches, viel organische Substanzen enthaltendes Wasser. Chlorkalk, etwa 1:1 Mill.
26. „ . .	338 116	556	2355	284	388	152	128	48	
27. . „ . .	292 608	540	164	572	812	348	416	56	
28. „ . .	verfl.	736	608	168	620	156	332	52	
29. „ . .	247 528	972	236	104	128	124	324	34	
30. „ . .	286 104	682	452	384	198	198	264	46	
1912									
15. April	28 614	24	35	17	32	12	49	0	Gleichmäßiger Wasserstand. Chlorkalk 1 : 1 Million.
16. „	35 750	51	22	23	18	44	124	0	
17. „	31 072	49	34	26	22	19	33	0	
18. „	42 106	28	22	25	26	14	58	0	
19. „	19 740	18	21	34	23	16	46	0	
20. „	27 156	49	42	19	54	48	67	2	

In der Stadt S., die einen in klüftiger Kreide stehenden, etwa 17 m tiefen Zentralbrunnen inmitten der Stadt betreibt, der wiederholt Typhus gebracht hat, ergab ein Versuch, der sich über zwei Tage erstreckte, und bei welchem 1 Tl. Chlor auf 935 000 Tle. Wasser zur Verwendung kam, an verschiedenen Zapfhähnen vor dem Zusatz:

153   121   144   138   130 Bakterien.

Nach dem Chlorzusatz sank die Zahl auf 0 bis 10 Bakterien im Kubikzentimeter herunter.

Erwähnt sei, daß überall die Colizahl des Rohwassers durch die Chlorung bis meistens auf 0 in 100 ccm Wasser zurückgeführt wurde. Das ist ganz natürlich, ganz selbstverständlich, denn die Widerstandsfähigkeit der Colibazillen gegen das Chlor ist nicht wesentlich größer als die der anderen Bakterien, und die Menge der Colibazillen in einem Trinkzwecken dienenden Wasser pflegt nicht groß zu sein.

Man hat zuweilen beobachtet, daß mit Chlor versetztes Wasser in kurzer Zeit wieder viele Bakterien aufwies. Stokes und Hachtel erklären die Erscheinung so, daß zuweilen viele Bakterien am Leben blieben, sei es weil viele Sporenbildner darunter seien, sei es weil die organischen Substanzen zuviel Chlor verbrauchten. Aus ihnen bilde sich ein stärkerer Nachwuchs, besonders wenn im Wasser reichliches Nährmaterial enthalten sei.

Will man die Desinfektionswirkung verstärken, die Einwirkungsdauer verkürzen und zugleich den schlechten Geschmack fortnehmen, so hat man nach den Untersuchungen von Antonowski Wasserstoffsuperoxyd und zwar in einer Verdünnung von rund 1:1 000 000, also 1 mgl zuzusetzen. Wird mehr verwendet, so macht sich der unangenehme, metallische Geschmack des H_2O_2 bemerkbar. Der Zusatz darf erst gemacht werden, wenn das Chlor die Mehrzahl der Bakterien schon stark angegriffen hat. Durch die dann erfolgende Zugabe des H_2O_2 wird aus ihm selbst und dem noch vorhandenen unterchlorigsaurem Kalk, bzw. aus der unterchlorigen Säure, so viel O abgespalten, daß die schon angegriffenen Mikroben vollends erliegen. Wird das H_2O_2 früh zugesetzt, dann beeinträchtigt es die Wirkung, weil es die vorhandene unterchlorige Säure zu rasch zerlegt, die Einwirkungsdauer also verkürzt. Im Experiment sind gute Resultate erzielt worden; im Großen hat es unseres Wissens noch keine Anwendung gefunden. Es ist nicht ausgeschlossen, daß durch H_2O_2 und Peroxyde die Chlordesinfektion wesentlich gefördert wird. Die Persalze, z. B. Natriumperkarbonat und Ortizon (= Karbamid + H_2O_2), beseitigen zudem gut den durch Chlorüberschuß entstehenden schlechten Geschmack, indem Kochsalz und unlösliches Kalziumkarbonat gebildet werden.

d) Andere Chlorpräparate.

Wesenberg benutzte mit gutem Erfolg einen 77 Proz. aktiven Chlor enthaltenden Chlorkalk der Elberfelder Farbfabriken.

Seit kurzer Zeit kommt Kalziumhypochlorit, $Ca{<}^{OCl}_{OCl}$, in den Handel in Gestalt eines grauen Pulvers, welches allerdings noch kohlensauren Kalk enthält. Es ist etwa um die Hälfte teurer als Chlorkalk (auf aktives Chlor berechnet), löst sich leicht im Wasser und ist entschieden handlicher als der Chlorkalk. Im Geschmack ist es ihm gleich. Bis jetzt ist es unseres Wissens nur im Experiment verwendet worden und zwar mit gutem Erfolge. Zweifellos wird es lohnen auch im großen Versuche mit ihm zu machen.

Natriumhypochlorit, NaOCl, wird durch die elektrolytische Zersetzung einer gesättigten Kochsalzlösung gewonnen; es ist in 7,5 proz. Lösung im Handel; seinem Chlorwert nach ist es viermal so teuer als das Chlor des Chlorkalkes. Die Dosierung ist leicht, der Geschmack und Geruch dem der anderen Chlorpräparate gleich.

Die mit ihm erhaltenen Resultate sind gute; im großen aber wird es bis jetzt kaum angewendet.

Das flüssige Chlor ist eine leicht erhältliche und relativ billige Handelsware; es ist etwa doppelt so teuer in seinem Chlorwert als der Chlorkalk. Der Geruch und Geschmack soll etwas geringer sein als bei letzterem; ob das Fehlen des einen laugenhaften Geschmack erzeugenden Ätzkalkes eine Rolle spielt, bleibe unerörtert; groß ist der Unterschied im Geruch und Geschmack jedoch nicht. Seiner Einführung stellten sich zunächst Schwierigkeiten in den Weg, weil es schwer zu dosieren war.

Die Schwierigkeit der Dosierung beruht auf dem wechselnden Druck des Gases; dieser schwankt von 4 kg auf den Quadratzentimeter bei 0⁰ bis zu 9 kg bei 30⁰. Dr. Darnhall-Washington läßt das aus der Bombe austretende Chlorgas, welches, da es rein und trocken ist, Metalle nicht angreift, in eine Metallkapsel treten, deren oberer Teil aus einer sehr dünnen und daher sich bei wechselndem Druck bewegenden Metallplatte besteht; auf ihr ist ein Winkelhebel befestigt, welcher bei stärkerem Druck den Hahn des Chlor zuführenden Rohres mehr schließt, bei abnehmendem mehr öffnet. Das Chlorgas wird dem Wasser direkt beigemischt.

Die Electro Bleaching Gas Comp.-New York (Dr. Orenstein) schaltet in die Gasrohrleitung zwei Druckregler ein, von denen der erste den ursprünglichen Druck bis zu einem bestimmten Maximum reduziert, während der zweite Regler die gewünschte Chlorgasmenge durchläßt; diese wird bestimmt und reguliert durch einen hintergeschalteten Gasmesser, der empirisch geeicht ist auf das Gewicht des stündlich hindurchgehenden Chlorgases. Das ausgetretene Chlor wird in einem Absorptionsturm von fein versprühtem Wasser aufgenommen; das so gewonnene ziemlich konzentrierte Chlorwasser wird dem zu sterilisierenden Wasser beigemischt.

Über die Wirkung des flüssigen Chlors liegen seit Ballners ersten Versuchen nur gute Resultate vor. In den Vereinigten Staaten bestand im Sommer 1912 noch keine Anlage, welche mit flüssigem Chlor arbeitete; $1\frac{1}{2}$ Jahr später waren bereits 1 Dutzend vorhanden. Man ist mit den Resultaten gut zufrieden. Dem Verfasser liegen lange Tabellen vor, nach welchen in Wilmington (Del.) der Durchschnittsgehalt eines vorgefilterten Wassers von 22 360 auf 31 Bakterien durch Zusatz von 0,19 mgl Chlorgas, in Niagarafalls (New York) von 22 800 auf 40 durch 0,12 mgl Chlor reduziert wurde. Ganz ähnliche Resultate wurden in Philadelphia erhalten. Bei der Einfachheit des Verfahrens erscheint die Anwendung des Chlors in Gasform vielversprechend, und es macht den Eindruck, als ob sie die Chlorkalkanwendung verdrängen könnte. Der „Triton“, „Gesellschaft für Wasserreinigung und Wasserversorgung m. b. H., Berlin“, scheint der Lizenznehmer für Deutschland zu sein.

e) Der Geruch und Geschmack des gechlorten Wassers.

Die Keimtötung ist selbst bei sehr geringen Chlorzugaben relativ groß und sie läßt sich durch Zugabe größerer Mengen von Chlor bis zu einer fast absoluten steigern; die Zugabe ist jedoch beschränkt durch den Geschmack und Geruch, den das Chlor hervorruft.

Viele Menschen schmecken bzw. riechen das Chlor nach Angaben von Bruns, der in Deutschland die größten Erfahrungen über die Chlorung des Wassers besitzt und viele Versuche angestellt hat, und in Übereinstimmung mit fast allen Autoren, die hierüber gearbeitet haben, noch bei einer Verdünnung von 1:1 bis 2 Mill. Teilen; von einzelnen wird das Chlor noch bei 0,3 bis 0,4 mgl bemerkt, wenn sie darauf aufmerksam gemacht werden. Auch ist der Geruch oft etwas länger zu bemerken als der Geschmack, besonders wenn die Proben nur den unteren Teil hoher Gläser ausfüllen, oder wenn das Wasser verstäubt wird. Verdünnungen von 1:500000 werden von den meisten Menschen geschmeckt. Besonders macht sich das unangenehme Empfinden bemerkbar bei dem Erwärmen des Wassers oder bei seiner Verwendung zu einem dünnen Kaffee oder Tee. Übrigens erhebt das Publikum dann laute Klage über schlechten Geschmack, wenn es von der Chlorung weiß. Uns sind deutsche Werke bekannt, wo viele Monate hindurch mit 1 mgl gechlort wurde, ohne daß nennenswerte Klagen laut wurden. Das ändert aber an der Tatsache der Schmeckbarkeit nichts, ermahnt indessen dazu, zwar sofort die Behörde zu benachrichtigen, aber mit der Bekanntgabe der Chlorung an das Publikum vorsichtig zu sein.

Das freie Chlor verbindet sich in der starken Verdünnung, in welcher es sich befindet, anscheinend schwer mit anderen Körpern, so daß es selbst nach einigem Aufenthalt, z. B. in Betonbehältern, noch schmeckbar bleibt. Den schlechten Geschmack des gechlorten Wassers darf man nicht gegen die Verwendung des Chlors in das Feld führen, denn er läßt sich, sofern nicht übermäßige Mengen von organischer Substanz vorhanden sind, oft vermeiden und stets beseitigen.

Ersteres ist dadurch möglich, daß das Desinfiziens in ganz gleichmäßiger, der Wassergewinnung oder dem Wasserzufluß entsprechender Weise, und zwar gelöst zugeführt wird. An der Ruhr wurde damals von Hand, also ungleichmäßig gearbeitet; auch sind kleine Chlorkalkbröckchen in das Wasser hineingelangt. Am besten ist es, den Chlorkalk zunächst in einem Mischgefäß aus Holz oder Beton mit wenig Wasser mittels eines maschinell angetriebenen Rührwerkes zu mischen, dann die Mischung in ein Lösungsgefäß laufen zu lassen und die Menge des Chlorkalkes in ein solches Verhältnis zum Wasser zu bringen, daß eine 2 proz. oder besser 1 proz. Lösung entsteht. Durch ein Rührwerk ist möglichst alles zu lösen; dann muß dem Rest Zeit gegeben werden zum Absetzen. Die klare Lösung wird abgezogen mittels eines Hahnes aus Holz oder Hartgummi, der 10 bis 20 cm oberhalb des Bodens sitzt, damit absolut keine ungelösten Teilchen mitgerissen werden. Trotzdem kann es notwendig werden, feine Siebe oder Glaswolle usw. in Anwendung zu ziehen. Das abgelassene Chlorkalkwasser muß man entsprechend der abgegebenen Wassermenge dem Wasser zugeben. Am sichersten geschieht das durch kleine mit den großen Pumpen gekuppelte Pumpen. Wo das Wasser vor dem Pumpen zugesetzt wird, kann die angewendete Methode auch vielfach verwendet werden; anderenfalls werde die Mischung in den Zentralbrunnen oder besser in ein in ihn führendes Sammelrohr gegeben. Die Menge der Lösung hat gleichfalls der abgesogenen Wassermenge zu entsprechen. — Während das eine Lösungsgefäß leerläuft, ist das zweite, oder bei größeren Anlagen auch das dritte und vierte zu beschicken, so daß stets die genügende Menge klarer Lösung vorhanden ist. — Weiter in die Details einzugehen ist hier nicht der Ort; Interessenten seien auf die Arbeit von Reichle: „Technisches über die Chlorkalkbehandlung von Trinkwasser zentraler Wasserversorgungsanlagen zwecks Desinfektion" in „Mitteilungen a. d. Königl. Landesanstalt für Wasserhygiene" 1913, Heft 17, S. 117 hingewiesen. Klut hat gezeigt, daß sich 1 proz. Chlorkalklösungen bei Lichtabschluß und beschränktem Luftabschluß zwei Monate lang ohne nennenswerten Verlust halten. Es ist daher gestattet, die täglich erforderlichen Chlorkalklösungen auf einmal herzustellen, was eine große Betriebserleichterung darstellt.

Zur Entfernung des Chlorgeschmackes, der über den chemischen Nachweis des Chlors in den üblichen kleinen zur Untersuchung kommenden Mengen hinausgeht, läßt man das Wasser an der Luft stehen. Große Reservoire, in welchen das Wasser mindestens 2 Stunden verweilt, sind daher auch aus diesem Grunde erwünscht. Sehr bequem läßt sich ein Chlorgeschmack dort beseitigen, wo zwei Versorgungen bestehen, von welchen nur die eine einen Chlorzusatz erhielt, und zwar durch die Vereinigung der beiden Wasserbezüge. Auch durch die Berührung des Chlors mit Beton und besonders mit Eisenrost und Eisen wird der minimale Chlorgehalt, der den Geschmack bedingt, oft beseitigt, ohne daß jene Materialien Schaden leiden; so braucht ein Wasser nicht entchlort zu werden, welches weitere Wege bis zum Konsumenten zurückzulegen hat. Wo diese einfachsten Mittel nicht ausreichen und wo man mit dem Chlorgehalt nicht weiter heruntergehen kann, ohne — nach Ausweis von Versuchen — den Desinfektionseffekt zu schädigen, da muß das übriggebliebene Chlor aus dem Wasser herausgenommen werden.

Über die Zugabe von Wasserstoffsuperoxyd und Peroxyden als Verstärkungsmittel für die Desinfektions- und zugleich als Beseitigungsmittel für den Geschmack ist S. 586 gesprochen worden.

Grundsatz ist, daß das Chlor erst entfernt werden darf, nachdem es seine Desinfektionsleistung größtenteils oder ganz beendet hat, also frühestens etwa $1/2$ bis 2 Stunden nach dem Zusatz. Von den hierzu brauchbaren Substanzen steht an erster Stelle das in der Technik viel verwandte Antichlor, das Natriumthiosulfat oder Natriumhyposulfit, $Na_2S_2O_3$. Es wird durch Chlor zu Natriumsulfat, Na_2SO_4, oxydiert, oder auch zu Natriumtetrathionat, $Na_2S_4O_3$. Nach Bruns, der es an der Ruhr viel verwenden ließ, braucht man ungefähr $1/2$ bis $3/4$ der verwendeten Chlorkalkmenge, nach Bode das 0,8 bis 0,9fache derselben; die Angaben stimmen also genügend überein. Sodann hat viel Verwendung gefunden das Natriumsulfit oder Natrium sulfurosum, Na_2SO_3. Es verwandelt sich ebenfalls in Natriumsulfat:

$$Na_2SO_3 + Ca {<}^{Cl}_{ClO} = Na_2SO_4 + CaCl_2.$$

Verwendet man, wie üblich, die Handelsware, das kristallisierte Natriumsulfit, so bedarf man, da sich die Molekulargewichte wie 252 zu 127 verhalten, ungefähr doppelt so viel als man Chlorkalk zugesetzt hat. Bei Verwendung eines kristallwasserfreien Präparates würde eine dem verwendeten Chlorkalk ungefähr gleiche Gewichtsmenge erforderlich sein. Da sowohl das Hyposulfit als das Sulfit nicht rein sind, sondern auch Natriumsulfat enthalten, so kann nur der Versuch ergeben, wieviel im Einzelfalle von den Präparaten zugesetzt werden muß. Der Geschmack ist zugleich mit dem Chlor verschwunden, wenn Jodkaliumstärkekleister durch das mit dem Korrigens behandelte Wasser nicht mehr gebläut wird, die Mischung vielmehr völlig farblos erscheint. Eine Gesundheitsschädigung durch das freie Chlor oder durch das Natriumsulfat — Glaubersalz —

ist absolut nicht, auch bei längerem Gebrauch nicht, zu fürchten; dazu sind die aufgenommenen Mengen viel zu klein. Es bedarf also des Kalziumsulfits, $CaSO_3$, nicht, welches durch das Chlor in Gips, $CaSO_4$, umgewandelt wird. Das Kalziumsulfit arbeitet nicht so rasch wie die Natriumverbindungen. Die Verhärtung des Wassers durch das Kalziumsulfit ist bei den geringen Mengen des letzteren minimal, gar nicht in Betracht zu ziehen. Wird ein Natriumsalz verwendet, so tritt eine Vermehrung der Härte überhaupt nicht ein.

Man wende das Thiosulfat in 20proz. Lösung an, da es sich nach Klut in dieser Konzentration nicht verändert, und gebe von den Antichlorpräparaten nicht zuviel, damit sie nicht selbst einen laugenhaften Geschmack bewirken.

Da die Verbindung des Chlors mit den Sulfiten sehr rasch geschieht, so genügt es, wenn das Entchlorungsmittel dem vom Behälter abfließenden Wasser zugemischt wird. Ein dünnes Rohr würde die Flüssigkeit in das Hauptabführungsrohr hineinleiten können; die Apparatur würde der des Chlorkalkzusatzes ähnlich auszugestalten sein.

f) Die Verwendbarkeit des Verfahrens.

Der Chlorkalk kostet bei Abnahme einer größeren Menge zurzeit 13 ₰ pro Kilo, das Natriumhyposulfit gegen 30, das Natriumsulfit gegen 25 ₰. Das ganze Verfahren einschließlich der Entchlorung ist also in Anlage und Betrieb ganz ungemein billig. Es kostet nur einen verschwindenden Bruchteil aller anderen Wasserreinigungsverfahren, das ist ein großer, auch hygienischer Vorzug; die Hygiene hört nämlich da auf, wo sie nicht mehr bezahlt werden kann, und das ist bei diesem Verfahren nicht zu fürchten.

Imhof und Saville geben folgende Preisverhältnisse an:

	Einmalige Baukosten für 1 cbm der täglichen Wassermenge *M*	Jährliche Betriebskosten mit Zins und Tilgung der Baukosten für 100 cbm Wasser *M*
Langsame Sandfiltration . .	26,0	1,10
Amerikan. Schnellfiltration .	15,0	1,10
Ozonbehandlung	3,0	1,50
Chlordesinfektion	0,13	0,05

Wenn auch diese Angaben nicht überall zutreffen, so geben sie doch ein Bild über die ungefähren Kosten.

Die geringe zur Verwendung kommende Chlormenge ist nicht imstande, irgendwelchen Schaden an den Rohren, Hähnen, Wasseruhren usw. hervorzurufen; Beschädigungen durch Chlorzusatz sind daher überhaupt nicht bekannt.

Man wirft dem Verfahren vor, es sei nicht absolut sicher, es könnten Krankheitserreger am Leben bleiben. Denselben Vorwurf kann man jedem anderen Verfahren auch machen; es sei nur an die Langsamfiltration, die Schnellfiltration mit chemischen Zuschlägen erinnert. Selbst das zurzeit sicherste Verfahren, die Ozonisierung, muß mit einem erheblichen Überschuß von Ozon arbeiten, um jeden Keim zu töten.

Es ist gesagt worden, man solle die Wasserwerke nicht zu „Wasserapotheken" oder „Hexenküchen" machen, man dürfe dem Wasser fremde Substanzen nicht zuführen, es sei dann kein natürliches Wasser mehr. Mit solchen Schlagworten soll man nicht operieren. Sie sprechen zudem kaum für ein volles Verstehen der Sache; was wird denn aus dem Chlorkalk, dem $Ca {<}{}^{O\,Cl}_{Cl}$?, doch nicht anderes als Kalziumchlorid, kohlensaurer Kalk, Kohlensäure und Sauerstoff — wo ist denn da etwas dem Wasser Fremdes? Alle vier Substanzen sind in den natürlichen Wässern enthalten. Der Einwand, man dürfe dem Wasser nichts hinzufügen, ist nichts anderes als eine aus einem Gewohnheitsgefühl herausgewachsene Redensart, welche vor der Bedürfnisfrage schwinden wird wie der Schnee vor der Sonne.

Wenden wir uns der Verwendung der Methode im einzelnen zu, so ergibt sich ungefähr folgendes. Ganz allgemein, auch von den der Chlorung nicht freundlich Gegenüberstehenden, wird zugegeben, daß die Chlorung des Wassers zu Zeiten der Gefahr oder der Unsicherheit eine auskömmliche Desinfektion selbst großer Wassermassen in kürzester Zeit und mit den einfachsten Hilfsmitteln ermöglicht. Bis dahin wurde in Deutschland in Zeiten der Bedrängnis, es sei an die Choleraepidemie Hamburgs erinnert, der Bevölkerung angeraten, das Wasser abzukochen. Wie kurze Zeit und wie mangelhaft wurde ein solcher Rat befolgt! Mit erheblichen Unkosten und unter großem Zeitverlust wurde anderes Wasser herbeizuschaffen gesucht. Alles das ist durch die Chlorung des Wassers, die in ein paar Stunden hergerichtet ist, überflüssig gemacht.

Für Versorgungen, die nicht absolut sicher sind, insofern als sie zu gewissen Zeiten, die sich meistens voraussehen lassen oder sich anzeigen, nicht genügend gereinigtes Wasser aufnehmen, wie z. B. die Wasserwerke an der mittleren und unteren Ruhr bei raschem Anstieg des Flußwassers, oder die Quellwasserversorgungen aus zerklüftetem Gebirge, die für gewöhnlich gutes, nach Regenstürzen aber stark bakterienhaltiges Wasser aus einem mit Ansiedelungen bedeckten Gebiet bringen, hat die Aufstellung einer Chlorungsanlage hohen Wert. Man kann sagen, Filter- oder Ozonanlagen seien in solchen Fällen besser. Das mag gern zugegeben werden; aber wo sind die Städte, die auf bloße, entfernt liegende Möglichkeit einer Infektion hin, so teure Anlagen bauen? Viel eher bringt man sie dazu die nur ein paar hundert Mark kostenden Chlorungsapparate aufzustellen und sie dann kurze Zeit, z. B. acht Tage hindurch, für wenige Mark zu betreiben. Wo außerdem, wie an der Ruhr, große Mengen des Wassers nicht für den Hausgebrauch, sondern für die Industrie Verwendung finden — eine Reihe von Wasserwerken liefert bis zu 90 Proz. Nutzwasser und nur 10 Proz. Hausgebrauchs- und Trinkwasser — da ist eine teuere Reinigung überhaupt nicht zu bezahlen, da hilft aber das Chlor in guter Weise aus.

Wo Flußwasser filtriert wird und oberhalb liegende Städte oder Gebiete mit Typhus, Ruhr oder Cholera infiziert werden, da ist es für die Filterwerke ein gewaltiger Sicherheitsfaktor, wenn sie ihr Filtrat sofort für ein billiges Geld mittels Zusatzes von vielleicht 0,2 bis 0,3 mgl Chlor desinfizieren können.

Das Grundwasser und Quellwasser reicht in manchen Bezirken nicht aus, den Bedarf zu decken; zum Flußwasser überzugehen, scheitert jedoch an der Höhe der Kosten einer Filteranlage. Unter Anwendung von Chlor aber ist es möglich, mit einem einfachen, in Anlage und Betrieb billigen Schönfilter oder mit Absitzbecken, Grobsandfiltern oder mit Schnellfiltern geringer Größe auszukommen.

Bei Talsperren wird es hier und da möglich sein, unter denselben Bedingungen die Erbauung teurer Langsamfilter zu umgehen.

Daß in Deutschland Städte nach amerikanischer Art vorgehen werden und ihr Wasser ohne Vorreinigung nur nach einer Chlordesinfektion dem Oberflächenwasser entnehmen, ist nicht wahrscheinlich; entweder ist das Wasser rein genug, wie z. B. in Konstanz, so daß eine Sterilisation entbehrlich ist, oder es ist infektionsverdächtig und dann richtet man eine Filtrations- oder Ozonisierungsanlage ein. Die Kosten hierfür sind nicht zu erheblich, da die Wassermassen, die gereinigt werden müssen, klein sind. Wo diese aber übergroß sein sollten, da wird man wohl dem amerikanischen Beispiele folgen müssen.

Nach Lewis hat man für das Hallenschwimmbad der North-western University, dessen Wasser nur Sonnabends unter gleich-zeitiger Reinigung des Beckens abgelassen wurde, durch einen wöchentlich ein- oder zweimaligen Zusatz von 2 g Chlorkalk auf 1 cbm ein hygienisch einwandfreies Wasser erhalten. Ob es nach Chlor gerochen hat, ist uns unbekannt geblieben. Jedenfalls dürfte es sich empfehlen, im Bedarfsfalle einen Versuch zu machen.

Chlor ist wiederholt mit Erfolg bei Brauchwasser benutzt worden zur Abtötung von in ihm vorhandenen, lästig gewordenen Algen. In dem Gaswerk Wien-Leopoldsau versagten die Ver-sickerungsgräben, weil sich in ihnen sowie an Gaskühlern, Wasser-uhren, Rohren ein dicker Belag von Eisenalgen angesetzt hatte. Auf Zusatz von 4 mgl wirksamen Chlors verschwanden die Algen und wohl auch das abgelagerte Eisen und die sämtlichen Störungen. Das Chlor wurde gewonnen durch die elektrolytische Zersetzung von Kochsalz, wobei $NaCl$ und $NaClO$ entsteht. Die Zerlegung findet statt in besonders eingerichteten Tongefäßen, sogenannten Elektrolysern, wie sie z. B. von der Firma A. Stahl in Aue-Erz-gebirge für die Fabrikation von Bleichlaugen hergestellt werden.

Aktives Chlor eignet sich auch gut für die Beseitigung des Geruches und der Bakterien von Schlachthaus- und sonstigen Ab-wässern; jedoch gehört das nicht hierher.

Ob das Chlorverfahren berufen ist, bei uns mit in die Reihe der regelmäßigen Wasserverbesserungsverfahren einzutreten, muß die Zukunft lehren; daß es aber geeignet ist, als ein vorzügliches Aushülfsmittel, als eine gute Reserve zu dienen, daran kann schon jetzt kein Zweifel sein.

Wir haben geglaubt, diesem Kapitel, als einem viel umstrittenen, eine besondere Aufmerksamkeit zuwenden zu sollen, nicht um die Chlordesinfektion zu empfehlen oder zu widerraten, sondern um dem sich für die Frage Interessierenden zu ermöglichen, ein Bild über die Sachlage zu gewinnen und unter Berücksichtigung der örtlichen oder sonstigen Verhältnisse sich zu entscheiden.

Auf andere Desinfektionsmittel, z. B. die Peroxyde, einzugehen, sei unterlassen. Sie sind noch nicht genügend auf ihre desinfizierende Wirkung auf Wasser erforscht, stehen aber anscheinend dem Chlor nach und sind erheblich teurer.

3. Die Sterilisierung durch Ozon.

Die Ozonisierung des Wassers hat einen langen Weg bis zu ihrer vollen Leistungsfähigkeit durchlaufen, steht aber jetzt, soweit der Großbetrieb in Frage kommt, auf sicherer Höhe.

Das in der freien Atmosphäre in minimalen Mengen, vielleicht 2 mg auf 100 cbm, vorkommende Ozon läßt sich in größeren Mengen, bis zu 5 g und mehr im Kubikmeter Luft, fabrikmäßig herstellen.

Fig. 52.

Ozonapparateraum des Wasserwerkes Hermannstadt.

Nach dem jetzigen Siemensschen Verfahren, welches als Prototyp für die verschiedenen Verfahren dienen mag, stellt ein Aluminium-zylinder den einen Pol, ein ihn umschließender Glaszylinder den anderen Pol dar. Durch den zwischen beiden liegenden engen Mantelraum wird ein Luftstrom getrieben und durch diesen hin-durch gehen die stillen Entladungen eines hochgespannten Wechselstromes von z. B. 10000 Volt. Hierbei entsteht unter Entwickelung eines matten blauen Lichtes aus dem O_2 der Luft das O_3. Durch

Fig. 53.

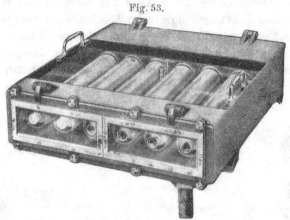

Liegender Ozonapparat von Siemens und Halske.

Fig. 54.

Sterilisationstürme de Friese-Siemens im Ozonwerk in Florenz.

Wasserkühlung wird der zu starken Erwärmung entgegengewirkt. ... gefahrloses Arbeiten zu ermöglichen, sind die Drähte der Hochspannungsleitung, die zum inneren Pol gehen, so eingebaut, daß sie völlig unzugänglich sind, während der andere Pol von dem Metallgehäuse aus gut geerdet ist.

Das erzeugte Ozon muß mit dem Wasser innig gemischt werden; hierfür haben sich unter anderen die de Friese-Tindalschen Türme gut bewährt; sie stellen etwa 5 bis 10 m hohe Eisenrohre von etwa 0,5 bis 1,5 m Durchmesser dar, welche in Abständen von feindurchlochten Celluloidplatten durchsetzt sind. Das Wasser und die Ozonluft treten beide von unten ein. Durch besondere Düsen werden sie sofort stark durcheinander gewirbelt und durch die feinen Lochungen der Platten innig gemischt. In Königsberg hat man Marbeln und feinen Kies auf die Platten geschüttet und so eine noch bessere Mischung erzielt. Die Wassermenge und die Zeit der Einwirkung lassen sich genau regulieren. Das ozonisierte Wasser fließt oben ab. Die Restluft mit der überschüssigen Spur Ozon wird abgesogen, frische Luft hinzugefügt, das Luftgemisch gut getrocknet, abermals ozonisiert und wieder in den Kreislauf gegeben. Die Menge des erzeugten Ozons liegt je nach Bedarf, also je nach der Nützlichkeit für den Betrieb, zwischen rund 1 und 5 g, meistens bei 2 g Ozon pro Kubikmeter Luft; die Menge der Luft richtet sich nach der Menge des zu sterilisierenden Wassers und dem Gehalt der Luft an Ozon; in Hermannstadt z. B. werden stündlich in einem Turm 160 cbm Wasser mittels ebensoviel Luft, die 1,3 g Ozon im Kubikmeter enthält, ozonisiert.

a) Die Leistungen des Ozonverfahrens.

Die Wirkung des Ozons auf Wasser besteht in einer starken Oxydation. So wird im Wasser enthaltenes Eisen, auch das an Huminsäuren gebundene, als Eisenoxydhydrat ausgeschieden. Die Oxydation der organischen Substanzen betrug nach den Versuchen von Ohlmüller und Prall mit vorgeklärtem Spreewasser und einer Mischung von diesem Wasser mit Tegeler Leitungswasser gegen 10 Proz.; fast die gleiche Reduktion wurde in Königsberg erzielt. Freies Ammoniak wurde etwas, kohlensaures und salzsaures nicht oxydiert. Die Umwandlung der freien und der an Natrium gebundenen salpetrigen Säure zu Salpetersäure war erheblich, zwischen 20 und 100 Proz. sich bewegend. Eine Spur Salpetersäure, aber keine Salpetrigsäure, wurde durch die Oxydation des Luftsauerstoffs gebildet. In Petersburg wird die organische Substanz des daran reichen Newawassers durch die Behandlung mit schwefelsaurer Tonerde, Jewellfiltern und Ozon um rund 66 Proz. ·heruntergesetzt.

Mit der Oxydation der organischen Substanzen hängt es zusammen, daß die gelbliche und bräunliche, auf Anwesenheit organischer Substanzen beruhende Farbe des Wassers meistens erheblich
abgemindert oder auch bei geringen Graden beseitigt wird. In
Petersburg nimmt sie durch die drei eben erwähnten Verfahren
um 78 Proz. ab. Ebenso wird ein auf gleicher Ursache beruhender
Geschmack oder Geruch gebessert oder entfernt.

Die Hauptleistung der Ozonisierung liegt in der Abtötung
von im Wasser vorhandenen Bakterien vegetativer Form, und hier
leistet die Großdesinfektion Ausgezeichnetes, sofern nur die Menge
des Ozons und die Einwirkungsdauer ausreichend sind und Störungen
im Betrieb nicht eintreten. Erstere Bedingungen hat man ganz
und gar in der Hand, sie sind leicht zu erfüllen; die letzteren
sind gleichfalls zu vermeiden oder sofort zu erkennen. Betriebsstörungen im elektrischen Strom sind schon aus den Unregelmäßigkeiten der stillen elektrischen Entladungen zu erkennen; aber das
genügt nicht; ein in die Leitung eingeschlossener Elektromagnet
wird bei einer zu geringen Spannung stromlos, darauf schließt
sich der Wasserzufluß zu den Türmen von selbst. Dasselbe geschieht, wenn die durch das Gebläse in Bewegung gehaltene Luft
nicht mehr oder langsamer zirkuliert. Daneben treten Läutesignale
in Tätigkeit, welche so lange anhalten, bis die Störung beseitigt
ist. Gegen den Kurzschluß sind Sicherungen eingeschaltet und
außerdem wieder Signale angeordnet. Es sind also sowohl die
Störungen als auch, wenn sie sich trotzdem ereignen sollten, die
durch sie entstehenden Schädigungen, d. h. die Abgabe noch nicht
genügend ozonisierten Wassers, so gut wie unmöglich gemacht.
Bei den Sandfiltern merkt man den Fehler meistens erst am Erfolg, an der zu hohen Keimzahl; hier aber macht er sich sofort
bemerkbar und schaltet selbst ohne Verzug die weitere Wasserversorgung und damit eine Schädigung oder Gefahr aus. Zudem
kann man durch Hineinhalten eines Stückchens Jodzinkstärkepapier in das den Turm verlassende Wasser sogleich nachweisen,
ob es die zur Ozonisierung erforderliche Menge aktiven Sauerstoffs noch enthält, nachdem vergleichende bakteriologische Untersuchungen den mindestens erforderlichen Grad der Bläuung angezeigt haben.

Das O_3 setzt sich im Wasser des Reservoirs sofort in O_2 um,
so daß die Rohre durch Ozon nicht geschädigt werden. Ein großer
Sauerstoffgehalt ist allerdings als ein Vorteil nicht zu bezeichnen;
man muß jedoch bedenken, daß fast nur Oberflächenwasser ozonisiert
wird und dieses meistens mit Sauerstoff gesättigt ist, ihm daher

durch die Ozonisierung größere Mengen von Sauerstoff nicht zugeführt werden können.

Man hat bei einigen Werken das Wasser gelüftet, z. B. in Kaskaden herunterlaufen lassen, um etwa noch vorhandenes Ozon zu entfernen. Man sollte das nicht tun, denn die schon bei der Chlorung besprochene Nachwirkung des Mittels wird dadurch beseitigt; zudem setzt sich das O_3 so rasch um, daß eine Beschädigung der Rohre ganz ausgeschlossen ist. Man kann auch das in das Rohrsystem eintretende Wasser auf O_3 untersuchen; sollte dort Ozon noch vorhanden sein, so läßt sich die Entlüftung immer noch einbauen, wenn man bei der Anlage an sie gedacht hat.

Man hat auch gemeint, man könne das durch Lüftung wiedergewonnene O_3 von neuem dem frisch zu ozonisierenden Wasser zuführen. Das dürfte jedoch graue Theorie sein, denn 1. ist die Menge des wiedergewonnenen Ozons minimal, 2. wird sie bis zu dem abermaligen Eintritt in den Ozonisierungsapparat oder in das Wasser vollständig zersetzt sein.

Die bakteriologische Untersuchung des ozonisierten Wassers hat gute Resultate ergeben. Proskauer und Schüder setzten pro Kubikzentimeter Wasser durchschnittlich 630000 Typhus- und Cholerabazillen zu, und fanden das ozonisierte Wasser keimfrei, auch als sie 20 Liter des gereinigten Wassers untersuchten. Desgleichen starben die im Wasser gewöhnlich enthaltenen Bakterien bis auf einzelne sporenhaltige ab. Dr. Daske gibt für Paderborn eine Auslese von Daten mit besonders hohen Keimzahlen des Rohwassers. Die durchschnittliche Keimzahl betrug:

Im Jahre	Zahl der Versuche	Zahl der Bakterien		Die höchste während des Jahres im ccm Reinwasser gefundene Zahl
		Im ccm Rohwasser	Im ccm Reinwasser	
1905	22	906	2,7	7
1906	29	856	2,5	17
1907	34	700	5,0	33

Dabei betrug die Menge des stündlich ozonisierten Wassers 60 bis 80 cbm, der stündlich eingeblasenen Luft 120 bis 160 cbm mit einem Ozongehalt von 1,3 bis 1,5 g auf den Kubikmeter Luft. In Petersburg blieb nach unseren Berechnungen von 2000 Colibazillen, die im rohen Newawasser enthalten waren, nur ein Colibazillus am Leben; zu den gleichen Resultaten kommt nach einer ganz anderen Methode der Berechnung Raschkowitsch, er fand eine Reduktion von 99,84 und 99,92 Proz. Jedenfalls ist die Abminderung eine sehr beträchtliche. — Der gleiche Rückgang ist bei der allgemeinen Keimzahl zu verzeichnen:

Die durchschnittliche Keimzahl betrug im

	1911	1912	1913 (bis 1. Nov.)
Rohwasser . . .	302	578	421
Reinwasser . .	2,24	0,73	0,75
Reduktion . . .	99,26 Proz.,	99,87 Proz.,	99,82 Proz.

In dem stark mit Hochwässern belasteten Monat März des Jahres 1913 war die durchschnittliche Keimzahl des rohen Newawassers 1177, die des Reinwassers 1, die Reduktion 99,915 Proz.; die höchste Keimzahl des Reinwassers in diesem Monat belief sich auf 2 Bakterien; bei der Höchstzahl von 3080 Keimen im Rohwasser waren im Reinwasser 0. Im Jahre 1912 wurden an 222 Tagen von 365, im Jahre 1913 an 155 von 297 Versuchstagen auf den Platten überhaupt keine Kolonien gefunden; die zwei höchsten Zahlen der überlebenden Keime im Jahre 1912 betrugen 16 und 9, im folgenden Jahre 7 und 5.

In den vorstehenden Zahlen spricht sich die Wirkung des ganzen Werkes einschließlich dem der Vorreinigung aus.

In Genua erhielt Canalis die folgenden Zahlen für das Jahr 1912:

Rohwasser .	1424	106	60	752	4370	760	790	710	7030	4270	2660	950
Filtriertes Wasser . .	99	38	23	97	198	86	30	—	146	177	140	88
Ozonisiertes Wasser . .	1	0	0	0	7	12	0	0	2	4	13	0

In Spezia ergaben die Untersuchungen während des Jahres 1912 und 1913 die nachstehenden Resultate:

Rohwasser	3440	119	141	83	165	105	4176	455	496	612
Filtriertes Wasser . .	890	22	20	7	44	30	416	655	13	260
Ozonisiertes Wasser .	3,2	0,2	0	0	0	0,2	0	0	0	0,2

Von dem Chemnitzer Werk, welches ohne Vorreinigung arbeitet, seien folgende Zahlen angeführt:

	Oktober 1911				November 1911			Juni 1913		Nov. 1913	
Rohwasser . .	740	410	130	1800	430	664	1380	112	216	386	458
Reinwasser .	2	2	0	2	0	2	4	2	2	0	2

Vergleicht man, so findet sich kaum ein Unterschied zwischen den mit und den ohne Vorreinigung arbeitenden Werken.

In Königsberg ging bei Vorversuchen die Zahl von 250 000 bis 400 000 dem Rohwasser zugesetzten Colibazillen auf 5 bis 3 Keime zurück, und diese dürften sporenhaltige Bazillen gewesen sein, denn Colibazillen ließen sich erst in 16 bis 25 ccm nachweisen. Hierbei machte es wenig aus, ob das Wasser vorher mit Alaun geklärt und filtriert war oder nicht.

Während das Chlor bei niedriger Temperatur weniger rasch und etwas weniger sicher wirken soll, übt die Temperatur auf die Ozonwirkung keinen Einfluß aus.

So gut die Ozonisierung in bakteriologischer Hinsicht ist, so vermag sie nichts gegen die Trübungen; ferner kann das Ozon ebensowenig wie jedes andere Desinfektionsmittel in das Innere von „Klümpchen" eindringen und dort befindliche Bakterien, z. B. Typhusbazillen in Kotklümpchen, töten. Bei unklaren Wässern ist daher eine Vorfiltration erforderlich; jedoch genügen im allgemeinen die „Schönfilter"; auf ihre Einwirkung auf Bakterien ist kaum Rücksicht zu nehmen. Der Betrieb solcher Filter gestaltet sich gewöhnlich einfach und billig. Wo auch färbende Substanzen in erheblicherer Menge zu beseitigen sind, da ist außerdem der Zusatz von schwefelsaurer Tonerde erforderlich; für solche Fälle sind also die Jewellfilter, bzw. die Filter dieser Gruppe geeignet. Petersburg, welches das an färbenden und organischen Stoffen reiche Wasser der Newa ozonisiert, benutzt Howatsonfilter mit gutem Erfolg. Für das Pregelwasser verwendete Schütz durch-

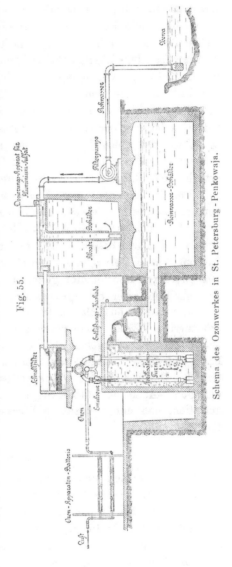

Fig. 55. Schema des Ozonwerkes in St. Petersburg - Penkowaja.

schnittlich 60 gcbm Alaun, ließ absitzen und filtrierte durch gewöhnliche Kiesfilter. Die organischen Substanzen wurden um die Hälfte vermindert. — Die von Kisskalt erzielten Resultate sind S. 543 aufgeführt. Wie bei allen Filtern, so darf auch hier eine gewisse Schnelligkeitsgrenze bei der Filtration nicht überschritten werden, sonst gehen feine Tonteilchen durch und geben dem Wasser einen bläulichen, trüben Schimmer.

Man muß sagen, daß die Ozonisierung des Wassers recht gute Resultate zu zeitigen imstande ist, und daß sie die Filtration in ihrem bakteriologischen Reinigungseffekt oft übertrifft. Hindernd stehen ihr die Nichtbeseitigung von Trübungen und die sich nach dem Preise der Elektrizität richtenden Kosten entgegen. Wo billige Kraft zur Verfügung steht, sind letztere aber niedrig.

Für unsichere Quellwässer, für Talsperrenwässer u. dgl. wird sich die Ozonisierung besser eignen wie die jetzt an einigen Orten versuchte Lüftung und Rieselung. Ferner ist sie dort sehr empfehlenswert, wo mit plötzlich eintretender stärkerer Infektion des Rohwassers zu rechnen ist, oder wo die Sandfiltration Schwierigkeiten örtlicher oder allgemeiner Natur bietet.

Von der „Ozongesellschaft" Berlin sind fahrbare Ozonisierungsapparate hergestellt, welche aus einem leicht zu reinigenden Vorfilter, einem Sucrowschen Asbesttuchfilter, und einem Ozonisierungsapparat mit Turm bestehen. Die Apparate können pro Stunde 2 bis 2,5 cbm Wasser sterilisieren. Die elektrische Kraft wird von einem sechspferdigen Benzinmotor geliefert. In einem Versuche benutzte man als Rohwasser ein Spreewasser, welches 37 500 Bakterien im Kubikzentimeter enthielt; hinter dem Filter waren noch 8330, im ozonisierten Wasser keine vorhanden. In einem anderen Versuch wurde der Bakteriengehalt des Rohwassers von 187 000 durch das Filter auf 35 000 reduziert und diese wieder durch die Ozonisierung auf 25. Dabei hatte die Ozonkonzentration 5,9 g auf 1 cbm Luft betragen. Auch bei diesen Apparaten sind Vorsichtsmaßnahmen getroffen, daß nur ozonisiertes Wasser in den Reinwasserbehälter eintreten kann.

b) Die Hausozonapparate.

Seit kurzer Zeit sind kleine Ozonapparate für den Hausbetrieb in den Handel gebracht. Sie werden an den Wasserauslaßhahn angeschraubt. Der Ozonerzeuger besteht aus einer Glas- und einer Aluminiumplatte als Polen, zwischen welchen die stillen, blauen elektrischen Entladungen stattfinden und zwischen welche hindurch das aus dem Wasserhahn ausströmende Wasser die Luft saugt. Die erforderliche Hochspannung von etwa 6000 Volt wird durch einen an die gewöhnliche Lichtleitung angeschlossenen Transformator erzeugt, der ebenso wie der Ozonerzeuger in einem eisernen Kästchen sicher untergebracht ist. Wenn der Wasserhahn geöffnet wird, so wird ein Membrankontakt angesogen und ein elektrischer Hammer in Tätigkeit gesetzt, womit dann die Ozonbildung erfolgt. Die stark ozonisierte Luft wird durch ein Aluminiumrohr zu einer sehr sinnig konstruierten Mischdüse geleitet, in welcher das Wasser mit der Ozonluft auf das innigste vermengt wird. Die wenigen Sekunden, während welcher Wasser und Ozon zusammen sind, genügen in der Tat zur Abtötung der im Wasser enthaltenen oder dorthin gebrachten sporenlosen Bakterien, wie aus Versuchen folgt, die im Frankfurter, im Jenaer und mehreren anderen hygienischen Instituten gemacht worden sind.

Nichtsdestoweniger entsprechen die Apparate zurzeit absolut nicht den an sie zu stellenden Anforderungen, denn schon kurze Zeit nach der Inbetriebsetzung versagt häufig die elektrische Betätigung, die Ozonbildung läßt nach und nun dringt unsterilisiertes oder nicht genügend sterilisiertes Wasser durch. Erst wenn dieser Übelstand voll beseitigt sein wird, sind die Apparate in die Reihe der brauchbaren einzureihen. Wir haben mit mehreren derartigen Apparaten gearbeitet, sie jedoch als zurzeit noch viel zu unsicher beiseite gelegt. Es mögen da kleine technische Unvollkommenheiten vorliegen, aber sie sind da, und die von uns angerufenen Fabriken konnten sie bislang nicht beseitigen.

c) Die Untersuchung auf Ozon.

In einem Wasserwerk werden dreierlei Ozonbestimmungen gemacht: 1. solche, welche die Ausbeute der Ozonapparate konstatieren; 2. solche, die den Ozonverbrauch feststellen und 3. solche, welche die im Wasser noch vorhandene Ozonmenge bestimmen.

Die erste Art der Bestimmungen wird möglichst unmittelbar hinter den Ozonapparaten ausgeführt, indem ein Teil der ozonhaltigen Luft durch eine Wasserflasche, die mit 1 proz. neutraler Jodkaliumlösung beschickt ist, geleitet wird. Das durch diese Waschflasche hindurchzuführende Luftvolumen kann entweder mit Hilfe einer Wasserstrahlpumpe abgesaugt werden — die Luftmenge wird in diesem Falle hinter der Absorptionsflasche mit Hilfe einer Gasuhr gemessen — oder man läßt aus einer großen Flasche ein abgemessenes Wasserquantum auslaufen, welches durch die Absorptionsflasche ein gleiches Luftquantum hindurchsaugt. Nachdem die entsprechende Menge Luft, z. B. 10 Liter, durch die neutrale 1 proz. Jodkaliumlösung hindurchgeleitet worden ist, wird die jetzt gelbbraun gefärbte Lösung mit 10 ccm 3 proz. Schwefelsäure angesäuert. Sie wird nunmehr mit $1/_{10}$-Natriumthiosulfatlösung (24,81 $Na_2S_2O_3$ + 5 $H_2O : 1$ Liter destilliertes Wasser) auf Hellgelb titriert, dann werden einige Tropfen Stärkelösung zugegeben und die dadurch blau gefärbte Lösung bis zur Entfärbung titriert.

Beispiele: 1 ccm $n/_{10}$-Thiosulfatlösung entspricht 2,4 mg Ozon. Sind zum Titrieren 15 ccm Thiosulfatlösung verbraucht worden, so entsprechen diese $15 \times 2,4 = 36$ mg Ozon; da 10 Liter Luft untersucht wurden, so sind in 1 cbm Luft 3,6 g Ozon.

Die zweite Art der Ozonbestimmungen wird ausgeführt, um die von dem Wasser aufgenommene Ozonmenge zu bestimmen. Nachdem, wie vorstehend angegeben, die erzeugte Ozonmenge festgestellt worden ist, werden dann hinter dem Sterilisationsapparat 10 Liter der abgehenden Luft durch eine Absorptionsflasche mit 1 proz. neutraler Jodkaliumlösung gesaugt; das dort ausgeschiedene Jod wird in gleicher Weise wie vorhin mit $n/_{10}$-Thiosulfatlösung titriert. Wurden bei der ersten Bestimmung 3,6 g auf den Kubikmeter und jetzt z. B. 0,6 g Ozon gefunden, so ist der Ozonverbrauch von 1 cbm Wasser $3,6 - 0,6 = 3$ g Ozon. Vorausgesetzt ist dabei, daß mit 1 cbm Wasser auch gleichzeitig 1 cbm Ozonluft durch den Sterilisationsapparat hindurchgeschickt wird; im anderen Falle muß umgerechnet werden.

Die dritte Art der Ozonbestimmung verfolgt den Zweck festzustellen, ob und wieviel Ozon noch im Wasser an einer Stelle hinter dem Mischungsturm vorhanden ist.

Die Wasserprobe wird mit Jodkaliumlösung, verdünnter Schwefelsäure und etwas Stärkelösung versetzt. Ist Ozon im Wasser gelöst, so muß das Wasser nach dem Zusatz der Reagenzien blau werden. Da nun das im Wasser gelöste Ozon sehr schnell zerfällt, so gibt man in ein Becherglas mit einer 100 ccm-Marke einige Kubikzentimeter verdünnte Jodkaliumlösung und füllt direkt aus dem Zapfhahn rasch bis zur Marke auf; sofort wird mit einigen Tropfen verdünnter (3 proz.) Schwefelsäure angesäuert und rasch Stärkelösung hinzugegeben. Für die meisten Fälle genügt der qualitative Nachweis des Ozons in dem behandelten Wasser. Will man das Ozon quantitativ bestimmen, so titriert man die durch das ausgeschiedene Jod blau gefärbte Lösung in der vorherbezeichneten Weise mit $n/_{100}$-Thiosulfatlösung. Die Berechnung erfolgt in der Weise wie vorhin, nur mit dem Unterschiede, daß 1 ccm der $n/_{100}$-Thiosulfatlösung 0,24 mg Ozon entspricht.

Sind oxydierende Substanzen im Wasser, z. B. salpetrige Säure oder freies Chlor, Wasserstoffsuperoxyd usw., so verderben sie den Versuch; man muß dann festzustellen versuchen, wieviel Jod durch sie frei gemacht wird und diese Menge in Abzug bringen. Der Einwirkung des Lichtes entgeht man durch Vermeiden des Sonnenlichtes und nicht zu langsames Arbeiten.

4. Die Sterilisierung durch ultraviolette Strahlen.

In der allerneuesten Zeit ist eine weitere Sterilisationsmethode aufgekommen, die volle Beachtung verdient, obschon sie in größerem Maßstabe noch nicht eingeführt ist, nämlich die Befreiung des Wassers von Bakterien mittels ultravioletter Strahlen. Wenn in einem luftleeren Rohr die positive und negative Elektrode eines elektrischen Stromes in Quecksilber eintauchen, so kann man durch Neigen des Rohres einen Quecksilberfaden vom positiven zum negativen Pol hinüberfließen lassen, der so die Verbindung zwischen beiden Polen vermittelt. Durch das Hindurchtreten des Stromes entsteht Quecksilberdampf, welcher allein genügt, den Strom zu leiten. Hierbei erglänzt der Dampf in stark blauem Licht. Neben diesem sind ultraviolette Strahlen in großer Menge vorhanden. Glas läßt letztere nicht oder nur zu einem geringen Teil durch, dahingegen ist Quarz für die ultravioletten Strahlen durchlassend, diaphan. Man konstruiert also solche Lampen aus Quarz und bestrahlt mit ihnen das Wasser. Die Wellenlängen des Quecksilberlichtes liegen zwischen 3650 und 2223 Angströmeinheiten, die hauptsächlich wirksamen Strahlen zwischen 2800 und 2223 Einheiten.

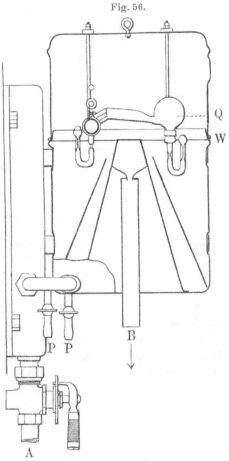

Fig. 56.

Der Westinghouse-Sterilisator.
A Rohwasserzufluß. *B* Reinwasserabfluß. *P P* Entleerungshähne. *Q* Quarzlampe. *W* Wasserspiegel.

Entweder bringt man die Lampe so an, daß sie dicht über dem zu sterilisierenden Wasser steht, welches unter ihr in ganz dünner Schicht über eine Kante fließt, oder man senkt die Lampe in einer Schutzhülse von Quarz in das Wasser hinein; hierbei wird das Wasser zwangsläufig geführt und mehrmals in dünner Schicht von dem Licht bestrahlt.

Die Intensität der Wirkung hängt ab von der Entfernung der Lampe von der zu desinfizierenden Wasserschicht, der Stärke des Stromes und der Beschaffenheit des Wassers.

Fig. 57.

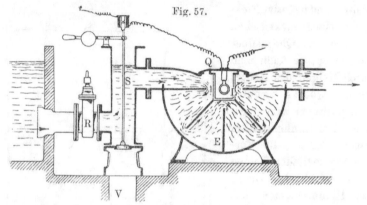

Eine Lampe der „Quarzlampengesellschaft" und der Westinghouse-Cooper-Hewitt-Company.

R Rohwasserzufluß. *S* Ventil, welches beim Versagen der Lampe das Rohwasser durch *V* abfließen läßt. *L* Quarzlampe in einem Quarzgehäuse *Q*. *E* Deflektoren für das Wasser.

Man verwendet einen Gleichstrom von 110, besser von 220 Volt bei 5 bis 3 Amp. Nach einer der französischen Akademie der Wissenschaften gemachten Mitteilung nimmt die bakterizide Kraft schneller ab als das Quadrat der Entfernung; die 220 Volt-Lampe wirkt bei geringen Entfernungen um das Fünffache stärker als die 110 Volt-Lampe, bei größeren ist der Unterschied noch erheblicher. Die tötende Wirkung erstreckt sich bis über 30 cm in das klare, ungefärbte Wasser hinein.

Die Abtötungsdauer für Bact. coli in blankem Wasser betrug bei einer

Entfernung des Wassers von der Lampe von Zentimetern	Lampe von	
	110 Volt Sek.	220 Volt Sek.
60	300	30
40	180	15
20	20	4
10	4	1

Während die Temperatur und die Anwesenheit von Luftsauerstoff anscheinend belanglos ist, macht die Dicke der Wasserschicht etwas aus; eine solche von 25 cm Stärke wird weniger rasch und weniger sicher sterilisiert als eine andere von vielleicht nur 0,5 cm.

Selbst eine starke Aufschwemmung von Bact. coli wird in klarem Wasser durch die vorbezeichneten Westinghouselampen glatt getötet, selbst bei ihrer höchsten Durchflußschnelligkeit von 600 Litern pro Stunde. Die anderen Lampen wirken ganz ähnlich.

Ist aber das Wasser trübe oder enthält es Kolloide, ist es z. B. von Humussubstanzen braun oder durch Ton grau gefärbt, dann nimmt die Leistung erheblich ab.

Vorbedingung für die Sterilisation ist daher: klares Wasser. Bei einer Konkurrenz in Marseille wurde mit der Westinghouseeinrichtung ein vorzügliches Resultat erzielt; wenige, noch nicht zehn, Bakterien blieben im Kubikzentimeter Wasser zurück; aber man hatte das stark keimhaltige, schmutzige, zu sterilisierende Kanalwasser erst durch Vorfilter, dann durch Grob-, darauf durch Feinfilter vorgereinigt.

Tut man das aber, dann ist eigentlich genug geschehen, und es sollte der Sterilisation mittels ultravioletter Strahlen nicht mehr bedürfen!

Über die Zukunft des Verfahrens läßt sich trotz der bisherigen guten bakteriologischen Befunde nicht viel sagen, da noch technische Schwierigkeiten vorhanden sind, welche überwunden sein müssen. Sie bestehen vor allem in der großen Vulnerabilität der Lampen. Diese zerbrechen leicht; manche entglasen auch und verlieren also an Durchsichtigkeit. Dasselbe geschieht, wenn die Lampen mit den Fingern angefaßt werden; hierdurch wird die Durchgängigkeit für die Strahlen erheblich heruntergesetzt.

Diese Störungen, in Verbindung mit denjenigen, die schon eine geringe Trübung des Wassers hervorruft, hat der Einführung der Lampen in die Praxis bis jetzt stark hindernd entgegengestanden.

Es läßt sich nicht leugnen, daß die Sterilisierung des Wassers mit ultravioletten Strahlen ein Mittel wäre, in Zeiten besonderer Gefahr angewendet zu werden. Sie könnte ungefähr unter denselben Bedingungen Verwendung finden, wie der Chlorkalk; sie hätte vor letzterem voraus die Abwesenheit jeden Geschmackes; sie stände ihm nach, weil nur ganz klares Wasser der Behandlung mit ultravioletten Strahlen zugänglig ist. Der höhere Preis würde ein Hindernis sein, indessen wohl kein zu großes.

5. Die Sterilisation durch Abkochen des Wassers.

Eine einfache und in jedem Haushalt mögliche Methode, ein
Wasser keimfrei zu machen und bei verschmutzten Wässern auch
die Appetitlichkeit aufzubessern, ist die des Erhitzens. Zwar sterben
die meisten, Krankheiten erregenden Keime schon bei 70 bis 80°
ab, aber eine solche Temperatur läßt sich nicht sicher erkennen,
während die Erwärmung des Wassers auf 100° durch das „Kochen"
deutlichst in die Erscheinung tritt. Ganz allgemein wird daher das
zu verbessernde Wasser nicht erhitzt, sondern abgekocht. Hierbei
werden alle nicht sporenhaltigen Keime schon dann getötet, wenn
die Siedehitze gerade erreicht ist. Wenn man es mit sporenhaltigen
Erregern zu tun hat, ist das Kochen auf 15 bis 30 Minuten auszudehnen.

Bei Epidemien, die auf infiziertem Wasser beruhen, hat man
also in dem Kochen ein Mittel in der Hand, eventuell im Wasser
enthaltene Keime unschädlich zu machen. In solchen Fällen muß
alles Wasser gekocht werden, welches als Trinkwasser und zum
Reinigen des Eß- und Trinkgeschirres und zum Reinigen des
Körpers dient; wünschenswert ist es, das zur Reinigung der Wohnung dienende Wasser gleichfalls zu kochen; das zur Wäschereini-
gung dienende wird wohl stets gekocht, nur müßte das Wasser,
in welchem die Wäsche nachgespült wird, ebenfalls so behandelt
werden.

Der ärmeren Bevölkerung kann abgekochtes Wasser zur Verfügung gestellt werden. Für das Militär sind (z. B. von der Firma
Rietschel und Henneberg, R. Hartmann) nach den Plänen der
Medizinalabteilung des Kriegsministeriums fahrbare Kochapparate
konstruiert worden mit einer Stundenleistung von 500 Litern. Das
Rohwasser wird durch Passieren eines Saugkorbes und eines Bims-
steinvorfilters von der Hauptmenge der supendierten Substanzen befreit; das Wasser wird dann bei 0,5 Atmosphären Überdruck $= 110°$ C
gekocht, durch Lüftung von dem „Kochgeschmack", durch Filtration
von dem ausgefallenen kohlensauren Kalk befreit und durch Gegen-
kühlung (Kastenkühler) auf eine Temperatur gebracht, die nur 2° C
höher ist als die des Rohwassers.

Die Abkühlung ist wichtig, denn abgekochtes Wasser
schmeckt gewöhnlich aus dem Grunde fade, weil es zu
hoch temperiert ist. Daher soll solches Wasser, wenn angängig,
nur gut gekühlt, 8° bis 10°, getrunken werden. Der Verlust des
Wassers an Kalk, Stickstoff, Sauerstoff und Kohlensäure macht sich
bei niedrig temperiertem Wasser nicht bemerkbar. Will man

übrigens Luft in das Wasser hineinbringen, so braucht man das
Wasser nur durchzuschütteln. Die wenige freie Kohlensäure, welche
im rohen Wasser zu finden ist, schmeckt man nicht. Das zum
Trinken dienende Wasser darf nicht über qualmender Flamme und
nicht in unreinen, fettigen Gefäßen gekocht werden. Am besten
eignen sich Gefäße von Glas und Porzellan oder emaillierte Töpfe,
die sorgfältigst gereinigt worden sind; dann muß das Wasser in
einem Raum abkühlen, in welchem Gerüche nicht vorhanden sind.

Wenn die Möglichkeit nicht gegeben ist, das Wasser ordentlich abkühlen zu lassen, so ist es rätlich, das Trinkwasser als einen
ganz dünnen Aufguß von Tee, Kaffee oder Hafermehl usw. zu
geben, oder es mit bekannt schmeckenden Stoffen zu versetzen,
z. B. Rotwein, Fruchtsäften, Essig mit etwas Zucker u. dgl.

Leider befolgt die Bevölkerung den Rat, das Wasser nur abgekocht zu genießen, nur kurze Zeit, dann wird ihr das Abkochen
langweilig und zu teuer. Daraus folgt, daß man nur dann das
Abkochen empfehlen soll, wenn es wirklich notwendig ist, und daß
bei längere Zeit bestehendem Bedürfnis des Abkochens wiederholt auf die Notwendigkeit hingewiesen werde. Besser ist es,
wenn angängig, auf das Kochen zu verzichten, da es niemals und
nirgends voll durchgeführt wird, zudem selbst in kleinen Gemeinden
eine Kontrolle ausgeschlossen ist, und an seine Stelle eine zentrale
Sterilisation zu setzen, welche, wie vorstehend angegeben, durch
Chlor, durch Ozon — und später eventuell durch ultraviolette
Strahlen — bewirkt werden kann.

6. Die Kontrolle der Leistungen der Filtration und Sterilisation.

Durch die Filtration und Sterilisation wird die chemische Beschaffenheit der Wässer nicht viel geändert. Der Nachweis der
Veränderungen wird nach den im letzten Kapitel angegebenen
chemischen Methoden geführt.

Die Fortnahme der Suspensa pflegt sich durch eine Abminderung der Trübigkeit und der Farbe zu äußern. Die Verfahren
zu ihrer Feststellung finden sich auf S. 51 angegeben; der Geschmack
wird nach S. 68 bestimmt.

Das meiste Interesse beansprucht die Abminderung der Bakterien. Um die Leistung eines Filters oder eines Sterilisationsverfahrens in dieser Hinsicht festzulegen, ist zunächst die sorgfältige
Entnahme der Proben erforderlich, wie sie S. 716 beschrieben worden
ist. Die älteste und meistens ausreichende Methode der Prüfung

besteht darin, je 1 cmm Wasser zu entnehmen, ihn mit Nährgelatine,
die nach der S. 701 angegebenen Vorschrift des Reichskanzlers
hergestellt ist, zu mischen und die bei Zimmerwärme, etwa 20°, in
48 Stunden in ihr gewachsenen Kolonien zu zählen. Selbstverständlich wird nicht eine Probe, sondern eine Serie bis 10 und mehr
angesetzt; es empfiehlt sich hierzu nicht Petrischalen, sondern
Schumburgflaschen oder Rollröhrchen (S. 729 u. 730) zu verwenden.

Notwendig ist, daß jedes Filter, jede Sterilisationseinheit gesondert untersucht werde, weil bei der Untersuchung des „Mischwassers" ein Fehler einer Einheit zu leicht durch die guten Leistungen
der anderen Einheiten überdeckt wird.

In nunmehr zwanzigjährigem Gebrauch an allen Filteranlagen Deutschlands und an sehr vielen Filteranlagen
des Auslandes hat sich dieses Verfahren für die Praxis,
und auf diese kommt es an, durchaus bewährt. Im allgemeinen sieht man ein Wasser als genügend filtriert an, wenn die
Keimzahl im Filtrat unter 100 liegt. In dem Filtrat nach Bact.
coli zu suchen und danach den Wert der Filtrationsleistung bestimmen zu wollen, ist aus den S. 461 angegebenen Gründen weniger
gut. Glaubt jemand auf die Coliuntersuchungen das Hauptgewicht
legen zu sollen, so vernachlässige er die Kultur auf Gelatine trotzdem nicht. — Will man sich mit der Bestimmung der bloßen Zahl
nicht zufrieden geben, oder will man einen rascheren Überblick
haben, oder ist eine besonders hohe Gefährdung des Wassers vorhanden, so kann man nach der auf S. 748 angegebenen Methode
die thermophilen Bakterien bestimmen.

Will man nicht nur für die Praxis arbeiten, kommt es z. B.
darauf an, die absolute Leistungsfähigkeit eines Filters oder eines
Sterilisationsverfahrens festzustellen, dann wird man über die Bestimmung der Keimzahl in wenigen Kubikzentimeter des Filtrats
hinausgehen müssen. — Man kann in solchen Fällen am besten mit
Zusatz bestimmter, leicht kenntlicher Bakterien zum Rohwasser
arbeiten, von welchen Bact. prodigiosum (S. 306), der Staphylococcus
und das Bact. coli genannt seien. Es empfiehlt sich nicht, unmäßige
Mengen zuzusetzen; auch bei solchen Versuchen hält man sich besser in
den Grenzen des praktisch noch Möglichen. Sodann sieht man nach, in
welchen Mengen des Filtrats noch ein Keim vorhanden ist. Wenn man
alle anderen Bakterien ausschließen kann, oder wenn man mit Choleravibrionen als Versuchsobjekten arbeitet, so fängt man nach dem
Vorgange Schüders 5, 10, 100, 1000 ccm und mehr des behandelten Wassers in sterilisierten Gefäßen steril auf und macht sie
durch Zusatz von sterilisierten, konzentrierten Nährlösungen zu

einer Nährflüssigkeit. Die der Filtration oder Sterilisation entgangenen Keime kommen in ihr zum Wachstum, was sich durch
eine Trübung des mit den Nährsubstanzen versetzten Reinwassers
zu erkennen gibt. Das Mikroskop und die Kultur müssen jedoch nachweisen, daß wirklich die „Versuchsbakterien" die Trübung bewirkten
und nicht etwa zufällig hineingeratene fremde Keime. Als Nährlösung eignet sich eine nach S. 700 unter Verwendung von nur $1/3$
des Wassers hergestellte Bouillon oder eine stärkere Konzentration
der S. 784 angegebenen Zuckerlösungen, z. B. eine Traubenzuckerpeptonkochsalzlösung. Wenn Choleravibrionen Verwendung finden,
so ist Peptonwasser (S. 765) der erforderliche Nährboden. Mittels
dieser Methoden läßt sich nachweisen, in welchen Mengen sich
„noch" die verwendeten Mikroben finden, und in welchen „nicht
mehr". Man kann z. B. sagen, von 10 000 Staphylokokken, die in
1 ccm Wasser enthalten waren, wurden nach der Behandlung mit
Ozon, oder einem anderen Desinfektionsmittel, in 10 je 10 ccm
sterilisiertes Wasser enthaltenden Proben keine, in 2 von 5 je
25 ccm enthaltenden Proben noch Kokken gefunden.

Die direkte Zahl der dem Keimbefreiungsverfahren entgangenen
Mikroben läßt sich dadurch feststellen, daß man die Probebakterien aus einer größeren Menge des Filtrats oder des behandelten
Wassers mittels Zusatzes von indifferenten Fällungsmitteln ausfällt und das Ausgefällte auf die für die Bakterien passenden Nährböden bringt. Für diese Zwecke gut geeignete Verfahren sind
S. 768 (Fischer, O. Müller) angegeben.

Auch läßt sich die Wirkung eines Entkeimungsverfahrens
dadurch feststellen, daß man das „Reinwasser" in ausgemessenen
Quantitäten durch ein sterilisiertes, keimdichtes Filter hindurch
schickt, den etwa entstandenen Filterschlamm abhebt (Hesse) und
auf die Versuchsbakterien untersucht. Das Verfahren, ist S. 768
und 770 besprochen.

Der S. 780 und 781 angegebene v. Drigalski-Conradi- und
der Endonährboden eignen sich recht gut zur Züchtung, wenn
das Bact. coli als Versuchsbakterium verwendet wurde. Das Nach-
weisverfahren findet sich S. 740. Die gelben Kolonien des Staphylococcus aureus treten auf gewöhnlichem Nähragar (S. 703) am besten
zutage. Die für die Auffindung des Bacterium prodigiosum
geeigneten Nährböden sind S. 306 besprochen. Auch sei gerade
für diese Mikroben auf das Verfahren von Arno Müller, S. 719,
hingewiesen.

L. Gesetze, Bestimmungen, richterliche Entscheidungen u. Vorschriften,

die sich auf die Hygiene des Wassers beziehen.

I. Reichsgesetzliche Bestimmung.

Wünschenswert wäre es, daß ein die ganze Materie ordnendes Gesetz für das ganze Reich bestände. Das ist jedoch nicht der Fall.

Die einzige gesetzliche, für das Reich geltende Bestimmung ist der § 35 des Gesetzes über die Bekämpfung gemeingefährlicher Krankheiten vom 30. Juni 1900. Er lautet:

> § 35. Die dem allgemeinen Gebrauch dienenden Einrichtungen für Versorgung mit Trink- oder Wirtschaftswasser und für Fortschaffung der Abfallstoffe sind fortlaufend durch staatliche Beamte zu überwachen.
>
> Die Gemeinden sind verpflichtet, für die Beseitigung der vorgefundenen gesundheitsgefährlichen Mißstände Sorge zu tragen. Sie können nach Maßgabe ihrer Leistungsfähigkeit zur Herstellung von Einrichtungen der im Absatz 1 bezeichneten Art, sofern dieselben zum Schutze gegen übertragbare Krankheiten erforderlich sind, jederzeit angehalten werden.
>
> Das Verfahren, in welchem über die hiernach gegen die Gemeinden zulässigen Anordnungen zu entscheiden ist, richtet sich nach Landesrecht.

Der Paragraph ist von großer Bedeutung, weil er, wie ausdrücklich betont sei, eine ganz allgemeine Bedeutung hat und nicht an das Bestehen einer Epidemie gebunden ist; die Gemeinden können durch ihn zur Herstellung von Wasserversorgungen gezwungen werden. Uns sind Fälle bekannt, wo Gemeinden, die notorisch ein recht schlechtes, infizierbares Wasser hatten und die sich hartnäckig weigerten, eine Wasserleitung zu bauen, auf Grund dieses Paragraphen vom Bezirksausschuß die zur Einrichtung einer Wasserversorgung erforderlichen Summen in den Etat eingestellt wurden.

Auch die Beaufsichtigung der Versorgungen durch staatliche Beamte ist von großem Nutzen. Wie und von wem sie ausgeführt wird, richtet sich ganz nach den gerade vorliegenden Verhältnissen. Meistens sind es Bau- und Medizinalbeamte. Das Fürstentum Reuß ä. L. hat die Überwachung seiner Wasserversorgungen dem Hygienischen Institut in Jena überwiesen. Die Einrichtung hat sich bewährt. Die von dem Institut bei den Besichtigungen gefundenen Mängel wurden seitens des Ministeriums und seiner Baubeamten abzustellen gesucht. Differenzen sind niemals hervorgetreten. So ist es gelungen, Schutzgebiete zu schaffen, neue, hygienisch tadellose Quellfassungen herstellen zu lassen, Holzrohrleitungen durch Eisenrohre zu ersetzen, ja, die alten Versorgungen aufzugeben und neue dafür einzurichten, so daß selbst die kleinen dörflichen Leitungen bis auf zwei allen hygienisch-technischen Anforderungen entsprechen. Das ist nicht auf einmal geglückt, aber doch im Laufe von etwa 6 Jahren; auch die zwei noch resistenten Orte werden dem stetigen Druck nachgeben.

Sehr förderlich ist es, daß ärmeren Gemeinden durch Gewährung von Geldmitteln, kostenlos erteilten Ratschlägen, Aufstellung von Projekten, Beaufsichtigung beim Bau u. dgl. Erleichterungen gewährt werden.

II. Bestimmungen für alle Bundesstaaten.

Hier kommen zwei Bestimmungen in Betracht, welche im Kaiserl. Gesundheitsamt aufgestellt, vom Bundesrat genehmigt bzw. vom Reichskanzler den Bundesstaaten empfohlen worden sind; sie stellen Bestimmungen der Einzelstaaten dar, aber überall im Reiche werden sie ganz einheitlich befolgt.

1. Die Grundsätze für die Reinigung von Oberflächenwässern vom 30. Juni 1898 bzw. 13. Januar 1899.

Als die Cholera im Jahre 1892 Hamburg dezimiert hatte, während das mit guten Sandfiltern versehene Altona frei blieb, als man somit gelernt hatte, daß eine gut eingerichtete Sandfiltration einen ausreichenden Schutz gewährt gegen die durch Wasser übertragbaren Krankheiten, hat die Cholerakommission unter Hinzuziehung einer Anzahl Wasserwerkstechniker „Grundsätze für die Reinigung von Oberflächenwässern durch Sandfiltration" aufgestellt, die unter dem 10. Februar 1894 seitens des Reichskanzlers den einzelnen Bundesregierungen mitgeteilt worden sind.

Als die „Grundsätze" sich bewährt hatten, sind sie in einer am 30. Juni 1898 im Kaiserl. Gesundheitsamt unter Hinzuziehung einer Anzahl hervorragender Hygieniker und Filtrationstechniker abgehaltenen kommissarischen Beratung einer erneuten Besprechung und Durchsicht unterzogen worden. Man kam dahin überein, daß es sich empfehlen würde, diese Grundsätze auch in cholerafreien Zeiten zur Anwendung zu bringen. Die auf Grund der Beratung festgestellte neue Fassung der „Grundsätze", welche nachstehenden Wortlaut hat, ist von dem Reichskanzler (Reichsamt des Innern) mittels Rundschreibens vom 13. Januar 1899 zur Kenntnis der Bundesregierungen gebracht worden.

Grundsätze für die Reinigung von Oberflächenwasser durch Sandfiltration.

§ 1. Bei der Beurteilung eines filtrierten Oberflächenwassers sind folgende Punkte zu berücksichtigen:

a) Die Wirkung der Filter ist als eine befriedigende anzusehen, wenn der Keimgehalt des Filtrats jene Grenze nicht überschreitet, welche erfahrungsgemäß durch eine gute Sandfiltration für das betreffende Wasserwerk erreichbar ist. Ein befriedigendes Filtrat soll beim Verlassen des Filters in der Regel nicht mehr als ungefähr 100 Keime im Kubikzentimeter enthalten.

b) Das Filtrat soll möglichst klar sein und darf in bezug auf Farbe, Geschmack, Temperatur und chemisches Verhalten nicht schlechter sein, als vor der Filtration.

§ 2. Um ein Wasserwerk in bakteriologischer Beziehung fortlaufend zu kontrollieren, empfiehlt es sich, wo die zur Verfügung stehenden Kräfte es irgend gestatten, das Filtrat jedes einzelnen Filters täglich zu untersuchen. Von besonderer Wichtigkeit ist eine solche tägliche Untersuchung:

a) Nach dem Bau eines neuen Filters, bis die ordnungsmäßige Arbeit desselben feststeht,

b) bei jedesmaligem Anlassen des Filters nach Reinigung usw. desselben, und zwar wenigstens 2 Tage oder länger bis zu dem Zeitpunkt, an welchem das Filtrat eine befriedigende Beschaffenheit hat,

c) nachdem der Filterdruck über $^2/_3$ der für das betreffende Werk geltenden Maximalhöhe gestiegen ist,

d) wenn der Filterdruck plötzlich abnimmt,

e) unter allen ungewöhnlichen Verhältnissen, namentlich bei Hochwasser

§ 3. Um bakteriologische Untersuchungen im Sinne des § 1 zu a) veranstalten zu können, muß das Filtrat eines jeden Filters so zugänglich sein, daß zu beliebiger Zeit Proben entnommen werden können.

§ 4. Um eine einheitliche Ausführung der bakteriologischen Untersuchungen zu sichern, wird das in der Anlage angegebene Verfahren zur allgemeinen Anwendung empfohlen.

§ 5. Die mit der Ausführung der bakteriologischen Untersuchung betrauten Personen müssen den Nachweis erbracht haben, daß sie die hierfür erforderliche Befähigung besitzen. Dieselben sollen, wenn irgend tunlich, der Betriebsleitung selbst angehören.

§ 6. Entspricht das von einem Filter gelieferte Wasser den hygienischen Anforderungen nicht, so ist dasselbe vom Gebrauch auszuschließen, sofern die Ursache des mangelhaften Verhaltens nicht schon bei Beendigung der bakteriologischen Untersuchung behoben ist.

Liefert ein Filter nicht nur vorübergehend ein ungenügendes Filtrat, so ist es außer Betrieb zu setzen und der Schaden aufzusuchen und zu beseitigen.

§ 7. Um ein minderwertiges, den Anforderungen nicht entsprechendes Wasser beseitigen zu können (§ 6), muß jedes einzelne Filter eine Einrichtung besitzen, die es erlaubt, dasselbe für sich von der Reinwasserleitung abzusperren und das Filtrat abzulassen. Dieses Ablassen hat, soweit die Durchführung des Betriebes es irgend gestattet, in der Regel zu geschehen:

1. unmittelbar nach vollzogener Reinigung des Filters und

2. nach Ergänzung der Sandschicht.

Ob im einzelnen Falle nach Vornahme dieser Reinigung bzw. Ergänzung ein Ablassen des Filtrats nötig ist und binnen welcher Zeit das Filtrat die erforderliche Reinheit wahrscheinlich erlangt hat, muß der leitende Techniker nach seinen aus den fortlaufenden bakteriologischen Untersuchungen gewonnenen Erfahrungen ermessen.

§ 8. Eine zweckmäßige Sandfiltration bedingt, daß die Filterfläche reichlich bemessen und mit genügender Reserve ausgestattet ist, um eine den örtlichen Verhältnissen und dem zu filtrierenden Wasser angepaßte mäßige Filtrationsgeschwindigkeit zu sichern.

§ 9. Jedes einzelne Filter soll für sich regulierbar und in bezug auf Durchfluß, Überdruck und Beschaffenheit des Filtrats kontrollierbar sein; auch soll es für sich vollständig entleert, sowie nach jeder Reinigung von unten mit filtriertem Wasser bis zur Sandoberfläche angefüllt werden können.

§ 10. Die Filtrationsgeschwindigkeit soll in jedem einzelnen Filter unter den für die Filtration jeweils günstigsten Bedingungen eingestellt werden können und eine möglichst gleichmäßige und vor plötzlichen Schwankungen oder Unterbrechungen gesicherte sein. Zu diesem Behufe sollen namentlich die normalen Schwankungen, welche der nach den verschiedenen Tageszeiten wechselnde Verbrauch verursacht, durch Reservoire möglichst ausgeglichen werden.

§ 11. Die Filter sollen so angelegt sein, daß ihre Wirkung durch den veränderlichen Wasserstand im Reinwasserbehälter oder -Schacht nicht beeinflußt wird.

§ 12. Der Filtrationsüberdruck darf nie so groß werden, daß Durchbrüche der obersten Filtrierschicht eintreten können. Die Grenze, bis zu welcher der Überdruck ohne Beeinträchtigung des Filtrats gesteigert werden darf, ist für jedes Werk durch bakteriologische Untersuchungen zu ermitteln.

§ 13. Die Filter sollen derart konstruiert sein, daß jeder Teil der Fläche eines jeden Filters möglichst gleichmäßig wirkt.

§ 14. Wände und Böden der Filter sollen wasserdicht hergestellt sein, und namentlich soll die Gefahr einer mittelbaren Verbindung oder Undichtigkeit, durch welche das unfiltrierte Wasser auf dem Filter in die Reinwasserkanäle gelangen könnte, ausgeschlossen sein. Zu diesem Zwecke ist insbesondere auf eine wasserdichte Herstellung und Erhaltung der Luftschächte der Reinwasserkanäle zu achten.

§ 15. Die Stärke der Sandschicht soll mindestens so beträchtlich sein, daß dieselbe durch die Reinigungen niemals auf weniger als 30 cm verringert wird, jedoch empfiehlt es sich, diese niedrigste Grenzzahl, wo der Betrieb es irgend gestattet, auf 40 cm zu erhöhen.

§ 16. Es ist erwünscht, daß von sämtlichen Sandfilterwerken im Deutschen Reiche über die Betriebsergebnisse, namentlich über die bakteriologische Beschaffenheit des Wassers vor und nach der Filtration dem Kaiserl. Gesundheitsamt, welches sich über diese Frage in dauernder Verbindung mit der seitens der Filtertechniker gewählten Kommission halten wird, alljährlich Mitteilung gemacht wird. Die Mitteilung kann mittels Übersendung der betreffenden Formulare in nur je einmaliger Ausfertigung erfolgen.

Die Anlage zu § 4, Ausführung der bakteriologischen Untersuchung, ist bei den „Untersuchungsmethoden" in diesem Buche wörtlich abgedruckt worden, kann daher hier fehlen.

Die „Grundsätze" haben in der Folgezeit gehalten, was man sich von ihnen versprochen hatte. Seit 1894, also seit 20 Jahren, wird in Deutschland nach ihnen gearbeitet, und es ist durch ihre Befolgung gelungen, Cholera- und Typhus-Wasserepidemien mit Sicherheit zu vermeiden.

Während die Wasserwerke zunächst die „Grundsätze" nicht freudig aufgenommen haben, sind sie jetzt mit ihnen völlig ausgesöhnt; sie möchten die „Grundsätze" nicht mehr entbehren, weil

diese eine feste Norm darstellen, nach welcher die Werke nach
Überwindung einiger zunächst entgegenstehender Hindernisse recht
gut arbeiten können und weil sie in ihnen die beste Garantie für
die Sicherheit des Werksbetriebes besitzen.

2. Anleitung für die Einrichtung, den Betrieb und die Überwachung öffentlicher Wasserversorgungsanlagen, welche nicht ausschließlich technischen Zwecken dienen.

Vom 16. Juni 1906.

Nachdem so die Versorgung mit Oberflächenwasser auf die
Höhe gebracht war, galt es, auch für die übrigen Arten der Wasserversorgung Regeln aufzustellen. Zu dem Zwecke wurde die Wasser-
kommission des Reichsgesundheitsrates durch die Hinzuziehung von
hervorragenden Wassertechnikern und Medizinalbeamten verstärkt
und in einer größeren Reihe von Beratungen eine „Anleitung"
ausgearbeitet.

Der Bundesrat hat in seiner Sitzung vom 16. Juni 1906 der nachstehend
abgedruckten, im Reichs-Gesundheitsrat vorberatenen Anleitung für die
Einrichtung, den Betrieb und die Überwachung öffentlicher
Wasserversorgungsanlagen, welche nicht ausschließlich technischen
Zwecken dienen, die Zustimmung erteilt und zugleich an die verbündeten
Regierungen das Ersuchen gerichtet, diese Anleitung tunlichst zur Richtschnur
dienen zu lassen, auch die dazu gegebenen Erläuterungen entsprechend zu
verwerten.

Anleitung für die Einrichtung, den Betrieb und die Überwachung öffentlicher Wasserversorgungsanlagen, welche nicht ausschließlich technischen Zwecken dienen.

A. Einrichtung.

I. Wahl des Wassers. 1. Behufs Gewinnung eines Maßstabes für
die an eine Wasserversorgungsanlage zu stellenden Anforderungen ist der
Gesamtbedarf an Wasser für die Gegenwart und eine nicht zu ferne Zukunft
festzustellen. Sodann ist der Ort und die Beschaffenheit der verschiedenen
in der betreffenden Gegend in genügenden Mengen zugänglichen, für Trink-
und Gebrauchszwecke geeigneten Wässer zu ermitteln.

2. Für die Entscheidung, ob ein Wasser und welches Wasser zur Versorgung herangezogen werden soll, kommen in Betracht:

  a) die Wasserbeschaffenheit (Nr. 3 bis 8),
  b) die Wassermenge (Nr. 9 und 10).

3. Das zur Verwendung kommende Wasser muß frei sein von Krankheitserregern und solchen Stoffen, welche die Gesundheit zu schädigen geeignet
sind; auch soll die Sicherheit geboten sein, daß das Wasser solche nicht in
sich aufnehme (vgl. auch Nr. 11 bis 13). Das Wasser soll möglichst farblos,
klar, gleichmäßig kühl, frei von fremdartigem Geruch und Geschmack, kurz
von solcher Beschaffenheit sein, daß es gern genossen wird.

4. Diejenigen Krankheiten, welche durch Oberflächen- wie auch durch
Grund- und Quellwasser verbreitet werden können, sind in erster Linie Typhus

und Cholera; unter Umständen kommen auch die Ruhr, die Weylsche Krankheit, tierische Schmarotzer und Milzbrand (bei Tieren) in Betracht. Auch wird von manchen angenommen, daß Epidemien von Brechdurchfällen durch verunreinigtes Trinkwasser entstehen.

Führt ein zufließendes Quell- oder Grundwasser bei sachgemäßer Probeentnahme dauernd oder zu Zeiten mehr als vereinzelte Bakterien, so ist das ein Zeichen, daß die Bodenfiltration an der einen oder der anderen Stelle oder in weiteren Gebieten nicht ausreicht. Eine Gefahr liegt alsdann vor, wenn das schlecht filtrierende Gebiet der Verunreinigung durch menschliche Schmutzstoffe ausgesetzt ist; sie kann unter Umständen auch bei Verunreinigung durch tierische Schmutzstoffe vorhanden sein. In dem ruhenden oder langsam sich erneuernden Wasservorrat von Brunnen, Quellstuben, Sammelbehältern u. dgl. findet erfahrungsgemäß eine gewisse Vermehrung von Bakterien statt, welcher, sofern das zufließende Wasser einwandfrei ist und die Behälter gegen Verunreinigungen von außen geschützt sind, eine Bedeutung für die Bewertung des Wassers nicht beizumessen ist.

5. Trübungen in einem Quell- oder Grundwasser, die auf Erdteilchen beruhen, sind an sich ungefährlich, aber sie können, ähnlich wie die Bakterien, andeuten, daß ungenügend filtriertes Wasser eindringt. Feste Gesteine geben trübende Teilchen in der Regel nicht ab.

Ebenso können kleine Wasserpflanzen und -tiere oder Luftblasen ein Anzeichen für ungenügende Bodenfiltration sein.

6. Größere Temperaturschwankungen weisen beim Grund- und Quellwasser darauf hin, daß Oberflächenwasser rasch und in erheblicher Menge dem unterirdischen Wasser zufließt. Das Gleichbleiben der Temperatur aber schließt das Vorhandensein solcher Zuflüsse noch nicht mit Sicherheit aus.

7. Die chemische Beschaffenheit eines Wassers hängt ab von der Art und Beschaffenheit des Bodens, auf und in dem es sich befindet und den es durchflossen hat. Mineralische und organische Stoffe sollen in dem Wasser höchstens in solcher Menge enthalten sein, daß sie den Genuß und Gebrauch nicht stören. Kochsalzarme und weiche Wässer sind im allgemeinen den kochsalzreichen und harten Wässern vorzuziehen. Örtliche Anhäufungen größerer Mengen von organischen Stoffen, von Chloriden, von schwefelsauren, kohlensauren, salpetrigsauren und salpetersauren Salzen, namentlich der Alkali- und Erdalkalimetalle, sowie von Salzen des Ammoniums im Wasser können auf das Vorhandensein einer Infektionsgefahr oder unappetitlicher Verunreinigungen hinweisen. Unter Berücksichtigung der Verhältnisse an Ort und Stelle ist unter Umständen durch Versuche zu entscheiden, ob die Mutmaßung richtig ist. An sich sind die vorgenannten Stoffe in den Mengen, in welchen sie im Wasser in der Regel gefunden werden, gesundheitlich nicht schädlich.

Nachteilig ist es, wenn ein Wasser die Eigenschaft hat, die Materialien der Leitung (Fassungen, Sammelbehälter, Leitungsrohre) anzugreifen; insbesondere kann die Eigenschaft, Blei zu lösen, unmittelbar zu Gesundheitsschädigungen führen. Bleiröhren sind deshalb von der Verwendung auszuschließen, wenn das Wasser die Eigenschaft besitzt, dauernd Blei aus den Röhren aufzunehmen. Natürliche färbende Stoffe (Huminstoffe), sowie ein etwa vorhandener Eisen- oder Mangangehalt können ein Wasser unansehnlich machen und seinen Genuß und Gebrauchswert herabsetzen; jedoch lassen sich diese Fehler in der Regel bis zu einem nicht mehr störenden Grade beseitigen.

8. Oberflächenwasser oder durch Kanäle, Spalten oder ungenügend filtrierende Schichten mit der Erdoberfläche in Verbindung stehende Wässer des Untergrundes (von der Erdoberfläche aus verunreinigtes Grund- und Quellwasser) entsprechen meistens den Anforderungen unter Nr. 3 nicht, insofern, als Krankheitserreger und Verunreinigungen unter Umständen in das

Wasser hineingelangen können, und als die Temperatur ungleichmäßig sein kann.

Die Temperaturschwankungen lassen sich nur wenig ausgleichen. Durch geeignete Verfahren können die schwebenden Teilchen entfernt und die etwa vorhandenen Krankheitserreger soweit beseitigt werden, daß eine Gefahr praktisch nicht mehr in Frage kommt.

9. Das durch die Anlage zu liefernde Wasser muß für die Gegenwart und eine nicht zu ferne Zukunft den Bedarf an Wasser zu jeder Tages- und Jahreszeit mit voller Sicherheit zu decken vermögen. Auch in der weiteren Entwickelung ist dem sich steigernden Bedarf rechtzeitig und zwar vor dessen Eintritt Rechnung zu tragen.

10. Der Grundsatz einer einheitlichen Versorgung ist möglichst überall durchzuführen. Ist es in Ausnahmefällen nicht möglich, eine für alle Zwecke ausreichende Menge von Wasser nach Maßgabe der vorstehenden Anforderungen zu beschaffen, so muß mindestens das Trink- und Hausgebrauchswasser den Anforderungen entsprechen.

Zwingen die Verhältnisse zur Anlage einer besonderen Leitung für Betriebswasser (d. h. Wasser zum Straßenwaschen, Feuerlöschen, Gartensprengen, Wasser für gewisse Betriebe, Kesselspeisewasser, Industriewasser und ähnliches), so ist sie von der Trink- und Hausgebrauchswasserleitung vollständig getrennt zu halten und sind, falls das Betriebswasser gesundheitliche Nachteile bietet, die Zapfstellen so einzurichten und anzulegen, daß eine mißbräuchliche Benutzung für Trink- und Hausgebrauchszwecke tunlichst verhindert wird.

II. Bildung eines Schutzbezirkes. 11. Sowohl bei Quell- und Grundwasser-, als auch bei Oberflächenwasseranlagen kann die Sicherung eines Schutzbezirkes notwendig werden, einerseits, um das Abgraben oder eine sonstige schädigende Entnahme oder Ableitung zu verhindern, andererseits, um eine Infektion, Vergiftung oder Verunreinigung des Wassers zu verhüten.

12. Die Größe, Gestalt und Lage des Schutzbezirkes ist den jeweiligen örtlichen Verhältnissen entsprechend nach Anhörung von Sachverständigen (Geologen, Wasserversorgungsingenieure, Chemiker, Hygieniker usw.) festzusetzen.

13. Soweit geeignete Wassergewinnungsstellen oder Schutzbezirke nicht freihändig zu Eigentum erworben oder in einer anderen, dauernd sicheren Weise geschützt werden können, empfiehlt es sich, die Verleihung des Enteignungsrechts zu beantragen.

Unter Umständen gewährt der Erlaß polizeilicher Anordnungen, durch welche innerhalb eines Schutzbezirkes tiefere Aufgrabungen (Schürfungen, Ausbaggerungen, Steinbrüche, Bergbau usw.), die Erzeugung, Ansammlung oder Lagerung nachteilig auf das Wasser einwirkender Stoffe oder die Einleitung häuslicher, städtischer oder industrieller Abwässer in Gewässer verboten oder beschränkt werden, ausreichenden Schutz. Auch läßt sich bei Flurregulierungen oft von vornherein ein Schutzbezirk schaffen.

Es liegt im Interesse der öffentlichen Gesundheitspflege, daß Anträge auf Erteilung des Enteignungsrechts zur Erwerbung von geeigneten Wassergewinnungsstellen und Schutzbezirken oder Erlaß der im Abs. 2 bezeichneten polizeilichen Anordnungen tunlichst Berücksichtigung finden.

III. Einrichtung der Anlage. 14. Die Anlage selbst muß so eingerichtet und beschaffen sein, daß sie, sofern ein gesundheitlich einwandfreies Wasser geschöpft wird, dieses nicht verschlechtert, sofern aber nur ein gesundheitlich bedenkliches oder sonstwie nicht einwandfreies Wasser zur Verfügung steht, dieses in ein unschädliches und billigen Ansprüchen genügendes Wasser umwandelt.

15. Quell- und Grundwasseranlagen sind so anzulegen und einzurichten, daß Krankheitserreger oder Verunreinigungen nicht eindringen können.

Demgemäß sind Sammelröhren, Sammelstollen, Sammelgalerien, Kessel-, Röhren-, artesische Brunnen, Quellfassungen, Sammelschächte, Sammelbrunnen, Revisionsschächte, kurz alle wassersammelnden, wasserführenden und wasserhaltenden Bauwerke der Gewinnungsanlage so einzurichten, daß nur das zur Erschließung und Benutzung vorgesehene Wasser gefaßt, dagegen jedes Tagewasser oder wilde Wasser oder sonstige Verunreinigungen, namentlich durch den menschlichen Verkehr, sicher und dauernd ferngehalten werden.

Die Saugleitungen der Pumpen und die Heberleitungen müssen mit den Brunnen derartig verbunden werden, daß kein anderes als das zur Erschließung vorgesehene Wasser in die Brunnen oder Leitungen eintreten kann.

Zur Reinigung (Spülung) der Anlagen sind tunlichst Entleerungsvorrichtungen vorzusehen. Etwaige Anlagen zum Ausgleich des Luftdruckes sind hygienisch einwandfrei einzurichten.

Wenn mehrere Brunnen, Stollen, Quellfassungen oder ähnliche Einrichtungen angelegt werden, müssen sie, soweit angängig, einzeln ausschaltbar gemacht werden.

16. Anlagen, welche Oberflächenwasser oder ein der Infektionsgefahr ausgesetztes Grund- oder Quellwasser verarbeiten, sind so einzurichten, daß die im Rohwasser etwa vorhandenen Krankheitserreger beseitigt werden und neue nicht hineingelangen (vgl. Nr. 15).

Die in den „Grundsätzen zur Reinigung von Oberflächenwasser durch Sandfiltration" vom 13. Januar 1899 (vgl. Veröffentlichungen des Kaiserl Gesundheitsamts, Jahrgang 1899, S. 107) enthaltenen Bestimmungen werden hierdurch nicht berührt.

17. Es sind Einrichtungen zu treffen, durch welche Färbungen und Trübungen des Wassers sowie Fehler im Geschmack und Geruch beseitigt oder wenigstens auf ein erträgliches Maß herabgedrückt werden (vgl. Nr. 7 Abs. 2), ohne daß Verschlechterungen des Wassers in anderer Hinsicht eintreten.

Sämtliche Lüftungseinrichtungen dieser Anlagen sollen mit Drahtgewebe oder auf andere Art abgeschlossen sein. Die zum Begehen der Anlagen erforderlichen Laufplanken, Gänge usw. sind zu wasserdichten Rinnen auszubilden, welche eine Reinigung ohne eine Beschmutzung des Filter- oder Lüfterwassers gestatten.

18. Alle Behälter für reines und gereinigtes Wasser müssen so eingerichtet sein, daß das Wasser gegen Verunreinigungen und Infektionen völlig gesichert ist, daß die Behälter leicht gereinigt werden können und daß tunlichst Wasserumlauf in ihnen stattfindet. Die Behälter und Rohre müssen so tief liegen oder so eingedeckt sein, daß das darin befindliche Wasser von der Tagestemperatur möglichst wenig beeinflußt wird. Die Rohrleitungen müssen so beschaffen sein, daß ein Eindringen von Schmutz und Krankheitskeimen ausgeschlossen und ein guter Wasserumlauf gewährleistet ist. Eine ausgiebige Spülung des Rohrnetzes soll möglich sein.

Auch müssen Einrichtungen getroffen sein, um Proben des Wassers zum Zwecke der Untersuchung sachgemäß entnehmen zu können.

IV. Pläne, Bauausführung und Abnahme. 19. Die Durchführung der vorstehenden Grundsätze erscheint nur dann gesichert, wenn die für eine Neuanlage oder eine größere Erweiterung einer bestehenden Anlage ausgearbeiteten Pläne vor der Ausführung, der Bau während der Ausführung und die fertigen Anlagen vor der Inbetriebnahme seitens der Behörde einer sachverständigen Prüfung in hygienischer Hinsicht unterworfen werden.

B. Betrieb.

20. Der Betrieb der Anlage ist so zu gestalten, daß den Anforderungen der Nr. 14, 15 und 16 dauernd entsprochen wird. Bei Anlagen mit Sandfiltration ist bezüglich der Betriebshaltung den „Grundsätzen für die Reinigung von Oberflächenwasser durch Sandfiltration" vom 13. Januar 1899 stets in vollem Umfange Rechnung zu tragen. Anlagen anderer Konstruktion, die gleichen Zwecken dienen, sind so in Betrieb zu halten, daß ihre Wirkung dauernd der einer guten Sandfiltrationsanlage mindestens gleichkommt.

21. Anlagen mit Einrichtungen, durch welche Färbungen oder Trübungen oder andere Fehler beseitigt werden sollen, müssen so betrieben werden, daß ein zufriedenstellender Erfolg (vgl. Nr. 17) dauernd erzielt wird.

22. Es ist Vorsorge zu treffen, daß der Betriebsleitung zuverlässiger, sachkundiger hygienischer Beirat stets zur Seite steht. Insbesondere hat die Betriebsleitung bei Störungen oder Änderungen im Betriebe sich rechtzeitig über die gesundheitliche Tragweite derartiger Vorkommnisse zu unterrichten und darauf bei ihren Maßnahmen Rücksicht zu nehmen. Wesentliche Störungen sind alsbald, wesentliche Betriebsänderungen vor der Ausführung der Behörde anzuzeigen, so daß diese die etwa vom Standpunkt der öffentlichen Gesundheitspflege erforderlichen Maßnahmen rechtzeitig treffen kann.

23. Das beim Betriebe der Anlage mit dem Wasser in Berührung kommende Personal soll an Zahl möglichst gering sein; es ist zur Reinlichkeit anzuhalten; fortlaufende ärztliche Überwachung des Personals ist erwünscht. Personen, welche an ekelerregenden oder ansteckenden Krankheiten leiden, müssen vom technischen Betriebe sofort und so lange ferngehalten werden, als nach ärztlichem Ermessen noch eine Gefahr besteht. Bezüglich der in Nr. 4 bezeichneten Krankheiten gilt dies auch für solche Personen, welche der Krankheit nur verdächtig oder Infektionsträger oder auch nur einer Infektionsmöglichkeit in erhöhtem Maße, z. B. infolge von Typhusfällen in ihrer näheren Umgebung (Familie, Haus) ausgesetzt sind.

24. Bei Beschäftigung in den Filtern ist den Arbeitern besonderes Schuhzeug für alle Arbeiten, durch welche sie während des Betriebes mit dem Wasser in Berührung gebracht werden, und außerdem eine wasserdichte Kleidung vorrätig zu halten.

Zu den Betriebsarbeiten dürfen nur saubere Werkzeuge benutzt werden, welche in besonderen Behältnissen aufzubewahren sind.

Sind im Innern von Anlagen zur Gewinnung, Sammlung und Zuleitung von Wasser Arbeiten ausgeführt worden, so ist vor erneuter Benutzung eine kräftige Spülung erforderlich.

25. Wenn in Fällen höherer Gewalt die Lieferung gesundheitlich nicht einwandfreien Wassers unvermeidbar ist, muß dies sofort öffentlich bekannt gemacht und der zuständigen Behörde angezeigt werden.

C. Überwachung.

26. Die Überwachung verfolgt den Zweck, festzustellen, daß ein an sich einwandfreies Wasser nicht infiziert, verschmutzt oder sonstwie nachteilig verändert, sowie daß ein nicht einwandfreies Wasser zu einem unschädlichen und billigen Ansprüchen genügenden Genußwasser umgewandelt wird. Wenn dies bei dem einen oder dem anderen Wasser nicht der Fall ist, oder wenn ein Wasser nachträglich verschlechtert wird, sind die Ursachen zu ermitteln und, wenn möglich, Mittel zu ihrer Beseitigung anzugeben. Auch das Vorhandensein der genügenden Wassermenge ist durch die Überwachung festzustellen.

27. Die Überwachung hat sich zu erstrecken auf
a) die Umgebung der Anlage,
b) die Anlage selbst, einschließlich Wassergewinnung, Fassung, Zuleitung, Verteilung, Entnahme und
c) den Betrieb.

28. Die Art der Überwachung hat sich nach der mehr oder minder großen Sicherheit, welche die Wasserversorgungsanlage bietet, und nach der ihr zukommenden, mehr oder minder großen wirtschaftlichen Bedeutung zu richten. Dabei macht es, sofern die Anlage öffentlichen Zwecken dient, keinen Unterschied, ob sie sich im Eigentum oder in der Verwaltung eines Staates, eines öffentlichen Verbandes (Kreis, Bezirk, Gemeinde od. dgl.), einer Genossenschaft oder einer oder mehrerer Privatpersonen befindet. Öffentlichen Zwecken im Sinne dieser Grundsätze dienen auch die Anlagen solcher Anstalten, welche dem Publikum geöffnet oder zugewiesen sind, z. B. Krankenhäuser, Schulen und Erziehungsanstalten, Kasernen, Gefangenanstalten.

29. Die Überwachung wird ausgeübt teils durch regelmäßig wiederkehrende, teils durch außerordentliche, infolge besonderer Vorkommnisse notwendig werdende Prüfungen.

Die regelmäßigen Prüfungen finden in bestimmten, von der zuständigen Behörde festzusetzenden Zwischenräumen, mindestens aber alle drei Jahre einmal statt.

Die Prüfungen haben tunlichst zu den Zeiten stattzufinden, welche sich erfahrungsgemäß als gefährlich erwiesen haben, z. B. Wasserknappheit, Wasserfülle.

30. Die Prüfung hat in jedem Falle durch einen hygienischen Sachverständigen, sofern es sich aber nicht um ganz einfache Anlagen handelt, auch durch einen in Wasserversorgungsfragen erfahrenen technischen Sachverständigen zu erfolgen.

Wenn es erforderlich erscheint, hat die Behörde die Hinzuziehung weiterer Sachverständiger (Geologen, Chemiker, Bakteriologen usw.) anzuordnen. Namentlich kommt dies außer bei der ersten Anlage oder bei der Erweiterung größerer Werke (Nr. 19) bei solchen Betriebsstörungen in Betracht, welche nicht auf eine durch offensichtliche äußere Einflüsse hervorgerufene Veränderung der Menge oder der Beschaffenheit des Wassers zurückzuführen sind.

31. Bei besonderen Vorkommnissen kann die Behörde auch jederzeit eine Prüfung einer Wasserversorgungsanlage oder eine Wiederholung in kürzeren Zeiträumen anordnen, namentlich dann, wenn die Entstehung oder Verbreitung einer durch Wasser übertragenen Epidemie, z. B. Typhus, Cholera zu befürchten steht, oder wenn eine solche bereits ausgebrochen ist.

Die Behörde hat dafür zu sorgen, daß wesentliche Änderungen im Betriebe rechtzeitig zu ihrer Kenntnis gelangen, und hat sich über die Einwirkung der Veränderungen auf die gesundheitlichen Verhältnisse alsbald zu unterrichten.

32. Die Wasserwerksleitung hat die Beauftragten der Behörde nach Möglichkeit zu unterstützen und ihnen das zur Prüfung erforderliche Material zur Verfügung zu stellen. Bei den Prüfungen ist zu begutachten, ob, und zutreffendenfalls, wie oft, wann und wie chemische, bakteriologische oder andere Untersuchungen sowie Mengenbestimmungen des Wassers stattzufinden haben. Die Behörde entscheidet, ob und inwieweit diesen Anforderungen zu entsprechen ist.

33. Es empfiehlt sich, den Gang und Umfang der Prüfung der Wasserversorgungsanlagen durch Ausführungsbestimmungen zu regeln.

Über die Prüfung ist eine Niederschrift aufzunehmen, welche den Beteiligten abschriftlich mitgeteilt werden soll.

Erläuterungen.

A. Einrichtung.

I. Wahl des Wassers. Zu Nr. 1. Der Gesamtbedarf einer Gemeinde an Wasser richtet sich nach verschiedenen Umständen. Ein Dorf gebraucht pro Kopf weniger Wasser als eine mittlere Stadt, und diese im allgemeinen weniger als eine große. Außer den durch die Lebenshaltung und durch die Stadtbedürfnisse bedingten Unterschieden kommt betreffs der Menge des benötigten Wassers die Industrie an sich und die Möglichkeit, ob sie sich selbst billigeres Wasser beschaffen kann, wesentlich in Betracht. Mittlere Städte mögen bei einer anzulegenden Wasserversorgung ungefähr 100 Liter im Durchschnitt auf den Kopf und Tag in Ansatz bringen, doch kann diese Zahl sowohl nach oben als nach unten erheblich sich ändern, je nach den örtlichen Verhältnissen; sie vermag daher nur als ganz allgemeiner Anhalt zu dienen.

Den Bedarf an Wasser für alle Zukunft zu decken, gelingt nicht immer; stets soll aber für eine gewisse, nicht zu knapp bemessene Zeit vorgesorgt werden. Unter Umständen läßt sich durch eine Grundgerechtigkeit oder in ähnlicher Weise für ein verhältnismäßig geringes Entgelt ein Wasserbezugsrecht auch für fernliegende Zeiten erwerben.

Nicht selten ist für ein Gemeinwesen die Möglichkeit gegeben, sich mit verschiedenen Arten von Wasser zu versorgen; so kann einerseits Grundwasser, andererseits Flußwasser oder Quellwasser oder Talsperrenwasser usw. oder auch hartes oder weiches Wasser zur Verfügung stehen; das eine Wasser kann mit geringen, das andere nur unter größeren Kosten gefaßt oder zugeleitet werden. Will eine Gemeinde eine zentrale Versorgung einrichten, so müssen zunächst die Hauptfragen: „wieviel Wasser ist notwendig und welche Wässer sind verfügbar", Beantwortung finden. Leider werden diese Vorarbeiten zuweilen aus schlecht angebrachter Sparsamkeit nicht ausgiebig und sorgfältig genug ausgeführt.

Zu Nr. 3. Zur Würdigung der Beschaffenheit der zur Verfügung stehenden Wässer ist es erforderlich, die Eigenschaften zu kennen, welche ein zu Trink- und Hausgebrauchszwecken dienendes Wasser haben muß.

Die erste Anforderung ist die Fernhaltung von Schädigungen. Schädigungen können eintreten durch Krankheitserreger und durch andere der Gesundheit nachteilige Stoffe. Daß sie in einem Trink- und Hausgebrauchswasser nicht enthalten sein dürfen, ist selbstverständlich, und zwar ist nicht nur das zeitweilige Fehlen gesundheitsschädlicher Lebewesen und Stoffe, sondern vielmehr ihre dauernde Abwesenheit zu fordern. Sie ist nur dann gewährleistet, wenn die Sicherheit geboten wird, daß die erwähnten Ansteckungs- und Giftstoffe in das Wasser entweder überhaupt nicht hineingelangen können, oder, falls sie sich nicht ganz vermeiden lassen, was z. B. bei der Benutzung vieler Oberflächenwässer der Fall ist, daß sie dann mit Sicherheit völlig oder bis zu einem geringen, keine nennenswerte Gefahr mehr bietenden Grade wieder entfernt werden.

Ein Wasser, welches diese Gewähr nicht gibt, muß für die Heranziehung als Trink- und Hausgebrauchswasser außer Betracht bleiben.

Ist die Gefahr einer Infektion ausgeschlossen, so ist weiter von einem Wasser zu fordern, daß es für den Hausgebrauch geeignet und von solcher Beschaffenheit ist, daß es gern genossen wird.

Die Forderungen, das Wasser solle farblos, klar, gleichmäßig kühl, frei von fremdartigem Geruch und Geschmack, überhaupt so sein, daß es gern genossen werde, sind bereits seit langer Zeit als berechtigt anerkannt. Gefärbtes oder unklares Wasser erweckt den Verdacht der Verschmutzung und wird von vielen Personen als ungenießbar oder wenigstens als unappetitlich zurückgewiesen, und mit Recht, denn der Konsument ist in den allermeisten Fällen gar nicht in der Lage, den Wert einer Färbung oder Trübung abschätzen zu können. Außerdem wird von jedem Nahrungsmittel verlangt, daß es rein sei; gefärbtes oder trübes Wasser ist aber nicht rein, es ist ein ungehöriger Stoff darin. Ungleichmäßig temperiertes, d. h. im Winter kühles, im Sommer warmes Wasser, wird zum direkten Genuß wenig oder gar nicht benutzt; als Ersatz wird dann, da der Mensch genötigt ist, täglich eine größere Menge Wasser aufzunehmen, entweder ein dünner Kaffeeaufguß oder etwas Ähnliches, oder Alkohol in verdünnter Form genossen, oder es wird zu einem gleichmäßig temperierten, aber im übrigen schlechten, z. B. infektionsverdächtigen Wasser gegriffen. Dem wird bei einer öffentlichen Wasserversorgung vorzubeugen sein.

Geringe Färbungen, spurenweise Trübungen, mäßige Temperaturschwankungen können auch bei sonst brauchbaren Wässern vorkommen; um solche Wässer nicht auszuschließen, ist in der Fassung der Nr. 3 das Wort „möglichst" eingeschaltet.

Das Wasser soll ein allen zugängliches, billiges Genußmittel sein. Das ist dann — abgesehen von Trübungen und zu hohen oder zu niedrigen Temperaturen, abnormem Geruch und Geschmack — nicht der Fall, wenn man weiß, daß das Wasser vor nicht langer Zeit mit Schmutzstoffen in Berührung war, gewissermaßen einen Auszug aus ihnen darstellt. Leider ist ein großer Teil der kleinen Wasserversorgungsanlagen, der Brunnen, in der Nähe von Jauchestätten, Ställen, Abortgruben und ähnlichem gelegen. Wenn in einem solchen Falle auch der Boden gut filtriert, so daß die in den Schmutzstätten enthaltenen Krankheitskeime abgefangen werden, so ist das Wasser doch unappetitlich; für die meisten Menschen ist es kein Genuß, solches Wasser zu trinken.

Zu Nr. 4. Seitdem Kleinlebewesen als die Erreger der Krankheiten erkannt worden sind, ist die Beurteilung des Wassers in gesundheitlicher Beziehung wesentlich erleichtert worden. Daß Typhus und Cholera durch Wasser häufig verbreitet werden, ist eine Tatsache, über welche kein Zweifel mehr besteht. Auch bezüglich der Weylschen Krankheit darf man das Wasser als einen nicht seltenen Vermittler ansprechen. Betreffs der Ruhr muß man annehmen, daß die Infektion vom Darm aus stattfindet; es ist also eine Infektion durch Wasser, in das Ruhrbazillen gelangt sind, nicht ausgeschlossen, wenn auch größere Epidemien, die sicher durch Wasser übermittelt wurden, seit Entdeckung der Ruhrerreger noch nicht beschrieben geworden sind.

Schwieriger ist die Frage zu entscheiden, wieweit Schmarotzerkrankheiten vermittelt werden; daß aber ab und zu das Wasser der Träger sein kann, darüber bestehen Meinungsverschiedenheiten nicht.. Beobachtungen liegen vor, wonach die Eier und Larven der gewöhnlichen Eingeweidewürmer durch Wasser übertragen wurden; doch ist, da andere Möglichkeiten des Übertritts nicht von der Hand gewiesen werden können, die Beweisführung keine zwingende. Es steht fest, daß die Anchylostomiasis durch Wasser übermittelt werden kann. Außerdem kommen noch einige andere Wurmkrankheiten, besonders in den warmen Ländern in Betracht, so die Lungen- und Leberdistomen, die Bilharzia-, die Medinawurmkrankheit und einige weniger wichtige.

Da das Wasser keine rasch tötende Wirkung auf die Bakterien ausübt — über die Protozoen ist noch wenig bekannt, man ist daher gezwungen, vorsichtigerweise auch bei ihnen mit einer gewissen Lebensdauer im Wasser zu rechnen —, so können bei Gelegenheit die Erreger der meisten Infektionskrankheiten durch Wasser verschleppt werden und teils direkt, teils indirekt mit dem Trink- oder Gebrauchswasser die Krankheit übermitteln.

Die Frage, ob Brechdurchfälle durch verunreinigtes, also stark bakterienhaltiges Trinkwasser entstehen können, ist eine offene, jedenfalls empfiehlt
es sich, Vorsicht walten zu lassen.

Früher glaubte man, ein Wasser, welches viel Bakterien enthalte, sei
schlecht, ein solches, welches wenig enthalte, sei gut; man glaubte nämlich
annehmen zu dürfen, daß dahin, wo viele Bakterien sind, leicht auch Infektionserreger kommen können, und daß in Wasser, wohin nur wenige Bakterien gelangen, auch die an sich schon selteneren Infektionserreger nicht
vordringen. Diese Auffassung hat man in ihrer Allgemeinheit fallen lassen
müssen, seitdem man weiß, daß Bakterien, welche zufällig oder beim Mauern
des Brunnens, Einsetzen der Pumpe usw. in ruhendes oder langsam sich
erneuerndes Wasser gelangen, sich dort, unter günstigen Umständen sogar
sehr stark, vermehren, wenn sie auch nach einiger Zeit wieder an Zahl abzunehmen pflegen. Die Zahl der Bakterien in einem ruhenden oder sich
langsam erneuernden Wasser sagt daher für gewöhnlich über die Infektionsfähigkeit eines solchen Wassers nichts aus, und man darf z. B. daraus, daß
in einem Brunnenwasser oder in einer Quellstube zahlreiche Bakterien enthalten sind, noch nicht folgern, das Wasser sei in einem hohen Maße der
Infektion ausgesetzt. Dahingegen gibt die bakteriologische Untersuchung
dann einen sicheren Anhalt, wenn sich ein zuströmendes Quell- oder Grundwasser als dauernd bakterienfrei oder doch sehr bakterienarm erweist; denn
hierdurch ist bewiesen, daß der Boden, durch welchen das Wasser fließt oder
welcher das Wasser deckt, gut filtriert, also auf ihn oder in ihn gebrachte
Bakterien zurückhält. Führt aber das zufließende Quell- oder Grundwasser
dauernd oder zu Zeiten, z. B. nach Regen, mehr als vereinzelte Bakterien,
so ist das ein Zeichen, daß die Bodenfiltration an einzelnen Stellen oder im
ganzen nicht genügt. Bakterien in dem austretenden Grund- und Quellwasser
stammen zuweilen von dem Moose und Grase der Quellöffnungen, von vorgelagerten Steinen, einem eingesetzten Rohre oder ähnlichem her; sie sind
belanglos, denn sie haben mit der Filtration im Boden nichts zu tun und
verschwinden bei guter Quellfassung vollständig.

Wie schon hieraus hervorgeht, muß bei diesen Untersuchungen eine
einwandfreie Entnahme der Wasserproben stattfinden, die durchaus nicht
immer leicht zu bewerkstelligen ist.

Der Gehalt an Bakterien ist an sich von geringem Belang, sofern sich
keine krankheitserregenden darunter befinden; letztere aber sind an den
Menschen und seine Abgänge gebunden; wo also von Menschen stammende
Schmutzstoffe auf einen schlecht filtrierenden Boden — oder auch in Oberflächenwasser — gelangen, da liegt eine Gefahr vor, denn man weiß nicht,
ob die Schmutzstoffe nicht Infektionserreger enthalten. In einzelnen Fällen
vermögen auch von Tieren ausgeschiedene oder in ihren Abgängen vege-
tierende Bakterien, z. B. die Erreger der Weylschen Krankheit, den Menschen
zu schädigen. Daher können unter Umständen von Tieren stammende
Schmutzstoffe ein Wasser infizieren. Auch ist zu berücksichtigen, daß der
tierische Dung häufig mit von Menschen stammenden Auswurfstoffen vermischt ist.

Zu Nr. 5. Nicht selten treten im Quellwasser, zuweilen auch im Grundwasser Trübungen auf, welche auf kleinen Erdteilchen, meistens Tonteilchen,
beruhen. An sich ungefährlich, deuten sie dann auf eine ungenügende Filtration
hin, wenn sie aus den oberen Bodenschichten stammen; gehören die Trübungen
den unteren, bakterienfreien Bodenschichten an, so stellen sie nur einen Schönheitsfehler dar; die bakteriologische Untersuchung vermag den erforderlichen
Aufschluß zu geben. — Festes Gestein braucht trübende Teilchen nicht abzugeben; aber ihr Fernbleiben zeigt noch nicht an, daß die Filtration genügend
ist; auch hier schafft die bakteriologische Untersuchung die notwendige
Klarheit.

Kommen Pflanzen, Tiere und deren Trümmer in einem unterirdisch fließenden Wasser vor, so weisen sie auf weitere Kanäle und Verbindungen mit der Erdoberfläche hin; dasselbe tun Gasblasen, sofern sie aus Luft bestehen, die allerdings vielfach durch Abgabe von Sauerstoff und Aufnahme von Kohlensäure verändert ist.

Zu Nr. 6. Fließen dem Grund- oder Quellwasser größere Mengen von Oberflächenwasser rasch zu, so wird sich, falls zwischen den beiden Wässern nennenswerte Wärmeunterschiede bestehen, eine Temperaturschwankung bemerkbar machen. Eine solche Schwankung bleibt jedoch aus, wenn das zuströmende Wasser in seiner Menge gering ist, oder wenn es lange in der Erde verweilt, sei es allein oder schon mit dem Wasser der Tiefe gemischt, oder wenn das Wasser in engen Kanälen fließt, die einen leichten Temperaturausgleich ermöglichen. Während also Temperaturschwankungen, z. B. nach Regen, Hochwässern oder Überschwemmungen usw. auftretende Temperaturstürze oder -anstiege auf den Zufluß fremden Wassers hindeuten, darf man aus dem Gleichbleiben der Temperatur durchaus noch nicht immer auf das Fehlen fremder Zuflüsse schließen.

Zu Nr. 7. Für die Art und Menge der im Wasser gelösten Substanzen ist in erster Linie die Beschaffenheit des Bodens maßgebend, in oder auf welchem das Wasser steht oder fließt und in oder auf welchem es gestanden hat oder geflossen ist. Weiter kommt in Betracht die mehr oder minder lange Zeit, während welcher das Wasser mit dem Boden in Berührung war und die Größe der Berührungsfläche, welche bei feinporigem Erdreich ganz wesentlich größer ist als bei solchem, welches weite Kanäle und Hohlräume enthält. Sodann ist von Belang die Temperatur und der Kohlensäuregehalt des Bodens und des Wassers. Ist die natürliche Zusammensetzung des Bodens durch Aufbringung fremder Stoffe, z. B. durch Schutthalden oder Schmutzstoffe des menschlichen Haushaltes usw., geändert oder gelangt verunreinigtes Wasser auf den Boden, so kann sich das in der Zusammensetzung des Wassers im Boden ebenfalls bemerkbar machen.

Da es oft schwierig ist, ohne weiteres festzustellen, aus welchen Richtungen das Grund- oder Quellwasser der Entnahmestelle zuströmt, in welchen Mengen das Grundwasser vorhanden ist, in welchem Maße die Entnahme der erforderlichen Wassermengen den Abflußvorgang des Grundwassers im Boden beeinflussen wird, ist es nicht selten notwendig, darüber Versuche (Einbringen von leicht nachweisbaren Stoffen in den Erdboden oder in die Oberflächengewässer der Nachbarschaft, Schöpfversuche unter Beobachtung der dadurch verursachten Erniedrigung des Wasserspiegels und der Veränderung der Strömungsrichtung des Grundwassers usw.) anzustellen, bevor die endgültige Wahl getroffen wird. Dies gilt insbesondere für die Fälle der Wasserentnahme im Uferboden von Flüssen und Bächen und in der Nachbarschaft größerer Ansiedelungen, die ihren Untergrund verunreinigen.

Der Gehalt des Wassers an gelösten Substanzen ist dem Wechsel unterworfen; im allgemeinen ist bei reichlichem Wasserzufluß die Konzentration geringer. Starke Schwankungen legen den Verdacht nahe, daß ungehörige Zuflüsse, Oberflächenwasser, zu dem Wasser hinzutreten. Für die Auswahl des Wassers zu einer Zentralversorgung ist es sehr wichtig, hierüber unterrichtet zu sein.

Unter denjenigen Substanzen, welche sich regelmäßig im Wasser finden, sind die Chloride zu nennen; doch ist ihre Menge sehr verschieden; in nicht verunreinigtem Wasser finden sich gewöhnlich nur wenige Milligramm im Liter Wasser, aber es gibt auch weite Bezirke, die sehr viel Kochsalz im Boden und somit im Wasser enthalten. Die durchschnittlich vom Menschen täglich aufgenommene Menge Kochsalz liegt über 10 g. Es ist somit gesundheitlich unbedenklich, wenn im Liter Trinkwasser selbst viel Kochsalz vorhanden ist; etwa 250 mg Chlor, 412 mg Kochsalz im Liter oder, wenn das

Chlor als Chlorkalium vorhanden sein sollte, 525 mg Chlorkalium im Liter werden noch nicht geschmeckt.

Die Härte des Wassers beruht auf der Anwesenheit von Verbindungen des Calciums und Magnesiums. Wenn man die Wahl hat, ist weicheres Wasser für den Hausgebrauch vorzuziehen. Beim Gebrauch harten Wassers werden die Hülsenfrüchte schwerer weich und ist zum Waschen mehr Seife notwendig. Auch setzt hartes Wasser beim Erhitzen reichlich Kesselstein ab; seine Bildung läßt sich durch chemische Zusätze verhindern; hiervon macht die Industrie reichlichen Gebrauch, doch eignet sich das Verfahren für den Haushalt nicht. Sehr hartem Wasser kann man bei zentralen Wasserversorgungsanlagen einen erheblichen Teil seiner Gesamthärte durch Zusatz von Kalkmilch nehmen. Daß der Geschmack durch die Erdalkalimetalle beeinflußt wird, ist nicht häufig, kann aber vorkommen. Kohlensaures Calcium ist geschmacklos und gesundheitlich indifferent. Das schwefelsaure Calcium (Gips) löst sich bei 10^0 zu 2 Teilen in 1000 Teilen Wasser, was 82 deutschen Härtegraden entspricht; für den Geschmack macht es sich frühestens bei Anwesenheit von etwa 500 mg in einem Liter bemerkbar, ist aber auch bei größeren Mengen noch nicht störend. In fast gleicher Konzentration macht sich das schwefelsaure Magnesium für den Geschmack bemerkbar; bei einem Gehalt von 1000 mg in einem Liter schmeckt das Wasser leicht bitter. Bei Gegenwart von Chlormagnesium macht sich ein Nachgeschmack bereits bei 28 mg Chlormagnesium geltend, während ein eigentlicher Geschmack erst bei etwa 100 mg des Salzes auftritt. Die hier angegebenen Zahlen wurden durch Versuche mit Lösungen der Salze in destilliertem oder weichem Wasser erhalten; bei den in der Natur vorkommenden Wässern liegen die Grenzen höher.

Wenn in einem Boden, der verhältnismäßig arm an Chloriden, kohlen- und schwefelsauren Alkali- und Erdalkalimetallen, organischen Verbindungen und ihren Zerfallsprodukten ist, lokale Anhäufungen größerer Mengen der erwähnten Stoffe sich finden, so kann dies auf das Vorhandensein einer Verschmutzung hinweisen. Welcher Art dieselbe ist, ob sie z. B. aus Rückständen irgend welcher gesundheitlich indifferenten Betriebe oder ob sie aus den Abgängen menschlicher Haushaltungen stammen, welcher gesundheitliche Wert ihnen also beizumessen ist, das müssen die örtlichen Verhältnisse entscheiden. Man darf zudem nicht vergessen, daß selbst starke Verschmutzungen sich nur wenig bemerkbar machen, wenn das Wasser im Boden sich rasch bewegt; ein chemisch guter Befund schließt also die unter Umständen bedrohliche Nähe selbst starker Schmutzstätten nicht immer mit Sicherheit aus.

Nicht jedes lokale Vorkommen der aus Schmutzstoffen stammenden Körper deutet auf eine ekelerregende Verunreinigung hin. Wenn nur die letzten Stufen der Zersetzungsprodukte, z. B. die Chloride oder die kohlensauren, schwefelsauren und salpetersauren Verbindungen, in mäßiger Weise vorhanden sind, aber größere Mengen leicht zersetzlicher organischer Substanzen fehlen, dann liegen im allgemeinen die Verschmutzungen zeitlich oder örtlich so weit ab, daß sie nicht mehr in Betracht kommen.

Die gefundenen Stoffe wirken vor allem dann ekelerregend, wenn sie auf naheliegende Schmutzstätten, z. B. undichte Abort- und Jauchegruben, Misthaufen u. dgl. hinweisen, die Nähe, die lokalen Verhältnisse sind also das Bedeutunggebende.

Die Infektionsgefahr hat gewöhnlich mit der durch die chemische Analyse festgestellten Beschaffenheit unmittelbar nichts zu tun; denn die Bakterien gehen meistens, wenn nicht ein sehr grobporiger Boden vorliegt, andere Wege als die selbst die feinsten Poren überwindenden Lösungen. Wenn aber über die örtlichen Verhältnisse nichts bekannt sein sollte, dann vermag in manchen Fällen die chemische Analyse die Aufmerksamkeit auf Schmutzstätten, auf Örtlichkeiten hinzulenken, die der Infektion in stärkerem Maße ausgesetzt sind. Nach dieser Seite hin kann die chemische Analyse ein wertvolles Hilfsmittel sein. Ihr fällt außerdem die wichtige Aufgabe zu, Auskunft zu geben über die Verwendbarkeit eines Wassers für den häuslichen und den wirtschaftlichen Gebrauch.

Manche Wässer haben die Eigenschaft, die zu ihrer Fassung und Fortleitung verwendeten Materialien anzugreifen. Wasser, welches freie Kohlensäure und Sauerstoff enthält, greift Eisen und Blei an, wobei noch der Gehalt an gewissen Salzen eine Rolle spielt. Die Bleilösung wird durch zeitweiligen Wassermangel, wobei Luft in die Hausleitungen eintritt, sehr gefördert. Zement wird besonders von sauer reagierenden Wässern angegriffen.

Die auf natürlichem Wege entstandenen Färbungen des Wassers beruhen meist auf der Anwesenheit von Huminstoffen. Diese sind gesundheitlich belanglos, stellen aber einen Schönheits-, zuweilen auch einen Geschmacksfehler dar, welcher durch Filtration des Wassers wohl gebessert, aber nicht immer beseitigt werden kann.

Die im Wasser der Bodentiefe vorhandene Kohlensäure löst Eisen. Das entstandene saure kohlensaure Eisenoxydul wird an der Luft in Eisenhydroxyd umgewandelt, welches sich schließlich in gelben Flocken absetzt. Eisenhaltiges Wasser schmeckt tintenähnlich. Durch die Abscheidung des gelben Eisenhydroxyds wird es trübe und unansehnlich, besonders wenn sich noch Algen darin entwickeln. Auch Manganverbindungen können in so großer Menge im Wasser vorkommen, daß sie sich bei Berührung mit Luft abscheiden; sie führen zu denselben Unannehmlichkeiten wie die Eisenverbindungen. Das Eisen läßt sich leicht bis auf nicht mehr störende Mengen aus dem Wasser entfernen, so daß das Wasser völlig klar wird; das Mangan läßt sich weniger leicht ausfällen. Das nicht ausfallende Mangan ist aber gesundheitlich indifferent; höchstens könnte seine Gegenwart bei der Verwendung des Wassers in der einen oder anderen Industrie lästig werden. Erfahrungen darüber sind jedoch bisher öffentlich nicht bekannt geworden.

Zu Nr. 8. Die in Nr. 3 aufgestellten Forderungen vermag das Oberflächenwasser nur teilweise zu erfüllen. Unter Oberflächenwasser ist hier alles Wasser zu verstehen, welches mit der Erdoberfläche oder dem dort befindlichen Wasser in offener Verbindung steht. Es gehört somit hierher das Wasser der Seen, Teiche, Weiher, Flüsse und Bäche, aber auch dasjenige Grund- und Quellwasser, welches mit der Erdoberfläche und dem dort befindlichen Wasser durch Kanäle, Spalten, Risse, Poren oder sonstige Öffnungen von solcher Weite zusammenhängt, daß das von oben eindringende Wasser in nicht genügend filtriertem Zustande zum Abflusse gelangt. Das Wasser der offenen und der mangelhaft gebauten oder mangelhaft eingedeckten Brunnen ist daher ebenfalls den Oberflächenwässern zuzurechnen.

Bei offenem Wasser ist die Möglichkeit einer Infektion stets gegeben; die mehr oder minder große Wahrscheinlichkeit hängt von äußeren Umständen ab.

Ein offenes Wasser, z. B. ein Bach, ein See, kann um so leichter infiziert werden, je näher und je mehr Ansiedelungen der Menschen um dasselbe liegen. Reiht sich an einem Wasserlauf Ortschaft an Ortschaft, Fabrik an Fabrik, so ist eine Verschmutzung des Wassers stets vorhanden und die Infektion nur eine Frage der Zeit. Hat ein offenes Wasser keine Anwohner, ist die Entfernung bis zu den Wohn- und Arbeitsstätten der Menschen groß, wie das bei weit abseits im Gebirge oder im Walde liegenden Bächen, Seen und Weihern vorkommt, dann ist die Möglichkeit einer Infektion zwar denkbar, die Wahrscheinlichkeit einer solchen aber fast ausgeschlossen. Quell- oder Grundwasser ist um so mehr gefährdet, je mehr schlecht filtriertes Fluß- oder sonstiges Oberflächenwasser ihm zufließt, je mehr dieses der Gefahr der Infektion ausgesetzt ist und je weiter und kürzer die Kanäle sind, in welchen es bis zum Auslasse rinnt.

Die Verunreinigungen, welche in das Oberflächenwasser hineingelangt sind, lassen sich, soweit sie aufgeschwemmte Teilchen betreffen, durch Sedimentierung oder Filtration aus dem Wasser wieder entfernen. Für die gelösten Stoffe dürfte die Entfernung, soweit der Großbetrieb in Betracht kommt, nur in sehr bescheidenem Maße möglich sein; ebenso ist es sehr schwer, einen ausgiebigen Temperaturausgleich zu erzielen.

Die Krankheitskeime, also diejenigen Körperchen, welchen die größte gesundheitliche Bedeutung zukommt, lassen sich durch verschiedene Verfahren aus dem Wasser entfernen, aber die meisten Verfahren eignen sich für den Großbetrieb nicht oder sie sind bis jetzt noch nicht genügend lange im Großbetrieb erprobt. Das in Deutschland zurzeit am meisten angewendete Verfahren, die einfache zentrale Sandfiltration, leistet hinsichtlich der Entfernung der Bakterien sehr viel. Versuche haben jedoch ergeben, daß die Filter nicht alle Keime zurückhalten, daß sie vielmehr eine, wenn auch nur sehr geringe Anzahl hindurchgehen lassen. Da nun im Rohwasser im Verhältnis zu seiner Menge die Krankheit erregenden Keime nur in recht geringer Anzahl vorhanden zu sein pflegen, so besitzen wir in der gut angelegten und gut betriebenen Sandfiltration ein Werkzeug, mit welchem es gelingt, die Infektionsgefahr entweder ganz oder aber bis auf einen verschwindend geringen Rest, mit dem man nicht mehr zu rechnen braucht, zu beseitigen.

Es hat den Anschein, als ob das Ozonisierungsverfahren und das amerikanische Verfahren der Schnellfiltration mit Alaunzusatz in ihren Leistungen denen der bei uns üblichen Sandfiltration nicht nachstehen.

Zu Nr. 9. Der Bereitstellung einer genügend großen Menge Wasser ist früher seitens der Hygiene nicht die erforderliche Aufmerksamkeit geschenkt worden; die ganze Sorge erstreckte sich vielmehr auf die Beschaffung eines guten, besonders eines chemisch guten Wassers, während die Technik die Wassermenge zum Teil zum Schaden der Wasserbeschaffenheit stark in den Vordergrund drückte. Zurzeit besteht wohl Einmütigkeit darüber, daß sowohl gute Beschaffenheit als auch ausreichende Menge des Wassers zu verlangen sind.

Bei eintretendem Mangel an Trinkwasser liegt die Versuchung nahe, Abhilfe dadurch zu schaffen, daß ein Wasser gewählt wird, welches nicht einwandfrei ist. Da aber bei dem alsdann wesentlich in Betracht kommenden Oberflächenwasser die Möglichkeit einer Infektion mit Krankheitskeimen vorliegt, so muß dem unter allen Umständen vorgebeugt werden. Die Epidemiologie lehrt, daß Typhusepidemien, welche durch Wasser verbreitet wurden, dadurch entstanden sind, daß bei eintretendem Wassermangel infizierbares und infiziertes Wasser zugeleitet und mit dem guten Wasser gemischt wurde.

Mit vollem Rechte muß daher die Forderung aufgestellt werden, daß für die Gegenwart und eine nicht zu ferne Zukunft unter Berücksichtigung der voraussichtlichen Zunahme der Bevölkerung und der voraussichtlichen Entwickelung der Industrie stets, d. h. zu jeder Tages- und zu jeder Jahreszeit und unter allen Umständen eine genügende Menge von einwandfreiem oder, wenn das durchaus nicht möglich sein sollte, mindestens von vor Infektionen sicher geschütztem Wasser vorhanden sei.

Soll diese notwendige Forderung erfüllt werden, dann wird zuweilen die Beschaffenheit, aber nur soweit die Annehmlichkeit in Frage kommt, gegen die Menge zurücktreten müssen.

Bei Entnahme von Oberflächenwasser kann auch durch den Verbrauch selbst eine starke Abminderung des zur Verfügung stehenden Wassers eintreten. Darin liegt insofern eine Gefahr (z. B. bei Stauteichen), als die in die geringe Wassermenge etwa gelangten Krankheitskeime nicht mehr Zeit haben, abzusterben oder auszufallen, was bei langem Aufenthalt im Wasser der Fall ist. Aus diesem Grunde ist von vornherein eine ausreichende Größe der Stauteiche vorzusehen.

Fehlerhaft würde es sein, nur soviel Wasser zu erwerben, als für eine Gemeinde im Augenblick notwendig ist, und aus schlecht angebrachter Sparsamkeit selbst günstig liegende Quellen nicht anzukaufen. Werden dann die Quellen später gebraucht, so fordern die Besitzer sehr hohe Preise, und die Gemeinden müssen kaufen, weil der Rohrstrang bereits liegt und die Zuleitung einer anderswo gelegenen Quelle noch mehr Kosten verursachen würde. Ebenso verfehlt ist es, einen bestehenden Wassermangel nicht durch Beschaffung reichlicheren, einwandfreien Wassers abzuhelfen, sondern sich mit gesundheitlich nicht zulässigen Maßnahmen, wie z. B. der Beschränkung der Wasserabgabe auf bestimmte Tagesstunden und ähnlichem zu behelfen.

Verhängnisvoll kann es für die Gemeinden werden, wenn sie bei Grundwasserversorgungen sich das nötige Gelände für die Anlage neuer Brunnen nicht schon bei der Erstanlage sichern; werden dann später langwierige Verhandlungen nötig, so kann Jahre hindurch Wassermangel bestehen und ein bis dahin gut filtrierender Boden so überanstrengt werden, daß er für die Filtration nicht mehr genügendes leistet.

Als Grundsatz ist aufzustellen, daß die Sicherstellung ausreichenden Wassers dem Bedarf vorauszugehen hat.

Damit über die Menge des verfügbaren Wassers volle Klarheit bestehe, sind vor der Errichtung der Werke entsprechende Beobachtungen zu wasserarmen Zeiten in ausreichendem Maße und hinreichend lange anzustellen.

Zu Nr. 10. Das Streben sei stets zunächst darauf gerichtet, eine einheitliche, allen Zwecken dienende Wasserversorgung einzurichten. Eine Zweiteilung, bei welcher ein vollwertiges und ein weniger gutes Wasser zur Verteilung kommt, führt meistens zu schweren Unzuträglichkeiten. So wird die Bewohnerschaft, vor allem die weniger einsichtsvolle, das Betriebswasser vielfach auch als Trinkwasser, und zwar namentlich dann benutzen, wenn sie bequemer zu jenem als zu diesem gelangen kann, und die Bewohner der günstig gelegenen Bezirke werden vielfach das gute Wasser für alle Zwecke verwenden; infolgedessen erhalten dann die höher oder entfernter liegenden Bezirke zu den Tageszeiten, wo sie es am notwendigsten gebrauchen, überhaupt kein oder zu wenig gutes Wasser. Dadurch wieder werden die Einwohner dieser Stadtteile veranlaßt, dann, wenn das Wasser läuft, Vorräte anzusammeln; das Wasser verliert damit an Frische und wird Infektionen zugänglich gemacht; ferner wird durch Aufsammeln von zu viel Wasser Vergeudung getrieben.

Soll für ein Gemeinwesen eine für alle Zwecke ausreichende Menge Wasser zugeführt werden, und soll das Wasser allen Anforderungen der Nr. 3 entsprechen, so können sich, besonders da auch die Kosten für Anlage und Betrieb eine erhebliche, oft ausschlaggebende Rolle spielen, Schwierigkeiten ergeben, und es ist nicht immer möglich, das in seiner Beschaffenheit beste Wasser zur Verwendung zu bringen.

Als Grundsatz ist aufzustellen, daß nur ein Wasser zugeführt werden darf, das völlige Ungefährlichkeit gewährleistet, wie sie bei gutem Grund- und Quellwasser gegeben ist, oder durch eine gute Filtration oder Sterilisation entsprechend Nr. 8 Abs. 2 erzielt werden kann. Bezüglich der Annehmlichkeit können im Bedarfsfalle Zugeständnisse gemacht werden; so wird man z. B. von einer stets gleichmäßigen Temperatur absehen dürfen, also anstatt einer geringen Menge immer gleichtemperierten Grundwassers ein allen Anforderungen an die Menge genügendes, gut filtriertes, aber in seiner Wärme schwankendes Flußwasser wählen, oder an Stelle eines eisenhaltigen Grundwassers, welches gehoben werden muß, ein Quellwasser verwenden, welches mit natürlichem Gefälle in reicher Menge zuläuft, aber zuweilen Trübungen zeigt, wenn sie nur infolge ihrer Herkunft eine Schädigung nicht befürchten lassen. Die Entscheidung muß sachgemäßer Erwägung im Einzelfalle überlassen bleiben.

Nicht selten kommen Gemeinden in die Lage, Wasser verschiedener
Herkunft zuführen zu müssen, z. B. Wasser verschiedener Quellen oder Grundwasser aus verschiedenen Bezirken, oder teils Grundwasser, teils Quell- oder
filtriertes Wasser usw. Selbst wenn alle diese Wässer ein gutes Trink- und
Hausgebrauchswasser darstellen, empfiehlt es sich doch — vielfach auch aus
technischen Gründen —, sie, wenn angängig, getrennt zu halten; es ist aber
notwendig, durch eingebaute Verbindungsstücke usw. eine leichte Übertritts-
möglichkeit zu schaffen, damit zur Zeit der Wasserknappheit eine gegenseitige
Unterstützung der verschiedenen Versorgungen leicht und rasch ausführbar ist.

Wenn es nicht möglich ist, eine für alle Zwecke ausreichende Menge
guten Wassers zu beschaffen, dann bleibt nichts anderes übrig, als eine
Betriebswasseranlage und eine Trink- und Hausgebrauchswasseranlage einzurichten. Letztere muß vollständig den unter Nr. 3 aufgestellten Anforderungen entsprechen; auch ist es nicht angängig, eine Trennung zwischen
Trinkwasser und Hausgebrauchswasser zu machen, da sie im täglichen Leben
undurchführbar ist. Hinsichtlich des Betriebswassers wird in solchen Fällen
das Bestreben dahin gehen müssen, Wasser zu nehmen, welches den Anforderungen unter Nr. 3 möglichst nahekommt; aber minderwertig wird es dem
Trink- und Hausgebrauchswasser gegenüber immerhin sein. Hieraus ergibt
sich von selbst die Forderung, die Betriebswasserleitung von der anderen
Leitung ganz getrennt zu halten und, sofern nicht jede Infektionsgefahr
ausgeschlossen ist, die Zapfstellen so anzulegen und einzurichten, daß sie
möglichst nicht für Trink- und Hausgebrauchszwecke verwendet werden
können. Das bloße Kenntlichmachen des minderwertigen Wassers oder eine
Warnung vor demselben genügt nicht, vielmehr muß durch technische Einrichtungen (besonders Steckschlüssel, verdeckte Auffanggefäße u. dgl.) die
Entnahme des Wassers den Unbefugten, soweit angängig, unmöglich gemacht
werden.

II. Bildung eines Schutzbezirkes. Zu Nr. 11. Daß das Oberflächenwasser in Menge oder Beschaffenheit oder in beiden Beziehungen Veränderungen unterworfen ist, lehrt die Erfahrung. Aber auch das Wasser
der Bodentiefe kann beeinflußt werden, und es muß das Streben dahin gehen,
unerwünschte Veränderungen in Beschaffenheit und Menge fernzuhalten.

Eine schädliche Abnahme von Grund- oder Quellwasser kann dadurch
bewirkt werden, daß das Wasser von anderen abgegraben wird, oder daß es
abgeleitet oder durch Pumpen oder auf andere Weise aus dem Boden entnommen wird. Durch Ziehen von Gräben, durch Schaffung einer anderen
Vorflut, durch die Einwirkung des Bergbaues, durch Niederbringen anderer
Brunnen und dadurch ermöglichte Wasserentnahme oder auf sonstige Weise
kann das bis dahin in genügender Menge vorhandene Quell- oder Grundwasser vermindert, sogar völlig zum Schwinden gebracht werden.

Oberflächenwasser kann durch Ableitung oder durch Betriebe usw. so
stark fortgenommen werden, daß für die Wasserversorgungsanlage nicht
genügendes, oder nur ein schmutziges, schlammiges Wasser, ein Rest übrig
bleibt, welcher sich nicht mehr verwenden läßt.

Ferner ist es möglich, daß dem Wasser Infektionserreger, giftige oder
verunreinigende Stoffe zugeführt werden.

Unterirdisches Wasser kann an verschiedenen Stellen infiziert oder verschmutzt werden.

Die nächste Umgebung der Quellmündung bringt am leichtesten Gefahr;
gerade sie ist nicht selten die Vermittlerin der Verunreinigung und Infektion,
denn bei ihr pflegt das Wasser der Erdoberfläche am nächsten zu sein,
infolgedessen ist die eventuell filtrierende Schicht sehr dünn und es ist weder
die genügende Zeit noch ein genügendes Filter vorhanden, um eingebrachte
Keime absterben zu lassen bzw. abzufangen. Ebensowenig reicht der Raum

und die in ihm verbrachte Zeit aus, um auf den Boden gelangte Verunreinigungen in indifferente Verbindungen überzuführen, oder ihnen den Charakter des Unappetitlichen zu nehmen.

Ein stark gefährdetes Gebiet ist bei vielen Grundwasserversorgungen dasjenige, welches der Absenkung des Wasserspiegels unterworfen ist, und zwar um so mehr, je näher es dem Brunnen ist. Gelangen Flüssigkeiten in dieses Gebiet hinein, so werden sie, abgesehen von besonderen Fällen, hauptsächlich dann, wenn der Wasserstand starken Schwankungen unterworfen ist, wie z. B. im intermittierenden Betriebe, in kürzester Zeit in den Pumpen erscheinen, und zwar schlecht filtriert und unzersetzt.

Kommen Infektionserreger, Gifte, Verunreinigungen dicht an der Entnahme- oder Gewinnungsstelle in das Grund- oder Quellwasser hinein, so ist die Möglichkeit recht gering, daß sie hier in den durch Ausspülung erweiterten Kanälen abgefangen oder zersetzt werden, oder durch Sedimentation aus dem Wasser verschwinden. Die unreinen Zuflüsse bleiben also in ihrer ganzen Menge wirksam und kommen bei der Kürze des Weges in konzentrierter Form in das Wasser der Entnahmestelle hinein. Zu einer Vergiftung ist eine gewisse Menge Gift, zu einer Infektion sind wahrscheinlich mehrere Krankheitserreger erforderlich, und eine Verschmutzung muß eine gewisse Konzentration haben, um als solche empfunden zu werden; auch aus diesem Grunde steigt die Gefahr mit der Nähe.

Ganz ähnlich liegen die Verhältnisse für eine Versorgung mit Oberflächenwasser; je näher der Schöpfstelle Haus-, Stadt- oder Industrieabwässer in das Wasser eingelassen werden, um so gefährlicher und belästigender sind sie.

Nicht immer jedoch birgt die Nähe des Gewinnungsortes eine Gefahr, so z. B. nicht bei artesischen Brunnen oder tieferen Rohr- oder Schachtbrunnen, sofern eine undurchlässige oder gut filtrierende Schicht das Grundwasser deckt; ebensowenig ist Gefahr vorhanden bei Quellen, die unter hohem, gut filtrierendem Hange oder aus größerer Tiefe hervorbrechen, oder auf sonstige Weise geschützt sind.

Wo die Möglichkeit einer Gefährdung des Wassers besteht, da läßt sich ihr in vielen Fällen durch Bildung eines Schutzbezirkes begegnen. Dies kann sich auch als notwendig erweisen, um der Abminderung der Menge des Wassers entgegenzutreten.

In einem solchen Schutzbezirke darf dann Wasser von fremder Hand entweder überhaupt nicht, oder nur in beschränkter Menge entnommen werden, so daß der Bestand des geschützten Wassers gewährleistet ist. Überflutungen des Schutzbezirkes sind möglichst zu verhindern. Die Aufbringung, Zuleitung oder Durchleitung — es sei denn in völlig sicheren dichten Röhren — von infektiösem oder schmutzigem Wasser, in erster Linie von Hausabwässern oder aber von bedenklichen Industrieabwässern müssen verboten werden. Nicht kompostierte menschliche Auswurfstoffe dürfen selbst zu Düngungszwecken nicht in den Schutzbezirk hineingebracht werden. Es kann sich unter Umständen empfehlen, auch den Tierdung fernzuhalten. Schädigende Betriebe und Industrien oder unter Umständen auch Anhäufungen von Halden dürfen dort nicht zugelassen werden.

Oft ist es nützlich, den Schutzbezirk mit Buschwerk oder Bäumen zu bepflanzen oder in sicherer Weise einzufriedigen.

Die Erfahrung hat im Laufe der Zeit gelehrt, daß nicht allein in der Nähe, sondern auch in größerer Entfernung von der Schöpfstelle unreines oder verdächtiges Oberflächenwasser sich dem guten Untergrundwasser beimischen kann, daß sogar das Ursprungswasser selbst schlecht filtriert in weite Bodenkanälchen und -kanäle gelangt.

Um hierüber in das Klare zu kommen, und um gegebenenfalls das zufließende Wasser schützen zu können, muß man das an der Wasserlieferung sich beteiligende Gebiet möglichst in seiner Ausdehnung festlegen, die Mächtigkeit und Beschaffenheit der filtrierenden Schicht, sowie die schwachen Stellen darin (z. B. Erdstürze), ferner Erosionen der Erdoberfläche (z. B. Steinbrüche) oder mit auffallend dünner filtrierender Decke überlagertes, zerklüftetes Gestein kennen lernen. Betreffs des Quell- und Grundwassers selbst ist zu untersuchen, in welcher Höhenlage es gefunden wird, wie rasch es sich bewegt, ob es Trübungen zeigt und welcher Art diese sind, wie stark und rasch der Wechsel in der Menge und Temperatur ist, wie der chemische und vor allem der bakteriologische Befund zu den Zeiten großer Niederschläge oder bei Trübungen sich stellt. Weiter sind zu ermitteln die Beziehungen des Quell- und Grundwassers zum Oberflächenwasser, also zu benachbarten Teichen, Seen und Wasserläufen.

Zu allen diesen Verhältnissen sind die Gefährdungsmomente, d. h. die Möglichkeit und Wahrscheinlichkeit, daß an die wunden Stellen des an der Wasserlieferung sich beteiligenden Gebietes Krankheitskeime gebracht werden (in den geschlossenen Hochwald, in hohes steiles Gebirge z. B. kommen keine Typhuskeime, auf den gedüngten Acker wohl), in Beziehung zu bringen, und danach ist zu beurteilen, ob, inwieweit und wie ein Schutz gewährt werden kann und muß.

Selbstverständlich läßt sich nicht für große Landstrecken die Düngung verbieten, oder die Einrichtung von Betrieben und Industrien untersagen, oder eine Ansiedelung von Menschen verhindern, aber man kann die stark gefährdeten Bezirke heraussuchen und für sie zweckentsprechende Schutzmaßregeln vorschreiben; so z. B., daß die Unratstoffe in dichten Gruben aufgefangen werden müssen (eine Vorschrift, die ohnedies an manchen Orten bereits besteht), daß frische menschliche Fäkalien nicht zur Düngung benutzt werden dürfen, daß die Desinfektion der Abgänge von Typhus-, Cholera- oder sonstigen infektionsgefährlichen Kranken nicht bloß anzuordnen, sondern auch zu überwachen ist und dergleichen mehr. In den bedrohlichen Gebieten ist das Einleiten von Abwässern bedenklicher Art in Erdfälle, Spalten, Klüfte oder in stark durchlässigen Boden zu untersagen. In Steinbrüchen und an ähnlichen gefährdenden Betriebsstätten sind dichte Tonnen zum Auffangen von Fäkalien aufzustellen, hinsichtlich ihrer Benutzung zu überwachen und in entsprechenden Zwischenräumen zu entleeren. Auf diese und ähnliche Weise können vorhandene Gefahren beseitigt oder wenigstens erheblich verkleinert werden.

Wenn die Möglichkeit der Verschmutzung und Infektion des Wassers von weiten Bezirken aus nicht von der Hand zu weisen ist, wenn auf andere Weise die Zuführung eines mindestens gegen Infektionen gesicherten Wassers nicht bewerkstelligt werden kann, oder aus irgend welchen Gründen eine Filtration oder Sterilisation nicht angängig sein sollte, so bleibt nichts anderes übrig, als für solche weitere Gebiete dadurch einen gewissen Schutz anzustreben, daß man die durch Wasser übertragbaren Infektionskrankheiten so energisch wie möglich bekämpft, wie das z. B. in großem Maßstabe seitens der Stadt Paris für ihre vier mächtigen Wasserbezugsgebiete schon seit etwa fünf Jahren geschieht. Unter den hier in Betracht kommenden Infektionen steht der Typhus obenan.

Wie Infektionserreger, so müssen auch Giftstoffe ferngehalten werden. Hierbei kommen wohl allein industrielle Betriebe in Betracht. Das Einleiten von Industrieabwässern in den Boden darf in dem an der Wasserlieferung sich beteiligenden Gebiete nicht zugelassen werden; ebensowenig dürfen dort Erzeugnisse oder Abfälle von Industrien, welche differente Auslaugungsprodukte in schädigender Menge in den Boden gelangen lassen, gelagert werden und dergleichen mehr.

Auch für Anlagen zur Versorgung mit Oberflächenwasser kann sich ein Schutzbezirk notwendig machen.

Oberflächenwasser ist so lange unbedenklich, als Krankheitskeime nicht hineingelangen können. Es ist daher das Wasser von solchen Bächen, Teichen oder Stauweihern, welche verloren in einem einsamen Gebirgstale weitab von menschlichen Ansiedelungen und vom Verkehr liegen, in manchen Fällen als ungefährlich zu betrachten. Damit diese Eigenschaft bleibe, müssen die auf solches Wasser angewiesenen Gemeinden die Möglichkeit erhalten, das Wasser und seine Zuflußgebiete zu schützen. Sie müssen z. B. das Recht haben, oder erwerben können, Wege eingehen zu lassen oder Wege und Wasserläufe zu verlegen oder aus dem Verkehr ausfallen zu lassen und Schutzstreifen oder Schutzgebiete einzurichten.

Wenn infektionsverdächtiges Oberflächenwasser genommen werden muß, läßt sich die Infektions- und Verschmutzungsgefahr durch möglichste Reinhaltung des Rohwassers abmindern. So empfiehlt es sich z. B., unter Umständen das Einlassen ungereinigter Betriebs- und Industriewässer für eine größere Strecke des oberen Flußlaufes zu verbieten. Ferner kommt in Frage, den oberhalb gelegenen Städten und Ortschaften das Einleiten der Hausabwässer mit oder ohne Fäkalien entweder zu versagen oder nur unter gewissen Bedingungen zu gestatten. Auch kann es sich empfehlen, eine vorgängige Reinigung städtischer Abwässer nach einem bewährten, für den besonderen Fall geeigneten Verfahren sowie die Meldepflicht bei infektiösen Krankheiten und die zwangsweise Desinfektion der Abgänge der Kranken und der Krankheitsverdächtigen zu verlangen.

Das auf solche Weise vor Schmutz- und Infektionskeimen tunlichst bewahrte Rohwasser läßt sich dann durch entsprechende Weiterbehandlung derart reinigen, daß die Gefahr einer Krankheitsübertragung praktisch kaum noch in Betracht kommt.

Zu Nr. 12. In manchen Fällen wird die Festsetzung der Größe, Gestalt und Lage des Schutzbezirkes leicht sein, in anderen Fällen aber erhebliche Schwierigkeiten machen, so daß die Heranziehung von Sachverständigen notwendig ist. Wenn unter diesen in Nr. 12 Geologen, Wasserversorgungsingenieure, Chemiker und Hygieniker besonders genannt sind, so liegt das daran, daß gerade von ihnen eine zutreffende Beurteilung der Verhältnisse am ehesten zu erwarten ist. Selbstverständlich können auch andere Sachverständige, z. B. Bakteriologen, Landwirte und Industrielle in Betracht kommen; letztere beiden um so mehr, als nicht selten ihre Interessen denen der Wasserentnehmer widerstreiten. Es wird sich empfehlen, die Entscheidung in die Hand einer Behörde zu legen; in jedem Falle aber ist die Mitwirkung der Medizinalbeamten erforderlich, damit vor allem die gesundheitlichen Verhältnisse die gebührende Berücksichtigung finden.

Zu Nr. 13. Am besten ist es, wenn die Stelle, an welcher das Wasser gewonnen wird, nebst ihrer näheren Umgebung und, falls ein Schutzbezirk geschaffen worden ist, auch dieser sich in den Händen des Besitzers des Wasserwerkes befindet. Wo ein freihändiger Erwerb nicht zu erreichen ist, da läßt sich zuweilen durch Bestellung von Grundgerechtigkeiten mittels Vertrages unter Eintragung in das Grundbuch ein genügender Schutz erzielen. Der Inhalt des Vertrages hat sich den jeweiligen Verhältnissen anzupassen und dürfte sich zumeist auf Beschränkungen oder Behinderungen der Bebauung, Düngung oder industriellen Ausnutzung des Gebietes erstrecken.

Wo auch dieser Schutz, welcher trotz der amtlichen Eintragung weniger zuverlässig ist als der Besitz, nicht erreicht werden kann, da empfiehlt es sich, die Verleihung des Enteignungsrechts zu beantragen.

Findet in einer Gemeinde eine Flurregelung durch Zusammenlegung der Grundstücke statt, so läßt sich die Bildung eines Schutzbezirkes für Quellen in der Weise durchführen, daß der Gemeinde bei der Umlegung die Quelle nebst Abfluß und einem entsprechenden Stück Land oberhalb der Quelle überwiesen wird. Bei kleinen Quellen und Wiesenland dürfte manchmal schon ein Geviert von etwa 50 m Seitenlänge (= einem Inhalt von 2500 qm oder $^1/_4$ ha) genügen.

Nicht allein für den Schutzbezirk, sondern auch für die weitere Umgebung, welche dem wasserpflichtigen Gebiete der Quellen angehört, oder wo das versorgende Grundwasser dicht und ungeschützt unter der Erdoberfläche steht, können polizeiliche Anordnungen zur Verhütung von Gefährdungen erforderlich sein. Sie werden zwar nicht bei allen Veranstaltungen, aber doch bei manchen einzugreifen vermögen und hauptsächlich in den im Abs. 2 der Nr. 13 erwähnten Richtungen sich zu bewegen haben.

An die Bildung von Schutzbezirken wird nur heranzugehen sein, wenn dafür ein wirkliches Bedürfnis vorliegt, denn die dadurch entstehenden Kosten sind meistens erheblich; es ist daher erwünscht, daß die Behörden geeignetenfalls durch die Gewährung von Enteignungsrechten oder durch den Erlaß von polizeilichen Schutzbestimmungen tunlichst weit entgegenkommen, um so mehr, als gewöhnlich die auf dem Spiele stehenden öffentlichen Interessen recht große sind.

Die Bildung von Schutzbezirken ist nicht neu. Eine Anzahl deutscher Städte und Orte besitzt bereits Schutzbezirke teils für Grundwasser-, noch mehr indessen für Quellwasserversorgungen. In Frankreich, wo die Quellwasserversorgung vorherrscht und das zerklüftete Kalkgebirge vielfach ein ungenügend filtriertes Wasser liefert, hat man in dem Gesetze vom 15. Februar 1902: „relative à la protection de la santé publique", Artikel 10, den „Périmètre de protection contre la pollution de ladite source" gesetzlich festgelegt[1]). In Österreich, in England, in Nordamerika sind sehr große Schutzgebiete geschaffen worden und in den beiden letzteren Staaten geht man damit um, die Angelegenheit gesetzlich zu regeln.

III. Einrichtung der Anlage. Zu Nr. 14 und 15. Bei der baulichen Anlage einer Wasserversorgung, bei welcher ein an sich gesundheitlich einwandfreies Quell- oder Grundwasser Verwendung findet, muß die Sorge dahin gehen, daß das Wasser in der Anlage selbst nicht verschlechtert wird. Eine Verschlechterung kann dadurch eintreten, daß entweder verschmutztes, infiziertes oder infizierbares Oberflächenwasser zufließt, oder daß Schmutzstoffe mit den ihnen etwa anhaftenden Krankheitserregern in anderer Weise in das an sich gute erschlossene Wasser gelangen.

Am häufigsten und zugleich am gefährlichsten ist der Zutritt von Oberflächenwasser; eine Hauptsorge bei der Herstellung der Anlagen muß dahin gehen, mindestens solches Wasser fernzuhalten. Um diesem wichtigen Grundsatz einen besonderen Nachdruck zu geben, sind in Nr. 15 Abs. 2 Einzelforderungen aufgestellt, ohne jedoch deren Zahl durch die dort angegebenen als erschöpft anzusehen. Eine weitere Gefahr liegt darin, daß das durch

---

[1]) Veröffentlichungen des Kaiserl. Gesundheitsamts, Jahrgang 1902, S. 319.
Article 10. Le décret déclarant d'utilité publique le captage d'une source pour le service d'une commune déterminera s'il y a lieu, en même temps que les terrains à acquérir en pleine propriété, un périmètre de protection contre la pollution de ladite source. Il est interdit d'épandre sur les terrains compris dans ce périmètre des engrais humains et d'y forer des puits sans l'autorisation du préfet. L'indemnité qui pourra être due au propriétaire de ces terrains sera déterminée suivant les formes de la loi du 3 mai 1841, sur l'expropriation pour cause d'utilité publique, comme pour les héritages acquis en pleine propriété.
Ces dispositions sont applicables aux puits ou galeries fournissant de l'eau potable empruntée a une nappe souterraine.
Le droit à l'usage d'une source d'eau potable implique, pour la commune qui la possède, le droit de curer cette source, de la couvrir et de la garantir contre toutes les caisses de pollution, mais non celui d'en dévier de cours par les tuyaux ou rigoles. Un règlement d'administration publique déterminera, s'il y a lieu les conditions dans lesquelles le droit à l'usage pourra s'exercer.
L'acquisition de tout ou partie d'une source d'eau potable pour la commune dans laquelle elle est située peut-être declarée d'avilité publique par arrêté préfectoral, quand le débit à acquérir ne dépasse pas deux litres par seconde.
Cet arrêté est pris sur la demande du conseil municipal et l'avis du conseil d'hygiène du département. Il doit être précédé de l'enquête prévue par l'ordonnance du 23 août 1835. L'indemnité d'expropriation est réglée dans les formes prescrites par l'article 16 de la loi du 21 mai 1836.

seine Erschließung zum offenen gewordene Wasser durch die Luft oder durch hineinfallende, hineingeworfene oder sonstwie eingedrungene Erdteilchen oder andere Körper, an welchen möglicherweise Infektionserreger haften, verschmutzt oder infiziert wird. Der an der Fußbekleidung haftende Schmutz, die unreinen Hände und Kleider derjenigen Personen, welche in den Wasserversorgungsanlagen verkehren, sind in erster Linie zu fürchten. Die Anlagen müssen daher so hergestellt und eingedeckt sein, daß sie zwar gut zugänglich, aber unter sicherem Verschlusse sind, und daß beim Einsteigen oder Begehen eine Berührung mit dem Wasser tunlichst vermieden, auch eine gute Reinigung der Gänge, Laufplanken usw. ohne Beschmutzung des Wassers ermöglicht wird.

Eine Infektion durch die Luft ist wenig zu fürchten, sie dürfte zu den Seltenheiten gehören; die Ventilationsöffnungen werden jedoch nicht selten als Eintrittspforten für Verunreinigungen mißbraucht; der herrschenden Ansicht nach sind Ventilationsöffnungen nur dort erforderlich, wo stärkere Luftdruckschwankungen vorkommen, z. B. bei Zentralbrunnen, Hochbehältern usw.; sie müssen so eingerichtet sein, daß wohl die Luft ungehindert einzutreten vermag, aber Verunreinigungen weder an sich eindringen, noch durch die Ventilationseinrichtungen eingebracht werden können.

Fast jedes Wasser bringt etwas Sand oder Ton mit; auch scheiden sich nicht selten aus den Rohren usw. (Nr. 7 Abs. 2) Teilchen aus; obschon diese Fremdkörper gesundheitlich unbedenklich sind, so beeinträchtigen sie doch den Anreiz zum Genuß; daher ist für die Möglichkeit ihrer Entfernung Sorge zu tragen.

Sind, wie häufig bei größeren Wasserversorgungen, mehrere Brunnen oder Quellfassungen vorhanden, so müssen dieselben, sofern das angängig ist, einzeln ausschaltbar sein, weil durchaus nicht selten die eine Quelle oder der eine Brunnen trübes oder sonstwie weniger gutes Wasser liefert, während die anderen noch ein tadelloses Wasser spenden. Man muß dann die Möglichkeit haben, das geringwertigere Wasser nicht zu benutzen. Auch aus technischen Gründen ist die Ausschaltbarkeit der einzelnen Teile notwendig, es können z. B. bei dem einen oder dem anderen Brunnen oder bei der einen oder der anderen Quellstube Mängel eintreten oder Reinigungsarbeiten erforderlich werden, welche die Ausschaltung verlangen. Vgl. oben zu Nr. 10.

Zu Nr. 14 und 16. Oberflächenwasser, das zur Versorgung herangezogen wird, ist in den seltensten Fällen einwandfrei. Die Gewinnungsanlage muß dann zugleich eine Verbesserungsanlage sein insofern, als sie mindestens die suspendierten Teilchen, in erster Linie die Krankheitserreger, aus dem Wasser entfernen soll. Das in Deutschland übliche Verfahren ist zurzeit noch die Sandfiltration. In den „Grundsätzen zur Reinigung von Oberflächenwasser durch Sandfiltration" vom 13. Januar 1899 — Veröffentlichungen des Kaiserl. Gesundheitsamts 1899, S. 107 — ist die Forderung aufgestellt, daß ein Reinwasser nur dann als gesundheitlich genügend angesehen werden könne, wenn es im Kubikzentimeter einer sachgemäß entnommenen Probe nicht mehr als 100 Keime enthalte. Diese Zahl ist zunächst angefochten worden, aber im Laufe der Zeit hat sich ergeben, daß ein solches Wasser von der Wasserversorgungstechnik geliefert werden kann, und daß auch gesundheitliche Störungen bei seiner Verwendung nicht eingetreten sind; zurzeit wird deshalb von keiner Seite mehr gegen den durch die Zahl 100 ausgedrückten Reinheitsgrad ein ernstlicher Widerspruch erhoben.

Auch bei anderen Reinigungsverfahren, die etwa zur Anwendung gelangen sollten, wird man als Mindestleistung die verlangen müssen, was eine gute Sandfiltration leistet. Auch dürfen solche neue Verfahren das Wasser in seiner Genuß- und Gebrauchsfähigkeit nicht herabmindern; als Grenze des Zulässigen dürfte auch nach dieser Richtung hin das Reinwasser der zurzeit üblichen Sandfiltration gelten.

Zu Nr. 17. Manche Wässer der Tiefe und der Oberfläche besitzen, selbst wenn sie gesundheitlich nicht zu beanstanden sind, Fehler, welche ihre Annehmlichkeit in mäßigem, nicht selten sogar in recht erheblichem Maße beeinträchtigen. Dazu gehört z. B. der Eisen- und Mangangehalt, die Anwesenheit von Schwefelwasserstoff, der Geschmack nach Tinte oder Torf, schlechtes Aussehen infolge Trübungen oder Färbungen usw.

Durch besondere, dem Einzelfall anzupassende Verfahren, unter welchen die Lüftung und die Filtration die erste Rolle spielen, gelingt es, die Fehler ganz oder zum Teil zu beseitigen; sehr widerstandsfähig sind die Färbungen und der torfige oder erdige Geschmack.

Die Lüftungsanlagen sind durch Schutzgitter abzuschließen, um das an diesen Stellen in breitester Ausdehnung mit der Luft in Berührung kommende Wasser möglichst vor Verunreinigungen zu schützen.

Die Enteisenungs- und ähnliche Anlagen müssen leicht begehbar sein und werden viel begangen. Damit das Hereindringen von Schmutz und Erdteilchen in das Wasser unmöglich gemacht werde, ist die in dem letzten Satze des Abs. 2 von Nr. 21 aufgeführte Forderung gestellt worden.

Es würde unangebracht sein, wenn Gemeinden aus Sparsamkeitsrücksichten die zur Beseitigung der angedeuteten Fehler erforderlichen Anlagen nicht einrichten wollten, denn durch Fehler des Wassers wird der Gebrauch wesentlich eingeschränkt und nur ein Teil des gesundheitlichen Nutzens erreicht, welchen die Einführung einer zentralen Wasserversorgung bezweckt.

Zu Nr. 18. Das in Nr. 14 bis 17 Besprochene bezieht sich in der Hauptsache auf die Wassergewinnungsanlagen. Die Forderung, daß Verunreinigungen und Infektionen vermieden werden müssen, gilt in gleicher Weise für diejenigen Einrichtungen, welche der Wassersammlung, der Zuleitung und Verteilung dienen. Hinzu kommt hier die Sorge, den Anreiz zum Genuß, die Annehmlichkeit des Wassers zu erhalten. An erster Stelle steht die gleichmäßig kühle Temperatur, daher die Forderung, daß Behälter und Rohre die erforderliche Deckung haben, und daß das Wasser weder an der einen noch an der anderen Stelle ruhe, sondern sich möglichst in gleichmäßiger Vorwärtsbewegung befinde. An zweiter Stelle kommt das gute Aussehen; dasselbe wird hauptsächlich durch eingeschwemmte oder in den Rohren entstandene Teilchen beeinträchtigt; es müssen daher möglichst alle Behälter und Rohrleitungen einer ausgiebigen Reinigung unterzogen werden können, und die dafür erforderlichen Einrichtungen von vornherein getroffen werden.

Die Einrichtungen zur Probeentnahme für die Untersuchung müssen so getroffen werden, daß bei Gewinnungsanlagen möglichst das frisch eintretende, bei Sammelbehältern das austretende Wasser geschöpft werden kann; ein an irgend einer beliebigen Stelle aufgesetztes Rohr mit abnehmbarer Verschraubung genügt nicht.

IV. Pläne, Bauausführung und -abnahme. Zu Nr. 19. Die Wasserversorgungsanlagen gehören nicht zu den konzessionspflichtigen Anlagen im Sinne der Gewerbeordnung. Jedoch haben die Polizeibehörden, welchen die Sorge für das gesundheitliche Wohl der Bevölkerung anvertraut ist, auf Grund dieser Verpflichtung das Recht, über die Anlagen zu wachen und zu verhindern, daß Anstalten entstehen, welche dem Publikum schädlich werden könnten. Es muß daher den Ortspolizeibehörden und den über sie gesetzten Verwaltungsbehörden die Möglichkeit gegeben sein, die für eine öffentliche Anlage aufgestellten Pläne einzusehen und sie von sachverständiger Seite auf ihren gesundheitlichen Wert nach Maßgabe der hier gegebenen Anleitung prüfen zu lassen. Über die angeführte gesundheitliche und gesundheitstechnische Grenze hinaus wird sich, abgesehen von allgemeinen baupolizeilichen Gesichtspunkten, die Kontrolle in der Regel nicht zu erstrecken brauchen.

Auch während des Baues darf die Überwachung nicht fehlen, schon aus dem Grunde nicht, weil ein Teil der Arbeiten hygienisch sehr wichtig ist und weil manche Anlagen, z. B. Wasserfassungen, später eingedeckt und dadurch der Untersuchung und Begutachtung entzogen werden. Dem Ermessen der Prüfungsbehörde muß überlassen bleiben, ob und inwieweit sie die Besichtigungen vorzunehmen für erforderlich erachtet.

Pläne und Ausführung zeigen nicht selten Abweichungen, meistens bedingt durch örtliche Verhältnisse, die indessen den gesundheitlichen Wert der Anlage zu beeinflussen vermögen. Die Behörde muß daher außer den Plänen auch den fertigen betriebsfähigen Bau einsehen und darf die Erlaubnis zur Benutzung nicht eher geben, bis sie sich überzeugt hat, daß das öffentliche Interesse in gesundheitlicher Beziehung gewahrt ist.

Die Landesregierungen bestimmen die Organe, denen sie die sachverständige Prüfung zuweisen; es wird, da es sich um eine hervorragende gesundheitliche Einrichtung handelt, ein hygienischer Sachverständiger, als welcher meist ein Medizinalbeamter in Betracht kommt, dabei nicht fehlen dürfen.

B. Betrieb.

Zu Nr. 20 und 21. Die hier gestellten Anforderungen sind nichts anderes als die Folgerungen aus den in Nr. 14 bis 18 aufgestellten Grundsätzen.

Zu Nr. 22. Die Betriebsleiter müssen die Möglichkeit haben, sich in Zweifelsfällen an einen sachkundigen hygienischen Beirat zu wenden. Seitens des Besitzers der Wasserversorgungsanlage ist daher Vorsorge zu treffen, daß der Betriebsleitung ein solcher jederzeit zur Verfügung steht. Namentlich Betriebe, die ein nicht vollkommen sicheres oder in seiner Beschaffenheit schwankendes Wasser verabfolgen, wie z. B. alle Filter- und Sterilisationsanlagen und ein nicht unbeträchtlicher Teil der Grund- und Quellwasserversorgungen, müssen stets einen solchen Berater zur Hand haben. Seine Aufgabe ist es, die Betriebsleitung über die hygienische Bedeutung, über etwaige gesundheitliche Folgen von Störungen oder von Änderungen im Betrieb aufzuklären und die erforderlichen Maßnahmen vorzuschlagen. Ob der Berater die zu seiner Information und zur Prüfung des Werkes erforderlichen örtlichen, chemischen und bakteriologischen Untersuchungen selbst ausführt, oder ob sie von anderer Seite, z. B. durch einen Chemiker, Techniker, Arzt usw. ausgeführt werden, ist von untergeordneter Bedeutung und entscheidet sich nach Lage des Falles.

Viele Werke dürften den zuständigen Medizinalbeamten als Beirat nehmen, was sich schon um deswillen empfiehlt, damit der Beamte das Werk genau kennen lernt und die Überwachung eine fortlaufende und besonders sichere wird.

Die Forderung, wesentliche Störungen oder Änderungen des Betriebes der Behörde mitzuteilen, ergibt sich schon aus dem polizeilichen Aufsichtsrecht. Als wesentlich sind diejenigen Änderungen und Störungen anzusehen, welche auf die Menge des Wassers einen starken Einfluß ausüben oder die Beschaffenheit des Wassers in gesundheitlicher Beziehung zu beeinflussen vermögen. Was im Einzelfall eine solche Änderung ist, das muß für das betreffende Gebiet oder für das einzelne Werk festgelegt werden; es kann z. B. bei dem einen Werke ganz belanglos sein, ob ein Brunnen oder eine Reihe von Brunnen außer Betrieb gesetzt wird, bei einem anderen Werke wird jedoch dadurch auf die Menge und Beschaffenheit des gelieferten Wassers wesentlich eingewirkt. Die Meldungen müssen so früh erfolgen, daß die gesundheitlich erforderlichen Maßnahmen zeitig genug getroffen werden können.

Zu Nr. 23. Die Gefahr, daß ein Wasser infiziert wird, ist um so geringer, je weniger Menschen mit dem Wasser in Berührung kommen, je reinlicher sie sind, und je mehr sie gelernt haben, daß jede Verunreinigung des Wassers zu vermeiden ist. Um die Gefahr noch mehr zu verringern, empfiehlt es sich, daß die Werke ihre Arbeiter fortlaufend unter ärztliche Überwachung stellen; das ist besonders wünschenswert bei solchen Betrieben, bei welchen zahlreiche Leute beschäftigt werden, oder der Wechsel im Personal ein großer ist. Leute, welche an ekelerregenden oder ansteckenden Krankheiten leiden, dürfen nicht in dem Betriebe beschäftigt werden. Wenn auch als durch Wasser übertragbar nur die in Nr. 4 bezeichneten Krankheiten gelten, so können doch bei Gelegenheit auch andere Infektionskrankheiten übertragen werden; daher ist große Vorsicht am Platze; sie ist um so mehr geboten, als die Erreger einer Reihe von Krankheiten nicht bekannt sind. Zudem ist Wasser ein Nahrungsmittel, welches von allen genossen wird, daher besonders zum Genuß einladend sein soll und, einmal infiziert, sehr vielen schaden kann. Hinsichtlich der unter Nr. 4 aufgeführten Krankheiten ist auch das Fernbleiben der Krankheits- und Infektionsverdächtigen von den Betrieben auf so lange erforderlich, als eine Gefahr noch besteht. Über letzteres hat der Arzt zu entscheiden.

Wenn auch als Regel gelten muß, daß wie überhaupt im Nahrungsmittelgewerbe, so auch bei der Wasserversorgung infizierte und — für gewisse Krankheiten (Nr. 4) — infektionsverdächtige Personen nicht beschäftigt werden sollen, so ist es doch mit Rücksicht auf die Werke und auf die Arbeiter erwünscht, daß Ausnahmen zulässig sind. Es macht, um ein Beispiel zu gebrauchen, einen Unterschied, ob jemand einen leichten Typhus oder eine ansteckende Bartflechte hat; einen Typhuskranken wird man überhaupt nicht im Betriebe haben wollen, ein von der Bartflechte Befallener aber ist kaum zu beanstanden, sofern er in einem Teile des Betriebes arbeitet, wo er mit dem Wasser in keinerlei Weise in Berührung kommt. Ganz allgemein läßt sich schon mit Rücksicht auf die Verschiedenheit der Betriebe und der einzelnen Krankheitsfälle nicht festlegen, welche Kranke oder Verdächtige für solche Teile des Betriebes, wo die Leute weder direkt noch indirekt mit dem Wasser in Berührung kommen, zugelassen werden dürfen; das zu entscheiden, muß vielmehr im Einzelfalle dem pflichtmäßigen Ermessen des Arztes überlassen bleiben.

Zu Nr. 24. Durch die Verabfolgung besonderer Kleidungsstücke sollen einerseits die Arbeiter gegen das Wasser, andererseits das Wasser gegen eine etwaige Infektionsgefahr durch die Arbeiter geschützt werden.

Zu Nr. 25. Unter ganz besonderen Verhältnissen, d. h. in Fällen höherer Gewalt kann ein Wasserwerk in die Lage kommen, ein nicht ganz einwandfreies Wasser verabfolgen zu müssen. Da das nicht einwandfreie Wasser eine Gefahr für Leben und Gesundheit seiner Abnehmer bergen kann, so erwächst dem Werke die Pflicht, die Bevölkerung und zu gleicher Zeit die Behörde in Kenntnis zu setzen. Sofern es irgend angängig ist, muß die Mitteilung vor der Abgabe des nicht einwandfreien Wassers, im anderen Falle sofort nach Beginn geschehen, damit die Behörde die Möglichkeit hat, die Bevölkerung zu warnen und Mittel anzugeben, eine etwa vorhandene Gefahr zu beseitigen. Das Abkochen des Wassers ist ein einfaches und verhältnismäßig leicht durchführbares Verfahren, um die Infektionsgefahr möglichst zu beheben, doch ist nicht nur das Trinkwasser, sondern alles in der Küche erforderliche Wasser, besser noch das gesamte Hausgebrauchswasser abzukochen.

Der Begriff der „höheren Gewalt" steht im allgemeinen fest. Es ist aber besonders hervorzuheben, daß eine den gewöhnlichen Zuwachs nicht übermäßig übersteigende und nicht plötzlich eintretende, ferner eine vorauszusehende, wenn auch sehr starke Vermehrung der Bevölkerung, oder eine trockene Zeit — wenn sie auch die sonst eintretenden trockenen Perioden erheblich übertrifft, wie das z. B. in den Jahren 1892/93 und 1904 der Fall war — als „höhere Gewalt" keineswegs aufzufassen sind.

C. Überwachung.

Zu Nr. 26 und 27. Soll dauernd ein gutes Trinkwasser und Gebrauchswasser geliefert werden, so ist nicht nur eine entsprechende Beurteilung und Prüfung bei der Einrichtung der Wasserversorgung, sondern eine fortlaufende Aufsicht über die Umgebung der Anlage, die Anlage selbst und den Betrieb erforderlich.

Wenn auch die Einrichtungen anfänglich tadellos hergestellt und in Betrieb gesetzt sind, so können sich doch allmählich Unregelmäßigkeiten einschleichen, oder durch Natur- oder sonstige Ereignisse Störungen entstehen, die nicht beseitigt werden, wenn eine Aufsicht fehlt. Auch werden im Laufe der Zeit die Verhältnisse anders: Sumpfwiesen, welche die Quellfassungen und Brunnen umgaben, werden infolge ständiger Wasserentnahme in gedüngtes Ackerland verwandelt, unterirdische Quelläufe nehmen andere Wege, das Grundwasser senkt sich dauernd, die Bevölkerung der Stadt wächst, die Wasserentnahme steigt, aber die Wassergewinnungsanlagen wurden nicht vergrößert. Alles dieses und noch manches andere verlangt dringend eine Aufsicht durch die Behörden.

Die Überwachung verfolgt den Zweck, dafür zu sorgen, daß stets ein infektionssicheres, gutes Wasser in genügender Menge vorhanden sei.

Die Art der Prüfung der Wasserbeschaffenheit richtet sich nach der Art des Wassers; sie erstreckt sich bei einem an sich einwandfreien Wasser darauf, ob der die tadellose Beschaffenheit des Wassers begründende Zustand noch besteht, und ob keine Schädigung des Wassers in Fassung, Sammlung und Betrieb hinzugekommen oder zu befürchten ist; bei nicht von vornherein einwandfreiem Wasser erstreckt sie sich darauf, ob das Wasser zu einem infektionssicheren (vgl. Nr. 8 Abs. 2) und sonst möglichst guten umgewandelt und als solches erhalten wird.

Zur Feststellung, ob stets die genügende Menge Wasser vorhanden ist, ist die beanspruchte Menge mit der abgegebenen zu vergleichen; eine einfache Bestimmung der gerade vorhandenen Wassermenge genügt nicht. Auch muß darüber Klarheit geschaffen werden, ob das Wasser für die nähere Zukunft ausreicht und in welcher Weise beabsichtigt wird, einem herannahenden weiteren Bedürfnis nach Wasser zu entsprechen.

Finden sich in der Umgebung des Werkes, in seiner Anlage oder im Betriebe Fehler, so sollen, soweit angängig, ihre Ursachen festgestellt und Mittel zu ihrer Beseitigung angegeben werden.

Zu Nr. 28. Maßgebend für die Art und den Umfang der Überwachung ist in erster Linie die mehr oder minder große Sicherheit, welche die Wasserversorgungsanlage an sich bietet (z. B. Grundwasserversorgung in gut filtrierendem Boden, weit entfernt von menschlichen Wohnstätten und Betrieben gegenüber einer Oberflächenwasserversorgung, die von dem Wasserlauf einer gewerbreichen Gegend gespeist wird), sowie ihre wirtschaftliche Bedeutung.

Eine durch Wasser übermittelte Typhusepidemie in einer großen Stadt fordert selbstverständlich erheblich mehr Opfer als eine solche in einem kleinen Orte; man kann also gewissermaßen sagen, eine Typhusepidemie in einer Stadt von 100 000 Einwohnern ist gleichwertig 100 Epidemien in Orten von 1000 Einwohnern, oder ein und derselbe Fehler, ein und dieselbe Nachlässigkeit kann sich bei einer Großstadt hundertmal mehr rächen als bei einer Kleinstadt; es steigt also die Verantwortung der Wasserwerksleitung und der Behörde proportional der Zahl der versorgten Personen. Vielfach sind die Wasserversorgungen kleinerer Orte nicht so sorgfältig angelegt als die großer Städte; ist das der Fall, so bedürfen sie einer strengeren Überwachung als letztere; wegen der großen Verantwortung jedoch, die auf den Anlagen großer Städte ruht, wird man diese trotz ihrer guten Einrichtungen stets einer besonders genauen Überwachung unterziehen müssen.

Noch ein Punkt kommt hinzu. Nicht bloß Leben und Gesundheit können durch Epidemien gefährdet, auch die rein wirtschaftlichen Interessen können auf das schwerste geschädigt werden. Als Hamburg im Jahre 1892 von einer schweren Choleraepidemie heimgesucht war, lagen Handel und Wandel in Hamburg selbst völlig darnieder; aber nicht bloß Hamburg, ganz Deutschland war schwer dadurch benachteiligt, daß sein Haupthandelshafen verseucht war. Die wirtschaftlichen Verhältnisse dürfen also bei der Bewertung der Infektionen durch Wasser nicht übersehen werden.

Hier sind es die ungünstigeren Sicherheitsverhältnisse, dort die bedeutenderen wirtschaftlichen Verhältnisse, welche gebieten, die Kontrolle mit besonderer Umsicht zu handhaben.

Der Prüfung sollen unterzogen werden die „öffentlichen" Anlagen; jedoch muß, um einen möglichst großen Schutz zu gewähren, der Begriff der Öffentlichkeit weit gezogen werden. Wenn z. B. ein Waisenhaus, ein größeres Privatkrankenhaus oder ein größeres Hotel für sich eine Wasserversorgung anlegt, so soll diese nach der hier aufgestellten Anleitung eingerichtet, betrieben und geprüft werden, kurz alles nach den in der Anleitung aufgestellten Grundsätzen nach jeder Richtung hin erfolgen. Anstalten, die dem Publikum offen stehen, oder auf welche bestimmte Bevölkerungsteile angewiesen sind, gelten im Sinne dieser Anleitung als öffentliche. Für die Versorgungen größerer konzessionspflichtiger Anlagen, z. B. von Fabriken, sind, soweit sie eigene Wasserversorgungen haben, die in der Anleitung enthaltenen Grundsätze in gleicher Weise als maßgebend gedacht.

Zu Nr. 29. Soll die Überwachung guten Nutzen gewähren, so ist sie in regelmäßiger Wiederkehr auszuüben, außerdem müssen je nach dem Ermessen der Behörde auch außer der Reihe liegende Prüfungen vorgenommen werden können. Wie oft die Prüfungen von Umgebung, Anlage und Betrieb stattzufinden haben, hängt von den gegebenen Verhältnissen ab. Kleinere Werke, bei denen die Anlage einfach und die Betriebsverhältnisse leicht zu übersehen sind und deren Wasser als dauernd einwandfrei bekannt ist, erfordern eine nicht so häufige Wiederholung der Prüfung als größere und alle diejenigen kleineren Anlagen, welche nicht ganz sicher sind, oder bei denen die Menge und Beschaffenheit des gelieferten Wassers einem stärkeren Wechsel unterliegt. Stets ist zu beachten, daß auch bei einfachen Verhältnissen sich Ungehörigkeiten einzuschleichen vermögen, die rechtzeitig beseitigt werden müssen.

Da es sich bei den Prüfungen darum handelt, die schwachen Seiten der Werke kennen zu lernen, so werden sie in die Zeiten zu legen sein, welche für das Werk die ungünstigsten sind; das sind für eine Reihe von Anlagen (Stauweiher, Flußwasserversorgungen aus kleinen Flüssen betreffs der Menge und der Beschaffenheit, Grund- und Quellwasserversorgungen meistens nur betreffs der Menge) die trockenen Perioden; für andere kommen die wasserreichen Zeiten mehr in Betracht (Hochwasserperioden für Flußwasserversorgungen, starke Regen, Schneeschmelze für Quellen u. dgl.; meistens ist die gute Wasserbeschaffenheit in Frage gestellt). Ferner können längere Zeit anhaltender Frost, Zeit der Düngung und Bestellung der Äcker und manches andere in Betracht kommen.

Zu Nr. 30. Die Wasserversorgungen verfolgen in der Hauptsache gesundheitliche Zwecke, es ist daher notwendig, daß die Kontrolle durch ein Organ ausgeführt wird, welches die gesundheitliche Bedeutung zu würdigen versteht und über den jeweiligen Gesundheitszustand der Bevölkerung unterrichtet ist. Diese Anforderungen erfüllt der hygienische Sachverständige; oft wird das der Medizinalbeamte des Bezirkes sein. Er ist gegenüber der Behörde die in gesundheitlichen Dingen verantwortliche Person.

Das Wasser muß gesammelt, gefaßt, zuweilen verbessert, zugeführt und verteilt werden. Diese Arbeiten übernimmt der Techniker. Da bei den technischen Anlagen Fehler vorhanden sein oder sich einschleichen können, die von großem Belang für die Menge oder Beschaffenheit des Wassers sind, so ist neben dem hygienischen häufig noch ein technischer Sachverständiger erforderlich. Letzterer hat die technischen Einrichtungen und Betriebsverhältnisse zu untersuchen und das Gefundene dem ersteren mitzuteilen.

Ein Wasserwerk ist zuweilen ein einfach, zuweilen ein kompliziert zusammengesetzter Organismus. Liegen die örtlichen Verhältnisse klar, ist die Anlage der Wasserversorgung in ihren Einzelheiten leicht zu übersehen und der Betrieb einfach, so genügt die Kontrolle durch den hygienischen Sachverständigen allein. Dieser hat, wenn er zugleich der zuständige Medizinalbeamte ist, bei den Impfungen oder anderen Veranlassungen Gelegenheit, sich um die Wasserversorgung der von ihm besuchten Orte zu kümmern. Auch die Kosten dürften sich auf solche Weise geringer gestalten, als wenn er mit dem technischen Sachverständigen besonders an Ort und Stelle reisen muß. Trifft der hygienische Sachverständige auf irgend etwas ihm in technischer Hinsicht Verdächtiges, so ist der technische Sachverständige heranzuziehen. Bei den kleinen Gemeinden sind die Anlagen meist sehr einfach. Für die kleinen und kleinsten Ortschaften bilden der Gemeindebrunnen oder die Quelle, die im oder am Dorfe hervortritt, die gewöhnlichen Wasserbezüge, wenn nicht der Dorfbach selbst das Wasser hergeben muß. Hier wird oft den kontrollierenden Medizinalbeamten zunächst viel Arbeit erwarten, denn viele dieser Bezüge werden den sanitären Anforderungen nicht voll entsprechen. Es wird sich empfehlen, noch in einer besonderen Brunnenordnung Regeln aufzustellen, nach welchen die Brunnen gebaut, eingerichtet und kontrolliert werden sollen. — Die Wasserleitungen, mit welchen eine Reihe kleiner Gemeinden sich versehen haben, sind in großen Teilen Deutschlands mit wenigen Ausnahmen erst in der neuesten Zeit angelegt, als man die Gefahren, welche die Zubringung unsicheren Wassers mit sich führt, schon erkannt hatte; sie bieten daher in der Regel erheblich weniger hygienische Bedenken.

In anderen Fällen, in denen die Anlagen kompliziert, der Betrieb eigenartig und nicht leicht zu übersehen ist, muß zur Prüfung ein im Wasserversorgungsfach durchgebildeter technischer Sachverständiger zugezogen werden, welcher das Werk und den Betrieb zu kontrollieren hat; seine Meinung in technischen Dingen wird von dem Hygieniker zu hören sein.

Unter Umständen, besonders bei Erstanlagen oder bei Vergrößerungen oder Veränderungen der Werke oder bei Störungen im Betriebe, die mit ganz offenkundig sind, wird vom Hygieniker und Techniker allein ein klares Urteil nicht gewonnen werden können. In solchen Fällen sind weitere Sachverständige heranzuziehen oder ausgiebige Untersuchungen zu veranstalten. Über die Örtlichkeit, soweit der unterirdische Lauf des Wassers in Betracht kommt, über die Filtrationsfähigkeit des Bodens, die Zerklüftung des Gesteins, die Anordnung, das Steigen und Fallen des Gebirges, die Lage und Größe des an der Wasserlieferung beteiligtes Gebietes wird oft nur ein Geologe die nötige Auskunft geben können. Zur weiteren Unterstützung bei der Überwachung stehen die Untersuchungen des Chemikers und Bakteriologen zur Verfügung; sie sind in manchen Fällen geradezu unentbehrlich.

Zu Nr. 31. Die Behörde hat wie das Recht so die Pflicht, zu Zeiten bestehender oder drohender Gefahr, z. B. bei Epidemien, oder wenn ein Wasserwerk unter besonders ungünstigen Bedingungen zu arbeiten gezwungen ist, jederzeit eine besondere Prüfung oder eine Wiederholung der laufenden Prüfungen anzuordnen.

Damit die Behörde zur richtigen Zeit eingreifen kann, muß sie über das Werk und seinen Betrieb auf dem Laufenden gehalten werden. Nicht nur wesentliche Änderungen in der Anlage (Nr. 19), sondern auch im Betriebe müssen ebenso wie Störungen in demselben (Nr. 22) frühzeitig zu ihrer Kenntnis kommen. Was unter wesentlichen Änderungen einer Wasserversorgungsanlage verstanden werden soll, ist in den Erläuterungen in Nr. 22 im Abs. 3 ausgeführt.

Zu Nr. 32. Die Überwachung verfolgt den Zweck, der Bevölkerung ein unschädliches und möglichst gutes Wasser zu gewährleisten. Hier trifft die Aufgabe der Behörde mit der der Wasserwerksleitung zusammen. Daher ist ein enges Zusammenwirken aller Beteiligten und die Unterstützung der prüfenden Personen durch die Werksleitung notwendig. Die Prüfungen können nur dann ihren Zweck vollständig erfüllen, wenn die Prüfenden das Werk genau kennen; es ist daher erwünscht, daß kein zu häufiger Wechsel in dem Überwachungspersonal eintritt, und andererseits, daß dem letzteren von seiten der Werkleitung völliger Einblick in Anlage und Betrieb gewährt wird.

Bei einer Reihe von größeren Wasserwerken finden regelmäßige Untersuchungen der Menge und der Beschaffenheit des zufließenden und des abgegebenen Wassers statt. Aufzeichnungen hierüber und ähnliche Materialien, z. B. die Verbrauchslisten, die Listen der geförderten Wassermengen, die chemischen und bakteriologischen Analysen, die Temperaturbestimmungen, die Trübungsbestimmungen im Roh- und Reinwasser usw., die genauen Zeichnungen, welche jedes Werk besitzen muß, mit den bis auf den Tag der Prüfung gemachten Nachträgen, sind den Prüfenden zugängig zu machen.

Erscheinen die gemachten Untersuchungen nicht zweckentsprechend oder nicht ausreichend oder sind Untersuchungen überhaupt nicht gemacht, wo sie notwendig gewesen wären, so sollen die Prüfenden um ihre zweckmäßige Ausführung ersuchen. Entstehen Meinungsverschiedenheiten betreffs der in Nr. 32 erwähnten Untersuchungen, so ist die Entscheidung der zuständigen Behörde herbeizuführen.

Zu Nr. 33. Zu einer glatten Abwickelung des Prüfungsgeschäfts wird es wesentlich beitragen, wenn Ausführungsbestimmungen erlassen werden, nach welchen die Prüfung stattzufinden hat. Diese sollten jedoch nur in großen Zügen die Richtung, den Umfang und die Art und Weise der Prüfung angeben, es dabei den Prüfenden überlassend, die ihnen bei den einzelnen Werken als praktisch erscheinenden Wege zu gehen. Der Gang und die Ergebnisse der Prüfung werden zweckmäßig schriftlich niedergelegt, um Meinungsverschiedenheiten vorzubeugen und bei einem Personenwechsel den Nachfolgern die Weiterführung der Geschäfte zu erleichtern.

III. Einzelstaatliche und lokale Bestimmungen über Verhütung von Verunreinigungen der Reinwasserleitungen, über Untersuchung und Probeentnahme von Wasser, sowie über lokale Versorgungen mit Trink- und Gebrauchswasser (Brunnenordnungen).

Mit der Annahme der vorstehenden „Anleitung" sind die von den Einzelstaaten veranlaßten Maßnahmen für die Zentralversorgungen ungefähr erschöpft. Nennenswertes Neues ist nicht hinzugekommen. Die früher in einzelnen Bundesstaaten bestehenden Vorschriften sind vielmehr mit der „Anleitung" in Übereinstimmung gebracht bzw. durch sie überflüssig geworden. Dahingegen sind einzelstaatliche, polizeiliche und lokale Verordnungen erlassen über Verhütung von Verunreinigungen, über die Art der Wasseruntersuchung, sodann über die in der Volkswirtschaft noch einen sehr breiten Raum einnehmenden Einzelversorgungen.

a) Die Verhütung von Verunreinigungen von Reinwasserleitungen.

Im Laufe der Zeit erkannte man, daß bei mangelhafter Installation Schmutzstoffe in die Leitungen einzudringen vermögen. S. 503 ist dieses Thema bereits besprochen. Dort sind auch kurz die Mittel und Wege angegeben, um dem Eintritt unreinen Wassers entgegenzutreten. In verschiedenen Städten ist die Materie im Verordnungswege geregelt worden. Nachstehend lassen wir die Berliner Polizeiverordnung, die sich gut bewährt hat, wörtlich, soweit wie sie hier interessiert, und auch soweit sie die Entleerungsöffnungen in Kellern, Höfen usw. betrifft, folgen.

Polizeiverordnung über Herstellung und Betrieb von Grundstücksentwässerungen und Verhütung von Verunreinigung der Reinwasserleitung

vom 26. Oktober 1910 (Gemeindeblatt 1910, S. 485).

§ 1—36 betr. die Entwässerung.

Verhütung von Verunreinigungen.

§ 37. Vorschriften zur Verhinderung des Eintritts unreiner Wässer in die Reinwasserleitung.

Spülabtritte, Badewannen, Bidets, Wasch- und Spülbecken, Waschmaschinen, Wasserbehälter, Wasserstrahlapparate, Turbinen, Dampfinjektoren, Absperrhähne, Staubaufsaugevorrichtungen und andere Anlagen, die mit der Hauswasserleitung in Verbindung stehen, sind derartig einzurichten, daß eine Verunreinigung infolge Rückfließens oder Rücksaugens von Flüssigkeiten oder anderen Stoffen in die Reinwasserleitung unter keinen Umständen eintreten kann. Die hierzu gewählte Einrichtung muß der Beaufsichtigung zugänglich sein und auch bei längerem Gebrauch ein Zurücktreten irgend welcher Stoffe in die Leitung sicher verhüten.

Bei Spülabtritten, welche nicht durch Spülbehälter, sondern durch direkte Verbindung mit der Wasserleitung gespült werden, kann dieser Bestimmung durch Unterbrechung der Zuflußleitung zwischen Absperrhahn und Klosett Genüge geleistet werden, so daß beim Schließen des Hahnes sowie bei Entleerung der Wasserleitung Luft eintritt.

Die so entstehende Öffnung in der Zuflußleitung muß gegen Verunreinigung geschützt werden; sie muß mindestens 20 cm über der Oberkante des Klosettbeckens liegen, und zwar auch dann, wenn auf die Öffnung ein Luftrohr aufgesetzt oder die Öffnung während des Spülens durch ein Ventil geschlossen wird.

Als Öffnung im angegebenen Sinne gilt die Stelle, an welcher das zufließende Wasser mit der Luft in Berührung kommen kann.

Der Gesamtquerschnitt der Luftwege muß mindestens gleich dem Querschnitt der Zuflußleitung in dem Teile zwischen Hahn und Unterbrecher sein.

An keiner Stelle darf die Weite der Luftwege geringer als 4 mm sein.

Die Unterbrechung ist durch einen gut und dauerhaft gearbeiteten Apparat herzustellen. Dieser Apparat darf weder aus Weichmetall noch aus Eisen, sofern dieses nicht hinreichend gegen Rost geschützt ist, hergestellt werden. Die Konstruktion und Herstellung der Ventile müssen besonders genehmigt sein. Bei der Spülvorrichtung ist zu beachten, daß die Spülung ausreichend ist und den bezüglichen Vorschriften entspricht. Bei Spülabtritten mit Kastenspülung muß die Entfernung zwischen der Unterkante des Spülbehälters und dem Beckenrand mindestens 20 cm betragen.

Bei Badewannen, Waschbecken, Spülwannen und ähnliche Anlagen muß der Wassereinlauf mindestens 20 cm über Oberkante der Wanne oder des Beckens liegen. Wo dieser Forderung mit Rücksicht auf den Zweck der Objekte nicht Genüge geleistet werden kann, wie z. B. bei Bidets, ist die Zuleitung durch einen Unterbrecher zu schützen, dessen Luftöffnung wenigstens 20 cm über Beckenoberkante liegt. Dagegen genügt es bei Wasserbehältern, die nur zur Aufnahme reinen Wassers dienen, wenn der Zufluß oberhalb der Abflußöffnung eines hinreichend weiten Überlaufes liegt. Die Behälter sind gut abzudecken, um eine Verschmutzung von außen zu verhüten.

Bei Gläserspülwannen und Fischbehältern kann der Einlauf unten erfolgen, wenn Rohrunterbrecher (wie für Bidets) eingeschaltet werden.

Wird zum Füllen der Badewannen, Waschgefäße, Fischbehälter oder für andere Zwecke (z. B. bei Kopfbrausen) an dem Zapfhahn ein Schlauch befestigt, der in das Gefäß eintaucht, so muß in der Wasserzuflußleitung ein Unterbrecher (wie für Spülabtritte) eingebaut werden.

Die Entleerungsöffnung der Absperrhähne muß im Keller mindestens 10 cm über Kellersohle liegen.

Hähne mit Entleerungsöffnung in Höfen, Gärten, sowie in nicht frostfreien Räumen und Zapfstellen unter der Erdoberfläche müssen in Gruben mit wasserdichten Wänden und dichter Abdeckung liegen, die so bemessen sind, daß das gesamte Entleerungswasser den Hahn nicht erreicht, sie müssen jedoch mindestens 25 cm weit und 30 cm tief unter dem Hahn sein. Die Gruben müssen gegen den Einlauf von Regen und Schmutzwasser geschützt liegen, innerhalb von Gebäuden muß ihre Oberkante 10 cm über dem Fußboden hinausragen. Liegt der Hahn unterm Grundwasserspiegel oder ist der Boden völlig undurchlässig, so ist auch die Sohle der Gruben wasserdicht herzustellen und das angesammelte Wasser durch Ausschöpfen oder Auspumpen zu entfernen.

Das Durchführen der Wasserleitung durch Revisionsgruben, Sinkkästen, Reinigungsschächte oder ähnliche Teile der Entwässerungsanlagen ist nicht gestattet.

Verbindungsleitungen ohne Rohrunterbrechung zwischen Wasserleitung und Abflußleitung zur Verhütung des Einfrierens sind unzulässig. Die Unterbrechung muß mindestens 10 cm über Kellersohle, in Gruben für Hofklosette 50 cm über der Sohle liegen.

Die Verwendung von Wasserstrahlpumpen zum Heben von Flüssigkeiten muß in jedem Falle besonders genehmigt werden.

Dampfkessel mit höherem Druck (mehr als 1 Atmosphäre Überdruck) dürfen nur mittelbar von der Reinwasserleitung aus gespeist werden; die Verwendung von Dampfinjektoren zu diesem Zwecke bedarf der besonderen Genehmigung.

Dampfkessel mit nicht mehr als 1 Atmosphäre Überdruck, Warmwasserbereitungsanlagen usw. dürfen nur dann mit der Reinwasserleitung direkt verbunden werden, wenn in der Zuflußleitung ein sicher wirkendes Rückschlagventil eingebaut und eine Verunreinigung der Anlagen durch Schmutzwasser ausgeschlossen ist.

Eine unmittelbare Verbindung von Privatwasserleitungen mit der öffentlichen Wasserleitung ist verboten.

§ 38. Die Vorschriften dieser Verordnung finden bei den zu Recht bestehenden, an eine öffentliche Straßenleitung bereits angeschlossenen Entwässerungsanlagen nur insoweit Anwendung, als überwiegende Gründe des öffentlichen Interesses es fordern und die nötigen Änderungen unaufschiebbar machen.

Bestehende Anlagen, die den Bestimmungen des § 37 nicht genügen, sind spätestens binnen 6 Wochen nach ergangener polizeilicher Aufforderung abzuändern.

§ 39. Übertretungen der bevorstehenden Bestimmungen werden mit einer Geldstrafe bis zu 30 ℳ oder im Unvermögensfalle mit verhältnismäßiger Haft bestraft.

§ 40. Diese Polizeiverordnung tritt am 1. Dezember 1910 in Kraft. Die Polizeiverordnung vom 4. Mai 1908, betreffend Regelung der Entwässerung der Grundstücke durch die städtische Kanalisation, wird mit demselben Tage aufgehoben.

Berlin, den 26. Oktober 1910.

Städtische Polizeiverwaltung, Abteilung II (Grundstücksbe- u. -entwässerung).

Der Oberbürgermeister.

b) Die Untersuchung und die Probeentnahme des Wassers.

Hierfür sind an verschiedenen Stellen Vorschriften erlassen. Es sei gestattet, die jüngste von ihnen, die Kgl. Bayerische, kurz zu erwähnen und daran einige kritische Worte zu knüpfen.

Im allgemeinen ist es richtig, die Untersuchung des Wassers von sachverständiger Seite an Ort und Stelle vorzunehmen, um über die so oft entscheidenden örtlichen Verhältnisse ein Bild zu bekommen. Sachverständige können die verschiedensten Personen sein.

Die Wasserversorgung aber ist zuletzt eine hygienische Maßnahme und daher muß der Hygieniker in dieser Sache entscheiden, soweit die gesundheitlichen Verhältnisse in Frage kommen. Der Hygieniker ist bei den meisten und vor allem bei den nicht großen Versorgungen, die sich leicht übersehen lassen, der Medizinalbeamte. Er ist für die sanitären Verhältnisse seines Bezirkes verantwortlich. Durch ihn muß also, streng genommen, die Untersuchung, jedenfalls aber die Beurteilung erfolgen, von ihm wird auch vielfach der Anstoß zur Untersuchung ausgehen. Kann er die eventuell erforderlichen geologischen, die chemischen und bakteriologischen Untersuchungen selbst nicht ausführen, so möge er sie sich machen lassen; aber er muß die Proben entnehmen, er muß die Örtlichkeit besichtigen, sie studieren, er muß die örtlichen Feststellungen und die bakteriologischen und chemischen Befunde zu einem Gutachten verarbeiten. Wo schwierigere Verhältnisse vorliegen, möge er einen erfahrenen Sachverständigen heranholen lassen; aber die gewöhnlichen, laufenden Beurteilungen in den ihm meistens genau bekannten ländlichen Verhältnissen, wo es sich um Einzelbrunnen oder kleine Quellen, bzw. kleine Versorgungen handelt, muß er machen können; dazu hat er die erforderliche Vorbildung erhalten, aber es fehlt nicht selten die praktische Anleitung, das Vertiefen in die vorliegenden Fragen.

Die baulichen Verhältnisse unterliegen nur insofern der Kritik des Medizinalbeamten, als sie direkt die hygienischen Verhältnisse berühren. Eine Differenz zwischen Baubeamten und Sanitätsbeamten kann kaum vorkommen.

Für größere Versorgungen und schwierigere Verhältnisse langt vielfach das Wissen der Medizinalbeamten nicht aus. Da ist es richtig, daß die Verwaltung sich an Spezialisten wende. In erster Linie steht hier oft der Geologe; vielfach kann nur er die verwickelten Wege des Wassers aufdecken und den Zusammenhang des unterirdischen Wassers mit anderem Untergrundwasser oder mit Oberflächenwasser und Schmutzstätten nachweisen. Sein Urteil wird oft maßgebend sein müssen für den Hygieniker. Auch das Urteil des Technikers, des Ingenieurs, kann von grundlegender Bedeutung sein, denn durch die technischen Arbeiten kann die Beschaffenheit des Wassers wesentlich beeinflußt werden; auch kann die Kostenberechnung den Weg weisen, den die Gemeindeverwaltung gehen soll. Der Hygieniker wird hier zuweilen mit einem Teilerfolg zufrieden sein und sich sagen müssen, daß das Bessere oft der Feind des Guten ist. In wieder anderen Fällen spricht der Chemiker das entscheidende Wort; wenn die Frage vorliegt, ob ein härteres oder weicheres, ein eisen- und manganhaltiges oder -freies Wasser eingeführt werden soll, so muß er nicht nur die Analysen machen, sondern auch sich darüber äußern, ob enthärtet, enteisent, entmangant, oder dem Wasser die freie Kohlensäure fortgenommen werden soll.

Das Gefährlichste bei einer Wasserversorgung ist und bleiben die Infektionen. Der Hygieniker hat die Aufgabe, bei den Angaben der anderen Sachverständigen seinen Standpunkt zu wahren. Von der Forderung des „ne nocere" kann er nicht ablassen. Wenn er sich auch vor übertriebener Ängstlichkeit hüten muß, so darf er doch betreffs der Sicherheit keine Konzessionen machen. Betreffs der Annehmlichkeit sind Kompromisse zulässig und oft nicht zu vermeiden. — Vielfach wird an den Hygieniker die Anforderung gestellt, nur auf die chemische oder bakteriologische Analyse hin ein Urteil abzugeben. Wir lehnen solche Gesuche grundsätzlich ab. Nur dann gehen wir darauf ein, wenn uns von früheren Untersuchungen her die örtlichen Verhältnisse schon bekannt sind, oder wenn ein in hygienischen Fragen bewanderter Wasseringenieur uns aus seiner Anschauung über die Verhältnisse aufklärt.

Ist man gezwungen, von einer Besichtigung abzusehen und die Proben durch einen anderen entnehmen zu lassen, dann sind genaue

Vorschriften für die Entnahme und die sorgfältige Ausfüllung eines detaillierten Fragebogens absolut notwendig, — und trotzdem wird man noch tüchtige Fehlschläge haben. (Wir hatten die Aufgabe, ein Brauereiwasser zu untersuchen, weil es verdächtig war, Krankheitskeime aufnehmen zu können. Auf unsere Anfrage wurde uns mitgeteilt, das Wasser entstamme reinlichen, reichlichen Quellen. Die Augenscheinnahme bestätigte auch die Richtigkeit der Angaben; sie zeigte aber zugleich, daß dieses reinliche, reichliche Quellwasser, bevor es zur Brauerei kam, 12 km weit durch gedüngtes Wiesengelände und vier Dörfer gelaufen, daß also das Quellwasser ein Bach geworden war.)

Von den vorhandenen Fragebogen erscheint uns der bayerische als der beste, weil reichhaltigste und genaueste; er berücksichtigt auch die anderen Fragebogen, z. B. den der Preußischen Landesanstalt für Wasserhygiene. Man kann gegen ihn einwenden, daß er zu reichhaltig sei, nur ein Teil der Fragen werde beantwortet werden. Das ist unzweifelhaft richtig, aber richtig ist gleichfalls der Satz: wer viel fragt, bekommt viel Antwort; daß die befragten Personen mehr angeben als das, um was sie gefragt werden, kommt nicht vor. Der am weitesten in das einzelne gehende Fragebogen ist daher der beste.

1. Bekanntmachung des Staatsministeriums des Innern über die Betriebsordnung der bakteriologischen Untersuchungsanstalten
vom 21. April 1914 (Amtsblatt S. 223).

Für bakteriologische Wasseruntersuchungen werden Gefäße zur Entnahme und Versendung von Wasserproben mit Zubehör nur in den Anstalten bereitgehalten und von Fall zu Fall auf Verlangen abgegeben.

Anträge auf bakteriologische Wasseruntersuchungen zur Bestimmung der Keimzahl sind an die Anstalten ausschließlich durch Vermittelung der Bezirksämter (kreisunmittelbaren Stadtmagistrate) zu stellen. Die Bezirksämter (kreisunmittelbaren Stadtmagistrate) haben zu prüfen, ob eine bakteriologische Untersuchung überhaupt veranlaßt ist, und zu diesem Zwecke festzustellen, ob bereits eine chemische Untersuchung des Wassers (s. Min.-Entschl. vom 24. Dezember 1912, Anweisung A Nr. III, MABl. S. 39) stattgefunden hat. Ist dies nicht der Fall, so ist zunächst die Vornahme einer chemischen Untersuchung zu veranlassen. Ist das Wasser schon nach dem Ergebnisse der chemischen Untersuchung für die beabsichtigte Verwendung unbrauchbar, so erübrigt sich eine bakteriologische Untersuchung und ist von einer Weiterleitung des Antrages an die Bakteriologische Untersuchungsanstalt abzusehen. Ist der Ausfall der chemischen Untersuchung günstig, so ist zur Ergänzung die bakteriologische Untersuchung herbeizuführen. Soweit zur Entnahme der Wasserprobe aus einer Quelle noch eine Herrichtung der Quelle notwendig ist (S. 242, 243 6 A d), ist vor der Entnahme durch Sachverständige (Bezirksbaumeister, Bezirksarzt) an Ort und Stelle prüfen zu lassen, ob die Herrichtung der Quelle den Anforderungen entspricht; in besonderen Fällen ist die Bakteriologische Untersuchungsanstalt über die Herrichtung gutachtlich

einzuvernehmen. Da die Entnahme der Proben zur Bestimmung der Keimzahl große Sorgfalt und Geschicklichkeit erfordert, so hat sie durch einen verlässigen Sachverständigen (in der Regel Bezirksarzt, Bezirksbaumeister) zu
erfolgen. Bei schwierigen Verhältnissen wird die Bakteriologische Untersuchungsanstalt um Absendung eines Beamten zu ersuchen sein.

VI. Anweisung zur Einsendung von Wasserproben.

A. Zur bakteriologischen Bestimmung der Keimzahl.

1. Zur Einsendung der Wasserproben für die bakteriologische Untersuchung sind ausschließlich die Wasserversandkästen der Bakteriologischen
Untersuchungsanstalten zu benutzen; die Kästen werden auf Antrag abgegeben.

2. Die bakteriologische Untersuchung gibt die verlässigsten Aufschlüsse
dann, wenn die Wasserproben zur Zeit der Schneeschmelze oder nach länger
dauerndem starken Regen entnommen werden. Hiernach ist der Zeitpunkt
der Probeentnahme am besten im Einvernehmen mit der Anstalt zu bestimmen.

3. Die Wasserproben sollten tunlichst bald nach dem Eintreffen des
Versandkastens entnommen werden, da die Anstalten nur eine beschränkte
Anzahl von Versandkästen besitzen.

4. Die Stunde der Entnahme ist mit Rücksicht auf die Bahn- oder Post-
verbindung so zu wählen, daß zwischen der Entnahme der Proben und ihrer
Ankunft in der Anstalt möglichst wenig Zeit, keinesfalls mehr als 24 Stunden,
vergehen. Abgesehen von dringenden Fällen ist eine Probeentnahme an
Sonntagen und an Samstagen, sowie an Feiertagen und deren Vortagen zu
unterlassen.

5. Die in den Versandkästen befindlichen Messinghülsen, welche die zur
Aufnahme des Wassers bestimmten Glasröhrchen enthalten, sind keimfrei
gemacht und dürfen daher nur zum Zwecke der Probeentnahme und unter
den nachfolgenden Vorsichtsmaßregeln geöffnet werden.

6. Der Versandkasten wird in nächster Nähe der Entnahmestelle, aber
bequem und sicher, auch gegen Niederschläge geschützt, aufgestellt
und geöffnet.

7. Derjenige, der die Wasserproben entnimmt, hat unmittelbar bevor
er die Büchsen anfaßt die Hände, und zwar insbesondere die Fingerspitzen
mit Wasser, Seife und Bürste gründlich zu reinigen und dann an einem
frisch gewaschenen Handtuch abzutrocknen.

8. Er zieht nun mit der linken Hand eine Blechhülse heraus, faßt ihre
Kappe zwischen dem zweiten und dritten Finger der rechten Hand, zieht sie
ab und hält sie zwischen den Fingern fest. Das jetzt sichtbar gewordene
Glasgefäß wird nun knapp über dem Rande der Blechbüchse — nicht an
seiner Öffnung oder am Baumwollpropfen — zwischen Daumen und Zeige-
finger der rechten Hand gefaßt und herausgezogen. Hierauf wird die leere
Blechhülse sofort wieder mit der Kappe verschlossen und an ihren Platz im
Kasten zurückgestellt.

9. Nun wird der Baumwollpropfen mit der linken Hand vorsichtig,
ohne daß der Rand des Glasröhrchens berührt wird, herausgezogen
und weiterhin so gehalten, daß er mit keinem anderen Gegenstand in Berührung kommen kann.

10. Das offene Röhrchen wird hierauf mit seiner Mündung nicht zu
dicht unter die Ausflußöffnung vorsichtig so an den Rand des Wasserstrahles
geführt, daß starkes Verspritzen vermieden wird. Sonst besteht die Gefahr,
daß Wasser an die Außenseite der Ausflußröhre emporspritzt, wieder herab-
fließt, in die Wasserprobe gelangt und sie verunreinigt.

11. Sobald das Röhrchen zu etwa $^2/_3$ gefüllt ist, wird es sofort wieder mit dem Pfropfen verschlossen und, nachdem auf der Bezeichnung die Entnahmestelle vermerkt worden ist, in seine Blechbüchse geschoben; sodann wird die Büchse verschlossen und in den Kasten eingesetzt.

12. Die am Kasten befindliche Bezeichnung und der mit übersandte Untersuchungsantrag werden genau ausgefüllt.

13. In dieser Weise sind sämtliche Proben zu entnehmen. An jeder Entnahmestelle sind mindestens zwei Röhrchen mit dem gleichen Wasser zu füllen.

14. Das Blechgefäß ist entweder vor der Probeentnahme oder besser bald nachher mit kleinen Eisstücken (zerhacktem Eis) zu füllen. Die Füllung hat durch die Öffnung zu geschehen, die durch den mit „Eis" bezeichneten Gummistopf verschlossen ist. Nach der Füllung ist die Öffnung durch den Gummistopfen fest zu verschließen. Eine Beschmutzung der Glasröhrchen oder ihrer Kappen bei der Einfüllung ist sorgfältig zu vermeiden.

15. Der Kasten ist sorgfältig zu verschließen und in die Versandkiste zu stellen. Der ausgefüllte Untersuchungsantrag ist auf den Wasserversandkasten in die Versandkiste zu legen. Die Kiste ist mit dem Vorhängeschloß zu verschließen.

16. Der Schlüssel des Vorhängeschlosses der Kiste ist in einem Briefe sogleich an die Bakteriologische Anstalt zurückzusenden. Dem Schlüssel ist eine Beschreibung nach Anlage II a beizulegen.

17. Der Wasserkasten soll weder in der Sonne noch in einem geheizten Zimmer stehen.

18. Der Versandkasten ist sobald als möglich nach der Entnahme zur Postbeförderung aufzugeben. Die Sendung soll tunlichst in allen Fällen als Eilsendung („Eilbote; Bote bezahlt") aufgegeben werden. Die Anstalt ist von dem Eintreffen der Proben rechtzeitig vorher zu benachrichtigen.

Im einzelnen ist noch folgendes zu beachten:

a) Bei Entnahme aus Laufbrunnen und gefaßten, ständig laufenden Quellen:

Die Wasserprobe kann ohne weitere Vorbereitung entnommen werden. Das Auslaufrohr darf vor der Entnahme nicht ab- oder ausgewischt oder sonstwie gereinigt werden. Das Glasröhrchen darf bei dem Aufsaugen des Wassers mit dem Auslaufrohr nicht in Berührung kommen, starkes Spritzen des Wassers ist zu vermeiden (s. Ziff. 10).

b) Bei Entnahme aus Zapfhähnen:

Das Ende des Auslaufrohres ist zunächst mit einer Gas- oder Spiritus-(Löt)lampe abzuflammen. Dann wird der Hahn geöffnet und das Wasser mindestens eine Viertelstunde lang bis zu einer halben Stunde ununterbrochen bis zur Entnahme laufen gelassen.

c) Bei Entnahme aus Brunnen:

α) Bei Entnahme aus Schlag-, Bohr-, Röhrenbrunnen.

Die Füllung der Glasröhrchen erfolgt, nachdem der Ausfluß mit einer Gas- oder Spiritus(-Löt)lampe abgebrannt und am Brunnen mindestens eine Viertelstunde lang bis zu einer halben Stunde ununterbrochen gepumpt worden ist.

β) Bei Entnahme aus Schacht- oder Kessel-Pumpbrunnen.

Die Bestimmung der Keimzahl im Grundwasser, das aus Schacht- oder Kesselbrunnen stammt, läßt im allgemeinen keinen verlässigen Schluß auf die kakteriologische Beschaffenheit des Wassers zu, da das Wasser im Schacht Verunreinigungen mit Keimen ausgesetzt ist; sie ist daher zu unterlassen, wenn schon die Besichtigung des Brunnens Anlaß zu Beanstandungen ergibt.

Wenn die Proben entnommen werden sollen, so muß vorher mindestens die fünffache Menge des Wassers, das in dem Schachte steht, fortgepumpt werden [1]).

d) Bei Entnahme aus nicht gefaßten Quellen:

Die Bestimmung der Keimzahl von Wasser aus nicht gefaßten Quellen läßt keinen sicheren Schluß auf die bakteriologische Beschaffenheit des Wassers zu. Die nicht gefaßten Quellen müssen daher in der Regel zur Entnahme von Proben für die bakteriologische Untersuchung erst in entsprechender Weise hergerichtet werden.

Die Art dieser Herrichtung ist von den örtlichen Umständen abhängig, so daß in jedem Falle der Rat eines Sachverständigen (Bezirksarzt, Bezirksbaumeister) eingeholt werden muß.

Im allgemeinen läßt sich nur sagen, daß das Quellwasser durch die Herrichtung vor Verunreinigungen aus den obersten Bodenschichten und von der Bodenoberfläche her geschützt werden muß; es muß ferner dafür gesorgt werden, daß das gefaßte Wasser ununterbrochen abfließen kann und daß die Wasserproben ohne Schwierigkeit entnommen werden können. (Auffangen der Proben durch Unterhalten der Glasröhrchen.) Nach der Herrichtung der Quellen oder nach ihrer endgültigen Fassung müssen mindestens drei Wochen vergehen, bevor die Wasserproben entnommen werden.

Aus Bohrlöchern, Wasserbecken, Ziehbrunnen, Zisternen usw., wo feststehende Pumpvorrichtungen oder Zapfhähne fehlen oder ausgeschaltet werden müssen, können Wasserproben in der Regel nur von bakteriologisch geschulten Sachverständigen in verlässiger Weise entnommen werden.

Ist das Ergebnis der bakteriologischen Untersuchung der auf solche Weise entnommenen Wasserprobe günstig, so darf es als zuverlässig angesehen werden. Fällt das Ergebnis ungünstig aus und ist die Feststellung der Keimzahl des Grundwassers unbedingt erforderlich, so müssen besondere Vorkehrungen zur Entnahme der Proben je nach den örtlichen Umständen gemäß den Anordnungen der Anstalt getroffen werden.

B. Zum Nachweise von Krankheitskeimen.

Krankheitskeime (Typhus, Paratyphus, Ruhr, Cholera) verschwinden im allgemeinen sehr rasch aus dem Wasser, in das sie gelangt sind.

Bei Verdacht auf Verseuchung von Wasser sollten daher die Proben zur bakteriologischen Untersuchung sofort entnommen und eingesendet werden.

In diesem Falle können deshalb auch nicht erst sterilisierte Gefäße zur Probeentnahme aus der Untersuchungsanstalt bezogen werden. Man nimmt vielmehr eine gewöhnliche Wasser-, Wein- oder Bierflasche, reinigt sie zunächst gründlich außen und innen, füllt sie dann vollständig mit reinem Wasser und legt die gefüllte Flasche, ohne sie zu verschließen, sowie einen neuen, gut

---

[1]) Die im Brunnen stehende Wassermenge wird auf folgende Weise ermittelt: Zuerst berechnet man den lichten Querschnitt des Brunnens (bei kreisrundem Querschnitt: halber Durchmesser mit sich selbst vermehrt [= halber Durchmesser im Quadrat] mal 3,14, bei vierekigem Querschnitt: Länge mal Breite; alles in Metern bestimmt) und mißt die Höhe des im Brunnen stehenden Wassers mit einer reinen Meßlatte oder einer beschwerten Schnur. Durch Vermehrung der beiden Maße miteinander findet man die im Brunnen stehende Wassermenge. Um zu wissen, wieviel Pumpenhübe zum Fortpumpen der fünffachen Wassermenge nötig sind, bestimmt man mit Hilfe eines Meßgefäßes die Wassermenge, die durch einen Pumpenhub gefördert wird. Man teilt dann die Zahl der gefundenen Wassermenge, die im Brunnen steht, durch die Zahl der Wassermenge, die durch den Pumpenhub befördert wird, und nimmt die gefundene Zahl fünfmal.

passenden Kork in einen Topf mit reinem Wasser, so daß die Flasche vollständig unter Wasser taucht. Auch eine Flasche mit Patentverschluß ist brauchbar, wenn der Gummiverschluß noch dicht ist. Das Wasser in dem Topfe wird durch Erhitzen zum Sieden gebracht und mindestens eine halbe Stunde lang im Kochen erhalten. Wenn das Wasser im Topfe wieder gründlich abgekühlt ist, wäscht sich der Probeentnehmer gründlich die Hände mit Seife und Bürste, dann wenn möglich mit einer Desinfektionslösung (wie 70 Proz. Alkohol, 5 Proz. Kresolseifen-, 3 Proz. Formalin-, 1 Prom. Sublimatlösung) und holt, ohne die Hände vorher abzutrocknen oder irgend einen anderen Gegenstand vorher zu berühren, die Flasche aus dem Topf heraus, entleert sie vollständig und füllt sie durch Halten unter den Wasserstrahl mit dem zu untersuchenden Wasser.

In diesem Falle, in dem es sich um den Nachweis von Krankheitskeimen handelt, darf der Brunnen vor der Probeentnahme nicht durch längere Zeit ausgepumpt werden, die Flasche ist vielmehr schon nach wenigen Pumphüben, die nur das Rohr ausspülen sollen, zu füllen. Die gefüllte Flasche wird sofort mit dem im Topfe ausgekochten Kork oder mit dem Patentverschluß verschlossen, gut zugebunden oder versiegelt, bruchsicher verpackt und so rasch als möglich an die Untersuchungsanstalt gesendet. In der warmen Jahreszeit soll die Flasche wenn möglich in Eis (Eis und Sägespäne) verpackt werden.

Bei Schöpf- oder Ziehbrunnen und, wenn die Vermutung besteht, daß die Krankheitskeime (Cholerakeime) gerade an der Oberfläche des im Schachtbrunnen stehenden Wassers angesammelt sind, auch bei Pumpbrunnen, läßt man die Flasche mit einem daran befestigten Gewicht an einer Schnur in den Brunnen hinab und läßt sie von der Oberfläche her vollaufen. Gewicht und Schnur müssen an der Flasche vor dem Auskochen befestigt und mit ihr ausgekocht worden sein. Ist die Flasche wieder heraufgezogen und verschlossen, so ist sie außen mit einem Desinfektionsmittel abzuwaschen.

Die Krankheitserreger können auch in den Schlammablagerungen am Boden und an den Wänden eines verseuchten Schachtbrunnens vorhanden sein. Vom Boden kann der Schlamm geschöpft werden, indem man ein blechernes Meßgefäß oder einen gläsernen oder tönernen Bierkrug ohne Deckel, oder ein Trinkglas an einer Schnur befestigt, außen beschwert und sie bis auf den Boden des Brunnens herabläßt. Von der Wand des Brunnens kann der Schlamm mit derselben Vorrichtung abgestreift werden. Der geschöpfte oder abgestreifte Schlamm wird in eine Flasche übergeleert. Selbstverständlich müssen alle diese Gefäße samt Gewicht und Schnur vorher ausgekocht worden sein und muß die mit Schlamm gefüllte verschlossene Flasche mit einer Desinfektionslösung außen abgewaschen werden.

Gelingt es auf diese Weise nicht, genügende Schlammengen zu bekommen, so kann man auch den Schlamm mit einer vorher gründlich gewaschenen Stange aufrühren und eine Flasche mit dem schlammig gemachten Wasser füllen. Der Entnehmer der Wasser- und Schlammproben hat sich vorher und hinterher sorgfältig die Hände zu waschen.

Anlage IIa zur Betriebsordnung (zu Nr. VI A 16 der Anlage II).

Beschreibung bei der Entnahme von Wasserproben für die bakteriologische Untersuchung.

1. Name und Dienstsitz des Beamten (Name und Wohnung des Beauftragten), der die Probe entnommen hat, mit Angabe seiner Dienstbehörde (der beauftragenden Behörde):

2. Grund oder Zweck der Untersuchung: (Verdacht auf Verunreinigung, Feststellung der Eignung des Wassers als Trinkwasser für eine Wasserversorgung oder dgl.):

3. Zeit der Probeentnahme (Tag und Stunde):

4. Ursprung des Wassers:

Stammt das Wasser aus einem Brunnen, aus einer Zisterne, aus einer Quelle (aus einem Flusse, einem Teich oder Stauweiher, einem See)?

Plannummer des Grundstücks, auf dem sich der Brunnen oder die Quelle (der Flußteil, Stauweiher, Teich oder See) befindet; genaue Beschreibung der Lage mit Angabe der Himmelsrichtung vom Mittelpunkte der Plannummer aus, der Beschaffenheit der Umgebung, bei Wasserläufen der Umgebung des Oberlaufes:

a) Bei Wasser aus Brunnen:

Besteht es aus einem Schürfloche, ist es ein Kessel- oder Schacht-brunnen, ein Bohrbrunen, ein Schlagbrunnen?

Ist es ein Grundwasser- oder ein Tiefschichtbrunnen? Wie tief liegt der Wasserspiegel von der Erdoberfläche aus gemessen? Ist bekannt, aus welcher Richtung das Wasser dem Brunnen zufließt? Sind Drainagen zur Förderung des Zuflusses angelegt? In welcher Tiefe unter der Erdoberfläche liegen sie?

Bei Kessel- oder Schachtbrunnen:

Ist der Brunnen ein Schöpf-, Zieh- oder Pumpbrunnen? Herstellungsweise und Beschaffenheit der Wand? Höhe des Brunnenkranzes über der Boden-oberfläche? Art und Dichte der Eindeckung des Schachtes? Gefälle der Bodenoberfläche in der Umgebung des Brunnens, zum Brunnen oder weg vom Brunnen? Beschaffenheit der Bodenoberfläche, dicht oder undicht?

Bei Pumpbrunnen:

Ist das Pumpwerk aus Holz oder Eisen? Befindet sich die Mündung des Auslaufrohres (die sogenannte Nase) der Pumpe über dem Schacht oder seitlich davon? Wo steht der Brunnentrog? Wohin gelangt das Wasser aus dem Brunnentrog?

Baulicher und Reinlichkeitszustand des Brunnens.

Sind verwesende Holzteile mit dem Wasser in Berührung? Sind Schmutz-streifen an der Brunnenwand sichtbar?

Wann ist der Brunnen angelegt worden? Sind in der Zwischenzeit Ausbesserungen ausgeführt worden; wenn ja, welcher Art?

Ist der Wasserstand im Brunnen beständig oder wechselt er mit der Jahreszeit, mit Regenfall oder mit dem Wasserspiegel eines benachbarten Wasserlaufes?

Befindet sich der Brunnen im Bereiche menschlicher Niederlassungen oder auf freiem Felde oder im Walde?

Befinden sich in der Nähe des Brunnens, namentlich in der Richtung des Grundwasserzuflusses, Abtrittanlagen, Mist- oder Jauchegruben, Ställe oder Fabriken oder sonstige Gewerbebetriebe; wenn ja, in welcher Entfernung und was für Gewerbebetriebe?

Können Schmutzflüssigkeiten aus der Nachbarschaft über die Boden-oberfläche weg dem Brunnen zufließen?

Führen in der Nähe des Brunnens Abflußkanäle oder Abzugsgräben vorbei; wenn ja, wie ist deren Gefälle und was für Abwässer führen sie?

Wird der Brunnen regelmäßig oder nur ausnahmsweise benutzt?

b) Bei Wasser aus Quellen:

Ist die Quelle eine Hochquelle? Grundwasserquelle? Tiefschichtquelle? Hangquelle? Sprudelquelle? Artesische Quelle?

Wo ist die Quelle gelegen (in einem Walde, einer Wiese, einem Acker in der Nähe eines Flusses, Baches, Ablaufes)? Aus welcher Richtung fließt das Wasser der Quelle zu? In welcher Tiefe?

Wie weit sind die nächsten menschlichen Niederlassungen, namentlich in der Richtung des Zuflusses, entfernt, welcher Art sind diese (Wohnhäuser, landwirtschaftliche Betriebe mit Jauchegruben und Düngerhaufen, Fabrikanlagen oder sonstige Gewerbebetriebe)?

Wird die Bodenoberfläche in der Richtung des Wasserzuflusses gedüngt, berieselt? Wie weit ist die nächste gedüngte Fläche entfernt?

Ist die Quelle gefaßt? In welcher Weise? In welcher Tiefe? Rohrfassung? Stoff des Rohres? Kammerfassung? Herstellung der Kammer? Ist Grundablaß, Entlüftung, Einsteigschacht vorhanden?

Sind Drainagen angelegt zur Sammlung der einzelnen Quellströme? In welcher Tiefe unter der Erdoberfläche, unter welcher Erdschicht (Lehm, Letten, Sand, Felsen)?

Wie viel Liter Wasser liefert die Quelle in der Minute?

Wechselt die Schüttung mit der Jahreszeit, nach Regenfall oder nach dem Wasserstande eines benachbarten Wasserlaufes?

Ist die Quelle in einer Leitung zu einem Wasserspeicher oder zu verschiedenen Entnahmestellen (zu öffentlichen Brunnen, in Häuser) geführt? Wie ist die weitere Wasserleitung beschaffen? Druckleitung? Gravitationsleitung?

Ist diese Leitung offen oder geschlossen? Aus welchem Stoffe sind die Leitungsrohre gefertigt: aus Holz, Ton, Zement, Eisen, Blei usw. Sind sie in gutem Zustande? Wie lang ist die Leitung? Beschaffenheit der Umgebung und Bedeckung der Quellwasserleitung? Führt sie durch menschliche Niederlassungen?

Wann ist die Leitung angelegt worden? Sind in der Zwischenzeit Ausbesserungen ausgeführt worden; wenn ja, welcher Art?

c) Bei Wasser aus Zisternen:

Auf welchen Flächen wird das Niederschlagswasser aufgefangen (Hausdach, besondere Bodenflächen)? Sind die Auffangflächen dicht? Sind sie Verunreinigungen durch Menschen oder Tiere ausgesetzt? Welchen? Wie wird das Wasser von den Auffangflächen in die Zisterne geleitet? Wird das Wasser vor dem Eintritt in die Zisterne filtriert? Beschaffenheit des Filters? Erneuerung des Filters?

Lage und Beschaffenheit der Zisterne: Oberirdisch, unterirdisch? Aus welchem Stoffe ist die Zisterne hergestellt? Ist die Zisterne wasserdicht? Wie ist die Zisterne eingedeckt? Ist sie gegen Eindringen von Schmutzflüssigkeiten geschützt? Wie wird das Wasser der Zisterne entnommen, durch Schöpfen, mit Zugkübeln, mit Pumpe, mit Zapfhahn? Wird das Wasser in der Zisterne einer Reinigung unterworfen durch Sand, Holzkohle usw.?

5. Beschaffenheit des Wassers:

Klarheit, Farbe, Geruch, Geschmack und Temperatur des Wassers?

Ist das Wasser bei der Entnahme vollständig klar? Scheidet sich ein Niederschlag ab? Wie sieht er aus? Welche Farbe hat er (rotbraun, schwarz, grau)? Trübt sich das Wasser erst beim Stehen an der Luft?

Zeigen diese Eigenschaften gelegentliche Veränderungen? Welcher Art sind diese? Treten insbesondere zeitweise Trübungen des sonst klaren Wassers auf?

3. Die Brunnenordnungen.

Wenn auch die größeren Städte durchgängig und die Gemeinden in den gebirgigen Gegenden vielfach mit Zentralversorgungen versehen sind, so ist doch für eine sehr große Zahl von Ortschaften auf dem flachen Lande die Versorgung mittels Brunnen die allein übliche.

Durch die vorstehend angegebenen Bestimmungen vom 30. Juni 1898 und 16. Juni 1906 ist in einer auskömmlichen Weise für die Wahrung der hygienischen Interessen bei den Zentralversorgungen gesorgt, dahingegen sind die sanitären Maßnahmen betreffs der Einzelbrunnen zurückgeblieben.

Noch im Jahre 1901 konnten Baurat Wever und Kreisarzt Finger in Potsdam die unwidersprochene Behauptung aufstellen, daß — mit Ausnahme des Regierungsbezirkes Minden, 24. Oktober 1900 — Gesetze oder Verordnungen über die Herstellung von öffentlichen oder privaten Trinkwasseranlagen für größere Bezirke nicht existierten. Anweisungen an die Behörden und Belehrungen seien zwar an einzelnen Stellen versucht worden, aber anscheinend ohne größeren Erfolg und ohne viele Nachahmer zu finden. Die beiden Autoren bringen dann in Heft 6, Jahr 1902, der Zeitschrift für Medizinalbeamte einen „Versuch einer Brunnenordnung für größere Bezirke, insbesondere für das platte Land", der sehr beherzigenswert ist und in kurzen Worten die wichtigsten Regeln enthält.

Inzwischen sind vereinzelte Verordnungen erlassen (Trier, Lüneburg usw.). Die am schärfsten fassende und deshalb hierunter abgedruckte ist die

„Polizeiverordnung des Regierungsbezirkes Schleswig vom 27. Dezember 1906. Amtsblatt S. 16."

Auf Grund der §§ 137 und 139 des Gesetzes über die allgemeine Landesverwaltung vom 30. Juli 1883 (G.-S. S. 195) in Verbindung mit §§ 6, 12 und 13 der Verordnung über die Polizeiverwaltung in den neu erworbenen Landesteilen vom 20. September 1867 (G.-S. S. 1529) und §§ 7, 13 und 14 des Gesetzes über die Polizeiverwaltung im Herzogtum Lauenburg vom 7. Januar 1870 (Offiz. Wochenblatt S. 13) erlasse ich mit Zustimmung des Bezirksausschusses für den Regierungsbezirk Schleswig nachstehende

Brunnen-Ordnung.

A. Bauerlaubnis.

§ 1. Genehmigungspflichtige Wasserversorgungsanlagen. Jede Neuanlage oder Veränderung einer öffentlichen oder privaten Wasserversorgungsanlage bedarf der Genehmigung der Ortspolizeibehörde.

Ausgenommen sind:

1. Wasserentnahmestellen, die ausschließlich den Zwecken landwirtschaftlicher oder gewerblicher Betriebe dienen, sofern auf demselben Grundstücke eine Wasserentnahmestelle vorhanden ist, die entweder Anschluß an ein Zentralwasserwerk hat oder den Bestimmungen dieser Brunnenordnung entspricht,

2. Viehtränken auf freiem Felde,

3. Wasserversorgungsanlagen, die von einer höheren Polizeibehörde geprüft und zugelassen worden sind, oder vom Reiche oder Staat hergestellt

werden. Unter höherer Polizeibehörde ist jede über der Ortspolizeibehörde stehende Polizeibehörde zu verstehen.

§ 2. Antrag auf Bauerlaubnis. Das Baugesuch ist schriftlich einzureichen unter Beifügung von zwei ordnungsmäßig ausgefüllten Ausfertigungen eines Fragebogens nach dem in der Anlage beigefügten Muster.

Auf Verlangen der Ortspolizeibehörde ist ein Lageplan, eine Zeichnung und eine Beschreibung der Anlage vorzulegen.

§ 3. Prüfung des Baugesuches, Erteilung der Bauerlaubnis. Die Bauerlaubnis darf nur erteilt werden, wenn die Anlage den Vorschriften dieser Brunnenordnung genügt.

Die Ortspolizeibehörde kann vorher eine Prüfung des Gesuches an Ort und Stelle unter Zuziehung des Bauherrn und des Brunnenbauers bzw. ihrer Vertreter vornehmen und ein Gutachten des Kreisarztes einholen.

Die Bauerlaubnis ist schriftlich zu erteilen und dem Bauherrn zuzustellen.

§ 4. Überwachung des Baues. Vor Zustellung der Bauerlaubnis darf mit der Bauausführung nicht begonnen werden. Der Beginn und die Fertigstellung ist der Ortspolizeibehörde anzuzeigen. Die Anlage darf erst in Benutzung genommen werden, wenn von der Ortspolizeibehörde die schriftliche Genehmigung hierzu erteilt ist. Die Gebrauchsabnahme hat an Ort und Stelle unter Zuziehung des Bauherrn und des Brunnenbauers bzw. deren Vertreter zu erfolgen.

B. Beschaffenheit des Wassers und der Wasserentnahmestellen.

§ 5. Allgemeines über die Beschaffenheit des Wassers und der Wasserentnahmestellen. Trink- und Hauswirtschaftswasser darf keine gesundheitsschädlichen Eigenschaften haben.

Oberflächenwasser aus Seen, Teichen, Flüssen, Bächen und Gräben darf als Trink- und Gebrauchswasser nur Verwendung finden, wenn es gekocht oder anderweitig gereinigt wird.

Grundwasser muß tieferen Bodenschichten entstammen. Ist das darüber- und umliegende Erdreich erheblich verunreinigt oder befinden sich darin Spalten, die geeignet sind, dem Grundwasser der Gesundheit schädliche Bestandteile leicht zuzuführen, so darf daselbst kein Brunnen angelegt werden.

Quellwasser muß einem gut filtrierenden Boden entspringen und vor unreinen Zuflüssen gesichert sein.

Das zu Trink- und Haushaltungszwecken bestimmte Regenwasser ist nur Flächen zu entnehmen, welche groben Verunreinigungen besonders durch menschliche und tierische Auswurfstoffe nicht ausgesetzt sind.

§ 6. Entfernung der Wasserversorgungsanlagen von Schmutzstätten. Ein Brunnen — Röhren- oder Kesselbrunnen — darf nur in einer Entfernung von mindestens 10 m von Aborten, Senk- und Sammelgruben, Dungstätten, Küchenausflüssen, Kanälen und sonstigen zur Aufnahme oder Abführung von Abfallstoffen, Schmutzwässern usw. dienenden Einrichtungen hergestellt werden.

Geringere Entfernungen, jedoch nicht unter 5 m, können von der Ortspolizeibehörde ausnahmsweise gestattet werden, wenn das Wasser aus mindestens 10 m Tiefe entnommen wird, wenn die Schmutzstätten die Möglichkeit jeder Verunreinigung des Untergrundes und ihrer Umgebung nach ihrer Konstruktion ausschließen, oder wenn das Wasser aus einer Bodenschicht gewonnen wird, welche durch eine zusammenhängende mindestens 50 cm starke Ton- oder Lehmschicht gegen die vorhandenen Schmutzstätten völlig abgeschlossen ist.

Ablauf- und Niederschlagwässer dürfen weder gegen den Brunnen hinfließen noch in seiner Umgebung sich stauen.

§ 7. Brunnen in Gebäuden. In Gebäuden dürfen nur Röhrenbrunnen und diese auch nur dann angelegt werden, wenn der den Brunnen umgebende Fußboden in einem Umkreise von 5 m undurchlässig hergestellt ist und kein Gefälle gegen den Brunnen hin hat.

C. Bauvorschriften.

§ 8. Quellwasseranlagen. Bei Quellwasseranlagen ist die Quelle zu fassen und durch dichte Rohre — Holzrohre ausgeschlossen — bis zu der Zapfstelle abzuleiten. Der Quellfassungsraum darf nur dem reinen Quellwasser Eintritt gestatten. Er muß im übrigen in seiner Sohle, seinen Wandungen und seiner Abdeckung wasserdicht hergestellt und die Sohle frostfrei angelegt werden.

§ 9. Röhrenbrunnen. Bei allen Röhrenbrunnen muß das Rohr mindestens so tief in das Erdreich eingetrieben werden, daß das obere Ende des Saugfilters 3 m unter Terrain liegt.

Geben zwingende Gründe Veranlassung, nicht so tief zu gehen, so kann die Ortspolizeibehörde eine Ausnahme zulassen, wenn die Umgebung des Brunnens in größerer Entfernung vor Verunreinigungen gesichert ist.

§ 10. Kesselbrunnen. Die Umfassungswände des Kesselbrunnens sind bis zu einer Tiefe von mindestens 2 m wasserdicht herzustellen. Die Außenfläche ist bis zu einer Tiefe von mindestens 2 m mit einer 0,5 m dicken Schicht aus gestampftem Ton oder Lehm gegen das umgebende Erdreich abzudichten.

Die Ausfüllung der offenen Fugen des unteren Brunnenmauerwerks mit Moos oder sonstigen vegetabilischen Stoffen ist verboten.

Nach oben ist der Brunnenschacht entweder in einer Höhe von nicht unter 1 m, bei hohem Grundwasserstande in einer Höhe von nicht unter $^1/_2$ m wasserdicht unter der Erdoberfläche abzudecken, dann mit einer 30 cm starken Schicht von gestampftem Ton oder Lehm und darüber bis zur Erdoberfläche mit Sand zu bedecken oder bis zu 30 cm über die Erdoberfläche zu führen und dort wasserdicht zu schließen.

Erfordern die Bodenverhältnisse eine Lüftung des Kesselbrunnens, so ist ein eisernes Lüftungsrohr anzulegen, welches wasserdicht in die Abdeckung des Schachtes eingefügt ist und dessen obere nach unten gebogene Öffnung mit einem Tressengewebe geschlossen wird. Die Öffnung muß mindestens 30 cm über der Erdoberfläche oder der Brunnenabdeckung liegen.

Das Wasser ist dem Kesselbrunnen durch eine Pumpe zu entnehmen.

Die Anlage offener Zieh- und Schöpfbrunnen ist unzulässig.

§ 11. Zisternen. Die Verbindung des Dachabfallrohres mit der Zisterne hat in geschlossenen wasserundurchlässigen Röhren, die nicht aus Holz sein dürfen, zu erfolgen. In die Leitung ist eine geeignete Siebeinrichtung zur Abhaltung groben Unrats einzuschalten.

Der Wasserbehälter ist wasserdicht anzulegen und sicher abzudecken. Unterirdische Behälter sind mit einer 30 cm starken Schicht von gestampftem Ton oder Lehm zu umgeben.

Überlaufrohre sind so einzurichten, daß eine Verunreinigung der Zisterne hierdurch nicht eintreten kann. Für die Lüftung des Behälters ist eine in Charnieren bewegliche Klappe oder ein Lüftungsrohr nach Maßgabe der Bestimmungen des § 10 Absatz 4 anzubringen.

Das Wasser ist dem Behälter durch eine eiserne Pumpe oder einen Zapfhahn zu entnehmen.

Der Behälter ist so einzurichten, daß seine Reinigung bequem erfolgen kann.

§ 12. Pumpen. Als Pumprohre dürfen nur Metallrohre benutzt werden; die im Innern der Wasserentnahmestelle zum Stützen des Pumprohres etwa erforderlichen Spreitzen dürfen nicht aus Holz hergestellt werden.

Bei den Röhrenbrunnen ist das Pumpenrohr im allgemeinen mit dem Brunnenrohr wasserdicht zu verbinden. Die Verbindung kann aber auch innerhalb eines wasserdicht gegen seine Umgebung abgeschlossenen Schachtes ohne wasserdichten Verschluß erfolgen. Wird eine Ableitung des sogenannten Frostwassers vorgesehen, so hat das in geschlossener gut gedichteter Leitung vom Hahn in den Röhrenbrunnen zu geschehen.

Bei den Kesselbrunnen ist die Pumpe nicht auf dem Brunnenschacht selbst, sondern mindestens 2 m davon entfernt aufzustellen und mit vollkommen sicherer Packung an das seitlich und unterirdisch aus dem Brunnenkessel herausgeführte, an der Durchtrittsstelle sicher gedichtete und verlegte Saugrohr anzuschrauben.

Bei Kesselbrunnen, welche einen so tiefen Wasserstand haben, daß die seitliche Aufstellung der Pumpe der Förderung des Wassers Schwierigkeiten macht, oder wenn die örtlichen Verhältnisse es nicht anders gestatten, kann die Pumpe auf dem Brunnenschacht selbst angebracht werden; dann muß das Brunnenrohr nicht in der Mitte der Abdeckung, sondern nahe dem Rande herausgeführt und hier die Pumpe so aufgestellt werden, daß ihr Ablaufrohr den Brunnenkranz vollständig überragt. Die Pumpe ist in diesem Falle auf der Brunnendeckung wasserdicht aufzubauen.

Das Ende des Saugrohres muß mindestens 0,3 m über der Sohle des Brunnenschachtes liegen.

Vorstehende Bestimmungen gelten auch sinngemäß für die Anbringung von Pumpen bei Zisternen. Das Saugrohr der Pumpe oder der Zapfhahn sind auch hier luftdicht einzufügen und müssen mindestens 0,2 m über dem Boden liegen.

§ 13. Abführung des Überlaufwassers. Vertiefungen (Wasserfänge, Schlammkästen usw.), in denen Ablaufwasser aus Pumpen oder Zapfstellen stehen bleiben kann, sind als Schmutzstätten anzusehen. Sie unterliegen hinsichtlich ihrer Entfernung von den Brunnen und Zisternen den Bestimmungen des § 6.

Den unter- und oberirdischen Ableitungen des überschüssigen Wassers in der Nähe der Brunnen und Wasserbehälter ist ein reichliches Gefälle zu geben, auch sind sie wasserdicht gegen das Erdreich herzustellen.

D. Allgemeine Bestimmungen.

§ 14. Weitergehende Forderungen der Polizeibehörde. Soweit es das Gesundheitsinteresse erfordert, können die Ortspolizeibehörden noch weitere Anforderungen, als vorstehend vorgesehen, stellen.

§ 15. Wasserentnahmestellen für landwirtschaftliche und gewerbliche Zwecke. Wasserentnahmestellen, die landwirtschaftlichen und gewerblichen Zwecken dienen und den Bestimmungen dieser Brunnenordnung nicht entsprechen, sind als ungeeignet zum Trinken und für die Hauswirtschaft zu kennzeichnen. Ein solches Wasser darf auch nicht zum Reinigen von Gefäßen benutzt werden, die zur Aufnahme von Nahrungsmitteln dienen.

§ 16. Anwendung auf bestehende Wasserversorgungsanlagen. Auf schon bestehende Wasserversorgungsanlagen finden die Vorschriften dieser Brunnenordnung insoweit Anwendung, als das Gesundheitsinteresse es erfordert.

§ 17. Verantwortlichkeit für die Ausführung, Bemessung der Strafen, Pflichten der Polizeibehörde. Für die Innehaltung der vorstehenden Bestimmungen ist sowohl der Bauherr als auch der Brunnenbauer verantwortlich.

Zuwiderhandlungen gegen die Bestimmungen dieser Brunnenordnung werden, sofern nicht nach den bestehenden gesetzlichen Bestimmungen eine höhere Strafe verwirkt ist, mit Geld bis zu 60 ℳ, im Unvermögensfalle mit entsprechender Haft bestraft.

Daneben ist die Ortspolizeibehörde verpflichtet, wenn Wasserversorgungs-anlagen abweichend von den vorstehenden Vorschriften hergestellt sind, eine entsprechende Änderung der Anlage oder falls den im öffentlichen Interesse zu stellenden Anforderungen auf keine andere Weise genügt werden kann, die Beseitigung der ganzen Anlagen zu fordern.

§ 18. Zulassung von Ausnahmen. Von den Bestimmungen dieser Brunnenordnung kann der Landrat, in den Stadtkreisen der Regierungs-präsident in besonderen Fällen Ausnahmen zulassen.

§ 19. Inkrafttreten der Brunnenordnung. Die vorstehende Brunnenordnung tritt am 1. April 1907 in Kraft.

Von diesem Zeitpunkte ab werden alle mit ihr in Widerspruch stehenden Bestimmungen der Bauordnungen über Brunnen ungültig.

Der Regierungspräsident.

Fragebogen.

(Anlage zur Brunnenordnung.)

Zum Baugesuch des
Name:
betreffend die Anlage
einer Quellwasserfassung,
eines Röhrenbrunnens
(artesischer Brunnen, Abessiner-Brunnen),
eines Kesselbrunnens,
einer Zisterne
auf seinem Grundstück in
Ort:
Straße   Nr.
Kartenblatt

Spalte I Fragen	Spalte II Antworten Vom Antragsteller auszufüllen	Spalte III	Spalte IV
I. Wasserentnahmestelle. a) Wo soll die Wasserversorgungs-anlage hergestellt werden? (§ 5). (Es ist wünschenswert, eine Skizze mit eingeschriebenen Maßen auf die letzte Seite zu zeichnen oder aufzukleben.) b) Liegen Bedenken vor, auf dem Grundstück Wasser zu entneh-men? (§ 5). c) Wie weit ist die Wasserversor-gungsanlage entfernt (§ 6 und § 13): 1. von dem nächsten Abort? 2. von der nächsten Senk- oder Sammelgrube? 3. von der nächsten Dungstätte? 4. von dem nächsten Küchenaus-fluß?	auf dem Hofe im Garten auf der Straße auf dem Felde ....m vom Wohn-hause ....m vom Stall ....m von der Grenze ....m oder über 10 m ....m „ „ 10 m ....m „ „ 10 m ....m „ „ 10 m	Etwaige besondere Vorschriften. Von der Polizeibehörde auszufüllen.	Gebrauchsabnahme. Von der Polizeibehörde auszufüllen.

Spalte I Fragen	Spalte II Antworten Vom Antragsteller auszufüllen	Spalte III	Spalte IV
5. von den nächsten Kanälen?	....m oder über 10 m		
6. von den nächsten sonstigen zur Aufnahme oder Abführung von Abfallstoffen, Schmutz-wässern usw. dienenden Ein-richtungen?	von................... ...m oder über 10 m		
d) Fließen Ablauf- und Nieder-schlagswässer gegen den Brunnen hin?			
e) Ist der Fußboden im Gebäude 5 m um den Röhrenbrunnen wasserundurchlässig (§ 7)?			
II. Bauliche Herstellung der Wasserentnahmestelle.			
1. Quellwasseranlagen (§ 8).			
a) Aus welchem Material besteht Sohle, Wandungen u. Abdeckung des Quellfassungsraumes?			
b) Wie tief soll die Sohle unter der Erdoberfläche liegen?		Etwaige besondere Vorschriften. Von der Polizeibehörde auszufüllen.	Gebrauchsabnahme. Von der Polizeibehörde auszufüllen.
c) Durch was für Rohre wird das Wasser bis zur Zapfstelle abge-leitet?			
d) Ist dafür gesorgt, daß nur reines Quellwasser in den Quellfassungs-raum gelangt?			
2. Röhrenbrunnen (§ 9).			
Wie tief liegt das obere Ende des Saugfilters?			
3. Kesselbrunnen (§ 10).			
a) Wie groß ist der Brunnendurch-messer?			
b) Aus welchem Material und in welcher Stärke wird die Brunnen-wandung hergestellt?			
c) Aus welchem Material u. wie wird der Brunnendeckel gefertigt?			
d) Wird der Brunnen bis zu einer Tiefe von mindesten 2 m wasser-dicht hergestellt?			
e) Ist die Abdichtung bis zu einer Tiefe von 2 m mit einer Ton-oder Lehmschicht von 0,5 m Dicke gegen das umgebende Erdreich vorgesehen?			
f) Sind die unteren offenen Fugen frei von der Ausfüllung von Moos usw. gehalten?			
g) Wie wird der Brunnen abgedeckt?			
h) Ist die etwaige Lüftungsvorrich-tung ordnungsmäßig angelegt?			

42*

Spalte I Fragen	Spalte II Antworten Vom Antragsteller auszufüllen	Spalte III	Spalte IV
i) Ist eine Pumpe zur Entnahme des Wassers aus dem Kesselbrunnen vorgesehen?		Etwaige besondere Vorschriften. Von der Polizeibehörde auszufüllen.	Gebrauchsabnahme. Von der Polizeibehörde auszufüllen.

i) Ist eine Pumpe zur Entnahme des Wassers aus dem Kesselbrunnen vorgesehen?

4. Wasserbehälter (Zisterne) (§ 11).

a) Wie ist die Verbindung der Auffangefläche mit der Zisterne?

b) Wo ist die Siebeinrichtung eingeschaltet?

c) Wo soll die Zisterne angelegt werden?

d) Wie soll sie bedeckt werden?

e) Aus welchem Material und in welcher Wandstärke soll sie hergestellt werden?

f) Ist bei unterirdischer Zisterne eine Ton- oder Lehmschicht angelegt?

g) Wie ist für eine Reinigung gesorgt?

h) Wie für eine Lüftung?

i) Wird das Wasser durch einen Zapfhahn oder eine Pumpe entnommen?

5. Pumprohr und Pumpe (§ 12).

a) Aus welchem Material sind das Pumprohr und etwaige Spreitzen gefertigt?

b) Steht die Pumpe mindestens 2 m von dem Brunnenschacht entfernt und ist das Saugrohr bei der Durchtrittstelle am Brunnen gut gedichtet?

c) Steht sie über dem Brunnenschacht?

d) Ragt in letzterem Falle das Ablaufrohr über den Brunnenkranz und ist es wasserdicht auf den Deckel aufgebaut?

e) Bleibt das Saugrohr mindestens 0,3 m über der Sohle des Kesselbrunnens?

f) Bleibt das Saugrohr oder der Zapfhahn mindestens 0,2 m über der Sohle der Zisterne?

6. Ablauf (§ 13).

a) Wird das Ablaufwasser unter- oder oberirdisch abgeleitet?

b) Hat die Ablaufleitung richtiges Gefälle?

Der Bauherr.

Das Baugesuch ist geprüft.

...................., den ...ten............... 19

Die Ortspolizeibehörde.

Der Brunnenmacher.

Der Bau ist abgenommen.

...................., den ...ten............... 19

Die Ortspolizeibehörde.

Vormerkung. Bei dem Antrage auf Genehmigung einer Wasserversorgungsanlage ist der Fragebogen in zweifacher Ausfertigung einzureichen. Der Antragsteller hat nebenstehenden Kopf des Fragebogens auszufüllen und die untenstehenden Fragen der Spalte I in der Spalte II zu beantworten. Zutreffendes ist dabei zu unterstreichen, nicht Zutreffendes zu durchstreichen.

Die Polizeibehörde hat in der Spalte III bei der Genehmigung des Antrages etwaige besondere Vorschriften einzutragen.

Die Polizeibehörde hat in der Spalte IV bei der Gebrauchsabnahme der Anlage die Angaben der Spalten II und III zu bestätigen oder Abweichungen zu vermerken.

Ausführungsbestimmungen zu der Brunnenordnung.

Zu § 1. Die Projektstücke für eine zentrale Wasserversorgung sind dem Regierungspräsidenten vorzulegen.

Wenn die einzelnen Anlagen der Wasserversorgung in verschiedenen Polizeibezirken liegen und daraus Schwierigkeiten sich ergeben, sind die Anträge gleichfalls dem Regierungspräsidenten vorzulegen.

Zu § 3. Für die Genehmigung und Beaufsichtigung von Brunnenbauten kann eine Gebührenordnung gemäß § 6 des Kommunalabgabengesetzes vom 14. Juli 1893 erlassen werden.

Die Inanspruchnahme des Kreisarztes hat gemäß § 14 Absatz 2 der Dienstanweisung für die Kreisärzte durch Vermittelung des Landrats zu erfolgen.

Zu § 5. Ein stärkerer Eisengehalt des Wassers kann durch eine Enteisenungsanlage beseitigt werden, welche gegen Frostschaden zu sichern ist.

Zu § 9. Röhrenbrunnen ist im allgemeinen der Vorzug vor Kesselbrunnen zu geben.

Sie werden zweckmäßig bis zu einer tieferen Grundwasser führenden Bodenschicht gesenkt, welche durch eine undurchlässige Ton- oder Lehmschicht gegen die oberen Bodenschichten abgeschlossen ist.

Zu § 10. Als wasserdicht gilt ein Brunnenschacht, welcher hergestellt ist:

1. aus Ziegelsteinen — Hartbrandsteinen, wenn die Wandung mit Zementmörtel gemauert und mit Zementmörtel $1^1/_2$ cm stark innen und außen geputzt ist,

2. aus Zementringen, wenn die einzelnen Ringe sicher miteinander verbunden werden und die Fugen mit Zementmörtel gedichtet sind.

Als wasserdicht ist ein Verschluß anzusehen, wenn der Brunnenschacht nach oben mit einer dichtschließenden Metall-, Stein- oder Holzplatte abgedeckt ist. Ist der Brunnenschacht über die Oberfläche hinaus geführt, so muß der Deckel den Rand des Brunnenkranzes mit ableitendem Gefälle überragen. Die Metallplatte ist zweckmäßig mit einem Einsteigeloch, das einen erhöhten Rand hat, zu versehen; die Holzplatte muß unten mit Blech beschlagen werden.

Zu § 11. Wird der Wasserbehälter aus Ziegelmauerwerk hergestellt, so ist dieses in gleicher Weise wie das obere Mauerwerk des Brunnenkessels auszuführen und zu putzen. (Vergleiche zu § 10.) Der Wasserbehälter muß so gebaut sein, daß durch den inneren Wasserdruck Risse nicht zu befürchten sind. Wird der Wasserbehälter aus Holz gefertigt, so ist er innen mit Blech wasserdicht auszukleiden. Hölzerne Deckel sind unten mit Blech zu beschlagen.

Der Regierungspräsident.

Die Polizeiverordnung trifft das Richtige, denn die Hygiene der Brunnen beruht auf der Anordnung der Brunnen im Gelände und in der Technik ihrer Ausführung. Beide Punkte sind voll

berücksichtigt; daß man hier und da etwas abweichender Meinung
sein kann, macht nichts aus, daß die Schleswiger Brunnenordnung
nicht ohne weiteres auf jeden anderen Kreis übernommen werden
kann, ist selbstverständlich. Gewünscht hätten wir nur einen kurzen
Hinweis darauf, daß die anderen Verordnungen betreffs der Dichtheit der Dungstätten, Abortgruben, Stallungen usw. voll aufrecht
erhalten blieben, daß sie in inniger Gemeinschaft ständen zu der
Brunnenordnung.

Die Verordnung zeigt einen scharfen, klingenden Polizeiton,
aber wir glauben, daß derselbe hier sehr angebracht ist; das „sic
volo, sic jubeo" hat sein Gutes.

Mögen dieser gleiche oder ähnliche Brunnenordnungen sich
möglichst zahlreich einführen.

Zu empfehlen ist, die Brunnenbauer größerer Bezirke für zwei
bis drei Tage zusammenzuführen, ihnen durch einen Techniker und
einen sachverständigen Arzt entsprechende Vorträge halten zu
lassen und ihnen gute und schlechte Anlagen zu demonstrieren,
wie das an einzelnen Stellen bereits geschieht.

IV. Gesetze, welche sich auf die Entnahme von Wasser beziehen, die sogenannten Wassergesetze.

In den vorstehend besprochenen Gesetzen und Bestimmungen ist
über das Rechtliche der Entnahme des Wassers für Trinkzwecke so gut wie nichts enthalten. Das darauf Bezügliche findet
sich in den sogenannten Wassergesetzen, welche in erster Linie den
Zweck verfolgen, die Besitzverhältnisse und die Benutzungsrechte des
Wassers zu regeln. Selbstverständlich nimmt das Hygienische, das
Hygienisch-Technische und das Hygienisch-Verwaltungstechnische
nur einen relativ kleinen Raum in ihnen ein; aber es ist für die
Gemeinden von größter Bedeutung.

Unmöglich kann auf alle Deutschen Wassergesetze eingegangen
werden; wir müssen uns darauf beschränken, das neueste, also das
Preußische Wassergesetz vom 4. und 27. Februar 1913 zu bringen
und treffen damit zu einem guten Teil auch die übrigen Wassergesetze, weil sie bei der Aufstellung des Preußischen die gebührende
Rücksicht gefunden haben.

Von dem Preußischen Wassergesetz können nur die hier
hauptsächlich interessierenden Paragraphen aufgeführt werden.

Wassergesetze sind erlassen von Hessen 1887, Elsaß-Lothringen
1891, von Baden 26. Juni 1899, von Württemberg 1. Dezember 1900,
von Bayern 23. März 1907, von Sachsen 12. März 1909.

Preußisches Wassergesetz nach den übereinstimmenden Beschlüssen beider Häuser des Landtages vom 4. und 21. Februar 1913.

Wasserläufe.

Erster Titel.

Begriff und Arten der Wasserläufe.

§ 1. Wasserläufe sind die Gewässer, die in natürlichen oder künstlichen Betten beständig oder zeitweilig oberirdisch abfließen, einschließlich ihrer oberirdischen Quellen und der Seen — Teiche, Weiher und ähnlicher Wasseransammlungen —, aus denen sie abfließen, sowie ihrer etwa unterirdisch verlaufenden Strecken (natürliche, künstliche Wasserläufe).

§ 2. Im Sinne dieses Gesetzes sind:

1. Wasserläufe erster Ordnung: die in dem anliegenden Verzeichnis (hier nicht abgedruckt) unter I aufgeführten Strecken natürlicher und die dort unter II bezeichneten Strecken künstlicher Wasserläufe;

2. Wasserläufe zweiter Ordnung: die Strecken natürlicher und künstlicher Wasserläufe, die in dem nach § 4 aufzustellenden Verzeichnis eingetragen sind;

3. Wasserläufe dritter Ordnung: alle anderen Strecken natürlicher und künstlicher Wasserläufe.

Zweiter Titel.

Eigentumsverhältnisse bei den Wasserläufen.

§ 7. An den in der Anlage bezeichneten Wasserläufen erster Ordnung steht, vorbehaltlich der Bestimmungen des § 9 Absatz 1, dem Staate das Eigentum zu.

§ 8. An den Wasserläufen zweiter und dritter Ordnung steht, vorbehaltlich der Bestimmungen des § 9, den Eigentümern der Ufergrundstücke (Anliegern) das Eigentum anteilig zu.

Die Eigentumsgrenzen werden bestimmt:

1. für die gegenüberliegenden Ufergrundstücke durch eine Linie, die in der Stromrichtung laufend die Mitte des Wasserlaufes bei dem gewöhnlichen Wasserstand innehält;

2. für die nebeneinanderliegenden Ufergrundstücke durch eine vom Schnittpunkt ihrer Grenzlinien mit der Uferlinie (§ 12) senkrecht zu der vorbezeichneten Mittellinie zu ziehende Linie.

Als der gewöhnliche Wasserstand gilt der Wasserstand, der im Durchschnitt der Jahre an ebenso viel Tagen überschritten wie nicht erreicht wird, im Ebbe- und Flutgebiete das Hochwasser der gewöhnlichen Flut.

Bei den Grenzflüssen reicht, soweit die Eigentumsverhältnisse nicht anderweit geregelt sind, das Eigentum der preußischen Anlieger bis zur Landesgrenze.

Der Anteil des Anliegers am Wasserlauf ist Bestandteil des Ufergrundstücks.

Dritter Titel.

Benutzung der Wasserläufe.

I. Allgemeine Vorschriften.

§ 19. Es ist verboten, Erde, Sand, Schlacken, Steine, Holz, feste und schlammige Stoffe sowie tote Tiere in einen Wasserlauf einzubringen. Ebenso ist verboten, solche Stoffe an Wasserläufen abzulagern, wenn die Gefahr besteht, daß diese Stoffe hineingeschwemmt werden. Ausnahmen kann die Wasserpolizeibehörde zulassen, wenn daraus nach ihrem Urteil eine für andere nachteilige Veränderung der Vorflut oder eine schädliche Verunreinigung des Wassers nicht zu erwarten ist. Wird die Unterhaltungslast erschwert, so darf die Wasserpolizeibehörde die Ausnahme nur mit Zustimmung des Unterhaltungspflichtigen zulassen.

Die Vorschriften des Absatzes 1 gelten nicht für das Einbringen von Fischnahrung, jedoch ist die Wasserpolizeibehörde befugt, das Einbringen zu untersagen, wenn dadurch das Wasser zum Nachteil anderer verunreinigt wird. Dasselbe gilt für die Düngung künstlicher teichartiger Erweiterungen von Wasserläufen, die der Fischzucht oder Fischhaltung dienen.

Die Entnahme von Pflanzen, Schlamm, Erde, Sand, Kies und Steinen aus einem Wasserlauf kann, wenn es das öffentliche Interesse erfordert, durch Anordnung der Wasserpolizeibehörde geregelt oder beschränkt werden.

§ 20. Es ist verboten, Hanf und Flachs in einem Wasserlauf zu röten.

Der Bezirksausschuß kann Ausnahmen von diesem Verbote widerruflich für Gemeindebezirke oder Teile von ihnen zulassen. Die Zulassung ist jedoch ohne Einfluß auf die Haftung für den entstehenden Schaden.

§ 21. Die Wasserpolizeibehörde ist befugt, die Benutzung eines Wasserlaufes zu beschränken oder zu untersagen, soweit nicht ein Recht zu der Benutzung besteht oder die Benutzung nach den Vorschriften über den Gemeingebrauch gestattet ist. Solche Verfügungen sind mit Gründen zu versehen.

§ 22. Die Errichtung oder wesentliche Veränderung von Anlagen in Wasserläufen erster und zweiter Ordnung bedarf der Genehmigung der Wasserpolizeibehörde; das gleiche kann für natürliche Wasserläufe dritter Ordnung durch Polizeiverordnung bestimmt werden. Ausgenommen sind Anlagen, die auf Grund eines gesetzlich geordneten Verfahrens oder zur Erfüllung der gesetzlichen Unterhaltungspflicht ausgeführt werden.

Ferner kann zur Erhaltung der Vorflut durch Polizeiverordnung bestimmt werden, daß an Wasserläufen erster und zweiter Ordnung und natürlichen Wasserläufen dritter Ordnung, die nicht unter die Vorschriften des § 285 fallen, Anlagen innerhalb eines bestimmten Abstandes von der Uferlinie (§ 12) nur mit Genehmigung der Wasserpolizeibehörde errichtet werden dürfen.

§ 23. Wer Wasser oder andere flüssige Stoffe über den Gemeingebrauch hinaus in einen Wasserlauf einleiten will, hat dies vorher der Wasserpolizeibehörde anzuzeigen. Ist diese der Ansicht, daß der beabsichtigten Einleitung polizeiliche Rücksichten oder die Beschränkungen des § 41 entgegenstehen, so hat sie die Einleitung unter Angabe der Gründe zu untersagen; anderenfalls hat sie dem Anzeigenden mitzuteilen, daß von Polizei wegen keine Bedenken gegen die Einleitung zu erheben seien, und dieses in ortsüblicher Weise bekannt zu machen. Sie kann Vorkehrungen angeben, durch die ihr Widerspruch beseitigt werden kann.

Die Wasserpolizeibehörde entscheidet, von dringlichen Fällen abgesehen, bei Wasserläufen zweiter und dritter Ordnung nach Anhörung des Schauamtes.

Bevor die Mitteilung (Absatz 1) zugestellt ist oder bevor die von der Wasserpolizeibehörde zur Beseitigung ihres Widerspruches etwa angegebenen Vorkehrungen getroffen sind, ist die Einleitung nicht zulässig.

Diese Vorschriften sind nicht anzuwenden, wenn das Recht zur Einleitung durch Verleihung erworben ist oder beim Inkrafttreten dieses Gesetzes besteht und nach den §§ 379 bis 381 aufrechterhalten bleibt oder wenn die Einleitung von einer anderen zuständigen Polizeibehörde zugelassen oder nach den §§ 16 bis 25 der Gewerbeordnung gestattet ist.

Der Oberpräsident — in den Hohenzollernschen Landen der Regierungspräsident — kann nach Anhörung der Schauämter und des Wasserbeirats (§ 367) für alle oder einzelne Wasserläufe festsetzen, daß es für die Einleitung bestimmter Arten oder Mengen von Flüssigkeiten keiner Anzeige bedarf, wenn sie gemeinüblich und unter den gegebenen Verhältnissen keine Schädigung von ihr zu befürchten ist.

§ 24. Für den Schaden, der durch die unerlaubte Verunreinigung eines Wasserlaufes entsteht, haftet, selbst wenn eine solche nach § 23 nicht beanstandet ist, der Unternehmer der Anlage, von der die Verunreinigung herrührt. Die Haftung ist ausgeschlossen, wenn der Unternehmer zur Verhütung der Verunreinigung die im Verkehr erforderliche Sorgfalt beobachtet hat.

Den Hypotheken-, Grundschuld- und Rentenschuldgläubigern wird keine besondere Entschädigung gewährt. Doch sind zu ihren Gunsten auf die dem Eigentümer des belasteten Grundstücks zu gewährende Entschädigung die Artikel 52, 53 des Einführungsgesetzes zum Bürgerlichen Gesetzbuch anzuwenden.

Rührt die Verunreinigung von mehreren Anlagen her, so haften die Unternehmer als Gesamtschuldner.

Unter sich sind die Unternehmer nach dem Verhältnis des Anteils an der Verunreinigung, im Zweifel zu gleichen Teilen verpflichtet. Fällt jedoch einzelnen von ihnen ein Verschulden zur Last, so haften diese allein.

Die Vorschriften, wonach auch andere für den Schaden verantwortlich sind, bleiben unberührt. Im Verhältnis zu dem Unternehmer sind, wenn diesem kein Verschulden zur Last fällt, die anderen allein zum Schadenersatz verpflichtet.

Der § 254, der § 840 Absatz 1, 2 und der § 852 des Bürgerlichen Gesetzbuches sind entsprechend anzuwenden.

II. Gemeingebrauch.

§ 25. Die natürlichen Wasserläufe erster Ordnung darf jedermann zum Baden, Waschen, Schöpfen mit Handgefäßen, Viehtränken, Schwemmen, Kahnfahren und Eislaufen sowie zur Entnahme von Wasser und Eis für die eigene Haushaltung und Wirtschaft benutzen, wenn dadurch andere nicht benachteiligt werden. Mit derselben Beschränkung ist jedem gestattet, in die natürlichen Wasserläufe erster Ordnung Wasser sowie die in der Haushaltung und Wirtschaft entstehenden Abwässer einzuleiten. Hierunter fällt jedoch nicht die Einleitung von Abwässern mittels gemeinsamer Anlagen.

Das gleiche gilt mit Ausnahme der Eisentnahme für die natürlichen Wasserläufe zweiter und dritter Ordnung; jedoch ist das Kahnfahren und Eislaufen nur insoweit gestattet, als es bisher gemeinüblich gewesen ist. Im Streitfalle entscheidet der Regierungspräsident, ob und in welchem Umfange das Kahnfahren und Eislaufen bisher gemeinüblich gewesen ist. Der Eigentümer ist vorher zu hören.

Für künstliche teichartige Erweiterungen von Wasserläufen zweiter und dritter Ordnung gelten vorstehende Bestimmungen nicht. Der Gemeingebrauch ist ferner, unbeschadet der Vorschriften der §§ 26, 35, an solchen Teilen von Wasserläufen ausgeschlossen, die in Hofräumen, Gärten und Parkanlagen liegen und im Eigentum der Anlieger stehen. Die Vorschriften der Absätze 1 und 2 gelten endlich nicht für Talsperren (§ 106) sowie für solche Seen, aus denen nur natürliche Wasserläufe zweiter oder dritter Ordnung abfließen. Ob und in welchem Umfange der an solchen Seen und Talsperren bisher übliche Gemeingebrauch auch fernerhin zulässig ist, bestimmt der Regierungspräsident. Der Eigentümer der Talsperre oder des Sees ist vorher zu hören. Der Regierungspräsident kann die Bestimmung jederzeit widerrufen.

Als Wirtschaft gelten der landwirtschaftliche Haus - und Hofbetrieb, mit Ausschluß der landwirtschaftlichen Nebenbetriebe, und kleingewerbliche Betriebe von geringem Umfange.

Die Beeinträchtigung des Gemeingebrauchs anderer gilt als Benachteiligung nur, wenn sie gegen die Vorschrift des § 37 verstößt.

Der Oberpräsident kann für künstliche Wasserläufe, und zwar für Wasserläufe zweiter und dritter Ordnung nach Anhörung der Schauämter,

bestimmen, ob und in welchem Umfange der in den Absätzen 1, 2, 4 vorgesehene Gemeingebrauch auch an ihnen zulässig ist.

§ 37. Durch den Gemeingebrauch darf anderen der Gemeingebrauch
nicht unmöglich gemacht oder erheblich erschwert werden.

§ 38. Der Gemeingebrauch enthält, unbeschadet der Vorschriften des
§ 27 Absatz 1, der §§ 28, 29, des § 31 Absatz 2, und des § 32 Absatz 3
Nr. 2, nicht die Befugnis, fremde Ufergrundstücke zu betreten oder sonst zu
benutzen oder Anlagen im Wasserlaufe zu errichten.

§ 39. Die Wasserpolizeibehörde kann den Gemeingebrauch regeln, beschränken oder verbieten. Solche Verfügungen sind mit Gründen zu versehen.

III. Benutzung durch den Eigentümer.

§ 40. Das dem Eigentümer als solchem zustehende Recht, den Wasserlauf zu benutzen, unterliegt, unbeschadet der §§ 19 bis 23, den in den §§ 41
bis 45 vorgesehenen Beschränkungen.

Dies gilt insbesondere von dem Rechte:

1. das Wasser zu gebrauchen und zu verbrauchen, namentlich auch es
oberirdisch oder unterirdisch, unmittelbar oder mittelbar abzuleiten,

2. Wasser oder andere flüssige Stoffe oberirdisch oder unterirdisch,
unmittelbar oder mittelbar einzuleiten,

3. den Wasserspiegel zu senken oder zu heben, namentlich durch Hemmung
des Wasserablaufes eine dauernde Ansammlung von Wasser herbeizuführen.

§ 41. Durch die Benutzung darf:

1. zum Nachteil anderer weder die Vorflut verändert noch das Wasser
verunreinigt,

2. der Wasserstand nicht derart verändert werden, daß andere in der
Ausübung ihrer Rechte am Wasserlauf beeinträchtigt oder fremde Grundstücke beschädigt werden,

3. die einem anderen obliegende Unterhaltung von Wasserläufen oder
ihrer Ufer nicht erschwert werden.

Geringfügige Nachteile kommen nicht in Betracht.

Eine Veränderung des Wasserstandes (Absatz 1 Nr. 2), durch die der
Grundwasserstand zum Nachteil anderer verändert wird, ist dann gestattet,
wenn sie durch Einleitung von Wasser oder durch Senkung des Wasserspiegels
zum Zwecke der gewöhnlichen Bodenentwässerung von Grundstücken bewirkt
wird, für die der Wasserlauf der natürliche Vorfluter ist.

§ 42. Hat im bisherigen Geltungsbereich des Privatflußgesetzes vom
28. Februar 1843 (Gesetzsammlung S. 41) bei dessen Verkündung (4. März 1843)
an einem Wasserlauf zweiter oder dritter Ordnung ein Triebwerk rechtmäßig
bestanden, so darf ihm durch die Benutzung nicht das Wasser entzogen
werden, das zum Betriebe der Anlage in dem damaligen Umfange notwendig
ist. Bestand damals bereits auf Grund eines besonderen Titels das Recht zu
einer Erweiterung des Betriebes, so darf ihm auch das zum Betriebe der
Anlage in diesem erweiterten Umfange notwendige Wasser nicht entzogen
werden.

§ 43. Gehört der Wasserlauf nach § 8 den Anliegern, so haben diese
das aus ihm abgeleitete Wasser, das nicht auf ihren Ufergrundstücken und
ihren dahinter liegenden Grundstücken, soweit sie zusammen eine wirtschaftliche Einheit bilden, verbraucht wird, in den Wasserlauf zurückzuleiten, bevor
er auf der Seite, wo die Ableitung stattfindet, ein fremdes Ufergrundstück
berührt. Gehören die gegenüberliegenden Ufergrundstücke verschiedenen
Eigentümern, so ist jeder von beiden nur zur Ableitung der Hälfte des vor-
überfließenden Wassers berechtigt.

Auch sind die Anlieger zum Rückstau über die Grenzen ihrer Ufergrundstücke hinaus nicht befugt.

§ 44. Sind die Eigentümer mehrerer aneinander grenzender Teile eines Wasserlaufes über die Ausübung der ihnen zustehenden Benutzungsrechte einig oder zwecks solcher Ausübung zu einer Gemeinschaft vereinigt, so gelten ihre Grundstücke hinsichtlich der Zulässigkeit der Ausübung als ein einziges Grundstück.

§ 45. In den Fällen des § 3 Absatz 2, der §§ 10, 11, des § 32 Absatz 1, der §§ 50, 51, des § 82 Absatz 1, der §§ 156, 157, des § 200 Absatz 1 Nr. 3 und des § 331 Absatz 1 ist für die dem Eigentümer entzogene oder beeinträchtigte Möglichkeit, den Wasserlauf in einer der im § 40 Absatz 2 bezeichneten Arten zu benutzen, insoweit Entschädigung zu gewähren, als die Billigkeit nach den Umständen eine Schadloshaltung erfordert. Soweit es sich um den Ersatz entgangenen Gewinnes handelt, ist der § 252 des Bürgerlichen Gesetzbuches anzuwenden.

IV. Verleihung.

§ 46. Durch Verleihung können an Wasserläufen folgende Rechte erworben werden:

1. den Wasserlauf in einer der im § 40 Absatz 2 bezeichneten Arten zu benutzen;

2. Häfen und Stichkanäle anzulegen, letztere soweit sie nicht selbständige Wasserstraßen bilden;

3. Anlegestellen mit baulichen Vorrichtungen von größerer Bedeutung herzustellen;

4. kommunale oder gemeinnützige Badeanstalten anzulegen.

Eine Verleihung wird nicht erteilt. wenn sich diese Rechte aus anderen gesetzlichen Vorschriften ergeben oder wenn die Benutzung nach den Vorschriften über den Gemeingebrauch gestattet ist.

Die Verleihung kann auf Antrag in der Weise erteilt werden, daß das Recht mit dem Eigentum an einem Grundstück verbunden wird.

§ 47. Die Verleihung darf nur aus den in diesem Gesetz bezeichneten Gründen versagt werden.

Sie kann dauernd oder auf Zeit erteilt werden.

Ist von der beabsichtigten Benutzung eine Verunreinigung des Wasserlaufes zu erwarten, so darf die Verleihung nur unter Vorbehalt erhöhter Anforderungen in bezug auf Reinigung der Abwässer erteilt werden.

Wird die Verleihung auf Zeit erteilt, so kann der Unternehmer die Verlängerung der Verleihung mit den inzwischen erforderlich gewordenen Veränderungen beanspruchen, soweit nicht überwiegende Rücksichten des öffentlichen Wohles oder Rücksichten von überwiegender wirtschaftlicher Bedeutung entgegenstehen.

§ 48. Die Verleihung darf nur für ein Unternehmen erteilt werden, dem ein bestimmter Plan zugrunde liegt.

§ 49. Soweit der beabsichtigten Benutzung des Wasserlaufes überwiegende Rücksichten des öffentlichen Wohles entgegenstehen, ist die Verleihung zu versagen oder nur unter Bedingungen zu erteilen, durch welche diese Rücksichten gewahrt werden. Solche Rücksichten sind insbesondere auch dann für gegeben zu erachten, wenn ein in Angriff genommener oder in Aussicht stehender Ausbau des Wasserlaufes durch die beabsichtigte Benutzung gehindert oder wesentlich erschwert werden würde.

Bei Seen, aus denen nur natürliche Wasserläufe zweiter oder dritter Ordnung abfließen, sowie bei künstlichen Wasserläufen und bei den durch Talsperren (§ 106) gebildeten Sammelbecken ist die Verleihung ferner zu versagen, wenn der Eigentümer des Sees oder des künstlichen Wasserlaufes oder der Unternehmer der Talsperre der Verleihung widerspricht.

Widerspricht bei natürlichen Wasserläufen zweiter oder dritter Ordnung die Wasserpolizeibehörde der Verleihung, weil durch die Ausübung des verliehenen Rechtes die Wirkung einer aus Gründen des öffentlichen Wohles errichteten Talsperre (§ 106) wesentlich beeinträchtigt werden würde, so darf die Verleihung nur mit Zustimmung des Ministers für Landwirtschaft, Domänen und Forsten oder unter den von ihm im öffentlichen Interesse gestellten besonderen Bedingungen erteilt werden.

Widerspricht bei natürlichen Wasserläufen erster Ordnung, die in der Anlage besonders bezeichnet sind, die Wasserpolizeibehörde der Verleihung, weil der beabsichtigten Benutzung überwiegende Rücksichten des öffentlichen Wohles entgegenstehen (Absatz 1), so darf die Verleihung nur mit Zustimmung der Minister für Handel und Gewerbe und der öffentlichen Arbeiten oder unter den von ihnen aus solchen Rücksichten gestellten Bedingungen erfolgen. Die Erklärung ist mit Gründen zu versehen.

§ 50. Sind von der beabsichtigten Benutzung des Wasserlaufes nachteilige Wirkungen zu erwarten, durch die das Recht eines anderen beeinträchtigt werden würde, und lassen sie sich durch Einrichtungen verhüten, die mit dem Unternehmen vereinbar und wirtschaftlich gerechtfertigt sind, so ist die Verleihung nur unter der Bedingung zu erteilen, daß der Unternehmer diese Einrichtungen trifft. Auch ist ihm deren Unterhaltung aufzuerlegen, soweit diese Unterhaltungslast über den Umfang einer bestehenden Verpflichtung zur Unterhaltung vorhandener, demselben Zwecke dienender Einrichtungen hinausgeht. Bei nachteiligen Wirkungen der im § 41 Absatz 1, 2 bezeichneten Art gelten diese Vorschriften, auch wenn dadurch ein Recht nicht beeinträchtigt wird.

Sind solche Einrichtungen nicht möglich, so ist die Verleihung zu versagen, wenn derjenige, der von der nachteiligen Wirkung betroffen werden würde, der Verleihung widerspricht. Dies gilt jedoch nicht, wenn einerseits das Unternehmen anders nicht zweckmäßig oder doch nur mit erheblichen Mehrkosten durchgeführt werden kann, andererseits der daraus zu erwartende Nutzen den Schaden des Widersprechenden erheblich übersteigt und, wenn diesem ein auf besonderem Titel beruhendes Recht zur Benutzung des Wasserlaufes zusteht, außerdem Gründe des öffentlichen Wohles vorliegen; ein nach dem 1. Januar 1912 durch Rechtsgeschäft mit dem Eigentümer begründetes Recht kommt hierbei nicht in Betracht.

Als nachteilige Wirkung gilt nicht die Veränderung des Grundwasserstandes, wenn sie durch Einleitung von Wasser oder durch Senkung des Wasserspiegels zum Zwecke der gewöhnlichen Bodenentwässerung von Grundstücken bewirkt wird, für die der Wasserlauf der natürliche Vorfluter ist.

§ 51. Soweit die im § 50 bezeichneten nachteiligen Wirkungen nicht durch Einrichtungen verhütet werden, hat der Unternehmer die davon Betroffenen Entschädigung zu gewähren.

Die Entschädigung kann in wiederkehrenden Leistungen bestehen. Die Verleihungsbehörde kann die Nachprüfung und anderweitige Festsetzung in bestimmten Zeiträumen vorbehalten.

§ 52. Wegen nachteiliger Veränderung der Vorflut oder des Wasserstandes sowie wegen Erschwerung der Unterhaltung des Wasserlaufes oder seiner Ufer ist insoweit keine Entschädigung zu gewähren, als der Nachteil vermieden worden wäre, wenn der Geschädigte die ihm obliegende Verpflichtung zur Unterhaltung ordnungsmäßig erfüllt hätte.

Dasselbe gilt bei nachteiliger Veränderung des Grundwasserstandes. Der dadurch entstehende Schaden ist ferner nur insoweit zu ersetzen, als die Billigkeit nach den Umständen eine Entschädigung erfordert.

§ 53. Ist zu besorgen, daß fremde Grundstücke oder Anlagen durch die Benutzung des Wasserlaufes so beschädigt werden, daß sie nach ihrer bisherigen Bestimmung nicht mehr zweckmäßig benutzt werden können, so kann der Eigentümer verlangen, daß der Unternehmer das Eigentum an den Grundstücken oder Anlagen gegen Entschädigung erwirbt. Wenn in der Folge ein abgetretenes Teilgrundstück ganz oder teilweise für den Zweck des Unternehmens nicht weiter notwendig ist und veräußert werden soll, so finden die Bestimmungen des § 57 des Enteignungsgesetzes vom 11. Juni 1874 (Gesetzsammlung S. 221) über das gesetzliche Vorkaufsrecht entsprechende Anwendung.

§ 54. Ein Entgelt für die Benutzung des Wasserlaufes darf dem Unternehmer nicht auferlegt werden.

§ 55. Zu den Einrichtungen im Sinne des § 50 gehören auch Sammelbecken, Talsperren, Reinigungsanlagen und dergleichen. Dem Unternehmer kann die Verpflichtung als Bedingung auferlegt werden, sich an solchen Einrichtungen zu beteiligen.

§ 56. Dem Unternehmer kann die Verpflichtung als Bedingung auferlegt werden, einen Wasserlauf oder seine Ufer zu unterhalten, sowie die Kosten zu tragen, die durch die Aufsicht über die Ausübung des verliehenen Rechtes entstehen.

Ferner kann dem Unternehmer die Verpflichtung auferlegt werden, Maßnahmen (Pegelbeobachtungen, Grundwasserstandsbeobachtungen usw.) zu treffen, die geeignet sind, die Feststellung zu erleichtern, ob und in welchem Umfange Schäden entstanden sind.

§ 57. Ist zu erwarten, daß die beabsichtigte Benutzung des Wasserlaufes den Gemeingebrauch unmöglich machen oder wesentlich erschweren würde, so ist, wenn diese Wirkung durch Einrichtungen, die mit dem Unternehmen vereinbar und wirtschaftlich gerechtfertigt sind, verhütet werden kann, dem Unternehmer die Verpflichtung als Bedingung aufzuerlegen, solche Einrichtungen herzustellen und nach § 50 Absatz 1 Satz 2 zu unterhalten.

§ 58. In landschaftlich hervorragenden Gegenden ist dem Unternehmer, wenn durch Einrichtungen, die mit dem Unternehmen vereinbar und wirtschaftlich gerechtfertigt sind, eine gröbliche Verunstaltung des Landschaftsbildes verhütet werden kann, die Verpflichtung als Bedingung aufzuerlegen, solche Einrichtungen herzustellen und nach § 50 Absatz 1 Satz 2 zu unterhalten.

Auch im übrigen ist durch entsprechende Bedingungen dafür zu sorgen, daß eine Verunstaltung landschaftlich hervorragender Gegenden vermieden wird, soweit dies mit dem Zwecke und der Wirtschaftlichkeit des Unternehmens vereinbar ist.

§ 59. Der Unternehmer kann zur Leistung einer Sicherheit für die Einhaltung der ihm auferlegten Bedingungen und für Schadenersatzansprüche angehalten werden, über welche die Entscheidung nach § 70 Absatz 3 einem späteren Verfahren vorbehalten wird. Die Sicherheit darf den Betrag des in den nächsten drei Jahren voraussichtlich entstehenden Schadens nicht übersteigen und ist in dieser Höhe durch jährliche Zuzahlungen zu erhalten. Der Staat und die Kommunalverbände sind von der Sicherheitsleistung frei.

§ 60. Bei der Verleihung ist eine Frist zu bestimmen, binnen deren das Unternehmen ausgeführt und in Betrieb gesetzt sein muß.

Eine Verlängerung der Frist ist zulässig.

§ 61. Ist über die Verleihung für mehrere Unternehmungen zu beschließen, die auch bei Teilung der verfügbaren Wassermenge oder bei Festsetzung verschiedener Benutzungszeiten oder geeigneter Betriebseinrichtungen nicht nebeneinander bestehen können, so entscheidet für ihre Erteilung zuerst die Bedeutung der Unternehmungen für das öffentliche Wohl und demnächst ihre wirtschaftliche Bedeutung.

Stehen hiernach mehrere Unternehmungen einander gleich, so gebührt zunächst bestehenden vor neuen, sodann an einen bestimmten Ort gebundenen vor den auch an einem anderen Orte möglichen und endlich Unternehmungen des Eigentümers eines Wasserlaufes vor denen der Anlieger oder anderer

Personen, Unternehmungen des Anliegers vor denen anderer Personen der Vorrang.

§ 63. Auf die Vorbereitung eines Unternehmens, für das eine Verleihung nachgesucht werden kann, ist § 5 des Enteignungsgesetzes vom 11. Juni 1874 (Gesetzsammlung S. 221) entsprechend anzuwenden. Die dort vorgeschriebene öffentliche Bekanntmachung kann unterbleiben. Zuständig ist die Behörde, die über den Verleihungsantrag zu beschließen haben würde.

§ 64. Über den Antrag auf Verleihung beschließt der Bezirksausschuß (Verleihungsbehörde).

Anträge auf Verleihung sind schleunig zu behandeln.

§ 65. Dem Antrag auf Verleihung sind die erforderlichen Zeichnungen und Erläuterungen beizufügen.

Ist der Antrag offenbar unzulässig, so kann er ohne weiteres durch einen mit Gründen versehenen Beschluß zurückgewiesen werden.

Anderenfalls ist die beabsichtigte Benutzung des Wasserlaufes in ortsüblicher Weise in allen Gemeinden (Gutsbezirken) öffentlich bekannt zu machen, auf deren Bezirk sich nach dem Ermessen der Verleihungsbehörde ihre Wirkung erstrecken kann. Die Bekanntmachung hat, soweit Landgemeinden beteiligt sind, auch in den Kreisblättern zu erfolgen.

Daneben sollen alle bekannten Personen, die nach dem Ermessen der Behörde von nachteiligen Wirkungen der Benutzung betroffen werden können, auf die öffentliche Bekanntmachung hingewiesen werden.

§ 66. Die Bekanntmachung muß angeben, wo die ausgelegten Zeichnungen und Erläuterungen eingesehen und bei welcher Behörde Widersprüche gegen die Verleihung sowie Ansprüche auf Herstellung und Unterhaltung von Einrichtungen oder auf Entschädigung schriftlich oder mündlich zu Protokoll erhoben werden können. Sie muß ferner für die Erhebung von Widersprüchen eine Frist bestimmen. Diese beträgt mindestens zwei und höchstens sechs Wochen und beginnt mit Ablauf des Tages, an dem das letzte die Bekanntmachung enthaltende Blatt ausgegeben ist.

Mitteilungen über Betriebseinrichtungen oder Betriebsweisen, deren Geheimhaltung der Antragsteller für erforderlich hält, sind, getrennt von den zur öffentlichen Auslegung bestimmten Vorlagen, in besonderen Schriftstücken und Zeichnungen vorzulegen.

§ 67. Die Bekanntmachung ist unter der Verwarnung zu erlassen, daß diejenigen, die innerhalb der bestimmten Frist keinen Widerspruch gegen die Verleihung erheben, ihr Widerspruchsrecht verlieren und daß wegen nachteiliger Wirkungen der Ausübung des verliehenen Rechtes nur noch die im § 82 bezeichneten Ansprüche geltend gemacht werden können.

In der Bekanntmachung ist dieselbe Frist für andere Anträge auf Verleihung des Rechtes zu einer Benutzung des Wasserlaufes zu bestimmen, durch welche die von dem ersten Antragsteller beabsichtigte Benutzung beeinträchtigt werden würde. Hierbei ist die Verwarnung zu erlassen, daß nach Ablauf der Frist gestellte Anträge auf Verleihung in demselben Verfahren nicht berücksichtigt werden.

Zur Beibringung der Unterlagen (§ 65) kann eine angemessene Nachfrist gewährt werden.

§ 69. Die Verleihungsbehörde hat von Amts wegen zu prüfen, ob die gesetzlichen Voraussetzungen für die Verleihung vorliegen. Sie hat ferner an Stelle der sonst zuständigen Polizeibehörden zu prüfen, ob die beabsichtigte Benutzung des Wasserlaufes den polizeilichen Vorschriften entspricht.

Die Wasserpolizeibehörde und die sonst in Wahrnehmung öffentlicher Interessen beteiligten Behörden sollen gehört werden.

Ist von einem Bergwerksbesitzer ein Antrag auf Verleihung gestellt, oder hat ein anderer eine Verleihung in einem Gebiete nachgesucht, in dem Bergbau umgeht, so ist die zuständige Bergbehörde in dem Verfahren zu hören.

Läßt sich bei Entschädigungsansprüchen nicht voraussehen, ob oder in welcher Höhe ein Schaden entstehen wird, so ist die Entscheidung über diese Ansprüche einem späteren Verfahren nach § 82 vorzubehalten. In den Fällen des § 53 ist auf Antrag des Unternehmers die Entscheidung über die erhobenen Ansprüche einem späteren Verfahren vorzubehalten, falls sich nicht bestimmt voraussehen läßt, daß die gesetzlichen Voraussetzungen vorliegen.

Der Antrag auf Erwerbung des Eigentums (§ 53) ist bis zum Schlusse der nach Absatz 1 stattfindenden Verhandlungen zu stellen.

§ 75. Die Kosten des Verleihungsverfahrens fallen dem Unternehmer zur Last. Die durch unbegründete Widersprüche oder Ansprüche erwachsenen Kosten können jedoch durch den auf den Verleihungsantrag ergehenden Beschluß demjenigen, der sie erhoben hat, auferlegt werden.

§ 76. Gegen den Beschluß über den Verleihungsantrag steht, soweit er nicht die von dem Unternehmer zu leistende Entschädigung betrifft, dem Unternehmer und, wenn eine Verleihung erteilt ist, auch den übrigen Parteien (§ 71) binnen zwei Wochen die Beschwerde bei dem Landeswasseramte zu.

Soweit die Entscheidung über den Verleihungsantrag die von dem Unternehmer zu leistende Entschädigung betrifft, kann binnen drei Monaten der Rechtsweg beschritten werden. Die Frist beginnt für den Unternehmer mit dem Tage, an dem die Entscheidung über die Verleihung rechtskräftig geworden ist, für die übrigen Beteiligten mit dem Tage, an dem ihnen die Mitteilung der Verleihungsbehörde von der Rechtskraft der Entscheidung zugestellt ist. Beschreitet der Unternehmer den Rechtsweg, so fallen ihm jedenfalls die Kosten der ersten Instanz zur Last.

§ 82. Wegen nachteiliger Wirkungen der Ausübung des verliehenen Rechtes kann der davon Betroffene nicht die Unterlassung der Ausübung oder die Beseitigung einer auf Grund des verliehenen Rechtes errichteten Anlage verlangen. Er kann aber nach den §§ 50 bis 55 fordern, daß Einrichtungen hergestellt und unterhalten werden, welche die nachteilige Wirkung ausschließen, und kann, wo solche Einrichtungen mit dem Unternehmen nicht vereinbar oder wirtschaftlich nicht gerechtfertigt sind, Entschädigung verlangen. Die Ansprüche sind ausgeschlossen, wenn er schon vor Ablauf der im § 66 Absatz 1 bezeichneten Frist die nachteilige Wirkung vorausgesehen hat oder hätte voraussehen müssen und bis zum Ablauf der Frist weder der Verleihung widersprochen noch einen Anspruch auf Herstellung von Einrichtungen oder auf Entschädigung erhoben hat. Der Ablauf der Frist steht den Ansprüchen nicht entgegen, wenn der Geschädigte glaubhaft macht, daß er durch Naturereignisse oder andere unabwendbare Zufälle verhindert worden ist, die Frist einzuhalten.

Die Ansprüche verjähren in drei Jahren von dem Zeitpunkt an, in welchem der Geschädigte von dem Eintritt der nachteiligen Wirkung Kenntnis erlangt hat. Sie sind ausgeschlossen, wenn sie nicht binnen dreißig Jahren nach Ablauf des Jahres geltend gemacht sind, in dem der Unternehmer mit der Ausübung des verliehenen Rechtes begonnen hat.

Die Entscheidung trifft die Verleihungsbehörde; der § 70 Absatz 2 Satz 1, 2 und die §§ 71, 76 sind entsprechend anzuwenden. Dasselbe gilt in den Fällen des § 70 Absatz 3; in den Fällen des § 70 Absatz 3 Satz 2 ist auch § 78 anzuwenden.

§ 83. Die Wasserpolizeibehörde hat den Unternehmer zur Erfüllung der ihm im Verleihungsbeschluß auferlegten Bedingungen anzuhalten.

§ 84. Wegen überwiegender Nachteile oder Gefahren für das öffentliche Wohl kann die Verleihung auf Antrag des Staates, eines Kommunalverbandes oder einer anderen öffentlichrechtlichen Körperschaft oder der Wasserpolizeibehörde gegen Entschädigung des Unternehmers durch Beschluß der Verleihungsbehörde jederzeit zurückgenommen oder beschränkt werden. Soweit die Zurücknahme oder Beschränkung einer Körperschaft des öffentlichen

Rechtes oder deren Angehörigen zum Vorteil gereicht, hat sie nach Maßgabe dieses Vorteils die Entschädigung und die Kosten des Verfahrens aufzubringen, im übrigen hat der Staat die Entschädigung zu zahlen und die Kosten des Verfahrens zu tragen.

Gegen den Beschluß, der mit Gründen zu versehen ist, stehen den Beteiligten die im § 76 bezeichneten Rechtsmittel zu.

Ist das verliehene Recht mit dem Eigentum an einem Grundstück verbunden (§ 46 Absatz 3), so sind, wenn dieses mit Rechten Dritter belastet ist oder im Lehns-, Fideikommiß-, Stammguts- oder Leiheverbande steht, der Artikel 52 und der Artikel 53 Absatz 1 des Einführungsgesetzes zum Bürgerlichen Gesetzbuch sowie der § 47 des Enteignungsgesetzes vom 11. Juni 1874 (Gesetzsammlung S. 221) anzuwenden.

Der nach Absatz 1 Entschädigungspflichtige kann im Rechtswege Erstattung der Entschädigung und der Kosten von demjenigen verlangen, der die Verleihung durch wissentlich unrichtige Nachweisungen erwirkt hat.

§ 85. Ohne Entschädigung kann die Verleihung durch Beschluß der Verleihungsbehörde auf Antrag der Wasserpolizeibehörde zurückgenommen werden:

1. wenn die Verleihung auf Grund von Nachweisungen, die in wesentlichen Punkten unrichtig sind, erteilt ist und dargetan wird, daß deren Unrichtigkeit dem Unternehmer bekannt war, und wenn durch die Verleihung überwiegende Nachteile oder Gefahren für das öffentliche Wohl herbeigeführt sind; dem gutgläubigen Erwerber und dessen Nachfolgern gegenüber greift diese Vorschrift nicht Platz;

2. wenn der Unternehmer die Ausübung des verliehenen Rechtes aufgibt, namentlich die auf Grund dieses Rechtes errichteten Anlagen entfernt oder eingehen läßt;

3. wenn das verliehene Recht für das Unternehmen unbrauchbar oder überflüssig geworden ist;

4. wenn der Unternehmer trotz Aufforderung der Wasserpolizeibehörde die ihm auferlegten Bedingungen in wesentlichen Punkten wiederholt nicht erfüllt oder die ihm für die Ausführung oder Inbetriebsetzung des Unternehmens gesetzten Fristen nicht innehält.

§ 86. Soweit das Recht, einen Wasserlauf in einer der im § 46 Abs. 1 bezeichneten Arten zu benutzen, nach den Vorschriften dieses Gesetzes dem Eigentümer des Wasserlaufes als solchem zusteht oder beim Inkrafttreten dieses Gesetzes besteht und nach den §§ 379 bis 381 aufrechterhalten bleibt, kann der Berechtigte verlangen, daß sein Recht durch Beschluß der Verleihungsbehörde sichergestellt werde.

Ein in dieser Weise sichergestelltes Recht steht einem verliehenen Rechte gleich.

V. Ausgleichung.

§ 87. Reicht das Wasser eines Wasserlaufes zur Benutzung in einer der im § 46 Absatz 1 bezeichneten Arten durch mehrere Berechtigte nicht aus oder wird bei mehreren Benutzungsarten die eine durch die andere beeinträchtigt oder ausgeschlossen, so kann jeder Berechtigte verlangen, daß Maß, Zeit und Art der Benutzung im Ausgleichungsverfahren geregelt werden. Die Regelung kann abgelehnt werden, wenn der davon insgesamt zu erwartende Nutzen den Schaden nicht erheblich übersteigt.

Die Regelung ist in einer den Interessen aller am Verfahren Beteiligten nach billigem Ermessen entsprechenden Weise unter Berücksichtigung der Bedürfnisse des Gemeingebrauchs vorzunehmen. Der hierbei entstehende Schaden ist den Beteiligten insoweit zu ersetzen, als er nicht durch den sich für sie ergebenden Nutzen aufgewogen wird. Zum Ersatz des Schadens sind sie nach Maßgabe ihres schätzungsweise zu ermittelnden Vorteils verpflichtet.

Ein durch Enteignung begründetes Recht kann nur mit Zustimmung des Berechtigten zur Ausgleichung herangezogen werden.

§ 88. Ist es möglich, einen Ausgleich durch Änderung der Betriebseinrichtung eines Berechtigten zu schaffen, so kann diesem auf Antrag eines Beteiligten im Ausgleichungsverfahren auferlegt werden, die Änderung entweder selbst vorzunehmen oder sich gefallen zu lassen, soweit sie nicht die Betriebsleistung beeinträchtigt.

Der Antragsteller hat die Kosten der Änderung zu tragen. Er hat auch den Schaden zu ersetzen, der durch einen Betriebsstillstand entsteht. Dasselbe gilt für die Mehrkosten des Betriebes und der Unterhaltung, soweit sie nicht durch die Vorteile der Änderung aufgewogen werden.

§ 89. Für das Ausgleichungsverfahren gelten der § 64, der § 65 Absatz 1, 2 und die §§ 69 bis 71, 76, 77 mit folgenden Maßgaben:

1. für jeden Beteiligten sind die erforderlichen Feststellungen über die künftige Ausübung seines Benutzungsrechtes zu treffen, namentlich über seinen Anteil an dem vorhandenen Wasser, die Zeit der Ausübung, die Stauhöhe und die zu beachtenden Einschränkungen und Auflagen;

2. ein Ausgleichungsverfahren, das mit einem schwebenden Verleihungsverfahren im Zusammenhange steht, kann mit diesem verbunden werden.

§ 90. Die Kosten des Ausgleichungsverfahrens fallen den Beteiligten nach Maßgabe ihres schätzungsweise zu ermittelnden Vorteils zur Last.

VI. Stauanlagen.

1. Allgemeine Vorschriften.

2. Talsperren.

§ 106. Für Stauanlagen, bei denen die Höhe des Stauwerkes von der Sohle des Wasserlaufes bis zur Krone mehr als 5 m beträgt und das Sammelbecken, bis zur Krone des Stauwerkes gefüllt, mehr als 100 000 cbm umfaßt (Talsperren), gelten die nachstehenden Vorschriften.

§ 107. Talsperren dürfen nur auf Grund eines Planes errichtet werden, der genaue Angaben über die gesamte Anlage, deren Bau, Unterhaltung und Betrieb enthalten muß und auch alle Einrichtungen zu berücksichtigen hat, durch die Nachteile und Gefahren für andere verhütet werden können. Der Plan bedarf, sofern nicht für die Talsperre die Verleihung oder die gewerbepolizeiliche Genehmigung erforderlich ist, der Genehmigung des Regierungspräsidenten.

Dasselbe gilt bei wesentlichen Veränderungen von Talsperren.

Vorstehende Bestimmungen sind auf die Talsperren anzuwenden, die nach dem Gesetz, betreffend Maßnahmen zur Verhütung von Hochwassergefahren in der Provinz Schlesien, vom 3. Juli 1900 (Gesetzsammlung S. 171) errichtet worden sind oder noch errichtet werden.

§ 108. Talsperren unterstehen der Aufsicht des Regierungspräsidenten. Dieser hat besonders darauf zu achten, daß der Bau, die Unterhaltung und der Betrieb nach dem Plane geschehen; er ist befugt, dem Unternehmer auch nach Ausführung des Planes Sicherheitsmaßregeln aufzugeben, die er zum Schutze der unterhalb liegenden Grundstücke gegen Gefahren für notwendig hält.

Zur Deckung der Kosten der Aufsicht können von dem Unternehmer Gebühren erhoben werden. Die Höhe bestimmt der Regierungspräsident.

Siebenter Titel.

Wasserbücher.

§ 182. Für die Wasserläufe sind zur Eintragung von Rechten, die eine der im § 46 bezeichneten Arten der Benutzung betreffen, und von Zwangsrechten nach den §§ 331 bis 333 sowie zur Eintragung der von den Bestimmungen der §§ 115, 117 abweichenden Unterhaltungspflicht Wasserbücher anzulegen, für die Wasserläufe dritter Ordnung jedoch erst, wenn eine Eintragung vorzunehmen ist.

Die Einrichtung der Wasserbücher bestimmen die zuständigen Minister.

Zweiter Abschnitt.

Gewässer, die nicht zu den Wasserläufen gehören.

§ 196. Der Eigentümer eines Grundstücks kann über das auf oder unter der Oberfläche befindliche Wasser verfügen, soweit sich nicht aus diesem Gesetz, insbesondere aus den Vorschriften über die Wasserläufe und ihre Benutzung, ein anderes ergibt oder Rechte Dritter entgegenstehen.

§ 197. Der Eigentümer eines Grundstücks darf den Ablauf des oberirdisch außerhalb eines Wasserlaufes abfließenden Wassers nicht künstlich so verändern, daß die tieferliegenden Grundstücke belästigt werden.

Unter dieses Verbot fällt nicht eine Veränderung des Wasserablaufes infolge veränderter wirtschaftlicher Benutzung des Grundstücks.

§ 198. Der Eigentümer eines Grundstücks ist berechtigt, das oberirdisch außerhalb eines Wasserlaufes von einem anderen Grundstück abfließende Wasser von seinem Grundstück abzuhalten.

In den Hohenzollernschen Landen, in der Provinz Hessen-Nassau, in denjenigen Gebietsteilen der Rheinprovinz, in denen bisher das französische oder das gemeine Recht galt, und in der Provinz Schleswig-Holstein ist diese Vorschrift nur mit der Maßgabe anzuwenden, daß der Eigentümer eines landwirtschaftlich benutzten Grundstücks verpflichtet ist, den infolge der natürlichen Bodenverhältnisse stattfindenden Wasserablauf von einem anderen landwirtschaftlich benutzten Grundstück zu dulden.

§ 199. Der Eigentümer eines nicht zu den Wasserläufen gehörenden Sees ist nicht befugt, den See abzulassen oder seinen Wasserspiegel erheblich zu senken, wenn dadurch der Grundwasserstand zum Nachteil anderer verändert wird, es sei denn, daß es zur gewöhnlichen Bodenentwässerung erforderlich ist.

Es ist ihm ferner nicht gestattet, Wasser oder andere flüssige Stoffe in den See einzuleiten oder feste oder schlammige Stoffe in den See einzubringen, durch die das Wasser zum Nachteil anderer verunreinigt wird. Der § 23 Absatz 1, 3 und 4 ist entsprechend anzuwenden, auf den Eigentümer jedoch nur dann, wenn einem anderen ein Recht an dem See zusteht, oder wenn durch die Einleitung andere Gewässer verunreinigt werden können.

Ob und in welchem Umfang der an Seen bisher übliche Gemeingebrauch im Falle des Bedürfnisses auch fernerhin zulässig ist, bestimmt der Regierungspräsident. Der Eigentümer des Sees ist vorher zu hören. Der Regierungspräsident kann die getroffene Bestimmung jederzeit widerrufen. Die §§ 36 bis 39 sind entsprechend anzuwenden.

§ 200. Der Eigentümer eines Grundstücks darf das unterirdische Wasser zum Gebrauch oder Verbrauch nicht dauernd in weiterem Umfang als für die eigene Haushaltung und Wirtschaft (§ 25 Absatz 4) zutage fördern, wenn dadurch

1. der Wassergewinnungsanlage oder der benutzten Quelle eines anderen das Wasser entzogen oder wesentlich geschmälert oder

2. die bisherige Benutzung des Grundstücks eines anderen erheblich beeinträchtigt oder

3. der Wasserstand eines Wasserlaufes oder eines Sees (§ 199) derart verändert wird, daß andere in der Ausübung ihrer Rechte daran beeinträchtigt werden.

Den Geschädigten steht kein Anspruch auf Unterlassung zu, wenn der aus der Zutageförderung zu erwartende Nutzen den ihnen erwachsenden Schaden erheblich übersteigt oder wenn das Unternehmen, für das die Zutageförderung erfolgt, dem öffentlichen Wohle dient. Sie können jedoch die Herstellung von Einrichtungen fordern, durch die der Schaden verhütet oder ausgeglichen wird, wenn solche Einrichtungen mit dem Unternehmen vereinbar und wirtschaftlich gerechtfertigt sind. Soweit der Schaden nicht verhütet oder ausgeglichen werden kann, ist insofern Schadenersatz zu leisten, als die Billigkeit nach den Umständen eine Entschädigung erfordert.

Die Entschädigung kann, wenn der Unternehmer dies beantragt, auch in wiederkehrenden Leistungen bestehen. Der § 51 Absatz 2 Satz 2 ist entsprechend anzuwenden.

§ 201. Dem Eigentümer eines Grundstücks ist nicht gestattet, den Grundwasserstrom eines Tales durch unterirdische Anlagen aufzustauen.

§ 202. Der Eigentümer eines Grundstücks ist nicht befugt, Stoffe in den Boden einzubringen oder einzuleiten, durch die das unterirdische Wasser, ein Wasserlauf oder ein See (§ 199) zum Nachteil anderer verunreinigt wird.

Auf die Düngung von Grundstücken ist die Vorschrift des Absatzes 1 nicht anzuwenden.

§ 203. Die dem Grundstückseigentümer nach den §§ 199 bis 202 nicht zustehenden Rechte können von ihm und mit seiner Zustimmung auch von einem anderen durch Verleihung erworben werden. Ferner kann der Gebrauch oder Verbrauch von Wasser sowie die Einleitung von Wasser oder anderen flüssigen Stoffen durch mehrere Berechtigte im Ausgleichungsverfahren geregelt werden.

Die §§ 47 bis 52, 55 bis 73, 75 bis 77, 79 bis 85 und 87 bis 90 sind entsprechend anzuwenden. Handelt es sich bei der Verleihung um den Erwerb eines dem Grundeigentümer nach § 200 nicht zustehenden Rechtes, so gelten die §§ 51, 82 mit der Maßgabe, daß der entstehende Schaden nur zu ersetzen ist, soweit die Billigkeit den Umständen nach eine Entschädigung erfordert.

Soweit das Recht, über das Wasser eines Sees (§ 199) oder über das unterirdische Wasser zu verfügen, dem Grundstückseigentümer nach den §§ 196 bis 202 zusteht oder beim Inkrafttreten dieses Gesetzes besteht und nach § 379 aufrechterhalten bleibt, kann dessen Sicherstellung nach § 86 verlangt werden.

§ 204. Wer unterirdisches Wasser zum Gebrauch oder Verbrauch über die Grenzen seines örtlich oder wirtschaftlich zusammenhängenden Grundbesitzes hinaus fortleiten will, bedarf der polizeilichen Genehmigung. Zuständig ist, wenn das Unternehmen der Versorgung von Ortschaften oder größeren Ortsteilen mit Trink- oder Nutzwasser dient, der Regierungspräsident, sonst der Landrat, in Stadtkreisen die Ortspolizeibehörde. Gegen die Entscheidung steht dem Unternehmer nur die Beschwerde im Aufsichtswege zu.

Ist das Recht zur Zutageförderung des unterirdischen Wassers durch Verleihung erworben, so bedarf es keiner polizeilichen Genehmigung nach Absatz 1.

§ 205. An Seen, die nicht zu den Wasserläufen gehören, steht, soweit das Eigentum an ihnen nicht anderweit geordnet ist, den Anliegern das Eigentum anteilig zu. Der § 8 Absatz 2, 3 und der § 13 Absatz 2 sind sinngemäß anzuwenden.

Dritter Abschnitt.

Wassergenossenschaften.

Erster Titel.

Allgemeine Vorschriften.

§ 206. Nach den Vorschriften dieses Gesetzes können Wassergenossenschaften gebildet werden:

1. zur Unterhaltung von Wasserläufen zweiter oder dritter Ordnung und zum Ausbau solcher Wasserläufe zwecks Verbesserung der Vorflut oder des Hochwasserabflusses;

2. zur Unterhaltung der Ufer von Wasserläufen sowie zum Ausbau der Ufer zwecks Verbesserung der Vorflut oder des Hochwasserabflusses oder zum Schutze der Ufergrundstücke und der dahinterliegenden Grundstücke;

3. zur Reinhaltung von Gewässern;

4. zur Entwässerung und Bewässerung von Grundstücken und zur Unterhaltung von Entwässerungs- oder Bewässerungsanlagen;

5. zur Verfehnung von Grundstücken und zur Unterhaltung von Verfehnungsanlagen;

6. zur Anlegung und zum Ausbau von Wasserläufen zweiter und dritter Ordnung und ihrer Ufer zu anderen als den unter Nr. 1 bis 5 bezeichneten Zwecken;

7. zur Unterhaltung und zum Ausbau von natürlichen Wasserläufen erster Ordnung sowie zum Ausbau ihrer Ufer zu anderen als den unter Nr. 2 bezeichneten Zwecken;

8. zur Herstellung und Unterhaltung der Schiffbarkeit oder Flößbarkeit von Wasserläufen, sowie zur Herstellung und Unterhaltung neuer Schiffahrtstraßen und anderer Schiffahrtanlagen;

9. zur Anlegung, Unterhaltung und Ausnutzung von Stauanlagen;

10. zur Anlegung, Unterhaltung und Ausnutzung von Wasserversorgungsanlagen, soweit sie nicht unter Nr. 9 fallen;

11. zur Beseitigung von Hindernissen des Hochwasserabflusses;

12. zur Zurückhaltung von Wasser in den Niederschlagsgebieten von Wasserläufen;

13. zur Aufbringung von Beiträgen in den Fällen des § 174 Absatz 1, 2;

14. zur Aufhöhung und Aufspülung von Grundstücken im Interesse der Bodenkultur.

Zweiter Titel.

Genossenschaften mit Zulässigkeit des Beitrittszwanges.

§ 238. Soll eine Genossenschaft zu einem der im § 206 Nr. 1 bis 5, 9, 11, 12 oder 14 bezeichneten Zwecke gebildet werden, so können widersprechende Eigentümer der bei ihr zu beteiligenden Grundstücke, Bergwerke und gewerblichen Anlagen sowie Wassergenossenschaften und andere Verbände (§ 210) zum Beitritt gezwungen werden, wenn

1. das Unternehmen zweckmäßig nur auf genossenschaftlichem Wege durchgeführt werden kann;

2. die Mehrheit der Beteiligten der Genossenschaftsbildung zustimmt und

3. das Unternehmen unter Berücksichtigung der Genossenschaftslasten für die Grundstücke, Bergwerke und gewerblichen Anlagen der Widersprechenden sowie für die widersprechenden Wassergenossenschaften und anderen Verbände (§ 210) Vorteile in Aussicht stellt, bei einer Genossenschaft zur Reinhaltung auch, wenn das Unternehmen zur Beseitigung der von ihnen hervorgerufenen Verunreinigung dient. ·

Dritter Titel.

Zwangsgenossenschaften.

§ 245. Genossenschaften können ohne Zustimmung der Beteiligten gebildet werden :

5. zur Reinhaltung von Gewässern, wenn schwerwiegenden Mißständen auf andere Weise nicht abgeholfen werden kann.

Fünfter Abschnitt.

Zwangsrechte.

§ 331. Zugunsten eines Unternehmens, das die Entwässerung von Grundstücken, die Beseitigung von Abwässern oder die bessere Ausnutzung einer Triebwerksanlage bezweckt, kann der Unternehmer von den Eigentümern eines Wasserlaufes sowie von den Eigentümern der zur Durchführung des Unternehmens erforderlichen Grundstücke verlangen, daß sie die zur Herbeiführung eines besseren Wasserabflusses dienenden Veränderungen des Wasserlaufes (Vertiefungen, Verbreiterungen, Durchstiche, Verlegungen) gegen Entschädigung dulden, wenn das Unternehmen anders nicht zweckmäßig oder nur mit erheblichen Mehrkosten durchgeführt werden kann und der davon zu erwartende Nutzen den Schaden des Betroffenen erheblich übersteigt.

Bezweckt das Unternehmen nur die gewöhnliche Entwässerung von Grundstücken, für die der Wasserlauf der natürliche Vorfluter ist, so erwirbt der Unternehmer mit der Feststellung des ihm nach Absatz 1 zustehenden Rechtes zugleich das Recht, den Wasserspiegel auf der Strecke, für die das Recht festgestellt ist, zu senken oder durch Einleitung von Wasser in den Wasserlauf zu heben, soweit dadurch kein anderer Nachteil als eine Veränderung des Grundwasserstandes verursacht wird. Eine Entschädigung für Nachteile, die lediglich durch die Veränderung des Grundwasserstandes hervorgerufen werden, hat der Unternehmer nicht zu leisten.

§ 332. Zugunsten eines Unternehmens, das die Entwässerung oder Bewässerung von Grundstücken, die Wasserbeschaffung zu häuslichen oder gewerblichen Zwecken oder die Beseitigung von Abwässern bezweckt, kann der Unternehmer unter den Voraussetzungen des § 331 Absatz 1 von den Eigentümern der dazu erforderlichen Grundstücke verlangen, daß sie die oberirdische oder unterirdische Durchleitung von Wasser und die Unterhaltung der Leitungen gegen Entschädigung dulden. Vorstehende Bestimmung ist auch gegen den Eigentümer eines Wasserlaufes anzuwenden.

Unreines Wasser darf jedoch nur mittels geschlossener, wasserdichter Leitungen durchgeleitet werden, wenn die Durchleitung sonst Nachteile oder Belästigungen für die Grundstückseigentümer zur Folge haben würde.

Ein auf Grund des Absatzes 1 erhobener Anspruch kann zurückgewiesen werden, wenn durch das Unternehmen wichtige öffentliche Interessen geschädigt werden würden.

§ 335. Die §§ 330 bis 332, 334 sind nicht anzuwenden auf Gebäude und, mit Ausnahme des § 332, auch nicht auf Parkanlagen sowie auf Hofräume und Gärten. Bei diesen Grundstücken beschränkt sich die im § 332 bestimmte Verpflichtung auf geschlossene, wasserdichte Leitungen.

§ 336. In den Fällen der §§ 331, 332, 334, 335 kann der Grundstückseigentümer verlangen, daß der Unternehmer an Stelle des Benutzungsrechtes das Eigentum des zu den Anlagen erforderlichen Grund und Bodens gegen Entschädigung erwerbe.

Ist der Rest des Grundstücks nach seiner bisherigen Bestimmung zweckmäßig nicht mehr zu benutzen, so kann der Grundstückseigentümer Übernahme des ganzen Grundstücks verlangen.

§ 337. In den Fällen der §§ 331, 332, 334 ist bei Bemessung des Schadens jedes Interesse des Geschädigten zu berücksichtigen.

§ 339. Der Antrag auf Erwerbung des Eigentums (§ 336) ist nicht mehr zulässig, sobald dem Grundstückseigentümer der Beschluß des Bezirks-[Kreis- (Stadt-)] Ausschusses eröffnet ist.

Sechster Abschnitt.

Wasserpolizeibehörden.

§ 342. Wasserpolizeibehörde ist:

1. für Wasserläufe erster Ordnung der Regierungspräsident;
2. für Wasserläufe zweiter Ordnung und die nicht zu den Wasserläufen gehörenden Gewässer der Landrat, in Stadtkreisen die Ortspolizeibehörde. Die Städte, deren Polizeiverwaltung der Aufsicht des Landrates nicht untersteht, stehen den Stadtkreisen gleich;
3. für Wasserläufe dritter Ordnung die Ortspolizeibehörde.

Bei Talsperren ist der Regierungspräsident, der die Aufsicht über die Talsperre führt, Wasserpolizeibehörde.

Siebenter Abschnitt.

Schauämter.

§ 356. Für Wasserläufe zweiter und dritter Ordnung sind Schauämter durch Polizeiverordnung (Schauordnung) zu bilden.

Die Schauämter können auch für den Umfang eines Land- oder Stadtkreises oder für einzelne Teile von Kreisen gebildet werden.

§ 357. Die Schauämter haben die Wasserläufe ihrer Bezirke nach Bedarf zu schauen und festzustellen, ob die Wasserläufe und ihre Ufer ordnungsmäßig unterhalten werden, und ob eine unzulässige Verunreinigung stattgefunden hat. Vorgefundene Mängel haben sie der Wasserpolizeibehörde mitzuteilen.

§ 359. Unbeschadet des § 357 kann durch die Schauordnungen den Schauämtern auch die Aufsicht über die Benutzung der Wasserläufe übertragen werden. Sie haben ihre Wahrnehmungen der Wasserpolizeibehörde mitzuteilen.

Achter Abschnitt.

Wasserbeiräte.

Neunter Abschnitt.

Landeswasseramt.

Zehnter Abschnitt.

Strafbestimmungen.

§ 375. Mit Geldstrafe bis zu dreitausend Mark oder mit Gefängnis bis zu einem Jahr wird, sofern nicht nach anderen strafgesetzlichen Bestimmungen eine höhere Strafe verwirkt ist, bestraft, wer vorsätzlich den Vorschriften des § 23 oder des § 199 Absatz 2 Satz 2 zuwider Wasser oder andere flüssige Stoffe, durch deren Einleitung das Wasser verunreinigt werden kann, in ein Gewässer einleitet oder den Vorschriften des § 94, des § 99 Absatz 1, des § 100 oder des § 101 Absatz 1 bis 3 oder den nach § 72 Nr. 2 zur Reinhaltung der Gewässer getroffenen Bestimmungen zuwiderhandelt.

Wird die Zuwiderhandlung aus Fahrlässigkeit begangen, so tritt Geldstrafe bis zu einhundertundfünfzig Mark oder Haft ein.

§ 376. Werden den Vorschriften des § 23 oder des § 199 Absatz 2 Satz 2 zuwider Wasser oder andere flüssige Stoffe, durch deren Einleitung das Wasser verunreinigt werden kann, in ein Gewässer eingeleitet, so sind der Unternehmer und der Betriebsleiter als solche, unabhängig von der Verfolgung der eigentlichen Täter, mit Geldstrafe von fünfzig bis zu fünftausend Mark zu bestrafen.

Die Bestrafung des Unternehmers, des Betriebsleiters oder des Stauberechtigten tritt nur ein, wenn die Zuwiderhandlung mit ihrem Vorwissen begangen ist, oder wenn sie es bei der nach den Verhältnissen möglichen eigenen Beaufsichtigung des Betriebes oder bei der Auswahl oder der Beaufsichtigung der Aufsichtspersonen an der erforderlichen Sorgfalt haben fehlen lassen.

Elfter Abschnitt.

Übergangs - und Schlufsbestimmungen.

§ 379. Die beim Inkrafttreten dieses Gesetzes bestehenden Rechte:

1. einen Wasserlauf in einer der im § 46 bezeichneten Arten zu benutzen,
2. über die nicht zu den Wasserläufen gehörenden Gewässer über die Schranken der §§ 199 bis 202 hinaus zu verfügen,
3. die Aufnahme des wild abfließenden Wassers durch die Eigentümer tieferliegender Grundstücke zu verlangen,

bleiben aufrechterhalten, soweit sie auf besonderem Titel beruhen.

Die beim Inkrafttreten dieses Gesetzes bestehenden, nicht auf besonderem Titel beruhenden Rechte zur Benutzung eines Wasserlaufes und anderer Gewässer im Sinne des Absatzes 1 Nr. 1 und 2 bleiben nur insoweit und so lange aufrechterhalten, als rechtmäßige Anlagen zu ihrer Ausübung vorhanden sind, vorausgesetzt, daß diese Anlagen vor dem 1. Januar 1913 errichtet sind, oder daß vor diesem Zeitpunkt mit ihrer Errichtung begonnen ist.

Die Rechtmäßigkeit einer Anlage, die am 1. Januar 1912 schon mehr als zehn Jahre bestanden hat, wird vermutet. Diese Vermutung gilt nicht gegenüber demjenigen, welcher innerhalb der letzten zehn Jahre einen Widerspruch gegen die Rechtmäßigkeit bei einer zuständigen Behörde geltend gemacht hat.

Der Inhalt der hiernach aufrechterhaltenen Rechte bestimmt sich, soweit sie auf besonderem Titel beruhen, nach diesem. Im übrigen bleiben die bisherigen Gesetze mit folgenden näheren Bestimmungen und Beschränkungen maßgebend:

a) eine Verunreinigung des Wassers, die über das Gemeinübliche hinausgeht, ist unzulässig.

b) Entsteht nach dem Inkrafttreten dieses Gesetzes durch die Ausübung des Rechtes zur Zutageförderung unterirdischen Wassers ein Schaden der im § 200 Absatz 1 bezeichneten Art, so können die Geschädigten die Herstellung von Einrichtungen fordern, durch die der Schaden verhütet oder ausgeglichen wird, wenn solche Einrichtungen mit dem Unternehmen vereinbar und wirtschaftlich gerechtfertigt sind. Anderenfalls können sie Schadenersatz verlangen, soweit die Billigkeit nach den Umständen eine Entschädigung erfordert und der Unternehmer ohne Gefährdung der Leistungsfähigkeit und Wirtschaftlichkeit des Unternehmens zur Entschädigung imstande ist. Die Entschädigung kann in wiederkehrenden Leistungen bestehen.

Der § 84 ist auf die aufrechterhaltenen Rechte entsprechend anzuwenden.

Eine Veränderung des Wasserstandes ist ferner im bisherigen Umfange gestattet, wenn dieselbe durch Einleitung von Wasser aus Seen und Teichen, die der Fischerei dienen, geschieht, sofern diese zur Grundräumung, Ansamung oder Abfischung abgelassen werden.

§ 380. Ein Recht, einen Wasserlauf in einer der im § 46 bezeichneten Arten zu benutzen, das nach § 379 aufrechterhalten bleibt, erlischt mit Ablauf von zehn Jahren nach dem Inkrafttreten dieses Gesetzes, wenn nicht vorher seine Eintragung in das Wasserbuch beantragt ist. Auf Rechte, die im Grundbuch eingetragen sind, ist diese Vorschrift nicht anzuwenden.

Die Wasserbuchbehörde soll im Laufe des ersten und des neunten Jahres nach dem Inkrafttreten dieses Gesetzes durch öffentliche Bekanntmachung in ortsüblicher Weise und, wenn Landkreise beteiligt sind, auch in den Kreisblättern auf das Erlöschen der Rechte hinweisen, deren Eintragung ins Wasserbuch nicht binnen der im Absatz 1 bezeichneten Frist beantragt wird. Daneben sollen alle der Wasserbuchbehörde bekannten Personen, die ein Recht ausüben, das ohne einen solchen Antrag erlöschen würde, auf die öffentliche Bekanntmachung hingewiesen werden.

Allgemeines über die Wassergesetze, insbesondere über das Preußische.

Den hygienischen Wert des Preußischen Wassergesetzes erkennt man durch einen Vergleich des früheren Zustandes mit dem jetzigen.

Betreffs der Entnahme von Flußwasser für Trinkzwecke bestanden und bestehen besondere Vorschriften nicht, nur darf der Wasserstand nicht derart verändert werden, daß andere in der Ausübung ihrer Rechte am Wasserlauf beeinträchtigt oder fremde Grundstücke beschädigt werden. Ersteres war schon früher nicht gestattet. Die „Müllerprozesse" haben unter den „Wasserprozessen" von jeher eine große Rolle gespielt. Letztere Bestimmung existierte früher nicht. Durch eine zu starke Wasserentnahme kann der Flußspiegel und damit der Grundwasserstand gesenkt werden, wie das an der Ruhr im großen Maßstabe vorgekommen ist.

Wird ein Wasserlauf durch ein Wehr gestaut, um einen stets gleichen Wasserspiegel zu haben, zum Zwecke der gleichmäßigen Entnahme von Fluß-Grundwasser, so wird oberhalb des Wehres ein Anstieg, unterhalb desselben eine Absenkung des Wasserspiegels und des Grundwasserspiegels sich bemerkbar machen. Das erstere ist der Zweck des Staues, denn in dem Staugebiet sind die Brunnen für die Wasserentnahme niedergebracht; dieses Gelände wird also wohl stets der wasserentnehmenden Stadt gehören. Entschädigungsansprüche erfolgen somit nicht.

In den anliegenden Grundstücken des Unterlaufes wird bei der Senkung des Grundwasserspiegels möglicherweise eine Schädigung des Wiesenwuchses bei gleichzeitig bestehender Unmöglichkeit (z. B. wegen der Hochwässer), die Wiesen in Ackerland umzuwandeln, herbeigeführt. In einem solchen Falle müßte Schadenersatz geleistet werden.

Erheblich wichtiger für die Flußwasserentnahme der Städte sind die Bestimmungen über das Einlassen von Schmutzwässern. In viel früheren Zeiten leiteten die Gemeinden die Abwässer ohne

weiteres in den Fluß; daraus sind Gewohnheitsrechte geworden.
Später hatten dazu die Gemeinden eine polizeiliche Erlaubnis, die
industriellen Betriebe eine Konzession notwendig. Beide Erlaubnis-
arten boten nicht die genügenden Garantien. War zudem die
Erlaubnis einmal gegeben, so war es schwer, an ihr noch zu
ändern; bei denjenigen Konzessionen, bei welchen die General-
klausel, d. h. die Möglichkeit einer späteren Abänderung nicht
vorgesehen war, ließ sich überhaupt nichts mehr machen.

An den jetzt gültigen wohlerworbenen, d. h. auf besonderen
Titeln beruhenden Rechten ändert das neue Gesetz nichts; die nicht
auf besonderem Titel beruhenden Benutzungen eines Wasserlaufes
und Gewässers bleiben gleichfalls bestehen, sofern rechtmäßige
Anlagen zu ihrer Ausübung vorhanden sind. Die Verunreinigung
des Wassers darf allerdings auch bei den älteren Anlagen über
das Gemeinübliche nicht hinausgehen. — Hiernach erlangen alte
und neue Flußwasserwerke gegenüber älteren schon bestehenden
Anlagen, die Schmutzstoffe einleiten, keine neuen Rechte, wenn
von dem dehnbaren Begriff der Gemeinüblichkeit abgesehen wird.

Neue Anlagen unterliegen betreffs der oberirdischen oder unterirdischen Fortleitung von Wasser, sowie betreffs der Hineingabe
von Flüssigkeiten der Beschränkung. Sie müssen hierzu durch die
„Verleihung" das Recht erwerben. Zur Einleitung von unreinen
Flüssigkeiten darf die Verleihung nur unter Vorbehalt erhöhter
Anforderungen in bezug auf Reinigung der Abwässer erfolgen und
sie kann dauernd oder auf Zeit erteilt werden. Eine Verunreinigung
zum Nachteil anderer darf nicht eintreten, jedoch bleiben geringfügige Nachteile außer Betracht.

Das sächsische Gesetz schreibt im § 28 (2) vor, daß die
Erlaubnis für die Einführung von Fäkalien, Abfallwässern aus
Schlächtereien, Abdeckereien und Anlagen aller Art, in denen
gesundheitsschädliche Stoffe verarbeitet oder erzeugt werden, in
fließende Gewässer nur mit dem Vorbehalt jederzeitigen Widerrufes
erteilt werden darf.

Hier findet sich der Ausdruck „gesundheitsschädlich"; in dem
preußischen Gesetz fehlt er völlig; ob ein Stoff „gesundheitsschädlich"
ist oder nicht, läßt sich schwer entscheiden; es kommt z. B. viel auf
die Verdünnung an. In dem preußischen Gesetz sind die führenden
Worte: „Schädigung" oder „Nachteil eines anderen" und „öffent-
liches Wohl". Man darf mit aller Sicherheit annehmen, daß die
Wasserversorgung auch der kleinsten Gemeinde unter den Begriff
des „öffentlichen Wohles" fällt. Geschieht das, so kann man mit
den leitenden Ausdrücken zufrieden sein; sie sind klar genug.

Das bayerische Gesetz bestimmt in seinem § 37, daß Substanzen, die eine „schädliche Veränderung" des Wassers zur Folge haben, nur mit behördlicher Erlaubnis in die Gewässer eingeleitet werden dürfen, und zwar nur widerruflich. Die Erlaubnis ist zu versagen oder an Bedingungen zu knüpfen, wenn und soweit durch die Zuführung gesundheitliche oder erhebliche wirtschaftliche Nachteile zu besorgen sind und wenn im letzteren Falle der von der Zuführung zu erwartende Vorteil von geringerer wirtschaftlicher Bedeutung ist als der durch die Zuführung entstehende Nachteil.

Auch in Preußen kann die verleihende Behörde die Verleihung an vorher zu erfüllende Bedingungen knüpfen; sie kann z. B. Reinigungsanlagen, Sammelbecken, gleichmäßigen Abfluß u. dgl. verlangen. Die Verleihung ist zu versagen, wenn der beabsichtigten Benutzung des Wasserlaufes überwiegende Interessen des öffentlichen Wohles entgegenstehen.

Die „Verleihung" ist eine Art Konzessionierung; aber sie ist viel beweglicher, sie gewährt einen erheblich größeren Schutz als die Konzession, wenn auch das Verfahren an sich komplizierter ist und zum Einspruch anreizt (§ 65). Von großer Bedeutung ist die Ausgleichung, d. h. reicht ein Wasserlauf zu einer der im § 46 unter 1 bezeichneten Benutzungsarten für mehrere Berechtigte nicht aus oder wird bei mehreren Benutzungsarten die eine durch die andere beeinträchtigt, so muß die Benutzung nach Art, Maß und Zeit geregelt werden. Da außerdem jeder der Einlassenden für die durch die Verschmutzung eintretenden Nachteile anderer je nach seinem Teil haftbar ist, so wird eine weit größere Sicherheit gegen unzulässige Zuflüsse gewährt als bisher; es wird auf die „Summierung" der eingelassenen Stoffe mehr Wert gelegt, als das bislang geschehen ist.

Durch das neue preußische Wassergesetz werden für die Flußwasserversorgungen bessere Verhältnisse geschaffen, als sie bis jetzt bestanden haben, denn man darf erwarten, daß das Rohwasser für die Versorgungen infolge der für die Einlassung von Abwässern getroffenen Anordnungen besser werden wird.

Viele kleinere Gemeinden und die meisten großen Städte sind auf Grund- und Quellwasser, insbesondere auf das erstere, angewiesen.

Nach dem bisherigen Rechtsstande war der Besitzer des Grund und Bodens zugleich der Besitzer des im Boden befindlichen Wassers; er konnte mit ihm ganz nach seinem Belieben schalten und walten; hierbei machte es rechtlich nichts aus, ob der Nachbar geschädigt wurde, z. B. durch geringeres Wachstum auf seinen Äckern und Wiesen, durch Absaugen des Wassers aus dem Brunnen u. dgl. Daß ein solches „Recht" nicht bestehen bleiben konnte, ist selbstverständlich, und das Wassergesetz hat gründlich, vielleicht zu gründlich mit ihm aufgeräumt. Der Grundstückseigentümer darf das unterirdische Wasser zum Gebrauch und Verbrauch nicht dauernd in weiterem Umfange, als für die eigene Haushaltung und Wirtschaft erforderlich ist, zutage fördern, wenn dadurch der Wassergewinnungsanlage oder der benutzten Quelle eines anderen das Wasser entzogen oder wesentlich geschmälert oder die bisherige Benutzung des Grundstückes eines anderen erheblich beeinträchtigt, oder wenn der Wasserstand eines Wasserlaufes oder eines Sees derartig verändert wird, daß andere in der Ausübung ihrer Rechte daran beeinträchtigt werden.

Den Geschädigten steht zwar kein Anspruch auf Unterlassung zu, wenn der aus der Wasserabführung zutage tretende Nutzen den ihnen entstandenen Schaden erheblich übersteigt, oder wenn das Unternehmen dem öffentlichen Wohle dient; sie können jedoch die Herstellung von Einrichtungen verlangen — soweit das Unternehmen noch dabei bestehen kann —, welche den Schaden verhüten, anderenfalls müssen sie so entschädigt werden, als die Billigkeit nach den Umständen eine Entschädigung fordert. An sich ist diese Regelung nicht ungerecht; sie wird jedoch, so ist zu fürchten, zum wenigsten für die ersten Jahrzehnte zu erheblichen, langdauernden Streitigkeiten und Prozessen führen. Wenn die großen Wasserwerke jeden Tag ungezählte Kubikmeter Wasser dem Boden entnehmen, so kann, so muß sogar in vielen Fällen, auf weite Entfernungen, mehrere Kilometer hin, ein erhebliches Sinken des Grundwassers stattfinden. Vielleicht wird an einigen Stellen tatsächlich eine landwirtschaftliche Schädigung eintreten, aber an vielen Stellen wird die „auri sacra fames" sich regen, und es werden zahlreiche Entschädigungsansprüche auch dort geltend gemacht werden, wo die Schäden fehlen. Viel Arbeit, viel Geduld und viel Zeit werden notwendig sein, ehe die Wasserwerke, die Landbesitzer und auch die Richter sich in dieser Materie zurechtgefunden haben.

Die Gemeinden werden gut tun, sich durch reichliche Landankäufe, die weit über das eigentliche Gebiet der Schutzzonen hinausgehen, gegen Einsprüche zu schützen. Glücklicherweise steht ihnen in Bayern nach § 153 und in Preußen nach der „Besonderen Begründung des § 203, das Enteignungsrecht zur Seite; fraglich ist jedoch, wie weit es sich erstreckt. In Sachsen, § 150, ist die Enteignung von Grundwasser, Quellen und Quellgeländen zum

Zwecke der Versorgung von Ortschaften und Ortsteilen mit Trink-
und Nutzwasser bedauerlicherweise ausgeschlossen. —

Die Verleihung, d. h. die Erlaubnis zum weiteren Gebrauch
und Verbrauch, zur Ableitung und Absenkung des Wassers usw.
(§ 199 bis 202) ist möglich, wenn der Eigentümer oder mit seiner
Zustimmung ein anderer darum einkommt.

Günstig ist, daß der Verbrauch des Wassers durch mehrere
Berechtigte im Ausgleichverfahren geregelt werden kann. — Zwei
Städte entnahmen ihr Wasser aus ein und demselben begrenzten
Quellgebiet, die flußaufwärts gelegene mußte das Wasser entsprechend
ihrer Höhenlage pumpen, die andere flußabwärts gelegene konnte
es sich mit natürlichem Gefälle zuführen. Im Herbst 1911 wurde
das Wasser recht knapp; die mit Maschineneinrichtung versehene
Anlage vertiefte ihre Brunnen und sog der Nachbaranlage, die das
Experiment nicht nachahmen konnte, erhebliche Mengen Wasser
ab. Die Einsprüche der geschädigten Gemeinde stießen bei der
Nachbargemeinde auf unheilbare Schwerhörigkeit.

Günstig ist ferner, daß die Durchlegung der Wasserleitungsrohre durch fremde Grundstücke nunmehr in den meisten Fällen
bewirkt werden kann.

Den preußischen Bestimmungen dem Sinne nach gleiche, dem
Wortlaut nach ähnliche Anordnungen betreffs des Grundwassers
hat das sächsische Wassergesetz in seinen §§ 40 und 41.

In dem bayerischen Gesetz wird in dem § 19 die Zutageförderung
von Grundwasser, die Änderung des Abflusses von See- oder Weiher-
wasser unter die Erlaubnis der Behörde gestellt. Sofern Rücksichten des Gemeinwohles es erfordern, ist die Erlaubnis zu versagen
oder an Bedingungen zu knüpfen. Werden durch die Fortnahme
des Wassers erhebliche Schäden erzeugt, so sind Entschädigungen
zu leisten, wenn die Besitzer von Wasserbenutzungsanlagen oder
die Grundeigentümer oder die Fischereiberechtigten — bzw. die
Rechtsvorgänger — das Wasser durch mindestens 30 Jahre ununterbrochen benutzt haben. Landwirtschaftliche Entschädigungen
kennt Bayern nicht.

Die Schwierigkeit des preußischen und sächsischen Wassergesetzes liegt, wie aus vorstehendem folgen dürfte, in der Ent-
schädigungsfrage. Man muß zugeben, daß die Städte sich nicht
sträuben dürfen, wirkliche Schäden zu vergüten. Wenn Brunnen
trocken geworden, Quellen, welche Dörfer speisten, versiegt sind,
seitdem ein großes Wasserwerk den Grundwasserspiegel erheblich
und dauernd gesenkt hat, dann ist dafür aufzukommen, auch ohne
daß das geschriebene Gesetz das verlangt, denn das verlangt das

jedem innewohnende Gerechtigkeitsgefühl. Ebenso sind wirtschaftliche bzw. landwirtschaftliche Schäden, die tatsächlich vorliegen, zu
entschädigen. Hier dürfte aber der Nachweis recht schwer zu
führen sein. Er kann sich unmöglich auf bloße Angaben und
Schätzungen stützen, sondern muß buchmäßig in jedem einzelnen
Falle nachgewiesen werden. Das Sinken des Grundwassers an sich
beweist noch durchaus nicht eine Schädigung. Es sei auf S. 263
verwiesen.

Daß die Ansprüche starke werden dürften, ist aus dem § 379 b
zu folgern, nach welchem sogar die entsprechend dem alten Recht
geschaffenen Werke Schadenersatz zahlen sollen, der auch in wiederkehrenden Leistungen bestehen kann. Das sieht fast so aus, als
ob die Umlieger der Wasserwerke zu städtischen Rentenempfängern
werden könnten. So richtig es ist, entstandenen Schaden zu vergüten, so richtig ist es andererseits, jeden nicht sicher bewiesenen
Schadenanspruch zurückzuweisen, denn sonst sind die Grundwasserversorgungen, die besten von allen, in ihrer Existenz bedroht.

Im übrigen sind die neuen gesetzlichen Bestimmungen eine
erneute Mahnung an den alten Piefkeschen Satz, die Grundwasserversorgungen so groß einzurichten, daß eine nennenswerte Absenkung
des Grundwasserspiegels nicht eintrete. Folgen die Städte
diesem zweifellos richtigen Grundsatz, so werden sie
wohl eine in den Bauwerken, d. h. Brunnen- und Heberleitungen und dem Grunderwerb teurere Anlage schaffen,
aber sie werden für die Perioden der Dürre eine größere
Wassermenge zur Verfügung haben, als jetzt, wo vielfach die Anlagen ein viel zu kleines Wasserentnahme-
gebiet haben. Zudem können die eigentlichen Schutzgebiete
kleiner werden, weil die Depressionszonen bei geringer Absenkung
geringer werden; es kann also eine ausgiebigere Ausnutzung des
Geländes für die Zwecke des Ackerbaues stattfinden, als das jetzt
möglich ist.

Außerdem müssen die Werke jetzt mehr wie früher die künstliche Vermehrung des Grundwassers, unserer Auffassung nach in
erster Linie durch Rieselung auf großen Wiesenflächen, ins Auge
fassen.

V. Urteile von Gerichten.

Nur die hygienisch-technischen, nicht die rein wirtschaftlichen
Urteile haben wir zusammengestellt, und diese auch nur so weit, als
sie in den letzten 20 Jahren erlassen sind und Endurteile darstellen,
d. h. als sie vom Reichsgericht, dem Königl. Preußischen Ober-

verwaltungsgericht, dem Königl. Preußischen Kammergericht zu
Berlin und dem Königl. Bayerischen Verwaltungsgerichtshof gefällt
worden sind.

Wo von uns „P. O. V., Urteil vom (Datum)" angegeben wurde,
ist stets das Preußische Oberverwaltungsgericht gemeint.

Diejenigen Gerichtserkenntnisse, welche sich auf verflossene
Verhältnisse beziehen, also auf solche, welche durch die Wassergesetze der letzten Jahre umgeändert bzw. beseitigt worden sind,
wurden nicht erwähnt.

a) Die Urteile betreffs Brunnen.

Die Polizeibehörde ist befugt, dem Eigentümer eines gesundheitsschädlichen Brunnens die Schließung desselben oder die Anbringung einer Warnungs-
tafel aufzugeben; aber sie ist nicht berechtigt, dem Eigentümer zu verbieten,
daß er Wasser aus dem Brunnen genießt oder anderen den Genuß erlaubt.
P. O. V., Urteil vom 1. Februar 1901.

Ein zweites Urteil gleicher Art ist vom 17. September 1901, ein drittes
ähnlicher Art, sich auf den ersten Teil des vorstehenden Satzes beziehend,
vom 8. November 1901, ein viertes, die Schließung eines Brunnens betreffend,
vom 5. Dezember 1902, ein fünftes vom 5. Dezember 1902, ein sechstes vom
16. Oktober 1903, ein siebentes vom 30. September 1904.

Die Polizeibehörde kann die Beseitigung eines Brunnens mit gesundheits-
schädlichem Wasser verlangen und braucht sich gegebenenfalls mit der
vom Eigentümer angebrachten Aufschrift „Kein Trinkwasser" oder mit
Anschließung des Pumpenschwengels nicht zu begnügen. P. O. V., Urteil
vom 15. Dezember 1899.

Gesundheitsgefährlichkeit eines Brunnenwassers wird schon angenommen,
wenn Krankheitskeime jederzeit in das Brunnenwasser eindringen können;
die besonderen Verhältnisse können die Ausschließung der Verwendung auch
des nicht schon nachweislich infizierten Wassers geboten erscheinen lassen;
auch kann die Polizei verlangen, daß der Brunnen vollständig unbenutzbar
gemacht werde. P. O. V., Urteil vom 10. Dezember 1897.

„Eine solche Gefahr für die Gesundheit besteht nicht nur dann, wenn
das Wasser bereits gesundheitsschädliche Bestandteile enthält, sondern auch
dann, wenn nach Lage und Beschaffenheit des Brunnens die nahe Möglichkeit vorliegt, daß solche in den Brunnen eindringen." Vorstehender Satz ist
aus einem in ähnlicher Ursache ergangenen P. O. V.-Urteil vom 19. Dezember
1902 entnommen.

Diesen Auffassungen stellt sich zum Teil entgegen ein Urteil des Königl.
Kammergerichtes zu Berlin vom 24. November 1902. Es gesteht das Recht
zur Sperrung von Brunnen mit gesundheitsgefährlichem Wasser zu. Aber es
sagt, unzulässig ist das polizeiliche Verbot der Benutzung jeden Brunnenwassers wegen der Möglichkeit künftiger Gefährlichkeit. Die entfernte
Möglichkeit, daß Brunnenwasser unter Umständen in großem, d. h. gefähr-
lichem Umfange Sitz von Krankheitserregern werden könnte, macht also
die Brunnen noch nicht zu einer „dem Publikum bevorstehenden Gefahr"
und gibt nicht das Recht, ihre Benutzung zu verbieten oder an eine polizeiliche Erlaubnis zu knüpfen. Dieses darf nur geschehen „für solche Brunnen,
deren Wasser gesundheitsschädlich ist oder es doch wegen seiner unmittel-
baren Umgebung jederzeit werden kann". — Hier ist also viel weniger weit
gegangen wie in den Erkenntnissen des Oberverwaltungsgerichtes. Juristisch
mag die Auffassung des Kammergerichtes ebenso richtig sein wie die des

Oberverwaltungsgerichtes, aber so praktisch und so segensreich ist sie nicht. Wenn pathogene Bakterien erst im Wasser vorhanden sind, also das Wasser gesundheitsgefährlich ist im Sinne des Kammergerichtes, dann ist es zu spät; auf den Grabsteinen der Gestorbenen ließe sich der alte Spruch anbringen: Fiat justitia et pereat mundus.

Andererseits ist zuzugestehen, daß man bei der Schließung von Brunnen zu weit gehen kann und auch zu weit gegangen ist; nicht jeder offene Brunnen ist unter normalen Verhältnissen infektionsfähig. Bei der Beurteilung der Infektionsfähigkeit kommt es nicht darauf an, ob man eine solche theoretisch konstruieren kann, sondern darauf, ob eine solche faktisch vorhanden ist.

Entsprechend der vorstehenden Auffassung erkennt das Kammergericht an, daß der Ortspolizeibehörde das Recht zum Verbot der Benutzung eines mit Typhusbazillen infizierten Flußwassers zusteht. Urteil des Königl. Kammergerichtes vom 27. November 1902.

Es besteht die Befugnis der Polizeibehörde, einem Grundstücksbesitzer die Erbauung eines Brunnens aufzugeben. P. O. V., Urteil vom 30. März 1897.

Ein Urteil ähnlicher Art für Arbeiterhäuser eines Grundbesitzers ist ergangen am 30. September 1902, ein drittes bei zu großer Entfernung des Schnitterhauses vom Gutshof am 10. Oktober 1902, ein viertes am 20. Januar 1903.

Rechtsgültigkeit der Anordnung betreffend Anlage einer Entnahmestelle für einwandfreies Wasser (Brunnen oder Anschluß an eine Wasserleitung) zur Benutzung für die Bewohner eines Hauses. P. O. V., Urteil vom 19. Juni 1896.

Es kann erfolgen die polizeiliche Untersagung der Benutzung von Brunnen infolge einer Typhusepidemie. Die Polizei hat die Befugnis, durch Polizeiverordnung den Anschluß aller bebauten Grundstücke an die Gemeindewasserleitung vorzuschreiben. Besteht eine solche Verordnung, so ist die polizeiliche Forderung, daß ein bestimmtes bebautes Grundstück angeschlossen werde, ohne weiteres gerechtfertigt, und es kann ihr nicht entgegengehalten werden, daß kein polizeilicher Nachteil aus dem Nichtanschluß erwächst, oder daß der Anschluß nachteilig ist. P. O. V., Urteil vom 15. April 1909.

b) Urteile betreffend Zentralversorgungen.

Gemeindebehörden dürfen den Anschluß an eine Wasserleitung nicht vorschreiben, wohl aber die Polizeibehörde. P. O. V., Urteil vom 19. Mai 1899.

Durch Polizeiverordnung kann der Anschluß aller Grundstücke an die städtische Wasserleitung erzwungen werden. P. O. V., Urteil vom 10. Juli 1895 (siehe auch den gerade hierüber stehenden letzten Abschnitt von a).

Grundstücksbesitzer, welche zum Anschluß an die städtische Wasserleitung polizeilich gezwungen worden sind und denen wegen Weigerung der Anschluß polizeilich eingerichtet ist, müssen die daraus entstandenen Kosten zahlen. P. O. V., Urteil vom 29. Dezember 1899.

Auf genau denselben Standpunkt stellt sich das Reichsgericht, 7. Zivilsenat, Urteil vom 29. Dezember 1899.

Schließung einer gesundheitsschädlichen Wasserleitung ist, sofern nur örtliche Gefahren in Betracht kommen, durch die Ortspolizeibehörde zu veranlassen; geht die Gefahr über die Örtlichkeit hinaus, so kommt die Landespolizei zu ihrem Recht. Für örtliche Verhältnisse darf der Regierungspräsident die lokalen Polizeibehörden wohl mit Weisungen über die Art des Einschreitens versehen, aber er darf sich nicht an ihre Stelle setzen. Der Schließung konnte aus diesem formalen Grunde nicht stattgegeben werden, die sachliche Berechtigung wurde anerkannt. P. O. V., Urteil vom 21. Februar 1899.

Verbot der Entnahme von Bachwasser zu Brauereizwecken. In diesem Falle lag eine dringende Gefahr vor. P. O. V., Urteil vom 2. Januar 1902.

Die bloße Möglichkeit, daß das Wasser eines Flusses verseucht werde, gibt der Polizei nicht die Befugnis, die Benutzung eines Flußwassers zur Entnahme in Orten, die von der ansteckenden Krankheit noch nicht befallen sind, zu verbieten; hierbei ist es ohne Belang, ob die Flüsse vom Ausland kommen oder Grenzflüsse oder Inlandflüsse sind. P. O. V., Urteil vom 20. März 1905. — Es handelte sich um Benutzung eines von Rußland kommenden Flusses für Brauereizwecke. In Rußland wurde der Typhus auf das Flußwasser zurückgeführt. Die Ortspolizeibehörde hatte dauernd die Wasserentnahme aus dem Fluß verboten. (So viel steht fest, daß vor allem wegen des Spülens der Gefäße usw. Fluß- und Bachwasser kein Brauereiwasser darstellen. Allmählich haben das auch die Brauereien eingesehen und verzichten auf Flußwasser. Man kommt mit stärkeren Anregungen bei den Brauereien meistens zum Ziel, weil die Kundgabe, daß nicht tadelfreies Wasser zur Bierbereitung Verwendung findet, nicht im Interesse der Brauereien liegt. Verf.)

Wasserwerke kommunaler Verbände sind gewerbliche steuerpflichtige Anlagen, wenn ihr Betrieb in der Hauptsache auf Erzielung von Gewinn gerichtet ist. P. O. V., Urteil vom 9. Mai 1899.

Ein Vermieter darf seinem — nicht zahlenden — Mieter die Wasserleitung nicht abschneiden, wenn im Mietskontrakt darüber nichts enthalten ist und das Ortsstatut dem Vermieter die Abgabe des Trink- und Gebrauchswassers auflegt. Urteil des Königl. Kammergerichtes in Berlin vom 4. Dezember 1905.

Ein Techniker (Berlin, Landgericht III, Urteil vom 29. April 1913) hatte die von der Stadt gesperrte Wasserleitung durch Entfernung der Plombe und Aufdrehen des Wasserhahnes mit einem fremden Schlüssel oder ähnlichem Werkzeug den Bewohnern eines Hauses zugängig gemacht. Der Techniker war nicht selbst Besitzer, sondern der Sohn des Besitzers, auch wohnte er nicht im Hause, trotzdem wurde in allen Instanzen auf schweren Diebstahl erkannt. Urteil des Reichsgerichtes, II. Strafsenat, vom 26. September 1913.

Die Kosten der bakteriologischen Wasseruntersuchung sind, weil es sich um eine ortspolizeiliche Maßregel handelt, von der Gemeinde zu tragen. P. O. V., Urteil vom 11. Februar 1896.

c) Urteile betreffs des § 30 des Reichsgesetzes betr. die Bekämpfung gemeingefährlicher Krankheiten vom 30. Juni 1900.

Die Polizeibehörde besitzt die Befugnis, nach § 35 des Reichsgesetzes betreffend die Bekämpfung gemeingefährlicher Krankheiten vom 30. Juni 1900 von dem Gemeinderat die Bewilligung der Kosten behufs Aufstellung des Entwurfs für Anlage einer Wasserleitung zu verlangen. P. O. V., Urteil vom 17. März 1903.

Von welcher Behörde darf eine Gemeinde zur Einrichtung einer Trinkwasserleitung angehalten werden? P. O. V., Urteil vom 31. März 1903.

Die zuständige Behörde wird im Reichsgesetz nicht bezeichnet, sie bestimmt sich also nach dem Landesrecht; da es sich um Beseitigung einer Gesundheitsgefahr handelt, kann nur die Ortspolizeibehörde zuständig sein, und zwar wegen des Vorherrschens des örtlichen Interesses. (Das ist schlimm, denn die Ortspolizei ist in kleineren Gemeinwesen fast immer zugleich die Ortsverwaltungsbehörde, der Bürgermeister. Verf.) Dagegen kann die Ortspolizeibehörde durch Anweisung einer vorgesetzten Behörde zur Einreichung des Antrages veranlaßt werden. Hierbei ist der persönliche Standpunkt der Ortspolizei ohne Belang (17. März 1903). Die Feststellung der Kosten der Versorgung ist vor der Zwangsetatisierung erforderlich. Die Aufstellung eines Kostenanschlages, der Geld kostet, kann die Ortspolizei-

behörde nicht verlangen, hierzu ist vielmehr nur die Polizei- und Kommunal-
aufsichtsbehörde berechtigt. —

(Die Wege, um mit Erfolg eine Gemeinde zur Anlage einer Wasserversorgung entsprechend § 35 des Reichsgesetzes betreffend die Bekämpfung
gemeingefährlicher Krankheiten zu zwingen, sind verschlungen; es sei daher
auf den parallelen Vorgang des Kanalisationszwanges hingewiesen und dem
nachfolgenden Urteil ein Platz gewährt:)

d) Kosten der Aufstellung eines Projektes für eine städtische Entwässerung.

Soll die Stadtgemeinde selbst zur Herbeiführung eines polizeimäßigen
Zustandes ein Projekt für die Entwässerung aufstellen lassen, so kann sie
dazu nur von der Ortspolizeibehörde angehalten werden; bedarf dagegen die
Polizeibehörde eines solchen Projektes zu ihren weiteren Entschließungen,
und sollen deshalb für ein von der Polizeibehörde aufzustellendes Projekt die
Geldmittel von der Stadtgemeinde hergegeben werden, so kann der Regierungspräsident als Kommunal- und Polizeiaufsichtsbehörde die Verpflichtung
der Stadtgemeinde feststellen.

Bei Anfechtung der Zwangsetatisierung hat der Verwaltungsrichter
weder das Bedürfnis einer Entwässerungsanlage, noch die Leistungsfähigkeit
der Stadtgemeinde zu prüfen.

Durch die Auffassung, welche die Beschwerdeinstanz bei Zurückweisung
der Beschwerde kundgibt, wird der Inhalt der angefochtenen Verfügung
nicht geändert. P. O. V., Urteil vom 17. Juni 1904.

Hierhin gehören noch zwei Urteile des Königl. Bayerischen Verwaltungs-
gerichtshofes (B. V. G.).

Die Bestimmung des § 35 des Gesetzes vom 30. Juni 1900 betreffend die
Bekämpfung gemeingefährlicher Krankheiten bezieht sich nicht bloß auf
solche, sondern auf alle übertragbaren Krankheiten, was in der Gesetzes-
begründung deutlich ausgesprochen ist. Staatsaufsichtliche Anordnungen zur
Beseitigung gesundheitsgefährlicher Mißstände an gemeindlichen Einrichtungen für Wasserversorgung, welche dem allgemeinen Gebrauch dienen,
sind gesetzlich zulässig. B. V. G., Urteil vom 16. Januar 1904.

Die Einrichtung einer Wasserversorgung gehört, sofern sie zum Schutze
gegen übertragbare Krankheiten oder für Feuerlöschzwecke erforderlich ist,
zu den gesetzlichen Obliegenheiten der Gemeinde. Ob die Einrichtung notwendig, zweckmäßig, vordringlich und der gemeindlichen Leistungsfähigkeit
entsprechend ist, sind Fragen des staatsaufsichtlichen Ermessens. B. V. G.,
Urteil vom 3. Juli 1907.

VI. Vorschriften für die Ausführung und Veränderung von Wasserleitungsanlagen innerhalb der Gebäude und Grundstücke.

München 1913. R. Oldenbourg.

Der Deutsche Verein von Gas- und Wasserfachmännern E. V., die für
diese Fragen zuständigste Stelle, hat die Vorschriften herausgegeben, damit
sie seinen Mitgliedern und zugleich den privaten Installateuren als Richtschnur dienen. Es sollen nach Möglichkeit zu Hausinstallationen nur solche
Unternehmer zugelassen werden, welche sich verpflichten, die nachstehenden
Vorschriften inne zu halten.

A. Allgemeines.

B. Anordnung der Leitungen.

Die Ausführung und Veränderung von Leitungsanlagen bedarf der Genehmigung der Verwaltung des Wasserwerkes, die hierfür die Vorlegung eines Planes verlangen kann.

Bei der Anordnung der verschiedenen Rohrleitungen innerhalb der Gebäude oder Grundstücke ist darauf zu achten, daß je nach der Größe des Hauses eine oder mehrere Steigleitungen zur Ausführung kommen, deren Abzweigungen möglichst mit Steigung bis zu den einzelnen Verbrauchsstellen anzulegen sind, damit sie mit den Steigleitungen zugleich vollständig entwässert werden können; andernfalls sind bei Gefällewechsel besondere Entwässerungsvorrichtungen anzubringen. Falls für die Entwässerung ein sichtbarer Ablauf nach dem Kanal nicht hergestellt werden kann, muß sie so hoch angelegt werden, daß ein Gefäß für das abfließende Wasser darunter gestellt werden kann.

Jede einzelne Steigleitung muß absperrbar sein.

Sämtliche Leitungen im Innern sind so zu führen, daß sie frostsicher und gegen Beschädigungen geschützt sind. Sie sind, wenn Frosteinwirkungen zu befürchten sind, entweder in abdeckbaren Mauerschlitzen oder in solchem Abstande von der Wand zu verlegen, daß ihre Einhüllung mit schlechten Wärmeleitern ohne Schwierigkeiten erfolgen kann. Erdleitungen sind ebenfalls frostsicher zu verlegen.

Eine Verlegung der Leitungen an Außenwänden ist nach Möglichkeit zu vermeiden. Die Durchführung von Leitungen durch Abort- oder Dunggruben, Abflußkanäle und Schornsteine ist verboten.

Wo die Führung der Leitungen durch schwer zugängliche oder unzugängliche Räume nicht zu vermeiden ist, hat sie mittels beiderseits offener Mantelrohre zu erfolgen. Bei der Durchführung durch Mauern ist für die nötige Sicherheit gegen Bruch beim Setzen des Bauwerkes durch Belassen eines Spielraumes zu sorgen.

Die Einbettung von Leitungen in Boden, der Rohre angreifen kann, darf nur unter zweckentsprechender Umhüllung geschehen; dasselbe gilt für das Verlegen von Leitungen innerhalb feuchter oder solcher Räume, in denen sie ätzenden Gasen oder Dämpfen ausgesetzt sind.

Verbindungsstücke dürfen nur an zugänglichen Stellen liegen.

Alle Zweigleitungen, die nur zeitweise benutzt werden, z. B. die Leitungen von Waschküchen, Gärten, Höfen, Springbrunnen, sind mit besonderer Absperr- und Entleerungsvorrichtung zu versehen. Die einzelnen Leitungen sind möglichst durch Schildchen, die in der Nähe der Absperrvorrichtungen anzubringen sind, kenntlich zu machen.

Die Lichtweite der Anschlußleitungen ist so zu wählen, daß unter Berücksichtigung des auch von der Lage und Höhe des Gebäudes abhängigen Druckes, der Länge der Leitung sowie der Zahl und Art der Entnahmestellen möglichst alle Teile des Hauses oder Grundstückes ständig mit Wasser versorgt sind.

Demgemäß sollen die Anschluß- und Hauptverteilungsrohre bei einer Gesamtlänge des horizontalen Hauptzuführungsrohres bis zu 30 m folgende Mindestweite haben:

bei   1 bis   5 Stück 8 bis 13 mm weiten Zapfhähnen 20 mm lichte Weite
   „   6   „   20   „   8   „   13   „   „   „   25   „   „   „
   „   21   „   40   „   8   „   13   „   „   „   30   „   „   „
   „   41   „   60   „   8   „   13   „   „   „   40   „   „   „
   „   über 60   „   8   „   13   „   „   „   50   „   „   „

Hierbei ist angenommen, daß

1 Klosett- oder Pissoir-Spülkastenhahn . $= \frac{1}{2}$ Zapfhahn
1 Badewanne . . . . $= 1$ „
1 Waschtischhahn . . . . $= 1$ „

gerechnet werden.

Schwimmerventile, Springbrunnen usw. werden nach besonderer Abschätzung in Anschlag gebracht.

Für größere Einrichtungen, insbesondere für gewerbliche Zwecke, sowie in Ausnahmefällen, wird die erforderliche Mindestweite der Hauptrohre in jedem Falle durch die Verwaltung des Wasserwerkes bestimmt.

Verboten ist der unmittelbare Anschluß der Hausleitungen an Dampfkessel, Druckkessel, Aborte und Pissoire, die nur mittels eines Wasserbehälters oder Spülkastens versorgt werden dürfen. Es ist dabei gleichgültig, ob Rückschlagventile in den Leitungen angebracht sind oder nicht. Verboten ist ferner die unmittelbare Verbindung der städtischen Wasserleitung mit einer Entwässerungsleitung und mit den Rohren einer anderen Wasserversorgungsanlage sowie die Verbindung städtischer Zuleitungen auf demselben Grundstücke untereinander, desgleichen die Verbindung mit Behältern für Wasser und für andere Flüssigkeiten irgendwelcher Art, z. B. mit Spülgefäßen für Wirtschaften, Aquarien usw. In diesen Fällen darf eine Versorgung aus der städtischen Wasserleitung nur in der Weise erfolgen, daß der Wasserauslauf sich mindestens 50 mm oberhalb des Gefäßrandes befindet.

Bedingt zugelassen wird vorbehaltlich der nur auf jederzeitigen Widerruf erteilten Genehmigung durch die Verwaltung des Wasserwerkes der Anschluß von Kraftmaschinen, Wasserdruckhebevorrichtungen, Badeöfen, Warmwasserbereitungs- und Heizungsanlagen, Ventilatoren, Springbrunnen, Entstaubungsanlagen, Strahlpumpen usw

C. Material der Leitungen.

Als Material der Leitungen kommen in Frage:

    a) Gußrohre,
    b) nahtlose Stahlrohre,
    c) schmiedeeiserne Rohre,
    d) Bleirohre,
    e) Zinnrohre mit Bleimantel,
    f) Kupferrohre,
    g) Zinkrohre.

Die zu verwendenden Rohre der verschiedenen Materialien und Lichtweiten sollen folgende Wandstärken oder Gewichte für das laufende Meter haben:

    (Hier ist ein Verzeichnis einzuschalten, das dem Ermessen einer jeden Verwaltung des Wasserwerkes anheimgegeben ist.)

D. Absperr- und Entnahmevorrichtungen.

Alle Absperr- und Entnahmevorrichtungen müssen stoßfrei arbeiten und eine allmähliche Absperrung ermöglichen. Für Wasserbehälter und Spülkasten sind Schwimmerventile anzuordnen. Der vor dem Wassermesser befindliche Haupthahn soll möglichst nur von Beauftragten des Wasserwerkes bedient werden und darf nur in Notfällen in Benutzung genommen werden, wenn die Absperrvorrichtungen im Innern beschädigt sind und eine Benutzung nicht gestatten. Nach einer solchen Benutzung ist die Verwaltung des Wasserwerkes sofort zu benachrichtigen.

E. Entwässerung.

Für alle Wasserentnahmestellen sind Abflußleitungen vorzusehen.

Die Abflußstellen müssen so eingerichtet sein, daß sie alles an der Zapfstelle ausfließende Wasser bequem abführen können. Die Abflußleitungen
müssen genau so wie Druckwasserleitungen gegen Frost und sonstige Beschädigungen geschützt werden. Sämtliche Abflußleitungen sind mit Geruch-
verschlüssen zu versehen, die bequem gereinigt werden können.

F. Prüfung der Wasserleitungen.

G. Übertretung der Vorschriften.

M. Die Untersuchung des Wassers auf Mikroorganismen.

a) Die Untersuchung auf Plankton.

Um die im Wasser schwimmenden Teilchen und größeren Organismen zu erlangen, benutzt man das Planktonnetz (Fig. 58). Es wird an einem Stabe befestigt, ist nach den Angaben von Kolkwitz, dem wir hier ganz folgen, 30 bis 40 cm lang und am

Fig. 61. Fig. 60. Fig. 59. Fig. 58.

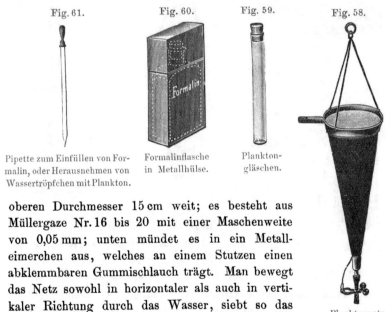

Pipette zum Einfüllen von Formalin, oder Herausnehmen von Wassertröpfchen mit Plankton.

Formalinflasche in Metallhülse.

Planktongläschen.

Planktonnetz.

oberen Durchmesser 15 cm weit; es besteht aus Müllergaze Nr. 16 bis 20 mit einer Maschenweite von 0,05 mm; unten mündet es in ein Metalleimerchen aus, welches an einem Stutzen einen abklemmbaren Gummischlauch trägt. Man bewegt das Netz sowohl in horizontaler als auch in vertikaler Richtung durch das Wasser, siebt so das Plankton ab, dann spült man es möglichst in das Eimerchen hinein, von wo man es nach Öffnen des Quetschhahnes in ein Gläschen laufen läßt (Fig. 59). Kann nicht bald untersucht werden, so fügt man behufs Konservierung ein paar Tropfen Formalin (Fig. 60) hinzu. Muß das Hauptaugenmerk auf die tierischen Lebewesen gerichtet werden, so konserviert man besser durch Eis, da die toten Tierchen doch nicht so charakteristisch sind wie die lebenden.

Muß, z. B. bei fortlaufender Kontrolle, Wasser zur Planktonbestimmung eingesendet werden, so muß der Zeitraum zwischen
Entnahme und Ankunft im Laboratorium möglichst kurz sein,
eventuell unter Eilbotenbestellung. Ist nicht zu wenig Plankton
vorhanden, so gießt man in ganz langsamem Strom das Wasser
durch den untersten Teil des Planktonnetzes. Muß zentrifugiert

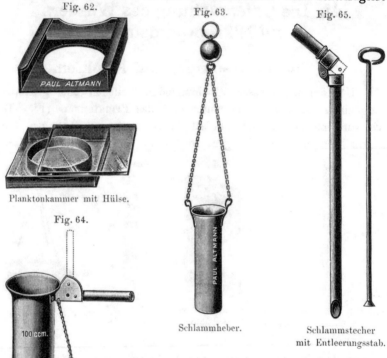

Fig. 62.

Planktonkammer mit Hülse.

Fig. 64.

Schlammbecher.

Fig. 63.

Schlammheber.

Fig. 65.

Schlammstecher
mit Entleerungsstab.

werden, so geschehe das nicht mit
zu großer Gewalt, damit die zarten
Organismen nicht zerdrückt werden.
Die Stellen, wo das Plankton entnommen werden soll, müssen
dem Zweck entsprechend ausgesucht werden. Bei Seen und Stauseen ist an verschiedenen Stellen zu untersuchen, denn sehr wohl
können sich an der einen Stelle schon bedrohliche Organismen
entwickelt haben, während sie an anderen Stellen noch fehlen.
Derartige Befunde sind deshalb von besonderem Wert, da sie die
Veranlassung bieten können, mit einer teilweisen Behandlung des
Beckens mit Kupfersulfat auszukommen.
    Um die Zahl der gefundenen Organismen zu bestimmen, bedient man sich der nebenstehend abgebildeten Planktonkammer
(Fig. 62). Sie besteht aus einem Glasklotz, in welchem ein 1 ccm-

Hohlraum mit senkrechten Wänden eingeschliffen ist, der mit geschliffener Glasplatte bedeckt ist; eine Metallhülse dient als Schutz. Die Zählung erfolgt mittels Lupe eventuell auf untergelegter Zählplatte. Für die Bestimmung der Arten ist das Mikroskop zu benutzen. Als Anhalt für die Beurteilung diene das im Kapitel „Flußverunreinigung und Selbstreinigung" (S. 347) sowie das über den „Schlamm der Sperren, das Plankton, den Geruch und Geschmack des Sperrenwassers" Gesagte (S. 393).

Will man die Pflanzen oder Tiere von Steinen, Pfählen usw. abkratzen, so benutzt man ein dem beschriebenen ähnliches, aber weitmaschigeres Netz, dessen starker Bügel an einer Seite geradlinig und mit einer Schneide versehen ist.

Zur Entnahme des Schlammes und der dort vorhandenen Lebewesen dient der Schlammheber (Fig. 63), ein Gefäß von etwa 10 cm Tiefe und 4 cm Durchmesser aus schwerem Messing mit vorgelegter Beschwerungskugel, der Schlammbecher (Fig. 64) oder der Schlammstecher (Fig. 65).

Diatomeenschalen, z. B. Asterionella, Würmer, Larven usw. gewinnt man aus dem Schlamm durch Auswaschen. Streng saprobe Organismen sind am und im Schlamm zahlreich enthalten.

b) Die Untersuchung auf Bakterien.

Zum Nachweis der Bakterien im Wasser und zur Bestimmung ihrer Zahl und Art dienen die mikroskopische Untersuchung, die Kultur, biologische Untersuchungen und für Bakterien das Tierexperiment.

I. Verzeichnis der zur mikroskopischen und bakteriologischen Untersuchung erforderlichen Gegenstände.

1. Für die Entnahme und den Transport.

Sterilisierte Reagenzgläschen und sterilisierte $1/2$- und $1/4$-Literflaschen mit Patentverschluß.

Ein Thermometer.

Eventuell der eine oder der andere der S. 721 bis 725 angegebenen Entnahmeapparate.

Reagenzröhrchen bzw. Ballons mit Spitze oder Hals zum Zuschmelzen für weiteren Transport.

Ein Gefäß mit Eis, für die Kölbchen, Röhrchen oder Ballons, wenn die Untersuchung nicht sehr bald der Entnahme folgt (S. 725).

Gummierte Etiketten und Ölstift.

2. Für die Kultur.

a) mit Rücksicht auf die Zahl der Bakterien.

Sterilisierte Doppelschalen nach Petri von etwa 1 bis 1,5 cm Höhe und 10 bis 15 cm Durchmesser. Sehr zu empfehlen sind dazu Tondeckel (welche z. B. Eberstein Nachfolger, Bürgel in Thüringen liefert), für solche Kulturen, die viel Wasser aufnehmen müssen, oder bei welchen durch das entstehende Kondenswasser ein Zusammenlaufen der Kolonien zu fürchten ist.

Sterilisierte Schumburgflaschen mit 1 ccm-Stöpseln und etwa 7 ccm Nährgelatine.

Sterilisierte 1 ccm-Pipetten mit $^1/_{10}$ ccm-Teilung.

Sterilisierte Glasstäbe.

Röhrchen mit etwa 7 ccm keimfreier Nährgelatine.

Röhrchen mit etwa 7 ccm keimfreiem Nähragar.

Eine ebene, kühle Unterlage, um die Gelatine in den geimpften Flaschen und Schalen zum Erstarren zu bringen, am besten eine Schale mit Eiswasser, welche mit einer Glasscheibe überdeckt, auf einem Nivellierständer steht.

Eine Zählplatte nach Wolffhügel oder nach Lafar (für Petrischalen), d. h. eine in Quadratzentimeter geteilte Glasplatte über mattschwarzer Unterlage.

Eine Lupe.

b) mit Rücksicht auf die Art der Mikroorganismen.

Reagenzröhrchen mit sterilisierter Nährgelatine.

Reagenzröhrchen mit sterilisierter Bouillon bzw. Zuckerlösung verschiedener Art; siehe die Nährmaterialien für die Typhus- und Coliuntersuchung.

Erlenmeyerkolben verschiedener Größe mit sterilisiertem 1 proz. Peptonwasser.

Reagenzröhrchen mit sterilisiertem 1 proz. Peptonkochsalzwasser.

Reagenzröhrchen mit sterilisierter Milch.

Reagenzröhrchen mit sterilisierter Lackmusmolke.

U-Röhren, gefüllt mit sterilisierter Peptonlösung.

Reagenzröhrchen mit sterilisierter Agargallerte verschiedener Zusammensetzung; im allgemeinen genügen die für die Typhusuntersuchung angegebenen.

Reagenzröhrchen mit sterilisiertem Blutserum.

Sterilisierte Messer.

Sterilisierte Pinzetten.

Eine gut schließende, leicht sterilisierbare Spritze mit mehreren Kanülen.

Sublimatlösung 1 Promille unter Zusatz von 1 Proz. Salzsäure oder 1 Proz. Kochsalz.

Beizen und Farbstoffe für die Geißelfärbung.

Ein Brütapparat, d. h. ein Wärmkasten mit Heizvorrichtung, welche gestattet, die Temperatur der Luft im Inneren des Apparates konstant auf 36 bis 38⁰ zu erhalten.

Ein Brütapparat für 20⁰ Wärme, sofern ein derartig temperierter Raum nicht zur Verfügung steht.

3. Für die mikroskopische Untersuchung.

Ein Mikroskop mit mindestens einem schwachen und einem starken Okular, einem schwachen Trockensystem und einem System für homogene (Öl-) Immersion, einem Abbeschen Beleuchtungsapparat, Irisblende und dem für die Immersion erforderlichen Öl.

(Das Trockensystem und starke Okular sollen eine 80- bis 120 fache, Immersionssystem und schwaches Okular eine ungefähr 500 fache Vergrößerung bewirken.)

Gewöhnliche und hohle Objektträger.

Deckgläschen.

Drei Platinnadeln, zwei davon sind 6 cm lange, dünne, in Glasstäbe eingelassene Platindrähte; die dritte wird hergestellt aus einem 0,2 mm starken Platindraht, der in der Flamme möglichst fein ausgezogen, etwa 1 bis 1$^1/_2$ cm lang und in einen dünnen Glasstab eingeschmolzen ist für die Entnahme ganz kleiner Kolonien.

Drei Platinösen, zwei davon sollen rund 2 mg Kultur, die dritte etwa 0,5 bis 0,75 mg aufnehmen können; letztere dient dazu, die kleinen für die Färbung der Präparate erforderlichen Wassertröpfchen zu entnehmen und sie auf den Objektträger bzw. das Deckgläschen zu übertragen.

Spitzgläser von 50 bis 100 ccm Inhalt.

Färbeflüssigkeiten in Flaschen mit kleinen Pipetten.

Vaselin bzw. Fett.

Eine Spritzflasche.

Eine Pinzette.

Eine Spirituslampe bzw. ein Bunsenbrenner.

Filtrierpapier.

II. Die Vorbereitungen für die Untersuchungen.

1. Das Sterilisieren der Apparate, Glasgegenstände usw.

Die durch Auskochen gereinigten, sorgfältig getrockneten Glasgegenstände, z. B. Petrischalen, Schumburgflaschen, Injektionsspritze usw., werden, nachdem die Reagierröhrchen, Kolben u. dgl. mit Stopfen aus gewöhnlicher Watte geschlossen sind, in einen Trockenschrank (Fig. 66) mit doppelten Wänden gebracht und 1½ bis 2 Stunden auf 150 bis 180°C erhitzt. In dieser Zeit sind die den Gefäßen anhaftenden Keime abgetötet bzw. versengt. Man erkennt die genügende Hitzewirkung daran, daß die Watte eine leicht bräunliche Farbe angenommen hat. Röhrchen, deren Watte stark braun geworden ist, sind zu entfernen, weil die empyreumatischen Produkte die Bakterienentwickelung zu behindern vermögen.

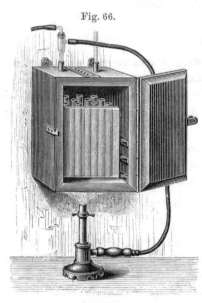

Fig. 66.

Trockenschrank.

Glassachen lassen sich auch durch ³/₄ stündiges Erhitzen im strömenden Wasserdampf sterilisieren. Die Reagenzröhrchen werden, nachdem der Wattepfropf etwa 1 cm weit in das Röhrchen hineingeschoben ist, mit der Öffnung nach unten in kleinen Drahtkörbchen in den Sterilisierungsapparat gebracht. Um das entstandene Kondenswasser zu vertreiben, stellt man die sterilisierten Sachen in den Trockenschrank, wobei die Öffnungen der Röhrchen nach oben sehen müssen.

Die Spitzgläser brauchen nicht sterilisiert zu werden; es genügt, sie in reinem Wasser auszuwaschen und mit einem reinen Tuch auszutrocknen.

Die Deckgläschen (für die Beobachtung im hängenden Tropfen) macht man keimfrei, indem man sie nach vorsichtigem Abwischen langsam durch eine nicht rußende Flamme zieht. Die Platinnadeln, Platinösen, die Messer, Pinzetten, die Impfnadeln, kurz, die Metallinstrumente hält man so lange in die Flamme, bis die etwa anhaftenden Keime verbrannt sind (180°). Um eine erneute Infektion dieser Gegenstände zu verhüten, werden sie noch heiß so auf die Tischkante gelegt, daß die Klingen und Spitzen die Unterlage nicht berühren, und mit einer Glasglocke überdeckt.

2. Die Anfertigung der Farbstofflösungen.

Die üblichsten Farbstoffe sind Fuchsin (Diamantrubin), Gentianaviolett, Methylenblau, Viktoriablau und Bismarckbraun (Vesuvin).

Bismarckbraun kommt als gesättigte wässerige Lösung zur Verwendung. Die Flasche wird mit einem kleinen Trichter, in welchem das Filter ruht, geschlossen. Für den jedesmaligen Gebrauch werden einige Tropfen in ein Uhrschälchen mit destilliertem Wasser abfiltriert. Diese verdünnte Lösung, deren Konzentration dem Fall angepaßt wird, dient zur Färbung (Koch).

Von dem Gentianaviolett werden 2,5 g durch Schütteln in 100 ccm Wasser gelöst, wonach man die Lösung durch ein kleines Filter filtriert. Das Filtrat enthält ungefähr 2 Proz. Gentianaviolett (Weigert).

Methylenblau löst man zu 2 bis 4 g, Fuchsin oder Viktoriablau zu 2 g in 15 ccm Alkohol und verdünnt die eine wie die andere Lösung mit 85 ccm Wasser (Weigert).

Für viele Mikroorganismen ist alkalische Methylenblaulösung (Löffler) sehr geeignet: 30 ccm konzentrierte alkoholische Methylenblaulösung werden mit 1 ccm einer 1 proz. Kalilauge versetzt und mit 100 ccm destillierten Wassers aufgefüllt.

Intensiv und rasch färbt das Karbolfuchsin (Ehrlich, Ziehl, Neelsen u. a.). Man bereitet dasselbe, indem man 1 g Fuchsin in 10 ccm Alkohol löst und die Flüssigkeit mit 100 ccm einer 5 proz. Karbollösung versetzt.

Da diese konzentrierte Lösung gern Farbstoffniederschläge gibt, so verdünnt man sie zweckmäßig zur Hälfte und mehr mit destilliertem Wasser. Die dünne Lösung eignet sich nicht nur für die Färbung der Typhusbazillen, sondern auch für die meisten anderen Bakterien in vorzüglicher Weise. Die dünnen Lösungen sind nur kurze Zeit haltbar.

Empfohlen sei auch das Viktoriablau; es färbt die Bakterien rasch und intensiv, Gelatine und Agarreste, die Niederschläge aus Wasser, Bouillon usw. hingegen recht schwach. Da es leichter verblaßt als die anderen Anilinfarben, so eignet es sich für Dauerpräparate weniger gut.

Soll nach der Methode von Gram gefärbt werden, so bereitet man sich eine Lösung von Anilinwassergentianaviolett, indem man ungefähr 0,5 ccm Anilinöl mehrere Minuten lang mit 15 ccm Wasser kräftig schüttelt, 10 ccm des gesättigten Anilinwassers sorgfältig abfiltriert und zu dem Filtrat 0,5 ccm einer gesättigten alkoholischen Gentianaviolettlösung hinzufügt. Man tut gut, diese Farbstofflösung, wie bei Bismarckbraun angegeben ist, vor dem jedesmaligen Gebrauch zu filtrieren. Die Färbeflüssigkeit hält sich nur kurze Zeit.

Ferner fertigt man aus 1 g Jod, 2 g Jodkalium und 300 ccm Wasser eine Jodjodkaliumlösung an.

Über die Färbetechnik s. S. 739.

In jede Färbeflüssigkeit wird zweckmäßig ein erbsengroßes Stückchen Kampher gegeben, wodurch außer größerer Haltbarkeit der Lösungen eine bessere Färbung der Mikroorganismen bewirkt wird (Koch). Die Flaschen werden mit durchbohrten Stöpseln verschlossen, welche Pipetten tragen. Man achte darauf, daß die Pipetten in die Flüssigkeiten eintauchen, aber nicht bis auf den Boden der Flaschen reichen und daß ein etwa vorhandener Bodensatz auch auf andere Weise nicht aufgerüttelt wird.

3. Die Bereitung der Nährbouillon.

Man setzt 500 g rohes, gehacktes, fettfreies Fleisch mit einem Liter Wasser an und läßt den Brei in einem kühlen Raum 12 bis 24 Stunden stehen. Die Masse wird auf ein Leintuch geschüttet und gut ausgepreßt, wonach man das Filtrat durch Wasserzusatz auf ein Liter ergänzt. Dann wird vom Beginn des Siedens an ¹/₂ Stunde im Dampfkochtopf auf 100° C erhitzt, um den Blutfarbstoff zu zerstören und das Eiweiß, welches sich in dicken Ballen an der Oberfläche der Flüssigkeit ansammelt, zu entfernen.

Bei Zeitmangel kocht man sofort das Gemisch aus Fleisch und Wasser im Dampfsterilisierungsapparat eine bis zwei Stunden und läßt es zur Ausscheidung des Fettes abkühlen.

Die Brühe wird durch ein Faltenfilter besten Filtrierpapiers hindurchgegeben.

Von dem hellen, klaren Filtrat, dem „Fleischwasser", wird ein Teil in Kölbchen gefüllt, ¹/₂ Stunde im Dampftopf sterilisiert, fest verschlossen, etikettiert und im Dunklen aufgehoben. Er dient im Bedarfsfall zur Herstellung von Nährgelatine.

In den wiederum zum Kochen erhitzten Rest des Fleischwassers wird ¹/₂ Proz. Kochsalz und 1 Proz. Pepton (*Peptonum siccum*, am besten von Witte-Rostock) hineingegeben. Darauf setzt man unter zeitweiligem kräftigen Schütteln eine Normallösung von kohlensaurem Natrium so lange hinzu, bis blaues Lackmuspapier nicht mehr gerötet, rotes gerade eine Spur gebläut wird. Sollte man zu viel Natriumkarbonat angewendet haben, so wird der Überschuß durch Zusatz von reiner Salzsäure oder Milchsäure neutralisiert.

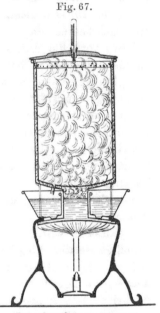

Fig. 67.

Nach Zusatz des Alkalis wird bei einem Liter Flüssigkeit etwa 20 Minuten, bei vier Litern etwa 30 Minuten lang gekocht. Der nicht zum baldigen Gebrauch in Reagenzröhrchen gefüllte Rest wird am besten in sterilisierte Milchflaschen mit Patentverschluß gefüllt und mit locker aufgelegtem Pfropfen 30 Minuten im Dampftopf gekocht.

Nährbouillon läßt sich auch in der Weise bereiten, daß man sich eine Lösung von 1 Proz. Fleischextrakt (Liebig), 1 Proz. Pepton und 0,5 Proz. Kochsalz herstellt, sie mit Soda- oder Natronlauge, bzw. Salzsäure neutralisiert, bis blaues Lackmuspapier nicht mehr gerötet, rotes eine Spur gebläut wird.

Dampfsterilisierungsapparat im Durchschnitt.

Die sorgfältig neutralisierte im Bedarfsfall filtrierte Flüssigkeit, wird in Reagierröhrchen, Kölbchen oder Flaschen übergefüllt und an zwei oder drei Tagen hintereinander, je $1/_2$ Stunde auf 100^0 erhitzt.

Wird die Flüssigkeit nicht klar, so empfiehlt es sich, sie bis auf etwa 40^0 abzukühlen, dann ein Eiweiß in sie hineinzuquirlen, zu kochen und abermals zu filtrieren. Auf gleiche Weise läßt sich Bouillon aus Fleisch oder Nährgelatine klären.

4. Die Bereitung der Nährgelatine.

In Deutschland wird ganz allgemein die Nährgelatine für Wasseruntersuchungen in der Weise zubereitet, wie mittels Rundschreibens des Reichskanzlers vom 13. Januar 1899 an die Bundesregierungen auf Veranlassung des Kaiserlichen Gesundheitsamtes, gelegentlich der Revision der „Grundsätze für die Reinigung von Oberflächenwasser durch Sandfiltration zu Zeiten der Choleragefahr", empfohlen wurde:

„Herstellung der Nährgelatine. 10 g Fleischextrakt Liebig, 10 g trockenes Pepton Witte und 5 g Kochsalz werden in 1000 ccm Wasser gelöst; die Lösung wird ungefähr $^1/_2$ Stunde im Dampfe erhitzt und nach dem Erkalten und Absetzen filtriert.

„Auf 900 ccm dieser Flüssigkeit werden 100 g feinste weiße Speisegelatine zugefügt, und nach dem Quellen und Erweichen der Gelatine wird die Auflösung durch (höchstens halbstündiges) Erhitzen im Dampftopf bewirkt.

„Darauf werden der siedend heißen Flüssigkeit 30 ccm Normalnatronlauge zugefügt und jetzt tropfenweise so lange von der Normalnatronlauge zugegeben, bis eine herausgenommene Probe auf glattem, blauviolettem Lackmuspapier neutrale Reaktion zeigt, d. h. die Farbe des Papieres nicht verändert. Nach viertelstündigem Erhitzen im Dampfe muß die Gelatinelösung nochmals auf ihre Reaktion geprüft und, wenn nötig, die ursprüngliche Reaktion durch einen Tropfen der Normalnatronlauge wieder hergestellt werden.

„Alsdann wird der so auf den Lackmusneutralpunkt eingestellten Gelatine 1,5 g kristallisierte, glasblanke (nicht verwitterte) Soda zugegeben und die Gelatinelösung durch weiteres $^1/_2$ bis höchstens $^3/_4$-stündiges Erhitzen im Dampfe geklärt und darauf durch ein mit heißem Wasser angefeuchtetes feinporiges Filtrierpapier filtriert.

„Unmittelbar nach dem Filtrieren wird die noch warme Gelatine, zweckmäßig mit Hilfe einer Abfüllvorrichtung, z. B. des Treskowschen Trichters, in durch einstündiges Erhitzen auf 130 bis 150⁰ sterilisierte Reagenzröhrchen in Mengen von etwa 10 ccm eingefüllt und in diesen Röhrchen durch einmaliges 15 bis 20 Minuten langes Erhitzen im Dampfe sterilisiert. Die Nährgelatine sei klar und von gelblicher Farbe. Sie darf bei Temperaturen unter 26⁰ nicht weich, unter 30⁰ nicht flüssig werden. Blauviolettes Lackmuspapier werde durch die verflüssigte Nährgelatine deutlich stärker gebläut. Auf Phenolphthalein reagiere sie noch schwach sauer."

Da bei nur einmaliger Sterilisation Sporen lebendig bleiben können, so ist es erforderlich, die nicht gleich verbrauchte Gelatine während der nächsten Tage wiederholt zu revidieren und die bewachsenen Röhrchen zu entfernen, oder auch die gesamte Nährgelatine an einem oder zwei Tagen je eine Viertelstunde auf 100⁰ zu bringen und sie dann rasch wieder abzukühlen und ebenfalls zu revidieren.

Zu langes oder zu häufiges Erhitzen nimmt der Gelatine die Fähigkeit, fest zu erstarren. Dieselbe Erscheinung tritt ein bei zu großer Alkaleszenz.

Diejenige Nährgelatine, welche man nicht bald verwenden will, füllt man am besten in sterilisierte Milchflaschen mit Patentverschluß; die fast bis oben hin gefüllten Flaschen bringt man offen in den Dampftopf und erhitzt 30 Minuten auf 100°, dann werden sie rasch zugemacht.

Wo Patentverschlußflaschen nicht zur Verfügung stehen, werden sterilisierte Kolben mit sterilisiertem Watteverschluß benutzt. Solche Propfen werden aber im Laufe der Zeit leicht von Schimmeln durchwachsen. Daher empfiehlt es sich, Wattepropfen zu verwenden, die in 2proz. Sodalösung gekocht und nachher getrocknet sind. Die Flaschen werden dann mit Pergamentpapier, welches vorher in einer Sublimatlösung gelegen hat, überbunden.

Die vorbeschriebene Gelatine soll stets für die Bestimmnng der Keimzahl in Anwendung gezogen werden, um stets dasselbe Nährmaterial zur Verwendung zu haben und also vergleichen zu können, denn verschieden bereitete Gelatinen lassen verschieden zahlreiche Bakterien zum Wachstum kommen.

Für die Kultur der gewonnenen Mikroben läßt sich eine gute Nährgelatine auch dadurch gewinnen, daß man dem unter 3. besprochenen Fleischwasser 0,5 Proz. Kochsalz, 1 Proz. Pepton-Witte, sowie 10 Proz. Gelatine zusetzt und im übrigen verfährt, wie vorstehend betreffs der Nährgelatine angegeben ist.

Nach Bedarf und Wunsch fügt man der Nährgelatine noch andere Nährmittel hinzu, sowohl Eiweiß, z. B. 1 proz. Nutrose, oder Kohlehydrate, z. B. Zucker verschiedener Art, wie Trauben- oder Milchzucker, Mannit u. dgl. (zu 0,3 bis 1 Proz.), oder Glyzerin (bis zu 6 Proz.). Auch können Salze, z. B. kohlensaurer Kalk zur Säurebindung, oder andere Stoffe in sie hineingegeben werden.

5. Die Bereitung des Nähragars.

Da die Nährgelatine bei mehr als 26° erweicht, so benutzt man bei Kulturen, welche die Temperatur des Blutes zu ihrer Entwickelung oder zu ihrem besseren Fortkommen verlangen, einen Nährboden, in welchem die Gelatine durch 1,5 Proz. Agar-Agar ersetzt ist.

Bei der Bereitung verfahre man folgendermaßen:

Zu dem „Fleischwasser" oder zu der 1 proz. Lösung von Liebig-Extrakt werden 1,5 Proz. fein zerzupftes oder klein geschnittenes Agar zugesetzt und etwa 12 bis 24 Stunden quellen gelassen; darauf wird eine Stunde oder länger im Dampftopf gekocht bis zur vollständigen Lösung. Erst dann wird 1 Proz. Pepton und 0,5 Proz. Koch-

salz zugesetzt. Nachdem auch dieses durch Kochen gelöst ist, wird mit
Normalsodalösung neutralisiert, bis blaues Lackmuspapier nicht mehr
gerötet und rotes eine Spur gebläut wird. Man kocht $1/_2$ Stunde und
filtriert durch Watte: entfettete Watte wird in mehrfacher Lage
in einen Trichter gelegt, an der Ausflußstelle, also an der tiefsten
Stelle, wird ein Wattebausch zur Verstärkung eingefügt; die Watte
wird mit siedendem Wasser angefeuchtet und ein Aufnahmekolben
mit dem aufgesetzten wattierten Trichter in den Dampftopf gebracht und etwa $1/_2$ Stunde erhitzt; darauf wird das heiße Nähragar langsam an einem Glasstab in den im geheizten Dampftopf
stehenden Trichter hinabfließen gelassen. Das Filtrat wird in sterilisierte Reagierröhrchen bzw. kleine Kolben oder Patentverschlußflaschen übergefüllt und nochmals $1/_2$ bis $3/_4$ Stunden sterilisiert.

Hessesches Nährstoff-Heyden-Agar wird so bereitet,
daß man 12,5 g Agar in 750 ccm Wasser 12 bis 24 Stunden auf-
quellen läßt, es kocht und filtriert; 7,5 g Albumose-Nährstoff-
Heyden (aus der chemischen Fabrik von Heyden in Radebeul bei
Dresden) werden in ein Becherglas mit etwa 50 ccm kalten Wassers
gegeben und zu Schaum gequirlt; dann werden allmählich 200 g
siedendes Wasser unter weiterem Quirlen hinzugefügt. Die 250 ccm
Flüssigkeit werden den 750 ccm gelösten Agars beigemischt, das
ganze 15 Minuten gekocht, durch Watte heiß hindurchfiltriert und
in Röhrchen oder Kölbchen $1/_2$ Stunde sterilisiert.

Das Sterilisieren wird am nächsten Tage wiederholt.

Will man das Nähragar benutzen, so muß man es vorher durch
Aufkochen verflüssigen. Man läßt dann bis auf höchstens 40° abkühlen, impft und gießt in Petrischalen aus. Das Agar-Agar hat
die unangenehme Eigenschaft, Wasser auszuscheiden, weshalb es
an der Oberfläche zuweilen feucht ist.

Die für den Nachweis des Bact. coli und der pathogenen Keime
erforderlichen spezifischen Nährböden sind S. 781 bis 787 angegeben.

Zur Herstellung sogenannter „hoher Röhrchen" füllt man 12
bis 15 ccm des Nähragars oder der Nährgelatine in die Reagierröhrchen hinein und kocht auf, um alle Luft zu vertreiben.

Die „schrägen Röhrchen" werden beim Nähragar und bei der
Nährgelatine in der Weise hergestellt, daß man den Inhalt der
Röhrchen verflüssigt und in schräger Lage der Röhrchen erstarren
läßt; die erzielte Fläche soll ungefähr 6 bis 8 cm lang sein.

Von Prof. Doerr wurden Trockennährböden, also eine Art
Konserve hergestellt, die seit einigen Monaten von der chemischen
Fabrik Bram in Leipzig fabrikmäßig angefertigt werden. Sie
sollen sich gut bewährt haben und sie dürften trotz ihres natur-

gemäß höheren Preises dort zu empfehlen sein, wo wenig Untersuchungen gemacht werden. — Die in Reagenzröhrchen abgefüllt
bezogenen Materialien sind auch recht teuer und die in Kölbchen
bezogenen sind sehr der Gefahr der Infektion, vor allem des
Schimmelns ausgesetzt; jedenfalls lohnt es sich, mit der Konserve
Versuche zu machen. — Die sämtlichen in diesem Buche besprochenen Agar- und Gelatinenährböden sind als Trockennährböden
im Handel, und zwar in Pulverform für 0,1 bis 0,5 und 1 Liter
und als Tabletten für 8 und für 25 ccm; die für 8 ccm stellen die
übliche Menge Nährboden für eine Röhrchenkultur dar.

Die Bereitung des Nährbodens aus der Konserve findet in
folgender Weise statt:

1. Sterilisieren der mit Watte verschlossenen und eventuell
mit einem Glassplitter versehenen Gefäße, letzteres um das „Stoßen"
beim Kochen zu verhüten.

2. Einbringen des Pulvers oder der Tabletten in die Gefäße
(Zerdrücken der Tabletten mit einem starken Glasstab beschleunigt
das Auflösen).

3. Übergießen mit der entsprechenden Menge aufgekochten,
also sterilisierten Wassers von gewöhnlicher Temperatur.

4. Loses Verschließen der Gefäße mit Wattebausch.

5. Quellenlassen während einiger Minuten unter mehrmaligem Umschütteln.

6. Erwärmen im siedenden Wasserbade unter zeitweiligem
Umschütteln bis zur Lösung (die Lösung erfolgt sehr schnell, wenn
vor dem Erwärmen die Trockensubstanz im Wasser gut verteilt
ist und während des Erhitzens mehrmals umgeschüttelt oder mit
einem abgeflammten Glasstab umgerührt wird.

7. Aufkochen über der freien Flamme.

Will man das Schimmeln von Nährböden verhüten, dann
müssen die Kolben und Röhrchen mit den Nährstoffen in einem
trockenen Raum aufgehoben und mit Wattestöpseln verschlossen
werden, die in dünner Sodalösung aufgekocht und dann getrocknet
worden sind.

6. Behelfe.

Wenn die beschriebenen Geräte usw. in wünschenswerter Voll-
ständigkeit nicht zur Verfügung stehen, so kann man sich folgendermaßen helfen.

Fehlt ein Trockenschrank, so sterilisiert man die Glassachen
direkt über einer nicht rußenden Flamme. Die Wattepfropfen

schiebt man vorher 1 cm tief in die betreffenden Gefäße hinein, damit die Flamme sie nicht ansengt.

Das Erhitzen muß bis zur Abtötung der Keime getrieben werden. An der Stelle, wo der Wattepfropfen sitzt, zeigt eine leichte Bräunung desselben den erforderlichen Hitzegrad an. Stark angesengte Watte macht das Gläschen unbrauchbar. Es ist dafür Sorge zu tragen, daß die über der freien Flamme zu sterilisierenden Kolben, Pipetten, Röhrchen, Schalen usw. vollständig lufttrocken sind. Die übrigen Glassachen kann man ebenfalls über der freien Flamme keimfrei machen.

Besser läßt sich der Trockenschrank durch den Bratofen der Küche ersetzen; die leichte Bräunung der Watte, welche innerhalb von ein bis zwei Stunden eintritt und angibt, daß der Hitzegrad für die Sterilisation genügend war, ist abzuwarten.

Steht ein Dampfsterilisierungsapparat, dessen Anwendung übrigens seiner sicheren Wirkung wegen immer zu empfehlen ist, nicht zur Verfügung, so erhitze man die Nährflüssigkeit im Wasserbade, welchem zweckmäßig Kochsalz oder Chlorkalzium zur Erhöhung des Siedepunktes hinzugesetzt wird. Das Aufkochen behufs Sterilisation kann in derselben Weise bewerkstelligt werden. Wenn die Röhrchen 15 Minuten in dem lebhaft kochenden Wasser gestanden haben, nehme man sie heraus und wische sie ab. Auch lassen sich die gefüllten Reagenzgläschen durch kurzes Aufkochen über der freien Flamme sterilisieren.

Ein Dampfkochtopf läßt sich improvisieren durch einen vom Klempner gefertigten Zylinder aus Weißblech von etwa 20 bis 25 cm Durchmesser und etwa 40 cm Höhe, der oben einen Deckel trägt, durch dessen Undichtigkeiten die Wasserdämpfe genügend entweichen, und dessen Boden durchlöchert ist. In 6 cm Höhe von unten her wird außen ein Blechring hart angelötet, welcher dem Rande eines Kochtopfes der Herdfeuerung aufliegt. Der Kochtopf wird mit Wasser gefüllt, das Herdfeuer entzündet; der Inhalt des Zylinders wird durch den aufsteigenden Dampf bald auf Siedetemperatur gebracht. Sollte das nicht der Fall sein, so macht man ihm einen Überzug von Filz oder von mehrfachen Zeuglagen.

Ein Brütapparat einfachster Konstruktion wird von Esmarch empfohlen. Auf den Boden eines großen und hohen Kochtopfes wird ein Stück Filz oder Pappe gelegt, und darauf ein Becherglas gestellt, welches durch eingelegtes Blei oder durch Sand genügend beschwert ist. Der Kochtopf wird mit Wasser von 40° C bis beinahe zum Rande des Becherglases gefüllt und durch ein Nachtlicht oder eine kleine Petroleumlampe auf einer Temperatur von

36 bis 37° C gehalten. Als Verschluß dient ein Holzdeckel, welcher noch mit einer Watteschicht bedeckt wird.

Den Zählapparat kann man dadurch ersetzen, daß man auf ein Stück schwarzen Papieres mit weißer Farbe feine Linien in 1 cm Abstand zieht, die sich rechtwinkelig kreuzen. Die zu zählende Schale wird auf das Papier gestellt.

Hat man zur Entnahme von Wasserproben sterile Kölbchen oder sterilisierte Reagenzröhrchen nicht zur Hand, so koche man eine gewöhnliche Medizinflasche aus, spüle sie wiederholt mit dem zu prüfenden Wasser, fülle sie und verschließe sie dann mit einem Stopfen, welchen man mit einem durch Hitze sterilisierten Messer aus einem großen Kork herausgeschnitten und ebenfalls gekocht hat, oder besser noch, aus einem frischen Zweige unter Entfernung der Rinde mit einem abgeflammten Messer geschnitten hat. Die Untersuchung derartig entnommener Wasserproben muß baldmöglichst geschehen.

III. Die Ausführung der Untersuchung.

1. Die Entnahme von Wasserproben.

Die richtige Entnahme der Wasserproben ist der wichtigste Teil der ganzen bakteriologisch-mikroskopischen Wasseruntersuchung, sie ist die „conditio sine qua non". Leider wird aber, wie uns die Erfahrung gelehrt hat, nirgends in dem ganzen Verfahren der Wasseruntersuchung so viel gefehlt als in diesem Punkte; es sei ihm daher eine ausführliche Besprechung gewidmet.

Die mikroskopische Untersuchung verfolgt den Zweck, gröbere Elemente, Fäkalreste, Abfälle aus Küche und Wirtschaft usw. im Wasser nachzuweisen. Diese Körper sind im allgemeinen schwerer als das Wasser, werden sich also am Boden finden. Die Untersuchung des Bodensatzes, des Schlammes und nicht die des freien Wassers gibt daher gewöhnlich die Antwort auf die gestellte Frage. Meistens kommt es darauf an, die oberste Schlammschicht zu erhalten, die man entweder nach Ablassen des Wassers direkt abschöpft, oder bei nicht abgesenktem Wasserspiegel mit einem Schöpfgefäße, z. B. dem Schlammbecher, entnimmt, nachdem die Wassertiefe vorher genau bestimmt worden ist. Ferner läßt sich durch energische Bewegung des Wassers die oberste Schlammlage aufrühren und das mit Schlammteilchen durchsetzte Wasser schöpfen und sedimentieren, filtrieren oder zentrifugieren. In laufenden

Wässern spannt man Filtertücher oder ein Planktonnetz auf, worin sich der Schlamm und das Plankton absetzen.

Die bakteriologische Untersuchung soll, sofern nicht nach Krankheitserregern oder anderen bestimmten Bakterien gesucht wird, oder besondere Fragen beantwortet werden müssen, Aufschluß geben über die Zulänglichkeit der künstlichen oder natürlichen Filtration oder der Sterilisation. Gewöhnlich muß also die Probeentnahme so stattfinden, daß die akzessorischen Keime vermieden werden.

Es ist durchaus keine Kunst Bakterien zu finden; aber es ist eine Kunst, nicht hingehörige Bakterien, die das Bild zu trüben vermögen, zu vermeiden. In jedem einzelnen Falle muß daher mit Rücksicht hierauf genau überlegt werden, wie die Probeentnahme stattzufinden hat.

a) Bei der Untersuchung von Zentralbrunnen ist zu bedenken, daß das Grundwasser im allgemeinen von einer gewissen Tiefe an keimfrei ist. Im einzelnen Falle kommt es aber darauf an, nachzuweisen, ob diese Annahme richtig ist. Nicht selten z. B. liegen Zentralbrunnen dicht neben Flüssen; die physikalische und chemische Untersuchung läßt die Frage offen, ob Grundwasser oder Flußwasser geschöpft wird, oder weist nach, daß bald Flußwasser, bald Grundwasser gehoben wird, oder zeigt konstant Fluß- oder Mischwasser an; dann muß entschieden werden, ob in einem solchen Falle das Wasser, also eventuell filtriertes Flußwasser, keimfrei ist oder nicht, denn im ersteren Falle kann das Wasser sehr wohl, im zweiten hingegen möglicherweise nicht zum Konsum zugelassen werden.

Um die Frage nach dem Keimgehalt derartiger oder ähnlicher Zentralbrunnen zu entscheiden, ist erforderlich, daß der Brunnen in solcher Weise längere Zeit hindurch abgepumpt wird, wie er bei normalem Betriebe oder unter den gerade vorliegenden Verhältnissen beansprucht wird. Zuweilen kommt man schon zum Ziele, wenn man nach längerem Betriebe das Wasser aus dem nächsten zugängigen Auslaufe entnimmt. Finden sich in einem solchen Falle keine oder sehr wenig Keime, so ist die genügende Filtrationsleistung erwiesen; finden sich indessen mehr Keime, so bleibt unentschieden, ob die Bakterien durch das Erdreich hindurch filtriert sind oder ob sie durch Vermehrung im Wasser entstanden sind und den oberen keimreicheren Wasserschichten des Brunnens angehören.

In einem solchen Falle kann man das Wasser direkt aus dem Brunnen dicht neben und unter dem Saugkorb der Pumpe entnehmen in der Annahme, daß sich an dieser Stelle zudringendes Grundwasser auf dem Wege zur Pumpe befindet. Hierbei sind dann sowohl die nicht in Betracht kommenden zahlreichen Bakterien der oberen Wasserschichten als auch die Bakterien des „Bodenschlammes" zu vermeiden. Man muß also den Abstand des Saugkorbes von der Wasseroberfläche und vom Brunnenboden vorher genau bestimmen. Die Entnahmestelle werde möglichst nahe an den Haupteintritt des Wassers geschoben und, um bei dem vorhin gewählten Beispiel eines Zentralbrunnens dicht neben einem Fluß zu bleiben, eine Probe von der „Wasser-" oder „Flußseite", eine andere von der „Landseite" geschöpft. Ein für eine derartige Entnahme geeigneter Apparat ist S. 724 beschrieben und abgebildet. Das Arbeiten mit einem „Abschlag-" oder ähnlichen Apparat ist aber etwas umständlich und erfordert längere Zeit.

Will man das eintretende Wasser bei Zentralbrunnen für eine Untersuchung einzeln entnehmen und sind mehrere Brunnen an einen Haupstrang angeschlossen, so daß man aus dem Zapfhahn nur eine Mischprobe bekommt, so empfiehlt sich sehr die von Reichle-Berlin, Landesanstalt

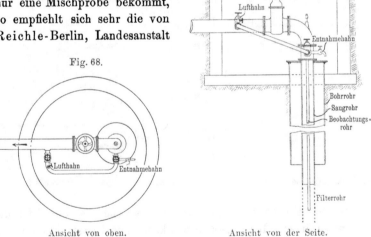

Fig. 69.

Fig. 68.

Ansicht von oben.   Ansicht von der Seite.

Entnahmerohre für die gesonderte Untersuchung des Wassers aus einzelnen Zentralbrunnen nach Reichle.

für Wasserhygiene, im Jahre 1905 angegebene Einrichtung (siehe Fig. 68 und 69). Das aus dem Brunnen austretende Saugrohr wird an einer höheren und an einer tieferen Stelle angebohrt. Die beiden möglichst weiten Bohrlöcher werden mittels eines Rohres — ein Bleirohr genügt schon — miteinander verbunden, welches oben einen Lufthahn, unten einen Entnahmehahn trägt. Zwischen diesen beiden kleinen Hähnen und dem Hauptrohr

sitzt je ein Abstellhahn. Im Betriebe sind beide Abstellhähne
geöffnet, so daß ein Teilstrom des gepumpten Wassers dauernd
durch die Nebenleitung geht, sie stets sauber und betriebsfähig
haltend. Will man eine Probe entnehmen, so wischt man das kurze
— auf der Zeichnung zu lang angegebene — Entnahmeröhrchen
und das Lufthähnchen mit 80 Proz. Alkohol ab und zündet den
Alkohol an. Dann schaltet man das Nebenrohr durch gleichmäßiges,
gleichzeitiges, langsames Zudrehen der Abstellhähne aus, öffnet
zunächst das Lufhthähnchen, darauf das Entnahmehähnchen und
läßt seinen Inhalt in ein steriles Glas fließen. Wir haben die
Reichleschen Entnahmerohre in sieben hintereinander geschaltete
Brunnen einer Zentralversorgung einbauen lassen, was in drei Tagen
erledigt war, und hatten so eine bequeme Möglichkeit, jeden

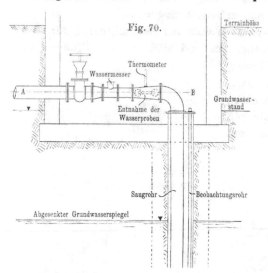

Brunnen täglich zu
untersuchen, was mit
dem Abschlagapparat
kaum durchzuführen
gewesen wäre. Fig. 70
und 71 geben eine

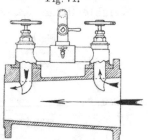

Fig. 71.

Eine Modifikation der Entnahmerohre nach Reichle.   Schnitt *AB* von Fig. 70.

andere Modifikation des Apparates an, welche wir ebenfalls der
Liebenswürdigkeit Reichles verdanken. Die Konstruktion ist so
einfach und klar, daß es eines weiteren Eingehens nicht bedarf.
Das Nebenrohr läßt sich ausgezeichnet durch Einlaufenlassen einer
Chlorkalklösung (20 mgl aktiven Chlors) desinfizieren.

Wenn sich nennenswerte Mengen von Schlamm finden, so
empfiehlt es sich, ihn durch Aufwirbeln in Bewegung zu bringen
und abzupumpen, die Untersuchung aber um acht Tage über die
Reinigungsarbeiten hinaus zu verschieben.

Zuweilen liest man, die Bakterienzahl habe im Rohrnetz abgenommen, denn sie sei dort kleiner als im Brunnen. In den aller-

meisten Fällen, wenn nicht immer, liegt hier ein Irrtum vor. Die Untersucher haben ihre Brunnenproben nicht zwischen Wasser-eintritt und Sauger geschöpft, sondern aus den höheren Schichten, die relativ stagnieren und die, wie B. Fischer für die Kieler Brunnen schon vor 25 Jahren nachwies, erheblich mehr Mikroben enthalten als die tiefen, als das Eintrittswasser.

Kann man den Brunnen stark absaugen, so gelingt es häufig, in den Brunnen eintretende Wasserfäden zu Gesicht zu bekommen, aus welchen man das geringe für die bakteriologische Untersuchung erforderliche Quantum, wenige Kubikzentimeter, direkt entnehmen kann.

Auch der Vorschlag, ein Rohr von der Seite oder dem Grunde des Brunnens aus in das Erdreich einzutreiben und dort das Wasser zur Untersuchung zu entnehmen, verdient Berücksichtigung.

Gelingt das Eintreiben eines Rohres in den Kesselbrunnen senkrecht in den Boden hinein oder schräg durch die Brunnenwand hindurch und steht eine Pumpkraft zur Verfügung, welche den Wasserspiegel stark senkt, so wird der eingetriebene abessinische Brunnen zum artesischen, d. h. über dem Brunnenwasserspiegel wird springbrunnenartig das unter Druck stehende Wasser der tieferen Bodenschichten aus dem eingetriebenen Rohre hervor-treten; das längere Zeit hindurch austretende Wasser spült das Rohr gründlich aus, und man erhält so auf die Frage, ob das ein-dringende Wasser keimfrei ist, eine korrekte Antwort.

Zuweilen ist es das einfachste, neben dem fraglichen Brunnen einen Rohrbrunnen einzubohren, nachdem zunächst die bakterien-haltigen Erdschichten, soweit das der Stand des Grundwassers erlaubt, entfernt sind. Der eingetriebene Rohrbrunnen ist zu desinfizieren, mit einer desinfizierten Pumpe zu versehen, wonach die Probe entnommen werden kann. Auch vorhandene Versuchsrohre in der Umgebung des Brunnens können hierzu benutzt werden, wenn sie gut des-infiziert worden sind und ebenso tief hinunterreichen als der Brunnen, bzw. bis in diejenige Schichttiefe gehen, aus welcher der Haupt-brunnen sein Wasser schöpft. Über die Methode der Desinfektion ist Näheres S. 512 f. angegeben. Für die Desinfektion der Rohr-brunnen und der Pumpen, Schläuche usw. eignet sich am besten die 5 prozentige Karbolsäurelösung.

b) Bei gewöhnlichen Pumpbrunnen, Kesselbrunnen, wo das Wasser nicht mit Maschinenkraft gehoben werden kann, gelangt man mit dem Abpumpen nicht zum Ziele; man wird daher bei diesen Brunnen die akzessorischen Bakterien nicht leicht los. Unter günstigen Verhältnissen mag es gelingen, eine genügende

Desinfektion, am besten durch Dampf oder Chlorkalk, zu erzielen. Zuweilen kann man einen Rohrbrunnen in oder neben dem Kesselbrunnen niederbringen und dessen Wasser untersuchen. Die Höhe der Kosten wird indessen oft hindernd im Wege stehen, und man wird vielfach unter Verzicht auf eine bakteriologische Untersuchung sich darauf beschränken müssen, aus den örtlichen Verhältnissen Schlüsse über die biologische Qualität des Wassers zu ziehen, gegebenenfalls unter Berücksichtigung der gefundenen Colibazillen.

Aus einem gewöhnlichen Kesselbrunnen durch Pumpen oder Schöpfen eine Probe zu entnehmen, in ihr die Arten- und die Individuenzahl zu bestimmen und daraus Schlüsse ziehen zu wollen über den Keimgehalt des eintretenden Wassers, ist nach unseren jetzigen Kenntnissen über die Bakteriologie der Brunnen nicht mehr gestattet.

Zur Entscheidung der Frage, ob unreine Zuflüsse in einen Brunnen gelangen, dient in erster Linie die örtliche Besichtigung; sie gewährt vielfach auch ein Urteil über die Möglichkeit solcher Zuflüsse. Bei der Besichtigung bemerkte seitlich oder von oben einfließende Wasserströmchen lassen sich dann leicht abfangen und bakteriologisch untersuchen.

Indessen führt die Besichtigung, wie in anderen Fragen, so auch hier nicht immer zum Ziel. In solchen Fällen kann die bakteriologische Untersuchung Aufschlüsse geben. — Ein starker Anstieg der Zahl, eine Vermehrung der Arten nach Regen oder nach Anstieg des Grundwassers weist auf unreine Zuflüsse hin.

Hier vermag auch die Probe auf das Bact. coli gute Dienste zu leisten. Wenn bei einer Brunnenbesichtigung fremde Zuflüsse von oben oder von der Seite — wodurch eine Gefährdungsmöglichkeit ohne weiteres gegeben zu sein pflegt — ausgeschlossen werden können, und nach Desinfektion erneut Kolibazillen auftreten, so liegt die Gefahr einer Verschmutzung und eventuell einer Infektion vor.

Die Zahl der Bakterien in den Tiefbrunnen erweist sich zuweilen als recht hoch. Man muß sich bei jedem Tiefbrunnen, der untersucht werden soll, die Bohrtabelle vorlegen und angeben lassen, wo Wassereintritte statthatten. — Sodann sind genaue Angaben über die Verrohrung erforderlich, da durch sie höhere Seitenzuflüsse abgehalten werden bzw. abgehalten werden können. Durch die Tiefe des Brunnens darf man sich über die Herkunft des Wassers nicht täuschen lassen! Ist z. B. ein Brunnen 42 m tief, so ist sehr wohl möglich, daß vielleicht $1/_4$ des Wassers aus 3 bis 4 m tief liegenden Kiesen und ³/₄ in 40 m Tiefe aus zerklüftetem Fels stammt. Es gelingt in solchen Fällen unter Anwendung des S. 724 abgebildeten Apparates eine tadellose Probe aus der Tiefe zu bekommen; von dem oberen Wasser dürfte man nur dann eine nicht mit anderem Wasser gemischte Probe erhalten, wenn es gelingt, das Rohr unterhalb eine Weile abzuschließen. Besser kommt man in solchen Fällen zum Ziel durch Einbohren eines Rohrbrunnens, Desinfektion desselben und direkte Entnahme des Wassers aus der oberflächlichen Schicht.

c) Wird die Frage nach dem Keimgehalt einer Quelle gestellt, so schöpfe man nicht aus der Brunnenstube, sondern man suche die Quelle dort zu erreichen, wo sie aus dem Erdreich, dem Gestein, zutage tritt. Quillt sie unter Wasser hervor, so ist das vordringende Wasser unvermischt von dem umgebenden Wasser zu entnehmen (S. 721). Man muß sich hüten, bei der Entnahme das Erdreich oder Gestein zu berühren, damit nicht von dorther Bakterien losgerissen und in die Probe gespült werden. Siehe auch S. 324.

Nicht selten wirbeln die nicht gefaßten Quellen, wenn sie unter Wasser hervorbrechen, Sand und Erdteilchen des Bodens auf; in solchen Fällen wird man, besonders bei kleinen Quellen, eine größere Zahl von Bakterien finden, die aber nicht dem Quellwasser, sondern dem Schmutz der Quellmündung angehören. Auch fließt zuweilen Oberflächenwasser in das eigentliche Quellbassin hinein und täuscht eine Quellwasserverunreinigung vor. Wir haben gesehen, wie aus einem Mauseloch zufließendes Tagewasser einer schwer durchlässigen Wiese als Quellwasser geschöpft und bakteriologisch untersucht werden sollte. Frösche und andere Tiere vermögen unangenehme Trübungen des an sich reinen Quellwassers zu bewirken; muß sich das Wasser durch Pflanzen hindurchwinden, so ist es reich an akzidentellen Bakterien, die viel mit den Pflanzen und wenig mit dem Wasser zu tun haben. Recht vorsichtig und mit Überlegung soll man an die Probenentnahme herangehen. Man liest zuweilen, die bakteriologische Probe soll erst nach regelrechter Fassung entnommen werden. Das ist zweifellos viel bequemer, aber die Gemeinden wollen mit Recht vorher, vor der Fassung, wissen, ob das Wasser brauchbar ist oder nicht.

Man wird daher zuweilen die Quelle aufräumen und für freien Abfluß sorgen müssen. Das gelingt meistens unschwer, da diese Arbeiten für die definitive Fassung auch erforderlich sind, sie also keine unnütze Geldausgabe darstellen. Nach der Fassung oder Aufräumung muß das Wasser einige Tage laufen, bevor die Probe genommen werden darf.

Wird das Wasser in einer Sickergalerie gefaßt, dann muß man die an verschiedenen Stellen in dem freigelegten, mit Vorflut versehenen Schlitz aus den kleinen Spalten hervortretenden Quellchen in Reagierzylindern auffangen und gesondert untersuchen, immer darauf achtend, daß nicht von oben „fremdes" Wasser sich dem guten Untergrundwasser beimische. Sind die Sickerrohre bereits gelegt, ist der Rohrgraben wieder zugefüllt, dann bleibt nichts anderes übrig, als die Proben an dem ersten Schacht zu entnehmen.

Fig. 72.

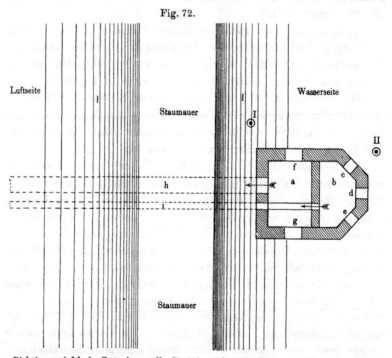

Richtige und falsche Entnahmestelle für bakteriologische Proben bei einer Talsperre.

l und *l* Mauerböschung der „Staumauer". *a* Kammer für Triebwasser. *b* Kammer für Hausgebrauchswasser. *c* Oberer Schieber für Hausgebrauchswasser. *d* Mittlerer Schieber für Hausgebrauchswasser. *e* Unterer Schieber für Hausgebrauchswasser. *f* und *g* Einrichtungen für Entnahme des Triebwassers. *h* Triebwasserleitung. *i* Trinkwasserleitung. *I* Unrichtige Entnahmestelle. *II* Richtige Entnahmestelle.

Meistens, nach Regen stets, bekommt man viel zu hohe Zahlen, weil in dem frisch aufgewühlten Erdreich die Bodenbakterien zu wuchern pflegen, und weil die eingefüllten Massen sich noch nicht gesetzt haben, noch abnorm durchlässig sind. Wiederholt haben wir nach Jahresfrist weniger als ein Zehntel der Bakterien gefunden, die zum Wachstum gekommen waren, als wir kurz nach der Fertigstellung der Galerie oder der Fassung untersucht hatten.

d) Soll See- oder Flußwasser untersucht werden, so ist nach der Fragestellung oder dem Zweck zu entscheiden, ob die Probe vom Ufer oder aus der Mitte, von der Oberfläche oder aus der Tiefe zu entnehmen ist. Will man z. B. Seewasser daraufhin prüfen, ob es filtriert oder unfiltriert zur Speisung einer Gemeinde dienen kann, so darf nicht hier und da, von der Oberfläche und aus der Tiefe ein Pröbchen genommen werden, es muß vielmehr sorgfältig in größeren, lange fortgesetzten Reihen das Seewasser an der Stelle untersucht werden, wo nach vorsichtigen technischen und hygienischen Abschätzungen, Berechnungen und Untersuchungen die spätere Entnahme statthaben soll. Daneben mag dann eine über andere Teile des Sees sich erstreckende systematische bakteriologische Prüfung des Wassers an der Oberfläche und in verschiedenen Tiefen vorgenommen werden.

Selbstverständlich muß die Probeentnahme in solchen und ähnlichen Fällen nicht nur auf die Feststellung der Zahl der Bakterien, sondern auch auf das mehr oder minder häufige Vorkommen von Bact. coli gerichtet sein. Gerade das Bact. coli kann maßgebend sein für die Wahl der Entnahmestelle.

Bei Stauweiherwässern ist es meistens von Interesse, unterrichtet zu sein über den Bakteriengehalt des oder der Zuflüsse, der Wasseroberfläche und der Wassertiefe dicht an der Entnahmestelle, sodann, was die Hauptsache ist, des zur Stadt abfließenden Wassers. Hier also sind Proben zur Bestimmung der Zahl und Art (Bact. coli) zu entnehmen.

Wie selbst anscheinend geringe Unterschiede die Entnahme beeinflussen und unrichtige Zahlen geben können, lehrt das Nachstehende.

Entnahmen 9 m unter der Oberfläche.

Zeit — Datum	Entnahmestelle		Zeit — Datum	Entnahmestelle	
	I	II		I	II
1911			**1912**		
12. Juli	313	57	18. Juni	133	19
21. „	426	76	2. Juli	177	24
8. August . . .	613	81	17. „	194	26
22. „ . . .	494	88	6. August . . .	186	24
			21. „ . . .	166	23
			4. September .	126	21

Man hat über ein Jahr bei Stelle I die Proben entnommen. Die Bakterienzahlen sind dauernd relativ hoch gewesen; vor den Filtern

aber waren sie dauernd niedrig. Als dann bei Punkt II geschöpft
wurde, stimmten die Zahlen vor den Filtern und an der Entnahmestelle überein. Die wenigen in der Tabelle enthaltenen Angaben,
die willkürlich herausgegriffen sind, zeigen, wie gleichmäßig die
Differenzen waren. Die beiden Entnahmestellen lagen vielleicht
4 m auseinander, aber die unrichtige (I) in einem toten Winkel an
dem Entnahmeschacht, dicht vor dem schrägen Anstieg der Sperrmauer, die andere nach dem See zu direkt vor dem Einlauf in das
Versorgungsrohr. Die Tiefe, in welcher die Proben geschöpft
wurden, waren beide Male dieselben.

Bei Flüssen richtet sich die Probeentnahme gleichfalls nach
dem gerade vorliegenden Zweck. Doch sei darauf aufmerksam
gemacht, daß man sich vorher davon überzeugen muß, ob und
welche Zuflüsse in der Nähe des Entnahmeortes liegen, daß vor-
ausgegangene Regen, daß die Jahreszeiten — die meisten Bakterien
pflegen im frühen Frühjahr, bei oder nach der Schneeschmelze vorhanden zu sein —, einen Einfluß ausüben, auch die Wirkung des
Lichtes ist gegebenenfalls zu berücksichtigen; selbstverständlich
spielen hoher und tiefer Wasserstand, spielen Zufälligkeiten, z. B.
vorbeifahrende Dampfer, badende Kinder u. dgl. eine Rolle. Häufig
finden sich an der einen Seite eines Flusses mehr und andere
Bakterien (z. B. Coli) als auf der anderen. Unmöglich dürfte es
sein, auf alle hier in Betracht kommenden Punkte hinzuweisen,
aber die angeführten genügen, den Blick zu schärfen.

Wenn es an und für sich schon nicht richtig ist Diener und
ähnliche Personen mit der Probeentnahme zu betrauen, so ist das
beim Entnehmen aus laufenden Wässern fast immer ein Fehler,
weil die Leute, trotz guter Instruktion, meistens nicht erfassen,
worauf es ankommt.

e) Will man die Leistung eines Sandfilters prüfen, so
ist sein Rohwasser und sein Reinwasser zu untersuchen. Man
schöpft die Probe für ersteres nicht aus irgend einer bequem zu
erreichenden Stelle des Flusses, Sees oder Klär- bzw. Absitzbeckens,
sondern direkt vor den Saugern, und zwar auch dann, wenn die
Probeentnahme dort etwas beschwerlicher und umständlicher ist,
man z. B. das Wasser aus größerer Tiefe heraufholen muß. Denn
nicht die allgemeine Zahl der in dem Rohwasser enthaltenen
Bakterien interessiert — von seltenen Fällen abgesehen —, sondern
die Zahl der auf die Filter tretenden Bakterien.

In entsprechender Weise ist die Probe des filtrierten Wassers
zu entnehmen; sie wird also nicht an einer beliebigen Stelle des
Reinwasserreservoirs geschöpft, sondern möglichst dicht hinter den

einzelnen Filtern aus einem Reinwasserrohr, welches zum Reservoir hinführt. Es ist im allgemeinen unzulässig, bei mehreren Filtern nur das Gesamtfiltrat zu prüfen, weil dann die Beschädigung eines einzelnen Filters leicht übersehen werden kann. An der Oberfläche der Reservoire pflegt eine Schicht älteren, daher keimreicheren Wassers zu schwimmen, die man nicht zur Probeentnahme verwenden darf, denn die dort befindlichen Bakterien stammen zwar aus den Filtern, aber sie haben sich, soweit sie echte Wasserbakterien sind, in den stagnierenden oder doch wenig wechselnden oberen Schichten des Reservoirwassers vermehrt.

Will man die Wirkung von Absitzbecken festlegen, so müssen am Zufluß und Abfluß selbst die Proben entnommen werden; man würde sehr falsche Resultate erzielen, wollte man an Stellen in der Nähe des Ein- und Ausflusses die Keimzahl bestimmen.

Soll genau der Bakteriengehalt des Rohwassers mit dem seines Reinwassers verglichen werden, so ist das letztere um so viel später zu untersuchen, als das Rohwasser gebraucht, um sich in Reinwasser zu verwandeln und bis zur Stelle der Probeentnahme vorzudringen.

Dieselben Grundsätze gelten für die Untersuchung eines auf irgend eine Weise sterilisierten Wassers.

f) Will man wissen, wie bakterienhaltig das · Wasser des Rohrnetzes ist, welches also in der Stadt getrunken wird, so ist die Probe an dem Reinwasserabfluß, oder aus dem Windkessel, oder einem anderen geeigneten Orte des primären Rohrstranges zu entnehmen.

Sofern das nicht möglich ist, nehme man das Wasser aus einem dicht hinter dem Reservoir liegenden, viel benutzten Zapfhahn, durch den man zunächst 15 Minuten hindurch das Wasser in mäßigem Strom ablaufen läßt.

Kommt es darauf an, die Bakterien in dem zur Verteilung dienenden Rohrnetze zu bestimmen, so schöpft man die Proben nicht aus einem selten benutzten Hahn eines oberen Stockwerkes, sondern aus demjenigen Zapfhahn eines an einem Hauptstrang angeschlossenen Hauses, welcher das meiste Wasser abgibt, weil man bei ihm die Additionalkeime der Stagnation vermeidet, und die Bakterien im Hahn selbst keine Zeit zur Ansiedelung und Entwickelung haben.

Wenn es ein Interesse hat, die Zahl ganz genau zu bestimmen, oder wenn von einer Stelle regelmäßig die Proben entnommen werden, dann ist es richtig, sich einen Hahn einsetzen zu lassen, dessen Verschluß ohne Leder oder Gummieinlage bewirkt wird.

Die Untersuchung von sogenannten Endsträngen ist dann angezeigt, wenn man sich über das stagnierende Wasser in diesen Teilen des Rohrsystems ein Bild machen, z. B. wissen will, wie oft und wie lange die Rohre gespült werden müssen.

Im allgemeinen soll nicht ein Punkt des Rohrnetzes, sondern mehrere und diese nur in Verbindung mit der Wasserentnahmestelle oder dem Reservoir untersucht werden, sonst kann eine lokale Störung leicht einen ungerechten Verdacht auf die Wasserversorgung werfen. Zu solchen Störungen ist zu rechnen das Austreten von Wasser bei plötzlicher Druckminderung aus einem absolut toten Strang — wie solche in älteren Städten durch Umbauten usw. leicht entstehen —, oder eine plötzliche starke Entnahme von Wasser, z. B. bei Bränden, oder eine Umkehr des Wasserlaufes in den Rohren infolge von Schieberumstellungen u. dgl., wodurch der am Boden lagernde feine Schlamm mit seinen in ihm befindlichen Bakterien in Bewegung gesetzt wird, oder Arbeiten am Rohrsystem, wodurch sowohl Bakterien des umgebenden Erdreiches in das Wasser gelangen können, als auch durch unvorsichtiges Anstellen der schon abgestellten Rohre der Rohrschlamm in Bewegung kommt, und anderes derartiges mehr. Außerdem weist eine solche generelle Untersuchung zugleich auf die Stelle hin, wo wahrscheinlich die Quelle der vermehrten Keimzahl und damit eventuell einer Verunreinigung zu suchen ist.

2. Die Entnahme und Vorbereitung größerer Wasserproben (nach Marmann, O. Müller, E. Hesse und Arno Müller).

Nicht selten will man einen oder einige Kubikzentimeter Wasser auf Bakterien untersuchen, um sich ein Urteil darüber zu bilden, wieviel der aufgebrachten Bakterien durch ein Filter hindurchgehen, oder, was oft dasselbe ist, wie groß die Infektionsmöglichkeit bei einem Wasser ist, oder wie viele Bakterien einer bestimmten Art in einem Wasser enthalten sind.

Man kann das erreichen durch

1. Einengen des zur Untersuchung kommenden Materials. Geeignet erscheint die Methode von Marmann, welche auf S. 749 genau beschrieben ist. Wegen der bei ihr anzuwendenden höheren Temperatur eignet sie sich für Kulturen in Nährgelatine nicht. — Wollte man die Wärmequelle fortlassen, so würde die Austrocknung so lange dauern, daß eine Vermehrung der Bakterien in dieser Zeit zu erwarten ist. Schon bei einer Austrocknung unter

Erwärmung, die 30 bis 40 Minuten in Anspruch nimmt, ist sie vorhanden.

2. Ausfällen der Bakterien. Die Methoden von Ficker-Berlin und von O. Müller-Jena, welche hier in Betracht zu ziehen sind, finden sich S. 768 und 770.

3. Abfiltrieren einer großen Wassermenge. Die Methode ist schon relativ alt, sie ist jedoch in der neuesten Zeit wesentlich durch E. Hesse verbessert worden. Das Verfahren ist, soweit nicht unter Druck stehendes Wasser in Betracht kommt, ausführlich S. 770 angegeben. Bei unter Druck stehendem Wasser, z. B. der Untersuchung von Wasser aus dem Rohrnetz einer Hochdruckleitung, wird die Filterkerze unter Anwendung eines kurzen starken Gummirohres direkt an einen Zapfhahn angeschlossen.

4. Quantitativ lassen sich nach Arno Müller-Berlin Bakterien aus größeren Quantitäten Wasser abfangen, wenn man das Wasser durch Gipsplatten filtriert.

Anfertigung der Gipsplatten: 100 g Calcium sulfuricum ustum (Alabastergips) mittels eines Reibepolsters durch ein Sieb aus Seidengaze Nr. 16 gesiebt — man kann auch ungesiebten Gips verwenden, doch sind dann die Platten weniger gleichmäßig und weniger dicht —, werden nach Zusatz von 1 g ebenso gesiebten Magnesiumkarbonats — soll auf Säure bildende Bakterien, z. B. Bact. coli, untersucht werden, so läßt man dieses Präparat fort — durchgemischt und mit 100 ccm kochenden destillierten Wassers übergossen, dem vorher 0,8 ccm einer 5 proz. Tischlerleimlösung zugesetzt worden sind, und zu einem Brei verrührt. Aus Aktendeckelstreifen oder Metallstreifen bildet man sich flache $^1/_2$ cm hohe Ringe von etwa 8 cm Durchmesser, fettet sie ein, setzt sie fest auf eine glatte, horizontal gestellte Unterlage, gießt den dünnen heißen Gipsbrei hinein und verteilt ihn gleichmäßig mittels eines Glasstabes. In $^3/_4$ Stunden ist der Brei erhärtet; man läßt ihn noch einige Stunden liegen, entfernt die Ringe und hält die Platten mehrere Stunden im Trockenschrank bei 95°. Wenn die Platten zu stark ausgetrocknet werden, so verlieren sie ihre glatte Oberfläche und werden brüchig. Zwei der vorhin angegebenen Ringe fassen die aus 100 g Gips bereitete Masse.

Die Platte vermag nach dem Trocknen 20 bis 25 g Wasser aufzunehmen; eine Platte von 1,2 cm Höhe und 16 cm Durchmesser, welche ungefähr 200 g Gips erfordert, kann gegen 100 ccm Wasser aufsaugen.

Die fertigen und damit zugleich sterilisierten Platten legt man frei in Petrischalen, deren Durchmesser rund 2 cm größer ist.

Zur Beschickung der Gipsplatten wird auf die in der Petrischale liegende, frei in der Hand gehaltene Platte das zu untersuchende Wasser — 20 ccm — langsam und gleichmäßig gegossen. Dann werden sofort, noch ehe das letzte Wasser aufgesogen ist, 8 ccm einer Nährbouillon, welche ungefähr viermal so stark ist wie die gewöhnliche (3 kg Rindfleisch, 40 g Pepton, 20 g Kochsalz geben einen Liter dieser Bouillon) darüber gegossen, um so den Bakterien das notwendige Nährmaterial zuzuführen.

Die fertigen Platten bleiben bei 22⁰ stehen.

Selbstverständlich treten die nicht gefärbten Bakterien wenig in die Erscheinung. Bakterien jedoch, welche Farbstoffe oder nennenswerte Mengen von Alkali oder Säuren (Bact. coli) bilden, lassen sich unter Verwendung entsprechender Nährböden deutlich zur Ansicht bringen.

Arno Müller hat Bact. prodigiosum quantitativ auf den Gipsplatten wiedergefunden; nach zweitägigem Wachstum waren die roten Kolonien bereits deutlich sichtbar, nach viertägigem hatten sie einen Durchmesser von 1 mm. Er erzielte ein noch besseres Wachstum, als er über die fertigen Platten eine dünne Schicht von einprozentigem, gewöhnlichem, neutralem Nähragar goß. Die Platte nahm den größeren Teil des Nähragars auf, und der Rest trocknete in den nächsten drei Tagen an. Die Kolonien des Prodigiosus, aber auch die vielen Wasserbakterien, hoben sich als deutliche, gefärbte, bzw. ungefärbte Köpfchen über das Agar hinaus.

Um Bact. coli auf den Platten zur Ansicht zu bringen, setzt er zu 100 ccm der vorhin erwähnten vierfach starken neutralen Bouillon hinzu 3 g Milchzucker, 1,5 ccm filtrierte alkoholische Fuchsinlösung (Rosanilinhydrochlorid) und kocht auf; dann gibt er zu 3 ccm einer 10 Minuten lang sterilisierten 10 proz. Lösung von kristallisierter Soda, und zuletzt 7,5 ccm frisch bereitete 10 proz. Natriumsulfitlösung. Ein Teil dieser dreifachen Endobouillon wird 2 Teilen des zu untersuchenden Wassers unter Vermeidung von Schaumbildung zugesetzt und die Mischung auf die magnesiumfreie Gipsplatte verteilt. Zuletzt wird eine nicht zu dicke Schicht 1,5 proz. gewöhnlichen Endoagars darüber gegossen. Nach 20 Stunden Bebrütung bei 37⁰ war schon die Mehrzahl der vorhandenen Colibazillen zu ziemlich großen, intensiv geröteten, etwas knopfigen Kolonien ausgewachsen; die übrigen den Endoagar rötenden Bakterien waren um diese Zeit kaum als rote Pünktchen sichtbar. Das Erkennen der Colikolonien auf den Gipsplatten soll keine größeren Schwierigkeiten verursachen als auf den gewöhnlichen Endoplatten.

Will man eine größere Wassermenge auf einzelne Farbbakterien untersuchen, so läßt sich das nach Arno Müller so machen, daß man auf die bekannten Büchnerfilter, Topffilter, eine gleichgroße Gipsplatte legt, beide mit einem breiten kräftigen Gummiring dicht verbindet, das Wasser oben aufgießt und mittels Saugpumpe oder Aspirator mit 1,5 m langem, wirksamem Heberarm (Gummischlauch) durchzieht.

Die Versuche Arno Müllers sind noch nicht nachgeprüft, aber sie erscheinen so vertrauenerweckend, daß sie in diesem Buche nicht fehlen durften.

3. Die zur Wasserentnahme dienenden Gefäße und Apparate.

Die erste Forderung ist, daß die Gefäße steril sein müssen; die trockene Hitze eignet sich für die kleineren Rezipienten am besten. Die feucht sterilisierten Gefäße müssen sorgfältig getrocknet werden, um auch eine spätere Bakterien- und Schimmelbildung zu verhüten. Die Zahl der zur Wasserentnahme vorgeschlagenen, in den Zeitschriften, sowie in den Katalogen der liefernden Firmen enthaltenen Gefäße ist Legion.

Wir werden nur einige, ihren Zweck gut und in einfachster Weise erfüllende, angeben.

Zur Entnahme von frei vortretendem Wasser, mag es nun aus dem Zapfhahn des Hauses oder aus dem Spalt des Felsens heraustreten, eignet sich am besten der hohle, 1 ccm Wasser fassende Stopfen der Schumburgflasche oder der gewöhnliche, mit sterilisierter Watte geschlossene Reagierzylinder.

Muß das Wasser unter Wasser entnommen werden, so richtet sich die Apparatur nach der Tiefe.

Kann man mit dem Arm bis zu der gewünschten Tiefe gelangen, so wäscht man sich Hand und Arm mit Seife und Wasser und reibt beide mit Alkohol ab. Darauf nimmt man ein sterilisiertes, zu einer kapillaren gekrümmten Spitze ausgezogenes, zum Teil luftleer gemachtes, darauf zugeschmolzenes Reagenzglas in die Hand, so daß der Daumennagel bis an das gekrümmte, kapillare Ende vorgeschoben werden kann. Dann bringt man Hand und Glas bis an die Stelle, von welcher man das Wasser entnehmen will, wartet eine Minute, damit das rinnende Wasser etwa mitgebrachte Bakterien fortspült, sprengt durch Vorschieben des Daumens mit dem Nagel das kapillare Rohrende ab und bewegt das Röhrchen sofort langsam durch die Entnahmestelle so hindurch,

daß der Strom des Wassers von dem Glas zur Hand hingeht, und
daß dabei das gesamte Vakuum des Glases mit Wasser ausgefüllt
wird. Bei stagnierendem Wasser muß die Vorwärtsbewegung etwas
lebhafter sein. Das Einbringen des
Röhrchens und der Hand geschehe
etwas entfernt von der Entnahmestelle; durch eine bogenförmige Bewegung mit dem Arm werden aus
den oberen Wasserschichten mitgebrachte Bakterien zurückgelassen.

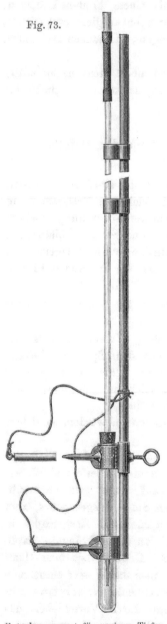

Fig. 73.

Entnahmeapparat für geringe Tiefen
und enge Spalten.

Für die Entnahme bis zu ungefähr 1,5 m Tiefe verwenden wir
seit vielen Jahren mit Erfolg den
folgenden einfachen Apparat.

An einem Eisenstab von etwa
1,5 m Länge und 6 mm Dicke sind
in Abständen von 25 cm Führungs-
ösen angelötet, durch welche ein
gewöhnliches Glasrohr von etwa
5 mm Stärke gesteckt ist. Das Glasrohr ist oben mit einem kleinen
weichen Gummischlauch, über welchen
ein kräftiger Quetschhahn faßt, oder
in welchen ein Stück Glasstab gesteckt ist, verschlossen. Unten ist
das Glasrohr zu einer kräftigen kurzen
Spitze verjüngt. An dem untersten
Ende des Eisenstabes sind je zwei
in zwei Spitzen auslaufende elastische,
dünne Zwingen, von welchen die
obere verschiebbar ist, angebracht, in
welchen ein dünnwandiges Reagenzgläschen durch mehr oder weniger
weites Überstreifen einer Hülse über
die Zwingenspitzen sicher befestigt
werden kann. Der Reagierzylinder
ist mit einem weichen, gut schließenden, durchbohrten Gummipfropfen
verschlossen. Durch die Bohrung des
Pfropfens wird die, wie vorhin beschrieben, zur Pipette umgewandelte
Glasröhre gesteckt; ist die Spitze

durch die Öffnung hindurchgetreten, so wird das Glasrohr außen dick mit Lanolin bestrichen, einesteils um die Reibung zu verkleinern, anderenteils um die Durchbohrung sicher abzudichten. Man steckt das Rohr so weit durch, daß die Spitze etwa 2 cm von dem Boden des Reagierzylinders entfernt ist.

Wir führen das so zusammengesetzte Gerät bis zu der Wassertiefe, Felsspalte usw., aus welcher die Probe entnommen werden soll, lassen es eine Minute dort, damit aus den oberen Wasserschichten mitgebrachte Bakterien weggewaschen werden; dann wird mit einem kurzen, kräftigen Stoß das Glasrohr vor- und damit der Boden des Reagierzylinders durchgestoßen, worauf das Wasser, frei von den Bakterien der oberen Schichten und des Bodenschlammes, in die Pipette eindringt. Durch Lüften des Quetschhahnes oder Glasstabes läßt man es beliebig hoch steigen und hält es dann durch Schließen des Gummischlauches in dem Rohre fest. Der Apparat wird herausgezogen, die Spitze des Glasrohres sofort mit sterilisierter Watte trocken gerieben, durch den sterilisierten Wattepfropfen eines sterilisierten Reagenzröhrchens gestoßen, und hierauf das Wasser durch Öffnen des Gummischlauches aus dem Glasrohr keimdicht abgelassen.

Das Instrument läßt sich leicht modifizieren, so z. B. durch Ersatz des Glasrohres durch ein Metallrohr, durch Einsetzen einer 50 oder 100 ccm-Pipette in einen Teil des Rohres, durch Verlängerung des Eisenstabes und des Glasrohres. Unser transportabeler Apparat setzt sich aus drei Teilen von je $^1/_2$ m zusammen, die aneinandergeschraubt werden; die Glasröhren werden fest aufeinandergesetzt und mit kurzen, starken Gummistücken verbunden.

Um das Wasser aus größeren Tiefen, z. B. aus nicht besteigbaren Kesselbrunnen, aus Seen usw., zu entnehmen, sind eine ganze Reihe von Apparaten angegeben, die sich in zwei Gruppen einteilen lassen.

Zu der ersteren gehören die Flaschenapparate. Glasflaschen mit Glasstöpseln werden in einen unten beschwerten Metallrahmen fest eingeschaltet; der obere Teil des Rahmens trägt eine Schnur; an welcher der Apparat niedergelassen wird. In der betreffenden Tiefe wird der Stöpsel durch eine zweite Schnur gehoben, aber nicht aus dem Flaschenhals herausgezogen, worauf das Wasser eindringt. Der Schluß des Propfens geschieht entweder durch sein eigenes Gewicht, welches zuweilen noch durch eine Belastung vergrößert ist, oder durch Federkraft.

Die zweite Gruppe der Apparate besteht aus einem beschwerten Reagenzröhrchen, welches oben zu einer feinen gebogenen Kapillare ausgezogen und durch Erhitzung großenteils luftleer gemacht ist. Das Röhrchen wird in die gewünschte Tiefe gebracht und die Kapillare zerbrochen, entweder durch Zug an einem Faden, welcher um die gekrümmte Kapillare geschlungen ist, oder durch ein an dem Faden, welcher das Röhrchen trägt, niederfallendes, durchlochtes Gewicht. Letzteres Verfahren hat den Vorzug, daß man nur eines Fadens bedarf, was angenehm ist, da sich in größeren Tiefen mit zwei Fäden schlecht arbeiten läßt. Am einfachsten und besten erscheint uns der hier abgebildete Apparat von Sclavo-Czaplewski. Die Kapillare wird auf einem glatten Metallteil liegend von einem niederfallenden Gewicht mit scharfer Kante abgeschlagen, der aufgebogene Schenkel läßt einen Übertritt von Wasser aus den oberen Brunnenschichten nicht zu. Man tut gut, den unteren Teil der Schnur aus einer kleinen Kette oder aus geflochtenem Draht herstellen zu lassen, weil das untere Ende des Fadens leichter Schaden leidet; auch bezeichne man durch eingeschlagene Knoten die Entfernungen von der Kapillarspitze nach oben in Metern. Weiterer Erklärung bedarf der Apparat wohl nicht.

Fig. 74.

Abschlagapparat
nach Sclavo-Czaplewski.

Das Gefäß wird rasch aus dem Brunnen usw. herausgehoben, dann wird sofort die offene Spitze der Kapillare mit steriler Watte abgewischt und mit einem Flöckchen steriler Watte umwickelt.

Zur Untersuchung bricht man das Röhrchen unterhalb der Kapillare ab, nachdem man durch ein paar Feilenstriche dem Sprung die Richtung gewiesen hat, so daß man bequem eine Pipette einführen oder das Wasser frei ausgießen kann.

Für die Entnahme aus großen Tiefen ist von B. Fischer ein Apparat angegeben, welcher aus dem Tiefseewasserschöpfapparat von Sigsbee entstanden ist. Das Wasser tritt beim Niedergehen durch ein mittels sich drehender Flügelschraube geöffnetes Ventil durch den Apparat hindurch. Wird der Apparat nicht weiter gesenkt, so schließt sich das Ventil durch seine Schwere und bleibt durch den Gegendruck der Flügelschraube beim Herausziehen geschlossen.

Die Entnahmeeinrichtung von Reichle ist S. 709 beschrieben.

Im allgemeinen soll bei derartigen Untersuchungen der Experimentator die Proben selbst entnehmen und sie gleich an Ort und Stelle oder in seiner nächsten Nähe verarbeiten, entweder zu Rollröhrchen- oder zu Schumburgflaschen- oder Petrischalenkulturen. Wir ziehen die ersten beiden weit den Petrikulturen vor, wegen des viel besseren Verschlusses, wenden letztere aber dort an, wo wir größere Mengen von Bakterien erwarten, oder wo auf ein Studium der verschiedenen Arten eingegangen werden soll. Jedes Rollröhrchen wird zuerst in Papier und dann in sehr wenig Watte gewickelt; die Schumburgflaschen oder Petrischalen stecken wir in viereckige passende Papierdüten, welche man in jeder Apotheke oder Materialwarenhandlung bekommen kann, legen zwischen die einzelnen Schalen sehr dünne Schichten Watte oder ein paar Blätter Papier und schlagen das Ganze nochmals in mehrere Lagen Zeitungspapier ein. Diese Umhüllung schützt gegen Kälte und Hitze. Bei hoher Wärme legen wir das ganze Packmaterial in den Eisschrank oder den Keller des Gasthauses, in dem wir die Kulturen anlegen wollen, entnehmen dann die Wasserproben und verpacken kurz vor der Abreise in dem abgekühlten Material. Selbstverständlich kann man auch in Gefäße verpacken, die mit Eis umgeben sind, aber das ist umständlich und teurer, läßt sich jedoch bei weiteren Reisen nicht umgehen[1].

Von außerhalb uns zugesandte Wasserproben untersuchen wir auf die Bakterienzahl nicht, weil die Sicherheit einer guten Probeentnahme nicht gegeben ist, weil die Bakterien sich in der Zeit von der Entnahme bis zur Ankunft im Laboratorium vermehrt haben, und weil wir das beste Mittel der Beurteilung, nämlich die Untersuchung an Ort und Stelle, nicht entbehren wollen.

4. Die Untersuchung der Proben.

a) Die mikroskopische Untersuchung der Suspensa.

Die mikroskopische Untersuchung gibt Aufschluß über die im Wasser enthaltenen feinen organischen und anorganischen Suspensa, über die mikroskopischen Tiere und Pflanzen und ihre Trümmer. Sie kann nur einen allgemeinen Überblick über die

---

[1]) Die Werkstätten für chemische und bakteriologische Apparate führen in ihren Katalogen eine große Reihe von Gefäßen für die Entnahme von Wasserproben in Wort und Bild auf.

Anzahl der Bakterien gewähren, worauf gleich hierunter näher eingegangen wird.

Das zu untersuchende Wasser läßt man mehrere Stunden im Spitzglas stehen und entnimmt mit reiner Pipette von dem Sediment, oder man zentrifugiert vorsichtig, damit die feineren Wesen nicht zerstört werden und entnimmt das Zentrifugat. Man untersucht es im hängenden Tropfen genau wie für die Untersuchung der Bakterien S. 740 angegeben wird, indem man eine sehr geringe Menge des Abgesetzten oder Ausgeschleuderten unter das Deckgläschen gibt.

Auch kann man einen kleinen Wassertropfen auf den Objektträger bringen, mit einem Deckgläschen überdecken und zuerst mit schwacher Vergrößerung, dann mit stärkerer, eventuell mit der Ölimmersion und enger Blende untersuchen. Im Sediment enthaltene Muskelfasern, Spiralgefäße, Wurmeier, Stärkekörnchen, Gewebsfasern usw. treten hierbei gut hervor. Auch die Anwesenheit von im Wasser vorhandenen Algen, kurz die Mikroflora und -fauna des Wassers läßt sich so bequem sichtbar machen. Über den Nachweis des Eisens in den Scheiden der Eisenbakterien oder an den Blättern und Stengeln der Wasserpflanzen siehe S. 215. Auf dieselbe Weise läßt sich auch das Eisen, welches in Flocken oder in braunen oder schwarzen Krümelchen vorhanden ist, rasch und deutlich sichtbar machen.

b) Die mikroskopische Zählung der Bakterien.

Es lag nahe, die Anzahl der in einer Wassereinheit, z. B. 1 ccm, befindlichen Bakterien durch Zählen der gefärbten Bakterien zu bestimmen.

Von Paul Th. Müller-Graz ist in letzter Zeit ein Verfahren angegeben worden, welches relativ gut arbeitet.

In einem Meßzylinder werden 25 ccm des Wassers zunächst mit 1 ccm Formalin, die Weiterentwickelung der Bakterien zu verhindern, dann mit einem Tropfen Liquor ferri oxychlorati (Deutsches Arzneibuch) versetzt und sofort, damit eine rasche, innige Durchmischung stattfinde, in ein Zentrifugierröhrchen umgegossen, welches oben 2,5 cm, unten 6 bis 7 mm weit und 15 cm lang ist. Über das untere offene Ende ist ein starker Gummischlauch gezogen, in dessen Öffnung ein sehr kleines zur Aufnahme des Niederschlages bestimmtes Gläschen steht von etwa 2 ccm Fassungsraum und einer Marke bei 1, 0,75, 0,5 und 0,25 ccm. Wenn sich der Eisenniederschlag nach ruhigem Stehen abgesetzt hat, werden vier Tropfen einer gesättigten alkoholischen Gentianaviolettlösung zugefügt, das Ganze im kochenden Wasserbade 1 bis 2 Minuten erhitzt und dann zentrifugiert. Nach Abgießen des größten Teiles der klaren, oben stehenden Flüssigkeit wird das kleine Sammelgläschen herausgenommen, sein klarer Inhalt bis zur Marke 0,5 mit einer Kapillarpipette abpipettiert und der Rest dadurch sehr gründlich gemischt, daß er gleich mit der Pipette 40- bis 60 mal energisch durchgerührt wird.

Darauf wird mit einer in $^1/_{100}$ geteilten Pipette 0,057 ccm auf einen Objektträger gebracht, auf welchen ein Quadratzentimeter durch tiefe Einritzungen scharf abgegrenzt ist. Auf den Quadratzentimeter werden die 0,057 ccm, möglichst gleichmäßig verteilt, antrocknen gelassen, mittels Hindurchziehens durch die Flamme angebacken und sofort mit einem Tropfen Zedernöl überdeckt. Die Untersuchung findet bei Zeiß-Instrumenten statt mit der Ölimmersion $^1/_{12}$, Okular IV, und eingelegtem Objektivmikrometer. Der Tubus muß so ausgezogen sein, daß der Durchmesser des Gesichtsfeldes gerade 15 Teilstriche des Mikrometers = 0,15 mm beträgt. Das Gesichtsfeld hat dann eine Größe von 0,000 176 qcm und die 1 qcm große bestrichene Fläche des Objektträgers enthält 5681, rund 5700 Gesichtsfelder. Ist a die Zahl der in einem Gesichtsfeld enthaltenen Keime, so beträgt die Menge der in 0,5 ccm, d. h. dem gesamten Niederschlag enthaltenen Bakterien

Fig. 75.

Zentrifugierrohr mit Aufnahmegläschen. A Rohr, B Gummischlauch, C das Aufnahmegefäß.

$$\frac{5700 \times a}{0,057} \cdot 0,5 = 50\,000\,a.$$ Da die Bakterien aus 25 ccm stammen, so ist diese Zahl durch 25 zu dividieren; die Zahl a ist also mit 2000 zu multiplizieren, wenn man, wie das allgemein üblich ist, die in 1 ccm Wasser enthaltene Zahl der Bakterien erhalten will.

Die Zählung hat zu erfolgen unter Anwendung eines Okularnetzes, um Doppelzählungen zu vermeiden und unter steter Benutzung der Mikrometerschraube, es sind 40 bis 60 Gesichtsfelder zu zählen. Die ganz blaß gefärbten Gebilde, die „Bakterienschatten", dürfen nicht mitgezählt werden. Alle benutzten Gefäße, Meßzylinder, die Zentrifugengläser, die Pipetten, das destillierte Wasser, müssen möglichst arm auch an toten Bakterien sein; daher sind die Glassachen mit Salzsäure zu desinfizieren und darauf wiederholt mit einem möglichst keimarmen Wasser auszuspülen. Dieses gewinnt man dadurch, daß man frisch destilliertes Wasser in sehr sauberen

Glasgefäßen wieder destilliert, die ersten zwei Liter fortschüttet und die folgenden verwendet.

Die Methode soll nach dem übereinstimmenden Urteil von Paul Th. Müller und von Hesse für eine schnelle orientierende Voruntersuchung von Wasserproben erfolgreich verwendet werden können, da sie es dem Untersucher ermöglicht, sich in etwa zwei Stunden — wenn alle Vorbereitungen getroffen sind — ein ungefähres Bild von dem Keimgehalt eines Wassers zu machen; sie ist daher auch für gewisse Forderungen der Praxis, insonderlich für die Kontrolle der Sandfilteranlagen von Wert, dagegen könne sie als ein voller Ersatz für die Züchtungsverfahren nicht gelten.

c) Die Kultur der im Wasser enthaltenen Bakterien.

Nach der Entnahme der Wasserproben sind möglichst bald die Kulturen anzulegen, damit die Fehlerquelle ausgeschlossen ist, die aus der Vermehrung der Keime während der Aufbewahrungszeit des Wassers entsteht. Selbst das Herüberschicken von Proben in zugeschmolzenen Glasröhrchen, die in Eis verpackt sind, gibt nur dann genaue Resultate, wenn noch reichlich Eis bei der Ankunft vorhanden ist.

Um die in einem Wasser enthaltenen Mikroorganismen nach Zahl und Art in die Erscheinung treten zu lassen, ist es notwendig, sie in einem flüssigen Medium zu verteilen, welches für die Mikroorganismen ein möglichst angemessener Nährboden ist, und welches kurze Zeit nach der Mischung gelatiniert Dadurch werden die einzelnen Mikroorganismen an der Stelle, welche sie gerade innehaben, festgeklebt und können sich mit anderen gleichzeitig vorhandenen Mikroben nicht mehr mischen. Die Bakterien vermehren sich in dem guten Nährsubstrat und die neu entwickelten Bakterien lagern sich in dem festweichen Nährboden unmittelbar den älteren an. So entstehen im Verlaufe von wenigen Tagen in dem Nährsubstrat aus den einzelnen Keimen Bakterienanhäufungen, sogenannte Kolonien, welche schon dem unbewaffneten Auge sichtbar sind.

Wenn der Annahme nach bis zu einigen Hundert Bakterien in einem Kubikzentimeter Wasser enthalten sind, und wenn es nicht darauf ankommt, genau die Arten zu studieren — was bei der Untersuchung auf krankheiterregende Bakterien und auf Coli notwendig ist —, dann verwendet man am besten Schumburgflaschen oder Esmarchsche Rollröhren. Beide Methoden haben den großen Vorzug, daß sie bei einigermaßen vorsichtigem Arbeiten das Eindringen selbst ganz vereinzelter Keime verhindern. Vor

allem also sind sie dann am Platz, wenn man möglichst genau die
Zahl der in einem Wasser vorhandenen Keime festlegen will.

Wo wahrscheinlich zahlreiche Keime in einem Wasser vorhanden sind, oder wo es nicht darauf ankommt, daß etwa zwei bis acht
Keime hinzukommen, oder wo der Hauptwert auf die Untersuchung
der Arten zu legen ist, da verwendet man mit Vorteil die sogenannten Petrischalen, welche auch vom Bundesrat für die Kontrolle der Filterwerke empfohlen worden sind.

Man fertige nicht weniger als zwei Proben von demselben
Wasser an, sowohl der Kontrolle wegen, als auch, um bei Verun-
glücken der einen Probe in der anderen eine Reserve zu haben.

Die fertigen Flaschen, Röhrchen oder Schalen bringt man in
einen etwa 20 bis 22⁰ warmen Raum und beläßt sie dort während
mindestens zweier Tage. Die aus beiden Kulturen erhaltenen
Zahlen decken sich meistens nicht absolut, da die Bakterien im
Wasser nicht gleichmäßig verteilt sind.

Bei der Verarbeitung der Proben in Schumburgflaschen
(Fig. 76) werden die Stöpsel der sorgfältig sterilisierten Flaschen
angelüftet, die Flaschen mit ihrem die Ge-
latine enthaltenden Teil in Wasser von 40
bis 50⁰ gehalten. Hierbei wird die Gelatine
verflüssigt und die sich ausdehnende Luft
entweicht, sofern der Pfropfen gut gelockert
ist, sonst sprengt sie nicht selten die Flasche.

Darauf flammt man den Rand des Röhrchens ab, welches die Wasserprobe enthält,
wozu schon ein brennendes Streichhölzchen
ausreicht, läßt abkühlen, nimmt den Pfropfen
der Schumburgflasche ab, welcher 1 ccm
Wasser aufnehmen kann, und füllt ihn; dann
setzt man ihn der während des Vorganges
schräg gehaltenen Flasche wieder auf und
läßt, eventuell durch kleine Schläge mit

Fig. 76.

Kulturflasche nach Schum-
burg mit in Quadratzenti-
metern geteilter Seite und
dem 1 ccm fassenden, als
Meßgefäß dienenden hohlen
Pfropfen.

dem Finger nachhelfend, den Kubikzentimeter Wasser in die Gelatine hineinfließen. Will man weniger Wasser verwenden, z. B. 0,5
oder 0,1 ccm, so entnimmt man die Probe dem das Versuchswasser
enthaltenden Gefäß mit einer sterilisierten Pipette und gibt es direkt
in die Schumburgflasche hinein.

Der Pfropfen darf nur an seinem oberen, frei vorstehenden
Ende angefaßt oder berührt werden; sollte es doch geschehen
sein, so wird er kräftig abgeflammt, ehe er wieder aufgesetzt
wird.

Gelatine und Wasser werden durch ruhiges Hin- und Herbewegen völlig miteinander gemischt, wobei auch die nicht quadrierte Seite mit der Gelatine in Berührung kommen muß; dann wird die Flasche mit der quadrierten Seite auf eine horizontale Fläche an einen kühlen Ort gelegt, wobei der Pfropfen locker aufgesetzt werden muß, so daß etwas Luft neben ihm eintreten kann. In etwa zehn Minuten ist die Gelatine steif geworden; der Pfropfen wird fest angedrückt, das Fläschchen verpackt.

Zur Kultur in Esmarchschen Rollröhrchen füllt man je nach der Menge der vermuteten Bakterien 1,0 bzw. 0,5, oder 0,1, oder 0,05 ccm (= 1 Tropfen) des zu untersuchenden Wassers in je ein Reagenzröhrchen mit verflüssigter Nährgelatine, verschließt es sofort wieder mit dem Wattepfropfen und zieht über diesen eine Gummikappe. Das so gegen Eindringen von Wasser geschützte Gläschen wird, nachdem vorher das eingefüllte Wasser mit der Gelatine gemischt worden ist, schräg in einer Schüssel mit Eiswasser so lange gedreht, bis die Gelatine dickflüssig zu werden beginnt. Trotz der Gummikappe lasse man das Eiswasser nicht bis an sie herantreten, und lasse die Gelatine nicht mit dem Pfropfen in Berührung kommen. Zum „Rollen" nehme man das stark gekühlte Gläschen aus dem Wasser heraus und drehe das horizontal auf den Kuppen der Fingerspitzen der linken Hand liegende Röhrchen langsam, bis die Gelatine in gleichmäßiger Schicht erstarrt ist. Dann nehme man die Gummikappe ab, um den Gasaustausch und damit das Wachstum nicht zu behindern. Die im Wasser enthaltenen Keime wachsen in der Gelatine an der Glaswand zu Kolonien aus.

In Petrischalen, d. h. in sterilisierte, 1 bis 1,5 cm hohe, 10 bis 15 cm im Durchmesser haltende Doppelschalen mit flachem Boden wird 1 bis 0,5, 0,2, 0,1 oder 0,05 ccm (= 1 Tropfen) des zu untersuchenden Wassers gegeben, mit 8 bis 10 ccm (= einem Röhrcheninhalt) verflüssigter Nährgelatine übergossen und gemischt. Behufs Erstarrung, welche in etwa 10 Minuten erfolgt, setzt man die Doppelschale horizontal auf eine kühle, gut leitende Unterlage. Die bezeichneten Schalen hebt man, um ein Eintrocknen der Gelatine zu verhindern, umgekehrt auf, so daß die Gelatine ihre freie Fläche nach unten kehrt.

d) Das Wachsen der Bakterien aus Wasser auf verschiedenen Nährböden und bei verschiedenen Temperaturen.

Die eigentlichen Wasserbakterien und die Mehrzahl der mit ihnen meist identischen Bodenbakterien sind anspruchslos; manche

Arten gedeihen auf konzentrierterem guten Nährmaterial, wie es
z. B. die Nährgelatine ist, schlecht oder gar nicht. Man erhält
wesentlich höhere Keimzahlen, wenn man einen geringwertigeren
Nährboden, z. B. das Albumoseagar (Nährstoff Heyden) von Hesse
und Nietner (s. S. 704) verwendet. Über dasselbe ist viel geschrieben worden, aber es hat sich nicht einbürgern, die Nährgelatine nicht verdrängen können.

Die auf dem Albumoseagar wachsenden Bakterien sind „Wasserbakterien" im strengsten Wortverstande; sie scheinen fast ubiquitär
zu sein und schon bei der niedrigen Temperatur des Wassers
unserer Gegenden sich rasch zu vermehren. Nach den Untersuchungen von Paul Th. Müller-Graz sind sie in dem eben aus
dem Boden austretenden Wasser nicht zahlreich vorhanden, denn die
Gelatine- und die Albumoseplatten gaben ihm ungefähr die gleichen
Zahlen, als er das Wasser der Grazer Wasserleitung untersuchte,
welches aus Zentralbrunnen gehoben wird. Wie schon aus dem
Kapitel „Probeentnahme" folgt, muß das Streben dahin gehen, die
im Wasser durch Vermehrung entstandenen Keime zu vermeiden.
Es ist deshalb als günstig aufzufassen, daß der Gelatinenährboden
gerade diese Keime nicht wachsen läßt. Andererseits ist der
magere Agarnährboden wenig geeignet für die Entwickelung der
anspruchsvolleren Bakterien; er wirkt also sozusagen nach beiden
Richtungen hin verkehrt.

Dazu kommt, daß das Albumosenähragar ein wenig handlicher
Nährboden ist, welches sich zugleich für die Entwickelung von
Kolonien in ihm wenig eignet. Man mußte also schon das Wasser
auf der Oberfläche des Agars verdunsten lassen; das macht im
Laboratorium keine größeren Schwierigkeiten — Hineinstellen der
begossenen Petrischalen mit abgenommenen Deckeln in den Brütapparat oder Apparat von Marmann (S. 749) für etwa eine Stunde —
ist jedoch außerhalb desselben schwer ausführbar. Zudem läßt
das Nähragar die Bakterien bis auf wenige Ausnahmen in gleich-
förmiger, wenig charakteristischer Weise wachsen. Sodann ist die
Zeit, welche verstreicht, 10 bis 14 Tage, ehe die ungefähre Gesamtzahl der überhaupt auf dem Nährboden sich entwickelnden Mikroorganismen hervortritt, so lang, daß man dann mit dem Befund
vielfach nichts mehr anfangen kann. Was nützt es z. B. dem
Wasserwerksleiter einer Anlage, die mit Filtration oder Sterilisation
arbeitet, wenn er weiß, wie zehn Tage vorher das Filter gearbeitet
hat? So lange kann er nicht warten.

Von Wichtigkeit ist die Höhe der Temperatur. Die eigentlichen Wasserbakterien wachsen bei erhöhter Temperatur — 37° —

überhaupt nicht; ihr Temperaturoptimum liegt bei ungefähr 20 bis
22⁰ C. Bei dieser Temperatur — Zimmerwärme — sind also die
Kulturschalen zu halten, wenn es darauf ankommt, die reine Keimzahl zu bestimmen. Will man die Krankheitserreger, die Darmbakterien u. dgl., die sogenannten thermophilen Bakterien, zu
Gesicht bringen, dann züchtet man, wie später angegeben wird,
auf Agarnährboden verschiedener Art und hält sie bei 37⁰. Die
wärmeliebenden Bakterien kommen bei höherer Temperatur um so
deutlicher zum Wachstum, als bei ihr die eigentlichen Wasserbakterien, welche die größere Mehrzahl bilden, zurückgehalten
werden.

Manche Bakterienarten wachsen rasch zu sichtbaren Kolonien
heran; andere gebrauchen dazu viel mehr Zeit, oft so viel, daß
bei Benutzung von Nährgelatine die zugleich anwesenden, pepto-
nisierenden Organismen einen Teil der Gelatine verflüssigt haben,
ehe die langsam wachsenden sich zu Kolonien herausbildeten.

e) Das Zählen der Kolonien.

Mit Rücksicht auf die praktischen Zwecke verlangen die
„Grundsätze für die Reinigung von Oberflächenwasser durch Sandfiltration", welche unter dem 13. Januar 1899 von seiten des Reichskanzlers zur Kenntnis der Bundesstaaten gebracht sind, daß die
bei einer Temperatur von 20 bis 22⁰ C gestandenen Platten nach
48 Stunden gezählt werden. Dieser Modus hat sich in 15 jähriger
Praxis so bewährt, daß man jetzt bei fast allen Wasseruntersuchungen diese Frist einhält. Sie ist auch ausreichend, wenn man
vergleichend zählt, wenn man also ein „Rohwasser" und ein „Reinwasser" hat, möge ersteres heißen, wie es wolle (Flußwasser, Seewasser usw.), und möge letzteres gewonnen sein, wie gerade der
Zweck es erfordert (durch Filtration, Sterilisation mittels Ozons,
Chlors, ultravioletter Strahlen usw.); denn man darf annehmen, daß
der begangene Fehler auf beiden Seiten entsprechend ist, so daß
die Verhältniszahl zwischen den beiden Wässern nicht wesentlich
beeinflußt wird. Man muß sich aber darüber klar sein, daß in
den 48 Stunden nur ein Bruchteil der überhaupt im Wasser vorhandenen Bakterien zum Wachstum kommt. Man hat versucht,
durch Rechnung die Zahl der noch hinzukommenden Keime zu
bestimmen, um so ein besseres Bild zu erlangen; allein dies Resultat ist wegen des wechselnden Vorkommens rasch wachsender
Keime ein höchst unsicheres.

Wo es darauf ankommt, die absolute Zahl der in einem
Wasser enthaltenen Bakterien festzulegen, da soll man zwar auch

schon nach zwei Tagen zählen und die Zahl notieren; die Schluß-
auszählung sollte jedoch nicht vor fünf bis sieben Tagen, besser
erst nach zehn Tagen geschehen. Muß wegen Zeitmangels oder
wegen teilweiser Verflüssigung früher gezählt werden, so finde nicht
die Lupe, sondern nach Neissers Vorgang (S. 734) das Mikroskop
Verwendung.

Stets werde die Zahl der Mikroben für einen Kubikzentimeter
Wasser angegeben.

Um der zu starken Ausbreitung der verflüssigenden Kolonien
etwas entgegenzutreten, tupft man die verflüssigte Gelatine mit
Filtrierpapier fort und bepinselt den Rand der verflüssigten Stelle
mit einer 0,5 proz. Lösung von Sublimat. Die Schimmelwuche-
rungen bedeckt man, so lange sie klein sind, mit Papierstückchen

Fig. 77.

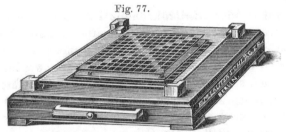

Zählplatte nach Wolffhügel (Teilung in Quadratzentimeter).

die in 0,5 proz. Sublimatlösung getaucht werden. Durch vorsichtige
Anwendung dieser Mittel gelingt es oft, eine Kultur noch zu
erhalten, welche sonst in kurzer
Zeit unbrauchbar geworden wäre.
Nach verschieden langen Zeiten
gezählte Kulturen sollen ohne Angabe des Zeitunterschiedes nicht
miteinander verglichen werden.

Zum Zwecke des Zählens
legt man auf den Boden der
umgekehrten Petrischale eine in
Quadratzentimeter geteilte Zählplatte nach Wolffhügel. Besser
eignen sich jedoch die Zählplatten nach Lafar. Man stellt
die Petrischale umgekehrt auf
einen matten schwarzen Unter-

Fig. 78.

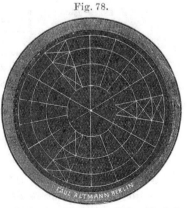

Zählplatte nach Lafar (jeder Abschnitt
entspricht einem Quadratzentimeter).

grund und legt die Zählplatte auf den Boden der zu zählenden
Schale.

Die Schumburgflaschen haben eingeätzte Quadrate von 1 cm Seite; sie brauchen nur gegen einen dunkeln Hintergrund gehalten zu werden.

Man zählt die Kolonien mit Benutzung einer gewöhnlichen Lupe, wobei kleine, glänzende, langsam wachsende und auf Wasserplatten nicht selten vorhandene Kolonien nicht übersehen werden dürfen. Ist die Kolonienzahl sehr groß, so zählt man 5 bis 10 qcm der Platte und berechnet aus dem Durchschnitt die Gesamtsumme für die ganze Platte. Mehr als 5000 Kolonien lassen sich schlecht zählen; man ist daher bestrebt, durch geringere Gaben Wasser (0,5, 0,2, 0,1 bis 0,05 ccm) einige passende Kulturen zu gewinnen. Bei stark bewachsenen Platten wendet man Zählplatten an, auf welchen einzelne Quadratzentimeter noch in Unterabteilungen geteilt sind.

Das Zählen eines Rollröhrchens läßt sich bequem bewerkstelligen, wenn man seine Oberfläche mittels Ölfarbstiftes in einzelne Felder teilt, oder wenn man den ebenfalls von Esmarch angegebenen, mit Lupe versehenen Zählapparat anwendet. Dieser Apparat eignet sich besonders für dicht bewachsene Röhrchen. Es genügt auch schon völlig, wenn man sich aus einem Streifen Papier eine Öffnung von einem Quadratzentimeter Größe herausschneidet, an verschiedenen Stellen des Rohres 1 qcm zählt und auf den Umfang des ganzen Rohres berechnet. Dieser ist $= 2\,r.\pi.h.$ Danach beträgt die Gelatineschicht der Rollplatte bei einer

Länge von	Rohrweite von		
	15 mm	16 mm	17 mm
cm	qcm	qcm	qcm
10	47	50	53
11	52	55	58,5
12	56,5	60	64
13	61	65	69

Für genaue Bestimmungen benutzt man nach dem Vorgange Neißers das Mikroskop. Man zählt unter Verwendung schwacher Vergrößerungen (nicht über 100 fach) je 30 Gesichtsfelder, am besten solche, die in Durchmessern liegen, welche um etwa 60 Winkelgrade voneinander abstehen. Man bestimmt die Größe des Gesichtsfeldes, indem man seinen Halbmesser (ϱ) mit dem Objektivmikrometer mißt, $G = \varrho^2\pi$. Die Oberfläche der Petrischale ist $r^2\pi$; daraus ergibt sich die Gleichung: „die gefundene Zahl (s) dividiert durch 30, verhält sich zur Gesamtzahl der Bakterien auf der Platte (x), wie die Größe des Gesichtsfeldes zu der der Platte":

$$\frac{s}{30} : x = \varrho^2 \pi : r^2 \pi$$

$$x = \frac{sr^2}{30\varrho^2}.$$

Zeiß' Objektiv AA und Okular 2 geben bei einer Tubuslänge von 160 mm, ebenso wie Leitz' Objektiv 3 und Okular 1, eine Fläche von 4,1548 und 4,1516 qmm. Da die Zahl $\frac{r^2}{30\varrho^2}$ bei gleichem Mikroskop und gleicher Plattengröße konstant ist, so ist die Rechnung bei Untersuchungsserien nicht zeitraubend.

Fig. 79.

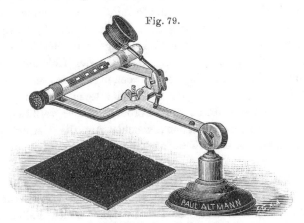

Zählapparat für Rollröhrchen nach v. Esmarch.

Fehlen die Mikrometer zur Feststellung des Gesichtsfeldes, so läßt sich seine Größe durch Anfrage bei der Firma erhalten, sofern die Nummer des Mikroskopes und die Bezeichnung des Objektives und Okulares angegeben werden.

Selbstverständlich ergibt die Zählung mit dem Mikroskop in den ersten Tagen mehr Kolonien als die mit der Lupe. Das Verfahren eignet sich nur für dicht besäete Platten.

Will man Platten konservieren zur späteren Zählung oder um sie als Belegstücke zu haben, so schüttet man in die auf den Tisch gestellte Oberschale 1 ccm Formalin und stülpt die die Kultur enthaltende Unterschale darüber. Das aufsteigende Formaldehyd tötet die Bakterien und härtet die Gelatine. Für längere Konservierung bedarf es selbstverständlich außerdem des luftdichten Abschlusses.

5. Die Untersuchung der Kulturen im einzelnen.

a) Die Besichtigung der gewachsenen Kolonien.

Nach Feststellung der Zahl der Kolonien ist es erforderlich, ihre Art zu studieren, hauptsächlich, so weit die pathogenen und verdächtigen Bakterien in Frage kommen. Zu dem Zwecke bringt man die Petrischale, im Bedarfsfalle auch die Schumburgflasche oder das Rollröhrchen, auf den Objekttisch des Mikroskopes, welches mit starkem Okular, schwachem Objektiv und enger Blende ausgestattet ist. Bei dieser — 80- bis 120 fachen — Vergrößerung betrachtet man die einzelnen Kolonien. Zunächst wird der Rand beobachtet, ob er in gleichmäßiger oder ungleichmäßiger Krümmung verläuft, ob davon strahlenförmige oder gewundene Fortsätze ausgehen, ob er sich wallartig oder in dünner membranartiger Form vorschiebt; ferner sind zu berücksichtigen: die Größe, die Farbe, die Lichtbrechung, die Körnung, der Bau der Kolonien, ob sie als mehr oder minder kugelige oder bröckelige Masse in oder auf der Gelatine liegen, ob sie ganz flach oder terrassenförmig sind usw. Wenn die Gelatine durch die Mikroorganismen verflüssigt worden ist, so hat man festzustellen, welcher Art die Verflüssigung ist, ob sich dabei ein Geruch entwickelt, ob Bewegung in der Kolonie ist usf.

Es kann nicht genug empfohlen werden, die Kolonien genau zu studieren, denn sie bieten so viele charakteristische Eigentümlichkeiten, daß man daraus in sehr vielen Fällen die Art der Organismen besser erkennen kann, als aus den gefärbten Präparaten.

Bei der Revision der Kulturen hat man selbstverständlich in erster Linie sein Augenmerk darauf zu richten, etwaige pathogene Mikroorganismen herauszufinden; von den in dieser Hinsicht verdächtigen Kolonien sind Proben zu entnehmen und weiter zu bearbeiten.

Für andere Zwecke sind auch die übrigen Organismenhaufen in Betracht zu ziehen. Ihre Mannigfaltigkeit ist meistens geringer, als man der Kolonienzahl nach erwarten sollte.

Früher glaubte man, daß die die Gelatine verflüssigenden Bakterien Fäulniserreger seien. Diese Annahme hat sich jedoch als unbegründet erwiesen, und hat man die Trennung in „verflüssigende" und „nicht verflüssigende" Kolonien als eine unnötige Komplikation fallen lassen.

b) Die Entnahme der Bakterien aus einer einzelnen Kolonie.

Die Entnahme geschieht stets unter Kontrolle des Mikroskopes bei 80- bis 120 facher Vergrößerung.

Man biegt eine feine Platinnadel ungefähr 1 mm von ihrem Ende in einen Winkel von etwa 120°, sterilisiert sie in der Flamme und läßt sie erkalten. Die Kolonie, von welcher abgeimpft werden soll, wird in die Mitte des Gesichtsfeldes geschoben, die rechte Hand fest aufgestützt und die Spitze der Nadel unter die Mitte des Objektivs gebracht. Nun blickt man durch das Okular. Sobald die Nadel, wenn auch undeutlich, sichtbar ist, wird sie gesenkt, vor- oder zurückgeschoben, bis die Spitze derselben deutlich erkennbar dicht über der Kolonie schwebt. Dann taucht man die Spitze in die Kolonie und hebt sie langsam senkrecht wieder heraus. Bei großen Kolonien, besonders bei verflüssigenden, berührt man mit der Nadel nicht die Mitte, sondern nur eine Stelle des Randes, um möglichst sicher zu sein, jede Verunreinigung der entnommenen Probe auszuschließen. Hat die Nadel außer dem zu prüfenden Bakterienhaufen noch eine andere Kolonie oder überhaupt irgend einen fremden Gegenstand berührt, so ist sie zu sterilisieren und der Versuch zu wiederholen.

Eine solche Probeentnahme bedarf zwar einiger Übung, doch ist sie sicherer als die Entnahme unter Benutzung einer Lupe. Will man letztere anwenden, so ist eine auf Stativ verstellbare Lupe angenehmer, weil man dann beide Hände frei hat; im übrigen wird die Kolonie nach den eben erwähnten Regeln „gefischt".

c) Die Anfertigung von gefärbten und nicht gefärbten Präparaten.

α) Die gewöhnliche Methode der Färbung.

Auf ein gut gereinigtes Deckgläschen bringt man mit der S. 697 angegebenen kleinen Platinöse ein minimales Tröpfchen Wasser und reibt in diesem die Spitze der Platinnadel ab, mit welcher man etwas von der fraglichen Kolonie oder Kultur entnahm. Das Wassertröpfchen darf nur eine Spur der Kulturmasse, also eine ganz helle graue Stelle zeigen; die Fläche, welche das verriebene Tröpfchen deckt, soll einen Kreis von etwa 3 mm Durchmesser nicht viel übersteigen.

Die lufttrockenen Deckgläschen werden mit einer Pinzette gefaßt und mit der bestrichenen Seite nach oben zweimal rasch

hintereinander durch die Flamme eines Bunsenbrenners oder dreimal durch die Flamme einer Spirituslampe gezogen. Das jedes-
malige Durchziehen soll ungefähr eine Sekunde währen.

Nach R. Koch fixiert man hierdurch die Mikroorganismen,
ohne ihre Form wesentlich zu verändern und ohne ihre Färbbarkeit zu vermindern, während die Albuminate unlöslich werden und
störende Niederschläge nicht mehr bilden.

Auf das getrocknete und erhitzte Präparat läßt man mehrere
Tropfen der Farbflüssigkeit, am besten verdünntes Karbolfuchsin,
fallen, so daß das Deckgläschen vollständig, schwappend, mit der
Farbflüssigkeit bedeckt ist, und dort ungefähr fünf Minuten verweilen. Man kann die Färbung dadurch beschleunigen, daß man
das Deckgläschen so hoch und so lange über die Flamme hält,
bis gerade Dämpfe aufsteigen.

Hat das Präparat Farbe angenommen, was beim Neigen des
Deckgläschens leicht daran zu erkennen ist, daß die Stelle, an
welcher der Wassertropfen eingetrocknet ist, etwas gefärbt erscheint, so spült man den Überschuß des Farbstoffes durch einen
schwachen Strahl reinen Wassers vorsichtig, aber vollständig fort,
trocknet das Präparat mit Filtrierpapier ab und entfernt den letzten
Rest des Wassers, indem man das Deckgläschen mit den Fingern
faßt, so daß die gefärbte Seite nach oben sieht, und es wiederholt
über die Flamme hinwegführt. Durch das Anfassen mit den Fingern
wird eine zu starke Erhitzung verhindert. Auf das Präparat bringt
man dann ein kleines Tröpfchen Zedernholzöl und legt den Objektträger auf.

Man sucht sich zunächst mit schwachem Objektiv, starkem
Okular und mittlerer Blende eine passende Stelle aus, wo die Bakterien in genügender Anzahl, aber nicht zu dicht liegen und untersucht dann mit schwachem Okular, Ölimmersion und unter voller
Beleuchtung, also ohne Blende.

Es kommt vor, daß aus Präparaten, welche nicht sehr sorgfältig angefertigt worden sind, ein Teil der Bakterien bei dem
Befeuchten mit Wasser sich loslöst. Dieselben werden dann von
dem Wasserstrom durch das Gesichtsfeld geschwemmt. Solche Bewegungen dürfen nicht als selbständige aufgefaßt werden.

Wenn mehrere Präparate anzufertigen sind, so vereinfacht
man sich die Arbeit dadurch, daß man die Wassertröpfchen in
genügenden Abständen auf einen Objektträger bringt, in jedes
von ihnen von einer verschiedenen Kolonie überträgt, verreibt, und
dann alle zusammen lufttrocken werden läßt, fixiert, färbt, abspült,
trocken macht, auf jedes der Präparate ein Tröpfchen Zedernöl

bringt und dann, ohne Deckgläschen aufzulegen, eines nach dem anderen untersucht.

Es ist anzuraten, mit verschiedenen Lösungen zu färben, um die größere oder geringere Affinität des Mikroorganismus zu dem einen oder anderen Farbstoff herauszufinden.

β) Die Färbung nach Gram.

Zur Differentialdiagnose ist in manchen Fällen die von Gram angegebene Methode erforderlich. Man läßt das Deckgläschen nach der gewöhnlichen Vorbehandlung eine bis drei Minuten auf der Anilinwassergentianaviolettlösung (S. 699) schwimmen, bringt es alsdann für einige Sekunden in Jodjodkaliumlösung (S. 700) und schließlich bis gerade zur Entfärbung in absoluten Alkohol. Das gelingt am besten, wenn man das Deckgläschen oder den Objektträger mit der Pinzette faßt und unter steter Kontrolle des Auges so lange in dem Alkohol bewegt, bis das Präparat einen grauroten Schimmer zeigt. — Darauf spült man rasch mit Wasser ab, und färbt mit verdünnter Karbolfuchsinlösung etwa eine Minute lang nach, spült ab, trocknet, bettet ein und mikroskopiert.

Einige Bakterien behalten die schwarzblaue Farbe des Gentianaviolettes bei dieser Behandlung, andere nicht. So verlieren z. B. die Typhus- und Cholerabazillen den Farbstoff. Bazillen also, welche in der Kolonie und in den auf gewöhnliche Weise gefärbten Präparaten den Typhuserregern gleichen, sind sicher keine Typhusbazillen, wenn sie sich nach der Gramschen Methode gut färben. Die Methode will geübt sein.

Man tut gut, die Gramsche Färbung auf einem Objektträger vorzunehmen; in die Mitte kommt die fragliche Kultur, rechts, in 1 cm Entfernung, bringt man etwas von einer 24 Stunden alten Staphylokokken-, links, in gleicher Entfernung, etwas von einer ebenso alten Bact. coli-Kultur. Ist die Färbung gelungen, so müssen die Kokken eine blauschwarze Farbe haben, die Colibakterien durch die Gegenfärbung leicht rot erscheinen. Nur wenn beide Kontrollen distinkt gefärbt sind, ist die Annahme berechtigt, daß auch der fragliche Organismus richtig gefärbt ist.

γ) Die Geißelfärbung.

Die Geißelfärbung ist von Löffler zuerst mit durchschlagendem Erfolg ausgeführt worden, doch ist die Methode etwas umständlich; wir geben daher eine spätere Modifikation seines Verfahrens von Bunge, wollen indessen hervorheben, daß auch bei ihr einige Übung erforderlich ist.

Um gute Präparate zu erzielen, sind 10 bis 18 Stunden alte Agarkulturen zu verwenden, von welchen nur wenige, im reinsten destillierten Wasser gehörig verteilte Bakterien auf das Deckgläschen zu bringen sind. Da selbst die geringsten Spuren von Schmutz störende Niederschläge verursachen, so müssen die neuen Deckgläschen zu ihrer Reinigung zuerst in einer Lösung von Kaliumbichrom. 60, Acid. sulf. conc. 60, Aq. dest. 1000 gekocht, dann in Wasser gespült und in absoluten Alkohol gelegt werden; darauf werden die Gläschen zur Verdunstung des Alkohols senkrecht unter eine Glocke gestellt. Zettnow wischt die neuen Deckgläschen mit alkoholfeuchtem Tuche kräftig ab und legt sie dann auf ein Stück Schwarzblech, welches mittels eines Bunsenbrenners einige Minuten erhitzt wird. Das mit dem Bakterienmaterial beschickte Deckgläschen läßt man lufttrocken werden und zieht es, indem man es mit den Fingern festhält, dreimal durch die Flamme.

Hierauf folgt die Beizung. Die Beize besteht aus 3 Tln. einer konzentrierten wässerigen Tanninlösung und 1 Tl. einer wässerigen Verdünnung von Liquor ferri sesquichlorati (1 : 20 Wasser); zu je 10 ccm dieser Mischung setzt man 2 ccm konzentrierte wässerige Fuchsinlösung hinzu. Die fertige Beize muß mehrere Tage oder Wochen an der Luft stehen, bis sie durch Oxydation rotbraun wird; man kann die Oxydation rasch erreichen durch Zusatz von Wasserstoffsuperoxyd zu der frischen Beize, bis die erwähnte rotbraune Färbung auftritt; hierzu ist etwa $\frac{1}{2}$ ccm einer 3proz. Wasserstoffsuperoxydlösung zu 5 ccm der Beize erforderlich.

Vor dem Gebrauch wird die Beize immer mit einigen Tropfen Wasserstoffsuperoxyd, H_2O_2, versetzt, bis sie die rotbraune Farbe angenommen hat; ist die Beize nicht ganz klar, so wird sie filtriert, am besten gleich auf das Präparat, dort eine bis fünf Minuten belassen und sehr sauber unter der Wasserleitung abgespült.

Das hiernach getrocknete Präparat wird mit Karbolgentianaviolett gefärbt, abgespült, getrocknet und in Kanadabalsam gelegt. Diese Farbflüssigkeit wird hergestellt durch Zusatz von einigen Tropfen konzentrierter alkoholischer Gentianaviolettlösung zu einigen Kubikzentimetern einer 5proz. Karbollösung.

δ) Die Anfertigung ungefärbter Präparate in hohlen Objektträgern.

Mit einem anderen Teil der zu prüfenden Kolonie wird ein hohl geschliffener Objektträger beschickt. Zuerst wird der Rand des Hohlschliffes mit einer etwa $\frac{1}{2}$ mm dicken Schicht von Vaseline umgeben; dann wird ein Deckgläschen sauber geputzt. In seine

Mitte bringt man mit einer großen Platinöse ein linsengroßes Tröpfchen sterilisierter Bouillon und impft dasselbe mit einer Spur der
betreffenden Kolonie; dann legt man das Deckgläschen so auf den
Objektträger, daß in dem dadurch hergestellten abgeschlossenen
Hohlraum der Tropfen frei hängt, ohne den Rand oder den Boden
des Hohlschliffes zu berühren. Der Vaselinverschluß der Zelle muß
absolut luftdicht sein, damit das Verdunsten des geimpften Bouillon-
tröpfchens verhindert werde.

Zur Untersuchung stellt man zunächst, unter Anwendung des
schwachen Objektivs, des starken Okulars und einer engen Blende,
den Rand des Tropfens genau in die Mitte des Gesichtsfeldes,
bringt vorsichtig ein Tröpfchen Zedernöl auf das Deckgläschen,
öffnet die Blende bis ungefähr zu einem Durchmesser von 2 bis
4 mm, vertauscht das schwache Objektiv mit der Ölimmersion, das
starke Okular mit dem schwachen und sucht nun den Rand wieder
auf. Von ihm aus wird der Tropfen durchmustert. Man beobachtet die Form, die Lagerung, die Anordnung, die Beweglichkeit
der Bakterien. Letztere tritt nicht immer gleich hervor; man
bringt in solchem Falle den Objektträger auf $1/2$ Stunde in den
Brütapparat.

d) Die Stichkultur.

Der Pfropfen eines feste Nährgelatine oder Nähragar enthaltenden
Röhrchens wird losgedreht, herausgezogen und zwischen Zeige- und
Mittelfinger der linken Hand gefaßt, so daß der vorher im Röhrchen
befindliche Teil frei über die Rückenfläche der Finger hervorragt.

Das Röhrchen selbst wird so zwischen Daumen und Zeigefinger
gehalten, daß die Mündung nach unten und zur Hohlhand, das mit
Gelatine gefüllte Ende schräg nach oben und zur Handrückenseite ge-
wendet ist. Durch diese Stellung wird verhütet, daß Keime aus der
Luft auf die Gelatine fallen. Sodann entnimmt man mit sterilisierter
Platinnadel unter dem Mikroskop eine Probe der betreffenden
Kolonie, sticht die Nadel ungefähr 3 cm tief in die Gelatine ein,
zieht sie, ohne den Stichkanal zu erweitern, heraus, schließt das
Röhrchen, etikettiert und stellt es beiseite. Ein zweites Röhrchen
wird in derselben Weise beschickt.

Will man auf der Platte gefundene Bakterien weiter züchten,
so geschieht das gewöhnlich in Form der Stichkulturen. Alle vier
bis sechs Wochen ist, um die Kultur fortzuführen, die Übertragung
einer Spur von der alten Stichkultur in ein neues Röhrchen erforderlich; man hat die Kultur „umzustechen".

Alle Kulturen müssen dunkel aufgehoben werden.

e) Die Kultur in flach ausgebreiteter Nährgelatine.

Man verflüssigt die Nährgelatine, welche in einem Reagenzröhrchen enthalten ist, bei 40 bis 50⁰, dreht den Pfropfen los, entfernt ihn und nimmt ihn, wie unter d) beschrieben, nach Abkühlen
des Röhrchens auf etwa 30⁰ zwischen Zeige- und Mittelfinger; das
Röhrchen wird in diesem Falle so zwischen linken Daumen und
Zeigefinger gefaßt, daß die Öffnung zur Hohlhandseite und etwas
nach oben, das untere Ende aber nach außen zum Handrücken und
etwas nach unten gerichtet ist. Dann entnimmt man mit dem
Platindraht eine Probe aus der verdächtigen oder fraglichen Kolonie
der ursprünglichen Schale, oder aus der Stichkultur usw., und
impft, indem man die Nadel in der Gelatine an der Wand des
Gläschens abreibt. Nachdem man letzteres durch den Wattepfropfen
wieder geschlossen hat, werden durch langsames Senken und Heben
die Bakterien in der Gelatine verteilt.

Da in das Röhrchen unter Umständen Hunderttausende von
Keimen übertragen werden, können auf der Kulturschale so viele
Kolonien entstehen, daß sie sich im Wachstum behindern und daher
ihre charakteristischen Eigenschaften nicht voll entwickeln. Hierdurch würde die Erkennung der Artmerkmale in Frage gestellt
werden. Um das zu verhüten, infiziert man von dem ersten Röhrchen ein zweites in folgender Weise:

Man dreht den Pfropfen des bereits infizierten und des zu
impfenden Gläschens los, nimmt das infizierte Röhrchen zwischen
Daumen und Zeigefinger der linken Hand, so daß die Öffnung zur
Hohlhand und etwas nach oben, das geschlossene Ende zum Handrücken und etwas nach unten sieht, legt zwischen dieselben Finger
und neben das erwähnte Reagenzröhrchen das zu impfende Röhrchen, entfernt zuerst den Pfropfen des letzteren und faßt ihn mit
Zeige- und Mittelfinger der linken Hand, entfernt darauf den
Pfropfen des geimpften Gläschens, bringt diesen zwischen den
vierten und fünften Finger der linken Hand und überträgt mit der
sterilisierten Platinöse einige minimale Tröpfchen aus dem ersten
in das zweite Röhrchen, die Öse jedesmal in der Gelatine an der
Wand abreibend.

Die Gläschen werden mit den entsprechenden Pfropfen geschlossen, die weniger zahlreichen Keime des zweiten Röhrchens
in der Nährgelatine durch Heben und Senken verteilt.

Man tut immer gut, von dem zweiten Röhrchen noch ein
drittes in derselben Weise zu impfen, da auch in dem zweiten
Röhrchen noch zu viel Keime enthalten sein können.

Gießt man darauf die Gelatine der drei Röhrchen in Petrischalen aus, so werden sich in einer derselben die Kolonien in
passender Zahl und Verteilung finden. Von gut entwickelten
Kolonien werden dann Deckgläschenpräparate gefertigt und nachgesehen, ob nur eine, und zwar die gewünschte Bakterienart vorhanden ist. Im zutreffenden Falle entnimmt man derselben Kolonie
eine zweite Probe zu einer Stichkultur und darf nunmehr erwarten,
in dieser eine Reinkultur des betreffenden Organismus zu haben.
Zeigen sich die Kolonien nicht charakteristisch, oder ergibt das
Deckgläschenpräparat die Anwesenheit verschiedener Bakterien, so
muß das Plattenverfahren so lange wiederholt werden, bis die
verschiedenen Organismen getrennt, also rein gezüchtet sind.

f) Die Kultur in und auf Nähragar.

Man kann dieselben genau in der gleichen Weise anfertigen,
wie die Gelatinekultur. Es empfiehlt sich, das zuvor flüssig gemachte, also gekochte, und dann bis auf 40⁰ abgekühlte Nähragar
zu impfen und die geimpften Röhrchen in ein Glas mit 40⁰ warmem
Wasser zu stellen, weil sonst das Agar steif wird. Da es erst
bei etwa 100⁰ wieder flüssig wird, sterben die etwa eingeimpften
Bakterien bei der Erhitzung ab; wieder erhitztes Agar muß also
wieder geimpft werden.

Die Agarkulturen legt man hauptsächlich an, um bei Brutwärme zu züchten, wo gemeiniglich ein viel rascheres Wachstum
stattfindet als bei Zimmertemperatur; aber man muß bedenken,
daß bei Brutwärme (37⁰) nur die „thermophilen" Bakterien zum
Wachstum kommen, während die gewöhnlichen Wasserbakterien,
deren Wachstumsoptimum bei ungefähr 22⁰ liegt, nicht zu gedeihen
vermögen.

Man bringt die Kulturen in den Thermostaten, d. h. einen
Blechkasten mit Doppelwandungen, zwischen welchen sich Wasser
befindet, dessen Temperatur mittels eines Thermoregulators konstant auf 37⁰ gehalten wird.

Das Agar scheidet, wenn es ausgegossen ist, Wasser aus, wodurch die oberflächlich liegenden Bakterien fortgeschwemmt, die
Kolonien vermengt werden können. Um das zu verhindern, tut
man gut, die Agarschalen eine Stunde ungedeckt in dem Brütapparat, welcher allerdings staubfrei sein muß, stehen zu lassen,
damit das Wasser rasch verdunstet. Auch kann man mit bestem
Erfolg die S. 696 erwähnten Tonschalen statt der gläsernen Ober-
schalen benutzen, welche die Feuchtigkeit willig aufnehmen.

Andererseits trocknet das Agar in den geimpften Schalen im Brütapparat leicht aus, wenn sie länger als 24 Stunden darin stehen. Um bei länger als 24 Stunden dauernder Kultur das Austrocknen zu beschränken, stellt man die Schalen nach 24 Stunden so in den

Fig. 80.

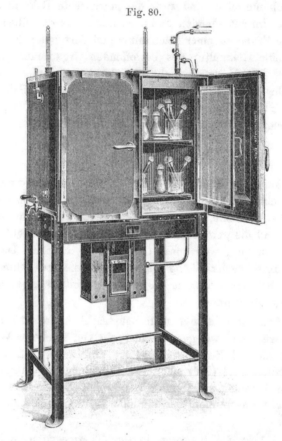

Brütapparat oder Vegetationskasten.   (Lautenschläger-Berlin.)

Apparat, daß die Oberschale nach unten, die Unterschale nach oben kommt, bei welcher Anordnung dann die Agarschicht unter der Decke hängt.

Um die in der Tiefe des Agars befindlichen kleinen Kolonien zugängig zu machen, sticht man mit der feinsten Platinnadel die Kolonie unter Führung des Mikroskops an und zerspaltet sie, sowie die überlagernde Gallertschicht. In den Spalt dringen die im Agar eingeschlossene Flüssigkeit und die Bakterien der aufgeschlitzten Kolonie hinein und werden von dort mit der feinsten Platindraht-öse entnommen.

Für die Zwecke der Wasseruntersuchung kommt die vorstehend beschriebene „Mischkultur" weniger zur Anwendung, mehr die „Streich- oder Oberflächenkultur":

Hierzu wird nichtgeimpftes, flüssig gemachtes Agar in drei Petrischalen ausgegossen, die eine Stunde lang im Brütschrank, wie vorstehend angegeben ist, getrocknet wurden.

Das zu untersuchende Material, z. B. ein Tröpfchen aus einem mit choleraverdächtigem Wasser beschickten Peptonwasserkölbchen, oder der aufgelöste Niederschlag eines typhusverdächtigen Wassers, oder 1 ccm des zu untersuchenden Wassers wird auf die Mitte einer Petrischale gebracht. Soll von einer Kolonie auf eine Agarschale übertragen werden, so wischt man die Nadel, mit welcher man die Kolonie angestochen hat, auf einer Stelle der Platte ab, setzt zwei Tropfen sterilen Wassers hinzu und mischt.

Die Mischung oder das sonstige aufgebrachte Material wird mit einem Glasstab, der zweimal im rechten Winkel gebogen ist ( ) und dessen kurzer Endschenkel etwa 3 cm, dessen Zwischenstück 1,5 cm lang ist (Drigalskispatel), über die Oberfläche verteilt. Auch hat sich der beistehend abgebildete Glasspatel gut bewährt. Der nicht sterilisierte, nicht gereinigte Glasstab dient nunmehr zum Bestreichen der zweiten und zuletzt der dritten Platte. So findet eine genügende Verteilung statt und auf mindestens einer der Schalen dürfte eine passende Zahl in passender Anordnung vorhanden sein.

g) Die Kultur auf schrägem Agar und auf Kartoffeln.

Das Röhrchen mit schräg erstarrtem Nähragar oder dem halben Kartoffelzylinder wird geöffnet und mit der Öffnung zur Hohlhand, mit dem Boden zur Handrückenseite hin so zwischen Daumen und Zeigefinger gehalten, daß man von oben her auf die Fläche des Nährmaterials sieht und das Kondenswasser nicht über die Fläche läuft. Dann wird die mit der Kultur armierte Platinnadel oder Platinöse über die Mitte der geraden Fläche geführt, ohne sie indessen in das Kondenswasser einzutauchen. Das so aufgebrachte Material wird von der Mitte aus nach rechts und links verstrichen.

Die Röhrchen kommen in den Brütapparat.

Soll von einer Schrägkultur etwas entnommen werden, so bietet der Rand der Kultur die Entnahmestelle, weil dort die jüngsten und kräftigsten Bazillen liegen.

Zur Trennung verschiedenartiger Spaltpilze eignet sich die Kultur in den Röhrchen sehr viel weniger als die Schalenkultur, da man die einzelnen Keime durch das Verstreichen nicht so sicher auseinander bringen kann, als auf den Schalen.

h) Die Kultur in Peptonwasser, Bouillon, Zucker- oder Salzlösungen und in Milch.

Das Röhrchen wird in der Weise, wie bei der Beschreibung der Schalenkultur (S. 742) angegeben ist, gefaßt und geimpft, um darauf in den Brütapparat übertragen zu werden.

Bei den klaren Flüssigkeiten zeigt Häutchenbildung oder Trübwerden Wachstum an, was jedoch durch die Untersuchung eines gefärbten Präparates sichergestellt werden muß.

Bei der Milch gibt die Anfertigung eines mikroskopischen Präparates Auskunft; das Fett ist nach dem Anbacken, also vor dem Färben, durch Äther zu entfernen; sehr störend sind die nicht ganz fern zu haltenden Caseingerinnungen; man färbt am besten mit Viktoriablau. Bakterien, welche größere Mengen Säure bilden, bringen die Milch, wenn auch öfter Tage darüber vergehen, zur Gerinnung (Bact. coli im Gegensatz zum Typhus).

Ob die eingesäten Mikroben rein geblieben sind, oder wie groß die Entwickelung ist, wird nach kräftigem Umschütteln durch Anlegung von Schalenkulturen erwiesen.

i) Die anaerobe Kultur in Gärungskölbchen und U-Röhren.

Zu anaeroben Kulturen eignen sich am besten die Pasteurschen Gärkölbchen. Sie sind jedoch nicht billig und für Reihenuntersuchungen zu schwerfällig. Für unsere Zwecke eignen sich daher besser Glasröhrchen von der Weite der gewöhnlichen Reagenzröhrchen, die an dem einen Ende zugeschmolzen und in der Mitte in der Form eines U-Rohres umgebogen sind. Der geschlossene etwa 7 bis 8 cm lange Schenkel wird vollständig, der offene etwa 6 cm lange 3 cm hoch mit Fleischwasser oder einer Pepton- oder sonstigen Lösung gefüllt, die man im Bedarfsfall mit Kahlbaumscher Lackmuslösung gefärbt und auf den Neutralpunkt eingestellt hat. Die gefüllten Röhrchen werden auf besonderen, einfachen Drahtgestellen im Dampfkochtopf sterilisiert. Nach der Abkühlung wird von der zu untersuchenden Kolonie oder Kultur eine geringe Menge in keimfreiem Fleischwasser aufgeschwemmt und mittels sterilisierten, engen Glasrohres — durch Ausziehen eines Stückchen Glasrohres hergestellt — in den geschlossenen Schenkel des U-Rohres übertragen, worauf die Überführung in den Brütapparat erfolgt.

N. Der Nachweis spezifischer Bakterien im Wasser.

I. Der Nachweis absichtlich in das Wasser gebrachter Bakterien.

An den verschiedensten Stellen dieses Buches ist darauf hingewiesen worden, daß zur Kontrolle von Filter oder Sterilisationsleistungen zum Nachweise des Zusammenhanges eines Wassers mit einem anderen oder mit der Erdoberfläche, zum Nachweise der Schnelligkeit der Bewegung des Wassers oder der Strömungsrichtung und dergleichen Versuchsbakterien in das Wasser hineingegeben werden.

Am meisten wird das Bacterium prodigiosum verwendet. Das Erforderliche ist bereits in ausgiebiger Weise auf S. 306 u. f. gesagt worden, so daß der Hinweis genügen dürfte.

Der Bacillus violaceus ist ebenfalls ein kräftig farbstoffbildender Mikrobe; er eignet sich jedoch erheblich weniger für die vorstehend erwähnten Versuche, weil er zu langsam wächst, also durch rascher sich entwickelnde Bakterien zurückgedrängt und durch andere verflüssigende Bakterien früher beseitigt wird, als er Farbstoff gebildet hat. Man verwendet ferner Wasservibrionen, das Bact. coli und Hefen; auch hierüber ist S. 309 das Nötige gesagt worden. Nachgeholt sei, daß es sich empfiehlt, bei Wiederholungen von Versuchen an derselben Stelle, zwei verschiedene Bakterienarten zu verwenden, damit nicht durch ein verspätetes Erscheinen der zuerst eingebrachten Mikroben ein Irrtum entstehe.

Die Mittel und Wege, in welcher Weise die Keime am besten nachgewiesen werden, sind S. 305 bis 310 sowie S. 720 gleichfalls angeführt.

Bei den oben angedeuteten Versuchen macht es sich oft notwendig, eine größere Wassermenge auf die eingebrachten Mikroben zu untersuchen. Das kann geschehen bei dem Bact. coli nach den auf der folgenden Seite angegebenen Regeln, bei ihm und bei anderen Mikroben nach dem gleich hierunter beschriebenen Verfahren von Marmann, nach der Methode von Ficker und O. Müller S. 749 und 768, von E. Hesse S. 770 und Arno Müller S. 719.

II. Der Nachweis der thermophilen Bakterien.

Zuweilen ist es von Belang, die in einem Wasser vorhandenen bei Wärme gedeihenden Keime zu bestimmen. Zu dem Zweck mischt man 2,0, 1,0, 0,5, 0,1 und wenn nötig 0,01, 0,001, 0,0001 ccm Wasser mit verflüssigtem, auf 40° abgekühltem und in Petrischalen gegossenem, gewöhnlichem Nähragar, läßt erstarren und kultiviert für 24 bis 48 Stunden bei 37°.

Wenn, wie in reinen Wässern, wenig „thermophile" Bakterien zu erwarten sind, so kann man das Marmannsche Verfahren anwenden.

Nach der Methode von Petruschky und Pusch versetzt man je 100, 10, 1 und 0,1 ccm Wasser im Erlenmeyerkolben je mit der fünffachen Menge von Nährbouillon und bebrütet sie 24 Stunden bei 37°. Als „Thermophilentiter" wird die kleinste Wassermenge bezeichnet, welche ebenso wie die über ihr liegenden trüb geworden ist, während die unter ihr liegenden klar blieben. Zeigten z. B. die Gefäße mit 100 und 10 ccm Trübung, die mit 1,0 und 0,1 ccm nicht, so ist der Thermophilentiter = 10, oder in je 10 ccm Wasser ist mindestens ein Mikrobe, welcher bei 37° in Bouillon noch wächst.

III. Der Nachweis des Bacterium coli im Wasser.

1. Die direkte Kultur.

(Modifikationen nach Marmann, O. Müller, Hesse.)

Wir verwenden regelmäßig für den Nachweis des Bact. coli das nachstehende Verfahren.

Frisch gegossene Endo- oder v. Drigalskiplatten stellen wir offen für eine Stunde in den auf 37° eingestellten Brütapparat, dessen Zu- und Abluftöffnungen weit geöffnet sein müssen. Hierbei verdunstet eine größere Menge des in dem Agar enthaltenen Wassers. Dann verteilen wir auf der Oberfläche jeder Schale $1/_2$ oder 1 ccm des zu untersuchenden Wassers, stellen die Schalen wiederum offen horizontal unter Anwendung der Wasserwage in den Schrank und legen die Deckel erst auf, wenn das Wasser gerade verdunstet ist, was meistens innerhalb einer Viertelstunde geschieht. Bei gewöhnlichen Trinkwässern bringen wir 10 bis 20 ccm Wasser auf ebensoviele Platten.

Wenn man annehmen darf, daß nicht viel thermophile Bakterien vorhanden sind, so fertigt man „Mischkulturen" an, d. h. man gießt das flüssig gemachte, auf 40 bis 45° abgekühlte Endo- bzw. Drigalskiagar in eine Petrischale, füllt das Wasser nach und mischt unter Hin- und Herbewegen.

Bei Wässern, in welchen größere Mengen Coli vermutet werden, geben wir wenig, aber nicht gern unter 0,1 ccm Wasser in die Schale. Die Verdunstung geht bei den kleineren Mengen rascher vor sich. Muß mit noch geringeren Mengen Wasser gearbeitet werden, so tut man gut, die erforderliche kleine Menge durch Verdünnung mit sterilisiertem Wasser zu gewinnen und etwa 10 Platten zu verwenden, um den Multiplikationsfehler kleiner zu gestalten. —

Marmann wendet, um Wassermengen von 5 bis 10 ccm direkt auf Coli zu untersuchen, das folgende Verfahren an: In eine Kiste von etwa 1 m Höhe und 0,25 qm Fläche wird in die Mitte ein elektrisch angetriebener Ventilator gestellt, welcher die Luft unten absaugt und oben herauswirft. In die Mitte des im Boden der Kiste befindlichen Lufteintrittsloches wird, behufs Anwärmung der Luft, ein Bunsenbrenner gestellt; über dem Ventilator ist ein kleiner Tisch angebracht, der eine Petrischale trägt. In diese wird flüssig gemachtes Endoagar hineingegossen. Nach dem Erstarren, was in absolut horizontaler Lage erfolgt, werden auf dasselbe 5 bis 10 ccm des auf Coli zu untersuchenden Wassers gegeben und gleichmäßig über die Fläche verteilt. Dann wird der Brenner entzündet und der Ventilator angestellt. Die ein höheres Sättigungsdefizit besitzende warme Luft umspült die Schale und bringt das in ihr enthaltene Wasser in 30 bis 40 Minuten zum Verdunsten; die Luft entweicht durch den vielfach durchlochten Deckel des Kastens. Die Schale wird in einen Brütschrank übertragen, welcher auf 41°C eingestellt ist; die Colikolonien entwickeln sich dort in der bekannten Weise als grünrote, metallglänzende Kolonien. —

Uns will es einfacher erscheinen, die Plattenzahl zu vermehren und, wie vorhin angegeben ist, zu kultivieren. —

Wo ein Faust-Heimscher Apparat zum Trocknen von Seris usw., ein Föhnapparat (F. u. M. Lautenschläger-Berlin), zur Verfügung steht, empfiehlt es sich, unter die drei oder vier Ausblaseöffnungen die mit 2 bis 3 ccm Wasser beschickten Endoplatten nach dem Vorgange von Gins auf verkleinerte Drehscheiben zu stellen, wie sie die bekannte Firma Dr. A. Oetker-Bielefeld in den Handel bringt, und sie dort zu trocknen.

Einfacher als das Verfahren von Marmann erscheint das Ausfällungsverfahren nach O. Müller, welches beim Typhusnachweis, S. 770 und 771, beschrieben ist. Man setzt auf je 200 ccm des auf Coli zu untersuchenden Wassers 0,3 ccm Liquor ferri oxychlorati und bei weichen Wässern, z. B. Oberflächenwässern, 1 ccm einer 10proz. Kristallsodalösung zu, mischt die Eisenlösung sofort durch mäßiges

Schütteln und zentrifugiert, sobald sich die Hauptmasse des Niederschlages abgesetzt hat; dann gießt man die oben stehende Flüssigkeit ab und löst den Niederschlag durch tropfenweises Zusetzen
einer 25proz. Lösung von neutralem, weinsaurem Kali. Die Lösung
wird auf vorgetrocknetes Endoagar übertragen.

Sollte es sich um größere Wassermassen handeln, so eignet
sich die S. 770 angegebene Methode von Hesse; der Kieselgur-
schlamm darf nicht zu dick auf die Platten gebracht werden.

Die auf die eine oder andere Weise beschickten Platten bleiben
24 bis 48 Stunden bei 37°, dann werden sie zunächst auf coli-
verdächtige Kolonien untersucht; das sind die mit rotem Hof um-
gebenen Kolonien der Drigalskiplatte und die roten bzw. grün-
glänzenden Kolonien des Endonährbodens. Von ihnen werden
gewöhnliche Präparate mit Karbolfuchsinlösung und solche nach
Gram angefertigt; auch werden hängende Tropfen angelegt. Das
Bact. coli besitzt eine geringe Beweglichkeit, die nicht selten von
lebhafter Molekularbewegung kaum zu unterscheiden ist. Die
Färbung nach Gram ist bei Bact. coli negativ (auf demselben
Objektträger sind zugleich zwei Kontrollpräparate mit echtem Bact.
coli oder typhi — gramnegativ — und mit Staphylokokken — gram-
positiv — anzulegen). Die Karbolfuchsinfärbung zeigt sporenlose,
kleine, kurze Stäbchen, die etwas dicker als Typhusstäbchen sind.

Von dem Rest der Kolonie, die aus solchen Stäbchen besteht, wird je ein Schrägagarröhrchen gleichmäßig bestrichen. Bei
wichtigen Fällen züchten wir von jeder der Platten mehrere solcher
Reinkulturen, bei minder wichtigen Fällen und Gleichmäßigkeit
der Kolonien genügt es, eine entsprechende Anzahl von Stichproben
zu machen.

Die Röhrchen kommen bis zum nächsten Morgen in den
Brütapparat und werden durch ein mikroskopisches Präparat auf
ihre Reinheit geprüft; dann werden von ihnen geimpft je ein
Röhrchen

1. mit schräger Nährgelatine in Gestalt einer Strichkultur;
   innerhalb 10 bis 14 Tagen darf sich keine Verflüssigung
   zeigen, sonst liegt Bact. cloacae vor;

2. mit sterilisierter Milch; in 3 bis 5 Tagen muß die Milch
   bei 37° gerinnen;

3. mit vorher frisch aufgekochtem Neutralrottraubenzuckeragar; die in dem verflüssigten Agar verteilte Kultur muß in
   etwa drei Tagen bei Brütwärme Gas und Fluoreszenz entstehen lassen;

4. mit 1 proz. Peptonkochsalzwasser; in etwa fünf Tagen, bei 37⁰, muß auf Zusatz von einer Spur Kaliumnitrit und 1 ccm verdünnter Schwefelsäure Rotfärbung sich zeigen.

5. ein Gärungsröhrchen mit 1 proz. Milchzuckerpeptonlackmuslösung; in 48 Stunden muß bei 37⁰ Rotfärbung und Gasbildung auftreten.

Nur diejenigen Kolonien, welche alle erwähnten Eigenschaften haben, bezeichnet man gemeiniglich mit Bact. coli typicum, und dieses benutzt man zurzeit zu der Aufstellung der Diagnose: „Verunreinigt mit von Menschen oder Tieren stammendem Bact. coli".

Die Bereitung der Nährböden zum Zwecke des Colinachweises ist auf S. 781 u. f. angegeben.

2. Die indirekte Kultur.

Wo wir annehmen, daß in 1 ccm nur ein oder noch weniger Colibakterien enthalten sind, benutzen wir als Vorkultur die Züchtung in flüssigen Nährböden.

Wir geben in zehn Gärungskölbchen oder Gärungsröhrchen je 1 ccm des fraglichen Wassers und füllen die Röhrchen mit einer 1 proz. Lösung von Traubenzuckerpeptonkochsalz nach, die auf den Lackmusneutralpunkt eingestellt und mit Kahlbaumscher Lackmuslösung, wie sie für die Anfertigung der v. Drigalski-Conradiplatten gebraucht wird, leicht aber deutlich gefärbt ist. Der geschlossene Schenkel darf keine Luftblase enthalten.

Statt der gebogenen Gärungsröhrchen kann man auch die S. 753 unter 2. Presumptive test erwähnten Doppelröhrchen benutzen.

Für besondere Zwecke, z. B. für voraussichtlich reine Wässer füllen wir 10 ccm, für noch reinere 100 ccm Wasser in Gärungsrohre, geben 1 ccm bzw. 10 ccm einer mit Lackmus gefärbten 10 proz. Traubenzuckerpeptonkochsalzlösung hinzu und füllen mit einer 1 proz. Lösung auf. Für besonders unreines Wasser verwenden wir 0,1 ccm Wasser, gehen aber nicht gern darunter — von Abwässern u. dgl. abgesehen — schon aus dem Grunde, weil man bei solchen Wässern eine Vorkultur nicht braucht, sondern mit der direkten Methode gut zum Ziele kommt.

Die Gärungsröhren werden für 24 bis 48 Stunden bei 37⁰ gehalten. Da das Bact. coli Säure bildet und Traubenzucker vergärt, so werden diejenigen Röhrchen, welche unverändert geblieben sind oder keine Gasbildung neben Rotfärbung aufweisen, als nicht colihaltig ausgeschieden.

Von den sauren und zugleich vergorenen Röhrchen entnehmen wir mit einer kleinen Platinöse sehr wenig Material und verstreichen es so auf je eine oder zwei v. Drigalski- und eine oder zwei Endoplatten, daß gut isolierte Kolonien entstehen, die, wie auf S. 750 angeführt, untersucht und weiter verarbeitet werden.

In dem Nachstehenden geben wir die anderen Verfahren des Colinachweises; wir ersuchen jedoch darum, bei ihrer Verwendung nicht auf halbem Wege stehen zu bleiben, sondern den Nachweis streng durchzuführen bis zur letzten Bestimmung in der Weise, wie unter 1. angegeben worden ist.

Verfahren nach Vincent.

In je zwei oder drei Röhrchen mit steriler Fleischbrühe, welche 0,075 Proz. Karbolsäure enthält, wird mit sterilisierter Pipette 0,1, 0,2, 0,5, 0,8, 1,0, 5,0, 10,0 des fraglichen Wassers gegeben. Bei stark schmutzigen Wässern läßt Vincent die größeren Mengen fort und fängt mit 0,000 001 ccm an, nimmt dann 0,000 01, 0,0001, 0,001, 0,01, 0,1 und 0,5 ccm. Die so geimpften Röhrchen kommen für 12 bis 18 Stunden in einen auf 41⁰ eingestellten Brütapparat. Von den trübe gewordenen Röhrchen überträgt man eine oder mehrere Ösen bis einen Tropfen auf v. Drigalski - Conradiagar und läßt 24 Stunden bei 37⁰ wachsen; darauf macht man von einigen isolierten, roten Kolonien ein Deckgläschenpräparat, einen hängenden Tropfen und färbt nach Gram, um zu sehen, ob die Bakterien Colibazillen sein können. Der Rest der entsprechenden Kolonie wird auf ein Schrägagarröhrchen gestrichen, von welchem am folgenden Tage die mikroskopischen und biologischen Untersuchungen zur sicheren Bestimmung ausgehen, wie vorhin angegeben ist.

Verfahren nach Eijkman und Bulir.

Je zwei Gärungsröhren, die mit 15 bis 20 ccm einer sterilisierten, mit etwas Lackmuslösung versetzten Lösung von 1 Proz. Traubenzucker, 1 Proz. Pepton, 0,5 Proz. Kochsalz gefüllt sind, werden mit 0,000 001, 0,000 01, 0,0001, 0,001, 0,01, 0,1, 0,5 ccm Wasser geimpft, indem man das Wasser mit sterilisierter Pipette bis in den geschlossenen Schenkel bringt. — Glaubt man, es seien nur wenige Colibakterien vorhanden, dann bringt man 1, 5, 10 oder 100 ccm in größere Rohre und füllt mit der vorhin angegebenen Nährlösung, oder einer solchen stärkerer Konzentration auf, so daß die Mischung von Wasser und Nährlösung ungefähr 1 proz. wird. Die Rohre kommen darauf für 24 Stunden, diejenigen, welche innerhalb dieser Zeit keine Gasentwickelung zeigen, für weitere 24 Stunden in den auf 46⁰ C eingestellten Brütapparat. Die Rohre, welche innerhalb dieser Zeit Gas entwickelt haben und sauer geworden sind, sollen nach Eijkman Bact. coli enthalten.

Da das bei einer Reihe derselben nicht der Fall ist, und da andererseits in Gärungsröhrchen, welche keine Gas-, sondern nur Säurebildung zeigen, Colibazillen enthalten sein können, so soll man eine oder mehrere Ösen aus den zur Gärung oder Säuerung gekommenen Rohren so auf v. Drigalski-Conradiplatten verteilen, daß vereinzelte Kolonien entstehen. Von diesen sind dann die weiteren Proben nach S. 750 anzustellen.

Bulir änderte das Eijkmansche Verfahren folgendermaßen um: 1 kg gehacktes Fleisch wird während 24 Stunden mit 2 Litern Wasser mazeriert; der ausgepreßte Fleischsaft (Fleischextrakt ist nicht zu verwenden) wird versetzt mit 2,5 Proz. Pepton, 1,5 Proz. Kochsalz, 3 Proz. Mannit; das Ganze wird 1½ Stunden über der freien Flamme gekocht, mit Sodalösung neutralisiert, filtriert und 2 Stunden im strömenden Dampf sterilisiert.

Das zu untersuchende Wasser wird zur Hälfte seines Volumens mit der besprochenen Mannitbouillon versetzt, der Mischung 2 Proz. einer sterilisierten Lösung von 0,1 g Neutralrot auf 100 ccm Wasser zugefügt, das Ganze in eine entsprechende Anzahl verschieden großer Gärröhren gegeben und 24 bis 48 Stunden bei 46⁰ C gehalten.

Innerhalb dieser Zeit soll das Bact. coli-Neutralrot reduziert, Gas und Säure gebildet haben. Die Flüssigkeit ist dann diffus getrübt, ihre früher rote Farbe erscheint in eine gelbliche, grün fluoreszierende verwandelt. Die Bakterien müssen die Form und Beweglichkeit der Colibazillen zeigen.

Die Säure wird dadurch nachgewiesen, daß zu 10 ccm der aus einem Gärrohr herausgenommenen Flüssigkeit 1 ccm alkalische Lackmustinktur gesetzt wird (zu 100 ccm der Kahlbaumschen, für die Typhusdiagnose benutzten Lackmustinktur werden 2 ccm Normalnatronlauge hinzugefügt). Ist die Flüssigkeit entsprechend sauer, so entsteht nach dem Zusatz eine rote, ist sie neutral oder schwach sauer, eine violette Färbung; nur die rote Färbung beweist.

Fehlt die eine oder andere dieser mikroskopischen oder biologischen Reaktionen, so handelt es sich nach Bulir „um das echte Bact. coli ganz gewiß nicht".

Die vorher für die Eijkmansche Methode geltend gemachten Bedenken bestehen auch für die Bulirsche Modifikation.

Verfahren nach C. A. Houston.

(The quintuple praeferential coli test, Januar 1907.)

Diese Methode ist in England die üblichste; sie ist von ihrem Autor mannigfaltigen Änderungen unterzogen worden, bis sie zu der nachstehenden Form durchgebildet worden ist.

1. Sechs Röhrchen mit je 9 ccm Wasser werden sterilisiert und mit Buchstaben versehen. Es wird hinzugefügt zu Röhrchen

a) 1 ccm des zu untersuchenden Wassers und geschüttelt; 1 ccm von a) enthält 0,1 ccm des zu untersuchenden Wassers;

zu b) 1 ccm von a) und geschüttelt; 1 ccm von b) enthält dann 0,01 ccm des zu untersuchenden Wassers;

zu c) 1 ccm von b) und geschüttelt; 1 ccm von c) enthält dann 0,001 ccm des zu untersuchenden Wassers;

zu d) 1 ccm von c) und geschüttelt; 1 ccm von d) enthält dann 0,0001 ccm des zu untersuchenden Wassers;

zu e) 1 ccm von d) und geschüttelt; 1 ccm von e) enthält dann 0,00001 ccm des zu untersuchenden Wassers;

zu f) 1 ccm von e) und geschüttelt; 1 ccm von f) enthält dann 0,000001 ccm des zu untersuchenden Wassers.

Bei stark verschmutztem Wasser müssen alle sechs Verdünnungen gemacht werden, bei Trinkwasser braucht man gewöhnlich über Röhrchen b), 0,01 ccm Wasser, nicht hinauszugehen, dahingegen kommen dann Röhrchen a), sowie 1,0 ccm, 10,0 ccm und 100,0 ccm des unverdünnten Wassers in sterilen Gefäßen zur Verwendung.

2. Anlegung der Vorkultur (Presumptive test = Wahrscheinlichkeitsprobe). In je ein gewöhnliches Reagenzröhrchen wird ein kleines Röhrchen von etwa 5 cm Länge und etwa 1 ccm Weite mit dem Boden nach oben, hineingeschoben, dann werden 10 bis 12 ccm einer Lösung von 5 g

taurocholsaurem Natrium (bile salt[1]), 20 g Pepton, 5 g Traubenzucker in
1 Liter Wasser, welches mit neutraler Lackmuslösung leicht gefärbt ist,
hineingegeben, wobei durch Bewegen das Innenröhrchen völlig gefüllt werden
muß. Die Röhren werden mit Watte gestöpselt und sterilisiert.

Wenn es sich um die Untersuchung von Trinkwasser handelt, so wird
zu drei so vorbereiteten Röhrchen gegeben 1 ccm von Röhrchen b), 1 ccm
von Röhrchen a) und 1 ccm des unverdünnten zu untersuchenden Wassers.

Einige andere, etwas weitere Reagenzröhren, sowie eine Anzahl weiter
Rohre von vielleicht 3 cm Durchmesser, die mit den entsprechenden Tauch-
röhrchen versehen sind, werden, die ersteren mit 10 bis 12 ccm einer Lösung
der gleichen Art wie eben angegeben, aber von der doppelten Stärke, die
letzteren mit je 50 ccm von der dreifachen Stärke beschickt und sterilisiert.
In je ein Rohr der ersteren Größe werden 10 ccm, in je ein Rohr
der letzteren 100 ccm des zu untersuchenden Wassers gegeben. Die sämtlichen infizierten Rohre kommen für 24 Stunden in den Brütapparat.

Gläser, welche in dieser Zeit keine Rötung und in den eingetauchten
Röhren keine Gasbildung zeigen, werden als nicht colihaltig beseitigt.

3. Von allen denjenigen Rohren, welche Gas und Säure gebildet haben,
wird eine Öse voll in 10 ccm sterilisierte, physiologische Kochsalzlösung übertragen. Nach kräftigem Schütteln wird hiervon eine Öse auf Rebipelagar
[4 ccm einer 1 proz. Lösung von Neutralrot (= Re), 5 g taurocholsaures Natrium
(bi = bile = Galle), 20 g Pepton (pe), 10 g Laktose (l), 20 g Agar in 1 Liter
Wasser], welches in eine Petrischale gefüllt und erstarrt ist, gestrichen. Man
kann auch statt dieses Nährbodens den v. Drigalski-Conradi anwenden.
Nach etwa 20stündiger Bebrütung bei 37⁰ werden von den Kolonien mit
hellrotem Hofe, die weit voneinander abliegen sollen, fünf mikroskopisch
untersucht, ob sie in Größe und Form den Colibazillen entsprechen.

4. Ist das der Fall, so werden von jeder der fünf Kolonien die nachfolgenden vier Nährböden beimpft:

a) Nicht gefärbte Glukosegelatine; (10 g Traubenzucker, 20 g Pepton,
10 g Liebigscher Fleischextrakt, 75 g Gelatine und 10 ccm einer
5 proz. Kalilauge auf 1 Liter Wasser).

b) Mit etwas Lackmus gefärbte Laktosegelatine; (sie wird bereitet wie
die unter a), nur tritt an Stelle von 10 g Traubenzucker 10 g Milchzucker).

c) Mit Neutralrot (4 ccm einer 1 proz. Lösung auf 1 Liter) gefärbte
Saccharosegelatine; [bereitet wie die unter a) aufgeführte Gelatine,
nur tritt an Stelle der 10 g Traubenzucker 10 g Saccharose].

d) Peptonwasser; (10 g Pepton und 5 g Kochsalz auf 1 Liter Wasser).

Diese vier Nährböden werden mit Rücksicht auf Materialersparnis in
kleine, enge Reagierröhrchen gefüllt. Zum Zwecke der Impfung entnimmt
Houston von je fünf roten Kolonien des unter 3. genannten Agars etwas
mit je einem Blumendraht, statt des üblichen, für diese Massenuntersuchungen
zu teuren Platindrahtes, und stellt den Draht mit den anhaftenden Bakterien
nebst drei anderen Drähten behufs Selbstinfektion in je ein kleines Röhrchen
mit ein paar Tropfen physiologischer Kochsalzlösung. Ist das geschehen, so
werden mit den vier Drähten der Salzlösung, die in passender Weise auf
Stativen aufgebauten, unter a) bis d) bezeichneten Nährböden durch Stich
geimpft. Die geimpften Röhrchen kommen auf drei Stunden in den Brütapparat, wo sich die Gelatine verflüssigt und die eingebrachten Bakterien

---

[1] 100 g taurocholsaures Natrium kosten ungefähr 40 ℳ. Man kann
für 5 g des Salzes 100 ccm einer von mehreren Rindern gewonnenen, zu-
sammengegossenen sterilisierten Galle verwenden.

kräftig entwickeln; beim Herausnehmen werden sie kräftig mit ihrem Stativ bewegt und dann rasch zum Erstarren gebracht; darauf bei 20 bis 22° für 24 Stunden aufgehoben, in welcher Zeit sich die Gasentwickelung bereits kräftig zeigt.

Typische Coli sind solche, welche im presumptive test Traubenzucker vergären, auf der vorbezeichneten Agarplatte leicht rote Kolonien geben, aus Reinkulturen in Glukose Gas, in Laktose Säure und Gas, in Peptonwasser auf Zusatz von einigen Tropfen Paradimethylamidobenzaldehydlösung Indolrot und in Saccharose entweder Säure und Gas bilden oder Saccharose nicht vergären; letztere sind die „besonders" typischen Stämme.

Das amerikanische Verfahren.

Das amerikanische Komitee für die Feststellung der Methoden der Wasseranalyse verlangt, daß „für gewöhnliche Wässer 0,1, 1,0 und 10 ccm zu dem Colitest verwendet werden. Für Stadtabwasser und stark verunreinigtes Oberflächenwasser sollen geringere Mengen benutzt werden, und für Grundwässer, filtrirte Wässer usw. sollen sie größer sein, wenn das notwendig ist, um positive Resultate zu erhalten. Die Mengen mögen das Zehnfache des Angegebenen betragen".

Die charakteristischen Eigenschaften der Coligruppe sind: „Säure- und Gasbildung in Milchzucker- und in Traubenzuckerlösung, kurzer Bazillus mit abgerundeten Enden, sporenlos, fakultativ anaerob, gibt positiven Befund mit Esculin, wächst bei 20° in Gelatine und bei 37° iu Agar, verflüssigt die Gelatine innerhalb von 14 Tagen nicht, ist gramnegativ." Zur Coligruppe gehören Bac. communior (Darham), Bac. communis (Escherich), Bac. aerogenes (Escherich), Bac. acidi lactici (Hüppe); alle sollen fäkale Verunreinigung anzeigen. Das Hauptmerkmal ist Gasbildung in sterilisierter Rindergalle (S. 783) mit Zusatz von je 1 Proz. Milchzucker und Pepton; nur zwei chromogene Arten und Bac. welchii sollen das gleichfalls tun; letzterer aber gibt ein negatives Resultat mit Esculin, d. h. er wächst farblos. Alle Colibazillen bilden auf dem Esculin-Eisencitrat-Nährboden schwarze Kolonien. — Es wird angegeben, daß die Gallemischung weniger Coli wachsen lasse, als Traubenzuckermischung und Leberbouillon, aber es würden nur die schwachen, alten Formen zurückgehalten. Die Gasbildung in der Galle zeige also die frische, die gefährliche Verschmutzung an. Die Fermentwirkung auf Milch, die Indolbildung, die Neutralrotreduktion usw. werden nicht mehr erwähnt. Die Leberbrühe wird hergestellt aus 500 g Leber, 10 g Pepton (Witte), 10 g Dextrose, 1 g Dikaliumphosphat (K_2HPO_4) und 1000 ccm Wasser. Die Esculinlösung wird bereitet aus 5 g taurocholsaurem Kalium, 10 g Pepton, 0,1 g Esculin und 900 ccm Wasser, das Ganze wird sterilisiert; ebenso wird eine Lösung von 0,5 g Eisencitrat in 100 ccm Wasser sterilisiert und beides zusammengegossen. Zur Bereitung des Agars werden 10 g davon auf 1 Liter hinzugegeben.

Wie früher Eijkman aus der Coliprobe eine Gärungsprobe gemacht hat, so ist das auch hier geschehen. Ob die Methode gute Resultate liefert, muß abgewartet werden.

Verfahren von Petruschky und Pusch.

Bei voraussichtlich reinen Wässern versetzt man je 100, 10, 1 ccm Wasser mit der gleichen Menge und 0,1 ccm Wasser mit der fünffachen Menge Bouillon und bebrütet für 24 Stunden bei 37°.

Von den trübe gewordenen Röhren wird etwas auf v. Drigalski-Conradiagar, wie bei Houston unter 3. angegeben ist, ausgestrichen, und von der erhaltenen Kultur einige in isolierten roten Höfen liegende Kolonien im gewöhnlichen Präparat, im hängenden Tropfen und auf Gramnegativität untersucht. Der Rest der entsprechenden Kolonien wird auf Schrägagar übertragen, von wo aus am folgenden Tage die Untersuchungen zur sicheren Bestimmung ausgehen.

Bei voraussichtlich unreinen Wässern werden Verdünnungen gemacht, indem drei Erlenmeyerkölbchen mit je 50 ccm sterilisierten Wassers beschickt werden. In den Kolben 1 kommt 0,5 ccm des unreinen Wassers, worauf stark geschüttelt wird. Von dieser Verdünnung kommt 0,5 ccm in den zweiten, hiervon wieder 0,5 ccm in den dritten Kolben. Die Verdünnungen sind somit 1 : 100, 1 : 10000, 1 : 1000000. Man füllt dann in ein Reagenzrohr 1,0 ccm unverdünntes Wasser, in ein zweites 0,1 ccm, dann von den drei Verdünnungen jeweils 1,0 und 0,1 ccm in ein Röhrchen, so daß acht Röhrchen von 1,0 bis 0,000001 ccm Wasser enthaltend, vorhanden sind, setzt jeweils 10 ccm steriler Bouillon zu und bebrütet für 24 Stunden, das übrige zur Feststellung des Bact. coli Erforderliche ist der oben angegebenen Methode gleich.

Der Wert des Wassers wird nach dem Colititer abgeschätzt:

Verunreinigungsgrad I = Colititer 0,1   II = Colititer 0,01
"   III =   "   0,001   IV =   "   0,0001
"   V =   "   0,00001   VI =   "   0,000001.

IV. Der Nachweis der Krankheitserreger im Wasser.

a) Der Nachweis der Cholerabazillen im Wasser.

Für die bakteriologische endgültige Feststellung der Cholera sind von den Landesregierungen besondere Stellen bestimmt. An diese ist bei verdächtigen Krankheits- oder Todesfällen das entsprechende Material zu senden. Daß auch verdächtiges Wasser eingeschickt werden soll, ist in dem Bundesratsbeschluß vom 28. Januar 1904 nicht direkt angegeben, doch ergibt sich die Forderung der Einsendung aus dem Sinn der Verfügung. Zudem ist es immer gut, wenn in einer so belangreichen Frage an zwei verschiedenen Stellen untersucht wird. Daher werde sowohl das verdächtige Wasser als auch ein eventuell aus Wasser gezüchteter choleraverdächtiger Vibrio der bakteriologischen Untersuchungsstelle unverweilt eingesandt.

Im Jahre 1915 ist eine Anleitung für die bakteriologische Feststellung der Cholera im Königl. Gesundheitsamt für einen neuen Bundesratsbeschluß ausgearbeitet. Diese neue „Anleitung" ist dem Nachstehenden zugrunde gelegt worden. Die wörtlich der „Anordnung" entnommenen Sätze, und es sind alle darin enthaltenen, hier interessierenden angeführt worden, sind durch „ " gekennzeichnet. —

1. Das Anreicherungsverfahren.

Man darf annehmen, daß gewöhnlich die Zahl der Choleravibrionen im Wasser nicht groß ist. Es empfiehlt sich deshalb, viel Wasser zur Untersuchung zu bringen. Zudem besitzen wir in dem Peptonkochsalzwasser ein Mittel, welches für die meisten Bakterien ein schlechtes, dahingegen für die Vibrionen, somit auch für die Choleravibrionen bei 37⁰ C, ein vorzügliches Nährmaterial darstellt. Durch dieses Mittel gelingt es also, die wenigen im Wasser enthaltenen Choleravibrionen „anzureichern". Die Methode ist die folgende.

Zwei Liter Wasser mögen zur Untersuchung verwendet werden. Das eine wird den oberen Wasserschichten durch Schöpfen an verschiedenen Stellen oder, wenn das nicht angängig ist, durch Pumpen entnommen. Das andere soll auch Teilchen aus den obersten Schlammlagen enthalten; zu dem Zweck zieht man ein Schöpfgefäß durch die obersten Schlammschichten hindurch oder man wirbelt mit einem Reisigbesen die obersten Schlammschichten auf, schöpft oder pumpt das trübe Wasser herauf, läßt den gröberen Schlamm sich rund $1/_4$ Stunde absetzen, dekantiert und verwendet 1 Liter des abgegossenen noch leicht trüben Wassers.

Jedes der beiden „Liter wird mit 100 ccm Peptonstammlösung (S. 765) versetzt und gründlich durchgeschüttelt, dann in Kölbchen zu je 100 ccm verteilt und nach etwa 8- bis 24 stündigem Verweilen im Brutschrank bei 37⁰ in der Weise untersucht, daß mit Tröpfchen aus der obersten Schicht" (vom Rande der Flüssigkeit, da wo sie sich am Glasrand hochhebt) „mikroskopische Präparate angefertigt werden." Die Kölbchen dürfen nicht geschüttelt werden.

2. Die kulturellen und färberischen Nachweise.

„Von demjenigen Kölbchen, an dessen Oberfläche die meisten Vibrionen vorhanden sind, werden Dieudonné- und Agarplatten angelegt und weiter untersucht."

Wenn keine Vibrionen gefunden wurden, so empfiehlt es sich sehr, an verschiedenen Stellen der Oberfläche einige Kubikzentimeter zu entnehmen und sie, wie nachstehend angegeben, in neue Peptonwasserkölbchen zu übertragen.

Der Gang der Untersuchung ist folgender:

1. Impfung auf Choleranähragarschalen. Drei Schalen werden in 2 bis 3 mm dicker Schicht mit dem verflüssigten Nähragar beschickt, dann wird mit einer Öse etwas von der Oberfläche des Kölbchens, und zwar von der die meisten Vibrionen enthaltenden Stelle, entnommen und auf eine der Schalen (die Originalschale) gebracht; hier wird es mit einem rechtwinkelig abgebogenen Glasstab (siehe S. 745) oder mit einem Platinspatel gleichmäßig verteilt. Ohne daß das Verteilungsinstrument inzwischen ausgeglüht wurde,

wird mit dem ihm noch anhaftenden Material die Oberfläche einer
zweiten — erste Verdünnungsplatte — und ebenso nachher noch
einer dritten Agarplatte — zweite Verdünnungsplatte — bestrichen.
„Die Agarschalen müssen, falls sie nicht bereits vollkommen trocken
sind, vor der Impfung im Brutschrank bei 60⁰ oder auch bei 37⁰
offen mit der Öffnung nach unten getrocknet werden", d. h. von
dem überflüssigen Wasser befreit werden, was meistens in $^1/_2$ bis
1 Stunde geschieht.

Es ist zweckmäßig, außerdem drei andere Agarschalen in folgender
Weise zu impfen: Eine Öse der von der oberflächlichen Kölbchenschicht
geschöpften Flüssigkeit, die, wenn möglich, von einer mit Vibrionen besetzten
Stelle entnommen werden soll, wird in 5 ccm Bouillon verteilt; hiervon wird
je eine Öse auf je einer Agarschale mit dem Spatel verteilt.

2. Dieudonnésches Alkaliagar wird nach beiden vorstehenden
Methoden in genau derselben Weise beschickt wie das Choleraagar.

„Die Dieudonnéplatten dürfen nicht eher als 24 Stunden und
nicht später als 8 bis 10 Tage, nachdem sie gegossen sind, verwendet werden; sie sind regelmäßig darauf zu prüfen" (durch eine
gleichzeitig mit eingesetzte Kontrollplatte), „daß auf ihnen Cholerabazillen gut, Colibazillen nicht gedeihen. Sind keine Dieudonnéplatten vorhanden, so werden gewöhnliche Agarplatten genommen",
d. h. nur die vorher erwähnten Agarschalen angesetzt. Es empfiehlt
sich sehr, vorher, also wenn die Krankheit erst droht, die Dieudonnéplatten herzustellen und zu prüfen. Wenn eine Untersuchung
auf Cholera verlangt wird bzw. notwendig ist, kann man nicht
noch 24 Stunden warten. (Siehe auch S. 766.)

Sämtliche Platten von 1 und 2 kommen in den Brütapparat.

3. Reagierröhrchen mit verflüssigter Nährgelatine werden in der Weise
geimpft, daß in das Originalröhrchen eine Öse aus einem mit Vibrionen
besetzten Kölbchen gut verteilt wird. Aus ihm werden in das zweite Röhrchen
(erste Verdünnung) drei Ösen und aus letzterem in das dritte (zweite Verdünnung) zehn Ösen übertragen. Die gut durchgemischte Gelatine, die keine
Bläschen enthalten soll, wird in Petrischalen ausgegossen, welche bei Zimmertemperatur (20 bis 22⁰ C) aufgehoben werden.

4. Um bei negativem Befund in den Peptonwasserkölbchen sicher zu
gehen, daß auch vereinzelte Choleravibrionen nicht übersehen werden, impft
man abermals Peptonwasserkölbchen nach der auf der vorigen Seite unter 2
angegebenen Methode. Man stellt die Kölbchen 12 bis 18 Stunden in den
Brütapparat und hält sie dann im Dunkeln bei Zimmertemperatur. Mit
diesen sekundären Kulturkölbchen sind, soforn sich verdächtige Bakterien
zeigen, alle unter 1, 2 und 3 bzw. 4 aufgeführten Proben zu machen.

Schon nach 6 bis 8 Stunden werden die Blutalkalischalen, nach
12 bis 18 Stunden die Choleraagarschalen zunächst mit bloßem
Auge, dann mit hundertfacher Vergrößerung unter dem Mikroskop
untersucht. Die Revision der Gelatineschalen findet frühestens nach
24, dann nach 36 und 48 Stunden statt.

Die Choleravibrionen wachsen auf dem Nähragar, ebenso wie die verwandten Vibrionenarten, als kleine, blasse, flache, im durchfallenden Licht leicht opalisierende Kolonien, die von den leicht graugelb gefärbten Colikolonien unschwer zu unterscheiden sind; sie haben oft einen bläulichen Schimmer.

Auf den Dieudonnéschen Blutalkalischalen, einem Elektivnährboden, werden die anderen Bakterien, besonders das Bact. coli, weitgehend gehemmt. Die Cholera- und sonstigen Vibrionen bilden große kreisrunde, im durchfallenden Licht glashelle, im auffallenden graue Kolonien mit flachem Rand. Das mikroskopische Bild zeigt reguläre Kommabazillen, aber auch zuweilen Degenerationsformen; bei bestehendem Zweifel genügt eine Übertragung in den hängenden Tropfen und eine Züchtung darin von wenigen Stunden, um die normalen Kommaformen zur Anschauung zu bringen.

Auf den Gelatineschalen bieten die Cholerakolonien ein recht auffälliges Bild (Taf. IX). Nach 24 Stunden stellen sie bei hundertfacher Vergrößerung helle, stark lichtbrechende, wie aus „gestoßenem Glas" (R. Koch) bestehende Häufchen dar (Taf. IX, Nr. 79a, b und c). Ältere Kolonien werden gelblich, gelbrötlich, gelbbräunlich (Taf. IX, Nr. 80, 81, 82). Alle verflüssigen die Gelatine; die Flüssigkeit verdunstet rasch und die Kolonien liegen als stark lichtbrechende, bröcklige, helle oder als dunklere, nur an dem Rande stark lichtbrechende Flecken mit meistens unregelmäßigem Rand am Boden eines in die Gelatine eingesenkten Trichters. Letzteren sieht man schon mit bloßem Auge; bei hundertfacher Vergrößerung treten je nach der Einstellung helle bzw. dunkle Ringe, Lichthöfe auf. Sticht man mittels einer Platinnadel, deren Spitze in eine Cholerakolonie eingetaucht ist, in die Gelatine eines Reagierröhrchens tief hinein, so bildet sich zunächst eine trichterförmige Verflüssigung (s. Taf. X, Nr. 85); durch die rasche Verdunstung entsteht ein Hohlraum, „Luftblase". Auf Taf. X ist unter Nr. 86 ein ebenso alter Stich — drei Tage alt — des von Finkler und Prior gefundenen, dem Choleraerreger sehr ähnlichen Vibrio abgebildet, welcher die Gelatine stark verflüssigt. In der Tiefe des Röhrchens, wo der Sauerstoff fehlt, ist das Wachstum der Choleravibrionen sehr gering; mit seinem allmählichen Eindringen nehmen Wachstum und Verflüssigung etwas zu (s. Taf. X, Nr. 87).

Von den Blutkali- und den Choleranähragarschalen werden nach der (S. 737) gegebenen Regel Teilchen mit der Platinnadel entnommen und, wie S. 737 angegeben, mit verdünntem Karbolfuchsin gefärbt. Im gefärbten Präparat erscheint der Choleravibrio als ein gekrümmtes Stäbchen ohne zugespitzte Enden von rund $1,5\,\mu$

Länge und 0,4 μ Breite. Er ist jedoch nicht über die Fläche, sondern korkzieherartig gekrümmt, was sich am besten im hängenden Tropfen an den Schraubenformen erkennen läßt, die besonders in Bouillonkulturen häufig sind. Die Untersuchung im hohlen Objektträger, die nach den Regeln auf S. 740 ausgeführt wird, zeigt die an den Einzelwesen zuweilen nicht klar hervortretende Krümmung deutlich am Rande des Tropfens, dort, wo die Organismen als eine einzellige Schicht angetrocknet sind. Sie zeigt weiter sehr schön die lebhafte zickzackförmige Bewegung, welche von R. Koch bezeichnend als die eines in der Sonne tanzenden Mückenschwarmes angegeben ist. — Die Choleravibrionen färben sich nicht nach Gram.

Läßt das gefärbte und ungefärbte Präparat solche Vibrionen erkennen, so ist festzustellen, ob sie wirklich die Vibrionen der Cholera sind. Es hat sich herausgestellt, daß im Wasser eine große Anzahl verschiedener Vibrionenarten leben, die besonders im Herbst recht zahlreich sind und die in ihren Erscheinungsformen und in ihrem biologischen Verhalten denen der Cholera so ähnlich sind, daß man sie mit den gewöhnlichen färberischen und kulturellen Hilfsmitteln kaum oder nicht unterscheiden kann. Hier greift helfend die Agglutination ein.

3. Das Agglutinationsverfahren.

Wenn man Tieren, z. B. Kaninchen oder Pferden, in etwa neuntägigen Zwischenräumen eine noch nicht tötende Dosis von Cholerabakterien wiederholt unter die Haut spritzt, so nimmt ihr Blutserum die Eigentümlichkeit an, in dasselbe eingebrachte Cholerabakterien zur Bewegungslosigkeit und zum Verklumpen, zum „Agglutinieren" zu bringen. Eine Tötung der Bakterien tritt nicht ein, denn nach 24 Stunden sind sie wieder voll beweglich.

Das erforderliche Agglutinationsserum kann bis auf weiteres zu Cholerazeiten von dem Institut für Infektionskrankheiten „Robert Koch", Berlin N, Nordufer-Föhrerstraße 2 erbeten werden.

Man unterscheidet zwischen Probeagglutination und Ausagglutination.

Die erstere wird in hohlen Objektträgern, im hängenden Tropfen, ausgeführt. Zu dem Zweck wird zunächst die Grenze des Agglutinationsserums bestimmt, bei welcher eine Probe eines echten Cholerastammes sofort zum Verklumpen gebracht wird. Man gibt also auf je ein Deckgläschen einen Tropfen einer Verdünnung des Serums mit 0,85 prozentiger völlig klarer Kochsalzlösung im Verhältnis von 1 : 25, 1 : 50, 1 : 100, 1 : 200 und eventuell mehr, entnimmt der frischen, etwa 18 Stunden im Brütschrank gezüchteten

Reinkultur ungefähr eine viertel Normalöse und verreibt sie vorsichtig und rasch in der ersten Verdünnung (1 : 25), so daß eine zwar deutliche, aber keine zu starke graue Farbe auftritt; dann bringt man das Deckgläschen auf einen Objektträger, dessen Ausschliffrand schon vorher mit Vaselin bestrichen wurde, und legt es unter das Mikroskop. Bei diesem ist die Blende eng bis mittelweit eingestellt; als Objektiv dient ein schwaches System, während das Okular stärker ist, so daß eine Vergrößerung von ungefähr 250 resultiert. Die sofort vorgenommene mikroskopische Untersuchung soll bei verschwundener Beweglichkeit zugleich eine ausgesprochene Bildung von Klümpchen, Häufchen oder Fladen zeigen. Dann wird in die nächste Verdünnung hineingerieben usw. bis die Klümpchenbildung nicht sogleich eintritt. Die letzte Verdünnung, bei welcher die Agglutination noch fast momentan erfolgt, ist die gesuchte.

Nun bringt man auf ein Deckglas „einen Tropfen dieser Verdünnung, auf ein zweites einen Tropfen mit fünffach stärkerem Gehalt an Serum" und verreibt in sie die zu einer schwachen aber doch recht deutlichen Graufärbung erforderliche Menge der fraglichen Kultur.

Besteht diese aus Choleravibrionen, so „muß in diesen beiden Konzentrationen des spezifischen Serums sofort, spätestens aber innerhalb der nächsten 20 Minuten nach Aufbewahrung im Brutschrank bei 37⁰ eine bei schwacher Vergrößerung deutlich erkennbare Häufchenbildung eintreten." Zur Kontrolle ist von den zu prüfenden Bakterien ein hängender Tropfen mit einer zehnmal so starken Konzentration von normalem Serum derselben Tierart, von welcher das Versuchsserum stammt, und eine andere mit der 0,8 proz. Kochsalzlösung herzustellen und zu untersuchen. „In den Kontrollen muß die gleichmäßige Trübung bestehen bleiben. Bei diesem Untersuchungsverfahren ist zu berücksichtigen, daß es Vibrionenarten gibt, welche sich im hängenden Tropfen so schwer verreiben lassen, daß leicht Häufchenbildung vorgetäuscht wird."

Zeigt sich bei der Probeagglutination eine sichere oder zweifelhafte Verklumpung, so wird von der betreffenden Kolonie ein Röhrchen mit schrägem Choleranähragar geimpft (S. 765) und 18 Stunden bei 37⁰ gezüchtet. Mit ihm zugleich wird ein zweites Schrägagarröhrchen mit echter Cholerakultur geimpft und gleichfalls in den Brütapparat gestellt.

Inzwischen werden die Gelatineplatten untersucht. Die Kolonien müssen die vorhin beschriebenen Eigentümlichkeiten zeigen; ihr Auffinden wird sehr erleichtert durch die starken Lichtreflexe, welche bei

stärkerem Bewegen der großen Triebschraube des Mikroskopes
hervortreten. Von den aufgefundenen verdächtigen Kolonien werden
Ausstrich- oder Klatschpräparate gemacht und hohle Objektträger beschickt,
sodann werden Schrägagarröhrchen geimpft und Stichkulturen in Gelatine
(S. 741 und 759) angelegt.

Nachdem die Schrägagarröhrchen 18 Stunden lang bebrütet
worden sind, wird die Ausagglutination vorgenommen.

„Von dem agglutinierenden Serum werden durch Vermischen
mit 0,8 proz. (behufs völliger Klärung zweimal durch gehärtete
Filter filtrierter) Kochsalzlösung wenigstens vier Verdünnungen
hergestellt (z. B. 1:100, 1:500, 1:1000 und 1:2000), die in annähernd gleichmäßiger Progression bis etwa zur Titergrenze gehen.
Von diesen Verdünnungen wird je 1 ccm in zwei Reagenzröhrchen
gefüllt und je eine Öse = 2 mg der zu prüfenden Agarkultur
an der Wand gleichmäßig verrieben und durch Schütteln gleichmäßig verteilt. „Sofort und nach einhalbstündigem Verweilen im
Brutschrank bei 37⁰ werden die Röhrchen herausgenommen und
so besichtigt, daß man sie schräg hält und von unten nach oben
mit dem von der Zimmerdecke zurückgeworfenen Tageslicht bei
schwacher Lupenvergrößerung (unter kräftiger Zurückbiegung des
Oberkörpers) betrachtet. Der Ausfall des Versuches ist nur dann
als beweisend anzusehen, wenn unzweifelhafte Haufenbildung
(Agglutination) in einer regelrechten Stufenfolge bis annähernd
zur Grenze des Titers erfolgt ist, während die Kontrollröhrchen
gleichmäßig getrübt bleiben."

Bei jeder Untersuchung müssen zugleich Kontrollversuche angestellt werden, und zwar:

1. mit der verdächtigen Kultur und mit normalem Serum derselben Tierart, aber in zehnfach stärkerer Konzentration,
   also 1:10, 1:50, 1:100, 1:200;
2. mit derselben Kultur und mit der Verdünnungsflüssigkeit,
   d. h. also der 0,8 proz. Kochsalzlösung;
3. mit der zu gleicher Zeit angesetzten Kultur echter Cholera
   in der zweiten Serie der Testserumröhrchen. (Mit dieser
   Kontrolle übe man sich zunächst ein, um die Agglutination
   sich gut zur Anschauung zu bringen, was nicht immer sofort
   gelingt.)

Bei 3 muß Agglutination erfolgen, bei 2 und 1 nicht. Geschieht
das aber, so liegt Cholera nicht vor.

Bei Anstellung der Agglutinationsproben mit sehr jungen,
wenige Stunden alten, frisch aus dem Körper gezüchteten Cholera-
kulturen tritt zuweilen in der 0,8 proz. Kochsalzlösung auch ohne
Zusatz von spezifischem Serum unter Umständen eine sogenannte

Pseudoagglutination ein. In solchen Fällen ist die Probe mit der Kultur zu wiederholen, nachdem sie im ganzen mindestens 15 Stunden bei 37⁰ gestanden hatte. — Es ist möglich, daß sich dieselbe Erscheinung auch bei aus Wasser gezüchteter Kultur zeige.

Die oben angegebenen Verdünnungen (1:50, 1:100 usw.) bereitet man am einfachsten nach folgender Titriertabelle, wobei die Bruchzahlen Kubikzentimeter bedeuten:

Röhrchen	Man entnimmt Serum		setzt hinzu Na Cl	Resultat
		ccm	ccm	
1	unverdünnt:	0,1	+ 0,9	= 1 ccm der Verdünn. 1 : 10
2	aus Röhrchen 1:	0,2	+ 0,8	= 1 ccm „ „ 1 : 50
3	„ „ 1 :	0,2	+ 1,8	= 2 ccm „ „ 1 : 100
4	„ „ 3 :	0,2	+ 0,8	= 1 ccm „ „ 1 : 500
5	„ „ 3 :	0,2	+ 1,8	= 2 ccm „ „ 1 : 1000
6	„ „ 5 :	0,5	+ 0,5	= 1 ccm „ „ 1 : 2000

Bemerkung. Röhrchen 1 enthält nach Herstellung der Verdünnungen nur noch 0,6 ccm; es kann dazu dienen, auch die zweite Verdünnungsreihe (für Nr. 3) herzustellen. Aus Röhrchen 3 werden 0,6, aus Röhrchen 5 0,5 ccm abgesogen, so daß auch in diesen beiden nur 1,0 ccm zurückbleibt.

Gelingt es mit einem Stamm, der choleragleiche Kommabazillen enthält, eine hohe Agglutination zu erreichen, so ist — abgesehen vom Pfeifferschen Versuch — der Nachweis der Cholera erbracht.

Gelingt die Agglutination nicht, so sind die Agar- und Blut-agarschalen abermals zu revidieren, und verdächtige Kolonien auf Schrägagar zu übertragen, um der Probe- und Ausagglutination unterzogen zu werden. Ferner sind die von den Gelatineplatten gewonnenen Schrägagarkulturen zu agglutinieren. Ergeben auch diese kein positives Resultat, so werden die sekundären Pepton-wasserkölbchen in der vorstehend angegebenen Weise durchgeprüft. Erst mit diesen Nachuntersuchungen ist die Reihe geschlossen.

4. Der Pfeiffersche Versuch.

Wenn die Agglutination kein klares Bild gibt, so kann man den Pfeifferschen Versuch heranziehen.

Für die Anstellung ist Kaninchenserum zu benutzen. Die in folgendem gemachten Zahlenangaben beziehen sich nur auf dieses Serum. Dasselbe muß möglichst hochwertig sein, mindestens sollen 0,0002 g des Serums genügen, um bei Injektion von einer Mischung einer Öse (1 Öse = 2 mg) einer 18stündigen Choleraagarkultur von konstanter Virulenz und 1 ccm Nährbouillon die Cholerabakterien innerhalb einer Stunde in der Bauchhöhle des Meerschweinchens zur Auflösung unter Körnchenbildung zu bringen, d. h. das Serum muß mindestens einen Titer von 1:5000 haben.

Zur Ausführung des Pfeifferschen Versuches sind vier Meerschweinchen von je rund 200 g erforderlich.

Tier *A* erhält das 5 fache der Titerdosis, also $5 \times 0,2$ mg $= 1$ mg von einem Serum mit Titer 1:5000.

Tier *B* erhält das 10 fache der Titerdosis, also 2 mg von einem Serum mit Titer 1:5000.

Tier *C* dient als Kontrolltier und erhält das 50 fache der Titerdosis, also 10 mg vom normalen Serum derselben Tierart, von welcher das bei Tier *A* und *B* benutzte Serum stammt.

Sämtliche Tiere erhalten diese Serumdosen gemischt mit je einer Öse der zu untersuchenden, 18 Stunden bei 37⁰ auf Agar gezüchteten Kultur in 1 ccm Fleischbrühe (nicht in Kochsalz- oder Peptonlösung) in die Bauchhöhle eingespritzt.

Tier *D* erhält nur 1 Öse der zu untersuchenden Kultur, in 1 ccm Fleischbrühe aufgeschwemmt, in die Bauchhöhle zum Nachweis, ob die Kultur für Meerschweinchen virulent ist.

Zur Einspritzung benutzt man eine Hohlnadel mit abgestumpfter Spitze. Die Einspritzung in die Bauchhöhle geschieht nach Durchschneidung der äußeren Haut; es kann dann mit Leichtigkeit die Hohlnadel in den Bauchraum eingestoßen werden[1]). Sofort nach der Einspritzung, 20 Minuten und 1 Stunde später wird an derselben Stelle mittels Haarröhrchen eine geringe Menge Peritonealflüssigkeit zur mikroskopischen Untersuchung aus der Bauchhöhle des Tieres entnommen und auf ein Deckgläschen gebracht, welches auf einen eingefetteten hohlen Objektträger gelegt und bei starker Vergrößerung (Ölimmersion) untersucht wird.

Bei Tier *A* und *B* müssen nach 20 Minuten, spätestens nach 1 Stunde die Choleravibrionen Körnchen in ihrer Leibessubstanz gebildet haben oder sich in kleine Trümmer, in Körnchen, aufgelöst haben, während bei Tier *C* und *D* eine große Menge lebhaft beweglicher oder in ihrer Form gut erhaltener Vibrionen vorhanden sein muß. Die Körnelung und der Zerfall beweisen, daß die eingeimpften

---

[1]) An der linken Unterbauchgegend des auf dem Rücken liegenden, an den Vorder- und Hinterbeinen gehaltenen Tieres werden die Haare abgeschnitten, die Stelle wird mit Sublimat kräftig abgerieben, die Haut ohne Mitnahme der Muskulatur zur Falte erhoben und diese quer durchschnitten. Dann senkt man die Hohlnadel langsam durch die Muskulatur und das Bauchfell auf etwa 1 cm Tiefe, überzeugt sich durch leichtes Hin- und Herbewegen, daß ihre Spitze frei ist. Darauf wird die schon gefüllte Spritze auf die Nadel gesetzt und nun erfolgt langsam und gleichmäßig die Injektion.

Vibrionen die der Cholera waren, während der Fortbestand und die Vermehrung nur bei Vibrionen eintritt, die nicht Choleravibrionen sind.

5. Die für die Cholerauntersuchung erforderlichen Nährböden.

a) Die Bereitung der Peptonlösung.

„Herstellung der Stammlösung: In 1 Liter destilliertem sterilisiertem Wasser werden 100 g Peptonum siccum Witte, 100 g Kochsalz, 1 g Kaliumnitrat und 20 g kristallisiertes kohlensaures Natrium in der Wärme gelöst, die Lösung wird filtriert, in Kölbchen zu je 100 ccm abgefüllt und sterilisiert.

Herstellung der Peptonlösung: Von der Stammlösung wird eine Verdünnung von 1 Teil mit 9 Teilen Wasser hergestellt und zu je 50 ccm in Kölbchen und zu je 500 in größere Kolben abgefüllt und sterilisiert."

b) Die Bereitung des Fleischwasserpeptonagars.

„$\frac{1}{2}$ kg in Stücken gekauftes und im Laboratorium zerkleinertes fettfreies Rindfleisch wird mit 1 Liter Wasser angesetzt, 24 Stunden lang in der Kälte digeriert, $\frac{1}{2}$ Stunde lang gekocht und durch ein Seihtuch gepreßt. Von diesem Fleischwasser wird 1 Liter mit 10 g Peptonum siccum Witte und 5 g Kochsalz versetzt, $\frac{1}{2}$ Stunde lang gekocht, mit Sodalösung neutralisiert, $\frac{3}{4}$ Stunden lang gekocht und filtriert. Zu 1 Liter dieser Fleischwasserpeptonbrühe werden 30 g Agar hinzugesetzt, bis zur Lösung des Agars gekocht und neutralisiert. Zur Herstellung der für Choleravibrionen geeigneten Alkaleszenz fügt man zu je 100 ccm neutralem Nähragar 3 ccm einer 10 proz. Lösung von kristallisiertem, kohlensaurem Natrium hinzu, sodann wird das Agar nochmals $\frac{3}{4}$ Stunden gekocht, filtriert und in Kölbchen oder Röhrchen gefüllt, fraktioniert sterilisiert."

Die abfiltrierende Nährgelatine sowie das abfiltrierende Nähragar und die Peptonlösung werden zu ungefähr 8 ccm in sterilisierte Reagierröhrchen hineinlaufen gelassen. Ist die für die nächste Zeit erforderliche Zahl eingefüllt, so werden die Reste in sterilisierte kleine Kolben oder Flaschen hineinfiltriert. Die gefüllten Röhrchen und Flaschen werden 20 Minuten im strömenden Dampf von 100⁰ sterilisiert, dann rasch abgekühlt und, soweit erforderlich, sofort benutzt.

Die nicht gleich in Gebrauch genommenen Gelatineröhrchen
und -flaschen werden mehrere Tage bei einer Temperatur von etwa
20 bis 22° C aufgehoben, die Agar- und Peptonröhrchen und -flaschen
auf 48 Stunden in den Brutapparat bei 37° gesetzt. Röhrchen und
Flaschen, in welchen sich während dieser Zeit Kolonien gebildet
haben, oder Peptonwasserröhrchen, in welchen sich Trübung zeigte,
werden entfernt.

c) Die Bereitung des Blutalkalinährbodens nach Dieudonné.

In eine dickwandige ausgekochte Glasflasche füllt man eine
Handvoll gekochter Glasperlen oder Drahtstifte von 3 bis 5 cm Länge
(besser noch Drahtspiralen), läßt das Blut des geschlachteten Rindes
direkt in die Flasche laufen, oder füllt es sofort, d. h. noch vor
dem Gerinnen, mit einem Schöpfgefäß hinein; dann schüttelt man
10 Minuten lang; das Fibrin setzt sich an den Glasperlen usw. an,
das Blut wird fibrinfrei.

Dieses defibrinierte Rinderblut wird mit gleichen Teilen Normal-
kalilauge (40 g Ätznatron, Na HO, auf 1 Liter Wasser) gemischt
und $^3/_4$ Stunden lang im Dampfkochtopf gekocht. Es ist sehr
lange haltbar und verliert in einem mit sterilisiertem Wattestopfen
verschlossenen Glaskolben das schädigende Ammoniak.

30 Teile der Lösung werden mit 70 Teilen lackmusneutralem,
heißen 3 proz. Nähragar vermischt. Die Mischung wird in Petrischalen geschüttet, die Schicht sei 3 bis 4 mm dick. Die Agarschalen werden für eine Stunde zum Trocknen in den Brütschrank
bei 37° gestellt.

Ist das Blutalkaliagar frisch bereitet, so muß es mindestens
24 Stunden in den offenen Schalen stehen, bevor es benutzt werden
kann, damit das sich bildende Ammoniak verfliege. Ist das Blut-
alkali alt, so kommen die gegossenen Schalen auch für eine Stunde
in den Brütschrank zum Trocknen.

„Sind brauchbare Dieudonnéschalen nicht vorrätig, so kann
man sich sofort verwendbare Blutalkaliplatten nach Esch dadurch
bereiten, daß man 5 g Hämoglobin im Mörser zerreibt, in 15 ccm
Normalnatronlauge und 15 ccm destilliertem Wasssr löst, diese
Lösung 1 Stunde im Dampftopf sterilisiert und von ihr 15 ccm zu
85 ccm neutralem Agar gibt."

d) Die Bereitung der Nährgelatine.

Zu 1 Liter der unter b) beschriebenen Fleischwasserpeptonbrühe
werden 100 g Gelatine gesetzt, bei gelinder Wärme gelöst, alkalisch
gemacht — die erforderliche Alkalescenz wird erreicht, wenn nach

Herstellung des Lackmusneutralpunktes auf 100 ccm Nährgelatine 3 ccm einer 10proz. Lösung von kristallisiertem, kohlensauren Natrium zugesetzt werden —, ³/₄ Stunden lang in strömendem Dampf erhitzt und filtriert.

b) Der Nachweis der Typhusbazillen im Wasser.

1. Verschiedene Methoden der Untersuchung auf Typhusbazillen im Wasser.

Während es für den Choleranachweis eine „Anreicherungsmethode" gibt, nach welcher dem Wachstum der Cholerabazillen gegenüber dem der anderen Mikroben ein wesentlicher Vorschub geleistet wird, hat man eine solche für die Typhusbazillen noch nicht auffinden können. Man hat sich zuletzt damit begnügen müssen, das Wachstum der Begleitbakterien zu beschränken, was gelungen ist, wobei dann allerdings auch die Typhusbazillen in ihrer Vitalität etwas beeinträchtigt werden dürften.

Zu diesem Hauptmittel sind dann noch andere Verfahren hinzugekommen, mittels welcher man selbst wenige, in größeren Wassermengen vorhandene Typhusbazillen aufzufinden vermag. Der Gang, welchen die Bestrebungen genommen haben, ist ungefähr der folgende:

Von den älteren Verfahren, Verwendung von Kartoffelgelatine, Benutzung von Coffeïn enthaltenden Nährböden u. dgl., können wir völlig absehen; betreffs der anderen Methoden mögen die folgenden kurzen Andeutungen genügen.

Chantemesse und Widal setzten der Nährgelatine 0,25 Proz. Karbolsäure zu und mischten mit ihr ein, höchstens einige, Kubikzentimeter des verdächtigen Wassers. Nachprüfungen erwiesen, daß man besser nicht mehr als 0,2 Proz. Karbolsäure verwendet. Dann sollen sich Typhusbazillen entwickeln, die meisten anderen Bakterien nicht.

Thoinot machte die Sache anders, er setzte dem zu untersuchenden Wasser die Karbolsäure zu; wenn man das Wasser zu einer 0,25 proz. Lösung von Karbolsäure macht und nach etwa drei Stunden dauernder Einwirkung etwas davon in Schalen mit Nähragar bringt, dann bleiben die übrigen Bakterien im Wachstum stark, die Typhusbazillen wenig zurück.

Vincent setzt zu 10 ccm neutraler Bouillon 5 Tropfen einer 5proz. Karbollösung, gibt 1 ccm des zu untersuchenden Wassers hinein und hält die Röhrchen bei 42⁰. Sobald sich Trübung zeigt, wird ein zweites und drittes Mal auf Karbolbouillonröhrchen übergeimpft und dann auf Schalen übertragen, wo die Differenzierung vorgenommen wird.

Péré gibt zu 830 ccm des verdächtigen Wassers 100 ccm Bouillon, 50 ccm einer 10proz. Peptonlösung und 20 ccm einer 10proz. Phenollösung. Das Ganze wird in zehn Erlenmeyerkolben verteilt und in den auf 34⁰ gebrachten Thermostaten gesetzt. Wenn sich nach 15 bis 20 Stunden Trübungen zeigen, so impft man eine Öse des getrübten Kölbchens in ein Röhrchen über, welches die gleiche Flüssigkeit aus gewöhnlichem Wasser hergestellt und sterilisiert enthält, von dort, nach Eintritt der Trübung, auf ein drittes.

Die Typhus- und Colibazillen sollen am Leben bleiben, die übrigen Bakterien zugrunde gehen; durch Schalenkultur wird die Reinzucht bewirkt.

Cambier filtriert mehrere Hektoliter des verdächtigen Wassers durch ein nicht zu engporiges Filter, dann kratzt er das Filter ab und gibt den Schlamm mit den vielen, in ihm enthaltenen Bakterien in eine Chamberlandkerze, welche er in ein enges, hohes Gefäß stellt. Kerze und Gefäß werden gefüllt mit einer 3proz. Peptonlösung, welcher auf 1 Liter 12 ccm einer 1proz. Lösung von Ätznatron und 12 ccm einer konzentrierten Kochsalzlösung zugesetzt sind. Bei Brutwärme, 37⁰, sollen die rasch wachsenden und gut beweglichen Typhusbazillen das Filter in 2 bis 4 Tagen durchwachsen und sich in der das Filter außen umgebenden Nährflüssigkeit wiederfinden. Sobald eine leichte Trübung aufzutreten beginnt, wird auf v. Drigalski-Conradischalen zur Differenzierung übertragen. In dem Stadtinstitut von Paris, im Parc de Montsouris, hat Cambier wiederholt so Typhusbazillen im Wasser nachgewiesen.

In Deutschland ist man andere Wege gegangen, gestützt auf eine Untersuchung des französischen Forschers Vallet, der durch Zusatz von Bleinitrat in mehreren Litern Wasser einen Niederschlag erzeugte und ihn nach der Dekantation in Natriumhyposulfit auflöste; die Lösung mit den in ihr enthaltenen Bakterien wurde weiter kultiviert. Schüder hat einige praktische Änderungen hinzugefügt. Es stellte sich jedoch heraus, daß bei weitem nicht alle zu Versuchszwecken' in das Wasser gebrachten Typhusbazillen wiedergefunden wurden.

Ficker-Berlin kam daher auf die Idee, Eisensulfat einer größeren Menge Wasser zuzusetzen und dann Sodalösung hinzuzufügen, wonach Eisenoxydhydrat ausfällt. Auf 2 Liter des verdächtigen Wassers kommen 8 ccm einer 10proz. Lösung von Kristallsoda und 7 ccm einer 10proz. Lösung von schwefelsaurem Eisensulfat (Ferrisulfat) unter lebhafter Mischung des Wassers mit seinen Zusätzen. Den entstehenden Eisenschlamm läßt man im Eisschrank sich absetzen oder man gewinnt ihn durch Zentrifugieren. Der Schlamm wird in dem halben Volumen 25proz. neutraler, steriler Lösung von weinsaurem Kali und unter weiterer tropfenweiser Zugabe gelöst, die Flüssigkeit auf Drigalskischalen verteilt.

O. Müller-Jena benutzte statt des Eisensulfates den Liquor ferri oxychlorati; wenn das Wasser kalkhaltig ist, bedarf es eines weiteren Zusatzes nicht, nur bei ganz weichen Wässern muß etwas Alkali zugesetzt werden. Dann verwendet Müller den ganzen, durch Abfiltrieren gewonnenen Bodensatz und schmiert ihn in dünner Schicht auf die Elektivnährböden. Müller konnte noch $^1/_{100\,000}$ Öse Typhuskultur, in 3 Litern Leitungswasser verteilt, nachweisen; von den in Leitungswasser, also einem bakterienarmen Wasser, eingesäeten Typhusbakterien gewann er durchschnittlich 88,8 Proz. wieder. Andere Forscher erhielten gleich günstige Resultate, so daß das Müllersche Verfahren den anderen ähnlichen vorzuziehen ist.

Hesse filtriert mehrere Liter des verdächtigen Wassers durch ein Berkefeldfilter, in dessen Hülse er zuvor 0,3 g feinste, geschlämmte, sterilisierte Kieselgur gegeben hat. Hierbei lagert sich zunächst die Kieselgur auf die Außenhaut der Kerze, sodann die Bakterien und die übrigen aufgeschwemmten Teile des Wassers. Nachdem das letzte Wasser aus der Hülse vorsichtig entfernt ist, wird die gesamte Auflagerung durch einen kurzen Stoß mit der Druckpumpe abgehoben. In einigen Kubikzentimetern Wasser sind die gesamten Bakterien enthalten, aus welchen dann durch Aufbringen auf v. Drigalski-Conradi- und auf Endoagar die Typhusbazillen herausgezüchtet werden.

In anderer Richtung ist fast gleichzeitig von Chantemesse-Paris und Windelbandt-Petersburg vorgegangen worden. Ersterer bringt den

Schlamm, die „Filterhaut" eines Kerzenfilters in eine Peptonlösung und läßt 6 bis 7 Stunden bebrüten, dann filtriert er, um Klümpchen und Häutchen zu entfernen, durch Watte und setzt auf ein Reagenzröhrchen der Peptonlösung zwei bis drei Tropfen agglutinierenden Serums zu; nach etwa $\frac{1}{4}$ bis $\frac{1}{2}$ Stunde wird leicht zentrifugiert, die obenstehende Flüssigkeit wird entfernt und der Niederschlag mit den Agglutinationsklümpchen zerschlagen, sodann auf Elektivnährböden gebracht. Windelbandt arbeitet ganz ähnlich.

Altschüler-Straßburg brachte 1 Liter des verdächtigen Wassers, nach Zusatz von 1 Proz. Pepton und $\frac{1}{2}$ Proz. Kochsalz in den Brütapparat und schöpfte nach 24 Stunden 10 ccm von verschiedenen Stellen der Oberfläche, gab sie in ein Röhrchen, welches unten ein Kautschukrohr mit Quetschhahn trug und setzte spezifisches Serum, 1:50, zu; nach 7 Stunden ließ er die Agglutinationsflocken durch den Schlauch ab in ein zweites, zur Hälfte mit Bouillon gefülltes Rohr, zerschlug sie dort, ließ 24 Stunden wachsen und übertrug dann auf die Elektivnährböden.

Trotzdem die Serummethoden prinzipiell richtig erscheinen, mit ihnen auch Versuche gemacht sind, die günstig ausfielen, haben sie sich nicht eingebürgert.

Von den Elektivnährboden kommen zurzeit fast nur die von v. Drigalski-Conradi und von Endo in Betracht, sodann Malachitnährböden und Rindergalle.

Zunächst wird ein für Typhus- und Colibazillen gut geeigneter Nährboden von schwach alkalischer Reaktion hergestellt. Diesem wird bei v. Drigalski-Conradi eine das Wachstum anderer Bakterien zurückhaltende Substanz, nämlich Kristallviolett, zugefügt. Zur Differenzierung der Coli- und Typhusbazillen dient ein Zusatz von Lackmus und Milchzucker. Durch die von den Colibazillen entwickelte Säure wird die Umgebung der Colikolonien gerötet, während die der Typhusbazillen blau bleibt.

Bei dem Endoverfahren wird derselbe gute Nährboden hergestellt, welcher als das Wachstum anderer Bakterien beschränkenden Zusatz Kristallsäurefuchsin erhält. Die rote Farbe wird fortgenommen durch Zusatz von Natriumsulfit. Da die auf diesem Nährboden auch gut wachsenden Colibakterien Säure entwickeln, so werden die Kolonien selbst rot bzw. grünrot schillernd, während die Typhusbazillen und einige andere blaß bleiben und den Nährboden nicht verändern.

Um wenige Bakterien nachzuweisen, ist von Löffler ein Malachitgrünnährboden angegeben, welcher von anderen Forschern noch etwas vervollständigt worden ist; er zeichnet sich dadurch aus, daß die meisten Begleitbakterien auf ihm nicht zum Wachstum kommen, daß aber die Colibakterien auf ihm in dickeren, fest haftenden Kolonien wachsen, während die Typhuskolonien kleiner, dünner sind und nicht fest haften. Schüttet man auf die bewachsene Platte etwas Bouillon, so lösen sich die Typhuskolonien leicht ab und die Bazillen verteilen sich in der Flüssigkeit, während die Colikolonien an ihrem Platz bleiben. Von der Aufschwemmungsflüssigkeit wird dann auf v. Drigalski-Conradi- und auf Endoschalen übertragen.

Die Rindergalle ist nach dem Vorgange von Kayser-Conradi auf den Typhusstationen im Westen des Reiches mit gutem Erfolg für die Züchtung der Typhusbazillen aus Blut, sodann von Ditthorn und Gildemeister für die Bestimmung aus Wasser verwendet worden, wenn das Wasser nicht zu keimhaltig ist.

Die auf bzw. aus den verschiedenen Nährböden gezüchteten Bakterien, welche dem Aussehen und sonstigen Eigenschaften nach Typhusbazillen sein können, werden als solche identifiziert durch die Agglutination und die Kultur auf den besonderen Nährböden (S. 781 ff.).

2. Der Gang der Untersuchung auf Typhusbazillen.

a) Die Gewinnung der in einem Wasser vorhandenen Typhusbazillen.
(Verfahren von O. Müller und von Hesse.)

Wir verwenden gewöhnlich das Verfahren von O. Müller in nachstehender Weise.

Zu 2 Litern des verdächtigen, in ein hohes Standgefäß geschütteten Wassers setzen wir 3,5 ccm Liquor ferri oxychlorati (Deutsches Arzneibuch) und rühren um. Bei sehr weichen Wässern fügen wir vorher pro Liter 10 bis 20 ccm gesättigten Kalkwassers oder 5 bis 10 ccm einer 10 proz. Kristallsodalösung unter Umrühren zu. In rund 2 Stunden hat sich ein voluminöser Niederschlag abgesetzt; wir dekantieren vorsichtig und filtrieren ihn durch ein glattes Faltenfilter oder wir zentrifugieren.

Will man nach der Hesseschen Methode vorgehen, so kocht man 0,1 g feinste geschlämmte Kieselgur in etwa 100 ccm Wasser und läßt sie durch D in den Raum C zwischen der Hülse und der

Fig. 81.

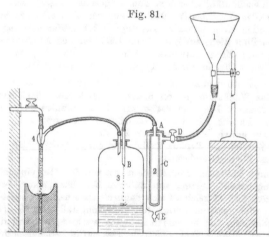

Apparat von Hesse zum Nachweis vereinzelter Bakterien in großen Wassermengen.
1. Einfülltrichter für das zu untersuchende Wasser; 2. Filterkerze; 3. Zwischengefäß.
4. Saugpumpe.   A Deckel der Kerze; B Auslauf für das Filtrat; C der Raum
zwischen Hülse und Filterzylinder; D Zuflußhahn; E Abflußhahn.

vorher sterilisierten Filtrierkerze hineinfließen unter mäßigem Ansaugen durch die Saugpumpe 4. Am besten haben sich Hesse die Kerzen Nr. 10½ und 12 von Berkefeld bewährt; wir hatten auch mit den gewöhnlichen Kerzen bei Kieselguraufschwemmung recht gute Resultate. Man kann auch die Tropffilter (S. 567) benutzen. Ist die Kieselgurmischung durch den Trichter eingetreten, so läßt man sofort das zu untersuchende Wasser nachfließen unter nun vollem Wirken der Saugpumpe. Ist auch dieses im Verschwinden, so wird der Trichter mit nur 200 ccm sterilisierter physiologischer Kochsalzlösung ausgespült und die Spülflüssigkeit abgesogen, bis sie in den Trichterhals versinkt; darauf wird nur so viel abgesogen, daß noch vereinzelte Tropfen in die Glasflasche 3 fallen und die Pumpe abgestellt. Dann wird der Hahn E etwas geöffnet, damit der Raum zwischen Hülse und Filterkerze langsam leerläuft. Inzwischen werden schon die Schrauben bei A gelüftet; darauf wird die Kerze herausgenommen und in ein bereitgestelltes Stativ über einer schon untergestellten sterilisierten Petrischale gespannt. Danach wird rasch das freie Ende des aus der Sammelflasche herausgenommenen dickwandigen Gummischlauches mit einer Druckpumpe (Radfahrpumpe) verbunden und nun mit einem kurzen, kräftigen Stoß die ganze Masse des Kieselgurschlammes und der Bakterien, nebst vielleicht 3 bis 4 ccm Wasser abgehoben, wobei sie in die untenstehende Schale fließt.

Hesse hat mit Altmann-Berlin, Luisenstraße, eine kleine Druckpumpe konstruiert (15 m), die recht brauchbar erscheint. Wo eine Druckpumpe nicht zur Verfügung steht, kann man das Filter mit einem ausgeglühten Metallspatel vorsichtig abkratzen und mit einem Platinpinsel ev. unter Anwendung eines feinen Wasserstrahles aus der Spritzflasche abspritzen. Sollte hierbei zuviel Wasser, z. B. über 10 ccm, zusammenlaufen, so wäre es nach der S. 749 beschriebenen Methode einzuengen oder man müßte mehr Platten verwenden, was bei stärker bakterienhaltigem Wasser sogar anzuraten ist.

b) Die Übertragung der gewonnenen Bakterien auf die Elektivnährböden.

Ein Sechstel des nach der Müllerschen Methode gewonnenen Eisenniederschlages wird mit sterilisiertem Glasspatel (s. S. 745) auf möglichst große Schalen mit v. Drigalski-Conradinähragar verstrichen. Ein zweites Sechstel wird in gleicher Weise dünn über Endoagarschalen verteilt.

Das zweite Drittel des Schlammes wird in einen Reagierzylinder gegeben und mit dem halben Volumen einer 25 proz. Lösung von neutralem, weinsaurem Kali kräftig geschüttelt, eventuell unter tropfenweisem weiterem Hinzufügen der Lösung; es ist aber nicht erforderlich, daß alles gelöst wird. Die so erhaltene Masse wird mit der gleichen Menge Bouillon verdünnt und auf v. Drigalski- und Endoplatten ausgestrichen, so daß auf die Schale 0,5 bis 1,0 ccm

der Mischung kommt. Man bereitet die Schalen, um sie aufnahme-
fähiger zu machen, so vor, daß man sie $1/_2$ bis 1 Stunde offen in
den Brütschrank setzt, dessen Ventilation angestellt ist. Die beschickten Schalen werden möglichst horizontal in den Brütschrank
zurückgestellt und erst mit ihren Tondeckeln bedeckt, wenn die
Flüssigkeit eingesogen bzw. verdunstet ist. Verdünnungsplatten
werden so hergestellt, daß geringe Mengen, ein bis fünf Tropfen,
auf einzelne Schalen gebracht und verteilt werden. Im allgemeinen
ist die Zahl der Thermophilen, also der bei 37⁰ zum Wachstum
kommenden Bakterien, in einem Wasser nicht groß. Wo man
jedoch viele dieser Bakterien erwarten darf, da muß man eine
Serie von Schalen mit einzelnen Tropfen impfen und diese gleichmäßig verstreichen.

Mit dem Rest oder einem Teil der Lösung beschickt man in
gleicher Weise einige Malachitgrünplatten.

Das letzte Drittel des Schlammes wird nach dem Vorgange
von Dithorn und Gildemeister in ein paar Röhrchen mit sterilisierter Ochsengalle gut verteilt und darin 24 Stunden hindurch
bei 37⁰ gezüchtet.

Die nach der Hesseschen Methode gewonnene Flüssigkeit
wird zur Hälfte in zwei Röhrchen mit Ochsengalle hineingegeben
und je zu $1/_4$ auf v. Drigalski- und auf Endoschalen verstrichen.
Kaczynski hatte gute Erfolge, als er die Hessekerze mit ihren
ganzen Auflagerungen sofort in ein steriles Gefäß mit sterilisierter
unverdünnter Rindergalle hineinhing.

c) Die Untersuchung der bewachsenen Nährböden und die Probeagglutination; die Übertragungen auf weitere Nährsubstrate.

Alle Schalen und Gefäße werden für 24 Stunden bei 37⁰ gehalten. Darauf werden die Schalen revidiert.

Auf dem v. Drigalski-Conradiagar erscheinen die Typhuskolonien als kleine blasse, hellbläuliche oder weißliche, flache
Häufchen. Ganz ähnlich erscheinen sie auf dem Endoagar. Sie
sind den Kolonien der Ruhr, des Paratyphus, des Bac. faecalis
alkaligenes, Proteus u. a. zum Verwechseln ähnlich, aber sie unterscheiden sich von den Colikolonien, ihren hauptsächlichsten Kon-
kurrenten, auf den Schalen dadurch, daß sie niemals auf den
ersteren einen roten Säurehof haben, auf den letzteren rot oder
gar grün glänzend gefärbt sind. „Typhusverdächtige", d. h. die
eben beschriebenen Kolonien werden zunächst durch die

Probeagglutination untersucht. Zu dem Zwecke werden
auf einen Objektträger, senkrecht zu seiner Längsrichtung, drei

längliche, dicke Tropfen von 0,85 Proz. Kochsalzlösung und von einem Typhus- und Paratyphus(B)serum gebracht. Letztere sind so konzentriert zu nehmen, daß sie mit dem eigenen Stamm längstens innerhalb einer halben Minute agglutinieren.

In die drei Tropfen wird so viel von der Kolonie eingerieben, daß eine nicht starke, aber deutliche Graufärbung entsteht; dann wird der Objektträger, entsprechend der Längsrichtung der Tropfen, auf- und niederbewegt. Besteht die Kolonie aus Typhusbazillen, so macht sich bald ein Verklumpen der Bazillen in dem Typhustropfen bemerkbar, während in dem Kochsalztropfen keine, in dem Paratyphustropfen auch keine oder höchstens eine schwache Agglutination auftritt. Besteht die Kolonie aus Paratyphusbazillen, so zeigt sich die Verklumpung im Paratyphusserum, während die Kochsalzlösung keine, das Typhusserum ebenfalls keine oder eine nur schwache Agglutination aufweist.

Zeigt sich eine positive oder eine zweifelhafte Probeagglutination, so werden von der betreffenden Kolonie ein, besser mehrere Schrägröhrchen mit gewöhnlichem Nähragar dicht in der Weise bestrichen, daß man das geringe, strichförmig über die Mitte der schrägen Fläche, von unten nach oben gebrachte Material mit einigen Ösen des in dem Röhrchen befindlichen Kondensationswassers über der ganzen Fläche gleichmäßig verteilt und das Röhrchen für 24 Stunden bei 37⁰ bebrütet. Ist fast die ganze Kolonie für die Agglutination verbraucht worden, so überträgt man den Rest in ein Röhrchen mit 1 ccm Bouillon, bebrütet bei 37⁰ für 4 Stunden und impft von der Bouillon aus die Schrägröhrchen.

Von den Galleröhrchen werden mit einer sehr geringen Menge von verschiedenen Stellen, hauptsächlich aber von der Oberfläche, mittels einer Öse entnommenen Materials eine Endo- und v. Drigalskischale in der vorhin angegebenen Weise beimpft, außerdem sind verschiedene Verdünnungsplatten zu machen. Diese werden so hergestellt, daß der zur Verteilung der einen Öse auf der Originalschale gebrauchte Spatel, ohne desinfiziert zu werden, sofort zum Bestreichen der zweiten Schale (erste Verdünnung) und dann weiter zum Bestreichen der dritten Schale (zweite Verdünnung) verwendet wird. Außerdem wird eine Malachitgrünschale mit der Gallekultur bestrichen.

Die Kolonien müssen auf wenigstens einer der Schalen gut isoliert liegen. Sie werden, wie vorstehend angegeben, untersucht.

Wenn sich bei Anstellung der Probeagglutination keine Hinweise auf Typhusbazillen ergeben haben, so werden auf die

Malachitgrünplatten ungefähr 3 ccm Bouillon gegeben. Bei sanftem Hin- und Herbewegen lösen sich die Typhuskolonien leicht von dem Nährboden los und verteilen sich in der Flüssigkeit; die Colikolonien tuen beides in erheblich geringerem Maße. Von der leicht trüb gewordenen Bouillon, die man 10 Minuten ruhig stehen läßt, werden wiederum je drei v. Drigalski- und drei Endoplatten gegossen, indem auf die Originalschale höchstens eine Öse gebracht wird, die von der Oberfläche der Aufschwemmung genommen wurde. Die Verdünnungen werden in der vorhin beschriebenen Weise angelegt.

Außerdem lohnt es, den folgenden Versuch zu machen. Der Inhalt der in den Röhrchen übrig gebliebenen Gallekultur wird durch Watte oder Papier in ein Reagenzröhrchen filtriert. Auf je 10 ccm gibt man drei Tropfen unverdünnten Typhusagglutinationsserums, schüttelt und setzt das Röhrchen etwas schräg für 2 Stunden in den Brütapparat. Etwa entstehende Klümpchen werden vorsichtig ausgeschleudert, die obenstehende Flüssigkeit wird durch Eingießen in eine Sublimat- oder Kresollösung beseitigt und der Bodensatz nach Zugabe von 5 bis 10 ccm Bouillon durch Schütteln zersprengt. Dann werden von ihm drei v. Drigalski-Conradi- und drei Endoplatten bestrichen, wovon je zwei die Verdünnungen darstellen.

Alle angelegten Kulturplatten kommen für 24 Stunden in den Brutschrank und werden darauf, wie vorstehend angegeben, geprüft. Die bei der Probeagglutination sich als typhusverdächtig erweisenden Kolonien werden auf Schrägröhrchen mit Nähragar übertragen.

d) Die mikroskopische Untersuchung und die Ausagglutination.

Sind am nächsten Tage die bei der Probeagglutination gewonnenen Schrägröhrchen bewachsen, so wird die Kultur zunächst mikroskopiert.

Die Färbung geschieht mit verdünnter Karbolfuchsinlösung, und darauf nach der Gramschen Methode. Das erstere Präparat soll kurze, kräftige Bazillen zeigen, die vielleicht so lang, aber nicht so dick zu sein pflegen als die Colibazillen; häufig finden sich kürzere Fäden, etwa zwei- bis zehnfach so lang als die einzelnen Typhusbazillen. Sporen bilden die Typhusbazillen nicht, dahingegen sind sowohl Vakuolen- als auch Körnchenbildung in ihrem Protoplasma nicht selten; am meisten finden sie sich in älteren Kulturen.

Nach Gram färben sich die Typhusbazillen ebensowenig wie die anderen Repräsentanten der Typhuscoligruppe.

Im hängenden Tropfen bewegen sich die Typhusbazillen wackelnd oder sich überschlagend fort, zuweilen mit großer Geschwindigkeit, zuweilen langsam. Die Fäden durchschwimmen das Gesichtsfeld in mehr gleichmäßigen, schlangenförmigen Bewegungen. Nicht immer zeigen die Bazillen sofort ihre Beweglichkeit; meistens genügt dann eine mehrmalige, in 4- bis 12 stündigen Zwischenräumen vorgenommene Übertragung von einem Bouillonröhrchen in das andere und Kultur bei 37⁰ C, um sie wieder hervortreten zu lassen.

Entsprechen die fraglichen agglutinierenden Bazillen im allgemeinen den vorstehenden Anforderungen, so werden sie ausagglutiniert und zwar genau so, wie bei Cholera (S. 762) angegeben worden ist.

Auf die Ausagglutinierung ist der Hauptwert zu legen: Man vergesse nicht, daß ein regelrechter Typhusstamm zugleich, als Kontrolle, mit ausagglutiniert werden muß, und daß ein Kontrollröhrchen mit physiologischer Kochsalzlösung anzusetzen ist, in welches etwas von der Kultur des verdächtigen Stammes eingerieben wird. Letzteres darf keine Agglutination zeigen.

Ergibt sich eine hohe Agglutination, gemessen an dem Vergleichsstamm, die staffelförmig parallel der Verdünnung abnimmt und ungefähr mit der Agglutination des Vergleichsstammes parallel geht, während das Kochsalzröhrchen keine Agglutination zeigt, so kann die Diagnose als gesichert gelten und man kann auf die Durchprüfung der übrigen angesetzten Proben verzichten.

Nichtsdestoweniger empfiehlt es sich der größeren Sicherheit wegen, mit einem oder mehreren der agglutinierenden Stämme die nachstehenden kulturellen Proben anzustellen.

Wo die Agglutination erheblich hinter der des Kontrollstammes zurückblieb, sind die nachstehenden Proben notwendig.

e) Die Kulturproben auf Typhusbazillen und der Pfeiffersche Versuch.

Mit dem Inhalt des oder der Schrägröhrchen, welches die positive oder fragliche Agglutination gegeben hat, werden die nachstehenden Nährböden geimpft. Dann kommen diese auf zunächst 24 Stunden in den 37⁰ warmen Brütschrank. Ist nach dieser Zeit eine Reaktion nicht eingetreten, so werden sie bis zur

definitiven Entscheidung in den Brütschrank zurückgestellt und
täglich untersucht. — Von jedem Nährboden kommt ein ungeimpftes
Röhrchen als Kontrolle mit in den Brütschrank.

α) Die Züchtung in Lackmusmolke. Die Kultur wird höchstens 48 Stunden bebrütet. Der Nährboden darf nicht gerötet
werden, er darf jedoch eine geringe Verfärbung des Violett nach
Rot hin zeigen.

β) In Neutralrottraubenzuckeragar darf sich bei 37⁰ in
drei Tagen weder Gas, noch eine grünschillernde (fluoreszierende)
Verfärbung bilden. Die Gasbildung macht sich durch ein Zer-
reißen des Agars meistens schon nach 24 Stunden bemerkbar.
Zum Zwecke der Impfung wird der Nähragar aufgekocht, darauf
bis auf 40⁰ abgekühlt und nun mit der Reinkultur beschickt.
Durch sanftes Bewegen sollen die Keime durch den ganzen Nähragar verteilt werden. In der wieder erstarrten und in den Brütschrank übertragenen „Mischkultur" treten die Verfärbung und
Gasbildung deutlicher hervor als in einer Stichkultur.

γ) In Milch darf bei 37⁰ innerhalb dreier Tage keine Gerinnung eintreten. Die Gerinnung ist entweder die Wirkung der
Säuerung oder eines Fermentes.

δ) In Peptonwasser darf sich bei 37⁰ innerhalb von fünf
Tagen kein Indol gebildet haben. Der Indolnachweis findet sich
in dem Abschnitt „Die Zubereitung der Nährböden" unter „Bereitung von Peptonlösung und Indolnachweis".

ε) In Traubenzuckerpeptonlackmuslösung darf innerhalb
von 48 Stunden bei 37⁰ keine Gasbildung, wohl eine mäßige Rötung,

ζ) in Lackmusnutrosemilchzucker (Barsiekow) innerhalb
von drei Tagen bei 37⁰ weder Rötung noch Koagulation eintreten;

η) dahingegen wird Lackmusnutrosetraubenzucker (Barsiekow) bei 37⁰ und in 24 Stunden sowohl rot gefärbt als auch
koaguliert (Ruhrbazillen röten, lassen aber die Koagulation erst
später entstehen).

In der Tabelle auf der umstehenden Seite sind noch einige
andere Merkmale angegeben, die zu einer weiteren Feststellung
herangezogen werden können.

Die Diagnose „Typhusbazillen" darf nur gestellt
werden, wenn alle vorerwähnten Proben stimmen.

Auf Nährgelatine in schrägen Röhrchen übertragen, wachsen
die Typhusbazillen als ein grauer, matter, nicht starker Rasen; in den
Gelatineschalen erscheinen die tief liegenden Kolonien als kleinere,
bräunliche Kugeln von feiner Körnung (Taf. IX, Fig. 83 a, b, c),

während die des Bact. coli größer, dunkler und gröber gekörnt sind. Liegen die Kolonien an der Oberfläche, so schieben sie sich in unregelmäßiger Form vor, die man wohl als weinblattförmig bezeichnet, dabei ist die dünne Auflagerung fein gestrichelt (Taf. IX, Fig. 84); in der Strichelung sind sekundäre Fältelungen bemerkbar, welche eine gewisse Ähnlichkeit mit den Furchen der Gehirnoberfläche haben. Bei dem Bact. coli ist die unregelmäßige Form weniger hervortretend, der Belag dicker, die Strichelung gröber, sodann sind die Furchen weniger gut ausgeprägt.

Soll ein Pfeifferscher Versuch vorgenommen werden, welcher sich wohl empfiehlt, jedoch nicht notwendig ist, so werde genau nach dem bei der Cholera beschriebenen Verfahren vorgegangen.

f) Die Verfahren bei dem Fehlschlagen der ersten Untersuchungen.

Werden schon aus den ersten geimpften Schrägröhrchen Typhusbazillen sicher nachgewiesen, so ist damit die Untersuchung beendet. Der größeren Sicherheit wegen kann man den Nachweis auch auf die übrigen angesetzten Kulturmedien ausdehnen.

Wurden keine agglutinierenden Kulturen in den schrägen Röhrchen gefunden, dann werden zunächst die schon abgeimpften Schalenserien nochmals durchsucht und abgeimpft. Sodann wird auf die anderen Kulturen übergegriffen. Die von den Malachitgrünschalen hergestellten v. Drigalski- und Endokulturen werden auf typhusverdächtige Kolonien untersucht und mit ihnen, wie unter c) beschrieben, Probeagglutinationen angestellt. Positive oder zweifelhaft reagierende Kolonien werden in Röhrchen mit schräg erstarrtem Nähragar übertragen.

In ganz gleicher Weise werden die von den Galleröhrchen hergestellten v. Drigalski- und Endoschalen bearbeitet bzw. nochmals durchgearbeitet.

Am nächsten Tage werden sämtliche gewonnenen Schrägagarröhrchen mikroskopiert und probeagglutiniert. Diejenigen, welche ansprechen, werden ausagglutiniert. Positiv reagierende und zweifelhafte Kulturen werden in die vorhin angegebenen Kulturnährböden übertragen und beobachtet. Auch hier gilt wieder der Grundsatz, daß die Diagnose Typhus nur gestellt werden darf, wenn alle Proben stimmen.

Die für die Kulturen erforderlichen Nährböden sind am Schlusse des Kapitels besprochen.

Um eine Übersicht zu gewähren und Vergleiche zu ermöglichen, sind in der beiliegenden Tabelle die verschiedenen Eigenschaften der Typhusbazillen und der anderen in diese Gruppe hineingehörenden Mikroorganismen zusammengestellt.

c) Der Nachweis der Paratyphus= und Ruhrbazillen im Wasser.

Man unterscheidet zwei Arten der Paratyphuserreger, A und B, die sich nahe stehen. Der Paratyphus A ist sehr selten und kommt kaum in Betracht; auch der Paratyphus B tritt nur selten als der Erreger einer Wasserepidemie auf. Man muß aber bei Wasseruntersuchungen auf beide um so mehr achten, als die klinische Unterscheidung zwischen Typhus und Paratyphus oft recht schwierig ist.

Ähnlich liegen die Verhältnisse für die Ruhr. Hier ist, wie früher schon erwähnt, eine Gruppe von Bakterien die Veranlassung. In der Tabelle sind vier Erreger der Krankheit erwähnt. In Deutschland ist in den letzten Jahren der Bazillus Y häufiger gewesen.

Die unterscheidenden Merkmale der Bazillen dieser beiden Gruppen sind in der angefügten Tabelle genau verzeichnet und dort einzusehen.

Der Nachweis der Erreger aller dieser Affektionen ist genau so zu führen wie bei Typhus.

Das Wasser ist auszufällen, der entstandene Schlamm gelöst und ungelöst auf v. Drigalski-Conradi- und Endoschalen, Malachitgrünagar, sowie in Galle zu bringen, wo die Erreger dieser Krankheiten ohne Säurebildung, und in fast genau gleicher Größe und Form wie die Typhuserreger wachsen. Bei Ruhrverdacht wende man jedoch einen v. Drigalski-Conradinährboden an, welchem kein Kristallviolett zugesetzt worden ist. Auch der Endonährboden eignet sich gut. Es empfiehlt sich sehr, beide Nährböden nebeneinander zu verwenden, da die Ruhrbazillen nicht immer gut wachsen.

Auf den v. Drigalski-Conradischalen sehen die Paratyphuskolonien aber meistens etwas satter aus und stellen etwas dickere, mehr knopfförmige Kolonien dar. Die Y-Bazillen bilden gern etwas ungleichmäßige Kolonien und färben den Nährboden etwas violett-rot; aber die Unterschiede sind nicht groß, nicht durchschlagend. — Auf Endoschalen sind überhaupt keine Unterschiede zwischen den Kolonien der Typhusbazillen einerseits und den Paratyphus- und Ruhrbazillen andererseits vorhanden.

Auch die mikroskopischen Bilder sind denen des Typhus gleich, nur sind die Bazillen der Ruhr im hängenden Tropfen **nicht** beweglich, d. h. sie wechseln nicht den Platz; dahingegen haben sie eine recht lebhafte Molekularbewegung. Es sei daran erinnert, daß man für die Prüfung im hängenden Tropfen Bouillon und eine junge, 18 bis 24 Stunden alte Kultur und zwar nur in geringer Menge verwenden muß, um ein klares Bild zu erhalten.

Bei der orientierenden Agglutination müssen einerseits die verwandten Sera, z. B. von Paratyphus A und B, andererseits die von Shiga-Kruse und Flexner bzw. das von Y, nebeneinander und neben der Kochsalzkontrolle Verwendung finden.

Der über die Art der Bakterien entscheidende Versuch ist die Ausagglutination, zu welcher möglichst hochwertige Sera verwendet werden sollen. Man tut gut, neben dem fraglichen, den normalen Stamm und den verwandten, z. B. neben einem wahrscheinlichen Paratyphus B einen echten Paratyphus B, sowie den Paratyphus A und den Typhus, bei fraglichem Shiga-Kruse neben dem Kontrollstamm den Bac. Flexner oder Y mit auszuagglutinieren, um die volle Sicherheit der Identifizierung zu bekommen.

Die Differenzierung zwischen Bac. dysenteriae Flexner, Y und Strong gelingt durchaus nicht immer gut. Für die Differentialdiagnose der Dysenteriestämme unter sich sind auch die Kulturen auf Saccharose-, Mannit- und Maltoselackmusagar zu verwenden.

Ist der Agglutinationsversuch gelungen, so empfiehlt es sich trotzdem sehr, die in der Tabelle aufgezählten Kulturen anzulegen und deren Resultate mit den Angaben der nebenstehenden Tabelle zu vergleichen.

Dort, wo die Ausagglutination nicht sehr hohe Resultate gibt, ist unbedingt die ganze Reihe der Kulturmethoden erforderlich.

Dort, wo die Agglutination völlig versagt trotz wiederholter Umzüchtung auf Röhrchen mit schräg erstarrtem Nähragar, ist die Untersuchung als negativ aufzugeben.

d) Der Nachweis der Milzbranderreger im Wasser.

Da die Milzbrandbazillen im Wasser nur kurze Zeit leben, die Sporen aber sich monatelang halten und ihrer Schwere wegen bald zu Boden sinken, so ist es im allgemeinen richtig, den Schlamm des verdächtigen Wassers zu untersuchen.

Nach der Pasteurschen Methode schwemmt man 200 g Schlamm fünfmal hintereinander mit je 250 ccm sterilisierten

Wassers auf und läßt jedesmal in einem Spitzglas absitzen. Der Niederschlag der ersten Aufschwemmung wird entfernt. Der Niederschlag der übrigen wird 20 Minuten auf 80° C erhitzt und dann zum Teil zu Nährgelatine geschüttet, die in Schalen ausgegossen wird. Ein anderer Teil wird mit dem v. Drigalskischen rechtwinkelig abgebogenen Glasspatel auf einigen Schalen mit Nähragar verstrichen. Ein weiterer Teil wird in die Bauchhöhle von Mäusen, die ungemein empfindlich gegen Milzbrand sind, und ev. von Meerschweinchen oder Kaninchen gespritzt. Sterben die geimpften Tiere, so zeigt die Plattenkultur aus Herzblut oder aus Milzsaft an, ob der Milzbrandbazillus am Tode des Tieres beteiligt war oder nicht.

Soll das Wasser selbst untersucht werden, so wird es nach den beim Typhus beschriebenen Methoden ausgefällt, und der Schlamm gelöst oder ungelöst in Agarschalen in den Brütapparat gebracht. Schon nach 24 Stunden bieten die Milzbrandkolonien das in der Tabelle angegebene Bild. Kulturen in Gelatineschalen eignen sich weniger, da die verflüssigenden Kolonien sehr hindern. Ein Teil des Eisenschlammes wird wieder auf Mäuse, Meerschweinchen oder Kaninchen subkutan verimpft. Die primären Tierimpfungen dürfen bei der Untersuchung auf Milzbrand nicht fehlen; sie führen nicht selten noch zum Ziel, wo die Kultur versagt.

Die Kennzeichen und Eigenschaften der Milzbranderreger sind in der angefügten Tabelle aufgeführt.

e) Der Nachweis der Tuberkelbazillen im Wasser.

Die Kultur der Tuberkelbazillen ist kaum ausführbar. Zu empfehlen ist das Tierexperiment. 2 Liter des verdächtigen Wassers werden, wie bei Typhus angegeben, mit 3,5 ccm Liquor ferri oxychlorati versetzt, der ausgefallene abfiltrierte Schlamm mehreren ausgewachsenen Meerschweinchen (nicht Kaninchen) unter die Rückenhaut gespritzt und dort gut verstrichen. Mehrere Tiere sind erforderlich, sowohl um die Menge des Schlammes unterzubringen, und andererseits, weil bei den großen Mengen der Bakterien zu erwarten ist, daß das eine oder andere Tier an Sepsis stirbt.

Die Tiere sind vor dem Versuch und nachher alle 8 Tage zu wiegen. Wenn ein stetiger erheblicher Gewichtsverlust eintritt, so ist der Verdacht auf Tuberkulose naheliegend; man tötet jedoch solche Tiere besser nicht, sondern wartet den Tod ab. Jedenfalls möge man mindestens 3 Monate verstreichen lassen, ehe man abgemagerte Tiere tötet. Nicht abgemagerte Tiere sind nicht tuberkulös. Die

Herde in Lungen, Milz, Nieren usw. weisen auf die Tuberkulose hin. Die spezifische Färbung muß die Bazillen erkennen lassen. Außerdem empfiehlt es sich sehr, mit einem Teil eines Herdes von den gestorbenen oder getöteten ersten Meerschweinchen ein zweites zu impfen, welches, wenn Tuberkulose vorliegt, ebenfalls nach einer Reihe von Wochen unter den besprochenen Befunden stirbt.

V. Die Herstellung der Nährböden zum Nachweis der Coli-, Typhus-, Paratyphus- und Ruhrbazillen.

1. Die Bereitung des Nähragars nach v. Drigalski-Conradi.

a) Bereitung des Agars.

3 Pfund fettfreies Pferdefleisch (oder Rindfleisch) werden fein gehackt, mit 2 Liter Wasser übergossen und bis zum nächsten Tage stehen gelassen (im Eisschrank).

Das Fleischwasser wird sodann abgeseiht und der Rückstand — am besten mit einer Fleischpresse — abgepreßt. Die ganze Menge der auf diese Weise gewonnenen Flüssigkeit wird gemessen, gekocht und filtriert[1]). Dem Filtrat werden zugefügt:

      1 Proz. Pepton sicc. Witte,
      1   „   Nutrose (oder auch 1 Proz. Tropon),
      0,5 „   Kochsalz.

Die Mischung wird gekocht, neutralisiert und filtriert, unter Zusatz von 3 Proz. Agar (zerkleinertes Stangenagar) 3 Stunden lang im Dampftopf gekocht, darauf durch Sand (Rohrbecksches Sandfilter) oder Leinwand[2]) oder sterilisierte entfettete Baumwolle im Dampftopf filtriert, wiederum neutralisiert und gemessen.

b) Milchzucker-Lackmuslösung.

300 ccm Lackmuslösung von Kahlbaum-Berlin werden 10 Minuten lang gekocht, erhalten darauf einen Zusatz von 30 g Milchzucker und werden abermals 15 Minuten lang gekocht; bei der Benutzung ist die Flüssigkeit sorgfältig vom Bodensatz abzugießen.

c) Mischung.

Die heiße Milchzucker-Lackmuslösung (b) wird der heißen Agarmasse (a) zugesetzt und die Mischung mit 10 proz. Sodalösung bis zur schwach alkalischen Reaktion alkalisiert.

---

[1]) An Stelle des Fleischwassers kann auch eine 1 proz. Lösung von Liebigs Fleischextrakt in Wasser benutzt werden.

[2]) Bei Filtration im Dampftopf wird der Filtriertrichter zum Schutz gegen Verdünnung durch einfließendes Kondenswasser mit einem leichten übergreifenden Deckel bedeckt.

Die Alkalisierung geschieht bei Tageslicht mit dem in dem Nährboden enthaltenen Lackmus als Indikator. Die Farbenprüfung gelingt leicht, wenn man den schräg geneigten Kolbenhals gegen einen weißen Untergrund hält, oder den Schaum betrachtet, der beim Schütteln des Kolbens auftritt.

Zu dem schwach alkalischen Nährboden werden 6 ccm einer sterilen, warmen 10 proz. Sodalösung und 20 ccm einer frischen Lösung von 0,1 g Kristallviolett O chemisch rein — Höchst [1]) — in 100 ccm Aq. dest. steril. hinzugefügt. Der Nährboden wird in Mengen von etwa 200 ccm in Erlenmeyersche Kölbchen abgefüllt und kann so wochenlang aufbewahrt werden. Die Doppelschalen für die Herstellung der Platten seien möglichst groß.

Zur Kontrolle, ob der Nährboden die Bakterien gut zum Wachsen kommen läßt, wird eine mit dem frisch zubereiteten Agar beschickte Schale mit einer ganz dünnen Aufschwemmung von Typhusbazillen, eine zweite mit einer solchen von Bact. coli geimpft.

2. Die Bereitung des Nähragars nach Endo.

2 Liter Leitungswasser werden zusammen mit 20 g Liebigs Fleischextrakt, 20 g Pepton. sicc. Witte, 10 g Kochsalz, 60 g zerschnittenen Agars vermischt und 2 Stunden lang im Autoklaven bei 110° gehalten. Nachdem völlige Lösung des Agars erfolgt ist, wird durch Watte filtriert. Zu dem mit 20 ccm einer 10 proz. Sodalösung neutralisierten Filtrat kommen 20 g Milchzucker, 10 ccm einer 10 proz. alkoholischen Fuchsinlösung (100 ccm 96 proz. Alkohols + 10 g kristallisierten Fuchsins werden stark geschüttelt und 20 Stunden stehen gelassen, darauf abgegossen) und 50 ccm einer frisch bereiteten 10 proz. Natriumsulfitlösung. Nach Einstellung der schwach alkalischen Reaktion wird der Nährboden in Kölbchen abgefüllt und sterilisiert. Die Kölbchen werden gut vor Licht geschützt aufbewahrt. Der zu Platten ausgegossene Agar soll im durchfallenden Licht farblos, im auffallenden leicht rosa gefärbt sein. Ist die Entfärbung nicht ausreichend, so muß etwas mehr Sulfit zugesetzt werden. Stets ist durch Probeplatten zu versuchen, ob Typhusbazillen auf dem so bereiteten Nährboden gut wachsen.

3. Die Bereitung des Malachitgrünagars.

Um den von Löffler zuerst eingeführten, von Lentz und Tietz modifizierten Nährboden herzustellen, werden in ¼ Liter

---

[1]) Präparate anderer Fabriken sind nicht gleichartig verwendbar, müssen vielmehr ausprobiert werden.

Wasser 10 g Liebigs Fleischextrakt gelöst; in einem weiteren halben
Liter Wasser werden 40 g Agar zum Quellen gebracht; darauf
wird beides zusammengeschüttet und mindestens 2 Stunden kräftig
gekocht; dann werden 10 g Pepton und 5 g Kochsalz in $^1/_4$ Liter
Wasser gelöst und mit der noch heißen Agarbrühe gemischt. Alles
wird noch eine Stunde lang gekocht und durch Leinwand oder
eine dünne Schicht entfetteter Watte filtriert. Durch Zusatz von
Sodalösung wird das heiße Nähragar bis zur schwach sauren
Lackmusreaktion neutralisiert, was einem Alkaleszenzgrad von
1 proz. Normalnatronlauge unter dem Phenolphthaleinneutralpunkt
entspricht. Das fertige Agar wird in sterile Kölbchen von etwa
100 bis 250 ccm Inhalt verteilt und an drei aufeinander folgenden
Tagen durch einstündiges Verweilen im Dampfkochtopf sterilisiert.
Sodann wird ein kristallinisches, chemisch reines Malachitgrün (z. B.
Nr. I, Höchst) zu 1:60 in destilliertem Wasser gelöst. Hiervon
wird 1 ccm auf 100 ccm verflüssigten sterilen Nähragars zugegeben,
tüchtig gemischt, ohne daß Bläschen entstehen, und die Mischung
sofort in Schalen gegossen. Das Malachitgrün fällt bei der Fabrikation nicht gleichmäßig aus, deshalb ist es erforderlich, mit dem
fertiggestellten Nährboden eine Wachstumsprobe anzustellen, indem
man Typhusbazillen in geringerer Zahl auf eine frische Platte
überträgt; sie müssen in 24 Stunden zu sandkorn- bis stecknadel-
knopfgroßen Kolonien bei Brutwärme ausgewachsen sein. Kommen
neben den Typhusbazillen noch viele andere Bazillen zum Wachsen,
so ist zu wenig, bleibt das Wachstum der Typhuskolonien zurück,
so ist zu viel Malachitgrün zugesetzt worden.

4. Die Zubereitung der Rindergalle.

Frisch aus dem Schlachthaus bezogene Rindergalle wird an
zwei aufeinander folgenden Tagen im Dampfkochtopf gekocht,
filtriert, in weite Reagiergläser gefüllt und abermals an zwei aufeinander folgenden Tagen je 15 Minuten hindurch im Dampfkochtopf gekocht. Um eine möglichst gleichmäßige Galle zu bekommen,
schüttet man zehn und mehr Gallenblaseninhalte zusammen, mischt
und sterilisiert nach vorstehender Vorschrift.

5. Die Bereitung der Nährböden nach Barsiekow.

a) Die Lackmusnutrosetraubenzuckerlösung.

10 g käufliche Nutrose, d. h. die Natriumverbindung des Kaseins,
5 g Kochsalz und 1 Liter Wasser werden im Dampftopf 2 bis 3 Stunden
gekocht und so lange filtriert, bis die Flüssigkeit klar durchläuft.

50 ccm Lackmuslösung von Kahlbaum werden im Wasserbade oder Dampftopf 15 Minuten gekocht, mit 10 g Traubenzucker versetzt und wieder 10 Minuten gekocht, dann bis zur Klarheit filtriert. Die beiden Flüssigkeiten werden gesondert, die erstere in Kölbchen zu 100 ccm, die letztere in Röhrchen zu 8 ccm gefüllt, an 3 aufeinander folgenden Tagen je 10 Minuten im Dampftopf sterilisiert und aufgehoben. Im Bedarfsfall wird je ein Kölbchen Nutroseagar und ein Röhrchen Lackmustraubenzuckerlösung zusammengegossen, in Reagierröhrchen verteilt und darin kräftig aufgekocht.

In ganz gleicher Weise werden b) Die Lackmusnutrosemilchzuckerlösung und c) Die Lackmusnutrosemannitlösung hergestellt.

6. Die Bereitung der Traubenzuckerpeptonlackmuslösung.

5 g Kochsalz und 10 g Pepton werden in Wasser gelöst, zu 800 ccm aufgefüllt und 1 Stunde im Dampfkochtopf bei 100° gekocht.

10 g Traubenzucker werden in 150 ccm Wasser gelöst, mit 50 ccm Lackmuslösung von Kahlbaum versetzt und an drei aufeinander folgenden Tagen je 15 Minuten, nicht länger, auf 100° im Dampfkochtopf erhitzt. Sollte eine Reduktion beim Kochen eintreten, so ist mit Sodalösung oder Natronlauge bis zum Lackmusneutralpunkt genau wieder einzustellen.

Die beiden sterilisierten Flüssigkeiten werden gemischt in sterilisierte kleinere Kölbchen übergeführt und nochmals kurz, 10 Minuten, sterilisiert.

7. Die Bereitung der Zuckeragarnährböden.

10 g Saccharose, bzw. Maltose, bzw. Mannit (oder ein ähnlicher Nährstoff) werden in 100 ccm Wasser gelöst, mit 50 ccm Lackmuslösung von Kahlbaum versetzt und an drei aufeinander folgenden Tagen je 15 Minuten, nicht länger, auf 100° im Dampftopf erhitzt. Sollte sich die Lösung dabei verfärben, so ist mit Sodalösung oder Natronlauge auf den Lackmusneutralpunkt einzustellen. Auf je 100 ccm des verflüssigten Nähragars (S. 703) werden 15 ccm obiger steriler Lösung hinzugegeben. Das Gemisch wird einmal kurz aufgekocht.

8. Die Bereitung des Neutralrotagars.

Gewöhnlicher Nähragar wird zur Hälfte mit Bouillon gemischt, auf 100 ccm der Mischung kommen 0,3 g Traubenzucker und 1 ccm einer gesättigten wässerigen Lösung von Neutralrot. Die erforderliche Anzahl von Röhrchen wird abgezogen, und ebenso wie der nicht verbrauchte Rest sterilisiert. Es empfiehlt sich, um den Sauerstoff auszutreiben, ältere Röhrchen vor dem Gebrauch aufzukochen. Die Verteilung des Impfmaterials gibt bessere Resultate als die Stichübertragung.

9. Die Bereitung der Lackmusmolke nach Petruschky.

Ganz frische Milch wird mit der gleichen Menge Wasser versetzt und ihr so viel 0,4 proz. Salzsäure zugefügt, als für die Ausfällung des Kaseins genügt. Der Kaseinniederschlag wird abfiltriert. Das Filtrat wird durch Zusatz von Sodalösung genau, aber nicht über den Lackmusneutralpunkt hinaus, neutralisiert, dann 1 bis 2 Stunden im Dampfkochtopf gekocht, wobei der Rest des Kaseins ausfällt, und filtriert. Ist die Molke alkalisch gemacht worden, so wird sie durch das Kochen braun oder gelbbraun und ist für Farbenreaktionen nicht mehr verwendbar. Bleibt die Molke nach dem Filtrieren trübe, so sterilisiert man sie, läßt den trüben Niederschlag sich absetzen und hebert die klare Flüssigkeit ab. Die völlig wasserhelle, mit einem Stich ins Gelbgrünliche versehene, genau neutrale Molke wird im Dampfkochtopf sterilisiert und zum Gebrauch aufgehoben eventuell unter Zusatz von etwas Chloroform (1 bis 2 ccm auf 1 Liter).

Daneben wird gesondert und steril aufgehoben empfindliche Lackmuslösung von Kahlbaum; etwa 5 ccm genügen zur Färbung von 100 ccm Molke.

Die durch Zusammenschütten kleiner Proben erlangte Flüssigkeit muß einen schönen, neutralvioletten, im Sinne der Optik purpurnen, Farbenton haben.

Gute Lackmusmolke ist gebrauchsfertig erhältlich bei „Kahlbaum, Chemische Fabrik in Berlin".

10. Die Bereitung der sterilisierten Milch.

Milch ist durch bloßes Kochen schwer zu sterilisieren. Es bedarf entweder des häufigen oder des sehr lange fortgesetzten Kochens; in beiden Fällen wird die Milch gern braun und in ihrer Gerinnungsfähigkeit etwas beschränkt. Es empfiehlt sich, nur ganz frische Milch möglichst reinlich gemelkter Kühe in kleinen Gefäßen, Röhrchen oder kleinen Kolben, je eine halbe Stunde lang an zwei aufeinander folgenden Tagen im Autoklaven bei 110° zu sterilisieren, die Röhrchen und Gefäße mehrere Tage unter Kontrolle zu halten, und nicht steril gebliebene Röhrchen auszuschalten.

Besser und einfacher ist es, sich „Naturamilch" in $^1/_8$, $^1/_4$ bis $^1/_2$ Literdosen von der Molkerei in Waren, Mecklenburg, kommen zu lassen. Die Dosen werden mit Alkohol oben und unten kräftig abgerieben, mit einem ebenso behandelten Pfriemen oben und unten durchstochen und die Milch in sterile Reagierröhrchen eingelassen; eine halbe Stunde dauerndes Kochen genügt zur Keimtötung.

11. Die Bereitung eines Kartoffelnährbodens.

Manche Mikroorganismen wachsen auf durchschnittenen, gekochten Kartoffeln in charakteristischer Weise; siehe die Tabelle zu S. 781.

Zum Anlegen von Kulturen eignen sich die nicht mehligen Arten, die Futter- oder Salatkartoffeln am besten. Die Haut derselben sei möglichst glatt. Sind sogenannte Augen vorhanden, so werden sie ausgestochen. Die Kartoffeln reinigt man alsdann gründlich mit Bürste und Wasser und legt sie eine Stunde lang in eine Sublimatlösung von 5:1000. Darauf werden die Kartoffeln mit einem der Weite der Reagenzröhrchen entsprechenden Korkbohrer durchstochen, die Zylinder in der Diagonale zerschnitten; die Hälften auf zwei Reagenzröhrchen verteilt. Man gibt zuvor in die Reagierröhrchen 2 ccm Wasser und ein Stückchen Glasstab von 3 cm Länge, auf welches sich die halben Kartoffelzylinder aufsetzen. Die so beschickten Röhrchen werden wegen der schwer zu beseitigenden sporenbildenden Erdbazillen an drei aufeinander folgenden Tagen jeweils drei viertel Stunden im Autoklaven bei etwa 120°, d. h. bei einer Atmosphäre Überdruck, gehalten.

12. Die Bereitung einer 1 proz. Peptonlösung und der Nachweis der Indolbildung.

10 g Peptonum siccum (Witte-Rostock) und 3 g Kochsalz werden gemischt und unter Umrühren langsam in 1 Liter gewöhnlichen etwa 60° warmen Wassers hineingeschüttet, dann wird zum Sieden erhitzt und eine halbe Stunde die Kochwärme beibehalten, sei es über freiem Feuer [1]), sei es im Dampftopf. Die Reaktion ist meistens neutral; anderenfalls genügt eine minimale Zugabe von verdünnter Salzsäure oder von Sodalösung, um die Neutralität zu bewirken. Die in sterile Röhrchen hineinfiltrierte heiße Lösung wird aufgekocht und am nächsten Tage nochmals sterilisiert.

---

[1]) In diesem Falle nimmt man 1200 ccm Wasser des Verdampfens wegen.

Ungefähr 10 ccm, ein Röhrchen, wird mit der fraglichen Kultur reichlich geimpft und drei Tage im Brütapparat belassen, dann wird die Hälfte abgegossen und mit dieser Hälfte die Reaktion vorgenommen. Fällt sie positiv aus, so ist die Frage entschieden; fällt sie negativ aus, so kommt die nicht verwendete Hälfte des Stammröhrchens auf zwei weitere Tage in den Brütapparat zurück. Nach dieser Zeit, also nach fünf Tagen, wird die Schlußreaktion angestellt.

Auf die angegebene Menge von 5 ccm Peptonwasser wird 0,5 ccm einer Lösung von 0,005 g Kalium nitrosum in 100 ccm destillierten Wassers und nach kräftigem Umschütteln 1 ccm einer fünf- bis zehnfach verdünnten Schwefelsäure hinzugegeben und wieder geschüttelt. Nach einer halben Stunde Stehens, während welcher Zeit sich das Indolrot gebildet hat, wird die Flüssigkeit mit ungefähr 2 ccm Amylalkohol kräftig geschüttelt. Erst wenn der Amylalkohol sich in einer gleichmäßigen Schicht oben abgelagert hat, wird auf den roten Farbstoff abgelesen. Eine rötliche Farbe zeigt die Anwesenheit von Indol an. Besteht Unklarheit, ob die Farbe vorhanden sei oder nicht, so werden 5 ccm Peptonwasser mit der angegebenen Menge Kaliumnitrit und Schwefelsäure versetzt und geschüttelt, dann mit 2 ccm Amylalkohol abermals geschüttelt und die Farbe des Alkohols mit der der Probe verglichen.

Zucker verhindert die Indolbildung so lange, bis er vollständig verzehrt ist; man verwendet daher besser keine Bouillon, sondern stets Peptonwasser. Ohne Anwesenheit von Pepton gelingt die Probe nicht. Die dünne Kaliumnitritlösung hält sich, dunkel aufbewahrt und gut verschlossen, mehrere Wochen.

Die Ehrlichsche Methode des Indolnachweises, welche von einigen bevorzugt wird, besteht darin, daß man zu der Peptonwasserkultur 5 ccm einer Lösung von 4 ccm Paradimethylamidobenzaldehyd in 380 ccm 96 proz. Alkohols, der mit 80 ccm konzentrierter Salzsäure versetzt ist, hinzufügt, dann noch 5 ccm einer gesättigten wässerigen Lösung von Kaliumpersulfat ($K_2S_2O_8$) einfüllt und schüttelt. Die rote Farbe zeigt das Indol an.

O. Die chemische Untersuchung des Wassers.

I. Die Methoden der Untersuchung.

1. Die physikalische Untersuchung der Wässer auf Temperatur, Farbe, Trübung, Geruch und Geschmack.

Die physikalische Untersuchung des Wassers ist schon in dem ersten Teile des Buches ausgiebig besprochen worden, so daß es hier nur der Hinweise bedarf.

Die Temperatur der Wässer ist S. 41 ff., die Färbung und Trübung S. 47 ff., der Geruch und Geschmack S. 59 ff. behandelt und möge das Erforderliche dort nachgesehen werden.

2. Die elektrische Leitfähigkeit der Wässer.

Das Vorhandensein von Salzen im Wasser macht dieses an sich nicht leitfähige Medium zu einem Leiter der Elektrizität (S. 448). Schon eine geringe Änderung der gelösten Stoffe, also des Elektrolytgehaltes des Wassers, ruft eine Änderung der elektrischen Leitfähigkeit hervor. Man hat daher, wenn man im Besitz eines fertig zusammengestellten Apparates ist[1]), in der Ermittelung der Leitfähigkeit ein Mittel, welches in wenigen Minuten eine mit einem Wasser vorgegangene Änderung seines Salzgehaltes festzustellen gestattet.

Die Messung der an sich nur geringen Leitfähigkeit geschieht nach der für Widerstandsmessungen allgemein gebräuchlichen Methode von Kohlrausch unter Anwendung der Wheatstoneschen Brücke. Diese · besteht aus einem Draht von konstantem und an allen Stellen gleichmäßigem Widerstand, dem Meßdraht. Auf ihm ist ein Schleifkontakt verschiebbar angebracht, dessen Stellung an einem Maßstab abgelesen werden kann, welcher sich vor dem Draht befindet. Bei den neueren Apparaten ist der Draht auf eine nicht leitende Walze gewickelt und der Schleifkontakt durch ein Kontakträdchen ersetzt. Die beiden Enden des

---

[1]) Wie solche unter anderem von Bleckmann und Burger, A.-G., Berlin, Bosse u. Co., Berlin, Hartmann und Braun, A.-G., Frankfurt a. M. hergestellt werden.

Meßdrahtes werden mit einem Induktorium verbunden, das den Strom eines Elementes in Wechselstrom mit hoher Frequenz umwandelt und den Sekundärstrom durch den Draht schickt. An das eine Ende des Meßdrahtes schließt sich mittels Leitung ein veränderlicher Vergleichswiderstand, ein Rheostatenwiderstand an. Als Widerstandseinheit ($\varkappa$) gilt die Leitfähigkeit eines Körpers, von dem ein Kubus von 1 cm Länge und 1 qcm Fläche den Widerstand 1 Ohm besitzt. Als solche Vergleichswiderstände dienen Drahtspulen von 10 und 100 Ohm Widerstand, die ersteren für die gehaltreichen Wässer, die Abwässer, die besser leiten, die letzteren für die an Salzen ärmeren Wässer. Von dem Vergleichswiderstand (R) geht eine Leitung durch das Gefäß mit dem zu messenden Wasser zum anderen Ende des Drahtes. Das Gefäß ist meistens ein zylindrisches Glasgefäß, in welchem die gut rein zu haltenden Platinelektroden in unverrückbarer Entfernung voneinander angebracht sind. Für Flußwasseruntersuchungen usw. hat sich die Pleißnersche Tauchelektrode als praktisch erwiesen; sie besteht aus einem Doppelglaszylinder, in dessen sich gegenüberliegenden Wänden die als Pole dienenden Drahtgeflechte halb eingeschmolzen sind. Von dem Abstand der Elektroden und der Größe der Gefäße hängt die Widerstandskapazität (C) der letzteren ab, d. h. der Widerstand, wenn der Raum zwischen den Elektroden mit einem Leiter vom Leitvermögen 1 ausgefüllt ist (siehe oben $\varkappa$). Es ist also $C = \varkappa\,W$, d. h. die Kapazität ist gleich dem spezifischen Widerstand ausgedrückt in Einheiten (1 Ohm Widerstand in einer Säule von 1 cm Kubus). Die Widerstandskapazität wird empirisch in Normalflüssigkeiten ermittelt. Das Leitvermögen einer Fünfzigstel-Normalchlorkaliumlösung beträgt z. B. 0,002 399; bei der von Pleißner konstruierten Tauchelektrode beträgt die Widerstandskapazität nach Ausweis einer großen Reihe von Versuchen 0,05. Als Normaltemperatur für diese Messungen gilt eine solche von 18⁰ C. Bei anderen Temperaturen (t) findet die Umrechnung statt:

$$K(t) = \varkappa_{(18^0)} \left(1 + 0{,}023\,(t - 18)\right).$$

Der Faktor 0,023 hat sich ergeben aus zahlreichen Messungen von dünnen Salzlösungen und von Naturwässern. In der Praxis verwendet man Korrektionstabellen. Zwischen dem Rheostaten und dem Widerstand, also der zu prüfenden Wasserprobe, ist eine Leitung abgezweigt, welche zu dem Meßdraht hinüberführt und dort in einem beweglichen Schleifkontakt endet und in welche ein Telephon eingeschaltet ist. Ist der Widerstand in den beiden Zweigleitungen (1. die mit dem zu messenden Widerstand, 2. die

mit dem Vergleichswiderstand) ungleich, so geht durch den Meßdraht, in welchen das Telephon eingeschaltet ist, ein Strom, der
sich dem Ohre des Beobachters als ein eigentümliches Summen
(Insektensummen) kundgibt. Verschiebt man nun den Schleifkontakt auf dem Draht, so läßt sich ein Punkt finden, wo das
Tönen des Telephons aufhört, oder minimal ist. Das Verschwinden

Fig. 82.

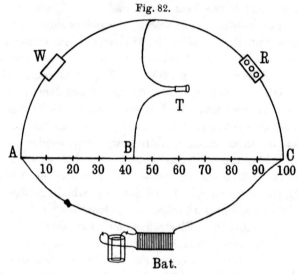

Schema eines Apparates zur Bestimmung der elektrischen Leitfähigkeit eines Wassers.

des Tones zeigt an, daß die Brücke, der Meßdraht, stromlos geworden ist, daß also genau so viel Strom auf dem Vergleichswiderstand wie auf dem zu messenden Widerstand ruht. In
diesem Falle verhält sich der gesuchte Widerstand (W) zu dem
Vergleichswiderstand (R), wie die beiden ihnen entsprechenden
Strecken des Meßdrahtes:

$$W : R = AB : BC$$
$$W = \frac{R \cdot AB}{BC}.$$

Ausführung: Es gibt stabile und tragbare Apparate, die sich
nur in der Anordnung, nicht im Prinzip unterscheiden. Man hängt
das Tauchrohr — meistens wird mit diesem gearbeitet — direkt
in die zu untersuchende Flüssigkeit oder man schöpft letztere in
einen Hartgummibecher und hängt das Rohr hinein; das andere
Ende des Leitungsdrahtes wird an der dafür vorgesehenen Stelle
in den Stromkreis eingeschaltet. Dann wird am Rheostaten bei
konzentrierteren Flüssigkeiten auf 10 Ohm, bei dünneren auf

100 Ohm eingestellt. Nun wird das Telephon montiert und darauf die elektrische Batterie eingeschaltet. Sodann ist der Ton im Telephon durch Schraubenstellung so einzustellen, daß er gleichmäßig rein klingt, das tut er am besten, wenn er hoch liegt. Darauf geht man mit dem Schleifkontakt nach rechts oder links und schiebt ihn auf der Seite, wo der Ton schwächer wird, so weit zurück, bis er verschwindet, oder bis er am schwächsten ist und liest den Stand an der Skala ab. Zuweilen läßt sich der Punkt des geringsten Geräusches schwer feststellen; man kommt in solchen Fällen gut zum Ziele, wenn man nach rechts und nach links schiebt, bis zum geringen aber deutlichen Ansteigen des Tones und die Strecke dann halbiert; man wiederholt den Versuch ein paarmal. Der Abstand des Gleitschiebers vom Nullpunkt zeigt den Widerstand von 100 Ohm an. — (Gewöhnlich wird den Apparaten eine genaue Gebrauchsanweisung und bei einigen Arten auch eine Zahlentafel zur Bestimmung des Verhältnisses des gemessenen Widerstandes $\frac{R \cdot AB}{BC}$ und zur Reduktion nach der Temperatur beigegeben.)

Beispiel: Der Vergleichswiderstand betrug 100 Ohm. Das Tonminimum trat ein, als der Schleifkontakt auf der Zahl 45,0 cm des Meßdrahtes stand. Der Widerstand des untersuchten Wassers beträgt also:

$$\frac{45 \cdot 100}{100 - 45} = 81{,}8 \text{ Ohm.}$$

Die Widerstandskapazität des Tauchgefäßes betrug 0,05 cm, die Leitfähigkeit des untersuchten Wassers also:

$$\frac{0{,}05}{81{,}8} = 0{,}000\,611$$

$$= 6{,}11 \cdot 10^{-4} \text{ reziproke Ohm pro ccm Würfel.}$$

Die Untersuchung sei gemacht bei einer Wasserwärme von 20⁰ C, dann beträgt:

$$\varkappa_{18} = \frac{\varkappa_{20}}{1 + 0{,}023\,(20 - 18)}$$

$$= \frac{6{,}11 \cdot 10^{-4}}{1{,}046}$$

$$= 5{,}84 \cdot 10^{-4}.$$

Sie sei gemacht bei 16⁰, dann beträgt:

$$\varkappa_{18} = \frac{\varkappa_{16}}{1 + 0{,}023\,(16 - 18)}$$

$$= \frac{6{,}11 \cdot 10^{-4}}{0{,}954}$$

$$= 6{,}40 \cdot 10^{-4}.$$

3. Die Radioaktivität.

Sehr viele Wässer, auch viele natürliche Mineralwässer, enthalten radioaktives Gas. Man hat in den meisten Fällen die Identität dieses Gases mit der sogenannten Radiumemanation nachgewiesen.

Als äußeres Kennzeichen der radioaktiven Körper muß man die Fähigkeit der Aussendung von charakteristischen Strahlen ansprechen. Die Ursache dieser Strahlenemission ist in dem Zerfall und der Umwandlung der Atome zu suchen.

Das Radium ist wie alle radioaktiven Elemente instabil, eine gewisse Anzahl von Atomen zerfallen in der Zeiteinheit. Das erste Zerfallsprodukt des festen Radiums ist die gasförmige Emanation. Während das Radium chemisch den Reaktionen des Bariums folgt, zeigt die Emanation die Eigenschaften eines zur Gruppe der Edelgase gehörigen Elementes.

Die Haupteigenschaft der Emanation ist neben ihrer Gasnatur die Fähigkeit, die Luft zu ionisieren, d. h. die Luft für den elektrischen Strom leitend zu machen; die Emanation selbst zerfällt wieder in andere radioaktive Stoffe, die aber nicht gasförmige, sondern feste Körper und die Ursache der induzierten Aktivität sind.

Auf der Eigenschaft der Emanation, die Luft leitend zu machen, sowie auf ihrer Gasnatur beruht die Bestimmung der Radioaktivität von Wässern. Die Emanation ist in Wasser, wie jedes andere Gas (z. B. Kohlensäure) physikalisch gebunden. Schüttelt man Wasser genügend lange mit Luft, so nimmt die Luft die gesamte Emanation auf. Bringt man in diese mit Emanation gemischte Luft ein elektrisch geladenes Elektroskop, so findet durch die elektrische Leitfähigkeit der emanationshaltigen und daher ionisierten Luft eine Entladung des Elektroskops statt, die sich in einem Zusammenfallen der beiden Metallblättchen des Elektroskops zeigt.

Arbeitet man mit bekannten Elektrizitätsmengen, die zur Ladung des Elektroskops benutzt wurden, und ist ferner die Zeit, in der die beiden Metallblättchen entweder ganz oder um gewisse Skalenteile zusammenfallen, bestimmt, so kann die Radioaktivität, bzw. der Gehalt an Emanation, wie weiter unten ausgeführt werden wird, genau bestimmt werden.

Das einfachste und bequemste Instrument zu derartigen Untersuchungen ist (Fig. 83) das Fontaktoskop von C. Engler und H. Sieveking, welches von der Firma Günther und Tegetmeyer in Braunschweig in den Handel gebracht wird. Es besteht aus zwei Teilen, einer Blechkanne (D) und dem Elektroskop (E). Das

Elektroskop trägt in metallischer, also leitender Verbindung einen zilindrischen Zerstreuungskörper Z, der isoliert in die Kanne hineingehängt ist. Ist das Elektroskop und mit ihm der Zerstreuungskörper mit Elektrizität geladen und befindet sich in der Kanne emanationshaltige Luft, so verliert der Zerstreuungskörper durch die leitende Luft seine Ladung; die Blättchen des Elektroskops b, b fallen zusammen.

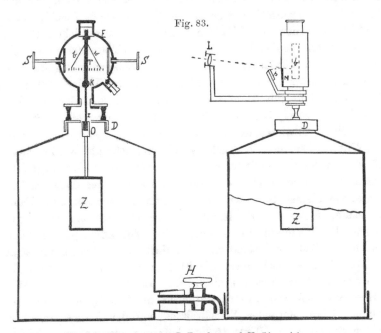

Fig. 83.

Das Fontaktoskop von C. Engler und H. Sieveking.

Die eigentliche Messung erfolgt nun entweder so, daß man in bestimmten Zeitintervallen den Stand der Blättchen rechts und links von der Normalen an einer geteilten Skala abliest, oder daß man mit Hilfe einer „Stoppuhr" die Zeit feststellt, in welcher die Blättchen um eine gewisse Distanz gefallen sind. Aus diesen Daten kann man mit Benutzung einer Eichtabelle, die jedem Instrument beigegeben wird, den Emanationsgehalt der Luft in der Kanne berechnen.

Will man eine Flüssigkeit untersuchen, so bringt man eine abgemessene Menge derselben in die Kanne, verschließt letztere mit einem gut schließenden Stopfen, schüttelt die Kanne kräftig um. Die Emanation geht dann fast völlig in die in der Kanne befindliche Luft über und kann so gemessen werden.

Natürlich sind bei einer derartigen Bestimmung gewisse Vorsichtsmaßregeln zu beachten. Es ist wohl das einfachste, wenn im folgenden eine vollständige Untersuchung eines Wassers auf Radioaktivität an Hand eines Beispieles beschrieben wird. Die Beschreibung lehnt sich direkt an die Gebrauchsanweisung des Engler-Sievekingschen Fontaktoskops an.

Ausführung: Vor Beginn eines Versuches überzeuge man sich davon, daß keinerlei Isolationsmängel vorhanden sind, daß der Bernstein im Elektroskop trocken ist (er ist selten feucht; dann vorsichtig trocknen mit Hilfe von Natrium in der seitlichen Röhre), daß die Kanne von früheren Messungen her nicht mehr radioaktiv ist; alles dies konstatiert man durch Messung des sogenannten „Normalverlustes"; man erhält denselben in der Weise, daß man das Elektroskop mit angehängtem Zerstreuungszylinder auf die leere Kanne setzt, lädt und den Abfall in einer halben Stunde mißt. Zum Anhängen des Zylinders dient der kleine Stift, der in den Mittelbalken des Elektroskops (T) eingeschraubt werden kann (K–Z) und der den Zylinder mittels Bajonettverschlusses trägt (O). Das Laden erfolgt nach vorsichtigem Entfernen der Schutzbacken mit einem kleinen Stäbchen aus Hartgummi, oder mit einer Zambonisäule; ersteres wird leicht am Ärmel oder am Haar gerieben. Bei feuchtem Wetter oder beim Arbeiten in großer Nähe der Quelle (Badehaus) ziehe man das Hartgummistäbchen jedesmal vor dem Reiben rasch durch die Flamme eines Zündhölzchens, da es sonst nicht genügend isoliert. Das Laden erfolgt nach Aufsetzen des Elektroskops mit daran hängendem Zylinder auf die Kanne. Unter normalen Verhältnissen soll der Verlust in einer halben Stunde etwa 10 bis 15 Volt betragen, also auf eine Stunde umgerechnet 20 bis 30 Volt. Während der Bestimmung des Normalverlustes kann gleichzeitig die Entnahme des zu prüfenden Wassers erfolgen. Hierbei ist speziell darauf zu achten, daß nicht Luft durch das Wasser quirlt; dasselbe soll langsam in das Schöpfgefäß einfließen. Heiße Quellen werden im Wasserbade auf etwa 30^0 abgekühlt.

Die Menge des zur Verwendung kommenden Wassers ist abhängig von der Stärke der Radioaktivität. Bei starken Quellen genügt $1/4$ Liter, bei schwächeren $1/2$ bis 1 Liter; darüber entscheidet ein orientierender Vorversuch.

Ist das Wasser hinreichend abgekühlt und die Bestimmung des Normalverlustes beendet, so lasse man das Quellwasser vorsichtig in die Kanne fließen und achte wieder darauf, daß überflüssige Luftdurchperlung vermieden wird; darauf schließe man die

Kanne mit dem Gummistopfen sehr exakt und schüttele kräftig eine halbe Minute lang; dann lasse man, falls ein starker Überdruck in der Kanne herrscht, wie dies bei reichem Kohlensäuregehalt der Fall ist, ein entsprechendes Quantum Wasser aus dem am Boden befindlichen Hahn (*H*) vorsichtig ab, wobei man die Kanne leicht neigt, damit keine Luft entweichen kann. Nun lüfte man den oberen Stopfen, befestige den Zerstreuungszylinder am Elektroskop, setze letzteres rasch auf die Kanne, lade bis auf 30 Teilstriche etwa und beobachte den Abfall der Spannung. Die Beobachtungsdauer ist natürlich abhängig von der Stärke der Radioaktivität des Quellwassers. Man wähle die Versuchsdauer so, daß die Blättchen um etwa 10 ganze Skalenteile zusammengehen und wiederhole die Messung rasch ein zweites Mal. Der beobachtete Spannungsabfall wird umgerechnet auf eine Stunde und ein Liter; dauert der Versuch fünf Minuten bei $1/4$ Liter, so wäre der beobachtete Wert mit $12 \times 4 = 48$ zu multiplizieren.

Das so erhaltene Resultat bedarf, wenn es auf sehr genaue Messungen ankommt, einer doppelten Korrektur.

1. Es bleibt ein Restbetrag von Emanation im Wasser zurück; will man nicht das Wasser in einer zweiten Kanne auf diesen Restbetrag in gleicher Weise prüfen, so kann man unter Zugrundelegung des bekannten Absorptionskoeffizienten für Radiumemanation in Wasser die Korrektur berechnen. Für gleiche Volumina Wasser und Luft beträgt der Koeffizient 0,23; mit Rücksicht darauf, daß die Kanne einen Inhalt von 10 Litern hat, würde durch diese Absorption ein scheinbarer Fehlbetrag von 0,02 entstehen. Man muß also 2 Proz. addieren.

2. Bei Wiederholung einer Messung nach kurzer Pause beobachtet man einen Anstieg der Aktivität, was davon herrührt, daß die sogenannte „induzierte Aktivität", die ein Produkt der Emanation (s. S. 792) ist und sich wie ein Belag auf den Wänden der Kanne niederschlägt, zerstreuend auf die Ladung des Elektroskops wirkt. Arbeitet man rasch, so kann man diese Korrektur vernachlässigen, anderenfalls verfahre man wie folgt: Nach Beendigung der Ablesung leere man die Kanne, entferne alle Luft durch Füllen bis zum Rande mit inaktivem Brunnen- oder Bachwasser und mache eine Bestimmung mit der so gereinigten leeren Kanne. Diese Bestimmung soll zeitlich $1/4$ Stunde nach der letzten Messung mit Quellwasser liegen. Der sich ergebende Wert für die Aktivität wird mit $10/9 = 1,1$ multipliziert, da bekanntlich die vom Radium induzierte Aktivität in $1/4$ Stunde auf 90 Proz. des Anfangswertes sinkt. Der so erhaltene Wert für die induzierte Aktivität ist abzuziehen.

Häufig wird die Aktivität einer Quelle in absoluten elektrischen Einheiten angegeben, außer der Angabe des Voltabfalles pro Stunde. Zur Berechnung genügt die Kenntnis der Kapazität des Apparates, die etwa 12 bis 15 cm beträgt, deren Bestimmung zur Eichung des Instrumentes gehört. Zur Umrechnung beachte man, daß 300 Volt gleich einer absoluten elektrostatischen Einheit sind und eine Stunde gleich 3600 Sekunden ist.

Hat man z. B. pro Liter und Stunde einen Abfall von 8400 Volt gefunden und ist die Kapazität gleich 13,5 cm, so ist die abfließende Elektrizitätsmenge pro Sekunde (Stromstärke)

$$(8400/300) \cdot (13,5/3600) \text{ Einheiten.}$$

Da dieser Wert unbequem klein wird, selbst für eine starke Quelle, bei der 8400 Volt gefunden wurden, so multipliziert man ihn noch mit 1000. Die so erhaltenen Zahlen bilden das von Mache vorgeschlagene Maß der Radioaktivität von Quellen (Macheeinheit = ME). Das Fontaktoskop gestattet auch annähernd festzustellen, ob die Aktivität der Quelle auf Radium oder eine andere Substanz zurückzuführen ist. Um das zu prüfen, lasse man eine Kanne durch längeren Kontakt mit emanationshaltiger Luft sich stark mit induzierter Aktivität bedecken; dann vertreibt man die Luft wie oben angegeben wurde und mißt von $1/_4$ Stunde zu $1/_4$ Stunde die Aktivität der Kanne. Die vom Radium stammende induzierte Aktivität sinkt in einer Stunde auf die Hälfte des Anfangswertes, die vom Thorium viel langsamer, etwa in $11^1/_2$ Stunden.

Beispiel und Berechnung. (Schwache Quelle.) Stift und Zerstreuungszylinder werden am Elektroskop befestigt und dasselbe auf die Kanne aufgesetzt. Es wird geladen, bis der Ausschlag auf beiden Seiten etwa 15 Teilstriche beträgt. Die Ausschläge sollen möglichst gleich sein, daher eventuell etwas auf einer Seite der Kanne unterlegen. Genaue Ablesung der Blättchenstellung, Notierung derselben und des Zeitpunktes der Ablesung, am besten mit der Stoppuhr.

1. Ablesung: 2 Uhr 45; 30,5 Skalenteile, nach Tabelle . . . 237,6 Volt
2.   „   3 „ 15; 27,7   „   „   „   . . . 227,6 „
    also Abfall in einer halben Stunde 10,0 Volt oder 20 Volt/Stunde
                    Normalverlust.

Das Elektroskop wird abgenommen, in die Kanne 1 Liter Quellwasser gebracht, eine halbe Minute stark geschüttelt, unten durch den Hahn das Überdruckwasser abgelassen, der obere Stopfen entfernt, das Elektroskop mit Zylinder wieder aufgesetzt und neu geladen.

3. Ablesung: 3 Uhr 30; 30,9 Skalenteile . . . 239,4 Volt
4.   „   3 „ 50; 20,4   „   . . . 182,6 „
    also Abfall in 20 Minuten = 56,8 Volt oder 170 Volt/Stunde.

Nach Abrechnung des Normalverlustes erhält man:

$$170 - 20 = 150 \text{ Volt/Stunde,}$$

oder in absoluten Einheiten (Kapazität = 13,5):

$$150/300 \cdot 13,5/3600 = 0,001\,88,$$

nach Mache mit 1000 multipliziert: 1,9 ME.

Zweites Zahlenbeispiel. (Starke Quelle.) Normalverlust wie vorher 20 Volt/Stunde. Wassermenge $^1/_4$ Liter.

3 Uhr 45; Ablesung 25,0 . . . . 219,6 Volt
3 „ 46; „ 16,3 . . . . 165,1 „
Abfall: 54,5 Volt in 1 Minute = 3270 Volt/Stunde.

3 Uhr 47; Ablesung 29,0 . . . . 232,8 Volt
3 „ 48; „ 18,2 . . . . 168,8 „
Abfall: 64 Volt in 1 Minute = 3840 Volt/Stunde.

Nach Leeren der Kanne und Spülen: Bestimmen der induzierten Aktivität.

4 Uhr 1; Ablesung 26,2 . . . . 221,0 Volt
4 „ 5; „ 21,5 . . . . 191,8 „
Abfall: 29,2 Volt in 4 Minuten = 438 Volt/Stunde. 438 . 1,1 = 482 Volt.

Die Aktivität der Quelle ist demnach: 3840 — 480 = 3360 Volt-Stunde. Dazu kommen 2 Proz. wegen Absorption. Also definitiver Wert 77 + 3360 = 3437 Volt pro $^1/_4$ Liter und Stunde oder 13 748 Volt pro Liter und Stunde. In absoluten Einheiten: 13 748/300 . 13,6/3600 = 0,173, nach Mache mit 1000 multipliziert: 173 ME.

4. Die Reaktion.

Der qualitative Nachweis. Die Reaktion eines Wassers bestimmt man dadurch, daß man je einen Streifen empfindlichen roten und blauen Lackmuspapieres fünf Minuten lang zur Hälfte in ein mit dem zu prüfenden Wasser gefülltes Porzellanschälchen eintauchen läßt und die eingetretene Veränderung in der Farbe der Streifen feststellt. Alkalisches Wasser färbt den roten Streifen blau, saures Wasser den blauen Streifen rot. Es ist notwendig, bei dieser Prüfung destilliertes Wasser auf genau die gleiche Weise auf rotes und blaues Lackmuspapier einwirken zu lassen und die dazu benutzten Streifen mit den zur eigentlichen Reaktionsprüfung benutzten zu vergleichen.

Die quantitative Bestimmung. Nur sehr selten wird man ein gegen Lackmus sauer reagierendes Wasser finden, weil die Kohlensäure, die von den freien Säuren am häufigsten in Betracht

kommt, auf den Lackmusfarbstoff in den gewöhnlich im Wasser
vorkommenden Mengen nicht sauer wirkt. Reagiert ein Wasser
auf Lackmus sauer, so ist eine andere Säure als Kohlensäure vorhanden.

Bestimmung des Säuregrades: In solchen Fällen werden
100 oder 200 ccm Wasser in einem etwa 300 ccm fassenden weithalsigen Erlenmeyerkolben zum
Sieden erhitzt, 5 bis 10 Tropfen
Lackmustinktur (siehe Reagenzien) zugesetzt und aus einer
Bürette mit $1/_{10}$ ccm-Einteilung
über einer weißen Unterlage
so lange $n/_{10}$-Natronlauge hineingegeben, bis die anfangs rote
Farbe in eine blauviolette umschlägt.

Berechnung: Der Säure-
grad wird ausgedrückt in der Anzahl Kubikzentimeter Normal-
(natron)lauge, die für ein Liter
des Wassers bis zum Eintritt der
Neutralität verbraucht werden
würden.

Beispiel: 100 ccm Wasser
werden zum Sieden erhitzt und
mit $n/_{10}$-Natronlauge titriert. Sie
gebrauchen bis zum Neutral-
punkt 4,5 ccm $n/_{10}$-Natronlauge.
Der Säuregrad des Wassers
beträgt also:

$$\frac{10 \cdot 4{,}5}{10} = 4{,}5 \text{ ccm Normallauge.}$$

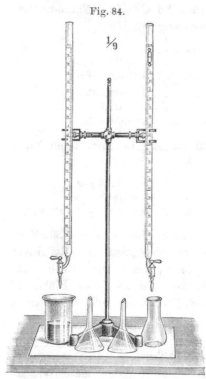

Fig. 84.

$1/_9$

Büretten mit Becherglas
und einem weithalsigen Erlenmeyerkolben.

Will man bei der Prüfung auf die Reaktion des Wassers
auch die freie Kohlensäure berücksichtigen, so muß man einen
Farbstoff als Indikator verwenden, der für Kohlensäure empfindlich
ist, z. B. Phenolphthalein. Außerdem muß diese Prüfung wegen
möglicher Verluste an Kohlensäure beim Transport durch Schütteln,
Temperaturveränderung usw. an Ort und Stelle ausgeführt werden.
Die Methodik der Prüfung ist auf S. 878 genau angegeben, worauf
verwiesen sei.

In den meisten Fällen reagiert das Wasser gegenüber dem
Lackmusfarbstoff neutral bis schwach alkalisch.

5. Die Alkalinität.

α) Die direkte Methode.

Die quantitative Bestimmung. Zur Bestimmung der Alkalinität, d.h. der Summe der an Kohlensäure gebundenen Erdalkalien und Alkalien im Wasser benutzt man die Titrierung mit $n/10$-Salzsäure unter Verwendung von Methylorange als Indikator.

Ausführung: 100 oder 200 ccm des zu untersuchenden Wassers werden in einem weithalsigen Erlenmeyerkolben mit 3 bis 4 Tropfen einer Lösung von 1 g Methylorange in einem Liter destillierten Wasser als Indikator gemischt und über einer weißen Unterlage aus einer in $1/10$ ccm geteilten Bürette mit $n/10$-Salzsäure solange versetzt, bis die anfangs rein gelbe Farbe in Orange bis Orangerot (Zwiebelfarbe) übergeht.

Berechnung: Die Alkalinität wird ausgedrückt in Kubikzentimetern Normalsäure pro Liter. Bei Verwendung von 100 ccm Wasser zur Bestimmung und $n/10$-Salzsäure zur Titration bedeuten die verbrauchten Kubikzentimeter $n/10$-Salzsäure direkt die Alkalinität; bei Verwendung von 200 ccm, die bei Wässern von geringer Alkalinität in Betracht kommt, ist das Resultat durch zwei zu dividieren.

Beispiel: I. 100 ccm Wasser verbrauchten 6,7 ccm $n/10$-Salzsäure bis zur Orangerotfärbung des Methylorange. Die Alkalinität betrug also:

$$\frac{10 \cdot 6{,}7}{10} = 6{,}7 \text{ ccm Normalsäure.}$$

II. 200 ccm Wasser verbrauchten 0,8 ccm $n/10$-Salzsäure bis zum Umschlag des Indikators. Die Alkalinität betrug also:

$$\frac{5 \cdot 0{,}8}{10} = 0{,}4 \text{ ccm Normalsäure.}$$

β) Die indirekte Methode.

Etwas umständlicher ist die indirekte Methode zur Bestimmung der Alkalinität.

Ausführung: 100 oder 200 ccm Wasser werden mit einem genau abgemessenen Überschuß (z. B. 5, 10, 20 ccm) von $n/10$-Schwefelsäure, der mit einer Pipette genau abgemessen worden ist, versetzt und zum Sieden erhitzt. Dann wird der unverbrauchte Überschuß mit $n/10$-Natronlauge bis zur Neutralität zurücktitriert. Als Indikatoren dienen fünf Tropfen Lackmustinktur oder Azolithminlösung.

Berechnung: Von der verwendeten Menge $n/_{10}$-Schwefelsäure sind die zur Rücktitration des Überschusses verbrauchten Kubikzentimeter $n/_{10}$-Natronlauge, die auf die Schwefelsäure natürlich genau eingestellt sein muß, abzuziehen. Die Differenz ergibt die Alkalinität für die angewandte Wassermenge, die bei Verwendung von 100 ccm gleich der Gesamtalkalinität in Normalsäure pro Liter ist. Bei Verwendung von 200 ccm ist die gefundene Differenz durch zwei zu dividieren.

Beispiel: 100 ccm Wasser wurden mit 10 ccm $n/_{10}$-Schwefelsäure versetzt und erhitzt. Nachdem fünf Tropfen Lackmustinktur hinzugegeben worden waren, wurde mit $n/_{10}$-Natronlauge zurücktitriert, bis die neutrale violette Lackmusfarbe entstand. Hierzu wurden gebraucht 5,5 ccm einer genau $n/_{10}$-Natronlauge, die auf die Schwefelsäure eingestellt worden war.

Die Alkalinität des untersuchten Wassers beträgt also:

$$10,0 - 5,5 = 4,5 \text{ ccm Normalsäure pro Liter.}$$

6. Die aufgeschwemmten Stoffe.

Die in einem Wasser enthaltenen Schwebestoffe lassen sich auf verschiedene Weise bestimmen.

α) Die Bestimmung durch Filtration.

Sie ist die einfachste und meistens anzuwendende Methode. Man läßt eine abgemessene Menge Wasser durch ein getrocknetes und bis zur Gewichtskonstanz gewogenes Filter laufen und wiegt das wieder getrocknete Filter nochmals bis zur Gewichtskonstanz.

Die Differenz ergibt das Gewicht der Schwebestoffe. Sind die suspendierten Stoffe in ihrer Menge gering oder sind sie sehr fein, so stellt man zwei bis drei Liter Wasser in vollständig gefüllten, gut verstöpselten Flaschen bis zur Klärung an einem kühlen Ort auf. Das klare Wasser gießt oder hebert man ab, wenn die abgeschwemmten Teile sich zu Boden gesetzt haben und filtriert den die Suspensa enthaltenden Rest durch ein bei 110⁰ im Wägegläschen oder auf einem Uhrglas im Trockenschranke getrocknetes Filter. — An den Wänden der Flasche hängengebliebene Schlammteilchen reibt man unter Nachspülen mit destilliertem Wasser mit Hilfe eines Gummiwischers los und gibt sie gleichfalls auf das Filter; dann wäscht man mit destilliertem Wasser aus. Will man das Filtrat noch zur chemischen Untersuchung verwenden, so muß man in eine trockene Flasche filtrieren, das Spülwasser aber von dem Filtrat fernhalten.

Nach dem sorgfältigen Auswaschen des Filterinhaltes wird bis zur Gewichtskonstanz bei 110⁰ getrocknet, im Exsikkator über Chlorkalzium erkalten gelassen und wieder gewogen.

Enthält das Wasser (z. B. Abwasser oder Flußwasser) reichlich Schwebestoffe, so filtriert man eine kleinere Menge, etwa 200 bis 500 ccm, nachdem man die gesamte Probe gut durchgeschüttelt hat, durch ein bei 110⁰ getrocknetes und gewogenes Filter, wäscht mit destilliertem Wasser gut nach und wiegt nach dem Trocknen abermals.

Exsikkator.

Den Gehalt des auf dem Filter befindlichen Sedimentes an **unverbrennlichen Bestandteilen** erfährt man dadurch, daß man den Inhalt des Filters in einen ausgeglühten und gewogenen Platintiegel bringt, das Filter in einer Platinspirale verbrennt, seine Asche ebenfalls in den Tiegel gibt und den offenen Tiegel über der Bunsenflamme erhitzt, bis der Inhalt weiß geworden ist. Um durch das Glühen gebildete Oxyde des Kalziums und Magnesiums wieder in Karbonate überzuführen, befeuchtet man den Rückstand mit kohlensäurehaltigem, destilliertem Wasser, verjagt dieses wieder auf dem Wasserbade, glüht nochmals schwach und läßt im Exsikkator abkühlen. Dann wiegt man den abgekühlten Tiegel mit Inhalt und zieht von dem Gesamtgewicht das Gewicht des Tiegels ab.

Meist geht bei Abwässern oder an Algen reichen Wässern die Filtration äußerst langsam vonstatten. In einem solchen Falle bestimmt man die Schwebestoffe auf indirektem Wege oder man filtriert durch einen sogenannten Goochtiegel, d. h. einen Porzellantrichter mit siebartig durchlochtem platten Boden.

Auf den Siebboden eines solchen Tiegels bringt man eine 2 bis 3 mm starke Schicht käuflichen, durch Auswaschen mit konzentrierter Salzsäure und Nachwaschen mit destilliertem Wasser präparierten Asbestes. Der Tiegel wird dann mittels eines Kautschukringes auf den Vorstoß (*b*) aufgesetzt und dieser mittels eines Gummistopfens auf einer Druckflasche (*c*) luftdicht befestigt. Die Saugflasche wird mit einer

Fig. 86.

Auf einer Saugflasche mittels Vorstoßes montierter Goochtiegel.

Bunsenschen Wasserstrahlpumpe verbunden und der Asbest unter Ansaugen drei- bis viermal mit destilliertem Wasser ausgewaschen.

Hierauf wird der Tiegel bis zur Gewichtskonstanz bei 110⁰ getrocknet und nach dem Erkalten im Exsikkator gewogen. Dann
filtriert man zunächst die Hauptmenge des Wassers, dessen Schwebestoffe man hat absitzen lassen durch den Tiegel, ohne den Niederschlag aufzurühren und ohne anzusaugen. Dieses wird wiederholt,
bis das Filtrat klar ist. Zuletzt bringt man den Niederschlag vollständig auf den Asbest, saugt ab und wäscht den Niederschlag
vier- bis fünfmal mit destilliertem Wasser nach. Nachdem wieder
bis zur Gewichtskonstanz getrocknet worden ist, läßt man im
Exsikkator erkalten und wiegt.

Die Differenz zwischen den beiden Gewichtsbestimmungen ist
das Gewicht der suspendierten Stoffe.

β) Die Bestimmung auf indirektem Wege.

Oft erweist sich die Bestimmung der Suspensa mittels Filtrieren
durch ein gewogenes Filter wegen der Langsamkeit der Filtration
als schwer durchführbar. In diesem Falle filtriert man einen Teil
des zu untersuchenden Wassers durch ein größeres, trockenes
Faltenfilter und wiederholt die Filtration durch dasselbe Filter solange, bis die Flüssigkeit völlig klar durchläuft. Um dabei eine
Konzentration durch Verdunsten zu vermeiden, deckt man das
Filter zu.

Dann verdampft man 1. von dem gut durchgeschüttelten un-
filtrierten Wasser und 2. von dem auf obige Weise filtrierten
Wasser je eine gleiche Menge, 200 bis 500 ccm, in gewogenen
Platinschalen auf dem Wasserbade zur Trockne ein und wiegt die
Rückstände nach zweistündigem Trocknen bei 110⁰. Die Diffe-
renz der Gewichte der beiden Rückstände ergibt die Menge der
in dem untersuchten Wasser vorhandenen Schwebestoffe ihrem
Gewichte nach.

Glüht man die so erhaltenen Abdampfrückstände des unfiltrierten und filtrierten Wassers und behandelt sie genau so weiter,
wie es bei der Bestimmung des Abdampf- und Glührückstandes
angegeben ist, so erfährt man aus der Differenz der Gewichte,
der Glührückstände, sofern wenig kohlensaure Verbindungen vorhanden sind, angenähert die Menge der anorganischen Suspensa. Diese, von der Gesamtmenge der Schwebestoffe abgezogen, ergeben angenähert den organischen Teil.

Die indirekte Methode der Suspensabestimmung ist an sich
weniger genau und nicht zulässig bei geringem Gehalt des zu untersuchenden Wassers an Schwebestoffen.

Ungefähr kann man die Menge der suspendierten organischen Stoffe abschätzen, indem man die Oxydierbarkeit des filtrierten und unfiltrierten Wassers nach der auf S. 824 angegebenen Methode ermittelt.

γ) Die Absitzmethode und das Zentrifugieren.

Zur schnellen und einfachen vergleichsweisen, allerdings recht groben Bestimmung des Volumens der Schwebestoffe stark verunreinigter Wässer, z. B. der Flußwässer oder der Einläufe von Abwässern in Flüsse oder Seen, eignen sich die von der chemischen Fabrik Reininghaus-Essen a. Ruhr in den Handel gebrachten Absitzgläser nach Dr. Imhoff (D. R. G. M. 447 256). Diese stellen 50 cm hohe, einen Liter fassende Spitzgläser dar, welche gegen die Spitze zu in Kubikzentimeter und Unterabteilungen eingeteilt sind. Man füllt einen Liter des zu untersuchenden Wassers ein und läßt genau zwei Stunden stehen. Während dieser Zeit setzt sich die Hauptmenge der Schwebestoffe in der Spitze des Glases ab. An den schiefen Wänden des Gefäßes haften gebliebene Schlammteilchen löst man los durch zeitweiliges Drehen des Glases.

Die abgelesene Anzahl Kubikzentimeter Schlamm gibt direkt die Menge Sediment in Kubikzentimetern pro Liter Wasser an, welche sich während zwei Stunden, d. h. der für praktische Zwecke noch in Betracht kommenden Zeit, ausgeschieden haben. Ist eine andere Zeit gewählt, so ist das bei der Bewertung des Resultates zu erwähnen und zu berücksichtigen.

Sofern eine Zentrifuge zur Verfügung steht, kann die Bestimmmung der Suspensa dem Volumen nach durch Ausschleudern festgestellt werden (Dost). Hierzu wird eine kleine Menge Wasser, z. B. 100 ccm, in vier Zentrifugengläsern zentrifugiert und am verjüngten, graduierten Ende des Glases das Volumen der ausgeschleuderten Suspensa abgelesen, oder die Schwebestoffe werden in ein speziell zu diesem Zweck konstruiertes Ansatzgefäß nach Art des S. 727 abgebildeten übergeführt und gewogen. Auch dieses Verfahren eignet sich nur für Vergleichsversuche, wobei dann die Zahl der Umdrehungen sowie die Dauer des Zentrifugierens stets die gleiche sein müssen und wobei es weniger auf die absolute Menge als auf die rasche Möglichkeit von Vergleichen bei Reihenuntersuchungen ankommt. Man erzielt eine größere Genauigkeit, wenn man den Inhalt des Ansatzgefäßes sorgfältig trocknet und wiegt.

7. Der Abdampfrückstand.

Das Gewicht sämtlicher im Wasser gelösten Bestandteile wird ermittelt, indem man eine abgemessene Menge Wasser verdampft, den Rückstand trocknet und wiegt.

Ausführung: Eine Platin- oder Porzellanschale von 100 ccm Inhalt wird über dem Gebläse oder einem guten Gasbrenner geglüht und nach dem Erkalten im Exsikkator auf der analytischen Wage gewogen. Das Erkalten dauert bei einer Platinschale etwa 20 Minuten, bei einer Porzellanschale etwa eine halbe Stunde. Dann werden 200 bis 500 ccm Wasser in einem Meßkolben abgemessen und nach und nach bei halber Füllung der Schale auf dem Wasserbade (am besten einem solchen mit konstantem Niveau) verdampft. Um Verluste beim Eingießen zu vermeiden, bestreicht man den äußeren Rand der Kolbenmündung mit ein wenig Fett und gießt das Wasser an einem vorgehaltenen Glasstab in die Schale. Nachdem so allmählich alles Wasser eingefüllt ist, spült man das Kölbchen drei- bis viermal mit je einigen Kubikzentimetern destillierten Wassers nach und gibt das Spülwasser gleichfalls in die Schale. Um die verdampfende Flüssigkeit vor dem Hineinfallen von Staub zu schützen, hängt man einen Trichter umgekehrt in einigen Zentimetern Entfernung über die Schale.

Nachdem alles Wasser verdampft ist, wird die Schale mit dem Rückstand zwei Stunden lang im Thermostaten bei 110°C getrocknet, im Exsikkator erkalten gelassen und gewogen. Dann stellt man die Schale zur Kontrolle nochmals für eine Stunde in den Trockenschrank und den Exsikkator und wiegt, um sich zu überzeugen, ob Gewichtskonstanz eingetreten ist und wiederholt das Verfahren, falls eine Abnahme gefunden wurde.

Schwebestoffe enthaltendes Wasser wird entsprechend dem Zweck der Untersuchung entweder zunächst filtriert und im Filtrat der Abdampfrückstand bestimmt, oder es wird zur gleichmäßigen Verteilung der Suspensa tüchtig durchgeschüttelt und dann der Abdampfrückstand des die Suspensa enthaltenden Wassers, also des Gesamtwassers, bestimmt.

Berechnung: Das Gewicht des Abdampfrückstandes wird in Milligrammen auf den Liter (mgl) ausgedrückt. Das in der angewendeten Wassermenge gefundene Gewicht des Rückstandes muß deshalb auf ein Liter umgerechnet, bei Verwendung von 500 ccm z. B. mit zwei multipliziert werden.

Beispiel: Es wurden 300 ccm eingedampft; das Gewicht des Rückstandes wurde nach dem Trocknen und Erkalten im Exsikkator ermittelt und blieb auch nach nochmaligem Trocknen und Wiegen konstant.

Gewicht der Platinschale + Rückstand . . . . 42,8325 g

Gewicht der Schale allein . . . . 42,7010 g

Gewicht des Rückstandes allein . . . . 0,1315 g

Der Abdampfrückstand von 300 ccm war also:

$$0,1315 \text{ g} = 131,5 \text{ mg.}$$

Der Abdampfrückstand eines Liters in Milligrammen ($= \text{mgl}$):

$$\frac{131,5 \cdot 10}{3} = 438.$$

Die Abdampfrückstandbestimmung ergibt nur annähernd richtige Werte, einerseits weil bei der benutzten Trocknungstemperatur nur ein Teil des Kristallwassers der im Abdampfrückstand enthaltenen Salze verdampft, andererseits weil bereits eine teilweise Zersetzung und Verflüchtigung von organischen Stoffen eintritt. Bei Anwendung anderer Trocknungstemperaturen werden meist sehr abweichende Resultate erhalten; es ist daher bei Vergleichung von Bestimmungen die betreffende Trocknungstemperatur zu berücksichtigen.

8. Der Glühverlust und der Glührückstand.

Wenn man den bei 110° C getrockneten Abdampfrückstand eines Wassers glüht, so gehen die letzten Reste noch darin vorhandenen Kristallwassers fort, etwaige Salze organischer Säuren mit mineralischer Basis werden in Karbonate umgewandelt und andersartige organische Substanzen verbrennen vollständig. Nitrate und Nitrite werden, zumal bei gleichzeitiger Anwesenheit organischer Stoffe, zerstört, die Karbonate bei stärkerem Glühen unter Vertreibung der Kohlensäure in Oxyde umgeändert; auch die Sulfate erleiden in einem solchen Falle eine teilweise Zersetzung. Bei starkem Glühen können sich auch Anteile von etwa vorhandenen Alkalimetallchloriden verflüchtigen und andere Chloride in basische Chloride übergehen.

Der Gewichtsverlust des Abdampfrückstandes beim Glühen wird durch die Gesamtheit dieser Prozesse bedingt. Aus dem Glühverlust kann mithin keineswegs, wie früher zuweilen angenommen wurde, ein zuverlässiger Rückschluß auf die Menge der in einem Wasser befindlichen, nicht flüchtigen, organischen Stoffe gezogen werden. Der annähernde Gehalt eines Wassers an diesen Substanzen ergibt sich daraus nur dann, wenn der Abdampfrückstand Nitrate, Karbonate und größere Mengen von Chloriden nicht enthält. Auf genaue Werte darf man auch in diesem Falle nicht rechnen, weil dabei die Umwandlung von Salzen organischer Säuren mit mineralischer Basis in Karbonate unberücksichtigt bleibt. Der Gewichtsverlust, welchen der bei 110° getrocknete Abdampfrückstand erleidet, wird gleichwohl des öfteren bestimmt, weil ein starker Glühverlust immerhin auf die Anwesenheit von Substanzen hindeutet, welche sich in größerer Menge in reinen, natürlichen Wässern nicht befinden.

Ausführung des Versuches: Man glüht die Schale mit dem bei 110° getrockneten Rückstande gelinde, bis der durch Verkohlung der organischen Substanz anfangs bräunlich bis schwarz gewordene Rückstand wieder eine weiße Farbe angenommen hat. Nach dem Erkalten befeuchtet man den Inhalt der Schale mit Ammoniumcarbonatlösung, um etwa gebildeten Ätzkalk in Kalziumkarbonat zu verwandeln, verjagt das Wasser mit einer unter der Schale vorsichtig hin und her bewegten Gas- oder Spiritusflamme, glüht nochmals gelinde, läßt im Exsikkator erkalten und wägt.

Nach dem Vorschlage Flügges beobachte man während des Glühens die Veränderungen, die der Rückstand dabei erleidet, und notiere sie bei Angabe des Resultates. Flügge unterscheidet folgende Fälle:

1. Sind keine nennenswerten Mengen von organischen Substanzen vorhanden, so bleibt der Rückstand fast unverändert weiß.

2. Bei geringen Mengen organischer Substanzen tritt eine leichte Braunfärbung ein, die rasch wieder verschwindet.

3. Bei größeren Mengen organischer Substanz wird der Schaleninhalt an einigen Stellen schwarz und die Erzielung eines weißen Rückstandes ist erst bei längerem Glühen möglich.

4. Bei sehr großen Mengen verbrennlicher Substanzen tritt eine Schwärzung der ganzen Masse auf und oft auch ein Geruch nach verbrannten Haaren, Torf und dergleichen. Es ist schwer, ohne zu hohes Erhitzen eine völlig weiße Asche zu erzielen.

Berechnung: Das Gewicht der Schale mitsamt dem geglühten Rückstand abzüglich des Gewichtes der Schale ergibt den Glührückstand.

Der Gewichtsunterschied zwischen dem Abdampfrückstand und dem Glührückstand stellt den Glühverlust dar.

Beispiel (siehe Abdampfrückstand):

Gewicht der Schale + Rückstand vor dem Glühen. . 42,8325 g
Gewicht der Schale + Rückstand nach dem Glühen . 42,8103 g

Glühverlust des Rückstandes der 300 ccm . . . . . . 0,0222 g $=$ 22,2 mg

$$\text{Glühverlust pro Liter} \dots \dots \frac{22 \cdot 10}{3} = 74 \text{ mg}$$

Glührückstand pro Liter . . . . . 438 — 74 = 364 mg

oder

Gewicht des Abdampfrückstandes. . . . . $=$ 0,1315 g

Gewicht der Schale und des Glührückstandes 42,8103
Der Schale 42,7010

Der Glührückstand der 300 ccm ist . . . . $=$ 0,1093 g

Der Glühverlust beträgt demnach für 300 ccm. . . . . $=$ 0,0222 g

$$\text{oder auf 1 Liter berechnet} \dots \dots \dots \dots \frac{0,0222 \cdot 10}{3} = 0,074 \text{ g}$$

$$\text{Der Glührückstand} \dots \dots \dots \dots \frac{0,1093 \cdot 10}{3} = 0,364 \text{ g}$$

9. Die Härte der Wässer.

Die Härte des Wassers wird durch die Gegenwart von Kalzium-
und Magnesiumsalzen hervorgerufen. Ihre Bestimmung läuft also
auf die Ermittelung des Gehaltes an diesen Verbindungen hinaus.
Sie wird ausgedrückt in deutschen, französischen und englischen
„Graden".

1 deutscher Härtegrad bedeutet 10 mgl[1]) Kalziumoxyd (CaO),
1 französischer „ „ 10 „ Kalziumkarbonat ($CaCO_3$),
1 englischer „ „ 1 Tl. Kalziumkarbonat in 70000 Tln. Wasser,
1 deutscher „ $=$ 1,79 französische $=$ 1,25 englische Härtegrade,
1 französischer „ $=$ 0,56 deutsche $=$ 0,7 „ „
1 englischer „ $=$ 0,8 „ $=$ 1,43 französische „

Außer der Gesamthärte unterscheidet man noch eine Karbonathärte, d. h. diejenige Härte, welche durch die Bikarbonate des Kalziums und Magnesiums hervorgerufen wird. Sie verschwindet beim
Kochen des Wassers zum größten Teil, aber nicht vollständig;
dahingegen wird sie durch Titration mit Mineralsäure — $n/_{10}$-Salz-
säure — genau ermittelt.

Die nach andauerndem Kochen des Wassers bestehenbleibende
Härte wird bleibende, permanente oder Kochhärte, auch Resthärte
genannt. Sie besteht aus den Sulfaten, Chloriden oder Nitraten
des Kalziums und Magnesiums, also aus den mineralsauren Erdalkalisalzen, daneben aus dem Rest der auch bei lange andauerndem Kochen und Eindampfen sich nicht vollständig ausscheidenden
Karbonate.

---

[1]) mgl = Milligramme im Liter.

Die Bezeichnung „Universalsäurehärte" an Stelle von bleibender, durch den Kochversuch ermittelter Härte ist daher nicht exakt.
Dagegen ist der Name „Mineralsäurehärte" zutreffend für die
Differenzhärte zwischen Gesamt- und Kohlensäurehärte. Sie wird
vielfach und mit Recht im Gegensatz zu letzterer „Nichtkarbonathärte" genannt. Die aus dem Schwefelsäuregehalt des Wassers zu
berechnende Härte ist die „Sulfat- oder Gipshärte".

Da der Kochversuch den Verhältnissen der Praxis sehr wenig
entspricht (Blacher nennt ihn mit Recht „ein gar zu akademisches
Experiment") und da die durch ihn erhaltenen Werte stark von
der Ausführungsform (Länge des Kochens, angewandte Menge usw.)
abhängen, empfiehlt es sich nicht, die Kochhärte als Grundlage der
Benennung, als „permanente Härte" anzunehmen.

Es ist korrekter, auf Grund der Titration mit $n/_{10}$-Säure
(Methylorangealkalinität) zu unterscheiden zwischen „Kar-
bonat- und Nichtkarbonathärte".

Um die bisher üblichen Ausdrücke beibehalten zu können, ist
von verschiedener Seite vorgeschlagen worden, mit diesen beiden
Bezeichnungen unter Vernachlässigung der damit verbundenen Un-
genauigkeit die Ausdrücke temporäre und permanente Härte zu
identifizieren; zu empfehlen ist das nicht.

a) Die Bestimmung des Kalkes und der Magnesia.

Am genauesten erfolgt die Härtebestimmung durch die ge-
trennte gewichtsanalytische Bestimmung von Kalk und Magnesia.
Da die Härtegrade ausschließlich in Kalziumoxyd bzw. -karbonat
angegeben sind, so ist es nötig, die gefundene Menge Magnesia
in Kalk umzurechnen durch Multiplikation der gefundenen Menge
Magnesia mit dem Verhältnis der Molekulargewichte von Kalziumoxyd (CaO = 56,09) zu Magnesiumoxyd (MgO = 40,32).

$$\frac{CaO}{MgO} = \frac{56,09}{40,32} = 1,39 \text{ rund } 1,4.$$

I. Der Kalk.

Der qualitative Nachweis. Etwa 100 ccm Wasser werden
mit verdünnter Salzsäure schwach angesäuert, zum Sieden erhitzt,
mit Ammoniak alkalisch gemacht und mit einer reichlichen Menge
einer Ammoniumoxalatlösung versetzt. Die Anwesenheit von Kalk
gibt sich durch das Entstehen eines weißen Niederschlages von
Kalziumoxalat kund, welcher in Salzsäure löslich, in Essigsäure
aber unlöslich ist.

$$CaCl_2 + (NH_4)_2 C_2O_4 = CaC_2O_4 + 2(NH_4)Cl.$$

Das neben Kalzium noch anwesende Magnesium bleibt hierbei als Magnesiumammoniumoxalat gelöst.

α) Die quantitative gewichtsanalytische Bestimmung. Entsprechend der Härte des zu untersuchenden Wassers, die vor Ausführung der Erdalkalibestimmung nach einer der Seifenschüttelmethoden ermittelt wird, mißt man 500 bis 1000 ccm Wasser in einem Meßkolben genau ab und gießt sie ohne Verluste unter kurzem Nachspülen mit destilliertem Wasser in eine geräumige Porzellanschale. Man säuert dann mit wenigen Kubikzentimetern verdünnter Salzsäure unter Prüfung mit Lackmuspapier schwach an, um die Erdalkalibikarbonate in Lösung zu behalten, und dampft auf dem Wasserbade an einem staubfreien Orte auf etwa 150 ccm ein. Das so konzentrierte Wasser wird an einem Glasstabe in ein Becherglas aus Jenaer Glas mit Ausguß übergeführt unter zwei- bis dreimaligem Ausspritzen mittels der Spritzflasche und destilliertem Wasser. Das Becherglas wird mit einem Uhrglas bedeckt. Dann wird der Inhalt zum Sieden erhitzt und mit Ammoniak schwach alkalisch gemacht, aber so, daß rotes Lackmuspapier deutlich gebläut wird.

Das Ammoniak fällt Kieselsäure, sodann Eisen und Aluminium als Hydrate aus. Der entstandene, meist sehr geringe Niederschlag wird durch ein kleines glattes Filter von 5 cm Durchmesser, welches man unter Befeuchten mit heißem Wasser an die Wand eines kleinen Trichters so angelegt hat, daß seine geriefte Seite auf dem Glase liegt, unter Verwendung eines Glasstabes in einen Erlenmeyerkolben filtriert. Das Filter wird mit wenig heißem, destilliertem Wasser einigemal nachgewaschen. Das Filtrat wird in dem Erlenmeyerkolben abermals zum Sieden erhitzt, dann fügt man von einer 5 proz. Lösung von Ammoniumoxalat so lange hinzu, als noch ein Niederschlag entsteht. Die Flüssigkeit soll während des Zusatzes nicht aus dem Sieden kommen. Man erhitzt dann über kleiner (Spar-) Flamme so lange, bis sich der Niederschlag völlig klar abgesetzt hat, was meistens innerhalb einer Stunde geschehen ist, und prüft durch nochmaligen Zusatz einiger Tropfen Ammoniumoxalatlösung, ob alles Kalzium ausgefällt ist. Sobald dieses geschehen ist, filtriert man zunächst, ohne den Niederschlag aufzurühren, durch ein quantitatives, mit siedendem Wasser befeuchtetes Filter, welches aschenfrei ist oder dessen Aschengehalt bekannt ist, und welches einen Durchmesser von 5 cm hat; man legt das Filter straff mit seiner geriefte Seite an die Wandung eines entsprechend großen Trichters.

Das Filtrat muß vorsichtig mitsamt seinem Waschwasser aufgefangen werden, da es zur Untersuchung auf Magnesia zu dienen hat.

Sollte das Filtrat zunächst trübe durchlaufen, so ist es so oft auf dasselbe Filter zurückzugießen, bis es klar durchfließt. Erst wenn die Flüssigkeit bis auf wenige Kubikzentimeter durchfiltriert worden ist, schüttelt man um und bringt auch den Niederschlag auf das Filter. Der Teil des Niederschlages, der noch im Erlenmeyerkolben haften geblieben ist, wird unter Ausspritzen mit heißem destillierten Wasser und Abscheuern der Wandungen mittels eines Gummiwischers vollständig auf das Filter gegeben; man überzeugt sich davon, indem man den äußerlich sauber abgewischten Kolben gegen einen dunkeln Hintergrund hält.

Wie bei jeder quantitativen Filtration darf auch hier das Filter nur zu $3/4$ vollgefüllt und die zu filtrierende Flüssigkeit nur unter Führung eines Glasstabes auf das Filter gebracht werden.

Der Niederschlag auf dem Filter wird mit heißem destillierten Wasser unter Verwendung der Spritzflasche so lange nachgewaschen, bis ein Tropfen des Filtrates, auf dem Platinblech verdampft, keinen Rückstand mehr hinterläßt. Er wird dann durch Spritzen in der Spitze des Filters zusammengedrängt und samt Filter und Trichter im Trockenschrank bei 110⁰ getrocknet. Unterdessen hat man einen sauberen Platintiegel ausgeglüht, im Exsikkator erkalten lassen und gewogen. In diesen Tiegel, der auf eine Unterlage von schwarzem Glanzpapier gestellt wird, bringt man den Niederschlag, indem man das Filter mit der Öffnung nach unten über dem Tiegel mit den Fingern drückt und reibt. Etwa neben den Tiegel geratene Spuren des Niederschlages wischt man mittels eines kleinen Pinsels oder einer Federfahne zusammen und bringt sie in den Tiegel. Das Filter selbst wird dann so zusammengedrückt, daß die Öffnung nach innen kommt, mit einem an einem Glasstab befestigten Platindraht umwickelt und mit der Bunsenflamme angezündet. Man läßt es, während man es über den Tiegel hält, abbrennen und die Asche in den Tiegel fallen. Der in einem Porzellan- oder Quarzdreieck von passender Größe hängende Tiegel wird nun zuerst über einem guten Bunsenbrenner, dann über dem Gebläse behufs Überführung des Kalziumoxalates in Kalziumoxyd etwa 20 Minuten geglüht. Man läßt dann im Exsikkator erkalten und wiegt. Das Glühen, Erkaltenlassen und Wiegen wiederholt man so lange, bis das Gewicht nicht mehr abnimmt.

Berechnung: Das Gewicht des Tiegelinhaltes ergibt direkt die Menge Kalziumoxyd.

Beispiel: Angewandt wurden 500 ccm Wasser.

Das Gewicht von Tiegel + Niederschlag betrug . . . . 21,478 g

Gewicht des leeren Tiegels . . . . 21,358 g

Gewicht des Niederschlages . . . . 0,120 g

In einem Liter Wasser also:

$2.120 = 240$ mg CaO oder 171,4 mg Kalzium = 24 deutsche Härtegrade.

β) Die maßanalytische Bestimmung. Die Bestimmung des Kalkes kann auch indirekt auf maßanalytischem Wege ausgeführt werden. Sie beruht darauf, daß man das Kalzium mit einer bekannten Menge von titrierter Oxalsäurelösung, die aber im Überschuß zugegeben werden muß, in ammoniakalischer Lösung fällt und den Überschuß von Oxalsäure bestimmt. Da sie aber die Genauigkeit der gewichtsanalytischen Methode nicht ganz erreicht und da gleichzeitig eine gut brauchbare titrimetrische Methode zur Magnesiabestimmung nicht zur Verfügung steht, ist sie von geringerer praktischer Bedeutung.

Ausführung: 100 ccm Wasser werden in einem 300 ccm Meßkolben mit 25 ccm $n/_{10}$-Oxalsäure und darauf mit Ammoniak bis zur schwach alkalischen Reaktion versetzt. Die Flüssigkeit wird so lange zum Sieden erhitzt, bis der Ammoniakgeruch ganz verschwunden ist. Man läßt nun auf Zimmertemperatur abkühlen, füllt bis zur 300 ccm-Marke mit destilliertem Wasser auf, schüttelt gut um, läßt bis zur völligen Klärung absetzen und filtriert durch ein trockenes Filter in einen trockenen 200 ccm-Meßkolben bis zur Marke. Dann gießt man die 200 ccm unter Nachspülen in einen etwa 500 ccm fassenden Erlenmeyerkolben, setzt 15 ccm reiner konzentrierter Schwefelsäure zu, erwärmt auf 60 bis 70⁰ und titriert mit etwa $n/_{10}$ Kaliumpermanganatlösung, deren Titer gleichzeitig gegen die $n/_{10}$ Oxalsäurelösung festgestellt ist, bis zur bleibenden schwachen Rötung.

Berechnung.: 1 ccm für die Fällung verbrauchter $n/_{10}$ Oxalsäurelösung entspricht 2,8 mg Kalziumoxyd (0,0063 g Oxalsäure = 0,0028 Kalziumoxyd). Von dem angewandten Überschuß an Oxalsäure (25 ccm) ist die dem Kaliumpermanganatverbrauch entsprechende Menge multipliziert mit $^3/_2$ abzuziehen, um die verbrauchte Oxalsäuremenge zu erhalten.

Beispiel: 100 ccm Wasser wurden mit 25 ccm $n/_{10}$ Oxalsäure versetzt und, wie vorstehend beschrieben worden ist, behandelt. 200 ccm des Filtrates verbrauchten 9,0 ccm einer Kaliumpermanganatlösung, von welcher 25,8 ccm bei der Titerstellung 25 ccm Oxalsäure entsprachen.

$$9,0 . ^3/_2 = 13,5 \text{ ccm für 100 ccm Wasser.}$$
$$25,8 : 25 = 13,5 : x; \quad x = 13,1 \text{ ccm.}$$
$$25,0 - 13,1 = 11,9 \text{ ccm.}$$
$$11,9 . 2,8 = 33,3 \text{ mg CaO auf 100 ccm Wasser.}$$

Auf 1 Liter $10 . 33,3 = \mathbf{333}$ mg CaO.

II. Die Magnesia.

Der qualitative Nachweis. Die Prüfung auf Magnesium erfolgt in der Flüssigkeit, welche bei dem Abfiltrieren des Kalziumoxalates durch ein kleines Filter bei der qualitativen Prüfung auf Kalzium gewonnen wird. Dem klaren Filtrat werden einige Kubikzentimeter Ammoniak und einige Tropfen einer 10 proz. Lösung von Natriumphosphat zugesetzt. Beim Umrühren der Flüssigkeit

und Reiben der Glaswandung mit einem Glasstab fällt ein weißer
Niederschlag von Magnesiumammoniumphosphat aus:

$$MgSO_4 + NH_3 + (Na_2HPO_4 + 6H_2O)$$
$$= MgNH_4PO_4 + 6H_2O + Na_2SO_4.$$

Der Niederschlag ist löslich in verdünnter Säure.

Die quantitative Bestimmung. Die Bestimmung der Magnesia kann erst nach Entfernung des Kalkes erfolgen. Am besten
verwendet man dazu das Filtrat vom Kalziumoxalatniederschlag bei
der gewichtsanalytischen Bestimmung des Kalkes. Dieses wird,
wenn es durch das Auswaschen des Niederschlages stark verdünnt
wurde, durch Eindampfen in einer Porzellanschale auf dem Wasserbade konzentriert, in einen Erlenmeyer unter Nachspülen mit
destilliertem Wasser übergeführt, nach dem Erkalten mit $^1/_3$ seines
Volumens 10proz. Ammoniaks (d. h. käufliches konzentriertes Ammoniak im Verhältnis von 1:10 mit destilliertem Wasser verdünnt)
und danach tropfenweise mit 5 ccm gesättigter Natriumphosphatlösung versetzt. Bis zum ersten Auftreten einer Fällung ist fort-
gesetztes Schütteln erforderlich. Wird umgerührt, so ist das Berühren der Wandung des Gefäßes mit dem Glasstab zu vermeiden,
da sich an diesen Stellen die Kristalle festsetzen und schwer wieder
loszubringen sind. Frühestens nach zwölfstündigem Stehen wird
dann in der bei der Kalkbestimmung angegebenen Weise durch
ein quantitatives Filter filtriert. Der Niederschlag auf dem Filter
wird mit 2,5proz. Ammoniakwasser so lange nachgewaschen, bis
eine Probe des Filtrats im Reagenzrohr mit verdünnter Salpetersäure angesäuert und mit Silbernitratlösung versetzt, keine Trübung
(Chlor) mehr ergibt. Das Filter samt dem Niederschlag wird im
Trichter bei 110⁰ getrocknet, der Niederschlag möglichst vollständig über schwarzem Glanzpapier in einen ausgeglühten und gewogenen Porzellantiegel entleert und zuletzt die Asche des in der
Platinspirale verbrannten Filters hineinfallen gelassen. Hierauf
erhitzt man den Tiegel zunächst über kleiner, regulierbarer Bunsenflamme, verstärkt die Flamme nach und nach bis zur vollen Größe
und bringt ihn schließlich auf das Gebläse. Bei zu schnellem Vorgehen in dem Erhitzen wird die Asche nicht weiß; in diesem Falle
befeuchtet man den Inhalt des erkalteten Tiegels mit einem Tropfen
Salpetersäure, verdampft vorsichtig über kleiner Flamme und glüht
nochmals. Durch das Glühen wird der Niederschlag von Magnesiumammoniumphosphat unter Verlust des Ammoniaks und des Wassers
in Magnesiumpyrophosphat übergeführt:

$$2MgNH_4PO_4 = Mg_2P_2O_7 + 2NH_3 + H_2O.$$

Der Tiegel wird, nachdem er im Exsikkator erkaltet ist, gewogen.

Berechnung: Die gefundene Menge Magnesiumpyrophosphat mit 0,3625 multipliziert ergibt die entsprechende Menge Magnesiumoxyd, oder mit 0,2188 die entsprechende Menge Magnesium.

$$2\,MgO : Mg_2P_2O_7 = 0,3625$$
$$80,72 : 222,7$$

Beispiel: Angewandt wurden 500 ccm Wasser.

Gewicht von Tiegel + Niederschlag . . . . . 11,6415 g
Gewicht des Tiegels . . . . 11,5435 g

$$\overline{0,0980\,g}$$

0,3625 . 0,098 = 0,0355 g = 35,5 mg MgO
0,2188 . 0,098 = 0,0214 g = 21,4 mg Mg.
In 1 Liter: 35,5 . 2 = 71 mg MgO
21,4 . 2 = 42,8 mg Mg.

In Härtegrade umgerechnet:

$$\frac{71 . 1,4}{10} = 9,9 \text{ deutsche Härtegrade.}$$

Durch Addition der durch Kalk und durch Magnesia hervorgerufenen Härten ergibt sich die Gesamthärte. In unserem Beispiel:

$$24,0 + 9,9 = \mathbf{33,9} \text{ deutsche Grade.}$$

b) Die Bestimmung der Gesamthärte mittels Seifenlösungen.

Die Ermittelung der Wasserhärte durch Ausführung der gewichtsanalytischen Bestimmung von Kalzium und Magnesium ist zeitraubend. Will man in kürzerer Zeit einen ungefähren, aber doch annähernd richtigen Aufschluß über die Härte erlangen, welcher für manche Fälle genügt, so benutzt man eine der Seifenschüttelmethoden. Diese beruhen darauf, daß die Erdalkalien mit fettsauren Alkalien (Seifen) sich zu wasserunlöslichen Erdalkaliseifen umsetzen. Den Endpunkt der Reaktion erkennt man an dem Schaum, welcher auftritt, sobald ein Überschuß an Alkaliseife vorhanden ist.

α) Die Methode von Clark.

Die bei dieser Methode verwendete Seifenlösung ist so hergestellt, daß 45 ccm in 100 ccm Wasser 12 mg Kalk, oder die äquivalente Menge Magnesia, d. h. 120 mg CaO im Liter = 12 deutsche Härtegrade anzeigen.

Ausführung: 1. Der Vorversuch. In einem Reagenzglas versetzt man 10 ccm des zu untersuchenden Wassers mit 3 ccm Seifenlösung und schüttelt kräftig. Tritt hierbei bloß eine Opaleszenz auf, so kann das Wasser unverdünnt zur eigentlichen Bestimmung verwendet werden. Entsteht ein mäßiger Niederschlag, so wird

mit der gleichen Menge destillierten Wassers verdünnt, entsteht
ein starker Niederschlag, so wird im Verhältnis 50—25 oder 10
auf 100 verdünnt.

2. Die Prüfung. In einen mit Glasstöpsel versehenen Glaszylinder von 200 ccm Inhalt bringt man mittels einer Pipette
100 ccm des unverdünnten oder, je nach Ausfall des Vorversuches,
eine kleinere, auf 100 ccm mit destilliertem Wasser ergänzte Menge
Wasser und läßt aus einer Quetschhahnbürette portionsweise, anfänglich jeweils etwa 5 ccm, nachher kleinere Mengen (etwa 0,5 ccm)
und gegen Ende nur tropfenweise Seifenlösung unter jeweiligem
kräftigen Umschütteln so lange zufließen, bis ein dichter, zarter
Schaum auf der Oberfläche entsteht, der sich mindestens fünf
Minuten lang unverändert hält. Das Schütteln muß immer auf
dieselbe Weise geschehen; es ist am besten, von oben nach unten
zu schütteln, indem Stöpsel und Hals des Glases mit der rechten,
der Boden mit der linken Hand ergriffen wird. Das richtige Erkennen des Endpunktes erfordert Übung und wird durch das Gehör
unterstützt: Beim Schütteln tritt nämlich, sobald ein geringer Überschuß an Seife vorhanden ist, ein heller Ton auf, im Verhältnis
zu dem bei noch unvollständiger Titration dunkeln. Zur Kontrolle
wiederholt man die Bestimmung, indem man gleich von vornherein ungefähr die ganze verbrauchte Seifenmenge hineingibt und
vorsichtig zu Ende titriert.

Berechnung: Die dem Verbrauch an Seifenlösung entsprechende Härte erfährt man aus beigedruckter empirischer Tabelle,
deren Anwendung notwendig ist, weil der Verbrauch an Seife der
Härtezunahme nicht genau proportional ist.

Hat man das Wasser verdünnt zur Bestimmung verwendet, so
ist natürlich mit dem betreffenden Verdünnungskoeffizienten zu
multiplizieren.

Beispiel:

1. 20 ccm Wasser mit destilliertem Wasser zu 100 ccm verdünnt verbrauchen 36,2 ccm Seifenlösung. 36 ccm Seifenlösung
= 9,28 Härtegraden; die Differenz zwischen 36 und 37 ccm beträgt 0,29 Härtegrade, also für 0,1 ccm 0,029, somit für 0,2 ccm
Seifenlösung 0,058 Härtegrade; es sind somit

36,2 ccm Lösung = 9,338 deutschen Graden.

Das Wasser hat demnach 9,338 . 5 = 46,69 deutsche Grade
Gesamthärte.

2. 100 ccm Wasser verbrauchen 12,7 ccm Seifenlösung. 12 ccm
Seifenlösung = 2,68 Härtegraden; die Differenz zwischen 12 und

Tabelle für die Härtenbestimmung nach Clark.

verbrauchte Seifenlösung ccm	Härtegraden	Differenz	verbrauchte Seifenlösung ccm	Härtegraden	Differenz	verbrauchte Seifenlösung ccm	Härtegraden	Differenz
1,4	0	—	16	3,72	**0,26**	31	7,83	**0,28**
2	0,15	0,15	17	3,98	0,27	32	8,12	0,29
3	0,40	0,25	18	4,25	0,27	33	8,41	0,29
4	0,65	0,25	19	4,52	0,27	34	8,70	0,29
5	0,90	0,25	20	4,79	0,27	35	8,99	0,29
6	1,15	0,25	21	5,06	0,27	36	9,28	0,29
7	1,40	0,25	22	5,33	0,27	37	9,57	**0,29**
8	1,65	0,25	23	5,69	0,27	38	9,87	0,30
9	1,90	**0,25**	24	5,87	**0,27**	39	10,17	0,30
10	2,16	0,26	25	6,15	0,28	40	10,47	0,30
11	2,42	0,26	26	6,43	0,28	41	10,77	0.30
12	2,68	0,26	27	6,71	0,28	42	11,07	**0,30**
13	2,94	0,26	28	6,99	0,28	43	11,38	0,31
14	3,20	0,26	29	7,27	0,28	44	11,69	0,31
15	3,46	0,26	30	7,55	0,28	45	12,00	0,31

13 ccm beträgt 0,26, also für 0,1 ccm 0,026 Härtegrade, somit für 0,7 ccm 0,182 Härtegrade; es sind somit·

12,7 ccm Lösung = 2,86 deutschen Graden.

Das Wasser hat demnach 2,86.1 = 2,86 deutsche Grade Gesamthärte.

Die Clarksche Härtebestimmungsmethode gibt im allgemeinen praktisch brauchbare Resultate. Störend wirken größere Mengen freier Kohlensäure, die man daher vor Zugabe der Seifenlösung durch mehrmaliges kräftiges Schütteln und Vertreiben der kohlensäurereichen Luft aus dem Schüttelgefäß entfernt. Gleichfalls ist störend ein hoher Magnesiagehalt. Bei Anwesenheit von viel Magnesia läßt sich der Endpunkt der Reaktion schwieriger erkennen, weil sich bereits, bevor die Umsetzung vollendet ist, flockige Ausscheidungen bilden. In solchen Fällen setzt man die Seifenlösung nur tropfenweise zu und schüttelt möglichst anhaltend. Man bekommt so ein wenigstens angenähertes Resultat. Im allgemeinen eignen sich aber die Schüttelverfahren mit Seifenlösung für Wasser mit höherem Magnesiagehalt nicht, vielmehr sind die quantitativen Bestimmungen des Kalkes und der Magnesia oder die Blachersche Methode in Anwendung zu ziehen.

β) Die Methode von Boutron und Boudet.

Handelt es sich um die vorläufige approximative Ermittelung der Härte, so ist die von Boutron und Boudet ausgearbeitete französische Modifikation der Clarkschen Methode am Platze.

Man bedarf hierbei keines umfangreichen Apparates und keiner Tabelle. Sie besteht ebenfalls in der Titration bis zur bleibenden Schaumbildung mit alkoholischer Lösung von Kaliseife, aber in erheblich stärkerer Konzentration wie bei der Clarkschen Methode.

Ausführung: 40 ccm des zu untersuchenden Wassers werden mit der Pipette in eine Schüttelflasche von etwa 80 ccm Inhalt, die bei 10, 20, 30 und 40 ccm eine Marke trägt, abgemessen. Dazu gibt man aus einer kleinen Bürette, dem Hydrotimeter (Fig. 87), die man bis zu der Marke über dem Teilstrich Null

Fig. 87.

2,4 CC

Hydrotimeter nach Boutron und Boudet.

mit der Seifenlösung gefüllt hat, anfangs größere Portionen, zuletzt nur tropfenweise unter starkem Schütteln nach jedem Zusatz so lange von der Seifenlösung, bis ein 5 Minuten lang bleibender feiner, dichter Schaum entsteht. Die Menge der zuzugebenden Seifenlösung reguliert man in der Weise, daß man das Hydrotimeter mit dem Daumen und Mittelfinger der rechten Hand hält, während der Zeigefinger die größere Öffnung verschließt. Durch Neigen der Bürette und stärkeres oder schwächeres Lüften des Zeigefingers hat man es in der Hand, eine größere oder kleinere Menge Seifenlösung austreten zu lassen. Das Ablesen geschieht bei genau senkrechter Haltung des Hydrotimeters, nachdem die an der Wandung hängengebliebene Flüssigkeit völlig herabgeflossen ist, der Stand des Meniskus sich also nicht mehr ändert. Einen etwa in der Ausgußöffnung hängengebliebenen Tropfen saugt man vorsichtig in die Bürette hinein.

Der Raum, welchen 2,4 ccm Seifenlösung im Hydrotimeter einnehmen, ist in 23 gleiche Teile geteilt, von denen jeder einem französischen Härtegrad entspricht. Die Teilung ist nach unten bis 32° fortgesetzt. Der kleine Überschuß an Seifenlösung, welcher zur bleibenden Schaumbildung nötig ist, ist dadurch berücksichtigt, daß sich über dem Teilstrich Null noch eine Marke befindet, bis zu der die Lösung eingefüllt werden muß.

Ist das Wasser härter als 30 französische Grade = 16,8 deutschen, so wendet man nur 20 ccm des zu untersuchenden Wassers an, die man bis zur Marke 40 ccm im Schüttelglase mit destilliertem Wasser auffüllt. Bei Wässern von 60 bis 90 französischen = 33,6 bis 50,4 deutschen Graden nimmt man nur 10 ccm, bei noch härteren

5 ccm, die man auf 40 ccm auffüllt. Diese notwendig werdende Verdünnung bedingt bei den höheren Härten einen nicht zu übersehenden Multiplikationsfehler.

Berechnung: Jeder Teilstrich (manche Hydrotimeter tragen auch Halbegradteilstriche) entspricht einem (bzw. einem halben) französischen Grade, der durch Multiplikation mit 0,56 in deutsche umzurechnen ist.

Beispiele: 1. 40 ccm Wasser Nr. I gebrauchen 12,4° Seifenlösung bis zur Bildung eines feinen, festen, etwa 5 Minuten stehenbleibenden Schaumes.

Die Gesamthärte beträgt also:

$$12,4 \text{ französische Härtegrade}$$

oder

$$12,4 \cdot 0,56 = 6,9 \text{ deutsche Grade.}$$

2. 10 ccm Wasser Nr. II, mit destilliertem Wasser auf 40 ccm verdünnt, gebrauchen 21° Seifenlösung.

Die Gesamthärte des Wassers entspricht also:

$$21 \cdot 4 = 84,0 \text{ französischen Härtegraden}$$

oder

$$84 \cdot 0,56 = 47,0 \text{ deutschen Härtegraden.}$$

γ) Die Methode von Blacher.

In dem Bestreben, mit der Einfachheit der Ausführung der Härtebestimmungsmethoden mittels Seifenlösung eine größere Genauigkeit zu vereinen, ersetzt Blacher in bester Weise die Seifen, ein Gemisch der Kalisalze verschiedener Fettsäuren, durch Kaliumpalmitinat in $n/_{10}$-Lösung. Der Endpunkt der Reaktion wird nicht wie dort durch auftretendes Schäumen festgestellt, sondern durch die Rosafärbung des Indikators Phenolphthalein, welche durch die Hydrolyse von etwas überschüssigem Kaliumpalmitinat in stark verdünnter Lösung hervorgerufen wird.

Diese Methode ist den beiden vorerwähnten vorzuziehen.

Der Bestimmung der Gesamthärte muß die Ermittelung der Karbonathärte (zwecks Überführung der Karbonate in Chloride) mittels $n/_{10}$-Salzsäure unter Anwendung von Methylorange als Indikator vorausgehen.

Ausführung: 100 ccm Wasser werden in einem Erlenmeyerkolben mit 1 bis 3 Tropfen Methylorangelösung (1:1000) versetzt; aus einer Bürette wird $n/_{10}$-Salzsäure so lange hinzugegeben, bis Farbenumschlag in Zwiebelrot eintritt.

Sollten größere Mengen freier Kohlensäure in dem zu untersuchenden Wasser vorhanden sein, so müssen diese vor Ausführung der Blacherschen Härtebestimmung entfernt werden, was in verschiedener Weise geschehen kann. So kann man in den Hals des Erlenmeyerkolbens einen doppelt durchbohrten Stopfen stecken; durch die eine Bohrung wird ein Glasrohr geführt, welches bis fast auf den Boden des Kolbens reicht, so daß es mit seinem unteren Ende in die Flüssigkeit eintaucht. In die andere Bohrung kommt ein kurzes, rechtwinkelig gebogenes Glasrohr, dessen einer Schenkel dicht unter dem Stopfen endigt, dessen anderer, äußerer Schenkel mittels Druckschlauches an die Wasserstrahlpumpe angeschlossen ist. Der beim Ansaugen durch die Flüssigkeit tretende Luftstrom wäscht die Kohlensäure in einigen Minuten in genügender Weise aus. Auch durch Stehenlassen über Nacht oder durch wiederholtes Umgießen des in ein Becherglas gegebenen Wassers in ein anderes oder durch Lüften mit einem kleinen Blasebalg kann man die Kohlensäure ausreichend beseitigen; geringe Mengen davon stören nicht.

Da die durch den Methylorangezusatz hervorgerufene Färbung bei dem folgenden Titrieren stören könnte, so beseitigt man sie (nach Winkler) durch Zusatz eines Tropfens 0,5 proz. Bromwassers. Ist das geschehen, so setzt man 1 ccm 0,5 proz. alkoholische Phenolphthaleinlösung zu. Die gegen Phenolphthalein jetzt sauer reagierende Flüssigkeit muß nun gegen diesen Indikator auf den Neutralpunkt eingestellt werden. Zu diesem Zweck versetzt man die Lösung bis zur kräftigen, einige Minuten bleibenden Rötung mit $n/_{10}$-Natronlauge. Der Überschuß an Lauge wird dann wieder neutralisiert mit $n/_{10}$-Salzsäure, bis eben Farblosigkeit eingetreten ist, und darauf noch ein Tropfen der Salzsäure im Überschuß hinzugefügt (nach Winkler).

In die so vorbehandelte Lösung läßt man nunmehr unter Umschwenken so lange $n/_{10}$-Kaliumpalmitinatlösung aus einer Bürette hinzufließen, bis die anfänglich durch den sich bildenden Niederschlag von Erdalkalipalmitinat weiße Flüssigkeit nicht nur eben bemerkbar, sondern ausgesprochen rosarot gefärbt erscheint und einige Minuten so gefärbt bleibt. Von der verbrauchten Menge Kaliumpalmitinatlösung müssen (nach Winkler) 0,3 ccm in Abzug gebracht werden, wegen der im Überschuß zugesetzten Salzsäure.

Sehr harte Wässer verdünnt man vor Ausführung dieser Bestimmung mit destilliertem Wasser auf höchstens 50° Härte. Gefärbte Wässer versetzt man in einer abgemessenen Menge mit einigen Kubikzentimetern Salzsäure und einem Kubikzentimeter

Salpetersäure und verdampft zur Trockne. Den Rückstand löst man in destilliertem Wasser auf und verdünnt auf das frühere Volumen. Mit derartig vorbehandeltem Wasser läßt sich die Karbonathärtebestimmung natürlich nicht ausführen.

Berechnung: Die verbrauchten Kubikzentimeter $^n/_{10}$-Salzsäure werden mit 2,8 multipliziert, um die Karbonathärte in deutschen Graden zu erhalten $\left(\dfrac{(\mathrm{Ca\,O}=)\,56}{2\,.\,10} = 2{,}8 \right)$.

Die verbrauchten Kubikzentimeter $^n/_{10}$-Kaliumpalmitinatlösung um 0,3 verkleinert, geben mit 2,8 multipliziert die Gesamthärte des Wassers in deutschen Graden an.

Beispiel: Angewandt wurden 100 ccm Wasser.

a) An $^n/_{10}$-Salzsäure wurden verbraucht 5,8 ccm, entsprechend $5{,}8\,.\,2{,}8 = 16{,}2$ deutschen Graden Karbonathärte.

b) An $^n/_{10}$-Kaliumpalmitinatlösung wurden bei Titration bis zur deutlichen bleibenden Rosafärbung verbraucht 7,9 ccm.

$$7{,}9 - 0{,}3 = 7{,}6\,\mathrm{ccm},$$
$$7{,}6\,.\,2{,}8 = 21{,}3 \text{ deutsche Grade Gesamthärte.}$$

c) Das untersuchte Wasser hat somit $21{,}3 - 16{,}2 = 5{,}1$ deutsche Grade Nichtkarbonathärte.

c) Die Bestimmung der Bikarbonathärte
(temporäre Härte).

Diese Bestimmung ist identisch mit der S. 799 beschriebenen Alkalinitätsbestimmung (nach Lunge). Die dabei verbrauchte Anzahl Kubikzentimeter Salzsäure mit 2,8 multipliziert, ergibt die Bikarbonathärte in deutschen Graden. Wird bei dieser Bestimmung die temporäre Härte größer gefunden als die Gesamthärte, so weist das auf einen Gehalt an Alkalikarbonaten hin.

Beispiel: 100 ccm Wasser verbrauchen 5,8 ccm $^n/_{10}$-Salzsäure.

$$5{,}8\,.\,2{,}8 = 16{,}2 \text{ deutsche Grade Bikarbonathärte.}$$

d) Die Bestimmung der Nichtkarbonathärte
(Mineralsäurehärte).

Nach einer der unter a) oder b) angegebenen Methoden wird die Gesamthärte festgelegt, nach der unter c) aufgeführten Art und Weise, die Bikarbonathärte. Durch Subtraktion der letzteren von der Gesamthärte erhält man die Nichtkarbonathärte.

Man kann die Nichtkarbonathärte auch direkt im Wasser bestimmen, indem man 100 ccm Wasser mit einem Überschuß von $n/_{10}$-Sodalösung eindampft und den Überschuß mittels $n/_{10}$-Salzsäure zurücktitriert.

Ausführung: In eine Platin- oder Porzellanschale gibt man 100 ccm Wasser, setzt bei Wasser mit voraussichtlich nicht mehr als 28° bleibender Härte 10 ccm, bei härteren Wässern 20 oder 25 ccm der $n/_{10}$-Sodalösung hinzu und verdampft im Wasserbade zur Trockne.

Den Trockenrückstand nimmt man mit wenig frisch ausgekochtem destillierten Wasser auf, filtriert, wäscht den Rückstand viermal mit heißem destillierten Wasser nach, läßt erkalten und titriert das Filtrat mit $n/_{10}$-Salzsäure und mit Methylorange als Indikator zurück.

Beispiel: 100 ccm Wasser wurden mit 10 ccm $n/_{10}$-Sodalösung verdampft. Zur Titration des wässerigen Auszuges des Rückstandes wurden 8,7 ccm $n/_{10}$-Salzsäure verwendet; es wurden somit

$$10 - 8,7 = 1,3 \text{ ccm } n/_{10}\text{-Natriumkarbonat}$$

verbraucht, welche

$$1,3 . 2,8 = 3,6 \text{ deutschen Graden}$$

entsprechen. Diese stellen also die Nichtkarbonathärte dar.

e) Die Bestimmung der bleibenden Härte (Kochhärte).

Für gewisse Zwecke (z. B. für Kesselspeisewasser) kann es sich empfehlen, die „bleibende Härte" festzulegen.

Zur Bestimmung der bleibenden oder Kochhärte werden 300 oder 500 ccm Wasser abgemessen und in einem 600 bis 900 ccm fassenden Kochkolben wenigstens eine halbe Stunde lang im Sieden erhalten. Das verdampfte Wasser wird von Zeit zu Zeit durch destilliertes ersetzt. Nach dem Erkalten wird das Wasser in einen 300 bzw. 500 ccm-Meßkolben filtriert und der Kolben mit destilliertem Wasser bis zur Marke aufgefüllt.

In 100 ccm des filtrierten Wassers oder bei höherem Kalkgehalt in weniger und mit destilliertem Wasser zu 100 ccm aufgefüllten Wasser wird die Härte in gleicher Weise, wie bei der Gesamthärte angegeben worden ist, bestimmt, also entweder durch eine der Seifenschüttelmethoden oder durch die Palmitinatmethode oder durch die gewichtsanalytische Bestimmung von Kalk und Magnesia.

Die durch den Kochversuch gefundene bleibende Härte ist im allgemeinen höher, als sie sein müßte, wenn sie nur durch „Mineralsäuren", Schwefelsäure, Salpetersäure, Chlor usw., verursacht wäre, und zwar deshalb, weil auch Kalzium-, besonders aber Magnesiummonokarbonat in Wasser etwas löslich ist. Tillmanns und Heublein fanden, daß im Liter 11,5 mg $CaCO_3$ (entsprechend 6,44 mgl CaO) sich lösen. Schlösing bestimmte die Löslichkeit mit 13,1, Bruhns mit 20 mgl $CaCO_3$.

f) Die Berechnung der „Gipshärte" aus dem Schwefelsäuregehalt.

Auf Grund der Beziehung: $CaO : SO_3 = 56,13 : 80,06$

$$\frac{56,13}{80,06} = 0,7011$$

berechnet sich die Gipshärte durch Multiplikation der Milligramm-Liter Schwefelsäure (SO_3) mit 0,7011.

Beispiel: Durch gewichtsanalytische Schwefelsäurebestimmung waren gefunden worden 288 mgl SO_3,

$$288 . 0,7011 = 201,9 \text{ mgl } CaO = 20,19 \text{ deutsche Grade.}$$

Selbstverständlich ist eine derartige Rechnung nur angängig, wenn sich andere schwefelsaure Verbindungen, z. B. schwefelsaure Alkalien, nicht finden.

g) Die Zerlegung der durch Magnesiumsalze verursachten Härte in Karbonat- und Nichtkarbonathärte nach Noll.

In den Gebieten des deutschen Kalibergbaues müssen die Wasserläufe die Endlaugen der Chlorkaliumfabriken aufnehmen. Die Endlaugen enthalten als wesentliche Bestandteile Magnesiumsalze, besonders Magnesiumchlorid und daneben Magnesiumsulfat; es ist oft von Wichtigkeit, den Grad der Verhärtung festzustellen, den ein Wasser durch diese Salze erfährt. Insbesondere ist es wünschenswert zu wissen, wieviel Chlormagnesium in einem Wasser vorhanden ist, denn gerade dieses Salz beeinflußt den Geschmack in der unangenehmsten Weise. Für die Bestimmung der hier in Frage kommenden Salze eignet sich eine Methode von Noll, welche gestattet, die Magnesiumhärte in Karbonat- und Nichtkarbonathärte zu differenzieren; nur die letzte erfährt durch die beiden vorgenannten Salze eine Erhöhung.

Ausführung auf direktem Wege:

In dem ursprünglichen, im Bedarfsfalle filtrierten, aber nicht gekochten Wasser wird nach den S. 799 angegebenen Regeln die Alkalinität und nach den auf S. 809 und 812 aufgeführten Vorschriften der Kalk- und der Magnesiagehalt bestimmt; die Befunde werden auf 1 Liter berechnet.

Ein Liter des Wassers wird in einem 2 Literkolben auf etwas unter 250 ccm eingekocht. Die heiße Flüssigkeit wird unter Nachspülen mit ausgekochtem destilliertem Wasser in einen 250 ccm-Meßkolben gebracht, bis zur Marke aufgefüllt und bis zum anderen Morgen beiseite gestellt. Dann wird sie durch ein quantitatives Filter in einen 250 ccm-Meßkolben ohne Aus-

waschen des Filters filtriert und mit ausgekochtem destillierten Wasser aufgefüllt bis zur Marke. In 100 ccm der klaren Flüssigkeit wird dann die
Alkalinität und in den restierenden 150 ccm Kalk und Magnesia bestimmt.

Die für die Alkalinitätsbestimmung verbrauchten Kubikzentimeter $n/10$-
Säure müssen mit 2,5 und die erhaltenen Befunde an Kalk und Magnesia mit $5/3$
multipliziert werden, um die im Liter enthaltenen Mengen zu bekommen.
Ist das Wasser arm an Kalk und Magnesia, so kann die Alkalinität direkt
in den 250 ccm Restflüssigkeit bestimmt und die ganze Menge dann zur
Kalk- und Magnesiabestimmung verwendet werden, da diese durch die voraus-
gegangene Alkalinitätsbestimmung nicht gestört wird. In solchem Falle ist
natürlich eine Multiplikation mit 2,5 bzw. $5/3$ nicht nötig, die gefundenen
Werte können vielmehr direkt in die Berechnung eingesetzt werden.

Berechnung: Die in dem eingekochten Wasser ermittelte und auf
1 Liter umgerechnete Anzahl Milligramme Magnesia ergeben direkt die Nichtkarbonathärte als MgO. Diese Magnesiamenge von dem ursprünglichen
Gesamtmagnesiagehalt abgezogen, ergibt die Karbonathärte in Milligramm
Magnesiumoxyd. Da Magnesiumkarbonat nicht völlig unlöslich ist, bleibt
beim Einkochen eine geringe Menge dieses Salzes in Lösung, die direkt gefundene permanente Magnesiahärte wird also etwas zu hoch gefunden. Man
berechnet deshalb die Nichtkarbonatmagnesiahärte aus den übrigen gefundenen
Daten auf indirektem Wege, wie folgt, und nimmt dann als richtigen Wert
das Mittel aus beiden gefundenen Werten.

Ausführung auf indirektem Wege:
Man zieht die in dem eingekochten Wasser gefundene Menge Kalk von
dem Gesamtgehalt des im Wasser vorhandenen Kalkes ab. Die dabei übrig
bleibende Menge Kalk, die den Karbonatgehalt des Wassers als CaO darstellt, wird durch 2,8 dividiert, wodurch man die Anzahl Kubikzentimeter
$n/10$-Säure findet, die dem vorhandenen Kalziumkarbonat entsprechen.

Diese von den bei der Bestimmung der Gesamtalkalinität des Wassers
verbrauchten Kubikzentimetern $n/10$-Säure abgezogen, lassen die Kubikzentimeter $n/10$-Säure übrig, welche für Magnesiumkarbonat in Frage kommen.
Werden sie mit 2 multipliziert (2,018 = $1/10$ Äquivalentgewicht MgO), so
erhält man das im Wasser vorhandene Magnesiumkarbonat als MgO in
Milligrammen. Nach Abzug dieser Magnesiamenge von dem Gesamtmagnesiagehalt bleibt die permanente Magnesiahärte als MgO in Milligrammen.

Da beim Einkochen auch geringe Mengen Kalziumkarbonat in Lösung
bleiben, wird bei der indirekten Bestimmung die Nichtkarbonatkalkhärte
etwas zu hoch gefunden. Dadurch fällt selbstverständlich die Nichtkarbonatmagnesiahärte etwas zu niedrig aus. Der richtigere Wert wird also gefunden,
wenn man das Mittel aus den auf direktem und indirektem Wege gefundenen
nimmt.

Beispiel: In dem Wasser eines die Abwässer von Chlorkaliumfabriken
aufnehmenden Flusses wurde der Gesamterdalkaligehalt gewichtsanalytisch
ermittelt zu 107 mgl Kalk (CaO) und 95 mgl Magnesia (MgO). Die ebenfalls
ermittelte Gesamtalkalinität betrug 30,5 $n/10$-Säure.

Ein Liter des fraglichen Wassers wurde in der beschriebenen Weise
eingedampft und nach dem Erkalten und Filtrieren auf 250 ccm gebracht.
In 100 ccm des Filtrates wurde mittels $n/10$-Salzsäure die Alkalinität bestimmt. Sie wurde gefunden zu

$$0,4 \text{ ccm} = 0,4 . 2,5 = 1,0 \text{ ccml } n/10\text{-Säure.}$$

In den übrig bleibenden 150 ccm wurde gewichtsanalytisch der Kalk-
und Magnesiagehalt ermittelt zu 32 mg CaO und 42 mg MgO. Auf 1 Liter
umgerechnet:

$$32 . 5/3 = 53,3 \text{ mgl Kalk (CaO),}$$
$$42 . 5/3 = 70,0 \text{ „ Magnesia (MgO).}$$

Aus den gefundenen Werten berechnet sich die Karbonat- und Nicht-karbonatmagnesiahärte

a) auf direktem Wege aus der Magnesiaresthärte zu:

$$95 - 70 = 25 \text{ mgl Karbonatmagnesiahärte}$$
und 70 „ Nichtkarbonatmagnesiahärte;

b) auf indirektem Wege aus der Kalkresthärte:

Gesamtkalkgehalt des Wassers . . . . . 107 mgl
Restgehalt . . . . 53,3 „

Karbonatkalk . . . . 53,7 mgl.

Gesamtalkalinität $= 30,5$ ccml $^{n}/_{10}$-Salzsäure
Alkalinität des Restkalkes $= 53,7 : 2,8 = 19,2$ „   „

$= 11,3$ ccml $^{n}/_{10}$-Salzsäure

$11,3 . 2,018 = 22,8$ mgl MgO Magnesiumkarbonathärte,
$95,0 - 22,8 = 72,2$ „   „ permanente Magnesiahärte.

Permanente Magnesiahärte:

a) auf direktem Wege berechnet . . . . 70 mgl MgO,
b) „ indirektem „   „   . . . . 72,2 „   „

als richtiger Wert zu betrachtendes Mittel . . . 71,1 mgl MgO

Ist das Wasser sehr arm an Salzen, so erhöht sich die Löslichkeit des Kalziumkarbonats und die indirekt berechnete permanente Magnesiahärte wird dadurch zu niedrig ausfallen, kann sogar niedriger sich zeigen als die direkt bestimmte. In solchen Fällen ist die direkt gefundene permanente Magnesiahärte richtiger als die indirekt ermittelte.

Enthält ein Wasser so viel Gips, daß er beim Einkochen auf 250 ccm ausfällt, so muß die aus dem noch im Wasser verbleibenden Kalkrest auf indirektem Wege berechnete permanente Magnesiahärte ganz falsch, nämlich viel zu niedrig ausfallen.

In solchen, allerdings seltenen Fällen muß das Wasser vor dem Ein-kochen mit destilliertem Wasser verdünnt werden (500 : 1000 ccm oder 250 : 1000 ccm); die erhaltenen Werte sind dann natürlich mit 2 bzw. 4 zu multiplizieren.

Fällt die permanente Kalk- und Magnesiahärte sehr gering und die Alkalinität in dem gekochten Wasser viel höher aus, als den in Lösung ge-bliebenen Erdalkalien entspricht, so liegt ein alkalischer Säuerling vor. Die in dem eingekochten Wasser verbliebenen Reste an Erdalkalien sind in diesem Falle die in Lösung gebliebenen Karbonatverbindungen und sind nicht als permanente Härte anzusehen.

h) Die Bestimmung des Chlormagnesiums im Wasser nach Precht.

Eine oft für die Untersuchung der Wässer des Kaligebietes brauchbare Methode zur Bestimmung des Chlormagnesiums im Wasser hat Precht auf Grund der Löslichkeit des Chlormagnesiums in Alkohol ausgearbeitet.

Ausführung: Die Menge des zu verwendenden Wassers richtet sich nach seinem Gesamtmagnesiagehalt, den man zuerst durch gewichtsanalytische Bestimmung ermitteln muß. Beträgt er mehr als 200 mgl, so dampft man 250 ccm, beträgt er weniger als 200 mgl, 500 ccm Wasser in einer flachen Porzellanschale von etwa 12 cm Durchmesser auf dem Wasserbade ein. Der Rückstand mit der Porzellanschale wird im Trockenschrank auf 110^0 erhitzt, nach dem Erkalten mit etwa 20 ccm 96 proz. Alkohols übergossen und vermittelst eines Glasstabes mit knieförmig abgeplattetem Ansatz sorgfältig zerrieben.

Nach kurzer Klärung wird die überstehende Flüssigkeit durch ein mit Alkohol angefeuchtetes Filter filtriert, das Zerreiben und Dekantieren noch zweimal in derselben Weise wiederholt, der Rückstand auf das Filter gespült und mit Alkohol sorgfältig nachgewaschen. Zum Zerreiben und Auswaschen des Rückstandes sollen bei jeder Bestimmung 125 ccm 96 proz. Alkohols verbraucht werden.

Das alkoholische Filtrat wird mit dem gleichen Volumen Wasser verdünnt und die Magnesia in der üblichen Weise (s. S. 812) als Magnesiumammoniumphosphat gefällt und als Pyrophosphat gewogen.

Das aus verdünnter alkoholischer Lösung gefällte Magnesiumammoniumphosphat ist viel voluminöser als das aus wässeriger gefällte. Will man einen kristallinischen Niederschlag erhalten, so muß man den Alkohol verdampfen und den Rückstand in Wasser lösen, wodurch das Resultat nicht beeinflußt wird.

Nach Prechts Erfahrungen gibt die Methode, welche von Runte sorgfältig durchgearbeitet wurde, richtige Resultate, wenn Magnesiumsulfat in großer Menge in dem zu untersuchenden Wasser nicht vorhanden ist. Bei Gegenwart von viel Magnesiumsulfat findet mit dem stets vorhandenen Chlornatrium eine Wechselzersetzung statt, so daß sich Chlormagnesium bildet, wodurch die Resultate höher ausfallen.

Da es von Wichtigkeit ist, bei der Beurteilung der Versalzung eines Flusses durch Endlaugen nicht bloß die Chlormagnesiummenge, sondern auch die Menge aller anderen mineralsauren Magnesiumsalze, welche für die Geschmacksverschlechterung ebenfalls in Frage kommen, kennen zu lernen, so schlägt Noll vor, den Gehalt an mineralsauren Salzen des Magnesiums durch die Bestimmung der Nichtkarbonathärte des Magnesiums festzulegen und diese, wenn erforderlich, vermittels der Prechtschen Methode annähernd zu differenzieren.

10. Die organischen Substanzen.

Der qualitative Nachweis. Bei der geringen Kenntnis über die im Wasser vorkommenden organischen Substanzen ist man im allgemeinen genötigt, auf eine nähere Identifizierung zu verzichten und sich mit den allgemeinen Reaktionen organischer Stoffe zu begnügen. S. 805 ist schon gesagt worden, daß die Bestimmung des Glühverlustes und die bei ihrer Ausführung zu machenden Beobachtungen nur ungefähre Anhaltspunkte über die Menge der vorhandenen verbrennlichen Substanzen zu geben vermögen. Einen besseren Vergleich über die Menge der vorhandenen organischen Substanzen erreicht man durch die Einwirkung des stark oxydierende Wirkung besitzenden Kaliumpermanganats, die man zweckmäßig gleich in der hierunter beschriebenen quantitativen maßanalytischen Form ausführt. Allerdings werden durch diese Methode alle diejenigen Substanzen nicht getroffen, welche einer weiteren Oxydation nicht fähig sind. Die Untersuchung hat deshalb nur einen bedingten Wert.

Die in verunreinigtem Wasser zuweilen vorkommenden geringen Mengen von Phenol, Kresol, Skatol, Indol usw., welche oft aus tierischen und menschlichen Auswurfstoffen, sowie aus verwesenden Tier- und Pflanzenresten stammen, lassen sich durch die von Gries entdeckten Diazoverbindungen nachweisen. Mit diesen bilden die erwähnten aromatischen Phenole und Amine intensiv gelb gefärbte Azofarbstoffe, die noch bei sehr starker Verdünnung zu bemerken sind.

Ausführung der Prüfung: In 100 ccm Wasser, die sich in einem Rohre aus farblosem Glase (Kolorimeterzylinder) befinden, gibt man 2 bis 3 Tropfen einer Lösung von Paradiazobenzolsulfosäure (s. Kap. Reagenzien) und schüttelt um. Bei Anwesenheit von Spuren der erwähnten Verbindungen tritt innerhalb 5 Minuten Gelbfärbung ein.

Die quantitative Bestimmung der Oxydierbarkeit unter Verwendung von Kaliumpermanganat in saurer Lösung. Da eine direkte Bestimmung der organischen Substanzen im Wasser wegen der Unkenntnis ihrer Natur und Zusammensetzung nicht möglich ist, benutzt man zur Ermittelung ihrer Menge als Gradmesser die Menge Sauerstoff, welche zu ihrer Oxydation notwendig ist.

Als Sauerstoffquelle dient eine Kaliumpermanganatlösung bekannten Gehaltes, die bekanntlich sowohl in saurer als auch alkalischer Lösung leicht Sauerstoff abgibt. Zur Erzielung vergleichbarer Resultate ist es absolut notwendig, unter peinlich genauer Einhaltung gleicher Versuchsbedingungen zu arbeiten. Nichtsdestoweniger lassen sich dem absoluten Gehalt an organischen Stoffen entsprechende Resultate nicht erwarten, da einerseits die Oxydation der organischen Substanzen nicht vollständig, auch nicht gleich weitgehend ist (manche organischen Stoffe verlangen viel, manche sehr wenig Sauerstoff), andererseits auch oxydable anorganische Stoffe, z. B. salpetrigsaure Verbindungen, manche Eisenverbindungen, Chloride, Sauerstoff verbrauchen.

Die gebräuchlichste Methode ist die in schwefelsaurer Lösung von Kubel-Tiemann. Die Sauerstoffabgabe vollzieht sich hierbei nach folgender Gleichung:

$$2\,KMnO_4 + 3\,H_2SO_4 = 2\,MnSO_4 + K_2SO_4 + 3\,H_2O + 5\,O.$$

Um den Wirkungswert der Kaliumpermanganatlösung und die für die Oxydation verbrauchte Menge Kaliumpermanganat zu bestimmen, benutzt man eine leicht oxydierbare, in großer Reinheit erhältliche organische Substanz, die Oxalsäure. Sie wird in heißer

Lösung quantitativ bei Anwesenheit von Kaliumpermanganat zu Kohlensäure und Wasser verbrannt:

$$C_2H_2O_4 + O = 2CO_2 + H_2O.$$

In der violettroten Farbe der Kaliumpermanganatlösung hat man ein bequemes und scharfes Mittel, den Endpunkt der Reaktion zu erkennen. Solange noch unzersetztes Kaliumpermanganat vorhanden ist, ist die Farbe der Lösung rot, ist alles reduziert, so ist sie farblos.

Ausführung des Versuches: 100 ccm des zu untersuchenden Wassers, bei stark verunreinigtem geringere Mengen, z. B. 50, 20, 10 ccm, die man mit der entsprechenden Menge, z. B. 50, 80, 90 ccm, destillierten, von reduzierenden Substanzen möglichst freien Wassers auf 100 ccm aufgefüllt hat, werden in einem Erlenmeyerkolben von 300 ccm Inhalt, der vorher durch Auskochen mit etwas verdünnter Kaliumpermanganatlösung und einigen Tropfen verdünnter Schwefelsäure gereinigt worden ist, mit 5 ccm (genau abmessen!) 25 proz. Schwefelsäure versetzt. Man verwendet am besten stets dieselben Kolben nur für diese Untersuchungen.

Schwebestoffe enthaltende Wässer filtriert man entweder vor der Bestimmung oder man schüttelt sie gut durch, je nach dem Zweck, den die Untersuchung verfolgt, und berücksichtigt das angewandte Verfahren dann bei Bewertung des Resultates oder, besser, man führt die Bestimmung sowohl mit unfiltriertem als mit filtriertem Wasser aus. Zur Vermeidung des Stoßens, Siedeverzuges usw. während des nun folgenden Siedens setzt man eine Spur ausgeglühten Bimssteinpulvers zu und erhitzt über der Bunsenflamme auf einem Asbestdrahtnetz zum Sieden. Unterdessen hat man in eine vollkommen reine Bürette mit Glashahn (solche mit Quetschhahn sind für Kaliumpermanganat nicht zu benutzen!) die ungefähr $n/_{100}$-Kaliumpermanganatlösung eingefüllt und auf den Nullpunkt eingestellt. Man stellt zweckmäßig auf den untersten Punkt des an der Oberfläche der Flüssigkeit im Bürettenrohre entstehenden Meniskus ein, wobei man zur Vermeidung von Parallaxenfehlern das Auge in seine Höhe bringt. Auch kann man sich eines mit Marke versehenen Schwimmers zur Erleichterung und Verschärfung des Ablesens bedienen.

Sobald die Flüssigkeit kocht, läßt man aus der Bürette 10 ccm Kaliumpermanganatlösung einfließen und kocht weiter genau zehn Minuten lang. Die Flüssigkeit muß während des Kochens ihre rote Farbe behalten. Wird sie entfärbt, so ist die Bestimmung mit einer geringeren Wassermenge, also unter Verdünnung bzw.

stärkerer Verdünnung, zu wiederholen. Zu der heißen Flüssigkeit werden dann aus einer zweiten Bürette genau 10 ccm $n/_{100}$-Oxalsäurelösung, die man vorher genau auf den Nullpunkt eingestellt hat, gegeben. Dabei muß völlige Entfärbung eintreten (eine schwache bräunliche Verfärbung beseitigt man durch Umschütteln und kurzes Aufkochen); verschwindet sie nicht, so muß man die Bestimmung wiederholen, indem man etwas weniger als 10 ccm Kaliumpermanganatlösung zusetzt.

Zu der völlig entfärbten Flüssigkeit läßt man wieder unter fortwährendem Umschwenken tropfenweise Kaliumpermanganatlösung zufließen, bis eben eine schwache Rosafärbung bestehen bleibt. Nun wird die Gesamtmenge der verbrauchten Kubikzentimeter abgelesen und notiert. Die abgelesene Zahl ist die Menge Kaliumpermanganatlösung, die verbraucht wurde zur Oxydation der organischen Substanzen plus der 10 ccm $n/_{100}$-Oxalsäurelösung.

Zur Bestimmung des Titers der Kaliumpermanganatlösung gibt man sofort nochmals genau 10 ccm $n/_{100}$-Oxalsäurelösung in die Flüssigkeit hinein und titriert abermals mit Kaliumpermanganatlösung bis zur schwachen Rosafärbung. Die jetzt festgestellte Anzahl Kubikzentimeter Kaliumpermanganatlösung entspricht den 10 ccm Oxalsäure. Zieht man nun diese, den 10 ccm Oxalsäure entsprechenden Kubikzentimeter Kaliumpermanganatlösung von der zuerst abgelesenen Zahl ab, welche die Summe des Verbrauches zur Oxydation der organischen Substanzen plus der 10 ccm Oxalsäurelösung angibt, so hat man sofort die auf die organischen Substanzen allein entfallende Anzahl Kubikzentimeter Kaliumpermanganatlösung. Diese ist meistens nicht genau $n/_{100}$; die Kubikzentimeter Kaliumpermanganatverbrauch müssen daher auf genau $n/_{100}$-Lösung umgerechnet werden, indem man sie multipliziert mit dem, wie soeben angegeben, festgestellten Titer der Lösung, d. h. dem Verhältnis der 10 ccm Oxalsäure zu der ihnen entsprechenden Anzahl Kubikzentimeter der Kaliumpermanganatlösung.

Berechnung: Durch Multiplikation der so bestimmten Anzahl Kubikzentimeter $n/_{100}$-Kaliumpermanganatlösung mit 0,316, dem $1/_{100}$-Äquivalentgewicht des Kaliumpermanganats, erhält man den Verbrauch an Kaliumpermanganat zur Oxydation der organischen Substanzen in Milligrammen. Durch Multiplikation der gefundenen Anzahl der verbrauchten Kubikzentimeter Kaliumpermanganatlösung mit 0,08, dem $1/_{100}$-Äquivalentgewicht des Sauerstoffes, bekommt man die verbrauchte Menge Sauerstoff in Milligrammen.

$$\frac{0,316}{0,08} = \text{ungefähr } 4;$$ der Kaliumpermanganatverbrauch durch 4 dividiert, ergibt also den entsprechenden Sauerstoffverbrauch.

Beispiel: Zur Oxydation der in 100 ccm Wasser enthaltenen organischen Substanzen nebst den 10 ccm $^n/_{100}$-Oxalsäure wurden verbraucht: zunächst 10 ccm, dann — nach Zusatz der Oxalsäure — weitere 5 ccm, im ganzen also 15 ccm Kaliumpermanganatlösung. Die 10 ccm Oxalsäurelösung allein verbrauchten nach dem ausgeführten besonderen Versuche oder nach dem aus vorhergehenden Versuchen schon bekannten Titer 9,8 ccm Kaliumpermanganatlösung.

Der Verbrauch für die organische Substanz allein beträgt also $15,0 - 9,8 = 5,2$ ccm. Diese Zahl multipliziert mit dem durch den soeben erwähnten besonderen Versuch festgestellten oder schon bekannten Titer, in diesem Falle $\frac{10}{9,8}$, gibt die Anzahl der verbrauchten Kubikzentimeter $^n/_{100}$-Kaliumpermanganatlösung, und mit 0,316 multipliziert die Anzahl der zur Oxydation verbrauchten Milligramme Kaliumpermanganatverbrauch an:

$$\frac{5,2 . 10 . 0,316}{9,8} = 1,68 \text{ mg pro } 100 \text{ ccm}.$$

Auf ein Liter wird das Zehnfache $= 16,8$ mg Kaliumpermanganat verbraucht.

Die Berechnung auf Sauerstoff ergibt sich aus folgendem:

$$\frac{5,2 \times 10 \times 0,08}{9,8} . 10 = 4,24 \text{ mg } O_2;$$

man kommt jedoch in den meisten Fällen mit nachstehender Rechnung aus:

$$16,8 : 4 = 4,2 \text{ mg } O_2.$$

11. Der Sauerstoff.

Den Nachweis des Ozons siehe S. 603.

a) Die Bestimmung des im Wasser gelösten Sauerstoffs.

α) Die Methode von L. W. Winkler.

Sie gilt mit Recht als die beste. Ihr Wesen besteht darin, daß eine abgemessene Menge des zu prüfenden Wassers mit Natronlauge und Manganchlorür im Überschuß versetzt wird, wobei das entstandene Manganohydrat nach Maßgabe der vorhandenen Menge des im Wasser gelösten Sauerstoffs zu Manganihydrat oxydiert wird. Letzteres scheidet beim Ansäuern mit Salzsäure in Gegenwart von

Jodkalium eine dem absorbierten Sauerstoff äquivalente Menge Jod aus, welche mit Natriumthiosulfatlösung gemessen wird.

$$2\,MnCl_2 + 4\,NaOH = 4\,NaCl + 2\,Mn(OH)_2$$
$$2\,Mn(OH)_2 + O + H_2O = 2\,Mn(OH)_3$$
$$2\,Mn(OH)_3 + 6\,HCl = 2\,MnCl_3 + 6\,H_2O$$
$$2\,MnCl_3 + 2\,KJ = 2\,MnCl_2 + 2\,KCl + 2\,J.$$

Für die Versuche verwendet man starkwandige, etwa 250 ccm fassende Gläser mit gut eingeschliffenen Glasstopfen. Der Rauminhalt derselben wird ein- für allemal bestimmt, indem man sie erst in vollkommen trockenem Zustande leer, dann mit destilliertem Wasser vollständig angefüllt wägt. Die Differenz der erhaltenen Gewichtszahlen, in Grammen ausgedrückt, entspricht dem Rauminhalt der Flaschen in Kubikzentimetern. Die gefundenen Zahlen werden zweckmäßig nebst laufenden Nummern auf die Gläser geätzt oder eingeritzt (Fig. 88).

Fig. 88.

Sauerstoffflasche nach Winkler.

Ausführung des Versuches: Die vorstehend beschriebene Flasche wird mit dem zu prüfenden Wasser erst einigemal ausgespült, dann bis zum Überlaufen gefüllt. Mittels langstieliger, enger, im oberen Teile erweiterter und graduierter Pipetten läßt man zuerst 3 ccm konzentrierte, Jodkalium enthaltende Natronlauge, hierauf 3 ccm der Manganchlorürlösung (vgl. Reagenzien) langsam einfließen, wobei man die Pipetten bis auf den Boden der Flasche einführt, und drückt nun die Stopfen fest in den Hals der Flasche ein. Man hat auf das Sorgfältigste darauf zu achten, daß keine Luftbläschen mit eingeschlossen werden, was keine Schwierigkeit bietet, wenn die Stopfen gut eingeschliffen und nach unten konvex abgerundet oder schräg abgeschnitten sind. Man mischt den Inhalt der Flasche durch mehrmaliges leichtes Umschwenken und läßt den flockigen Niederschlag sich ruhig absetzen. Dieses Absetzen erfolgt gewöhnlich ziemlich rasch und vollständig, wenn der Niederschlag nicht durch unnötig heftiges Umschütteln sehr feinpulverig geworden ist. Hat man es mit der Beendigung des Versuches nicht sehr eilig, so empfiehlt es sich, die Flasche über Nacht der Ruhe zu überlassen, nachdem man noch für einen luftdichten Verschluß

gesorgt hat. Einen solchen gewinnt man in tadelloser Form, wenn
man, wie Fig. 88 veranschaulichen soll, die Flasche umgekehrt in
ein mit Wasser gefülltes Bechergläschen einsetzt und nun die Flasche
mit aufgestülptem und mit Wasser gefülltem Becherglase wieder
aufrecht stellt. Es genügt auch, die Flasche mit gut angedrücktem
Stopfen umgekehrt in ein gefülltes Wasserglas so einzusetzen, daß
der Stopfen auf dem Boden steht. Hierauf notiert man die Temperatur des Wassers, den zur Zeit des Versuches herrschenden
Barometerstand und die Temperatur der Luft. Ist die über dem
Niederschlag stehende Flüssigkeit vollkommen klar, so öffnet man
die Flasche und läßt mitttels einer Pipette 3 bis 5 ccm konzentrierte Salzsäure [1]) vom spez. Gew. 1,16 bis 1,18 an der Flaschen-
wandung herunter zum Niederschlag fließen, drückt den Stopfen
wieder in den Flaschenhals gut ein und schwenkt einigemal um,
wobei sich der Niederschlag vollkommen löst. Die durch das ausgeschiedene Jod gelb gefärbte Flüssigkeit wird unter Nachspülen
mit destilliertem Wasser in ein geräumiges Becherglas übergeführt
und von einer mit $n/_{100}$-Jodlösung eingestellten Natriumthiosulfatlösung soviel zugegeben, bis die braune Farbe in eine hellgelbe
übergegangen ist. Darauf werden 1 oder 2 ccm Stärkelösung zugegeben und die nun blau gewordene Flüssigkeit so lange tropfenweise mit der Natriumthiosulfatlösung austitriert, bis die Flüssigkeit wasserhell geworden ist.

Berechnung: 1 ccm $n/_{100}$-Jodlösung entspricht 0,08 mg Sauerstoff, oder, da 1 Liter Sauerstoff bei 0⁰ und 760 mm Druck 1,4290 g
wiegt, 0,055983 ccm Sauerstoff. Da nach den eingangs aufgeführten
Formelgleichungen durch den absorbierten Sauerstoff äquivalente
Mengen Jod frei werden, so erhält man durch Multiplikation der
Anzahl der bei der Titration des ausgeschiedenen Jods verbrauchten
Kubikzentimeter $n/_{100}$-Natriumthiosulfatlösung mit 0,08 die Milli-
gramm Sauerstoff, welche in der zum Versuch benutzten Wasser-
menge enthalten waren. Letztere ist gleich dem Rauminhalt der
Flasche weniger 6 ccm, weil durch Einführen von 6 ccm Reagenzien
ebensoviel Wasser verdrängt worden war. Bezeichnet man die zum
Versuch benutzte Wassermenge mit V, die Zahl der verbrauchten
Kubikzentimeter $n/_{100}$-Thiosulfatlösung mit n, so enthalten 1000 ccm
(A) des zu prüfenden Wassers:

$$A = \frac{0,08 \cdot n \cdot 1000}{V} \text{ mg.}$$

---

[1]) Zum Einsaugen der rauchenden Salzsäure in die Pipette bedient man
sich eines kleinen, auf die Pipette aufgesetzten Gummiballes, wie solche bei
den Blasebüretten im Gebrauch sind.

Will man die erhaltene Anzahl Milligramme Sauerstoff in Kubikzentimeter umrechnen, so dividiert man das Resultat durch das Gewicht eines Kubikzentimeters Sauerstoff gleich 1,429 mg (bei 0^0 und 760 mm Druck). Außerdem ist bei genauen Bestimmungen das so gefundene Volumen auf Normaldruck und -temperatur umzurechnen unter Benutzung der Formel:

$$x = A \cdot \frac{760 - f}{B - f}.$$

A = Sauerstoffgehalt in ccml, f = Wasserdampftension für die betreffende Lufttemperatur, B = reduzierter Barometerstand. — Die Reduktion des Barometerstandes geschieht nach der Formel:

$$B = b - 0{,}000\,181 \cdot b \cdot t.$$

b = zeitiger Barometerstand, t = zeitige Lufttemperatur, B = reduzierter Barometerstand, $0{,}000\,181$ = Kubischer Ausdehnungskoeffizient des Quecksilbers.

Für die Praxis empfiehlt sich die Umrechnung des Sauerstoffgehaltes in Volumenteile nicht.

Tabelle der Tension des Wasserdampfes für die Temperaturen von 1 bis 35^0, nach Regnault.

^{0}C	Tension mm	^{0}C	Tension mm	^{0}C	Tension mm
1	4,940	12,5	10,804	24	22,184
1,5	5,118	13	11,162	24,5	22,858
2	5,302	13,5	11,530	25	23,550
2,5	5,491	14	11,908	25,5	24,261
3	5,687	14,5	12,298	26	24,988
3,5	5,889	15	12,699	26,5	25,738
4	6,097	15,5	13,112	27	26,505
4,5	6,313	16	13,536	27,5	27,294
5	6,534	16,5	13,972	28	28,101
5,5	6,763	17	14,421	28,5	28,931
6	6,998	17,5	14,882	29	29,782
6,5	7,242	18	15,357	29,5	30,654
7	7,492	18,5	15,845	30	31,548
7,5	7,751	19	16,346	30,5	32,463
8	8,017	19,5	16,861	31	33,405
8,5	8,291	20	17,391	31,5	34,368
9	8,574	20,5	17,935	32	35,359
9,5	8,865	21	18,495	32,5	36,370
10	9,165	21,5	19,069	33	37,410
10,5	9,474	22	19,659	33,5	38,473
11	9,792	22,5	20,265	34	39,565
11,5	10,120	23	20,888	34,5	40,680
12	10,457	23,5	21,528	35	41,827

Beispiel: Ein Oberflächenwasser von $12{,}0^0$ wurde in eine 280 ccm fassende Flasche eingefüllt, zuerst mit 3 ccm jodkaliumhaltige Natronlauge, dann mit 3 ccm Manganchlorürlösung versetzt und nach Vorschrift weiter behandelt.

Für die Titration des ausgeschiedenen Jods wurden 32,9 ccm $n/_{100}$-Natriumthiosulfatlösung verbraucht:

$$\frac{0,08 \cdot 32,9 \cdot 1000}{280 - 6} = 9,606 \text{ mgl.}$$

$$\frac{9,606}{1,4290} = 6,722 \text{ ccm.}$$

Zur Zeit des Versuches betrug der Barometerstand 750 mm, die Lufttemperatur 17,0°, die Tension des Wasserdampfes 14,4 mm. Der reduzierte Barometerstand beträgt:

$$B = 750 - 0,000\,181 \cdot 750 \cdot 17 = 747,7 \text{ mm.}$$

Demnach beziffert sich das auf Normaldruck bezogene Volumen (C) des in 1 Liter Wasser von 17,0° gelösten Sauerstoffs auf:

$$C = 6,722 \cdot \frac{760 - 14,4}{747,7 - 14,4} = 6,839 \text{ ccm/l Sauerstoff.}$$

Man ersieht, daß durch die Berechnung des gefundenen Sauerstoffvolumens auf das Volumen bei 760 mm Druck jenes nur wenig erhöht wird Daher dürfte im allgemeinen für praktische Zwecke die Umrechnung unterbleiben und nur bei exakteren Sauerstoffbestimmungen anzuwenden sein.

β) Modifiziertes Verfahren für die Bestimmung des gelösten Sauerstoffs in verunreinigten Wässern.

Für die Sauerstoffbestimmung in natürlichen Wässern, welche salpetrige Säure, organische und sonstige Stoffe enthalten, die mit den zum Versuch erforderlichen Reagenzien selbst in Reaktion treten, hat Winkler ein abgeändertes, leicht auszuführendes Verfahren angegeben, durch welches der Einfluß jener Verunreinigungen auf das Resultat der Sauerstoffbestimmungen eliminiert wird.

Zu dem Zweck wird ein abgemessenes Volumen des zu untersuchenden Wassers mit überschüssiger Manganichloridlösung versetzt und bestimmt, wie viel von dem wirkungsfähigen Chlor nach einiger Zeit verschwunden ist.

Die Manganichloridlösung stellt man her, indem man 1 ccm der Manganchlorürlösung mit einem halben Liter Wasser vermischt, mit 1 ccm einer 33 proz. Natronlauge alkalisch macht, wiederholt umschüttelt und den braunen Niederschlag auf einem kleinen Filter sammelt. Man bringt den Niederschlag mittels konzentrierter Salzsäure wieder in Lösung und verdünnt diese wieder auf $^1/_2$ Liter.

Von dieser Manganichloridlösung werden zweimal 100 ccm abgemessen und die eine Portion mit 100 ccm destillierten Wassers, die andere mit 100 ccm des zu prüfenden Wassers vermischt. Nach einigen Minuten versetzt man beide Flüssigkeiten mit einigen Kristallen Jodkalium und mißt das jeweilig ausgeschiedene Jod. Die Differenz aus den beiden gefundenen Werten zeigt die Größe der störend wirkenden Faktoren oder der Korrektion an, welche dem

bei der eigentlichen Sauerstoffbestimmung erhaltenen Werte hinzuaddiert werden muß, ausgedrückt in der Anzahl der verbrauchten
Kubikzentimeter Thiosulfatlösung.

Die Sauerstoffbestimmung des zu prüfenden Wassers selbst
geschieht, wie vorhin beschrieben worden ist; sie erfährt nur insofern eine Abänderung, als zur Erzeugung von Manganohydrat im
Wasser eine mit Jodkalium nicht versetzte, gesättigte Natronlauge
benutzt wird. Beim Ansäuern löst sich auch auf Zusatz ziemlich
erheblicher Mengen rauchender Salzsäure der Niederschlag nur sehr
langsam auf. Man wartet dessen vollständige Lösung nicht ab,
sondern setzt nach dem Ansäuern mit rauchender Salzsäure einige
Kristalle Jodkalium hinzu, wobei die Lösung des Niederschlages
rasch erfolgt. Hierauf wird das ausgeschiedene Jod mit Natriumthiosulfatlösung unter Zugabe von Stärkelösung gemessen.

Beispiel: Die Sauerstoffbestimmung eines salpetrige Säure und organische Stoffe in erheblichen Mengen enthaltenden städtischen Kanalwassers
wurde nach dem modifizierten Verfahren in der vorgeschriebenen Weise ausgeführt. Die Temperatur des Wassers betrug 15^0; auf Barometerstand und
Lufttemperatur zur Zeit des Versuches wurde nicht Rücksicht genommen.
In 278 ccm des Wassers wurde so viel Jod ausgeschieden, daß zur Bindung desselben 12,3 ccm $n/_{100}$-Natriumthiosulfatlösung erforderlich waren.
Zur Ermittelung der Korrektur für den Einfluß der salpetrigen Säure
und der organischen Stoffe wurden von einer wie oben dargestellten Manganichloridlösung zweimal 100 ccm abgemessen und die eine Portion mit 100 ccm
destillierten Wassers, die andere mit 100 ccm des Kanalwassers vermischt,
nach einiger Zeit Jodkalium zu beiden zugesetzt und das ausgeschiedene Jod
titriert. Im ersteren Falle wurden 6,7, im zweiten 3,4 ccm der $n/_{100}$-Thiosulfat-
lösung verbraucht, die Korrektur beträgt somit 3,3 ccm, für 278 ccm also
$2,78 \times 3,3$. Mithin enthielt 1 Liter des Kanalwassers (von 15^0):

$$\frac{(12,3 + 2,78 \times 3,3) \times 0,08 \times 1000}{278} = 6,18 \text{ mgl Sauerstoff.}$$

Bei Anwesenheit von viel organischen Stoffen empfiehlt sich
folgende Methode: Da bei Anwesenheit größerer Mengen dieser
Stoffe Jod gebunden werden kann, so kann man dadurch leicht
weniger Sauerstoff finden, als vorhanden ist. Um diesen Fehler
auszugleichen, versetzt man 100 ccm destilliertes Wasser und 100 ccm
zu prüfendes Wasser mit je 10 ccm $n/_{100}$-Jodlösung und bestimmt
nach einigen Minuten mit $n/_{100}$-Natriumthiosulfatlösung die Menge
des Jods in beiden Flüssigkeiten. Die Differenz der in beiden
Fällen verbrauchten Natriumthiosulfatlösung gibt den Korrektions-
wert bezüglich 100 ccm Wasser an.

b) Das Sauerstoffdefizit nach Spitta.

Jede Sauerstoffbestimmung im Wasser, die an Ort und Stelle
angesetzt wurde, gestattet, das Sauerstoffdefizit zu berechnen, d. h.

diejenige Menge Sauerstoff, in Milligrammen oder Kubikzentimetern (bei 0⁰ und 760 mm Druck), für 1 Liter Wasser festzustellen, welche für die bei der Probenahme gemessene Wassertemperatur und den Barometerstand an der Sättigung mit atmosphärischem Sauerstoff noch fehlt.

Bei der Berechnung des Sauerstoffdefizits muß also bekannt sein:

1. Die Wassertemperatur bei der Entnahme.

2. Der Barometerstand.

Die Sättigungsmenge für die betreffende Temperatur erfährt man aus der Tabelle von Winkler.

Tabelle der Volumina Sauerstoff, welche 1 Liter Wasser nach L. W. Winkler an der Luft bei 760 mm Barometerdruck und den folgenden Temperaturen zu lösen vermag.

Temp. ⁰C	Sauerstoff ccm	Sauerstoff mg	Temp. ⁰C	Sauerstoff ccm	Sauerstoff mg
0	10,19	14,56	16	6,89	9,85
1	9,91	14,16	17	6,75	9,65
2	9,64	13,78	18	6,61	9,45
3	9,39	13,42	19	6,48	9,26
4	9,14	13,06	20	6,36	9,09
5	8,91	12,73	21	6,23	8,90
6	8,68	12,41	22	6,11	8,73
7	8,47	12,11	23	6,00	8,58
8	8,26	11,81	24	5,89	8,42
9	8,06	11,52	25	5,78	8,26
10	7,87	11,25	26	5,67	8,11
11	7,69	10,99	27	5,56	7,96
12	7,52	10,75	28	5,46	7,82
13	7,35	10,50	29	5,36	7,68
14	7,19	10,28	30	5,25	7,54
15	7,04	10,06			

Beträgt der beobachtete Barometerstand nicht 760 mm, so muß zur Festlegung des Sättigungswertes die für die betreffende Temperatur aus der Tabelle entnommene Zahl umgerechnet werden. Das ist indessen nur für die genaueren Bestimmungen erforderlich und auch da genügt meistens nach dem Vorgang von Grosse-Bohle die vereinfachte Formel

$$X = n \cdot \frac{B}{760},$$

worin n den Sättigungswert bei der betreffenden Temperatur und 760 mm Druck, B den beobachteten Barometerstand bedeutet. Auch hier ist die Angabe des Resultats in Milligrammen vorzuziehen, da sie die umständliche Reduktion der Volumina auf Normaldruck und -temperatur erspart.

Beispiel: Der Sauerstoffgehalt eines Flußwassers wurde nach **Winklers** Methode zu 5,35 mgl gefunden. Die Bestimmung war an Ort und Stelle angesetzt worden; der Barometerstand betrug 745 mm, die Wassertemperatur 13⁰. Der Sättigungswert bei 13⁰ und 760 mm Druck beträgt nach der Tabelle 10,50 mg, umgerechnet nach der vereinfachten Formel:

$$= 10,50 \cdot \frac{745}{760} = 10,29 \text{ mgl.}$$

Das Sauerstoffdefizit beträgt also:

$$10,29 - 5,35 = 4,94 \text{ mgl.}$$

c) Die Sauerstoffzehrung nach Spitta.

Zur Ermittelung der Sauerstoffzehrung, d. h. derjenigen Menge Sauerstoff, die bei 20 bis 22⁰ innerhalb einer Stunde von 1 Liter des zu untersuchenden Wassers verbraucht wird, sind zwei Sauerstoffbestimmungen nötig, zu denen die Probenahme gleichzeitig geschehen muß:

1. Eine sofort anzusetzende.
2. Eine nach Verlauf einer Anzahl von Stunden anzusetzende.

Bei reinerem Wasser läßt man vor der zweiten Bestimmung die Probe 48 Stunden in der vollständig angefüllten und gut verschlossenen „Sauerstoffflasche" bei 20 bis 22⁰ vor Licht geschützt stehen.

Ist während 48 Stunden die Zehrung nur gering, so ist die Wartezeit weiter, auf 72 Stunden, auszudehnen. Bei stark verunreinigten Wässern genügt eine Zeit von 6, 12 oder 24 Stunden.

Beispiel: Der Sauerstoffgehalt eines mäßig verunreinigten Bachwassers wurde in der sofort mit Natronlauge-Jodkalium und Manganchlorür versetzten Probe zu 9,35 mgl gefunden. Der Sauerstoffgehalt der nach 48 stündigem Stehen angesetzten Probe betrug 5,38 mgl, die Sauerstoffzehrung in 48 Stunden also:

$$9,35 - 5,38 = 3,97 \text{ mg,}$$

in einer Stunde:

$$\frac{3,97}{48} = 0,083 \text{ mg.}$$

d) Die Fäulnisfähigkeit.

Fäulnis macht sich bemerkbar durch das Auftreten von Schwefelwasserstoff, der bei der Zersetzung aus schwefelhaltigen Substanzen

53*

entsteht. Man betrachtet daher ein Wasser als fäulnisfähig, in welchem sich nach einigem Stehen Schwefelwasserstoff nachweisen läßt.

Zur Ausführung des Versuches wird eine 100 bis 200 ccm fassende Flasche mit dem zu untersuchenden Wasser — nur Abwasser oder stark verunreinigtes Wasser, z. B. die Einläufe von Kläranlagen in Flüsse, kommen in Frage — zu ungefähr $^4/_5$ gefüllt. Zwischen Kork und Flaschenhals wird ein Streifen angefeuchteten Bleipapieres eingeklemmt und die verschlossene Flasche bei einer Zimmerwärme von 22^0 aufbewahrt. Von Zeit zu Zeit sieht man nach, ob eine dunkle Verfärbung des Papieres eingetreten ist. Die Beobachtung wird ein bis zwei Wochen lang fortgesetzt.

Die quantitative Bestimmung des Schwefelwasserstoffs ist auf der folgenden Seite beschrieben.

α) Der Nachweis der Faulfähigkeit nach Spitta und Weldert.

Schwefelwasserstoff und andere bei der Fäulnis entstehende Substanzen reduzieren Methylenblau zu seiner farblosen Leukobase. Diese Reaktion wurde von Spitta und Weldert zur Prüfung auf Fäulnisfähigkeit angewandt. Sie eignet sich hauptsächlich zur Prüfung der Abflüsse von biologischen Körpern und sonstigen Kläranlagen und auch zur Bestimmung der Fäulnisfähigkeit von Flußwässern usw., welche Verunreinigungen aufnehmen.

Ausführung: Mittels einer Pipette, deren $^1/_{10}$ ccm-Teilstriche recht weit auseinander liegen, so daß man genau ablesen kann oder die in $^1/_{100}$ ccm geteilt ist, werden 0,3 ccm einer 0,05 proz. wässerigen Lösung von Methylenblau (S. 927) auf den Boden einer 50 ccm fassenden Flasche gegeben, die mit Glasstopfen versehen ist. Dann wird die Flasche mit dem zu prüfenden Wasser vollgefüllt und der Glasstopfen so aufgesetzt, daß keine Luftblasen mit eingeschlossen werden, wie das schon für die Entnahme der Sauerstoffproben angegeben worden ist. Den Glasstopfen sichert man durch Überschieben eines Flaschendrahtverschlusses oder Auflegen einer kleinen, dem Pfropfen angepaßten Bleiplatte und hebt die Flasche bei 37^0 im Brutschrank auf.

Ist nach 6 Stunden keine Entfärbung eingetreten, so darf man annehmen, daß ein Nachfaulen des Wassers unter Schwefelwasserstoffbildung auch bei längerem Aufbewahren nicht mehr eintritt.

β) Der Nachweis der Faulfähigkeit nach Seligmann.

Fallende Mengen des zu untersuchenden Abwassers (10, 8, 5, 4, 3, 2, 1, 0,5 ccm, bei weniger schmutzigen Wässern, z. B.

Flußwässern, nimmt man größere Mengen) werden in sterilisierte Reagenzröhren gegeben; bei Mengen unter 10 ccm wird mit sterilem Wasser auf 10 ccm aufgefüllt. Dann werden in jedes Rohr drei Tropfen einer S. 927 beschriebenen Methylenblaulösung hinzugegeben und das Ganze mit flüssigem Paraffin in Höhe von 2 bis 3 cm überschichtet. Die Röhrchen werden für 24 Stunden bei 27° bebrütet. Einige werden eine Umwandlung des blauen Farbstoffes in Weiß zeigen, andere nicht. Als Ausmaß des Reduktionsvermögens wird die geringste Menge Wasser angesehen, welche innerhalb der 24 Stunden Methylenblau noch entfärbt hat.

Es empfiehlt sich, die Verfahren von Spitta-Weldert und Seligmann nebeneinander anzuwenden.

Für manche Zwecke ist es wünschenswert, das Wasser filtriert und unfiltriert zu untersuchen.

12. Der Schwefelwasserstoff.

Schwefelwasserstoff kommt im Wasser sowohl frei wie an Alkalien gebunden vor. Im Schlamm verunreinigten Wassers findet er sich außerdem häufig an Eisen gebunden.

Der qualitative Nachweis durch die Bleipapierprobe. Freier Schwefelwasserstoff läßt sich meist schon durch seinen nicht zu verkennenden Geruch nach faulen Eiern nachweisen, z. B. bei manchen eisenhaltigen Tiefbrunnenwässern. Chemisch kann man seine Anwesenheit feststellen in der auf der vorigen Seite angegebenen Weise mit Bleiazetatpapier. Der Schwefelwasserstoff färbt das Papier braun bis schwarz infolge Bildung schwarzen Bleisulfids:

$$Pb(C_2H_3O_2)_2 + H_2S = PbS + 2 C_2H_4O_3$$
$$\text{Bleisulfid.}$$

Die Methylenblauprobe nach Caro. Para-amidodimethylanilin wird durch Schwefelwasserstoff bei Gegenwart von Eisenchlorid und Salzsäure in Methylenblau übergeführt. Zum Nachweis von Schwefelwasserstoff versetzt man das zu untersuchende Wasser mit $1/50$ seines Volumens konzentrierter Salzsäure von 1,18 Volumgewicht (S. 919), gibt einige Körnchen Paraamidodimethylanilin hinein und fügt nach ihrer Lösung vier bis fünf Tropfen 5 proz. Eisenchloridlösung hinzu. Sofort oder nach einiger Zeit, bis eine halbe Stunde, tritt bei Anwesenheit von Schwefelwasserstoff eine Blaufärbung auf; 0,02 bis 0,1 mgl des Gases lassen sich mit dieser Reaktion noch nachweisen, jedoch dürfen Nitrite nicht in größerer Menge im Wasser sein.

α) Die quantitative Bestimmung nach der kolorimetrischen Methode von Winkler.

Die kleinen, bei Trinkwässern in Betracht kommenden Mengen von Schwefelwasserstoff bestimmt man am besten kolorimetrisch. Die von Winkler hierfür angegebene Methode beruht auf der Vergleichung der auf Zusatz von alkalischer Bleilösung zu dem zu untersuchenden schwefelwasserstoffhaltigen Wasser entstehenden Färbung mit einer Färbung, die auftritt, wenn man zu derselben Bleilösung die Lösung eines Sulfids von bekanntem Gehalt zugibt. Als Vergleichsflüssigkeit dient nachstehend angegebene Arsentrisulfidlösung. Um die Bildung störender Niederschläge zu vermeiden, setzt man zugleich die hierunter aufgeführte Seignettesalzlösung zu.

Ausführung: Das zu untersuchende Wasser füllt man unter möglichster Vermeidung der Gasabgabe in eine Flasche aus farblosem Glas von etwa 150 ccm Inhalt, die bei 100 ccm eine Marke trägt, hebert ab bis zu dieser Marke, bringt mit einer Pipette auf den Boden der Flasche 5 ccm einer Lösung, bestehend aus 25 g weinsaurem Kalinatron (Seignettesalz), 5 g Natriumhydroxyd und 1 g Bleiazetat in 100 ccm Wasser gelöst, und mischt vorsichtig durch.

In eine zweite ebensolche Flasche kommen 100 ccm destillierten Wassers und 5 ccm derselben Lösung. Hierzu wird von einer frisch bereiteten Ammoniumthioarsenitlösung, 0,0370 g Arsentrisulfid in einigen Tropfen Ammoniak gelöst und auf 100 ccm mit destilliertem Wasser aufgefüllt, hinzugegeben und zwar titriert man am besten aus einer engen Bürette so lange tropfenweise hinein, bis die Farbe mit der bei dem Versuchswasser erhaltenen übereinstimmt. 1 ccm der Ammoniumthioarsenitlösung ist gleich 0,1 ccm Schwefelwasserstoffgas von 0⁰ und 760 mm Druck oder 0,154 mg des Gases.

Berechnung: Soviel Kubikzentimeter Ammoniumthioarsenitlösung verbraucht wurden, ebensoviel Kubikzentimeter Schwefelwasserstoff sind im Liter enthalten gewesen.

Bei weniger als 0,2 ccml Schwefelwasserstoffgehalt muß man eine größere Wassermenge nehmen (500 bis 1000 ccm).

Bei mehr als 1,5 ccml empfiehlt sich die folgende

β) Die quantitative Bestimmung durch Jodtitration nach Dupasquier-Fresenius.

Sie beruht auf der Umsetzung von Schwefelwasserstoff mit Jod zu Jodwasserstoff und Schwefel:

$$H_2S + 2J = 2HJ + S.$$

Die Reaktion verläuft nach Bunsen genau quantitativ nur dann, wenn eine Flüssigkeit nicht mehr als 0,04 Proz. Schwefelwasserstoff enthält, eine Menge, welche für natürliche Wässer wohl überhaupt nicht in Frage kommt. Als Indikator für das Ende der Reaktion dient Stärkelösung, welche den geringsten Überschuß an Jod durch eine bleibend blaue Färbung der Flüssigkeit anzeigt.

Ausführung des Verfahrens: Man mißt oder wägt 250 bis 500 g des schwefelwasserstoffhaltigen, mit etwas Salzsäure angesäuerten Wassers in einen Kolben, versetzt mit dünnem Stärkekleister und läßt unter fortwährendem leichten Umschwenken so viel $n/_{100}$-Jodlösung zufließen, bis die blaue Färbung der Flüssigkeit nicht mehr verschwindet. Man kennt jetzt erst annähernd die für die Zersetzung des Schwefelwasserstoffs erforderliche Jodmenge, weil durch Verdunsten und Oxydation ein Teil des Schwefelwasserstoffs für die Bestimmung verloren ging.

Man wiederholt nun den Versuch in der Weise, daß man in den Kolben zuerst fast die ganze, beim ersten Versuche gefundene Menge der Jodlösung einträgt, mit Stärkelösung versetzt und die genau gleiche Menge des angesäuerten, für den Vorversuch angewendeten Schwefelwasserstoffwassers ruhig, d. h. möglichst ohne Gasverlust, zufließen läßt. Nachdem die blaue Färbung nach einigem Umschwenken der Flüssigkeit verschwunden ist, setzt man tropfenweise von der $n/_{100}$-Jodlösung bis zum Eintritt bleibender Bläuung zu. Da jedoch für das Hervorbringen einer deutlich erkennbaren Endreaktion ein Überschuß an Jodlösung erforderlich ist, so hat man dafür eine Korrektur anzubringen. Diese wird erhalten, indem man in einen ähnlichen Kolben die dem eigentlichen Versuch gleich großen Mengen destillierten Wassers und Stärkekleisters bringt und soviel Jodlösung zusetzt, bis dieselbe Farbintensität wie dort erzielt wird.

Berechnung: 1 Mol. Schwefelwasserstoff wird durch 1 Mol. (zwei Atome) Jod zersetzt; 1 ccm $n/_{100}$-Jodlösung enthält 1,27 mg Jod, welche 0,17 mg Schwefelwasserstoff entsprechen. Multipliziert man daher die Zahl der verbrauchten Kubikzentimeter $n/_{100}$-Jodlösung, nach Abzug des für die beschriebene Korrektur erhaltenen Wertes, mit 0,17, so erfährt man das Gewicht[1]) des Schwefel-

---

[1]) In Schwefelwasserstoffwässern pflegt man den Gehalt an Schwefelwasserstoff auch durch das Volumen des Gases als Kubikzentimeter im Liter Wasser auszudrücken. Da 1 g Schwefelwasserstoffgas bei 0^0 und 760 mm Druck ein Volumen von 656,7 ccm einnimmt, so hätte man jeden für 1 Liter Wasser gefundenen Gewichtsteil von Schwefelwasserstoff mit 0,6567 zu multiplizieren, um die Anzahl der Kubikzentimeter des in 1 Liter gelösten Gases zu erhalten. In obigem Beispiel enthielte somit 1 Liter des Wassers 13,7 $\times$ 0,6567 = 8,99 ccm Schwefelwasserstoff von 0^0 und 760 mm Druck.

wasserstoffs, welcher in der zu dem Versuch angewandten Menge Wassers enthalten war. Dasselbe wird auf 1 Liter Wasser umgerechnet.

Beispiel: 250 g eines Schwefelwasserstoff enthaltenden Wassers erforderten nach einem Vorversuch 19,5 ccm $n/_{100}$-Jodlösung. Beim zweiten Versuch wurden 20,7 ccm der Jodlösung für die Hervorbringung einer bleibenden, deutlichen Bläuung verbraucht, wovon 0,5 ccm auf die Korrektur entfielen. Somit waren für die Zersetzung des in 250 ccm Wasser vorhandenen Schwefelwasserstoffs 20,7 — 0,5 = 20,2 ccm $n/_{100}$-Jodlösung erforderlich, entsprechend

$$20,2 \times 0,17 = 3,434 \text{ mg Schwefelwasserstoff.}$$

1 Liter des Wassers enthielt daher:

$$3,434 \times 4 = 13,7 \text{ mg Schwefelwasserstoff.}$$

13. Die Stickstoffsubstanzen.

a) Das Ammoniak.

Der qualitative Nachweis. Zum Nachweis des Ammoniaks verwendet man fast ausschließlich das Nesslersche Reagens, eine Doppelverbindung von Jodkalium und Jodquecksilber ($HgJ_2 . 2 KJ$), das in Kalilauge gelöst ist. Mit Spuren von Ammoniak gibt das Reagens eine gelbe bis gelbrote Färbung, bei größeren Mengen einen braunroten Niederschlag von Ammoniumquecksilberoxyjodid:

$$NH_3 + 2(HgJ_2 + 2KJ) + 3KOH = NH_2Hg_2JO + 7KJ + 2H_2O.$$

Da das in dem Reagens enthaltene Alkali mit den Erdalkalisalzen Niederschläge von Erdalkalikarbonaten erzeugt, die störend wirken würden, so muß man härtere Wässer vor Anstellung der Ammoniakprüfung erst enthärten.

Ausführung: In einen verschließbaren Zylinder füllt man etwa 200 ccm Wasser, gibt 1 ccm 25 proz. Natronlauge und 2 ccm 33 proz. Sodalösung hinzu, schüttelt um und läßt so lange stehen, bis der Niederschlag sich abgesetzt hat. Von der klaren Flüssigkeit hebt man dann 20 bis 25 ccm mittels einer Pipette ab, bringt sie in ein Reagenzglas, setzt fünf Tropfen Nesslers Reagens zu und beobachtet, gegen einen weißen Hintergrund, die entstehende Färbung oder den Niederschlag.

Da das Reagens selbst das Wasser leicht gelb färbt, so empfiehlt es sich, bei schwachen Färbungen die der angewendeten gleiche Menge Reagens in die dem zu untersuchenden Wasser gleiche Quantität ammoniakfreien Wassers zu geben und nun die Farben zu vergleichen.

Gefärbte oder trübe Wässer klärt man vor Ausführung der Reaktion durch Zusatz von 1 ccm einer 2 proz. Aluminiumsulfatlösung auf 100 ccm Wasser. Schwefelwasserstoff oder Alkalisulfide enthaltende Wässer geben mit Nesslers Reagens ebenfalls eine gelbrote Färbung durch Bildung von Merkurisulfid, das sich aber zum Unterschied von Quecksilberammoniumjodid nicht in starken Säuren löst. Die Sulfide oder den Schwefelwasserstoff beseitigt man durch Ausfällen mit 10 proz. wässeriger Bleiazetatlösung.

α) Die quantitative Bestimmung nach der kolorimetrischen Methode von Frankland und Armstrong.

Bei diesem Verfahren schätzt man die Menge des Ammoniaks nach der mehr oder weniger intensiven Färbung ab, welche in der sehr verdünnten wässerigen Lösung dieser Substanz durch Nesslers Reagens erzeugt wird. Wie schon früher bemerkt wurde, dürfen Verbindungen, welche, wie die in den natürlichen Wässern gewöhnlich vorkommenden Salze des Kalziums und Magnesiums, mit der alkalischen Quecksilberkaliumjodidlösung einen Niederschlag geben, in der für die Bestimmung anzuwendenden Flüssigkeit nicht vorhanden sein; aus diesem Grunde versetzt man das auf Ammoniak zu prüfende Wasser zuvor mit kleinen Mengen von Natriumkarbonat- und Natriumhydratlösung, wodurch die soeben genannten Salze zersetzt und die Erdalkalimetalle, sowie das Magnesium als unlösliche Karbonate abgeschieden werden.

Die angewandten Lösungen von Natriumkarbonat und Natriumhydrat müssen rein und namentlich frei von jeder Spur von Ammoniak sein.

Man ruft darauf die Farbreaktion in einer bestimmten Menge des von dem Niederschlage am besten durch Dekantieren getrennten, ammoniakhaltigen Wassers mit Hilfe von Nesslers Reagens hervor und stellt genau unter den nämlichen Bedingungen in der gleichen Quantität ammoniakfreien, destillierten Wassers durch Zusatz verschiedener Mengen einer Ammoniaksalzlösung von bestimmtem Gehalt denselben Farbenton her. Aus den verwendeten Kubikzentimetern der Ammoniaksalzlösung ergibt sich direkt der Gehalt des geprüften Wassers an Ammoniak.

Außerdem kann man nach dem bei der kolorimetrischen Bestimmung des Eisens erläuterten Prinzip unter Anwendung der Hehnerschen Zylinder das Ammoniak auch durch Arbeiten mit ungleichen Volumen kolorimetrisch bestimmen, wie das aus dem weiter unten angeführten Beispiel 2 ersichtlich ist.

Die Nesslersche Reaktion ist ihrer außerordentlichen Schärfe wegen zu der kolorimetrischen Bestimmung des Ammoniaks nur innerhalb bestimmter Grenzen zu verwenden. Einzelne Farbentöne sind dabei am besten erkennbar, wenn der Ammoniakgehalt der zu prüfenden Lösung zwischen 0,05 bis 1,0 mgl Wasser schwankt. Die quantitative Bestimmung kleinerer Mengen ist stets problematisch. Enthält ein Wasser mehr als 1 mgl Ammoniak, so erscheint die Flüssigkeit nach dem Zusatz von Nesslers Reagens so intensiv gefärbt, daß man geringe Farbenunterschiede nicht mehr wahrnehmen kann. Lösungen, welche mehr als 1,0 mgl Ammoniak enthalten, müssen für die Zwecke des Versuches entsprechend verdünnt werden. Zwischen 0,05 und 1,0 mgl erkennt man unschwer die schon von 0,05 mgl Ammoniak bewirkten Farbunterschiede.

Ausführung der Bestimmung: Man vermischt 300 ccm des zu prüfenden Wassers in einem hohen, engen, mit Glasstöpsel verschließbaren Zylinder mit 2 ccm Natriumkarbonatlösung (Sodalösung) und 1 ccm Natriumhydratlösung (Ätznatronlösung), setzt den Stöpsel auf, schüttelt um und stellt das Ganze beiseite, damit ein etwa gebildeter Niederschlag sich absetze. Eine anfangs voluminöse Fällung (Kalziumkarbonat und Magnesiumkarbonat) wird nach einiger Zeit kristallinisch und bildet nach mehrstündigem Stehen eine dünne Schicht am Boden der Flüssigkeit; einzelne Flocken setzen sich aber auch an den vertikalen Wandungen des Glaszylinders ab. Um zu bewirken, daß auch diese zu Boden sinken, rüttelt man den Zylinder gelinde und läßt die Flüssigkeit nochmals 30 bis 40 Minuten stehen. Sie ist danach meist so vollständig geklärt, daß man sie von dem Niederschlag durch Dekantieren trennen kann. Ist die Filtration nicht zu umgehen, so wendet man dazu Filtrierpapier an, welches zuvor durch Auswaschen von etwa vorhandenem Ammoniak vollständig befreit worden ist.

Man bringt darauf 100 ccm des so vorbereiteten, ammoniakhaltigen Wassers in einen hohen, engen Zylinder von farblosem Glase, in welchem diese Flüssigkeitsmenge eine 18 bis 20 cm hohe Schicht einnimmt, vermischt mit 1 ccm Nesslerscher Lösung und beobachtet die dadurch erzeugte Reaktion. Erscheint die Flüssigkeit rot oder dunkelrotgelb gefärbt, so ist ein weiterer Teil des von den Kalzium- und Magnesiumsalzen usw. befreiten Wassers zur Anstellung eines definitiven Versuches mit ammoniakfreiem, destilliertem Wasser in einem bestimmten Verhältnis (5, 10, 20, 25, 50 ccm zu 100 ccm) so weit zu verdünnen, daß 1 ccm Nesslerscher Lösung in 100 ccm des verdünnten Wassers eine nur hellgelbe bis mittelgelbe Färbung hervorruft. Im anderen Falle operiert man mit der obigen Probe weiter.

Schon vorher hat man in vier farblosen Glaszylindern von genau derselben Weite je 100 ccm ammoniakfreies, destilliertes Wasser mit 0,2 bis 2 ccm einer Salmiaklösung [1]), von welcher jeder Kubikzentimeter 0,05 mg Ammoniak enthält, vermischt und darauf 1 ccm Quecksilberkaliumjodidlösung hinzugefügt. Die in den Zylindern befindlichen, verschieden gefärbten Flüssigkeiten dienen zum Vergleich mit der durch Nesslers Reagens gefärbten Wasserprobe. Man erfährt dadurch zunächst die engeren Grenzen, innerhalb welcher der Ammoniakgehalt des Wassers liegt.

Die Färbungen vergleicht man einige Minuten nach eingetretener Reaktion. Man stellt zu diesem Zweck den mit dem zu prüfenden Wasser gefüllten Zylinder neben einen der Vergleichszylinder und sieht von oben durch die hohen Flüssigkeitssäulen auf ein untergelegtes Stück weißes Papier.

100 ccm Wasser müssen die bei den Versuchen gebrauchten Zylinder genau bis zu gleicher Höhe anfüllen; auch ist es notwendig, daß die Temperatur des zu prüfenden Wassers möglichst dieselbe sei wie die der Vergleichsflüssigkeiten.

Durch einigemal wiederholte Versuche, bei denen man stets 100 ccm ammoniakfreies, destilliertes Wasser je nach dem Ausfall des ersten Versuches mit verschiedenen Mengen der Salmiaklösung von bestimmtem Gehalt und danach mit 1 ccm Nesslerscher Lösung vermischt, gelingt es, in einer der Vergleichsflüssigkeiten genau denselben Farbenton wie in der Wasserprobe herzustellen; der Ammoniakgehalt beider ist in diesem Falle der nämliche.

Die Salmiaklösung muß stets vor der Quecksilberkaliumjodidlösung zu dem destillierten Wasser gesetzt werden; auch darf man einer Ammoniaklösung, welche schon von letzterem Reagens enthält, nicht neue Mengen der Salmiaklösung hinzufügen, da sonst eine Trübung entsteht.

Die durch Quecksilberkaliumjodid in stark verdünnten Ammoniaklösungen erzeugte Färbung verändert sich nicht wesentlich während mehrerer Stunden, wenn man die Zylinder mit Glas-

---

[1]) 3,147 g reines Ammoniumchlorid, fein pulverisiert und bei 100° getrocknet, werden zu 1 Liter gelöst; 1 ccm dieser Lösung enthält 1 mg Ammoniak (NH_3).

Für die Zwecke des Versuches werden 50 ccm dieser konzentrierteren Lösung zu 1 Liter verdünnt. 1 ccm der verdünnten Lösung enthält danach

$$\frac{50}{1000} = 0,05 \text{ mg Ammoniak.}$$

platten gut verschlossen hält; man braucht daher die Reaktion in
dem zu prüfenden Wasser nur einmal, und nicht stets von neuem,
mit der in der Vergleichsflüssigkeit hervorzurufen; auch kann
man die oben erwähnten vier verschieden gefärbten Lösungen
zu mehreren schnell nacheinander auszuführenden Bestimmungen
benutzen.

Bei dem durch Beispiel 2 erläuterten Arbeiten mit ungleichem
Volumen verfährt man unter Berücksichtigung der soeben ange-
gebenen Vorsichtsmaßregeln genau auf die bei der kolorimetrischen
Bestimmung des Eisens geschilderte Weise.

Berechnung: Aus der Anzahl der verwendeten Kubikzentimeter der titrierten Salmiaklösung ergibt sich der Ammoniakgehalt
der zu dem Versuch angewandten Wasserprobe; man berechnet
denselben auf 1 Liter Wasser.

Beispiele: 1. 10 ccm von den störend wirkenden Verbindungen befreites Wasser, mit ammoniakfreiem destillierten Wasser
zu 100 ccm verdünnt, zeigten nach dem Versetzen mit 1 ccm
Nesslerscher Lösung genau denselben Farbenton, wie unter gleichen
Bedingungen 100 ccm ammoniakfreies, destilliertes Wasser, welches
man zuvor mit 0,9 ccm der obigen Salmiaklösung (1 ccm = 0,05 mg
Ammoniak) vermischt hatte.

10 ccm des Wassers enthalten somit:

$$0,9 \times 0,05 = 0,045 \text{ mg Ammoniak.}$$

1 Liter Wasser enthält folglich:

$$0,045 \times 100 = 4,5 \text{ mg Ammoniak.}$$

2. 50 ccm von den störend wirkenden Verbindungen befreites
Wasser Nr. X wurden in einem Hehnerschen Zylinder mit ammoniakfreiem destillierten Wasser auf 100 ccm verdünnt und mit 1 ccm
Nesslerscher Lösung versetzt. In einem zweiten Hehnerschen
Zylinder wurden 2 ccm der titrierten Salmiaklösung mit ammoniakfreiem, destilliertem Wasser auf 100 ccm verdünnt und ebenfalls
mit 1 ccm Nesslerscher Lösung versetzt. Bei dem Vergleich
stellte es sich heraus, daß die Flüssigkeitssäulen in beiden Zylindern
dieselbe Intensität der Färbung zeigten, als man die Salmiaklösung
von bekanntem Ammoniakgehalt bis auf 57 ccm hatte ausfließen
lassen. In 101 ccm dieser Lösung sind 2 ccm der titrierten Salmiaklösung oder $2 \times 0,05 = 0,1$ mg Ammoniak enthalten. In 57 ccm
befinden sich daher:

$$101:0,1 = 57:x = 0,056 \text{ mg}$$

Ammoniak, welche mithin auch in 50 ccm des untersuchten Wassers
vorhanden sind.

1 Liter des Wassers enthält also:

$$0{,}056 \times 20 = 1{,}12 \text{ mg Ammoniak.}$$

β) Die quantitative Bestimmung nach vorausgegangener Destillation nach Miller.

In stark verunreinigten Wässern, z. B. in städtischen gereinigten oder ungereinigten Abwässern, welche dem Flusse zufließen, ermittelt man am besten den Ammoniakgehalt in dem beim Destillieren übergegangenen Kondensat. Ein zu weitgehendes Einengen des Rückstandes im Destillierkolben ist dabei zu vermeiden, da hierdurch leicht fehlerhafte Resultate durch Aufspalten stickstoffhaltiger organischer Stoffe erhalten werden können.

Ausführung: In einen Destillierkolben von etwa 1 Liter Inhalt werden 500 ccm ammoniakfreies Wasser gegeben, dazu 0,5 g

Fig. 89.

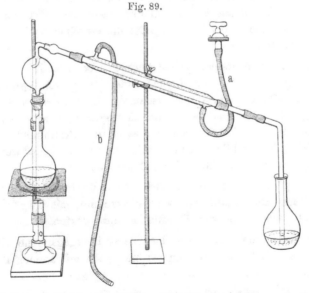

Destillierkolben mit Liebigschem Kühler und Vorlage zum Auffangen des Destillates.

Soda und eine abgemessene Menge, 100 bis 250 ccm, des zu untersuchenden Wassers. Bei schwefelwasserstoffhaltigen Wässern gibt man außerdem noch etwas Bleiazetat hinzu. Zur Vermeidung des Stoßens wirft man einige Siedesteine (Glasperlen oder Scherben von unglasiertem Porzellan usw.) hinein. Der Kolben wird an einem Stativ befestigt und ruht auf einem Asbestdrahtnetz über einem Bunsenbrenner. Das Ansatzrohr des Destillierkolbens ist mittels Kork- oder Gummistopfens mit dem erweiterten Ende eines absteigenden Liebigkühlers verbunden. Das untere Ansatzrohr des Kühlermantels wird durch einen Schlauch mit der Wasserleitung, das obere mit dem Ausguß verbunden und so durch den Kühlermantel ein Strom kalten Wassers von unten nach oben geleitet. Am unteren Ende des Kühlers fängt man das Destillat in Kolorimeterzylindern auf.

Man erhitzt langsam zum Sieden und regelt die Temperatur so, daß ein regelmäßiger Dampfstrom übergeht, der im Kühler wieder vollkommen kondensïert wird. Nachdem etwa 200 ccm übergegangen sind, prüft man eine kleine Menge des zuletzt übergehenden Destillates mittels Nesslers Reagens auf Ammoniak. Findet sich noch solches, so destilliert man so lange, bis in einer weiteren Probe keines mehr nachweisbar ist, andernfalls hört man auf zu destillieren. Das Destillat wird nach der beschriebenen Methode kolorimetrisch untersucht. Man kann entweder die verschiedenen Fraktionen des Destillates zusammengießen und diese Mischung untersuchen oder man prüft die einzelnen Fraktionen und addiert die Resultate.

Bei hohem Ammoniakgehalt empfiehlt es sich, die Destillation unter Vorlage einer genau abgemessenen Menge von $n/_{10}$-Schwefelsäure auszuführen und die überschüssige Schwefelsäure unter Benutzung von Lackmuslösung oder Methylorange mit $n/_{10}$- oder $n/_{20}$-Kalilauge zurückzutitrieren, wie es bei der Bestimmung des Gesamtstickstoffs geschildert ist (S. 863). 1 ccm der $n/_{10}$-Schwefelsäure entspricht in diesem Falle 1,7 mg Ammoniak.

Beispiel: 100 ccm eines stark verunreinigten Wassers wurden mit 500 ccm ammoniakfreiem Wasser verdünnt, mit 0,5 g Natriumkarbonat versetzt und der Destillation unterworfen.

50 ccm wurden aus dem das zuerst übergegangene Destillat enthaltenden Zylinder entnommen; sie gaben mit ammoniakfreiem destilliertem Wasser auf 100 ccm verdünnt, nach dem Zusatz von 1 ccm Nesslerscher Lösung dieselbe Färbung, wie unter gleichen Bedingungen 100 ccm destilliertes Wasser, welche man zuvor mit 1,8 ccm der titrierten Salmiaklösung (1 ccm = 0,05 mg Ammoniak, S. 843) versetzt hatte. Der Ammoniakgehalt der zuerst übergegangenen 100 ccm entsprach daher dem von 3,6 ccm der Salmiaklösung.

Die in einem zweiten Zylinder aufgefangenen weiteren 100 ccm riefen auf Zusatz von Nesslers Reagens eine Färbung hervor, die der unter gleichen Bedingungen durch 0,8 ccm der Salmiaklösung in 100 ccm destilliertem Wasser erzeugten gleich war.

In einer weiteren Probe wurde kein Ammoniak mehr gefunden. In 100 ccm des untersuchten Wassers waren also enthalten:

$$(3,6 + 0,8) = 4,4 \times 0,05 \text{ mg Ammoniak,}$$

im Liter:

$$10 \times 0,22 = 2,2 \text{ mg.}$$

b) Das Albuminoidammoniak.

Neben der Menge des freien Ammoniaks kann es zuweilen, besonders bei stark verunreinigten Wässern, von Interesse sein, die Menge des Ammoniaks zu kennen, die sich aus den im Wasser vorhandenen stickstoffhaltigen organischen Substanzen, besonders aus den Eiweißverbindungen, abspalten läßt. Die Bestimmung dieses sogenannten Albuminoidammoniaks, welches aus den organischen Substanzen durch alkalische Kaliumpermanganatlösung abgetrennt wird und die hauptsächlich in England und Amerika üblich ist, schließt sich an die Bestimmung des freien Ammoniaks durch Destillation an.

Ausführung: Nachdem in der oben beschriebenen Weise 200 ccm Wasser überdestilliert sind, unterbricht man die Destillation und gibt 50 ccm einer speziell für diese Bestimmung hergestellten alkalischen Kaliumpermanganatlösung (Bereitung s. S. 923) in den Kolben. Man destilliert nun zunächst 100 weitere Kubikzentimeter ab, die man zweckmäßig in einem Kolorimeterzylinder von etwa 20 cm Höhe aus farblosem Glas, der bei 100 ccm eine Marke trägt, auffängt. Dann destilliert man in einen zweiten Zylinder gleicher Art 50 ccm hinein. Meistens enthält diese zweite Fraktion kein Ammoniak mehr; ist es aber der Fall, so sind weitere 50 ccm abzudestillieren.

In dem erkalteten Destillat wird dann das freigemachte überdestillierte Ammoniak auf die vorher beschriebene Weise kolorimetrisch bestimmt.

Beispiel: Von 250 ccm Wasser, welche mit 500 ccm destillierten Wassers verdünnt und mit 0,5 g Soda versetzt worden waren, wurden zunächst 200 ccm, nach Zusatz von alkalischem Kaliumpermanganat 150 ccm abdestilliert. In den 200 ccm Destillat wurden gefunden: 0,09 mg = 0,09 . 4 = 0,36 mgl freies Ammoniak. In den später übergegangenen 150 ccm fanden sich 0,13 mg Ammoniak = 0,13 . 4 = 0,52 mgl Albuminoidammoniak.

Durch die Einwirkung der alkalischen Kaliumpermanganatlösung wird etwa die Hälfte des gesamten organisch gebundenen Stickstoffes freigemacht.

Die Ermittelung des „Albuminoidammoniakgehaltes" empfiehlt sich nur für mäßig verunreinigte Wässer; bei stärker verunreinigten tritt an ihre Stelle besser die Bestimmung des Gesamtstickstoffs.

c) Die Salpetersäure.

Zum Nachweis von Salpetersäure benutzt man meist die oxydierenden Eigenschaften, die ihr als einer sauerstoffreichen Stickstoffsäure innewohnen.

Der qualitative Nachweis mittels Diphenylamin. Dieses, eine organische, aromatische Base der Formel $C_6H_5.NH.C_6H_5$ wird bei Gegenwart von Schwefelsäure durch Salpetersäure wie auch durch verschiedene andere Oxydationsmittel, z. B. Chlorate, Chromate, freies Chlor, Brom, Hypochlorite usw., die aber außer salpetriger Säure bei der Untersuchung des Wassers nicht in Betracht kommen, in blau gefärbte Verbindungen (nach Kehrmann Chinonimmoniumsalze des Diphenylbenzidins) übergeführt.

Ausführung: Man bringt 1 bis 2 ccm des Wassers in ein reines Porzellanschälchen oder den Deckel eines Porzellantiegels, fügt einige Kristalle Diphenylamin hinzu und hierauf tropfenweise 1 ccm konzentrierte Schwefelsäure, die man auf die Diphenylaminkörnchen fallen läßt. Bei Anwesenheit von viel Salpetersäure wird der Inhalt des Schälchens sofort tiefblau gefärbt, bei geringerem Gehalt bilden sich, oft erst nach einigen Minuten, um die Diphenylaminkörnchen blaue Schlieren.

Ist in dem Wasser auch salpetrige Säure (siehe diese) vorhanden, so muß sie vor Anstellung der Reaktion entfernt werden, indem man 100 ccm des Wassers vor Zufügen des Diphenylamins mit einigen Kristallen von Harnstoff $CO(NH_2)_2$ und 0,2 ccm verdünnter Schwefelsäure versetzt einige Stunden stehen läßt. Hierbei bildet sich aus salpetriger Säure und Harnstoff Kohlensäure, Stickstoff und Wasser:

$$2\,HNO_2 + CO(NH_2)_2 = CO_2 + 2\,N_2 + 3\,H_2O.$$

Ferrosalze stören die Reaktion. Man entfernt sie durch Zusatz einiger Tropfen salpetersäurefreier Natronlauge, läßt den entstehenden Niederschlag absitzen und verwendet die überstehende, klare Flüssigkeit.

Auf diese Weise können noch etwa 7 mgl N_2O_5 (Salpetersäureanhydrid) nachgewiesen werden.

Empfindlicher gestaltet sich der Nachweis nach dem Verfahren von Tillmans und Sutthoff. Nach diesen ist, zum

Unterschied von salpetriger Säure, die Anwesenheit von Chloriden bei Ausführung der Reaktion notwendig.

Ausführung: 100 ccm Wasser werden mit 2 ccm kaltgesättigter Kochsalzlösung versetzt und umgeschüttelt. Zu 1 ccm des mit Kochsalz versetzten Wassers läßt man im Reagenzglas 4 ccm einer Lösung von Diphenylamin in Schwefelsäure an der Wand des Reagenzglases herunterfließen. Bei Anwesenheit von Salpetersäure entsteht Blaufärbung.

Von Wichtigkeit ist bei dieser Ausführungsform, daß die verwendeten Reagenzien, insbesondere die Schwefelsäure, von Salpetersäure und anderen Oxydationsmitteln völlig frei sind. Die Schwefelsäure prüft man durch Auflösen einer Messerspitze voll Brucin in 20 bis 25 ccm konzentrierter Schwefelsäure. Sie muß hierbei vollkommen farblos bleiben. Salpetrige Säure muß durch Zusatz von Harnstoff und Schwefelsäure entfernt werden.

Der qualitative Nachweis mittels Brucin. Dieses, ein äußerst giftiges Alkaloid von der Zusammensetzung $C_{23}H_{26}N_2O_4$, wird durch Salpetersäure wie auch durch andere Oxydationsmittel in schwefelsaurer Lösung stark rot gefärbt. Bei Innehaltung der Bedingung, daß die Reaktionsflüssigkeit zum mindesten zu $^2/_3$ ihres Volumens aus konzentrierter Schwefelsäure besteht, wird die Reaktion nicht durch salpetrige Säure beeinflußt.

Ausführung: Man mischt (nach Winkler) rund 3 ccm konzentrierte Schwefelsäure tropfenweise mit 1 ccm des zu untersuchenden Wassers. Hierbei tritt starke Erwärmung ein. In der vollständig abgekühlten Flüssigkeit löst man einige Milligramm Brucin.

Bei hohem Salpetersäuregehalt, etwa 100 mgl, entsteht eine kirschrote Färbung, die bald über Orange in Gelb umschlägt. Bei etwa 10 mgl Gehalt an N_2O_5 färbt sich die Flüssigkeit rosenrot, beim Stehen blaßgelb. Bei etwa 1 mgl Gehalt entsteht eine blaßrote Färbung, die beim Stehen fast verschwindet.

Zur Kontrolle empfiehlt sich ein blinder Versuch mit Schwefelsäure, Brucin und destilliertem Wasser.

Ferrosalze stören die Brucinreaktion; man beseitigt die Salze durch Hinzugeben einiger Tropfen Natronlauge und Abfiltrieren des Niederschlages.

Die quantitative Bestimmung der Salpetersäure. Zur quantitativen Ermittelung des Salpetersäuregehaltes kann man bei geringeren Salpetersäuremengen sowohl die Diphenylamin- wie die Brucinreaktion unter Vergleichung mit Lösungen bekannten Gehaltes benutzen. Am genauesten, aber ziemlich umständlich und zeitraubend ist die volumetrische Bestimmung nach Schulze-Tiemann.

α) **Die kolorimetrische Bestimmung mittels Brucin nach Noll.**

Ausführung: Auf 10 ccm des zu untersuchenden Wassers läßt man 20 ccm einer Lösung von 0,05 g Brucin in 20 ccm konzentrierter Schwefelsäure, die nicht älter als 24 Stunden sein darf, unter Umrühren genau $1/_4$ Minute lang einwirken und gießt dann sofort das Gemisch in einen Hehnerschen Zylinder, in dem sich bereits 73 ccm destilliertes Wasser befinden. Das zu untersuchende Wasser muß im Bedarfsfalle so verdünnt werden, daß im Liter etwa 20 mg, jedenfalls nicht über 50 mg Salpetersäure vorhanden sind. Bei weniger als 10 mg Gehalt wird das Wasser auf ein Fünftel des Volumens eingedampft und davon 10 ccm genommen.

Als Vergleichsflüssigkeit werden 2 ccm einer Lösung von 0,1872 g reinen, trockenen Kaliumnitrats in einem Liter destillierten Wassers (10 ccm dieser Lösung entsprechen 1 mg Salpetersäure $[N_2O_5]$) mit 8 ccm destillierten Wassers verdünnt und dazu ebenfalls 20 ccm der frisch bereiteten Brucinschwefelsäure gegeben. Nach $1/_4$ minutenlanger Einwirkung gießt man die Flüssigkeit ebenfalls in einen Hehnerzylinder, in dem sich bereits 73 ccm destilliertes Wasser befinden. Dann läßt man, nachdem die Luftblasen entwichen sind, aus dem Zylinder mit der stärker gefärbten Lösung so lange abfließen, bis gleiche Farbintensität vorhanden ist.

Stets sind 10 ccm Wasser und 10 ccm Vergleichslösung zu verwenden.

Die Einwirkungsdauer von $1/_4$ Minute muß genau eingehalten werden und hernach **sofort** mit destilliertem Wasser verdünnt werden.

Ist in dem Wasser salpetrige Säure vorhanden, so muß sie gesondert bestimmt und von der Salpetersäure in Abzug gebracht werden.

Beispiel und Berechnung: Angewandt wurden 10 ccm Wasser und 10 ccm Vergleichsflüssigkeit, bestehend aus 2 ccm Kaliumnitratlösung ($= 0,2$ mg N_2O_5) und 8 ccm destilliertem Wasser.

Nach dem Einfüllen in die Hehnerzylinder mußten aus dem Zylinder mit dem zu untersuchenden Wasser 20 ccm abgelassen werden, bis gleiche Farbintensität herrschte. In $\dfrac{80.10}{100} = 8$ ccm Wasser waren also enthalten 0,2 mg; in 1000 cm:

$$\frac{0,2 . 1000}{8} = 25 \text{ mg } N_2O_5.$$

β) Die kolorimetrische Bestimmung mittels Diphenylamin
nach Tillmans und Sutthoff.

Die bei der qualitativen Prüfung auf Salpetersäure angegebene
Diphenylaminreaktion läßt sich in der beschriebenen Weise auch
für die quantitative kolorimetrische Vergleichung verwenden.

Ausführung: 100 ccm Wasser werden mit 2 ccm kalt gesättigter Kochsalzlösung versetzt und umgeschüttelt. Von dem mit
Chlornatrium versetzten Wasser mißt man mittels einer genauen,
in $1/_{100}$ ccm geteilten Pipette 1 ccm ab, bringt ihn in ein vollkommen
reines, farbloses Reagenzglas und läßt dazu 4 ccm einer Lösung von
Diphenylamin in Schwefelsäure an der Wandung des Röhrchens
herunterfließen (siehe Reagenzien S. 919).

Man läßt unter mehrmaligem Umschütteln die Mischung eine
Stunde stehen; in dieser Zeit wird die stärkste Farbintensität
erreicht.

Enthält ein Wasser mehr als 2,5 mgl N_2O_5, so muß es mit
destilliertem Wasser, dem auf 100 ccm 2 ccm gesättigte Kochsalzlösung zugesetzt sind, verdünnt werden.

Die entstandene blaue Farbe vergleicht man mit fünf Vergleichslösungen, die sich ebenfalls in Reagenzröhrchen befinden und
die auf folgende Weise angesetzt werden: In fünf 100 ccm-Kölb-
chen gibt man je 2 ccm kaltgesättigte Kochsalzlösung, dazu 0,5, 1,
1,5, 2 und 2,5 ccm einer Lösung von 0,1872 g Kaliumnitrat im
Liter, von der jeder Kubikzentimeter somit 0,1 mg N_2O_5 entspricht, außerdem 10 ccm Eisessig und füllt mit destilliertem Wasser
auf 100 ccm auf. Es entstehen damit Lösungen, die 0,5, 1, 1,5, 2,
2,5 mg N_2O_5 im Liter enthalten. Die solcherweise hergestellten
Vergleichslösungen sind haltbar.

Mit diesen fünf Lösungen führt man in der oben beschriebenen
Weise, also mit einer Flüssigkeitsmenge von je 1 ccm, ebenfalls
die Reaktion aus und vergleicht sie nach einer Stunde bei Tageslicht mit der unbekannten Lösung, sowohl im auffallenden wie im
durchfallenden Lichte, letzteres gegen einen weißen Hintergrund.
Die Dauer des Stehens bis zur Vergleichung muß in beiden Fällen
genau gleich sein.

Nach dieser Methode lassen sich 0,1 mgl noch nachweisen und
bestimmen. Bei hohem Gehalt an Salpetersäure wird sie wegen
der notwendig werdenden Verdünnung ungenau.

Beispiel: Angewendet wurde 1 ccm eines mit nitratfreiem
destillierten Wasser auf das Fünffache verdünnten Wassers. Die

entstandene Färbung war gleich der in dem Röhrchen mit 1,5 mgl. Im Liter unverdünnten Wassers sind also enthalten:

$$1,5 \cdot 5 = 7,5 \text{ mg } N_2O_5.$$

Die benutzten Gefäße und Reagenzien müssen peinlich rein sein, vor allem frei von Nitraten und anderen oxydierenden Substanzen.

γ) Die Bestimmung des gewonnenen Stickoxyds nach Schulze-Tiemann.

Bei diesem Verfahren wird das unter der Einwirkung von Salzsäure und Eisenchlorür aus den Nitraten entwickelte Stickoxyd in einem Eudiometer über ausgekochter Natronlauge aufgefangen und die Menge der vorhandenen Salpetersäure aus dem dabei erhaltenen Stickoxydvolum erschlossen. Die Reaktion vollzieht sich nach der Gleichung:

$$6\,FeCl_2 + N_2O_5 + 6\,HCl = 6\,FeCl_3 + 2\,NO + 3\,H_2O.$$

Ausführung: 100 bis 300 ccm des zu prüfenden Wassers werden in einer Schale vorsichtig bis auf etwa 50 ccm eingedampft

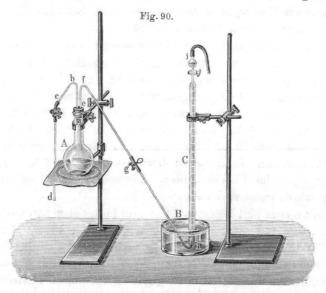

Fig. 90.

Apparat zur Bestimmung der Salpetersäure nach Schulze-Tiemann.

und diese zusammen mit den etwa durch Kochen abgeschiedenen Erdalkalimetallkarbonaten in ein etwa 150 ccm fassendes Kölbchen A gebracht.

Nitrate gehen in den beim Einkochen sich bildenden Niederschlag nicht über. Es ist daher nicht nötig, die Teile desselben, welche fest an den Wandungen des Abdampfgefäßes haften, vollständig in den Zersetzungskolben zu bringen, sondern es genügt, die Schale einige Male mit wenig heißem, destilliertem Wasser auszuwaschen. Der Zersetzungskolben *A* ist mit einem doppelt durchbohrten Kautschukstopfen verschlossen, in dessen Durchbohrungen sich zwei gebogene Röhren *a b c* und *e f g* befinden. Die erste ist bei *a* zu einer nicht zu feinen Spitze ausgezogen und ragt etwa 2 cm unter dem Stopfen hervor: die zweite Röhre schneidet genau mit der unteren Fläche des Stopfens ab. Die beiden Röhren sind bei *c* und *g* durch enge Kautschukschläuche mit den Glasröhren *c d* und *g h* verbunden und an diesen Stellen durch Quetschhähne verschließbar. Über das untere Ende der Röhre *g h* ist ein Kautschukschlauch gezogen, um sie vor dem Zerbrechen zu schützen. *B* ist eine mit 10 proz. Natronlauge gefüllte Glaswanne, *C* eine in $^1/_{10}$ ccm geteilte, möglichst enge, mit ausgekochter Natronlauge gefüllte Meßröhre.

Man kocht bei offenen Röhren das zu prüfende Wasser in dem Kochfläschchen noch weiter ein und bringt nach einiger Zeit das untere Ende des Entwickelungsrohres *e f g h* in die Natronlauge, so daß die aus dem Rohre entweichenden Wasserdämpfe durch die alkalische Flüssigkeit streichen. Nach einigen Minuten drückt man den Kautschukschlauch bei *g* mit den Fingern zusammen. Sobald durch Kochen die Luft vollständig entfernt worden ist, steigt die Natronlauge schnell in das Vakuum zurück, und man fühlt einen gelinden Schlag am Finger. Man setzt in diesem Falle bei *g* den Quetschhahn auf und läßt die Wasserdämpfe durch *a b c d* entweichen, bis nur noch etwa 10 ccm Flüssigkeit in dem Zersetzungskolben vorhanden sind. Hierauf entfernt man die Flamme, schließt bei *c* mittels Quetschhahns und spritzt die Röhre *c d* mit Wasser voll. In dem Kautschukschlauch bei *c* bleibt leicht ein Luftbläschen zurück, welches man durch Drücken mit den Fingern entfernen muß. Man schiebt nun die Meßröhre *C* über das untere Ende des Entwickelungsrohres *e f g h*, so daß dieses 2 bis 3 cm in jene hineinragt. Man wartet einige Minuten, bis sich im Inneren des Kolbens *A* ein Vakuum durch Zusammenlegen der Schläuche bei *c* und *g* zu erkennen gibt. Inzwischen gießt man nahezu gesättigte Eisenchlorürlösung in ein kleines Becherglas, welches in seinem oberen Teile zwei Marken trägt, den von 20 ccm Flüssigkeit darin eingenommenen Raum bezeichnend; zwei andere Gläser stellt man, mit konzentrierter Salzsäure teilweise gefüllt, bereit. Man taucht darauf die Röhre *c d* in die Eisenchlorürlösung, öffnet den Quetschhahn bei *c* und läßt vorsichtig 15 bis 20 ccm von der Lösung

einsaugen. Die letztere entfernt man aus der Röhre *a b c d*, indem
man zweimal etwas Salzsäure nachsteigen läßt. Man bemerkt
häufig bei *b* eine kleine Gasblase; gewöhnlich besteht dieselbe aus
Salzsäuregas, welches bei dem obwaltenden geringen Druck sich
aus der stark salzsauren Flüssigkeit entwickelt; sie verschwindet
meist vollständig, sobald der Druck im Inneren der Flasche *A*
steigt.

Man erwärmt mit Hilfe eines Bunsenschen Gasbrenners oder
einer Spiritusflamme zuerst sehr gelinde, bis die Kautschukschläuche
bei *c* und *g* anfangen, sich aufzublähen. Nun ersetzt man den
Quetschhahn bei *g* durch Daumen und Zeigefinger und läßt, sobald
der Druck stärker wird, das entwickelte Stickoxyd nach *C* übersteigen. Gegen Ende der Operation verstärkt man die Flamme und
destilliert, bis sich das Gasvolumen in *C* nicht mehr vermehrt. Das
zuletzt reichlich entwickelte Salzsäuregas wird mit eigentümlich
knatterndem Geräusch von der Natronlauge heftig absorbiert; ein
Zerschlagen der Entwickelungsröhre ist indessen nicht zu befürchten,
wenn man Sorge getragen hat, das untere Ende derselben, wie angegeben, mit Kautschuk zu umhüllen.

Es kommt zuweilen vor, daß im Verlauf des Versuches die
Entwickelung von Stickoxyd nachläßt, obschon die braune Farbe der
Eisenchlorürlösung auf die Anwesenheit noch erheblicher Mengen
dieses Gases in dem Zersetzungskolben hindeutet. Durch einen
kleinen Kunstgriff ist die vollständige Austreibung des Stickoxyds
unter allen Umständen ohne Schwierigkeit zu erreichen. Der Kunstgriff besteht darin, daß man die Operation unterbricht, wenn nur
noch spärlich Gas entbunden wird, indem man den Quetschhahn
bei *g* aufsetzt, die Flamme entfernt und den Kolben abkühlen läßt.
Durch Verringerung des Druckes im Inneren des Kolbens *A* wird
das in der Flüssigkeit noch gelöste Stickoxydgas frei und läßt
sich dann durch erneutes Kochen leicht in die Meßröhre über-
führen.

Nach dem vollständigen Übertreiben des Stickoxyds entfernt
man die Röhre *g h* aus der Meßröhre *C*, löscht die Flamme aus,
reinigt den Zersetzungsapparat durch Ausspülen mit salpetersäure-
freiem Wasser und kann ihn alsdann ohne weiteres zu einem neuen
Versuche verwenden.

Die Röhre *C* wird in einen hohen Glaszylinder gebracht, welcher
so weit mit kaltem Wasser, am besten von 15 bis 18°, gefüllt ist,
daß sie darin vollständig untergetaucht werden kann. Das Über-
führen geschieht mit Hilfe eines kleinen, mit Natronlauge gefüllten
Porzellanschälchens.

Nach 15 bis 20 Minuten prüft man die Temperatur des in dem Zylinder befindlichen Wassers mittels eines empfindlichen Thermometers (Celsius) und notiert den Barometerstand. Darauf ergreift man die graduierte Röhre C am oberen Ende mit einem Papier- oder Zeugstreifen, um jede Erwärmung derselben durch direkte Berührung mit der Hand zu vermeiden, zieht sie senkrecht so weit aus dem Wasser, daß die Flüssigkeit innerhalb und außerhalb der Röhre genau dasselbe Niveau hat, und liest das Volumen des Gases ab. Dasselbe wird nach folgender Formel auf 0^0 und 760 mm Barometerstand reduziert:

$$V^1 = \frac{V.(B-f).273}{760.(273+t)},$$

wobei V^1 das Volumen bei 0^0 und 760 mm Barometerstand, V das abgelesene Volumen, B den beobachteten Barometerstand in Millimetern, t die Temperatur des Wassers in Graden der Zentesimalskala und f die von der letzteren abhängige Tension des Wasserdampfes in Millimetern bezeichnet.

Die bei der Sauerstoffbestimmung abgedruckte Tabelle gibt die Tensionen des Wasserdampfes an, welche den in Frage kommenden Temperaturen entsprechen (S. 831).

Es braucht kaum bemerkt zu werden, daß man bei dem Ablesen des Barometerstandes und der Tension geringe Bruchteile eines Millimeters vernachlässigen kann, ohne einen irgendwie erheblichen Fehler zu begehen.

Multipliziert man die durch V^1 ausgedrückten Kubikzentimeter Stickoxyd mit 2,413, so erhält man die denselben entsprechenden Milligramme Salpetersäure (N_2O_5); dividiert man diese durch die Anzahl „100 ccm Wasser", welche zum Versuche verwandt worden ist, so ergeben sich die in 1 Liter Wasser vorkommenden Teile Salpetersäure (N_2O_5).

Der Raum, welchen die 1 mg Salpetersäure entsprechende Menge Stickoxyd bei 0^0 und 760 mm Barometerstand einnimmt, beträgt 0,41 ccm; benutzt man daher eine enge, wenn möglich in $^1/_{20}$ ccm geteilte, graduierte Röhre zum Auffangen und Messen des Stickoxyds, so sind noch Bruchteile von Milligrammen Salpetersäure nach diesem Verfahren zu bestimmen. Die bei der obigen Zersetzung der Nitrate in Anwendung kommende Salzsäure enthält häufig sehr geringe Mengen Luft gelöst, was zur Folge hat, daß Spuren von Stickstoff zusammen mit dem Stickoxyd in die Meßröhre C gelangen. Der dadurch veranlaßte Fehler ist so unbedeutend, daß man ihn gewöhnlich vernachlässigen kann, und zeigt sich nur bei der Bestimmung sehr kleiner Mengen von Salpetersäure durch eine fälschliche, zwar geringe, in diesem Falle aber doch ins Gewicht fallende Erhöhung des Resultates. Aus diesem Grunde empfiehlt es sich, die zu verwendende Salzsäure, behufs möglichster Entfernung der darin gelösten Spuren von Luft, vor dem Versuch einige Zeit zum Sieden zu erhitzen und ein Wasser von sehr geringem Salpetersäuregehalt durch Eindampfen vorher so weit zu konzentrieren, daß die zum Versuche angewandte Menge desselben mindestens 5 mg Salpetersäure enthält. Das qualitative Verfahren mittels Brucin erlaubt, den Salpetersäuregehalt des zu prüfenden Wassers in wenigen Minuten annähernd zu bestimmen und so den erforderlichen Konzentrationsgrad festzustellen.

Es ist durchaus notwendig und Hauptbedingung für das Gelingen des Versuches, daß man anfänglich jede Spur von Luft durch die entwickelten Wasserdämpfe aus dem Apparat verdrängt; auch dürfen die zur Zersetzung angewandten Quantitäten von Eisenchlorür und Salzsäure die oben angegebenen Mengen nicht bedeutend übersteigen, da wenig Stickoxyd aus einer großen Flüssigkeitsmenge durch Erhitzen nur schwierig vollständig auszutreiben ist.

Beispiel. 200 ccm Wasser, auf obige Weise behandelt, lieferten bei 760 mm Barometerstand und 16,5° 2,05 ccm Stickoxyd. Die Tension des Wasserdampfes bei 16,5° beträgt 14 mm.
V^1 ist daher

$$= \frac{2,05 \cdot (760 - 14) \cdot 273}{760 \cdot (273 + 16,5)} = \frac{2,05 \cdot 746 \cdot 273}{760 \cdot 289,5} = 1,9 \text{ ccm.}$$

Dieselben entsprechen $1,9 \cdot 2,413 = 4,58$ mg Salpetersäure
$$= 4,58 \cdot 5 = 22,9 \text{ mgl } N_2O_5.$$

d) Die salpetrige Säure.

Salpetrige Säure vermag, ebenso wie die Salpetersäure, leicht Sauerstoff abzugeben. Diese Eigenschaft benutzt man zu ihrem Nachweis, indem man die zu prüfende Flüssigkeit mit Stoffen in Berührung bringt, die bei ihrer Oxydation eine leicht sichtbare Veränderung erleiden.

Der qualitative Nachweis. Versetzt man nitrithaltiges Wasser zum Freimachen der salpetrigen Säure mit verdünnter Schwefelsäure

$$2 KNO_2 + H_2SO_4 = H_2N_2O_4 + K_2SO_4,$$

und zugleich mit Jodzinklösung

$$ZnJ_2 + H_2SO_4 = ZnSO_4 + 2 HJ,$$

so oxydiert die freie salpetrige Säure den freien Jodwasserstoff zu Jod:

$$H_2 N_2 O_4 + 2\,HJ = 2\,H_2 O + 2\,NO + J_2.$$

Enthält die Flüssigkeit zugleich Stärke, so zeigt sich das frei gewordene Jod durch eine intensive Blaufärbung an.

Ausführung: 100 ccm Wasser werden mit 1 bis 2 ccm verdünnter Schwefelsäure in einem Zylinder aus farblosem Glas (Kolorimeterzylinder) angesäuert, dann werden 1 bis 2 ccm Zinkjodidstärkelösung (s. S. 940) zugesetzt und das Ganze gut durchgemischt. Sofort, oder bei geringem Gehalt innerhalb einiger Minuten, tritt bei Anwesenheit von Salpetrigsäure Blaufärbung auf.

Auch Ozon, Wasserstoffsuperoxyd und Eisenoxydverbindungen können Jodzinkstärkelösung bläuen, größere Mengen organischer Substanzen die Reaktion aber verhindern.

In Fällen, wo die Jodzinkstärkelösung wegen der Anwesenheit der obigen störenden Substanzen nicht anwendbar ist, kann man sich des Metaphenylendiamins zum Nachweis von salpetriger Säure bedienen.

Metaphenylendiamin (Metadiamidobenzol) wird gemäß einer bei der Farbstoffsynthese äußerst oft angewandten Reaktion durch salpetrige Säure in einen braunen Farbstoff, Bismarckbraun, Triaminoazobenzol, übergeführt.

Ausführung der Reaktion: 100 ccm Wasser versetzt man in einem Zylinder aus farblosem Glas mit 1 ccm verdünnter Schwefelsäure und 1 ccm einer farblosen Lösung von schwefelsaurem Metaphenylendiamin. Bei Anwesenheit von salpetriger Säure tritt sofort oder innerhalb einiger Minuten Gelbfärbung auf.

Bereits vorhandene, wenn auch schwach gelbe oder braune Färbung des zu untersuchenden Wassers macht die Reaktion unsicher Das Reagens ist wenig haltbar, aber sehr empfindlich.

Auch Naphtylaminsulfosäure und Diphenylamin können zum Nachweis von salpetriger Säure verwendet werden.

Die quantitative Bestimmung der salpetrigen Säure. Kleinere Mengen salpetriger Säure bestimmt man am besten kolorimetrisch mittels einer der Farbreaktionen, z. B. der Jodzinkstärkereaktion nach Trommsdorff, größere Mengen aber besser durch die maßanalytische Bestimmung mittels Kaliumpermanganatlösung, auf welche die salpetrige Säure reduzierend einwirkt.

α) Die kolorimetrische Methode nach Trommsdorff.

Bei diesem Verfahren ruft man die Farbreaktion in einer bestimmten Menge des zu prüfenden Wassers durch Hinzufügen von

Zinkjodidstärkelösung und Schwefelsäure hervor und erzeugt in der gleichen Quantität salpetrigsäurefreien, destillierten Wassers genau unter den nämlichen Bedingungen dieselbe Färbung dadurch, daß man damit eine genügende Menge einer Nitritlösung von bekanntem Gehalt vermischt. Aus den verbrauchten Kubikzentimetern dieser Lösung ergibt sich direkt der Gehalt des geprüften Wassers an salpetriger Säure.

Die Reaktion der salpetrigen Säure auf Zinkjodidstärkelösung ist sehr empfindlich. Noch ein Zehnmillionteil salpetriger Säure wird in Lösung durch Zinkjodidstärke deutlich angezeigt, und schon vier Zehnmillionteile verursachen unter sonst gleichen Umständen eine so starke Bläuung der Flüssigkeit, daß 16 bis 18 cm dicke Schichten derselben nach 25 bis 30 Minuten undurchsichtig erscheinen. Gut unterscheidbare Farbentöne treten nur innerhalb dieser Grenzen hervor, dann aber mit der größten Schärfe, und es sind dabei noch Unterschiede wahrzunehmen, welche von einem Hundertmillionteil salpetriger Säure herrühren. Man führt aus diesem Grunde quantitative Bestimmungen nach der obigen Methode nur dann direkt aus, wenn 100 ccm des zu prüfenden Wassers mindestens 0,01 mg und höchstens 0,04 mg salpetrige Säure enthalten. Ein geringerer Gehalt läßt sich auf diesem Wege überhaupt nicht mehr quantitativ bestimmen und ein höherer macht eine vorherige entsprechende Verdünnung des zu prüfenden Wassers mit salpetrigsäurefreiem, reinem Wasser notwendig.

Ausführung: Man bringt 100 ccm des zu prüfenden Wassers in einen engen Zylinder von farblosem Glase, in welchem diese Flüssigkeitsmenge eine 18 bis 20 cm hohe Schicht einnimmt, und beobachtet die Blaufärbung, welche nach dem Versetzen des Wassers mit 3 ccm Zinkjodidstärkelösung und 1 ccm verdünnter Schwefelsäure (1 : 3) eintritt. Erscheint die Flüssigkeit sofort oder schon nach wenigen Minuten tief dunkel gefärbt, so ist das betreffende Wasser mit salpetrigsäurefreiem, destilliertem Wasser so weit zu verdünnen, daß die Reaktion erst nach Verlauf einiger Minuten eintritt. Die Verdünnung geschieht natürlich in einem bestimmten Verhältnis, indem man 5, 10, 20, 25 bis 50 ccm zu 100 ccm auffüllt, auch ist das Resultat des Versuches in einem solchen Falle mit dem Verdünnungskoeffizienten zu multiplizieren. Im anderen Falle operiert man direkt mit der obigen Probe weiter.

Möglichst gleichzeitig mit der Anstellung eines solchen Versuches in dem zu untersuchenden Wasser hat man in zwei bis vier gleich engen Zylindern von farblosem Glase je 100 ccm reines destilliertes Wasser mit 1 bis 4 ccm einer Nitritlösung, von welcher jeder Kubikzentimeter 0,01 mg salpetrige Säure (N_2O_3) enthält (S. 932), vermischt und darauf Zinkjodidstärkelösung und verdünnte Schwefelsäure in denselben Verhältnissen wie oben hinzugefügt. Vergleicht man die Färbungen der in diesen Zylindern befindlichen Flüssigkeiten mit der Färbung, welche in dem zur Prüfung verwandten Wasser durch Zinkjodidstärkelösung und Schwefelsäure hervorgerufen wurde, so erfährt man zunächst die engeren Grenzen, innerhalb welcher der Gehalt des Wassers an salpetriger Säure liegt.

Die Färbungen beobachtet man am besten, indem man je einen der vier Vergleichszylinder neben den mit dem zu prüfenden Wasser gefüllten Zylinder stellt und von oben durch die hohen Flüssigkeitssäulen auf ein untergelegtes Stück weißes Papier sieht. Wenn die Färbungen nach und nach zu intensiv geworden sind, so neigt man die beiden Zylinder in ganz gleicher Weise, um danach quer von oben wieder durch gleiche, aber weniger hohe Schichten der Flüssigkeiten auf weißes Papier zu blicken.

Durch einigemal wiederholte Versuche, bei denen man je nach dem Resultate dieses ersten Versuches wechselnde Mengen der Nitritlösung anwendet und die Reaktion in der Vergleichsflüssigkeit und dem zu prüfenden Wasser stets gleichzeitig einleitet, gelangt man dazu, in beiden denselben Farbenton herzustellen.

Es sei hier nochmals bemerkt, daß die Reaktion bei so verdünnten Lösungen, wie sie für die obige Methode erforderlich sind, nicht sofort, sondern erst nach einiger Zeit eintritt. Dieselbe Färbung muß in beiden Fällen zu gleicher Zeit erscheinen und in gleicher Weise an Intensität zunehmen; erst dann darf man darauf rechnen, daß beide Flüssigkeiten dieselben Mengen salpetriger Säure enthalten.

Der Versuch muß ferner bei Ausschluß des direkten Sonnenlichtes angestellt werden, da unter der gleichzeitigen Einwirkung von Luft und intensivem Licht salpetrigsäurefreies Wasser, welches man mit Zinkjodidstärkelösung und verdünnter Schwefelsäure versetzt hat, nach einiger Zeit ebenfalls infolge von Jodabscheidung gebläut wird.

Unter Anwendung der Hehnerschen Zylinder läßt sich die salpetrige Säure auch durch Arbeiten mit ungleichen Raumteilen des nitrithaltigen Wassers und der Vergleichsflüssigkeit von bekanntem Gehalt an salpetriger Säure kolorimetrisch mit Jodzinkstärkelösung bestimmen. Im übrigen hat man dabei alle oben angeführten Bedingungen genau innezuhalten. Das Beispiel Nr. 3 erläutert das Arbeiten mit ungleichen Volumen.

Beispiele. 1. 100 ccm Wasser gaben dieselbe Färbung wie 100 ccm salpetrigsäurefreies destilliertes Wasser, welche man mit 2,3 ccm der obigen Nitritlösung (1 ccm = 0,01 mg salpetrige Säure N_2O_3) versetzt hatte.

Ein Liter Wasser enthält also:

$$0,023 \cdot 10 = 0,23 \, mgl \, N_2O_3.$$

2. 5 ccm Wasser, mit salpetrigsäurefreiem Wasser auf 100 ccm verdünnt, gaben dieselbe Färbung wie 100 ccm salpetrigsäurefreies destilliertes Wasser, welche man mit 3,4 ccm der obigen Nitritlösung versetzt hatte.

Ein Liter Wasser enthält also:

$$0,034 \cdot 200 = 6,8 \, mg.$$

3. 100 ccm Wasser wurden in einem Hehnerschen Zylinder mit 3 ccm Zinkjodidstärkelösung und 1 ccm verdünnter Schwefelsäure (1:3) versetzt. Ein zweiter Hehnerscher Zylinder wurde mit 3 ccm einer Nitritlösung, von welcher jeder Kubikzentimeter 0,01 mg salpetrige Säure (N_2O_3) enthielt, 93 ccm salpetrigsäurefreien destillierten Wassers, 3 ccm Zinkjodidstärkelösung und 1 ccm verdünnter Schwefelsäure (1:3) beschickt. Nach dem Umrühren mit einem Glasstabe überließ man die in den beiden Zylindern befindlichen Flüssigkeiten an einem vor direktem Sonnenlicht geschützten Orte etwa 20 Minuten sich selbst.

Bei der alsdann angestellten kolorimetrischen Probe ergab sich, daß in beiden Zylindern Gleichheit der Farbintensität eintrat, als man die Nitritlösung von bekanntem Gehalt an salpetriger Säure bis auf 67,4 ccm hatte ablaufen lassen.

In 100 ccm dieser Lösung sind $3 \cdot 0,01 = 0,03 \, mg$ und folglich in 67,4 ccm:

$$100 : 0,03 = 67,4 : x = 0,02 \, mg \, \text{salpetrige Säure}$$

vorhanden, welche sich mithin auch in 100 ccm des untersuchten Wassers finden. Ein Liter Wasser enthält also 0,2 mg salpetrige Säure (N_2O_3).

β) Die Kaliumpermanganatmethode nach Feldhaus-Kubel.

Durch Kaliumpermanganat wird salpetrige Säure leicht bei Zimmertemperatur zu Salpetersäure oxydiert:

$$2 \, KMnO_4 + 5 \, HNO_2 + 3 \, H_2SO_4$$
$$= K_2SO_4 + 2 \, MnSO_4 + 3 \, H_2O + 5 \, HNO_3.$$

Auf dieser Reaktion haben Feldhaus-Kubel ihre Methode zur Bestimmung der salpetrigen Säure aufgebaut, welche vor allem zum Nachweis größerer Mengen von salpetriger Säure Verwendung findet.

Ausführung: 100 ccm Wasser werden mit einem Überschuß von $n/_{100}$-Kaliumpermanganatlösung (5, 10, 15, 20 ccm) versetzt und mit 5 ccm verdünnter Schwefelsäure (1:3) angesäuert. Die überschüssige Kaliumpermanganatlösung zersetzt man ohne Verzug durch eine damit titrierte Eisenammoniumsulfatlösung, d. h. bis zum Verschwinden der Farbe, und titriert dann von ersterer nochmals bis zur schwachen Rötung hinzu (Ferroammoniumsulfat, ein beständiges Salz des [zweiwertigen Eisens, wird durch Oxydationsmittel, wie Kaliumpermanganat, leicht in Ferriammoniumsulfat übergeführt).

Berechnung: Zieht man von der Gesamtmenge der verbrauchten Kubikzentimeter Kaliumpermanganatlösung die zur Oxydation des hinzugesetzten Ferroammoniumsulfats erforderlichen Kubikzentimeter ab, so erfährt man die zur Oxydation der salpetrigen Säure verbrauchte Menge. Die Multiplikation mit 0,19 ($= ^1/_{100}$ Äquivalentgewicht von N_2O_3) ergibt die vorhandenen Milligramme salpetriger Säure (N_2O_3).

Beispiel: 100 ccm Wasser mit 10 ccm $n/_{100}$ - Kaliumpermanganatlösung vom Titer $\dfrac{10}{9,8}$, 5 ccm verdünnter Schwefelsäure und 10 ccm Eisenammoniumsulfatlösung versetzt, erforderten zur abermaligen schwachen Rötung 5,8 ccm Kaliumpermanganatlösung.

Die 10 ccm Eisenammoniumsulfatlösung erforderten 9,9 ccm der obigen $n/_{100}$-Kaliumpermanganatlösung.

$$10 + 5,8 = 15,8 \text{ ccm}$$
$$15,8 - 9,9 = 5,9 \text{ „}$$

Zur Oxydation der salpetrigen Säuren werden also verbraucht 5,9 ccm Kaliumpermanganatlösung vom Titer $\dfrac{10}{9,8}$

$$= \frac{5,9 \cdot 10}{9,8} = 6,0 \text{ ccm } n/_{100}\text{-Kaliumpermanganatlösung.}$$

$$6,0 \cdot 0,19 = 1,14 \text{ mg } N_2O_3 \text{ in } 100 \text{ ccm,}$$
$$\text{im Liter } 10 \cdot 1,14 = 11,4 \text{ mg } N_2O_3.$$

e) Der Gesamtstickstoff der in Schmutzwässern enthaltenen organischen, stickstoffhaltigen Substanzen und des Ammoniaks.

Die Methode von Kjeldahl. Zuweilen kann es von Belang sein, z. B. bei der Bestimmung von Schmutzzuflüssen in Seen, Bäche und Ströme, den Gesamtstickstoffgehalt des Wassers kennen zu lernen. Hierzu eignet sich die in der chemischen Analyse zur Ermittelung des Stickstoffgehaltes organischer Stoffe allgemein benutzte Methode von Kjeldahl.

Die Methode beruht im wesentlichen darauf, daß beim längeren Erhitzen konzentrierter Schwefelsäure auf eine dem Siedepunkt der Säure naheliegende Temperatur, zumal unter Zugabe von Mitteln, welche die Oxydation beschleunigen und vervollständigen, wie Kaliumpermanganat, Kupferoxyd, Quecksilber usw., der Stickstoff der meisten organischen Verbindungen mehr oder minder vollkommen als Ammoniak abgespalten wird. Dieses wird dann nach Übersättigen der schwefelsauren Lösung mit Alkali abdestilliert und in titrierter Säure aufgefangen.

Die für die Kjeldahlschen Stickstoffbestimmungen entnommenen Wasserproben werden zweckmäßig, womöglich gleich am Orte der Entnahme, mit einer kleinen, abgemessenen Menge verdünnter Schwefelsäure versetzt. Dadurch wird einerseits, wenn die Wässer nicht alsbald zur Untersuchung gelangen können, das Eintreten von Fermentationsprozessen wirksam verhindert, andererseits werden freies Ammoniak, sowie mit Wasserdämpfen flüchtige, organische, stickstoffhaltige Basen gebunden, welche beim Eindampfen der Wässer sich verflüchtigen und somit der Stickstoffbestimmung sich entziehen würden.

Durch den bei dem Kjeldahlschen Verfahren stattfindenden Oxydationsprozeß wird unter der Mitwirkung von organischen Substanzen auch Salpetersäure mehr oder weniger vollständig in Ammoniak übergeführt. Wenn es sich daher um die Untersuchung von Wässern handelt, welche mehr als Spuren von Nitraten und Nitriten enthalten, und man die Mitbestimmung dieser Stickstoffverbindungen nicht wünscht, so müssen sie entfernt werden, bevor man zur eigentlichen Ausführung der Kjeldahlschen Methode schreitet.

Ausführung der Methode: 300 bis 500 ccm des mit 5 bis 10 ccm verdünnter Schwefelsäure angesäuerten Wassers werden in einem Kolben von ungefähr doppelt so großem Rauminhalt durch lebhaftes Kochen auf etwa 100 ccm eingeengt und hierauf in einen etwa 300 ccm fassenden Rundkolben aus starkem Kaliglas, mit nicht zu langem Halse und mit möglichst kreisrunder Öffnung, quantitativ übergeführt. — Sind in dem Wasser mehr als Spuren von Nitraten zugegen, so setzt man jetzt 30 ccm einer kalt gesättigten Lösung von schwefliger Säure (S. 937) und nach fünf Minuten einige Tropfen Eisenchloridlösung hinzu und erwärmt etwa 20 Minuten lang im Dampfbade. — Man erhitzt alsdann wieder zum

Sieden und dampft weiter bis zur Sirupkonsistenz der Flüssigkeit ein. Man gibt nun 20 ccm eines aus reiner konzentrierter Schwefelsäure und Phosphorpentoxyd bestehenden „Säuregemisches" (siehe Reagenzien), 0,05 g Kupferoxyd (oder 0,12 g wasserfreies Kupfersulfat) und fünf Tropfen einer 4 proz. Platinchloridlösung[1]) hinzu, stellt den Kolben etwas schräg auf ein Drahtnetz, verschließt die Öffnung mittels einer gestielten Glaskugel oder eines unten zugeschmolzenen Glastrichterchens und erhitzt ganz allmählich zum Sieden. Zuerst entweichen noch Wasserdämpfe nebst schwefliger Säure und Schwefelsäure, später, an den schweren Dämpfen erkennbar, zum größten Teil nur noch Schwefelsäure. Man regelt das Erhitzen nun derart, daß die Säuredämpfe sich an den kühleren, oberen Teilen des Kolbenhalses kondensieren und wieder zurückfließen, wobei die beim Schäumen der Flüssigkeit gehobenen Kohleteilchen und Krusten wieder heruntergespült werden. Gleichzeitig achtet man darauf, daß der Kolben mit der Flamme nie direkt in Berührung kommt. Das Erhitzen wird so lange fortgesetzt, bis die Flüssigkeit rein grün geworden ist; beim Erkalten scheiden sich die in der heißen Säure gelösten Salze wieder aus und die Flüssigkeit erscheint dann farblos. Durchschnittlich ist der Oxydationsprozeß in ein bis zwei Stunden beendigt. Nach dem Erkalten läßt man in dünnem Strahl 80 ccm destillierten, ausgekochten Wassers hinzufließen, gibt einige Zinkschnitzel in den Kolben, um beim Kochen ein Stoßen der Flüssigkeit zu verhindern, und übersättigt mit 100 ccm einer durch Auskochen von Ammoniak befreiten Natronlauge vom spezifischen Gewicht 1,36. Man verbindet den Kolbenhals ohne Verzug mit der S. 845 beschriebenen Destilliervorrichtung (Fig. 89) und destilliert nach der daselbst gegebenen Vorschrift die Hälfte der Flüssigkeit ab. Das Destillat wird in einer abgemessenen Menge $n/_{10}$- (oder $n/_{20}$-) Schwefelsäure aufgefangen. Nach Schluß der Destillation wird zu dem Destillat und der Schwefelsäure Lackmuslösung zugesetzt und mit $n/_{10}$- bzw. $n/_{20}$-Kalilauge zurücktitriert bis zur neutralen Reaktion. Die Differenz zwischen der zugegebenen Zahl Kubikzentimeter der $n/_{10}$- bzw. $n/_{20}$-Schwefelsäure und der zurücktitrierten Zahl Kubikzentimeter $n/_{10}$- bzw. $n/_{20}$-Kalilauge gibt die Menge der durch das Ammoniak gebundenen Schwefelsäure und damit auch des Ammoniaks an.

---

[1]) Nach Vorschlag von Ulsch, Zeitschr. f. analyt. Chem. 25, 579. Man nehme nicht mehr Platinchloridlösung als vorgeschrieben und steigere die Temperatur nicht zu rasch, weil bei einer zu stürmischen Oxydation Verluste an Stickstoff eintreten könnten.

Berechnung: 1 ccm $^n/_{10}$-Schwefelsäure entspricht 1,7 mg Ammoniak oder 1,4 mg Stickstoff.

Zieht man von der Anzahl der vorgelegten Kubikzentimeter $^n/_{10}$-Schwefelsäure die Zahl der für die Zurücktitration der überschüssigen Säure erforderlichen Kubikzentimeter der $^n/_{10}$-Kalilauge ab und multipliziert die Differenz mit 1,4, so erfährt man den Stickstoffgehalt der zu dem Versuch benutzten Wassermenge. Denselben berechnet man auf 1 Liter Wasser.

Beispiel: 500 ccm eines städtischen Kanalwassers, in obiger Weise behandelt, lieferten so viel Ammoniak, daß von den vorgelegten 30 ccm $^n/_{10}$-Schwefelsäure noch 17,7 ccm $^n/_{10}$-Kalilauge zur Neutralisation erforderlich waren. Die 500 ccm des Kanalwassers enthielten somit:

$$30 - 17{,}7 = 12{,}3; \quad 12{,}3 \cdot 1{,}4 = 17{,}22 \text{ mg Stickstoff.}$$

1 Liter des Kanalwassers enthielt demnach

$$17{,}22 \cdot 2 = 34{,}4 \text{ mg Stickstoff.}$$

Die Titration geringer Mengen von Ammoniak ist mit einiger Unsicherheit verbunden, die sich aber durch Übung beseitigen läßt. Denjenigen, welche hierbei auf Schwierigkeiten stoßen, empfehlen wir den ursprünglich von Kjeldahl eingeschlagenen, allerdings umständlicheren Weg, welcher die alkalimetrische Bestimmung in eine jodometrische verwandelt. Nach dem Überdestillieren und Auffangen des Ammoniaks in titrierter Säure bestimmt Kjeldahl die durch Ammoniak nicht neutralisierten Anteile der Säure, indem er die Flüssigkeit mit einem Gemisch aus Jodkalium und jodsaurem Kalium versetzt, aus welchem durch freie Säure, HR, nach der Formelgleichung:

$$6\,HR + 5\,KJ + KJO_3 = 6\,KR + 3\,H_2O + 6\,J$$

genau die äquivalente Menge Jod in Freiheit gesetzt wird.

Ausführung: Zu dem noch sauren, erkalteten Destillat gibt man 0,4 g Jodkalium und 0,1 g jodsaures Kalium. Nach ein bis zwei Stunden titriert man unter Zusatz von Stärkelösung das ausgeschiedene Jod mit einer auf $^n/_{10}$-Jodlösung eingestellten Natriumthiosulfatlösung.

Berechnung: Die Zahl der verbrauchten Kubikzentimeter $^n/_{10}$-Natriumthiosulfatlösung zeigt die nach Beendigung der Destillation noch vorhandenen Kubikzentimeter freier Säure an. Zieht man diese von der Anzahl der vorgelegten Kubikzentimeter $^n/_{10}$-Schwefelsäure ab und multipliziert die Differenz mit 1,4, so erhält man den Stickstoffgehalt der zum Versuch verwandten Wassermenge.

Beispiel: 500 ccm eines Schmutzwassers wurden in obiger Weise behandelt und das Ammoniak in 30 ccm $n/_{10}$-Schwefelsäure aufgefangen. Nach Zusatz von 0,4 g Kaliumjodid und 0,1 g Kaliumjodat wurde nach Ablauf von zwei Stunden unter Zusatz von Stärkelösung das ausgeschiedene Jod mit $n/_{10}$-Natriumthiosulfatlösung gemessen und 25,9 ccm der letzteren bis zum Verschwinden der blauen Färbung verbraucht. Da diese ebenso vielen Kubikzentimetern freier Säure äquivalent sind, so wurden von dem überdestillierten Ammoniak $30 - 25,9 = 4,1$ ccm $n/_{10}$-Schwefelsäure gebunden, entsprechend

$$4,1 \cdot 1,4 = 5,74 \text{ mg Stickstoff.}$$

1 Liter des Schmutzwassers enthielt sonach

$$5,74 \cdot 2 = 11,5 \text{ mg Stickstoff.}$$

14. Die Schwefelsäure.

Der qualitative Nachweis. Man säuert in einem Reagenzglas 20 ccm Wasser mit etwa $1/_2$ ccm verdünnter Salzsäure an und fügt einige Tropfen einer 10 proz. Chlorbaryumlösung hinzu. Die Salze der Schwefelsäure bilden mit Chlorbaryum unlösliches Baryumsulfat, welches je nach der Menge der vorhandenen Sulfate in Form einer Trübung oder eines Niederschlages erscheint.

$$H_2SO_4 + BaCl_2 = BaSO_4 + 2HCl.$$

Der Niederschlag ist unlöslich in allen Säuren.

Die quantitative Bestimmung. Die Bestimmung der Schwefelsäure geschieht gewichtsanalytisch auf Grund der oben zum qualitativen Nachweis benutzten Reaktion. In dem durch Salzsäure angesäuerten Wasser wird die Schwefelsäure unter Erwärmung mit Baryumchlorid gefällt, der entstandene Niederschlag abfiltriert und zur Wägung gebracht.

Ausführung: Je nach dem Ergebnis der qualitativen Untersuchung werden 200 bis 1000 ccm Wasser mit etwa 1 ccm verdünnter Salzsäure angesäuert und in einem Becherglas mit Ausguß, welches so groß ist, daß es durch die Flüssigkeit zu nicht mehr als drei Viertel gefüllt wird, auf dem Wasserbade oder bei kleiner Flamme auf dem Asbestdrahtnetz, wobei Sieden zu vermeiden ist, auf etwa 150 bis 200 ccm eingedampft. Wässer mit Trübungen, welche sich nicht in Salzsäure lösen, müssen bis zur völligen Klarheit vorher filtriert werden. Hierauf wird unter Bedecken mit einem Uhrglas zum schwachen Sieden erhitzt und tropfenweise heiße Chlorbaryumlösung 1:40 zugesetzt.

Nachdem die Flamme verkleinert worden ist und die Flüssigkeit sich etwas geklärt hat, setzt man so lange einige Tropfen einer kalten Baryumchloridlösung 1 : 20 hinzu, als noch erneut ein Niederschlag entsteht. Ein zu großer Überschuß an Baryumchlorid ist zu vermeiden, weil der Baryumsulfatniederschlag die Eigenschaft hat, gelöste Salze mit sich zu reißen, wodurch ein zu hohes Resultat erhalten wird.

Man läßt den Niederschlag über kleiner (Spar-) Flamme bei bedecktem Becherglas vollständig sich absetzen, was zwei bis drei Stunden in Anspruch nimmt. Dann gießt man die klare Flüssigkeit, ohne den Niederschlag aufzurühren, unter Verwendung eines Glasstabes durch ein gehärtetes Filter (Barytfilter), das man unter Befeuchten mit heißem destillierten Wasser an die Wandung des Trichters gut angelegt hat. Das Filtrat fängt man in einem mit heißem destillierten Wasser gut gereinigten Becherglase auf. Man wählt das Filter nicht zu groß; etwa 5 cm Durchmesser ist für die meisten Fälle ausreichend. Den im Becherglas zurückbleibenden Niederschlag kocht man noch drei- bis viermal mit je 20 bis 30 ccm destillierten Wassers aus, bringt ihn auf das Filter, die letzten Teile mit Hilfe eines Gummiwischers. Man überzeugt sich davon, daß der Niederschlag vollkommen aus dem Becherglas entfernt ist, indem man es gegen einen dunklen Hintergrund betrachtet. Der auf das Filter gebrachte Niederschlag wird mit heißem destillierten Wasser (Spritzflasche!) so lange ausgewaschen, bis eine in einem Reagenzglas aufgefangene Probe nach Ansäuern mit einigen Tropfen verdünnter Salzsäure keine Trübungen mehr gibt.

Das Filter mit Niederschlag wird dann samt Trichter im Trockenschrank bei 110° getrocknet (nicht zu lange, da die gehärteten Filter dabei leicht brüchig werden!), wobei man es mit einem Filter, dessen Rand um den des Trichters umgebogen wird, bedeckt.

Den Inhalt des Filters bringt man möglichst vollständig in einen gewogenen Platintiegel, der während des Einfüllens auf einen Bogen schwarzen Glanzpapieres gestellt wird. Etwa daneben geratene Teilchen des Niederschlages lassen sich so leicht bemerken und in den Tiegel bringen. Das Filter wird mit einem Platindraht, der in einen Glasstab eingeschmolzen ist, umwickelt, angezündet und über dem Tiegel ruhig abbrennen gelassen. Die Asche läßt man in den Tiegel fallen, nachdem man sie in der Bunsenflamme weiß geglüht hat. Der Tiegel wird über der Flamme eines Bunsenbrenners 15 Minuten geglüht, zum Erkalten in den Exsikkator gestellt und gewogen.

Berechnung: Das Gewicht des Baryumsulfates mit 0,343 multipliziert $(SO_3 : BaSO_4 = 80,07 : 233,43 = 0,343)$ zeigt die in der angewandten Wassermenge vorhandene Schwefelsäure (SO_3) an, die auf ein Liter umzurechnen ist.

Beispiel: 300 ccm Wasser ergaben 0,377 mg Baryumsulfat, entsprechend

$$0,377 . 0,343 = 0,1293 \, g \, SO_3 = 129,3 \, mg,$$

$$\text{im Liter also } \frac{129,3 . 10}{3} = 431 \, mg.$$

15. Die Phosphorsäure.

Der qualitative Nachweis. Man erhitzt etwa 500 ccm Wasser mit etwas Kalkmilch 20 Minuten lang zum Sieden und filtriert den hierbei entstehenden Niederschlag von Kalziumkarbonat, welcher die vorhandene Phosphorsäure enthält, ab.

Einen Teil des Niederschlages löst man in Salzsäure, erhitzt nach dem Abdampfen zur Abscheidung der Kieselsäure auf 110° und nimmt den Rückstand in etwas salpetersäurehaltigem Wasser auf. Das Filtrat von der Kieselsäure versetzt man mit molybdänsaurem Ammoniak $(NH_4)_6 Mo_7 O_{24} + 4 H_2 O$, gibt ein Viertel des Volumens in Grammen Ammoniumnitrat zu, rührt stark um und läßt in der Kälte stehen. Ein gelber kristallinischer Niederschlag von Ammoniumphosphormolybdat zeigt Phosphorsäure an. (Bei dieser Prüfung läßt sich auch die Anwesenheit der Kieselsäure erkennen.) Gibt das Wasser beim Kochen einen sehr geringen Niederschlag, so verdampft man am besten mindestens 1 Liter unter Zugabe von Salpetersäure bis auf 4 bis 10 ccm Volumen und verfährt wie oben.

Die quantitative Bestimmung. Auf der zum qualitativen Nachweis benutzten Methode gründet sich auch die nur in seltenen Fällen notwendig werdende quantitative Bestimmung der Phosphorsäure.

Ausführung: In einer Porzellanschale werden 1 bis 2 Liter des Wassers, das man mit konzentrierter Salpetersäure stark angesäuert hat, vollständig verdampft. Der Rückstand wird zwei- bis dreimal mit konzentrierter Salpetersäure (spezifisches Gewicht 1,4) übergossen und immer wieder bis zur Trockne eingedampft. Auf diese Weise wird vorhandene Kieselsäure ausgefällt, das Chlor vertrieben und die organischen Substanzen werden zerstört, welche das Ausfallen der Phosphorsäure verhindern oder verzögern würden. Nunmehr wird der Rückstand mit verdünnter Salpetersäure aufgenommen und der gelöste Anteil vom ungelösten durch Filtrieren geschieden. Zum Filtrat gibt man einen Überschuß von Ammoniummolybdatlösung (s. S. 928), etwa so viel, daß auf 100 mg P_2O_5 ungefähr 100 ccm der Lösung kommen. Dann wird die Flüssigkeit 12 Stunden bei Zimmertemperatur stehen gelassen.

Der so gewonnene Niederschlag wird abfiltriert und mit einer 20 proz. Ammoniumnitratlösung, zu der man anfänglich etwas Salpetersäure zufügt, so lange ausgewaschen, bis ein Tropfen Filtrat, auf einem Platinblech verdampft, beim Glühen keinen Rückstand mehr hinterläßt. Zur Entfernung des überschüssigen Ammoniumnitrates wird der Niederschlag mit destilliertem Wasser übergossen und durch den Strahl einer Spritzflasche in einen gewogenen Porzellantiegel geschwemmt. Die am Filter haftenden Niederschlagreste werden in wenig warmem verdünnten Ammoniak gelöst, die Lösung wird eingeengt, mit verdünnter Salpetersäure versetzt und rasch vor erfolgter Ausfällung zu dem übrigen Niederschlag gebracht. Der Porzellantiegel wird nun auf einem Asbestteller zur Verflüchtigung des Ammoniumnitrates vorsichtig erwärmt. Die vollendete Verflüchtigung wird dadurch angezeigt, daß ein über den Tiegel gehaltenes Uhrglas nicht mehr weiß beschlägt. Den Tiegel läßt man im Exsikkator erkalten und bestimmt das Gewicht des Niederschlags, dessen Zusammensetzung der Formel

$$12 MoO_3 . PO_4 (NH_4)_3$$

entspricht.

Berechnung: Die gefundene Gewichtsmenge Ammoniumphosphormolybdat mit 0,0375 multipliziert ergibt die in der verwendeten Wassermenge vorhandene Phosphorsäure (P_2O_5).

Beispiel: Es wurde 1 Liter Wasser zur Bestimmung benutzt. Der Niederschlag von Ammoniumphosphormolybdat wog 10 mg.

Im Liter sind also enthalten:

$$10 . 0,0375 = 0,38 \text{ mg } P_2O_5.$$

16. Die Kieselsäure.

Die Kieselsäure ist gesundheitlich nicht von Bedeutung. Ihre Feststellung ist nicht häufig erforderlich; sie ist zuweilen von Belang, um Differenzen zwischen Rückstand einerseits und den gefundenen Salzen usw. andererseits aufzuklären.

Der quantitative Nachweis der Kieselsäure ist bereits bei dem qualitativen Nachweis der Phosphorsäure angegeben. Die Kieselsäure bleibt allein auf dem Filter zurück.

Die quantitative Bestimmung. Ausführung: Ein Liter des klaren, eventuell filtrierten Wassers wird nach dem Ansäuern mit Salzsäure in einer Platinschale zur Trockne verdampft; durch gelindes Glühen werden die organischen Stoffe zerstört, der Rückstand wiederum mit konzentrierter Salzsäure befeuchtet und nach 10 Minuten mit 50 bis 80 ccm destillierten Wassers versetzt; darauf wird wieder verdampft. Diese Operation wird wiederholt. Dann setzt man 50 bis 80 ccm salzsäurehaltiges Wasser zu, filtriert durch ein quantitatives Filter und wäscht die auf dem Filter zurückbleibende Kieselsäure mit salzsäurehaltigem, destillierten, heißen Wasser aus. Das Filter mit der Kieselsäure wird getrocknet, im gewogenen Platintiegel zunächst bei kleiner Flamme und schief gestelltem Tiegel verkohlt, darauf mit kleiner Gebläseflamme geglüht und nach dem Erkalten im Exsikkator schnell gewogen, weil die Kieselsäure rasch Feuchtigkeit anzieht, und zwar um so mehr, je weniger hoch die Glühtemperatur war. Das gefundene Gewicht des Tiegelinhaltes in Milligrammen gibt direkt die Menge Kieselsäure (SiO_2) im Liter an.

Das Filtrat des Kieselsäureniederschlages kann zur Bestimmung von Eisen und Tonerde verwendet werden.

17. Die Tonerde.

Früher wurde diese Bestimmung häufig gemacht. In den letzten 20 Jahren ist sie selten geworden, weil der Tonerde ein hygienischer Wert, soviel man zurzeit weiß, kaum zukommt und das Eisen in anderer Weise besser festgelegt werden kann. Die Bestimmung der Tonerde erfolgt meistens wie die der Kieselsäure zur Ergänzung der anderen Bestimmungen, um sie dort in Rechnung zu setzen.

Ausführung: Das bei der Bestimmung der Kieselsäure zurückgestellte Filtrat wird in einem Becherglase zum Sieden erhitzt, Ammoniak bis zur deutlich alkalischen Reaktion hinzugefügt und bis zum Verschwinden des Geruches nach Ammoniak gekocht. Dabei fallen Eisen und Tonerde als Hydrate aus. Die Flüssigkeit wird durch ein quantitatives aschefreies Filter filtriert und der Niederschlag so lange ausgewaschen, bis ein Tropfen des Filtrates auf dem Platinblech verdampft und geglüht keinen Rückstand mehr hinterläßt. Hierauf wird das Filter samt dem Niederschlag bei 110° getrocknet, der Niederschlag in einen gewogenen Platintiegel gebracht, das Filter in einer Platinspirale verbrannt und seine Asche ebenfalls in den Tiegel gegeben. Darauf glüht man über einem guten Bunsenbrenner, läßt im Exsikkator erkalten und wiegt. Das gefundene Gewicht des Niederschlages in Milligrammen gibt direkt die vorhandene Menge Eisenoxyd plus Kieselsäure ($Fe_2O_3 +$ Al_2O_3) an.

Die Trennung von Eisen und Aluminium durchzuführen empfiehlt sich der geringen Menge wegen, um die es sich bei der Wasseruntersuchung meistens handelt, nicht. Besser ist es, die Menge des Eisens kolorimetrisch zu bestimmen und sie von dem Gewicht des Eisenoxyd-Tonerdeniederschlages abzuziehen, um so die Menge der Tonerde allein zu erfahren.

18. Das Chlor.

Den Nachweis des aktiven Chlors siehe S. 573.

Salzsäure (Chlorwasserstoffsäure, HCl) und ihre im Wasser löslichen Salze, von denen bei der Untersuchung des Wassers besonders das Natriumsalz, das Kochsalz, in Betracht kommt, geben mit Silbernitratlösung einen weißen Niederschlag von Chlorsilber, der sich in Ammoniak löst, dagegen unlöslich in Salpetersäure ist und sich am Lichte dunkel färbt. Die Entstehung des Chlorsilberniederschlages, der in Wasser praktisch völlig unlöslich ist, vollzieht sich nach der Gleichung:

$$NaCl + AgNO_3 = AgCl + NaNO_3.$$

Der qualitative Nachweis: Zum Nachweis von Chloriden säuert man etwa 20 ccm des zu untersuchenden Wassers im Reagenzrohr mit etwa 1 ccm chemisch reiner verdünnter Salpetersäure an und fügt einige Tropfen normaler Silbernitratlösung hinzu, worauf der am Licht sich später dunkel färbende Niederschlag ausfällt.

Die quantitative Bestimmung: Dieselbe Reaktion benutzt man zur quantitativen Bestimmung des Chlors.

α) Die maßanalytische Bestimmung durch Titration mit einer Silberlösung unter Zusatz von Kaliumchromat nach Mohr.

In den meisten Fällen wird die Bestimmung des Chlors nach einer der maßanalytischen Methoden vorzuziehen sein, da sie wesentlich schneller und bequemer auszuführen und von genügender Genauigkeit ist.

Setzt man zu einer Chloride enthaltenden Lösung, der man etwas neutrales Kaliumchromat zugefügt hat, Silbernitratlösung, so entsteht zunächst der weiße Niederschlag von Chlorsilber. Erst wenn alles Chlor ausgefällt ist, tritt das Silbersalz mit dem chrom-

sauren Salz in Reaktion unter Bildung eines rotbraunen Niederschlages von Silberchromat:

$$NaCl + AgNO_3 = NaNO_3 + AgCl$$
$$K_2CrO_4 + 2AgNO_3 = 2KNO_2 + Ag_2CrO_4.$$

Das Entstehen dieses rotbraunen Niederschlages zeigt also die
völlige Ausfällung der vorhandenen Chloride an.

Nach den beiden Gleichungen entsprechen 169,89 g Silber-
nitrat (= Äquivalent- bzw. Molekulargewicht des Silbernitrats)
35,45 g Chlor (= Äquivalent- bzw. Atomgewicht des Chlors in
Grammen). 4,791 g des Salzes entsprechen daher gerade einem
Gramm Chlor. Löst man also 4,791 g Silbernitrat in einem Liter
Wasser, so entspricht jeder Kubikzentimeter der Lösung einem
Milligramm Chlor.

Statt dieser Lösung kann man auch eine $n/_{10}$-Silbernitratlösung
verwenden, die $1/_{10}$ des Äquivalentgewichts des Silbernitrats in
Grammen = 16,989 g im Liter enthält. Jeder Kubikzentimeter
einer solchen $n/_{10}$-Lösung entspricht dann 3,545 mg Chlor. Doch
ist die erste Lösung im praktischen Gebrauch der bequemeren
Rechnung wegen und da sie gerade die zweckmäßigste Konzentration der Silbernitratlösung darstellt, vorzuziehen. Die Ausführung
ist in beiden Fällen die nämliche.

Ausführung: 100 ccm Wasser werden in einem weithalsigen
Erlenmeyerkolben von ungefähr 200 ccm Inhalt, den man bei Ausführung der Titration auf eine weiße Unterlage stellt, mit einem
Kubikzentimeter einer zehnprozentigen neutralen Kaliumchromatlösung versetzt. Aus einer Glashahnbürette läßt man unter Umschütteln tropfenweise eine Silbernitratlösung vom oben angegebenen
Gehalt zufließen. Zuerst entsteht beim Einfallen eines Tropfens
ein weißer Niederschlag; nach und nach bildet sich an der Ein-
fallstelle der Tropfen eine braunrote Färbung, die aber beim
Umschütteln wieder verschwindet. Sobald sie beim Umschütteln
nicht mehr der weißen Farbe des Chlorsilbers weicht, vielmehr die
vorher gelbe Lösung einen Stich ins Rötliche erhält, ist die Ausfällung des Chlors beendet.

Berechnung: Da eine Silbernitratlösung verwendet wird, die
pro Kubikzentimeter 1 mg Cl entspricht, so ist die Zahl der verbrauchten Kubikzentimeter Silberlösung mit 10 zu multiplizieren,
um die Milligramm-Literzahl Chlor zu erhalten.

Beispiel: Es wurden 100 ccm Wasser in der beschriebenen
Weise mit Silbernitratlösung (4,791 g im Liter) bis zum Eintritt

der schwach rötlichbraunen Färbung versetzt. Hierzu wurden gebraucht 3,2 ccm Silbernitratlösung.

In 100 ccm Wasser waren also enthalten . . 3,2 mg Chlor,
im Liter   „   „   „   „   . 32,0 „   „

Die Erfahrung hat gelehrt, daß die maßanalytischen Methoden
genaue Resultate nur dann geben, wenn der Chlorgehalt des
Wassers etwa 7,5 mgl nicht unter- und etwa 300 mgl nicht überschreitet. Hat man daher weniger als 7,5 mgl gefunden, so dampft
man 300 ccm des zu untersuchenden Wassers im Wasserbade auf
etwa 70 ccm ein, filtriert und füllt mit destilliertem Wasser auf
100 ccm auf. Das bei der Titration dann gefundene Resultat ist
natürlich durch 3 zu dividieren und dann zur Umrechnung auf
ein Liter mit 10 zu multiplizieren.

Findet man mehr als 300 mg, so wiederholt man die Titrierung,
indem man eine kleinere Menge Wasser, z. B. 50, 25, 10 ccm, die
auf 100 ccm aufgefüllt werden, verwendet. Bei der Berechnung
ist dann entsprechend der Verdünnung das Resultat zu multiplizieren, z. B. bei 50 ccm mit 2, bei 25 mit 4.

Enthält das zu untersuchende Wasser viel organische Substanzen, so zerstört man diese zuvor, indem man 100 ccm Wasser
mit einigen Körnchen festen Kaliumpermanganats etwa 10 Minuten
kocht oder man benutzt zur Chlorbestimmung den Glührückstand,
der aber nur schwach geglüht sein darf.

Ist ein Wasser alkalisch oder sauer, so muß es mit chlorfreier
Salpetersäure bzw. Sodalösung vorher neutralisiert werden.

Das Erkennen des richtigen Endpunktes bei der Chlorbestimmung nach Mohr erfordert einige Übung und hängt von der
Empfindlichkeit des Auges des Untersuchers ab. Zweckmäßig ist
es, bei Ausführung der Titration eine Vergleichsflüssigkeit zu benutzen, die man in gleicher Weise mit Kaliumchromat- und Silbernitratlösung versetzt hat, bei der aber der Endpunkt noch nicht
erreicht ist. Die Vergleichung der beiden Lösungen läßt dann
den Umschlag ins Rötliche scharf erkennen.

Will man Wässer von weniger als 7,5 mgl Chlorgehalt ohne
zu konzentrieren titrieren, so setzt man so viel einer Natriumchloridlösung von bekanntem Gehalt zu, daß der Chlorgehalt in
einen Bereich kommt, wo die Titration wieder genaue Resultate
ergibt. Als solche Lösung dient zweckmäßig eine Auflösung von
1,649 g Kochsalz im Liter, von der man 10 ccm zusetzt. Jeder
Kubikzentimeter dieser Lösung entspricht einem Milligramm Chlor,
so daß also bei Zusatz von 10 ccm 10 mg vom Resultat abzuziehen sind.

β) Die maßanalytische Bestimmung unter Zusatz von überschüssigem Silbernitrat und Rücktitration mit Rhodanammonium
nach Volhard.

Nach dieser Methode werden die Chloride durch Zugabe einer
bekannten, genau abgemessenen überschüssigen Menge Silbernitratlösung gefällt und der Überschuß des Silbersalzes durch
Titration mit Rhodanammoniumlösung von bekanntem Gehalt bestimmt. Als Indikator dient dabei eine Lösung von Eisenammoniak-
alaun, welche mit einer Spur Rhodanammonium blutrotes Ferrirhodanid bildet.

Die dabei sich abspielenden chemischen Vorgänge sind
folgende:

$$NaCl + AgNO_3 = AgCl + NaNO_3,$$
$$AgNO_3 + NH_4SCN = AgSCN + NH_4NO_3,$$
$$\text{Rhodanammonium}$$
$$6(NH_4SCN) + Fe_2(SO_4)_3 \cdot (NH_4)_2SO_4 = 2(SCN)_3Fe + 4(NH_4)_2SO_4.$$

Ausführung: 50 oder 100 ccm des zu untersuchenden
Wassers werden mit einem mäßigen Überschuß von $n/10$-Silber-
nitratlösung versetzt, von der jeder Kubikzentimeter 3,545 mg
Chlor entspricht. Nachdem man gut umgeschüttelt hat und das
Chlorsilber sich abgesetzt hat, fügt man 5 oder 10 Tropfen, je
nachdem man 50 oder 100 ccm Wasser angewendet hat, Eisenammoniakalaunlösung in kalt gesättigter Lösung und soviel konzentrierte Salpetersäure hinzu, daß die durch den Eisenalaunzusatz
hervorgerufene Färbung verschwindet. Darauf läßt man aus einer
Bürette so lange $n/10$-Rhodanammoniumlösung (S. 916) zufließen,
bis eine schwach gelblichbraune bis rötliche Färbung auftritt.

Berechnung: Von der zugesetzten Menge $n/10$-Silbernitrat-
lösung ist die zur Titration des Überschusses verbrauchte Menge
$n/10$-Rhodanammoniumlösung abzuziehen. Der verbleibende Überschuß ist mit 3,545 zu multiplizieren und auf ein Liter umzurechnen.

Beispiel: 50 ccm Wasser werden mit 3,0 ccm $n/10$-Silbernitrat-
lösung versetzt. Zur Titration des Überschusses bis zur schwachen
gelbrötlichen Färbung wurden gebraucht 2,3 ccm $n/10$-Rhodan-
ammoniumlösung:

$$3,0 - 2,3 = 0,7 \text{ ccm},$$
$$0,7 \cdot 3,545 \cdot 20 = 49,6 \text{ mgl Cl}.$$

Bei der Titration nach Volhard darf im Wasser keine salpetrige Säure in nennenswerten Mengen vorhanden sein, weil diese
das Ferrirhodanid zersetzt; auch muß die Titration rasch aus-

geführt werden, weil infolge der Einwirkung des gefällten Chlorsilbers auf das Ferrirhodanid beim Stehen ein Mehrverbrauch an
Rhodanammoniumlösung, also ein zu niedriges Resultat, erhalten
werden würde.

19. Die Alkalien, Kalium und Natrium.

α) Die Ermittelung der Gesamtsumme der Alkalien als Chloride.

Die Alkalien, die nur wenig schwerlösliche Verbindungen bilden,
wie z. B. Kaliumplatinchlorid, lassen sich erst bestimmen, nachdem
sämtliche andere Metalle entfernt sind. Dadurch ist der Gang der
Untersuchung auf Alkalien vorgezeichnet. Ihre Bestimmung in
den gewöhnlichen Trinkwässern ist nur selten erforderlich, dagegen
kann sie, sogar in größerem Maßstabe, erforderlich werden bei
Flußwässern, die durch Abwässer von Industrien, z. B. die Sumpf-
wässer von Bergwerken oder die Abwässer chemischer Fabriken,
z. B. Chlorkaliumfabriken, verunreinigt werden.

Ausführung: Man dampft 2 bis 4 Liter Wasser, vor Staub
geschützt, in einer Platinschale bis auf 150 bis 200 ccm ein, gibt
20 ccm einer gesättigten Lösung von Baryumhydrat hinzu und erwärmt kurze Zeit, bis der gebildete Niederschlag, in welchen von
den im Wasser gelösten Mineralsubstanzen Karbonate und Hydrate
des Kalziums und Magnesiums, Tonerdehydrat, Eisenoxydhydrat,
Kieselsäure, Phosphorsäure und Schwefelsäure übergehen, sich rasch
absetzt. Darauf gießt man den Inhalt der Schale in ein 250 ccm-
Fläschchen, spült mit destilliertem Wasser nach und füllt damit
nach dem Erkalten bis zur Marke auf. Man läßt den Niederschlag sich absetzen und filtriert durch ein trockenes Filter in ein
trockenes Glas.   200 ccm des Filtrats werden mit Hilfe einer
100 ccm-Pipette, welche man zuvor mit einem geringen Teil der
filtrierten Flüssigkeit ausgeschwenkt hat, in die Platinschale zurück-
gebracht.   Man erhitzt auf dem Wasserbade und fügt so lange
eine Lösung von reinem Ammoniumkarbonat hinzu, als dadurch
noch eine Fällung (Baryum-, Kalziumkarbonat) entsteht.   Das Erhitzen setzt man fort, bis der Niederschlag zu schweren Flocken
zusammengegangen ist, gießt den Inhalt der Schale wieder in ein
250 ccm-Fläschchen, spült mit destilliertem Wasser nach und füllt
damit nach dem Erkalten bis zur Marke auf.   Man läßt den
Niederschlag sich absetzen und filtriert durch ein trockenes Filter
in ein trockenes Glas. 200 ccm des klaren Filtrates werden, genau
wie oben beschrieben, in die wohl gereinigte Platinschale zurück-
gebracht und auf dem Wasserbade, unter Zusatz von einem bis

zwei Tropfen Ammoniumoxalatlösung, zur Abscheidung der letzten Spuren gelöster Kalzium- und Baryumverbindungen, zur Trockne verdampft. Der trockene Rückstand wird zur Verjagung der Ammoniaksalze gelinde geglüht. Um dabei jeden Verlust durch Abspringen zu verhüten, bedeckt man die Schale anfangs mit einem großen Uhrglase und bewegt eine kleine Flamme an der unteren Fläche derselben vorsichtig hin und her. Dem lästigen, durch plötzlich entwickelte Wasserdämpfe veranlaßten Abspringen beim Glühen wird wirksam auch dadurch vorgebeugt, daß man vorher die Schale mit dem Rückstande in einem Luftbade 20 bis 30 Minuten auf 110 bis 120⁰ erhitzt. Der gewöhnlich etwas ge-schwärzte Glührückstand wird in wenig heißem, destilliertem Wasser aufgenommen und von etwa zurückbleibenden Kohlenpartikelchen durch Filtrieren getrennt. Man wendet dazu ein sehr kleines, aschefreies Filter an und läßt das Filtrat in eine gewogene, kleine Platinschale oder einen gewogenen Platintiegel fließen. Die größere Platinschale wie das Filter werden mit wenig heißem, destilliertem Wasser nachgewaschen. Man verdampft die Flüssigkeit auf dem Wasserbade und fügt, noch ehe alles Wasser verjagt worden ist, einige Tropfen Salzsäure hinzu, um etwa vorhandene Alkalimetall-karbonate in Alkalimetallchloride zu verwandeln. Man muß hier-bei sehr vorsichtig sein, weil eventuell durch Aufbrausen von Kohlensäure Tröpfchen der Flüssigkeit über den Rand der kleinen Schale geschleudert werden können. Der vollständig zur Trockne gebrachte Verdampfungsrückstand wird gelinde bis zum beginnenden Schmelzen der Alkalimetallchloride geglüht, wonach man die kleine Platinschale in den Exsikkator bringt und nach dem Erkalten wägt.

Berechnung: Multipliziert man das gefundene Gewicht der Alkalimetallchloride mit $^{25}/_{16}$ (weil in zwei aufeinander folgenden Operationen jeweils nur $^4/_5$ der betreffenden Flüssigkeit verbraucht wurden), so erfährt man den Gehalt an Alkalichloriden der in An-wendung gezogenen Wassermenge, man bezieht denselben auf ein Liter Wasser.

Beispiel: Angewendet wurden 2 Liter Wasser, welche 45 mg Alkalichloride ergaben:

$$\frac{45 \times 25}{2 \times 16} = 35,2 \text{ mgl NaCl} + \text{KCl}.$$

Zur Schnellbestimmung der Alkalien kann man folgende, allerdings nicht genaue, indirekte Methode verwenden.

Man versetzt den Abdampfrückstand des Wassers mit einigen Tropfen Schwefelsäure, verdampft und glüht nochmals schwach. Dadurch werden alle Metalle in Sulfate übergeführt. Zur Vertreibung überschüssiger freier Schwefelsäure gibt man etwas festes Ammoniumkarbonat hinzu und glüht nochmals. Nach dem Erkalten im Exsikkator wird gewogen. Ist nun aus den Einzelbestimmungen der Gehalt an Kalzium, Magnesium, Aluminium und Eisen bekannt, so rechnet man die Metallmengen auf Sulfate um, addiert dazu die etwa noch vorhandene Kieselsäure und zieht die Summe von dem gefundenen Gewicht des Rückstandes ab. Der Gewichtsunterschied ergibt die Menge der Alkalien, und zwar als Sulfate.

β) Die Bestimmung des Kaliums als Kaliumplatinchlorid und die Berechnung des Natriumchlorids.

Den bei der Bestimmung der Gesamtalkalimenge erhaltenen Rückstand der Alkalichloride benutzt man zur Ermittelung des Kaliums und dadurch indirekt auch des Natriums.

Ausführung: Man löst den Rückstand in destilliertem Wasser auf, bringt ihn in eine kleine Porzellanschale und fügt Platinchloridlösung (Lösung 1:10 in destilliertem Wasser) im Überschuß hinzu, damit nicht ein Gemisch von Kaliumplatinchlorid und Natriumchlorid entstehe, welche beide unlöslich in Äther-Alkohol sind. Man dampft nun langsam bei geringer Wärme den Inhalt der Schale zu einer sirupähnlichen Konsistenz ein, der dann beim Erkalten zu einer kristallinischen Masse erstarrt. Das kristallwasserhaltige Natriumplatinchlorid ist in Alkohol löslich, Kaliumplatinchlorid aber nicht. Man versetzt nun den Schaleninhalt mit einem Gemisch von $^5/_6$ Alkohol (96 Proz.) und $^1/_6$ Äther, bringt den Rückstand auf ein bei 110° bis zur Gewichtskonstanz gewogenes Filter und wäscht so lange mit Ätheralkohol nach, bis er farblos abläuft. Das Filter samt Inhalt wird bei 110° getrocknet und im Wägegläschen gewogen.

Berechnung: Das Gewicht des Kaliumplatinchlorids wird mit $0{,}307\,(2\,\mathrm{KCl}:\mathrm{K_2PtCl_6} = 149:485 = 0{,}3072)$ und mit $\dfrac{25}{16}$ multipliziert; es ergibt sich so die ursprünglich vorhandene Menge Kaliumchlorid.

Wird diese von der Gesamtmenge der Alkalichloride abgezogen, so erhält man das Natriumchlorid.

Beispiel: Der bei der Gesamtalkalibestimmung erhaltene Rückstand von 45 mg Gewicht wurde auf obige Weise behandelt.

Das Gewicht des gefundenen Kaliumplatinchlorids betrug 18 mg.

$$\frac{18 \cdot 0{,}3072 \cdot 25}{2 \cdot 16} = 4{,}3 \text{ mgl Kaliumchlorid,}$$

$$35{,}2 - 4{,}3 = 30{,}9 \text{ mgl Natriumchlorid.}$$

20. Die Kohlensäure.

a) Die freie Kohlensäure.

Der qualitative Nachweis. Zum Nachweise freier Kohlensäure kann man unter gewissen Bedingungen eine Lösung von Rosolsäure (chemisch Methylaurin oder Dioxymethylfuchsin) verwenden. Von dem Reagens gibt man 5 bis 10 Tropfen zu 50 bis 100 ccm des in einem farblosen Glase befindlichen Wassers. Sind größere Mengen freier Kohlensäure vorhanden, so wird die Flüssigkeit gelb, bei Abwesenheit freier Säure wird sie rot. Hierbei ist jedoch zu berücksichtigen, daß die Bikarbonate der Erdalkalien auf Rosolsäure alkalisch reagieren; es wird also durch sie eine gewisse Menge freier Kohlensäure, nach Tillmans und Heublein durch 1 mg Bikarbonatkohlensäure 0,25 mg freier Kohlensäure verdeckt. Bei großem Gehalt an Bikarbonaten können also bei Verwendung dieses Reagens beträchtliche Mengen freier Kohlensäure übersehen werden, z. B. waren nach Tillmans und Heublein bei einem Wasser von 19° Karbonathärte = 298,6 Bikarbonatkohlensäure bis zu 70 mg freier Kohlensäure durch die Reaktion nicht angezeigt. — Man soll die Rosolsäurebestimmung also nur bei weichen Wässern benutzen, nicht bei harten.

Besser verwendet man Phenolphthalein zum qualitativen Nachweis der freien CO_2. Die alkalische Lösung dieser Verbindung ist intensiv rosa gefärbt und wird durch Säuren, auch schon durch Kohlensäure, entfärbt. Zur qualitativen Prüfung wird 1 ccm destilliertes Wasser, das man sich nach der Vorschrift (S. 879) neutralisiert hat, mit einem Tropfen 1 proz. alkoholischer Phenolphthaleinlösung und einem Tropfen $n/_{100}$ - Natronlauge versetzt. Dann bringt man in diese schwach alkalische, rosa gefärbte Phenolphthaleinlösung allmählich das zu untersuchende Wasser in Mengen von 5 bis 20 ccm hinein. Bei Anwesenheit freier Kohlensäure tritt Entfärbung ein.

Die quantitative Bestimmung. Die freie Kohlensäure bestimmt man am besten nach der von Tillmans und Heublein genauer ausgearbeiteten Methode von Trillich. Die freie Kohlensäure wird hierbei titriert mittels Natronlauge, Sodalösung oder Kalkwasser von bestimmtem Gehalt unter Verwendung von Phenolphthalein als Indikator. Auch gegen diesen Indikator reagieren Bikarbonate bei Anwesenheit von viel Phenolphthalein alkalisch, man muß also stets dieselbe Menge des sehr verdünnten Indikators bei Ausführung der Bestimmung verwenden.

Die Reaktion vollzieht sich nach folgenden Gleichungen:

1. bei Anwendung von Natronlauge . $\underset{40}{NaOH} + \underset{44}{CO_2} = NaHCO_3$,

2. „ „ „ Soda . . . . . $\underset{106}{Na_2CO_3} + \underset{44}{CO_2} + H_2O = 2NaHCO_3$,

3. „ „ „ Kalkwasser . . $\underset{74}{Ca(OH)_2} + \underset{88}{2CO_2} = CaH_2(CO_3)_2$.

Natronlauge benutzt man am zweckmäßigsten in $n/_{20}$-(2,0 gl), Soda in $n/_{10}$-(5,3 gl) Lösung. Kalkwasser hält man sich in gesättigter Lösung vorrätig, die ungefähr $n/_{20}$ ist und die man mit $n/_{10}$-Salzsäure und Phenolphthalein einstellt.

Die Phenolphthaleinlösung enthält 0,35 g Phenolphthalein, gelöst in 1 Liter 9,5proz. säurefreien Alkohols, der durch Destillation unter Zusatz von Barythydrat von seinem Säuregehalt befreit

Fig. 91.

Kölbchen,
nach Tillmans,
zur Bestimmung
der freien
Kohlensäure.

ist. Zur Ausführung der Bestimmung empfiehlt sich das von Tillmans angegebene Kölbchen von 200 ccm Inhalt, dessen Hals oberhalb der Marke eine bauchige Erweiterung hat zur Aufnahme der beim Titrieren hineingegebenen Flüssigkeitsmenge.

Ausführung: Die Bestimmung der freien Kohlensäure gehört zu denjenigen, die man an Ort und Stelle ausführen soll. Es empfiehlt sich deshalb die Verwendung einer kleinen handlichen in $1/_{10}$ ccm geteilten Bürette von 25 ccm Inhalt und eines kleinen zerlegbaren Stativs. Die Titrierflüssigkeit führt man in einer kleinen ($1/_4$ Liter-) Flasche mit Gummistöpsel mit. Zum Abmessen des Indikators benötigt man einer kleinen dickwandigen 1 ccm-Pipette.

Bei der Entnahme der Proben für die Kohlensäurebestimmung hat man Verluste an freier Kohlensäure zu vermeiden. Frei aus einer Pumpe oder einem Hahn ausfließendes Wasser läßt man in einen Trichter laufen, der einen bis auf den Boden des Gefäßes reichenden Schlauchansatz trägt. Vielfach ist es erforderlich, um nicht abgestandenes, also an Kohlensäure verarmtes Wasser zu erhalten, 10 bis 20 Minuten zu pumpen oder ebensolange den Hahn offen zu lassen. Zu verschickende Proben füllt man in gleicher Weise in Flaschen mit Patentverschlüssen, die bis auf 2 bis 3 ccm angefüllt werden müssen. Die Überführung aus der Probeflasche in das Titriergefäß geschieht am besten mittels eines Hebers, den man durch Ansaugen mit dem Munde in Tätigkeit setzt.

Vor Ausführung der Bestimmung der freien Kohlensäure ist es nötig, die Karbonathärte des betreffenden Wassers zu kennen. Überschreitet nämlich der Bikarbonatgehalt 10 bis 12° deutscher Härtegrade, so entstehen durch die Neutralisierung eines Teiles der freien Kohlensäure während des Titrierens übersättigte Bikarbonatlösungen infolge der Wegnahme der zugehörigen Kohlensäure, also derjenigen Menge von Kohlensäure, die nötig ist, die Karbonate in Lösung zu halten, so daß die Bikarbonate während des Titrierens aus der übersättigten Lösung unter Verlust der Bikarbonatkohlensäure als Monokarbonate ausfallen. Durch die hierbei frei werdende Kohlensäure bekommt man dann zu hohe Werte.

Außerdem beeinflussen zu konzentrierte Bikarbonatlösungen das Eintreten des Phenolphthaleinumschlages (ebenso wie bei der Rosolsäure) durch ihre alkalische Reaktion.

Die Karbonathärte ermittelt man am besten durch Bestimmung der Alkalinität nach Lunge (s. S. 799). Beträgt der Verbrauch mehr als 7 bis 7,5 ccm $n/_{10}$-Salzsäure für 200 ccm Wasser (= 10 Härtegrade), so muß das Wasser vor der Titration verdünnt werden mit destilliertem Wasser, welches man gegenüber Phenolphthalein in folgender Weise neutralisiert hat. Man mißt aus dem vorhandenen Vorrat 200 ccm ab, setzt 1 ccm der vorhin beschriebenen Phenolphthaleinlösung hinzu, titriert mit $n/_{10}$-Natronlauge auf schwache Rosafärbung und gibt dann in den Vorrat die seiner Menge entsprechende Laugenmenge hinein. Das neutralisierte destillierte Wasser wird in gut verschlossener Flasche aufbewahrt.

Hat das Wasser zwischen 10 und 20° Karbonathärte, entsprechend einer Alkalinität von 3,5 bis 7 ccm $n/_{10}$-Normalsäure, so gibt man 100 ccm neutralisierten destillierten Wassers in das Kölbchen und füllt mit dem zu untersuchenden Wasser bis zur Marke auf. Bei mehr als 20° Karbonathärte gibt man 150 ccm neutralisiertes destilliertes Wasser in das Titrierkölbchen und läßt das zu untersuchende Wasser bis zur Marke einfließen. Ist die Karbonathärte des zu untersuchenden Wassers ungefähr bekannt, so kann man die Titrierkölbchen schon im Laboratorium mit der notwendigen Menge neutralisierten destillierten Wassers sowie mit 1 ccm Phenolphthaleinlösung beschicken und sie an Ort und Stelle mitnehmen.

Die Titration des je nach der festgestellten Karbonathärte unverdünnten oder auf das Doppelte oder Vierfache verdünnten Wassers geschieht in der Weise, daß man zuerst 1 ccm der schwachen, vorher angeführten Phenolphthaleinlösung und dann aus einer in $1/_{10}$ ccm geteilten Bürette tropfenweise die Natronlauge, Sodalösung oder das Kalkwasser zugibt und sanft hin und her bewegt; von Zeit zu Zeit verschließt man das Kölbchen und schüttelt etwas kräftiger um. Ist die anfänglich auftretende Rosafärbung wieder verschwunden, so gibt man von neuem eine kleine Portion der Titrierflüssigkeit hinein, verschließt, schüttelt um und so fort, bis eine schwache Rosafärbung einige Minuten bestehen bleibt. Damit ist der Endpunkt der Reaktion erreicht. Hierauf wiederholt man die Bestimmung mit einer neuen Portion Wasser, gibt aber dabei ungefähr die eben verbrauchte Anzahl Kubikzentimeter der Titrierlösung auf einmal zu und titriert tropfenweise zu Ende. Sofern sich kohlensaures Eisen oder Mangan in nennenswerter Menge im Wasser finden, muß man ihren Gehalt an Kohlensäure abziehen, denn Eisen und Mangan fallen in alkalischer Lösung aus, oder man bestimmt die freie Kohlensäure aus dem Gehalt an Gesamtkohlensäure und an Bikarbonatkohlensäure durch Subtraktion.

Berechnung: Jeder Kubikzentimeter einer $^n/_{10}$-Sodalösung oder $^n/_{20}$-Natronlauge oder eines $^n/_{20}$-Kalkwassers entspricht 2,2 mg Kohlensäure. Es ist also die Zahl der für 100 ccm Wasser verbrauchten Kubikzentimeter der Lösung mit 22 zu multiplizieren, um die Menge freier Kohlensäure im Liter zu finden.

Beispiel: 200 ccm Wasser verbrauchten bei Methylorange als Indikator 1,90 ccm $^n/_{10}$-Salzsäure.

Die Alkalinität beträgt also:

$$\frac{1,90 \cdot 5}{10} = 0,95 \text{ ccm Normalsäure.}$$

Jeder Kubikzentimeter Normalsäure entspricht

$$28 \text{ mg} \left(\frac{CaO}{2} = \frac{56}{2} \text{ mg} \right) \text{ Kalziumoxyd} = 2,8 \text{ deutschen Graden;}$$

$$0,95 \cdot 2,8 = 2,7 \text{ deutsche Grade.}$$

200 ccm des unverdünnten Wassers werden mit 1 ccm schwacher alkoholischer Phenolphthaleinlösung versetzt und mit $^n/_{10}$-Sodalösung titriert. Sie verbrauchen davon 9,2 ccm bis zur schwachen Rosafärbung. Der Gehalt an freier Kohlensäure beträgt also pro Liter:

$$5 \times 9,2 \times 2,2 = 101 \text{ mgl.}$$

Sind andere, nicht gasförmige Säuren, z. B. Humussäuren, die sich durch eine braune Färbung des Wassers zu erkennen geben, vorhanden, so werden sie bei der Bestimmung mittitriert.

Um sie gesondert zu bestimmen, muß man das Wasser von der Kohlensäure befreien. Nach Tillmans Vorschlag geschieht das am besten durch Regnen (S. 897).

b) Die „aggressive" und die „zugehörige" Kohlensäure nach Tillmans und Heublein.

Schon lange war die Tatsache bekannt, daß die gleiche Menge freier Kohlensäure in einem weichen Wasser sehr viel aggressiver wirkt als in einem harten. Das beruht darauf, daß zu jedem Gehalt an Kalziumbikarbonat eine bestimmte Menge von freier Kohlensäure gleichzeitig im Wasser gelöst vorhanden sein muß, um die Bikarbonate vor der Zersetzung zu bewahren, sie in Lösung zu halten. Die hierzu erforderliche Kohlensäure ist selbstverständlich nicht imstande, Kalziummonokarbonat, also die Bauwerke anzugreifen. Schädigend, angreifend auf die Monokarbonate kann nur diejenige Menge freier Kohlensäure wirken, welche über die vorhin erwähnte, die „zugehörige" Kohlensäure hinausgeht. Rechnerisch läßt sich diese Menge schwerer feststellen.

Heyer-Dessau bestimmte zuerst die Menge experimentell. Die von ihm gezeigten Wege verfolgten dann Tillmans und Heublein weiter.

Die Autoren stellten sich genau nach Heyers Vorgang Lösungen von Kalziumbikarbonat in kohlensäurehaltigem Wasser her und bestimmten in diesen das gelöste Kalziumbikarbonat sowie die freie Kohlensäure. Dann gaben sie in die Flaschen fein zermahlenes kristallinisches Kalziummonokarbonat, Marmorstaub hinein, schüttelten wiederholt und ließen die Lösung mit dem Marmor mehrere Tage in Berührung. Darauf bestimmten sie in der klaren Flüssigkeit abermals die Bikarbonathärte und die freie Kohlensäure. Die Differenz zwischen den beiden Messungen der freien Kohlensäure gibt die Menge der als Bikarbonat neu gebundenen, also der „aggressiven" Kohlensäure an. — Die noch übrig gebliebene freie Kohlensäure ist diejenige Menge, welche erforderlich ist, das ursprüngliche und das neu gebildete Kalziumbikarbonat in Lösung zu halten, also die „zugehörige" Kohlensäure. Die erlangten Resultate wurden von Tillmans und Heublein in der nachstehenden Tabelle und in einer Kurve, die am Schlusse des Buches zum Abdruck gebracht ist, zusammengestellt.

Die Tabelle, kurz das ganze Verfahren, ist nur dann richtig, wenn die Menge der kohlensauren Magnesia in dem Wasser, wie meistens, gering ist. Bei niedrigem Gehalt an gebundener Kohlensäure, bis vielleicht 60 mgl, spielt die kohlensaure Magnesia deshalb

Tabelle, um die gefundene freie Kohlensäure, entsprechend der gefundenen gebundenen Karbonatkohlensäure, in die „zugehörige freie" Kohlensäure und in die „aggressive" Kohlensäure zu zerlegen unter gleichzeitiger Angabe der Karbonathärte, die der jeweiligen gebundenen Kohlensäure entspricht, und der auf diese fallenden Alkalinität.

Alkalinität = ccm $n/10$-Salzsäure	Karbonathärte in deutschen Graden	Gebundene Kohlensäure (mgl)	Freie zugehörige Kohlensäure (mgl)	Alkalinität = ccm $n/10$-Salzsäure	Karbonathärte in deutschen Graden	Gebundene Kohlensäure (mgl)	Freie zugehörige Kohlensäure (mgl)
a	b	c	d	a	b	c	d
0,23	0,644	5,06	0	4,886	13,681	107,5	32,3
0,682	1,91	15,0	0,25	5	14	110	35
0,795	2,227	17,5	0,4	5,113	14,318	112,5	37,8
0,91	2,545	20	0,5	5,227	14,636	115	40,75
1,023	2,864	22,5	0,6	5,341	14,955	117,5	43,8
1,136	3,181	25	0,75	5,454	15,272	120	47
1,25	3,5	27,5	0,9	5,568	15,591	122,5	50,2
1,363	3,816	30	1,0	5,682	15,909	125	54
1,477	4,136	32,5	1,2	5,795	16,227	127,5	57,4
1,591	4,454	35	1,4	5,909	16,545	130	61
1,704	4,771	37,5	1,6	6,023	16,864	132,5	64,7
1,819	5,091	40	1,75	6,136	17,181	135	68,5
1,931	5,409	42,5	2,1	6,25	17,5	137,5	72,3
2,045	5,726	45	2,4	6,364	17,819	140	76,4
2,159	6,045	47,5	2,7	6,477	18,136	142,5	80,5
2,273	6,365	50	3,0	6,591	18,455	145	85
2,386	6,681	52,5	3,5	6,704	18,772	147,5	89,1
2,5	7	55	3,9	6,818	19,091	150	93,5
2,614	7,319	57,5	4,25	6,932	19,409	152,5	98
2,727	7,636	60	4,8	7,045	19,727	155	103
2,841	7,954	62,5	5,25	7,158	20,045	157,5	107,5
2,954	8,275	65	6,0	7,272	20,363	160	112,5
3,068	8,591	67,5	6,75	7,386	20,681	162,5	117,5
3,181	8,907	70	7,5	7,5	21	165	122,5
3,295	9,227	72,5	8,3	7,614	21,319	167,5	127,6
3,409	9,545	75	9,25	7,727	21,636	170	132,9
3,522	9,861	77,5	10,4	7,841	21,954	172,5	138
3,636	10,181	80	11,5	7,954	22,272	175	143,8
3,75	10,5	82,5	12,8	8,068	22,591	177,5	149,1
3,863	10,818	85	14,1	8,181	22,906	180	154,5
3,977	11,136	87,5	15,6	8,295	23,227	182,5	160
4,091	11,454	90	17,2	8,409	23,545	185	165,5
4,204	11,772	92,5	19	8,522	23,862	187,5	171
4,318	12,091	95	20,75	8,636	24,181	190	176,6
4,432	12,409	97,5	22,75	8,75	24,5	192,5	182,3
4,545	12,727	100	25	8,863	24,816	195	188
4,659	13,045	102,5	27,3	9,091	25,454	200	199,5
4,773	13,364	105	29,5				

keine Rolle, weil die Menge der zugehörigen freien Kohlensäure noch zu klein ist, nur bis zu 5 mgl beträgt, eine Menge, die praktisch noch bedeutungslos ist. Außerdem ergaben die Versuche von Tillmans und Heublein, daß die kohlensaure Magnesia erst dann nennenswerte Ungenauigkeiten bewirkt, wenn bei dem Vorhandensein von viel gebundener Kohlensäure der Magnesiagehalt gleich oder größer als der Kalkgehalt ist. In solchen seltenen Fällen soll man nach dem Rat der vorgenannten Autoren den vorbeschriebenen Marmorversuch machen.

Mit Hilfe der Tabelle, der wir die Karbonathärtegrade und die Alkalinität hinzugefügt haben, und der Kurve ist es möglich, die gesamte gefundene freie Kohlensäure zu zerlegen in die „zugehörige", die notwendig ist, um das ursprüngliche und das durch Kalklösung hinzugekommene Bikarbonat in Lösung zu halten, und in die „aggressive".

Ausführung: Zunächst bestimmt man in 100 oder 200 ccm des zu untersuchenden Wassers mit $n/10$-Salzsäure unter Anwendung von Methylorange die Alkalinität (a); man multipliziert die für 100 ccm Wasser verbrauchten Kubikzentimeter mit 2,8 und erhält die Bikarbonathärte (b); man multipliziert die Alkalinität (a) mit 22 und findet so die gebundene Kohlensäure (c). Die Zahl rechts hinter ihr gibt die zu ihr gehörige freie Kohlensäure (d) an.

Dann bestimmt man unter Zusatz von Phenolphthalein durch Titration mit $n/10$-Sodalösung die Gesamtmenge der freien Kohlensäure (e) nach den Vorschriften der S. 877.

Darauf addiert man zu der Zahl der Milligramm-Liter der gebundenen Kohlensäure (c) die gesamte freie Kohlensäure (e) hinzu und sucht in der Tabelle unter der Rubrik „Gebundene Kohlensäure" (c) diejenige Zahl, welche unter Addition der rechts von ihr in der Rubrik „Freie zugehörige Kohlensäure" (d) stehenden Zahl der Summe von ($c + e$) zunächst kommt. Vor ihr nach links in der Rubrik „Karbonathärtegrade" (b) findet sich die Zahl der neuen Karbonathärte und in der Rubrik „Freie zugehörige Kohlensäure" (d) die zu ihr gehörige freie Kohlensäure (d^1). (Letztere beiden Zahlen geben den Endeffekt der Rieselung durch Marmor oder, was dasselbe ist, des Angriffes auf Kalk und Zement an.) Zieht man von der durch Titration bestimmten freien Kohlensäure (e) die zuletzt gefundene zugehörige freie Kohlensäure (d^1) ab, so erhält man die aggressive Kohlensäure (f).

Bequemer geschieht die Ermittelung der aggressiven Kohlensäure mittels der Tillmans-Heubleinschen Kurve unter Benutzung der Vorschrift von Auerbach. Die Kurve ist so konstruiert, daß die gebundene Kohlensäure als Abszissen, die zugehörige freie als Ordinaten aufgetragen sind. Man setzt nun unter Benutzung des der Kurve zugrunde liegenden Koordinatensystems den Punkt A in die Kurve ein, dessen Lage durch den Schnittpunkt der Abszisse EA ($= 80$), welche der gebundenen Kohlensäure (c) entspricht, und der Ordinate DA ($= 50$), welche die freie Kohlensäure (e) ausdrückt, festgelegt wird, (s. die Kurve) und zieht von ihm aus nach rechts unten in einem Winkel von 45⁰ eine Gerade (AB). Diese trifft die Kurve in einem Punkte B. Von ihm aus zieht man eine Horizontale (BC). Durch sie wird die Ordinate (freie Kohlensäure) in zwei Teile zerlegt. Der untere Teil (CD) ist die zugehörige ($= 27,5$), der obere (CA) die aggressive ($= 22,5$) Kohlensäure. Den Punkt B findet man genau, wenn man, entsprechend dem Koordinatensystem, ein gleichseitiges, rechtwinkeliges Dreieck konstruiert und die Hypotenuse halbiert. In der Kurventafel sind die Hilfslinien als gebrochene Striche angegeben.

Beispiel: Die Titration von 100 ccm Wasser mit $^n/_{10}$-Salzsäure und Methylorange ergebe den Verbrauch von 3,64 ccm Säure, gleich der Alkalinität (a). Diese Zahl mit 2,8 multipliziert, ergibt die Karbonathärte (b) von 10,18 deutschen Graden. Multipliziert man die Alkalinität 3,64 mit 22 mgl, so bekommt man 80 mgl gebundene Kohlensäure (c). Die freie, durch Titration mit $^n/_{10}$-Sodalösung gefundene Kohlensäure möge 50 mgl betragen (e).

Man addiert die gebundene und die freie Kohlensäure $80 + 50 = 130$ und sucht in der Tabelle unter der Kolumne „Gebundene Kohlensäure" (c) diejenige Zahl, welche, um die rechts danebenstehende, in der Kolumne „Freie zugehörige Kohlensäure" (d) aufgeführte vermehrt, der Summe der gebundenen und freien Kohlensäure, also 130, gleich oder sehr nahe kommt. So ergibt sich aus

$$95 + 20,75 = 115,75 \dots \text{also zu wenig,}$$
$$100 + 25 = 125 \dots \text{„ „ „}$$
$$105 + 29,5 = 134,5 \dots \text{„ „ „ viel,}$$
$$102,5 + 27,3 = 129,8 \dots \text{„ die richtige Zahl.}$$

Die Zahl 27,3 ist nun diejenige Menge Kohlensäure, welche als freie „zugehörige" Kohlensäure (d^1) zur Löslichhaltung des Kalkes erforderlich ist. Die Zahl $50 - 27,3 = 22,7$ mgl ist die Menge der „aggressiven" Kohlensäure (f). Die ursprüngliche Härte von 10,18⁰ würde hierbei auf 13⁰ erhöht werden.

Feststellung aus der Kurve: Man zieht vom Punkt 80 der Abszissenachse (Gebundene Kohlensäure) aus eine Senkrechte

Einige Beispiele betreffend den Kohlensäuregehalt verschiedener Wässer.

Ort	Gebirge	Alkalinität Normalsäure ccml	Carbonathärte = Alk. × 2,8 Deutsche Grade	Gebundene Kohlensäure = Alk. × 22 mgl	Freie CO_2 bestimmt mgl	Aggressive Kohlensäure mgl	Zugehörige Kohlensäure mgl	Gesamte Härte des Wassers Deutsche Grade
1. Dorf, Quelle	Mittlerer Buntsandstein, Thüringen	0,45	1,30	9,9	22	21	1	1,40
2. Gruppenversorgung, 60 m tief. Bohrbrunnen	Diluvium über Tertiär, Kgr. Sachsen	3,35	9,4	73,7	81	40	41	9,5
3. Stadt a) Bohrung und natürl. Quelle tief im Tal	Mittlerer Buntsandstein, Thüringen	0,27	0,76	5,9	66	60	6	1,2
4. Stadt b) hoch am Berg geleg. Quelle	Mittlerer Buntsandstein, Thüringen	0,3	0,8	6,6	22	21	1	1,2
5. Schloß H., 53 m tiefes Bohrloch	Mittlerer u. unt. Buntsandstein, Thüringen	0,95	2,7	20,9	101	77,3	23,7	5,5
6. Heilstätte Sch. im Harz, 60 m tiefes Bohrloch	Devonische Schiefer mit Kalkknotenschiefer, Harz	5,4	15,1	119	61,6	6,6	55	17,9
7. Heilstätte So. in Thüringen, Quellen	Mittlerer Buntsandstein, Thüringen	1,55	4,3	34,1	66	51,6	14,4	6,7
8. Stadt, 100 m lange Galerie in 10 m Tiefe	Unterdevon. Schiefer, Thüringen	1,27	3,55	27,9	60	49,6	10,4	22,0[1]

[1] Sehr viel Gipshärte.

nach oben (DA) und vom Punkt 50 der Ordinatenachse (Freie
Kohlensäure) aus eine Horizontale nach rechts (EA). Wo diese
beiden Linien sich schneiden, ist der Punkt A. Von ihm aus zieht
man unter einem Winkel von 45° eine Linie nach rechts unten,
welche die Kurve in B schneidet. Von B aus legt man eine
horizontale Linie bis zum Schnittpunkt C mit der zuerst gezogenen
Abszisse DA. Die Linie $CD = 27,5$ mgl gibt das Ausmaß für
die „zugehörige" Kohlensäure, die Linie CA, also der obere Teil
der Linie AD mit 22,5 mgl für die „aggressive" Kohlensäure.

Um zu zeigen, wie verschieden sich die Verhältnisse gestalten
können, seien einige Untersuchungen der letzten Monate aus dem
hygienischen Institut zu Jena angeführt.

c) Die Bikarbonatkohlensäure und die gebundene Kohlensäure.

Die Bestimmung der Bikarbonatkohlensäure ist identisch mit
der Alkalinitätsbestimmung (Titration von 100 ccm Wasser mit $^n/_{10}$-
Salzsäure unter Zusatz eines oder einiger Tropfen Methylorange
[1:1000] als Indikator).

Die gebundene Kohlensäure ist gleich der halben Bikarbonatkohlensäure.

Berechnung: Jeder verbrauchte Kubikzentimeter $^n/_{10}$-Salzsäure
entspricht 4,4 mg Bikarbonat- und 2,2 mg gebundener Kohlensäure.

Beispiel: Für 100 ccm Wasser wurden 5,8 ccm $^n/_{10}$-Salzsäure
gebraucht.

$$5,8 \times 4,4 = 25,5 \text{ mg Bikarbonatkohlensäure,}$$
$$5,8 \times 2,2 = 12,76 \text{ „ gebundene Kohlensäure,}$$

auf ein Liter also

$$10 \times 25,5 = 255 \text{ mg} \quad \text{bzw.} \quad 10 \times 12,76 = 127,6 \text{ mg.}$$

Wo andere gebundene schwache Säuren vorhanden sind, z. B.
Humussäure oder Kieselsäure, da kann die Karbonat- und die gebundene Kohlensäure berechnet werden aus der Differenz der nach
Winkler bestimmten Gesamtkohlensäure und der nach der Methode
von Trillich-Tillmans gewonnenen freien Kohlensäure.

Berechnung: Es sei gefunden

als Gesamtkohlensäure . . . . 137 mgl,
  „ freie Kohlensäure . . . . 80 „
  „ Bikarbonatkohlensäure bleiben demnach . . 57 „

Man kann die gebundene Kohlensäure auch in der Weise
festlegen, daß man zunächst nach obenstehender Methode die gesamten schwachen Säuren bestimmt, dann eine andere Portion des
Wassers, z. B. 1 Liter, wiederholt rieselt, bis aus dem gerieselten
Wasser die Kohlensäure verschwunden ist, und abermals die

schwachen Säuren bestimmt. Die Differenz zwischen den beiden Bestimmungen ergibt die gebundene Kohlensäure, zu welcher noch 1 mgl CO_2 hinzuaddiert werden muß, weil 0,8 bis 1 mgl CO_2 auch in dem gerieselten Wasser bleibt.

d) Die Gesamtkohlensäure nach L. W. Winkler.

Die Bestimmung der gesamten vorhandenen Kohlensäure, der freien, gebundenen und halbgebundenen erweist sich seltener als notwendig. Die ältere, von Pettenkofer angegebene Methode ist umständlich und zeitraubend und gibt nur in der Hand des Geübten gute Resultate.

Verhältnismäßig einfach und zugleich genau ist jedoch die Methode von Winkler. Sie beruht darauf, daß die gesamte vorhandene Kohlensäure in einem geschlossenen Gefäß durch Salzsäure in Freiheit gesetzt und unter Nachspülung mit Wasserstoff in einem gewogenen Absorptionsgefäß aufgefangen wird.

Der hierzu nötige Apparat ist in Fig. 92 abgebildet.

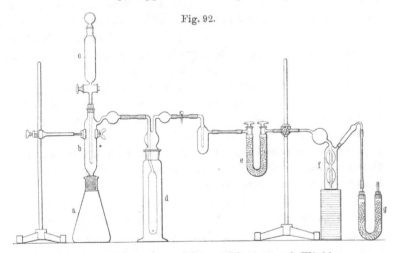

Fig. 92.

Apparat zur Untersuchung auf Gesamtkohlensäure nach Winkler.

Er besteht aus einem Erlenmeyerkolben (a) von etwa 0,5 Liter Inhalt zur Aufnahme des zu untersuchenden Wassers, einem Aufsatz (b) und dem zur Aufnahme der Salzsäure dienenden Tropftrichter (c). Der Aufsatz (b) hat einen seitlichen Röhrenansatz, der mit einer kleinen mit Wasser gefüllten Waschflasche (d) verbunden ist. Hinter der Waschflasche ist ein Chlorkalziumrohr (e) und dahinter ein Kaliapparat (f) eingeschaltet, dem noch ein Rohr mit Ätzkali in Stücken vorgelagert ist (g).

Ausführung: Das Aufnahmegefäß a trägt dort, bis wohin der Gummistopfen des Aufsatzes reicht, eine Marke. Bis zu dieser Marke ist der Inhalt durch Auswägen mit Wasser genau bestimmt.

Vor Beginn des Versuches läßt man durch das Chlorkalziumrohr (e) $1/_2$ Stunde lang einen (mittels eines Kippschen Apparates aus reiner Salzsäure und Marmor entwickelten) Strom von reiner Kohlensäure hindurchleiten, um im Chlorkalzium etwa vorhandene, Kohlensäure absorbierende, basische Chloride abzusättigen. Dann wird die Kohlensäure durch einen Luftstrom wieder vollständig ausgetrieben.

Man mißt nun 2 ccm granuliertes Zink in der Weise ab, daß man einen Meßzylinder von 20 ccm Inhalt bis zum Teilstrich 10 ccm mit Wasser füllt und so lange Zinkstückchen zugibt, bis das Wasser auf 12 ccm gestiegen ist.

Diese Zinkmenge wird in die Flasche a gegeben und dann das zu untersuchende Wasser vorsichtig durch Überhebern bis zur Marke eingefüllt. Die Wassermenge gleicht dem Inhalt des Kolbens, vermindert um die 2 ccm, welche das Zink einnimmt. Man setzt dann sofort den Aufsatz nebst dem mit 100 ccm Salzsäure vom spez. Gew. 1,09 gefüllten Tropftrichter auf und verbindet den Rohransatz des Aufsatzes mit der Waschflasche. Nachdem man den genau gewogenen Kaliapparat angeschlossen hat, läßt man die Hälfte der Salzsäure zu dem Wasser treten.

Die zum Wasser zutretende Salzsäure setzt die Karbonatkohlensäure in Freiheit, der aus dem Zink unter der Säureeinwirkung entstehende Wasserstoff treibt die freie und frei gemachte Kohlensäure aus dem Wasser aus. Nachdem die Entwickelung etwa $1^1/_2$ Stunden gedauert hat, läßt man den Rest der Salzsäure zufließen. Nach weiteren $1^1/_2$ Stunden ist die gesamte Kohlensäure in den Kaliapparat übergetrieben.

Ehe der Kaliapparat gewogen wird, muß der in ihm enthaltene Wasserstoff durch Luft ersetzt werden, da sonst wegen der Differenz im Gewichte von Luft und Wasserstoff beträchtliche Fehler entstehen würden. Man schaltet deshalb das Entwickelungsgefäß a mit seinen Aufsätzen aus, schaltet statt dessen eine mit Kalilauge gefüllte Waschflasche vor und saugt vom Kaliapparat (g) aus $1/_2$ Stunde lang einen langsamen Luftstrom durch.

Berechnung: Die Gewichtszunahme des Kaliapparates ergibt die in der abgemessenen Wassermenge vorhanden gewesene Gesamtkohlensäure, die auf ein Liter umgerechnet wird.

Die Differenz zwischen der Gesamtkohlensäure und der Bikarbonatkohlensäure, die man aus der Methylorangealkalinität durch Multiplikation mit 44 erhält, ergibt die freie Kohlensäure.

21. Das Eisen.

Der qualitative Nachweis: Die Anwesenheit von Eisen im Wasser gibt sich meistens schon durch die physikalischen Eigenschaften zu erkennen: tintenartiger Geschmack, zuweilen Geruch nach Schwefelwasserstoff im frischen, gelbliche Farbe und gelbbrauner, flockiger Niederschlag im abgestandenen oder geschüttelten Wasser.

Um zu prüfen, ob Eisen in der leicht zersetzbaren Form des Eisenoxydulkarbonates vorhanden ist, wird eine Literflasche, die mit dem Eisenwasser etwa zur Hälfte gefüllt ist, tüchtig durchgeschüttelt und ruhig stehen gelassen, oder die Probe wird wiederholt von einem Becherglase aus einer mäßigen Höhe in ein anderes geschüttet und dann einige Stunden stehen gelassen. Innerhalb dieser Zeit fällt das in Oxydulform vorhandene Eisen ganz oder zum Teil aus. Der gelbbraune Niederschlag kann eventuell abfiltriert und durch eine der nachstehenden Reaktionen geprüft werden.

Der chemische Nachweis richtet sich danach, ob das Eisen als Oxydulsalz oder, was weit seltener ist, als Oxydsalz vorhanden ist.

Der Nachweis von Eisenoxydulsalzen, Ferrosalzen, mittels Natriumsulfid (nach Klut). In einem Zylinder aus farblosem Glase (Kolorimeterzylinder) versetzt man 100 ccm des zu prüfenden frischen Wassers mit etwa 0,1 ccm (nach Winkler) 10 proz. wässeriger, chemisch reiner Natriumsulfidlösung ($Na_2S + 9\,H_2O$). Je nach der Eisenmenge tritt sogleich oder innerhalb von zwei Minuten eine grüngelbe bis braunschwarze Färbung ein, die von kolloidal in Lösung bleibendem Ferrosulfid herrührt:

$$Fe(HCO_3)_2 + Na_2S = FeS + 2\,Na(HCO_3)_2.$$

Zur besseren Sichtbarmachung einer schwachen Reaktion prüft man in derselben Weise destilliertes Wasser und vergleicht die beiden Lösungen; auf diese Weise kann man noch 0,15 mgl nachweisen.

Eisensulfid wird zum Unterschied von etwa bei Anwesenheit von Kupfer oder Blei entstandenem Kupfer- oder Bleisulfid durch Zugabe von 0,2 g Weinsäure in Substanz gelöst (Winkler).

Der Nachweis von Eisenoxydsalzen, Ferrisalzen. Ferrisalze geben mit Rhodanammonium in angesäuerten Lösungen eine blutrote Färbung von Eisenrhodanid,

$$6\,KSCN + 2\,FeCl_3 = Fe_2(SCN)_6 + 6\,KCl,$$

mit Ferrocyankalium eine Blaufärbung bzw. einen blauen Niederschlag von Berlinerblau (Ferriferrocyanid).

Je nach der Empfindlichkeit des Auges, manche Personen erkennen blau, manche rot besser, mag man die eine oder die andere Reaktion zum Eisennachweis benutzen. Um in Oxydulsalzform vorhandenes Eisen für diese Reaktionen zugängig zu machen, muß es zuerst in die Oxydform umgewandelt werden. Zu dem Zwecke dampft man etwa 300 ccm Wasser auf 100 ccm unter Zusatz von einigen Körnchen Kaliumchlorat ($KClO_3$) und 1 ccm konzentrierter Salzsäure ein. Nach dem Erkalten füllt man das eingedampfte Wasser in ein Kolorimeterrohr und setzt 1 ccm einer Lösung entweder von Rhodanammonium oder von Ferrocyankalium zu, worauf die rote bzw. blaue Farbe auftritt. Man kann auch 200 ccm Wasser mit 2 bis 3 ccm konzentrierter eisenfreier Salpetersäure versetzen, zum Sieden erhitzen, mit einem geringen Überschuß von Ammoniak, den man durch Prüfung mit Lackmuspapier feststellt, fällen, den entstandenen Niederschlag abfiltrieren und in 3 ccm konzentrierter Salzsäure unter Zusatz von etwas heißem Wasser lösen und diese Lösung in obiger Weise prüfen.

α) Die quantitative Bestimmung nach der kolorimetrischen Methode.

Der Eisengehalt der natürlichen Wässer ist häufig zu gering, um die direkte Ausführung der kolorimetrischen Probe zu gestatten. Um in allen Fällen zum Ziel zu gelangen, verfährt man daher zweckmäßig wie folgt:

200 bis 1000 ccm des zu prüfenden Wassers werden nach Zusatz von einigen Körnchen Kaliumchlorat und 1 ccm konzentrierter, eisenfreier Salzsäure von 1,10 Vol.-Gew. in einer Glas- oder Porzellanschale auf etwa 50 ccm eingedampft. Man darf dann sicher sein, daß die vorhandenen Eisenverbindungen vollständig in Ferrichlorid umgewandelt sind und daß die Flüssigkeit nicht mehr überschüssiges, freies Chlor enthält. Die konzentrierte Flüssigkeit wird mit destilliertem Wasser auf 100 ccm aufgefüllt. Je nach dem größeren oder geringeren, durch Vorproben leicht zu ermittelnden Eisengehalt des betreffenden Wassers wird diese Lösung entweder direkt oder zu einem aliquoten, mit destilliertem Wasser auf 100 ccm verdünnten Teil zu der kolorimetrischen Probe verwendet.

Modifikation nach Klut. Als mindestens ebensogut hat sich das Verfahren zur Eisenbestimmung von Klut erwiesen, bei dem die Oxydation des Eisens mit Salpetersäure erfolgt, das Eisen mittels Ammoniak ausgefällt und die Lösung des Niederschlages zur titrimetrischen Bestimmung verwendet wird. Es nimmt dabei weniger Zeit in Anspruch, da Eindampfen nicht notwendig ist.

200 bis 500 ccm des gut umgeschüttelten Wassers werden in einem Becherglase mit 2 bis 3 ccm konzentrierter eisenfreier Salpetersäure versetzt und zum Sieden erhitzt. Zu der heißen Flüssigkeit fügt man unter Umrühren Ammoniak in geringem Überschuß, der durch Lackmuspapier nachgewiesen wird, und erwärmt so lange, bis der Ammoniakgeruch verschwunden ist. Man filtriert heiß und wäscht mit schwach ammoniakhaltigem Wasser von 70 bis 80° C nach.

Das Filtrat wird entfernt und kann für die Kalk- und Magnesiabestimmung verwendet werden, was als ein Vorzug der Methode zu betrachten ist.

In das Becherglas, in welchem die Eisenfällung vorgenommen worden war, bringt man jetzt 5 ccm konzentrierte eisenfreie Salzsäure und 20 bis 30 ccm Wasser von 70 bis 80°. Hierdurch wird bewirkt, daß außer dem Niederschlag auch an den Glaswandungen festsitzendes Eisen gelöst wird. Die warme, verdünnte Salzsäure mit dem gelösten Eisenhydroxyd gießt man durch das Filter. Bei viel Eisen empfiehlt es sich, dieses Filtrat nochmals, eventuell mehrmals durch das Filter zu gießen. Nachdem der auf dem Filter abgelagerte, gelbbraune Niederschlag völlig gelöst ist, wäscht man das Filter mit heißem destilliertem Wasser gut nach. Das Filtrat füllt man nach dem Erkalten mit destilliertem Wasser auf 100 ccm auf und ermittelt den Eisengehalt kolorimetrisch, in gleicher Weise, wie bei der ursprünglichen Methode.

Bestimmung aus dem Glührückstand. Ein hoher Gehalt an Huminsubstanzen, der sich durch gelbbraune Färbung und hohen Kaliumpermanganatverbrauch kundgibt, wird durch die Oxydation mittels Kaliumchlorat und Salzsäure nicht vollständig beseitigt und stört dann die kolorimetrische Vergleichung. Bei huminstoffreichen Wässern verwendet man daher am besten den Glührückstand, in welchem alle organischen Substanzen durch das Glühen beseitigt sind, und den man zur Auflösung des Eisens einige Zeit mit konzentrierter eisenfreier Salzsäure auf dem Wasserbade erhitzt. Die Flüssigkeit wird mit heißem Wasser verdünnt, durch ein kleines Filter filtriert, mit heißem Wasser nachgewaschen und auf 100 ccm aufgefüllt. Das darin enthaltene Eisen wird kolorimetrisch bestimmt.

Wenn der Eisengehalt des zu prüfenden Wassers etwas erheblicher ist, empfiehlt es sich, das Eisen immer in einem aliquoten

Teil der obigen 100 ccm kolorimetrisch zu bestimmen, weil man in diesem Falle leicht Kontrollversuche anstellen kann.

Ausführung: Man führt die kolorimetrische Bestimmung des Eisens aus, indem man unter sonst völlig gleichen Bedingungen die gleiche Intensität der auf Zusatz von Kaliumferrocyanid oder Rhodankalium eintretenden Färbungen entweder in gleichen Raumteilen und gleich hohen Schichten einer titrierten Ferrisalzlösung und der vorbereiteten Wasserprobe, oder in verschiedenen Volumen und ungleich hohen Schichten beider Flüssigkeiten ermittelt.

Arbeiten mit gleichen Volumen.

Man bringt in einen von fünf gleichen Zylindern von rund 35 cm Höhe und 2,5 bis 3 cm Durchmesser aus farblosem Glase, welche von 100 ccm Wasser genau bis zu gleicher Höhe angefüllt werden und an diesen Stellen mit Marken versehen sind, die vorbereitete Wasserprobe von 100 ccm. In den zweiten Zylinder gibt man 1 ccm, in den dritten 2 ccm, in den vierten 3 ccm, in den fünften 4 ccm einer Ferrisalzlösung, welche in 1 ccm 0,1 mg Eisen enthält (siehe Reagenzien und titrierte Lösungen zur quantitativen Prüfung), versetzt die Zylinder 2, 3, 4 und 5 mit je $1/_2$ ccm konzentrierter Salzsäure und füllt sie mit destilliertem Wasser bis zur Marke auf. Alsdann bringt man in jeden der fünf nebeneinander, in einem Stativ mit Unterlage von weißem Papier stehenden Zylinder 1 ccm einer Lösung von Rhodanammonium oder von Kaliumferrocyanid, welche so verdünnt ist, daß die Färbung derselben die in den fünf Zylindern eintretenden Farbreaktionen nicht mehr beeinflussen kann. Man beobachtet die bei dem Umrühren mit einem Glasstabe in den fünf Zylindern eintretenden Färbungen, indem man, den Zylinder mit der Wasserprobe neben einen der vier anderen Zylinder haltend, bei gleicher Beleuchtung von oben schräg durch die hohen Flüssigkeitsschichten auf ein untergelegtes Stück weißes Papier sieht. Stimmt die Färbung in der Wasserprobe nicht mit der Färbung einer der vier anderen Lösungen überein, ist die Wasserprobe stärker gefärbt als eine dieser Lösungen, aber schwächer als die Lösung des nächst höheren Eisengehaltes, so bereitet man sich unter Berücksichtigung dieses Tatbestandes mit Hilfe der oben erwähnten titrierten Ferrisalzlösung vier neue, zwischen beiden liegende Vergleichsflüssigkeiten oder auch mehr, bis die Wasserprobe und eine Vergleichsflüssigkeit genau dieselbe Intensität der Färbung zeigen. Bei geringem Eisengehalt genügt es meistens, die Färbung zwischen den zwei begrenzenden Proben abzuschätzen, oder eine zwischen ihnen liegende Kontrollflüssigkeit herzustellen, also z. B. zwischen dem Zylinder mit 1 ccm und dem mit 2 ccm einen anderen einzuschieben mit 1,5 ccm, erneut zu vergleichen und abzuschätzen.

Verschiedene Grade der Färbung lassen sich bei dem obigen Verfahren nur dann scharf unterscheiden, wenn die Wasserprobe 1 bis 5 mgl Eisen in Form eines Ferrisalzes enthält. Aus diesem Grunde müssen bei dem kolorimetrischen Verfahren eisenreichere Wasserproben mit destilliertem Wasser entsprechend verdünnt und eisenärmere Wasserproben so weit konzentriert werden, daß ihr Eisengehalt zwischen die soeben bezeichneten Grenzen fällt.

Der direkt gefundene Wert wird mit einem etwaigen Verdünnungskoeffizienten multipliziert und auf ein Liter umgerechnet.

Durch Multiplikation der gefundenen Teile Eisen mit 1,29 erfährt man die denselben entsprechenden Teile Eisenoxydul (FeO), und durch Multiplikation mit 1,43 die denselben entsprechenden Teile Eisenoxyd (Fe_2O_3).

1. Beispiel: 300 ccm Wasser nach Zusatz von einigen Körnchen Kaliumchlorat und 1 ccm Salzsäure auf etwa 50 ccm verdampft und mit destilliertem Wasser auf 100 ccm gebracht, gaben mit 1 ccm der Rhodanammoniumlösung genau dieselbe Färbung wie 100 ccm einer Vergleichsflüssigkeit, welche 0,47 mg Eisen enthielt.

In einem Liter befinden sich daher $\dfrac{0,47 \cdot 10}{3} = 1,56$ mg Eisen (Fe) entsprechend $1,56 \times 1,29 = 2,0$ mg Eisenoxydul (FeO) oder $1,56 \times 1,43 = 2,2$ mg Eisenoxyd (Fe_2O_3).

2. Beispiel: 200 ccm Wasser wurden nach Oxydation mit Salpetersäure in der Siedehitze mit Ammoniak gefällt, der Niederschlag in Salzsäure gelöst und die Lösung auf 100 ccm aufgefüllt. Die ganzen 100 ccm wurden zur kolorimetrischen Bestimmung verwendet. Die durch Rhodanammonium darin hervorgerufene Färbung entsprach der in einer Vergleichslösung von 0,35 mg Gehalt hervorgerufenen.

In 200 ccm sind also enthalten 0,35 mg, in 1000 ccm 0,35 . 5 $= 1,75$ mg Eisen (Fe).

Arbeiten mit ungleichen Volumen.

Wenn man zwei stark verdünnte Ferrisalzlösungen, deren Eisengehalt verschieden ist, aber zwischen die oben bezeichneten Grenzen fällt, mit einem geringen Überschuß von Rhodanammonium oder von Kaliumferrocyanid versetzt und mit den gefärbten Flüssigkeiten zwei Glaszylinder von genau gleicher Weite bis zu derselben Höhe anfüllt, so zeigen, wie nach den gegebenen Er-

läuterungen ohne weiteres verständlich ist, die beiden gleich hohen
Flüssigkeitssäulen eine verschiedene Intensität der Färbung. Gießt
man alsdann von der stärker gefärbten Lösung aus, bis die beiden
nunmehr verschieden hohen Flüssigkeitssäulen denselben Grad der
Färbung zeigen, wenn man bei gleichartiger Beleuchtung durch
dieselben auf ein untergelegtes weißes Stück Papier blickt, so sind
in den beiden ungleichen Flüssigkeitsvolumen genau dieselben
Mengen Eisen enthalten. Wenn man zu diesem Versuch zwei
kalibrierte Glaszylinder benutzt, und der Eisengehalt der einen
Ferrisalzlösung bekannt ist, so ergibt sich daraus unmittelbar auch
der Eisengehalt der zweiten Lösung.

Andere Substanzen, deren Lösungen durch bestimmte Reagenzien charakteristisch gefärbt werden, verhalten sich ebenso wie
die Ferrisalzlösungen. O. Hehner hat zuerst vorgeschlagen, die

Fig. 93.

Hehnersche Zylinder
zur Farbbestimmung
bei ungleichem Volumen.

kolorimetrische Bestimmung derartiger
Substanzen nach dem soeben erläuterten
Prinzip auszuführen. Unerläßliche Bedingung dabei ist jedoch, daß die in·
Anwendung zu bringenden Reagenzien
in mehr oder weniger stark verdünnten
Lösungen der kolorimetrisch zu be-
stimmenden Verbindungen Farberschei-
nungen hervorrufen, welche sich ausschließlich durch verschiedene Grade,
nicht aber durch verschiedene Nuancen
der Färbung voneinander unterscheiden.

Die zu kolorimetrischen Bestimmungen in ungleichen Flüssigkeitsvolumen erforderlichen beiden Glaszylinder konstruiert man zweckmäßig
wie folgt:

Zwei regelmäßige Glaszylinder von genau gleichem Durchmesser werden bis zu 105 ccm. kalibriert, und die Zahlen 10, 20,
30 usf., wie dies aus der beigedruckten Skizze ersichtlich ist, fort-
schreitend von unten nach oben aufgetragen. Auf den beiden
Zylindern befinden sich zwei einander entsprechende Teilstriche,
z. B. die Teilstriche 60 genau in gleichen Abständen von den
Böden. Jeder der beiden Zylinder ist in geringer Entfernung von
dem völlig horizontalen Boden mit einem Abflußhahn versehen.
Die Zylinder passen in Fußgestelle aus vernickeltem Blech, die so
eingerichtet sind, daß die Zylinder je nach Bedarf leicht herausgenommen, bzw. eingesetzt werden können.

Will man mit Hilfe dieser Zylinder das Eisen kolorimetrisch bestimmen, so bringt man in den einen derselben, je nach dem durch Vorprüfung ermittelten größeren oder geringeren Eisengehalt der vorbereiteten Wasserprobe, 1 bis 5 ccm der titrierten, oben erwähnten Ferrisalzlösung sowie $^1/_2$ ccm konzentrierte Salzsäure und füllt mit destilliertem Wasser bis zu 100 ccm auf. Den zweiten Zylinder füllt man bis zum Teilstrich 100 mit der vorbereiteten Wasserprobe. Man läßt darauf in jeden der beiden Zylinder 1 ccm der verdünnten Kaliumferrocyanidlösung oder Rhodanammoniumlösung fließen, rührt um, nimmt die beiden Zylinder aus den Fußgestellen, ergreift sie mit Daumen und Zeigefinger der linken Hand, sieht bei gleichartiger Belichtung durch die hohen Flüssigkeitssäulen auf eine darunter befindliche weiße Fläche und läßt von der stärker gefärbten Lösung ausfließen, bis die nunmehr verschieden hohen Flüssigkeitssäulen genau gleich intensiv gefärbt erscheinen. Aus dem dabei zurückbleibenden Volumen der titrierten Ferrisalzlösung ergibt sich, wie schon bemerkt, der Eisengehalt des geprüften Wassers.

1. Beispiel: 200 ccm Wasser wurden nach Zusatz von einigen Körnchen Kaliumchlorat und 1 ccm Salzsäure auf etwa 50 ccm verdampft und mit destilliertem Wasser auf 100 ccm verdünnt. Zur gleichen Zeit wurden 5 ccm der titrierten Ferrisalzlösung mit $^1/_2$ ccm Salzsäure versetzt und mit destilliertem Wasser auf 100 ccm verdünnt. Die in beiden Lösungen auf Zusatz von je 1 ccm der Rhodanammoniumlösung eintretenden Färbungen wurden miteinander verglichen. Es stellte sich heraus, daß die beiden Flüssigkeitssäulen dieselbe Intensität der Färbung zeigten, nachdem man die Ferrisalzlösung von bekanntem Eisengehalt bis auf 75 ccm hatte ausfließen lassen. In 101 ccm dieser Lösung sind 5 ccm der titrierten Ferrisalzlösung oder 0,5 mg Eisen enthalten. In 75 ccm befinden sich daher

$$101 : 0,5 = 75 : x = 0,371 \text{ mg Eisen},$$

welche mithin auch in der zum Versuch angewandten Wasserprobe vorhanden sind. Da diese durch Eindampfen von 200 ccm des ursprünglichen Wassers gewonnen worden ist, so enthält 1 Liter dieses Wassers $0,371 . 5 = 1,85$ mg Eisen (Fe), entsprechend $1,85 \times 1,29 = 2,3$ mg Eisenoxydul (FeO), oder $1,85 \times 1,43 = 2,6$ mg Eisenoxyd (Fe_2O_3).

2. Beispiel: 500 ccm Wasser wurden nach Zusatz von einigen Körnchen Kaliumchlorat und 1 ccm Salzsäure auf etwa 50 ccm verdampft, wonach man die eingedampfte Flüssigkeit mit destilliertem

Wasser auf 100 ccm verdünnte. Andererseits wurden 3 ccm der titrierten Ferrisalzlösung mit $^1/_2$ ccm Salzsäure versetzt und mit destilliertem Wasser auf 100 ccm verdünnt. Die in beiden Lösungen auf Zusatz von je 1 ccm der verdünnten Kaliumferrocyanidlösung eintretenden Färbungen wurden miteinander verglichen. Es stellte sich heraus, daß die beiden Flüssigkeitssäulen denselben Grad der Färbung zeigten, nachdem man die Wasserprobe bis auf 61 ccm hatte ausfließen lassen. In den diesen 61 ccm entsprechenden 101 ccm der Vergleichsflüssigkeit sind 3 ccm der titrierten Ferrisalzlösung oder 0,3 mg Eisen enthalten. In der zum Versuch angewandten Wasserprobe befinden sich daher: $61:0,3 = 101:x = 0,497$ mg Eisen oder im Liter $2 \cdot 0,497 = 0,994$ mg Eisen oder $0,994 \times 1,29 = 1,28$ mgl Eisenoxydul (FeO) oder $0,994 \times 1,43 = 1,421$ mgl Eisenoxyd (Fe_2O_3).

β) Die quantitative Bestimmung nach der maßanalytischen Methode.

Bei höherem Eisengehalt, etwa über 10 mgl, werden die kolorimetrischen Bestimmungen wegen der vorzunehmenden starken Verdünnung ungenauer. An ihrer Stelle empfiehlt sich daher die maßanalytische Bestimmung. Sie beruht darauf, daß das Eisen, nachdem es vollständig in die zweiwertige Form durch Reduktion mit Zink übergeführt wurde, mittels $^n/_{100}$-Kaliumpermanganatlösung wieder zu dreiwertigem Eisen oxydiert wird:

$$10\,FeSO_4 + 2\,KMnO_4 + 8\,H_2SO_4 = 5\,Fe_2(SO_4)_3 + K_2SO_4$$
$$+ 2\,MnSO_4 + 8\,H_2O.$$

Ausführung: Man verwendet zur maßanalytischen Bestimmung zweckmäßig den Glührückstand von 500 bis 1000 ccm Wasser. Diesen löst man in einem Gemisch aus gleichen Raumteilen konzentrierter Schwefelsäure und Wasser unter Erwärmen. Die Lösung spült man quantitativ in einen Kochkolben von etwa 250 ccm Inhalt. Zur Reduktion der Eisensalze gibt man einige Stückchen chemisch reinen granulierten Zinks hinzu, erwärmt leicht und verschließt den Kolben mit einem sogen. Bunsenventil, welches man sich auf einfache Weise selbst herstellt. In die Bohrung eines einfach durchbohrten, auf den Kolben passenden Gummistopfens steckt man ein kurzes, etwa 5 ccm langes Glasröhrchen. Über sein oberes Ende zieht man einen etwa ebenso langen Gummischlauch, in welchen man in der Mitte der Länge einen Schlitz von $^1/_2$ bis 1 cm Länge mit einem spitzen Messer gemacht hat. Das obere Ende wird mit einem Stückchen Glasstab verschlossen. Diese Vorrichtung erlaubt das Entweichen des im Kolben sich entwickelnden Wasserstoffs, nicht aber das Eindringen von Luft, welche die Reduktion des

Eisens teilweise wieder rückgängig machen würde. Die nach etwa $1/4$ bis $1/2$ Stunde eingetretene Vollendung der Reaktion erkennt man daran, daß ein Tröpfchen der Lösung mit Rhodanammoniumlösung keine Rotfärbung mehr gibt. Nach dem Erkalten gießt man die Lösung vom unverbrauchten Zink ab, spült den Kolben und die Zinkreste mit ausgekochtem Wasser nach und titriert die reduzierte Lösung unverzüglich mit $n/100$-Kaliumpermanganatlösung, die mit $n/100$-Oxalsäure eingestellt ist, bis zur schwachen Rosafärbung.

Die Bestimmung des Titers der Kaliumpermanganatlösung geschieht auf folgende Weise.

25 ccm $n/100$-Oxalsäurelösung werden in einem 150 ccm fassenden Erlenmeyerkölbchen mit 5 ccm 25 proz. Schwefelsäure angesäuert und auf 60 bis 70° erwärmt. Dann titriert man mit der einzustellenden Kaliumpermanganatlösung, die sich in einer Glashahnbürette befindet, bis zur schwachen Rosafärbung. Die gebrauchten Kubikzentimeter Kaliumpermanganatlösung entsprechen 25 ccm $n/100$-Oxalsäure.

Berechnung: Jeder Kubikzentimeter $n/100$-Kaliumpermanganatlösung entspricht 0,56 mg Eisen. War die Kaliumpermanganatlösung nicht genau $n/100$, so muß die Anzahl der verbrauchten Kubikzentimeter mit dem gegen Oxalsäure festgestellten Titer multipliziert werden.

Beispiel: Der Glührückstand von 500 ccm Wasser wurde in Schwefelsäure gelöst und in der angegebenen Weise reduziert. Zur Oxydation wurden 10,3 ccm Kaliumpermanganatlösung verbraucht. 25 ccm Oxalsäure verbrauchten 25,5 ccm derselben Lösung. Ihr Titer war also $\dfrac{25,0}{25,5}$.

$$10,3 \cdot \frac{25,0}{25,5} = 10,1 \text{ ccm genau } n/100\text{-Kaliumpermanganatlösung.}$$

$$10,1 \cdot 0,56 \cdot 2 = 11,3 \text{ mgl Fe.}$$

Von großer praktischer Bedeutung ist die Frage, in welcher Form, an welche Säure gebunden das Eisen vorhanden ist. Die drei vor allem in Betracht kommenden Verbindungsformen: Ferrokarbonat, Ferrosulfat und an Huminsubstanzen gebundenes Eisen lassen sich vermittelst der chemischen Analyse wegen der geringen Mengen, mit denen hier zu rechnen ist, nur schwierig auseinanderhalten. Unterscheidungspunkte gibt das Verhalten des eisenhaltigen Wassers beim „Regnen", das nach dem Vorgange von Tillmans, wie folgt, ausgeführt wird.

Mit dem Hals eines großen, möglichst feinlöcherigen
Büchnertrichters wird mittels Schlauches ein Trichter verbunden
und diese Vorrichtung an einem Stativ so befestigt, daß der Siebboden der Nutsche nach unten sieht und sich 2 bis 3 m über
dem Boden befindet. Gießt man das zu untersuchende Wasser in
den Trichter, so läuft es durch den Siebboden in Strahlen durch
die Luft und wird dabei, soweit es nach dem Henry-Dalton-
schen Gesetz in der schwach kohlensäurehaltigen Luft möglich ist,
nämlich bis auf 0,8, also rund 1,0 mgl von der freien Kohlensäure
befreit. Das unten ankommende Wasser fängt man in einem
großen Trichter mit untergestelltem großen Becherglas oder Stutzen
auf, gießt es wieder in den oberen Trichter zurück und wiederholt
die Operation 10- bis 20 mal.

Wir erzielten eine bessere Aufteilung in Tröpfchen als durch
die immerhin weiten Löcher des Büchnerfilters durch Aufsteigen-
lassen des Wassers in feinem Strahl als Springbrunnen und Zurück-
fallenlassen in einen weiten Trichter.

Durch diesen Regenprozeß wird etwa als Ferrokarbonat vorhandenes Eisen unter Oxydation zum Ausfallen gebracht, die Kohlensäure entweicht. Eine Eisenbestimmung vor und nach dem Regnen
(letzteres im filtrierten Wasser) gibt dann an, wieviel des Eisens
sich auf diese Weise entfernen ließ. Auch Ferrosulfat enthaltendes
Wasser wird so von seinem Eisengehalt in praktisch genügender
Weise befreit, sofern es nur in geringen Mengen im Wasser vorhanden ist. Sind größere Quantitäten vorhanden, dann wird das
Wasser, weil die frei gewordene Schwefelsäure nicht entweichen
kann, sauer; damit hört die Enteisenung auf, denn das Ferrosulfat
ist in saurem Wasser löslich. Wenn aber zugleich Karbonate vorhanden sind, so wird die Schwefelsäure durch diese gebunden und
die frei gewordene Kohlensäure entweicht. — Das Rieseln mit
schwefelsaures Eisen enthaltendem Wasser wird also dann auf
diese Säure hinweisen, wenn das geregnete an sich schon weiche
Wasser sauer reagiert, oder wenn das bikarbonathaltige Wasser eine
Einbuße an Karbonathärte aufweist. — Nur bei größeren Eisenmengen dürften sich genügend sichere Ausschläge ergeben. Das
Eisen, welches an Huminsubstanzen gebunden ist, wird durch das
Regnen nicht beeinflußt. Beträgt die Karbonathärte des Wassers
mehr als 10°, so ist es mit destilliertem kohlensäurefreien Wasser
so zu verdünnen, daß die Härte deutlich unter 10° liegt, anderenfalls würde ausfallender kohlensaurer Kalk das Bild trüben.

Führt man daher nach dem Regnen in der bei Bestimmung
der freien Kohlensäure beschriebenen Weise die Titration mit

$n/_{10}$-Sodalösung und Phenolphthalein aus, so erhält man nach Abzug des verbliebenen Kohlensäurerestes von 0,8 bis 1,0 mgl die übrigen vorhandenen schwachen freien Säuren und eventuell die freie Schwefelsäure.

Zur Bestimmung vorhandener gebundener schwacher Säuren versetzt man nach Tillmans 1 Liter Wasser mit der gleichen Menge $n/_{10}$-Salzsäure, die zur Bestimmung der Methylorange-alkalinität notwendig war. Dadurch werden die Kohlensäure und andere schwache Säuren in Freiheit gesetzt. Wird nun geregnet, so wird die Kohlensäure bis auf etwa 0,8 bis 1 mgl entfernt, während etwa vorhandene nicht gasförmige schwache Säuren, z. B. Huminsubstanzen im Wasser verbleiben und mittels $n/_{10}$-Sodalösung und Phenolphthalein bestimmt werden können. An diese Säuren kann das vorhandene Eisen ebenfalls ganz oder teilweise gebunden sein.

22. Das Mangan.

Zum Nachweis von Manganmengen, wie sie im Wasser vorkommen, verwendet man die Eigenschaft verdünnter Mangansalz-lösungen, unter geeigneten Bedingungen durch Oxydationsmittel in rotviolett gefärbte Übermangansäure überzugehen.

Der quantitative Nachweis nach Marshall. Als Oxydationsmittel eignet sich am besten Kaliumpersulfat ($K_2S_2O_8$) in salpeter- oder schwefelsaurer Lösung in Gegenwart von Silbernitrat (Marshall).

100 ccm Wasser werden im Erlenmeyerkolben mit 5 ccm 20 proz. Schwefelsäure angesäuert, mit einem Tropfen Silbernitratlösung (10 proz.) (bei kleinen Manganmengen kann der Silbernitratzusatz unterbleiben) und $1/_2$ bis 1 g festem Kaliumpersulfat versetzt und langsam über der Bunsenflamme auf einem Asbestdrahtnetz erhitzt. Bei Anwesenheit von Mangan tritt eine blaßrosa bis rotviolette Färbung auf, bei größeren Mengen zuweilen auch Braunfärbung durch sich ausscheidende Mangansuperoxyde. In diesem Falle wiederholt man die Reaktion unter Verdünnen mit destilliertem Wasser.

Nach Tillmans und Mildner erhält man einen guten Nachweis noch bei 0,05 mgl Mn mit dem folgenden Verfahren, welches allerdings genau innegehalten werden muß, vor allem darf nicht zuviel Essigsäure zugesetzt werden; ist über 3 mgl Eisen im Wasser enthalten, so empfiehlt es sich, die Wasserprobe vorher mit einer Messerspitze Zinkoxyd oder Baryumkarbonat behufs Enteisenung kräftig zu schütteln und die Reaktion im Filtrat anzustellen.

10 ccm Wasser werden in einem verschließbaren Reagenzglase oder Glaszylinder mit einer geringen Menge (etwa 0,1 g) kristallisierten, festen Kaliumperjodats kräftig während einer Minute durchgeschüttelt. Nach dem Ansäuern der Reaktionsflüssigkeit mit drei Tropfen Eisessig gießt man langsam einige Kubikzentimeter einer frisch bereiteten Lösung von Tetramethyldiamidodiphenylmethan in Chloroform zu. Die Gegenwart von Mangan läßt sich an der sofort auftretenden Blaufärbung der wässerigen, über dem Chloroform stehenden Flüssigkeit erkennen.

Wegen der Zersetzbarkeit der Chloroformlösung muß die Lösung der Tetramethylbase immer frisch bereitet werden, und zwar in 0,5 proz. Lösung.

Die bei der Reaktion auftretende Färbung muß deutlich blau sein. Beim Durchblicken von oben sich ergebende grüne bis braune Färbungen sind als positive Reaktionen nicht anzusehen.

·Die Reaktion tritt bei einem Mangangehalt von 0,05 mgl und bei Verwendung von nur 10 ccm Wasser deutlich auf. Bei einem Mangangehalt von 0,03 mg im Liter wurde keine deutliche Reaktion mehr beobachtet.

Die Färbung verblaßt bald und schlägt in eine grünbraune Mischfarbe um. Besonders schnell tritt diese Erscheinung bei Gegenwart größerer Manganmengen auf.

α) Die quantitative Bestimmung nach der kolorimetrischen Methode.

Die Marshallsche Methode läßt sich auch zur quantitativen kolorimetrischen Bestimmung kleiner Manganmengen benutzen. Man führt die Reaktion in gleicher Weise aus, wie bei der qualitativen Prüfung beschrieben worden ist. Enthält das zu untersuchende Wasser mehr als 1 mgl Mangan, so verdünnt man so, daß ein Wasser von 0,1 bis 1,0 mgl Gehalt resultiert. Innerhalb dieser Grenzen läßt sich die Vergleichung am besten ausführen. Sie wird in Röhren aus farblosem Glas oder in Hehnerzylindern vorgenommen, wie sie auch bei den anderen kolorimetrischen Bestimmungen, z. B. beim Eisen, S. 894, verwendet werden. Doch ist dabei ihre vollkommene Reinheit erforderlich. Staub und andere reduzierende Substanzen, auch Spuren von Salzsäure zerstören die Farbe des Permanganats, wodurch erhebliche Fehler verursacht werden können. Als Vergleichslösung verwendet man eine $n/100$-Kaliumpermanganatlösung, von der 1 ccm 0,11 mg Mangan enthält. Man nimmt hiervon 0,1—0,2—0,3—0,4 ccm, die mit destilliertem Wasser, das frei von reduzierenden Substanzen ist, auf 100 ccm aufgefüllt werden.

Beispiel: Angewandt wurden 100 ccm Wasser. Die erzeugte Färbung war gleich der von 0,5 ccm $n/100$-Kaliumpermanganatlösung, verdünnt auf 100 ccm:

$$0,5 . 0,11 . 10 = 0,55 \text{ mgl}.$$

Wegen der Wichtigkeit, welche das Mangan in letzter Zeit erlangt hat, bringen wir in nachstehendem noch eine neue von Tillmans und Mildner angegebene Bestimmung:

Je 10 ccm der zu untersuchenden Wässer werden in Zylinder gegeben, welche aus schwer schmelzbarem Glase hergestellt, mit flachem abgeschliffenen Boden versehen, 15 cm hoch, 2 cm im Lichten weit sind, somit ungefähr 30 ccm fassen, und welche von je 5 zu 5 ccm eine Marke tragen. Nach Zugabe von 0,5 ccm verdünnter Schwefelsäure $(1 + 3)$ mit 3 bis 5 Tropfen bei sehr hohen Chlorgehalten (400 mgl) bis zu 10 Tropfen einer 5 proz. Silbernitratlösung wird etwa 0,5 g reinstes — im Bedarfsfalle umkristallisiertes — Kaliumpersulfat zugesetzt und das Ganze gut umgeschüttelt. Dann werden die Zylinder mit einer Kjeldahlbirne locker verschlossen und 20 Minuten in einem Wasserbade mit konstantem Niveau gekocht, wobei schon beim Anwärmen des kalt angesetzten Bades eine lebhafte Sauerstoffentwickelung entsteht. Die Flüssigkeit färbt sich bei dem Kochen je nach dem Mangangehalt schwach rosa bis tiefrot; bei höheren Mangangehalten tritt schon in der Kälte Rotfärbung auf. — Nach dem Kochen werden die Zylinder abgekühlt, dann wird die kolorimetrische Prüfung des gebildeten Permanganats ausgeführt, und zwar mit einer Phenolphthaleinlösung gleicher Farbtönung.

Zu dem Zwecke macht man in einem der vorbeschriebenen Zylinder etwa 5 ccm sterilisierten Wassers mit vier Tropfen einer $n/4$-Natronlauge alkalisch und setzt von der S. 934 angegebenen Phenolphthaleinlösung mittels einer in $1/100$ ccm geteilten Pipette so viel zu, bis annähernde Farbengleichheit mit der Farbe des zu untersuchenden Wassers in dem gekochten, abgekühlten Zylinder eingetreten ist. Dann wird der Kontrollzylinder mit destilliertem Wasser bis zu 10 ccm aufgefüllt und so lange tropfenweise Phenolphthaleinlösung zugesetzt, bis Farbengleichheit herrscht; man beobachtet bei auf weißes Papier gesetzten Zylindern, indem man von oben nach unten hindurchsieht. Die Zahl der verbrauchten Kubikzentimeter Phenolphthaleinlösung entspricht der gleichen Anzahl Milligrammen Mangan im Liter Wasser.

Statt der Zylinder, die sehr zu empfehlen sind, kann man auch Reagenzgläser verwenden, die jedoch farblos und genau gleich weit sein müssen.

Bei Anwesenheit von Chlorverbindungen entsteht am Boden ein festhaftender Niederschlag von Chlorsilber, welcher die Beobachtung beeinträchtigt. Man setzt daher gleich bei Beginn des Versuches einen Zylinder mehr in das Wasserbad, den man in gleicher Weise wie die anderen Zylinder mit destilliertem Wasser, Säure und Persulfat gekocht hat, gießt den Inhalt aus und schüttet das Versuchswasser von dem Chlorniederschlag ab in den neuen Zylinder hinein, um dann mit diesem weiter zu arbeiten.

Überschreitet die Manganmenge 5 mgl, so wird die Bestimmung ungenau. Man verdünnt dann das zu untersuchende Wasser.

Unterschreitet die Manganmenge 0,5 mgl, so wird sie gleichfalls ungenau; man verwendet dann statt der 10 ccm 20 ccm Versuchswasser und gleichfalls 20 ccm destilliertes Wasser als Vergleichsflüssigkeit. — Auch kann man das mit etwas verdünnter Schwefelsäure versetzte Wasser einengen und dann 20 ccm verwenden.

β) Die quantitative Bestimmung nach der maßanalytischen Methode.

Zur Bestimmung größerer Mengen von Mangan eignet sich die Methode von v. Knorre. Hierbei wird das Mangan ohne Zusatz von Säure mittels Ammoniumpersulfat oxydiert, wobei es nicht in Übermangansäure, sondern in Mangansuperoxyd übergeht:

$$Mn\,SO_4 + (NH_4)_2 S_2 O_8 = Mn\,S_2 O_8 + (NH_4)_2 SO_4$$
$$Mn\,S_2 O_8 + 2\,H_2 O = Mn\,O_2 + 2\,H_2 SO_4.$$

Die Menge des ausgeschiedenen Mangansuperoxyds ermittelt man nach dem Abfiltrieren und Auswaschen des Niederschlages maßanalytisch mit Hilfe einer titrierten Wasserstoffsuperoxydlösung auf Grund folgender Reaktion:

$$Mn\,O_2 + H_2 O_2 + H_2 SO_4 = Mn\,SO_4 + 2\,H_2 O + O_2.$$

Man verwendet zum Lösen des Niederschlages einen Überschuß von Wasserstoffsuperoxyd und bestimmt die Menge des unverbrauchten mittels titrierter $^n/_{100}$-Kaliumpermanganatlösung.

Ausführung: Bei einem Mangangehalt von mehr als 10 mgl verwendet man 100 ccm, bei geringerem Gehalt muß man durch Eindampfen einer größeren Menge auf etwa 100 ccm konzentrieren, nachdem man mit verdünnter Schwefelsäure angesäuert hat. Die angewendete, eventuell eingedampfte, Wassermenge wird in einem Erlenmeyerkolben von etwa 300 ccm Inhalt mit 10 bis 20 ccm 10proz. Ammoniumpersulfatlösung versetzt, die Mischung zum Sieden erhitzt und drei Minuten im Sieden erhalten. Man filtriert durch

ein analytisches Filter, wäscht mit heißem Wasser nach bis zum
Verschwinden der sauren Reaktion im Waschwasser, bringt das
Filter mit dem Rückstand in den Erlenmeyerkolben zurück, fügt
10 ccm verdünnter Schwefelsäure (1:5) und 5 ccm einer Wasserstoffsuperoxydlösung hinzu, welche durch Verdünnung von chemisch
reinem 30 proz. Wasserstoffsuperoxyd (Merk) mit destilliertem
Wasser im Verhältnis 1:200 erhalten worden ist, und löst unter
kräftigem Umschwenken das Mangansuperoxyd. Das überschüssige
Wasserstoffsuperoxyd bestimmt man dann durch Titrieren mit $n/100$-
Kaliumpermanganatlösung bis zur schwachen Rosafärbung. Außerdem titriert man 5 weitere ccm Wasserstoffsuperoxyd allein auf
dieselbe Weise. Die Differenz der in beiden Fällen verbrauchten
Kubikzentimeter Kaliumpermanganatlösung ergibt also die Menge,
welche dem zur Lösung des Braunsteins erforderlich gewesenen
Wasserstoffsuperoxyd entspricht. Der Titrierung des Wasserstoff-
superoxyds liegt die folgende Reaktion zugrunde:

$$2 \underset{316}{K Mn O_4} + 5 \underset{170}{H_2 O_2} + 4 H_2 S O_4$$

$$= 2 K H S O_4 + 2 Mn S O_4 + 8 H_2 O + 5 O_2.$$

0,316 mg Kaliumpermanganat $= 1$ ccm $n/100$-Lösung entsprechen
nach der Reaktionsgleichung 0,17 mg H_2O_2; diese betragen nach
der oben angeführten Gleichung:

$$\underset{55}{Mn O_2} + \underset{34}{H_2 O_2} + H_2 S O_4 = Mn S O_4 + 2 H_2 O + O_2$$

$$\frac{55 \cdot 0,17}{34} = 0,275 \, mg$$

oder

$$1 \text{ ccm } \, 1/100 \, K Mn O_4 = 0,275 \text{ mg Mangan.}$$

Berechnung: Von den zur Bestimmung der 5 ccm Wasserstoffsuperoxyd verbrauchten Kubikzentimetern $n/100$-Kaliumperman-
ganatlösung ist diejenige Anzahl Kubikzentimeter der Lösung
abzuziehen, welche nach Auflösung des Mangansuperoxydniederschlages für den Rest des unzersetzt gebliebenen Wasserstoff-
superoxyds verbraucht wurde. Die Differenz gibt die Kubikzentimeter $n/100$-Kaliumpermanganat an, die dem vorhandenen Mangan
entsprechen. Zur Berechnung auf Mangan (Mn) multipliziert man
mit 0,275. War die Kaliumpermanganatlösung nicht genau $n/100$,
so ist natürlich ihr Titer zu berücksichtigen, den man entweder
gegenüber Oxalsäure oder einer Manganammoniumsulfatlösung

$$Mn(N H_4)_2 (S O_4)_2 + 6 H_2 O$$

von bekanntem Gehalt feststellt.

Beispiel: 500 ccm Wasser wurden nach schwachem Ansäuern mit Schwefelsäure und Eindampfen auf etwa 100 ccm im Erlenmeyerkolben mit Kaliumpersulfat erwärmt, der entstandene Niederschlag abfiltriert und auf dem Filter aufgelöst in 5 ccm Wasserstoffsuperoxydlösung, die aus 30 proz. Lösung durch Verdünnen mit destilliertem Wasser (1 : 200) hergestellt worden war.

Für 5 ccm dieser Wasserstoffsuperoxydlösung waren gebraucht worden 40,5 ccm einer Kaliumpermanganatlösung, von der 20,3 ccm 20 ccm $n/_{100}$-Oxalsäure entsprachen. Der Titer war also 20/20,3.

Die 5 ccm Wasserstoffsuperoxydlösung, welche zum Auflösen des Mangansuperoxydniederschlages verwendet worden waren, verbrauchten noch 18,3 ccm der $n/_{100}$-Kaliumpermanganatlösung vom Titer 20/20,3.

$$40,5 - 18,3 = 22,2 \text{ ccm}$$

$$22,2 \cdot \frac{20}{20,3} \cdot 0,275 = 6,0 \text{ mg Mangan.}$$

In 500 ccm waren also 6,0 mg, im Liter 12,0 mg Mangan enthalten.

23. Das Blei, das Kupfer und das Zink.

Verbindungen dieser Metalle können, wie früher erläutert ist, aus dem Material von Leitungsröhren, Apparaturen usw. in Trinkwässer gelangen. Da es sich hierbei immer nur um die Bestimmung minimaler Mengen von Blei, Kupfer und Zink handelt, so muß man von einem größeren Wasserquantum, 1 bis 5 Litern, ausgehen, wenn man auf gewichtsanalytischem Wege zuverlässige Resultate erzielen will.

Zunächst hat man die größere Wassermenge einzudampfen, bevor man weiter operieren kann. Das Eindampfen muß in saurer Lösung geschehen, da Blei-, Kupfer- und Zinkverbindungen zum großen Teil in den kalziumkarbonathaltigen Niederschlag übergehen, welcher sich beim Kochen und Eindampfen der neutralen natürlichen Wässer gewöhnlich bildet.

Es wird nicht oft vorkommen, daß ein mit einem der obigen drei Metalle verunreinigtes Wasser auch Verbindungen des zweiten oder gar gleichzeitig des dritten Metalles aufnimmt.

Wenn aber in irgend einem außergewöhnlichen Falle mehrere durch Schwefelwasserstoff aus saurer Lösung fällbare Metalle durch die qualitative Analyse in einem Wasser nachgewiesen sind, so muß man sie voneinander trennen, ehe man zu der quantitativen Bestimmung eines derselben schreiten kann.

Geeignete Vorschriften dazu finden sich in allen Handbüchern der analytischen Chemie. Auch kann man oft das blei- bzw. zinkhaltige Wasser von dem kupferhaltigen trennen. Kupferne Leitungsrohre sind in Deutschland sehr selten, dahingegen werden Kupferfilter für Grundwasserversorgungen mit Recht gern verwendet. Findet man nun in einem Endstrang, der entweder aus Bleirohren oder aus verzinkten Eisenrohren besteht, Kupfer und Blei oder Kupfer und Zink bei der qualitativen Prüfung, so untersucht man das Wasser zunächst vor dem Eintritt in die Endstränge auf Kupfer und das Wasser der Endstränge auf Blei oder Zink unter Abzug des Kupfers; das ist um so leichter, als alle drei gewichtsanalytischen Methoden nach demselben Schema ausgeführt werden.

a) Das Blei.

Der qualitative Nachweis. 1 Liter Wasser, welches über Nacht in den Bleirohren gestanden hat, wird morgens früh in Flaschen gefüllt, dann in einer Porzellanschale nach Ansäuerung mit verdünnter Salzsäure bis zur deutlich sauren Reaktion auf 200 ccm eingedampft. Alsdann leitet man Schwefelwasserstoff ein, und das Auftreten einer braunen Farbe oder schwarzen Fällung gibt Blei an, sofern Kupfer in dem Wasser ausgeschlossen werden kann. Wo letzteres nicht der Fall ist, wo z. B. Kupfersiebrohre im Grundwasser stehen, da ist es notwendig, den Niederschlag abzufiltrieren, ihn vom Filter mit destilliertem Wasser in eine kleine Porzellanschale zu spülen und durch Zusatz von wenig Salpetersäure zu lösen. Der hierbei ausfallende Schwefel wird abfiltriert, das Filtrat bis zur Trockenheit eingedampft, um die Salpetersäure zu verjagen, und der Rückstand mit wenig destilliertem Wasser aufgenommen.

Man setzt zu der so gewonnenen Flüssigkeit 1 ccm verdünnter Schwefelsäure und etwas Alkohol hinzu, worauf das weiße Bleisulfat ausfällt.

Der Niederschlag wird abfiltriert und das Filtrat bzw. das Wasser selbst nach den bei „Kupfer" angegebenen Methoden auf Kupfer geprüft. Der Prüfung auf Zink bedarf es hier nicht, da entweder Bleirohre oder verzinkte Eisenrohre, aber nicht beide in derselben Leitung verwendet werden. Ist nur Blei nachgewiesen, so folgt

α) Die quantitative Bestimmung des Bleies nach der gewichtsanalytischen Methode.

1 bis 5 Liter des bleihaltigen Wassers mit seinen Niederschlägen werden nach Zugabe von einigen Körnchen Kaliumchlorat mit Salzsäure schwach angesäuert und an einem staubfreien Orte auf

100 bis 150 ccm eingedampft. Man achte darauf, daß die Flüssigkeit während des Eindampfens immer eine schwach saure
Reaktion behalte, und daß dabei keinerlei Ausscheidung erfolgt.
Wenn die konzentrierte Flüssigkeit stark sauer reagiert, stumpft
man den größeren Teil der vorhandenen freien Mineralsäure mit
Natriumkarbonat ab, achtet aber darauf, daß die Flüssigkeit leicht
sauer bleibe.

Das in der Flüssigkeit gelöste Blei wird danach durch gut
gewaschenes Schwefelwasserstoffgas gefällt, ebenso wie etwa vorhandenes Kupfer oder Zink, während Eisen in der Salzsäure in
Lösung bleibt. Gelindes Erwärmen befördert die Abscheidung des
gebildeten Schwefelbleies.

Das auf einem Filter gesammelte, mit heißem Wasser unter
Zusatz von etwas Schwefelwasserstoffwasser sorgfältig ausgewaschene
Schwefelblei wird getrocknet. Der vom Filter möglichst losgelöste
Niederschlag wird ebenso wie die Asche des Filters in einen Rose-
schen Tiegel gebracht.

Es ist das ein gewöhnlicher, unglasierter Porzellantiegel, auf
welchem sich ein durchbohrter Deckel aus Porzellan befindet. In die
runde Öffnung des Deckels paßt ein Gaszuleitungsrohr aus Porzellan
oder Ton, welches etwa 15 bis 16 mm in den Tiegel hineinragt.

Nach Zusatz von etwas reinem, d. h. beim Erhitzen vollständig
flüchtigen Schwefelpulver wird das Schwefelblei in diesem Apparate
in einem Strome trockenen Wasserstoffgases zur starken Rotglut
erhitzt; seine Zusammensetzung entspricht alsdann genau der Formel
PbS. Etwa vorhandenes Kupfer erscheint als Kupfersulfür (S. 909).
Das Kupfer wird auf die gleich hierhinter angegebene Weise
bestimmt, seine Menge, als Kupfersulfür, von dem Gewicht der
PbS abgezogen.

Berechnung: Multipliziert man die durch Wägen gefundenen
Milligramme Schwefelblei mit 0,866 (Pb : PbS = 206 : 238 = 0,866),
so ergibt sich die demselben entsprechende Menge Blei.

β) Nach der kolorimetrischen Methode.

Wenn die Menge des auf die angegebene Weise aus dem
Wasser erhaltenen Schwefelbleies zu gering ist, um mit Sicherheit
durch Wägen bestimmt zu werden, so ist es notwendig, das Blei
auf kolorimetrischem Wege zu bestimmen. Hierzu werden 500 bis
1000 ccm des zu untersuchenden Wassers unter Zugabe von einigen
Tropfen verdünnter Salzsäure auf 50 ccm eingedampft. Nach dem
Erkalten werden sie in einen Schauzylinder mit Marke „100 ccm"
quantitativ hineingespült, mit 5 ccm Essigsäure, 2 g Ammonium-

chlorid in Substanz (Winkler) und darauf mit 10 ccm eines klaren, starken Schwefelwasserstoffwassers versetzt, worauf bis zur Marke mit destilliertem Wasser aufgefüllt wird. Auch hier bleibt das Eisen in Lösung. In mehrere bereitstehende Schauzylinder bringt man dann von 1 ccm aufwärts steigende Mengen Bleinitratlösungen [0,16 g zu Pulver zerriebenes und trockenes Bleinitrat in 1 Liter Wasser gelöst; 1 ccm Bleinitratlösung = 0,1 mg Blei (Pb)], die man ebenfalls mit 5 ccm Essigsäure ansäuert (30 g Eisessig in 100 ccm Wasser), mit 2 g Ammoniumchlorid, 10 ccm des klaren Schwefelwasserstoffwassers versetzt und dann bis zur Marke „100" auffüllt. Man vergleicht nun die Intensität der Färbung des Wassers mit derjenigen in den Schauzylindern und ersieht aus demjenigen Zylinder, welcher die gleiche Färbung mit dem zu untersuchenden Wasser hat, die Menge des vorhandenen Bleies.

Beispiel: 500 ccm Wasser wurden auf 50 ccm eingedampft, die konzentrierte erkaltete Flüssigkeit im Kolorimeterzylinder mit 5 ccm Essigsäure und 10 ccm Schwefelwasserstoffwasser versetzt und auf 100 ccm mit destilliertem Wasser aufgefüllt. Die entstandene Färbung war gleich der in dem Rohr mit 3 ccm Bleinitratlösung hervorgerufenen (= 0,3 mg Blei), die auf die gleiche Weise behandelt worden war.

In 500 ccm des untersuchten Wassers waren also enthalten 0,3 mg, im Liter 0,6 mg Blei.

Ob ein Wasser bleilösende Eigenschaften hat, läßt sich nach der Vorschrift des preußischen Ministeriums, die sich auf die Untersuchungen von Ruzicka aufbaut, so feststellen, daß man in einen mit schräg abgeschnittenen Glasstopfen verschließbaren Standzylinder von ungefähr 1 Liter Inhalt ein der Höhe des Zylinders entsprechendes Stück eines halbierten, etwa 1 bis 2 dm langen Bleirohres hineinstellt, dessen Oberfläche, mit stark verdünnter Salpetersäure gereinigt, in destilliertem Wasser sorgfältig längere Zeit abgewaschen, darauf mit einem sauberen Tuche abgetrocknet und poliert worden ist. Dann wird das zu untersuchende Wasser in den Zylinder längere Zeit, unter möglichster Vermeidung des Miteintritts von Luft von unten nach oben eingeleitet, bis sich der Inhalt des Zylinders mehrmals erneuert hat. Der Zylinder wird darauf mit dem Glasstopfen so geschlossen, daß keine Luft zwischen dem Stopfen und dem Wasser mit eingeschlossen wird. Nach frühestens 24 Stunden wird der Zylinder geöffnet, das mit einer reinen Pinzette gefaßte Bleirohr durch das Wasser auf- und niedergezogen, um etwa daran haftende ungelöste Bleisalze von dem Bleirohr abzuschütteln und das unfiltrierte Wasser weiter kolorimetrisch auf Blei untersucht.

Zur Erzielung einwandfreier Ergebnisse ist es notwendig —
entgegen der preußischen Vorschrift —, das Wasser so zu entnehmen, wie es in die Rohrleitungen eintritt bzw. eintreten soll,
weil sich das Wasser in seinem Gasgehalt vom Austritt aus dem
Boden bis zum Eintritt in die Rohre durch Aufnahme von Sauerstoff und Abgabe von Kohlensäure sehr ändert; nur auf die Eigenschaften des in die Rohre eintretenden Wassers kommt es an.

b) Das Kupfer.

Der qualitative Nachweis. Wenn Wasser in kupfernen
Rohren lange Zeit gestanden hat, so zeigt zuweilen schon die
grüne Farbe oder der Kupfergeschmack den Kupfergehalt an.

Chemisch läßt sich Kupfer dadurch nachweisen, daß man zu
dem einen Teil der von dem Bleisulfat des qualitativen Bleinach-
weises abfiltrierten Flüssigkeit (S. 905) Ammoniak hinzufügt, es
tritt dann die blaue Farbe des Kupferoxydammoniaks zutage, und
zu dem anderen Teil 1 ccm einer Lösung von gelbem Blutlaugensalz, Kaliumferrozyanid (1 : 100) setzt; man erhält dann den rotbraunen Niederschlag des Kupferferrozyanids.

In Wasser, welches gleichzeitig eisen-, mangan-, blei- oder
zinkhaltig ist, läßt sich Kupfer nach der Methode von Winkler
noch sicher nachweisen, sogar wenn es Nitrite oder Hypochlorite
führen sollte. Man gibt zu zwei klaren Untersuchungswasserproben
von 100 ccm je 10 (bei sehr hartem Wasser 20 bis 30) Tropfen
Seignettesalzlösung (10 Proz.) und 2 Tropfen Ammoniak (10 Proz.).
Beim Stehen am Tageslicht färben sich aber, auch wenn kein Kupfer
zugegen ist, beide Flüssigkeiten etwa in einer Stunde blaßgelb.
Nach 1 bis 2 Minuten mengt man zur ersten Wasserprobe 4 bis
5 Tropfen Kaliumferrozyanidlösung (1 Proz.), zur zweiten 1 Tropfen
Kaliumzyanidlösung (10 Proz.); endlich wird nach weiteren 1 bis
2 Minuten zur ersten Flüssigkeit 1 Tropfen Kaliumzyanidlösung,
zur zweiten 4 bis 5 Tropfen Kaliumferrozyanidlösung hinzugefügt.
Ist Kupfer zugegen, so färbt sich die erste Flüssigkeit bei dem
Hinzumengen der Kaliumzyanidlösung sofort grünlichgelb; die
zweite Flüssigkeit bleibt unverändert und dient lediglich zum
Farbenvergleich.

Es läßt sich in angegebener Weise im farblosen Wasser im
Liter 0,2 bis 0,3 mg Kupfer noch sicher nachweisen, auch wenn
gleichzeitig 10 mg Ferroeisen zugegen sind; wird die Reaktion in
hohen Bechergläsern mit 1000 ccm Wasser vorgenommen, so liegt
die Grenze bei etwa 0,1 mg im Liter.

α) Die quantitative Bestimmung des Kupfers nach der gewichtsanalytischen Methode.

1 bis 5 Liter des kupferhaltigen Wassers werden mit Salzsäure schwach angesäuert und an einem staubfreien Orte auf 100 bis 150 ccm eingedampft. Man muß darauf sehen, daß die konzentrierte Flüssigkeit nicht allzu sauer reagiere und stumpft eventuell einen Teil der vorhandenen freien Säure mit Natriumkarbonat ab. Es ist aber darauf streng zu achten, daß stets die saure Reaktion bleibt, auch schon aus dem Grunde, damit etwa vorhandenes Eisen nicht ausfalle. Das Kupfer wird alsdann aus der erwärmten Lösung durch Sättigen derselben mit Schwefelwasserstoff gefällt. Man sammelt den gut abgesetzten Niederschlag auf einem Filter, wäscht mit schwefelwasserstoffhaltigem, destilliertem Wasser aus, trocknet Niederschlag und Filter, bringt den ersteren in einen Roseschen Tiegel, verascht das letztere, vereinigt die Asche mit dem Niederschlage, fügt etwas reines Schwefelpulver hinzu und glüht das Gemenge einige Zeit im Wasserstoffstrome, wie oben bei der gewichtsanalytischen Bestimmung des Bleies als Schwefelblei angegeben worden ist. Der so behandelte Niederschlag besteht aus Kupfersulfür, Cu_2S.

Berechnung: Wenn man die durch Wägen ermittelten Milligramme Kupfersulfür mit 0,798 ($Cu : Cu_2S = 126 : 158 = 0,797$) multipliziert, so ergeben sich die denselben entsprechenden Milligramme Kupfer.

Ist Blei vorhanden, so eignet sich die S. 910 angegebene kolorimetrische Methode besser.

β) Nach der kolorimetrischen Methode.

Das Kupfer kann in einer Auflösung des gefällten Schwefelkupfers in Salpetersäure, welche man durch Abdampfen von überschüssiger Säure befreit hat, auch kolorimetrisch mit Hilfe von Ferrozyankalium bestimmt werden, welches in sehr verdünnten Kupferlösungen eine rote Färbung und nicht, wie in konzentrierteren Kupferlösungen, einen alsbald zusammengehenden, braunroten Niederschlag erzeugt. Die zu prüfende Kupferlösung muß dementsprechend verdünnt werden. Man verfährt im übrigen nach den in diesem Werke wiederholt erläuterten Prinzipien der Kolorimetrie.

Diesen Weg wird man nur bei der Bestimmung minimaler Mengen von Kupfer mit Vorteil einschlagen.

Wir bemerken, daß bereits 1 mgl Kupfer (0,1 mg in 100 ccm) im Wasser durch Ferrozyankalium deutlich angezeigt wird. Zur

Herstellung der Vergleichsflüssigkeiten von bekanntem Gehalt an Kupfer bedient man sich bei den kolorimetrischen Proben zweckmäßig einer Auflösung von 1,976 g Kupfersulfat ($CuSO_4 + 5 H_2O$) im Liter; jeder Kubikzentimeter dieser Lösung enthält 0,5 mg Kupfer.

Das Kupfer kann man natürlich auf kolorimetrischem Wege auch direkt in dem mit Salzsäure schwach angesäuerten Wasser bestimmen, wenn das letztere keine Metalle, welche durch Ferrozyankalium ebenfalls gefällt werden, wie z. B. Eisen, enthält.

Man kann auf Grundlage der von L. Winkler angegebenen Reaktion auch die Menge des Kupfers maßanalytisch durch Farbenvergleich bestimmen. Da die grünlichgelbe Farbe durch gebildetes Ferrizyanidion bedingt wird ($Cu\ddot{\,} = Fe\,Cy_6'''$), so benutzt man als Meßflüssigkeit eine frisch bereitete Lösung, die in 100 ccm 0,1294 g $K_3\,Fe\,Cy_6$ enthält (1 ccm = 0,25 mg Cu) und führt die Bestimmung in hohen Gläsern (Durchmesser 5 cm) von etwa 400 ccm Inhalt mit zweimal 250 ccm Wasser und entsprechender Menge Reagenzien aus. (25 Tropfen Seignettesalzlösung, 5 Tropfen Ammoniak, 10 Tropfen Kaliumferrozyanidlösung und 2 Tropfen Kaliumzyanidlösung.) Man tröpfelt zur farblosen Flüssigkeit soviel von der Kaliumferrozyanidlösung, bis der Farbenvergleich erreicht ist. 1 ccm verbrauchte Lösung zeigt 1 mg Kupfer im Liter an.

c) Das Zink.

Der qualitative Nachweis. Das Zink kann nur in einem Wasser nachgewiesen werden, das frei von anderen Schwermetallen, insbesondere von Eisen ist. Diese müssen daher zuerst entfernt werden.

Etwa vorhandenes Kupfer und Blei beseitigt man, indem in eine nach starkem Ansäuern mit Salzsäure auf 200 ccm eingedampfte Probe von 1 Liter Schwefelwasserstoff eingeleitet wird. Von dem entstandenen Niederschlag filtriert man ab.

Das saure Filtrat wird mit Natriumazetat im Überschuß versetzt. Leitet man nun in die durch den Natriumazetatzusatz essigsauer gewordene Lösung Schwefelwasserstoff ein, so entsteht bei Anwesenheit von Zink ein weißer Niederschlag von Zinksulfid:

$$ZnSO_4 + H_2S = ZnS + H_2SO_4.$$

Da häufig beim Einleiten von Schwefelwasserstoff sich Schwefel ausscheidet, der ebenfalls weiß ist, ist es nötig, den Niederschlag zu identifizieren. Man filtriert ihn zu diesem Zweck ab und versetzt den auf dem Filter befindlichen Niederschlag mit verdünnter Salzsäure. Zinksulfid löst sich hierbei auf, während Schwefel ungelöst bleibt. Im Filtrat entsteht bei Anwesenheit von Zink mit Ammoniak ein weißer, gelatinöser Niederschlag von Zinkhydroxyd, der sich im Überschuß des Fällungsmittels löst.

Befindet sich Kupfer in Lösung und kommt dieses mit dem Zink zusammen, so fällt das Kupfer als schwarzes, metallisches Kupfer in feinster Verteilung aus.

α) Die quantitative Bestimmung des Zinks nach der gewichtsanalytischen Methode.

1 bis 5 Liter des zinkhaltigen Wassers werden schwach mit Salzsäure angesäuert und auf 100 bis 150 ccm eingedampft. Wenn die konzentrierte Flüssigkeit sehr sauer ist, stumpft man einen Teil der vorhandenen Mineralsäure mit Natriumkarbonat ab und fügt überschüssiges Natriumazetat hinzu, um an Stelle der freien Salzsäure freie Essigsäure zu setzen. Die Lösung, welche noch deutlich sauer reagieren bzw. noch mit etwas Essigsäure angesäuert werden muß, sättigt man mit Schwefelwasserstoff, wodurch das Zink als weißes Schwefelzink gefällt wird. Man läßt den Niederschlag sich absetzen, gießt die darüber stehende klare Lösung durch ein Filter, bringt schließlich auch den Niederschlag auf das Filter und wäscht mit destilliertem Wasser aus, welchem man etwas Schwefelwasserstoffwasser und eine kleine Menge Essigsäure hinzugefügt hat.

Der Niederschlag wird getrocknet und in einen Roseschen Tiegel gebracht. Man verascht das Filter und vereinigt die Asche mit dem Niederschlage. Man fügt sodann reines Schwefelpulver hinzu und glüht das Gemisch einige Zeit im Wasserstoffstrome.

Berechnung: Der so behandelte Niederschlag besteht aus reinem Schwefelzink, ZnS. Multipliziert man die durch Wägen ermittelten Milligramme Schwefelzink mit 0,67 (Zn : ZnS = 65 : 97 = 0,67), so ergeben sich die entsprechenden Milligramme Zink.

β) Die quantitative Bestimmung nach der kolorimetrischen Methode.

Wenn es sich um sehr geringe Mengen von Zink handelt, empfiehlt es sich, dasselbe kolorimetrisch mit Hilfe von Ferrozyankalium in der Auflösung des Schwefelzinkniederschlages in Salzsäure zu bestimmen, nachdem man daraus die überschüssige Säure durch Verdampfen verjagt und den Rückstand in einer geeigneten Menge Wasser aufgenommen hat. Ferrozyankalium ruft in stark verdünnten Zinksalzlösungen eine weiße Trübung hervor. Verschiedene Grade dieser Trübung lassen sich in mehreren Flüssigkeiten nur dann gut voneinander unterscheiden, wenn man es mit nicht zu kleinen Flüssigkeitsvolumen zu tun hat. Man pflegt daher zu der obigen Zinkprobe, welche übrigens nach den in diesem Werke wiederholt erläuterten Prinzipien der Kolorimetrie ausgeführt wird, mindestens 200 ccm Flüssigkeit anzuwenden.

Unter den soeben erläuterten Bedingungen geben 3 mgl Zink (0,3 mg in 100 ccm) sich noch durch eine deutliche Trübung zu erkennen. Zur Herstellung der Vergleichsflüssigkeiten von bestimmtem Gehalt an Zink bedient man sich bei den kolorimetrischen Proben zweckmäßig einer Auflösung von 4,415 g Zinksulfat ($ZnSO_4 + 7 H_2O$) in 1 Liter Wasser; jeder Kubikzentimeter dieser Lösung entspricht 1 mg Zink.

Es braucht kaum besonders bemerkt zu werden, daß man die kolorimetrische Zinkprobe auch direkt mit dem zinkhaltigen, mit etwas verdünnter Essigsäure oder Salzsäure versetzten Wasser anstellen kann, vorausgesetzt, daß darin Verbindungen anderer Metalle nicht gelöst sind, welche mit Ferrozyankalium Niederschläge geben.

24. Das Arsen.

Der qualitative Nachweis (nach Gutzeit). Zur Prüfung eines Wassers auf Arsen, das, abgesehen von wenigen Mineralwässern und vereinzelten industriellen Abwässern, kaum zu berücksichtigen ist, füllt man 10 bis 20 ccm des Wassers in ein Reagenzglas.

Will man Alaun, der zur Wasserreinigung Verwendung finden soll und der zuweilen Arsen enthält, prüfen, so löst man 1 g gleichfalls in 10 bis 20 ccm Wasser, welches in ein Reagenzglas gegeben wird.

Zu dem Inhalt des einen oder anderen Reagenzglases setzt man 1 g chemisch reines Zink und 2 ccm chemisch reine arsenfreie Salzsäure hinzu. Das Reagenzrohr wird mit einem Wattebausch lose verschlossen und ein mit kalt gesättigter Silbernitratlösung getränktes Filtrierpapier darüber gedeckt. Entsteht auf dem Papier durch Einwirkung des neben Wasserstoff sich etwa entwickelnden Arsenwasserstoffs auf das Silbernitrat innerhalb einer Stunde ein gelber Fleck ($AsAg_3 . 3 AgNO_3$), der sich beim Anfeuchten mit Wasser schwärzt, so ist Arsen vorhanden.

Die quantitative Bestimmung. Man dampft 1 bis 5 Liter des zu untersuchenden Wassers[1]) in einer geräumigen Porzellanschale auf

---

[1]) Hat man den durch die Abwässer einer gewerblichen oder industriellen Anstalt in einem öffentlichen Wasser entstehenden Schlamm auf Arsen zu untersuchen, so rührt man etwa 20 bis 50 g der trockenen Masse mit etwa 300 ccm heißen Wassers an, oxydiert vermittels Salzsäure und Kaliumchlorat und verfährt im übrigen in der oben geschilderten Weise. Hierbei gehen auch aufgeschwemmte, in Wasser unlösliche Arsenverbindungen (Schwefelarsen) als Arsensäure in Lösung.

etwa 200 ccm ein. Ist die konzentrierte Flüssigkeit durch organische Substanzen gefärbt, so werden diese zunächst zerstört. Man gibt etwa 50 ccm arsenfreier, 10 proz. Salzsäure und chlorsaures Kalium in wiederholten Portionen von je 1 g unter fortwährendem Umrühren mit einem Glasstabe in die auf dem Wasserbade erwärmte Flüssigkeit. Durch die hierbei frei werdende Chlorsäure werden die vorhandenen organischen Stoffe vollkommen zerstört und Arsenverbindungen zu Arsensäure oxydiert. Man unterhält den Oxydationsprozeß durch zeitweilig gemachte Zusätze von chlorsaurem Kali so lange, bis die Flüssigkeit vollkommen farblos und wasserhell geworden ist; doch vermeidet man nach Möglichkeit einen zu großen Überschuß an Kaliumchlorat. Wenn die Chlorentwickelung nachläßt, fehlt es bisweilen mehr an Salzsäure, als an chlorsaurem Kalium. Man spare deshalb die Säure nicht, sondern ersetze von Zeit zu Zeit den durch den Prozeß und durch Verdampfen entstehenden Verlust an Salzsäure. Auch das verdampfende Wasser wird von Zeit zu Zeit wieder ersetzt. Ist die Flüssigkeit vollkommen wasserhell geworden, so dampft man nötigenfalls unter weiterer Zugabe von Salzsäure — um überschüssiges Kaliumchlorat vollends zu zerstören — bis zur Trockne ein, nimmt den Rückstand in heißem Wasser auf, säuert mit etwas Salzsäure an, filtriert durch ein aschenfreies Filterchen, unter gehörigem Nachspülen mit destilliertem Wasser, in einen geräumigen Erlenmeyerschen Kolben, erwärmt im Wasserbade auf etwa 80^0 und leitet etwa eine Stunde lang Schwefelwasserstoff (s. Reagentien) in die erwärmte Flüssigkeit. Hierauf nimmt man den Kolben aus dem Wasserbade, stellt ihn in kaltes Wasser und sättigt die erkaltete Flüssigkeit mit Schwefelwasserstoff durch weiteres Einleiten dieses Gases. Man verstopft den Kolben und läßt ihn über Nacht stehen.

Der Schwefelwasserstoffniederschlag wird auf einem kleinen Filterchen gesammelt, mit Schwefelwasserstoffwasser längere Zeit gut ausgewaschen, alsdann durch Übergießen mit einigen Kubikzentimetern einer erwärmten Schwefelammoniumlösung auf dem Filter in Lösung gebracht, das Filterchen mit möglichst wenig Ammoniak nachgewaschen und das Filtrat in einem Porzellanschälchen zur Trockne eingedampft. Man oxydiert den Rückstand durch wiederholtes Übergießen mit wenig rauchender Salpetersäure und Abdampfen und nimmt die im Schälchen zurückbleibenden Säuren (Arsensäure und Schwefelsäure) in einigen Tropfen Natronlauge auf, spült mit möglichst wenig Wasser in einen Porzellantiegel, reibt das Schälchen mit $1/2$ bis 1 g eines fein zerriebenen Gemenges von 2 Tln. Soda und 1 Tl. Natronsalpeter aus, gibt dieses ebenfalls in den Tiegel und trocknet dessen Inhalt durch Erhitzen im Dampfbade. Dann wird bei aufgelegtem Deckel über der Gasflamme zuerst ganz gelinde erwärmt, indem man die Flamme unter dem Tiegel hin und her bewegt, dann erhitzt man allmählich bis zum Schmelzen der Masse. Man läßt erkalten, löst die Schmelze in heißem Wasser und filtriert durch ein angefeuchtetes Filterchen. Etwa vorhandenes Antimon bleibt auf dem Filterchen als pyroantimonsaures Natrium zurück, während Arsen als arsensaures Natrium in das Filtrat übergeht. Dieses wird in einem geräumigen Becherglase mit Ammoniak und Magnesiamischung (siehe Reagenzien) in nicht zu großem Überschuß versetzt. Letztere wird unter Umrühren mit einem Glasstabe, ohne dabei die Wandung des Becherglases zu berühren, eingetröpfelt. Man läßt, gut bedeckt, 24 bis 48 Stunden in der Kälte stehen, bringt dann den aus Ammoniummagnesiumarseniat ($MgNH_4AsO_4$) bestehenden Niederschlag auf ein bei 100^0 getrocknetes und gewogenes Filterchen, wobei man das Filtrat zum Nachspülen benutzt, und wäscht mit Ammoniak (3 Tle. Wasser auf 1 Tl. 10 proz. Ammoniakflüssigkeit) aus, bis einige Tropfen der ablaufenden Flüssigkeit nach dem Ansäuern mit Salpetersäure auf Zusatz von Silbernitratlösung keine Opaleszenz mehr zeigen. Der *Niederschlag* wird auf dem Filter bei 102 bis 103^0 bis zur Gewichtskonstanz getrocknet.

Da das Trocknen bis zur Gewichtskonstanz viel Zeit und häufiges Wägen beansprucht, so führt man die arsensaure Ammoniakmagnesia besser in Magnesiumpyroarseniat ($Mg_2As_2O_7$) über, indem man den Niederschlag auf ein Uhrglas bringt, das Filter mit Ammonnitratlösung tränkt, trocknet und dann vorsichtig in einem gewogenen Porzellantiegel verascht. Nach dem Wiedererkalten des Tiegels gibt man auch den Niederschlag in denselben, erhitzt zunächst im Luftbade bei 130^0, dann etwa zwei Stunden lang bei allmählich gesteigerter Hitze auf einem Asbestteller und glüht schließlich über der freien Flamme. Das Verfahren wird sehr abgekürzt, wenn man den Niederschlag in einem Roseschen Tiegel etwa während 10 Minuten im langsamen Sauerstoffstrome erhitzt und zum Schluß heftig glüht. Man läßt den Tiegel im Exsikkator erkalten und wägt.

Berechnung: Wägt man das Arsen als arsensaure Ammoniakmagnesia, so hat man von dem Gewicht derselben dasjenige des Filters abzuziehen und den erhaltenen Wert mit 0,635 zu multiplizieren ($As_2O_5 : 2 MgNH_4AsO_4 = 230 : 362 = 0,635$); bringt man das Arsen aber als Magnesiumpyroarseniat zur Wägung, so hat man das gefundene Gewicht derselben mit 0,742 zu multiplizieren ($As_2O_5 : Mg_2As_2O_7 = 230 : 310 = 0,742$), um das Gewicht des Arsens als Arsensäure (As_2O_5) zu erhalten, welches in der zum Versuche angewandten Menge Wassers (Schlammes) enthalten war.

25. Zyanverbindungen.

Nicht gerade selten tritt ein Fischsterben ein durch das Hineingelangen von Zyanverbindungen in Flußwasser. Das Zyan kommt in nicht unbeträchtlichen Mengen mit dem Abwasser der Kokereien, Zyanfabriken, in geringerer Menge auch mit dem der Gas- und Galvanisierwerke in die Wasserläufe hinein.

Der qualitative Nachweis. Nach den Angaben von Ohlmüller und Spitta, denen wir hier folgen, versetzt man 5 ccm des verdächtigen Abwassers mit 1 ccm einer 10 proz. Ferrosulfatlösung und 0,5 ccm einer 10 proz. Natronlauge; nach fünf Minuten wird die Lösung mit verdünnter Schwefelsäure angesäuert. Tritt Blaufärbung auf, so ist die Anwesenheit von Zyanverbindungen anzunehmen.

Die quantitative Bestimmung. 500 ccm des Abwassers oder mehrere Liter des Wassers werden mit 50 g Natriumbikarbonat destilliert. Das Destillat enthält in seinen ersten 100 bis 200 ccm die Blausäure; es wird in einer Vorlage aufgefangen, welche genau 2 ccm $^n/_{10}$-Silbernitratlösung und 10 ccm verdünnte Salpetersäure enthält. Gibt das Destillat keinen Niederschlag von Zyansilber, so kann das Wasser weniger als 0,5 mgl Zyankalium im Liter enthalten. Entsteht ein Niederschlag, so wird er abfiltriert und im Filtrat die Menge des noch vorhandenen Silbernitrats nach der S. 873 angegebenen Methode von Volhard titrimetrisch bestimmt. Jeder Kubikzentimeter gebundenen Silbernitrats entspricht 5,404 mg Zyanwasserstoff.

II. Die Reagenzien und titrierten Lösungen, ihre Bereitung und ihre erforderlichen Eigenschaften.

Kleinere Laboratorien tun gut daran, die erforderlichen Reagenzien und titrierten Lösungen nicht selbst zu machen, sondern sie von großen chemischen Fabriken, die jeder Chemiker und Apotheker kennt, direkt zu beziehen. — Das ist sicherer und billiger.

Ammoniakflüssigkeit (Ammoniak). Man wendet reine, käufliche Ammoniakflüssigkeit von etwa 0,96 Volumgewicht an; dieselbe enthält etwa 10 Proz. gasförmiges Ammoniak.

Die Ammoniakflüssigkeit muß farblos sein, darf beim Verdampfen in einem Platinschälchen nicht den geringsten Rückstand hinterlassen, mit dem vierfachen Volumen Kalkwasser versetzt, sich nicht trüben (Kohlensäure), mit Schwefelammonium- und Ammoniumoxalat keinerlei Fällung geben, und nach dem Übersättigen mit Salpetersäure weder durch Baryumchlorid-, noch durch Silbernitratlösung getrübt, noch auch durch Schwefelwasserstoff gefärbt werden.

Um den Experimentator in den Stand zu setzen, sich durch eine Aräometerprobe schnell über den Gehalt einer Ammoniakflüssigkeit zu orientieren, stellen wir hier eine Tabelle der Volumgewichte und der denselben entsprechenden Gewichtsprozente Ammoniak wässeriger Ammoniaklösungen zusammen. Wir beschränken uns dabei auf ganze Prozente und diejenigen Konzentrationsgrade, welche für den Analytiker von Interesse sind.

Volumgewicht bei 14⁰, bezogen auf Wasser von 14⁰ = 1.

(Nach L. Carius.)

Volum-gewicht	= Prozente H_3N	Volum-gewicht	= Prozente H_3N	Volum-gewicht	= Prozente H_3N
0,9709	7	0,9414	15	0,9162	23
0,9670	8	0,9380	16	0,9133	24
0,9631	9	0,9347	17	0,9106	25
0,9593	10	0,9314	18	0,9078	26
0,9556	11	0,9283	19	0,9052	27
0,9520	12	0,9251	20	0,9026	28
0,9484	13	0,9221	21	0,9001	29
0,9449	14	0,9191	22	0,8976	30

Ammoniumchloridlösung. Man löst 1 Tl. reinen, käuflichen, eisenfreien Salmiaks (Ammoniumchlorid) in 8 Tln. destillierten Wassers. Siehe auch S. 843 die Anfertigung der titrierten Lösung.

58*

Die Lösung muß neutral reagieren und, auf Platinblech verdampft, einen Rückstand hinterlassen, welcher sich beim Erhitzen vollständig verflüchtigt.

Ammoniumkarbonatlösung. Man löst 1 Tl. reines, käufliches Ammoniumkarbonat in 4 Tln. destillierten Wassers, dem man 1 Tl. Ammoniakflüssigkeit von 0,96 Volumgewicht zugesetzt hat.

Ammoniummolybdatlösung. S. Molybdänsäurelösung, S. 928.

Ammoniumnitratlösung. Man wendet reines, käufliches Ammoniumnitrat an, welches sich beim Erhitzen auf dem Platinblech verflüchtigt, ohne einen glühbeständigen Rückstand zu hinterlassen. — Für die Phosphorsäurebestimmung verwendet man eine Lösung von 20 g in 100 ccm destillierten Wassers.

Ammoniumoxalatlösung. Man löst 1 Tl. käufliches, reines und neutrales oxalsaures Ammoniak in 24 Tln. destillierten Wassers.

Die Lösung darf weder durch Schwefelwasserstoff, noch durch Ammoniumsulfid gefällt oder getrübt werden. Der beim Verdampfen bleibende Rückstand muß sich beim Glühen auf Platinblech vollständig verflüchtigen.

Ammoniumsulfidlösung (Schwefelammoniumlösung). Man leitet durch 3 Tle. Ammoniakflüssigkeit Schwefelwasserstoffgas, bis dieses nicht mehr absorbiert wird, und fügt alsdann noch 2 Tle. derselben Ammoniakflüssigkeit hinzu.

Die so dargestellte Ammoniumsulfidlösung ist anfangs farblos und scheidet, mit Säuren versetzt, keinen Schwefel ab; aber schon nach kurzer Zeit färbt sie sich unter der Einwirkung der Luft infolge der Bildung von Ammoniumpolysulfiden gelb und gibt mit Säuren alsdann eine weiße Fällung von Schwefel.

Die Lösung muß den Ammoniumsulfidgeruch im hohen Grade zeigen, mit Säuren reichlich Schwefelwasserstoff entwickeln und dabei entweder keinen oder einen rein weißen Niederschlag von Schwefel geben. Sie darf, in einem Platingefäße verdampft und geglüht, keinen Rückstand hinterlassen und Kalzium- und Magnesiumsalzlösung auch beim Erwärmen nicht trüben oder färben.

Ammoniumsulfozyanidlösung   (Rhodanammoniumlösung). Man löst 1 Tl. käufliches, reines Rhodanammonium in 10 Tln. destillierten Wassers. Die Lösung muß, mit verdünnter reiner Salzsäure versetzt, klar bleiben.

$n/_{10}$ - **Rhodanammoniumlösung** (zur maßanalytischen Bestimmung des Chlors nach Volhard). Man löst etwa 8 g reines, trockenes, käufliches Rhodanammonium in 1 Liter destillierten Wassers und stellt diese Lösung genau auf die $n/_{10}$-Silbernitratlösung ein. Man füllt zu dem Zwecke eine Bürette mit der obigen Rhodanammoniumlösung, bringt 10 ccm der $n/_{10}$ - Silbernitratlösung in ein Becherglas, fügt 40 ccm destillierten Wassers, mindestens fünf Tropfen einer kalt gesättigten, chlorfreien Eisenammoniakalaunlösung und so viel konzentrierte, reine, von salpetriger Säure freie Salpetersäure hinzu, daß die Farbe des Eisenoxydsalzes soeben verschwindet. Alsdann läßt man so lange Rhodanammoniumlösung hinzufließen, bis die über dem ausgeschiedenen Rhodansilber stehende Flüssigkeit eine lichtgelb bräunliche Farbe annimmt. Gesetzt, man hätte hierzu 9,4 ccm der Rhodanammoniumlösung gebraucht, so würden 940 ccm derselben im Mischzylinder mit destilliertem Wasser auf 1000 ccm zu verdünnen sein, um die $n/_{10}$ - Lösung zu erhalten. Mit der auf die angegebene Weise eingestellten Rhodanammoniumlösung wiederholt man die obige Prüfung, um zu ermitteln, ob sie genau $1/_{10}$ - normal ist.

Ammoniumthioarsenitlösung. Siehe S. 838.

Baryumchloridlösung. Man löst 1 Tl. käufliches, reines Baryumchlorid in 10 Tln. destillierten Wassers.

Die Lösung muß vollständig neutral reagieren und darf weder durch Schwefelwasserstoff, noch durch Ammoniumsulfid gefärbt oder gefällt werden. Reine Schwefelsäure muß daraus alles Feuerbeständige niederschlagen, so daß die von dem Baryumsulfat abfiltrierte Flüssigkeit, auf Platinblech verdampft, nicht den geringsten Rückstand hinterläßt.

$n/_{10}$ - Baryumchloridlösung. Man löst 12,2 g reines, trockenes, kristallisiertes Baryumchlorid $(BaCl_2 + 2H_2O)$ in destilliertem Wasser und verdünnt zu 1 Liter.

Baryumchloridlösung und Baryumnitratlösung zum Einstellen der Seifenlösungen siehe S. 938.

Barytwasser (Baryumhydratlösung). Man löst 1 Tl. reines, käufliches, kristallwasserhaltiges Baryumhydrat, $BaH_2O_2 + 8H_2O$, unter Erwärmen in 20 Tln. destillierten Wassers, filtriert und bewahrt die Lösung in gut verschlossenen Flaschen auf. Schwefelsäure soll aus dem Barytwasser alles Glühbeständige fällen. Die vom Baryumsulfat abfiltrierte Flüssigkeit darf weder auf Zusatz von Alkohol gefällt werden, noch beim Eindampfen einen festen Rückstand hinterlassen.

Bleiazetatlösung. Man löst 1 Tl. käufliches, reines Bleiazetat in 10 Tln. destillierten Wassers.

Bleipapier. Man tränkt Streifen von weißem Filtrierpapier mit einer Lösung von käuflichem Bleiazetat (1:10), trocknet sie an einem vor Schwefelwasserstoff geschützten Orte und bewahrt sie in gut verschlossenen Gefäßen auf.

Bromwasser. Braunrote, durch wiederholtes Schütteln von Brom mit der zwanzigfachen Menge destillierten Wassers erhaltene Lösung, welche etwa 1 Tl. Brom in 30 Tln. Wasser enthält. Mit destilliertem Wasser verdünnt, darf auf Zusatz von Baryumchloridlösung keine Trübung erfolgen. Die Flüssigkeit wird in Gläsern mit eingeschliffenem Glasstopfen aufbewahrt.

Brucin. Man wendet reines, käufliches Brucin an.

Brucinschwefelsäurelösung zur Salpetersäurebestimmung nach Noll. 0,05 g Brucin werden in 20 ccm salpetersäurefreier konzentrierter Schwefelsäure kalt gelöst.

(Zur Entfernung eines etwaigen Stickstoffsäuregehaltes erhitzt man die Säure, mit dem gleichen Volumen Wasser verdünnt, so lange in einer Platinschale zum Sieden, bis keine Salpetersäurereaktion mehr eintritt. Stark auftretende reine Schwefelsäurenebel zeigen gewöhnlich die vollendete Reinigung an.)

(Salpetersäurefreie Schwefelsäure ist im Handel vorhanden, z. B. bei Th. Bachfeld & Co., Frankfurt a. M.)

Chamäleonlösungen. Siehe Kaliumpermanganatlösungen, S. 923.

Chlorwasserstoffsäure (Salzsäure). Man wendet käufliche, reine Salzsäure vom spezifischen Gewicht 1,10 bis 1,12 an; dieselbe enthält 20 bis 25 Proz. gasförmige Salzsäure.

Die Salzsäure muß farblos sein und darf beim Verdampfen keinen Rückstand hinterlassen. Färbt sie sich beim Abdampfen gelb, so enthält sie in der Regel Eisenchlorid. Sie darf Zinkjodidstärkelösung nicht bläuen (Chlor oder Eisenchlorid), Indigolösung (Chlor), sowie eine durch Jodstärke schwach blaue Flüssigkeit nicht entfärben (schweflige Säure). Baryumchloridlösung darf in der stark mit destilliertem Wasser verdünnten Säure keinen Niederschlag hervorrufen (Schwefelsäure). Schwefelwasserstoff muß sie unverändert lassen und in ihrer mit Ammoniak übersättigten, wässerigen Lösung darf Schwefelammonium keine Färbung oder Trübung hervorrufen.

Wenn man in einem Probierrohre 3 ccm Salzsäure mit 6 ccm Wasser und Jodlösung bis zur Gelbfärbung versetzt, einige Stückchen reinen Zinks hinzufügt, einen Baumwollpfropfen einschiebt, die Öffnung des Rohres mit einem Blatte weißen Filtrierpapieres verschließt und dieses in der Mitte mit einem Tropfen konzentrierter Silberlösung (1 : 2) befeuchtet, so darf weder sogleich, noch nach einer halben Stunde die mit Silbernitrat benetzte Stelle sich gelb färben, noch die Färbung von der Peripherie aus in Braun bis Schwarz übergehen (Arsen).

Tabelle,

welche die Volumgewichte und die denselben entsprechenden Prozente Chlor-
wasserstoff von häufiger gebrauchten Salzsäurelösungen verzeichnet.

Volumgewichte bei 15⁰.

(Nach J. Kolb.)

Volum-gewicht	= Prozente H Cl	Volum-gewicht	= Prozente H Cl	Volum-gewicht	= Prozente H Cl
1,052	10,4	1,108	21,5	1,161	32,0
1,060	12,0	1,116	23,1	1,166	33,0
1,067	13,4	1,125	24,8	1,171	33,9
1,075	15,0	1,134	26,6	1,175	34,7
1,083	16,5	1,143	28,4	1,180	35,7
1,091	18,1	1,152	30,2	1,185	36,8
1,100	19,9	1,157	31,2		

Als verdünnte Salzsäure wendet man ein Gemenge von
gleichen Raumteilen der konzentrierten Chlorwasserstoffsäure und
destillierten Wasseis an.

n-Chlorwasserstoffsäure = n-Salzsäure (zur Bestimmung
der Alkalinität). Man füllt genau 10 ccm n-Sodalösung oder n-Kalilauge in ein Becherglas, setzt einige Tropfen Phenophthalein hinzu,
erhitzt bis zum Sieden und läßt aus einer Bürette so lange Salzsäure
zufließen, bis die rosa Farbe des Indikators gerade dauernd verschwunden ist. Der Versuch wird wiederholt, indem man fast die
ganze erforderliche Säuremenge auf einmal zufließen läßt und bis
zur Entfärbung des Indikators vorsichtig weiter titriert. Man verwendet zur Titration eine Salzsäure von etwa 25 Proz. H Cl (spez.
Gew. 1,124), von der 140 ccm mit destilliertem Wasser auf 900 ccm
aufgefüllt sind.

Zur Kontrolle macht man noch einige Titrationen mit kalter
n-Sodalösung unter Anwendung von Methylorange als Indikator,
die auf etwa 0,05 ccm übereinstimmen sollen.

Die so gefundenen Kubikzentimeter Salzsäure, z. B. 9,2 ccm, verdünnt man mit destilliertem Wasser auf 10; es muß dann — was
noch besonders durch Titration festzustellen ist — jeder Kubikzentimeter n-Salzsäure einem Kubikzentimeter n-Sodalösung entsprechen, entsprechend dem bei der Einstellung der Kalilauge (S. 921)
erläuterten Prinzip.

Diphenylamin. Man wendet reines, bei 54⁰ schmelzendes,
käufliches Diphenylamin an.

Diphenylaminlösung zur Salpetersäurebestimmung nach
Tillmans und Sutthoff. 0,085 g Diphenylamin werden in einen
500 ccm-Meßkolben gebracht und 190 ccm verdünnte Schwefelsäure

(1:3) aufgegossen. Darauf wird konzentrierte salpetersäurefreie Schwefelsäure zugegeben und umgeschüttelt. Hierbei erwärmt sich die Flüssigkeit so stark, daß das Diphenylamin schmilzt und sich löst. Man füllt mit konzentrierter Schwefelsäure wieder auf, fast bis zur Marke; dann wird abgekühlt, nach dem Erkalten mit konzentrierter Schwefelsäure aufgefüllt und gemischt. Das Reagens ist in geschlossener Flasche unbegrenzt lange haltbar.

Eisenammoniakalaunlösung. Man wendet eine kalt gesättigte Lösung von reinem, aber völlig chlorfreiem Eisenoxydammoniakalaun $[Fe_2(SO_4)_3 . (NH_4)_2SO_4 + 24 H_2O]$ an.

Eisenammoniumsulfatlösung ($n/100$ - Eisenoxydullösung). Man löst 3,92 g reines, trockenes, kristallisiertes Eisenammoniumsulfat $[FeSO_4(NH_4)_2SO_4 + 6 H_2O$, Mohrsches Salz] in 1 Liter ausgekochten und wieder erkalteten destillierten Wassers.

Eisenchloridlösung. Man löst 1 Tl. reinen, käuflichen, kristallisierten Eisenchlorids $(2 FeCl_3 + 12 H_2O)$ in 5 Tln. bzw. in 20 Tln. destillierten Wassers (= 5 proz. Lösung.)

Eisenchlorürlösung (zur Reduktion von Salpetersäure). Man löst eiserne Nägel, welche man durch Abwaschen und Abätzen mit Salzsäure von äußeren Verunreinigungen befreit hat, unter Erwärmen in Salzsäure, bis eine beim Erkalten kristallisierende Lösung entsteht. Man fügt darauf noch etwas Salzsäure hinzu und filtriert so schnell als möglich durch ein befeuchtetes faltiges Filter. Die klare, etwas grün gefärbte Lösung wird in einer wohl verschlossenen Flasche aufbewahrt.

Essigsäure. Man wendet etwa 30 proz., reine Essigsäure an, welche sich beim Verdampfen verflüchtigt, ohne einen Rückstand zu hinterlassen und frei von Salzsäure und Schwefelsäure ist. — Verdünnte Essigsäure = 1 Tl. Essigsäure zu 3 Tln. destillierten Wassers.

Ferrozyankaliumlösung. Siehe Kaliumferrocyanidlösung.

Jodkalium. Man wendet das käufliche, reine, in Würfeln kristallisierte, an der Luft nicht feucht werdende Jodkalium an. Die wässerige Lösung, mit verdünnter Schwefelsäure angesäuert, darf auf Zusatz von Zinkjodidstärkelösung nicht gebläut werden.

Jodkaliumhaltige Natronlauge (zur Sauerstoffbestimmung). In 100 ccm 50 proz. Natronlauge (aus Natrium hydricum e Natrio metall.) löst man 10 g Jodkalium auf. Die Lösung muß frei von Nitrit sein, welches aus Jodkalium ebenfalls Jod frei macht, darf also nach Verdünnen und Ansäuern mit Schwefelsäure Stärkelösung nicht blau färben. Das Reagens bewahrt man in brauner Glasflasche mit Gummistopfen oder mit Paraffinsalbe gut eingefettetem Glasstopfen auf.

$^n/_{100}$-**Jodlösung.** Man trocknet käufliches, reines, sublimiertes Jod längere Zeit im Exsikkator über Schwefelsäure. Enthält dasselbe Chlor, so muß es vorher nochmals sublimiert werden. Man vermischt es zu diesem Zwecke mit einem Viertel seines Gewichtes Kaliumjodid und führt die Sublimation zwischen zwei großen Uhrgläsern aus, von denen man das untere auf eine heiße Eisenplatte stellt.

Alsdann bringt man 1,27 g reines, trockenes Jod in eine Literflasche, fügt eine Lösung von 2 g reinem Kaliumjodid in 20 ccm Wasser hinzu und verdünnt, sobald sich alles Jod gelöst hat, mit destilliertem Wasser zum Liter. Das Jodkalium muß vollkommen frei von Jodsäure sein; es darf, in Wasser unter Zusatz von etwas verdünnter Schwefelsäure gelöst, mit Stärkelösung keine Blaufärbung geben.

Kalilauge $=$ Kaliumhydratlösung. Man wendet reine, käufliche Kalilauge an. Sie sei klar, farblos, möglichst frei von Kohlensäure und werde durch Ammoniumsulfidlösung nicht geschwärzt.

Wir teilen hierunter eine Tabelle mit, welche die Volumgewichte und die denselben entsprechenden Prozente Kaliumhydrat von verschieden konzentrierten Kalilaugen verzeichnet.

Volumgewichte bei 15°.

Volum-gewicht	$=$ Prozente KHO	Volum-gewicht	$=$ Prozente KHO	Volum-gewicht	$=$ Prozente KHO
1,049	6	1,188	21	1,364	36
1,058	7	1,198	22	1,374	37
1,065	8	1,209	23	1,387	38
1,074	9	1,220	24	1,400	39
1,083	10	1,230	25	1,412	40
1,092	11	1,241	26	1,425	41
1,101	12	1,252	27	1,438	42
1,110	13	1,264	28	1,450	43
1,119	14	1,276	29	1,462	44
1,128	15	1,288	30	1,475	45
1,137	16	1,300	31	1,488	46
1,146	17	1,311	32	1,499	47
1,155	18	1,324	33	1,511	48
1,166	19	1,336	34	1,525	49
1,177	20	1,349	35	1,539	50

Kalilauge, normale. Man löst 65 bis 70 g käufliches, von Kohlensäure möglichst freies, gereinigtes Kaliumhydrat oder 230 g (175 ccm) kohlensäurefreie Kalilauge von 1,3 bis 1,35 Volumgewicht, welche 31 bis 34 Proz. Kaliumhydrat enthält, in 1 Liter destillierten Wassers und füllt mit dieser Lösung eine Bürette. Man mißt alsdann mit Hilfe einer Bürette oder Pipette 10 ccm der normalen Oxalsäure ab, bringt dieselben in ein Becherglas, fügt 60 bis 80 ccm destillierten Wassers und einige Tropfen Phenolphthaleinlösung hinzu und läßt unter stetem Umrühren aus der Bürette Kalilauge, zuletzt vorsichtig und tropfenweise, hinzufließen, bis ein Tropfen derselben die Flüssigkeit im Becherglase eben dauernd rötet. Man gebraucht dazu von der obigen Kalilauge etwas weniger als 10 ccm. Wenn z. B. 9,5 ccm verbraucht worden sind, so verdünnt man im Mischzylinder 950 ccm der Kalilauge genau zu 1 Liter, damit sie normal werde. Man überzeugt sich alsdann durch einen zweiten, in derselben Weise ausgeführten Versuch, ob 10 ccm der normalen, mit Lackmustinktur versetzten Oxalsäure von 10 ccm der eingestellten Kalilauge genau neutralisiert, d. h. durch den letzten einfallenden Tropfen der Kalilauge rot gefärbt werden. Sollte das nicht sofort der Fall sein, so fügt man je nach dem Ausfall des letzten Versuches so lange etwas Wasser oder konzentriertere Kalilauge hinzu, bis die Kalilauge in der soeben präzisierten Weise genau auf die normale Oxalsäure eingestellt ist.

$n/10$- und $n/20$-Kalilauge erhält man durch Verdünnen der normalen Kalilauge auf das 10- bzw. 20 fache Volumen. Der Titer dieser Lösungen wird mit $n/10$- bzw. $n/20$-Oxalsäurelösung unter Benutzung von Phenolphthaleinlösung als Indikator genau festgestellt.

Man kann mit Hilfe dieser Lösungen nach dem oben erläuterten Prinzip die zu alkalimetrischen Bestimmungen erforderlichen $n/1$-, $n/10$-, $n/20$-Schwefelsäuren (Salzsäuren) einstellen, indem man von wässerigen Lösungen dieser Säuren ausgeht, deren Gehalt den der $n/1$-, $n/10$-, $n/20$-Säuren noch etwas übertrifft.

Das käufliche Ätzkali enthält meist etwas Eisen, welches sich aus der Lauge nach einiger Zeit abscheidet. Man gießt alsdann die Lauge von dem Niederschlage ab und bewahrt sie in mit Kork- oder Gummistopfen gut verschlossenen Gefäßen auf.

Kaliumchlorat. Man wendet käufliches, kristallisiertes, reines Kaliumchlorat (chlorsaures Kalium) an.

Die wässerige Lösung darf weder durch Schwefelwasserstoffwasser, noch durch Ammoniumoxalat, noch durch Silbernitrat verändert werden. Im bedeckten Tiegel geglüht, muß das Salz einen weißen, in Wasser löslichen Rückstand hinterlassen, der nicht alkalisch reagiert.

Kaliumchromatlösung. Man löst 10 g neutrales, gelbes chlorfreies, kristallisiertes Kaliumchromat in 100 ccm destillierten Wassers.

Kaliumferrozyanidlösung (Lösung von gelbem Blutlaugensalz). Man löst 1 Tl. käufliches, gelbes Blutlaugensalz in 10 Tln. destillierten Wassers.

Für die kolorimetrische Eisenbestimmung verwendet man eine Lösung, welche 1 Tl. Ferrocyankalium in 200 Tln. Wasser enthält.

Kaliumnitratlösung zur kolorimetrischen Salpetersäurebestimmung (nach Noll sowie nach Tillmans und Sutthoff). 0,1872 g reines, trockenes Kaliumnitrat wird in 1 Liter destillierten Wassers gelöst. Jeder Kubikzentimeter der Lösung entspricht 0,1 mg $N_2 O_5$.

Kaliumnitrit s. **Nitrit**, S. 932.

Kaliumpalmitinatlösung. a) Nach Winkler. In einen Literkolben gibt man 500 ccm 95 proz. Alkohol, 300 ccm destilliertes Wasser, 0,1 g Phenolphthalein und 25,6 g reinste, stearinsäurefreie Palmitinsäure. Unter Erwärmen auf dem Wasserbade und Umschwenken setzt man so lange klare alkoholische Kaliumhydroxydlösung hinzu, die man sich durch Auflösen von 7 bis 8 g zu Pulver zerriebenen Kaliumhydroxyds in 50 ccm warmem 95 proz. Alkohol bereitet hat, bis alles gelöst und die Lösung schwach rosarot geworden ist. Etwa zuviel zugesetztes Kaliumhydroxyd beseitigt man durch einen Tropfen Salzsäure. Nach dem Erkalten wird die Palmitinatlösung mit 95 proz. Alkohol auf 1000 ccm ergänzt. Bei Arbeiten an einem kalten Orte empfiehlt sich eine mit Propylalkohol bereitete Kaliumpalmitinatlösung.

b) Nach Blacher. 25,6 g Palmitinsäure werden in 250 g Glycerin und etwa 400 ccm 90 proz. Alkohol unter Erwärmen gelöst, mit alkoholischer Kalilauge bei Gegenwart von Phenolphthalein neutralisiert und auf 1 Liter mit 90 proz. Alkohol aufgefüllt.

Es empfiehlt sich, auch diese Lösung aus den großen Fabriken (Merck usw.) zu beziehen.

Kaliumpermanganatlösung, alkalische (zur Bestimmung des Albuminoidammoniaks nach Wanklyn, Chapman und Smith). 200 g reines, käufliches Kaliumhydrat und 8 g käufliches, kristallisiertes Kaliumpermanganat werden in 1 Liter destillierten Wassers gelöst. Man bringt die Lösung in einen Destillierkolben und destilliert möglichst schnell 200 bis 250 ccm Wasser daraus ab. Etwa vorhandene Spuren von Ammoniak bzw. stickstoffhaltigen organischen Substanzen werden dadurch ausgetrieben bzw. zerstört. Man läßt die konzentrierte Flüssigkeit an einem ammoniakfreien Orte erkalten, füllt mit ammoniakfreiem, destilliertem Wasser zum Liter auf und bewahrt die Lösung in Flaschen mit gut schließenden Glasstöpseln auf.

Kaliumpermanganatlösungen, titrierte. Die Chamäleonlösungen ändern infolge langsam fortschreitender Zersetzung des Kaliumpermanganats ihren Titer fortwährend. Man stellt sich deshalb Lösungen von empirischem Gehalt an Kaliumpermanganat her, deren Titer man mit normalen Oxalsäure- oder Eisenoxydulsalzlösungen einstellt und von Zeit zu Zeit kontrolliert.

Für die mit Hilfe von Kaliumpermanganat auszuführenden Bestimmungen dieses Buches sind Lösungen erforderlich, welche annähernd mit $n/_{10}$- und $n/_{100}$-Kaliumpermanganatlösungen übereinstimmen.

a) Kaliumpermanganatlösung, gegen $n/_{10}$-Oxalsäurelösung eingestellt (zur maßanalytischen Bestimmung des Kalkes).

Man löst 3,2 bis 3,5 g reines, käufliches, kristallisiertes Kaliumpermanganat in 1 Liter destillierten Wassers.

Zur Feststellung des Titers dieser Lösung läßt man 25 ccm der $n/_{10}$-Oxalsäurelösung aus einer Bürette in eine etwa $1/_2$ Liter fassende Kochflasche fließen, fügt etwa 200 ccm destillierten Wassers und 10 ccm reine, konzentrierte Schwefelsäure hinzu, erhitzt das Gemisch auf 60 bis 70°C und setzt aus einer Bürette solange von der Chamäleonlösung hinzu, bis schwache Rötung eintritt.

Die verbrauchten Kubikzentimeter Chamäleonlösung vermerkt man auf der Flasche; sie entsprechen $25 \times 2,8 = 70$ mg Kalk.

b) Kaliumpermanganatlösung, gegen $n/_{100}$-Oxalsäurelösung eingestellt (zur Bestimmung der salpetrigen Säure nach Feldhaus-Kubel und der Oxydierbarkeit des Wassers).

Man verdünnt obige Lösung (unter a) auf das Zehnfache, oder man löst 0,32 bis 0,35 g reines, kristallisiertes, käufliches Kaliumpermanganat in 1 Liter Wasser.

Zur Feststellung des Titers dieser Lösung werden 100 ccm reinstes destilliertes Wasser in einem etwa 300 ccm fassenden Kolben mit weitem Halse mit 5 ccm verdünnter Schwefelsäure versetzt und zum Sieden erhitzt. Darauf läßt man aus einer Bürette 3 bis 4 ccm der verdünnten Chamäleonlösung hinzufließen, kocht 10 Minuten, entfernt vom Feuer und fügt aus einer Bürette 10 ccm der $n/_{100}$-Oxalsäurelösung hinzu. Schließlich wird die farblos gewordene Flüssigkeit mit der verdünnten Chamäleonlösung bis zur schwachen Rötung versetzt. Die verbrauchten Kubikzentimeter entsprechen 6,3 mg Oxalsäure, welche sich in 10 ccm der $n/_{100}$-Oxalsäurelösung gelöst befinden, und enthalten genau 3,16 mg Kaliumpermanganat oder 0,8 mg für die Oxydation verfügbaren

Sauerstoffs, welche zu der Umwandlung der obigen 6,3 mg Oxalsäure in Kohlensäure, oder von 1,9 mg salpetriger Säure (N_2O_3)
zu Salpetersäure erforderlich sind.

Wenn reines Eisenammoniumsulfat (Mohrsches Salz) zur Verfügung steht, so kann man die Einstellung auch mit einer $n/100$-
Eisenoxydullösung bewerkstelligen.

40 ccm der S. 920 aufgeführten Eisenammoniumsulfatlösung
werden mit destilliertem Wasser zu etwa 100 ccm verdünnt, mit
5 ccm verdünnter Schwefelsäure angesäuert und schließlich mit
der obigen Chamäleonlösung bis zur schwachen Rötung versetzt.
Es ist zweckmäßig, den Titer der Chamäleonlösung so zu stellen,
daß 40 ccm derselben genau 40 ccm der $n/100$-Eisenammoniumsulfat-
lösung entsprechen. 1 ccm Chamäleonlösung zeigt in diesem Falle
0,19 mg salpetrige Säure an. Im anderen Falle dividiert man 1,9
durch die Anzahl Kubikzentimeter Chamäleonlösung, welche 10 ccm
der $n/100$-Eisenlösung entsprechen, um die Milligramme salpetrige
Säure zu erfahren, welche durch 1 ccm der Chamäleonlösung angezeigt werden.

Wenn der Wirkungswert der Chamäleonlösung mit Hilfe von
Oxalsäure festgestellt worden ist, braucht man zu dem Verfahren
von Feldhaus-Kubel (S. 860) nicht mehr eine genau einstehende
$n/100$-Ferrosalzlösung, sondern kann sich eine geeignete Ferrosalzlösung durch Auflösen von 2,6 bis 3 g käuflichen Eisenvitriols in
1 Liter mit etwas verdünnter Schwefelsäure angesäuerten destillierten Wassers bereiten. Man stellt durch einen besonderen Versuch fest, wieviel Kubikzentimeter der obigen Chamäleonlösung
10 ccm dieser Ferrosalzlösung entsprechen.

Kaliumpersulfat, $K_2S_2O_8$, ist für die Untersuchung auf Mangan
als sehr reines Präparat — pro analysi — zu verwenden; anderenfalls wird es umkristallisiert: 150 g Kaliumpersulfat und 15 g reinstes Kaliumhydroxyd werden in 1 Liter destillierten Wassers bei 60°
gelöst, durch Baumwolle filtriert und zur Kristallisation gebracht
(Winkler).

Kaliumzyanid (Zyankalium). Man verwendet eine 10 proz.
Lösung des chemisch reinen (meist etwa 90 proz.) käuflichen Zyan-
kaliums in destilliertem Wasser.

Kalkwasser. Man bereitet dasselbe, indem man frisch gebrannten Kalk mit wenig destilliertem Wasser übergießt und nach
dem Zerfallen noch so viel Wasser hinzufügt, daß eine dünne
Milch (Kalkmilch) entsteht. Letztere füllt man in eine Flasche,
schüttelt durch und läßt absetzen. Die klare Flüssigkeit, das Kalkwasser, wird in gut verschlossenen Gefäßen aufbewahrt. Soll das

Kalkwasser möglichst frei von Alkalien sein, so entferne man die zwei oder drei ersten Abgüsse und benutze nur die folgenden.

Das Kalkwasser muß empfindliches rotes Lackmuspapier blau färben und mit Natriumkarbonatlösung einen nicht zu geringen weißen Niederschlag geben. Zeigt es diese Eigenschaft nicht mehr, was bald geschieht, wenn es längere Zeit in Berührung mit der Luft war, so ist es unbrauchbar.

Kalziumchlorid (zum Füllen der Exsikkatoren und Chlorkalziumröhren). Man wendet das im Handel unter dem Namen „Calcium chloratum siccum" gehende, weiße, poröse, trockene Chlorkalzium an.

Lackmustinktur und Lackmuspapier. Der gepulverte, käufliche Lackmusfarbstoff wird wiederholt mit heißem, destilliertem Wasser behandelt. Die wässerigen Auszüge werden behufs Zersetzung der darin vorhandenen Karbonate (Kaliumkarbonat) mit Essigsäure gelinde übersättigt und auf dem Wasserbade bis zur Konsistenz eines dicken Extraktes, keineswegs aber bis zur Trockenheit eingedampft. Den schwerflüssigen Rückstand verdünnt man allmählich mit 90 proz. Alkohol, bringt das Gemisch in einen Kolben und fügt eine reichliche Menge 90 proz. Alkohols hinzu. Es wird dadurch der gegen Säuren und Basen äußerst empfindliche Farbstoff gefällt, während ein weniger empfindlicher roter Farbstoff und Kaliumazetat in Lösung gehen. Man filtriert und wäscht mit Alkohol aus. Der zurückbleibende Farbstoff wird in destilliertem Wasser unter Erwärmen gelöst und die Lösung filtriert.

Diese Lackmuslösung wird in chemischen Fabriken (z. B. Kahlbaum-Berlin) im Großen hergestellt und wird literweise in den hygienischen Instituten zur Bereitung von Nährböden verwendet. Die geringen für ein „Wasserlaboratorium" erforderlichen Mengen lassen sich also leicht von den angegebenen Stellen erhalten.

Behufs Herstellung von Lackmuspapier gießt man die Lackmustinktur in eine Schale und zieht Streifen feinen, ungeleimten Papiers durch die gefärbte Flüssigkeit. Man fügt derselben unter Umrühren mit einem Glasstabe äußerst verdünnte Natronlauge tropfenweise bis zur deutlichen Blaufärbung hinzu, wenn man blaues Lackmuspapier bereiten will, und versetzt mit einem oder einigen Tropfen äußerst verdünnter Schwefelsäure oder besser Phosphorsäure bis zur deutlichen Rotfärbung, wenn es sich um die Darstellung roten Lackmuspapieres handelt. Die Streifen werden an Fäden aufgehängt und getrocknet. Sie müssen gleichmäßig gefärbt sein und von wässerigen Flüssigkeiten leicht benetzt werden.

Magnesiamischung (zur quantitativen Arsenbestimmung). Man löst 60 g Chlormagnesium und 150 g Chlorammonium in etwa 400 ccm destillierten Wassers auf, setzt 250 ccm 10 proz. Ammoniaks hinzu und verdünnt auf 1 Liter. Wenn sich die Flüssigkeit nach einiger Zeit trübt, so wird sie filtriert.

Manganchlorürlösung (zur Bestimmung des absorbierten Sauerstoffs nach Winkler). 80 g kristallisiertes Manganchlorür $(MnCl_2 + 4H_2O)$ werden in 100 ccm Wasser gelöst. Das Manganchlorür enthalte höchstens Spuren von Eisenoxyd. Die Lösung, auf das 20 fache verdünnt, mit verdünnter Schwefelsäure angesäuert und mit Zinkjodidstärkelösung versetzt, werde nicht gebläut.

Das käufliche Manganchlorür ist zuweilen eisenhaltig. Man reinigt es, indem man 200 g in 500 ccm destillierten Wassers löst, 1 bis 2 g Soda zusetzt und einige Zeit kocht. Hierbei fällt sämtliches Eisen neben etwas Mangan als Hydrat aus. Man läßt in der Wärme absetzen, filtriert möglichst rasch durch ein genäßtes Filter, säuert das klare Filtrat sofort mit Salzsäure an und dampft in einer Porzellanschale soweit ein, bis sich die Flüssigkeit mit einer Kristallhaut überzieht. Man überläßt die Flüssigkeit bedeckt 24 Stunden der Kristallisation, saugt die Mutterlauge aus dem ausgeschiedenen Kristallbrei ab, wäscht mit wenig Wasser nach und trocknet das Salz auf glasierten Tontellern oder im Exsikkator.

Metaphenylendiaminlösung, schwefelsaure (zur Prüfung auf salpetrige Säure). Man löst 5 g reines, bei 63⁰ schmelzendes Metaphenylendiamin in destilliertem Wasser, fügt sofort verdünnte Schwefelsäure bis zur deutlich sauren Reaktion hinzu und füllt mit destilliertem Wasser zum Liter auf. Sollte die betreffende Lösung von vornherein gefärbt sein oder sich beim Aufbewahren gefärbt haben, so ist sie vor der Benutzung durch Erwärmen mit ausgeglühter Tierkohle zu entfärben.

Methylenblaulösung. Zur Fäulnisprobe nach Spitta und Weldert dient eine 0,05 proz. Lösung von Methylenblau B extra von Kahlbaum-Berlin oder von Methylenblau medicinale in destilliertem Wasser.

Seligmann schreibt folgende Lösung vor: 1 g Methylenblau medicinale, 20 g absoluter Alkohol und 29 g destilliertes Wasser werden mit sterilem Wasser auf das 120 fache verdünnt.

Methylorangelösung (zur Alkalinitätsbestimmung). Man stellt sich eine Lösung 1 : 1000 durch Auflösen von 1 g käuflichem, reinstem Methylorange (Helianthin) in 1 Liter destillierten Wassers her.

Molybdänsäurelösung (zur Prüfung auf Phosphorsäure). Man löst 40 g käufliches, reines Ammoniummolybdat (molybdänsaures Ammoniak) in 160 ccm 10 proz. Ammoniakflüssigkeit (von 0,9593 Volumgewicht bei 14⁰) und 240 ccm Wasser und gießt die Lösung unter Umrühren in 1000 ccm 20 proz. Salpetersäure (von 1,12 Volumgewicht bei 15⁰). Die Lösung darf durch Erwärmen bis auf 60⁰ nicht getrübt werden. Sollte das aber geschehen, so wird noch etwas starke Salpetersäure zugesetzt.

Zu der quantitativen Bestimmung der Phosphorsäure verwendet man eine etwas stärkere Lösung:

40 g Ammoniummolybdat werden in 160 ccm 10 proz. Ammoniak und 240 ccm destilliertem Wasser aufgelöst und die Lösung in 600 ccm 27,5 prozentiger Salpetersäure unter Abkühlen eingegossen.

Natriumazetatlösung. Man löst 1 Tl. reines, käufliches, kristallwasserhaltiges Natriumazetat (essigsaures Natrium) in 10 Tln. destillierten Wassers.

Die Lösung darf weder durch Schwefelwasserstoff, noch durch Schwefelammonium, noch durch Baryumchlorid, noch durch Ammoniumoxalat, noch nach Zusatz von Salpetersäure durch Silbernitrat verändert werden.

Natriumchloridlösung (1 ccm = 1 mg Chlor). Man löst 1,649 g chemisch reines geschmolzenes Chlornatrium in 1 Liter destillierten Wassers.

Natriumhydratlösung (Natronlauge). 1. Man verwendet reine, käufliche Natronlauge von 1,13 bis 1,15 Volumgewicht und einem Gehalt von 11,5 bis 13 Proz. Natriumhydrat. Dieselbe sei klar, farblos, möglichst frei von Kohlensäure und werde durch Ammoniumsulfidlösung nicht geschwärzt.

2. Zu den quantitativen Bestimmungen, z. B. des Ammoniaks nach Frankland und Armstrong, des absorbierten Sauerstoffs nach Winkler usw., gebraucht man nicht diese, sondern eine Natriumhydratlösung, welche durch Auflösen von 1 Tl. reinen, käuflichen Natriumhydrats (aus Natrium) in 2 Tln. Wasser erhalten worden ist.

Die Lösung des vollständig reinen Natriumhydrats muß, in einer Silberschale zur Trockne verdampft, einen in destilliertem Wasser klar löslichen Rückstand liefern. Die mit etwa dem 20 fachen Volumen reinen, destillierten Wassers verdünnte Lösung darf durch Neßlers Reagens nicht gefärbt oder gefällt werden (Ammoniak) und Kaliumpermanganatlösung auch nach dem Ansäuern mit Schwefelsäure nicht entfärben (organische Substanzen). Sie darf ferner, mit Salzsäure angesäuert und danach mit Ammoniak übersättigt, auch nach längerer Zeit keine Trübung geben (Tonerde) und muß, nach dem Ansäuern mit Salpetersäure mit Molybdänsäurelösung erwärmt, farblos und klar bleiben (Phosphorsäure).

Tabelle,

welche die Volumgewichte und die denselben entsprechenden Prozente Natriumhydrat von verschieden konzentrierten Natronlaugen verzeichnet.

Volumgewichte bei 15º.

(Nach Th. Gerlach.)

Volumgewicht	= Prozente NaHO	Volumgewicht	= Prozente NaHO	Volumgewicht	= Prozente NaHO
1,070	6	1,236	21	1,395	36
1,081	7	1,247	22	1,405	37
1,092	8	1,258	23	1,415	38
1,103	9	1,269	24	1,426	39
1,115	10	1,279	25	1,437	40
1,126	11	1,290	26	1,447	41
1,137	12	1,300	27	1,457	42
1,148	13	1,310	28	1,468	43
1,159	14	1,321	29	1,478	44
1,170	15	1,332	30	1,488	45
1,181	16	1,343	31	1,499	46
1,192	17	1,353	32	1,509	47
1,202	18	1,363	33	1,519	48
1,213	19	1,374	34	1,529	49
1,225	20	1,384	35	1,540	50

n-Natriumhydrat = n-Natronlauge. Man löst 41 bis 45 g Natriumhydrat in 1 Liter Wasser und verfährt im übrigen wie S. 921 betreffs der Herstellung der n-Kalilauge angegeben worden ist.

Natriumkarbonatlösung (Sodalösung). Man löst 2,7 Tle. reine, kristallisierte Soda in 5 Tln. destillierten Wassers auf.

Die Lösung darf, nach dem Übersättigen mit Salpetersäure, weder von Baryumchlorid-, noch von Silbernitratlösung getrübt werden, noch sich bei Zusatz von Kaliumsulfozyanid rot oder beim Erwärmen mit Molybdänsäurelösung gelb färben oder einen ebenso gefärbten Niederschlag liefern, und soll, mit Chlorwasserstoffsäure übersättigt und zur Trockne verdampft, beim Wiederlösen in destilliertem Wasser keinen Rückstand (Kieselsäure) hinterlassen. Die zur qualitativen oder quantitativen Prüfung auf Ammoniak dienende Sodalösung darf ferner, mit etwa dem 20fachen Volumen ammoniakfreien destillierten Wassers verdünnt, mit Neßlerschem Reagens nicht die geringste Färbung geben. Eine Lösung, welche dieser Anforderung nicht entspricht, läßt sich dadurch leicht von vorhandenen Spuren von Ammoniak befreien, daß man daraus etwa den fünften Teil des Lösungswassers abdestilliert und sie nachher mit ammoniakfreiem, destilliertem Wasser wieder auffüllt.

Mit Zyankalium andauernd in einer Glasröhre im Kohlensäure-
strome geschmolzen, darf das Salz keine Spur eines dunklen An-
fluges (Arsen) geben.

$n/_{10}$-**Natriumkarbonatlösung.** Zur Bereitung von $n/_{10}$-Soda-
lösung geht man am besten von Natriumbikarbonat aus, das in
größerer Reinheit als Soda erhältlich ist. Beim Erhitzen geht
dieses Salz unter Verlust eines Moleküls Kohlensäure in Natriumkarbonat über.

Man erhitzt etwa 10 bis 12 g reinstes Natriumbikarbonat in
einem geräumigen Platintiegel, der in dem Loch einer schräg gehaltenen Asbestscheibe steht, unter häufigem Umrühren mit einem
Platindraht über kleiner Flamme. Es darf hierbei nur der Boden
des Tiegels rotglühend werden, ein Zusammensintern oder Schmelzen
ist zu vermeiden, weil die sinternde oder schmelzende Soda meß-
bare Mengen von Kohlensäure verliert.

Nach dem Erkalten des Tiegels im Exsikkator wägt man, wiederholt das Erhitzen, wägt wieder nach dem Erkalten im Exsikkator
und führt dies eventuell fort bis zur Gewichtskonstanz. Ist diese
eingetreten, so wägt man sich genau 5,305 g des Salzes ab und
löst sie in 1000'ccm Wasser.

Diese Lösung besitzt dieselbe Alkalinität wie eine $n/_{10}$-Natron-
lauge.

Natriumphosphatlösung. Man löst 1 Tl. reines, käufliches
Natriumphospat (Dinatriumphosphat, phosphorsaures Natrium) in
10 Tln. destillierten Wassers.

Die mit Ammoniak versetzte Lösung darf selbst beim Erwärmen
nicht getrübt werden. Die Niederschläge, welche in der Lösung
durch Baryumchlorid und Silbernitrat bewirkt werden, müssen bei
Zusatz von verdünnter Salpetersäure vollständig und ohne Aufbrausen verschwinden.

Natriumsulfidlösung. Man verwendet eine 10 proz. Lösung
des in reinem Zustande käuflichen 9 Moleküle Kristallwasser enthaltenden Salzes. Die frisch bereitete Lösung muß klar und
farblos sein.

Natriumthiosulfatlösung (thioschwefelsaures Natrium). Man
löst 1 Tl. käufliches, reines, kristallisiertes Natriumthiosulfat,
$Na_2S_2O_3 + 5H_2O$, in 8 Tln. destillierten Wassers.

$n/_{100}$-**Natriumthiosulfatlösung.** Man bereitet sich zunächst
eine ungefähr $n/_{10}$-Natriumthiosulfatlösung ($Na_2S_2O_3 + 5H_2O$) durch
Auflösen von 24,822 g ($= 1/_{10}$ Äquivalentgewicht) des Natrium-
thiosulfats und läßt sie etwa acht Tage stehen. Erst dann stellt

man ihren Titer ein mittels Kaliumbichromat. Die dabei sich vollziehende Reaktion ist folgende:

Versetzt man eine saure Jodkaliumlösung mit Kaliumbichromat, so wird die Chromsäure des Kaliumbichromats quantitativ zu grünem Chromisalz reduziert, wobei eine äquivalente Menge Jod aus dem Jodkalium frei wird:

$$K_2Cr_2O_7 + 6\,KJ + 14\,HCl = 8\,KCl + 2\,CrCl_3 + 7\,H_2O + 6\,J.$$

Das ausgeschiedene Jod dient dann zur Ermittelung des Titers der Natriumthiosulfatlösung.

Ausführung der Titerstellung: Man stellt sich durch Abwägen von 4,9083 g reinsten ausgewaschenen Kaliumbichromates und Auflösen dieser Menge in einem Liter destillierten Wassers eine $n/_{10}$-Kaliumbichromatlösung her. Darauf bringt man in ein Becherglas von etwa 800 ccm Inhalt 1 bis 2 g reines festes Jodkalium, das man in möglichst wenig Wasser (2 bis 3 ccm) löst, gibt dazu 5 ccm konzentrierte Salzsäure und mittels einer Pipette 20 oder 25 ccm der Kaliumbichromatlösung. Dann verdünnt man mit destilliertem Wasser auf 500 bis 600 ccm und läßt aus einer Bürette die einzustellende Natriumthiosulfatlösung zunächst so lange zutropfen, bis die Lösung hellgelb gefärbt ist; durch die hierauf zuzusetzende Stärkelösung wird sie licht blau gefärbt, weitere tropfenweise zugesetzte Natriumthiosulfatlösung beseitigt die blaue Farbe wieder, womit der Endpunkt erreicht ist.

War die hergestellte Natriumthiosulfatlösung gerade $1/_{10}$-normal, so wurden ebensoviel Kubikzentimeter davon gebraucht, wie von der Kaliumbichromatlösung angewendet wurden; war sie stärker, so wurde etwas weniger, war sie schwächer, mehr davon gebraucht; in diesen Fällen muß durch Zusatz von destilliertem Wasser oder von Thiosulfatlösung korrigiert werden. Mit der nun eingestellten Lösung wird zur Kontrolle nochmals austitriert.

Erst kurz vor der Ausführung der Sauerstoffbestimmung verdünne man sich 50 oder 100 ccm der $n/_{10}$-Lösung auf 500 oder 1000 ccm, da erfahrungsgemäß die $n/_{10}$-Lösung sich gut hält, die $n/_{100}$-Lösung aber nicht.

Neßlers Reagens (alkalische Quecksilberkaliumjodidlösung). 50 g Kaliumjodid werden in etwa 50 ccm heißen, destillierten Wassers gelöst und mit einer konzentrierten, heißen Quecksilberchloridlösung versetzt, bis der dadurch gebildete rote Niederschlag aufhört, sich wieder zu lösen; 20 bis 25 g Quecksilberchlorid sind hierzu erforderlich. Man filtriert, vermischt mit einer Auflösung von 150 g Kaliumhydrat in 300 ccm Wasser, verdünnt

auf 1 Liter, fügt noch eine kleine Menge (etwa 5 ccm) der Quecksilberchloridlösung hinzu, läßt den Niederschlag sich absetzen und
dekantiert. Die Lösung muß in wohlverschlossenen Flaschen aufbewahrt werden. Wenn sich nach längerem Stehen noch ein
Bodensatz bildet, so hindert das die Anwendung des Neßlerschen
Reagens nicht; man nimmt die zum Versuche nötige Menge der
über dem Niederschlage stehenden klaren Flüssigkeit mit einer
Pipette heraus.

Nitritlösung (zur Bestimmung der salpetrigen Säure nach
Trommsdorff). Man löst etwa 2,3 g käufliches Kaliumnitrit in
1 Liter destillierten Wassers und ermittelt den Gehalt dieser Lösung
an salpetriger Säure mit Hilfe der Feldhaus-Kubelschen Methode
(S. 860). Man wendet zum Versuche 5 bis 10 ccm an. Aus dem
Resultat berechnet man, eine wie starke Verdünnung erforderlich
ist, um eine Lösung von einem Gehalt von 0,01 mg salpetriger
Säure (N_2O_3) in 1 ccm zu erhalten. Die verdünnte Lösung wird
natürlich nochmals geprüft.

Ohlmüller und Spitta wenden das folgende in den meisten
Fällen auskömmliche Verfahren an: Zur Herstellung einer Nitritlösung von bestimmtem Gehalt bedient man sich des käuflich zu
erhaltenden reinen Nartiumnitrits ($NaNO_2$). Dieses Präparat enthält nur 1 Proz. Verunreinigungen; der hieraus entstehende Fehler
ist wenig von Belang. Da

$$N_2O_3 : 2\,NaNO_2 = 1 : x = 76{,}02 : 138{,}02; \quad x = 1{,}815.$$

Löst man demgemäß 1,815 g Natriumnitrit in 1 Liter destillierten
Wassers und füllt 10 ccm hiervon zu 1 Liter auf, so entspricht
1 ccm dieser Lösung 0,01 mg salpetriger Säure (N_2O_3).

Man kann ferner auf folgende Art eine Nitritlösung von dem
gewünschten Gehalt an salpetriger Säure herstellen:

Man versetzt eine konzentrierte Lösung von käuflichem Kaliumnitrit (salpetrigsaurem Kalium) mit Silbernitratlösung, filtriert das
ausgefällte Silbernitrit ab und wäscht es auf dem Filter mit wenig
kaltem, destilliertem Wasser. Man löst die Verbindung darauf in
einer möglichst geringen Menge kochenden destillierten Wassers,
stellt die Lösung zum Kristallisieren beiseite, gießt sie später von
den ausgeschiedenen Kristallen ab und trocknet die letzteren durch
Auspressen zwischen Fließpapier.

0,406 g reines, trockenes Silbernitrit wird in heißem, destilliertem Wasser gelöst und durch reine Kalium- oder Natriumchloridlösung zersetzt. Nach dem Erkalten füllt man die Flüssigkeit, ohne von dem ausgeschiedenen Silberchlorid abzufiltrieren, mit

salpetrigsäurefreiem, destilliertem Wasser zum Liter auf. Sobald der Niederschlag sich abgesetzt hat, verdünnt man 100 ccm der darüberstehenden klaren Flüssigkeit abermals zu 1 Liter und verwendet diese Lösung zu den Versuchen; 1 ccm derselben enthält 0,01 mg salpetrige Säure (N_2O_3).

Der Titer einer solchen Lösung hält sich längere Zeit unverändert, wenn man Sorge trägt, sie im Dunkeln aufzubewahren.

n-Oxalsäurelösungen. Sowohl für die Herstellung der bei alkalimetrischen als auch bei oxydimetrischen Bestimmungsmethoden notwendigen Lösungen geht man häufig von der Normallösung der reinen, kristallisierten Oxalsäure ($C_2H_2O_4 + 2H_2O$) als Urlösung aus.

Wenn chemisch reine — pro analysi — Oxalsäure nicht erhältlich ist, so kann man die Oxalsäure des Handels, die gewöhnlich mit den primären Oxalaten der Alkalimetalle verunreinigt ist, folgendermaßen reinigen. Die primären Oxalate der Alkalimetalle sind in Wasser schwerer löslich als freie Oxalsäure. Man entfernt aus der käuflichen Oxalsäure die soeben erwähnten Verunreinigungen, indem man bei dem Umkristallisieren aus heißem Wasser einen Teil des zu reinigenden Präparates ungelöst läßt und außerdem die zuerst fallende Kristallisation verwirft. Häufig enthält die käufliche Oxalsäure auch geringe Mengen anderer mineralischer Verunreinigungen, welche in den letzten Mutterlaugen zurückbleiben. Bei der Darstellung reiner Oxalsäure empfiehlt es sich daher, auch die letzten Mutterlaugen zu verwerfen und nur die mittleren Kristallisationen zu sammeln. Reine Oxalsäure darf, auf Platinblech erhitzt, keinen glühbeständigen Rückstand hinterlassen. Sobald die gereinigte Säure dieser Anforderung entspricht, wird sie nochmals aus wenig siedendem Wasser umkristallisiert. Um feine Kristalle, welche Mutterlauge nicht einschließen, zu erhalten, rührt man in diesem Falle die erkaltende Lösung fleißig mit einem Glasstabe um. Das gewonnene Kristallpulver wird in einer Zentrifugalmaschine oder, eingebunden in reine, von der Appretur befreite Leinwand, an einem längeren Bindfaden mit der Hand ausgeschleudert und schließlich zwischen Filtrierpapier gepreßt, bis die Kristalle dieses nicht mehr befeuchten und daran durchaus nicht mehr haften bleiben.

a) **n-Oxalsäurelösung.** Man löst 63 g der reinen, auf die soeben angegebene Weise getrockneten Oxalsäure ($C_2H_2O_4 + 2H_2O$) in destilliertem Wasser und verdünnt auf 1 Liter.

b) $^n/_{10}$-**Oxalsäurelösung.** Man verdünnt 100 ccm der n-Oxalsäurelösung auf 1 Liter oder man löst 6,3 g der reinen, trockenen Säure zu 1 Liter.

1 ccm dieser Lösung fällt 2,8 mg Kalk.

c) $n/100$-Oxalsäurelösung (zum Einstellen der etwa $n/100$-Chamäleonlösung bei der Bestimmung der salpetrigen Säure nach Feldhaus-Kubel und der Bestimmung der Oxydierbarkeit des Wassers nach Kubel).

Man verdünnt 10 ccm der Normaloxalsäurelösung auf 1 Liter, oder man löst 0,63 g der reinen, trockenen Säure zu 1 Liter.

Paradiazobenzolsulfosäure (zum Nachweis tierischer Auswurf- und Verwesungsstoffe) ist das käufliche, im Handel auch unter der Bezeichnung Acidum diazobenzolsulfuricum erscheinende Präparat. Es sei weiß, oder nur schwach gelb gefärbt; es werde unter Licht- und Luftabschluß aufbewahrt.

Für die Versuche halte man keine Lösung vorrätig, weil sich dieselbe bald gelb bis braun färbt, sondern stelle sich jeweils vor dem Gebrauch eine solche durch Auflösen einiger Körnchen der Säure in einem Tropfen Natronlauge her und verdünne mit einigen Kubikzentimetern destillierten Wassers.

Phenolphthaleinlösung. Bei dem Einstellen von Alkalien (Kali- oder Natronlauge, Baryt- und Kalkwasser) kann man an Stelle von Lackmustinktur als Indikator einige Tropfen einer Lösung von 1 g Phenolphthalein in 200 ccm Alkohol von 60 Volumprozenten anwenden. Phenolphthalein wird in saurer und neutraler Lösung nicht, in alkalischer aber rot gefärbt. **Phenolphthalein darf jedoch unter keinen Umständen zur Titration von Ammoniak oder überhaupt von Flüssigkeiten, welche Ammoniumsalze enthalten, verwendet werden.**

Zur Kohlensäurebestimmung ist nach Noll und Tillmans nur eine verdünntere (0,35 g in 1000 ccm enthaltende) Phenolphthaleinlösung brauchbar. Ihre Herstellung siehe S. 878.

Zur Manganbestimmung werden 50 mg zuvor umkristallisierten Phenolphthaleins in 100 ccm absolutem Alkohol gelöst, 10 ccm dieser Lösung verdünnt man mit 990 ccm eines 50proz. Alkohols.

Jeder Kubikzentimeter dieser verdünnten Lösung mit 10 ccm destillierten Wassers verdünnt und mit vier Tropfen einer $n/4$-Normallauge alkalisch gemacht, entspricht in der Färbung 1 mgl Mangan, welches nach der auf S. 901 angegebenen Weise in Permanganat übergeführt worden ist.

Die nicht mit Lauge versetzten alkoholischen Lösungen sind anscheinend unbegrenzt haltbar; die gefärbten ändern sich nach 24 Stunden.

Platinchloridlösung. Man löst reines, käufliches Platinchlorid in 10 Teilen destillierten Wassers.

Die Lösung soll, auf dem Wasserbade zur Trockne verdampft, einen Rückstand liefern, welcher sich in Alkohol bzw. Ätheralkohol (1 Vol. Äther auf 4 Vol. Alkohol) klar löst.

Rhodanammoniumlösung. Siehe: Ammoniumsulfocyanidlösung, S. 916.

Rosolsäurelösung (zur Prüfung auf freie Kohlensäure). Man löst 1 Tl. reine Rosolsäure in 500 Tln. 80proz. Alkohols und neutralisiert durch tropfenweises Zusetzen von Barytwasser bis zum Eintritt einer deutlichen Rotfärbung. Man bewahrt die Lösung in gut verschlossener Flasche auf.

Säuregemisch (zur Bestimmung des Stickstoffs nach Kjeldahl). Man trägt 200 g käufliches, pulveriges Phosphorsäure-anhydrid (Phosphorpentoxyd) in so viel konzentrierte, reine, ammoniakfreie Schwefelsäure ein, daß das Ganze 1 Liter beträgt.

Salpetersäure. Man wendet reine, käufliche Salpetersäure vom Volumgewicht 1,2 an, welche 32 bis 33 Proz. Salpetersäure (HNO_3) enthält.

Die Salpetersäure muß farblos sein und darf, auf einem Platin-blech verdampft, keinen Rückstand hinterlassen. Silbernitrat- und Baryumchloridlösung dürfen sie nicht trüben. Vor dem Zusatze dieser Reagenzien ist die Säure stark mit destilliertem Wasser zu verdünnen, widrigenfalls salpetersaure Salze sich niederschlagen.

Tabelle,

welche die Volumgewichte und die denselben entsprechenden Prozente HNO_3 von verdünnten Salpetersäuren verzeichnet.

Volumgewicht bei 15°, bezogen auf Wasser von 0°. (Nach J. Kolb.)

Volum-gewicht	= Prozente HNO_3	Volum-gewicht	= Prozente HNO_3	Volum-gewicht	= Prozente HNO_3
1,045	7,22	1,211	33,86	1,312	49,00
1,067	11,41	1,218	35,00	1,317	49,97
1,077	13,00	1,225	36,00	1,323	50,99
1,089	15,00	1,237	37,95	1,346	55,00
1,105	17,47	1,244	39,00	1,374	60,00
1,120	20,00	1,251	40,00	1,400	65,07
1,138	23,00	1,257	41,00	1,429	71,24
1,157	25,71	1,264	42,00	1,442	75,00
1,166	27,00	1,274	43,53	1,463	80,96
1,172	28,00	1,284	45,00	1,478	85,00
1,179	29,00	1,295	46,64	1,495	90,00
1,185	30,00	1,298	47,18	1,514	95,27
1,192	31,00	1,304	48,00	1,530	99,84
1,198	32,00				

Salzsäure. Siehe: Chlorwasserstoffsäure, S. 918.

Schwefelammoniumlösung. Siehe: Ammoniumsulfidlösung, S. 91 .

Schwefelsäure, konzentrierte. Man wendet käufliche, rekti-
fizierte, reine Schwefelsäure von 1,83 Volumgewicht an.

Chemisch reine Schwefelsäure muß farblos sein; sie darf sich,
in einem Proberöhrchen mit farbloser Eisensulfatlösung übergossen,
an der Berührungsstelle nicht dunkel färben (Salpetersäure, Untersalpetersäure); sie darf, mit 20 Tln. destillierten Wassers verdünnt,
Zinkjodidstärkelösung nicht bläuen (Untersalpetersäure); sie muß
mit reinem Zink und Wasser Wasserstoffgas liefern, welches beim
Durchleiten durch eine glühende Glasröhre keinen Anflug von
Arsen gibt; sie muß, in einem Platingefäße erhitzt, sich vollständig
verflüchtigen, und, mit Weingeist vermischt, vollkommen klar
bleiben (Blei, Kalzium, Eisen).

Schwefelsäure, verdünnte. Dieselbe wird bereitet, indem
man 3 Volumina destillierten Wasseis allmählich und unter Umrühren mit 1 Volum der obigen konzentrierten, reinen Schwefelsäure versetzt.

Tabelle,

welche die Volumgewichte und die denselben entsprechenden
Prozente H_2SO_4 von verdünnten Schwefelsäuren verzeichnet.

Volumgewichte bei 15⁰, bezogen auf Wasser von 0⁰. (Nach J. Kolb.)

Volum-gewicht	= Prozente H_2SO_4	Volum-gewicht	= Prozente H_2SO_4	Volum-gewicht	= Prozente H_2SO_4
1,037	5,8	1,200	27,1	1,370	46,9
1,075	10,8	1,210	28,4	1,383	48,3
1,083	11,9	1,220	29,6	1,397	49,8
1,091	13,0	1,231	30,9	1,410	51,2
1,100	14,1	1,241	32,2	1,424	52,6
1,108	15,2	1,252	33,4	1,438	54,0
1,116	16,2	1,263	34,7	1,453	55,4
1,125	17,3	1,274	36,0	1,498	59,6
1,134	18,5	1,285	37,4	1,563	65,5
1,142	19,6	1,297	38,8	1,615	70,0
1,152	20,8	1,308	40,2	1,671	74,7
1,162	22,1	1,320	41,6	1,732	79,9
1,171	23,3	1,332	43,0	1,796	86,5
1,180	24,5	1,345	44,4	1,842	100,0
1,190	25,8	1,357	45,6		

n-Schwefelsäure. 200 g verdünnte Schwefelsäure vom spez.
Gew. 1,19 werden mit 700 ccm destillierten Wassers verdünnt, sodann wird mit Hilfe der n-Kalilauge der Titer dieser Lösung
bestimmt. Aus dem Resultat berechnet man nach dem bei der
Einstellung der n-Kalilauge (S. 921) erläuterten Prinzip, wieviel
Wasser noch zugesetzt werden muß, damit die Schwefelsäure
„normal" sei (vgl. auch die Herstellung der n-Chlorwasserstoffsäure).

$n/_5$-, $n/_{10}$- und $n/_{20}$-Schwefelsäure. Durch Verdünnen der n-Schwefelsäure auf das 5- bzw. 10- und 20 fache Volumen mit destilliertem Wasser gewinnt man die $n/_5$- bzw. $n/_{10}$- und $n/_{20}$-Säurelösungen. Man kontrolliert den Titer dieser Säuren mit $n/_5$-, $n/_{10}$- oder $n/_{20}$-Kalilaugen, deren Wirkungswert mit den entsprechenden Oxalsäurelösungen genau festgestellt worden ist.

Schwefelwasserstoffwasser. Man bereitet dasselbe, indem man Schwefelwasserstoffgas, mit Hilfe von verdünnter Schwefelsäure aus Schwefeleisen entwickelt, in ausgekochtes, möglichst kaltes, destilliertes Wasser leitet, bis das Gas gänzlich unabsorbiert entweicht. Ob das Wasser völlig mit Schwefelwasserstoff gesättigt ist, erkennt man am leichtesten, wenn man die Flasche mit dem Daumen verschließt und ein wenig schüttelt; wird alsdann ein Druck nach außen fühlbar, so ist die Operation zu Ende, wird hingegen der Daumen nach innen gezogen, so kann das Wasser noch mehr Gas aufnehmen. Das Schwefelwasserstoffwasser muß in wohlverschlossenen Gefäßen aufbewahrt werden, sonst zersetzt es sich bald.

Die Lösung muß klar sein, im hohen Grade den Geruch nach Schwefelwasserstoff besitzen und mit Eisenchloridlösung einen starken Niederschlag von Schwefel geben; bei Zusatz von Ammoniak darf sie nicht schwärzlich werden und, in einem Platingefäße verdampft, keinen Rückstand hinterlassen.

Will man an Stelle von Schwefelwasserstoffwasser Schwefelwasserstoffgas anwenden und kommt es darauf an, daß das Gas vollständig arsenfrei sei, so sättigt man nach E. Baumann Natronlauge mit Schwefelwasserstoff, der aus gewöhnlichem Schwefeleisen und roher Salzsäure entwickelt wurde, bringt die Lösung des erzeugten Natriumsulfhydrats in einen Kugeltrichter und läßt sie in verdünnte Schwefelsäure tropfen, wobei sich ein regelmäßiger Strom reinen, arsenfreien Schwefelwasserstoffs entwickelt.

Schweflige Säure. Man entwickelt Schwefelsäureanhydrid aus Kupfer und konzentrierter Schwefelsäure beim Erhitzen, oder durch Eintropfen käuflicher Natriumbisulfitlösung in verdünnte, erhitzte Schwefelsäure und leitet es bis zur Sättigung in kalt gehaltenes, destilliertes Wasser.

Seifelösungen (zu den Bestimmungen der Härte der Wässer). Die Seifelösungen bezieht man am besten von einer großen Firma, sonst stellt man sie aus folgender **Kaliseife** her:

150 Tle. Bleipflaster werden auf dem Wasserbade erweicht und mit 40 Tln. reinen Kaliumkarbonats verrieben, bis eine völlig gleichförmige Masse entstanden ist. Man zieht dieselbe mit starkem

Alkohol aus, läßt absetzen, filtriert die Flüssigkeit, wenn sie nicht vollständig klar ist, destilliert aus dem Filtrat den Alkohol ab und trocknet die zurückbleibende Seife im Wasserbade.

Bereitung der titrierten Seifelösung für die Methode von Clark. 20 Tle. der obigen Kaliseife werden in 1000 Tln. verdünnten Alkohols von 56 Vol.-Proz. gelöst.

Darauf bringt man 100 ccm der hierunter aufgeführten Baryumchlorid- oder Baryumnitratlösung in das bei der Methode von Clark beschriebene Stöpselglas und läßt aus einer Bürette so lange von der obigen Seifelösung hinzufließen, bis der charakteristische Schaum entsteht; man wird dazu weniger als 45 ccm Seifelösung gebrauchen. Die zu konzentrierte Seifelösung wird mit Alkohol von 56 Vol.-Proz. verdünnt, bis von der Seifelösung genau 45 ccm erforderlich sind, um in 100 ccm der Baryumnitrat- oder der Baryumchloridlösung die Schaumbildung hervorzurufen.

Angenommen, es seien 15 ccm der zu konzentrierten Seifelösung zur Schaumbildung nötig gewesen, so werden 15 Raumteile derselben mit 30 Raumteilen Alkohol von 56 Vol.-Proz. verdünnt, was mit Hilfe eines Mischzylinders leicht geschehen kann. Selbstverständlich wird die verdünnte Seifelösung nochmals geprüft und je nach dem Ausfall dieser Prüfung mit noch etwas Alkohol oder konzentrierter Seifelösung versetzt, bis 45 ccm der Seifelösung genau 100 ccm der obigen Baryumnitrat- oder Baryumchloridlösung entsprechen.

Baryumnitrat- oder Baryumchloridlösungen zum Einstellen der Seifelösung. Man löst 0,559 g bei 100⁰ getrocknetes, reines Baryumnitrat [$Ba(NO_3)_2$] oder 0,523 g reines, trockenes Baryumchlorid ($BaCl_2 + 2 H_2O$) in destilliertem Wasser und füllt genau bis zum Liter auf; 100 ccm dieser Lösungen enthalten die 12 mg Kalk oder 12 deutschen Härtegraden äquivalente Menge Baryum.

Bereitung der titrierten Seifelösung für die Methode von Boutron und Boudet. Man löst 10 Tle. der obigen Kaliseife in 260 Tln. Alkohol von 56 Vol.-Proz., filtriert die Lösung, sofern das nötig ist, noch heiß, läßt erkalten und füllt damit das Hydrotimeter bis zum Teilstrich über 0 an. Darauf bringt man 40 ccm der hierunter beschriebenen Baryumnitratlösung in das bei der Methode von Boutron und Boudet beschriebene Stöpselglas und setzt von der Seifelösung bis zur Schaumbildung hinzu. Werden hierzu weniger als 22 auf dem Hydrotimeter verzeichnete Grade gebraucht, so ist die zu konzentrierte Seifelösung mit Alkohol von 56 Vol.-Proz. zu verdünnen, bis genau 22⁰ der Seifelösung 40 ccm der obigen Baryumnitratlösung entsprechen.

Eine so konzentrierte Seifelösung setzt im Winter zuweilen Flocken ab. Dieselben lösen sich leicht, wenn man die zugestöpselte Flasche in warmes Wasser stellt; der Titer der Lösung wird dadurch nicht verändert.

Baryumnitratlösung zum Einstellen dieser Seifelösung. Man löst 0,574 g reines, bei 100° getrocknetes Baryumnitrat in destilliertem Wasser und füllt genau bis zum Liter auf. 100 ccm dieser Lösung enthalten so viel Baryum, wie 22 mg Kalziumkarbonat entspricht, und in 40 ccm derselben Lösung befindet sich die 8,8 mg Kalziumkarbonat äquivalente Menge Baryum; die Lösung zeigt also eine Härte von 22 französischen Graden.

Seignettesalzlösung. Siehe S. 908 und 910.

$n/_{10}$-**Silbernitratlösung** (zur Bestimmung des Chlors nach Mohr). Man löst 16,994 = 17 g reines, geschmolzenes, käufliches Silbernitrat in 1 Liter destillierten Wassers. 1 ccm der Lösung enthält die 0,003 545 g Chlor entsprechende Menge Silber.

Um eine Silbernitratlösung von 1 mg Chlor in 1 ccm der Lösung zu erhalten, löst man 4,791 g geschmolzenes, reines Silbernitrat in 1 Liter destillierten Wassers.

Stärkelösung. Siehe Zinkjodidstärkelösung, auf folgender Seite, nur läßt man das Zinkchlorid und das Zinkjodid fort.

Tetramethyldiamidodiphenylmethan. Siehe S. 900.

Thiosulfatlösung. Siehe Natriumthiosulfatlösung.

Wasser, destilliertes. Man destilliert möglichst reines, natürliches Wasser aus wohlgereinigten Kupfer- oder Glasgefäßen zu drei Vierteilen ab und wendet zur Kondensation der Wasserdämpfe ein Kühlrohr von reinem Zinn oder einen Liebigschen Glaskühler an.

Will man in jedem Falle ein von Ammoniak und salpetriger Säure vollständig freies destilliertes Wasser gewinnen, so vermische man das zu destillierende Wasser mit 2 Proz. einer konzentrierten Lösung von Kaliumpermanganat und lasse das Gemisch 24 Stunden stehen. Man destilliert, versetzt das Destillat mit einer geringen Menge von Kaliumhydrosulfatlösung (Lösung von saurem schwefelsaurem Kalium) und destilliert von neuem, indem man die zuerst übergehenden Anteile des zweiten Destillates verwirft.

Wenn ein Apparat zur Verfügung steht, bei welchem die Wasserdämpfe durch Luftkühlung usw. zuerst unvollständig kondensiert werden und danach erst zur weiteren Kondensation in die Kühlschlange eintreten, so ist ein von Ammoniak und salpetriger Säure völlig freies destilliertes Wasser dadurch leicht zu gewinnen, daß man das in dem Luftkondensationsapparat verdichtete, noch heiße Wasser abzieht und wohlbedeckt an einem vor Ammoniakdämpfen geschützten Orte erkalten läßt.

Bei der Destillation des Wassers kommt alles darauf an, daß die anzuwendenden Apparate rein sind und daß das zu destillierende Wasser kein Ammoniak und keine organischen Substanzen enthält.

Ein kontinuierlicher Destillierapparat, wie er in den meisten größeren Laboratorien im Gebrauche ist, liefert, sofern er mit gutem Wasser beschickt wird, fast immer völlig reines, destilliertes Wasser.

Die Bereitung eines völlig neutralen destillierten Wassers siehe S. 879.

Wasserstoffsuperoxyd. Man verwende das von der Firma Merk-Darmstadt in Originalflaschen in den Handel gebrachte 30 proz. Präparat (Perhydrol), das man vor dem Gebrauch, entsprechend der Vorschrift S. 903, verdünnt.

Zink. Man wendet zum Beschicken der Wasserstoffentwickelungsapparate Stückchen von Zinkblech an, welche man durch Abwaschen und Behandeln mit verdünnter Salzsäure von äußeren Verunreinigungen befreit hat.

Soll das Zink zur Anstellung der S. 912 erläuterten Arsenprobe verwendet werden, so muß es völlig rein und namentlich frei von jeder Spur von Arsen sein. Die Prüfung auf Arsen wird nach der beschriebenen Methode von Gutzeit ausgeführt.

Zinkjodidstärkelösung. Man zerreibt 4 g Stärkemehl in einem Porzellanmörser mit wenig Wasser und fügt die dadurch entstandene milchige Flüssigkeit unter Umrühren nach und nach zu einer zum Sieden erhitzten Lösung von 20 g käuflichen, reinen Zinkchlorids in 100 ccm destillierten Wassers. Man setzt das Erhitzen unter Ergänzung des verdampfenden Wassers fort, bis die Stärke möglichst gelöst und die Flüssigkeit fast klar geworden ist; dann verdünnt man mit destilliertem Wasser, setzt 2 g käufliches, reines und trockenes Zinkjodid hinzu, füllt zum Liter auf und filtriert. Die Filtration geht langsam von statten, aber man erhält eine klare Flüssigkeit, welche, in einer gut verschlossenen Flasche im Dunkeln aufbewahrt, farblos bleibt.

Die Lösung, mit dem 50 fachen Volumen destillierten Wassers verdünnt, darf sich bei dem Ansäuern mit verdünnter Schwefelsäure durchaus nicht blau färben.

Zyankalium, siehe Kaliumzyanid.

Sachregister.

Erklärung der Tafelabbildungen.

Tafel	Nr.	Bezeichnung	Ver-größerung	Seite
IV.	36	Zwei Monaden	500	349
	37	Rotifer vulgaris	230	349
	38	Paramaecium aurelia	500	349
	39	Glaucoma scintillans	500	349
	40	Polytoma	500	349
	41	Euplotes charon, von unten und von der Seite gesehen	—	349
	42	Euglena virídis	100	349
	43	Hantzschia	500	349
	44	Stylonychia	230	349, 354
V.	45	Stentor polymorphus	230	349
	46	Colpidium colpoda	230	349
	47	Cyclidium	230	349
	48	Chilodon cucullus	230	349
	49	Nitzschia	500	349
	50	Navicula	500	349
	51	Sphaerotylus natans. a) Flocke, natürliche Größe, b) leere Hüllen und mit Gliedern gefüllte Fäden	230	349
	52	Leptomitus lacteus	250	349
VI.	53	Cladothrix. a) Eine zum Teil durch Eisenauflagerung gelbbraun gefärbte Flocke nebst bräunlicher Palmella in der Mitte	100	350
		b) Die Cladothrixfäden enthalten längere Glieder oder Makrogonidien, nur der geknickte Faden läßt Mikrogonidien oder Sporen erkennen; sie liegen teilweise noch so, daß man ihre Entstehung aus den längeren Gliedern erraten kann. Unten liegt eine völlig leere, darüber eine zum Teil entleerte Hülle. Bei x sieht man die Astbildung als eine einfache Anlagerung, entstanden durch Ausbiegung eines Gliedes aus der Reihe . .	500	350
	54	Asellus aquaticus nach de Vries	—	352
	55	Cyclops quadricornis	100	352
	56	Daphnia nach Whipple	25	352
	57	Wassermilbe	100	352
	58	Anguillula	100	352
VII.	59	Carchesium Lachmanni	250	352
	60	Fusarium aquaeductuum, nach Eyferth .	150	352
	61	Antophysa vegetans; die Stiele mit den ihrer Spitze aufsitzenden Tieren; die Fäden enthalten meistens Eisenrost, rechts ein Faden, welcher die den Stielen eigentümliche Drehung zeigt	100	352
			250	352
	62	Oszillarien	500	349, 352, 398
	63	Closterium	100	353
	64	Cosmarium	500	353

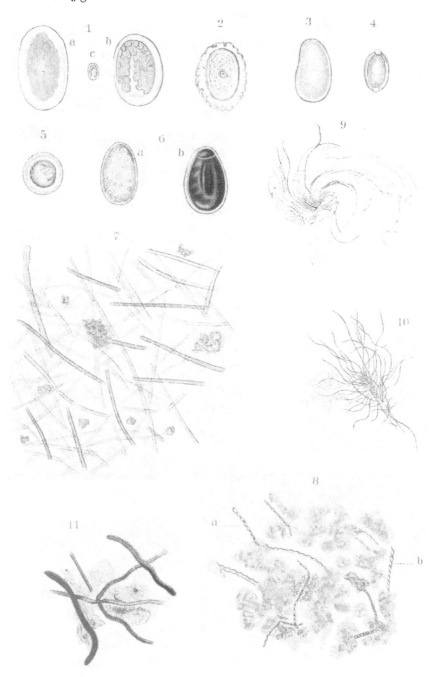

Verlag v Friedr Vieweg & Sohn Braunschweig　　　　　　Lith Anst v A.Gütsch, Jena

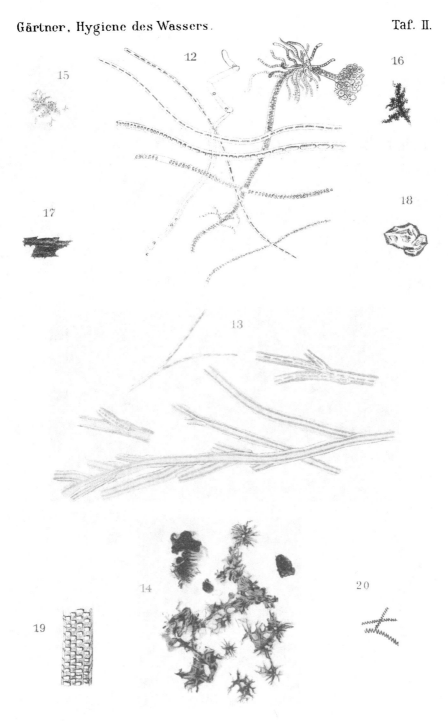

12
15
16
17
18
13
14
19
20

Verlag v. Friedr. Vieweg & Sohn, Braunschweig. Lith. Anst. v. A. Gültsch, Jena.

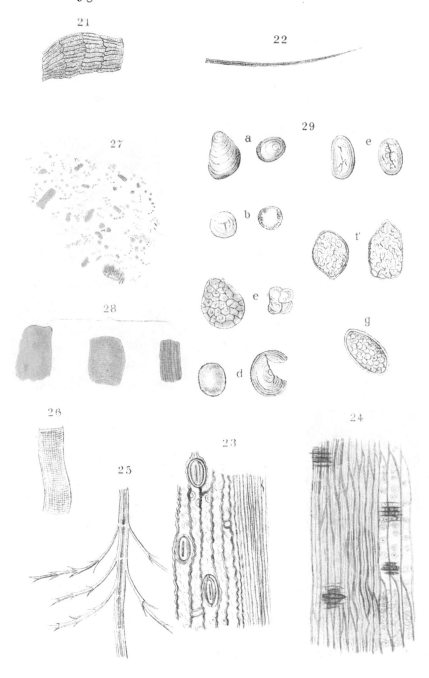

Verlag v. Friedr. Vieweg & Sohn Braunschweig　　　　　　　　Lith Anst. v. A.Giltsch, Jena.

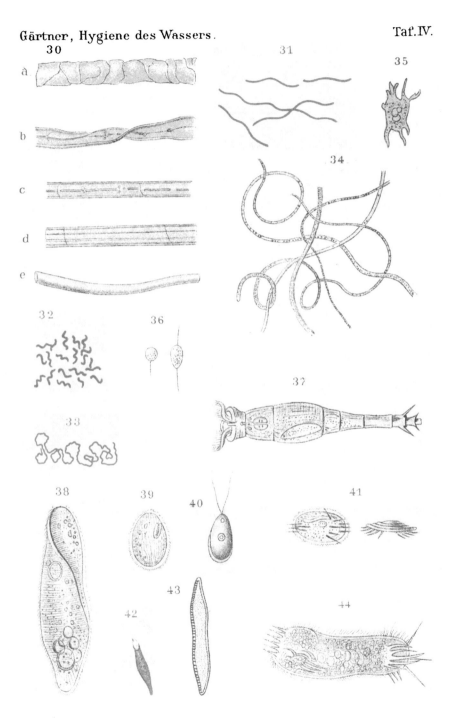

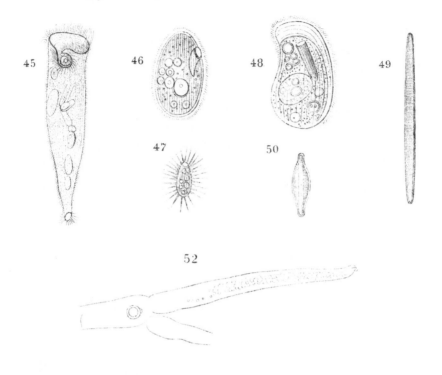

45   46   48   49

47   50

52

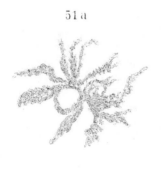

51 a

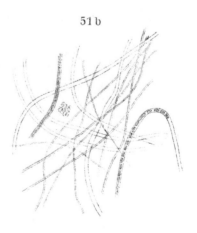

51 b

Verlag v. Fried. Vieweg & Sohn, Braunschweig.   Lith. Anst. v. A.Gültsch, Jena

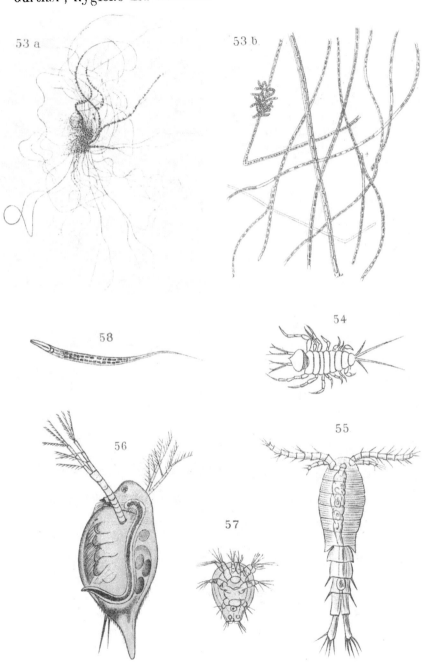

53 a

53 b

58

54

56

55

57

Verlag v Friedr Vieweg & Sohn Braunschweig

Lith Anst v A Giltsch, Jena

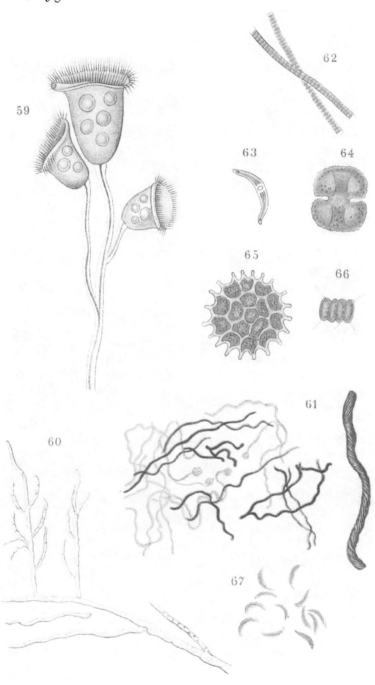

Verlag v Friser Vieweg & Sohn Braunschweig

Lith Anst v. A Giltsch, Jena

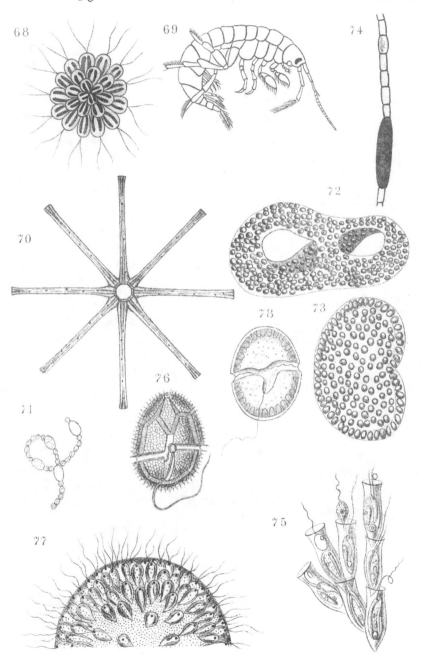

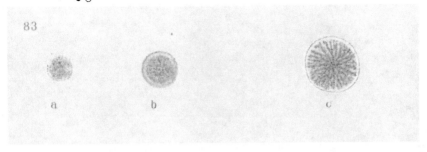

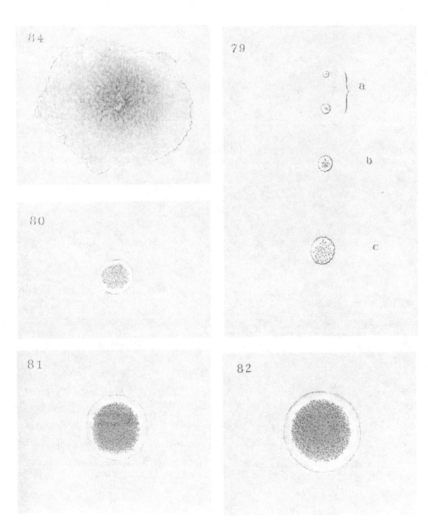

Verlag v Frieer Vieweg & Sohn Braunschweig

Lith Anst v. A Giltsch, Jena

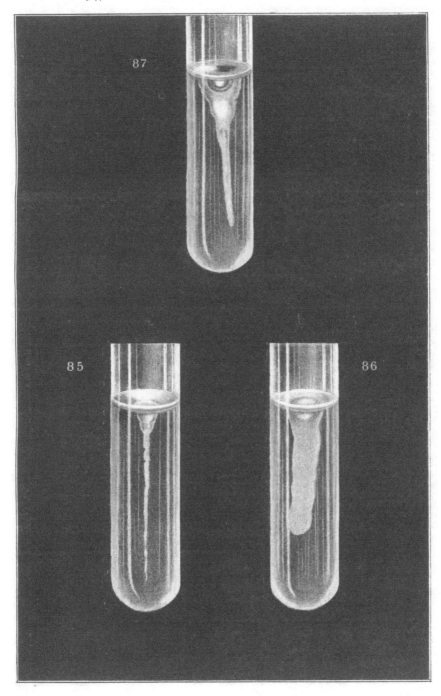

Additional material from *Die Hygiene des Wassers,*
ISBN 978-3-663-19898-7 (978-3-663-19898-7_OSFO3),
is available at http://extras.springer.com

Printed in the United States
By Bookmasters